# Bericht über die II. Internationale Tagung für Brückenbau und Hochbau

# Report of the 2nd International Congress for Bridge- and Structural Engineering

# Compte-Rendu du 2me Congrès International de Construction des Ponts et Charpentes

Wien, 24.—28. IX. 1928

Mit 597 Textabbildungen — Illustrations in the text — Figures dans le texte

Springer-Verlag Wien GmbH

1929

ISBN 978-3-7091-5976-7          ISBN 978-3-7091-6010-7 (eBook)
DOI 10.1007/978-3-7091-6010-7

Softcover reprint of the hardcover 1st edition 1929

# KONGRESS-AUSSCHUSS:
# CONGRESS - COMMITTEE:
# COMITÉ DU CONGRÈS:

**Dr. Ing. F. HARTMANN**
Professor an der Technischen Hochschule Wien
Präsident

**Hofrat Dr. Ing. R. SALIGER**
Professor an der Technischen Hochschule Wien
Vizepräsident

**Dr. Ing. Fr. BLEICH, WIEN**
Zivilingenieur
Generalsekretär

**Ing. F. ROTH**
Ministerialrat der Generaldirektion der öst. Bundesbahnen
Wien
Für die Eisenbausektion

**Dr. Ing. e. h. F. EMPERGER, WIEN**
Zivilingenieur
Fur die Eisenbetonbausektion

Baurat Dr. Ing. Eduard Ast, Baurat Ing. Benno Brausewetter, Baudirektor Ing. Rudolf Dorninger, Baurat Dr. Ing. Eduard Erhard, Prof. Dr. Ing. Paul Fillunger, Sektionschef Dr. Ing. Carl Haberkalt, Ministerialrat Ing. Anton Hafner, Direktor Ing. Eduard Heidendorfer, Hofrat Prof. Dr. Karl Holey, Oberingenieur Emanuel Jansky, Prof. Dr. e. h. Georg Kapsch, Ministerialrat Ing. August Kroitzsch, Oberstadtbaurat Ing. Richard Künstner, Prof. Dr. Alfons Leon, Prof. Dr. Ing. Ernst Melan, Stadtbaudirektor Dr. Ing. Franz Musil, Zentraldirektor Kom.-Rat Ing. Theodor Pierus, Prof. Dr. Ing. Franz Rinagl, Zentraldirektor Dr. Ing. Carl Rosenberg, Direktor Ing. Paul Ludwig Roth, Stadtbaurat Dr. Ing. Rudolf Schuhmann, Stadtbauinspektor Dr. Ing. Rudolf Tillmann, Baudirektor Dr. Ing. Ferdinand Trnka, Techn.-Rat Generalsekretär Ing. Fritz Willfort, Direktor Dr. mont. h. c. Ing. August Zahlbruckner, Ministerialrat Ing. Franz Zelisko.

# Inhalt — Contents — Table des matières

## Vorträge der Sektion für Eisenbau — Lectures of the Section for Steel Constructions — Conférences de Section pour les Constructions en Fer




## Vorträge der Sektion für Eisenbetonbau — Lectures of the Section for Reinforced Concrete Constructions — Conférences de Section pour les Constructions en Béton Armé

## Nachträge — Supplements — Annexes

# Der Verlauf der Tagung



Die 2. Internationale Tagung für Brückenbau und Hochbau begann am Vormittag des 24. September mit einer Eröffnungsfeier, als deren Schauplatz der Festsaal der Burg, einer der schönsten Säle Wiens, gewählt worden war. Das Bläserquintett der Staatsoper leitete mit Fanfarenklängen die Feier weihevoll ein. Hierauf nahm der Präsident des Kongresses, Prof. Ing. Dr. FRIEDRICH HARTMANN, das Wort zu einer Begrüßungsansprache, die zunächst den beiden Protektoren der Tagung, dem österreichischen Bundesminister für Handel und Verkehr Dr. HANS SCHÜRFF und dem Bürgermeister und Landeshauptmann von Wien KARL SEITZ, galt. Sodann begrüßte Präsident HARTMANN die übrigen Ehrengäste, insbesondere die Vertreter des österreichischen Bundespräsidenten, des Bundeskanzlers, des Bundesministers für Unterricht, die zahlreich erschienenen Mitglieder des diplomatischen Korps, die Vertreter der niederösterreichischen Landesregierung, der Akademie der Wissenschaften, der Technischen Hochschule in Wien, des Österreichischen Ingenieur- und Architektenvereines, der Österreichischen Bundesbahnen und der österreichischen Eisen- und Zementindustrie. Die hierauf folgende Begrüßung der Kongreßteilnehmer zeigte, indem sie sich länderweise an die Fachkollegen verschiedener Nation richtete, daß die Tagung eine wahrhaft internationale Veranstaltung darstellte; so wurden die Kongreßmitglieder aus den folgenden Staaten — in der Reihenfolge des deutschen Alphabetes — begrüßt: Belgien, China, Czechoslovakei, Dänemark, Deutsches Reich, England, Finnland, Frankreich, Griechenland, Italien, Japan, Jugoslavien, Lettland, Niederlande, Norwegen, Österreich, Polen, Portugal, Rumänien, Rußland, Schweden, Schweiz, Spanien, Ungarn, Vereinigte Staaten. Mit besonderer Genugtuung hob Präsident HARTMANN die außerordentlich starke Beteiligung der Vertreter der technischen Wissenschaft hervor; die Professorenkollegien von 28 Technischen Hochschulen hatten Mitglieder nach Wien entsendet.

Nachdem der Präsident seine Ansprache geschlossen hatte, verdolmetschten Oberbaurat Ing. Dr. e. h. FRITZ EMPERGER und Ing. Dr. FRIEDRICH BLEICH die Begrüßungsrede in englischer, bzw. französischer Sprache.

Es folgte nunmehr eine Begrüßungsansprache des Bundesministers Dr. SCHÜRFF, der die Kongreßteilnehmer namens der österreichischen Bundesregierung in herzlichster Weise willkommen hieß. Die öffentliche Verwaltung werde die Arbeiten des Kongresses mit dem größten Interesse verfolgen; insbesondere in Österreich stehe die Verwaltung vor großen technischen Aufgaben und betrachte sich als eine Schülerin der zu dieser Tagung versammelten Forscher und Praktiker von internationalem Ruf.

Als nächster Redner entbot Bürgermeister SEITZ den Kongreßteilnehmern den Willkommgruß der Stadt Wien. In unserer Zeit der finanziellen Nöte so vieler Staaten sei es der Techniker, der es durch vertiefte Forschung ermöglicht, auch mit den sparsamsten Mitteln den hohen Forderungen gegenwärtigen Wirtschaftslebens gerecht zu werden. Der technische Fortschritt werde es aber auch sein, der die finanzielle Nöte wieder beseitigen und die Völker wieder reicher machen wird. Die Techniker seien nicht nur die Träger des Wiederaufbaues im technischen Sinne, sondern auch in dem höheren politischen Sinne einer Verständigung von Volk zu Volk; sie seien berufen, im Sinne internationaler Solidarität zu wirken.

Hofrat Prof. Dr. WEGSCHEIDER begrüßte den Kongreß namens der österreichischen Akademie der Wissenschaften und wies darauf hin, daß diese Akademie, in voller Würdigung des Anteiles technischer Forschung, an der wissenschaftlichen Arbeit unserer Zeit vor wenigen Jahren als erste unter ihren Schwesterinstituten eine Änderung ihrer Satzungen in der Richtung beschlossen habe, den technischen Wissenschaften eine ausgedehntere Betätigung im Rahmen der Akademie zu ermöglichen.

Se. Magnifizenz Prof. Ing. Dr. OERLEY begrüßte die Teilnehmer namens der Technischen Hochschule in Wien. Er bezeichnete die moderne Bautechnik und Festigkeitslehre, wie sie die Ingenieure des Brückenbaues und Hochbaues pflegen, als das Rückgrat der ganzen Ingenieurbaukunst. Das Programm der Wiener Tagung zeige, daß die Veranstaltung auf einer hohen wissenschaftlichen Warte steht. Redner wünschte den Kongreßteilnehmern, daß sie das Ergebnis der Tagung voll befriedigen möge; er hoffe aber auch, die Teilnehmer würden den Eindruck mit nach Hause nehmen, daß auch im heutigen Österreich Geist und Tatkraft lebendig sind und mit den geistigen Bestrebungen der nachbarlichen Kulturstaaten Schritt gehalten wird.

Hofrat Prof. Dr. HOLEY, der Präsident des Österreichischen Ingenieur- und Architektenvereins, begrüßte die Teilnehmer auf das herzlichste namens dieses Vereines, der während seines 80jährigen Bestandes den Fragen des Brücken- und Hochbaues stets das größte Interesse entgegengebracht habe. Redner erinnerte diesbezüglich insbesondere an die Arbeiten des Gewölbeausschusses und des ständig weiter tätigen Eisenbetonausschusses. Der Verein sei stolz darauf, Männer wie WINKLER und REBHAN zu seinen Mitgliedern gezählt zu haben und unter seinen derzeitigen Mitgliedern LINDENTHAL und MELAN zu sehen.

Prof. PIGEAUD, Paris, dankte namens der aus Frankreich erschienenen Kollegen für die liebenswürdige Aufnahme, welche den Kongreßteilnehmern in Wien zuteil wurde und richtete diesen Dank insbesondere auch an die österreichische Regierung und deren Vertreter Bundesminister Dr. SCHÜRFF sowie an die Gemeinde Wien und deren Bürgermeister SEITZ, ferner an den Kongreßausschuß, insbesondere an dessen Präsidenten Prof. Dr. HARTMANN und Generalsekretär Dr. BLEICH.

Generalsekretär SALVINI, Rom, dankte in gleicher Weise namens der italienischen Kollegen und hob das glückliche Gelingen der Organisation des Kongresses hervor.

Der Vorsitzende des Deutschen Betonvereins, Dr. Ing. e. h. HÜSER, gab namens der deutschen Kollegen seiner großen Freude darüber Ausdruck, daß als Ort des Kongresses Wien gewählt wurde, das nicht nur eine der schönsten Städte Europas darstellt, sondern das auch ausgezeichnete Ingenieurleistungen, insbesondere auf dem Gebiete des Bauwesens aufzuweisen hat. Redner hob insbesondere den Anteil Österreichs an der wissenschaftlichen Fortentwicklung des Eisenbetonbaues hervor und wies in diesem Zusammenhang unter anderem auf die hohen Verdienste EMPERGERS hin. Auch im gegenwärtigen Zeitpunkte habe Österreich auf dem Gebiete des Eisenbetonbaues Wertvollstes geleistet; Redner erwähnte in diesem Zusammenhange die Erzeugung hochwertiger Portlandzemente und auch den Umstand, daß die ersten Anregungen in der Frage der Baukontrolle von Österreich ausgegangen seien.

Der Präsident des Schweizerischen Schulrates Prof. Dr. ROHN erinnerte in seiner Begrüßungsrede an die Vorgeschichte des Kongresses. Die Schweiz habe nach dem Kriege ihre vornehmste Aufgabe darin gesehen, die Völker einander näher zu bringen; der Weg hiezu führte über die Wissenschaft. So beriefen auch die Schweizer Ingenieure im Jahre 1926 den ersten internationalen Brücken- und Hochbaukongreß nach Zürich ein; sie hatten die Freude, an 200 Teilnehmer ihrem Rufe folgen zu sehen. Ein solches Werk der Verständigung zu schaffen, sei eine Aufgabe, zu welcher der Ingenieur ganz besonders berufen ist; denn wer materielle Brücken gebaut habe, kenne auch den Wert der ideellen, der geistigen Brücken, der Brücken von Volk zu Volk. Der Schweiz sei es beschieden gewesen, im Jahre 1926 eine schmale Tür zu öffnen; Wien habe diese Tür weit aufgemacht und erfülle in glanzvoller Weise das in Zürich Begonnene, indem es bei dieser Tagung eine auch für internationale Kongresse ungewöhnlich große Zahl von Teilnehmern vereinigt. Redner dankte Österreich nicht nur im Namen der Schweizer Kollegen, sondern auch im Namen der Kollegen aus allen anderen Staaten, deren Vertreter wegen der Kürze der Zeit nicht mehr Gelegenheit nehmen könnten, persönlich ihre Begrüßung darzubringen.

Den Begrüßungen folgte ein Vortrag von Prof. Dr. HARTMANN über die Aufgaben des Kongresses. Der Vortragende entwickelte hierin in übersichtlicher Weise die Gesichtspunkte, welche für die Aufstellung des Verhandlungsprogrammes maßgebend waren.

Mit dem Vortrage Prof. Dr. HARTMANNS schloß die Eröffnungsfeier, die bei allen Teilnehmern einen erhebenden Eindruck hinterließ.

*Die fachlichen Verhandlungen*

Noch am Nachmittag des Eröffnungstages begannen die fachlichen Verhandlungen. Ihr Ort war an diesem Tage, wo über die gemeinsamen Fragen des Eisenbaues und Eisenbetonbaues (Referate A) verhandelt wurde, das Elektrotechnische Institut der Technischen Hochschule, an den drei folgenden Tagen das Haus des Österreichischen Ingenieur- und Architektenvereins, der außer seinem Festsaal auch jenen des im Nachbarhaus ansässigen Niederösterreichischen Gewerbevereins für die Beratungen bereitgestellt hatte. Die Sektion für Eisenbau tagte in dem ersteren, jene für Eisenbetonbau in dem letzteren Saale. Die Referate, die Diskussionen über dieselben und die Sektionsvorträge (letztere mit der geringen Ausnahme jener Vorträge, die bereits in den Fachzeitschriften erschienen sind) werden in der vorliegenden Kongreßschrift wiedergegeben.

*Die Beschlußfassungen am letzten Verhandlungstage*

Am letzten Sitzungstage machten die Mitglieder des Kongreßausschusses Ing. Dr. BLEICH und Oberbaurat Dr. Ing. e. h. EMPERGER in beiden Sektionen des Kongresses folgende Mitteilungen:

„In einer gestern abgehaltenen Besprechung von Vertretern aller an dem Kongreß beteiligten Nationen wurde von deutscher Seite der Antrag gestellt, den nächsten Kongreß in einem Lande des lateinischen Sprachstammes abzuhalten. Dieser Vorschlag wurde einstimmig gebilligt. Nun wurde von anderer Seite der weitere Vorschlag gemacht, den *nächsten Kongreß*, der im Jahre 1931 oder 1932 stattfinden soll, in *Paris* abzuhalten. Dieser Vorschlag wurde von dem Herrn Präsidenten der französischen Delegation PIGEAUD in wohlwollendster Weise aufgenommen und wird in dem Falle, als Sie, meine Herren, diesem Vorschlage zustimmen, von Herrn PIGEAUD an die maßgebenden Stellen weitergeleitet werden.

Wir haben eine weitere hocherfreuliche Mitteilung zu machen. In der gleichen Besprechung der Vertreter aller Nationen wurde beantragt, die Kontinuität unserer Gemeinschaftsarbeit dadurch zu sichern, daß wir ein *Internationales Komitee* für die Fragen des Brücken- und Hochbaues einsetzen. Um die Schaffung dieses Komitees in die Wege zu leiten, wird ein zunächst provisorisches Bureau eingerichtet werden, welches sich aus folgenden Persönlichkeiten zusammensetzt: Prof. Dr. Roš als dem Sekretär des ersten Kongresses in Zürich, Dr. Bleich als dem Sekretär des zweiten Kongresses in Wien und dem noch zu bestimmenden Sekretär des dritten Kongresses, der, wie wir hoffen, in Paris stattfinden wird."

Diese Mitteilungen wurden mit lebhaftem Beifall begrüßt und eine Entschließung im Sinne dieser Mitteilungen per acclamationem angenommen.

### Gesellschaftliche Veranstaltungen

Der Eröffnungsfeier war am Vortage ein *Begrüßungsabend* im Kursalon des Wiener Stadtparks vorangegangen. Dieser Abend leitete eine Reihe weiterer gesellschaftlicher Veranstaltungen glücklich ein. Am zweiten Verhandlungstage waren die Kongreßteilnehmer Gäste der österreichischen Bundesregierung, als deren Vertreter der Protektor des Kongresses, Bundesminister Dr. Schürff, die Teilnehmer im Schlosse *Schönbrunn* zu einer Wiener Jause empfing und sie neuerlich auf das herzlichste begrüßte, worauf Prof. Pigeaud, Paris, und Ing. Dr. Klönne, Dortmund, namens der Teilnehmer für die auszeichnende Aufnahme dankte. Am folgenden Abende besuchten die Kongreßteilnehmer die *Staatsoper*, wo in festlicher Besetzung „Der Rosenkavalier" von Richard Strauß aufgeführt wurde. Am nächstfolgenden Abende waren die Teilnehmer Gäste der Gemeinde Wien, in deren Namen sie der Protektor des Kongresses, Bürgermeister Seitz, in den Festsaal des *Rathauses* geladen hatte, wo sie gleichfalls in der gastlichsten Weise empfangen wurden. Der nächste Tag war einem Ausfluge auf den *Semmering* und auf die *Raxalpe* gewidmet; dieser Ausflug war durch die Witterung sehr begünstigt und bot den Teilnehmern einen freudig begrüßten Naturgenuß. Mit dieser Veranstaltung endete der Kongreß.

*　*　*

Zum Schlusse seien jene Stellen genannt, deren Förderung die Veranstaltung des Kongresses zu danken war. Es sind dies: die Österreichische Bundesregierung, die Gemeinde Wien, die Niederösterreichische Landesregierung, die Österreichischen Bundesbahnen, die Wiener Handels- und Gewerbekammer und die Österreichische Eisen- und Zementindustrie.

Die organisatorische Arbeit sowie die Herausgabe der vorliegenden Kongreßschrift oblag dem Unterzeichneten, der in seiner Tätigkeit außer von Präsident Prof. Dr. Hartmann auch von den anderen Mitgliedern des Kongreßausschusses, insbesondere von Oberbaurat Dr. e. h. Emperger und Prof. Dr. Melan, sowie von Oberbaurat Ing. Rudolf Schanzer unterstützt wurde.

Dr. Bleich.

# Functions of the Congress

### The Inauguration

The 2nd International Congress for Bridgebuilding and Structural Engineering began in the forenoon of September 24th 1928 with an opening ceremony at the banquet-hall of the former imperial residence, one of Vienna's most beautiful halls. A bugler-quintet of the state-opera solemnly opened the festivities with fanfares. Then the president of the Congress, Prof. Dr. Ing. Friedrich Hartmann addressed the two protectors of the Congress, the Minister of Public Works, Dr. Hans Schürff and the Burgomaster of Vienna KARL SEITZ. Subsequently the president welcomed the other honorary guests, especially the representatives of the Austrian federal president, of the federal chancellor, the minister of education, the numerous members of the diplomatic body, the delegates of the dietal government of Lower Austria, of the Academy of sciences, of the technical high-school in Vienna, the engineers' and architects' club, of the federal railways and the Austrian steel and cement industry. The following addresses to the colleagues of the various nations showed, that the Congress was in fact an international meeting. The delegates from the following countries were addressed: (enumerated according to the German alphabet) Belgium, China, Czechoslovakia, Denmark, England, Finland, France, Germany, Greece, Italy, Japan, Jugoslavia, Latvia, the Netherlands, Russia, Spain, Sweden, Switzerland, the United States of A. With special satisfaction emphasized president HARTMANN the large concourse on the part of the technical science: 28 technical high-schools had sent their delegates to Vienna.

After the president had finished his speech Oberbaurat Dr. e. h. FRITZ EMPERGER and Ing. Dr. FRIEDRICH BLEICH interpreted it into English and French respectively.

Afterwards the Federal Minister Dr. SCHÜRFF welcomed the delegates on behalf of the Austrian Government. The Board of Administration, he said, will follow up the labours of the Congress with the strongest interest; especially in Austria the administration stands before large technical tasks and regards herself a pupil of the world-renowned men of science and practice, who had assembled to this congress.

Then Burgomaster SEITZ greeted the assembly on behalf of the City of Vienna. He remarked, that in this time, where so many countries are in financial need, the technical men with their profound researches enable us to provide for the claims of our present economic life even with the scantest means. It is the technical progress which will remove the financial need and again enrich the nations. The men of technics are not only the organisers of the reconstruction in the technical sense but also in a higher political sense are they called to achieve a mutual understanding from folk to folk, to work for international solidarity.

Hofrat Prof. Dr. WEGSCHEIDER in the name of the Austrian Academy of Sciences welcomed the Congress and referred to the fact, that a few years ago the Academy, as the first among the sister institutes in the full appreciation of the share of technical investigation within the fields of science had changed her statutes in order to give the technical sciences a more extended field of action in the domains of the Academy.

His Magnificence Prof. Ing. Dr. OERLEY welcomed the delegates on behalf of the Technical High School of Vienna. He called modern engineering as it is adopted by bridge-builders and structural engineers the backbone of the whole art of engineering. The programme of the Viennese Congress shows a high scientifical standard. The speaker expressed the wish that the delegates might be entirely satisfied by the Congress and he also hoped, they would take with them the impression that in to-day's Austria spirit and energy are alive and keeping pace with the endeavours of the neighbouring nations.

Hofrat Prof. Dr. HOLEY, president of the Oesterreichischer Ingenieur- und Architekten-Verein, speaking in the name of that society which, he mentioned during the 80 years of its existence had always shown the highest interest for the problems of Bridge-building and structural engineering. The speaker particularly reminded of the labours of the committee for arch-building and the ever active committee for reinforced concrete. The society is proud of having had in its ranks men like WINKLER and REBHAN and of seeing among its present members LINDENTHAL and MELAN.

Prof. PIGEAUD for the delegates from France thanked for the kind reception they had in Vienna and he especially directed his thanks to the Austrian Government and its representative, Federal Minister Dr. SCHÜRFF as well as to the Community of Vienna and its Burgomaster SEITZ, further to the Committee of the Congress, particularly to its president Prof. Dr. HARTMANN and the General Secretary Dr. BLEICH.

General Secretary SALVINI, Rom, marked out the success of the management of the Congress.

The chairman of the Deutscher Betonverein Dr. Ing. e. h. HÜSER expressed his high satisfaction that as a meeting place for the Congress had been chosen Vienna, which not only represents one of the most beautiful towns of Europe but which also shows excellent achievements of engineering, especially in the domain of structural engineering. Speaker particularly pointed out Austria's share in the scientific development of reinforced concrete construction and in connection with it referred to the high merits of EMPERGER. Even in the present time had Austria done valuable work in reinforced concrete construction. Speaker mentioned further the production of aluminous cements and the particular fact, that the impulse to instigate a field control of concrete first emanated in Austria.

Prof. Dr. ROHN, president of the Swiss School-Board reminded in his welcoming speech of the history of the Congress. After the war, Switzerland had seen her most noble task in helping the nations to reapproach each other; the way to it led through science. So the Swiss engineers called in the First International Congress for Bridge and Structural Engineering to Zurich in 1926; they were glad to see that their call was followed by 200 delegates. Especially the engineer is it, who is called to create such a work of understanding, he, who has built material bridges knows also the value of spiritual bridges from nation to nation. It was allotted to Switzerland to open a small door in the year 1926; Vienna has widely opened that door and magnificently accomplishes what has been begun at Zurich; for the number of delegates to this congress is unusually high even for an international congress. Speaker gave his thanks to Austria not only on behalf of the Swiss colleagues but also for the colleagues from all those other contries, the representatives of which could not speak personally on account of the shortness of the available time.

The addresses were followed by a speech of Prof. Dr. HARTMANN on the tasks of the Congress. He developed in a clear statement the points of view which had been decisive by making the programme of the transactions.

Dr. HARTMANN's speech closed the opening ceremony, which had left an exalting impression on all delegates.


*The Professional Discussions*

These began in the very afternoon of the opening day. On this day, when the joint problems of steel and reinforced concrete constructions were discussed, the discussions were held in the Electrotechnical Institute of the Technical High School of Vienna. For the three following days had the Oesterreichischer Ingenieur- und Architekten-Verein and the Niederösterreichischer Gewerbeverein their festive halls, situated in two adjacent houses placed at the disposal of the Congress. The group for steel constructions met in the former, the group for concrete construction in the latter. The reports as well as the discussions on them and the lectures of the sections (except those lectures, which had already been published in the professional papers) are repeated in the present record-paper of the Congress.

## Resolutions of the Last Session Day

On the last day of the sessions the members of the Congress-Committee, Ing. Dr. BLEICH and Oberbaurat Dr. Ing. e. h. EMPERGER made the following communications in both the sections:

"At the meeting, held yesterday by the representatives of all the nations, taking part in the Congress, from German side was moved the motion to hold the next congress in a Latin country. This proposition was accepted unanimously. Then from another side a further motion was brought forward, to hold the *next congress* which is to take place in the year 1931 or 32 in *Paris*. This motion was kindly accepted by Mr. PIGEAUD, president of the French delegation and will be forwarded to the proper place, if you, gentlemen, agree.

And now we have to give you another pleasing information. In the same conference of the delegates of all nations it was proposed in order to secure the continuity of our joint work to constitute an *International Committee* for the problems of bridge-building and structural engineering. To prepare the constitution of such a committee a temporary office will at first be established, consisting of the following persons: Prof. Dr. Ros, secretary of the first congress at Zurich, Dr. BLEICH, secretary of the second congress in Vienna and the yet to be appointed secretary of the third congress which as we hope will be held in Paris."

These informations were vividly greeted and a resolution in consequence of them was accepted per acclamationem.

## Social Entertainments

On the day previous to the opening ceremony of the Congress an informal gathering of the delegates took place at the "Kursalon" of the "Stadtpark" of Vienna. This evening delightfully introduced a series of social entertainments. On the second day of the conferences the delegates were the guests of the Austrian Federal Government. Federal Minister Dr. SCHÜRFF as its representative received the delegates in the castle of Schönbrunn to a "Wiener Jause", there again welcoming them, whereupon Prof. PIGEAUD, Paris, and Ing. Dr. KLÖNNE, Dortmund, on behalf of the members of the Congress thanked for the distinguishing reception. On the following evening the delegates visited the State Opera House where by a first-rate company the "Rosenkavalier" by Richard Strauß was given. On the next following evening the delegates were the guests of the Community of Vienna in the name of which Burgomaster SEITZ had invited them to the banqueting-hall of the townhall, where they were also very hospitably received. The next day was devoted to an excursion on the Semmering and on the Raxalpe; this excursion was greatly favoured by glorious weather and offered to the delegates a cheerfully greeted enjoyment of nature. With this event the Congress was closed.

*   *<br>*

Finally we mention those, who greatly furthered the arrangement of the Congress: the Austrian Federal Government, the Community of Vienna, the Government of Lower Austria, the Viennese Board of Trade and the Austrian Steel and Cement Industry.

The work of organisation and the publication of the present transactions of the Congress were incumbent on the undersigned, who was assisted in his activity by the president, Prof. Dr. HARTMANN as well as by the other members of the Congress-Comittee, especially by Oberbaurat Dr. h. c. EMPERGER and Prof. Dr. MELAN and by Oberbaurat Ing. SCHANZER.

Dr. BLEICH.

# Compte rendu de la Session

*La Fête d'Inauguration*

Le deuxième Congrès International pour la Construction des Ponts et Charpentes s'ouvrit le 24 septembre au matin par une fête d'inauguration qui se déroula dans la Salle des Fêtes de la Burg, — une des plus belles de Vienne. Le quintette d'instruments à vent de l'Opéra marqua au son de ses fanfares l'ouverture de cette solennité. Ensuite, le Président du Congrès, Monsieur le Professeur Ingénieur Dr. FRIEDRICH HARTMANN prend la parole pour adresser ses salutations aux personnes présentes, et tout d'abord au Ministre Fédéral Autrichien du Commerce et des Communications, Monsieur le Dr. HANS SCHÜRFF, et au Maire et Chef de la Province de Vienne Monsieur KARL SEITZ, qui ont accepté le patronage du Congrès. Monsieur le Président HARTMANN salue ensuite les autres hôtes d'honneur, en particulier les représentants du Président Fédéral Autrichien, du Chancelier Fédéral, du Ministre Fédéral de l'Instruction Publique, les membres du Corps Diplomatique, venus en grand nombre, les représentants du gouvernement provincial de Basse-Autriche, de l'Académie des Sciences, des Écoles Supérieures Techniques de Vienne, de la Société autrichienne des Ingénieurs et Architectes, des Chemins de Fer Fédéraux Autrichiens, et de l'Industrie Autrichienne du Fer et du Ciment. Les salutations qui suivent, adressées aux Congressistes, témoignent du caractère vraiment international du Congrès, car les différents pays y ayant envoyé des représentants sont nommés dans l'ordre alphabétique allemand, et ainsi on entend saluer les congressistes venus de Belgique, de Chine, de Tchécoslovaquie, de Danemark, d'Allemagne, d'Angleterre, de Finlande, de France, de Grèce, d'Italie, du Japon, de Yougoslavie, de Lettonie, de Hollande, de Norvège, d'Autriche, de la Pologne, de Portugal, de Roumanie, de Russie, de Suède, de Suisse, d'Espagne, de Hongrie, des États-Unis. Monsieur le Président HARTMANN souligne avec une satisfaction particulière le nombre extrêmement élevé des représentants de la science technique parmi les congressistes. Vingt-huit Écoles Supérieures Techniques ont délégué des professeurs à titre de représentants.

Quand le Président a terminé son allocution, Monsieur l'Ingénieur Dr. FRITZ EMPERGER et Monsieur l'Ingénieur Dr. FRIEDRICH BLEICH la traduisent respectivement en anglais et en français.

Ensuite Monsieur le Dr. SCHÜRFF, Ministre Fédéral, prononce une allocution et souhaite la bienvenue aux congressistes au nom du gouvernement fédéral autrichien. L'administration publique, dit-il, suivra les travaux du Congrès avec le plus grand intérêt; particulièrement en Autriche, l'administration se trouve en présence de grands problèmes techniques à résoudre, et elle se considère comme l'élève des savants et techniciens de renom international réunis à ce congrès.

L'orateur suivant, Monsieur SEITZ, Maire de Vienne, souhaite la bienvenue aux congressistes au nom de la Ville de Vienne. Dans notre temps de pénurie financière, dit-il, c'est au technicien qu'il appartient, par des recherches de plus en plus approfondies, de fournir les moyens de satisfaire aux exigences croissantes de la vie économique moderne, même avec les moyens les plus réduits. Mais c'est aussi le progrès technique qui permettra de remédier à cette pénurie financière en fournissant aux peuples les moyens de s'enrichir à nouveau. Les techniciens ne sont pas seulement les artisans de la reconstruction au sens technique, mais ils doivent l'être aussi au sens politique plus élevé de la reconstruction des relations de bonne entente de peuple à peuple; leur influence doit s'exercer dans le sens de la solidarité internationale.

Monsieur le Professeur Dr. WEGSCHEIDER, salue ensuite les congressistes au nom de l'Académie des Sciences Autrichienne. Il rappelle que cette académie, appréciant pleinement la part des recherches de la technique dans le travail scientifique de notre époque, a décidé, il y a quelques années, la première parmi les institutions similaires, une modification de ses statuts tendant à étendre le domaine d'activité des sciences techniques au sein de l'Académie.

Monsieur le Professeur Ingénieur OERLEY, Rector Magnificus, salue les congressistes au nom de l'École Technique de Vienne. Il déclara que la technique moderne de la construction et la théorie de la solidité, telles que les ingénieurs de la construction des ponts et charpentes les professent et les pratiquent, sont l'armature de tout l'art de l'ingénieur constructeur. Le programme de la session actuelle montre, dit-il, les hautes aspirations scientifiques le cette manifestation. Il exprime aux congressistes le vœu que les résultats de ce congrès les satisfassent pleinement; et l'espoir qu'ils en emporteront l'impression que l'esprit de recherche scientifique et la volonté de réalisation pratique sont plus vivants que jamais dans l'Autriche actuelle, et que les aspirations intellectuelles dans ce pays ne le cèdent en rien à celles des autres États civilisés.

Monsieur le Professeur Dr. HOLEY, Président de la Société Autrichienne des Ingénieurs et Architectes, salue les congressistes au nom de cette société qui, pendant ses 80 ans d'existence, a toujours voué le plus grand intérêt à la question de la construction des ponts et des charpentes. Il rappelle à ce propos les travaux de la commission des voûtes et de la commission du béton armé, qui poursuit actuellement encore ses études et recherches. La Société, dit-il, s'enorgueillit d'avoir compté parmi ses membres des hommes comme WINKLER et REBHAN et de compter actuellement parmi ses membres un LINDENTHAL et un MELAN.

Monsieur le Professeur PIGEAUD, de Paris, remercie au nom de ses collègues de France assistant au Congrès; ses remerciements s'adressent tout particulièrement au gouvernement autrichien et à son représentant, Monsieur le Dr. SCHÜRFF, Ministre Fédéral, de même qu'à la ville de Vienne et à son représentant, Monsieur SEITZ, Maire de Vienne, puis au Comité du Congrès, et en particulier à son président Monsieur le Professeur Dr. HARTMANN et à son secrétaire Monsieur le Dr. BLEICH.

Monsieur le Secrétaire Général SALVINI (Rome), remercie à son tour au nom de ses collègues italiens présents et rend particulièrement hommage au travail d'organisation remarquable du Comité du Congrès.

Le Président de la Société Allemande du Béton, Monsieur le Dr. Ingénieur HÜSER, au nom de ses collègues allemands, exprime sa satisfaction d'avoir vu choisir comme siège du Congrès la ville de Vienne, qui n'est pas seulement une des plus belles villes d'Europe, mais qui offre aussi des modèles remarquables de l'art de l'ingénieur, en particulier dans le domaine de la construction. L'orateur souligne en particulier la part importante de l'Autriche dans le progrès scientifique de la construction en béton armé et rappelle à ce sujet les hauts mérites d'EMPERGER. A notre époque aussi, dit-il, l'Autriche a mis à son actif des réalisations remarquables dans le domaine de la construction en béton armé; il cite à ce propos la production de ciments de haute valeur et rappelle que, dans la question du contrôle des constructions les premières initiatives sont venues d'Autriche.

Le Président du Conseil de l'Instruction publique suisse, Monsieur le Professeur ROHN, rappelle dans son allocution la genèse du Congrès. Après la guerre, dit-il, la Suisse s'est donné pour noble tâche de travailler de tout son pouvoir au rapprochement des peuples; la Science était le terrain le plus propre pour opérer ce rapprochement. Et c'est pourquoi, en 1926, la Suisse convoqua à Zurich le premier Congrès pour la Construction des Ponts et Charpentes. Elle eut la joie de voir deux cents représentants de divers pays répondre à son appel. L'ingénieur est tout spécialement destiné à travailler à cette œuvre d'entente internationale, car celui qui a construit des ponts dans la réalité matérielle, connaît aussi la valeur des ponts idéaux, des ponts spirituels qui mènent de peuple à peuple. A la Suisse il fut donné d'entr'ouvrir, en 1926, une porte encore bien étroite; cette porte, Vienne vient de l'ouvrir toute grande, et a brillamment continué et agrandi l'œuvre commencée à Zurich, car la session actuelle réunit un nombre de participants inaccoutumé, même pour un congrès international. L'orateur remercie l'Autriche non seulement au nom de ses collègues suisses, mais encore au nom des collègues de tous les autres États dont les représentants n'auront pas l'occasion, en raison du peu de temps dont on dispose, de prendre la parole personnellement.

Après ces salutations, Monsieur le Professeur Dr. HARTMANN prononce un discours sur les différentes tâches du Congrès. Il développe dans un tableau d'ensemble les points de vue qui ont servi de directives dans l'établissement du programme des délibérations.

Le discours de Monsieur le Professeur HARTMANN clôture la fête d'inauguration qui a produit sur tous les assistants la plus profonde impression.

*Les délibérations techniques*

Dans l'après-midi même du jour d'inauguration du Congrès, commencèrent les délibérations techniques. Ce jour-là, le lieu choisi pour les délibérations, où on discuta des questions communes aux constructions en fer et aux constructions en béton armé (Rapport A), fut l'Institut Électro-technique de l'École Supérieure Technique; les trois jours suivants, les discussions eurent lieu au siège de la Société Autrichienne des Ingénieurs et Architectes, qui avait mis à la disposition des congressistes, outre sa Salle des Fêtes, celle de la Société du Commerce et de l'Industrie, qui a son siège dans l'immeuble voisin. La section pour les Constructions en fer siégeait dans la première de ces salles; la section pour les constructions en béton armé dans l'autre. Les rapports, les discussions sur ces rapports et les conférences de sections à l'exception de celles, en petit nombre, qui ont déjà paru dans des publications techniques, sont publiées dans le présent Bulletin.

*Résolutions prises le dernier jour des délibérations*

Le dernier jour des délibérations Monsieur l'Ingénieur Dr. FRIEDRICH BLEICH et Monsieur l'Ingénieur Dr. FRITZ EMPERGER, membre du Comité du Congrès firent dans les deux sections du congrès les communications suivantes:

«Dans une réunion tenue hier par des représentants de toutes les nations, participant au Congrès, on a déposé une motion allemande tendant à désigner pour siège du prochain Congrès un pays de langue latine. Cette motion fut approuvée à l'unanimité. La proposition fut faite, d'autre part, de tenir le prochain Congrès, qui doit avoir lieu en 1931 ou 1932, à Paris. Cette proposition reçut le meilleur accueil du Président de la délégation française, Monsieur PIGEAUD, qui, dans le cas, Messieurs, où vous y donnerez votre approbation, la transmettra aux autorités compétentes.

Nous sommes heureux, en outre, de porter à votre connaissance que dans cette même réunion des représentants de toutes les nations, il a été proposé d'assurer la continuité de nos travaux en commun en instituant un comité pour les questions concernant la construction des Ponts et Charpentes. Pour préparer la création de ce comité, il est institué un bureau provisoire, composé des personnalités suivantes: Monsieur le Professeur Dr. Ros, en sa qualité de secrétaire du premier Congrès de Zurich; Monsieur le Dr. BLEICH, en sa qualité de secrétaire du 2e Congrès de Vienne; et le secrétaire, — à désigner postérieurement —, du 3e Congrès, qui, nous l'espérons se tiendra à Paris.»

Ces communications furent accueillies avec de vifs applaudissements, et un ordre du jour dans le sens desdites communications fut voté par acclamations.

*Fêtes et divertissements*

La veille de la fête d'inauguration, avait eu lieu au Kursalon du Parc de la Ville de Vienne une soirée de bienvenue. Les jours suivants il y eut une série de fêtes et divertissements de diverses natures. Le deuxième jour du Congrès, les congressistes furent invités par le gouvernement fédéral autrichien à un goûter viennois au Chateau de Schönbrunn. Ils furent reçus par Monsieur le Dr. SCHÜRFF, Ministre Fédéral, représentant le gouvernement qui leur souhaita de nouveau la bienvenue dans une cordiale allocution. Monsieur le Professeur PIGEAUD, Paris, et Monsieur l'Ingénieur Dr. KLÖNNE, Dortmund, remercièrent au nom des congressistes de l'accueil bienveillant qui leur était fait et des égards si flatteurs qu'on leur témoignait.

Le lendemain soir, les congressistes assistèrent à l'Opéra National à une représentation de gala du «Chevalier à la Rose» de Richard Strauß.

Le surlendemain, les congressistes étaient invités par le Conseil Municipal de Vienne. Ils furent reçus de la façon la plus cordiale par Monsieur SEITZ, Maire de Vienne, dans la Salle des Fêtes de l'Hôtel de Ville. Monsieur l'Ingénieur MONCRIEFF, Londres, et Monsieur l'Ingénieur Dr. JUCHO, Dortmund, exprimèrent les remercîments des congressistes.

Le jour suivant fut consacré à une excursion au Semmering et à la Raxalpe; cette excursion favorisée par le beau temps fut extrêmement goûtée des congressistes.

Cette excursion marqua la fin du Congrès.

*    *    *

Pour terminer, nous tenons à mentionner les autorités et organisations officielles ou privées dont l'aide efficace rendit possible l'organisation du Congrès; ce sont: le gouvernement fédéral autrichien; le Conseil Municipal de Vienne; le gouvernement provincial de la Basse-Autriche; la Chambre du Commerce et de l'Industrie de Vienne, l'Industrie autrichienne du Fer et du Ciment.

Ces travaux d'organisation ainsi que la publication du présent Bulletin ont été assurés par le signataire de ces lignes, à qui Monsieur le Professeur Dr. HARTMANN, Président, et les autres membres du Comité du Congrès, en particulier Monsieur l'Ingénieur Dr. EMPERGER, Monsieur le Professur Dr. MELAN et! Monsieur l'Ingénieur SCHANZER apportèrent le précieux concours de leur collaboration.

Dr. BLEICH.

# A 1

## Ästhetik im Brückenbau[1]

### Von Prof. Dr. Friedrich Hartmann, Wien

Wenn über Ästhetik von Ingenieurbauwerken im allgemeinen gesprochen werden soll, ist es notwendig, um unvoreingenommen herantreten zu können, zunächst mit einer Anzahl von Schlagworten und Modeansichten zu brechen. Daß solche entstanden, ist darauf zurückzuführen, daß die schönheitliche Beurteilung von Ingenieurbauwerken zumeist Künstlern, besonders Architekten, überlassen

Abb. 1

wurde, die der Ingenieurbaukunst von heute mit ihren starken Anforderungen an Theorie recht ferne stehen und das Neue dieser Kunst gerne nach jenen Regeln zu messen trachten, die für die Beurteilung ihrer eigenen Werke ihnen geläufig sind. Solche Beurteilung muß um so schiefer ausfallen, je ferner die neuen Bauweisen den altgewohnten gegenüberstehen, und dies ist wohl im Brückenbau, besonders aber im Eisenbrückenbau, am meisten der Fall. Kein Wunder, daß gerade der letztere auf die größten Widerstände stieß. Nun sind die Ansichten der Architekten über die Ästhetik moderner Bauwerke noch nicht einmal so weit geklärt, daß es bei

---

[1] Ein derart schwieriges Thema kann natürlich im Rahmen eines kurzen Aufsatzes nicht erschöpfend und überzeugend behandelt werden. Es muß daher auf das Buch des Verfassers, „Ästhetik im Brückenbau", Verlag Deuticke Leipzig—Wien 1928, verwiesen werden. Der im Einverständnis mit dem Verlage hier abgedruckte Aufsatz bildet nur einen kurzen Auszug aus diesem Buche, wobei nur einige der vielen Fragen herausgegriffen werden konnten.

ihren eigenen Bauwerken zu irgend einer Einheitlichkeit der Anschauungen gekommen wäre und die Gegensätze prallen noch recht heftig aufeinander. Was soll man da erst von ihnen im Brückenbau erwarten, der doch etwas ganz anderes als der Hochbau ist? Ich glaube nicht, daß die Mitwirkung der Architekten bei Brückenbauten diesen erheblich genützt hat. Daß sie oft genug geschadet hat, ist sicher. Eine Reihe an sich schöner Brücken, die nur von Ingenieuren entworfen wurden, wie dies früher ja allgemein der Fall war, wurden durch unpassende Zubauten in ihrer guten Wirkung geschädigt. Selbst wenn man von Ausartungen der Architektur an Brücken, die leider häufig genug zu finden sind, absieht, muß man doch sagen, daß auch bescheidenere Ausführungen die Schönheit mancher Brücke beeinträchtigen. So würde z. B. die große *Rheinbrücke bei Bonn* (Abb. 1) nur gewinnen, wenn die Pfeileraufbauten, die hier nicht gerade übertrieben sind, noch mehr zurückträten oder ganz entfielen.

Heute gilt als Dogma, daß ein Meisterwerk des Brückenbaues nur durch das einträchtige Zusammengehen von Ingenieuren und Architekten, gleich vom Anbeginn des Entwurfes an, entstehen könne. Nun ist erfahrungsgemäß ein Meisterwerk der Kunst kaum jemals durch Kompaniearbeit, sondern durch die Leistung *eines* Meisters allein entstanden. Daß der Architekt nicht derjenige ist, der heute allein ein Meisterwerk des Brückenbaues zu schaffen vermag, wird wohl niemand bezweifeln. Die Formung der Brücken hängt von so vielerlei Umständen ab, die nur der Ingenieur versteht, daß dieser selbst sich auch mit der künstlerischen Seite des Brückenbaues befassen muß. Natürlich wird das nicht jeder Ingenieur können. Aber auch nicht jeder Architekt ist wirklich ein Künstler, wovon die beträchtliche Anzahl geschmackloser oder häßlicher Hochbauten Zeugnis gibt. Schließlich schafft selbst der wirkliche Künstler nicht lauter Meisterwerke. Die Schönheit eines Werkes läßt sich nicht erklügeln, sie wird meist unbewußt geschaffen, mehr durch Eingebung als durch Überlegung. Brückenbauten und besonders die Eisenbrücken unterliegen mehr als jedes andere Bauwerk den Regeln der Mechanik und das verleiht ihnen einen gewissen Charakter selbst dann, wenn sie von einem nicht künstlerisch veranlagten Ingenieur geschaffen wurden, der nur nicht originell sein will, sich aber beim Entwurf und in der konstruktiven Durchbildung strenge an diese Regeln hält. Hingegen sehen wir in unseren modernen Stadtteilen in großer Anzahl nicht nur unschöne, sondern auch gänzlich charakterlos wirkende Hochbauten, die Straßen und Plätze verunstalten. Es scheint, daß man immer zu leicht geneigt ist, an die Bauwerke des Ingenieurs einen viel strengeren Maßstab anzulegen, als an die der Architekten. Das mag teilweise berechtigt sein, weil die Ingenieurbauten, sowie allerdings auch manche Hochbauten, gewöhnlich einzeln dastehen und sehr in die Augen fallen. Anderseits unterliegen sie jedoch weit mehr Beschränkungen als die Gebäude der Architekten und diese Beschränkungen erschweren die schönheitliche Gestaltung oft wesentlich.

Die Bauwerke des Ingenieurs, besonders aber die eisernen Brücken, hatten gegen das Altgewohnte anzukämpfen. *Die Gewohnheit* ist von weitgehendem Einfluß auf die schönheitlichen Empfindungen. Manches Bauwerk gilt heute als schön, das zur Zeit seiner Entstehung verurteilt wurde. Meistens geht dem künstlerisch empfindenden Laien die Schönheit des Neuen früher auf, als dem zünftigen Künstler, der an den Regeln hängt, nach welchen er seine Werke bisher gestaltet hat. Selbst in der reinsten aller Künste, in der Musik war es so. Jedem neuen großen Genius der Musik wurde Formlosigkeit, Hinwegsetzung über die Regeln vorgeworfen, während sich das kunstliebende Publikum längst an den neuen Werken begeisterte. So leicht wie die schönen Künste haben es nun freilich manche Ingenieurbauwerke, z. B. die eisernen Brücken, beim Publikum nicht, dank der gründlichsten Unkenntnis der Technik in weitesten Kreisen. Massivbrücken haben es leichter. Das *Gewölbe* ist eine jedem Menschen vertraute Bauform und seine Wirkung leicht verständlich. Daher werden von den Eisenbrücken am ehesten vollwandige Bogenträger mit oberhalb liegender Fahrbahn gewürdigt, die den Gewölben ähnlich sind. *Bei hoch liegender Fahrbahn bereitet aber die schönheitliche Gestaltung von Brücken jeder Art keinerlei Schwierigkeiten und deshalb sollen im weiteren hauptsächlich Brücken mit tief liegender Fahrbahn behandelt werden.* Auch kleinste Stützweiten brauchen nicht berücksichtigt zu werden, weil diese für jeden Baustoff und für jede Fahrbahnlage leicht gefällig gestaltet werden können.

Brücken sind Zweckbauten. Über die *Beziehung zwischen dem Schönen und Zweckmäßigen* wurden verschiedene Thesen verkündigt. Keine davon hat allgemeine Bedeutung. Weder ist immer das Zweckmäßige schön, noch das Unzweckmäßige unschön. Schon deshalb nicht, weil die Zweckmäßigkeit sich mit der Zeit stark ändern kann. Es gibt alte Holz- oder Steinbrücken von anerkannter Schönheit.

Abb. 2

Trotzdem sind diese Brücken, besonders in Städten, heute vollkommen unzweckmäßig. Auf der schmalen Fahrbahn stockt der Verkehr, gar wenn die Brücke lang ist, für schwerste Belastung ist sie zu schwach und die enge Pfeilerstellung hemmt jeden Wasserverkehr. Und doch fürchtet man den unvermeidlichen Ersatz der alten durch eine neue, zweckmäßige Brücke. Die Technik eilt eben den schönheitlichen Anschauungen weit voraus. Diese ändern sich erst hinterher nur sehr langsam.

Bei der ästhetischen Beurteilung einer Brücke sind zweierlei Gesichtspunkte zu würdigen: *Die Schönheit der Brücke an sich* und *die Einpassung in die Umgebung.*

Was den ersten Punkt anbelangt, ist nicht etwa nur die *Hauptansicht* der Brücke in Betracht zu ziehen, sondern auch die *Schrägansicht* und bei Brücken mit tiefliegender Fahrbahn ganz besonders der *Inneneinblick,* wie er sich dem in die Brücke Einschreitenden bietet. Die Schönheit einer Brücke ist gegeben durch eine gefällige Linienführung und durch die Wohlabgewogenheit all ihrer Abmessungen zueinander. Sind mehrere Öffnungen vorhanden, so soll das Brückenbild eine gewisse Geschlossenheit ergeben. Gleiche aneinander gereihte Bogenfolgen wirken kunstlos, besonders aber bei unten liegender Fahrbahn, wobei die Einschnitte zwischen den Bogen, gar, wenn sie bis zur Fahrbahn hinabreichen, das Gesamtbild

Abb. 3

zerschneiden, in Stückwerk auflösen, wie dies die *Donaubrücke zwischen Wien und Floridsdorf* (Abb. 2) zeigt. Hingegen ist die *Südbrücke in Köln* (Abb. 3) ein viel geschlosseneres Bild von drei Bogen, die miteinander verbunden sind, und von welchen der mittlere die seitlichen überragt, so daß das Motiv des Ansteigens zur Mitte, das jeder einzelne Bogen bietet, sich auch in der Gesamtanordnung widerspiegelt.

Die *Schrägansicht* macht in der Regel Schwierigkeiten, aber nicht nur bei Brücken, sondern bei allen in einer Hauptrichtung ausgedehnten Bauwerken. Die *perspektivischen Verzerrungen* sind nun einmal nicht wegzuschaffen. Es ist jedoch zu bemerken, daß sie in Wirklichkeit niemals so stark empfunden werden, wie sie Photographien aus der Nähe zeigen, weil sich in unser Sehen in der Natur stets die Empfindung für die wahre Größe aller Abmessungen auf Grund unserer Erfahrung hineinmischt, was der Kamera abgeht. Dies ist bei der Beurteilung von Brückenbildern und ihres Verhältnisses zur weiteren Umgebung wohl zu beachten.

Abb. 4

Große ferner liegende Gegenstände erscheinen im Verhältnis zu den nahe liegenden auf der Platte viel kleiner als wir es in der Natur empfinden. Wenn uns jemand die Hand bis in die Nähe der Augen entgegenstreckt, empfinden wir sie nicht mehrfach größer als den Kopf des betreffenden, wie dies die Kamera unweigerlich zeigen würde. *Auf Bildern können wir nur das Verhältnis der Brücke zur allernächsten Umgebung abschätzen.* In ungeringer Entfernung erscheint selbst Großes auf der Platte klein, viel kleiner, als es beim Anblick in der Natur empfunden wird, so daß das Bild leicht den Eindruck erweckt, die Brücke schlüge ihre Umgebung. Ergibt eine längere Brücke in Schrägansicht auf dem Bild unschöne Verzerrungen, so ist zu bedenken, daß sie tatsächlich viel schwächer erscheinen.

Die Tragwände können vollwandig, in Eisen auch fachwerksartig ausgebildet werden. *Vollwandige Träger* wirken wohl sehr ruhig, aber in größeren Abmessungen öde und plump monströs. Bei Eisenbrücken ist eine Belebung der Wände durch die Gurt- und Aussteifungswinkel gegeben, deren Wirkung jedoch bei hohen Wänden verschwindet. In Beton oder Eisenbeton sind die Tragwände meist ganz glatt und die Plumpheit wird, besonders bei Bogen mit angehängter Fahrbahn, noch durch die große Rippenbreite gehoben. Auch in Eisen werden Riesenkästen wenig Bewunderung hervorrufen, da man sich diese massiv vorstellen kann und es jedem

klar ist, daß man so starke Bogen auch stark belasten kann. Die Kunst des Eisenbrückenbaues kommt am besten im *Fachwerk* zum Ausdruck. Leichteste Konstruktion bei größter Tragfähigkeit — das wird die Bewunderung des Laien erregen
und daran kann sich auch der Fachmann erfreuen. Kühnheit eines Baues kann
die ästhetische Wirkung sehr wesentlich unterstützen. Die blinde Vorliebe für den
Massivbau hat das Schlagwort von der *unruhigen Wirkung des Fachwerkes* erfunden.
Unruhig und unschön wirken aber nur die *groben weitmaschigen Fachwerke* riesiger
Balkenträger, wie sie leider in neuerer Zeit ausgeführt wurden. In schlanken Bogen-
fachwerken, bei dreigurtigen Balkenbrücken, also überall, wo die Streben kurz sind,
ist von Unruhe keine Spur. Da müßten Bäume, Sträucher und gar Wälder mit
ihren sich vielfach kreuzenden Ästen und Zweigen auch Unruhe erregen. *Kurz-
strebige Fachwerke* wirken aber gerade durch die Gliederung *viel lebendiger* als die

Abb. 5

toten Vollwandträger. Abb. 4 zeigt die *Eisenbahnbrücke über den Rhein bei Duisburg,* Abb. 5 die dreifache *Hohenzollernbrücke in Köln.* Man vergleiche das un-
ruhige grobe Fachwerk der *zwei* Hauptträger der ersten Brücke mit dem feinen
Fachwerk der *sechs* Hauptträger der anderen und stelle sich vor, wie die Duisburger
Brücke mit ihren 30 m langen auf- und abgehenden Streben aussehen wird, wenn
auf die schon dafür vorbereiteten Pfeiler nur ein zweites Tragwerk kommt! Es sei
noch bemerkt, daß die Kölner Brücke 30 m, die Duisburger nur 27 m hohe Hauptträger hat. Wie fein das Fachwerk der ersteren erst wirken würde, wenn nur zwei
Hauptträger da wären, zeigt das Bild der ganz ähnlichen Kölner Südbrücke (Abb. 3).

Die ästhetisch wirksamste Form von *Gerberträgern* geben die kurzstrebigen
Dreigurtbrücken mit Hängegurt, die viel zu wenig ausgeführt worden sind.

Nun ist es zunächst notwendig, nachdem der Anblick der Brücken von außen
behandelt wurde, über den *Inneneinblick* zu sprechen, der natürlich nur bei unten
liegender Fahrbahn in Frage kommt. Da ist zunächst zu verlangen, daß die Breite
oder Stärke der Tragwände so gering als möglich ist, da sonst beim Entgegen-
schreiten der Eindruck der Plumpheit unvermeidlich ist. Hier haben die vollwandigen Bogenträger wieder den schwersten Stand, selbst wenn sie aus Stahl

sind. Am ärgsten ist es beim Eisenbeton. Die 132 m weit gespannte *Brücke über die Seine* in St. Pierre du Vauvray hat zwei Eisenbetonbogenrippen von je 2,50 m Breite. Da die gesamte lichte Breite der Brücke 6,40 m beträgt, kommen auf diese geringe Abmessung 5 m Tragwerksbreite. Ein ärgeres Mißverhältnis kann es wohl nicht mehr geben! Die Bogenrippen haben außer den Portalrahmen an den Enden keinerlei Querverbindungen. Diese hätten zwar schmälere Rippen auszuführen gestattet, aber solche Querverbindungen wirken wieder in Eisenbeton durch ihre Flächenhaftigkeit, Massigkeit und die Schattenwirkung in größerer Höhe drückend, wie dies an der *Werrabrücke bei Fulda* (Abb. 6) zu sehen

Abb. 6

ist. Unverkleidete eiserne Hängestangen stehen ganz außer Verhältnis zu den massigen Bogen, was eine Harmonie selbst in der Außenansicht nicht aufkommen läßt. Wie der Inneneinblick von Bogenbrücken selbst bei breiterer Fahrbahn aussieht, zeigt die Abb. 7, die *Hindenburgbrücke in Breslau* mit 12 m Nutzbreite (Eisenbeton). Ganz ähnlich ist die eiserne *Aspernbrücke in Wien. Vollwandige Bogen mit unten liegender Fahrbahn sollten gänzlich vermieden werden.* Sie kämen äußersten Falles für kleine leicht belastete Brücken in Frage, dann aber in Stahl.

Querverbindungen der oberen Gurtungen in Eisen lassen sich fachwerkartig und leicht gestalten, so daß sie weder drückend erscheinen, noch den Ausblick hemmen.

Für den Inneneinblick ist es wichtig, daß er sich möglichst einfach und ruhig darbiete. Kräftigere Portalausbildungen sollen außer an den Enden nur an Stellen zu sehen sein, die durch die Hauptträgerausbildung besonders hervorgehoben sind, wie etwa bei durchlaufenden Trägern über den Mittelstützen. An gleichmäßig aufsteigenden Bogen sehen kräftige Portale unbegründet und unschön aus, wenn sie auch die statischen Verhältnisse erfordern. Statik und Ästhetik gehen nicht immer einträchtig zusammen und der Konstrukteur hat es meist in der Hand, die Gegensätze auszugleichen. So zeigt die *Potsdamer Havelbrücke* (Abb. 8) einen musterhaften Innenblick. Die Portale sind hier kaum zu bemerken, die Querverbindungen sehr leicht und durchsichtig, die Gurte außerordentlich schlank, was an dem Hauptträgersystem liegt, über das noch zu sprechen sein wird.

Nunmehr ist die so wichtige Frage der *Einpassung von Brücken in die Umgebung* zu erörtern. Darüber wurde wohl schon viel geschrieben, jedoch in der Regel entweder in poetischen Floskeln, die nichts besagen und in denen die „rhythmische Bestimmtheit" eine große Rolle spielt, oder es wurde in einzelnen Fällen kurzweg behauptet, diese oder jene Brücke passe sich vorzüglich in die Umgebung ein, die

Abb. 7

Abb. 8

andere hingegen nicht. Wenn nun auch ästhetische Fragen zum Teile an die Person gebunden sind, wird es doch gut sein zu versuchen, ob sich nicht gewisse für die Beurteilung entscheidende *sachliche* Grundlagen finden lassen. Einpassen heißt natürlich, etwas harmonisch in die Umgebung einfügen. Das schönheitliche Zusammenstimmen kann zunächst eine gewisse stoffliche oder formale *Einheitlichkeit* zur Grundlage haben. So ist nicht zu leugnen, daß in eine felsige Gegend eine

Steinbrücke vorzüglich paßt, am besten, wenn der Stein roh bleibt. Die Harmonie ist dann durch den Baustoff gegeben. Formal besteht kein Zusammenhang, da die Felsen in der freien Natur kaum irgendwo Gewölbe, sondern vielmehr Turmformen bilden. An der stofflichen Einheitlichkeit immer festzuhalten, ist gar nicht möglich und selbst in felsiger Gegend durchaus nicht immer am Platz. Liegt die Brücke in großer Höhe, dann wird ein leichtes Eisenfachwerk viel besser sein, als eine Massivbrücke, wenn die zu überbrückende Spannweite nicht etwa sehr klein ist. Daß das Gegensätzliche, wie hier zwischen Eisen und Stein, auch sonst ein gutes Zusammenklingen geben kann, wissen wir ja schon aus der Musik oder aus der Malerei, vor allem aber aus der Natur selbst. Wald und Wiese geben für die im Hintergrunde aufsteigenden Felsengebirge jedenfalls einen viel besseren Vordergrund als eine Steinwüste.

Abb. 9

Steinbrücken sind leider in den letzten Jahrzehnten sehr zu gunsten der Beton- und Eisenbetonbrücken zurückgetreten. Dabei hat man es sich mit der Beurteilung der Einpassungsfähigkeit dieser neuen Brücken ein wenig zu bequem gemacht, indem man die anerkannte Schönheit und Einpassungsfähigkeit alter steinerner Brücken einfach auf ihre Nachfolger in Beton und Eisenbeton übertrug. Eine Steinbrücke hat jedoch stets ein viel lebendigeres Aussehen als der glattflächige bleiche Beton und paßt daher auch besser in die lebendige Natur als dieser. Sodann aber hat man vergessen zu fragen, ob die Einpassung auch für die neuzeitgen Riesenbrücken in Stein oder Beton ebenso gilt wie für die kleinen alten Steinbrücken. Für große, felsige Umgebung mag man dies zugestehen. Betrachten wir jedoch einmal eine *Wald- und Wiesenlandschaft*. An dieser lieben wir das Zarte, Duftige ihres Wesens. Nie wird uns darin ein kleines Häuschen stören, trotzdem es gemauert ist. Man denke sich aber ein Riesengebäude in eine solche Landschaft gestellt und die gröbste Störung ist gegeben. Mit den großen Massivbrücken ist es ganz ähnlich, selbst wenn sie gegliedert sind. *Die Gmündertobelbrücke* (Abb. 9), eine an sich gewiß sehr schöne Eisenbetonbrücke, zerreißt durch ihre Mächtigkeit und die helle

Farbe die zarte Landschaft. Die glatten Pfeilerflächen, die breite Bogenplatte, stehen in schreiendem Gegensatz zu ihr. Besser ist es schon bei Eisenbetonbrücken in ganz aufgelöster Bauweise, aber unerreichbar bleibt auch hier das leichte, nichts verdeckende Eisenfachwerk. Der fein gegliederte Bogen der *Schwarzwasserbrücke in der Schweiz* (Abb. 10) paßt vorzüglich zu der feinen Landschaft, trotzdem er viel weiter gespannt ist (114 m) als die vorige Brücke (80 m).

Ein Bauwerk soll niemals aufdringlich sein, das heißt, es soll zur Umgebung, in der es sich befindet, in angemessenem Verhältnis stehen. Natürlich ist dabei zu berücksichtigen, was es leisten soll. *Wenn mit einem höherwertigen Baustoff ein leichteres Aussehen erzielt werden kann und dieses mit Rücksicht auf die Umgebung erwünscht ist, dann soll man vom ästhetischen Standpunkt aus den höherwertigen Baustoff wählen.*

Abb. 10

Für *größte Spannweiten* kommt im Brückenbau nur der Stahl in Betracht und es wird sich dann auch mit diesem Baustoff ein starkes Hervortreten des Bauwerkes nicht vermeiden lassen. Größte Spannweiten wird man ja aber schon aus Gründen der Sparsamkeit nicht ohne Not ausführen, also auch nur in großer Umgebung. Wenn ein breiter Strom oder ein Meeresarm in *einer* Spannung übersetzt werden muß, dann darf man nicht ängstlich das Verhältnis zu einer vielleicht zarten Uferlandschaft abwägen. Das Beherrschende ist hier die mächtige Wasserfläche. Schon diese läßt die Landschaft zurücktreten und die Brücke muß in ihrem Verhältnis zur Wasserfläche beurteilt werden. Wenn man sich erinnert, wie mächtige Hochwässer wiederholt kleinere Brücken weggeschwemmt haben und wie die einen Meeresarm übersetzende Brücke über den Firth of Tay seinerzeit auf 1000 m Länge mit einem vollbesetzten Personenzug vom Sturm weggefegt wurde, dann werden selbst sehr gewaltige Brücken, wie die über den Firth of Forth, durch die sichere

Ruhe, mit der sie dastehen, ganz anders beurteilt werden. Man stelle sich diese Brücke nur in dem durch einen heftigen Orkan hochwogenden Meer vor! Man würde heute eine solche Brücke gewiß anders gestalten und die Stäbe schlanker ausbilden können.

Gewaltig wird sie aber trotzdem ausfallen, und das ist bei solcher Spannweite und unter solchen Verhältnissen ihr gutes Recht.

Es ist nicht möglich, im Rahmen dieses Aufsatzes auf die *verschiedenen Tragwerksformen* näher einzugehen. In Fachwerk lassen sich schöne Brückenbilder auch mit der Bogenform erzielen, wie dies Abb. 1 und 3 beweisen. Abb. 11, die *Moselbrücke bei Wehlen*, zeigt eine neuere sehr glückliche Zusammenfügung von Bogen- und Parallelfachwerk, wie sie schon früher bei den Rheinbrücken von Remagen, Engers und Rüdesheim angewandt wurde. Das leichte, nichts verdeckende Fach-

Abb. 11

werk paßt sich wunderbar in die ebenso feine zarte Landschaft ein. Die einzige Art von *vollwandigen Bogenträgern*, die auch bei größerer Stützweite nicht drückend wirkt, ist der *Stabbogenträger*, der leider recht selten verwendet wird. Die *Eiderbrücke bei Friedrichstadt*, mit Öffnungen von 106 m Spannweite und nur 2,3 m hohen, nicht über Geländerhöhe ragenden Versteifungsträgern sowie die schon früher gebrachte Abb. 8 sind Beispiele hiefür. Die letztere Brückenform dürfte auch für *städtische Brücken* mit Fahrbahn unten die einzig geeignete Art eines vollwandigen Bogens vorstellen, da der Stabbogen natürlich schlanker ausfallen kann als der auch auf Biegung beanspruchte Bogenträger. Für städtische Brücken spielt ja die Nahansicht und der Inneneinblick eine weit größere Rolle als für Brücken in der freien Landschaft, anderseits aber ist in der Regel bei ersteren die erforderliche Breite viel größer und die Belastung schwerer. Daher muß man hier ganz besonders bestrebt sein, Tragwerksformen anzuwenden, deren über die Fahrbahn ragende Teile so schlank als möglich werden. Der neu in den Brückenbau

eingeführte Siliziumstahl wird dieses Bestreben noch fördern. Für kleine Spannweiten sind bei städtischen Brücken auch gewöhnliche Balkenfachwerksträger
gut brauchbar. Aus Abb. 12 ist zu erkennen, daß die *alte Weserbrücke in Bremen*
sehr gut ins Stadtbild paßte. Die *Sandbrücke in Breslau* (Abb. 13) zeigt
ebenfalls gutes Zusammenstimmen mit der Umgebung und es muß zu beiden
Brücken bemerkt werden, daß die Mehrstrebigkeit, die eine reichere Gliederung
ergibt als die einfachen Strebenzüge der modernen Balkenfachwerke, solange
noch gute Durchsichtigkeit des Fachwerkes vorhanden ist, durchaus nicht
als Nachteil in ästhetischer Beziehung zu werten ist. In neuester Zeit hat
man in Meißen über die Elbe einen Parallelträger in Doppelfachwerk mit
sehr gutem Erfolge ausgeführt. Da gekreuzte Streben im Verein mit Ständern

Abb. 12

auch statisch einwandfrei sind (sehr geringe Nebenspannungen), ist eigentlich von
keiner Seite etwas gegen diese Anordnung einzuwenden.

Bei städtischen Brücken sind vom schönheitlichen Standpunkt aus langstrebige Fachwerke ganz besonders zu vermeiden, weshalb Balkenträger nur bei
kleinen Stützweiten in Frage kommen und mehrstrebige Fachwerke besser sind
als solche mit einfachem Strebenzug, da die volle Strebenlänge bei ersteren nicht
so in die Erscheinung tritt wie bei letzteren. Ganz besonders ist dies beim *Rhombenfachwerk mit Ständern* der Fall; die Wirkung der Kurzstrebigkeit geht hier Hand
in Hand mit statischer Bestimmtheit, so daß es sich vielleicht von allen Balkenfachwerken am besten für städtische Brücken eignet. Ein solches Tragwerk zeigt
die *Innbrücke der Mittenwaldbahn* bei Innsbruck (Abb. 14).

Die schönsten Brücken sind anerkanntermaßen die *Hängebrücken* und zwar
sowohl in der Stadt als in der Landschaft. Leider sind sie nicht immer ausführbar
und bei kleinen und mittleren Stützweiten sehr teuer im Verhältnis zu anderen
Tragwerksarten. Auch ist nicht jede Hängebrücke schön. Es ist ein bestimmtes
Verhältnis der drei Öffnungen zueinander notwendig, am besten 1 : 2 : 1. Hänge-

brücken mit bloßen Rückhaltgliedern sind wegen der Kleinheit der Seitenfelder und auch wegen des Fehlens der Hängestangen in diesen schon weniger schön. Da über die ästhetische Wirkung gut ausgebildeter Hängebrücken von keiner Seite ein Zweifel erhoben wird, soll hier nicht weiter darauf eingegangen werden. Es sei

Abb. 13

nur noch bemerkt, daß den Hängebrücken am ähnlichsten die dreigurtigen Gerberträger gestaltet werden können. Meistens ist sogar der Obergurt in seinem *ganzen* Verlauf parabolisch wie die Kette einer Hängebrücke geformt, so daß die äußerliche Übereinstimmung mit einer solchen eine sehr vollkommene sein kann.

Abb. 14

Die Beschäftigung mit ästhetischen Fragen in Ingenieurkreisen nimmt in erfreulicher Weise zu. An den Hochschulen aber sollte schon der Grund dazu gelegt werden. Vorlesungen über Ästhetik, von *einer* Person gehalten, sind gewiß nicht das Richtige, da niemand sich so tief mit verschiedenen Richtungen des Ingenieurbaues beschäftigen kann, als es notwendig ist, um vor schiefen Urteilen sicher zu sein. Es ist ja z. B. sehr leicht, zu sagen, daß in irgend einem Fall eine Hängebrücke schöner gewesen wäre. Man muß auch abschätzen können, ob sie überhaupt möglich war. Das kann aber nur der Brückenfachmann allein, und so wird es wohl das beste sein, wenn jeder Fachprofessor sich gründlich mit der Ästhetik in seinem Fache befaßt und zu seinen Schülern darüber spricht. Diese werden dann nicht nur das einseitige Urteil *eines* Mannes kennen lernen, sondern verschiedene Ansichten hören und dadurch, frei von Dogmenglauben, mehr zu selbständigen Urteilen angeregt werden.

----

# Über die Kunst Tragwerke zu bauen

### Von Professor **Otto Linton**, Stockholm

Was eine tragende Konstruktion ist, wissen ja alle, aber der Begriff *Kunst* wird häufig einseitig aufgefaßt und deshalb in seiner Bedeutung beschränkt.

In der Regel wird z. B. nur Hausbaukunst als Architektur angesehen, nicht weil auf diesem Gebiete die Kunstwerke, sondern die Häuser so zahlreich sind. Ganz allgemein betrachtet, ist Architektur gleichbedeutend mit dem allseitig harmonischen Ordnen von Gegenständen auf, über und unter der Erdoberfläche an und für sich und in Beziehung zu der Umgebung.

Kunst ist Organisation, aber eine Organisation, die allseitig und also von höherer Ordnung ist.

Wissenschaft ist auch Organisation. Folglich besteht kein grundsätzlicher Unterschied zwischen Kunst und Wissenschaft.

Kunst ist eine so große Leistung, daß es eine kleine Kunst nicht gibt.

Künstlerisch wirksam zu sein bedeutet, Mitmenschen zum Mitschwingen in einer Gedanken-, Ton-, Form- oder Farbenwelt anregen zu können.

Künstlerisch fühlen zu können bedeutet, auf solche Schwingungen zu reagieren.

In der Baukunst muß der Künstler es verstehen, die Bezahler, Benutzer und Beschauer des Kunstwerkes sich auf die verschiedenen Wellenlängen des Künstlers selbst automatisch einstellen zu können.

Bauten müssen sozial, wirtschaftlich, theoretisch, praktisch, technisch und ästhetisch organisiert werden, um sich zur Baukunst erhöhen zu können.

Sie müssen in jeder Hinsicht zum Benutzen, Kaufen, Tragen und Sehen *brauchbar* sein. SCHOPENHAUER hat als Knabe anläßlich der Beurteilung der landschaftlichen Wirkung von alten Häusern in Süd-Frankreich dies erschöpfend ausgedrückt, wenn er sagte:

*„Zu sehen sind diese Dinge freilich schön, aber sie zu sein ist ganz etwas anderes."*

----

Hier handelt es sich eigentlich nur um besondere Bauwerke, ja sogar nur um Teile von Bauwerken, nämlich tragende Konstruktionen. Die Ingenieure, die sich damit befassen, denken meist nur an die statische und rechnerische Seite des Problems. Sie meinen, es kommt in erster Linie darauf an, Hilfstruppen von Widerstandskräften in geeigneter Weise zu mobilisieren, um der Schwerkraft in ihrer verschiedenartigen Wirkungsweise standhalten zu können.

Wenn man von einer *„unsozialen"* Brücke spricht, so wird man gewöhnlich nicht gleich verstanden. Solche Undinge sind aber vorgeschlagen worden, ja sie existieren sogar.

Der dänischen Staatsbahnverwaltung wäre es beinahe gelungen, über den kleinen Belt eine so schmale Brücke zu schlagen, daß nur die Eisenbahnzüge Platz bekamen, und die lästigen Konkurrenten der Eisenbahn, die Kraftwagen, ausgeschaltet worden wären.

Die bekannte Skuru-Brücke in der Nähe von Stockholm ist absichtlich so schmal gebaut worden, daß Straßen- oder Vorortbahnen nicht hinübergeführt werden können. Hier haben autokratische Reedergesichtspunkte mit Hilfe von Geldzuschüssen über demokratische Verkehrsforderungen gesiegt.

Die wirtschaftliche Organisation muß mehr und mehr in den Vordergrund treten: im Entwurf, im Bau und im Betrieb. Sie braucht jedoch nicht mit der architektonischen und ästhetischen Organisation in Konflikt zu stehen. Die Architekten bauen niemals so schön, als wenn sie zu kleine Bauanschläge haben, und niemals so häßlich, als wenn das Baugeld im Überfluß vorhanden ist.

Die Wahl von Material, System und Spannweite hat großen Einfluß auf die Wirtschaftlichkeit einer tragenden Konstruktion. In Stockholm hat man z. B. durch fehlerhafte Wahl zwischen schwimmenden und festen Bauformen für die Lidingö-Brücke sieben Millionen Kronen verschwendet.

Theorie und Praxis sind nicht Gegensätze, sondern man kann ruhig sagen, daß nichts so praktisch ist als eine richtige Theorie.

Die ästhetische Wirkung einer Konstruktion liegt nicht in der Erfüllung von rein ästhetischen Bedingungen, sondern in der überzeugenden Sprache des Bauwerkes, daß *alle* einwirkenden Verhältnisse eine überlegene Berücksichtigung gefunden haben. Die zu überwindenden Bauschwierigkeiten dürfen im Bauwerke nicht *abgebildet* werden.

Die Konstruktionsmaterialien: Holz, Naturstein, Kunststein (z. B. Ziegel und Beton), Eisen und Eisenbeton haben alle ihre Berechtigung, und allgemein gesehen, kann kein Material vor dem anderen bevorzugt werden. Selbstverständlich lassen sich in Einzelfällen gewisse Materialien ohne weiteres von vornherein ausschalten, wie z. B. Eisenbeton für eine Klappbrücke oder für die Kabel einer Hängebrücke, was aber merkwürdigerweise doch nicht ausschließt, daß solche Konstruktionen vorgeschlagen worden sind.

Bedeutende Statiker und Konstrukteure haben lange geglaubt, daß es hauptsächlich darauf ankäme, Systeme mit dem kleinsten Materialverbrauch zu erfinden. Welche abschreckende Beispiele dadurch geschaffen worden sind, wissen ja alle: Fachwerke mit nur gezogenen Diagonalen z. B. Nunmehr sieht man klarer und wir wissen, daß — überschlägig betrachtet — ein Produkt von zwei veränderlichen Größen: Gewicht bzw. Masse und Einheitspreis ein Minimum sein soll, ähnlich wie es z. B. im Theaterbetriebe der Fall ist, wo das Produkt von Platzpreisen und Zuschaueranzahl ein Maximum sein soll.

Dieser Gesichtspunkt hat zu einer allgemeineren Verwendung von massiven Eisenkonstruktionen anstatt Fachwerken geführt.

Man ist nunmehr zur Einsicht gekommen, welcher Selbstbetrug es ist, eine sogenannte innerlich statische Bestimmtheit anzustreben. Das einzige, was *bestimmt* ist, liegt darin, daß solche Systeme nur als Fiktionen existieren.

Die schwierigsten, statisch unbestimmten Systeme lassen sich mit Hilfe von Modellmessungen leicht experimentell untersuchen. Diese Berechnungsmethode hat den großen Vorzug, daß sie immer durchführbar ist und für schwierige Aufgaben nicht viel mehr Zeit und Arbeit erfordert als für leichte.

Für tragende Systeme sowohl als für alle Bauten, die überhaupt entwicklungsbar sind, geht die richtige Entwicklung im Zeichen der Vereinfachung.

Sehr wichtig ist es, den richtigen Maßstab festzulegen, sowohl statisch als auch architektonisch.

Viele Brücken sind deswegen verfehlt, weil die Wahl des Systems nicht im Einklange mit der Spannweite steht. Hänge- und Bogensysteme sind zur Überbrückung von kleinen Spannweiten verwendet worden, weil das klare und gemeinverständliche Balkensystem als zu „einfach" angesehen wurde.

Durchlaufende Balkenträger unter der Fahrbahn — am besten aus DiP-Profilen, ein- oder mehrstöckig angeordnet — und, wenn der Baugrund tief liegt, von Pendelstützen auf Duc-d'Albe-Pfahlfundierungen unterstützt, führen zu Brückensystemen, die sich besonders für lange und breite Straßenbrücken eignen.

Wünschenswert wäre, wenn auch halbe DiP-Träger — senkrecht oder wagrecht geteilt — gewalzt würden.

------------

Eine Brücke ist schön, wenn sie in der besten Lage ihre in geeignetster Weise gewählte Verkehrsaufgabe in *jeder* Hinsicht am besten erfüllt.

In erster Linie kommt es nicht so sehr auf die Schönheit der Brücke selbst an, als vielmehr auf ihr Zusammenwirken mit der Umgebung. Stellenweise zerstreute Architektur — auch wenn sie an und für sich gut ist — wirkt verunzierend, wenn sie die Einheit und den Zusammenhang zersprengt.

Im Verkehrsproblem ist Brückenbau eine Aufgabe zweiter Ordnung. Um die beste Brücke bauen zu können, muß erst die geeigneteste Verkehrsart und die vorteilhafteste Brückenlage bestimmt werden. Dazu gehört Verkehrstechnik und in bebauten Orten auch Stadtbaukunst. Dann erst beginnt der eigentliche Brückenbau. Um die beste Brücke für die geeigneteste Verkehrskombination und in der besten Brückenlage bauen zu können, braucht man Brückenbaukunst.

Ich ziehe eine scharfe Grenze zwischen Brückenbau und Brückenbaukunst. Brückenbau ist die Tätigkeit in irgend einer Weise einen Weg von Ufer zu Ufer zu bauen. Die Hauptsache ist: *hinüberzukommen*. Diese Tätigkeit ist berechtigt, wenn eine Brücke improvisiert werden soll, z. B. wenn der Feind kommt. Brückenbaukunst legt aber das Hauptgewicht auf die Art und Weise, in welcher man „hinüberkommt".

Das Bestreben der Brückenbauer muß sein: Brückenbau zur Brückenbaukunst zu erhöhen.

------------

Die Art der Belastung hat keine prinzipielle Einwirkung auf die Berechnung und Ausbildung einer tragenden Konstruktion.

Ein Knotenpunkt aus einem gewissen Material bleibt ein Knotenpunkt, ob er zu einer Brücke oder einem Dachstuhle gehört.

Die Hochbauaufgaben sind reicher und mannigfaltiger als die Brückenprobleme. Die letzteren sind aber in der Regel größer und mehr umfangreich. Für eine Brücke z. B. ist die Planlösung gewöhnlich gegeben, für ein Haus aber sehr veränderlich und bearbeitungsbar. Der Plan konstituiert sogar das Haus.

Die Architekten *bauen* und die Ingenieure *rechnen* und *konstruieren*, dies ist ein Schlagwort geworden. Zur Hälfte ist es wahr, zur Hälfte unwahr. Der logische Fehler liegt darin, daß man überhaupt nicht *bauen* kann, ohne zu *rechnen*. Das *Bauen* schließt nämlich alle Arbeitsvorgänge ein, die notwendig sind, um Baukunst zu schaffen.

Auf der untenstehenden Abbildung habe ich schematisch gezeigt, wie ich mir die Organisation für den Entwurf einer tragenden Konstruktion denke.

Man beginnt, als ob man *nur* Architekt wäre, arbeitet dann eine Zeit sowohl als Architekt und Ingenieur und schließt das Werk als Ingenieur ab. Es ist die *Wechselwirkung* zwischen den beiden Arbeitsweisen, die besonders wertvoll ist.

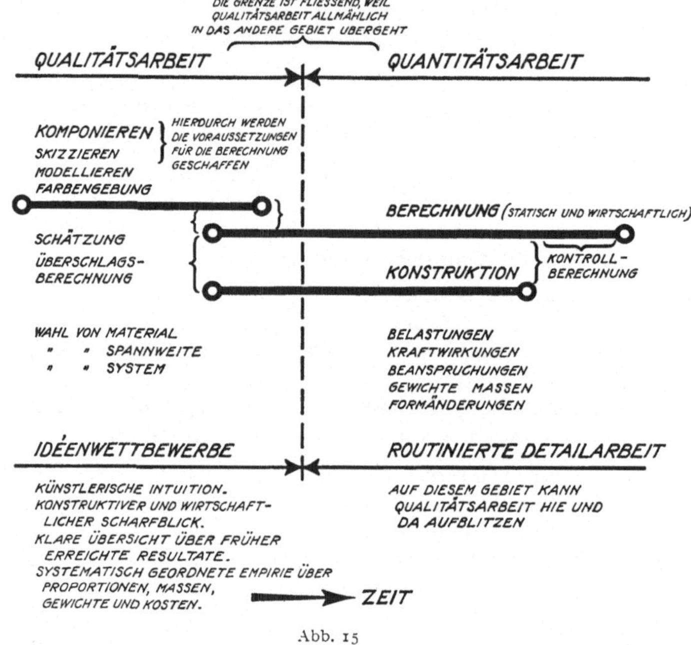


Abb. 15

Gemäß dem oben skizzierten Inhaltsverzeichnis werde ich auf dem Kongreß das Thema mündlich und bildlich weiter entwickeln, und zwar hauptsächlich mit skandinavischen Verhältnissen als Ausgangspunkt.


## Diskussion

*Die Diskussion wird von Prof.* LINTON *durch folgenden Vortrag eingeleitet:*
*Prof.* LINTON *introduces the discussion with the following statements:*
*La discussion s'ouvre par la communication suivante de M. le Professeur* LINTON:

### Vom Tragwerkbau zur Tragwerkbaukunst

Mir ist die Aufgabe gestellt worden, über die künstlerische Gestaltung von Tragwerken möglichst kurz zu berichten. Das schriftliche Referat habe ich schon programmäßig erledigt und werde nun in höchstens einer halben Stunde den Inhalt mündlich erweitern unter Vorführung von Lichtbildern. Ich tue dies in einer Sprache, die hoffentlich an das Deutsche erinnert.

*

In der Baukunst gibt es leider zwei verschiedene Hauptrichtungen: die *komponierende* und die *konstruierende*; die *sachlich unnüchterne* und die *nüchtern sachliche*. Diese vertritt die Ansicht, daß *ein schöner Betrug doch schön ist*, und jene meint, *daß ein schöner Betrug doch ein Betrug ist*.

Leute, die Baukunst ausüben, sind auch in zwei Klassen geteilt: Architekten und Bauingenieure. Die Bauherren sind so gut erzogen, daß sie glauben, wenn sie *schön*, bzw. *nützlich* bauen wollen, so müssen sie sich an Architekten, bzw. an Bauingenieure wenden. Auch hier muß aber der Klassenunterschied aufgehoben werden. Es sollte nur eine Klasse von Bauleuten vorkommen: die *richtig*bauende.

Die Stärke der Architekten liegt teilweise darin, den Bauingenieuren eingebildet zu haben, daß nur Architekten schön bauen können, und Bauingenieure sind meistens artige Leute, die es gewöhnlich glauben.

Statt dessen sollten sie beginnen, die Architekturwerke zu analysieren und zu kritisieren. Dann würde man bald zur Einsicht kommen, wie gründlich viele Architekten die Architektur mißverstanden haben. Häuser, die an Architektur erinnern, kommen seltener vor als solche, die es nicht tun.

Neue Bauwerke sollten *besprochen* und nicht nur *beschrieben* werden, wie es z. B. mit Literatur und Schauspielkunst der Fall ist. Die üblichen Architekturbeschreibungen vom Meister selbst oder von seinem guten Freund aus dem lieben Kreise haben höchstens Bedeutung als Sammelstelle oder Abladeplatz von Fakta, die aber kritisch bearbeitet werden müßten um höheren Wert zu bekommen. Am besten sollten Bauingenieurwerke von Architekten und Architekturschöpfungen von Bauingenieuren besprochen werden, damit die beiden Klassen von Bauleuten gegenseitig auf ihre Erziehung einwirken könnten, um zum Schlusse in einen Begriff zusammenzuschmelzen.

Dieses neue Arbeitsfeld ist sehr reich und umfassend. An vielen Orten gibt es nämlich keine Grenze für die Lieferungsfähigkeit, wenn es darauf ankommt herrliches Material für kritische Baustudien heranzuschaffen.

*

Die neue Auffassung der Baukunst muß erst die technischen Hochschulen erobern, da man ja mit der Jugend beginnen muß.

An den technischen Hochschulen, die ich kenne, herrscht eine bedauerliche Trennung zwischen dem, was Baukunst wirklich ist, aber nicht immer wird, und dem, was Baukunst genannt wird, aber nicht immer ist, und damit auch unter deren Vertretern: den Bauingenieuren und den Architekten. Man hat zu viele Spezialfächer, und das, was einig sein sollte, wird zersplittert. Meinetwegen könnten die Lehrfächer bis auf 5 eingeschränkt werden: Das Lesen, Schreiben, Rechnen, Zeichnen und das Untersuchen. Dies ist selbstverständlich prinzipiell gemeint und übertrieben gesagt, aber wer diese 5 Fächer überlegen beherrscht, kann ruhig und mit Erfolg selbständig in einem Ingenieurfach arbeiten.

Wenn nicht die mitleidsvolle Vergeßlichkeit wäre und als Sicherheitsventil wirkte, so würde immer die Überladung mit Kenntnissen eine Hemmung sein. Maschineningenieure und Schiffbauer haben, infolge ihrer Ungebundenheit an Überlieferungen und entzückender Unwissenheit in der Stillehre, hervorragende Kunstwerke geschaffen. Für neuzeitliche Architekten sind tiefgehende archäologische Kenntnisse manchmal das sicherste Vorbeugungsmittel gegen das Schaffen lebender Architektur.

An den technischen Hochschulen sollte man mehr Gewicht auf *Unterricht in Übersicht* legen als es gewöhnlich der Fall ist. Die Einzelheiten haben in diesem Zusammenhange weniger Bedeutung. In der Begrenzung zeigen sich nicht die

Meister, sondern die meisten. Es ist viel besser, den richtigen Gebrauch von Büchern zu beherrschen, als zu versuchen, sich an deren Inhalt zu erinnern.

Die Arbeitsweise muß auch an den technischen Hochschulen *rationalisiert* werden. Zeit und Arbeitskraft müssen *rationiert* werden. Auch die Bauformen müssen — im Zeichen der Vereinfachung und Standardisierung — sowohl rationalisiert als rationiert werden.

Das Geheimnis der Baukunst ist: so wenig wie möglich zu tun — mit Geschmack!

*

Durch das erste — auch in der Kongreßschrift veröffentlichte — Schema (Abb. 15) habe ich zeigen wollen, wie ich mir die Arbeitsweise beim künstlerischen Entwerfen von Tragwerken denke. Für den Bauingenieur liegt die Gefahr nahe, daß er zu früh mit der Berechnung und der Detailkonstruktion beginnt. Junge, nur theoretisch eingestellte Herren glauben oft, daß alles im Leben durch Gleichungen ausgerechnet werden könne.

Wenn es zu lange dauert, diesen Irrtum zu beseitigen, so pflege ich die berühmte Methode der „*Hütte*" für die Berechnung der erforderlichen Plätze in einer Kirche vorzutragen.[1] Trotz des Genauigkeitsgrades dieser Berechnungsmethode, die sich bis zur dritten Dezimale erstreckt, ist das Verfahren nur bis zur 19. Auflage der „Hütte" aufgenommen worden,  seitdem der Münchener Simplizissimus Interesse dafür gezeigt hat.

Nichts kann berechnet werden, ehe man was zu berechnen hat. Die Voraussetzungen der Berechnungen sind häufig viel schwieriger aufzustellen als die Berechnung selbst. Die Voraussetzungen werden durch die Arbeitsweise der Architekten geschaffen, und die Berechnungen durch die der Bauingenieure.

Das allseitige Entwerfen von Tragwerken sollte am besten von *einer* Person gemacht werden: von einem Bauingenieur, der imstande ist architektonisch zu denken, oder von einem Architekten, der konstruktiv eingestellt ist und nicht das Objektiv des Verstandes durch den Schleier des Gefühls abgeblendet hat.

Wenn der Arbeitsverlauf sich nicht in einem Gehirn entwickeln läßt — was leider oft die Regel ist — so kann er als dürftiger Ersatz von *einem* Bauingenieur und *einem* Architekten, die sich gegenseitig verstehen, ausgeführt werden.

*

Eine grundlegende Einzelheit im Tragwerkbau, die für Architekten sehr fremd ist und auch von Bauingenieuren meist vernachlässigt wird, ist die Fachwerkkomposition. Durch drei Bilder mit zugehörigen Notizen werde ich einige hiermit zusammengehörende Gesichtspunkte andeuten (Abb. 16 und 17).

Auf das Aussehen eines Fachwerkes wirkt Folgendes ein: die Umrißform und deren Ausfüllung; die Länge, Breite und der Anschlußwinkel der Stäbe; die Silhouette, d. h. das Verhältnis zwischen den Fachwerköffnungen und der ganzen Umrißfläche sowie auch die Überschneidungen der Stäbe in perspektivischen Ansichten.

Wie ein Karikaturzeichner durch wenige Striche Gesichtszüge gewaltig verändern kann, so bekommen auch Fachwerkgebilde durch scheinbar unbedeutende Linienveränderungen ganz verschiedene Ausdrücke. Ein oppositionelles Standhalten gegen die Belastung und eine resignierte Unterjochung unter dieselbe lassen sich durch die Fachwerkform leicht illustrieren (Abb. 18).

*

---

[1] Siehe „Hütte", Teil II, 19. Aufl. Seite 98.

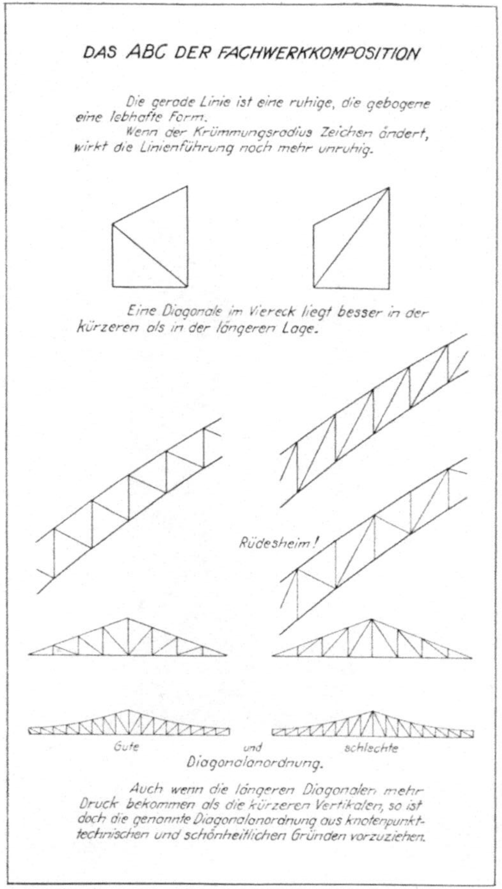

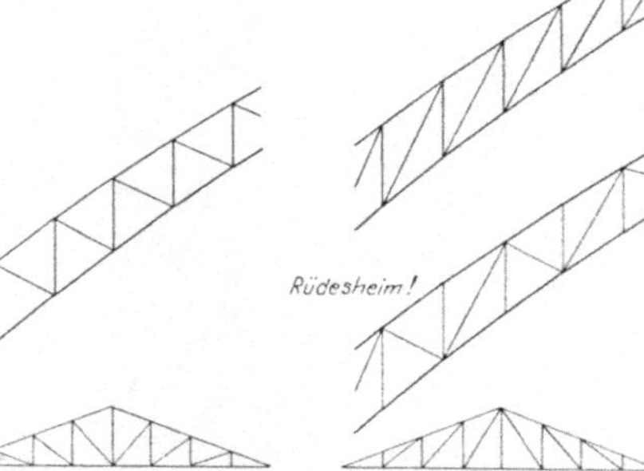
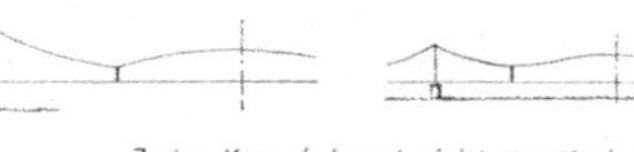
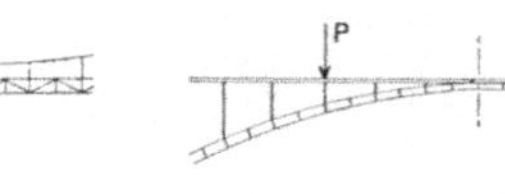



Abb. 16. Komposition von Fachwerk

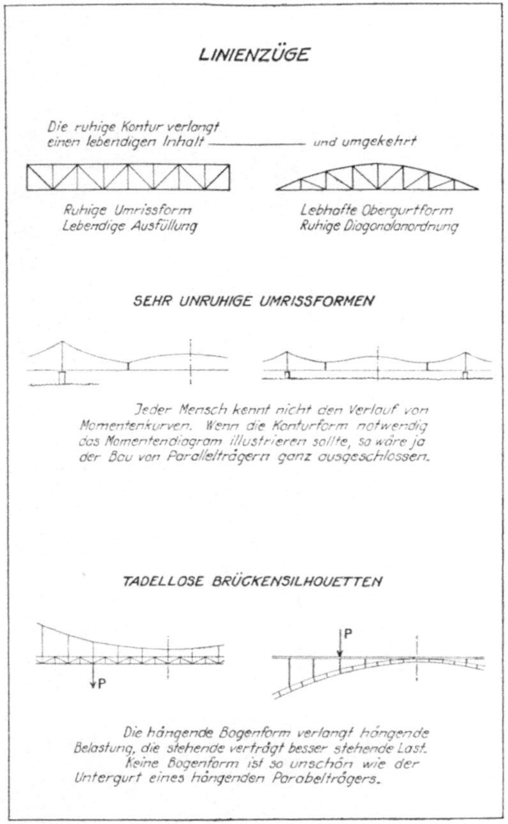

Abb. 17. Komposition von Fachwerk

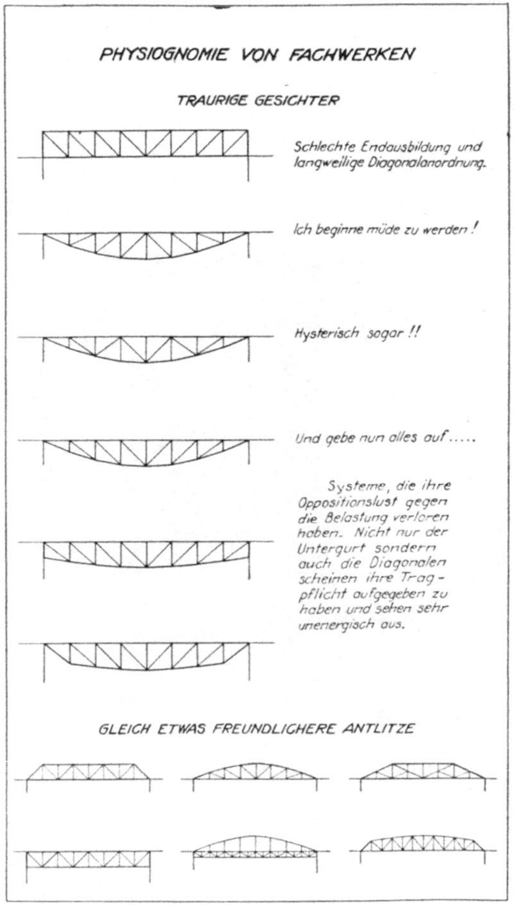

Abb. 18. Komposition von Fachwerk

Abb. 19. Dies ist nicht die Grabkapelle eines Waldfriedhofs, sondern das neue Affenhaus im Stockholmer Zoologischen Garten

Abb. 20. Eingang zur Kinderbibliothek der Stadt Stockholm

Abb. 21. Eingang zum „Long Legs Club" in Stockholm

Abb. 22. Herrlich mißverstandene Ausbildung eines Bruckenpfeilers in Trollhattan, wo der schwedische Neptun für 10.000 Kronen skulpturell beleidigt worden ist

Der Konflikt zwischen Inhalt und Form, von dem die Architekten so viel sprechen, ist nicht ungewöhnlich in ihren Arbeiten. Dies werde ich mit einigen Bildern verdeutlichen (Abb. 19, 20 und 21). Die Architekten suchen nicht immer die Wirklichkeitt, sondern sie streben auch merkbar nach wirkungsvollen Theatereffekten. Eine nunmehr übliche Formgebung besteht in der gewaltigen

Abb. 23

Abb. 24

Diese Bilder zeigen nicht das Arsenal in Piräus, sondern eine Reparaturwerkstatt fur Transformatoren in Trollhättan in Verbindung mit einem Stellwerk im Freien

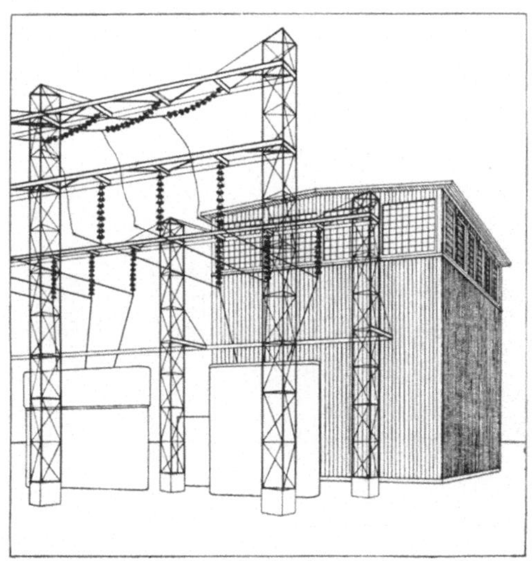

Abb. 25. Rationelle Lösung der Bauaufgabe in Abb. 23 und 24, ausgeführt als Anfängerarbeit im Hoch- und Eisenbau von einem Studenten an der Technischen Hochschule in Stockholm

Übertreibung der Maßverhältnisse durch Einführung von unmenschlichen Maßstäben. Portale in segelfreier Höhe werden für Kinderbibliotheken gebaut, und auch beim Wohnhausbau kommen sie vor. Wenn sich nicht die Architektur in dieser Hinsicht ändert, so müssen die Menschen größer gemacht werden, um den Maßstab wieder herzustellen.

Wenn Ingenieure plötzlich „künstlerisch" sein wollen, so fallen sie gewöhnlich in die Versuchung, die Kunst außerhalb des eigentlichen Werkes zu suchen und das

Gefundene an ihr Ingenieurwerk anzukleben. Ein Brückenpfeiler in Trollhättan (Schweden) ist ein köstliches Beispiel dieser Tätigkeit (Abb. 22).

Architekten und Ingenieure bauen jeder für sich, aber doch nebeneinander schlecht ausgebildete Eisenkonstruktionen und neuklassische Ziegelhäuser. Als

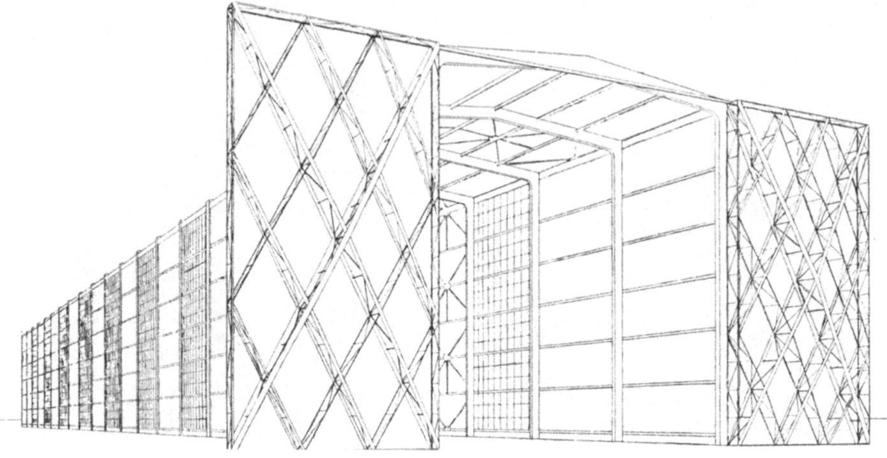

Abb. 26. Studentenentwurf fur eine Luftschiffhalle, ausgefuhr an der Technischen Hochschule in Stockholm

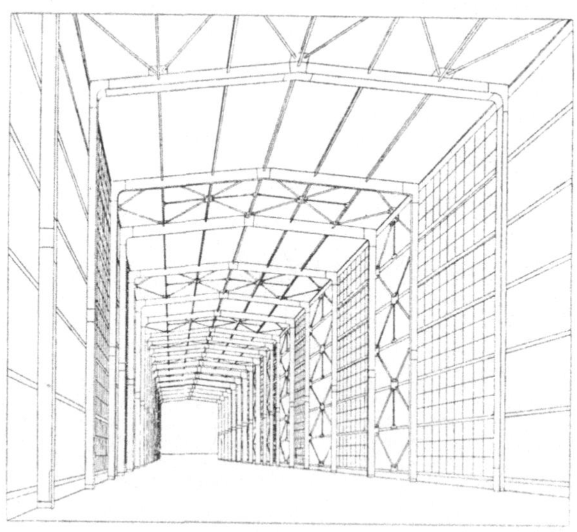

Abb. 27. Innenansicht der Halle in Abb. 26

Gegenbeispiel zeige ich eine rationelle Lösung des ganzen Bauproblemes: Haus und Eisenkonstruktion zusammen (Abb. 25).

*

Der Unterricht im Bau von Tragwerken ist an der technischen Hochschule in Stockholm mit dem Unterricht der architektonischen Formenlehre vereinigt, und zwar in der Weise, daß der Lehrer der letzteren Assistent im Tragwerkbau ist (Abb. 26 und 27).

Die Übungsaufgaben werden mit Vorliebe aus aktuellen Bauproblemen gewählt.

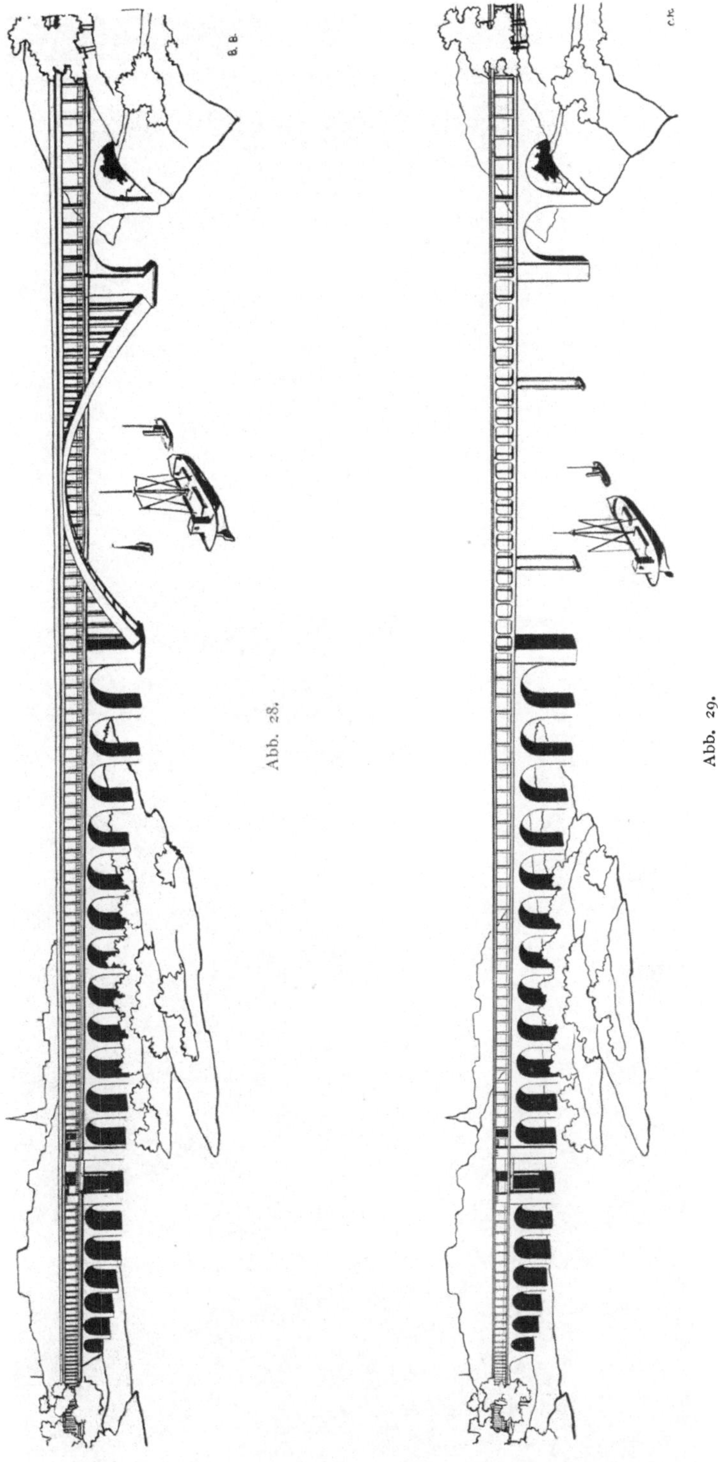

Abb. 28.
Abb. 29.

Abb. 30. Landstraßenbrücke über den Skuru-Sund bei Stockholm. Das massive Geländer verrückt die Silhouettenwirkung der Brücke. Sie wirkt optisch als breiter Balken, durch dünne Stabbogen abgesteift. Es sind zu viele Konstruktionselemente: die Zwischenpfeiler stehen zu dicht aneinander; der Mittelbogen ist am besten, aber die Seitenbögen sind unschön und hätten besser durch gerade Balken ersetzt werden können

Besonders lehrreich sind Wettbewerbe und positive Kritik von ausgeführten Bauten. Über diese Tätigkeit der Hochschule habe ich mehrere Bilder, von denen Abb. 28 und 29 wiedergegeben seien.

*

Von großen Eisenbetonbogenbrücken gibt es in Schweden zwei, die besonders erwähnenswert sind: die Straßenbrücke über den Skuru-Sund und die Eisenbahnbrücke über den Öre Älv (Abb. 30 und 31).

Abb. 31. Die Eisenbahnbrücke über den Öre Älv in Schweden. Theoretische Spannweite des großen Gewolbes = 90,7 m. Dünne Fahrbahnwirkung und geringe Anzahl von Zwischenpfeilern, die in der Querrichtung nicht aufgelöst, sondern massive Wände sind

Abb. 32. Eine traurige Geschichte: Entwurf eines Hafeningenieurs für eine Brucke über den Limfjord in Dänemark. Internationales Potpourri von preisgekrönten und angekauften Wettbewerbsentwürfen

Eine eigenartige schwedische Brückenkonstruktion ist die Pontonbrücke über den Traneberg-Sund, wo — soviel ich weiß — zum erstenmal Bodenverankerungen durch einen Windverband mit der Brückenlänge als Spannweite ersetzt worden sind.

*

Die Anordnung von Wettbewerben ist ein gutes Mittel zur Erhöhung der Baukunst, wenn sie als Ideenwettbewerbe angeordnet werden und man nicht zu viel Einzelheiten verlangt.

Außerdem müssen die Resultate gut ausgenutzt werden, was aber nicht immer geschieht. So war es z. B. der Fall mit über Limfjord-Brücke in Dänemark (Abb. 32), wo gute Wettbewerbsentwürfe ungeschickt verwendet wurden, um ein *eigenes* Projekt zusammenzusetzen. Es ist auch sehr „eigen" geworden. Jede Schwierigkeit des Baues ist im Fachwerkgebilde gewissenhaft ausgedrückt worden. Das Brückenbild

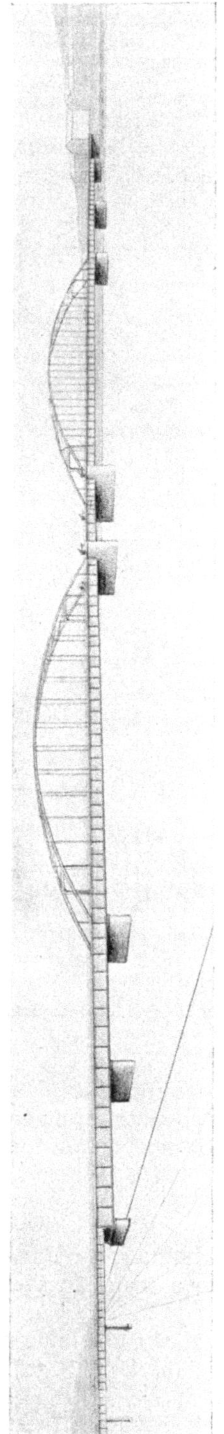

Abb. 33.  Entwurf vom Verfasser  fur lie  Limfjordbrucke

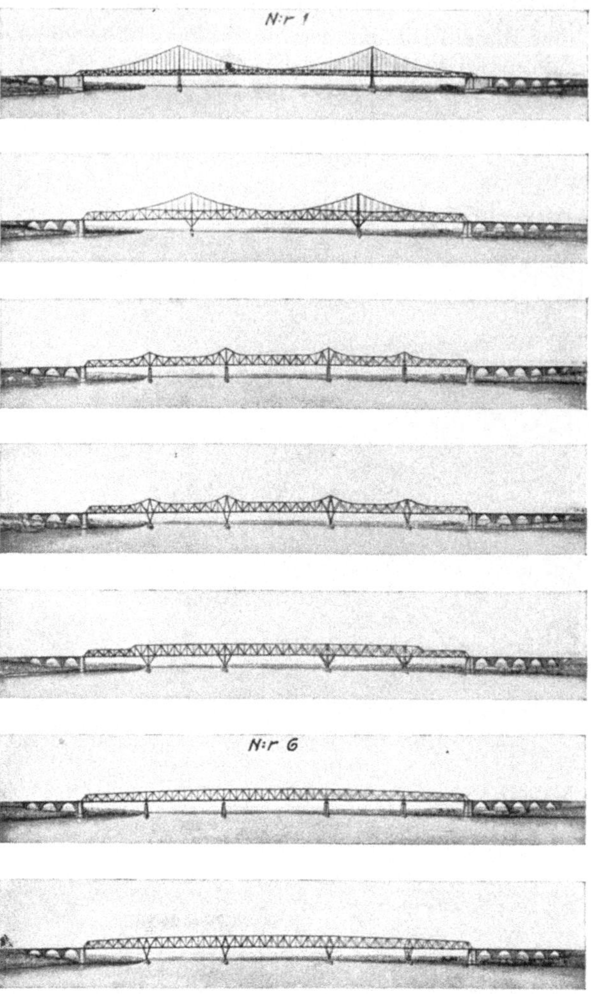


Abb. 34. Staatsentwürfe fur die Brücke über den kleinen Belt in Dänemark

erinnert an eine sehr schwierige Geburt, wo der Arzt nichts unversucht gelassen hat, so daß das Kind schwere Spuren von den Anstrengungen zeigt. Dem Entwerfer ist es gelungen, die einfachsten Aufgaben mit der allergrößten Schwierigkeit zu lösen (Abb. 33).

Mit Hilfe von einfachen, massiven Balkenträgern — die größeren nach LANGERscher Art abgesteift — läßt sich die Aufgabe gut lösen.

*

Das bisher größte Brückenproblem im Norden ist der jetzt bevorstehende Bau einer Brücke über den kleinen Belt in Dänemark.

Vier Jahre habe ich hier für kombinierten Verkehr: für Eisenbahn und Straßenbahn gestritten, aber erst im vorigen

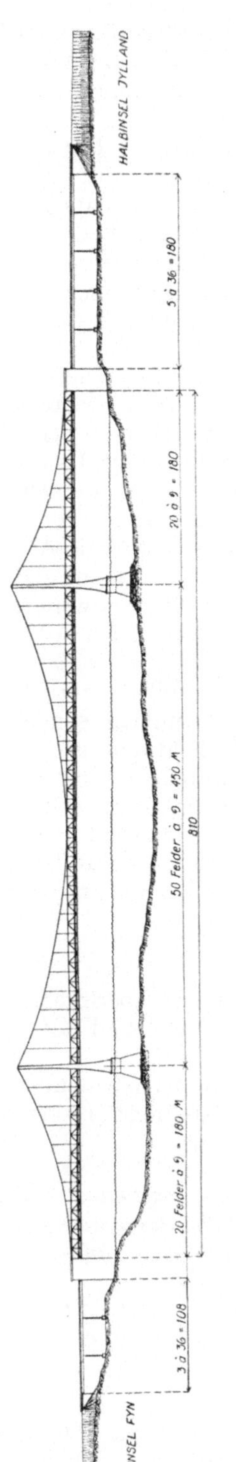

Abb. 35. Hängebruckenentwurf vom Verfasser für die Brucke uber den kleinen Belt

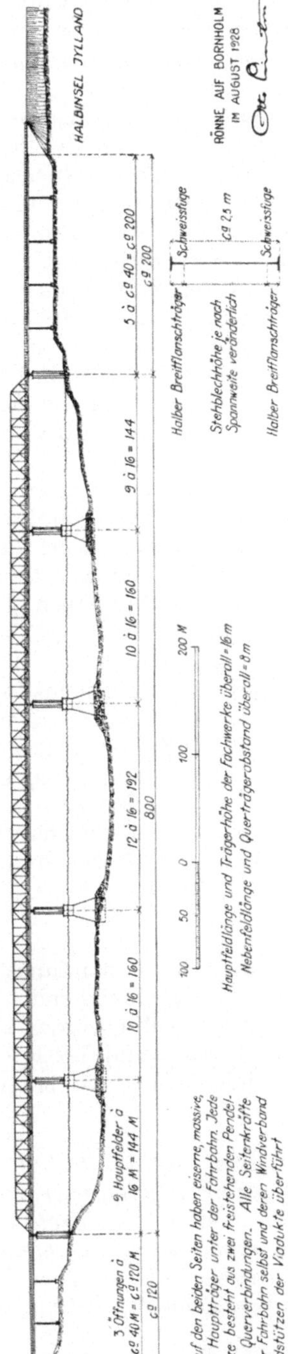

Abb. 36. Balkenbrückenentwurf vom Verfasser für die Brücke über den kleinen Belt

Jahre wurde der Reichstagsbeschluß, nur eine Brücke für die Eisenbahn zu bauen, aufgehoben, und der Bau einer kombinierten Eisenbahn- und Straßenbrücke beschlossen. Diese Brückenbauaufgabe habe ich eingehend studiert und zwei skizzierte Projekte ausgearbeitet, die ich hier rasch vorführe.

Von Seiten der dänischen Staatseisenbahnverwaltung liegen 7 Entwurfsskizzen vor, von welchen Nr. 1 ohne Zweifel große Vorzüge besitzt, weil nur 2 Strompfeiler vorkommen. Wenn aber mit Rücksicht auf die Gesamtkosten 4 Strompfeiler gebaut werden müssen, so ist der Entwurf Nr. 6 vorzuziehen (Abb. 34). Bedeutende Verbesserungen können aber daran vorgenommen werden. Der Entwurf ist in doppeltem Sinn uneinheitlich, und zwar weil über Wasser Eisen balkenartig schwebt und über Land Eisenbeton bogenförmig schwingt. Die Uneinheitlichkeit ist also sowohl eine baustoffliche als auch eine baustatische.

Die Viadukte lassen sich viel besser — wirtschaftlich und ästhetisch — als massive, durchgehende Balkenbrücken von höchstens 40 m Spannweite konstruieren. Die Zwischenstützen der Viadukte werden als freistehende Pendelpfeiler konstruiert, und alle Seitenkräfte werden von Windverbänden unter der etwa 17 m breiten Fahrbahn nach den Endstützen überführt. Auf diese Weise erhält man unter den Viadukten einen freien, schönen Durchblick, der nicht durch Eisenbetongewölbe und Wälder von Eisenbetonsäulen unterbrochen wird (Abb. 35).

Mein Hängebrückenentwurf hat eine Mittelöffnung von 450 m und 180 m Seitenöffnungen. Der Fachwerkträger hat 9 m Höhe, und die Feldweite ist auch überall 9 m. Die Viadukte haben 36 m Spannweite und überall gleich hohe Pendelstützen (Abb. 35).

Mein Balkenbrückenentwurf ist über dem Wasser als Konsolbalkenbrücke ausgebildet (Abb. 36). Es hat keinen Zweck den Obergurt zu krümmen, sondern es ist einfacher und schöner, Parallelträgerform zu wählen. Die Feldweite ist überall 16, bzw. 8 m und die Trägerhöhe beträgt 16 m, so daß die Hauptdiagonalen 1 : 1 neigen. Der Oberbau besteht aus 2 gleichen Konsolbalken von 160 m Spannweite und mit 48 m langen überragenden Armen. Die 3 eingehängten, einfachen Balkenträger sind auch einander gleich und haben 96 m Spannweite. Die Viadukte haben 40 m Spannweite, und deren Balken sind als halbe *DiP*-Träger mit zusammengeschweißtem Stehblech gedacht.

*

Die künstlerische Behandlung einer Bauaufgabe ist die überlegene Auslese einer Lösung, wo *alle* einwirkenden Bedingungen rücksichtsvoll und mit Liebe — je nach der Art — erfüllt worden sind.

Durch das Gesagte und Gezeigte hoffe ich nun angedeutet zu haben, auf welchem Wege nach meiner Ansicht der Tragwerkbau zur Tragwerkbaukunst erhoben werden kann.

*Nach diesem Vortrag Prof. LINTONS faßt auch Prof. Hartmann mit einigen Worten einige ihm wichtig erscheinende Punkte seines Referates zusammen.*

*After the discourse of Prof. LINTON, Prof. Hartmann also summarizes some points of his report which he thinks important.*

*Après la conférence de M. le Prof. LINTON, M. le Prof. Hartmann à son tour quelques points de son rapport qui lui paraissent partienlièrement importants.*

Prof. A. ENGELUND, Kopenhagen:

Die Schwierigkeiten bei einer Erörterung über die Ästhetik der Ingenieurbauten sind groß und vielartig. Eine von den fundamentalsten Schwierigkeiten ist aber diese, daß die Begriffe bezüglich der Ästhetik sehr unklar sind; bei vielen ist auch kein Versuch gemacht worden, eine Begriffsbestimmung aufzustellen. Man hat also bei diesen Erörterungen nicht nur die Schwierigkeiten, welche durch die subjektiven Verschiedenheiten entstehen, sondern auch diejenigen, welche aus nicht definierten Begriffen und aus fehlender Terminologie folgen.

In der Musik ist man bekanntlich erheblich weiter gekommen und hat verschiedene Gesetze und die mehr objektiven Regeln in eine Musiktheorie zusammengefaßt.

Über den relativen Wert der Schönheitseindrücke, die wir durch das Ohr empfangen, gibt es bedeutend kleinere Meinungsverschiedenheiten, als über den Wert derjenigen, welche wir durch das Auge empfangen.

Eine Verbesserung läßt sich sicher erreichen durch ein systematisches Studium derjenigen Eigenschaften bei den Elementen der Konstruktion und bei der Gesamtheit, welche bedingen, daß das Auge einen gefälligen Eindruck empfängt.

Die Eigenschaften müssen definiert und benannt werden.

Das gesamte ästhetische Gebiet ist nicht so gesetzlos, wie im voraus mancher zu denken geneigt ist.

Ich halte dafür, daß es beinahe völlig aussichtslos ist, die Ästhetik der Bauwerke zu besprechen, solange als man nur mittels einer Sammlung unklarer Vokabeln imstande ist, seine Meinung über die Angelegenheit Ausdruck zu geben. In den ausschlaggebenden Punkten versteht man sich nicht. Man kann etwas sehr Schönes erschaffen, ohne bewußt eine Schönheitslehre zu kennen, und dies kommt glücklicherweise täglich vor. Der Künstler hat dann nach unterbewußten Gesetzen und Regeln gearbeitet. Es handelt sich darum, so weit es sich tun läßt, diese Gesetze und Regeln klar formuliert in das normale Bewußtsein zu bringen. In dieser Weise muß es möglich sein, eine Grundlage zu schaffen, welche sich bei der Entscheidung über die Gestaltung und die Farbe eines Bauwerks verwerten läßt.

Eine derartige Lehre vom Schönen wird wohl nicht die schöpferischen Kräfte vermehren, läßt sich aber bei der Beurteilung des Geschaffenen verwerten.

Nur Wenige sind die Schöpferischen, jedermann aber richtet.


Prof. v. MECENSEFFY, München:

Der Herr Berichterstatter ist auf uns Architekten nicht besonders gut zu sprechen. Er behauptet, wir gingen bei der schönheitlichen Beurteilung von Ingenieurbauten ohneweiters nach denselben Regeln vor, die uns für unsere eigenen, d. h. wohl die Hochbauten, geläufig seien, während wir doch der Ingenieurbaukunst von heute mit ihren starken Anforderungen an Theorie recht ferne stünden. Er sieht in dieser Regelfremdheit der Beurteiler, ja überhaupt in dem Ungewohnten der Erscheinung, den Hauptgrund, daß gerade der Eisenbrückenbau auf die größten Widerstände stieß. Schließlich hält er uns den großen, zum Teil grundsätzlichen Meinungsstreit vor, der gegenwärtig sogar über die Gestaltung der Hochbauten tobt und keine Einheitlichkeit der Anschauungen erkennen läßt.

Ich will nicht leugnen, daß in alledem einiges Wahre liegt, glaube aber, daß Herr HARTMANN zu sehr verallgemeinert. Außerdem deucht mir, daß eines übersehen wurde: Jeder Baukünstler, ob Architekt oder Ingenieur, will künstlerisch wirken, d. h. nach Herrn LINTONS treffendem Leitsatz: „Mitmenschen zum Mitschwingen in seiner Formwelt anregen." Er muß aber doch denjenigen, auf die er wirken will, das Recht der Aussprache darüber zubilligen, ob und wie sie auf seine Anregung ansprechen; er darf dabei *nicht* als Vorbedingung fordern, daß jeder von ihnen auch die erlernbare Verstandesarbeit zu würdigen vermöge, die in jedem Werke der Baukunst reichlich steckt: Der Architekt nicht, daß jeder Nichtfachmann der großen

Leistung gerecht werde, die in der zwecklichen und konstruktiven Lösung selbst bescheidener Aufgaben des Hochbaues enthalten ist; der Ingenieur nicht, daß man seiner schwierigen Rechnungs- und Konstruktionsarbeit an einer Brücke zu folgen vermöge.

Anders freilich liegt die Sache, wenn es sich nicht um Beurteilung, sondern um Mitarbeit handelt. Herr HARTMANN hält nicht viel von der Leistung des Architekten an Brückenbauten, überhaupt von künstlerischer Kompagniearbeit. Letzteres ist im allgemeinen richtig, doch sind Ausnahmen nicht allzu selten; ich erinnere nur an die Erbauer des hiesigen Opernhauses, die *beide* hervorragende Künstler waren, nicht etwa der eine bloß Geschäftsmann. Erfolgreiche Zusammenarbeit zu künstlerischen Zielen ist also keineswegs ausgeschlossen; sie wird erleichtert, wenn eine gewisse Arbeitsteilung, wie zwischen Ingenieur und Architekt, von vornherein gegeben ist.

Das Ideal freilich, darin stimme ich Herrn HARTMANN rückhaltlos bei, bleibt immer die schöpferische Leistung *eines* Meisters, somit die künstlerische Gestaltung der Brücke durch den Ingenieur selbst. Diese Meinung habe ich schon vor etwa 20 Jahren verfochten und hatte damals Gelegenheit, ihr in einer Entschließung des Oberbayr. Arch.- und Ing.-Vereines zu Worte zu verhelfen. Sie findet sich ebenso in beiden Auflagen meines Buches über die künstlerische Gestaltung der Eisenbetonbauten. Auch weiß ich mich hierin, selbst unter älteren Fachgenossen, nicht allein. Darum geht Herr HARTMANN zu weit, wenn er die Zusammenarbeit von Architekt und Ingenieur als geltendes „Dogma" bezeichnet. Sie ist ein Notbehelf — aber unentbehrlich, solange künstlerische Begabung, besonders aber künstlerische Schulung, unter Ingenieuren nicht wesentlich verbreiteter sind als heute.

Immerhin finde auch ich, daß „die Beschäftigung mit ästhetischen Fragen in Ingenieurkreisen in erfreulicher Weise zunimmt"; und ebensowenig wie Herr HARTMANN erwarte ich mir etwas für die Erziehung zur Künstlerschaft von Vorlesungen über Ästhetik. Das einzig Richtige hiezu ist die Anleitung des angehenden Brückenbauingenieurs zu eigenen Versuchen durch den Meister selbst in mehrjähriger Übung. Ich vermute sogar, daß dabei eine Scheidung zwischen Eisen- und Massivbrückenbau sich ganz von selbst ergeben werde.

Auf alle die sachlichen Einzelfragen einzugehen, die der Bericht behandelt, verbietet mir die Zeitbeschränkung. Ich übergehe alles, womit ich übereinstimme, und möchte nur wenige Dinge kurz berühren, wo das nicht ganz der Fall ist.

Zunächst die künstlerische Brauchbarkeit des Eisenfachwerkes. Herr HARTMANN fordert Kleinmaschigkeit; das stimmt zwar meistens, ist aber doch ein sehr dehnbarer Begriff. Hauptsache scheint mir, daß jeder wichtige Tragkörper — Stütze, Balken, Bogen oder Hängegurt — trotz seiner Fachwerkgliederung dem Auge als geschlossene Einheit erscheine, deren Gesamtform seine statische Rolle sinnfällig darstelle. In letzer Hinsicht ist der gerade Balken sehr im Nachteil gegenüber Bogen und Hängegurt, weil seine Hauptspannungen nicht wie bei diesen einsinnig sind. Und gerade zahlreiche Balkenbrücken waren es, die seinerzeit den Widerspruch gegen die Eisenbrücken überhaupt weckten. Übrigens zeigen die Abbildungen des Berichtes, daß auch Fachwerkbalkenbrücken, besonders kleinere, ganz gut aussehen können. Ich möchte meinerseits noch ein recht ansehnliches Beispiel hinzufügen: die alte hiesige Reichsstraßenbrücke nach Kagran, bei der allerdings die vom Architekten hinzugefügten steinernen Tore und Pfeileraufbauten stark mitsprechen und keineswegs fehlen dürften.

Zum Zweiten möchte ich den Satz nicht unterschreiben, daß „gleiche, aneinandergereihte Bogenfolgen kunstlos wirken, besonders bei unten liegender Fahrbahn". Die Reihung gleicher Einheiten ist ein uralt bewährtes Kunstmittel, und auch die tiefen Einschnitte zwischen den Bogen stören mich nicht, sofern nur die Landpfeiler nicht zu stark durch Aufbauten betont sind. Von allen Wiener Eisenbahnbrücken über die Donau war mir immer die alte Nordbahnbrücke am erfreulichsten, trotz ihres ziemlich großmaschigen Fachwerkes; namentlich scheint sie mir gut in die flache Landschaft und zu dem mächtigen Strom zu passen.

Damit wären wir beim letzten Punkt angelangt, beim Einfügen in die Umgebung.

Herr HARTMANN kann sich in dieser Hinsicht für die Eisenbetonbrücken, besonders für die großen, nicht begeistern. Er sagt: „Eine Steinbrücke hat stets ein viel lebendigeres Aussehen als der glattflächige, bleiche Beton". Zugegeben; aber so schlimm wie Herr HARTMANN meint, steht es damit nicht. Von den Großbrücken in Eisenbeton kenne ich aus eigener Anschauung nur die Tiberbrücke in Rom, die Wallstraßenbrücke in Ulm und den Isartalübergang bei Grünwald; an keiner von ihnen hat mich der gerügte Mangel gestört. Auch läßt er sich, wenn es durchaus sein muß, durch Bloßlegen des Füllstoffes an der Oberfläche ohne allzugroße Mehrkosten beträchtlich verringern; vor allem aber spielt die Zeit ihre nie versagende mildernde Rolle.

Unser Berichterstatter zieht aber noch aus einem anderen Grund für große Spannweiten die Eisenbrücken vor, namentlich solche aus Fachwerk. „Betrachten wir", sagt er, „einmal eine Wald- und Wiesenlandschaft. An dieser lieben wir das Zarte, Duftige ihres Wesens. Nie wird uns darin ein kleines Häuschen stören, trotzdem es gemauert ist. Man denke sich aber ein Riesengebäude in eine solche Landschaft gestellt und die größte Störung ist gegeben". Wäre das richtig, so hätten Klöster wie Vézelay, Melk und St. Florian, die Kathedrale von Alby, Schlösser wie Caprarola, Aschaffenburg, der Escorial und viele, viele andere nie gebaut werden dürfen, während sie mit Recht als Meisterwerke der Baukunst und Zierden ihrer Landschaft gelten! Jedes Bauwerk, ob klein oder groß, verändert die Landschaft wesentlich und wird seine Umgebung beherrschen; von seiner Größe hängt nur die Weite des beherrschten Umkreises ab. Diese entschiedene Selbstbehauptung ist geradezu Vorbedingung künstlerischer Wirkung, die allerdings durch Ungeschick auch zum Gegenteil ausschlagen kann und leider oft ausgeschlagen ist. Ein gewisses Maß von Körperlichkeit ist dazu unerläßlich, das einer Eisenbrücke nur allzuleicht abgeht. Die Moselbrücke bei Wehlen, deren Bild der Bericht enthält, hat gerade noch genug davon, um ihren schönen Linienfluß zur Geltung zu bringen; ebenso die beiden abgebildeten Kölner Brücken, über die ich aber die dritte und schönste, die Hängebrücke, stelle. Dagegen hätte ich an der Schwarzwasserbrücke einiges auszusetzen, worauf ich wegen Zeitbeschränkung leider verzichten muß. Herr HARTMANN möge mir verzeihen, wenn ich nicht begreifen kann, wie man dieses Bauwerk mit der Gmündertobelbrücke auch nur vergleichen, geschweige denn ihr vorziehen mag — selbst wenn man *nur* das Einfügen in die Landschaft in Betracht ziehen wollte. Es scheint, daß hier, wie so oft in Schönheitsfragen, das plattdeutsche Sprichwort Recht behält:

„Wat dem ein'n sin Uhl, is dem annern sin Nachtigall!"


Prof. E. RIBERA, Madrid:

L'instruction des Ingénieurs, presque exclusivement scientifique, les empêche de cultiver les arts; il leur est difficile de décorer avec goût, les ponts monumentaux qu'ils doivent quelquefois construire.

Plutôt que de copier servilement ce qu'ont fait leurs prèdecesseurs, il est préférable qu'ils aient recours à la collaboration des architectes, car il y a une évolution sensible dans les styles décoratifs que les Ingénieurs ne savent pas généralement interpréter.

Mais il faut que l'esprit de l'Ingénieur domine dans cette collaboration pour qu'il puisse comprimer les enthousiasmes artistiques des architectes qui méprisent quelquefois la statique et l'économie.

L'évolution artistique dans la décoration des ponts, s'est accentuée notamment dans le XXe siècle, où l'emploi du béton s'est développé d'une façon si générale; elle peut se classifier en 3 étapes:

1º *Imitation de la pierre.* La docilité du béton qui permet à peu de frais d'imiter les profils les plus compliqués de l'architecture classique, nous a poussée à reproduire les types de voûtes, piles et culées des grands ponts du XVIIIe et XIXe siècles, dont nous avons copié servilement la décoration.

Ce fut une puérile falsification issue du vice de l'époque; de *vouloir paraître* riche.

2º *Profusion décorative.* Puis vint la réaction contre ce goût dépravé. L'on comprit combien il était ridicule de vouloir imiter la pierre de taille, mais l'on voulut profiter de la ductilité du béton pour multiplier les ornements et les arabesques; ce fut l'orgie décorative, la fantaisie outrancière des ornements que l'on osa qualifier *d'art moderne.*

3º *Sincérité constructive.* Mais cette mode tomba vite et ces dernières années, la tendance artistique dans tous les pays est de poursuivre la simplicité des lignes et la sobriété de la décoration; il y a même des architectes qui patronnent leur suppression totale.

La beauté d'un pont doit s'obtenir par la silhouette, par les proportions; les parements en béton ne doivent plus se cacher sous de précaires enduits ou de grotesques imitations, ni encore moins simuler des joints.

C'est l'ère de la *sincérité constructive.*

En Espagne, nous avons suivi cette évolution; mes projets de ponts de Marie Christine, à Saint Sébastien, construit en 1904; celui de Reine Victoire à Madrid (1910) et celui de Séville (1928), sont les indices des trois étapes d'architecture que que je viens de signaler.


Prof. Ing. L. Santarella, Milano:

Les structures en béton armé pour les grandes constructions, l'ossature des bâtiments, ou établissements industriels, participent contemporainement à la grandeur des constructions en maçonnerie et pierre de taille, — et à la sveltesse légère et le hardie souplesse des structures métalliques.

L'on peut dire justement que dans ce genre de constructions, l'aspect architectural résultant des lois statiques, vient d'accentuer le passage conscient des lourdes formes en maçonnerie aux hardies légères ossatures métalliques.

Dans la construction des ponts, où, de nos jours, le béton armé, notablement développé, vient de remplacer les vieilles réliques, le trait architectural des premiers travaux pontonniers fut celui immédiatement dérivé des voûtes en maçonnerie ou en pierre de taille.

Les premiers ouvrages en béton ou béton armé, ont été directement inspirés, ou, il faut bien le dire, ils étaient l'image fidèle des voûtes en maçonnerie.

C'est seulement de nos jours que les structures en béton acquièrent une ligne personnelle, en simplifiant leur ancien contour dérivé des lourdes voûtes, jusqu'à la silhouette hardie des arcs modernes! Ce fut l'élément rectiligne des travées à poutres droites qui se développa le premier en créant de beaux exemplaires de ponts rectilignes, pour des petites portées, avec deux ouvertures ou plus. Dans la plusque totalité des cas, l'architecte en respectant toujours la fibre statique projetée, s'ingénia de lui cacher ses traits sous une profusion décorative, pas toujours propre à la grandeur superbe du bâtiment.

Au contraire, appliqués avec sobriété, sans vouloir masquer cependant la réelle structure statique, les ornements peuvent quelquefois créer des bons effets, augmenter la valeur architecturale de l'ouvrage. Il y en a des exemples vraiment remarquables.

Toujours visible, dans ces travées rectilignes, surtout des plus récemment réalisées, c'est la tendance à la légèreté, à la souplesse, à la hardiesse des dimensions.

L'élément de base mieux choisi pour les ponts en béton est pourtant *l'arc ou voûte*, la solution la plus économique et mieux correspondante à la nature élastique des matériaux. C'est *l'arc* qui, en nos temps, est généralement employé comme substructure portante des ponts modernes.

Les premiers ouvrages répétaient le contour structural des voûtes en maçonnerie, souvent polycentrique, ou à un seul arc de cercle surbaissé, ou à l'intrados parabolique, la plupart au tympan rigide, quelquefois allégé sur les piles.

Au fur et à mesure qu'on commença mieux utiliser la résistance du béton, on simplifia la structure en remplaçant le tympan par des piliers portant le plancher et finalement en substituant *à la voûte* deux ou plusieurs *arcs* isolés.

L'arc se modifia aussi; et la ligne parabolique ou circulaire surbaissée ou polycentrique fut remplacée par la courbe funiculaire des surcharges effectives, fixes ou mobiles.

Le voilà, de nos jours, communément employé dans les ponts en béton armé, comme arc encastré au tablier supérieur porté par des souples piliers en béton fretté reposant sur l'extrados de la voûte. C'est ça la forme la mieux correspondante à la fonction statique du système, aujourd'hui considérée comme la plus réussie, en donnant à l'œil une entière satisfaction, sans altérer aucunement la pureté de ses lignes.

Ces types de ponts reflètent déjà la naissance d'un *style*; non plus les formes monumentales des ouvrages en pierre ou maçonnerie, non plus la hardiesse nerveuse des ponts métalliques: il s'agit de nouvelles structures qui peuvent concilier l'élégance de la ligne avec les règles de résistance et de stabilité.

Ces structures sont d'autant plus efficaces au point de vue architectural qu'elles sont moins altérées par d'inutiles décors plus ou moins complexes, bien que rarement adaptés, qui déguisent la fonction statique de la structure portante.

Un pont en béton armé à grandes et simples lignes sans nulle décoration présente le meilleur aspect architectural lorsqu'il montre sa simple structure, fait voir d'une façon nette la fonction statique de ses différentes membrures bien proportionnées et équilibrées comme elles résultent d'un calcul suffisamment approché.

Plusieurs, en effet, sont les exemplaires bien réussis, mais la plupart de ces ponts, avec des ouvertures de 40 à 80 mètres, ont un aspect plus ou moins choisi, selon leur position par rapport aux rives, à la profondeur de la vallée, à l'aspect du paysage, et aussi aux proportions existantes entre les différentes membrures. Les figures ci-jointes représentent quelques ouvrages exécutés ces dernières années en Italie. Cfr. Ingg. Santarella e Miozzi «*Ponti italiani in cemento armato*» Milano-Hoepli.

Après les ponts dérivés des voûtes en maçonnerie, tels le pont de *Primolano* sur la Brenta (fig. 37) de la ligne architecturale très élégante, pure et bien encadrée dans le paysage du milieu; le pont de *Calvene* (fig. 38) très surbaissé (m. 2 de flèche pour 34,50 de corde) simple et de nette hardiesse, il faut remarquer le pont de *Belluno* (fig. 39 et 40), de plus récente construction, qui présente la même finesse de la fibre bien que renforcée par l'ornementation aussi réussie lui donnant un aspect monumental d'accord avec sa destination.

En continuant, nous allons examiner les ponts toujours plus souples, plus légers,

Fig. 37. Pont de *Primolano* sur le Brenta. Voûte encastrée: ouvert. m 45,00; flèche m 4,50

Fig. 38. Pont de *Galzene*. Arc solidale aux Sommiers et plancher: ouvert. m 34,50; flèche m 2,00

Fig. 39. *Pont de la Victoire* à *Belluno* sur le Piave; ouvert. m 71,60; flèche m 4,30

Fig. 40. *Pont de la Victoire* à *Belluno* sur le Piave; ouvert. m 71,60; flèche m 4,30

Fig. 41                                              Fig. 42

Pont de *Pinzano* sur le *Tagliamento*. Arc à trois rotules. Armatures rigides: ouvert. m 49,00; flèche m 24,00

Fig. 43. Pont de *Sequals* sur le *Meduna*
Arc à trois rotules. Plancher partialement suspendu: ouvert. m 46,20; 56,20; 46,20

Fig. 44.  Pont de *Cremeno*. Arcs encastrés:          Fig. 45. Viaduct de *Chiosella*. Arcs encastrés: ouvert. m 48,40;
ouvert. m 53,50; flèche m 19,75                            flèche m 16,25

Fig. 46. Pont de *Plava* sur l'*Isonzo*. Arcs encastrés: ouvert. m 87,00; flèche m 12,40

Fig. 47. Pont de *Plava* sur l'*Isonzo*. Arcs encastrés: ouvert m 87,00; flèche m 12,40

Fig. 48. Viaduct d'*Exiles* sur le *Doria Riparia*. Arcs encastrés: ouvert. m 60,00; flèche m 19.70

faits d'arcs isolés au lieu de la voûte continue. Parmi ces derniers, voir le majestueux pont de *Pinzano* — arcs paraboliques à 3 rotules (fig. 41 et 42), le pont de *Sequals* (fig. 43) au tablier inférieur et, des plus élancés, le pont de *Cremeno* (fig. 44), le viaduct de *Chiosella* (fig. 45), le pont de *Plava* sur l'Isonzo (ouverture m. 87 — flèche 12,40) (fig. 46 et 47), le viaduct d'*Exiles* sur la Doria Riparia (fig. 48 et 49).

Finalement parmi les nouvelles constructions qui mieux manifestent cette tendance de rendre schématique ses lignes architecturales, nous rappelons les deux plus récents ponts italiens de l'Autostrada Milano—Bergamo: le pont de *Brembo* (fig. 50) et celui de l'*Adda* (fig. 51 et 52), — respectivement de 50 m. et 80 m. ouverture, tous deux dissimulant sous leurs traits souples la résistance à des fortes surcharges.

Ces derniers ponts italiens n'ont pas une portée excessive et cependant ils possèdent l'aspect architectural caractéristique qui démontre d'une façon évidente l'évolution vers les formes élancées, inspirées par la fonction statique même.

Fig. 49. Viaduct d'*Exiles* sur le *Doria Riparia.* Arcs encastrés: ouvert. m 60,00; flèche m 19,70

La plupart des ponts rappelés ne présentent aucune superposition décorative; ils sont des ponts champêtres plus ou moins éloignés des milieux habités, où les décorations semblent tout à fait inutiles lorsqu'elles n'agissent pas d'une façon discordante avec le paysage environnant.

Au contraire, les ponts urbains réclament justement leur vêtement ornemental, surtout pour masquer l'aspect brut du béton coulé.

C'est ce qu'on obtient généralement en le lambrissant d'enduits et quelque fois de ciments décoratifs diversements colorés.

Dans ces cas spéciaux de placement, le revêtement doit être approprié à la finalité de l'œuvre même.

Nous préférons les motifs ornementaux *à grandes lignes*

Fig. 50. Pont sur le *Brembo* pour l'Auto-Strada Milano-Bergamo Arcs encastrés: ouvert. m 52,00; flèche m 14.50

qu'on peut obtenir avec une simple superposition d'enduits colorés en ciment, mieux couleur unie opportunément graduée par rapport aux différents plans de perspective, sans profils ou modénatures qui puissent de quelque façon altérer la ligne statique de la structure.

Les ponts en béton armé jouissant déjà d'une remarquable légèreté, continueront certainement leur métamorphose en parallèle de la *technologie des ciments*, que l'industrie moderne produit, en les améliorant toujours qualitativement. Les récents produits de l'industrie des ciments, les ciments alumineux qui présentent une résistance et des propriétés élastiques très élevées, feront en conséquence modifier les formes structurales du béton armé. Voilà des modifications remarquables dans la technique des travaux, parce que l'introduction des ciments à haute résistance permettra des taux de travail plus élevés, c'est à dire des réductions de dimensions, ayant aussi le remarquable avantage de réduire le *poids propre*. Celui-ci presque toujours est fort par rapport au charges mobiles, même pour des ponts à grosses surcharges, tels que les *ponts sous rails*; en effet, pour ces ouvrages, presque toujours le poids propre de la structure atteint quatre à cinq fois le poids de la charge accidentelle.

Fig. 51. Pont sur l'Adda pour l'Auto-Strada Milano-Bergamo ouvert. m 80,00; flèche m 40,00

L'allégement du poids propre de la structure, par l'application des ciments à haute résistance, aura certainement son avantage assez apprécié et rendra bien plus que ce qu'on a obtenu dans la technique des ponts métalliques par l'introduction des aciers.

Fig. 52. Pont sur l'Adda pour l'Auto-Strada Milano-Bergamo ouvert. m 80,00; flèche m 40,00

Mais en voulant considérer, dans les calculs des structures en béton armé, les résistances élevées des ciments spéciaux, on ne pourra également réduire en juste proportion la *section* des membrures.

En effet, avec la réduction des sections, diminue aussi le moment d'inertie de la section même. Voilà donc la nécessité d'accomplir cet allégement sans diminuer la valeur du moment d'inertie.

Le projéteur des nouvelles constructions, en considérant un taux de travail plus élevé, devra modifier *la forme* des sections aussi, par rapport à celles employées pour les bétons usuels; ça lui pennettra d'alléger le poids *sans réduire l'inertie de la section*.

Dans quelques années, en employant des ciments à haute résistance, seront étudiées des nouvelles formes plus hardies et légères, plus appropriées à la qualité des matériaux dont nous disposons.

C'est impossible de prévoir où nous conduira la technique du ciment; et on ne peut prévoir également quels seront les progrès dans les applications du béton. Mais nous pouvons affirmer avec certitude que pour les ponts en béton armé, sur lesquels agissent des remarquables forces extérieures et surcharges mobiles, l'introduction des matériaux capables de plus haute résistance sera certainement convenable. Ce fait apportera nécessairement des modifications importantes dans le projet des formes statiques résistantes, par l'étude des structures plus légères et hardies.

Les structures en béton armé donnèrent déjà aux ponts un aspect particulier de véritable hardiesse, mais les motifs architecturaux propres à réaliser une ligne plus belle, seront toujours ceux qui manifesteront la structure statique, ceux qui sans inutiles déguisements décoratifs, montreront l'ossature résistante qui résultera du calcul, comme juste *équilibre* entre la nature physique élastique des matériaux employés, l'importance et la distribution des charges.

Lorsque cet équilibre entre la nature des matériaux et la fonction statique de l'ouvrage sera clairement compris et réalisé par le projeteur, la *meilleure architecture* des ponts en béton armé sera celle qui fera clairement voir la réalisation de cet équilibre.

Dozent Ing. E.WEISS, Riga:

Wir Ingenieure reden über unsere Werke vielleicht noch weniger gern, als die andern Schaffenden, die Künstler und die Handwerker. Wenn „Ingenieurästhetik" auf der Tagesordnung dieser internationalen Tagung an *erster* Stelle steht, so bedeutet das einen Umbruch in der Entwicklung der Ingenieurbaukunst. Es bedeutet, daß dem Bauingenieur *die ganze Allgemeingültigkeit seines* Schaffens, auch in ästhetischer Hinsicht, klar bewußt wird, daß er für die künstlerische Kultur seiner Zeit *volle Verantwortung* mittragen will. Über die Kultur der Griechen urteilen wir nach ihren Tempeln, der Ägypter — nach den Pyramiden. Kommende Geschlechter werden den Stand unserer Kultur an unseren Ingenieurbauten, unseren Fabriken und Brücken messen, nicht an Kirchen und Museen.

Wenn die wirklich Schaffenden über ihre Arbeit reden, so ist das fast immer ein Meinungsaustausch über das „Wie" und „Was" — über die Mittel und das Material der Wirkung, sehr selten aber *eine exakte Philosophie* der Ästhetik. So unterbreiten auch heute hier große Meister die Regeln und Methoden ihrer Kunst und zeigen, daß *der künstlerisch schaffende Bauingenieur die Gesetze und Handwerksregeln der bildenden Kunst beherrschen und anwenden muß.* Der alte Satz von der größtmöglichen Ökonomie: „mit einem *geringsten Aufwand* von Mitteln ist die *gröstmögliche Wirkung* zu erzielen" ist von OSTENDORFF der Architektur vor kurzem ins Gedächtnis zurückgerufen, es galt bei uns materiell stets und soll nun auch die Grundregel unserer künftigen ästhetischen Weisheit sein. Ein jeder Ingenieurbau und vornehmlich der künstlerisch interessanteste — die Brücke — ist *ein Baukörper,* hineingestellt in die Fülle anderer Körper. MARÉE sagt: in der Kunst handelt es sich darum, was man vor sich sieht oder sich vorstellt, *möglichst klar* darzustellen, in organisch und konstruktiv klarer Form, die gerade durch *Beschränkung* zu größter Schönheit gebracht wird.

Ein Bauwerk muß zusammengefaßt werden zu *einem einzigen Ganzen,* an dem nichts Wesentliches mehr hinzugefügt oder entfernt werden kann. Dazu gehört viel Zeit und Erfahrung und eine höhere als die Durchschnittsbegabung, und die Hauptarbeit besteht im Denken, das mit einem starken Empfinden und Phantasie verbunden sein muß — ganz wie in der Kunst (VOLKMANN). *Die Einheit des Baukörpers* ist, um bei den sehr instruktiven Beispielen Professor HARTMANNS zu bleiben, an der Hindenburgbrücke in Breslau (Abb. 7) mit ihren im Straßenbilde ganz selbständig auftretenden beiden Bögen *für das Auge nicht gewahrt.*

Auch unser Bauwerk stellt sich dar als Erscheinung oder Form — und Wesen oder Inhalt, letzteres als Funktion oder Zweck am ehesten verständlich.

*Die Form wird vom Auge erfaßt* und wirkt wohl hauptsächlich auf das Gefühl, während gleichzeitig *der Verstand* vermöge unserer Erfahrung oder des Wissens *das Wesen der Erscheinung* interpretiert. In letzteren Dingen sind wir Ingenieure in bezug auf unsere Bauwerke den Laien und sogar dem Kollegen aus einem anderen Fachgebiet weit voraus, deshalb sollen wir uns gleich den Künstlern nie scheuen, etwas hinzustellen, was heute noch unverständlich, zu dünn oder zu schwer, erscheinen mag, wenn wir annehmen Vollkommenes geleistet zu haben. Deshalb kann das Urteil eines sehr erfahrenen Eisenkonstrukteurs über einen Betonbau auch einmal schief geraten.

Die Bewertung durch das Auge wird in größtem Maße, unbewußt, vom Verstande beeinflußt und kontrolliert, sie hinkt aber hinter dem Verstande her, dank der Erinnerung an Bilder früher gebauter Werke.

Vollkommen ist *die* Brücke, bei der *Form und Inhalt eine Einheit* bilden. Die Südbrücke in Köln (Abb. 3) würde als Parallelträger auch schön sein, sie ist es aber in erhöhtem Maße mit ihren drei Bögen, deren mittlerer höher als die anderen ist, weil hier die Funktion der Brücke einen klaren *zusammengefaßten* Ausdruck erhalten hat.

Die Bewertung durch das Auge ist in erster Linie vom Maßstab abhängig, wie wir alle wissen. Der Städtebauer hat erkannt, daß *der Mensch* in der Stadt überall zuerst *sich* sieht — das Fenster, die Etagenhöhe — ein, zwei, drei, höchstens vier Menschenhöhen. Deshalb ist Professor HARTMANNS treffende Ansicht, in die Stadt gehören engmaschige Gitterwerke, leicht zu erklären. Weitmaschige Brücken kann man ruhig in die Landschaft stellen.

Große Wirkung erzielt man durch *Gleichheit* und auch durch *Gegensatz*, man spricht von Reihenwirkung und Kontrastwirkung (OSTENDORFF), wie in der Form, so auch im Wesen. Das breite Publikum sieht die größte Schönheit einer Brücke im Überraschenden, Kühnen, bisher nicht Erreichten ihrer Funktion. Durch ihre für menschlichen Maßstab *gewaltige Kontrastwirkung* ist die Schwarzwasserbrücke (Abb. 10) und auch die Gmündertobelbrücke (Abb. 9) *restlos schön*. Durch einen *aufreizenden Kontrast* der Elemente und des Materials, der schweren Betonbögen und Fahrbahn zu den dünnen eisernen Hängestangen kann auch die Werrabrücke (Abb. 6) wirkungsvoll sein, gleich den Gemälden Picassos, von denen der große Moskauer Mäzen Schtschukin zu sagen pflegte, man habe bei ihrem Anblick das Gefühl, als sei der Mund mit gestoßenem Glas angefüllt.

Stets gehört zur Erzielung einer künstlerisch befriedigenden Wirkung *mehr*, als die nackte Zweckmäßigkeit erfordert; dieses muß der Bauingenieur den Herren Architekten vom „neuen Bauen" sagen, die nunmehr bauingenieurmäßig ihre Wohnhäuser bauen wollen. Und stets hat Mathematik, Mechanik und Ingenieurtechnik die Kultur und unsere Denkweise *mehr beeinflußt*, als sich heute noch die Philosophen von Beruf eingestehen. Es sei deshalb zum Schluß ein kleiner Schritt in das Gebiet der Erkenntnistheorie gestattet.

Schön ist, was einheitlich, was *harmonisch* ist. Was ist aber Harmonie? — Ein Gleichklang! Ist aber im Kontrast Gleichklang? Das Lexikon sagt: Harmonie ist ein *Zusammenwirken* von Elementen zu einem in sich *einstimmigen Ganzen*. Eine hübsche Formel — mit drei Variabeln: Zusammenwirken, einstimmig, Ganzes — und einem unbekannten Resultat: Schön. Die Variabeln hängen von Ort, Entwicklung und Volkscharakter ab und das Resultat, der Begriff „Schönheit", ist eine Funktion der vierten Dimension, der Zeit. Es ist gut so, daß wir keine ewig starre Formel dafür finden können.

Doch der nüchtern denkende Ingenieur ist nicht ganz befriedigt von solch einer vagen Antwort. Deshalb muß, zum erstenmal vielleicht in großer Öffentlichkeit, ausgesprochen werden, daß *Harmonie* dem Begriff *Gleichgewicht* gleichgesetzt werden soll: uns eine altvertraute Sache, der Lebensinhalt unserer Werke. Wir kennen ein Gleichgewicht in der Ruhe und ein rätselvolles Gleichgewicht in der Bewegung. Ein stabiles und ein labiles. Ein gestörtes und ein wiederhergestelltes. Die Menschheit kennt das heitere Gleichgewicht der Griechen, das lebensfreudige der Ägypter, das ruhig-pompöse der Renaissance, das aufreizende, leise gestörte des Barock, das nervenpeitschende der Kontraste unserer Tage.

Das große Ergebnis der heutigen Aussprache ist ohne Zweifel Professor HARTMANNS These: „Der Ingenieur soll *selbst* Künstler werden, denn Meisterwerke entstehen nur aus der Hand *eines* Meisters". In der Geschichte ist fast alles dagewesen, und manchem unter uns wird das Ideal einer Gestalt, etwa des Kriegsingenieurs, exakten Gelehrten und genialen Künstlers — Lionardo da Vinci — vorgeschwebt haben. Die Großtat besteht heute aber in der bewußten Verallgemeinerung der Forderung: *Bauingenieur, sei Künstler!* zu der wohl noch viele den Kopf schütteln und „unmöglich" sagen. Professor HARTMANN verlangt dieses ja auch nicht von einem jeden von uns, denn dazu gehört ein Gnadengeschenk des Himmels und eine kunstfrohe Atmosphäre der Umgebung. Ich glaube die Zustimmung aller Anwesenden zu besitzen, wenn ich behaupte, daß beides an keinem Ort in dem Maße zu finden ist, wie hier — in Wien.

Professor SPANGENBERG, München:

Bei seinen Ausführungen über die Ästhetik im Brückenbau wird sich Herr Professor HARTMANN zweifellos bewußt gewesen sein, daß die von ihm ausgesprochenen Urteile über die massiven Brücken in den Kreisen der Eisenbetonfachleute vielfach auf Widerspruch stoßen werden. Da es sich hier um Fragen des Geschmackes handelt, ist dieser Unterschied in den Anschauungen durchaus erklärlich und kann schwerlich ein Gegenstand der Diskussion sein. Nur in einem Punkte scheint es mir erforderlich, heute eine Richtigstellung vorzunehmen. Er betrifft die ästhetische Wirkung der massiven Brücken bei ihrer Anwendung für die Überbrückung tief eingeschnittener Täler. Hier sind diese massiven Bauwerke nach meiner Ansicht nicht nur in konstruktiver Hinsicht besonders am Platze, sondern sie ermöglichen, in der Form des weitgespannten Bogens wie als Viadukte mit einer Anzahl kleinerer Öffnungen, auch ästhestisch durchaus befriedigende Lösungen. Es scheint mir nicht zutreffend, daß sie sich in diesen Fällen in die umgebende Landschaft nicht einpassen und daß solche Brücken die Täler zu stark verbauen. Die freibleibenden Öffnungen sind ja stets viel größer, als die gesamten Ansichtsflächen der Brücken. Besonders überrascht hat mich das folgende Urteil über eine der bekannten großen Talbrücken im Kanton Appenzell: „Die Gmündertobelbrücke, eine an sich gewiß sehr schöne Eisenbetonbrücke, zerreißt durch ihre Mächtigkeit und helle Farbe die zarte Landschaft. Die glatten Pfeilerflächen, die breiten Bogenplatten stehen in schreiendem Gegensatz zu ihr". Diese Ausführungen haben mir Veranlassung gegeben, sowohl die Gmündertobelbrücke als auch die ganz in der Nähe gelegene, gleichartig konstruierte, aber noch weiter gespannte Hundwilertobelbrücke zu besichtigen. Die Wirklichkeit zeigt nun, daß beide Brücken nicht in einer zarten Wald- und Wiesenlandschaft liegen, sondern sich über wildromantische Täler mit schroffen Hängen spannen. Auch verbauen sie nach meinem Eindruck keineswegs diese tiefen Gebirgstäler, denn sie verdecken auch beim Blick von den Talhängen aus nur einen ganz geringen Teil des gesamten, vom Auge erfaßten Landschaftsbildes. Ich glaube, jeder unbefangene Beschauer wird zugeben müssen, daß diese mächtigen Bogenbrücken sich nicht nur vortrefflich in die großartige Landschaft einpassen, sondern deren Eindruck geradezu steigern.

Professor OTTO LINTON:

Ich habe wohl schon zu lange gesprochen, deshalb dürfte ich eigentlich nicht mehr von den teuren Minuten verschwenden. Erfreulicherweise bin ich ja auch nicht angegriffen worden, jedenfalls nicht auf deutsch und — wie ich glaube — auch nicht auf französisch.

Herrn Professor HARTMANN, der meint, daß es nicht notwendig sei, baustoffliche Einheitlichkeit anzustreben, möchte ich erwidern, daß es selbstverständlich nicht immer notwendig, aber manchmal zweckmäßig und schön ist. Das von Professor HARTMANN erwähnte Beispiel aus Mannheim ist in dieser Hinsicht sehr beleuchtend. Die Neckarbrücke in Mannheim wäre baukünstlerisch viel besser gelungen, wenn auch für die Mittelöffnung ein Gewölbe in Steinmaterial gewählt worden wäre, wie es übrigens zuerst vorgeschlagen, aber leider abgelehnt wurde[1].

Die baustoffliche Einheitlichkeit muß sich selbstverständlich den Elementen, worin man baut: ob in der Luft oder im Wasser, anpassen. Es ist deshalb kein Widerspruch, eiserne oder hölzerne Brücken auf Steinpfeilern zu gründen. Auch der Verwendungszweck, die Funktion ist maßgebend. Es fällt keinem Einheitlichkeitseiferer ein, in einem Stahlhaus die Fensterscheiben aus Eisenblech zu machen!

Professor ENGELUND meint, daß nur die positive Kritik Bedeutung haben kann und daß die negative ohne Wert sei. Die negative Kritik kann aber auch nützlich sein, weil sie das Feld für die kommende Baukunst auflockert. Eine treffende negative Kritik ist eine wertvolle positive Arbeit — sie ist auch eine Kunst.

Der Architekt, Herr Professor VON MECENSEFFY, hat mir die seltene Freude bereitet, mit einem Architekten einig sein zu können.


Professor Dr.-Ing. HARTMANN:

Mit Ausnahme Professor MECENSEFFYs hat sich leider keiner der Herren Redner an der Diskussion beteiligt, sondern es wurden Vorträge gehalten, so daß eine Klärung verschiedener fraglicher und strittiger Punkte nicht erfolgen konnte. Ich kann daher im Schlußwort nur auf die Ausführungen MECENSEFFYs allein eingehen. Dazu ist folgendes zu sagen.

Ich habe nirgends den Architekten das Recht abgesprochen, über Brücken und Werke zu urteilen, sondern nur gezeigt, wie widerspruchsvoll die Urteile selbst von Architekten, die sich näher mit dem Brückenbau befaßt haben, sind, und bin nach wie vor der Ansicht, daß die künstlerische Schulung, wie sie gerade die Architekten erfahren, der Beurteilung von Ingenieurbauwerken, besonders aber eiserner Brücken eher abträglich als förderlich ist. So ist es auch begreiflich, wenn Herr MECENSEFFY die massive Gmündertobelbrücke der leichteren Schwarzwasserbrücke vorzieht, und überhaupt gegen das leichte Fachwerk ist.

Ich habe nirgends gesagt, daß der Beurteiler eines Ingenieurbauwerkes die darin enthaltene Verstandesarbeit würdigen oder gar der schwierigen Rechnungs- und Konstruktionsarbeit an einer Brücke folgen können muß, sondern daß man, um ein richtiges Urteil über derartige Bauten zu erhalten, von dem Zweck und den einengenden Bedingungen etwas wissen muß. Selbst in der reinsten aller Künste, in der Musik, wird derjenige den größeren Genuß haben, der den Aufbau und die Thematik des Kunstwerkes kennt. Diese Kenntnis kann man sich in der Musik beispielsweise auch durch häufiges Anhören eines und desselben Tonstückes verschaffen; beim ersten Mal entgeht dem Hörer das meiste. Man kann also noch viel weniger von Zweckbauten verlangen, daß sie bei bloßer Betrachtung gleich die richtige Wirkung ausüben.

---

[1] Siehe Zentralblatt der Bauverwaltung 1901, Nr. 54 S. 335.

Zum Thema „Kompagniearbeit" bemerke ich, daß die Erbauer des Wiener Opernhauses *beide* Architekten waren. Man lese, was ich in meinem Buche S. 12 und 13 über gemeinschaftliche Arbeit schreibe. Die Zusammenarbeit von Ingenieur und Architekt ist heute bei allen namhaften Brückenbauwerken zu finden. Es scheint sich also doch um ein „Dogma" zu handeln.

Dem Absatz über die künstlerische Brauchbarkeit des Eisenfachwerkes stimme ich voll zu. Er deckt sich mit meinen Ansichten. Die Kleinmaschigkeit ist natürlich ein dehnbarer Begriff, das heißt, es handelt sich um etwas Relatives; die Kleinmaschigkeit ist eben bei allen Trägerformen gegeben, in welchen die wichtigen Tragkörper dem Auge als geschlossene Einheit erscheinen.

Aneinandergereihte gleiche Bogenfolgen wird ein Architekt natürlich niemals kunstlos finden, weil er sie in der Architektur braucht. Dort sind sie auch nicht kunstlos; im Brückenbau sind sie nur durch Tradition geheiligt. Man könnte aber endlich schon aufhören, Brücken so wie die alten Römer zu bauen, die ganz gewiß auch anders gebaut hätten, wenn sie es vermocht hätten, gar, wenn sie die Großerzeugung und Verarbeitung des Eisens gekannt hätten. Die Architekten bauen ja heute auch nicht ihre Häuser so wie die alten Römer, sondern wenden alle neuartigen Mittel der Baukunst an. Hinsichtlich gleicher Bogenfolgen bei Eisenbrücken verweise ich auf das im Referate und in meinem Buche darüber Gesagte.

Zur Einfügung in die Umgebung ist zu bemerken, daß ich in meinem Buche den Vorschlag gemacht habe, bei Eisenbetonbrücken stets die Oberfläche dunkler zu tönen und etwas zu beleben. Das ist besser, als auf die Wirkung der Zeit zu warten. Was die Äußerung des Herrn MECENSEFFY zu meiner Bemerkung über ein in eine zarte Landschaft hineingestelltes Riesengebäude betrifft, so habe ich dabei, wie aus meinem Buche S. 26 hervorgeht, an Wolkenkratzer gedacht (Beispiel Gastein). Denn mit solchen haben die glattflächigen, wenig gegliederten großen Betonbrücken Ähnlichkeit, nicht aber mit Klöstern, Kathedralen, Schlössern. Diese sind *reich gegliederte Bauwerke, die nach allen Richtungen sich entsprechend ausdehnen,* der Landschaft also ihr Gepräge geben. Die schmale, aber dabei hohe massive Brücke *durchschneidet* die Landschaft und *zerschneidet* sie, wenn sie einen Großteil davon verdeckt.

Herr MECENSEFFY ist der Ansicht, daß jedes Bauwerk seine Umgebung beherrscht und findet die entschiedene Selbstbehauptung geradezu als Vorbedingung künstlerischer Wirkung. Architekt WEHNER, der sich auch mit dem Brückenbau stark befaßt hat, ist, wie ich in meinem Buche hervorgehoben habe, gerade entgegengesetzter Meinung. Er fordert Unterordnung selbst großer Brücken unter die Umgebung. Ich teile weder die eine noch die andere Ansicht und habe in meinem Buche gezeigt, wann ich einer Beherrschung der Umgebung durch die Brücke das Wort rede; wie gefährlich es ist, allgemein die Beherrschung der Umgebung durch technische Bauwerke zuzulassen, gibt Herr MECESEFFY selbst zu.

# A₂

# Impact in Highway Bridges

By **Almon H. Fuller**, Professor of Civil Engineering, Iowa State College, Ames, Iowa U. S. A.

In the United States of America, a considerable amount of experimental work has been done on impact in highway bridges but no investigation of sufficient magnitude has been carried out to deduce satisfactory laws of a general nature.

## Floors

*Sources of Information*

Researches have progressed farther for impact upon highway bridge floors than upon trusses. The most extensive investigation, which is known to the author and for which results are available, is the one conducted at Ames, Iowa, under the direction of the author as a cooperative project between the U. S. Bureau of Public Roads, the Iowa State Highway Commission and the Iowa Engineering Experiment Station. Field data were secured during the summers of 1922 to 25 inclusive. Results of these investigations have been published as bulletins Nos. 63 and 75 of the Engineering Experiment Station of Iowa State College, in "Public Roads" (a monthly publication of the U. S. Bureau of Public Roads) for September 1924 and in the Proceedings of the American Society of Civil Engineers for March 1923 and March 1926.

Data on the impact of trucks on pavements, secured by the U. S. Bureau of Public Roads, have been published in "Public Roads" for March and December 1921 and for June 1926. These data have been of value in interpreting and in supplementing the work done on bridges.

*Conduct of the work at Ames, Iowa*

The field work at Ames, Iowa, was done on five modern steel bridges having floors consisting of reinforced concrete slabs resting upon steel stringers which were riveted to steel floor beams; and upon seven light steel bridges with timber floors upon steel stringers.

The loads were standard Liberty trucks of rated 3,5 tons capacity, with dual solid rubber tires. The loads varied from 5,5 tons for the unloaded truck to a maximum of 15 tons. Speeds were attained up to 15 miles an hour.

Throughout the experiments, stresses were measured on the bottom flanges of the steel stringers and floor beams, by means of various extensometers; and in portions of the work the force of the blows of the truck wheels upon the bridge floor was determined by means of specially designed accelerometers.

The essential data concerning the bridges, the loads, and the instruments are given in bulletin No. 75 previously referred to. More specific data concerning various extensometers are given in bulletin No. 63.

In order to reach general conclusions concerning the impact produced by different types of bridge floors, loads, tires, chains and various vehicle speeds, it seemed desirable to so direct the investigation as to make use of the results of the impact on road surfaces by the Bureau of Public Roads and any other available data.

Previous work had indicated that for floors of usual dimensions greater impact was produced by a single blow of heavy wheels than by accumulative vibration, as in railway bridges. It was planned therefore, to attempt to establish a relationship between the intensity of a blow from a truck wheel and the resultant stress.

In order to standardize the conditions of the road surface and to give each writer of specifications a basis for choosing impact factors to suit his individual views concerning irregularities of road surface and accidental obstructions, runs were made on the bare floor, over 1 inch by 2 inch obstructions and over 2 inch by 4 inch obstructions.

*Results*

About one hundred diagrams were plotted showing the relation between speed of the truck and the stresses in stringers and floor beams. Fig. 1 (fig. 45 of bulletin 75) is an illustration of these diagrams. The relation between speed and stress was so nearly a straight line that the straight line interpretation was generally made. The curves (straight lines) from the various diagrams for any one stringer were reproduced upon one diagram such as fig. 2a and 2b (fig. 14 and 16 bulletin 75).

The comparative weights of trucks are suggested by the stresses for static load (zero speed). The increase in stress (impact increment of stress) naturally becomes greater with increase in speed and height of obstruction. It may be noted

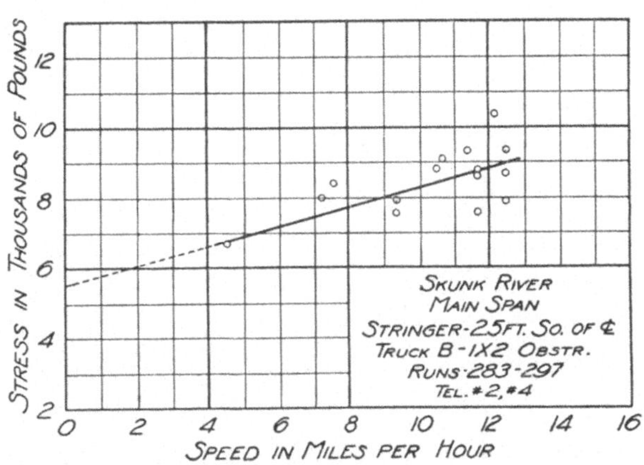


Fig. 1. Typical record showing relationship between speed of truck and stress in stringers

from fig. 2 (as from all of the similar ones in bulletin 75) that all of the lines representing the relation between speed and stress for any given obstruction have about the same inclination, thus indicating about the same increases in impact stresses for the same speed and obstruction regardless of the total load. The differences in weight of trucks are due to the load above the springs. The weight below the springs, the unsprung weight, was the same in all instances.

In interpreting, to a high precision, the behavior of a truck on a bridge floor, it is necessary to consider the movement of the truck body and the manner it synchronizes with the vibrations of the wheel. This has been done in a large number of cases. A study of these cases and of the diagrams similar to fig. 2 leads to the conclusion that, for practical purposes within the justified limits of precision, the impact increment upon a bridge floor may be considered as due only to the unsprung weight of the truck.

The greatest impact from a wheel passing over an obstacle may be  from shock as the wheel strikes the obstacle, or from drop as the wheel again strikes the floor.

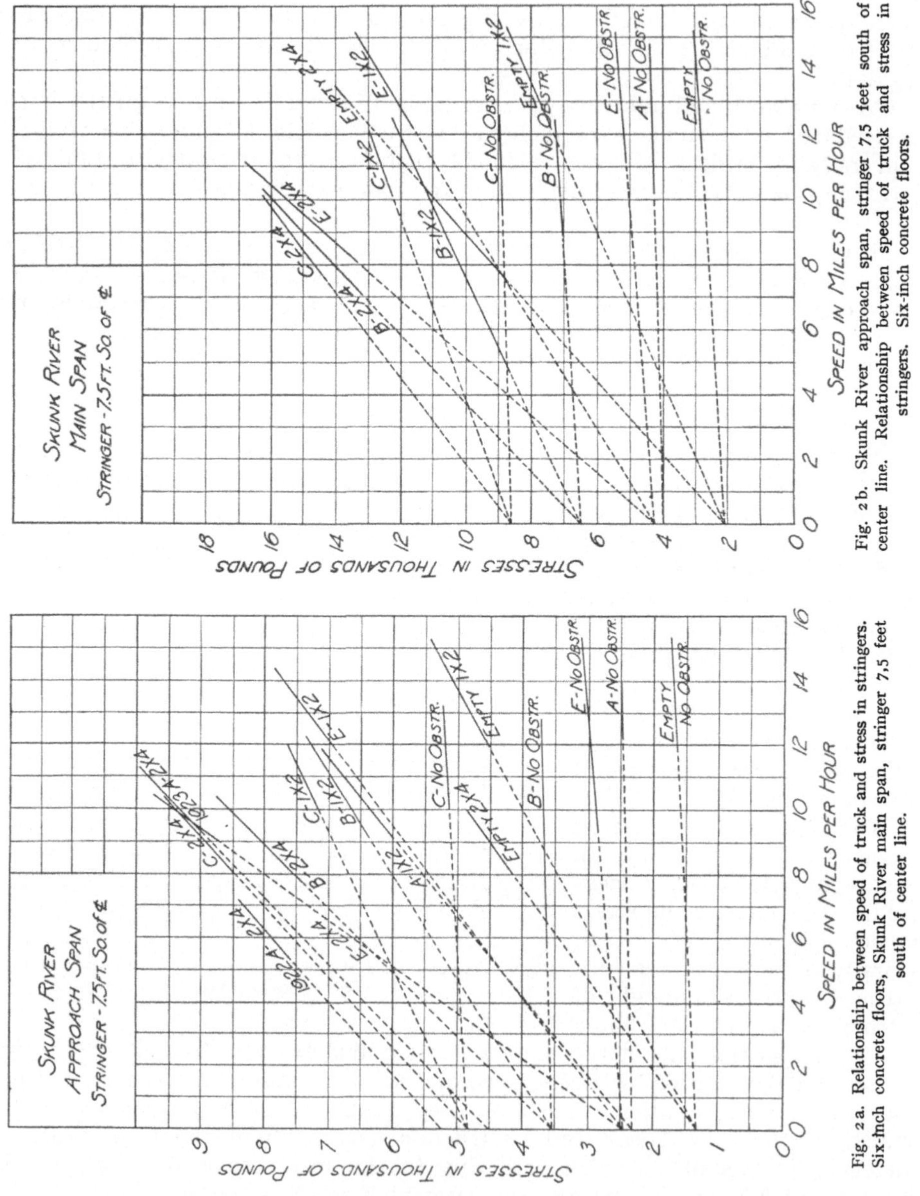

Fig. 2 b.  Skunk River approach span, stringer 7,5 feet south of center line.  Relationship between speed of truck and stress in stringers.  Six-inch concrete floors.

Fig. 2 a.  Relationship between speed of truck and stress in stringers. Six-inch concrete floors, Skunk River main span, stringer 7,5 feet south of center line.

In the available data, drop impact is greater for loaded trucks and therefore is the more important.

No general · laws have been deduced for the force of a wheel blow upon a pavement or upon a bridge; or for the relation between the two. The researches of the U. S. Bureau of Public Roads include a large number of experimental results of the force of wheel blows upon pavements for a large range of trucks with tires from pneumatics down to badly worn solid rubber. (Public Roads, March and December 1921 and March 1926.) In order to make use of these data to obtain impact stresses in bridges, it was necesary to establish (1) a relation between impact blow upon a pavement and upon a bridge floor and (2) a relation between the stress produced by a blow and by a static force.

### Relation between blow on pavement and on bridge

The author was able to make a few runs in the summer of 1927 in which the force of the blows from truck wheels was measured successively upon concrete pavement and upon several bridges with concrete floors. Two types and three weights of trucks were used. The data were too few and too much scattered to indicate any consistent relationship. They indicate a tendency however, for the impact to vary inversely with the flexibility of the floor. Of the 18 available points of comparison, 13 indicate a ratio of impact on bridge to impact on pavement above 80%. The average of the 18 was about 85%.

### Relation between stress produced by a blow and by static load

In bulletin No. 75 (previously referred to) is developed from experimental work, a relation of the impact increment of dynamic force in percent which is de-

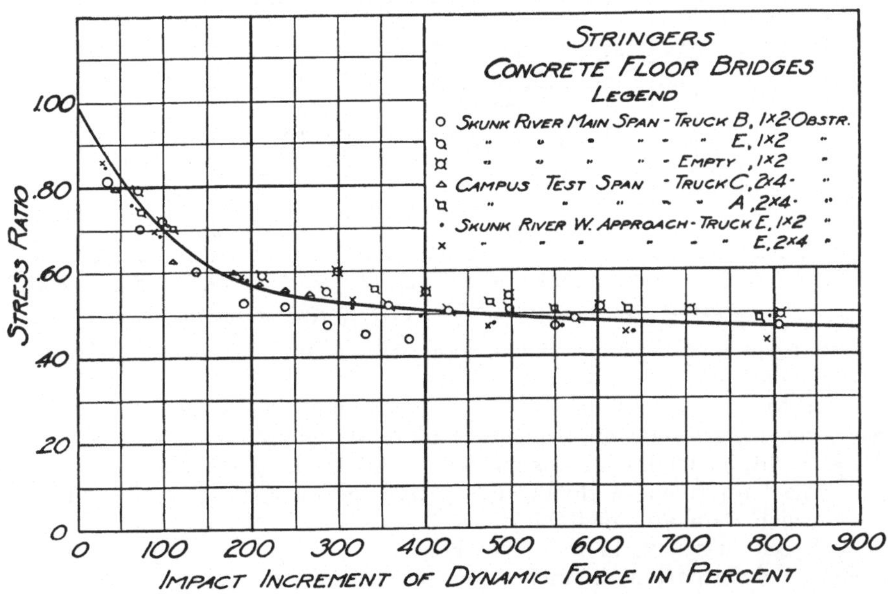


Fig. 3. Relationship between impact increment of dynamic force and stress ratio for stringers of concrete floor bridges.

veloped upon a bridge floor to a "stress ratio" which is described as "the ratio of actual dynamic stress developed in a member to the stress that would have occurred had a static load equal to the dynamic force been applied, at the same place as the dynamic force was applied". Fig. 3 and 4 shows the stress ratio curves (fig. 29 and 30 in bulletin No. 75) for stringers in reasonably heavy bridges with concrete floors and for stringers in light steel bridges with timber floors. A similar curve is given in bulletin No. 75 for floorbeams of the light bridges. This curve is very nearly identical with the one for stringers of the same structures. Existing data suggest that the curve in fig. 3 as well as in fig. 4 may be used for floorbeams as well as for stringers without appreciable error. These stress ratio curves provide the means for determining a static force, which will produce the same stresses as a given dynamic force. The stresses themselves may be computed from the "static force".

In a report[1] of the Committee on Impact in Highway Bridges of the American Society of Civil Engineers, a formula is given which expresses fairly well the impact force upon a bridge floor. The formula is

$$I = \frac{1{,}8\,H\,S\,(p)^{0{,}625}}{(d)^{0{,}45}} \quad \text{in which,}$$

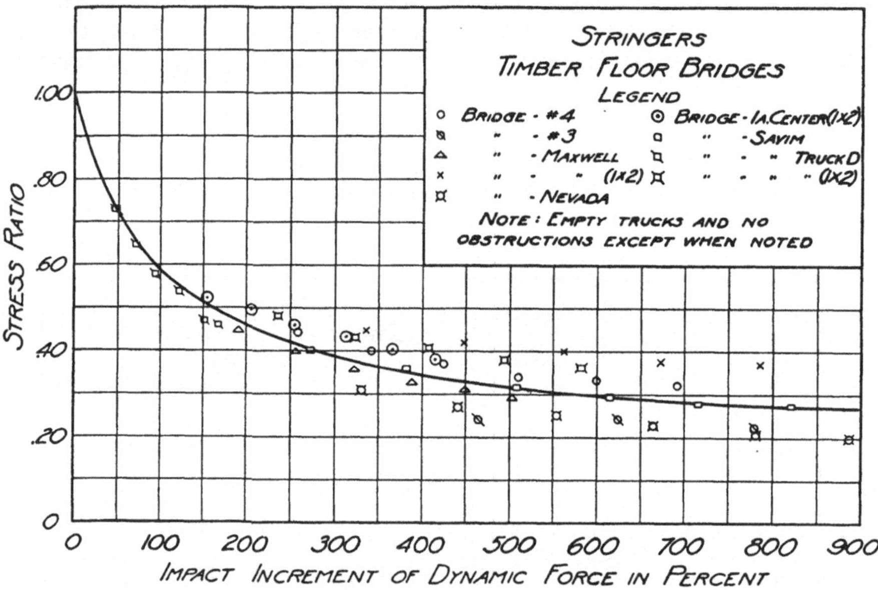


Fig. 4. Relationship between impact increment of dynamic force and stress ratio for stringers of timber floor bridges

$I =$ impact increment in percentage of dynamic force of wheel blow;

$p =$ unsprung weight in percentage of total weight;

$H =$ height, in inches, of obstruction on bridge floor (equals about 0,16 for the bare concrete floors and an average of the best timber floors for which data are available);

$S =$ Speed of truck, in miles per hour;

$d =$ tire deformation, in inches, under a static load of 10000 lb.

Conclusions are drawn by the author as follows:

1. Data are not available for deducing general laws governing the impact of trucks upon highway bridge floors.

2. Data are available for determining the approximate impact of various type of trucks upon various bridge floors. These approximations are of sufficient accuracy for writing specifications for designing bridge floors, when they are used with judgment.

---

[1] Proceedings, American Society of Civil Engineers, March 1926.

3. Available data indicates that:

a) Impact stresses vary directly with the speed of the truck, up to a limit of 15 miles per hour.

b) Impact stresses increase but slightly with the speed on clean floors (no obstructions other than natural roughness of floors and tires).

c) Impact stresses increase considerably with the speeds when the truck wheels run over obstructions.

d) The increase in impact stresses for given obstructions and speeds, is approximately the same for heavy or for light loads on the same truck. This indicates that the increase in stress (impact increment of stress) is caused primarily by the unsprung weight of the truck.

e) Impact varies inversely with the softness of truck tires and with the flexibility of the bridge floor. For this purpose, it may be assumed that the governing flexibility occurs when the unit stresses reach allowable limits.

f) It follows from d) and e) that the impact increment in percent varies inversely with the load on any given truck.

4. An engineer with judgment who notes the above general conclusions may provide for the proper impact by making use of the data in table 1.

TABLE 1

*Impact increments of stress in percent, in highway bridge floors for trucks, with various tires unsprung weights and obstructions*

*15 Miles Per Hour*

| HEIGHT OF OBSTRUCTION | $d = 0,1$ | | $d = 0,6$ | | PNEUMATIC TIRES | |
|---|---|---|---|---|---|---|
| | $p = .20$ | $p = .33$ | $p = .20$ | $p = .33$ | $p = .20$ | $p = .33$ |
| None | 14. | 31. | 4. | 12, | 1. | 4. |
| 1″ | 160. | 286. | 44, | 77. | 20. | 38. |
| 2″ | 362. | 610. | 87. | 170. | 38. | 80. |

In the table, $p$ is the percent of unsprung weight to total weight of truck. ($p = .33$ represents a normally loaded heavy truck and $p = .20$ represents an overloaded truck such as a live load of 10 tons on a truck weighing 5 tons) $d =$ the deflection of the tire in inches due to a static load of 10 000 lbs. ($d = 0,1$ represents the hardest worn rubber tire which has been noted. $d = 0,6$ represents an average new solid rubber tire).

## Trusses

The author is aware of but two pieces of experimental work in the United States for determining the impact in the trusses of highway bridges for which published data are available, those of F. O. Dufour[1] and the author.[2]

In all of these experiments, the loads have been too small to even approach the capacity of the bridges. The results show that impact decreases as unit stresses increase. The highest static live load stresses which have been developed, were due to trucks weighing 15 tons and were but slightly over 5000 pounds per square

---

[1] Proceedings, American Society of Civil Engineers, October 1926. Journal, Western Society of Engineers, Vol. 18, 1913.

[2] Bulletins 63 & 75, Engineering Experiment Station, Iowa State College, and "Public Roads", September 1924.

inch. For this load, with the maximum attainable speed of about 15 miles an hour, the impact increment in trusses of bridges with clean concrete floors and smooth timber floors for reasonably hard solid rubber tires, is below 25%.

As impact is important as a factor in design, only when the total unit stresses approach design values, and as the results show that impact decreases as unit stresses increase, 25% is apparently the maximum impact for which it is necessary to provide even for short spans under normal unit stresses. A higher impact due to obstructions, which might be suggested by the data in table 1 might be recognized as possible and be provided for by an increased unit stress.

Existing data are too meagre to establish a relation between impact and span length. The established reduction in impact for increased spans for railroad bridges may be the best guide for reductions for highway bridges and perhaps an adequate one for practical purposes.

## Culverts

A series of experiments conducted by the Engineering Experiment Station of Iowa State College[1] reported in bulletin 79 of that organization, indicate a very wide range of impact factors on highway culverts under shallow depths of cover. These factors vary from zero in the case of smooth roadway surfaces to several hundred percent of the static load effect for various obstructions in the path of a truck wheel. The impact factor when considered as a percentage of the static load effect on the culvert, does not vary appreciably with the depth of cover. However, the static load effect decreases quite rapidly as the depth of cover increases so that for the greater depths, the increase in effect on the culvert due to impact is quite small in relation to the actual wheel weights.

---

[1] Co-operative work with the U. S. Bureau of Public Roads.

# Action dynamique des Charges en mouvement sur les Ponts métalliques

par Prof. Godard, Paris

Le calcul des ponts métalliques s'opère toujours en supposant que les diverses pièces sont soumises à l'action de charges fixes.

Il y a cependant une différence considérable entre les charges fixes utilisées dans le calcul et les mêmes charges lorsqu'elles parcourent les ouvrages, dans la pratique, animées d'une certaine vitesse, et cette différence est variable suivant la valeur de cette vitesse. Cette différence se décèle à l'auscultation.

La vitesse des charges mobiles agit de plusieurs manières sur les ouvrages:

$1^0$ par la soudaineté même de l'action de ces charges;

$2^0$ par les chocs;

$3^0$ par l'effet de la force centrifuge dans certains cas;

$4^0$ par les vibrations;

$5^0$ par la répétition périodique des actions plus ou moins instantanées et des chocs.

L'influence des actions instantanées, et plus encore des chocs, est énorme. Tout le monde connaît l'expérience de la tige ou de la poutre que l'on vient de charger brusquement et sans choc. Si on néglige la masse de la tige ou de la poutre devant celle de la surcharge, le calcul démontre que l'action de la charge instantanée est le double de celle de la même charge agissant progressivement. Si, de plus, la charge tombe d'une certaine hauteur sur la tige ou sur la poutre, l'amortissement de la force vive de la charge s'opère par le travail des réactions élastiques: il exige un allongement de la tige ou une flèche de la poutre à peu près proportionnel au carré de la hauteur pour un poids donné et, toujours dans l'hypothèse où la masse de la tige ou de la poutre est négligeable par rapport à celle de la charge, on arrive rapidement à un allongement des fibres tel que la limite élastique est dépassée et la rupture inévitable.

Si, au lieu d'une seule action des charges ou d'une chute d'un poids isolé, on fait agir la charge ou une succession de charges semblables d'une manière discontinue sur un même point et précisément au moment où l'allongement de la tige ou de la flèche de la poutre atteint son maximum pendant les vibrations qui se produisent, on augmentera progressivement les déformations et on pourra obtenir la rupture par allongement excessif des fibres.

Or, des actions instantanées ou quasi instantanées discontinues et périodiques peuvent se produire et, de même, des chocs, sur les ponts-routes. On sait que le trot d'un cheval ou le passage d'une troupe marchant au pas cadencé peuvent produire des vibrations très importantes.

Sur les ponts-routes, les charges mobiles sont, en général, faibles par rapport au poids mort. Pour qu'il y ait synchronisme entre la cadence toujours assez lente d'une charge mobile sur un pont-route et la période de vibrations des fermes principales de l'ouvrage, il faut que ce dernier ait une assez grande longueur, c'est-à-dire un poids considérable. Or, ici, intervient un second facteur qui est le rapport de la charge mobile à la charge fixe.

Nous avons parlé plus haut de l'effet des charges instantanées et des chocs de ces charges sur des tiges ou des poutres, de masse négligeable par rapport à celle de la charge, mais ces effets sont notablement moindres lorsque la masse de la tige ou de la poutre sur laquelle agit la charge n'est pas négligeable par rapport à la masse de cette dernière.

La théorie des effets des charges instantanées ou des chocs sur les pièces prismatiques, théorie qui a donné lieu, dans les divers pays, à des travaux d'analyse et à des vérifications expérimentales très variées, montre que, si on envisage seulement les chocs instantanées, on peut, en première approximation, se borner à corriger les déformations élastiques dues aux surcharges agissant progressivement en les multipliant par un terme toujours inférieur à 2 et dans lequel intervient en dénominateur le rapport de la masse heurtée à la masse heurtante.

Lorsque l'on envisage non plus des chocs instantanés mais des surcharges dont l'intervention, pour se produire, exige un temps plus grand que la période d'oscillation propre de la pièce, il faut alors réduire très notablement la valeur de la correction. A la limite, on conçoit très bien que l'on doive envisager non plus la surcharge totale, mais seulement une fraction de cette surcharge qui peut intervenir dans le cours de la première demi-période. La fraction qui intervient dans la demi-période suivante annule, ou à peu près l'effet de la première et ainsi de suite.

Les chocs proprement dits ne peuvent guère se produire sur les ponts-routes, d'abord parce que la chaussée est un matelas élastique qui absorbe la majeure partie de la force vive des charges, et, en outre, parce que la vitesse et le poids de ces charges devraient être considérables pour que leur application plus ou moins brusque sur un point de la chaussée, résultant, par exemple, du passage sur un caillou ou des ornières, puisse amener un travail élastique de quelque importance.

Il en est autrement des ponts de chemins de fer.

L'expérience montre d'abord que certaines pièces, par exemple les longerons et les pièces de pont, sont attaqués par les charges d'une manière brusque et non progressive, mais, de plus, l'expérience a montré qu'il pouvait se produire des chocs répétés capables d'amener des suppléments d'efforts inquiétants. Ces chocs proviennent de deux causes principales:

$1^0$ les méplats des roues des wagons ou des locomotives;

$2^0$ les joints des rails.

On peut rapprocher aussi de l'effet des chocs l'effet produit par un freinage brusque des véhicules d'un train. L'expérience montre, en effet, que le freinage peut augmenter de 10 à $15^0/_0$ l'effet statique des roues des véhicules.

Tout le monde connaît les effets désastreux produits sur les éléments d'une voie de chemin de fer par les méplats des roues des véhicules. Il est clair que ces effets désastreux doivent s'étendre aux superstructures des ponts métalliques et ils sont d'autant plus dangereux qu'ils sont le résultat de chocs rythmés. Heureusement, les méplats n'ont guère le temps de produire leur effet destructeur parce que les dégâts produits sur la voie sont tels que le personnel d'entretien averti fait retirer rapidement les véhicules coupables. On peut donc laisser de côté cette cause de supplément d'efforts.

Il en est de même de l'effet des joints des rails. Il y a là une cause de chocs connue et inévitable, si parfait que soit le système d'éclissage employé. Mais cette cause de chocs peut être supprimée, car rien n'empêche de supprimer les joints des rails sur les ouvrages métalliques; d'ailleurs, avec les rails très longs, actuellement employés, et en supprimant le jeu, ce qui peut se faire sans inconvénient, on peut réduire considérablement les chocs dûs aux joints. Quant à l'effet du freinage il est évidemment accidentel, et, dans tous les cas, peu important.

L'effet de la force centrifuge a donné lieu à des recherches mathématiques intéressantes, mais cet effet qui, théoriquement, peut donner des efforts croissant, au-delà de toute limite, avec la vitesse, ne pourrait se produire que si l'on avait négligé la précaution indispensable de donner une contre-flèche au tablier du pont.

Nous venons d'examiner l'effet produit par l'attaque brusque d'une charge sur une pièce, avec ou sans choc. Mais lorsqu'une pièce rectiligne est simplement parcourue, même sans chocs, par une charge ou une suite de charges, on a l'impression que la mise en jeu des forces d'inertie doit produire des suppléments importants d'efforts par rapport à ceux qui seraient produits sur la pièce portant les mêmes charges au même point, mais mobiles. Ce problème a été traité par l'analyse dans divers pays, pendant tout le cours du siècle dernier.

Ces analyses ont nettement montré que la tension maximum développée dans le métal d'une poutre parcourue en vitesse par une charge isolée, ou une charge continue, était égale au produit de la tension statique multipliée par un facteur de la forme:

$$\left[ 1 + \alpha \, \frac{q \, l \, v^2}{E \cdot I \cdot 2g} \right].$$

Dans cette formule:

$q$ = la charge mobile,
$l$ = la longueur de la poutre,
$v$ = la vitesse,
$I$ = le moment d'inertie de la poutre,
$E$ = le coefficient d'élasticité,
$g$ = l'accélération de la pesanteur,
$\alpha$ = un coefficient numérique inférieur à l'unité et dont la valeur varie suivant que la poutre est libre ou encastrée à ses extrêmités et suivant que $q$ est une charge isolée ou une charge répartie par mètre linéaire.

L'étude de ce facteur montre qu'à moins d'avoir affaire à des vitesses qui, jusqu'ici, n'ont jamais été atteintes pour les ponts, ce n'est que pour des poutres de longueur très faible qu'il peut atteindre des valeurs importantes.

Ces analyses tiennent compte des vibrations de la poutre sous l'influence de la charge. Elles ne mettent cependant pas en lumière l'influence de ces vibrations. Cela tient vraisemblablement à ce que, sous le passage de charges animées de vitesses importantes mais continues, ce qui est le cas des ponts de chemins de fer, l'effet des vibrations est à peu près nul parce que ces vibrations s'amortissent par le passage même des charges. C'est ce que l'expérience directe paraît confirmer.

Cependant, il peut se produire, tant sur les ponts-routes que sur les ponts de chemins de fer des actions rythmées.

Pour les ponts-routes, on a des exemples d'ouvrages sur lesquels le passage d'une troupe d'hommes circulant au pas gymnastique finissait par produire des vibrations d'amplitude dangereuses pour la sécurité.

Nous rappellerons que la durée $\theta$ de la période de vibrations simples d'une poutre de longueur $l$ de poids $P$ par mètre linéaire et de moment d'inertie $I$ posée sur deux appuis est donnée par la formule:

$$\theta = \frac{2 \, l^2}{\pi} \sqrt{\frac{P}{g \, E \, I}}$$

Si, dans cette formule, on fait apparaître la flèche $f$ de la poutre, sous l'influence de la charge statique $p$ on trouve, pour $\theta$, la formule:

$$\theta = 5{,}57 \sqrt{\frac{f}{g}}$$

Les Américains ont donné, à cette formule, une forme plus simple en exprimant les longueurs et, en particulier, celle de $f$ en pieds anglais. En appelant $\varphi$ la longueur de la flèche en pieds anglais, on a, très approximativement:

$$\theta = \sqrt{\varphi}.$$

$\varphi$ est toujours très faible, la flèche étant de l'ordre du centimètre, sauf pour les très grandes portées, $\theta$ est donc toujours de l'ordre d'une fraction de seconde.

Le phénomène de renforcement des vibrations a d'autant moins de chance de se produire que $\varphi$ est plus petit, c'est-à-dire que la flèche présentée par l'ouvrage, sous une charge uniforme, est moindre.

Si donc on emploie des ponts lourds et, notamment, avec des tabliers en béton armé, on a bien peu de chances pour qu'il se produise, dans de pareils ouvrages, des vibrations rythmées et de voir les charges roulantes produire des suppléments d'efforts importants par rapport à ceux qu'elle produiraient agissant d'une manière statique.

Pour les ponts rails, on peut dire que les actions rythmées sont la règle générale. Dans un train en mouvement, de pareilles actions sont inévitables. Les plus connues sont dues à un calage imparfait des roues des locomotives. Ces actions, bien connues, qui produisent les coups de lacets et les effets de galop, provoquent évidemment sur les ouvrages métalliques des actions rythmées. Toutefois, le synchronisme entre les vibrations propres de l'ouvrage et les impulsions dues au déséquilibrage des locomotives, est impossible pour les petites portées, mais réalisable pour des portées supérieures à 20 ou 25 m.

Cette vitesse de synchronisme est, ce qu'on appelle la vitesse critique, et elle produit naturellement des effets d'autant plus considérables qu'elle est elle-même plus élevée.

Tout le monde connaît les expériences faites par l'Association des Ingénieurs des Chemins de fer américains sur ce sujet de 1907 à 1911. Ces expériences ont montré que la vitesse critique varie en raison inverse de la portée, mais, que, d'autre part, la tension supplémentaire produite par la charge mobile par rapport à la charge fixe est pratiquement nulle pour des vitesses de l'ordre de 25 km à l'heure.

On voit que ce n'est que pour des ponts de portée moyenne et pour de très grandes vitesses qu'il y a lieu de se préoccuper de l'effet des vibrations produites par le non-équilibrage des véhicules des trains.

Les travaux d'analyse exécutés au cours du siècle dernier et les quelques expériences effectuées sur la question, expériences au sujet desquelles nous dirons deux mots tout à l'heure, concordent donc pour montrer que les effets dynamiques des charges sont surtout importants pour les pièces d'ouvrages ou pour les ouvrages de portées moyennes et faibles. Pour les grandes portées l'action dynamique est d'autant moins importante que la portée est plus grande.

On ne connaît, en fait, rien de plus précis sur la question.

Nous avons parlé des expériences et, en particulier, de celles entreprises par les Ingénieurs américains pour les ponts de chemins de fer.

Ces expériences ont porté sur un grand nombre d'ouvrages de types peu variés que l'on peut, en général, classer dans la catégorie des ponts à tablier léger.

A l'époque où ces expériences ont été faites on n'employait pas couramment, comme on le fait aujourd'hui, les tabliers en béton armé pouvant supporter une voie ballastée.

Il en résulte que ces expériences ayant porté sur des ouvrages de types en somme peu variés, on peut en déduire des résultats assez précis, à la condition de ne pas en faire l'application à des ouvrages de types tant soit peu différents de ceux qui ont servi de sujets d'expériences.

On conçoit que la question présente une énorme complexité et cette complexité tient à deux causes.

Si on veut soumettre à l'expérience une pièce d'un ouvrage quelconque on conçoit que le mode d'attache de cette pièce aux pièces voisines doit avoir une influence capitale.

De même, comme nous l'avons dit, suivant que la couverture sera une couverture légère ou une couverture lourde, il est bien évident, à priori, que l'effet de la charge sera tout différent.

On pourrait, il est vrai, classer les ouvrages, classer, dans ces ouvrages, les pièces d'après leur mode d'attache, d'après la nature de la couverture, et se livrer à des séries d'expériences portant sur les différents types envisagés.

Mais on rencontre une difficulté beaucoup plus grave encore du côté des appareils de mesure.

Si l'on possède, actuellement, des appareils de mesure suffisamment précis permettant de mesurer des allongements statiques sur une fibre donnée d'une pièce, l'application de ces instruments à la mesure des allongements dynamiques est impossible.

On possède des appareils enregistreurs permettant de mesurer, non sans peine, des variations de flèche sous des charges en vitesse, mais on n'en possède aucun à ma connaissance permettant de mesurer des allongements ou des raccourcissements. Or cela serait indispensable pour tirer des conclusions quelque peu précises.

Il y a là un champ de recherches extrêmement intéressant et qui s'impose à l'attention des Ingénieurs.

En effet, les différents règlements en usage dans la plupart des pays et concernant le calcul des ponts métalliques imposent, dans le calcul des effets des charges, des majorations spéciales pour tenir compte de l'effet dynamique de ces charges.

Ces coefficients dans les pays de langue anglaise constituent des formules hyperboliques dans lesquelles le paramètre variable est, en général, la longueur de la pièce.

Ce paramètre entre dans la formule au premier degré et, parfois, au second degré.

La valeur limite de tous ces coefficients est l'unité lorsque la longueur de la pièce est infinie.

Quand la longueur est très petite, cette valeur est variable, quoique voisine de 2.

Cette limite de 2 était celle de l'ancienne formule de PENCOYD, en Angleterre.

C'était, également, la limite proposée par l'Association des Ingénieurs des Chemins de Fer américains avant 1907. Dans la formule proposée par WADDELL cette valeur était de 2, I.

L'Administration des transports, en Angleterre, utilise une formule dont la limite est 2,33.

Nous trouvons, en Allemagne, 3 coefficients applicables aux ponts de chemins de fer.

La valeur de ces coefficients est d'autant moindre que le tablier est plus lourd.

Pour une longueur de la pièce très faible les coefficients limites ont des valeurs variant entre 1,5 et 1,8.

Le Réglement français du 10 mai 1927 présente une formule de majoration à 2 termes contenant 2 paramètres.

L'un de ces paramètres est la longueur. L'autre est le rapport du total des charges permanentes supportées par la pièce, y compris son poids propre, au poids maximum total des surcharges qu'elle peut être appelée à supporter.

Dans les deux termes, les paramètres entrent, naturellement, en dénominateur. Pour une pièce très courte et très légère le coefficient de majoration peut ainsi atteindre la valeur théorique 2.

En somme, dans, les différents pays, on utilise des formules de majoration assez variables dans lesquelles entrent soit directement comme en France, soit indirectement comme en Allemagne, non seulement la longueur de la pièce considérée mais encore le rapport de la charge permanente de cette pièce à la surcharge qu'elle est appelée à supporter.

Il serait, évidemment, très désirable de pouvoir, par expériences directes, vérifier dans quelle proportion ces majorations se rapprochent de la réalité.

Comme nous l'avons dit c'est surtout pour les petites pièces que cette vérification serait éminemment désirable parce que nombre d'Ingénieurs ont l'impression que la limite 2 adoptée, à priori, dans la plupart de ces formules pour les pièces courtes et légères, est insuffisante.

# Effets des impacts dans les ponts avec travées métalliques pour chemin de fer

Par **D.** Mendizábal, Madrid

Professeur du cours de Bâtiments et ponts métalliques à l'École des Ingénieurs des ponts
et chaussées et Ingénieur en Chef du Service de la Voie et Travaux de la Compagnie de
chemin de fer de Madrid, Saragosse et Alicante

Comme travail de collaboration aux intéressantes études qui doivent être
présentées au Congrès international de construction de ponts, et dans le groupe A,
section 2, j'estime intéressant de faire connaître les études que j'ai effectuées pour
arriver à déterminer la formule actuellement officielle dans l'Instruction en vigueur
en Espagne, pour la rédaction des projets de travées métalliques pour le calcul
des effets de choc par actions dynamiques ou impact, et dans ce but j'expose ci-
dessous ces travaux.

## Impact

### *Effet de choc, par actions dynamiques ou impact*

A partir des premières instructions étudiées ces dernières années, il a été donné
une grande importance aux actions dynamiques ou de choc, en augmentant, pour
compenser ces effets, les valeurs absolues des surcharges en proportions diverses
ou en diminuant dans certains cas les coefficients de travail, considérant *impropre*
et moins sincère ce système qui est presque prescrit.

Le calcul des efforts, que les diverses pièces d'une travée métallique pour
chemins de fer et pour routes, éprouvent au passage des trains, s'effectue en tenant
compte du poids propre ou mort de la structure et de celui de la surcharge mobile
qui le traverse réduite à une série de forces isolées verticales, à des distances inva-
riables entre elles, ou à une charge uniformément répartie par unité de longueur;
forces ou charges qui peuvent occuper une position quelconque dans la travée,
mais toujours contenues dans son plan longitudinal de symétrie.

On considère le passage du train sur la travée, comme une série de forces *statiques*,
variables de position, mais sans tenir compte du *temps* dans lequel ces variations
se produisent.

En un mot: On étudie la structure au point de vue *géométrique* et non sous le
point de vue *mécanique*.

Or, bien que l'étude des effets de la vitesse de passage des charges est d'une
complexité si énorme qu'elle échappe à toute intention d'analyse mathématique,
pour le réduire à des formules rigoureusement scientifiques, les conséquences de
ces effets, tant pour les travées de chemins de fer que pour celles des routes, mais
très spécialement pour les premiers, sont d'une si grande importance qu'elles ne
peuvent en aucun moment être négligées pour le calcul d'une travée métallique,
l'expérience ayant confirmé que dans certains cas ces charges additionnelles dues
à l'«Impact» atteignent des valeurs supérieures à la somme de celles qui sont produites par le poids mort de la travée et de celui de la surcharge mobile, ce qui
augmente, par suite, le travail de quelques pièces en plus de $100^0/_0$.

On doit aux Anglais et aux Américains du Nord la plupart des études et des expériences sur les « Effets de l'Impact » nom qui ne constitue pas une correcte traduction de l'«Impact Effet» de ceux-là mais qui a l'avantage de conserver sa racine en vue de l'unification du vocabulaire scientifique universel.

*Causes de l'impact*

Elles sont si nombreuses et différentes qu'on arrive à la conviction de ce que malgré le grand nombre qu'on en arrive à découvrir en étudiant la façon d'agir des charges, il en restera toujours quelqu'une dont on n'ait pas tenu compte.

Celles qui ont pu être étudiées jusqu'à ce jour, plus ou moins complètement scientifiquement, sont:

a) Force centrifuge verticale et horizontale.
b) Mécanisme de la locomotive et des moteurs.
c) Frottements et chocs.
d) Effets vibratoires de résonance.

Toutes ces causes d'impact comportent le facteur *vitesse* et par conséquent on ne tient compte d'aucune d'elles en calculant *statiquement* une travée.

*Détermination des surcharges de l'impact.*
1⁰ *Étude expérimentale.*

Les essais pour déterminer expérimentalement les effets de l'impact ont été effectués, en mesurant les allongements qui se produisent dans les différentes barres d'une travée au passage des trains à des vitesses variables.

Un grand nombre d'extensimètres ont été construits pour cela, mais le plus parfait est le «Photo-enregistreur-FARADAY-PALMER» dont nous expliquerons le principe.

*Appareil Faraday-Palmer*

Cet appareil a pour but d'enregistrer photographiquement les variations rapides des efforts qui se produisent dans les différentes barres d'une travée métallique au passage des trains à n'importe quelle vitesse, même la plus grande. Fig. 5.

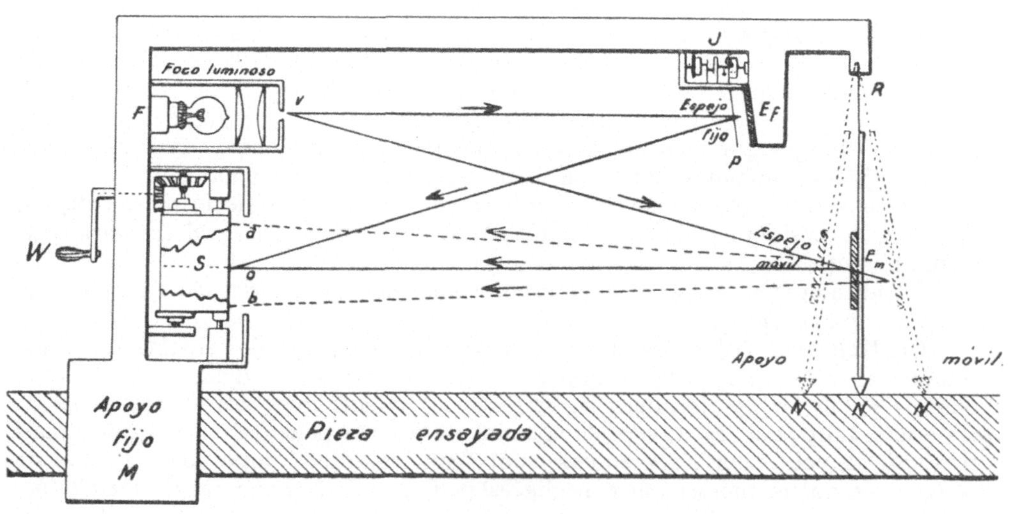


Fig. 5

On obtient cela au moyen de la projection d'un rayon lumineux émis par un foyer fixe *F* invariablement uni à un point de la barre; ce rayon est réfléchi par une glace tournante $E_m$ lorsque la barre supporte des variations de longueur, sous l'action des efforts.

Ainsi donc, quand la pièce essayée subit un allongement ou un raccourcissement, le point $N$ s'éloignera ou se rapprochera du point $M$ entraînant dans son mouvement la pièce $NR$ unie au corps de l'appareil par la lame flexible $R$. La glace $E_m$ unie à cette pièce tournera également autour de $R$ avec une déviation angulaire, qui se transmettra doublée au rayon lumineux qu'elle reçoit du foyer $F$, et se reflète sur une pellicule sensible placée en $S$.

A l'axe $O$ de cette pellicule arrive aussi un autre rayon réfléchi par une glace $E_f$ fixée au corps de l'appareil; ce rayon est donc mobile, et il impressionne sur celle-là un point de référence.

La pellicule sensible à la lumière, passe en se déroulant d'une bobine pour se rouler sur une autre, comme dans une chambre photographique, actionnée par un moteur électrique ou à main; la vitesse est réglée dans ce cas par une disposition spéciale, en vertu de laquelle en conservant pratiquement constante et égale à 150 tours à la minute, la vitesse que l'opérateur imprime à une manivelle $W$, la vitesse pour le passage de la pellicule peut être cependant multipliée ou réduite.

Le rayon lumineux oscillant impressionnera, au passage de la pellicule, une ligne sinueuse, pendant que le rayon fixe marquera une ligne doite.

Pour que cette ligne droite soit «un axe de temps» l'appareil est pourvu d'un mécanisme d'horlogerie $J$, au moyen duquel on couvre et découvre au moyen d'un écran oscillant $P$, par intervalles d'un quart de seconde, le miroir fixe $E_f$, d'où il résulte que cet axe apparaît comme une ligne de raies, dont chacune représente, à une certaine échelle, un quart de seconde, cette échelle pouvant être changée, en variant seulement la vitesse de passage de la pellicule.

En admettant que, dans la période élastique du matériel qui constitue la barre essayée, les déformations sont proportionnelles aux efforts qui les produisent, il est facile de calibrer au préalable l'appareil au moyen d'un dynamomètre, de façon à ce que l'échelle sur laquelle doivent être mesurées les ordonnées de la courbe si-nueuse décrite par le rayon oscillant, soit connue.

D'après le côté sur lequel cette courbe se trouve par rapport à l'axe de référence, elle représentera des tensions ou des compressions éprouvées par la barre.

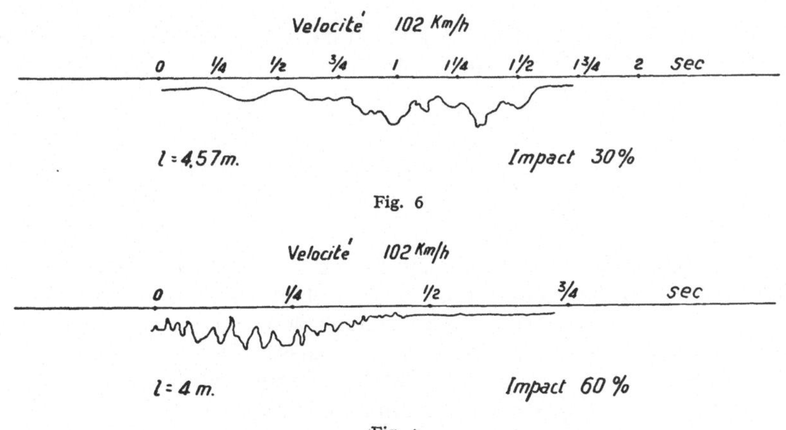


Fig. 6



Fig. 7

Avec cet appareil il a été obtenu des courbes d'efforts dynamiques, comme celles indiquées, figures 6 à 8 dans lesquelles on observe bien nettement les grandes oscillations des efforts pour divers coefficients d'impact.

Les ordonnées de la ligne moyenne de chaque courbe sinueuse représenteraient des efforts statiques produits par le train agissant en repos, dans chacune des positions, le long de la travée, c'est-à-dire, les efforts que le calcul donnerait sans tenir compte des effets de l'impact, efforts qui résultent toujours inférieurs à ceux qui sont effectivement produits lorsque la charge passe avec vitesse.

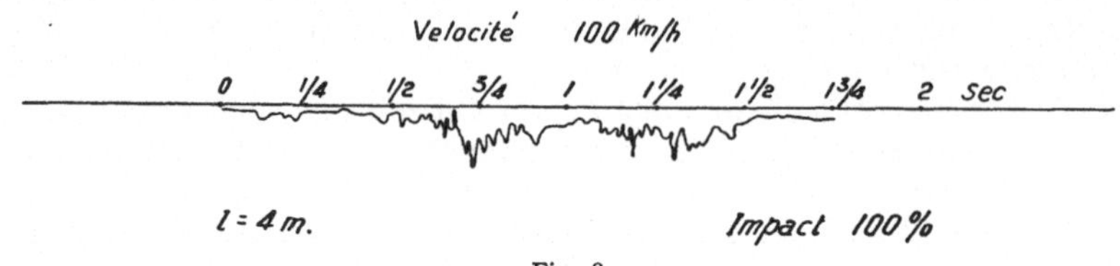


Fig. 8

La relation entre les ordonnées maxima et les moyennes, mesure l'accroissement de l'impact dans chaque expérience.

En prenant comme abscisses les différentes ouvertures des travées essayées et comme ordonnées l'augmentation pour cent de l'effort maximum de calcul par rapport à celui de l'impact on obtient, comme représentation du résultat de chaque essai, un point dont l'abscisse correspond à l'ouverture du pont et l'ordonnée à la relation pour 100 de l'effort maximum enregistré, au maximum théorique calculé.

On a ainsi pu obtenir des graphiques comme ceux de la feuille 1 dont on en a prétendu obtenir des formules simples, qui représentées graphiquement correspondent à certaines courbes qui réunissent les résultats isolés indiqués par les points.

*Formules empiriques*

La première formule dont on se souvient est celle qui fut présentée en 1887 par C. C. SCHNEIDER, Président de l'Association Américaine d'Ingénieurs Civils, Cette formule est

$$I\,\%_0 = \frac{152,4}{l} - 30,$$

$I\%_0$ est l'augmentation pourcentuelle de l'impact, et $l$ l'ouverture théorique en mètres.

Si nous désignons $K_i$ le coefficient par lequel il faut multiplier les efforts statiques pour obtenir ceux effectivement produits

$$K_i = 1 + \frac{1}{100}.$$

Ainsi que pour la formule antérieure

$$K_i = 0,7 + \frac{1,524}{l}.$$

Le but de cette formule était de simplifier le calcul des efforts dynamiques évalués jusqu'alors par les expressions de WHOLER LAUNHARDT et WEYRAUCH, relatifs à des «charges alternatives» expressions dont on peut déduire seulement le «coefficient de fatigue» du matériel, en connaissant les efforts auxquels il est soumis, qui constituent l'inconnu principal du problème.

Huit années plus tard apparut la formule de PENCOYD:

$$I\,\%_0 = \frac{91,44}{91,44 + l}$$

qui fut adoptée dans les «Instructions» de l'«American Railway and Maintenance Association» de 1905, 1906 et 1910.

Cette formule donne des résultats très bas pour de petites ouvertures et très élevés pour de grandes ouvertures, les expériences sur lesquelles elle est basée ayant été faites avec des ouvertures intermédiaires de 10 à 30 mètres.

Le Maj. MOUNT effectua des expériences sur des petites ouvertures et obtint des valeurs de $I^0/_0$ qui atteignèrent $159^0/_0$ et proposa la formule

$$I \, ^0/_0 = \frac{3657}{27 + l}$$

qui donne des valeurs très élevées pour les grandes ouvertures.

Par contre la formule:

$$I \, ^0/_0 = \frac{2787}{27,8 + l^2}$$

acceptée dans l'instruction de la «American Ry. Eng. Association» de 1920, a le défaut de donner pratiquement les mêmes valeurs de $I^0/_0$ pour des ouvertures inférieures à 10 mètres.

Une autre formule parmi celles proposées a été:

$$I \, ^0/_0 = \frac{2286}{15,2 + l}$$

avec un critérium opposé à celle de PENCOYD et qui donne des résultats exagérément hauts pour les petites ouvertures et trop bas pour les grandes.

La formule de WADDELL

$$I \, ^0/_0 = \frac{5030}{45,7 + l}$$

est semblable à celle du Maj. MOUNT, avec le même défaut.

Nous mentionnerons à titre de renseignement historique la formule française de RABUT:

$$I \, ^0/_0 = \frac{100}{1 + \left(\dfrac{l}{4}\right)^2}$$

car elle donne des valeurs insignifiantes.

Finalement apparut la formule nommée du «quart d'ellipse»

$$I \, ^0/_0 = 125 - \frac{1}{8} \times \sqrt{6562 - 10,8\, l^2}$$

qui fut postérieurement modifiée ainsi:

$$I \, ^0/_0 = 135 - \frac{1}{6} \times \sqrt{5315\, l - 10,8 \cdot l^2}$$

et comme son nom l'indique représente un quart d'ellipse tangent aux axes, aux extrémités de ses demi-axes, formule qui enveloppe avec une assez grande exactitude les résultats éprouvés pour toutes les ouvertures, et qui a été adoptée par l'Association d'Ingénieurs Nord-Américains.

Sur le fondement de cette formule, la plus parfaite aujourd'hui, nous parlerons plus tard au moment d'examiner la formule adoptée dans l'Instruction espagnole.

Sur la Fig. 11 on représente graphiquement les courbes correspondantes à ces formules et on ajoute pour leur comparaison celle qui est en vigueur en Espagne.

## $2^0$ *Étude analytique*

Lorsqu'une travée métallique est parcourue par la surcharge elle subit une déflexion élastique qui transforme sa ligne rasante en une courbe plate verticale correspondante à l'«élastique» de la structure après la déformation, ce qui origine par conséquent une force centrifuge qui s'additionnera ou se soustraira de l'action de la gravité suivant le sens de la concavité de cette courbe.

Désignant par $P$ le poids de la surcharge, $V$ sa vitesse et $r$ le rayon de courbure de l'élastique, la valeur de la force centrifuge en un point sera:

$$f = \frac{P V^2}{g r}$$

pour les poutres ou pièces d'une grande rigidité soumises à la flexion nous savons que

$$\frac{1}{r} = \frac{M}{E I}$$

où $M$ représente la loi de variation du moment flecteur.

En substituant cette valeur de l'inverse de $r$ dans l'expression antérieure

$$f = \frac{P V^2}{g} \times \frac{M}{E I}$$

ce qui nous donne la valeur de la surcharge due à la force centrifuge en fonction des quantités qui sont connues.

Pour simplifier cette expression nous appellerons $p$ la surcharge en kg/m; $m$ le poids mort de la travée dans la même unité, et en admettant alors que la hauteur de la poutre soit $\frac{1}{10}$ de la portée et la charge de 10 kg/mm² on parvient à la formule de l'impact

$$I\,{}^0/_0 = 0{,}3 \frac{V^2}{l} \cdot \frac{p}{p + m}.$$

Nous pouvons encore simplifier cette expression en considérant que le poids mort d'une travée est une quantité qui dépend *presque* en totalité de la portée pour chaque type de surcharge. Bien entendu lorsqu'il s'agit de structures couramment employées.

Avec une approximation suffisante nous pouvons admettre que la relation $\frac{p}{p + m}$ varie par rapport à la portée comme les ordonnées d'une ligne droite descendante, dont l'équation est:

$$\frac{p}{p + m} = y = 1 - \frac{l}{500}$$

et en substituant cette valeur dans la formule antérieure, nous aurons

$$I\,{}^0/_0 = 0{,}3\, V^2 \left( \frac{1}{l} - 0{,}002 \right).$$

Pour la vitesse de 80 km/h, c'est-à-dire $V = 22$ m/s il résulte,

$$I\,{}^0/_0 = \frac{145{,}2}{l} - 0{,}29.$$

Ces formules donnent des valeurs d'impact très petites pour peu que l'on fasse grandir la portée, mais il faut considérer que pour son établissement on a tenu compte seulement d'*une* des causes de l'impact représentant, par suite, une espèce de limite inférieure seulement.

La force centrifuge horizontale se produit également lorsque la travée se déflecte par l'action du vent.

Ainsi donc, dans le calcul des entretoises il y a lieu de considérer *toujours* que la travée reste *courbe*, son rayon étant donné par la même expression que nous trouvons antérieurement.

Cette cause de l'impact influe sur la flexion principale de la travée, et par conséquent on ne doit en tenir compte que lorsque l'on étudie la rigidité transversale de la structure.

*Effet des mécanismes de la locomotive*

Sous ce titre on comprend les effets du piston sur la bielle, les contrepoids non équilibrés et la disymétrie de la locomotive.

Le premier s'explique en considérant que le piston transmet obliquement son effet à la roue, et par suite, dans les changements de direction il se produira des forces verticales. Fig. 9.

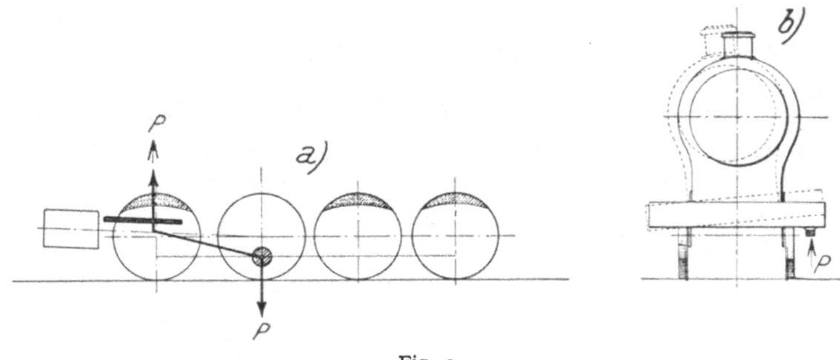

Fig. 9

Ces efforts peuvent être équilibrés en certaine façon au moyen de contrepoids dûment calculés, mais toujours il restera des forces non équilibrées comme par exemple, celles qui se produisent par le décalage des manivelles d'un même essieu, ce qui produit des efforts disymétriques de l'un et l'autre côté de la locomotive qui tendent à soulever l'un plus que l'autre, en chargeant par conséquent d'une façon inégale les deux rails.

Tout cela a été l'objet d'une étude laborieuse pour déterminer les différentes charges calculées sur chaque roue, suivant les positions de la bielle.

Et l'on arrive à la conclusion paradoxale, en apparence, de ce qu'en *augmentant le poids d'une locomotive* qui passe sur une travée métallique peuvent *diminuer les efforts* sur les pièces de cette travée.

On obtient cela simplement au moyen de masses additionnelles équilibrées, ce qui a conduit au résultat d'*imposer aux fabriques de locomotives, sur les cahiers de charges* de ne pas figurer le poids théorique que chaque essieu transmet en repos, mais le poids réel qui se produit lorsque la locomotive est en marche.

Cet effort dépend de la vitesse mais plus principalement de l'admission de la vapeur dans le cylindre, de façon qu'il peut être maximum au moment du démarrage où l'admission est également maximum et minimum à des grandes vitesses avec le régulateur fermé.

Comme il est vu, l'étude montre que le besoin de *corriger sur les locomotives et non sur les travées* les effets dynamiques mentionnés étant donné que leur effet nuisible se fait sentir également sur le reste de la voie.

*Frottements et chocs*

Ces deux causes d'effet d'impact dont l'étude analytique est encore plus difficile que les antérieures, comprennent les frottements produits par les freins qui se traduisent en une tendance au glissement longitudinal de certaines pièces de la travée par rapports à d'autres, et les chocs produits par les roues pendant les mouvements de «lacet» de la locomotive et des wagons et très spécialement de l'effet de «fouet», à la queue du train.

Ces effets grandissent sans doute avec la vitesse, mais ils n'ont pu être évalués, et nous sommes obligés d'admettre les résultats expérimentaux.

Pour les diminuer, on ne peut faire plus que donner à la voie la rigidité la plus grande dans la travée et la largeur minimum acceptable et constante.

*Effets de résonance*

Les effets de résonance plus ou moins parfaits peuvent être produits sur certaines pièces au passage des essieux. Théoriquement, si la fréquence des efforts des charges coïncidait avec la période propre de résonance de la pièce, celle-ci se casserait immanquablement quelques secondes après. Mais en réalité ceci ne peut arriver jamais en raison de l'apériodicité des efforts, mais, cependant, ces effets atténués se produisent quelquefois sous la forme de surtensions instantanées, accusées par les appareils enregistreurs.

L'Ingénieur américain WADDELL, affirme que l'impact maxima sur un tablier métallique a lieu lorsque ses vibrations d'amplitude normale coïncident avec les impulsions du moteur déséquilibré. Ce synchronisme ne peut se réaliser que dans des travées de plus de 25,00 mètres d'ouverture, et la vitesse de synchronisme ou vitesse critique produit sur la travée considérée, l'impact maximum.

La période de vibration d'une travée est donnée par la formule,

$$T = \sqrt{\frac{(m + p)\, d}{p \times 0,3048}}$$

$T$ étant la durée en secondes, $m$ et $p$ le poids mort et surcharge en kg par mètre linéaire et $d$ la déformation statique en mètres due au poids $p$ mesurée directement.

*Conclusions*

D'après ce que nous avons vu dans l'étude théorique de l'impact, nous pouvons affirmer que, en réalité, il est impossible d'établir *mathématiquement* une formule exprimant l'accroissement de l'impact en fonction des divers facteurs qui y interviennent.

Nous nous trouvons en présence d'un cas analogue à celui de la majeure partie des formules de l'Hydraulique, par exemple.

Il est nécessaire d'avoir recours à l'expérimentation dont les résultats préalablement examinés, après une analyse scientifique, peuvent servir de base pour l'établissement d'une fonction mathématique qui les relationne entre eux.

Ayant donc devant les yeux les résultats expérimentaux, nous avons essayé d'établir cette fonction en prenant comme variables uniques, l'ouverture de la travée et l'accroissement d'impact pour pouvoir la représenter par une courbe plane.

Nous pouvons considérer la vitesse variable d'une façon pratique en prenant comme type sa valeur maximum admissible pour les chemins de fer espagnols de premier ordre, ce qui n'empêche pas de réduire à une certaine échelle les ordonnées de cette fonction lorsqu'elles doivent être appliquées à des travées pour chemins de fer où l'exploitation se ferait à des vitesses plus réduites.

Quant aux facteurs *surcharges* et *poids mort*, le premier est bien défini pour chaque ouverture et le second peut s'exprimer aussi en fonction de celle-ci, comme nous avons vu, d'une façon suffisamment approchée pour les types de structures couramment utilisées.

Ainsi on ne commet pas d'erreur grave en choisissant une formule d'impact qui dépende seulement de l'ouverture de la travée puisque dans ce facteur peuvent être réunis tous les autres, pour un type d'exploitation de chemin de fer.

Passons en revue les prescriptions des diverses instructions en vigueur, et plus tard, en tirant des conséquences, qui furent utilisées pour être traduites en propositions pour l'instruction actuellement en vigueur en Espagne, nous reviendrons sur ce point si intéressant.

## Instructions en vigueur

### Instruction américaine

L'augmentation sur les efforts calculés par les méthodes ordiniaires est donnée par la formule suivante:

$$I = S \, \frac{91,5}{L + 91,5}$$

$I$ est l'augmentation qui doit être ajoutée aux efforts calculés, $S$ ces efforts, et $L$ la longueur de voie en mètres qui doit être chargée pour produire sur la pièce dont il s'agit l'effet le plus défavorable.

Pour cet effet on ne tiendra pas compte des efforts supplémentaires déduits, latéraux, longitudinaux, centrifuges ni de vent.

### Instruction suisse

Pour les travées métalliques jusqu'à 15,00 mètres d'ouverture théorique inclus, on augmentera des charges suivant la formule 2 $(15 - l)$ $^0/_0$ $l$ étant cette ouverture.

### Instruction française

En date du 10 mai 1927, le Gouvernement français a édicté une disposition en vertu de laquelle on définit et additionne quelques-unes des prescriptions de l'Instruction pour la rédaction des projets de travées métalliques, du 8 janvier 1915; l'une des plus importantes et neuves, est celle de considérer comme nécessaire l'effort supplémentaire produit par effet de l'impact, dont on n'avait pas tenu compte dans la première disposition officielle.

On recommande la formule ci-après:

$$I \, ^0/_0 = 1 + \frac{0,4}{1 + 0,2 \, L} + \frac{0,6}{1 + 4 \dfrac{P}{S}}$$

où $L$ est la longueur de la pièce affectée par les surcharges, $S$ le poids total de celle-ci, et $P$ son poids propre ou sa charge permanente.

Comme nous l'avons déjà indiqué nous n'estimons pas convenables les formules ayant cette disposition, car il a été déjà dit que la valeur de $P$ correspond presque toujours et est proportionnelle à l'ouverture.

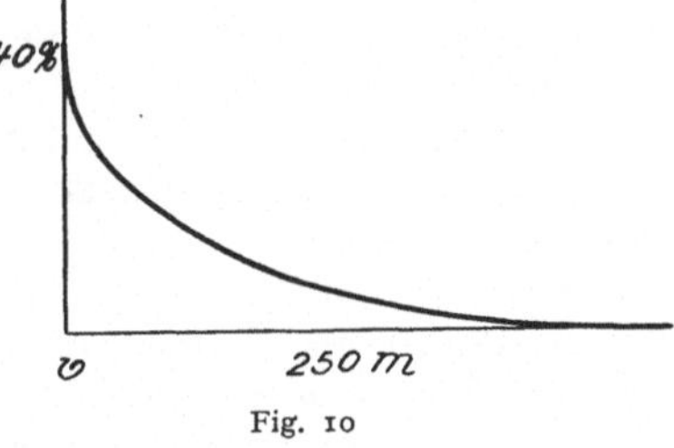


Fig. 10

### Instruction argentine

Pour les éléments du plancher ainsi que pour les petites travées jusqu'à l'ouverture où ces effets seraient déjà moindres que ceux du train normal, on les calculera pour le passage des charges ci-après.

$$\underset{24}{\overset{\downarrow}{T}} \quad 1{,}50 \quad \underset{24}{\overset{\downarrow}{T}} \qquad \underset{18}{\overset{\downarrow}{T}} \quad 1{,}40 \quad \underset{18}{\overset{\downarrow}{T}} \quad \text{suivant qu'il s'agisse de voie normale ou étroite.}$$

En outre les charges pour des éléments du plancher ainsi que pour celles des poutres principales de 15,00 mètres d'ouverture comme maximum devront être augmentées suivant la formule 2 $(15 - l)$ $^0/_0$ représentant l'ouverture correspondante.

*Instruction canadienne*

On appliquera avec le même critérium que pour l'instruction américaine, la formule indiquée ci-après

$$I = S \frac{30.000}{30.000 + L^2}$$

les lettres ayant la même signification que pour celle-là.

On ne tiendra pas compte non plus des efforts longitudinaux, latéraux, centrifuges ni du vent.

*Instruction belge*

Elle n'indique rien à ce sujet.

*Instruction allemande*

Les moments flecteurs et les efforts tranchants auxquels sont soumises toutes les pièces, seront multipliés par le coefficient de choc, suivant les formules indiquées à la suite, fonctions de l'ouverture théorique des travées et du type de celles-ci en ce qui concerne la position et le placement de la voie.

Travées avec rails directement appuyés sur les poutres principales $\varphi = 1{,}20 + \dfrac{17}{l + 20}$.

Travées avec des rails appuyés au moyen de traverses sur les poutres principales $\varphi = 1{,}19 + \dfrac{21}{l + 46}$.

Travées avec voie sur le ballast $\varphi = 1{,}11 + \dfrac{56}{l + 144}$.

Pour les poutrelles et longerons du tablier, on prendra comme longueur de calcul, l'écartement entre les plans moyens des poutres principales ou entre les poutrelles respectivement.

Dans les travées de poutres continues d'ouvertures diverses, on prendra pour chacune l'ouverture correspondante.

D'après une analyse minutieuse, la formule de l'impact doit réunir les conditions suivantes:

a) Pour des petites ouvertures, la valeur de l'accroissement de l'impact doit se rapprocher de $150^0/_0$.

b) Pour des ouvertures supérieures à 200 mètres, l'effet de l'impact est pratiquement négligeable.

c) Pour des ouvertures intermédiaires, la courbe dont la forme s'adapte le mieux comme enveloppante des valeurs maxima de l'impact obtenues expérimentalement, est l'ellipse.

Avec ces conditions on peut immédiatement établir l'équation d'une ellipse, Fig. 10, dont nous n'utiliserons qu'un quart en lui imposant les conditions d'avoir pour demi-axes, $a = 250$ (ouverture pour laquelle nous supposons que l'impact est annulé) et $b = 140$ (impact maximum lorsque l'ouverture tend à s'annuler).

Cette équation serait (par rapport au centre)

$$y = + \frac{b}{a} \sqrt{a^2 - x^2}$$

et par rapport aux tangentes aux extrémités des demi-axes qui nous intéressent

$$I =\colon b - \frac{b}{a} \sqrt{2\,a\,l - l^2}$$

de sorte que substituant les valeurs $a$ et $b$ nous aurons l'équation:

$$I\,^0/_0 = 140 - 0{,}56 \sqrt{500\,l - l^2}$$

et le coefficient $K_i$ par lequel il faut multiplier chaque valeur de calcul pour tenir compte de l'impact, sera:

$$K_i = 1 + \frac{I}{100}.$$

Dans la Fig. 12 est représentée graphiquement cette courbe, et figure également un état des valeurs numériques.

En résumé, nous sommes arrivés à une courbe d'impact analogue au «quart d'éllipse» américain, mais déduite directement avec nos unités, pour que les coefficients ne soient pas compliqués.

Sur les Fig. 11 et 13 figurent représentées ces courbes avec toutes celles qui correspondent aux formules théoriques recommandées par divers auteurs

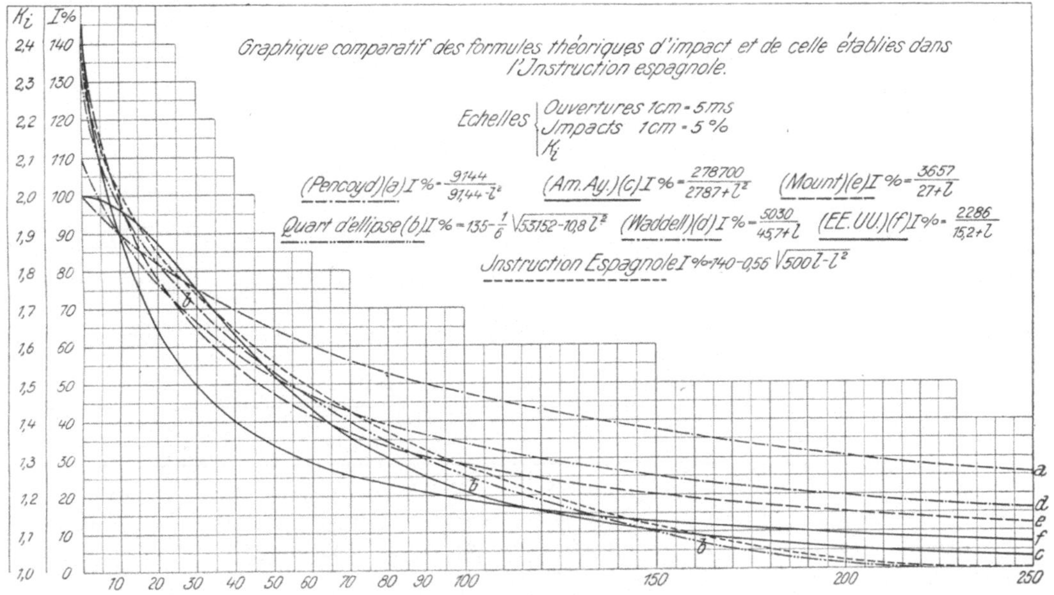


Fig. 11

et celles qui ont été prescrites comme obligatoires dans les diverses instructions en vigueur.

On peut apprécier dans la première que la courbe représentative de la formule espagnole jusqu'à 30 mètres d'ouverture peut être considérée comme la plus élevée de toutes; de 30 à 70 mètres elle continue dans une situation analogue à l'exception de la formule de PENCOYD, et à cette ouverture elle est coupée par celle qui correspond à la formule recommandée par WADDELL; dans cette situation elle se maintient jusqu'à 100 mètres et passe à occuper une situation inférieure à celle de toutes qui y sont représentées sauf celle du quart d'éllipse théorique.

Cette position est estimée logique, car il n'y a aucun doute de ce que pour une ouverture déterminée pour laquelle les poids des structures augmentent considérablement dans la même proportion l'effet de l'impact doit s'annuler ce qui n'arrive pas aux cinq autres courbes représentées sur ladite feuille.

En outre, comme nous l'avons déjà dit, il est naturel que cela se passe ainsi, car pour des petites ouvertures il doit être considérable, étant donné la masse et le poids réduits des travées et les surcharges dynamiques très grandes, diminuant jusqu'à disparaître pour une ouverture déterminée.

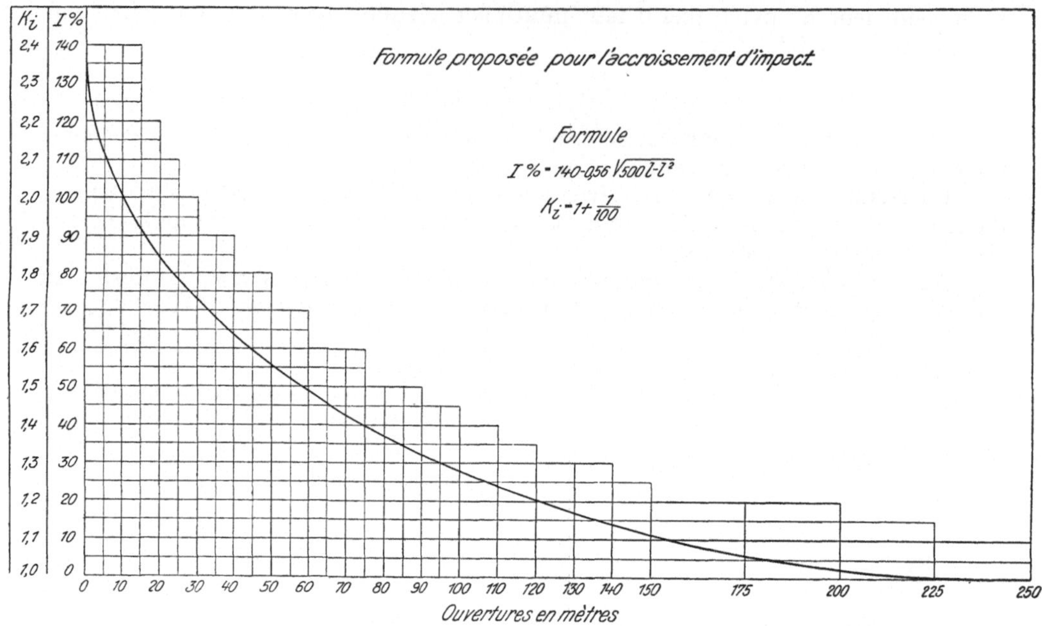


Fig. 12

## Tableau de valeurs numériques

| $l$ | $I^0/_0$ | $l$ | $I^0/_0$ | $l$ | $I^0/_0$ | $l$ | $I^0/_0$ |
|---|---|---|---|---|---|---|---|
| 1 | 127,50 | 7,0 | 107,11 | 22 | 82,58 | 40 | 64,04 |
| 1,25 | 126,02 | 7,5 | 105,97 | 23 | 81,35 | 45 | 59,87 |
| 1,50 | 124,69 | 8 | 104,87 | 24 | 80,15 | 50 | 56,00 |
| 1,75 | 123,47 | 8,5 | 103,81 | 25 | 78,98 | 55 | 52,39 |
| 2 | 122,33 | 9 | 102,78 | 26 | 77,84 | 60 | 49,01 |
| 2,25 | 121,26 | 9,5 | 101,77 | 27 | 76,72 | 65 | 45,84 |
| 2,50 | 120,25 | 10 | 100,80 | 28 | 75,62 | 70 | 42,85 |
| 2,75 | 119,30 | 11 | 98,99 | 29 | 74,56 | 75 | 40,02 |
| 3 | 118,38 | 12 | 97,15 | 30 | 73,51 | 80 | 37,35 |
| 3,25 | 117,50 | 13 | 95,45 | 31 | 72,47 | 85 | 34,83 |
| 3,50 | 116,66 | 14 | 93,81 | 32 | 71,49 | 90 | 32,37 |
| 3,75 | 115,85 | 15 | 92,24 | 33 | 70,48 | 95 | 30,16 |
| 4 | 115,06 | 16 | 90,72 | 34 | 69,52 | 100 | 28,00 |
| 4,50 | 113,56 | 17 | 89,26 | 35 | 68,56 | 125 | 18,76 |
| 5 | 112,10 | 18 | 87,84 | 36 | 67,63 | 150 | 11,69 |
| 5,50 | 110,80 | 19 | 86,66 | 37 | 66,71 | 175 | 6,45 |
| 6 | 109,51 | 20 | 85,14 | 38 | 65,81 | 200 | 2,83 |
| 6,50 | 108,29 | 21 | 83,84 | 39 | 64,92 | 250 | 0,00 |

En examinant la Fig. 13 sur laquelle on représente les courbes graphiques des formules prescrites dans les Instructions en vigueur, on peut faire des observations analogues; dans la formule espagnole les surcharges maxima correspondent jusqu'à 10 mètres d'ouvertures ce qui en réalité peut être traduit pratiquement par la prohibition d'employer des travées métalliques d'une ouverture si réduite à partir de 10 mètres et jusqu'à la fin du graphique apparaissent comme ordonnées maxima la courbe qui correspond à l'Instruction canadienne.

De 10 à 25 mètres la courbe espagnole continue ayant les cotes les plus élevées, et pour cette ouverture en plus de la canadienne, la courbe américaine passe au-dessus d'elle; à 85 mètres elle passe sous la courbe allemande et, finalement à 175 mètres elle reste inférieure à la française.

Des considérations analogues à celles exposées, en examinant le graphique antérieur se présentent, et l'on obtient comme résultat que la courbe de l'Instruction espagnole est la plus logique de toutes les autres étudiées.

Comme conséquence de l'étude réalisée lorsqu'on proposa aux Autorités la nouvelle instruction, celles-ci acceptèrent la rédaction de l'article suivant qui en fait partie:

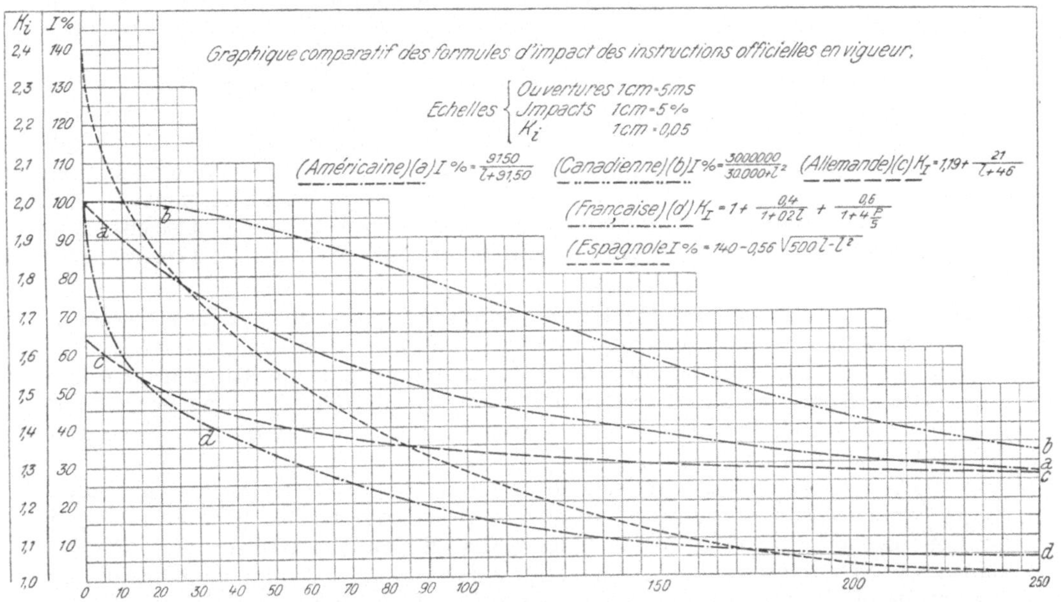


Fig. 13

*Article huitième.* Les efforts statiques calculés pour tous les éléments qui constituent la structure d'une travée métallique, par l'action des surcharges prescrites dans cette Instruction, seront augmentées en un % déterminé par la formule:

$$E' = E\left(1 + \frac{I}{100}\right)$$

$E$ et $E'$ étant les efforts respectivement accrus par l'action dynamique et calculée comme conséquence de l'action des surcharges.

Les valeurs diverses de $I$ pour les différentes ouvertures $l$ seront trouvées par la formule:

$$I = 140 - 0,56\sqrt{500 - l^2}.$$

Lorsque l'effet dynamique ou de choc sera pris en considération on ne devra pas tenir compte pour le calcul des efforts sur les diverses pièces, des effets supplémentaires calculés, comme par exemple les effets latéraux, longitudinaux, de force centrifuge, vent, etc.

*Études postérieures.*

Après avoir été officiellement publiée l'Instruction espagnole, les diverses études réalisées ces dernières années, dont leurs résultats n'étaient pas connus, ont été divulguées; leur examen ne modifie point les raisons que j'ai eues en proposant la formule de l'impact établie officiellement aujourd'hui, étant donné que les enseignements tirés de celles-ci, conduisent à la conviction que malgré qu'il s'en faille beaucoup pour que ces règles soient complètement étudiées, elles n'ont pas été perfectionnées par suite desdites études et expériences.

Celles-ci ont été effectuées par les Chemins de fer fédéraux suisses (Schweizerische Bundesbahnen) pendant les années 1917 à 1926; dans l'Inde par la commission spéciale nommée à cet effet (India Bridge Committee), de 1918 à 1921; dans les chemins de fer anglais (Ministry of Transports) pendant 1924 à 1926 et, dernièrement en 1925 et 1926 par la direction des chemins de fer allemands (Deutsche Reichseisenbahnen) ayant dépensé des sommes considérables pour l'organisation de ces études.

Récemment en septembre 1926, il y a eu à Zurich un Congrès international d'Ingénieurs intéressés à la construction de ponts; dans ce Congrès M. BUHLER (Ingénieur en Chef de la Section de Construction de Ponts de la Direction Générale des Chemins de Fer Généraux Suisses) a présenté un travail très intéressant dont je donne ci-après un extrait des principales conclusions, lesquelles peut-on dire, constituent le dernier mot dans cette intéressante affaire technique et scientifique.

Ces conclusions proposées par son auteur et approuvées par le Congrès, sont celles qui suivent:

1⁰ Pour calculer dûment une travée métallique on doit tenir compte du coefficient d'impact.

2⁰ Ce coefficient d'impact dépend en même temps de la constitution organique de la structure, de son état de conservation ainsi que de celui de la voie et des véhicules, établie sur elle ou qui circulent sur elle; ce coefficient étant plus élevé pour les vieilles constructions que pour les nouvelles.

3⁰ En général, dans l'expression de ce coefficient la vitesse ne doit pas apparaître explicitement, étant maxima pour la vitesse de synchronisme entre les vibrations de la travée et la rotation des roues, et pouvant atteindre cette vitesse dans les travées d'ouverture moyenne et grande et, en n'arrivant généralement pour les petites ouvertures, les autres facteurs qui influent sur ce coefficient pouvant être prédominants.

4⁰ Les formules les plus employées contiennent comme variable la longueur du tablier, pouvant peut-être trouver plus convenable entrer par la longueur chargée spécialement dans les éléments soumis à des efforts alternatifs.

5⁰ On peut estimer comme convenable la formule de PENCOYD (malgré que pour les petites ouvertures les coefficients soient faibles); peut-être la formule de l'Association Américaine d'Ingénieurs, serait plus convenable.

6⁰ On peut diminuer le coefficient d'impact en utilisant des rails longs, avec des joints soudés, et des traverses en bois très éloignées; l'adoption de longerons continus en bois, ou le placement de la voie sur le ballast peuvent également diminuer ce coefficient; sous ce point de vue les travées obliques sont peu convenables.

De toutes ces conclusions la seule avec laquelle je ne suis point d'accord, est celle qui concerne la recommandation de la formule de PENCOYD et de l'américaine, spécialement de la première, car comme montre la première feuille, elle s'écarte d'une façon extraordinaire, et à ce sujet les commentaires opportuns ont été déjà faits de l'Instruction espagnole; par contre la seconde, c'est-à-dire l'américaine, à partir de 30 mètres se rapproche considérablement de celle-là, quoique ne s'annulant pas pour 250 mètres d'ouverture comme l'espagnole, mais elle est plus inférieure à celle-ci jusqu'à ces 15 mètres.

## Résumé

En considération de tout ce qui a été exposé dans l'étude que nous copions et de toutes les études parues postérieurement sur cette intéressante question, je me permets de proposer, comme seule conclusion pour additionner à celles qui ont été déjà acceptées par le Congrès de Zurich de 1926, la suivante

*Conclusion*:

On propose comme formule indiquée pour la détermination du coefficient de l'impact celle qui a été adoptée par l'Instruction espagnole, c'est-à-dire, la suivante:

$$E' = E\left(1 + \frac{I}{100}\right)$$

étant

$$I = 140 - 0{,}56\sqrt{500 \cdot l - l^2}$$

# Die Stoßwirkung bewegter Lasten auf Brücken

Von Prof. **Streletzky**, Moskau

Trotz der Entwicklung und Vertiefung der analytischen Methoden in Fragen der Brückendynamik werden auch experimentelle Forschungsarbeiten auf diesem Gebiete in weitgehendstem Maße angewandt und viele Länder widmen dafür bedeutende Geldmittel. Die Gründe dieser Erscheinung sind anscheinend die, daß die rechnerischen Methoden, trotz ihrer analytischen Vorzüge, wegen der Kompliziertheit des Verfahrens wenig Hoffnung auf praktisch verwendbare Ergebnisse versprechen; dagegen bedarf die Praxis des Brückenbaues und der Brückenunterhaltung dringend die Kenntnis der Brückenarbeit unter der bewegten Last, was von besonderer Bedeutung bei der Lösung von Betriebsfragen, besonders beim Vorhandensein schwacher veralteter Brücken sowie auch bei der Feststellung von rationellen Berechnungsmethoden ist.

Die Zahl der durchgeführten experimentellen Untersuchungen über das dynamische Verhalten der Brückenkonstruktionen ist zurzeit bereits sehr groß. Von den in den letzten zwei Jahrzehnten auf diesem Gebiete geleisteten Arbeiten verdienen folgende besondere Erwähnung: die amerikanischen Untersuchungen in den Jahren 1907 bis 1910 und 1916 vom Vereine der amerikanischen Eisenbahningenieure unter Leitung des Prof. Turneaure; die Untersuchungen des schweizerischen Ingenieurs Bühler seit dem Jahre 1917; die Versuche in Indien in den Jahren 1917 bis 1925; die schwedischen Untersuchungen unter der Leitung des Ingenieurs Nielsen; die englischen in den Jahren 1919 und 1920; die deutschen, von der Deutschen Reichsbahn in den Jahren 1921 und 1922 ausgeführten und schließlich die russischen Untersuchungen, welche seit dem Jahre 1922 fortgesetzt werden.

Das Ziel dieser Untersuchungen lag in der Feststellung des dynamischen Koeffizienten, mit dessen Hilfe die dynamische Wirkung der Verkehrslast geschätzt werden sollte. Dieser Koeffizient wurde dem Verhältnisse der größten gemessenen Deformation beim Durchfahren der Verkehrslast mit einer bestimmten Geschwindigkeit zur selben statischen Deformation bei sehr langsamer Bewegung der Verkehrslast gleichgesetzt. Die Methode führte auf diese Weise zum Vergleich der erwähnten zwei Größen und deswegen war sie sehr leicht. Der dynamische Koeffizient wurde in verschiedenen Fällen, abhängend von Typus und Art der Belastung (Dampflokomotive, elektrische Lokomotive, Diesellokomotive), bzw. von der Wirkung des Dampfes, der Massen des Antriebsmechanismus, der Geschwindigkeit der Bewegung, des Zustandes des Geleises (geschweißte oder ungeschweißte Stöße), des Typus der Brückenbahn (auf Schwellen oder Bettung), der Spannweite der Brücke, des Systems der Brückenkonstruktion usw., untersucht. Die offenbare Kompliziertheit der Vorgänge, welche in den Brückenkonstruktionen bei der dynamischen Arbeit auftreten, führte unvermeidlich zu einer großen Anzahl von Versuchen, die nach dem Prinzipe der vielfachen Beobachtungen durchgeführt wurden.

Ein anderes sehr zweckmäßiges Untersuchungsverfahren, welches aber bei diesen Untersuchungen nicht immer erschöpfend durchgeführt wurde, war der Vergleich der Ergebnisse verschiedener, unter gleichen Bedingungen gemachten Proben unter Berücksichtigung irgend eines ausgewählten Faktors mit den Ergebnissen anderer Probenserien, welche ebenfalls unter gleichen Bedingungen, aber ohne Berücksichtigung dieses einzelnen Faktors, gemacht wurden.

Die Schwierigkeit der Beibehaltung der ständigen Versuchsbedingungen dürfte als die schwächste Stelle dieser Methode betrachtet werden.

Trotz der Richtigkeit der leitenden Idee, welche der Durchführung der Untersuchungen zugrunde gelegt wurde, nämlich der Methode der vielfachen Beobachtungen

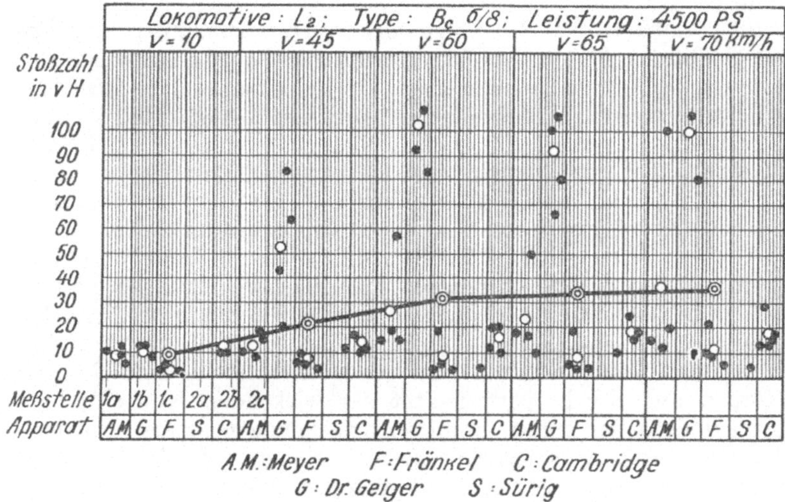


Abb. 14. Vergleich der Ergebnisse der dynamischen Untersuchung der Sulzbacher Brücke (Schweiz) mit verschiedenen Meßgeraten

und der Zergliederung des Untersuchungsobjektes, führten diese Untersuchungen nicht zu jenen einwandfreien Ergebnissen, welche von ihnen erwartet wurden, denn die Schwierigkeiten erwiesen sich als viel größer, als man beim Beginn der Sache dachte. Obwohl sich dabei das Bild der dynamischen Wirkung in breiten Zügen schon aufzeichnete, konnte es nicht einmal in qualitativer Hinsicht genügend genau festgestellt werden. Dieser Umstand führte in der letzten Zeit zu einer gewissen Gleichgültigkeit und Skepsis in diesen Fragen. Indem wir die Skepsis als den Kern jeder gesunden Kritik begrüßen, müssen wir jedoch die Fachleute vor einer vorzeitigen Apathie warnen. Diese Fragen befinden sich noch im keimartigen Zustand und die Mißerfolge sind das Resultat der noch nicht überwundenen, immer vorhandenen Anfangsschwierigkeiten. So muß vorerst auf die Unvollkommenheit der Meßinstrumente hingewiesen werden. Von besonderem Interesse sind in dieser Hinsicht die Vergleiche und Untersuchungen, die, auf Veranlassung der Deutschen Reichsbahn, von Prof. HORT und Dr. HÜLSENKAMP[1] bei der Bearbeitung der Ergebnisse des Wett-

---

[1] Prof. HORT und Dr. HÜLSENKAMP: Untersuchung von Spannungs- und Schwingungsmessern. Berlin 1928.

bewerbes betreffs Meßgeräten für Brückenuntersuchungen angestellt wurden. Diese Ergebnisse waren traurig genug. Besonders interessant ist der Vergleich der Ergebnisse der Probe der Sulzbacher Brücke in der Schweiz (s. Abb. 14). Bei gleichzeitiger Bestimmung der dynamischen Koeffizienten, wie aus der Abb. 14 zu ersehen ist, lieferten die einen Instrumente den Wert von $100^0/_0$ und die anderen einen Koeffizienten von nur $10^0/_0$.

Dieser Umstand mahnt uns bei der Bestimmung des dynamischen Koeffizienten zu großer Vorsicht. Deswegen müssen wir uns bei den Brückenuntersuchungen nur auf die Ergebnisse eines und desselben Meßinstrumentes stützen, und die Schlüsse dürfen nicht auf die Zahlenwerte der gemessenen Größen, sondern nur auf die Veränderungsgesetze der Größen gezogen werden.

Es muß noch zugestanden werden, daß man im allgemeinen betreffs der bei der Belastung auftretenden Vorgänge in der Brückenkonstruktion zu keinem klaren Bild gekommen ist. An das Experimentieren ist man im Brückenbau in den letzten Jahrzehnten nur nach einer langen und ernsten analytischen Ausarbeitung der bezüglichen Fragen herangetreten. Aus diesem Grunde sind wir noch immer in der Gewalt des analytischen Schemas und zu sehr geneigt, die reelle Brücke genügend ähnlich der berechneten ideal elastischen Konstruktion zu betrachten, uns über die dabei entstehenden Abweichungen zu wundern und mit zu großer Bestimmtheit die Versuchsergebnisse von einem Objekt auf das andere zu übertragen. Ein solches, etwas schematisches Heranrücken an diese Frage führt zum Verlust des Bewußtseins von der Notwendigkeit dieser Untersuchungen und des Willens zur Vertiefung in die letzteren, d. h. man begnügt sich nur mit der Feststellung der Zahlenwerte der endgültigen Deformationen, a priori annehmend, daß das Entstehungsgesetz dieser Deformationen genügend dem linearen Gesetze des elastischen Körpers und der Proportionalität der wirkenden Kräfte, entspricht. Auf diese Weise entstand der daraus unmittelbar folgende Gedanke, bei den Brückenuntersuchungen aus den gemessenen Deformationen auf die Wirkung der Last schließen zu können, d. h. die Brücke als eine Art Dynamometer, mit welchem die dynamischen Wirkungen meßbar sind, zu betrachten. Von dieser Hypothese ausgehend, wurden zahlreiche Brückenproben angestellt, wobei die Wirkungen verschiedener Typen der Verkehrslasten (Dampflokomotive, Lokomotive mit elektrischem Antrieb, Diesellokomotive usw.) gemessen und miteinander verglichen wurden.

Die unmittelbare Prüfung dieser Frage erweist indessen, daß bei dynamischer Arbeit der Brücke die Wirkung der Trägheitskräfte der Brücke und die entsprechende Phasenverschiebung (die Verspätung der Deformation) zur Störung der Proportionalität zwischen der Kraftwirkung und Deformation führen muß. Dieselbe Störung der Proportionalität muß auch infolge der Konstruktion der Brücke entstehen, und zwar wegen der Übertragung der Kraftwirkung durch die Niete und wegen der außerordentlichen Kompliziertheit der bei Bewegung der Last sich schnell verändernden Kraftfelder in den Nietanschlüssen. Diese Kompliziertheit wird durch die individuelle Arbeit der Niete, infolge der Verschiedenheit der Bedingungen der Vernietung und des sehr wahrscheinlichen Eintrittes des plastischen Zustandes des Nietmaterials, bei der Übertragung der Kräfte, noch verwickelter.

Aus diesen Gründen dürfen wir annehmen, daß jede infolge der Belastung auftretende gemessene dynamische Deformation der Brückenkonstruktion durch eine mindest zweigliedrige Funktion dargestellt werden kann. Nur das erste Glied dieser Funktion ist der Belastung linear proportional, es entspricht dem statischen Anteil der dynamischen Einwirkung, d. h. einer solchen Deformation, welche die Brücke erleiden würde, wenn dieselbe masselos wäre und wenn sie in ihrer statischen Arbeit dem Hookeschen Gesetze folgen würde. Diese Lastwirkung werden wir als die statisch-dynamische bezeichnen. Nur diese Deformation darf noch zum Messen der äußeren Kräfte dienen. Das zweite Glied dieser Funktion kann man als eine durch die reellen Bedingungen dem ideal gedachten Schema auferlegte Korrektur betrachten. Man darf auch sagen, daß das erste Glied dem Einflusse der Belastung und das zweite dem Einflusse der Brücke, in der summarischen und auf der Brücke gemessenen dynamischen Wirkung entspricht. Die Zergliederung dieser zwei Faktoren, der Belastung und der Brücke, muß zum grundlegenden theoretischen Prinzip, zur Förderung der weiteren Vertiefung in Fragen der dynamischen Arbeit der Brücken gemacht werden. Die Vernachlässigung des zweiten Gliedes der Funktion, des Einflusses der Konstruktion und des Zustandes der Brücke in der summarischen dynamischen Wirkung, muß als eine diese Vertiefung störende Grundursache betrachtet werden.

Das erste Glied der gemeinsamen dynamischen Wirkung folgt dem Gesetze der Proportionalität und somit auch dem Gesetze der Veränderung der Belastung. Beim Studium der dynamischen Wirkung muß man also vorerst die Gesetze der Veränderung der diese Wirkung ausübenden äußeren Kräfte kennen lernen. Am besten dürften diese Gesetze unabhängig von der Brücke festgestellt werden, damit die letztere dann als eine unter der Wirkung bestimmter äußerer Kräfte befindliche Konstruktion betrachtet werden kann. Die Unkenntnis der Kraftwirkungen bei der dynamischen Arbeit ist eine der Ursachen, welche dem weiteren Studium hindernd im Wege steht. Leider verfügt man auf diesem Gebiete, welches noch nicht zum Gebiete der Brückenuntersuchungen gehört, über geringe experimentelle Erfahrung.

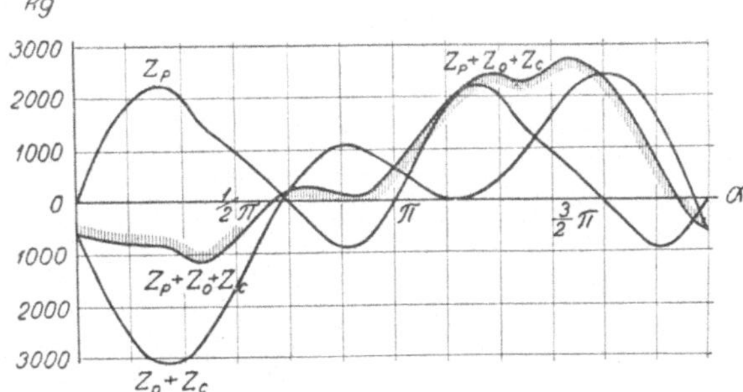



Abb. 15. Vertikalkomponenten der dynamischen Wirkungskräfte der Räder einer Lokomotive der U. S. S. R., 1 — C — 1 Bauart bei einer Geschwindigkeit $\vartheta = 110$ km/st

$Z_0 =$ Gegengewichtswirkung
$Z_p =$ Dampfwirkung
$Z_c =$ Wirkung der Trägheitskräfte infolge der Schwingungen des Lokomotivkessels.

Besonders mangelhaft sind die experimentellen Ergebnisse auf dem Gebiete der Untersuchung der Lastwirkung der Lokomotiven. Die Hauptursache liegt in der Schwierigkeit der Feststellung der dynamischen Reaktionen des Achsdruckes der Lokomotiven wegen der bedeutenden Größe der zu messenden Kräfte und auch wegen der bis jetzt geteilten Meinung über die zweckmäßigste Anstellung solcher Versuche auf Brücken, wodurch die Forscher von der richtigen Versuchsmethode abgelenkt wurden. Solche Versuche müßten am besten in einer Lokomotivversuchsanstalt gemacht werden. Es sei hier dem Forscher dringend geraten, seine Aufmerksamkeit diesem Gebiete zuzuwenden, um wenigstens zu versuchen, mit seinem Erfindungsgeist die Aufgabe zu lösen.

Die Erfahrungen auf dem Gebiete der Kraftfahrzeuge- und Menschengedrängebelastung sind ebenso mangelhaft.

Einen gewissen Ausweg aus dieser traurigen Lage bildet die Anwendung analytisch-rechnerischer Methoden, besonders bei Lokomotiv- und Motorbelastung. Dank der Bestimmtheit der Massen und der Laufwege der einzelnen Teile des Antriebsmechanismus wird die Bestimmung der Trägheitskräfte und der dynamischen Zusätze einfach genug und kann ein ziemlich klares Bild über die dabei in Wirklichkeit auftretenden dynamischen Kräfte liefern. Diese in der Praxis des Lokomotivbaues übliche Analyse wäre auch bei Brückenproben vom großen Nutzen. Die Zusatzkräfte, welche bei der gleichmäßigen Bewegung der Lokomotive auf einem idealen Geleis auftreten, können in folgende Kategorien eingeteilt werden: 1. Trägheitskräfte der führenden Teile des Antriebsmechanismus; 2. Wirkung des Dampfes; 3. Trägheitskräfte infolge der Schwingungen des auf Federn sich stützenden Lokomotivkessels; 4. Wirkung der unrichtigen Ausbildung der Räder. Die ersten Kräfte bilden ihre Komponenten infolge der Phasenverschiebung der rechten und linken Seite des Lokomotivenmechanismus nicht nur in der senkrechten, sondern auch in der wagrechten Ebene und rufen somit gleichzeitig vertikale und laterale Schwingungen und Schwankungen der Brücke hervor. Diese Kräfte bilden die Resultierende einer Reihe von Sinuskurven, welche die Trägheitskräfte der einzelnen Teile des Mechanismus darstellen. Die in Abb. 15, 16 und 17 aufgezeichneten Kurven veranschaulichen die dynamischen Wirkungen in der vertikalen und horizontalen Ebene und die Momente der in der horizontalen Ebene wirkenden Kräfte bezüglich der Längsachse der Lokomotive für die Zweizylinderlokomotive (Prairie-Typus; 1—C—1) der russischen Eisenbahnen (bei einer Geschwindigkeit von 110 km pro Stunde). Das Schema dieser Lokomotive ist in der Abb. 18 dargestellt. Die Kurven können auch in der Art der zyklischen Diagramme dargestellt werden, was besonders für die in der senkrechten Richtung wirkenden Trägheitskräfte bequem ist. Diese dynamischen Diagramme oder Belastungsschemas beweisen deutlich, inwiefern die dynamischen Drücke die statischen übertreffen. In Abb. 19 sind solche dynamische Schemata der in der senkrechten Ebene wirkenden Trägheitskräfte der beweglichen Teile des Me-

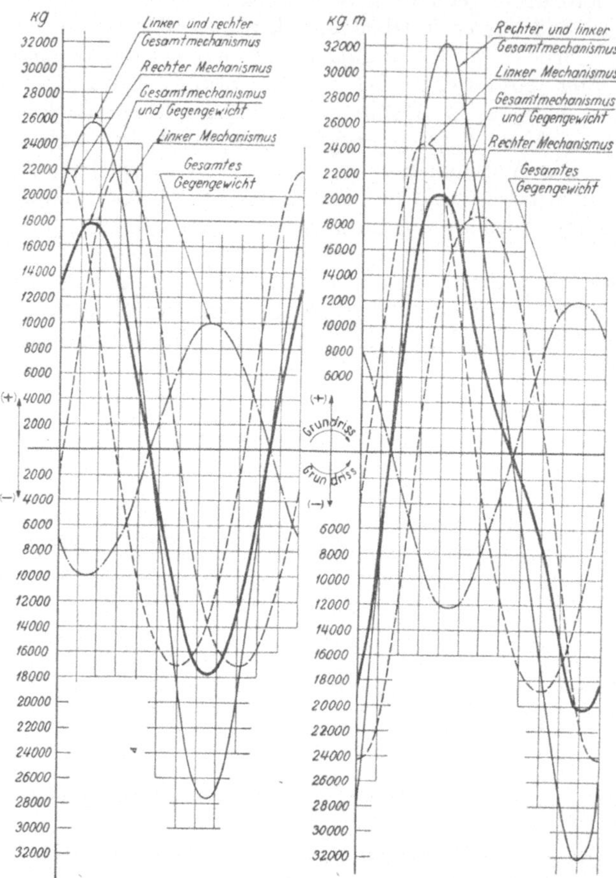


Abb. 16. Horizontalkomponenten der Tragheitskrafte des Mechanismus einer Lokomotive der U.S.S.R., 1—C—1 Bauart bei einer Winkelgeschwindigkeit $\omega^2 = 1000\ \mathrm{sec}^{-2}$

Abb. 17. Momente der Horizontalträgheitskräfte des Mechanismus einer Lokomotive der U. S .S. R., 1—C—1 Bauart bei einer Geschwindigkeit $\omega^2 = 1000\ \mathrm{sec}^{-2}$

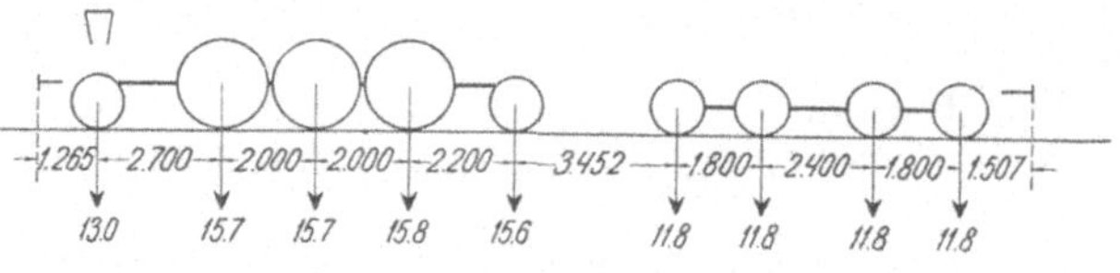


Abb. 18. Schema einer Lokomotive der U. S. S. R., 1—C—1 Bauart.

gramme dargestellt werden, was besonders für die in der senkrechten Richtung wirkenden Trägheitskräfte bequem ist. Diese dynamischen Diagramme oder Belastungsschemas beweisen deutlich, inwiefern die dynamischen Drücke die statischen übertreffen. In Abb. 19 sind solche dynamische Schemata der in der senkrechten Ebene wirkenden Trägheitskräfte der beweglichen Teile des Mechanismus dargestellt. Wie daraus zu ersehen ist, sind die Zahlenwerte der dynamischen Zusatzwirkung der Trägheitskräfte in der vertikalen Ebene ziemlich unbedeutend (s. Abb. 15 und 19). Die Dampfwirkung bildet ebenfalls eine periodische Kurve (s. Abb. 15 und 20) mit einerPeriode, welche der halben Periode der Radumdrehung gleich ist, weshalb sie auch als zyklisches Diagramm dargestellt werden kann (Abb. 20). Die größte Dampfwirkung findet beim Anfahren und bei kleiner Geschwindigkeit statt. Hier erreicht dieselbe einen großen Wert (z. B. für die

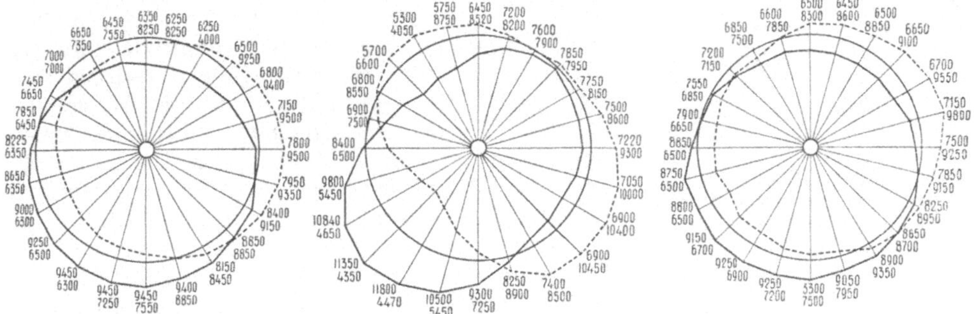

Abb. 19. Dynamisches Schema der gekuppelten Räder einer Lokomotive der U. S. S. R., $1 — C — 1$ Bauart bei einer Winkelgeschwindigkeit $\omega^2 = 1000\,\mathrm{sec}^{-2}$, bei Berücksichtigung der Vertikalträgheitskräfte des Mechanismus

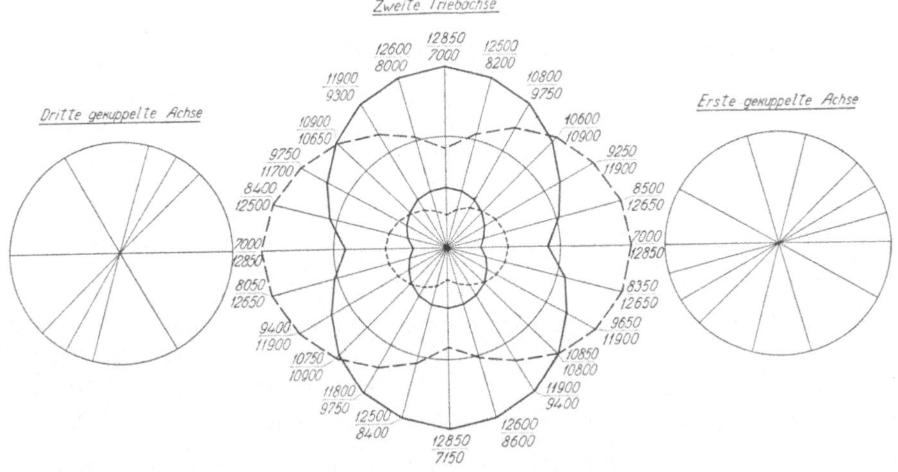

Abb. 20. Dynamisches Schema der gekuppelten Räder einer Lokomotive der U. S. S. R., $1 — C — 1$ Bauart bei Anfahren bei Berücksichtigung der Dampfwirkung

Prairie-Lokomotive 60% des Raddruckes). Diese großen Werte werden dadurch ausgeglichen, daß bei kleinen Geschwindigkeiten die dynamischen Zusatzkräfte infolge der Trägheitskräfte der beweglichen Teile des Lokomotivtriebwerks sehr klein werden. Von großer Bedeutung ist die Phasenverschiebung des Arbeitsvorganges der rechten und linken Seite der Lokomotive, wodurch große Momente in der horizontalen Ebene entstehen, welche das Schwanken der Lokomotive bedingen. In Abb. 17 ist die Kurve dieser Momente verzeichnet. Bei großen Geschwindigkeiten tritt die Dampfwirkung stark zurück und infolgedessen erreicht die Summe der beiden untersuchten Kraftwirkungen bei einer gewissen mittleren Geschwindigkeit ihren minimalen Wert.

Die *Schwingungen* der auf den Rahmen sich stützenden Teile der Lokomotive hängen von der Steifigkeit der Federn und der Masse des Lokomotivkessels ab. Bei der Steifigkeit der Lokomotivfedern, beim Gewichte der darüber befindlichen

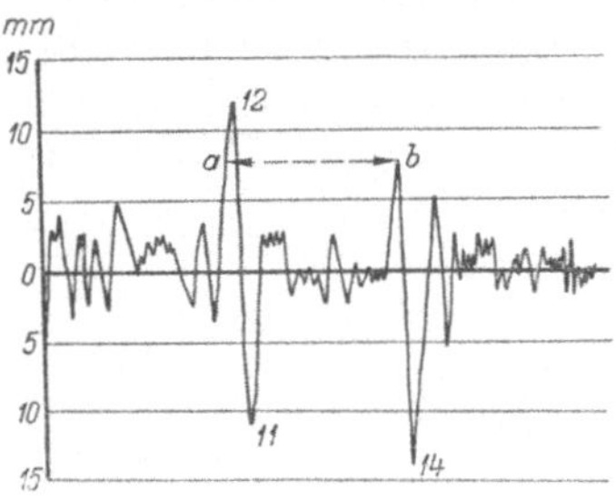

Abb. 21. Schwingungen eines Lokomotivkessels bezuglich der Achslagerhöhe bei Durchfahrt der Lokomotive durch ein Herzstuck

Teile der Lokomotive und beim normalen Zustande des Geleises erreicht die Amplitude dieser Schwankungen eine Größe von 5 bis 10 mm; diese Schwingungen sind bedeutend langsamer als die übrigen. Die daraus entstehenden Trägheitskräfte bilden ebenfalls eine Sinuskurve, welche aber infolge der Langsamkeit der Schwingungen keine große Amplitude aufweist. Die Zusatzkräfte dieser Schwingungen zerlegen sich entsprechend der Federstellung auf die Achsen des Rahmens. Die letzten Schwingungen können einen großen Wert nur im Falle scharfer Unregelmäßigkeiten des Geleises erreichen. In Abb. 21 ist ein Teil des Papierstreifens mit den vom Kurvenstift auf gezeichneten Schwingungen des Lokomotivkessels bei der Durchfahrt des Herzstückes dargestellt. Die besprochenen letzten Zusatzschwingungen dürften aber besser bei der Untersuchung des Einflusses des Geleises betrachtet werden. Ebenfalls wäre es theoretisch richtiger, den Einfluß des Radreifablaufes auf die Fahrbahnwirkung zu beziehen, weil der dabei entstehende Stoß infolge des Radreifablaufes sich in keiner Weise vom Stoß infolge der Unebenheit der Bahn unterscheidet.

Durch das Summieren der ungünstigsten Werte der erörterten dynamischen Wirkungen erhalten wir die maximalen und minimalen Werte der Raddrücke der Lokomotive. So veranschaulichen z. B. die Kurven der Abb. 22 die erwähnten Wirkungen der Prairie-Lokomotive $1—C—1$ der russischen Bahnen. Das Verhältnis dieser Wirkungen zu den statischen Drücken liefert die maximalen und die minimalen Werte der dynamischen Koeffizienten der Lokomotivräder. Wie daraus zu ersehen ist, erreichen dieselben, bei einer Geschwindigkeit $v = 120$ km p. St., einen Wert von

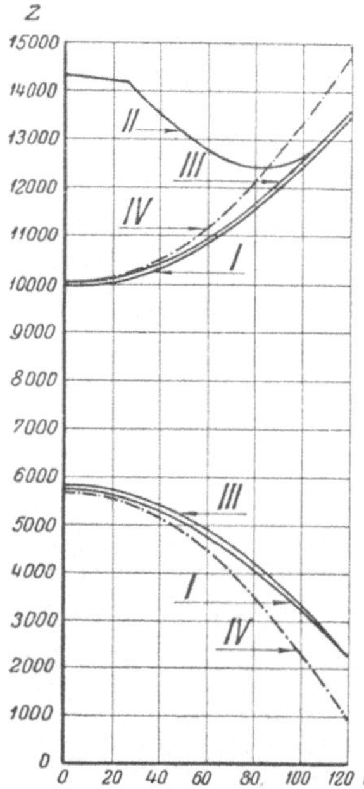

Abb. 22. Dynamische Maximal- und Minimalgesamtwirkung der Räder einer Lokomotive der U. S. S. R., $1—C—1$ Bauart

$\dfrac{13,6}{7,85} = 1,71$. Die dynamischen Koeffizienten der ganzen Lokomotive sind bedeutend kleiner. Infolge der Phasenverschiebung des rechten und linken Triebwerkes der Lokomotive entspricht der dynamische Koeffizient der Lokomotivachse dem mittleren Werte der rechten und linken Räderwirkungen, denn die maximale Wirkung des einen Rades findet ungefähr gleichzeitig mit der minimalen des anderen statt, d. h. sie ist verhältnismäßig klein. Außerdem sind die Wirkungen einzelner Achsen verschieden und die maximale Wirkung einer Achse tritt nicht gleichzeitig mit den maximalen Wirkungen der anderen ein. Schließlich gibt es noch Laufachsdrücke, deren dynamische Wirkung sehr klein ist, da sie nur von den Schwingungen des auf Federn sich stützenden Lokomotivkastens abhängig sind. Infolgedessen fällt der Wert des größten dynamischen Koeffizienten der ganzen Verkehrslast, welchen man als das Verhältnis der Summe der gleichzeitig wirkenden dynamischen

Drücke zur Summe der statischen Drücke annehmen darf, bei der Vermehrung der Zahl der Achsen schnell herunter. Die Kurven dieser Beiwerte für die Lokomotive des Prairie-Typus als Funktion der Achsenzahl, bzw. der Länge der durch den ganzen Zug belasteten Strecke, sind auf dem Diagramm der Abb. 23 dargestellt.

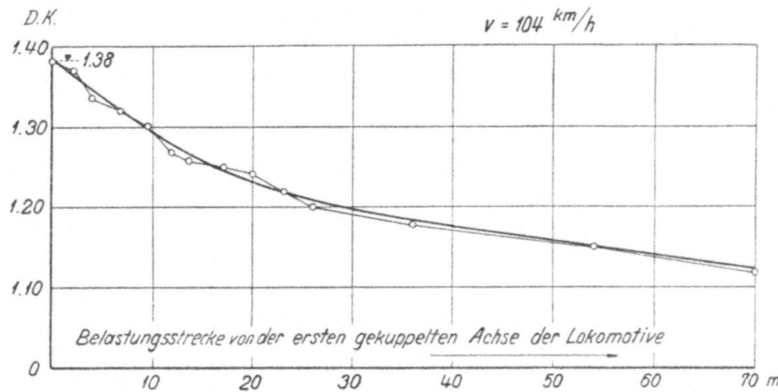


Abb. 23. Kurve der maximalen dynamischen Koeffizienten des Zuges aus einer Lokomotive und Pullman-Wagen

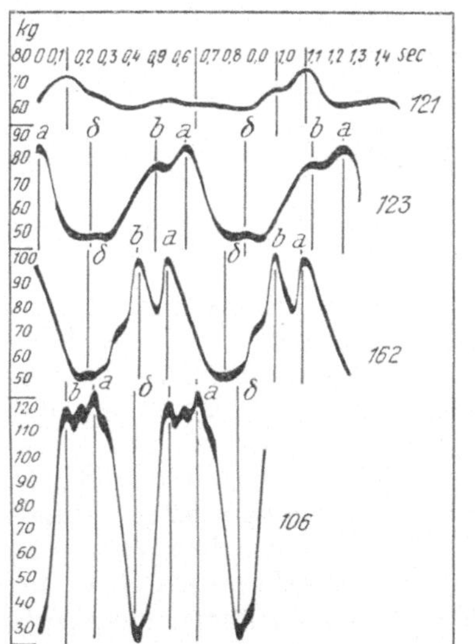


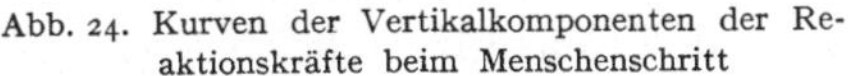


Abb. 24. Kurven der Vertikalkomponenten der Reaktionskräfte beim Menschenschritt

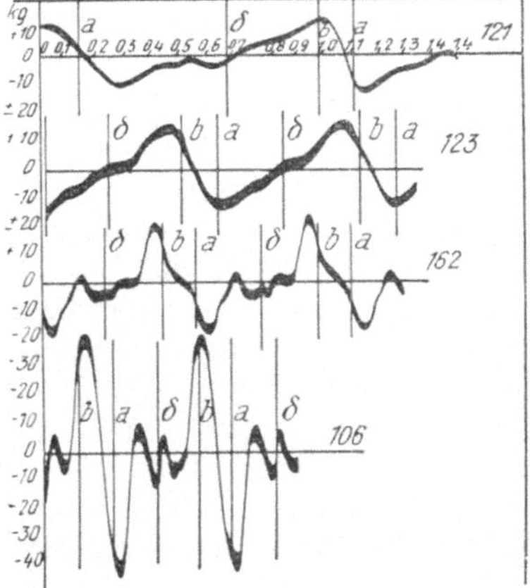


Abb. 25. Kurven der Horizontalwiderstandskräfte beim Vorwärtsschreiten des Menschen

Kurven 121 und 123 erhalten beim Gang ein und desselben Menschen, Kurve 106 bei der größten Ganggeschwindigkeit

Diese Werte der dynamischen Koeffizienten sollte man in dem Ausdruck für die zulässigen Spannungen einsetzen, wenn man durch die Formel

$$(1 + \varphi)\,\frac{S_p}{F} + \frac{S_g}{F} = \sigma_{zul}$$

nur den Umstand ausdrücken wollte, daß die dynamische Belastung der statischen nicht gleich ist. Man würde ein analoges Ergebnis erhalten, wenn man unter dem

dynamischen Koeffizienten nicht das Verhältnis der gleichzeitig wirkenden dynamischen Lasten zur statischen, sondern das Verhältnis der Deformationen bei den
entsprechenden Belastungen, in der Voraussetzung ihrer Proportionalität zu den
Kräften, verstünde. Zu diesem Zwecke müßten die statisch-dynamischen Diagramme
der untersuchenden Deformationen aufgestellt werden,[1] welche die Deformationen
einer solchen, bei der Durchfahrt dynamischer Lasten statisch arbeitenden Brücke
darstellten. Das Aufzeichnen solcher Diagramme ist mit keinerlei Schwierigkeiten
verbunden. Diese Kurven verlaufen im allgemeinen unter jenen, welche bei unmittelbaren Messungen an der Brücke erhalten werden.

Auf dieselbe Art sollen auch die übrigen Belastungen analysiert werden; ohne
uns in diese Frage Platzmangels halber weiter vertiefen zu können, möchten wir
jedoch darauf hinweisen, daß bei der Belastung durch Kraftwagen die Anwendung
von kleinen vielzylindrischen Motoren die Wirkung der letzteren und des ganzen
Triebwerkes vermindert. Bei Menschengedränge werden die dynamischen Koeffizienten durch die Schwankungen des Schwergewichtes des Körpers und die
große Kompliziertheit der Entstehung des Schrittganges sehr erhöht, sie werden
dabei von einer Reihe von Trägheitskräften in der Längs- und Querrichtung begleitet. Analog der Wirkung des rechten und linken Lokomotivtriebwerkes führt

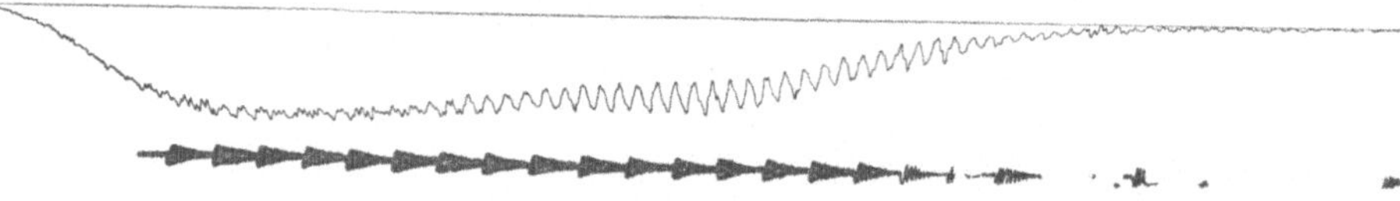

Abb. 26.  Diagramme der Resonanzerscheinung bei der Durchfahrt der Wagen über eine Stoßstelle

das wechselartige Stützen auf den rechten und linken Fuß zum Schwanken und
Schaukeln.

Auf Grund der mittels photographischen Aufzeichnens gemachten Untersuchungen der Bewegungselemente des menschlichen Körpers erhält der dynamische
Koeffizient beim Schritte des Menschen auf ebenem Wege den Wert von zirka 1,50,
die Komponente der Trägheitskräfte in der Längsrichtung zirka 0,25 des Gewichtes,
die Querkomponente 0,12, wobei beide in hohem Maße von der Frequenz des Schrittes
und der Geschwindigkeit des Ganges abhängen. Als Beispiel sind in Abb. 24 und 25
die Kurven der Vertikal- und Längskomponenten der dynamischen Stützreaktion
beim Schritte des Menschen, auf Grund der im Jahre 1926 von dem Wissenschaftlich-
Technischen Komitee des Volkskommissariates für Verkehrswesen in U. d. S. S. R.
angestellten Versuche, aufgezeichnet. Da diese Belastung einen ausgesprochenen
rhythmischen Charakter besitzt und an sich einfach ist, wird sie, infolge der maximalen Wahrscheinlichkeit der Resonanz beim Zusammenfallen der Rhythmen der
Lastwirkung und der Brückenschwingung, in höchstem Maße gefährlich. Außerdem
übt sie, wegen der langsamen Verschiebung der Last, einen dauernden Einfluß auf
die Brücke aus und kann, trotz ihrer kleinen Intensität, sehr bedeutende Deformationen der Brücke hervorrufen. Deshalb besitzt die Dynamik der Straßenbrücken einen viel mehr ausgesprochenen Charakter, wie bei Eisenbahnbrücken.[2]

---

[1] Vgl. STRELETZKY, N.: Grundzüge für ein Verfahren zu dynamischen Untersuchungen
von Brücken. Bautechnik Nr. 41, 1927. DERSELBE: Ergebnisse der Brückenuntersuchungen
in Rußland. Eisenbahnwesen Verlag VDI., Berlin, 1925.

[2] Vgl. RABINOBITSCH: Die dynamische Beeinflussung der Brücken durch die Volksmenge. Ergebnisse der experimentellen Brückenuntersuchungen in U. S. S. R. Moskau, 1928.
(In deutscher Sprache.)

Bis die zu untersuchenden dynamischen Kraftwirkungen die Stelle erreichen, wo sie an der Brückenkonstruktion gemessen werden, müssen sie noch zwei Elemente passieren — die Fahrbahn und die Brückenkonstruktion. Die Fahrbahn, als Vermittlungsglied zwischen der Belastung und der Brücke selbst, spielt eine maßgebende Rolle bei dem gesamten dynamischen Vorgang, weil die Fahrbahn einerseits die Stelle bildet, wo die Stöße entstehen, anderseits, dank ihrer verhältnismäßigen Weichheit, auf den dynamischen Effekt der darüber wirkenden Kräfte eine dämpfende Wirkung ausübt. Leider besitzt man am wenigsten experimentelle Erfahrung in der Frage, welchen Anteil der Einfluß der Fahrbahn am gemeinsamen dynamischen Effekt hat. Die Ursache dieses Mangels liegt in der Schwierigkeit der unmittelbaren Messungen an den Fahrbahnelementen, welche sehr ungeeignet zum Anbringen der Meßgeräte sind. Gewöhnlich urteilt man über den Einfluß der Fahrbahn mittelbar nach den Beobachtungen, welche nicht an ihr, sondern an den Brückenelementen angestellt wurden; es kommt auch öfters vor, daß man darüber — infolge der Schwierigkeit oder sogar Unmöglichkeit der Auswechslung der Fahrbahn während der Ausführung der Versuche — nach Versuchen urteilt, die an verschiedenen, zwar möglichst gleichartigen Brücken gemacht wurden. Alle diese Umstände verschleiern das erhaltene Bild.

In Eisenbahnbrücken entstehen die Stöße erstens infolge der Stoßfugen, zweitens wegen der unrichtigen Lage der Geleise in Lot- und Querrichtung und drittens infolge des Radreifablaufes. Obwohl die letzte Ursache eigentlich von der Fahrbahn ganz unabhängig ist, so entsteht sie jedoch auf den Schienen, im Gebiete der Fahrbahn, und darf deshalb zu

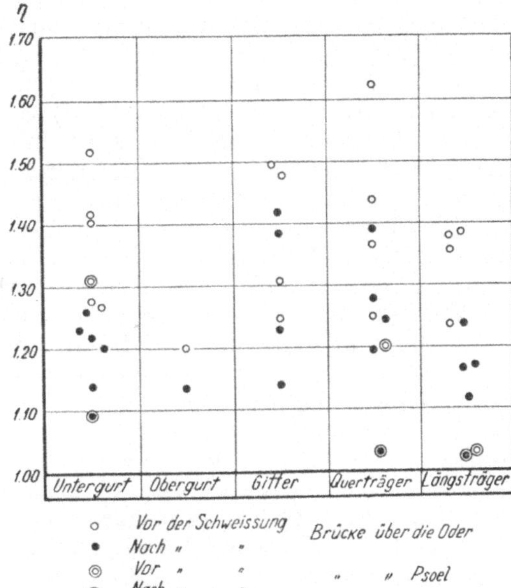

Abb. 27. Dynamische Spannungsziffern in Brücken mit geschweißten oder ungeschweißten Schienenstößen nach Prüfungen in Deutschland (1923) und in U. S. S. R. (1926)

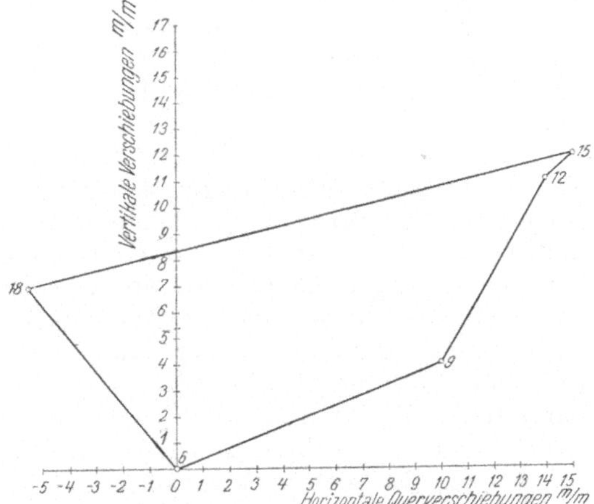

Abb. 28. Zyklische Verschiebungen eines Knotenpunktes in der Mitte eines Trägers von 158 m Stützweite unter dem Einfluß der Sonnenbestrahlung

der Kategorie dieser Faktoren gezählt werden. Unter diesen Faktoren sind die Stoßfugen von ausschließlicher Bedeutung, besonders bei Durchfahrt eines Zuges mit gleichen Achsabständen, was öfters bei Güterzügen der Fall ist.

In diesem Falle erhält man rhythmisch aufeinanderfolgende Stöße, wobei dieselben, bei einem gleichmäßig beladenen langen Güterzug, sehr ungünstig bezüglich Entstehung von Resonanzerscheinungen wirken. Die Resonanz führt zu scharfen rhythmischen Schwingungen der Brücke; solche Schwingungen bemerkt man oft auf dem „Wagenteil" des Diagramms, wenn schon die Lokomotive die Brücke bereits verlassen hat. Solch ein Diagramm ist in Abb. 26 dargestellt. Außerdem erhöhen auch die Stoßfugen scharf die Schwankungen des Wagenkastens. Eine gewisse Vorstellung über diese Wirkung der Stoßfugen kann das Diagramm der Schwankungen des auf Federn sich stützenden Lokomotivkessels beim Durchgang durch das Herzstück (s. oben Abb. 21) liefern.

Die Wirkung der Stoßfugen kann durch Schweißung der Schienen aufgehoben werden und deshalb ist die Anwendung der geschweißten Stöße auf der Brückenbahn in vielen Ländern in positivem Sinne entschieden.

Die bis jetzt darüber angestellten Versuche, welche zwar nicht in genügendem Ausmaß durchgeführt wurden, lieferten nicht jene entscheidenden Ergebnisse, die man erwarten könnte, obwohl eine Verbesserung der Durchfahrtbedingungen (s. Abb. 27) mit diesen Versuchen bestimmt festgestellt ist. Diese Erscheinung kann vielleicht damit erklärt werden, daß die Kontrollversuche nach dem Schweißen meistens nach einem gewissen, gewöhnlich ziemlich langen Zeitabschnitt, welcher zur Verschweißung der Schienen nötig ist, unternommen werden. Während dieser zur Verschweißung nötigen Zeit ändert sich der Zustand des Geleises in der lotrechten sowie auch in der horizontalen Ebene infolge des Temperatureinflusses ziemlich stark, was eine gewisse Wirkung auf die dynamischen Erscheinungen bei Durchfahrt der Verkehrslast ausüben muß. Man darf auch nicht vergessen, daß die Wirkung der Stoßverschweißung in großem Maße von dem Zustand und der Art der Fahrbahn abhängt. Bei einer Fahrbahn mit Holzschwellen soll diese Wirkung offenbar kleiner als bei einer Fahrbahn mit Schotterbett sein.

Am zweckmäßigsten wäre dabei die Feststellung der Spannungen in den Schienen selbst; aber obwohl solche Versuche öfters außerhalb der Brücke angestellt werden, sind sie auf Brücken nicht wiederholt worden.

Die Unrichtigkeit des Geleises in der Quer- und Lotrichtung (im Längsprofil und Grundriß) kann von der schlechten Ausführung der Brücke, von ungenügender Unterhaltung der Fahrbahn und von Temperaturänderungen herrühren. Infolge der letzteren Ursache ändert sich der Zustand der Bahn in ziemlich beträchtlichem Ausmaß. Die speziellen, in der U. d. S. S. R. angestellten Untersuchungen über die Temperaturänderungen der Brücken haben erwiesen, daß dabei die größten Änderungen im Grundriß, infolge kleinerer Steifigkeit in der Querrichtung, entstehen, daß aber in der Lotrichtung auch bedeutende Änderungen auftreten. Die Temperaturänderungen hängen im großen Maße von dem Anstrich der Brücke ab. In Abb. 28 ist die infolge der Temperaturänderungen eintretende zyklische Bewegung eines Punktes in der Mitte einer von Westen nach Osten gerichteten, rotbraun gefärbten Brücke von 158 m Spannweite für den Verlauf eines Tages dargestellt. Die Abb. 29 und 30 geben die thermischen Deformationen derselben Brücke in der lotrechten und horizontalen Ebene an.[1]

Infolge der soeben erörterten Umstände verändern sich nun auch die dynamischen Arbeitsbedingungen der Brücke; inwiefern aber, kann nicht gesagt werden, da diesbezügliche Versuche noch nicht angestellt wurden.

Über den Einfluß des Radreifablaufes sollte man noch Beobachtungen anstellen, die das Verhalten der Schienen angeben, wenn sie von Zügen, deren Wagen normale

---

[1] Prof. PATTON und DUNAJEFF: Einfluß der Sonne auf die Überhöhung der Hauptträger von eisernen Brücken. Ergebnisse der experimentellen Brückenuntersuchungen in U. d. S. S. R., Moskau, 1928. (In deutscher Sprache.) — DIESELBEN: Beeinflussung des Grundrisses eiserner Brücken durch die Sonne. Ibidem.

und ausgelaufene Radreifen besitzen, durchfahren werden. Dadurch wird man imstande sein, sich ein richtiges Urteil bilden zu können. Auf Brücken sind jedoch noch keine solchen Proben gemacht worden; verhältnismäßig wenig sind solche Versuche auch auf der außerhalb der Brücke liegenden Bahn angestellt worden. Die unmittelbaren Beobachtungen zeigen, daß manchmal, infolge eines ausgelaufenen Radreifens, massenhafte Schienenbrüche entstehen (ein solcher Fall wurde von Rabut

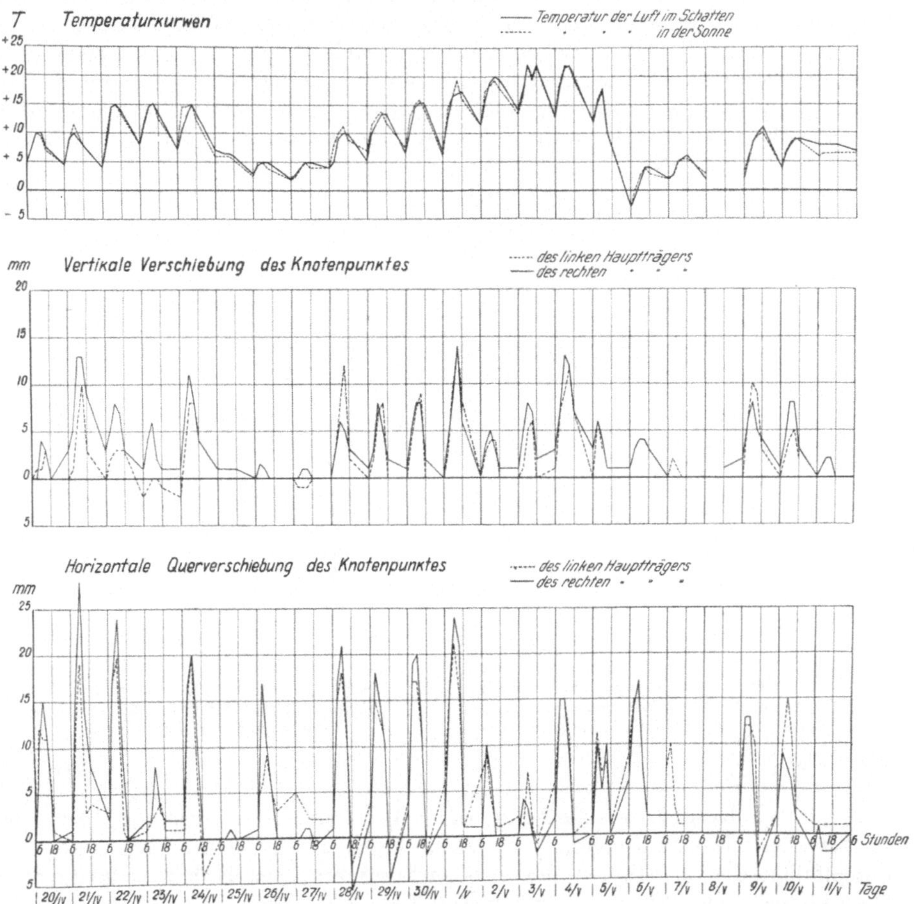


Abb. 29. Vertikale Verschiebungen und horizontale Querverschiebungen eines Knotenpunktes in der Mitte des Trägers von 158 m Stützweite unter Temperatureinwirkung im Laufe von 47 Tagen (13. April bis 30. Mai)

im Jahre 1906 veröffentlicht), so daß diese Erscheinung von sehr großer Bedeutung sein kann.

Theoretische Untersuchungen haben bestätigt,[1] daß eventuell ein 4 mm großer Ablauf des Radreifens, gemeinsam mit dem Einfluß der dadurch vergrößerten

---

[1] PETROFF: Einfluß der Geschwindigkeit der Räder auf die Schienenspannung. 1906. (In russischer Sprache.) — MARIÉ: Les oscillations du matériel dues au matériel lui-même. 1907. — DERSELBE: Dénivellations de la voie et oscillations des véhicules. 1911. — CHOLODEZKIJ: Einfluß der Geschwindigkeit und der Radreifauslaufungen auf die Schienenspannungen. 1915. (In russischer Sprache.)

Schwingungen des sich auf Federn stützenden Kastens, den Raddruck verdoppeln kann. Aber solche an einem Rad auftretende lokale Druckerhöhungen werden durch die gemeinsame Wirkung der ganzen Lokomotive oder eines langen Zuges ausgeglichen.

Wie daraus zu ersehen ist, ist die Wirkung des Geleises experimentell noch nicht in systematischer Weise aufgeklärt. Wenn man aber, dank der Möglichkeit der Schienenschweißung, die Wirkung der Stöße und die Wirkung der großen Radreifablaufungen, welche bei dem Betriebe nicht zugelassen werden dürfen, vernachlässigt, so muß man zugeben, daß die dynamischen Faktoren, welche von der Unregelmäßigkeit des Geleises herrühren, in den Eisenbahnbrücken von keiner allzu großen Bedeutung sein können. Ebenso unbedeutend sind, wie bekannt, die Zusatzwirkungen infolge der Durchbiegung des Geleises unter der Last (ZIMMERMANscher Effekt von HORT).

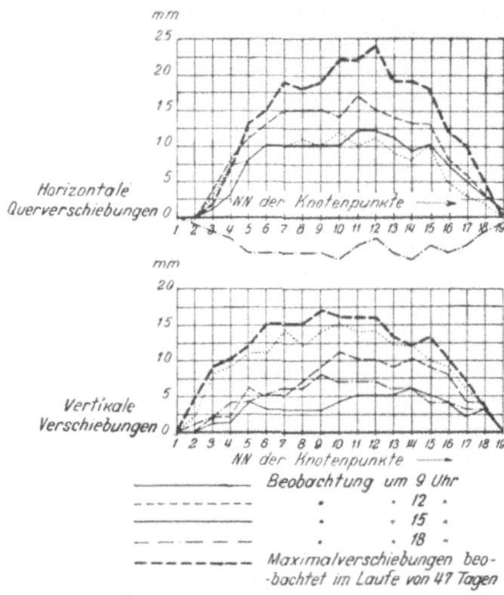

Abb. 30. Vertikale Verschiebungen und horizontale Querverschiebungen der Knotenpunkte eines Trägers von 158 m Stützweite unter dem Einfluß der Sonnenbestrahlung

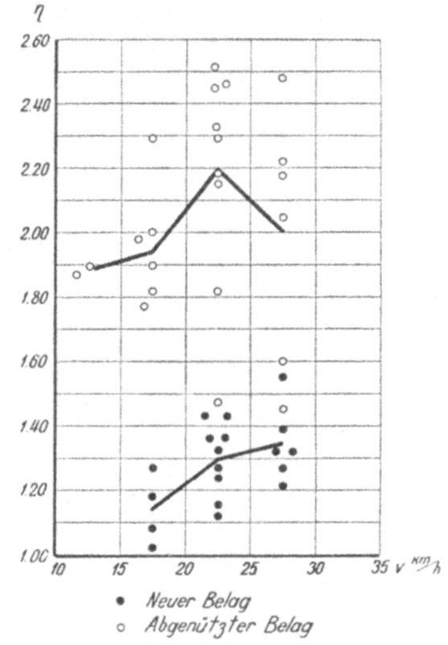

Abb. 31. Dynamische Durchbiegungskoeffizienten bei einer Straßenbrücke mit 50 m Stützweite unter Autobelastung

Nur bei der Resonanzerscheinung, d. h. bei periodisch wirkenden Schlägen, welche bei Radreifauslaufungen, bei abgenützten Stoßverbindungen und beim Zusammenfallen der Rhythmen der Stoßwirkung und der Brückenschwingungen entstehen können, ist eine scharfe ungünstige Erhöhung der vom Geleise herrührenden dynamischen Wirkung möglich.

In viel größerem Umfange tritt die dynamische Wirkung der Fahrbahn auf Straßenbrücken bei unebenem Pflaster hervor, wie z. B. bei Stein- und Holzpflaster oder Bohlenbelag im abgenützten Zustand usw.[1] Auch dabei sind fast keine unmittelbaren Beobachtungen gemacht worden. Auf Landstraßen sind dagegen ziemlich viele Untersuchungen angestellt worden. Die Ergebnisse dieser Untersuchungen dürfen wohl nicht unmittelbar bei Brückenproben ausgenützt werden, da die dynamische Wirkung in hohem Maße von der Steifigkeit der Straßendeckung abhängt, so daß die dynamische Wirkung für eine Landstraße, bzw. Brücke verschieden ist. Die Zahlenwerte dieser Untersuchungen können jedoch ein gewisses Bild der

---

[1] DESLANDRES: Action des chocs rythmés sur les travées métalliques. Annales des ponts et chaussées, 1892, t. IV, p. 765. — HAWRANEK: Schwingungen von Brücken. Eisenbau, 1914, Nr. 7, S. 221—231.

Erscheinung liefern. Wie bekannt, erhält man dabei Zahlenwerte von Größen höherer Ordnung, welche ganz bestimmt beweisen, daß auch auf Brücken die betreffenden dynamischen Wirkungen sehr bedeutend sein müssen. Indem aber diese Schlagwirkungen von zufälligen Unebenheiten der Straßendeckung herrühren und daher in der Regel keinen rhythmischen Charakter besitzen, sind sie für die Brücke wenig gefährlich.

Nach den in der U. d. S. S. R. auf Brücken mittlerer Spannweite mit abgenütztem Bohlenbelag angestellten Proben schwankte der Wert des dynamischen Koeffizienten der Durchbiegung zwischen 1,5 bis 2,5 und der Spannungen zwischen 1,3 bis 5,25. Auf denselben Brücken und bei derselben Verkehrslast, aber bei glattem Bohlenbelag, schwankte der dynamische Beiwert der Durchbiegung zwischen 1,0 und 1,6 und jener der Spannungen von 0,7 bis 3,0 (s. Abb. 31).[1]

Die dämpfende Rückwirkung der Fahrbahn auf die Dynamik ist vollkommen von der Art der Brückenbahn abhängig; hier unterscheiden wir die Bahn auf Holz- oder Eisenschwellen mit in Eisen- oder Eisenbetonwänden umschlossener Bettung.

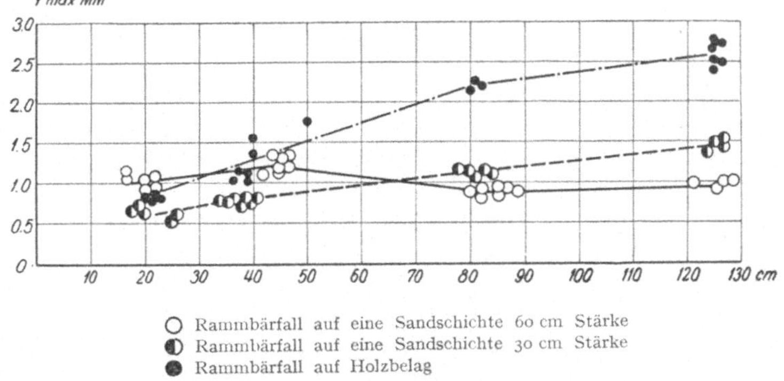


Abb. 32. Abhängigkeit der Größe der Amplitude von der Fallhöhe des Rammbärs im Viertelpunkte einer Stegbrücke mit 16 m Spannweite

Diese Frage wird gewöhnlich durch den Vergleich der an Brücken mit verschiedenen Fahrbahnen erhaltenen Probeergebnisse untersucht. Da die Brücken bei einem solchen Vergleiche nicht als identisch zu betrachten sind, können diese Ergebnisse auch kein genügend klares Bild liefern, was an allen solchen Versuchen merkbar ist. Als die richtigste Methode könnte man vielleicht einfache Versuche auf Schlagwirkung empfehlen, welche man an einer und derselben Brücke, aber mit künstlich angelegten, abwechselbaren, verschiedenen Typen des Belages unternehmen sollte. Solche im Sommer 1926 in U. d. S. S. R. angestellten Versuche haben erwiesen, daß der dynamische Effekt bei Sandbettung auf Holzbelag fast doppelt so klein als die unmittelbare dynamische Schlagwirkung auf den aus Holzschwellen bestehenden Belag ist. Der Unterschied der Stärke der Bettung zwischen 30 und 60 cm ist für das Endergebnis von keiner großen Bedeutung. Einige Versuchsergebnisse sind in der Abb. 32 dargestellt.

Die Brückenproben bei Durchfahrt der Verkehrslast sind infolge der Kompliziertheit der dynamischen Einwirkung weniger einleuchtend. Es ist bei weitem nicht immer der Fall, daß die dynamische Wirkung bei dem Geleis auf Bettung kleiner ausfällt als bei Holzschwellen. Dies ist aus den amerikanischen Versuchen

---

[1] Siehe auch DUFOUR: Final Report of the Special Committee on Impact of Highway Bridges Proc. Am. Soc. C. E. 1926.

vom Jahre 1908, sowie auch aus den englischen vom Jahre 1920 zu ersehen.[1] Die
Ergebnisse sind in der Abb. 33 dargestellt. Ein ähnliches Ergebnis lieferten die
Brückenproben in Leningrad im Jahre 1926.[2] Dabei wurden drei gleichartige Brücken,
eine mit dem Geleis auf Holzquerschwellen, die zweite mit einer von Eisenwänden
und die dritte mit einer von Eisenbetonwänden umschlossenen Bettung untersucht. Alle drei Brücken befanden sich nebeneinander, so daß die Proben bei einer
Durchfahrt der Lokomotive auf allen drei Brücken durchgeführt werden konnten.

Die Versuche zeigten, daß bei den am wenigsten gesetzmäßigen Funktionen,
wie den Stabspannungen, die Wirkung der Stoßfugen — bei künstlich erniedrigter

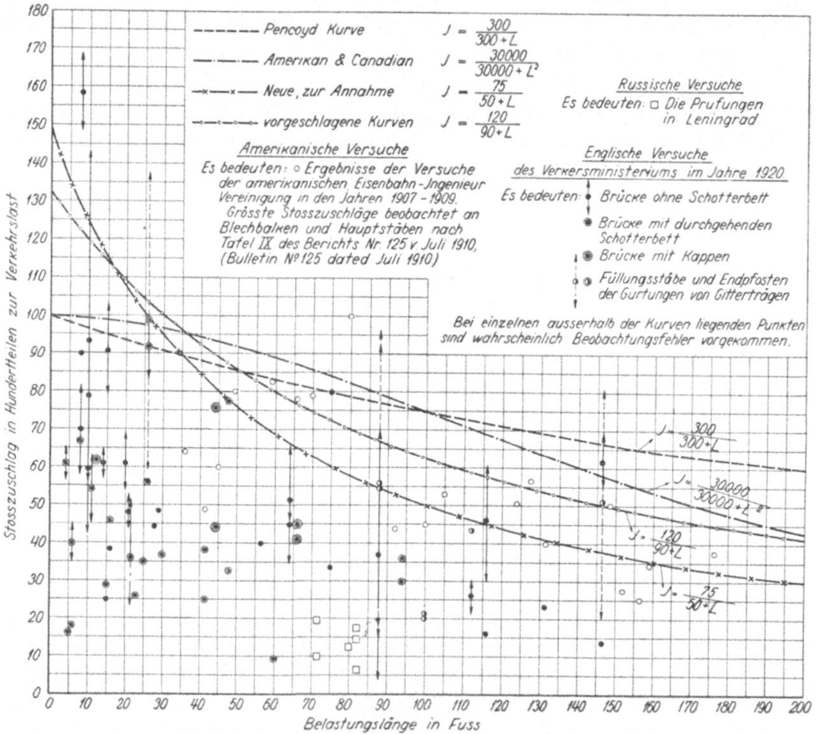

Abb. 33. Dynamische Spannungskoeffizienten der Brücken mit Fahrbahn auf Holzschwellen und Schotterbettung nach
Prüfungen in England, Deutschland und U. d. S. S. R.

Wirkung der Gegengewichte — durch die Bettung weniger als bei Holzquerschwellen
absorbiert wird. Umgekehrt sind die mehr gesetzmäßigen Faktoren, wie die Gegen-
gewichtwirkung der Lokomotivräder, auf den Bettungskörper von geringerem
Einfluß als auf Holzschwellen. Somit ist die absorbierende Wirkung der Bettung
verschieden bei verschiedenen Kraftwirkungen (s. Abb. 34). Von großer Bedeutung
ist hier anscheinend der Typ der die Bettung tragenden Platte und die Steifigkeit
der tragenden Konstruktion. Es darf nicht vergessen werden, daß eine Bettung
von einer geringen Tiefe und mit einer steifen Platte, wie wir es auf den Brücken

---

[1] Ministry of Transport Tests on Railway Bridges. 1921. Bauingenieur 1922, S. 33. —
American Railway Engineering Association. Impact Test Report of Committee on Impact.

[2] Prof. BELJAEFF: Vergleich der dynamischen Wirkung der beweglichen Last bei
Eisenbahnbrücken mit Schotterbett und mit Schwellen. Ergebnisse der experimentellen
Brückenuntersuchungen in U. d. S. S. R., Moskau, 1928.

haben, bezüglich ihrer Steifigkeit vollkommen verschieden ist von einer außerhalb der Brücke liegenden Bettung.

Wie bekannt, ist eine systematische Untersuchung der dämpfenden Wirkung der Fahrbahn auf Veranlassung des Internationalen Eisenbahnverbandes in diesem Jahre unternommen worden; die Ergebnisse dieser Versuche wurden aber noch nicht bearbeitet.

Die größte Zahl der Messungen ist an Brückenkonstruktionen gemacht worden und wir besitzen ein reiches Material zur Bestimmung der dynamischen Durchbiegungen und Spannungen.

Fast alle diese Ergebnisse sind auf Beobachtungen der Durchfahrt einer für die Brücken üblichen Verkehrslast, d. h. eines ziemlich kompliziert belasteten Zuges gegründet. Fast alle diese Untersuchungen dienten zur Bestimmung des dynamischen Koeffizienten, auf welche bis zur letzten Zeit die Aufmerksamkeit der Forscher gerichtet war. Die erhaltenen Ergebnisse darf man aber, trotz dem kolossalen Arbeitsaufwand, als nicht befriedigend bezeichnen. Die Gruppierung der dynamischen Koeffizienten nach Grössen der Spannweite, nach Geschwindigkeiten bei konstanter Spannweite, nach wiederholten Beobachtungen an einer und derselben Brücke bei gleichen Belastungen und Geschwindigkeiten gibt keine zuverlässigen Gesetze. Die zerstreuten Punkte erweisen, daß der dynamische Koeffizient eine höchst komplizierte Funktion vieler Veränderlichen ist, welche an der Grenze des Zufalls liegen. Dabei hängen sie in hohem Maße von der Art der Meßgeräte ab. Daß dies wirklich der Fall ist, beweist die Abb. 14, welche die Mannigfaltigkeit der Werte der dynamischen Koeffizienten bei verschiedenen Meßgeräten veranschaulicht.

Trotzdem ist es einigermaßen möglich, in diesem Chaos ins Klare zu kommen. Vor allem ist es möglich, festzustellen, daß die dynamischen Beiwerte der Durchbiegungen in höherem Maße konstant sind, als die dynamischen Beiwerte der Spannungen, und daß die Beiwerte der Spannungen in den Gurtungen konstanter sind als die der Gitterelemente.

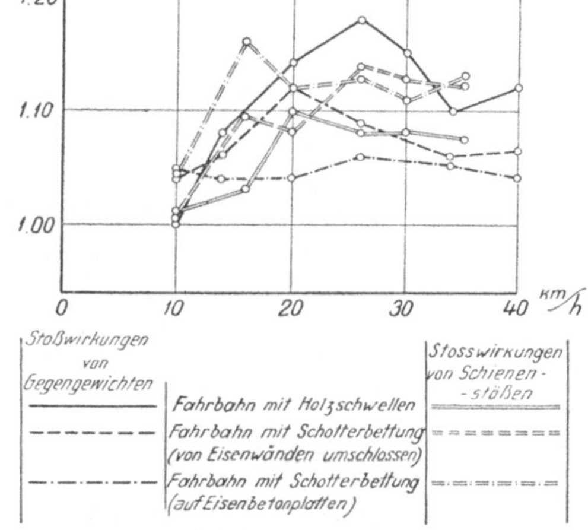


Abb. 34. Dynamische Durchschnittskoeffizienten nach Untersuchungen in Leningrad im Jahre 1926

Weiters sind die auf der Brücke gemessenen dynamischen Koeffizienten den dynamischen Koeffizienten der Belastung oder den Koeffizienten der Bahnwirkung nicht gleich. In den meisten Fällen sind sie größer als die letzteren, in anderen wiederum kleiner.

Somit sind die dynamischen Koeffizienten der Brücke nicht gleich den dynamischen Koeffizienten der Belastung; es sind zwei Größen verschiedener Ordnung, was auch vollkommen verständlich ist, da beim dynamischen Koeffizienten der Brücke noch die Wirkung der Trägheitskräfte und der damit verbundenen Erscheinung der Phasenverschiebung der Brückendeformationen inbegriffen ist, was beim dynamischen Beiwerte der Belastung fehlt.

Außer den Trägheitskräften muß noch die Konstruktion und der Zustand der Brücke einen Einfluß auf den dynamischen Koeffizienten derselben ausüben. Dies folgt unmittelbar aus dem Umstande, daß die Kraftwirkung auf die Brücke nicht unmittelbar an dem Ort ihrer Entstehung, sondern in einer gewissen Entfernung davon gemessen wird. Die Kraftwirkung wird durch die Konstruktion übertragen und muß dabei verschiedene innere Widerstände und Störungen überwinden; die Geschwindigkeit und der Weg der Verbreitung der Kraftwellen ist verschieden, sie werden an manchen Stellen verzögert und auf Bahnen des kleinsten Widerstandes gelenkt. Infolge der großen Anzahl solcher Verbreitungswege in dem komplizierten Brückennetz entsteht eine Verminderung, bzw. Ungleichmäßigkeit der dynamischen Arbeit eines Teiles der Stäbe auf Kosten der anderen, eine Verzögerung der Kraftimpulse in den Stoßverbindungen der Stäbe und Knotenpunkte, infolge der Ungleichmäßigkeit der Arbeit der Nieten und der möglichen Verschiebungen der Nietverbindungen, welche zur Interferenzerscheinung der aufeinanderfolgenden Kraftimpulse und deshalb zum Auftreten einer örtlichen Erhöhung oder Herabsetzung derselben und zur allgemeinen Verzögerung der Verbreitung der Deformation, d. h. zur Verstärkung der Erscheinung der Phasenverschiebung führen. Alle diese Störungen müssen sehr wesentlich die dynamische Arbeit der Brücke beeinflussen

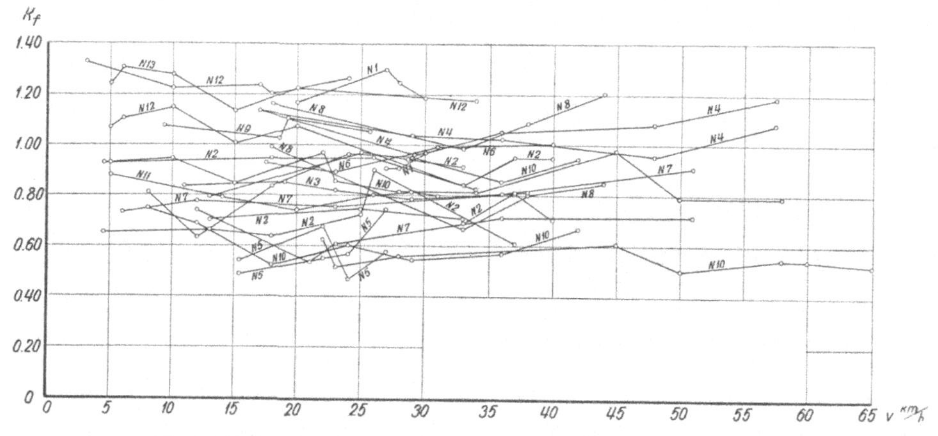

Abb. 35. Abhängigkeit der Flächenbeiwerte — $K_f$ von der Zuggeschwindigkeit

und somit soll diese Arbeit nicht nur als Funktion der Belastung, sondern auch des Brückenzustandes betrachtet werden. Alle diese a priori klaren, und durch die an sich komplizierten Kraftfelder der Nietverbindungen bestätigten Erwägungen können auch an den oben erörterten Gesetzen des dynamischen Beiwertes verfolgt werden. Sie geben auch eine Erklärung für die zerstreuten Punkte im Diagramm der dynamischen Koeffizienten, die besonders scharf in den Gitterstäben der Hauptträger auftreten, sowie auch für die Ungleichheit dieser Beiwerte bei den verschiedenen Stäben, für die Nichtübereinstimmung der Koeffizienten der Spannungen und der Durchbiegungen usw. Noch entschiedener treten sie auf bei der Analyse des Brückenzustandes, welche als die Grundvoraussetzung zur weiteren Vertiefung in die dynamische Arbeit der Brücke anzusehen ist.

Der Zustand der Brücke wird vor allem durch die äußere Besichtigung erkannt; in diesem Falle wird der Zustand subjektiv auf Grund gewisser mehr oder minder bekannten Merkmale, die an dieser Stelle nicht weiter behandelt werden können, festgestellt. Eine objektivere Schätzung kann man erhalten, wenn man die Arbeit der Brücke mit der Arbeit einer ideellen Brücke, welche als eine vollkommen elastische und homogene Konstruktion gedacht wird, vergleicht. Dieser Vergleich kann nach verschiedenen Merkmalen geschehen. Zu den letzteren dürfen die dynamischen Einflußlinien, welche bei der dynamischen Arbeit der Brücke erhalten werden, und ihr Vergleich mit den statischen gerechnet werden. Der Vergleich kann nach ihrem Flächeninhalt und ihrem Umrisse gemacht werden. Der Flächenvergleich liefert einen Flächenbeiwert[1]

$$K_f = \frac{F_d}{F_t} = \frac{F_d}{\Sigma P f_t} = \frac{f_d}{f_t}$$

wo:  $f_d$ = die Fläche der dynamischen Einflußlinien,
$\quad f_t$ = ,, ,, der theoretischen Einflußlinien,
$\quad F_d$ = ,, ,, des dynamischen Diagramms,
$\quad F_t$ = ,, ,, des theoretischen Diagramms.

Dieser Beiwert wird bestimmt durch das Verhältnis des Flächeninhaltes des Versuchsdiagramms zu der Größe $\Sigma P f_t$, gleich dem Flächeninhalt des theore-

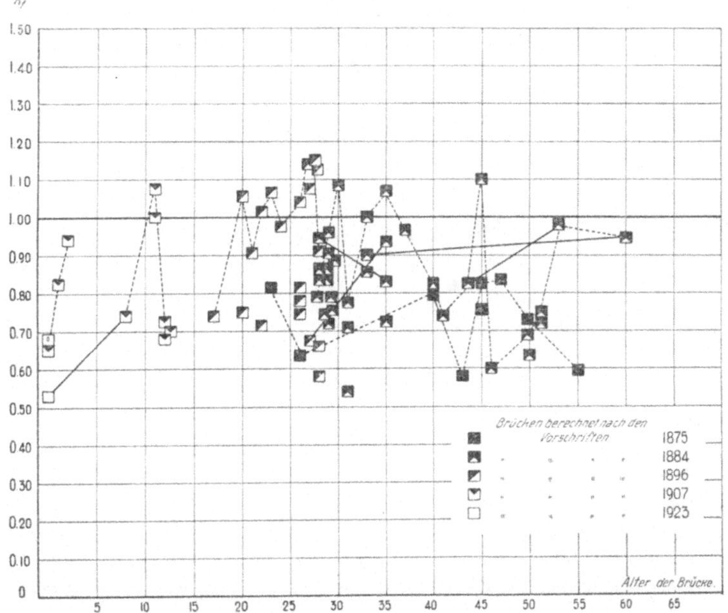


Abb. 36. Abhängigkeit der Flächenbeiwerte — $K_f$ vom Alter der Brücke

tischen Diagramms, da die Verhältnisse der Flächeninhalte der Diagramme dem Verhältnisse der Flächeninhalte der Einflußlinien gleich sind. Die Versuche beweisen, daß diese Beiwerte als ziemlich konstante Größen anzusehen sind, welche weder von der Belastung noch von der Geschwindigkeit der fahrenden Verkehrslast (s. Abb. 35), sondern nur von der Konstruktion des Systems und dem Zustande der Brücke abhängen. Nach den bis jetzt gemachten Untersuchungen schwanken die Zahlenwerte dieser Koeffizienten für Zug- und Druckstäbe, Durchbiegungen zwischen 0,5 und 1,00, für Wechselstäbe von 0,7 bis 1,8; der Vergleich ihrer Größen für Brücken verschiedenen Alters oder, richtiger gesagt, Zustandes zeigt, daß dieselben etwas kleiner für ganz neue und ganz alte Brücken sind und ihren größten Wert bei Brücken mittleren Alters erreichen (vgl. Abb. 36). Ebenfalls

---

[1] Vgl. STRELETZKY, N.: Grundzüge für ein Verfahren zu dynamischen Untersuchungen von Brücken. Bautechnik Nr. 41. 1927.

ist ihre Größe von der Spannweite der Brücke abhängig, sie erreicht bei mittlerer Spannweite einen etwas größeren Wert[1] (Abb. 37).

Der Umriß der dynamischen Einflußlinie wird durch den Verzerrungsbeiwert[2] des Umrisses im Verhältnis zu dem theoretischen Umrisse in der Form

$$\gamma = \frac{Y_e}{Y_t} : \frac{1}{K_f} = \frac{p_e}{p_t}$$

angegeben,

wo:  $Y_e$ = die Versuchsdeformation (nach dem Diagramm),

  $Y_t$ = die entsprechende theoretische Deformation,

  $p_e$ = die äquivalente Belastung der dynamischen Versuchseinflußlinie,

  $p_t$ = die äquivalente Belastung der theoretischen Einflußlinie

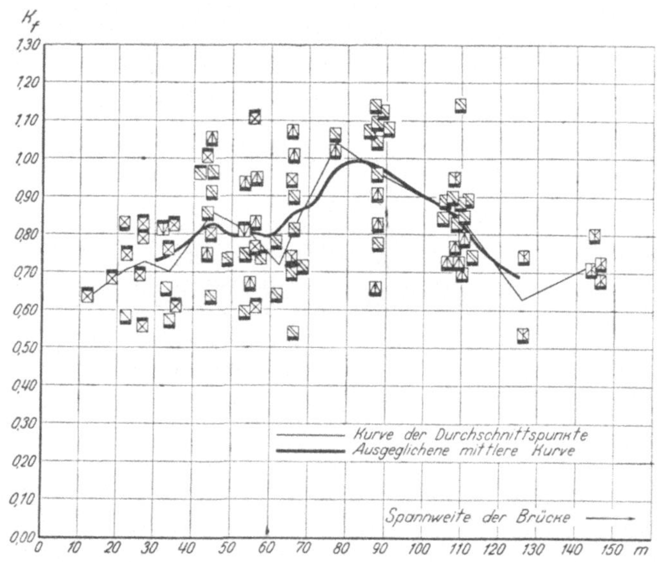


Abb. 37. Abhängigkeit der Flächenbeiwerte — $K_f$ von der Spannweite der Brücke

bedeuten und die man durch das Dividieren des Verhältnisses $\frac{Y_e}{Y_t}$ durch den Flächenbeiwert $K_f$ leicht erhalten kann. Der Beiwert $\gamma$ ist von der Geschwindigkeit, vom System, von der Konstruktion und dem Zustand der Brücke und der entsprechenden Stelle des Diagramms abhängig. Daraus folgt, daß die dynamischen Einflußlinien von der Zeit abhängige Funktionen sind, was auch vollkommen verständlich ist, weil deren Umrisse von der Phasenverschiebung der dynamischen Kraftwirkung bezüglich der Phase der Brückenschwingung abhängen. Diese Veränderlichkeit nach der Zeit wird noch durch den Einfluß der Störungen der dynamischen Kraftströmungen, welche ihrerseits eine Folge der Zustanddefekte sind, verstärkt. Des-

---

[1] HÜBSCHMANN: Untersuchung der Kennzeichen der empirischen Einflußlinien der Brückenträger. Ergebnisse der experimentellen Brückenuntersuchungen in U. d. S. S. R., Moskau, 1928.

[2] STRELETZKY, N.: Grundzüge für ein Verfahren zu dynamischen Untersuchungen von Brücken. Bautechnik Nr. 41. 1927.

halb liefert uns der Flächenbeiwert $K_f$ nur den mittleren Wert des Flächeninhaltes aller dynamischen Einflußlinien, welche an der Zusammensetzung des Diagramms teilnehmen. Den Flächeninhalt kann man aus der Gleichung $P_e = \gamma\, P_t$ und durch das Dividieren von $Y_e$ durch $P_e$ erhalten. Der Vergleich der Flächeninhalte bei richtig aufgezeichneten Diagrammen kann eine Charakteristik der Störungsströmungen und des Geschwindigkeitseinflusses auf die Form der Einflußlinien liefern. Zur Aufklärung der Abhängigkeit der Beiwerte $\gamma$ von dem System und Zustande der Brücke ist es wünschenswert, diese Beiwerte aus Diagrammen bei langsamer Durchfahrt der Verkehrslast zu bestimmen, um den Einfluß der Geschwindigkeit zu vermindern. Die Ergebnisse beweisen, daß für kleine Spannweiten der Beiwert $\gamma$ größer ist als 1 und für Spannweiten größer als 100 m sich dem Werte 1 nähert, obwohl die von den Defekten des Brückenzustandes abhängigen Abweichungen ziemlich bedeutend sein können. Diese Kurve beweist, daß bei kleinen Spann-

weiten, wahrscheinlich infolge der kleinen Felder und der Steifigkeit der Knotenverbindungen, die wirklichen Einflußlinien ziemlich stark von den rechnerischen abweichen; bei großen Spannweiten ist das nicht der Fall.

Beim Studium des Brückenzustandes ist die Natur der Kraftimpulse gleichgültig, und zur Vereinfachung des Verfahrens wäre es wünschenswert, nach den einfachsten Impulsen zu streben. Wir

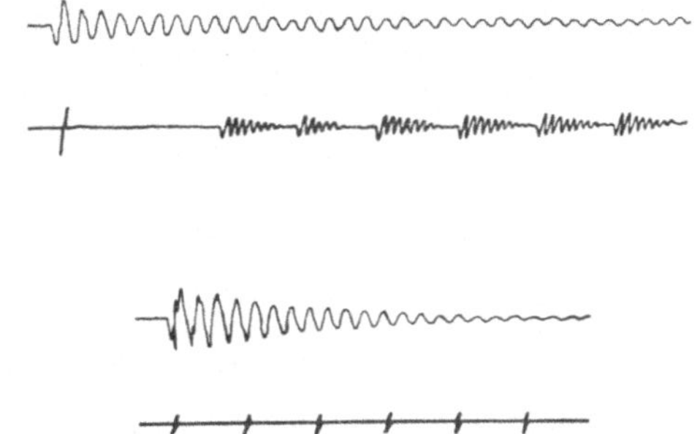

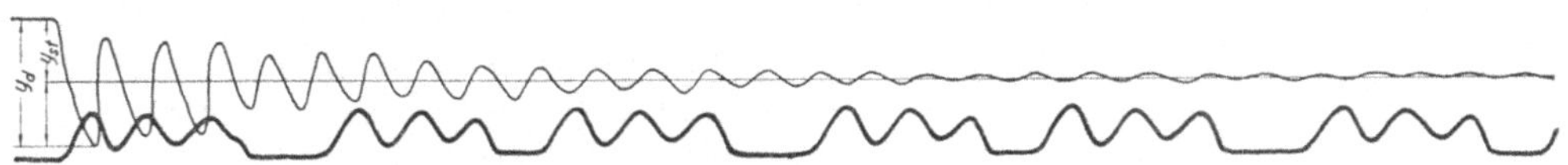

Abb. 38. Diagramme von Brückeneigenschwingungen nach Schlagproben mit schwacher Dämpfung in der Nähe der Schlagstelle

betrachten als einfachen Impuls einen gewöhnlichen Stoß und wollen damit gleich zu den Stoßversuchen übergehen: bei solchen Untersuchungen handelt es sich um einen einfachen, sich rhythmisch wiederholenden oder nach einem gewissen einfachen Gesetze veränderlichen Stoß; in beiden Fällen untersuchen wir die Schwingungen der Brücke. Die Untersuchung der Brückenschwingungen besitzt den Vorteil, daß man dabei nicht nur die von der Brücke geleistete Arbeit, sondern auch das Gesetz des Verbrauches der vom äußeren Kraftimpulse durch die Brücke erhaltenen Energie verfolgen kann. Es ist ja klar, daß dieses Gesetz uns den Weg zur Erkenntnis der inneren Widerstände, welche den Zustand der Brücke charakterisieren, weist. Somit darf die Untersuchung der Schwingungen als die Grundmethode, auf welche die Prüfung der Brücke sich stützen soll, bezeichnet werden. Aus diesem Grund ist man in vielen Ländern bestrebt, spezielle Schwingungsmaschinen, welche die Brücke in einen Schwingungszustand versetzen sollen, zu konstruieren.

Es sollen erzwungene, sowie auch freie Schwingungen studiert werden. Vom Standpunkte der Prüfung des Brückenzustandes ist das Studium der freien Schwingungen bequemer, weil sie von einfacher Natur sind und klarer den Einfluß der inneren Widerstände darstellen, welche für uns von größtem Interesse sind und unmittelbar auf das Gesetz der Dämpfung der Schwingungen hinlenken.[1] Schließlich muß noch erwähnt werden, daß zum ausführlichen Studium der erzwungenen Schwingungen eine Schwingungsmaschine erforderlich ist, während die freien Schwingungen bei einer gewöhnlichen Stoßprobe oder als Ergebnis der Wirkung einer beliebigen Belastung untersucht werden können.

Die Stoßprobe in ihrer einfachsten Form, welche man allgemein bei Brückenproben in der U. d. S. S. R. verwendet, besteht in der Übertragung des Schlages auf die Brücke mit einem Bären, welcher von einer gewissen Höhe abgeworfen wird. Die Energie der fallenden Masse wird dabei nicht nur von der Brücke, sondern auch durch den Belag verbraucht, wobei die Eigenschwingungen des letzteren das Bild — wenn auch, wie die Versuche zeigen, in geringem Maß — entstellen. Man darf zu dieser Probe auch die bessere Resultate liefernde Methode des Reaktionsschlages anwenden, indem man ein an die Hauptträger angebundenes Gewicht herunterfallen läßt. Die entstehenden Schwingungskurven erweisen einen gesetzmäßigen dämpfenden Charakter. Der Schlagbeiwert, d. h. das Verhältnis der dynamischen Durchbiegung einer Schwingung zur statischen wird bei diesen Untersuchungen mit einem Werte von zirka 2 erhalten, was fast mit der Theorie übereinstimmt. Die Abb. 38 stellt einige solche Kurven dar und Abb. 39 die Verhältnisse irgend einer Amplitude zur ersten Amplitude, welche als Funktion der Schwingungszahl das Gesetz der Dämpfung veranschaulichen.

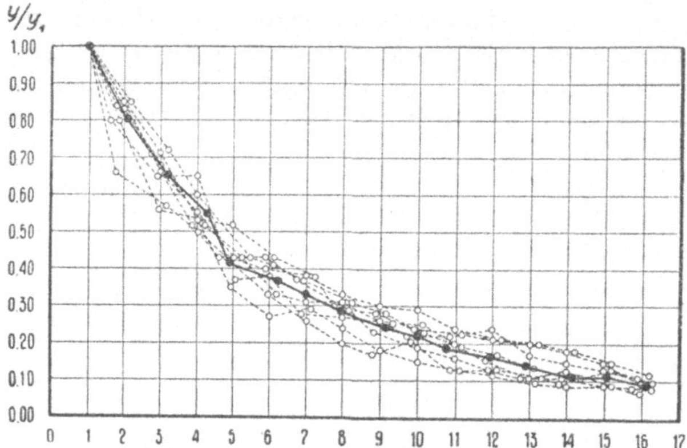

Abb. 39. Kurven der späteren Schwingungsamplituden bezüglich der ersten, erhalten nach Schlagproben in der Nähe der Schlagstelle

Abb. 40. Diagramme von Brückeneigenschwingungen nach Schlagproben mit starker Dämpfung in der Nähe der Schlagstelle

Nach diesen Kurven kann das Dekrement des Dämpfungsgesetzes bestimmt werden, d. h. der Exponent einer dieses Gesetz darstellenden Exponentialfunktion:

$$\left(\frac{y_n}{y_1}\right) = e^{-ENT}$$

wo $E$ = ein Koeffizient, $N$ = die Schwingungszahl und $T$ = die Schwingungsperiode bedeutet.

Bei Brücken, welche sich in gutem Zustande befinden, schwankt der Wert des Koeffizienten $E$ zwischen 0,5 bis 1,0 (für Brücken mit Spannweiten von 25 bis 100 m).

Bei den ersteren Schwingungen hat die Dämpfungskurve einen steileren Verlauf und einen flacheren für die nachfolgenden. Das beweist, daß die Brückenwiderstände im Anfange der Schwingungen größer sind und daß das Dekrement keine konstante Größe darstellt. Bei älteren Brücken und bei Brücken in schlechterem

---

[1] RABINOWITSCH: Betrachtungen über den Zusammenhang des Zustandes der eisernen Brücken und deren Schwingungen. Ergebnisse der experimentellen Brückenuntersuchungen in U. d. S. S. R., Moskau, 1928.

Zustand erreicht der Koeffizient $E$ größere Werte, in gewissen Fällen bis zu 1,5 bis 2,0 (vgl. Abb. 40).

Gesetzmäßige Dämpfungskurven erhält man bei guterhaltenen Brücken und in der unmittelbaren Nähe des Stoßes. Bei Brücken, welche sich in einem schlechten Zustande befinden, verlieren die Kurven, besonders an den von der Schlagwirkung entfernten Stellen, ihren gesetzmäßigen Verlauf und werden durch örtliche Störungen unterbrochen (vgl. Abb. 41). Es ist anzunehmen, daß diese Störungen eine Folge der Störungen der durch die verschiedenen inneren Widerstände der Brückenanschlüsse auftretenden Kräfteströmungen sind.

Der Umstand, daß die soeben erwähnten Störungen in hohem Maße nur in schlechten Brücken und dabei in einer großen Entfernung vom Orte der Schlagwirkung, d. h. wo bei einem bedeutenden Verbreitungswege der Kraftströmungen der Unterschied der inneren Widerstände sich am schärfsten auswirken konnte, auftreten, räumt dem oben Gesagten eine bestimmte Bedeutung zu. Von besonderem Interesse sind die Störungen in dem Anfangsabschnitte der Dämpfungskurve. Hier findet man öfters Schwingungsordinaten, die sogar größer sind als die erste Ordinate.

Diese Erscheinung, (Abb. 41) welche sehr schwer vom Standpunkte der Theorie der freien Schwingungen und des Energieverbrauches erklärlich ist, kann eine Erklärung dadurch finden, daß der Zeitraum des Anwachsens der Schwingungen, vom Beginne bis zu ihrem maximalen Werte, als Zeitdauer der Energieaufspeicherung an der Stelle der Messungen anzusehen ist. In diesem Fall ist man imstande, nach der Zeitdauer dieser Periode über die Geschwindigkeit der Verbreitung des langsamsten Grundstromes der Kraftimpulse zu urteilen. Diese Geschwindigkeit ist

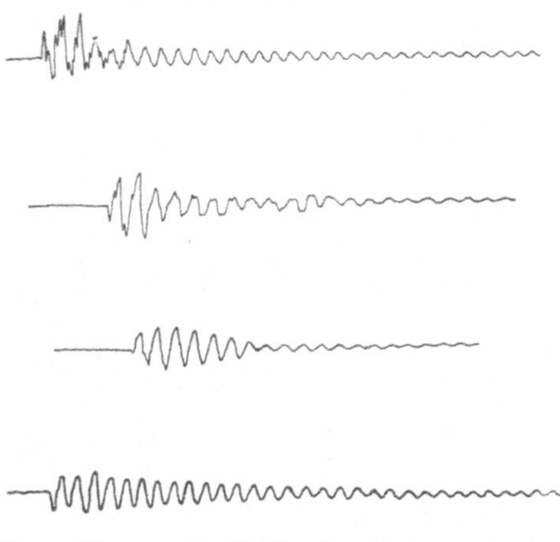

Abb. 41. Diagramme von Brückeneigenschwingungen nach Schlagproben an vom Schlagort entfernten Stellen

sehr verschieden; sie hängt von der Größe der Spannweite und dem Gittertypus, d. h. von dem Fortpflanzungswege der Strömung und dem Zustande der Brücke ab. Vergleicht man diese Geschwindigkeiten mit einer als Maßstab angenommenen Geschwindigkeit, so bekommt man Verzögerungsbeiwerte der Kraftimpulse. Wenn man sie mit den Geschwindigkeiten der transversalen Schwingungen in einem Vollwandträger vergleicht, so erhält man die von 0,06 bis 0,25 ziemlich kleinen Werte (nach den Versuchen vom Jahre 1927).[1]

Die örtlichen Störungen sind von den Schwingungen zweiter Ordnung, welche sich auf die Grundkurve auflegen und zu regelmäßigen Erhöhungen und Erniedrigungen der Kurve führen, wohl zu unterscheiden.

Als eine andere Charakteristik des Brückenzustandes kann man auch die nach der Zeit oder nach der Schwingungszahl meßbare Dauer und Zahl der Schwingungen betrachten, welche nötig sind, bis die letzte Schwingung den Wert $1/n$ der ersten erreicht hat. In der U. d. S. S. R. setzt man dieses Verhältnis gleich $1/10$, was einem Energieverbrauch von $1/100$ entspricht. Es stellt sich heraus, daß die in gutem Zustande befindlichen Brücken im Gegensatze zu den schlechten und veralteten eine längere Schwingungsdauer besitzen.

---

[1] NIKOLAEFF: Brückenfreischwingungen bei Schlagwirkung. Ibidem.

Voll Interesse ist auch die Schwingungsfrequenz oder die Zeitdauer der Schwingungsperioden. Die Schwingungsfrequenz ist eine sehr stetige Größe, die ebenso von den geometrischen Trägerdimensionen wie von den Querverbindungen abhängt. Der Vergleich mit einer theoretischen Formel, die einen Fachwerkträger als einen Vollwandträger betrachtet, zeigt uns, daß die experimentelle Schwingungsfrequenz der theoretischen sich nähert (Verhältnis 0,8 bis 1,0); wir können daraus schließen, daß die Brückenkonstruktion sehr wenig auf die in erster Linie von dem Zustande der Brücke abhängigen Schwingungsgesetze einwirkt. Ein noch größeres Interesse bietet schließlich die Funktion, welche die erste Ableitung $\left[\left(\dfrac{y_n}{y_1}\right)^2\right]$

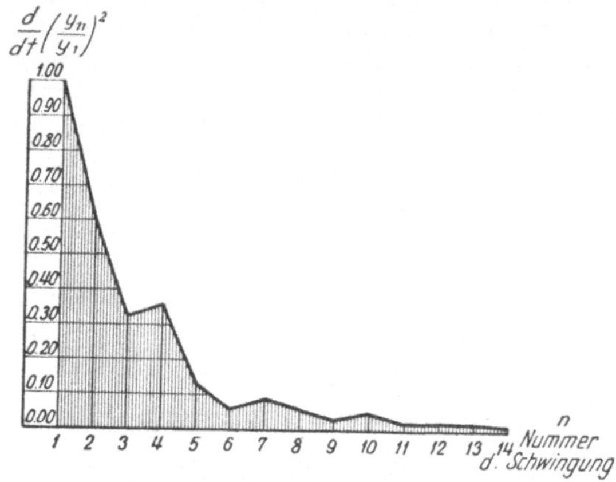

Abb. 42. Die nach der Zeit abgeleitete Kurve $\dfrac{d}{dt}\left[\left(\dfrac{y'_n}{y'_1}\right)^2\right]$, erhalten bei Schlagproben

darstellt; diese Funktion charakterisiert das Gesetz des Energieverbrauches bei freien Schwingungen; dieses Gesetz ist am meisten von dem Zustande der Brücke und deren inneren Widerständen anhängig. Als Beispiel ist eine solche Funktion in Abb. 42 angeführt. Leider sind sie aber weniger sicher, da sie am meisten sich auf die Zahlenwerte der Amplituden stützen, welche bei dem gegenwärtigen Zustande der Meßapparate als nicht ganz einwandfreie Werte erscheinen. Zwar operierten wir bei allen angegebenen Ergebnissen nicht unmittelbar mit Amplitudengrößen; wir

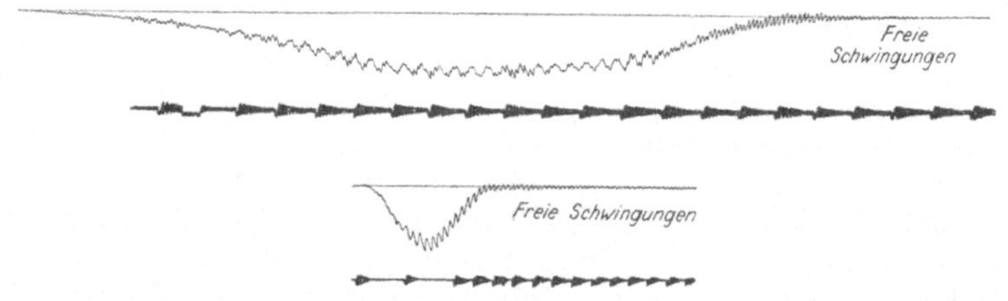


Abb. 43. Diagramme vertikaler Schwingungen einer Eisenbahnbrücke $l = 66$ m

interessierten uns nur für mit Hilfe ein und desselben Meßgerätes angeschriebene Verhältnisse dieser Amplituden. Der Maßstab des Meßgerätes — der Grundfehler der Meßergebnisse — fällt hier fort.

Die obengenannten Gesetze können auch auf anderem Wege, durch ein Studium jener freien Schwingungen der Tragwerke, die nach der Durchfahrt der Verkehrslast auftreten, erhalten werden. Solche Schwingungen können als „Nachsätze" der Diagramme bezeichnet werden. Da das Tragwerk bezüglich der horizontalen Ebene weniger steif ist, die Krafteinwirkungen aber einfacher und regelmäßiger sind, werden solche „Nachsätze" immer auf horizontaler, öfters aber auch, besonders nach Resonanzerscheinungen, auf vertikaler Ebene erhalten (Abb. 43, 44). Im Grunde sind beide, horizontale und vertikale Schwingungen, eine Folge ein und derselben räumlichen Brückenverschiebung, da die Verkehrslast auf das Tragwerk gleichzeitig eine vertikale und horizontale Wirkung ausübt, was ein Schwanken des Tragwerkes zur Folge hat. Bei Eisenbahnbrücken vergrößern sich die Schwankungen noch dadurch, daß der Mechanismus der Lokomotive der rechten und linken Seite in verschiedenen Phasen arbeitet. Infolge der in horizontaler und vertikaler Ebene verschiedenen Steifigkeit des Tragwerkes können in beiden Ebenen die Perioden der Eigenschwingungen verschieden sein, was zu einer gegenseitigen Superposition und zu einem zweitönigen Rhythmus führt[1] (Abb. 45).

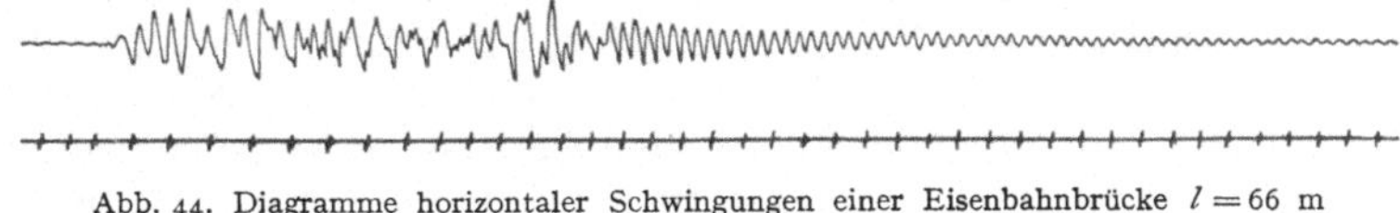

Abb. 44. Diagramme horizontaler Schwingungen einer Eisenbahnbrücke $l = 66$ m

Die eintönigen wie auch die zweitönigen Schwingungskurven der „Nachsätze" dämpfen sich nach einem bestimmten Gesetz, oft sogar viel regelmäßiger als die Kurven der Schlagversuche. Das kommt davon, daß die genannten Schwingungen nicht das Bild einer Anfangs-, sondern einer Endperiode der Kraftströmungen vorstellen, wenn alle hauptsächlich mit der Verbreitung der Hauptströmungen zusammenhängenden Störungen schon erloschen sind und wenn die Brücke nur dem

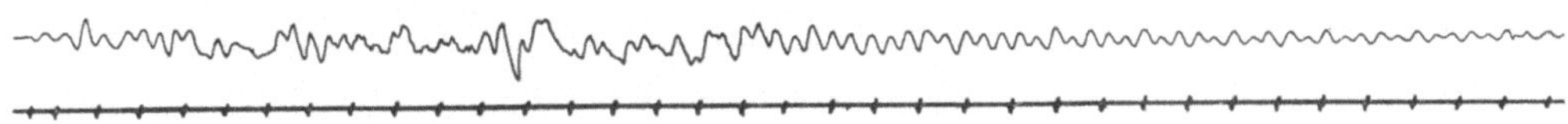

Abb. 45. Diagramme der mehrtönigen Horizontalbrückenschwingungen

Einfluß ihrer Trägheitskräfte ausgesetzt ist. Infolgedessen eignen sich diese Kurven am besten zur Berechnung von Trägerdekrementen; Untersuchungen zeigten, daß die Dekremente der Lot- und Wagrechtschwingungen nicht gleich sind: die Dekremente der Schwingungen in wagrechter Ebene sind für Brücken mit einer Spannweite von 55 bis 100 m geringer. Diese Zahl vermindert sich mit der Verkleinerung der Spannweite. Die Dekremente der vertikalen Schwingungen sind kleiner als

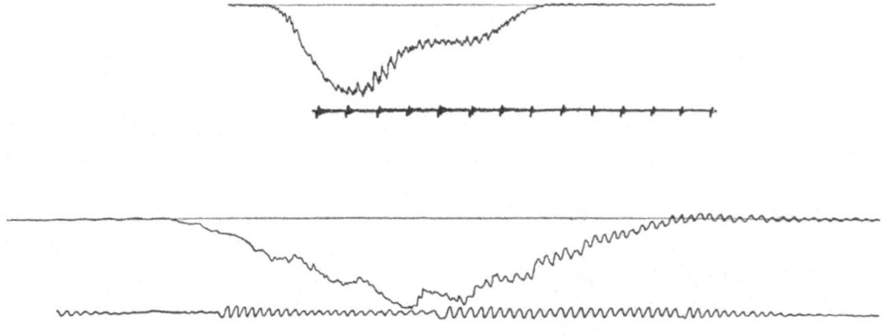

Abb. 46. Diagramme mit erzwungenen Brückenschwingungen

solche, welche bei einer Schlagprobe erhalten werden und einer Anfangsschwingungsperiode entsprechen. Sie hängen in beträchtlicher Weise von dem Zustand und dem Alter der Brücke ab. Mit der Verschlechterung des Brückenzustandes vergrößern sich die Dekremente der beiden Schwingungen.

Alle diese beschriebenen Untersuchungen zeigen den großen Einfluß des Brückenzustandes auf die dynamische Arbeit der Brücke.

---

[1] Vgl. BERNSTEIN: Über freie Horizontalschwingungen eiserner Brücken. Ergebnisse der experimentellen Brückenuntersuchungen in U. d. S. S. R., Moskau, 1928.

Deswegen können auch die Kraftwirkungen bei Durchfahrt der Verkehrslast keinen klaren Ausdruck in den dynamischen Deformationen der Brücke finden, und die erzwungenen Schwingungen der Brücke bleiben sehr weit hinter den tatsächlichen Schwingungen der Kraftimpulse der Belastung zurück. Eine unmittelbare Beobachtung zeigt, daß die erzwungenen Schwingungen von sehr komplizierter Natur sind und eine Reihe von einander deckenden Schwingungen verschiedener Amplituden und Frequenzen darstellen (Abb. 46). Die Kompliziertheit dieser Schwingungen wird durch die Kompliziertheit des Tones charakterisiert, welcher bei Durchfahrt der Verkehrslast empfunden wird und den Charakter eines komplizierten Geräusches trägt. Unter solchen Umständen erscheint eine Analyse erzwungener Schwingungen als eine hoffnungslose Aufgabe, die nur beim starken Vorherrschen eines einzelnen, Resonanz hervorrufenden Impulses von Erfolg begleitet ist. Deshalb werden erzwungene Schwingungen hauptsächlich in ihrer Resonanzperiode untersucht.

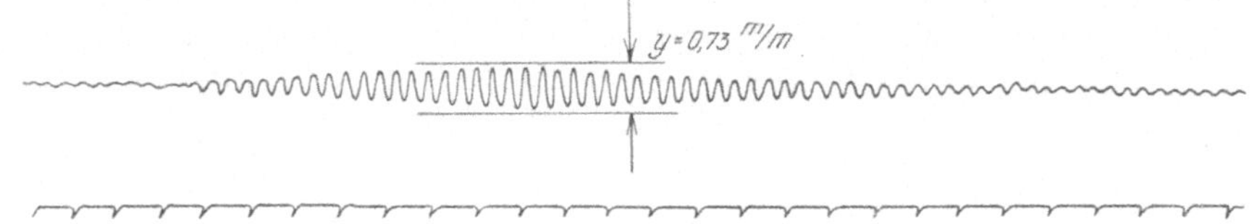


Abb. 47. Diagramme der erzwungenen Vertikalschwingungen einer Brücke mit $l = 109$ m von der Wirkung eines Menschen

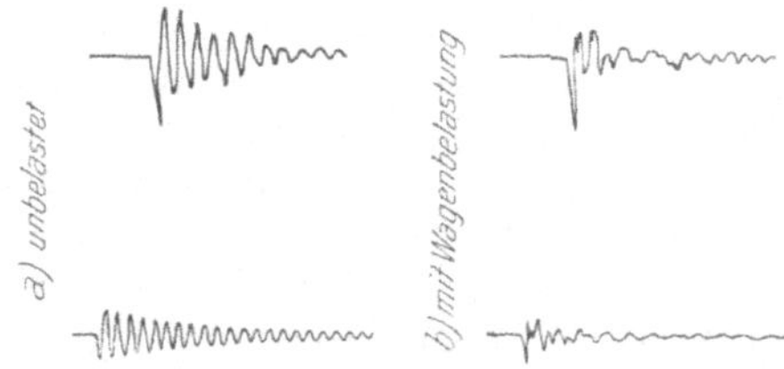


Abb. 48. Diagramme der freien Vertikalschwingungen zweier Brucken bei $l = 33$ m, bzw. $l = 44$ m mit und ohne Zugbelastung

Die Resonanz kann bei beliebigem periodischen Impuls entstehen, wobei die Kompliziertheit des Rhythmus keine hemmende, sondern nur eine die Intensität vermindernde Wirkung hat. Damit die Resonanz sich als praktisch faßbare Größe äußern kann, müssen drei Umstände, erstens die nötige Impulsdauer, zweitens Rhythmuszusammenfall und drittens genügende Einfachheit des Rhythmustones, vorhanden sein. Deshalb ist die Resonanzerscheinung bei den geringsten Kraftimpulsen möglich. Klassische Beispiele der Resonanz,[1] die von Schwankungen einer Eisenbahnbrücke infolge der rhythmischen Bewegungen eines auf der Brücke befindlichen Menschen herrühren, sind im Diagramm der Abb. 47 dargestellt.

Bei Eisenbahnbrücken wurden die Resonanzerscheinungen hauptsächlich infolge der Wirkung der Gegengewichte der Lokomotiven untersucht, obwohl dieser Fall nicht der typische für die Resonanzerscheinung ist. Da, wie bekannt, die kritische Geschwindigkeit eine mit der Spannweite sinkende Funktion ist, kann die Resonanzerscheinung im Fall einer großen Geschwindigkeit nur bei verhältnismäßig kurzen Brücken entstehen. Bei solchen Brücken ist die Zahl der Impulse, die eine Resonanz beim Durchfahren einer Lokomotive hervorruft, sehr gering; da hier die Zeit zu kurz ist, um die Brücke ins Schwanken zu bringen, so fehlt die Grundbedingung zu einer starken Entwicklung von Schwingungen. Da ferner infolge der Phasenverschiebung der rechten und linken Seite des Lokomotivtriebwerkes ein ziemlich komplizierter Belastungsrhythmus entsteht, so empfängt die Brücke asymmetrische Stöße bezüglich ihrer Längsachse, was zu dem Schwanken

---

[1] Richtiger — der Schwebungen, infolge des unvollkommenen Zusammenfallens der Rhythmen.

des Tragwerkes und zu einer wechselseitigen Wirkung beider Träger führt. Diese Erscheinung kann als ein nachträglicher, die Entwicklung von Schwingungen hemmender Widerstand aufgefaßt werden. Endlich hängt der Rhythmus der Brückenschwingungen von der schwingenden Masse der Brücke und der Verkehrslast ab. Da diese Masse bei der Bewegung der Lokomotive sich ändert, können die Brückenschwingungen auf die Dauer nicht mit dem stetigen Rhythmus der Lastimpulse zusammenfallen. So bringt die Lokomotive, im Grunde genommen, keine Resonanzerscheinung (Zusammenfallen der Rhythmen), sondern nur Schwebungen hervor, welche bei einer geringen Verschiedenheit der Rhythmen entstehen und nur eine Entwicklung der Schwingungen bis zu einem bestimmten Maximum zulassen. Dies ist besonders der Fall, wenn eine Lokomotive die Brücke mit einem langen schweren Lastzug durchfährt, was die Änderung der schwingenden Masse während der ganzen Fahrt des Zuges zur Folge hat. Darin liegt eine der Grundursachen, weshalb bei Anwesenheit eines Lastzuges die Intensität der Schwingungs-

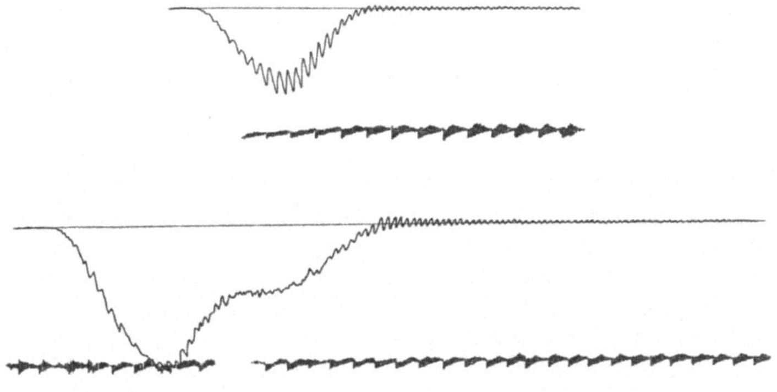

Abb. 49. Diagramme mit Resonanzwirkung einer Lokomotive mit und ohne Wagen

zunahme schwächer wird; auch die längst bekannte Tatsache, daß eine Zugslast die Resonanz der Lokomotive dämpft, findet hier ihre Erklärung (Abb. 49).

Der andere Grund liegt augenscheinlich in den Federn der Lokomotive und der Wagen. Diese Federn stellen eine sehr nachgiebige, man darf sagen eine zähe Substanz dar, welche eine große Menge Energie verbraucht und deshalb die Schwingungsentwicklung hemmt. Mit besonderer Deutlichkeit tritt die Tatsache bei ein und derselben Brücke, bei mit und ohne Zugbelastung gemachten Schlagproben hervor. Im letzten Falle gibt es nur eine schwache Entwicklung von Schwingungen, welche auch wieder rasch gedämpft werden (Abb. 48).

Auf langen Brücken ist die Zahl der resonanzwirkenden Impulse groß, die Impulse selbst sind aber, infolge der kleinen kritischen Geschwindigkeit, nur gering; hier tritt am deutlichsten die Erscheinung der Schwebungen, bei welchen die Schwingungen von selbst gedämpft werden, hervor. Aus dem Gesagten folgt, daß die Resonanz der Lokomotivimpulse mit vielen Faktoren zusammenhängt, von denen einige sehr individueller Natur sind, so daß bei Resonanzerscheinung die Zahlenwerte der Schwingungen bei ein und derselben Brücke verschieden sein können. Aber bei ziemlich gut ausbalancierten europäischen Lokomotiven können sie nicht von bedeutender Größe sein. Als Ausnahme, augenscheinlich wegen schlechter Ausgleichung der Lokomotiven, erscheinen einige amerikanische und indische Versuche.

Ein gewisses Interesse stellt auch das Studium der Resonanz infolge Dampfeinwirkung dar, welche auch, im Grunde genommen, eine rhythmische Belastung gibt. Diese Einwirkung kann nur bei geringen Geschwindigkeiten, d. h. bei langen Brücken von Bedeutung sein; Versuche beweisen, daß sie unwesentlich ist, denn sie tritt nur bei einer führenden Achse und nur bei Vorhandensein eines schweren Lastzuges auf.

Das zweite Gebiet der Resonanz ist jene der über einen abgenützten Stoß durchgehenden Güterwagen mit in gleicher Entfernung voneinander liegenden Achsen. Das ist das Gebiet der Wagenresonanz. Hier erscheint die Lokomotive als dämpfender Faktor; deshalb äußert sich ihre Wirkung nur dann, wenn die Lokomotive schon

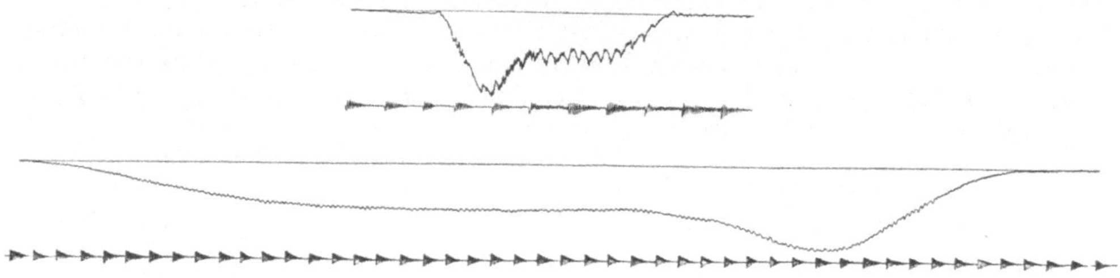

Abb. 50. Diagramme mit Schienenstoßwirkung bei einer Brücke von der Spannweite $l = 22$ m

außerhalb der Brücke liegt. Hier haben wir eine einfachere und darum gesetzmäßigere Erscheinung; wir sehen einen einfachen Schlag eines Achssatzes, der in die Vertiefung eines abgenützten Stoßes versinkt. Dieser Schlag geschieht symmetrisch bezüglich der Brückenachse, bei konstanter Masse (im Falle einer langen, über die ganze Spannweite verteilten Zuglast) und stetigem Rhythmus der Brückenschwingungen. Bei einer langen Zuglast können die Schläge sehr lange andauern. Sie hängen nicht von der Geschwindigkeit der Bewegung ab, können dabei auch bei langen Brücken, wo die Lokomotivimpulse bei kleiner kritischen Geschwindigkeit nur gering sind, genug intensiv sein. Öfter tritt auch hier wegen eines selten vor-

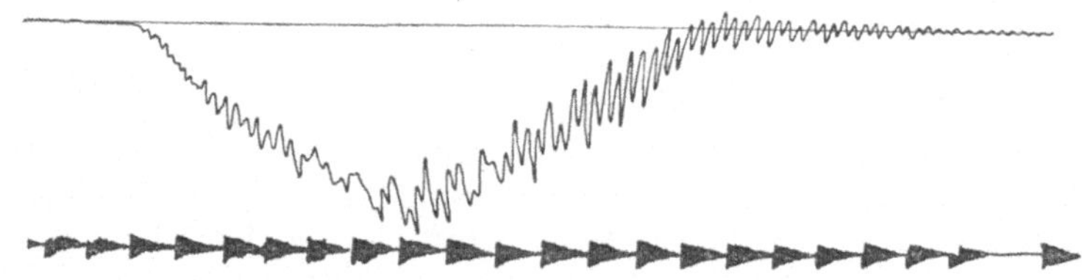

Abb. 51. Schwingungsdiagramme der Brücke $l = 66$ m von der Wirkung ausgelaufener Radreifen und vom Schütteln der auf Federn liegenden Wagen (beim Rollen ohne Lokomotive)

kommenden genauen Rhythmuszusammenfallens die Erscheinung der Schwebung auf (Abb. 50).

Manchmal stellt sich, wenn die Amplituden während der ganzen Zeit der vorübergehenden Belastung unaufhörlich wachsen und dann als eigene Schwingungen nach dem Vorübergehen des Zuges gedämpft werden, auch eine echte Resonanz ein (Abb. 26).

Analog äußert sich die Resonanz bei einem abgelaufenen Radreifen des Wagens; der Unterschied besteht darin, daß hier der Schlag zusammen mit der Belastung verschoben wird, wodurch die Brückenschwingungen nicht synchron werden, was nur zu einer Schwebung, nicht aber zu einer echten Resonanz führen kann. Beide Erscheinungen können nach der Länge der Schwingungsperiode voneinander unterschieden werden: wenn die Resonanz durch Überschreiten eines Stoßes entsteht, so entspricht die Schwingungsperiode der Entfernung zwischen den Achssätzen;

entsteht aber die Resonanz infolge eines Schlages eines abgelaufenen Radreifens, so entspricht sie dessen Radumfange (Abb. 51). Endlich existiert noch die Möglichkeit von Resonanzen, die durch ein Schwanken des Wagenkastens entstehen. Von den vorherigen unterscheiden sie sich durch die Rhythmusgröße und können, dank der Langsamkeit des Kastenschwankens, nur bei langen Brücken zum Aus-

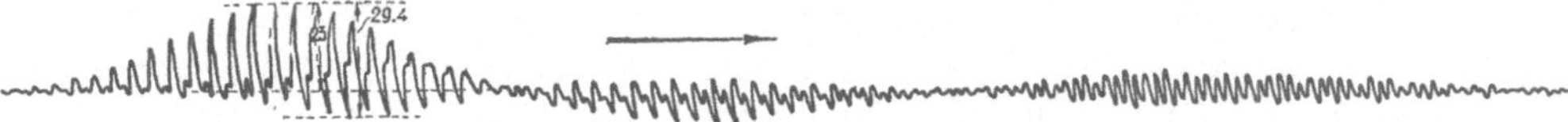

Abb. 52. Diagramme der Vertikalschwingungen einer durchlaufenden Stegbrücke $l = 3 \times 21$ m beim Gehen einer Gruppe von 20 Menschen im Gleichschritt

druck kommen (Abb. 51). Die Wagenimpulse sind auf diese Weise sehr mannigfaltig; ihr Zahlenwert ist aber in der Regel, infolge der nicht allzugroßen Schwere der Wagen, nicht von Bedeutung.

Das klassische Gebiet der Resonanzeinwirkungen sind die Straßenbrücken. Alle kennen die Wirkung einer schreitenden, schritthaltenden Menschenmenge, welche auf langen Brücken die stärksten, manchmal brückenzerstörenden Schwin-

Abb. 53. Diagramme der Vertikalschwingungen einer durchlaufenden Stegbrücke $l = 3 \times 21$ m beim Gehen einer Gruppe von 20 Menschen im Freischritt

gungen erzeugen kann. Eine schritthaltende Menschenmenge stellt die einfachste rhythmische Verkehrslast, die mit einer geringen Masse (bei nicht allzugroßer Menschenmenge), oder mit einer stetigen schwingenden Masse (bei großem Menschengedränge und bei längerer Zeit auf ganzer Spannweite beim voll belasteten Tragwerk) unbestimmt lange andauert, dar. So erscheint sie für die Resonanzerscheinung als die geeigneteste, wodurch ihre Wirkung auch erklärt werden kann (Abb. 52). Aber auch eine nicht schritthaltende Menschenmenge und Kavallerie (Abb. 53 u. 54), die einen unregelmäßigen Rhythmus hat, kann gleichfalls zur Ursache

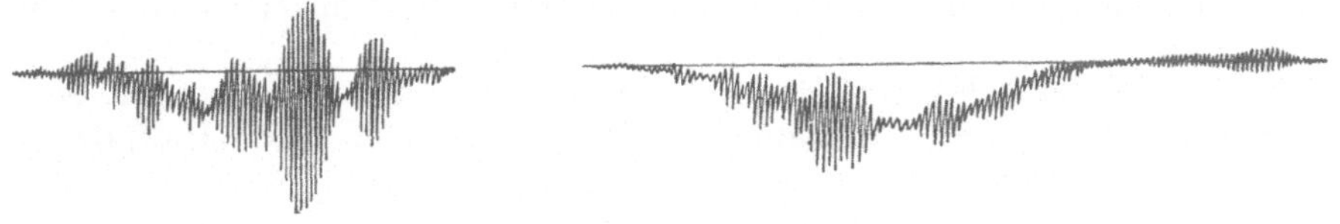

Abb. 54. Durchbiegungsdiagramme einer Straßenbrücke $l = 50$ m unter der Wirkung Kavallerie in Trott

der Resonanz werden, und zwar bei beliebiger Bewegungsgeschwindigkeit, da hier immer ein Rhythmus ist, der mit den Brückenschwingungen übereinstimmt. Das Anwachsen der Schwingungen geht dann langsamer vor sich. Bei einer anderen Bewegungsgeschwindigkeit, z. B. bei einer im Laufschritt befindlichen Menschenmenge oder bei Kavallerie in Galopp, ist auch, falls die Bewegungsperiode mit dem Schwingungsrhythmus des Bauwerkes zusammenfällt, falls sie kurzweilig ist oder auch nur in naher Aufeinanderfolge eintritt, ein starkes Wachsen der Schwingungen möglich (Abb. 54). Andernfalls wird mit den bedeutenden Stoßimpulsen (wie z. B. beim Galoppieren der Kavallerie) ein unbedeutender dynamischer Effekt erzielt (Abb. 55). Auf diese Weise hängt, bei Straßenbrücken, der Effekt einer dynamischen Belastung ausschließlich von der Resonanzerscheinung ab.

Erzwungene Schwingungen charakterisieren bei Resonanzerscheinung die stärksten dynamischen Durchbiegungen der Brücke in den ungünstigsten Verhältnissen und geben die größten dynamischen Durchbiegungskoeffizienten, deren Kurven, als solche mit Zunahme der Spannweite hyperbolisch sinkende Funktionen, allgemein bekannt sind. Den Grund des hyperbolischen Gesetzes bildet die Vorstellung über die hyperbolische Abnahme der kritischen Geschwindigkeit als Funktion der Spannweite. Von der letzteren hängen auch die dynamischen Impulse und die Zunahme der die Schwingungen absorbierenden Brückenmasse ab.

Die Gesetze dieser Durchbiegungsstoßkoeffizienten werden dann auf die Spannungsstoßkoeffizienten übertragen, in der Annahme, daß sie den Spannungskoeffizienten proportional sind oder daß die ersteren als eine Art von Durchschnittsbeiwerten angenommen werden können. Die augenscheinliche Haltlosigkeit beider Annahmen zwingt zur unmittelbaren Ermittlung der dynamischen Spannungskoeffizienten, welche bis jetzt auch in großem Umfange gefunden wurden. Die Ergebnisse dieser Untersuchungen sind jedoch weniger zuverlässig als jene des dynamischen Durchbiegungskoeffienten, da die dynamischen Spannungskoeffizienten eine noch zufälligere Funktion als die der sehr unstetigen dynamischen Durchbiegungskoeffizienten aufweisen. Aus den Erläuterungen dieses Aufsatzes geht unmittelbar hervor, daß es genug Gründe für diese Zufälligkeit gibt und daß die Zufälligkeit des dynamischen Spannungskoeffizienten eine natürliche Folge der Brückenarbeit ist. Es muß noch hinzugefügt werden, daß im Grunde genommen

Abb. 55. Durchbiegungsdiagramme einer Straßenbrücke $l = 50$ m unter der Wirkung Kavallerie in Galopp

der dynamische Spannungskoeffizient nicht das liefern kann, was bei seiner Feststellung angestrebt war. Der dynamische Spannungskoeffizient, der von einer Reihe von zufälligen, nur unmittelbar an der Stelle der angestellten Messungen tätigen Ursachen abhängt, widerspricht im wesentlichen dem Begriffe der „Hauptspannungen", zu deren Bestimmung er in unseren Berechnungen später herangezogen wird. Hier liegt die Ursache der stillschweigenden Verwechslung des individuellen dynamischen Spannungskoeffizienten durch den ruhigeren Durchbiegungskoeffizienten.

Der Begriff der zulässigen Hauptspannungen hängt untrennbar mit dem Begriffe der Spannungsformel zusammen. Wenn wir von einer Hauptspannung sprechen, so müssen wir

$$\frac{S_g + S_p}{F} = \sigma_{zul}$$

oder

$$\frac{g f_s + p_d f_d}{F} = \sigma_{zul}$$

setzen, wobei $P_d$ die dynamische Belastung und $f_d$ die dynamische Einflußfläche bedeutet. Statisch ausgedrückt, ist

$$\frac{g f_s + p_d f_d}{F} = \frac{g f_s + p_s (1 + \varphi) f_s (1 + \varphi_1)}{F} = \sigma_{zul}$$

wo $(1 + \varphi)$ den durchschnittlichen dynamischen Belastungskoeffizienten bei der Durchfahrt der Verkehrslast über die Brücken darstellt und $(1 + \varphi_1)$ den dynamischen Brückenkoeffizienten, oder genauer genommen, den Zusatz, den die Brücke auf den summarischen dynamischen Effekt ausübt.

Wie wir schon sahen, liegen bei einigermaßen großen Spannweiten die größten dynamischen Belastungskoeffizienten $(1 + \varphi)$ nahe bei 1 (Abb. 23). Die Durchschnittskoeffizienten nähern sich noch mehr diesem Werte, da jede dynamische

Kraft $P_d$ eine periodische Funktion ist, die um den statischen Wert $P_s$ schwingt. Auf diese Weise erscheint $(1 + \varphi_1)$ als die dynamische Rechnungscharakteristik; sie ist dem Verhältnisse der Flächeninhalte der dynamischen und statischen Einflußlinien, d. h. dem Flächenbeiwerte $K_f$ gleich.

Die Einführung des Flächenkoeffizienten in die Spannungsformel soll natürlich, wie jede Änderung eines einzelnen Formelkoeffizienten, zu einer Veränderung der übrigen Koeffizienten, also auch des Sicherheitsgrades führen. Diese Frage gehört aber in das Gebiet der Zusammenstellung der Rechnungsformel und geht über den Rahmen unseres Themas hinaus.

Alles zusammenfassend, möchten wir in unserem Berichte folgendes unterstreichen:

1. Die Notwendigkeit, vom rein theoretischen Standpunkt aus, die dynamischen Belastungskoeffizienten von den dynamischen Koeffizienten der Brücke scharf abzugrenzen.

2. Die bei ebenem glatten Geleise verhältnismäßig geringe Bedeutung der dynamischen Belastungskoeffizienten.

3. Den wesentlichen Einfluß der Unebenheiten des Geleises, die nicht vollkommen aufgeklärte Wirkung der Schienenverschweißung und Dämpfung der Bettung.

4. Den wesentlichen Einfluß der Konstruktion und des allgemeinen Zustandes der Brücke auf deren dynamische Wirkungen, welche den dynamischen Brückenkoeffizienten zu einer sehr unbeständigen Funktion gestalten.

5. Den genügend scharf ausgeprägten Einfluß der Konstruktion und des Brückenzustandes auf die Ausbildung der Flächen der dynamischen Einflußlinien, der Dämpfungsdekremente (Koeffizienten) der Schwingungen, der Verzögerungskoeffizienten der Deformationen u. a.

6. Genügend stark ausgeprägte Resonanzerscheinung bei Eisenbahnbrücken infolge der Unebenheiten des Geleises (Stöße); weniger starke Resonanzerscheinung infolge der Einwirkung von Gegengewichten und eine unwesentliche — infolge Dampfeinwirkung.

7. Sehr stark ausgeprägte Resonanzerscheinung bei Straßenbrücken, bei welchen sie alle anderen dynamischen Einflüsse überwiegt.

## Diskussion

Dipl. Ing. A. Bühler, Bern:

Die Wichtigkeit und die Aktualität des Themas betreffend *Stoßwirkung bewegter Lasten auf Brücken* geht schon daraus hervor, daß sich vier hervorragende Referenten gefunden haben, um darüber ihre Erfahrungen darzulegen.

Ich möchte die Schlußfolgerungen dieser Herren wie folgt kurz diskutieren:

1. Herr Professor Godard sagt, nachdem er die Grenzwerte verschiedener Verordnungen aufführte: «Il serait, évidemment, très désirable de pouvoir, par expériences directes vérifier dans quelle proportion les majorations basées sur des considérations théoriques simplifiées, se rapprochent à la réalité. Mais on rencontre une difficulté beaucoup plus grave encore du côté des appareils de mesure.» Herr Professor Godard hat damit den Nagel auf den Kopf getroffen.

2. Herr Professor Streletzky läßt uns einen Blick tun in das ausgedehnte Versuchswesen, das er in seinem Lande in so schöner Weise einführen konnte. Er hebt ebenfalls hervor, daß gute Meßinstrumente für Spannungen und Einsenkungen fehlen, und daß eine Zergliederung der Meßergebnisse, also eine Zurückführung auf die verschiedenen Ursachen wichtig wäre. Er weist ferner darauf hin, daß die

Proportionalität zwischen Kräften und Einsenkungen in Frage gestellt sei und damit auch die Richtigkeit vieler bisheriger Schlußfolgerungen. Die berechtigten Zweifel in die Zuverlässigkeit der bis jetzt gebrauchten Apparate macht aber auch den von Herrn Professor STRELETZKY noch anerkannten relativen Wert der bisherigen Messungen illusorisch oder zum mindesten zweifelhaft.

Bei *Eisenbahnbrücken* soll unterschieden werden zwischen den einigermaßen faßbaren dynamischen Wirkungen der Lokomotiven (Raddruckänderungen infolge der freien Fliehkräfte und Dampfdrücke) und den, dynamische Wirkungen verursachenden Verhältnissen der Brücken selbst (Schienenstöße, Unebenheiten des Geleises, Einsenkungen, Rauheit der Schienen, Plötzlichkeit der Belastung). Dieses Auseinanderhalten ist gewiß zweckmäßig, obgleich sicher oft mit Schwierigkeiten verbunden.

Abb. 56. Einachswagen der Schweizerischen Bundesbahnen, erstellt im Jahre 1919

Unserer bisherigen Erfahrung nach kann hier nur die versuchstechnische Ermittlung von *statischen* und *dynamischen Einflußlinien* und deren Verwendung zur Analyse der unter der Wirkung von Zügen entstehenden *Summen-Einflußlinien* eine Klärung herbeiführen. Für die Ermittlung von Einflußlinien bedarf es eines *Einachswagens* (Abb. 56), wie ihn unsere Verwaltung besitzt und den wir bisher nur zu statischen Messungen benützten. Seine Verwendung zu dynamischen Messungen wird in Kürze erfolgen können. Neben dem Einachswagen wird der von der A. G. LOHSENHAUSEN erstmals gebaute *Schwingungswagen* (Abb. 57) zur Ermittlung grundlegender schwingungstechnischer Eigenschaften der Brücken dienen können, z. B. des Aufschaukelungsgrades durch nicht ausgewuchtete Lokomotiven oder infolge anderer zu Resonanz drängender Ursachen, z. B. durch Schienenstöße in Verbindung mit Wagen, die gleiche Achsstände besitzen. Möglicherweise lassen die Ergebnisse der Messungen mit dem Schwingungswagen auch Schlüsse auf den Zustand der Über- und

Abb. 57. Schwingungswagen von A. G. Lohsenhausen, Dusseldorf, erbaut 1928

Unterbauten zu, da die Resonanzschwingungzeit sich sehr genau bestimmen läßt. Auch die *Stoßprobe* von Herrn Professor STRELETZKY wird zur Lösung dynamischer Brückenfragen beitragen können. Es schiene mir aber ein Vorteil zu sein, wenn dazu eine besondere Apparatur geschaffen würde, die gestattete, die der Brücke auferzwungene Arbeit, beziehungsweise den Verlauf der Kraftabgabe des Fallgewichtes oder dergleichen zu messen. Bei den *Straßenbrücken* hebt Herr Professor STRELETZKY mit Recht hervor, daß die *Dynamik* bei diesen Bauten viel ausgesprochener sei als bei Eisenbahnbrücken. Trotz der Möglichkeit und der daraus entstehenden außerordentlichen Gefährlichkeit der Resonanz durch Menschengedränge setzen alle Verordnungen die Stoßwirkung bei Straßenbrücken geringer ein als bei Eisenbahnbrücken, ja nehmen sogar das Menschengedränge dafür aus. Zunächst ist dies ein Unterdrücken einer Erkenntnis und kann nur damit entschuldigt werden, daß der Instinkt einerseits und die Vernunft anderseits eine Menschenmenge davor behütet, eine Brücke in allzu große Schwingungen und damit zum Einsturz zu bringen. Die Truppenordnungen aller Länder beugen diesen Gefahren direkt vor durch Verbieten taktmäßigen Betretens von Straßenbrücken. Bei den Bahnbrücken sind dagegen die dynamischen Resonanzwirkungen seitens der Lokomotiven und Wagen unvermeidlich.

Die angegebenen hohen Stoßziffern bei Wagenbelastungen und der große Einfluß der Fahrbahnen infolge Abnützungen mahnen zum Aufsehen und drängen zur experimentellen Klarlegung der Verhältnisse.

3. Herr Professor FULLER legt uns einen klaren Ausschnitt aus der amerikanischen Versuchspraxis vor, und zwar einen solchen betreffend Straßenbrücken. Dank den von ihm verwendeten Mc. COLLUM-PETERS electrical telemeter verdienen die Meßergebnisse hohes Zutrauen. Auch sie zeigen die außerordentliche Wichtigkeit der Stoßwirkung bei Straßenbrücken. Bei mittelweitgespannten Brücken mit ebener Fahrbahn ergab sich ein dynamischer Zuschlag von 0,25.

Ferner ergaben sich bei:

| Brücken mittlerer Spannweite | Dynamischer Zuschlag bei | |
| --- | --- | --- |
| | schlechten Straßen | guten Straßen |
| Durchbiegungen .............. | $J = 0,5 \div 1,5$ | $J = 0 \div 06,$ |
| Spannungen ................. | $J = 0,3 \div 4,25$ | $J = -0,3 \div 2,0$ |

Die Schlußfolgerung:

"The increase in impact stresses for given obstructions and speeds, is approximately the same for heavy or for light loads on the same truck. This indicates that the increase in stress is caused primarily by the *unsprung weight of the truck*", dürfte auch bei Eisenbahnbrücken Wichtigkeit erlangen, wie auch die Folgerung, daß die Stoßziffer umgekehrt proportional zu der Belastung und der Durchbiegung der Fahrbahn ist, also bei der Erreichung der zulässigen Spannung ein relatives Minimum wird.

4. Herr Professor MENDIZÀBAL zeigt uns, wie er zu den Stoßzifferwerten der seinen alleinigen Anstrengungen entsprungenen spanischen Brückenverordnung gekommen ist. So sehr ich den äußerst geschickten Aufbau seiner Formel bewundere, so kann ich mich doch nicht ganz seines Vorschlages erfreuen, da ich vermute, daß die Formel sich kaum auf Beobachtungen stützen kann, die ja, wie wir heute nun alle wissen, äußerst schwierig anzustellen sind. Es müßte ferner als erwünscht bezeichnet werden, daß auf die verschiedenen Brückentypen Rücksicht genommen wird.

Wenn Sie sich den Verlauf der *Stoßzifferkurven der Verordnungen* für die *Berechnung eiserner Bahnbrücken* vorstellen (Abb. 58 und Tafel), so erweckt das bezügliche Bild kein großes Vertrauen. Ich glaube vielmehr, daß die meisten Ingenieure dabei sehr geschickt zwischen zulässigen Spannungen, Stoßwerten, Belastungen und Materialfestigkeiten abwägten. Es wäre interessant, einmal ein und dieselbe Brücke nach den verschiedenen Verordnungen durchzurechnen.

Auch die bei *Straßenbrücken festgesetzten Stoßziffernkurven* (Abb. 59)[1] sind nicht geeignet, allgemeinen Beifall zu finden, müßten sie doch zum mindesten für drei

---

[1] Der Wert $n$ bei einzelnen Kurven bedeutet die Anzahl „Lastbahnen".

## Tafel der Stoßziffern

| Vorschrift | Formel | Zulässige Spannung t/qcm | Material-festigkeit t/qcm | Streckgrenze $= \varkappa \times$ Material-festigkeit t/qcm |
|---|---|---|---|---|
| 1. American Railway Engineering Association: (2. Canadian Society Civil Engineers) ..... | $\dfrac{2780}{2780 + L^2}$ | 1,15 | $3,9 \div 4,6$ | 0,5 |
| 3. American Society Civil Engineers ......... | $\dfrac{610 - L}{488 + 10 \cdot L}$ | 1,2 | $3,9 \div 4,6$ | — |
| 4. British Engineering Standard Association . | $\dfrac{36,5}{27,4 + \dfrac{n+1}{2} \cdot L}$ | 1,26 | $4,1 \div 4,7$ (kalt bearbeitet) $4,4 \div 5,2$ | — |
| 5. Deutsche Reichsbahn . | (Bahnbrücken) $0,00 + \dfrac{60}{150 + L}$ $0,11 + \dfrac{56}{144 + L}$ $0,19 + \dfrac{21}{46 + L}$ $0,20 + \dfrac{17}{28 + L}$ (Straßenbrücken) $0,41 - 0,0016 \cdot L$ | $1,4 \div 1,5$ $1,8 \div 2,1$ | $3,7 \div 4,7$ $4,8 \div 5,8$ | 2,4 3,1 |
| 6. Französische Verordnung ............. | $\dfrac{0,4}{1 + 0,2 L} + \dfrac{0,6}{1 + 4 \dfrac{P}{S}}$ | $1,3 \div 1,4$ | 4,2 (min.) | 2,4 |
| 7. Lillebeltbrücke Dänemark ............. | $\dfrac{1}{1 + \dfrac{(n+1) \cdot L}{220}} \times \dfrac{Sp}{Sp + Sg}$ | — | — | — |
| 8. Schwedische Verordnung ............. | $\dfrac{1}{13 + 0,7 L}$ | $1,2 \div 1,5$ $1,0 \div 1,25$ | $4,4 \div 5,4$ $3,7 \div 4,6$ | — — |
| 9. Spanische Verordnung | $1,40 - 0,56 \sqrt{500 L - L^2}$ | 1,1 | 4,0 (min.) | 2,5 |
| 10. Ungarische Verordnung ............. | (Bahnbrücken) $0,24 + \dfrac{9}{16 + L}$ (Straßenbrücken) $0,20 + \dfrac{10}{30 + L}$ | 1,4 1,7 1,9 | ($St.$ 37) 3,6 ($St.$ 48) 4,9 ($Si$) 4,9 | — — — |
| 11. Russische Verordnung | $\dfrac{0,625}{1 + 0,02 \cdot L}$ | $1,3 \div 1,6$ | — | — |

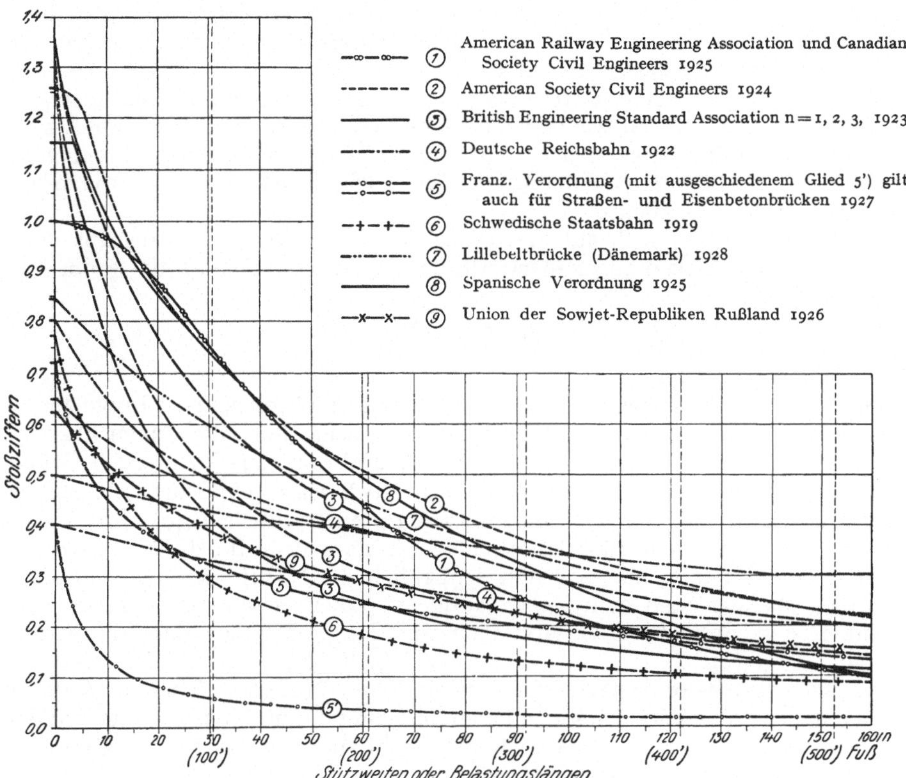



Abb. 58. Stoßzifferkurven aus Berechnungsvorschriften für eiserne Bahnbrücken

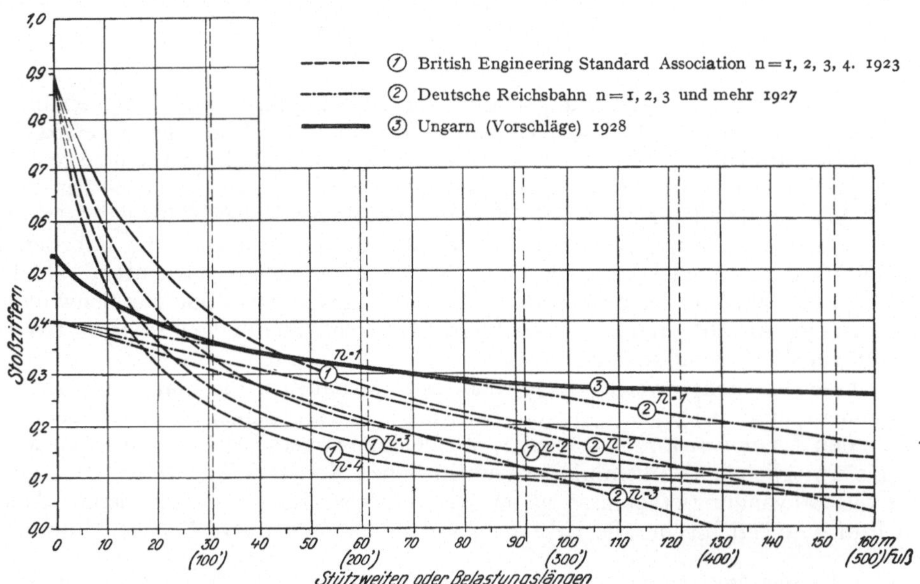



Abb. 59. Stoßzifferkurven aus Berechnungsvorschriften für eiserne Straßenbrücken

*Fahrbahnkategorien* (Asphalt-, Teermakadam- und Pflasterstraßen) umschrieben werden. Die Kurven der Bilder zeigen Ihnen Widersprüche mit den einwandfreien Feststellungen von Professor FULLER.

Wenn wir uns nach *Stoßziffernwerten bei massiven Brücken und Eisenbeton- brücken* umsehen, so stehen wir leider beinahe vor einem Nichts. Das Feld ist ganz unbeackert und nur wenige Werte stehen uns von unseren eigenen Messungen zur Verfügung. Sicher könnte mancher Mißerfolg bei solchen Bauten infolge dynamischer Wirkungen erklärt werden.

Hinzuweisen wäre noch auf die französische Verordnung, bei der für massive Brücken das zweite Glied angenähert null würde, im Hinblick auf das große Eigen- gewicht, womit,

$$J = \frac{0,4}{1 + 0,2 \cdot l}$$

(d. h. die Kurve 5′) würde.

Die Arbeiten von Professor FULLER bilden einen Lichtblick in der Frage der Stoß- ziffern. Seine Meßmethode, die vollständig wissenschaftlich ist, können aber leider vorderhand nur wenige Ingenieure verwenden, und zwar aus finanziellen Gründen. Es entsteht daher die Frage, ob es nicht möglich wäre, einfachere Apparate zu bauen, mit denen Messungen von den Interessenten auch beim Unterhalt der Brücken vorgenommen werden könnten. Kontrollapparate für die Meßinstrumente müssen ebenfalls zur Stelle sein und schließlich muß auch der Ausrechnung der Stoßziffern aus den Beobachtungen Aufmerksamkeit geschenkt werden, um zu vermeiden, daß Stoßziffern *in* und *quer* zu den Fahrbahn- und Hauptträgern durcheinandergeworfen erscheinen. Diesbezüglich gibt uns leider weder der Bericht von Professor STRELETZKY noch von Professor FULLER Aufschluß. Zur Klarstellung der Verhältnisse müssen in erster Linie *Momente* und *Stabkräfte* verglichen werden, während bis heute wohl in den weitaus zahlreichsten Fällen nur Kantenspannungen oder Einsenkungen verglichen wurden, was kein ausreichendes Bild ergibt.[1] Neben den reinen Stoßziffern, die aus Stab- kräften zu berechnen sind, wird sich so auch die Frage der Dynamik der *Neben- und Zusatzspannungen* und der Stoßziffern *quer zu den Tragebenen* behandeln lassen.


Professor Dr. Ing. A. HAWRANEK, Brünn:

Die bisherigen Untersuchungen über die Schwingungen von Brücken und die zahlreichen Versuche auf diesem Gebiete haben in erster Linie den Zweck gehabt, ein richtiges Bild über die Größe der Stoßzuschläge für Eisenbahnbrücken zu gewinnen.

Die Versuche waren deshalb von besonderem Wert, weil durch die Einführung der neuen hochwertigen Baustoffe das Stoßproblem wie das Schwingungsproblem noch höhere Bedeutung gewonnen hat als früher und weil auch die Fahrbetriebs- mittel mit der Zeit schwerer geworden sind. Sie war insofern befruchtend, als durch die Ausschreibung der Deutschen Reichsbahn für die Konstruktion von Schwingungs- messern eine Anzahl guter und brauchbarer Meßinstrumente der Praxis und Wissen- schaft zur Verfügung stehen.

Diese Versuche, welche eigentlich mit verhältnismäßig langsam laufenden Trommeln und dicht gezeichneten Schwingungsdiagrammen arbeiten, geben vor allem den *dynamischen Faktor* wieder. Vergleiche bei verschiedenen Brücken werden es uns ermöglichen, den Einfluß der verschiedenen Konstruktionsweisen der Brücken auf die Schwingungsergebnisse näher zu studieren. Es wird aber meiner Ansicht nach nicht möglich sein, alle Ursachen, welche zu Stößen bei Brücken führen, aus

---

[1] Mit jeder Angabe eines Stoßwertes sollte daher dessen Herkunft angegeben werden (Ein- senkung — Spannung — Kantenspannung — Stabkräfte — Momente etc.)

dem Schwingungsdiagramm herauszulesen. Für die Ermittlung der Stoßziffer reichen allerdings solche Versuche wie sie bisher ausgeführt worden sind, vollkommen aus.

Das Problem liegt aber viel tiefer. Um die einzelnen Einflüsse von Fahrbahnkonstruktion, Hauptträgerwirkung, Zuggeschwindigkeit und Seitenstößen der Fahrzeuge genauer zu ermitteln, ist es notwendig, eine Analyse der Schwingungsdiagramme durchzuführen. Wenn auch das Interesse vielleicht vorläufig ein mehr theoretisches ist, ist es Aufgabe der Wissenschaft, hier tiefer in das Problem einzudringen, weil man ja deutlich sehen kann, welch großes Interesse diesen Wirkungen allseits heute entgegen gebracht wird.

Es muß vor allem eine scharfe Trennung bei einschlägigen Untersuchungen zwischen Eigenschwingungen der Brücke und den sonstigen Schwingungen durchgeführt werden. Für die Berechnung der Eigenschwingungen einer Brücke, auch einer Fachwerkbrücke, sind scharfe Verfahren vorhanden (REISSNER, HAWRANEK). Auch versuchstechnisch läßt sich die Eigenschwingung für unbelastete und belastete

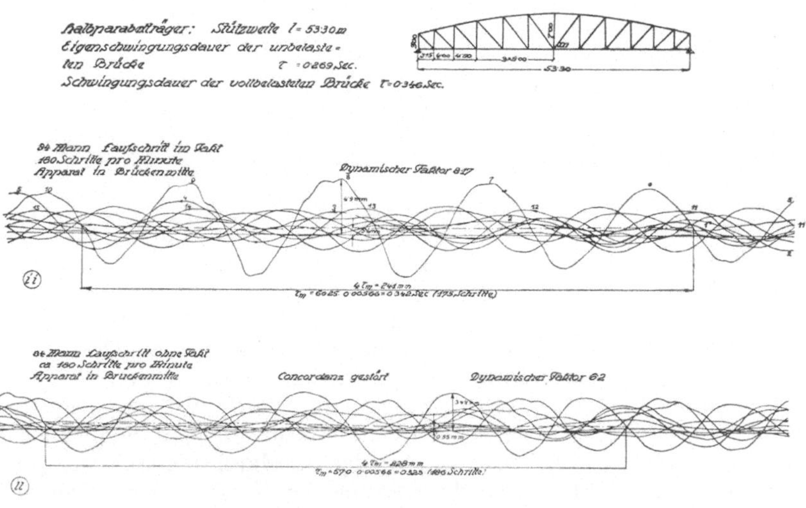

Abb. 60

Brücke durch die neue elektrische Stoßmaschine oder durch Fallversuche ermitteln, wie sie vom Verfasser wiederholt durchgeführt worden sind. Zu diesem Zwecke müssen aber schnell laufende Trommeln verwendet werden, welche das Schwingungsdiagramm stark gedehnt wiedergeben, um nun die Analyse sei es rechnerisch sei es auf dem Wege des Analysators von Wellen durchführen zu können. Verfasser hat eine Reihe von Schwingungsversuchen mit seinem Apparat durchgeführt, welche teilweise im Eisenbau 1914 veröffentlicht sind; andere sind noch nicht veröffentlicht.

Das Problem spielt nicht nur bei Eisenbahnbrücken, sondern wegen der Verwendung von Lastautos in vielleicht noch höherem Maße bei Straßenbrücken eine Rolle, wo die Stoßziffern im Laufe der Zeit nicht ungefähr gleich bleiben wie bei Eisenbahnbrücken, sondern wo sich diese infolge des Unebenwerdens der Fahrbahndecke vergrößern.

Durch solche gedehnte Diagramme wird es auch leichter möglich sein, die Sondereinflüsse und ihre Ursachen besonders zu studieren. Verfasser erwartet sich von diesem weiteren Wege ein tieferes Eindringen in das vorliegende Problem.

Anschliessend sollen noch einige mit dem eigenen Schwingungszeichner aufgenommene Diagramme wiedergegeben werden, welche die Marchbrücke bei Blatze, einen Fachwerkträger von 53,3 m Stützweite (Abb. 60), betreffen. Bei dieser Brücke wurde eine große Anzahl von Schwingungsversuchen durchgeführt und der eingangs geschilderte Vorgang der Trennung nach Untersuchungen der Eigenschwingungen und der sonstigen Einflüsse eingehalten.

Neben Fallversuchen bei belasteter und unbelasteter Brücke wurde einmal auch die Dämpfung der Schwingungen bestimmt. Es wurden Versuche mit Lastwagen in verschiedener Geschwindigkeit vorgenommen, außerdem die Brücke mit 16, 32 und 84 Mann belastet, wobei sich diese in verschiedenen Gangarten und verschiedenen Schrittgeschwindigkeiten über die Brücke bewegten. Die Untersuchungen wurden nicht nur in Brückenmitte angestellt, sondern auch im Viertelpunkt.

Die mit obiger Brücke vorgenommenen Schwingungsversuche hatten nachstehendes Ergebnis:

*Dynamische Faktoren beim Übergang über die Brücke*

| | |
|---|---:|
| 1 Schwerer Wagen | 1,59 |
| 1 „ „ beim Anfahren in Brückenmitte | 1,20 |
| 1 „ „ Pferde im Trab | 2,54 |
| 32 Mann im Schritt | 2,61 |
| 32 „ „ „ bleiben in Brückenmitte stehen | 2,81 |
| 32 „ „‘ Laufschritt ohne Takt | 4,68 |
| 32 „ „ „ im Takt | 4,50 |
| 32 „ ohne Schritt | 1,36 |
| 32 „ im Schnellschritt | 2,14 |
| 16 „ Laufschritt im Takt | 5,12 |
| 84 „ im Schritt | 2,04 |
| 1 Pferd im Trab | 10,25 |
| 1 „ „ Galopp | 8,45 |

Beim Übergang von 84 Mann über die Brücke im Laufschritt, bei 180 Schritt pro Minute im Takt, wurden plötzlich gefährliche Schwingungen und Resonanzerscheinungen festgestellt und aufgenommen, welche wiedergegeben werden (Abb. 60). Hiebei war ein dynamischer Faktor von 8,17 festgestellt. Wurde die Zahl der Schritte auf 168 pro Minute ermäßigt, war der dynamische Faktor nur 3,52. Schließlich sei noch ein Diagramm vorgeführt, bei welchem wieder 84 Mann 180 Schritte pro Minute machen, jedoch ohne Takt. Durch die Störung der Konkordanz treten gefährliche Schwingungen nicht ein, es ergibt sich aber trotzdem ein dynamischer Faktor von 6,2.

Selbstverständlich soll damit nicht gesagt sein, daß bei der Bemessung der Tragglieder einer Brücke solche hohe Stoßziffern herangezogen werden sollen, da es sich in diesen angeführten Fällen um Lasten handelt, die nicht die ganze Brücke bedecken und bei Vollast oder ungünstigster Last die Stoßwirkung kleinere Werte der Stoßziffer geben muß.

An einer anderen Brücke wurden gefährliche Resonanzerscheinungen beim Befahren mit einer Benzinlokomotive, deren periodische Explosionen mit der Schwingungsdauer der Brücke in einfachen Beziehungen standen, beobachtet.

Die Beseitigung des Übelstandes wurde durch Änderung der Zahl der Explosionen pro Minute herbeigeführt.

Jedenfalls müssen eingehende Untersuchungen in dieser Hinsicht beim Befahren von Straßenbrücken mit Lastautos durchgeführt werden.

Professor Dr.-Ing. KÖGLER, Freiberg i. Sa.:

Gegenüber der Tatsache, daß in weitaus den meisten Fällen eine stoßweise auftretende Last für ein Bauwerk ungünstig ist, dürfte es interessant sein, auch einmal ein Beispiel anzuführen, wo sich die stoßweise, d. h. plötzlich auftretenden Kräfte auch einmal günstiger auswirken, als eine ruhende, statisch wirkende Kraft von gleicher Größe. Wenn es sich auch nicht um Brücken, sondern um eine eng begrenzte Gruppe von Bauwerken des Ingenieur-Hochbaues handelt, so treten doch die Grundgesetze der Stoßwirkung sehr klar hervor, während das Ergebnis gerade das Gegenteil vom Üblichen ist.

Bei den Fördertürmen und Fördergerüsten des Bergbaues kann der Fall auftreten, daß die mit großer Geschwindigkeit bewegten Teile (das Seil, die an ihm hängenden Gestelle und ihre Nutzlasten sowie die in Drehung befindlichen Seil- und Treibscheiben) durch ein Hindernis im Schacht oder im Turm ganz plötzlich aufgehalten werden. Die Wucht der bewegten Massen ist dann unter Umständen so groß, daß sie das Seil zu zerreißen vermag, wenn die Bremsung plötzlich genug geschieht. In solchem Falle wirken außerordentlich starke, aber nur kurze Zeit dauernde Kippmomente auf das Bauwerk, und es entsteht die wichtige Frage, wie diese Momente, die ihrer Größe nach rein statisch durchaus imstande sind, das Bauwerk umzuwerfen, sich bei der kurzen Zeitdauer ihres Angriffes gegenüber der großen trägen Masse des Förderturmes auswirken.

Die Frage nach der Beeinflussung der Standsicherheit hat umso größere Bedeutung, wenn das Gerüst nach Abb. 61 keine Schrägstreben besitzt, und wenn dabei trotzdem die Fördermaschine nicht oben auf dem Turm, sondern neben ihm steht, der Seilzug also schräg verläuft. In diesem Falle muß das Turmgewicht und seine Masse allein dem großen Kippmoment der Seilbruchlasten widerstehen.

Bezeichnet man mit $P$ die im Seil oberhalb des aufgehaltenen Gestelles wirkende Kraft, mit $s$ den Weg, auf dem das Gestell aus seiner vollen Geschwindigkeit $v$ zur Ruhe abgebremst wird, und mit $m$ die bewegten Massen, durch deren Wucht die Kraft $P$ erzeugt wird, so lautet die Arbeits- und Energiegleichung

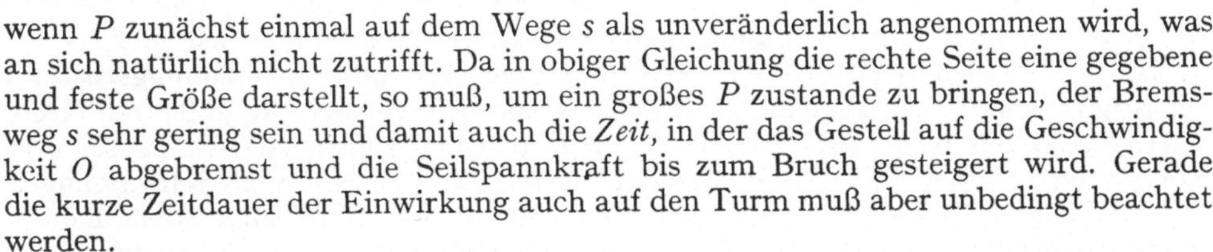


Abb. 61

$$P \cdot s = \frac{1}{2}\, m\, v^2,$$

wenn $P$ zunächst einmal auf dem Wege $s$ als unveränderlich angenommen wird, was an sich natürlich nicht zutrifft. Da in obiger Gleichung die rechte Seite eine gegebene und feste Größe darstellt, so muß, um ein großes $P$ zustande zu bringen, der Bremsweg $s$ sehr gering sein und damit auch die *Zeit*, in der das Gestell auf die Geschwindigkeit $O$ abgebremst und die Seilspannkraft bis zum Bruch gesteigert wird. Gerade die kurze Zeitdauer der Einwirkung auch auf den Turm muß aber unbedingt beachtet werden.

Der Gedanken- und Rechnungsgang für die Ermittlung der Seilbruchlasten und der übrigen Seilkräfte und ihrer Einwirkung auf den Förderturm ist nun folgender:

I. Unter der Annahme, daß das aufwärtsgehende Gestell durch ein Hindernis plötzlich gebremst wird, berechnet man die Kräfte im Seil, den Bremsweg und die Zeitdauer vom Beginn der Bremsung bis zum Seilbruch bzw. Stillstand.

II. Mit den Seilkräften und der Zeitdauer ihrer Einwirkung auf den Turm kennt man den Kraftantrieb, den dieser erfährt und kann daraus die ihm in dieser Zeit erteilte Geschwindigkeit der Kippbewegung berechnen.

III. Aus der Geschwindigkeit ergibt sich die Wucht der in Bewegung gesetzten

Turmmasse, der das Gewicht des Bauwerkes bzw. die Baugrundpressung entgegenwirken muß, um es in seine ursprüngliche Lage wieder zurückzuführen. Eine Arbeitsgleichung liefert dann die wagrechte Bewegung der Turmspitze.

Die Durchrechnung nach diesem Gedankengange[1] zeigt, daß ein Bauwerk, das
durch die auftretenden Kräfte und ihre Momente, wenn man sie rein statisch betrachtet, also beliebig lange wirken läßt, umgeworfen werden würde, in Wirklichkeit
vollkommen ausreichende Standsicherheit hat, weil seine Masse sich den plötzlich
auftretenden und nur sehr kurze Zeit wirkenden Kräften gegenüber durch ihre ganz
außerordentlich große Trägheit günstig auswirkt. Nur muß man eben diesen Vorgang tatsächlich nach den Gesetzen der Dynamik betrachten, die hier allein richtige
Ergebnisse liefern können.

Man hat hier also einen Fall vor sich, wo wir aus der stoßweisen Wirkung der
Kräfte, d. h. aus ihrem plötzlichen Auftreten und ihrer kurzen Zeitdauer, einmal
Vorteil ziehen können.


Professor Dr.-Ing. H. Kulka, Hannover:

Meines Erachtens ist es nicht möglich, nach dem heutigen Stand der theoretischen und Versuchsforschung der Brückenschwingungen Stoßkoeffizienten mit
einer solchen Sicherheit festzusetzen, wie dies teilweise von einigen Vorrednern
geschehen ist.

Wenn die Deutsche Reichsbahn sich entschlossen hat, in ihren neuen Brücken-
bauvorschriften bestimmte Stoßziffern anzunehmen, so hat sie das in erster Linie
durch die Verhältnisse gezwungen getan, da die Reichsbahn für ihre großen unauf-
schiebbaren Bauprogramme etwas festlegen mußte. Daß sie sich dabei bewußt war,
der endgültigen Klärung vorzugreifen, beweist die große Sorgfalt, die seither gerade
von dieser Seite der Schwingungsforschung gewidmet wurde.

Bevor man endgültig zu bestimmten Stoßkoeffizienten kommt, ist es nötig,
die Einzeleffekte weitgehendst zu klären und die Gesamterscheinung zu analysieren.
Da haben die Forschungen des Schwingungsausschusses zunächst bewiesen, daß
die mechanisch wirkenden Schwingungsmesser infolge der niederen Eigenschwingungszahl kaum dazu geschaffen sind, das Problem zu klären und die Zukunft den
elektrischen und optischen Schwingungsmessern gehört.

Die langjährigen Messungen der Schweizer Bundesbahnen zeigen deutlich, daß
die Eigenschwingungen der Brücken nicht so erheblich von der Geschwindigkeit
des Zuges beeinflußt werden und daß die sich daraus ergebenden Deformationen
nur einen geringen Bruchteil jenes Gesamteffektes betragen, den man mit den
Spannungsmessern mißt. Während diese großen Effekte, welche sich z. B. 3 bis
10 Hertz abspielen, vielleicht von größter Bedeutung für den Spannungszustand
der Brücken sind, kann ich den Schwingungen, die sich darüber mit 50 bis 100 Hertz
lagern, bei weitem nicht die Bedeutung für die Dimensionierung beimessen. Es ist kaum
möglich anzunehmen, daß z. B. die Knickfestigkeit eines Stabes durch Schwingungen
von solch hoher Periode beeinflußt wird, so daß also der Stoßkoeffizient für Knickstäbe wesentlich kleiner anzunehmen wäre. Diese von mir schon vor einem Jahre
aufgestellte Vermutung wird durch den neuen elektrischen Schwingungsmesser der
Deutschen Reichsbahn bestätigt, der gezeigt hat, daß die gemessenen Schwingungen
an verschiedenen Stellen eines Stabes nicht zu gleicher Zeit auftreten.

Die Fortpflanzungsgeschwindigkeit der einzelnen Effekte in den Bauwerken
spielt bei ihrer Wertung für die Beanspruchung eine große Rolle. Es ist zu hoffen,
daß die im Gange befindlichen wesentlichen Verbesserungen in den Apparaten zur
Schwingungsmessung bald eine Klärung herbeiführen werden.

---

[1] Bauingenieur 1926, Heft 40

Ing. A. Ronsse, Bruxelles:

La question de l'impact a été envisagée et traitée par les rapporteurs sous des aspects multiples et une contribution, certes importante, a été apportée par eux à l'étude des effets dynamiques.

En ce qui concerne spécialement les ponts-rails, des techniciens de différents réseaux ferrés ont étudié et étudient encore le problème en ayant recours à l'analyse mathématique et aux constatations expérimentales. Comme conséquence de ces études, différentes formules modifiant les effets statiques pour tenir compte de l'impact ont vu le jour et sont appliquées aujourd'hui.

Je suis de ceux qui pensent que ces formules traduisent imparfaitement les effets dynamiques et qu'elles sont loin d'être définitives. A mon sens, les études sont encore à leurs débuts et il reste beaucoup à faire avant d'arriver à la solution finale. Cette situation résulte de la complexité et de la multiplicité des causes donnant lieu à effets dynamiques, complexité et multiplicité qui rendent l'étude mathématique de ces effets très ardue.

Ensuite, le contrôle des résultats mathématiques acquis par des constatations expérimentales est fort sujet à caution, puisque les instruments enregistreurs dont on dispose aujourd'hui sont encore trop imparfaits.

Il faudrait, semble-t-il, pour faire avancer la question, faire une analyse systématique des causes donnant lieu à impact, faire l'étude mathématique des effets de chacune de ces causes et contrôler expérimentalement les résultats acquis au moyen d'instruments parfaits.

Le problème serait résolu si, compte tenu des tabliers métalliques servant comme dynamomètres, les résultats mathématiques et expérimentaux étaient concordants.

La solution des appareils enregistreurs parfaits constitue un point du problème, la solution mathématique en constitue un autre.

La recherche de la solution mathématique a fait l'objet de plusieurs études et des résultats importants ont été acquis. M. le professeur Desprets, ingénieur principal de la Sté Nle des chemins de fer belges, a repris cette étude mathématique en envisageant les charges effectives verticales de locomotives en service. C'est sous cette forme, qu'à mon sens, il appartient de poser le problème des effets dynamiques verticaux.

M. Desprets s'est servi de l'équation de Timoshenko et a calculé les effets dynamiques dus: $1^0$) aux contrepoids libres et $2^0$) à la vitesse. Il est arrivé à cette conclusion importante que dans les ponts métalliques de moyenne ou grande portée, le groupement de trois essieux couplés ne pouvait provoquer qu'une action dynamique très réduite de contrepoids, mais que, par contre, les groupements couplés de deux, quatre et cinq essieux avaient une action comparable, quant aux effets cumulatifs, à ceux d'un essieu isolé.

Ainsi, pour un pont-rails de 60 mètres de portée à voie unique, une locomotive type Pacific (trois essieux couplés de 22 tonnes — contrepoids libre 15 % — même orientation de contrepoids) passant à la vitesse critique pour les contrepoids libres, de 80 Kms/heure, provoque un effet dynamique de contrepoids qui n'atteint pas 1 % de l'effet statique.

Une locomotive type Atlantic (deux essieux couplés de 25 tonnes — contrepoids libres 15 % — même orientation des contrepoids) passant à la même vitesse critique de contrepoids provoque un effet dynamique de contrepoids de 6,7 % de l'effet statique.

L'effet de vitesse à la vitesse critique de contrepoids libres de 80 Kms/heure est négligeable.

A remarquer que la vitesse critique pour l'effet de vitesse ne peut jamais être atteinte en pratique.

Pour un pont de 35 mètres de portée à simple voie, la locomotive type Pacific passant à la vitesse critique des contrepoids libres de 110 Kms/heure provoque un effet dynamique de contrepoids un peu supérieur à 1 % de l'effet statique.

Le type Atlantic par contre provoque un effet dynamique de contrepoids de 8,3 %.

L'effet de vitesse est ici aussi sensiblement nul. A remarquer que pour la portée de 35 mètres, la vitesse critique pour l'effet de vitesse ne peut pratiquement être atteinte.

Pour un pont de faible portée, la situation n'est plus aussi favorable. Ainsi pour une portée de quatre mètres l'effet dynamique de contrepoids peut atteindre 30 % de l'effet statique.

De ces études mathématiques on peut conclure que les effets dynamiques de vitesse et de contrepoids provoqués sur les ponts métalliques à simple voie de moyenne et de grande portée, au passage en vitesse de locomotives à trois essieux couplés sont sensiblement nuls et d'importance réduite au passage de locomotives à deux essieux couplés.

Ces conclusions semblent être confirmées par les expériences faites il y a quelques années par les chemins de fer fédéraux suisses lorsqu'ils ont comparé les résultats expérimentaux obtenus au passage en vitesse sur des ponts métalliques de locomotives électriques et à vapeur bien équilibrées.

Le rapporteur, M. le professeur STRELETZKY, de Moscou, confirme également ces conclusions mathématiques quand il constate « l'importance relativement faible du coefficient des charges dynamiques pour les rails unis et lisses ».

Ajoutons que l'effet de la force centrifuge — appelé par le professeur Dr. HORT effet ZIMMERMAN — résultant de la flèche du tablier sous l'action des charges passant en vitesse est pratiquement très faible et peut être complètement annulé en donnant au tablier ou à la surface de roulement une contre-flèche.

L'action de la vapeur dans les cylindres, étant une autre cause donnant lieu à impact, n'influence les charges des essieux des locomotives qu'au démarrage et à faible vitesse et dès lors aucune résonnance n'est à craindre avec l'effet de vitesse ou de contrepoids libre. Les techniciens paraissent d'ailleurs être d'accord aujourd'hui pour attacher peu d'importance à l'effet vertical d'impact dû à l'action de la vapeur dans les cylindres.

Il apparaît donc qu'il faut chercher ailleurs les causes importantes des effets dynamiques provoqués par le passage en vitesse des charges sur les ponts métalliques. La voie intervient sans aucun doute largement dans la production des effets d'impact. Les imperfections tant en plan qu'en alignement de la surface de roulement, et surtout les joints des rails, jouent un rôle important.

L'effet de choc sur l'ouvrage serait sans doute atténué dans une large mesure si la voie aux abords immédiats de l'ouvrage et sur celui-ci réagissait identiquement sous les charges passant en vitesse.

La connaissance parfaite de chacune des causes donnant lieu à impact et de l'importance relative des effets provoqués par chacune d'elles permettra sans doute aux techniciens d'atténuer par des mesures appropriées les effets dynamiques et de déterminer ensuite la formule définitive.


Dr. Ing. R. TILLMANN, Wien:

In den vier eingehenden Berichten, welche dieser Tagung über die Beanspruchung von Brücken durch bewegte Lasten erstattet worden sind, erscheinen die bezüglichen Verhältnisse vorwiegend für Eisenbrücken behandelt. Da aber auch der Frage nach dem dynamischen Verhalten der Eisenbetonbrücken im Vergleich zu Eisenbrücken große wirtschaftliche Bedeutung zukommt, möchte ich hierüber einige grundsätzliche Gedanken mitteilen.

Die einfache statische Überlegung führt zu der Erkenntnis, daß Brücken aus Eisenbeton im allgemeinen gegen die Wirkung bewegter Lasten weniger empfindlich sind wie eiserne; denn bei den verhältnismäßig schweren Eisenbetonbrücken ist im Gegensatz zu Eisenbrücken die Höchstbeanspruchung nur zum geringsten Teile durch die Verkehrslast bestimmt. Es erscheint jedoch zunächst zweifelhaft, ob die dynamischen Wirkungen auch im Verhältnis zur bewegten Last betrachtet, als sogenannte dynamische Zuschläge, bei Brücken aus Eisenbeton geringer sind wie bei eisernen.

Die theoretische Untersuchung dieses Gegenstandes hat Folgendes ergeben:

Die Lastvermehrung durch Fliehkraftwirkung, von dem bekannten deutschen Schwingungsforscher WILHELM HORT „Zimmermann-Effekt" genannt, ist für Balkentragwerke angenähert der Bruchzahl $\dfrac{\text{Beanspruchung } \sigma}{\text{Elastizitätsmodul } E}$ verhältnisgleich. Dies führt mit den in der Regel zutreffenden Sonderwerten dieser Größen für Eisenbetonbrücken zu einem Wert des Zimmermann-Effektes, der nur etwa drei Viertel des für Eisenbrücken geltenden beträgt. Das ist leicht einzusehen, weil die bei statischer Beanspruchung ($\sigma_s$) viel steiferen Eisenbetonkonstruktionen (größere $E_s J_s$-Werte!) eine wesentlich geringere Krümmung der Biegelinie aufweisen.

Die lastvermehrende Trägheitswirkung infolge stoßfreier Schwingung von Tragwerken, von W. HORT als „Timoschenko-Effekt" bezeichnet, verringert sich mit abnehmender Eigenschwingungsdauer nach einem bekannten Gesetz. Da die Tragwerke aus Eisenbeton infolge ihrer größeren Steifigkeit ($E_s J_s$) im allgemeinen rascher schwingen wie die eisernen, so ist der Timoschenko-Effekt für Eisenbetonbrücken geringer wie für Eisenbrücken.

Den verhältnismäßig größten Einfluß haben die auf die Fahrbahn ausgeübten periodischen Lastvermehrungen, die Stoßwirkungen im engeren Sinne. Aus der Lehre vom Stoß geht hervor, daß, je größer die gestoßene Masse, um so geringer der Anteil ist, welcher von einer bestimmten ursprünglichen Stoßarbeit auf diese Masse übertragen wird. Da nun bei Eisenbetonbrücken die Masse der ständigen Last verhältnismäßig viel größer ist wie bei Eisenbrücken, so ergibt sich, daß derselbe Stoß auf eine Eisenbetonbrücke im allgemeinen weniger Energie überträgt wie auf eine statisch gleich tragfähige Eisenbrücke. Wäre die übertragene Stoßarbeit bei beiden Brückentypen gleich, so müßte die Stoßwirkung in dem steiferen Tragwerk aus Eisenbeton eine verhältnismäßig höhere Beanspruchung hervorrufen wie im eisernen, weil steifere Konstruktionen bei gleicher Baustoffausnutzung ein geringeres elastisches Arbeitsvermögen besitzen. Dabei ist allerdings zu berücksichtigen, daß der Beton im Gegensatz zum Eisen im praktischen Spannungsbereich kein HOOKsches Material ist, sondern bei zunehmender Beanspruchung, entsprechend dem abnehmenden $E$-Wert, immer „elastischer" wird. Unter Bedachtnahme auf die drei letzterwähnten Überlegungen und unter Benutzung von Durchschnittswerten ergibt sich auf rechnerischem Wege, daß die aus der ungedämpften Wirkung periodischer Stöße zu erwartende Lasterhöhung für Eisenbetonbrücken mit nur etwa neun Zehntel des für Eisenbrücken geltenden Betrages eingeschätzt werden kann. Nun ist aber bei Betontragwerken die Dämpfung im allgemeinen größer wie bei Eisenkonstruktionen, weil sich der Kraftimpuls in jenen langsamer fortpflanzt wie in diesen. Es muß daher unter sonst gleichen Verhältnissen in Eisenbetonbrücken die Wirkung periodischer Stöße wesentlich geringer ausfallen wie in Eisenbrücken.

In Zusammenfassung vorstehender Ausführungen kann gesagt werden, daß der gesamte dynamische Zuschlag, bezogen auf die bewegte Last, für Brücken aus Eisenbeton erheblich geringer anzunehmen ist wie für eiserne. Welche genauere Größe dieser Zuschlag in jedem Sonderfalle haben soll, hängt von dem fallweise wechselnden Verhältnis zwischen ständiger und bewegter Last ab und muß eigens rechnerisch ermittelt werden. Der mathematische Nachweis der in meiner Äußerung gemachten Feststellungen wird demnächst in einer technischen Zeitschrift erscheinen.

Im Interesse einer genaueren ziffermäßigen Erfassung dieses Gegenstandes möchte ich allen öffentlichen Brückenbauämtern die Durchführung größerer Versuchsreihen an bestehenden Eisenbetonbrücken dringend empfehlen.

### MENDIZABAL:

Je ne prononcerai que quelques paroles, non pas pour insister sur le contenu de mon rapport, étant donné que je ne doute pas qu'il aura été lu à tous ceux qu'il pouvait intéresser; mais pour faire observer que dans son édition officielle il existe une erreur indiquant que ma dissertation se rapporte à des ponts en béton armé, tandis que mon étude vise directement les travées métalliques.

Ce point éclairci, je dois indiquer qu'entre les différents groupes de formules applicables, celle que je propose, c'est celle qui actuellement est officielle pour l'instruction espagnole.

Elle appartient à la classe de celles dans lesquelles ne figure comme variable que la portée de la travée sans qu'elle contienne aucune variable se rapportant ni à la surcharge ni au poids permanent des éléments surchargés, par celle-ci étant déjà influencés les coefficients numériques qu'elle comporte des relations qu'entre les deux poids peuvent être établies selon les différentes portées.

J'appelle l'attention sur les trois graphiques paraissant à mon rapport dans lesquels la formule proposée est traduite par courbe dont le tracé qui est du type de quart d'ellipse, est à mon avis celui qui s'ajuste le plus à la réalité plutôt que tous autres préconisés; en outre il correspond à une série d'expériences pratiques que j'ai constatées sur les travées métalliques dèjà construites en Espagne.

*Schriftlich eingelangt sind ferner die nachfolgenden Beiträge:*
*Besides the above papers read before the Congress we have now received the following contributions in writing:*
*En outre de ces communications faites pendant le Congrès, nous sont parvenues les communications écrites ci-dessous:*

### Mr. A. HUNTER, Rutherglen, Scotland:

The Congress has been fortunate in having several papers by experts on the effects of Impact on Bridges for Highways and Railways. Investigations into the effects of Impact on bridges began about 30 years ago. In recent years more attention has been given to the subject in North America, Great Britain and India, and a wealth of data has been avaible for Engineers. Senor MENDIZABEL gives a brief history of impact formulae. I would like to add to his data with regard to the formula given by Colonel MOUNT. This formula gives a maximum of 132 per cent for Impact Effect, although some of his tests gave higher values.

When the British Standard Specification for Bridges No. 153, was being drawn up, it was considered desirable for all the Chief Engineers of British Railways to be consulted on the question of "Impact Effect", having regard to Colonel MOUNT's experiments and the proposed formula for Impact Effect. The Railway Engineers Association, which consists of all the principal Engineers of the British Railways, unanimously disagreed with the extreme limit of the formula as a sufficient number of experiments, in their opinion, had not been carried out to justify its adoption.

After a long discussion it was agreed that the formula should be adopted as a provisional one and that the higher limit should not exceed 115 per cent. for railway bridges, and two thirds of the value given by the formula for highway bridges with a maximum limit of 70 per cent.

In the case of railway bridges it was agreed that the formula would only represent the values for bridges over which steam trains were operated at defined critical speeds for certain spans, and where the following speeds on railways of 1,44 metres gauge and upwards could not be attained or exceeded, the value of the Impact Effect should be reduced:

Bridges with spans up to 15,24 metres (50 feet) 96,56 Km. (60 miles) per hour.

Bridges with spans above 15,24 metres (50 feet) and up to 45,72 metres (150 feet) 72,42 Km. (45 miles) per hour.

Bridges with spans above 45,72 metres (150 feet) and up to 91,44 metres (300 feet) 48,28 Km. (30 miles) per hour.

Bridges with spans above 91,44 metres (300 feet) and up to 121,92 metres (400 feet) 24,14 Km (15 miles) per hour.

For lines of smaller gauge than 1,44 metres the assumed critical speeds should not exceed two-thirds of these values.

Where railways were operated wholly by electrical trains it was recognised that the Impact Effect would be less on account of the absence of piston efforts and unbalanced wheel loads, but in the absence of data it was left to the discretion of the Engineer to specify what the value should be.

A further modification of the formula (in English feet) was made to allow for the non-synchronous effect of the live loads on additional tracks supported by a girder as follows:

$$I = \frac{120}{90 + \frac{n+1}{2} L}$$

Where "$n$" = number of tracks which the girder or member is designed to support Senor MENDIZABAL has omitted these later considerations from his record.

British Railway Engineers were not convinced that sufficient data had been obtained to justify the Ministry of Transport in laying down authoritative rules of a general nature on Impact Effect without further investigations. The Ministry of Transport, however, issued instructions that the British Standard Specification for Bridges, No. 153, should be adopted by British Railways for all new bridges, and that the Impact formula by Colonel MOUNT should be adopted provisionally as laid down in that specification until further experimental research was carried out.

It was estimated that further experimental research would cost about L 12 000 and the British Government agreed to find one half of the cost if the Railway Companies and other interested parties would find the balance. The necessary funds were obtained through the generous help of the railway companies, and the Department of Scientific Research under the Chairmanship of Mr. CONRAD GRIBBLE, M. Inst. C. E., was instructed to carry out the test.

These tests have been completed and the Report of the Department is awaited with great interest. I believe that the experiments, which have been carried out with great care and thoroughness, show that the effect of Impact is less than shown by the MOUNT Experiments.

The papers read to the Congress show clearly that the investigations which have been published do not justify engineers in laying down definite rules for Impact Effect without some qualifications. Look at the diagram on pages 79 and 81, showing the rules adopted by different countries. The only thing common to them all is that the effect of impact reduces as the span increases. They show that as knowledge of impact increases the values fall for spans over 10 metres.

It is impossible to investigate them mathematically on account of the complexity of the problem. The majority of the rules consider the loaded length of the member or structure as a measure of the Impact Effect. A few consider the ratio of the live load to the total load and this condition must have some more consideration in investigating the problem. The different authors state the varying conditions of the problem. Different types of train loading having different critical speeds and impact effects, run over the same structure and it must be capable of carrying them all with safety.

The late Sir BENJAMIN BAKER of Forth Bridge fame recognised the complexity of the problem of Impact Effect on bridges and, in drawing up a Specification for the design of bridges over 30 years ago, for use in his office, in connection with the Imperial Chinese Railways adopted the following simple rules for steel bridges carrying steam trains:

*Impact Effect.* The following working stresses have been proportioned to allow for dynamic action of the live load on lightly-loaded girders or members of girders:

*Permissible Maximum Stresses.* All bridgework and trestle piers shall comply with the whole of the following conditions:

(1) The combined stresses, resulting from the rolling load, dead load, wind, momentum and centrifugal forces, shall not produce a greater tensile stress than one-half of the elastic limit, or equal to 27 per cent. of the minimum ultimate tensile strength of the material, nor more than the corresponding compressive, shearing, bearing, and bending stresses, which were set out in the Specification in definite ratios to the permissible tensile stresses, given in paragraph (2); but

(2) The combined stresses, resulting from the rolling load and dead load alone, exclusive of wind, momentum and centrifugal force, shall not produce greater tensile stresses than those tabulated below.

*Tensile Stresses.* For main girders, cross girders and rail bearers of plate construction.

Under 6 metres (20 feet) span ............ 7,1 kilos per sq. millimetre
                        ($4^1/_2$ tons per sq. inch)

6 metres and under 7,6 metres (25 feet) span  7,5 kilos per sq. millimetre
                        ($4^3/_4$ tons per square inch)

7,6 metres and under 9,2 metres (30 feet span) . 7,9 kilos per sq. millimetre
                        (5 tons per sq. inch)

9,2 metres and under 15,3 metres (50 feet) span  8,3 kilos per sq. millimetre
                        ($5^1/_4$ tons per sq. inch)

15,3 metres and under 24,4 metres (80 feet) span  8,7 kilos per sq. millimetre
                        ($5^1/_2$ tons per sq. inch)

*Tensile stresses.* For truss and lattice girders.

24,4 metres and under 48,8 metres (160 feet) span
  Bottom Chords ........................ 8,7 kilos per sq. millimetre
                        ($5^1/_2$ tons per sq. inch)
  Diagonal ties ........................... 7,1 to 8,7 kilos per sq. millimetre
                        ($4^1/_2$ to $5^1/_2$ tons per sq. inch)

48,8 metres and under 61 metres (200 feet) span
  Bottom Chords ........................ 9,1 kilos per sq. millimetre
                        ($5^3/_4$ tons per sq. inch)
  Diagonal ties ........................... 7,1 to 9,1 kilos per sq. millimetre
                        ($4^1/_2$ to $5^3/_4$ tons per sq. inch)

61 metres and under 122 metres (400 feet) span
  Bottom Chords ........................ 9,5 to 11 kilos per sq. millimetre
                        (6 to 7 tons per sq. inch)
  Diagonal ties ........................... 7,1 to 11 kilos per sq. millimetre
                        ($4^1/_2$ to 7 tons per sq. inch)

All spans
  For windbracing ....................... 13,4 kilos per sq. millimetre
                        ($8^1/_2$ tons per sq. inch)
  For floor suspenders .................. 3,9 kilos per sq. millimetre
                        ($2^1/_2$ tons per sq. inch)

*Note.*

The 7,1 kilos (4¹/₂ tons) stress on the diagonals will apply to those at the centre portion of the span and to the counter-bracing at the same point. The higher stresses will apply to those at the end portions of the span, where the variations of stress are not so great. Intermediate diagonals will be subject to stresses lying between the two limits.

These rules have had general acceptance by Engineers and have proved reliable and economical in practice. Is it not better to recognise the complexity of the problem and to adopt simple rules of a similar nature to include Impact Effect and other unknown forces than to make a pretence to an accuracy which does not exist in any of the various formulae?

## Ing. F. CHAUDY-Paris:

Les effets du passage rapide des charges roulantes sur les tabliers métalliques sous rails sont étudiés ci-après en les classant en deux catégories, savoir:
*Les efforts verticaux* sur les longerons et les poutres maîtresses;
*Les efforts horizontaux alternatifs* produits par les charges roulantes sur une voie en alignement droit.

### Efforts verticaux

Dans un rapport adressé le 21 Décembre 1920 par le Major A. MOUNT, officier inspecteur des chemins de fer anglais, au colonel J. W. PRINGLE, officier inspecteur en chef des chemins de fer et président du Comité consultatif pour la révision des conditions imposées par le Board of Trade, l'auteur donne le résultat des essais qu'il a entrepris sur des ponts de chemins de fer, relativement à l'effet de choc. Il indique une certaine courbe comme étant, à son avis, celle qui représente le mieux le résultat de ses essais, et il traduit cette courbe par la relation:

$$I = 1 + \frac{120}{90 + L}$$

dans laquelle $I$ désigne le coefficient à employer pour calculer les efforts maxima, pour une portée $L$ (en pieds) de la poutre.

Cette interprétation du major MOUNT des résultats de ses expériences ne nous paraît pas se rapprocher suffisamment de la réalité. Il faut distinguer, en effet, entre les effets de choc proprement dit, dus aux joints de rails, à une insuffisance de fixation des rails sur les tabliers, etc., et l'effet de l'application des charges roulantes sur une poutre de pont, cette application n'étant ni progressive, ni tout à fait brusque.

Considérons une poutre droite reposant sur deux appuis de niveau $a$ et $b$ (fig. 62). Si, en un point quelconque de la portée, on vient appliquer une force croissant progressivement de zéro à $P$, la poutre prendra, au point d'application de la force, une certaine flèche $f$ (courbe $C$). Si on appliquait brusquement la force $P$, au lieu

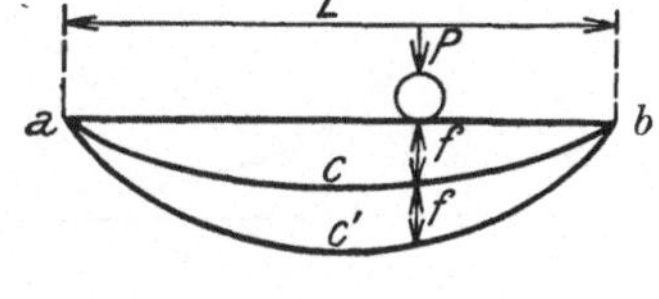

Fig. 62

de la faire progresser graduellement de zéro à $P$, la flèche que prendrait la poutre serait le double de la précédente (courbe $C'$), la poutre oscillerait et, le mouvement vibratoire étant terminé, la ligne moyenne se stabiliserait en $C$.

Dans les ponts de chemins de fer, une charge $P$ roule sur le tablier depuis une origine $a$ jusqu'à l'extrémité $b$, en sorte que, quand cette charge arrive en un point intermédiaire, il y a déjà eu flexion; par suite, la ligne moyenne prend une position comprise entre les positions $C$ et $C'$. Pour une portée très grande, la ligne moyenne se rapproche de la courbe $C$, avec laquelle elle se confond si $L$ est infini. Pour une portée très petite, la ligne moyenne se rapproche de la courbe $C'$, avec laquelle elle se confond si $L$ est nul.

Si donc nous désignons par $1 + y$ le coefficient par lequel on devra multiplier les charges roulantes d'un train pour calculer les efforts moléculaires maxima qui se produiront dans la poutre de portée $L$, nous pouvons écrire la relation:

$$y = \frac{1}{1 + aL},$$

puisque $y$ doit être égal à l'unité pour $L = 0$, et doit être nul lorsque $L$ est infini.

Mais cette influence de l'arrivée plus ou moins brusque des charges roulantes sur les tabliers des ponts de chemin de fer n'est pas la seule à envisager. Ce n'est pas, à proprement parler, un effet de choc. L'effet de choc, c'est celui qui résulte de la présence des joints de rails et aussi du battement des traverses ou longrines en bois, soit directement sur le tablier sur lequel elles sont plus ou moins bien fixées, soit sur la couche de ballast qui peut recouvrir ce tablier.

On conçoit que cet effet de choc peut être considéré comme constant, quelle que soit la portée de l'ouvrage, en sorte que le coefficient $y$, dont nous venons de parler plus haut, se présente sous la forme:

$$y = \frac{1}{1 + aL} + \delta$$

D'après le major MOUNT, $\delta$ serait en moyenne égal à $\frac{1}{3}$. Compte tenu des résultats de ses expériences, le terme $\frac{1}{1 + aL}$ serait égal à $\frac{40}{40 + L}$ en exprimant $L$ en pieds et à $\frac{12}{12 + L}$ avec $L$ exprimée en mètres. La formule d'impact que nous proposons est donc:

$$I = 1 + \frac{12}{12 + L} + \delta,$$

dans laquelle $\delta$ peut être nul si le tablier est très bien entretenu et ne comporte pas de joints de rails.

Cette formule est établie d'après les expériences faites à la vitesse de 100 km/h environ et en considérant seulement comme variable la portée des poutres.

On peut envisager le problème sous une autre face, en prenant comme variable la vitesse $v$ du train. Pour une vitesse nulle, les charges $p$ ne supportent évidemment aucune majoration. D'autre part, on conçoit que, lorsque la vitesse augmente à partir de zéro, le coefficient de majoration $I$ aille en augmentant, qu'il passe par un maximum pour une certaine valeur $V$ de la vitesse en kilomètres-heure, et qu'ensuite il diminue pour être nul lorsque la vitesse est infinie.

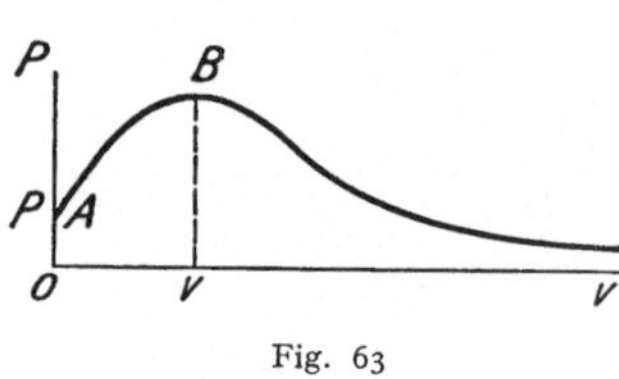


Fig. 63

Considérons deux axes de coordonnées rectangulaires $Ov$ et $OP$; le premier, axe des vitesses, le second, axe des charges majorées (fig. 63).

La courbe de ces dernières coupe l'axe des $P$ au point $A$, tel que $OA = p$; elle a son point culminant en $B$ dont l'abcisse est $V$. L'équation de cette courbe est:

$$P = \frac{p\,(1 + V^2)}{1 + (v - V)^2}$$

Pour $v = 100$, on a donc:

$$P = \frac{p\,(1 + V^2)}{1 + (100 - V)^2}$$

En égalant cette expression à $P = p\left(1 + \dfrac{12}{12 + L}\right)$ on obtient la relation suivante qui détermine, en fonction de $L$, la valeur de la vitesse $V$ correspondant au coefficient de majoration dynamique maximum:

$$1 + \frac{12}{12 + L} = \frac{1 + V^2}{1 + (100 - V)^2} \dots\dots\dots\dots\dots\dots (1)$$

Les tableaux ci-après indiquent, pour différentes valeurs de $L$ en mètres, les valeurs correspondantes de $V$ en kilomètres-heure tirées de cette dernière formule qui donne, pour chaque valeur de $L$, deux valeurs positives de $V$.

Tableau A

| $L$ | 0 | 10 | 20 | 30 | 40 | 50 | 60 | 70 | 80 |
|---|---|---|---|---|---|---|---|---|---|
| $V_1$ | 341 | 512 | 679 | 846 | 1013 | 1184 | 1346 | 1518 | 1687 |

Tableau B

| $L$ | 0 | 10 | 20 | 30 | 40 | 50 | 60 | 70 | 80 |
|---|---|---|---|---|---|---|---|---|---|
| $V_2$ | 58,6 | 55,4 | 54 | 53,1 | 52,6 | 52,2 | 52 | 51,7 | 51,5 |

Les vitesses $V_2$ du tableau B ne peuvent être envisagées, car elles conduiraient à des coefficients de majoration dynamique inadmissibles.

D'autre part, il faut remarquer que la vitesse $V$ ne peut dépendre que de la portée $L$, et aucunement de la vitesse $v$. Dans ces conditions, les valeurs de $V$ tirées de la formule (1) en attribuant à $v$ la valeur 100 doivent convenir, quelle que soit la valeur de $v$. Par suite, la formule de majoration dynamique, tout au moins pour les valeurs de $v$ comprises entre 0 et 100 km, peut s'écrire:

$$P = \frac{p\,(1 + V_1^2)}{1 + (v - V_1)^2} \dots\dots\dots\dots\dots\dots (2)$$

les valeurs à attribuer à $V_1$, selon les portées, étant celles du tableau A.

On observera que $V_1^2$ est grand par rapport à l'unité et qu'il en est de même de $(v - V_1)^2$ puisque $v$ est très au-dessous de $V_1$. Il en résulte qu'on pourra remplacer la formule (2) par la formule plus simple:

$$P = \frac{p\,V_1^2}{(v - V_1)^2} \dots\dots\dots\dots\dots\dots (3)$$

*Efforts horizontaux alternatifs*

Les véhicules circulant sur une voie à deux rails peuvent comporter, en plus des deux essieux directeurs avant et arrière, un certain nombre d'essieux intermédiaires. Comme il existe toujours un certain jeu entre les bandages des roues et les bords intérieurs des rails de roulement, le véhicule est susceptible de se déplacer latéralement d'une faible quantité, et c'est à cause de ce jeu que des efforts horizontaux s'exercent sur les rails, même en alignement droit, lorsque la charge est en mouvement.

Nous nous proposons dans cette note de montrer comment une limite supérieure de ces efforts peut être évaluée mais en laissant de côté l'effet du couple horizontal qui, dans les locomotives à vapeur dont les manivelles sont calées à 90°, produit déjà un mouvement de lacet. Aux efforts, étudiés depuis longtemps, qui sont dus à ce couple horizontal, doivent s'ajouter ceux qui résultent de la force centrifuge et que nous nous proposons de mettre ici en évidence.

Ces derniers sont d'ailleurs les seuls qui se produisent avec les locomotives électriques et les ponts roulants d'ateliers mus électriquement; ce sont encore les seuls que donnent les wagons de queue d'un train, même quand celui-ci est remorqué par une locomotive à vapeur.

L'essieu directeur avant du véhicule s'appuie alternativement contre le rail de droite, par rapport à la direction de marche et contre le rail de gauche. Il suit un chemin sinusoïdal caractérisé par la flèche égale au jeu $e$ entre les bandages des roues et les bords intérieurs des rails et par la longueur d'onde $l$ ou distance entre deux points consécutifs de tangence au chemin rectiligne (fig. 64). L'essieu directeur arrière, ainsi que les essieux intermédiaires, s'il en existe, suivent le même chemin sinusoïdal que l'essieu avant.

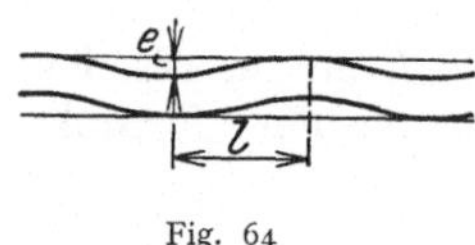

Fig. 64

Ceci posé, il est clair que l'effort total $F$ que nous cherchons est représenté par l'expression de la force centrifuge:

$$F = \frac{P v^2}{g r},$$

dans laquelle $P$ désigne le poids en kilogrammes du véhicule, $v$ la vitesse de ce dernier en mètres par seconde, $r$ le rayon des courbes composant l'axe du chemin sinusoïdal, et $g = 9{,}81$ l'accélération due à la pesanteur.

En assimilant les courbes du chemin sinusoïdal à des circonférences, on a:

$$\frac{e}{2} \left( 2r - \frac{e}{2} \right) = \frac{l^2}{4},$$

d'où on tire:

$$r = \frac{e^2 + l^2}{4 e}.$$

On peut négliger $e^2$ à côté de $l^2$ et écrire:

$$r = \frac{l^2}{4 e},$$

en sorte que l'expression de $F$ est la suivante:

$$F = \frac{4 P e v^2}{g l^2}.$$

Considérons le véhicule au moment où, soumis à une certaine vitesse $v'$, il suit un chemin caractérisé par une longueur d'onde $l$ égale à l'empattement ou distance $E$ entre les deux essieux directeurs.

Si la vitesse augmente à partir de $v'$, $l$ augmente et devient infinie lorsque la vitesse est elle-même infinie.

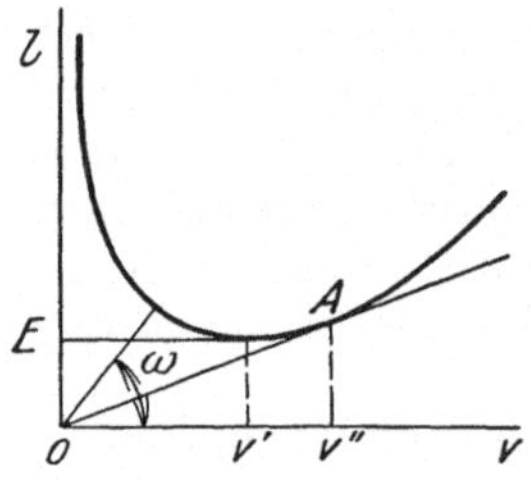

Si la vitesse diminue à partir de $v'$, $l$ va encore en augmentant et devient infinie lorsque la vitesse est nulle.

En d'autres termes, lorsque la vitesse est très petite, comme lorsqu'elle est très grande, le chemin suivi par le véhicule se rapproche de la ligne droite. Ce sont là les seules données qui permettent de définir la relation entre la vitesse $v$ et la longueur d'onde $l$. Cette relation est donc représentée géométriquement par une courbe telle que celle de la figure 65. Cette courbe est asymptote à l'axe des $l$ et a une deuxième asymptote parallèle à cet axe, mais à l'infini.

Fig. 65

D'autre part, la tangente parallèle à l'axe des $v$ a une ordonnée égale à $E$.

Dans ces conditions, on voit que l'effort $F$, qui est proportionnel à $\dfrac{v^2}{l^2} = \cot g^2 \omega$,

$\omega$ désignant l'angle que fait avec l'axe des $v$ le rayon vecteur d'un point quelconque de la courbe, est nul pour $\omega = 0$, c'est-à-dire aussi bien pour $v = 0$ que pour $v = \infty$.

Cet effort $F$ est maximum pour une vitesse égale à $v''$, abscisse du point $A$ de contact de la tangente à la courbe passant par l'origine des coordonnées.

Partant d'une vitesse $v$ donnée, il faudrait, pour déterminer $F$, connaître la valeur de $l$ correspondante, c'est-à-dire la relation entre $v$ et $l$ dont nous avons seulement la forme géométrique incomplètement déterminée. Toutefois, pour les applications, on peut se contenter de la limite supérieure de $F$, représentée par:

$$F = \frac{4\,P\,e\,v^2}{g\,E^2}$$

puisque cette limite correspond à la plus petite valeur possible de $l$, qui est $E$.

Remarque I. — L'effort $F$, dû au poids total du véhicule, n'agit pas que sur un seul rail. Une moitié se reporte sur chaque rail du chemin de roulement à cause du frottement de glissement transversal des roues sur ces rails. Il faut néanmoins, pour cela, satisfaire à la condition:

$$\frac{F}{2} < \frac{P}{2}\cdot f\,,$$

dans laquelle $f$ désigne le coefficient de frottement de glissement du bandage des roues sur le dessus des rails. Lorsque cette condition n'est pas remplie, l'un des rails supporte l'effort:

$$F_1 = F - \frac{P}{2}\cdot f\,,$$

et l'autre l'effort:

$$F_2 = \frac{P}{2}\cdot f\,.$$

Remarque II. — L'effort $F$ est d'autant plus grand que l'empattement $E$ du véhicule est plus petit. Il y a donc intérêt, au point de vue des efforts de lacet en alignement droit, à avoir des locomotives à grand empattement. On ne peut pas aller au-delà d'une certaine limite, car il faut que les machines s'inscrivent dans les courbes des appareils de voie, mais on arrive cependant à pouvoir donner plus d'empattement en permettant, au moyen d'un dispositif avec ressort amortisseur, aux essieux directeurs avant et arrière de prendre un certain déplacement latéral. On évite aussi, de cette façon, les chocs trop brusques à chaque changement de direction de l'effort $F$.

Remarque III. — Le tender, bien qu'ayant un empattement différent de celui de la locomotive, est entraîné par celle-ci sur le chemin sinusoïdal de longueur d'onde $l = E$. L'effort horizontal limite que ce tender exerce sur la voie est donc donné par la formule:

$$F' = \frac{4\,P'\,e\,v^2}{g\,E^2}\,,$$

dans laquelle $P'$ désigne le poids du tender.

Les wagons qui viennent à la suite du tender suivent un chemin sinusoïdal d'autant plus différent de celui qui est spécial à la locomotive qu'ils sont plus éloignés de celle-ci et on peut admettre que le wagon de queue d'un train suit son chemin propre, lequel est caractérisé par une longueur d'onde égale à l'empattement $E''$ du wagon.

Remarque IV. — Sur les longerons sous rails des grands tabliers de ponts, ainsi que sur les poutres des tabliers de petite portée, une machine exerce un effort horizontal qui peut conserver le même sens pendant tout le temps du passage sur la pièce de pont ou sur le tablier.

En raison de l'application brusque de cet effort, il convient de le doubler à peu près et d'admettre que c'est un effort de 1500 kilogr. environ par mètre courant de voie qui agit statiquement, soit sur les longerons sous rails des grands tabliers, soit sur les poutres maîtresses des petits tabliers jusqu'à 12 mètres environ de portée.

Or, le règlement ministériel français pour le calcul des ouvrages d'art sous rails, prescrit de considérer seulement un effort dû au vent de:

$$3 \times 150 = 450 \text{ kilogr.}$$

par mètre courant de voie. C'est, à notre avis, un chiffre beaucoup trop faible. Ce n'est pas un contreventement des longerons ou des poutres qu'il faut établir, c'est un entretoisement suffisant pour résister aux efforts de lacet. L'emploi du platelage métallique sur tous les tabliers sous rails sur lesquels passent les trains à grande vitesse réalise cet entretoisement dans de bonnes conditions, aussi bien pour les longerons des grands tabliers que pour les poutres des petits ouvrages.


STRELETZKY:

Wie schon betont wurde, soll das Zerlegen der gesamten dynamischen Einwirkung in ihre Komponenten, die analytische Methode beim Studium der Brückendynamik, als das Grundprinzip der weiteren Vertiefung in die Fragen der Arbeit der Brücke unter beweglicher Last betrachtet werden. Der unmittelbare Vergleich der dynamischen und statischen Wirkungen, den wir bei der Bestimmung des dynamischen Koeffizienten anstellen, ist bei der Kompliziertheit der Sache zu einfach und kann nicht zu zuverlässigen Ergebnissen führen. Die empirischen Beiwerte der experimentellen Untersuchung der Brückendynamik müssen an und für sich einfacher Natur sein, aber schwieriger gefunden werden. Als solche können Flächenkoeffizient und Dämpfungskoeffizient hervorgehoben werden.

Die Intensität der dynamischen Arbeit der Brücke hängt natürlich von der Intensität der äußeren Kraftimpulse ab. Ich bin ganz mit Herrn Professor HAWRANEK einverstanden, daß auf den Straßenbrücken die dynamischen Einflüsse viel schärfer auftreten als bei Eisenbahnbrücken, was in meinem Vortrage auch betont wurde; aber die dynamischen Koeffizienten, welche Herr Professor HAWRANEK schilderte, sind nicht so schrecklich und haben keine reelle Bedeutung, denn sie sind bei kleinen statischen Einwirkungen bestimmt. Bei ganz kleiner statischer Einwirkung wird doch der dynamische Koeffizient unendlich groß und verliert seinen praktischen Sinn. Ich kann nicht sagen, wie es Herr Professor GODARD meint, daß die dynamischen Wirkungen auf Eisenbetonbrücken sehr klein sind. Sie sind natürlich kleiner als auf Eisenbrücken. Wir haben eine Serie von Proben auf Eisenbetonbrücken durchgeführt. Leider sind die Ergebnisse noch nicht bearbeitet; der allgemeine Eindruck ist aber der, daß die dynamischen Wirkungen nicht so klein sind wie man glaubt. Ebenso ist die absorbierende Wirkung der Schotterbettung, besonders auf Eisenbetonplatten, im Vergleich mit Holzschwellen, auch nicht so groß wie man gemeiniglich annimmt. Beide Konstruktionen geben Größen gleicher Ordnung.

# A₃

# Der hochwertige Stahl im Eisenbau

Von Baurat Dr.-Ing. Bohny, Sterkrade

Es sind zwei Ursachen, die mit zwingender Notwendigkeit die Verwendung hochwertiger Stähle beim Bau großer und größter Brücken und Hochbauten verlangen:

1. Das *Anwachsen* der *Querschnitte* bei den Stäben und Trägern, die große Lasten aufzunehmen und zu übertragen haben, und die damit verbundene Schwierigkeit, der Ausbildung der Konstruktion, ihrer Querschnitte, Verbindungen, Anschlüsse, Nietung usw. Herr zu werden.

2. Das mit dem Anwachsen der Querschnitte sich rapide *steigernde Eigengewicht* — Eisengewicht — der Bauwerke und die dadurch entstehenden hohen Kosten für die Konstruktion selbst, für die Transporte, die Gerüste und die Aufstellung, wodurch die Wirtschaftlichkeit immer mehr sinkt.

Beim *Anwachsen* der *Querschnitte* sollte es für den geschickten und erfahrenen Konstrukteur eigentlich keine Grenzen in der Bewältigung der Kräfte geben, wenn ihm das Walzwerk die Stäbe, Träger und Bleche in den erforderlichen Abmessungen liefert. Form- und Stabeisen treten dabei immer mehr zurück — ausgenommen sehr schwere Winkel —, das Blech und das Breiteisen herrschen vor. Der Querschnitt wird zerlegt in mehrere Teile, er wird zwei-, drei- und vierstegig, die Stärke der aufeinander zu nietenden Platten wächst bis zu 20 cm und mehr. Damit wachsen wieder die schon unter 2. angeführten Schwierigkeiten in der Werkstatt, und es ist damit heute die Grenze der Durchbildung solch schwerer Konstruktionsteile im allgemeinen gegeben.

Der größte Gurtstab — zweistegig — der Hellgatebrücke besitzt rund 90 qdm Querschnittsfläche, der erste Untergurtstab der Quebeckbrücke — vierstegig — besitzt rund 124 qdm Querschnitt, bei der Köln-Mülheimer Rheinbrücke erhält der Versteifungsträger über den Strompfeilern eine Querschnittsfläche von rund 77 qdm. Ich möchte daher heute auf Grund dieser und anderer Beispiele sowie auf Grund eigener Konstruktionserfahrungen rund 100 qdm oder 1 qm Querschnittsfläche als Grenze einer noch leidlich vernünftigen Ausführung der Konstruktionsglieder ansehen. Bei einer Beanspruchung von 1,4 t/qcm — Deutsche Reichsbahn für Flußeisen von Normalgüte, St. 37 — würde also ein solcher Stab auf reinen Druck 1,4 × 10000 = 14000 t aufnehmen können, bei Ausführung in St. 48 das 1,3fache oder 18200 t und bei Ausführung im neuen deutschen Siliziumstahl das 1,5fache oder 21000 t.

Das sind schon ganz gewaltige Kräfte.

Die Ansprüche der Praxis bei ganz großen Brücken sind damit aber schon heute nicht erschöpft. Es zeigen das Versuche, die in Amerika gemacht worden sind, noch größerer Kräfte Herr zu werden. Bei der zurzeit im Bau begriffenen Hängebrücke z. B. über den Hudson bei Fort Lee (Abb. 1) treten im Hängegurt Kräfte auf, die ein Vielfaches obiger Kräfte bedeuten, und es ist von Interesse, zu sehen, wie der

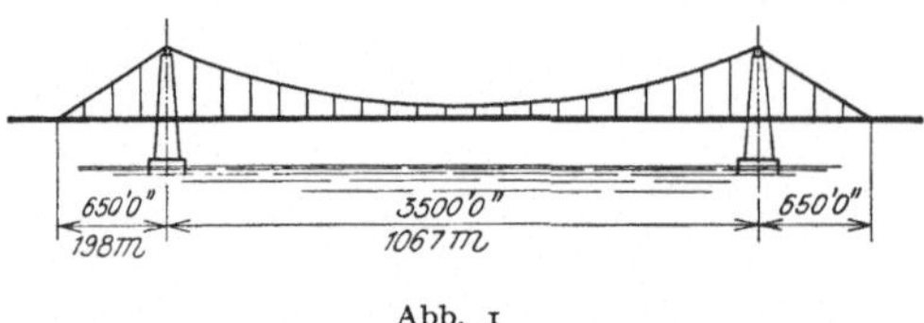


Abb. 1

Schöpfer des Bauwerkes, Herr Ammann, versucht hat, dieser Aufgabe gerecht zu werden. Er hat den Hängegurt sowohl als Stabgurt — Kette — wie als Kabelgurt untersuchen lassen. Wird der Gurt als Kette ausgeführt, so beträgt die zu übernehmende größte Kraft nächst den Pylonen — je Tragend — rund 75 000 t! In Frage kamen dafür geschmiedete Augenstäbe von einem besonders hochwertigen Stahl.[1] Die Augenstäbe waren in vierfacher Reihe übereinander vorgesehen und in jeder Reihe lagen 24 Stäbe nebeneinander. Der größte Nutzquerschnitt der 96 Stäbe war zu 223 qdm (!) gewählt, so daß die Größtbeanspruchung aus Eigenlast, Verkehrslast und Temperatur sich auf 3,35 t/qcm stellte und damit noch reichlich unter der vorgeschriebenen Mindeststreckgrenze des Materials blieb. Die gewählte Anordnung kann vom Standpunkt des nüchternen Konstrukteurs kaum gutgeheißen werden. Kräfte und Querschnitte überstiegen alles bisher Dagewesene. Auch muß man sich fragen, ob so viele Stäbe, noch dazu in vierfacher Reihe angeordnet, je wirklich zum gleichmäßigen Tragen hätten gebracht werden können. Wird der Hängegurt dagegen als paralleldrähtiges Kabel ausgeführt, so beträgt die größte Kraft nächst den Pylonen und je Tragwand nur etwa 60 000 t, und man kann noch mit zwei gewaltigen Kabeln von je $91^{1}/_{2}$ cm Durchmesser auskommen, jedes bestehend aus 26 474 Drähten zu 5 mm Durchmesser. Netto-Drahtquerschnitt pro Kabel 51,60 qdm. Der bis jetzt bekannte hochwertigste Baustoff, der Draht, gestattet also hier noch einigermaßen den Kräften konstruktiv zu entsprechen. Er muß als das Konstruktionselement angesprochen werden, das uns die größten Spannweiten noch zu bewältigen gestattet. Bei 150 kg/qmm und mehr Festigkeit hat er durch seinen Herstellungsprozeß — das Ziehen — eine Streckgrenze erreicht, die nahezu an seine Zugfestigkeit heranreicht. Bei dreifacher Sicherheit kann er bis zu 50 kg/qmm= = 5 t/qcm und höher beansprucht werden, also bis über das Doppelte wie eine Kette oder ein genieteter Stab aus einem der bisher bekannten hochwertigen Profilstählen. Auch bei der Fort Lee-Brücke hat sich der Hängegurt aus Draht als der wirtschaftlich weit überlegenere erwiesen und wird daher als solcher zur Ausführung gebracht.

Die Grenzen der verschiedenen Tragsysteme sind damit so ziemlich umrissen, sie können auf Grund der bekannten umfangreichen Berechnungen und Vergleiche von J. A. L. Waddell[2] sowie auf Grund anderweitiger und eigener Untersuchungen heute etwa wie folgt festgelegt werden:

Heutige obere Grenze einer vernünftigen und auch wirtschaftlich noch vertretbaren Ausführung verschiedener Brückensysteme (siehe Tabelle auf S. 137).

Über Hochbauten in hochwertigen Baustählen läßt sich heute noch wenig sagen, da meines Wissens erst ganz wenige Ausführungen vorliegen. In Deutschland sind einige Ausstellungshallen in St. 48 gebaut worden, ohne daß dadurch wesentliche Ersparnisse erzielt worden sind. Es ist aber fraglos, daß auch bei den Hochbauten die Zeit kommen wird, wo die stark beanspruchten Glieder — z. B. die Stützen und Binder großer Luftschiffhallen, Bahnhofshallen usw. — aus Gründen der leichteren Montage und vor allem aus Gründen der Wirtschaftlichkeit — siehe später — nur noch in hochwertigem Stahl zur Ausführung gelangen werden.

---

[1] Vorgesehen war ein Stahl von „High strength, heat treated" mit min. 73,8 kg Festigkeit und min. 52,7 kg Streckgrenze.

[2] Proceedings of the Am. Soc. of C. E. März 1914.

| | Frei-aufliegende Träger oder elastische Bogen m | Ausleger-Brücken m | Hänge-Brücken m |
|---|---|---|---|
| Ausführung in einfachem Flußstahl............. | 300 | 500 | 700 |
| Ausführung in hochwertigem Flußstahl von $25\%$ höherer Streckgrenze ..................... | 400 | 600 | 850 |
| Ausführung in hochwertigem Flußstahl von $50\%$ höherer Streckgrenze..................... | 500 | 700 | 1000 |
| Ausführung in hochwertigem Flußstahl von $75\%$ höherer Streckgrenze..................... | 600 | 800 | 1200 |
| Ausführung des Haupttraggliedes in Draht..... | — | — | 1500 |

(alles in runden Zahlen)

Ein Punkt darf beim Anwachsen der Querschnitte nicht übersehen werden, wenn man mit den Stabbreiten gar zu weit geht, das ist das Anwachsen der Nebenspannungen. Stäbe von 2 bis 3 m Höhe und Breite bringen Zusätze zu den Normalspannungen, die meines Erachtens nicht mehr vertretbar sind. Eine Verminderung dieser Abmessungen ist dringend erforderlich, sie ist wieder möglich bei Verwendung hochwertiger Stähle; ja diese gestatten meist, alle Abmessungen so zu vermindern, daß die Nebenspannungen infolge der elastischen Bewegungen der Fachwerksgebilde geringer werden als bei Ausführungen in normalem Flußeisen. Dasselbe ist zu sagen bezüglich der Zerlegung der Querschnitte in mehrere Stege. Wenn die Einzelstege solcher Stäbe nicht für sich drucksteif sind und nicht durch kräftigste Vergitterung zu einem einheitlich die Stabkraft aufnehmenden Gesamtstabe verbunden werden, liegt immer die Gefahr ungleichmäßiger Kräfteübertragung vor.[1] Die Ausführung in hochwertigem Material gestattet auch hier, diese Klippe, die der Konstrukteur zu oft übersieht, zu umschiffen.

Die Wahl der zu verwendenden *Niete* ist bei der Ausführung von Bauten aus hochwertigen Stählen noch umstritten. Während man bei den Ausführungen in einfachem Flußstahl bisher die Niete durchwegs aus etwas weicherem Baustoff vorsah, sind die Bauten aus hochwertigen Stählen meist mit Nieten derselben Güte ausgeführt worden, also Konstruktion und Niete aus ein und demselben Material. Ich möchte der letzteren Ausführungsweise beipflichten, sie gestattet wieder, die Konstruktion — Knoten, Stöße — auf ein Kleinstmaß zusammenzudrängen, die Nebenspannungen zu vermindern und an Baustoff zu sparen.

Ich komme damit zum zweiten Teile der Begründung für die Notwendigkeit der Verwendung hochwertiger Baustähle: die *Wirtschaftlichkeit* großer und größter Bauwerke infolge des Anwachsens der Brückengewichte.

Bei Brücken- und Hochbauten wachsen die Eisengewichte wesentlich rascher als die Stützweiten, da dieses Anwachsen wieder die Eigenlasten beeinflußt. Schließlich bietet auch ein Mehraufwand an Baustoff keinen Ausweg mehr und der Träger trägt sich nur noch selbst. Auch über diese Frage hat der bekannte amerikanische Forscher J. A. L. WADDELL eingehende Untersuchungen angestellt und diese für Baustähle verschiedenster Güte und für Träger verschiedenster Bauart in Form von Kurven zur Darstellung gebracht. In Deutschland sind solche Vergleiche schon für St. 48 angestellt worden,[2] für St. Si — deutschen Siliziumstahl — stehen sie noch aus.

---

[1] Einsturz der ersten Quebeck-Brücke.

[2] Siehe Dr. KOMMERELL: „Ein Jahr hochwertiger Baustahl St. 48." Der Bauingenieur, H. 28/29, S. 811/821. 1925.

In Tafel 1 sind die Gewichte zweigleisiger, einfacher Balkenbrücken für den derzeitigen schwersten Lastenzug der Deutschen Reichsbahn zahlenmäßig zusammengestellt und in Abb. 2 graphisch aufgetragen, und zwar für Ausführungen in St. 37, in St. 48 und in St. Si. Die Zahlen und Kurven sprechen für sich, sie stützen auch die in der ersten Spalte der auf der vorangehenden Seite angegebenen obersten Grenzwerte für noch einigermaßen vertretbare Ausführungen in diesen Baustoffen. Der Vergleich mit den Verkehrslastgleichwerten ist besonders interessant, die Ersparnisse $\triangle g$ sind besonders eingefügt.

Tafel 1

### Gewichte von zweigleisigen einfachen Balkenbrücken
### für Lastenzug N der Deutschen Reichsbahn

| L | St. 37 G | St. 48 | | St. Si | | |
|---|---|---|---|---|---|---|
| | | G | $\triangle g$ gegen St. 37 | G | $\triangle g$ gegen St. 37 | $\triangle g$ gegen St. 48 |
| m | t | t | % | t | % | % |
| 50 | 314 | 240 | 23,5 | 200 | .36,3 | 16,7 |
| 75 | 615 | 460 | 25,2 | 378 | 38,5 | 17,9 |
| 100 | 1006 | 742 | 26,2 | 604 | 40,0 | 18,6 |
| 125 | 1490 | 1095 | 26,5 | 890 | 40,3 | 18,7 |
| 150 | 2070 | 1510 | 27,1 | 1226 | 40,8 | 18,8 |
| 175 | 2740 | 1990 | 27,4 | 1610 | 41,2 | 19,1 |
| 200 | 3520 | 2540 | 27,6 | 2040 | 41,9 | 19,1 |

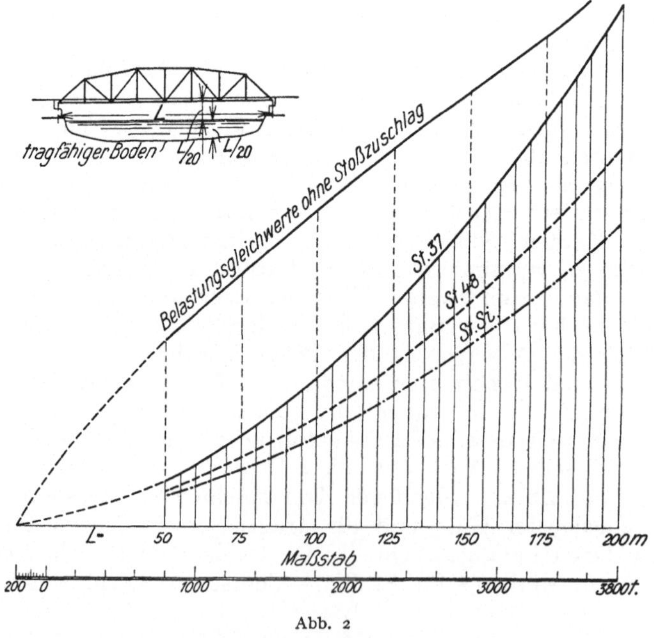


Abb. 2

Der Ersparnis an Gewicht bei Verwendung hochwertiger Baustähle stehen die Mehrkosten gegenüber für die Beschaffung der hochwertigen Walzmaterialien selbst, für schwierigere Werkstattbearbeitung, schwierigere Aufstellungsnietung usw., die nur zum Teil durch einige Erleichterungen, wie der Transport leichterer Stücke, die Verwendung leichterer Gerüste, ausgeglichen werden. Der *wirtschaftliche Gewinn* hängt also ab vom *Verhältnis dieser Mehrkosten zur Ersparnis an Gewicht.* Nimmt man z. B. den Preisunterschied einer Tonne fertig aufgestellter Brücke in St. 37 gegenüber einer Ausführung in St. Si zu M 120,— an, so ergibt sich als Schlußergebnis etwa:

$$
\begin{array}{ccccc}
\text{bei } l = & 50\text{ m} & 100\text{ m} & 150\text{ m} & 200\text{ m} \\
\text{Ersparnis} & 15\,\% & 18\,\% & 21\,\% & 25\,\%\,[1]
\end{array}
$$

Beträgt der Unterschied zwischen den Tonnenpreisen wie zwischen einer Ausführung in St. 37 und einer solchen in St. 48, nur 60 Mark, so ist das Schlußergebnis etwa:

$$
\begin{array}{ccccc}
\text{bei } l = & 50\text{ m.} & 100\text{ m} & 150\text{ m} & 200\text{ m} \\
\text{Ersparnis} & 10\,\% & 12\,\% & 15\,\% & 18\,\%
\end{array}
$$

Die Ersparnisse hängen selbstverständlich wesentlich von der Trägerform und von der Konstruktionsweise ab. Je nach der Geschicklichkeit des Konstrukteurs kann mehr oder weniger an Gewicht und damit an Gesamtersparnis herausgeholt werden. In Deutschland beträgt der Aufpreis des Walzeisens in St. 48 gegen St. 37 zurzeit durchschnittlich rund 25 M/t, der Aufpreis für Walzeisen in St. Si rund 60 M/t. Die Ersparnisse in der fertigen Konstruktion sind entsprechend, und es ist Sache der einsichtigen Ingenieure, in jedem Falle die wirtschaftlich günstigste Lösung zu finden. Mit den genannten Aufpreisen liegt die Wirtschaftlichkeit von Eisenbahnbrücken aus St. Si etwa bei 40 m Stützweite.

Die Herstellung hochwertiger Stähle bedarf im Stahl- und Walzwerk besonderer Aufmerksamkeit, namentlich ist das bei Siliziumstahl der Fall.[2] Bei diesem heute im Vordergrunde des Interesses stehenden Baustahl — in Deutschland ein niedrig gekohlter, mit größeren Mengen Silizium versehener Stahl — kommt es hauptsächlich auf einen guten und reinen Einsatz an und auf ein Arbeiten bei sehr hoher Schmelztemperatur, da ein hoher Gehalt an Silizium den Stahl bekanntlich dickflüssig macht. Durch die hohe Schmelztemperatur werden die festen Ofenbaustoffe sehr stark in Anspruch genommen, der Stein- und Dolomitverbrauch ist sehr groß und erhöht stark die Umwandlungskosten. Alle, auch die kleinsten Einschlüsse feuerfester Stoffe, sind zu vermeiden, da sie später die unangenehmen schädlichen Stellen im Stahl bilden, bzw. hervorrufen. Die Lunkerbildung erfolgt beim hochsilizierten Stahl tiefer als beim gewöhnlichen Flußstahl, der Zuschlag im Walzwerk beträgt bis zu 50 % und darüber. Der Verbrauch an Kokillen, namentlich an Brammenkokillen, ist ungewöhnlich groß. Für die Erschmelzung genügt der gewöhnliche Martinofen bei entsprechender Führung der Schmelze, da die Mängel nicht in der Art der Schmelzöfen, sondern allein in der Natur des Siliziumstahles begründet sind. Im Walzwerk ist auf bestes und gleichmäßiges Vorwärmen und Durchwärmen der Blöcke zu achten und das Auswalzen hat in bester Glut zu erfolgen. Alle Bleche und alle schweren Profile sind besonders auszuglühen.

Die Verwendung hochwertiger Stähle bedarf auch bei der Bearbeitung in der Werkstatt besonderer Aufmerksamkeit, namentlich wenn es sich nicht um legierte Stähle — Nickelstähle, Nickelchromstähle usw. — handelt, sondern um ausgesprochene Kohlenstoffstähle höherer Festigkeit. Schon beim Entwurf im tech-

---

[1] Siehe Dr. BOHNY: „Über die Verwendung hochwertiger Stähle im Brückenbau." Beitrag zur Festschrift zum achtzigsten Geburtstage von OTTO MOHR. 1916.

[2] Siehe C. WALLMANN: „Herstellung und Eigenschaften von Siliziumstahl." Stahl und Eisen, H. 25, S. 817 bis 822, 1928, und Dr. KOPPENBERG: „Herstellung, Eigenschaften und Aussichten des Si-Stahles," Der Bauingenieur, H. 18, S. 313, 1928.

nischen Bureau ist auf die Eigenart dieser Stähle Rücksicht zu nehmen. Kröpfungen, Ein- und Auswinkelungen, scharfe Biegungen sind bei tragenden Teilen grundsätzlich zu vermeiden. Ist das aus besonderen konstruktiven Gründen nicht zu umgehen, so sind solche Bearbeitungen nur in guter Rotglut auszuführen und die Stücke sind langsam erkalten zu lassen. Jegliches Abschrecken ist schädlich. Das Abschneiden langer und schmaler Streifen aus großen Blechen mit der Schere und das nachfolgende starke Richten und Strecken unter der Richtwalze, erst recht das Richten durch Hammerschläge, ist zu untersagen. Die hierdurch hervorgerufenen Kaltverformungen — das gefürchtete Kaltrecken — sind äußerst gefährlich. Das Trennen erfolgt daher besser mit dem Brennapparat mit Zugabe zum Behobeln der Brennkanten. Winkel- und Formeisen sind am besten mit der Kaltsäge zu trennen, vorkommende Schlitze sind auszubohren. Die Niete sind in hellrotem Zustande und nach Befreien von dem etwa anhaftenden Glühspan in die gehörig gereinigten Nietlöcher einzuführen und möglichst maschinell zu schlagen. Preßlufthammernietung gilt als Maschinennietung. Das Schlagen und Pressen der Niete hat so rasch zu erfolgen, daß die Nietkopfbildung noch vor dem Übergange zur Blauwärme erledigt ist. Nimmt man dazu noch die im Stahl- und Walzwerk geschilderten Schwierigkeiten, das notwendige Verfolgen jeden Blockes vom Guß bis zum fertigen Walzstab und schließlich das getrennte Lagern im Walzwerk und in der Brückenbauanstalt — um ja Verwechslungen zu vermeiden —, so ist der oben genannte Aufschlag für hochgekohlte und hochsilizierte Walzerzeugnisse und der rund doppelt so große Aufschlag für das fertige Bauwerk wohl zu verstehen.

Die Verwendbarkeit hochwertiger Stähle und ihre Beanspruchung im fertigen Bauwerk wird heute allgemein nach ihrer Streckgrenze bemessen. In Amerika war die Feststellung dieser Grenze seit jeher vorgeschrieben, in Deutschland konnte man beim normalen Flußeisen wegen seiner unbedingt gleichmäßigen Beschaffenheit davon absehen. Da indessen die Sicherheit der Glieder eines Bauwerkes nur davon abhängt, wie tief die Beanspruchung unter der Grenze beginnender dauernder Verformung — eben der Streckgrenze — bleibt, ist diese Grenze bei neuen Baustoffen maßgebend für ihre Beanspruchung. Festigkeit, Streckgrenze und Dehnung sind daher die charakteristischen Zahlen für unsere Baustähle, und es ist vornehmlich die Streckgrenze, die ihren Wert darstellt, sie regiert.[1] Alle Bestrebungen, die Streckgrenze nach Möglichkeit zu heben — ohne dadurch der Zähigkeit des Materials Zwang anzutun — sind daher voll zu begrüßen, sie dienen der heute mehr denn je erforderlichen Notwendigkeit der Bewirtschaftung unseres Bauwesens.

Die einzuhaltende *chemische* Zusammensetzung der Baustähle war von jeher in den amerikanischen Vorschriften enthalten. Auch andere Länder, wie z. B. Holland, besitzen diese Vorschrift. In Deutschland hat man bislang davon abgesehen, da man die Einhaltung der Festigkeitswerte allein als genügend erachtet. Die Meinungen über diese Frage sind bislang noch geteilt.

Die Verwendung hochwertiger Baustähle im Brücken- und Hochbau hat in den verschiedenen Ländern eine verschiedene Entwicklung erfahren. Während man in den Vereinigten Staaten von Nordamerika schon in den ersten Jahren dieses Jahrhunderts sich nach hochwertigen Baustoffen umsah, veranlaßt durch die großen vorliegenden Brückenobjekte wie die East River-Brücken, die Quebeck-Brücke, hatte man in Deutschland nur vereinzelt Vorschläge und Ausführungen in hochwertigen Stählen zu verzeichnen. Man folgte zuerst den Vorschlägen Waddels und verwendete zeitweise den teuren Nickelstahl. Die 1913/1915 erbaute zweite feste Straßenbrücke über den Rhein bei Köln wurde dann zu rund 70% aus einem Chrom-

---

[1] Siehe dazu Dr. Kulka: „Die Streckgrenze als Berechnungsgrundlage für den Konstrukteur." Der Stahlbau, H. 1, S. 6/7. 1928.

nickelstahl errichtet, während spätere große Bauwerke, wie die Nordostseekanal-brücke bei Hochdonn, wieder aus einem einfachen Kohlenstoffstahl mit etwas höherem Kohlenstoffgehalt gebaut wurden. Die Nachkriegszeit mit ihrer wirtschaftlichen Not zwang Deutschland, auf diesem Wege weiterzugehen. 1924 wurde von der Reichsbahn der St. 48 eingeführt, der sich vorzüglich bewährte und zwei Jahre später — 1926 — ein noch hochwertigerer Stahl, der zuerst F.-Stahl genannt wurde[1] und der sich als ein hochprozentiger Siliziumstahl — rund $1^0/_0$ Si-Gehalt — dar-stellt. Der St.-Si ist zurzeit der Stahl, aus dem in Deutschland die meisten großen Brücken erstellt werden. Mit 36 kg Mindeststreckgrenze überragt er die Baustähle anderer Länder um ein bedeutendes.

Nicht so stürmisch entwickelte sich in Amerika die Baustahlfrage. Für Brücken- und Hochbauten ist der „Mild"-Stahl immer noch der am meisten gebrauchte Stahl. Er entspricht in seiner Zusammensetzung etwa dem deutschen Normalstahl. In den neuen Brücken wird jedoch ein etwas höher gekohlter Stahl, der „Medium"-Stahl, verwendet, der in seiner Güte etwa dem deutschen Schiff-baustahl gleichkommt. Seine Herstellungskosten sind verhältnismäßig wenig höher als beim Mildsteel, weshalb seine höhere Streckgrenze große Vorteile bietet. Siliziumstahl, sogenannter high Silicon Steel — aber mit wesentlich geringerem Si-Gehalt als beim deutschen St. Si. —, ist das Hauptmaterial für besonders große Brücken. Es wurde damit z. B. gebaut die Metropolis-Brücke über den Ohio, die Cincinnati-Brücke, die neue Delaware-Brücke zwischen Philadelphia und Camden N. J. Der Nickelstahl mit $3,25^0/_0$ Nickelgehalt und 60—70 kg Festigkeit ist auch von den Amerikanern wegen seiner hohen Kosten verlassen worden. Er wird nur noch bei Brücken größter Spannweite verwendet, wie z. B. bei der neuen Hudson-Brücke, der bereits erwähnten Fort Lee-Brücke von 1067 m Spannweite.

Im alten Österreich-Ungarn sind die Kettenglieder der Elisabeth-Brücke über die Donau bei Budapest aus basischem Siemens Martin-Stahl von 50 bis 55 kg/qmm Festigkeit und $20^0/_0$ Dehnung ausgeführt worden. Die Ausführung fällt in die Jahre 1898 bis 1903. Später — 1912 — gab der in Aussicht stehende Umbau der Kaiser-Franz-Josefs-Brücke über die Donau in Wien Anlaß, der Frage der allge-meinen Verwendung und Zulassung hochwertigerer Stähle näher zu treten. Unter der Leitung HABERKALTs[2] wurde ein großzügiges Versuchsprogramm durchgeführt, das mit der Festsetzung eines Baustahles von 55 bis 65 kg/qmm endete. In diesem Stahle sind schon einige Brücken mittlerer Größe ausgeführt worden, wobei die Streckgrenze des Materials mindestens 36 kg/qmm betrug.

In Frankreich wird vorwiegend ein Baustahl St. 42 verwendet, in England vorwiegend — wie in Amerika — ein Baustahl St. 44, gleich dem Mediumstahl.

In den Tafeln 2 und 3 sind für die hauptsächlich stahlerzeugenden Länder, Amerika und Deutschland, die derzeitigen Vorschriften der gebräuchlichen Bau-stähle zusammengestellt. Welche jährlichen Mengen davon in Amerika benötigt werden, konnte ich nicht feststellen. In Deutschland war 1927 der Gesamtbedarf an Flußstahl — Normalstahl und hochwertige Baustähle zusammen — für Brücken- und Hochbauzwecke rund 300000 t. Das wären rund $5^0/_0$ der Gesamterzeugung der deutschen Walzwerke, ohne die der Saar. Bis Ende 1927 hatte die Deutsche Reichsbahn-Gesellschaft rund 100000 t Eisenkonstruktionen in St. 48 gebaut, bzw. in Auftrag gegeben, von Konstruktionen in St. Si ungefähr 30000 t. Von einer allgemeinen Verwendung hochwertiger Baustähle kann man somit noch lange nicht sprechen. Die Normalgüte bleibt hier wie jenseits des Atlantik nach wie vor

---

[1] Siehe Dr. SCHAPER: „F.-Stahl." Die Bautechnik, H. 7, S. 237/238. 1926.
[2] Siehe Bericht K. HABERKALT: „Versuche mit hochwertigem Eisen für Tragwerke." Wien, 1915.

## Tafel 2

### Chemische und physikalische Vorschriften für amerikanische Baustähle

|  |  |  | Kohlenstoffstähle | | | | | Silizium-stahl | Stahlguß | Besonders hochwertiger Stahl |
|---|---|---|---|---|---|---|---|---|---|---|
|  |  |  | Medium | Mild | Niete | Augenstäbe, unausgeglüht | Bolzen |  |  |  |
|  |  |  | 1 | 2 | 3 | 4 | 5 | 6 | 7 | 8 |
| Chemische Vorschriften | Kohlenstoff | in % | — | — | — | — | — | max. 0,4 | — | — |
|  | Mangan |  | — | — | — | — | — | norm. 1,00 | — | — |
|  | Phosphor bei saurem Einsatz |  | max. 0,06 | max. 0,06 | max. 0,04 | max. 0,06 | max. 0,06 | max. 0.06 | max. 0,06 | max. 0,04 |
|  | Phosphor bei basischem Einsatz |  | max. 0,04 | max. 0,04 | max. 0,04 | max. 0,04 | max. 0,04 | max. 0,04 | max. 0,04 | max. 0,04 |
|  | Schwefel |  | max. 0,05 | max. 00,5 | max. 0,045 | max. 0,05 | max. 0,05 | max. 0,05 | max. 0,05 | max. 0,04 |
|  | Silizium |  | — | — | — | — | — | norm. 0,45 min. 0,20 | — | — |
| Physikalische Vorschriften | Zugfestigkeit | lbs. per sq. inch | 62 000—70 000 | 55 000—65 000 | 46 000—56 000 | max. 74 000 | 62 000—70 000 | 80 000—95 000 | min. 65 000 | min. 95 000 |
|  |  | kg/qmm | 43,6—49,2 | 38,7—45,7 | 32,3—39,4 | max. 52,0 | 43,6—49,2 | 56,3—66,8 | min. 45,7 | min. 66,8 |
|  | Streckgrenze min. in | lbs. per sq. inch | 37 000 | 30 000 | 25 000 | 30 000 | 37 000 | 45 000 | 35 000 | 65 000 |
|  |  | kg/qmm | 26,0 | 21,1 | 17,6 | 21,1 | 26,0 | 31,6 | 24,6 | 45,7 |
|  | Dehnung bei 8 inch = 203 mm min. in % | für lbs. per sq. inch. | $\frac{1\,500\,000}{\text{Zugfestigkeit}}$ | $\frac{1\,500\,000}{\text{Zugfestigkeit}}$ | $\frac{1\,500\,000}{\text{Zugfestigkeit}}$ | $\frac{1\,500\,000}{\text{Zugfestigkeit}}$ | — | $\frac{1\,500\,000}{\text{Zugfestigkeit}}$ | — | — |
|  |  | für kg/qmm | $\frac{1055}{\text{Zugfestigkeit}}$ | $\frac{1055}{\text{Zugfestigkeit}}$ | $\frac{1055}{\text{Zugfestigkeit}}$ | $\frac{1055}{\text{Zugfestigkeit}}$ | — | $\frac{1055}{\text{Zugfestigkeit}}$ | — | — |
|  | Dehnung bei 2 inch = 51 mm min. in % | für lbs. per sq. inch | — | — | — | — | $\frac{1\,700\,000}{\text{Zugfestigkeit}}$ | — | 20 | 21 |
|  |  | für kg/qmm | — | — | — | — | $\frac{1196}{\text{Zugfestigkeit}}$ | — | 20 | 21 |
|  | Einschnürung min. in % | für lbs. per sq. inch | 44 | — | — | — | $\frac{2\,700\,000}{\text{Zugfestigkeit}}$ | 30 | 30 | 45 |
|  |  | für kg/qmm | 44 | — | — | — | $\frac{1898}{\text{Zugfestigkeit}}$ | 30 | 30 | 45 |
|  | Faltversuch Eisendicke $\leqq$ 3/4 inch (19 mm) |  | 180⁰ D = 1 a | 180⁰ Schenkel flach aneinanderliegend | 180⁰ | 180⁰ D = 1 a | 180⁰ D = 1 a | 180⁰ D = 1 a | — | 180⁰ D = 1 a |
|  | Eisendicke > 3/4 inch (19 mm) |  | 180⁰ D = 1¹/₂ a | 180⁰ D = 1 a | 180⁰ Schenkel flach aneinanderl. | 180⁰ D = 1¹/₂ a | 180⁰ D = 1¹/₂ a | 180⁰ D = 1¹/₂ a | 120⁰ D = 2 a | — |

Alle Winkeleisen müssen sich kalt auf 150⁰ aufbiegen oder auf 30⁰ zusammenbiegen lassen, ohne zu brechen

D = Durchmesser, a = Eisendicke

Tafel 3

### Vorschriften für Deutsche Baustähle

| | St. 00 Handelsgüte DIN 1612 | St. 37 Normalgüte DIN 1612 Baustahl | St. 37 Normalgüte DIN 1613 Nieteisen | St. 48 Hochgekohlter Baustahl Baustahl | St. 48 Hochgekohlter Baustahl Nieteisen | St. Si Silizium-Baustahl Baustahl | St. Si Silizium-Baustahl Nieteisen |
|---|---|---|---|---|---|---|---|
| Zugfestigkeit in kg/qmm | — | 37—45 | 34—42 | 48—58 | — | min 48 | — |
| Streckgrenze in kg/qmm. | — | — | — | min 29[1] | — | min 36[1] | — |
| Dehnung min in $\%$ am Kurzstab | — | 25 für $a = 30$—8 mm<br>22 ,, $a = 8$—7 ,,<br>18 ,, $a = 7$—5 ,, | 30 für $a > 8$ mm<br>26 ,, $a = 8$—7 ,,<br>22 ,, $a = 7$—5 ,, | $1,2 \times 18 = 21,6$[2] | — | in Walzrichtg.<br>$1,2 \times 20 = 24$[2]<br>quer dazu:<br>$1,2 \times 18 = 21,6$ | — |
| Dehnung min in $\%$ am Langstab | — | 20 für $a = 30$—8 mm<br>18 ,, $a = 8$—7 ,,<br>15 ,, $a = 7$—5 ,, | 25 für $a > 8$ mm<br>22 ,, $a = 8$—7 ,,<br>18 ,, $a = 7$—5 ,, | $18$[3] | — | in Walzrichtg.<br>$20$[3]<br>quer dazu:<br>18 | — |
| Faltversuch | kalt: $90^0$<br>$r = 2a$ | kalt: $180^0$<br>$D = {}^1/_2 a$ | kalt: $180^0$<br>Schenkel flach an-einanderliegend | kalt: $180^0$<br>$D = 2a$ | kalt: $180^0$<br>$D = 1a$ | kalt: $180^0$<br>$D = 2a$ | — |
| Scherfestigkeit in kg/qmm | — | — | — | — | min 29 | — | 36—48 |
| Stauchversuch | — | — | warm: auf<br>$^1/_3$ der Länge | — | warm: auf<br>$^1/_3$ der Länge | — | warm: auf<br>$^1/_2$ der Länge |

[1] Bei nicht scharf ausgeprägter Streckgrenze gilt als solche die Spannung, bei der die bleibende Dehnung $= 0,2\%$ der ursprünglichen Meßlänge beträgt. — [2] Beim kurzen Proportionalstab. — [3] Beim langen Proportionalstab.

der Baustoff für den allgemeinen Verbrauch, wozu noch die Sonderstähle für den Schiffbau kommen, sowie die großen Mengen von Stahl in sogenannter Handelsgüte.

Es ist kaum anzunehmen, daß die Baustahlfrage mit dem Siliziumstahl ihr Ende erreicht hat. Allerorten wird weiter an der Erzeugung hochwertiger Baustähle gearbeitet, und es werden wohl die nächsten Jahre noch weitere Fortschritte in dieser technisch wie wirtschaftlich so wichtigen Frage bringen. Aus Dortmund[1] kommt bereits der Vorschlag eines mit Kupfer und Chrom legierten, aber wesentlich niedriger silizierten Baustahles. Diese Zusammensetzung des neuen Stahles soll die gleichen physikalischen Eigenschaften wie beim deutschen St. Si ergeben, seine Mängel aber völlig vermeiden. Er soll sich außerdem gut und ohne Schwierigkeiten gießen und walzen lassen, gut schweißbar und sehr widerstandsfähig gegen Korrosion sein.

Schon jetzt hat sich also das prophetische Wort von MEHRTENS, it mdem er sein Werk „Der Deutsche Brückenbau im XIX. Jahrhundert" schließt, verwirklicht, wo er sagt: „Wie lange wird das Flußeisen in seiner jetzigen Beschaffenheit oben bleiben? Aluminium und Nickel als Zusätze haben bereits eine Bedeutung gewonnen und das XX. Jahrhundert verbirgt, wenn nicht alles trügt, weitere Überraschungen in seinem Schoße." Die ersten Überraschungen haben sich erfüllt, mögen weitere uns geschenkt werden in den kommenden Jahrzehnten zur Hebung der Wirtschaft und zur weiteren Hebung und Entwicklung des Stahlbaues!

# Diskussion

Dr. Jng. e. h. F. BRUNNER, Duisburg:

Herr Dr. BOHNY, der sich seit zwei Jahrzehnten um die Einführung eines hochwertigen Baustahles in den Eisenbrückenbau außerordentlich verdient gemacht hat, begründete in dem soeben gehörten Vortrag abermals die Notwendigkeit eines solchen hochwertigen Baustoffes; zunächst die *technische Notwendigkeit*, weil bei großen schweren Brücken die Querschnittsausbildung der einzelnen Stäbe mit unserm normalen Stahl 37 schon sehr große konstruktive Schwierigkeiten macht und auch das Eigengewicht solcher Bauwerke übermäßig groß wird; dann die *wirtschaftliche Notwendigkeit*, weil in unserer Zeit eben an allen Dingen gespart werden muß. Aber auch die Tatsache, daß jährlich Werte im Betrag von mehr als 1 Milliarde Mark dem Todfeind des Eisens, dem Rost, zum Opfer fallen, und die Eisenerzlager unseres Planeten — soweit wir sie heute wirtschaftlich ausbeuten können — sehr begrenzt sind, sollte zu einem sparsamen Verbrauch des Eisens anregen. — Ich möchte mir nun erlauben, die Ausführungen von Herrn BOHNY noch in einigen Punkten zu ergänzen, wobei ich allerdings in erster Linie deutsche und österreichische Verhältnisse im Auge habe.

Der sogenannte Stahl 37 beherrscht heute noch ziemlich souverän den Markt für Konstruktionseisen. Der Stahl Si kommt zunächst nur für große Bauwerke in Frage, weil der Mehrpreis von zirka M 60,—/t gegenüber Stahl 37 leider viel zu hoch für dessen allgemeine wirtschaftliche Verwendung ist. Der höhere Preis ist eine Folge der größeren Herstellungsschwierigkeiten im Hüttenwerk, was Herr Dr. BOHNY ja ausführlich begründet hat.

Nun ist aber für die Eisenbauindustrie der Zustand durchaus nicht ideal, daß mit zwei verschiedenen Baustoffen gearbeitet werden muß. Abgesehen von den

---

[1] Siehe Dr. SCHULZ, E. H., Dortmund: „Die Fortentwicklung des hochwertigen Baustahles." Stahl und Eisen, H. 28, S. 849 bis 853. 1928.

dadurch entstehenden Mehrkosten durch Schwierigkeiten in der getrennten Lagerung usw. sind auch die auftraggebenden Verwaltungen nicht ganz ohne Sorge, da ja Verwechslungen im Hüttenwerk wie in der Brückenbauanstalt trotz aller Sorgfalt immerhin möglich sind.

Nun ist zu beachten, daß der Stahl 37 gewissermaßen den unteren Grenzfall von erforderlicher Materialqualität für Brücken und Hochbauten darstellt. Kommen wir damit für den allgemeinen Gebrauch jetzt noch zurecht? Dr. BOHNY sagt, daß Stahl 37 noch für Balkenbrücken mit einer Stützweite bis zu etwa 300 m und für Auslegerbrücken mit einer solchen bis zu etwa 500 m verwendet werden kann. Diese oberen Grenzen scheinen mir doch außerordentlich weit gezogen zu sein. Ich glaube, man wird die Anwendungsgrenze des Stahl 37 bezüglich der Stützweiten noch erheblich nach unten drücken müssen. Andererseits wird aber für kleinere und mittlere Brücken die Gewichtsersparnis bei Verwendung von Si-Stahl wahrscheinlich auch geringer ausfallen, als in Tafel I auf Seite 138 angegeben.

Beim Vergleich der Kostenersparnis in Si-Stahl Ausführung gegenüber Stahl 37 muß man meines Erachtens etwas mehr abstufen, je nach den Stützweiten. Wenn z. B. bei einer Brücke von 100 m Stützweite der Unterschied im Tonnenpreis der fertigen Brücke zirka M 120,— beträgt, so wird er bei 50 m Stützweite vielleicht nur M 90,—, dafür aber bei 150 m vielleicht schon M 150,— sein. Dementsprechend werden je nach den Stützweiten die Gesamtersparnisse von den Angaben auf Seite 138 im v. H.-Satz ebenfalls noch stark abweichen. Die durchschnittliche Ersparnis bei 50 m Stützweite wird kaum über 10% hinausgehen; sie wird hingegen bei 200 m auf 28 bis 30% anwachsen, wobei zunächst von der Trägerform gänzlich abgesehen ist. Es hat dies seinen Grund hauptsächlich darin, daß bei sehr großen Brücken die Gewichtsersparnis von Stahl Si gegenüber Stahl 37 über den v. H.-Satz der höheren zulässigen Beanspruchung noch hinausgeht (was sich sehr klar bei der neuen Rheinbrücke Duisburg—Hochfeld zeigte) und ferner, weil auch in den Baugerüsten und -einrichtungen relativ viel mehr erspart werden kann als bei kleinen Brücken. Man wird also demzufolge die wirtschaftliche Grenze der Anwendungsfähigkeit des Stahls Si etwas hinaufrücken müssen, vielleicht auf Stützweiten von etwa 70 m, besonders auch deshalb, weil der ungünstige Einfluß der modernen, rasch fahrenden Maschinen auf die Unterhaltung von relativ leichtgebauten Brücken vermieden werden soll. Insbesondere für Straßenbrücken auch schwerer Bauart darf man die untere wirtschaftliche Grenze der Stützweiten nicht zu niedrig ansetzen, und ich möchte hiezu nur erwähnen, daß sich bei der Entwurfsbearbeitung der neuen Straßenbrücke über die Elbe in Hamburg mit drei Öffnungen von je 100 m gezeigt hat, daß bei dem dort verwandten, allerdings sehr rationellen System des vollwandigen Lohseträgers die wirtschaftliche Grenze für Stahl Si nicht sehr weit unter 100 m Stützweite liegt.

Als Ergebnis dieser Betrachtung muß man sagen, daß wir noch weit entfernt sind von dem Ideal des sogenannten Einheitsstahles, der sowohl für große wie für kleine Ausführungen genügende wirtschaftliche Eignung besitzt. Die Betrachtungen zeigen uns aber weiter, daß heute auch der Stahl 37 an sich seine Aufgabe in wirtschaftlicher Hinsicht nicht mehr erfüllt. Wir brauchen ein Zwischenmaterial, einen Stahl, der etwas härter ist als Stahl 37, ihm aber im Preise gleich oder wenigstens sehr nahekommt.

In Deutschland wird aber ein solches Material bereits seit langem hergestellt, und zwar der Stahl 44. Seine Bruchfestigkeit liegt 20%, seine Streckgrenze zirka 15% höher als bei Stahl 37. Seine stofflichen Qualitäten sind vorzüglich. Er hat sich schon bei großen Ausführungen, z. B. am Nordostseekanal, glänzend bewährt und kostet nur wenig mehr als Stahl 37. Wir wollen gegen den Stahl 37 nicht undankbar sein; er hat 40 Jahre lang seine Schuldigkeit in jeder Beziehung getan; aber wir sollten auch bezüglich des sogenannten *normalen Baustoffes*, der für alle landläufigen Fälle im Brücken- wie im Hochbau wirtschaftlich seine Aufgabe am besten erfüllt, mit der Zeit gehen. — Verlassen wir doch den Stahl 37 ganz und setzen wir an seine Stelle den Stahl 44, der auch größeren Aufgaben gewachsen ist! Wir können mit diesem Stahl Brücken von Stützweiten bis zu 60, vielleicht auch 80 m und ebenso große Hochbauten sehr wirtschaftlich herstellen und werden damit bei kleineren und mittleren Ausführungen gegenüber dem Stahl 37 noch viel Geld sparen können, besonders wenn man berücksichtigt, daß bei allgemeiner Einführung dieses Stahles an Stelle von Stahl 37 sein Preis aller Wahrscheinlichkeit nach auf den Preis des Stahls 37 gesenkt werden kann.

Es bleibt uns dann genügend Muße, die technische Entwicklung des ganz harten Stahles, die ja, wie wir sehen, noch in vollem Fluß ist, aufmerksam zu verfolgen und weiterzuführen. Die Bestrebungen, einen sehr hochwertigen Stahl, etwa wie den jetzigen deutschen Si-Stahl oder einen noch härteren für große Bauwerke im Brückenbau einzuführen und dabei, wenn möglich, zu einer internationalen Einheitlichkeit zu kommen, können dann um so intensiver fortgesetzt werden. Diese Frage muß, wie dies schon bisher versucht wurde, im Zusammenarbeiten der Hüttenwerke und der Brückenbauer einer klaren Lösung zugeführt werden; denn sie ist eine Lebensfrage für den ganzen Eisenbau.

Wenn möglich, müßte sie zur Einführung eines hochwertigen Einheitsstahles führen, der natürlich erheblich billiger sein sollte als die jetzigen hochwertigen Baustähle. Wünschenswert wäre ein Stahl von etwa 55 kg mittlerer Festigkeit und einer Streckgrenze von etwa 36 kg/cm².

Dr.-Ing. e. h. O. ERLINGHAGEN, Rheinhausen:

Bevor ich auf die Ausführungen des Herrn Dr. BOHNY eingehe, möchte ich einige Worte zu den Vorschlägen des Herrn Vorredners, Herrn Dr. BRUNNER, Duisburg, sagen, in bezug auf den Stahl St. 37.

Ich möchte davor warnen, den Stahl St. 37, das ist die deutsche Normalgüte, ersetzen zu wollen etwa durch den Stahl St. 44. Es ist doch kein Zufall, daß z. B. auch der in Amerika verwendete Normalstahl fast genau dieselben Festigkeiten und physikalischen Eigenschaften wie der deutsche Stahl St. 37 hat. Der Stahl St. 37 ist eben das bei Thomas-Werken normal entfallende Erzeugnis. Der allergrößte Teil des Stahles, der in Deutschland verwendet wird, und wahrscheinlich auch in Amerika, ist eben dieser Stahl, dessen Bruchfestigkeit zwischen 37 und 45 kg/qmm liegt.

Nun zu den Äußerungen des Herrn Dr. BOHNY. Zunächst möchte ich Herrn Dr. Bohny um eine Aufklärung bitten, über eine Unstimmigkeit seiner Angaben auf Seite 139 des vorliegenden Abdruckes der Referate. Er führt aus, daß bei einem Unterschied von 120,— M je t Konstruktion aus St. Si gegen St. 37 mehr erspart wird als bei einem Unterschied von 60,— M je t. Hier liegt eine Unstimmigkeit, um deren Aufklärung ich bitte.

Am Schluß seines Referates sagt Herr Dr. BOHNY, daß voraussichtlich weitere Überraschungen zu erwarten sind in bezug auf die Baustahlfrage. Meine Herren! Ich möchte Ihnen keine Überraschungen bringen. Nach der schon heute erwähnten Verhandlung der Deutschen Reichsbahn mit dem Verein deutscher Eisenhüttenleute und dem Deutschen Eisenbauverband in Düsseldorf über den Silizium-Stahl und nach Erörterungen der Schwierigkeiten, die sich bei der Herstellung dieses Stahles herausgestellt haben, war es wohl zu erwarten, daß sich eine Reihe Hüttenwerke damit beschäftigen würde, wie diese Schwierigkeiten etwa durch Ersatz des Silizium-Stahles durch andere hochwertige Stähle aus dem Wege geschafft werden können. Herr Dr. Bohny erwähnt in seinem Berichte, daß aus Dortmund der Vorschlag gekommen sei, statt des Silizium-Stahles einen mit Kupfer und Chrom legierten, aber wesentlich niedriger silizierten Baustahl zu verwenden. Ich darf wohl annehmen, daß Herr Dr. Bohny mit diesem Stahl den Union-Baustahl meint, den die Vereinigten Stahlwerke, Abteilung Dortmunder Union, und der unter den hier Anwesenden weilende Leiter des Forschungsinstitutes der Vereinigten Stahlwerke, Herr Dr. Schulz, herausgebracht haben. Nach alledem, was man bisher über diesen Stahl gehört hat, scheint dieser Union-Baustahl ein guter Ersatz für den deutschen Silizium-Stahl zu sein.

Daß die Firma Krupp, die auf dem Gebiete der hochwertigen Stähle langjährige Erfahrungen hat, sich auch mit der Frage beschäftigen würde, wie die Schwierigkeiten, die beim Silizium-Stahl entstanden sind, behoben werden könnten, ist wohl selbstverständlich. Über diese Bestrebungen der Firma Krupp, und zwar der Friedrich-Alfred-Hütte in Rheinhausen, möchte ich Ihnen folgendes kurz berichten:

Schon seit langem hatte man erkannt, daß mit Silizium legierte Stähle ein günstiges Verhältnis zwischen Streckgrenze und Zugfestigkeit aufweisen und ein hohes Arbeitsvermögen besitzen. Aus diesem Grunde benutzt man sie schon seit geraumer Zeit zur Herstellung von Federn aller Art. Vor einigen Jahren hat man nun auch hochsilizierte Stähle als Baustahl im Eisenbau verwendet, und zwar mit gutem Erfolge. Siliziumstahl erfordert jedoch bei seiner Herstellung außerordentlich große Sorgfalt, scharfe Überwachung des Schmelzprozesses und die Verwendung ausgesuchter Einsatzstoffe für die Schmelzöfen. Seine Verwalzung bedingt eine besonders auf ihn zugeschnittene Kalibrierung; groß ist ferner seine Neigung zu hohlen Stellen und Oberflächenfehlern, die zu hohen Ausfallziffern sowohl im Stahlwerk als auch bei der Weiterverarbeitung im Walzwerk führen.[1] Es ist daher nicht verwunderlich, daß sich Bestrebungen geltend machen, statt des Siliziums einen (oder mehrere) anderen Legierungsbestandteil in den Stahl einzuführen, der einerseits nicht die unangenehmen Begleiterscheinungen des Siliziumstahls aufweist, anderseits aber auch den Preis nicht so hoch hinauftreibt.

Der Gedanke, durch verschiedene Legierungsbestandteile die physikalischen Eigenschaften des Baustahles zu verbessern, ist nicht neu. Es gibt in Europa wie in Amerika zahlreiche Hochbaukonstruktionen, bei denen Stähle verwandt wurden, die Legierungszusätze wie Nickel, Chrom und Nickelchrom besitzen. Aber nur mit sehr teueren Nickelchromstählen (zirka $3\%$ Nickel und zirka $0{,}6\%$ Chrom) sind physikalische Werte erreicht worden, wie sie der Si-Stahl aufweist. Das günstige Verhältnis der Streckgrenze zur Zugfestigkeit und weiterhin gleichzeitig das hohe Arbeitsvermögen ($=$ Zugfestigkeit $\times$ Dehnung) des Si-Stahles sind nicht erreicht worden.

Vor einigen Monaten wurde auf der Friedrich-Alfred-Hütte damit begonnen, systematisch die chemischen und metallurgischen Bedingungen zu studieren, die zur Erreichung von dem Si-Stahl mindestens gleichwertigen Baustählen führen. Bei der Aufstellung des durchzuführenden Versuchsprogramms wurde das Moment der Wirtschaftlichkeit in der Weise berücksichtigt, daß die Versuche sich lediglich auf schwach legierte Stähle beschränken sollten.

Versuche mit einem Stahl, der neben höheren Mangangehalten auch Silizium und Kupfer in einem bestimmten Verhältnis enthält, zeigen, daß ein Stahl gefunden worden ist, der vollauf die bei Si-Stahl erhaltenen Festigkeitswerte erreicht, daß letztere sogar günstiger sind insofern, als die Streckgrenze mit zunehmender Profil-

---

[1] Siehe Berichte von Wallmann und Dr. Koppenberg in „Stahl u. Eisen", Jahrgang 48, Heft 25 vom 21. Juni 1928 (Seite 817ff.).

stärke keinen nennenswerten Abfall erfährt, also der Verwalzungsgrad keinen so einschneidenden Einfluß hat wie beim Si-Stahl. Die vorher geschilderten Herstellungsschwierigkeiten treten bei diesem neuen Stahl nicht auf. Zur Erhöhung der Korrosionsbeständigkeit ist von dem bekannten Mittel eines Kupferzusatzes Gebrauch gemacht worden.

Besonders hervorzuheben ist eine wesentlich höhere Alterungsbeständigkeit dieses neuen Baustahls gegenüber anderen Baustählen wie St. 37, St. 48 und St. Si. Wie bekannt ist, verliert ein Werkstoff, der eine örtliche Kaltverformung erfahren hat, d. h. eine Beanspruchung bis über die Elastizitätsgrenze, nach einiger Zeit, oft erst nach Monaten, 80 bis 90% seiner ursprünglichen Kerbzähigkeit. Die Alterungsbeständigkeit dieses neuen Baustahls wirkt sich somit bei jeder Eisenkonstruktion aus, an welcher örtliche Kaltverformungen ganz besonders bei gleichzeitiger Erwärmung vorgenommen worden sind, wie Nietungen usw.

### Prof. Dr. Ing. KARNER, Zürich:

Baurat Dr. BOHNY weist in seinem Referat über die Anwendung des hochwertigen Stahles im Eisenbau ausdrücklich auch auf die Verwendung von Stahldraht in Form von Kabeln hin, um im Großbrückenbau für Hängebrücken größere Stützweiten wirtschaftlich bewältigen zu können. Die Anwendung von Stahlkabeln braucht aber nicht nur auf Hängebrücken beschränkt zu werden, sondern sie wird zweckmäßig auch bei anderen Brückenformen für solche Bauglieder angewandt werden müssen, die nur auf Zug beansprucht werden. So ergibt beispielsweise die Verwendung von Stahlkabeln als Zugband weitgespannter Bogenbrücken die Möglichkeit, diese Bauform wesentlich wirtschaftlicher zu gestalten. Der Redner verweist diesbezüglich auf seinen Vortrag über statische und wirtschaftliche Fragen bei der Anwendung von Kabelzugbändern weitgespannter Bogenbrücken[1] und führt in kurzen Worten einen Vergleich über die technische Ausführmöglichkeit, sowie über die Ersparnisse an Gewichten und Kosten vor, welche bei der Ausführung großer Bogenbrücken aus Si-Stahl mit Si-Stahl Zugbändern gegenüber ebensolchen Bogenbrücken mit Kabelzugbändern zu erzielen sind.

### Direktor Dr.-Ing. KOMMERELL, Berlin:

Die sehr interessanten Ausführungen des Herrn Dr. BOHNY zeigen meines Erachtens in einem Punkt einen Widerspruch: er stellt an den hochwertigen Baustahl u. a. die Forderung, daß die erforderlichen Profile in kürzester Zeit in beliebiger Menge zu erhalten sind. Anderseits will er den hochwertigen Baustahl nur bei ganz großen Bauwerken angewendet wissen. Bei den Eisenbahnbrücken tritt aber die Zahl der ganz großen Bauwerke gegenüber kleineren und mittleren Bauwerken erheblich zurück. Eine Statistik bei den früheren Reichseisenbahnen in Elsaß-Lothringen hat ergeben, daß von allen eisernen Brücken über 10 m Stützweite nur 3% Stützweiten über 70 m haben. Wird aber der hochwertige Baustahl nur selten erforderlich, so kann der von Herrn Dr. BOHNY gestellten Forderung schwer entsprochen werden, außerdem werden die Materialkosten verhältnismäßig hoch. Die Verwendbarkeit eines hochwertigen Baustahls an Stelle von St. 37 hängt aber in erster Linie von dem Mehrpreis des Materials ab, und es sollte daher die Entscheidung, ob hochwertiger Baustahl oder St. 37 zu verwenden ist, von Fall zu Fall nach der Wirtschaftlichkeit getroffen werden.

### Direktor H. SCHMUCKLER, Berlin:

Ich begrüße die Fortschritte in der Entwicklung der hochwertigen Stähle, an denen insbesondere Herr Geheimrat SCHAPER großen Anteil hat. Die Vorteile

---

[1] Siehe Nachtrag.

dieser hochwertigen Stähle für weitgespannte Brücken sind zweifellos erheblich. Dagegen muß ich darauf aufmerksam machen, daß für den Hoch- und Hallenbau die hochwertigen Stähle solange nicht in Frage kommen, als die beträchtlichen Überpreise den Vorteil der Gewichtsersparnis paralysieren. Auch bei Druckstäben und Stützen ist an und für sich schon der Vorteil der hochwertigen Stähle mit Rücksicht auf das dem gewöhnlichen Stahl fast gleiche „$E$" illusorisch.

Ich möchte ausdrücklich darauf hinweisen, daß der Gewinn durch die hochwertigen Stähle nicht identisch ist mit einem gleichhohen Preisgewinn, weil in der Tat ja nur an *Material* gespart wird, während die Arbeit sowohl in der Werkstatt, als auch auf der Baustelle wenn nicht größer, so doch zumindest die gleiche ist. Die teuere Verarbeitung des härteren Materials wird sich ungefähr ausgleichen mit der Ersparnis an der Loch- und Nietzahl. Eine einfache Rechnung zeigt deutlich, daß mit den hochwertigen Stählen im Hochbau ein Gewinn nicht erzielt werden kann. Legt man den Materialpreis für St. 37 mit M 145,— per t Basis Oberhausen zugrunde und rechnet hierzu den Überpreis für St. Si mit M 60,—, so ergibt sich für den Si-Stahl Rm. 205,— per t Basis Oberhausen. Zieht man hiervon die Gewichtsersparnis, die höchstens etwa 30% betragen wird, mit M 60,— ab, so ergibt sich Rm. 145,—, also für den gleichen „Effekt" bei St. Si derselbe Materialpreisanteil wie bei St. 37.

Es wäre erwünscht, wenn der Herr Vortragende sich zu dieser Frage, die mir außerordentlich wichtig erscheint, noch einmal äußern würde.

Professor Dr.-Ing. W. GEHLER, Dresden:

In Ergänzung zu dem Referat von Herrn BOHNY möchte ich auf Grund unserer Dresdner Versuche bei der Ausbildung des St. 48 und des St.Si noch folgende Gedanken vom Standpunkt des Verbrauchers hervorheben.

*1. Frage: Worin zeigt sich auf Grund der Versuche die Überlegenheit der neuen Baustähle gegenüber St. 37 ?*

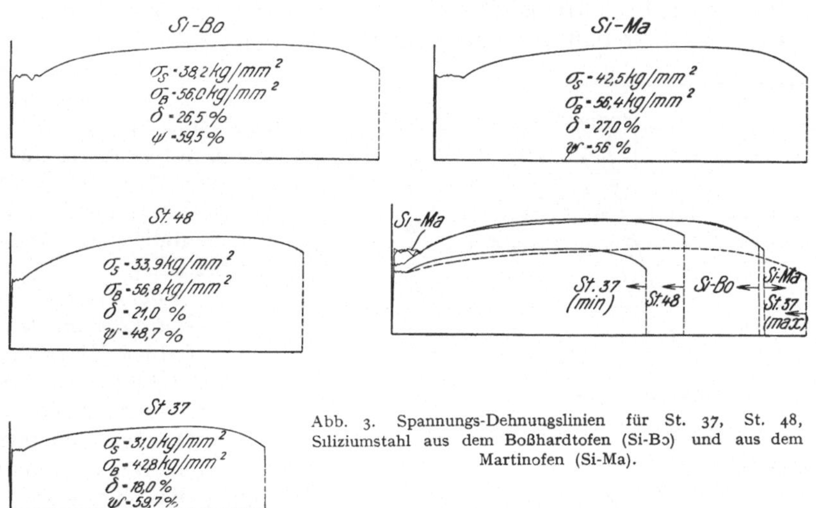


Abb. 3. Spannungs-Dehnungslinien für St. 37, St. 48, Siliziumstahl aus dem Boßhardtofen (Si-Bo) und aus dem Martinofen (Si-Ma).

1. *Vom Standpunkt des Abnahmebeamten betrachtet:* In Abb. 3 ist die Spannungsdehnungslinie für St. 37, St. 48 und St. Si (sowohl aus dem Bosshardtofen als Si-BO, wie auch aus dem Martinofen als Si-Ma) dargestellt. Als Maßstab der Baustoffgüte dient in der Regel die sogenannte Güteziffer, das ist die Summe der Zugfestigkeit

$\sigma_B$ in kg/qmm und die Bruchdehnung $\delta$ in Hundertteilen. Obwohl dieser Ausdruck mathematisch keinen Sinn hat, ist er doch bei den Eisenhüttenleuten der Einfachheit halber gebräuchlich und beliebt. Ein wissenschaftlich berechtigter Zahlenwert ist dagegen die Arbeitsgröße $A_{III}$ (s. Referat GEHLER $B_1$ unter IV, 3), die auch die Brucharbeit $A_B$ genannt und durch die Fläche zwischen der Spannungsdehnungslinie und der Dehnungsachse dargestellt wird. Beide Zahlenwerte, die Güteziffer und die Brucharbeit, sind in der folgenden Übersicht für die genannten Baustoffe zusammengestellt.

| Material | Streck-grenze $\sigma_S$ kg/mm² | Bruch-grenze $\sigma_B$ kg/mm² | Bruch-längs-dehnung $\delta_B$ % | Quer-dehnung $\psi$ % | Bezog. Formänd. Arbeit $A_B$ kgcm/cm³ | 1. Güte-ziffer $\sigma_B + \delta_B$ | 2. Güte-ziffer $\sigma_B \cdot \delta_B$ |
|---|---|---|---|---|---|---|---|
| St. 37 | 31,0 | 42,8 | 18,0 30,0 | 59,7 | 490 min 860 max | 60,8 72,1 | 770 1284 |
| St. 48 | 33,9 | 56,8 | 21,0 | 48,7 | 760 | 87,8 | 1193 |
| St. Si-Bo. | 38,2 | 56,0 | 26,5 | 59,5 | 910 | 82,5 | 1484 |
| St. Si-Ma. | 42,5 | 56,4 | 27,0 | 56,0 | 940 | 83,4 | 1523 |

Man erkennt, daß die Werte für St. 37 sehr streuen. Nimmt man als Mittelwert $A_B = 675$ kgcm/cm³ an, so ergibt sich das Verhältnis der Werte bei St. Si und bei St. 37 zu $925 : 675 = 1,37$. Der St. Si erträgt also hiernach eine um 37 % höhere Brucharbeit, als der Baustahl St. 37. Der entsprechende Vergleich zwischen St. 48 und St. 37 ergibt $760 : 675 = 1,13$, also einen um 13 % höheren Wert.

2. *Vom Standpunkt des Statikers betrachtet:* Wie die Spannungsdehnungslinie (s. Referat GEHLER $B_1$, Abb. 3) zeigt, liegt die $P$-Grenze bei St. 37 im Verhältnis zur Streckgrenze tiefer als beim St. 48. Bei St. 37 ist das Verhältnis der beiden Ordinatenwerte $\sigma_P : \sigma_S = 1836 : 2370 = 0,78 =$ rd. 0,8, dagegen bei St. 48 $\sigma_P : \sigma_S =$ $= 3250 : 3520 = 0,92 =$ rd. 0,9.

Das HOOKEsche Proportionalitätsgesetz erstreckt sich also bei St. 48 wesentlich weiter als bei St. 37, so daß sein Endpunkt dort dichter an der Streckgrenze liegt.

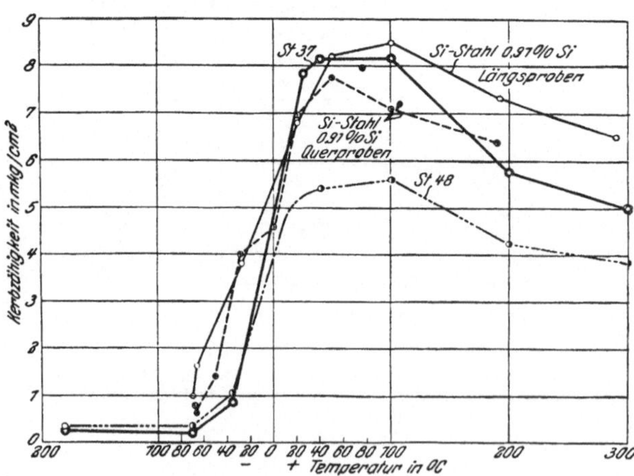


Abb. 4. Abhängigkeit der Kerbzähigkeit von der Versuchstemperatur. 10-mm-Blech. Anlieferungszustand (gewalzt).

Da dieser Bereich das eigentliche Arbeitsgebiet des Statikers ist, kann er den Baustoff St. 48 mit größerer Zuversicht als den Baustahl St. 37 anwenden und dieses Gebiet gegebenenfalls mehr ausnutzen, als bei St. 37.

3. *Vom Standpunkt der baulichen Gestaltung betrachtet:* Die Schlag-Kerbzähigkeitsprobe bildet eine scharfe Prüfung hinsichtlich des Verhältnisses des Baustoffes für alle die Bauwerksteile, bei denen die Querdehnung sich nicht frei vollziehen kann, sondern behindert ist (s. Referat GEHLER $B_1$, Abb. 4 bis 6).

Dies ist nicht nur bei leichten Verletzungen der Oberfläche, den sogenannten Kerben, der Fall, oder bei gekröpften Stücken, sondern besonders auch bei allen gelochten

Stäben, also insbesondere bei unseren Nietverbindungen. Nach den Versuchen über Kerbzähigkeit von Professor Dr. Schwinning-Dresden (Abb. 4) ergab sich für den kohlenstoffreicheren Baustahl St. 48 eine geringere Kerbzähigkeit, als bei St. 37. Dieser Übelstand ist nun bei dem neuen St. Si beseitigt worden, dessen Kerbzähigkeit mindestens so hoch liegt, wie die von St. 37. Abb. 4 gibt eine Übersicht der Kerbzähigkeiten bei verschiedenen Versuchstemperaturen und zeigt insbesondere den bedenklich starken Abfall bei etwa 20° Kälte. Gerade hier verhält sich St. Si hinsichtlich der Kerbzähigkeit wesentlich günstiger als die anderen Baustähle.

4. *Vom Standpunkt der Werkstatt betrachtet:* Bei der Werkstattarbeit ist Kaltbearbeitung nicht zu vermeiden. Die Kaltbiegeprobe bietet nun einen ausgezeichneten Maßstab für das Verhalten des Baustoffes bei der Kaltbearbeitung. Abb. 5 zeigt

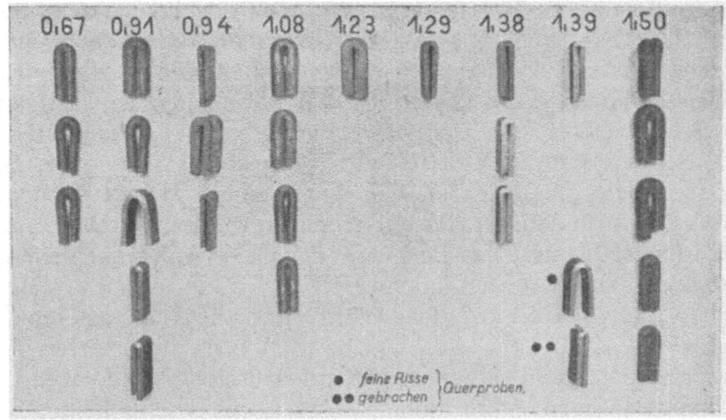


Abb. 5. Kaltbiegeprobe bei Siliziumstahl. (Die Zahlen bedeuten den Gehalt an Si.)

z. B. Kaltbiegeproben des Baustahles St. Si bei verschiedenem Si-Gehalt, wobei die Enden des Probestabes vollständig zusammengeschlagen wurden, während bekanntlich nach den deutschen Abnahmebedingungen für die Dicke des dazwischen liegenden Dornes die zweifache Stabdicke, also eine wesentlich mildere Prüfung vorgeschrieben ist. Man sieht aus Abb. 5, daß diese Kaltbiegeprobe erst bei einem sehr hohen Si-Gehalt, z. B. bei 1,39% versagt und daß der St. Si sich hinsichtlich dieser Prüfung hervorragend gut verhält.

Zusammenfassend kann somit festgestellt werden, daß die neuen Baustähle, insbesondere der St. Si hinsichtlich der Abnahme, der Ausnutzung durch den Statiker, der konstruktiven Formgebung und der Werkstattarbeit dem Baustahl St. 37 an Güte überlegen sind.

2. *Frage: In welcher Hinsicht besteht keine Verbesserung beim Übergang von St. 37 zu den hochwertigen Baustählen?*

Die beiden bedauerlichen Versager bei dem Bestreben, unsere Baustähle stärker auszunutzen, bildet bekanntlich die Durchbiegung der Bauwerke und das Knickproblem im elastischen Bereich.[1] Die Ursache für diese beiden Erscheinungen ist der Umstand, daß das Elastizitätsmaß $E$ für sämtliche Baustähle praktisch gleich groß, nämlich zu 2100 t/qcm anzunehmen ist. Über die Frage der Durchbiegung habe ich mich in der Einleitung zu meinem Referate $B_1$ bereits ausführlich ausgesprochen. Wir nehmen die größere Durchbiegung infolge der Verkehrslast bei Brücken aus hochwertigem Baustahl als unabänderlich in Kauf, weil wir sie nur zum kleinen

---

[1] Siehe W. Gehler, Einige Leitsätze über das Wesen und die Bedeutung des hochwertigen Baustahles St. 48. „Der Bauingenieur", 1924, Heft 19, Abb. 2.

Teil durch größere Bauhöhen ausgleichen können. Die Erfahrung muß zeigen, ob und welche Nachteile damit verbunden sind. Für das Knickproblem bildet die sogenannte Knickspannungslinie oder die $\sigma_K$-$\lambda$-Linie (Abb. 7 meines Referates $B_1$) eine anschauliche Darstellung. Für Stäbe mit einer größeren Schlankheit als $\lambda = l:i = 80$ ergibt sich in dieser Darstellung bei St. 48 die bekannte EULER-Hyperbel, die wegen des gleichbleibenden Elastizitätsmaßes $E$ allen Baustählen gemeinsam ist. Im unelastischen Bereich dagegen, also für die im Brückenbau sehr häufigen Schlankheiten von $\lambda = 40$ bis 80, kommt wiederum der Vorteil der höheren Streckgrenze bei den hochwertigen Baustählen voll zur Geltung.

*3. Frage: Welche neuen Probleme werden durch die jüngsten hochwertigen Baustähle aufgerollt?*

Nur auf eine noch nicht geklärte Streitfrage sei hier hingewiesen. Die bekannte Spannungsdehnungslinie (s. Referat GEHLER, Abb. 1) zeigt bei allen bisher gebräuchlichen Stählen jenseits der Streckgrenze, also im dritten Bereich, noch ein starkes Ansteigen der Spannung. Wir nennen dieses Gebiet den Verfestigungsbereich und betrachten ihn als eine wertvolle Reserve bei plötzlichen Anstrengungen des Baustoffes durch Stöße, Schläge oder starke Verformungen. Steigen die Beanspruchungen bis zu diesem Bereiche empor, so tritt selbsttätig eine Härtung des Baustoffes, eine Verfestigung ein. Hierin erblickten wir bisher einen Hauptvorzug unseres zähen Eisens z. B. gegenüber dem spröden Beton. Um diese wertvolle Eigenschaft zu gewährleisten, forderten wir, daß das Verhältnis ($\sigma_S : \sigma_B$) nicht größer als 0,70 sein sollte. Bei unseren allerneuesten hochwertigen Stählen ergibt sich jedoch z. B. $\sigma_S : \sigma_B = 48:62 = 0{,}78 =$ rd. 0,8. Das Wesen und die Eigenart eines solchen Baustahles sind zweifellos etwas anders wie bei den bisher erörterten Baustählen. Sie bedürfen daher selbst dann einer eingehenden Erforschung, wenn man die zulässigen Beanspruchungen nicht höher ansetzt, als wie es bisher bei St. Si z. B. mit 2100 kg/qcm geschehen ist.

Meine Herren! Durch unseren Vorstoß in Deutschland haben wir es erreicht, daß heute allenthalben die führenden Geister mit Feuereifer an der Aufgabe der Ausbildung eines restlos befriedigenden Baustahles arbeiten, eines Brückenbaustahles, der nicht nur technisch, sondern auch wirtschaftlich unseren hohen Erwartungen entspricht. Ich habe das feste Vertrauen, daß dieses Ziel in ganz kurzer Zeit erreicht werden wird.


Dr. Ing. E. H. SCHULZ, Dortmund:

Gestatten Sie mir als Eisenhüttenmann einige Worte. Es ist für den Metallurgen außerordentlich verlockend, zu der Fülle von Fragen, die hier hinsichtlich des hochwertigen Baustahles angeschnitten wurden und die auch für den Hüttenmann zum großen Teil von erheblicher Bedeutung sind, eingehend zu sprechen, die zur Verfügung stehende Zeit läßt jedoch nur einige wesentliche Bemerkungen zu.

Herr Dr. BOHNY hat erklärt, daß er hinsichtlich der Weiterentwicklung nicht als Prophet auftreten möchte — der Verlauf der Diskussion hat gezeigt, daß er aber doch gut prophezeien kann, denn seine Hoffnung auf die Ausbildung neuer hochwertiger Baustähle ist ja bereits, wie wir hörten, in zwei Fällen erfüllt. Er selbst wies schon hin auf den neuen Baustahl der Dortmunder Union, den auch die Herren Professor Dr. GEHLER und Dr. ERLINGHAGEN erwähnten, und der letztere berichtete weiter über den neuen hochwertigen Baustahl der Friedrich-Alfred-Hütte.

Grundsätzlich darf wohl gesagt werden, daß es verschiedene Wege gibt, um die Festigkeitseigenschaften, die der Siliziumbaustahl hat, zu erreichen auch ohne die Verwendung des Siliziums. Dem Metallurgen stehen eine ganze Anzahl von

Legierungsmetallen zur Verfügung, um die Streckgrenze und auch die Zugfestigkeit zu erhöhen, ohne daß dabei die Dehnung in demselben Maße fällt, wie dies bei Erhöhung des Kohlenstoffgehaltes der Fall ist. Der Verwendung mancher dieser Zusatzstoffe treten aber Schwierigkeiten entgegen: die Einführung einiger Legierungsmetalle ruft in den Stahl nämlich gewisse Schwächen hervor. So wird ja gerade der Vorteil, den der Siliziumzusatz von etwa 1% im Siliziumstahl hinsichtlich der Streckgrenze bringt, sehr eingeschränkt durch die Schwierigkeiten, die dieser Baustoff im Walzwerk bei der Herstellung der wichtigen großen Profile und breiten Universaleisen mit sich bringt. Eine zweite Einschränkung hinsichtlich der Anwendung der Legierungszusätze liegt auf wirtschaftlichem Gebiet; einzelne dieser Zusätze sind so teuer, oder müssen in so großer Menge zugegeben werden, daß der Vorteil durch Verbesserung der physikalischen Eigenschaften durch die Höhe des Preises zu nichte gemacht wird. Ähnlich liegen die Verhältnisse, wenn etwa die guten Eigenschaften nur zu erzielen sind durch eine besondere Wärmebehandlung oder überhaupt eine Sonderbehandlung im Hüttenwerk, die vom normalen Fertigungsgang abweicht. So wird die vielleicht vorhandene größere Anzahl der Möglichkeiten der Weiterentwicklung durch besondere Legierungszusätze doch erheblich eingeschränkt.

Herr Dr. BOHNY hat dann die Anforderungen entwickelt, die an einen hochwertigen Baustahl zu stellen sind. Neben dem niedrigen Preis, auf den im einzelnen einzugehen wohl nicht hier der Platz ist, verlangt er hohe Festigkeitseigenschaften, die Möglichkeit der Lieferbarkeit jedes Profiles mit diesen Festigkeitseigenschaften, leichte Bearbeitbarkeit und allgemeine Zuverlässigkeit.

Diese Faktoren sind auch die Gesichtspunkte gewesen, nach denen die Dortmunder Union gemeinsam mit dem Forschungsinstitut der Vereinigten Stahlwerke den Union-Baustahl entwickelte. Hiebei wurde als Ziel gesetzt und auch erreicht einmal die Erzielung mindestens der gleichen Festigkeitseigenschaften wie sie der Silizium-Stahl aufweist. Dabei wurde aber diese Forderung nicht beschränkt auf die Eigenschaften, die in der Abnahme geprüft werden, sondern ausgedehnt auch auf die anderen physikalischen Eigenschaften, wie Kerbzähigkeit und Dauerfestigkeit, denn nur so ist es möglich, der außerordentlich wichtigen letzten Forderung des Herrn Dr. BOHNY zu entsprechen, wonach der Werkstoff auch allgemeine Zuverlässigkeit zeigen soll. Die Forderung des Herrn Dr. BOHNY nach Lieferbarkeit jeden Profiles in den vorgeschriebenen Festigkeitseigenschaften machte bekanntlich gerade beim Siliziumstahl die allergrößten Schwierigkeiten, ja erwies sich zum Teil sogar als unausführbar. Demgegenüber läßt der Unionbaustahl auch die Lieferung stärkster Profile und breitester Universaleisen ohne Schwierigkeiten im Walzwerk und mit gleich guten Festigkeitseigenschaften zu. Die Bearbeitbarkeit ist ebenso leicht wie die des Siliziumstahles.

Als besonders wichtiger Punkt der weiteren Entwicklung ist dann noch darauf hinzuweisen, daß der Unionbaustahl einen außerordentlich hohen Korrosionswiderstand aufweist — nachdem der Korrosion der Eisenbauwerke in neuerer Zeit mit Recht eine erhöhte Aufmerksamkeit gewidmet wird, dürfte dieser Gesichtspunkt auch sehr ins Gewicht fallen.

Erwähnt muß noch werden im Hinblick auf die Lieferungsvorschriften anderer Länder als Deutschland, daß der Unionbaustahl auch hergestellt werden kann in einer höheren Festigkeitsstufe, nämlich mit einer Mindestfestigkeit von 56 kg/mm².

Herr Dr. ERLINGHAGEN hat dann noch die Frage des Widerstandes gegen Alterung angeschnitten. Zweifellos ist diese Frage außerordentlich bedeutsam und verlangt die größte Aufmerksamkeit. Soweit ich aber auf Grund der umfassenden Arbeiten des Forschungsinstituts der Vereinigten Stahlwerke gerade in der Alterungsfrage die Verhältnisse überblicken kann, scheint es mir so zu sein, daß die Alterungsgefahr bei legiertem Stahl allgemein geringer ist als bei reinem Kohlenstoffstahl und daß die Alterung beim St. 37 am stärksten ist. Bezüglich des Unionbaustahles darf ich bemerken, daß nach intensiver Alterungsbehandlung die Kerbzähigkeit abnimmt von im Mittel etwa 12 mkg/cm² auf etwa 8 mkg/cm², die Abnahme ist also gering bezw. die spezifische Schlagarbeit nach der Alterung noch recht hoch.

Ich möchte annehmen, daß Sie alle im vorigen Jahr die Werkstofftagung und die Werkstoffschau in Berlin besucht haben. Über dieser ganzen Veranstaltung stand das Wort „Gemeinschaftsarbeit!" Ich darf wohl zum Schluß zum Ausdruck bringen, daß gerade die Frage des hochwertigen Baustahles, wie wenig andere, ein Problem ist, auf dem durch intensive und vertrauensvolle Zusammenarbeit der Hüttenleute und der Eisenbauer Erfolge zu erzielen sind, die für beide Gruppen von erheblicher Bedeutung sind.

Dr. BOHNY:

Die eingehende und lebhafte Aussprache über mein Referat „Der hochwertige Stahl im Eisenbau", dazu Urteile aus dem Munde erster sachkundiger Männer der Wissenschaft und Praxis zeigt, wie sehr der eingangs und am Schlusse meiner mündlichen Ausführungen festgestellte Satz Anklang gefunden hat: Hochwertiger Stahl tut unserer heutigen Wirtschaft dringend not!

Herr Generaldirektor Dr. BRUNNER, Duisburg, empfiehlt, sofort den St. 37 zu verlassen und statt dessen — bis der einheitliche mitteleuropäische hochwertige Baustahl festgestellt und allgemein anerkannt ist — den St. 44, den deutschen sogenannten Schiffbaustahl zu verwenden. Der St. 44 ist ein in jeder Beziehung vorzügliches Material, besitzt nur geringe Aufpreise gegenüber St. 37 und würde die Grenze der Wirtschaftlichkeit gegenüber St. Si schon ganz erheblich nach oben rücken. Der St. 44 ist auch jederzeit in jedem Profil und in jeder Menge erhältlich. Man hätte dann Muße, das Endergebnis und den Schlußkampf um den einheitlichen und endgültigen hochwertigen Baustahl abzuwarten, für den Herr Dr. BRUNNER eine mittlere Festigkeit von etwa 55 kg und eine Streckgrenze von 36 kg für wünschenswert hält. Der Vorschlag von Herrn Dr. BRUNNER ist sehr beachtlich, er wäre eine Fortsetzung der Bestrebungen von Oberbaurat Dr. VOSS, der bereits am Nordostseekanal die Hochbrücke bei Hochdonn in diesem Material bauen ließ.

Herr Direktor Dr. ERLINGHAGEN von Krupp wünscht die vorläufige Beibehaltung des St. 37, da dieser Stahl immer noch das für die deutschen Stahlwerksverhältnisse — den Thomasprozeß — zurzeit gegebene Material ist, das sich in seinen Eigenschaften auch mit dem in Amerika am meisten verwendeten Stahl, dem Mild Steel — siehe auch meine Ausführungen — deckt. Im Anschluß an die Veröffentlichungen der Union Dortmund teilt Herr Dr. ERLINGHAGEN des weiteren mit, daß die im Erzeugen hochwertiger Stähle so sehr erfahrenen Kruppschen Werke auch bereits einen neuen Stahl herausgebracht hätten, einen Stahl mit einem höheren Mangangehalt und mit Zusätzen von Silizium und Kupfer in einem bestimmten Verhältnis. Dieser Kruppstahl hat alle physikalischen Eigenschaften des St. Si — sogar noch höhere Kerbzähigkeit —, während alle Nachteile des St. Si, wie namentlich die Schwierigkeiten im Schmelz- und Walzprozeß, vollständig entfallen.

Herr Prof. Dr. KARNER, Zürich, knüpft an die in meinem Vortrag hervorgehobenen besonders hohen Eigenschaften des Drahtes und des Drahtseiles. Es ist klar, daß sich diese wertvollen Eigenschaften nicht nur bei Hängebrücken ausnützen lassen, sondern überall da, wo Glieder nur auf Zug beansprucht werden. Lange einfache Zugglieder sind in Kabelausführung immer wirtschaftlicher als bei einer Ausführung in genieteter Konstruktion.

Herr Reichsbahndirektor Dr. Kommerell, Berlin, wünscht eine einheitliche Verwendung hochwertiger Stähle bei allen Eisenbauwerken, da die großen Brücken und Hochbauten, bei denen die Gewichte ausschlaggebend sind, stets in der Minderzahl vorkommen, wenigstens in Mitteleuropa. Demgegenüber muß betont werden, und ich habe das auch in meinem Referat erwähnt, daß die Eisen- und Stahlbauten an sich immer nur einen bescheidenen Teil aller Walzerzeugnisse ausmachen und daß ferner es als ein Vorzug anzusehen ist, wenn Bauwerke geringer Stützweiten nicht gar zu engbrüstig ausgeführt werden, ein Mehr an Masse ist bei solchen Bauwerken nur zu begrüßen. Das gilt auch für alle Hochbauten, für die Herr Direktor Schmuckler, Berlin, bei den heutigen Überpreisen für die hochwertigen Baustähle, z. B. für St. Si, noch keine Aussicht auf wirtschaftliche Verwendung erkennen kann.

Als Eisenhüttenmann hat Herr Dr. Schulz aus Dortmund sich geäußert. Er betonte mit Recht, daß verschiedene Wege das erstrebte Ziel erreichen lassen: einen hochwertigen Baustahl zu finden mit den hohen physikalischen Eigenschaften des St. Si, aber ohne dessen Nachteile bei der Herstellung und ohne dessen hohe Aufpreise. Herr Dr. Schulz verwirft Legierungen mit teueren Metallen, wie Nickel und so weiter, ebenso besondere Wärmebehandlungen in den Hüttenwerken. Er stimmt voll und ganz den von mir geforderten Bedingungen, die an den hochwertigen Baustahl der Zukunft zu stellen sind, zu: geringe Aufpreise, hohe physikalische Eigenschaften, Erhältlichkeit jeden Profils, leichte Bearbeitungsfähigkeit und absolute Zuverlässigkeit. Nach diesen Gesichtspunkten hat auch die Dortmunder Union unter Mitwirkung von Herrn Dr. Schulz den neuen Union-Baustahl geschaffen, der durch seinen Gehalt an Kupfer sich noch durch hohen Korrosionswiderstand auszeichnet. Herr Dr. Schulz tritt mit Wärme für ein vertrauensvolles Zusammenarbeiten aller Fachleute auf dem Gebiete der Stahlerzeugung ein, wie auch für ein inniges Zusammenspiel mit den Konsumenten, den Brücken- und Eisenhochbauern.

Zum Schlusse sei noch auf die Ausführungen von Herrn Prof. Dr. Gehler, Dresden, hingewiesen, der auch einige Nachteile bzw. Schwächen der hochwertigen Baustähle hervorhob: keine Ausnutzung der höheren Festigkeitszahlen bei Knickstäben im elastischen Bereich und gleichbleibendes E, daher größere Durchbiegung der Träger bei gleicher Systemhöhe. Es ist klar, daß mit diesen Nachteilen bei der Konstruktion gerechnet werden muß und wird. Sie können keinesfalls die großen wirtschaftlichen Vorteile beeinträchtigen, die bei den meisten mittleren und bei allen größeren Bauten in hochwertigen Stählen zu erzielen sind. Hiefür bleibt der Anspruch von der absoluten Notwendigkeit der Schaffung und Verwendung hochwertiger Baustähle unbedingt bestehen.

# A₃

# Versuche mit stahlbewehrten Betonbalken

ausgeführt in der techn. Versuchsanstalt der Technischen
Hochschule Wien

Von Professor Dr. Ing. **R. Saliger**

### *I. Versuchsprogramm*

Der Zweck der im Rahmen der Arbeiten des österreichischen Eisenbetonausschusses geplanten Versuche ist in erster Linie die Erforschung des Zugwiderstandes von Eiseneinlagen verschiedener Festigkeit und weiter des Verbundes
zwischen Eisen und Beton von gewöhnlicher und hoher Festigkeit.

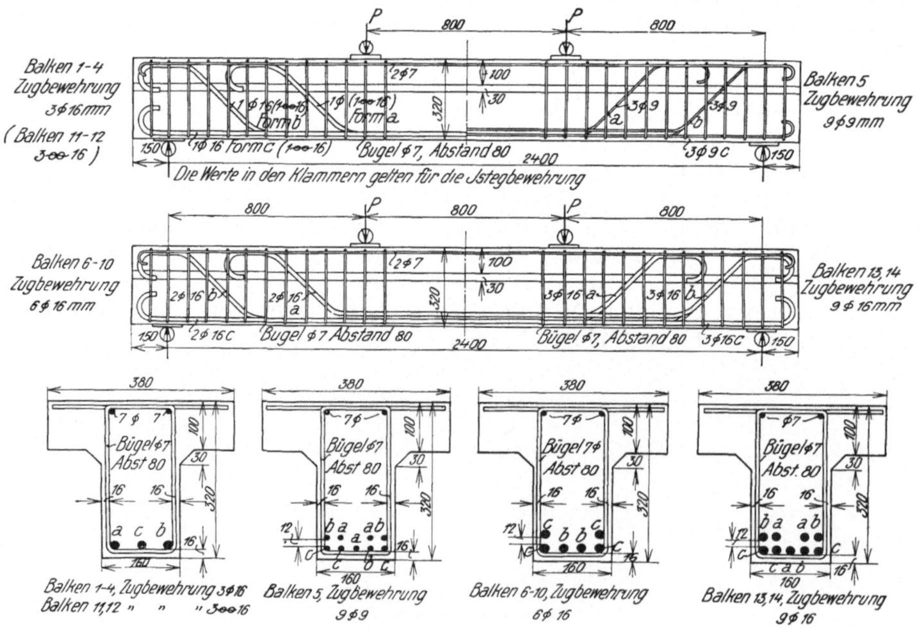



Abb. 1. Langenansichten und Querschnitte der Hauptversuchsbalken

Zu diesem Zweck wurden fünf verschiedene Stahlfestigkeiten in Aussicht
genommen, und zwar R. E. St. 37, St. 48 und St. 80 sowie verwundene R. E. (Isteg
Bewehrung) mit St. 37 und St. 48. Bei einem Teil der Balken wurde Beton mit

gewöhnlichem Portlandzement, bei den übrigen Balken Beton mit frühhochfestem Portlandzement verwendet. Die Bewehrungsstärken schwanken von 0,5 bis 1,7%, um den ganzen Bereich der praktisch gewöhnlich vorkommenden Bewehrungsstärken zu umfassen. Es gelangten 36 Hauptversuchsbalken mit den später beschriebenen Abmessungen zur Herstellung, von welchen 28 den üblichen Biegeversuchen bis zum Bruch und acht Balken Dauerversuchen unterzogen wurden.

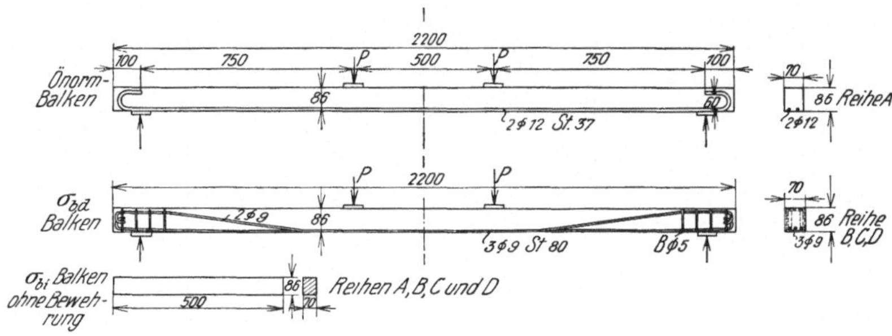

Abb. 2. Probebalken

Alle 36 Hauptversuchsbalken sind 2,7 m lang, haben 2,4 m Stützweite und plattenbalkenförmigen Querschnitt. Die Breite der Platte beträgt 38, die Rippenbreite 16 cm. Die Plattendicke ist 10, die Balkenhöhe 32 cm. Am Übergang von Platte und Rippe sind Schrägen mit 3 cm Höhe und Breite vorhanden. Die Längsbewehrung bestand bei 12 Balken aus 3 R. E. 16 mm, bei 2 Balken aus 9 R. E. 9 mm, bei 12 Balken aus 6 R. E. 16 mm, bei 4 Balken aus· 3 verwundenen Isteg-Eisen von 16 mm und bei 6 Balken aus 9 R. E. 16 mm Dicke. Die Bewehrungsanteile betrugen rund 0,5, 1,1 und 1,7%. Von den Längseisen sind in allen Fällen zwei Drittel

Tafel 1

## Versuchsprogramm

| Balken Nr. | Zugbewehrung | Stahlgüte Anzahl der Balken mit | | | | | Ungefähre Betongüte Anzahl der Balken mit | | Biegeversuche | Dauerversuche | Zahl der Balken |
|---|---|---|---|---|---|---|---|---|---|---|---|
| | | St. 37 | St. 48 | St. 80 | Isteg St. 37 | Isteg St. 48 | 150 kg qcm | 300 kg qcm | | | |
| 1a, b | 3 ⌀ 16 | 2 | — | — | — | — | 2 | — | 2 | — | 2 |
| 2a, b, c, d | ,, | — | 4 | — | — | — | 4 | — | 2 | 2 | 4 |
| 3a, b, c, d | ,, | — | 4 | — | — | — | — | 4 | 2 | 2 | 4 |
| 4a, b | ,, | — | — | 2 | — | — | — | 2 | 2 | — | 2 |
| 5a, b | 9 ⌀ 9 | — | — | 2 | — | — | — | 2 | 2 | — | 2 |
| 6a, b | 6 ⌀ 16 | 2 | — | — | — | — | 2 | — | 2 | — | 2 |
| 7a, b | ,, | 2 | — | — | — | — | — | 2 | 2 | — | 2 |
| 8a, b | ,, | — | 2 | — | — | — | 2 | — | 2 | — | 2 |
| 9a, b, c, d | ,, | — | 4 | — | — | — | — | 4 | 2 | 2 | 4 |
| 10a, b | ,, | — | — | 2 | — | — | — | 2 | 2 | — | 2 |
| 11a, b | 3 ⊖⊖ 16 | — | — | — | 2 | — | — | 2 | 2 | — | 2 |
| 12a, b | ,, | — | — | — | — | 2 | — | 2 | 2 | — | 2 |
| 13a, b | 9 ⌀ 16 | 2 | — | — | — | — | — | 2 | 2 | — | 2 |
| 14a, b, c, d | ,, | — | 4 | — | — | — | — | 4 | 2 | 2 | 4 |
| Summen ..... | | 8 | 18 | 6 | 2 | 2 | 10 | 26 | 28 | 8 | 36 |

## Tafel 2

### Statische Werte der Hauptversuchsbalken

| Balken Nr. | Zugbewehrung | Querschn. der Zugeisen | $\mu$ % | $b_o$ | $b$ | $d_p$ | $h$ | $x$ | $z$ | $\beta = \dfrac{\sigma_e}{\sigma_b}$ | $\sigma_b$ $P$ in kg | $\sigma_e$ $P$ in kg | $\tau_o$ |
|---|---|---|---|---|---|---|---|---|---|---|---|---|---|
| 1—4 | 3 ⌀ 16 | 6,03 | 0,53 | 16 | 38 | 10 | 29,60 | 9,75 | 26,35 | 30,7 | $0{,}0164\,P - 2{,}76$ | $0{,}503\,P - 85$ | $\dfrac{P}{420} - 0{,}57$ |
| 5 | 9 ⌀ 9 | 5,72 | 0,52 | 16 | 38 | 10 | 29,02 | 9,35 | 25,90 | 31,0 | $0{,}0174\,P - 2{,}94$ | $0{,}540\,P - 91{,}4$ | $\dfrac{P}{415} - 0{,}58$ |
| 6—10 | 6 ⌀ 16 | 12,06 | 1,10 | 16 | 38 | 10 | 28,66 | 12,6 | 24,75 | 19,1 | $0{,}014\,P - 2{,}37$ | $0{,}2675\,P - 45{,}2$ | $\dfrac{P}{396} - 0{,}61$ |
| 11, 12 | 3 ⊖⊖ 16 | 12,06 | 1,10 | 16 | 38 | 10 | 28,66 | 12,6 | 24,75 | 19,1 | $0{,}014\,P - 2{,}37$ | $0{,}2675\,P - 45{,}2$ | $\dfrac{P}{396} - 0{,}61$ |
| 13, 14 | 9 ⌀ 16 | 18,09 | 1,68 | 16 | 38 | 10 | 28,36 | 14,7 | 24,25 | 14,0 | $0{,}013\,P - 2{,}21$ | $0{,}1825\,P - 30{,}8$ | $\dfrac{P}{388} - 0{,}62$ |

## Tafel 2a

### Statische Werte der bewehrten Probebalken

| Balken der | Bewehrungseisen | $F_e$ | $b$ | $h$ | $\mu$ % | $x$ | $\sigma_b$ $P$ in kg | $\sigma_e$ $P$ in kg | $\beta = \dfrac{\sigma_e}{\sigma_b}$ | $z$ | $\tau_o$ $P$ in kg |
|---|---|---|---|---|---|---|---|---|---|---|---|
| Reihe A | 2 ⌀ 12 St. 37 | 2,26 | 7 | 8,00 | 4,05 | 5,20 | $0{,}654\,P + 6{,}82$ | $5{,}27\,P + 55$ | 8 | 6,30 | $\dfrac{P}{44{,}1} + 0{,}36$ |
| Reihe B, C, D | 3 ⌀ 9 St. 80 | 1,91 | 7 | 8,15 | 3,35 | 5,07 | $0{,}654\,P + 6{,}82$ | $6{,}1\ P + 63{,}5$ | 9,3 | 6,46 | $\dfrac{P}{45{,}1} + 0{,}35$ |

unter 45° schräg nach aufwärts in den Enddritteln der Balken abgebogen und mit Rundhaken im Beton verankert. Im Bereich der äußeren Balkendrittel sind Bügel aus R. E. von 7 mm in 80 mm Abstand eingelegt. Die Belastung der Hauptversuchsbalken erfolgte durch zwei Einzellasten in den Drittelpunkten der Spannweite. Die Einzelheiten des Versuchsprogramms und die statischen Werte der Eisenbetonbalken sind aus den Tafeln 1, 2 und 2a ersichtlich.

Die Ermittlung der Güteeigenschaften des verwendeten Stahls und des Betons erfolgte durch eine große Anzahl von Proben. Die Betonfestigkeit ist festgestellt an Würfeln von 20 cm Kantenlänge, an stark bewehrten Probebalken mit 70 mm Breite, 86 mm Höhe und 2,2 m Länge, gemäß den österreichischen Normen mit 2 R. E. 12 mm Dicke bewehrt. Ein Teil der Probebalken ist mit 3 R. E. 9 mm aus St. 80 zugbewehrt. Zur Bestimmung der Biegezugfestigkeit sind unbewehrte Betonbalken von 70 mm Breite, 86 mm Höhe und 500 mm Länge verwendet.

## II. Herstellung der Versuchskörper

Die 36 Versuchsbalken sind in gehobelter kräftiger Holzschalung hergestellt, die Probekörper zur Bestimmung der Betonfestigkeit in Eisenformen. Die Betonierung hat die Allgemeine Baugesellschaft A. PORR auf ihrem Werkplatz in Wien X. vorgenommen. Das angelieferte Sandkiesmaterial wurde in 3 Körnungsgruppen zerlegt, und zwar von 0 bis 3 mm, 3 bis 10 mm und 10 bis 25 mm. Auf Grund von Vorversuchen erfolgte die Mischung dieser drei Körnungen im Verhältnis von 1 R. T. Feinsand, 1,8 R. T. Mittelsand und 1 R. T. Grobsand. Eine Mische hatte aus 26,3 l Feinsand, 47,4 l Mittelsand und 26,3 l Grobsand zu bestehen, deren Einzelsumme 100 l ausmachte. Die lose eingefüllte Mischung ergab 89 l und fest eingerüttelt 80 l Inhalt. Die Zementbeigabe war mit 29,2 kg für jede Mische bemessen, der Wasserzusatz auf Grund von Vorversuchen mit 15,0 l festgestellt, der je nach dem Feuchtigkeitsgehalt um geringe Maße schwankte.

Die Herstellung der Versuchskörper sollte in vier Reihen erfolgen, die laut der Tafel 3 auszuteilen waren. Danach umfaßte die Reihe A tatsächlich 10 Hauptversuchsbalken, 8 Würfel, 6 bewehrte Probebalken zur Bestimmung der Biegedruckfestigkeit und 10 unbewehrte kurze Betonprismen zur Bestimmung der Biegezugfestigkeit. Zur Herstellung dieser Körper wurden 26 Mischungen in der obgenannten Zusammensetzung mit je 15,0 l Wasser verbraucht. Die Setzprobe ergab 20 bis 21 cm. Der gesamte Aufwand betrug 2,6 cbm Sandkies in den Einzelmengen und 760 kg Zement und ergab 2,17 cbm Beton. Sonach waren in der Reihe A für 1 cbm Beton 1,2 cbm Sandkies erforderlich. 1 cbm Beton enthält 350 kg Zement und die Ausbeute als Verhältnis der erzielten Betonmenge zur Summe der Rauminhalte aus dem Zement und Sandkies ergibt sich mit 0,67.

In der Reihe B wurde der Wasserzusatz auf 14,8 l verringert, wobei sich die Setzprobe mit 17 bis 19 cm ergab. Die Herstellung erfolgte in 35 Mischen von der obgenannten Zusammensetzung und umfaßte 13 Hauptversuchsbalken, 9 Würfel, 6 Biegedruck- und 12 Biegezugbalken. Der Aufwand betrug 3,5 cbm Sandkies und 1020 kg Zement, die 2,79 cbm Beton ergaben. Für 1 cbm Beton waren 1,25 cbm Sandkies und 365 kg Zement verarbeitet worden. Die Ausbeute berechnet sich bei der Reihe B mit 0,65.

Bei der Reihe C ist der Wasserzusatz von 14,8 l beibehalten und ergab eine Setzprobe von 18 bis 19 cm. Mit 33 Mischen wurden 13 Hauptversuchsbalken, 9 Würfel, 6 bewehrte Biegedruckbalken und 12 Biegezugbalken hergestellt. Der Aufwand betrug 3,3 cbm Sandkies und 960 kg Zement, aus denen sich 2,79 cbm Beton ergaben. 1 cbm Beton erforderte 1,18 cbm Sandkies und 347 kg Zement. Die Ausbeute berechnet sich zu 0,68.

## Tafel 3
### Herstellungsfolge der Balken und Probekörper

| Her-<br>stellungs-<br>reihe | A<br>20. April 1928 | B<br>11. April 1928 | C<br>16. April 1928 | D<br>25. April 1928 |
|---|---|---|---|---|
| Art<br>des ver-<br>wendeten<br>Zementes | Gewöhnlicher<br>Portlandzement | Frühhochfester<br>Portlandzement | Frühhochfester<br>Portlandzement | Lafarge-<br>Zement |
| Be-<br>zeichnung<br>der<br>Balken | 1 a, b<br>2 a, b, c, d<br>6 a, b<br>8 a, b | 3 a, b, c<br>4 a, b<br>5 a, b<br>7 a, b<br>9 a, b<br>12 a, b | 3 d<br>9 c, d<br>10 a, b<br>11 a, b<br>13 a, b<br>14 a, b, c, d | — |
| Anzahl<br>der<br>Balken | 10 | 13 | 13 | — |
| Gleich-<br>zeitig<br>her-<br>gestellte<br>Probe-<br>körper | min 6 Würfel 20 cm<br>A 1—6<br>,, 6 Önormbalken<br>A 1—6<br>,, 6 $\sigma_{bz}$ Balken<br>A 1—6 | min 6 Würfel 20 cm<br>B 1—6<br>,, 6 $\sigma_{bd}$ Balken<br>B 1—6<br>,, 6 $\sigma_{bz}$ Balken<br>B 1—6 | min 6 Würfel 20 cm<br>C 1—6<br>,, 6 $\sigma_{bd}$ Balken<br>C 1—6<br>,, 6 $\sigma_{bz}$ Balken<br>C 1—6 | min 9 Würfel<br>D 1—9<br>,, 9 $\sigma_{bd}$ Balken<br>D 1—9<br>,, 9 $\sigma_{bz}$ Balken<br>D 1—9 |
| | Zu prüfen sind je 3 Stück zu gleicher Zeit mit den Biegeversuchen und je 3 Stück nach Abschluß der Dauerversuche | | | Zu prüfen je 3 Stück nach 3 Tagen, 8 Tagen, 28 Tagen |

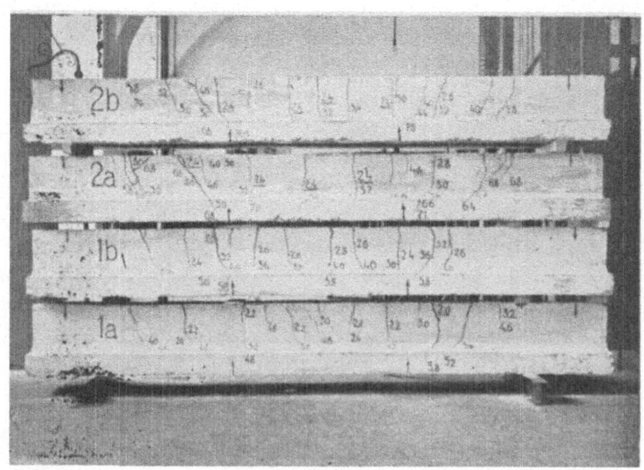


Abb. 3

Die Reihe A ist mit gewöhnlichem Portlandzement, die Reihen B und C sind mit frühhochfestem Portlandzement betoniert. In der Reihe D wurden Probekörper aus Lafargezement hergestellt, und zwar 9 Würfel, 9 bewehrte Biegedruckbalken und 9 unbewehrte Biegezugbalken. In jeder Mische waren 16,9 l Wasser notwendig, die bei der Setzprobe 20,5 bis 21 cm gaben. Die Hauptversuchsbalken, die Würfel, die bewehrten und unbewehrten Probebalken der Reihen A, B und C wurden in 2 bis 3 Tagen nach der Herstellung entschalt, die Balken der Reihe D nach einem Tage.

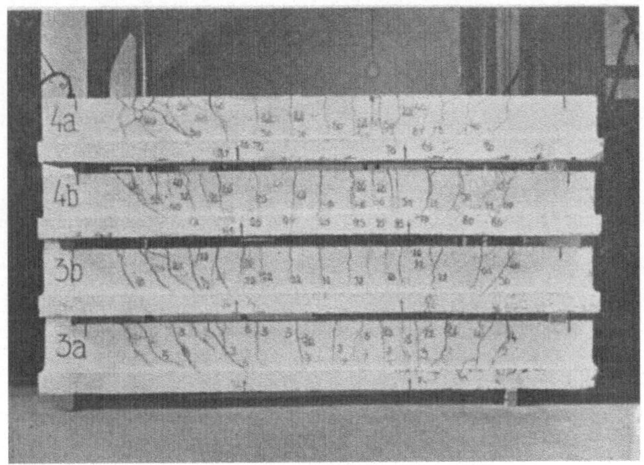

Abb. 4

## III. Durchführung der Versuche

Nach der Entschalung wurden sämtliche Hauptversuchsbalken und die anderen Probekörper in die technische Versuchsanstalt der Technischen Hochschule geführt und sind dort zur Erprobung gelangt. 28 Hauptversuchsbalken wurden dem ein-

Abb. 5

fachen Biegeversuch, 8 Versuchsbalken Dauerbelastungen unterzogen. Die letzteren Versuche sind noch im Gang und es wird darüber später berichtet werden. Bei den Biegeversuchen wurden festgestellt: Die Formänderungen (Durchbiegung in der Mitte, Dehnung an der Zugseite und Stauchungen an der Druckseite, letztere an zwei Stellen), weiter die Rißbildungen und die Höchstlasten.

Gleichzeitig mit den Hauptversuchsbalken sind eine entsprechende Anzahl

von Probewürfeln, von bewehrten Betonbalken und von unbewehrten Betonprismen
zur Feststellung der Betongüte untersucht worden. Schon bei den Vorversuchen
zur Feststellung der Betonfestigkeit an zwölf bewehrten Önormbalken hat sich

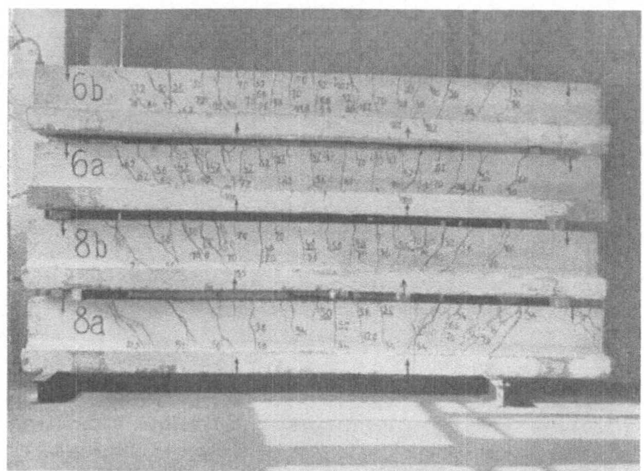

Abb. 6

die Tatsache ergeben, daß der aus frühhochfestem Zement hergestellte Beton keine
wesentlich höheren Festigkeiten ergibt, als der Beton aus gewöhnlichem Portlandzement. Es wurde daher getrachtet, die verschiedene Festigkeit des Betons gemäß
dem Versuchsprogramm durch die Zeitdauer der Erhärtung zu erreichen. Hieraus

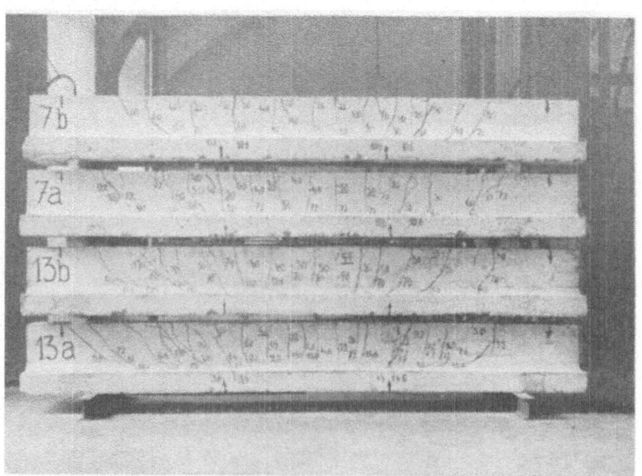

Abb. 7

erklären sich einerseits die Reihenfolge in den Herstellungszeiten und anderseits
das Alter der Versuchskörper bei der Erprobung.

Die *Betongüte* ist aus der Tafel 4 zu entnehmen. In der Herstellungsreihe A
betrug das Alter 12 bis 13 Tage und die mittlere Würfelfestigkeit 235 kg/qcm. In
der Reihe B waren die Erhärtungszeiten 23 und 28 bis 29 Tage. Die erzielte Würfel-

## Tafel 4
### Betongüte

| Herstel-<br>lungs-<br>reihe | Hauptbalken<br>Nr. | Alter<br>in<br>Tagen | Mittl. Betonfestigkeit kg/qcm | | | Verhältnisse | | | Beton<br>aus |
|---|---|---|---|---|---|---|---|---|---|
| | | | Bewehrte Balken Biege-druck $\sigma_b$ | Würfel $\sigma_w$ | Unbewehrte Balken Biege-zug $\sigma_{bz}$ | $\dfrac{\sigma_b}{\sigma_w}$ | $\dfrac{\sigma_b}{\sigma_{bz}}$ | $\dfrac{\sigma_w}{\sigma_{bz}}$ | |
| A<br>20. April<br>1928 | 1a, b, 2a, b<br>6a, b, 8a, b | 12—13 | 316 | 235 | 38 | 1,35 | 8,4 | 6,3 | Portland-<br>zement |
| B<br>11. April<br>1928 | 7a, b<br>3a, b, 4a, b<br>5a, b, 9a, b<br>12a, b | 23<br>28—29 | —<br>416 | 248<br>284 | 37<br>41 | —<br>1,46 | —<br>10,2 | 6,7<br>6,9 | Frühhoch-<br>festem<br>Portland-<br>zement |
| C<br>16. April<br>1928 | 11a, b, 13a, b<br>10a, b, 14a, b | 17—18<br>24—25 | —<br>433 | 278<br>318 | 37<br>52 | —<br>1,36 | —<br>8,4 | 7,6<br>6,2 | |
| D<br>25. April<br>1928 | — | 3<br>7<br>28 | 384<br>424<br>485 | 412<br>476<br>538 | 39<br>41<br>40 | 0,93<br>0,89<br>0,90 | 9,8<br>10,3<br>12,1 | 10,5<br>11,6<br>13,5 | Lafarge-<br>zement |

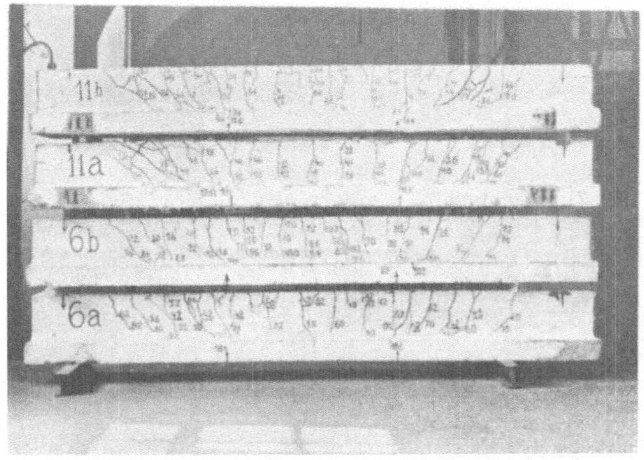


Abb. 8

festigkeit war 248 bzw. 284 kg/qcm im Mittel. In der Herstellungsreihe C betrug das Alter bei der Prüfung 17 bis 18 und 24 bis 25 Tage. Die Würfelfestigkeiten ergaben sich zu 278 bzw. 318 kg/qcm. Aus den gleichzeitig hergestellten bewehrten Probebalken ergaben sich die Biegedruckfestigkeiten des Betons 1,35 bis 1,46 mal größer als die Würfelfestigkeiten. Die Biegezugfestigkeit der unbewehrten Betonprismen betrug in den Reihen A, B und C 37 bis 52 kg/qcm. Das Verhältnis der Biegedruckfestigkeit zur Biegezugfestigkeit war 8,4 bis 10,2, das Verhältnis der Würfelfestigkeit zur Biegezugfestigkeit 6,2 bis 7,6 (Tafel 4).

Die in der Reihe D hergestellten Würfel, die bewehrten und unbewehrten Probebalken aus Lafarge-Schmelzzement zeigten in mancher Beziehung ein Bild, das von den Probekörpern aus Portlandzement und frühhochfestem Portlandzement abweicht. Die Würfelfestigkeit nach 3, 7 und 28 Tagen betrug 412, 476 und 538 kg/qcm. Die Biegezugfestigkeit ergab sich kleiner als jene bei Portlandzement und die Biegedruckfestigkeit (aus den bewehrten Probebalken) zeigt auffallenderweise geringere Werte als die Würfelfestigkeit. In der vorliegenden Versuchsreihe erwiesen sich demnach die bewehrten Probebalken als nicht brauchbar für die Bestimmung der Betongüte. Das Verhältnis der Würfelfestigkeit zur Biegezugfestigkeit ist wesentlich größer als bei den Probekörpern aus Portlandzement und frühhochfestem Portlandzement. Weitergehende Schlüsse lassen sich in Anbetracht der verhältnismäßig geringen Anzahl von Untersuchungen nicht ziehen.

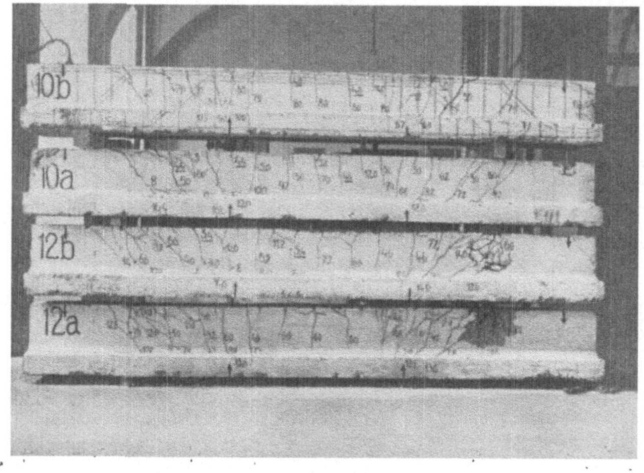

Abb. 9

Von den als Zugbewehrung benützten Rundeisen St. 37, St. 48, St. 80 und Istegeisen sind untersucht die Streckgrenze, die Zugfestigkeit, die Bruchdehnung und die Einschnürung. Die für die Tragkraft in erster Linie wichtige *Streckspannung* ergab sich bei St. 37 mit 28,1 kg/qmm, bei St. 48 mit 33,6, bei St. 80 mit 46,8 (bei 9 mm Durchmesser 47,7) kg/qmm im Mittel. Die Zusammenstellung ist aus der Tafel 5 ersichtlich.

Tafel 5

**Eisengüte**

| Bezeichnung des Stahls | Balken Nr. | Rundeisen Dicke mm | Streckspannung kg/qmm · | | Zugfestigkeit kg/qmm · | | Bruchdehnung % | Einschnürung % |
|---|---|---|---|---|---|---|---|---|
| | | | einzeln | im Mittel | einzeln | im Mittel | | |
| St. 37 | 1, 6, 7, 13 | 16 | 26,7—28,9 | 28,1 | 39,8—42,3 | 41,2 | 28,7—36,8 | 65—68 |
| St. 48 | 2, 3, 8, 9, 14 | 16 | 31,5—34,7 | 33,6 | 54,7—57,3 | 55,8 | 22,6—26,0 | 57—59 |
| St. 80 | 5 | 9 | 46,6—48,3 | 47,7 | 74,8—85,3 | 78,9 | 14,5—17,8 | 45—48 |
| St. 80 | 4, 10 | 16 | 46,2—48,2 | 46,8 | 77,6—86,1 | 83,5 | 12,7—16,0 | 31—41 |
| Isteg St. 37 | 11 | 2,16 | 35,2—35,8 | 35,5 | 41,3—41,7 | 41,5 | 15,5—15,7 | 65 |

Die *Anrißspannungen* sind in der Tafel 6 zusammengestellt, die bezüglichen Spannungen im Eisen und Beton nach Zustand II mit Ausschluß der Betonzugzone berechnet. Die Anrißspannungen ergeben sich verschieden und sind bei den schwachen Bewehrungen höher als bei den starken Bewehrungsanteilen. Dies ist zweifellos die Folge der verhältnismäßig stärkeren Mitwirkung der Betonzugzone bei den schwachen Bewehrungen. Innerhalb derselben Bewehrungsgruppen, z. B. Balken Nr. 1 bis 5, sind die Schwankungen in den Anrißspannungen gering, so daß eine vollständig sichere Abhängigkeit der Anrißspannungen von der Eisengüte und der Betonfestigkeit nicht herausgelesen werden kann, dies um so mehr, als die Beobachtung der ersten Risse, wenn auch sorgfältig durchgeführt, nicht vollständig sicher ist. Immerhin zeigen die Versuchsergebnisse bei den schwach bewehrten Balken, daß die Anrißspannung bei Bewehrungen mit St. 80 etwas höher liegen als bei Bewehrungen mit St. 48 und bei

Abb. 10

diesen etwas höher als bei der Bewehrung mit St. 37. Das Gleiche gilt hinsichtlich der Betongüte; je größer die Betongüte, desto höher liegt die Anrißspannung. Ähnlich liegen die Verhältnisse bei der mittelstarken Bewehrung. Bei St. 80 ergab sich eine Anrißspannung von 1080, bei St. 48 eine mittlere Anrißspannung von 905

Abb. 11

und bei St. 37 eine mittlere Anrißspannung von 875 kg/qcm im Mittel für das Eisen. Die Istegbewehrung zeigte etwas niedrigere Anrißspannung als die Bewehrung durch grade Eisen. Bei den starken Bewehrungen ergab St. 37 und St. 48 keinen Unterschied in den Anrißspannungen. Die äußersten Grenzen

## Tafel 6
### Beobachtete Anrißspannungen

| Be-wehrungs-stärke | Balken Nr. | Eisenspannung $\sigma_e$ | | Beton-pressung $\sigma_b$ | Stahlgüte | Beton-würfelfestig-keit kg/qcm |
|---|---|---|---|---|---|---|
| | | einzeln im Mittel | im Gesamt-mittel | | | |
| rund 0,5% | 1a, b | 920 | | 30,0 | St. 37 | 235 |
| | 2a, b | 1020 | | 33,4 | St. 48 | 235 |
| | 3a, b | 1170 | 1080 | 38,2 | St. 48 | 284 |
| | 4a, b | 1120 | | 36,5 | St. 80 | 284 |
| | 5a, b | 1190 | | 38,6 | St. 80 | 284 |
| rund 1,1% | 6a, b | 970 | | 50,8 | St. 37 | 235 |
| | 7a, b | 780 | | 40,9 | St. 37 | 248 |
| | 8a, b | 970 | 930 | 50,8 | St. 48 | 235 |
| | 9a, b | 840 | | 43,8 | St. 48 | 284 |
| | 10a, b | 1080 | | 56,3 | St. 80 | 318 |
| | 11a, b | 860 | 850 | 45,1 | Isteg St. 37 | 278 |
| | 12a, b | 840 | | 43,8 | Isteg St. 48 | 284 |
| rund 1,7% | 13a, b | 800 | 800 | 57,5 | St. 37 | 278 |
| | 14a, b | 790 | | 56,2 | St. 48 | 318 |

Abb. 12

der beobachteten Anrißspannung im Eisen schwankten von 780 kg/qcm bei St. 37 bis 1190 bei St. 80.

Die *Durchbiegungen* der Balken haben sich im wesentlichen als von der Bewehrungsstärke abhängig erwiesen und nahezu unabhängig von der Güte der Bewehrungseisen. Über diese und die gemessenen Dehnungen und Stauchungen wird an anderer Stelle berichtet werden.

Die beim Versuch an 28 Hauptversuchsbalken erreichten Höchstlasten sind in der Tafel 7 zusammengestellt. Da die Höchstlast, sofern Schubwiderstand, Verbund und Betongüte ausreichen, von der Streckgrenze der Zugbewehrung abhängt, so sind diese in der Zahlenzusammenstellung eingetragen. Aus ihr ergibt sich folgendes: Die Tragkraft ist mit Ausnahme der Balken 4 und 10 in allen Fällen vom Zugwiderstand der Eisenbewehrung, das ist von der Streckspan-

## Tafel 7

### Höchstlasten

| Balken Nr. | | Stempellast P t | Bewehrung % | Stahlgüte | Mittlere Streckspannung kg/qcm | Mittlere Höchstspannungen kg/qcm | | | Bruch durch Überwindung |
|---|---|---|---|---|---|---|---|---|---|
| | | | | | | $\sigma_e$ | $\sigma_b$ | $\tau_0$ | |
| 1 | a | 6,0 | rund 0,5% | St. 37 | 2810 | 2880 | 95 | 13,5 | Streckgrenze |
| | b | 5,8 | | | | | | | |
| 2 | a | 7,1 | rund 0,5% | St. 48 | 3360 | 3540 | 116 | 16,5 | Streckgrenze |
| | b | 7,05 | | | | | | | |
| 3 | a | 7,4 | rund 0,5% | St. 48 | 3360 | 3760 | 124 | 17,5 | Streckgrenze |
| | b | 7,4 | | | | | | | |
| 4 | a | 8,7 | rund 0,5% | St. 80 | 4680 | 4450 | 155 | 21,8 | Verbund |
| | b | 9,5 | | | | 4870 | | | Streckgrenze |
| 5 | a | 9,6 | rund 0,5% | St. 80 | 4770 | 5140 | 166 | 22,9 | Streckgrenze |
| | b | 9,8 | | | | | | | |
| 6 | a | 10,6 | rund 1,1% | St. 37 | 2810 | 2820 | 151 | 26,3 | Streckgrenze |
| | b | 10,6 | | | | | | | |
| 7 | a | 10,6 | rund 1,1% | St. 37 | 2810 | 2850 | 150 | 26,6 | Streckgrenze |
| | b | 10,8 | | | | | | | |
| 8 | a | 13,0 | rund 1,1% | St. 48 | 3360 | 3510 | 184 | 32,8 | Streckgrenze |
| | b | 13,5 | | | | | | | |
| 9 | a | 13,6 | rund 1,1% | St. 48 | 3360 | 3640 | 191 | 34,0 | Streckgrenze |
| | b | 13,7 | | | | | | | |
| 10 | a | 16,4 | rund 1,1% | St. 80 | 4680 | 4420 | 232 | 41,4 | Verbund |
| | b | 16,7 | | | | | | | |
| 11 | a | 13,8 | rund 1,1% | Isteg. St. 37 | 3550 | 3640 | 191 | 34,0 | Streckgrenze |
| | b | 13,6 | | | | | | | |
| 12 | a | 13,6 | rund 1,1% | Isteg. St. 48 | — | 3610 | 190 | 33,8 | Streckgrenze |
| | b | 14,0 | | | | | | | |
| 13 | a | 15,5 | rund 1,7% | St. 37 | 2810 | 2820 | 200 | 39,6 | Streckgrenze |
| | b | 15,6 | | | | | | | |
| 14 | a | 19,8 | rund 1,7% | St. 48 | 3360 | 3570 | 253 | 50,3 | Streckgrenze |
| | b | 19,5 | | | | | | | |

nung abhängig. Die rechnungsmäßige höchste Eisenspannung überschreitet mehr oder weniger die Streckspannung, gleichgültig ob es sich um Bewehrung mit St. 37, St. 48, St. 80 oder um Istegbewehrung handelt. Die Versuche haben den Beweis erbracht, daß innerhalb des Prüfbereiches auch bei der Verwendung hochwertigen Stahls als Bewehrung von Eisenbetonbalken die Streckgrenze ebenso voll ausgenützt werden kann wie bei der Bewehrung mit weichem Flußeisen St. 37. Bei den Balken 4a und 10a, b mit St. 80 Bewehrung ist die höchste Eisenspannung etwas hinter der Streckspannung zurückgeblieben, und zwar deshalb, weil der Verbund den hohen Eisenbeanspruchungen nicht vollständig gewachsen war. Der Balken 5 mit St. 80 Bewehrung hat die volle Ausnützung der Streckspannung erwiesen (das Verhältnis der Eisenspannung zur Streckspannung beträgt 1,08). Dies Ergebnis konnte deshalb erzielt werden, weil die Balken mit 9 mm starken Stahleinlagen bewehrt waren, deren Verbundwirkung eine weit bessere als bei den 16 mm dicken Eisen der Balken 4 und 10 ist.

### IV. Zusammenfassung der Ergebnisse

a) Die Güte des verwendeten Bewehrungsstahls beeinflußt nicht nennenswert die Durchbiegung und Rißbildung bei gleicher Eisenbeanspruchung. Die Versuche haben eine kleine Verzögerung der Rißbildung erwiesen, wenn hochwertigerer Stahl oder hochwertigerer Beton verwendet wird.

b) Für die Tragkraft, so weit diese vom Zugwiderstand der Stahlbewehrung abhängt, ist stets die Streckspannung in derselben Weise maßgebend wie bei St. 37.

c) Die Ansprüche an den Verbund sind um so größer, je höher die Eisenspannungen sind. Große Betonfestigkeit vermehrt unter sonst gleichen Umständen die Verbundwirkung und erhöht die Tragkraft, wenn diese vom Verbund abhängt.

d) Bei Annahme des gleichen Tragsicherheitsgrades für mit hochwertigem Stahl bewehrte Balken wie für St. 37 können die zulässigen Beanspruchungen im Verhältnis der höheren Streckspannung vermehrt werden, wenn die größeren Ansprüche an Schubwiderstand und Verbund berücksichtigt werden. Bei Zulassung höherer Bauspannungen ist mit stärkerer Ausschaltung der Betonzugzone zu rechnen.

# Diskussion

Professor Ing. Dr. A. NOWAK, Prag:

Es war ja klar, daß man durch die Einführung der frühhochfesten Portlandzemente die mannigfachen Vorteile der aus diesen Zementen erzeugten Betone im Vereine mit der größeren Festigkeit des harten Stahles mehr auszunützen trachtete. In dieser Beziehung wurden tatsächlich eine Reihe von Versuchen durchgeführt. Als älteste wären zu nennen die im Jahre 1918 veröffentlichten Versuche des österreichischen Eisenbetonausschusses in Wien, wobei allerdings noch kein hochwertiger Beton zur Anwendung gelangte. Sodann kamen nach der Einführung der hochwertigen Zemente die Versuche des deutschen Materialprüfungsverbandes in der Č. S. R. in Prag, bzw. seiner rührigen Bindemittelkommission im Jahre 1924, veröffentlicht von GESSNER-NOWAK 1925, weiters die Versuche von OTZEN, Hannover 1925, Versuche von SKALL, Leipzig 1925, Versuche von GESSNER, Prag 1926, die hauptsächlich die Frage des Verbundes und der Haftfestigkeit solcher Bauwerke beleuchten sollten, Versuche von OLSEN, München 1927/28, und endlich Versuche des sehr verehrten Herrn Referenten SALIGER im österreichischen Eisenbetonausschusse in Wien im Laufe des heurigen Jahres. Soeben erfahre ich, daß auch beim deutschen Eisenbetonausschusse solche Versuche im Gange sind. Von diesbezüglichen Versuchen in Frankreich, Italien, Nordamerika und anderen Staaten ist mir nichts bekannt.

Während es bei den früheren Versuchen stets darauf ankam, die Anriß- und Bruchlast festzustellen, sind die letzten Versuchsreihen von OLSEN, SALIGER und jedenfalls auch des deutschen Eisenbetonausschusses schon bedeutend vollkommener ausgestaltet, vollkommener hauptsächlich deshalb, weil sie der so lange stiefmütterlich behandelten Betonzugfestigkeit wieder nähertreten, das heißt, in irgend einer Art eine Beziehung zwischen der für uns immer maßgebenden Betonwürfeldruckfestigkeit und der aus demselben Baustoff erzeugten Biegungsfestigkeit angeben.

Meine Herren! Es ist Ihnen ja allen bekannt, daß die Zugdehnung des Betons nur eine sehr kleine ist, daß daher bei Anwendung von vollausgenütztem, harten Stahl mit seiner größeren Dehnung die Gefahr einer zu frühen Zugrißbildung auftritt und dieser Umstand stellt dem Eisenbetonbau vorläufig in dieser Beziehung ein gewisses Hindernis entgegen in bezug auf die volle Ausnützung beider Baustoffe, beziehungsweise deren allseitigen Anwendung im Bauwesen. Um nun einen zugfesteren Beton herzustellen, bedarf es neben verschiedenen anderen Umständen vornehmlich eines viel zugfesteren Zementes als bisher. Und in dieser Beziehung sieht es bei den frühhochfesten Zementen verhältnismäßig schlechter aus wie bei den handelsüblichen. Nimmt man das Mittel der 28tägigen Zementnormenproben bei Zug und Druck für unsere tschechoslowakischen Portlandzemente des letzten Jahres 1927, so erhält man eine Verhältniszahl zwischen Druck und Zug bei den Handelszementen von 13, bei den frühhochfesten von 15, also trotz größeren Druckes in letzterem Falle eine Abnahme von 15 % gegenüber gewöhnlichen Handelszementen. Aus dem ausgezeichneten Werke von OLSEN, München, errechnete ich auf S. 86 die entsprechenden Zahlen mit 12 und 13, also nur 8 % Abnahme gegenüber den gewöhnlichen Handelszementen, das heißt, die von OLSEN verwendeten frühhochfesten Zemente waren in dieser Beziehung besser wie unsere tschechoslowakischen. Und, meine Herren, diese Verhältniszahl zwischen Druck und Zug, auf die ich seit dem Bestehen der hochwertigen Zemente bei den maßgebenden Faktoren unserer Zementindustrie stets hinwies, bleibt für mich immer eine Art Gütemaßstab für den Zement und den daraus erzeugten Beton. Denn was nützt ein hochwertiger Beton mit weiß Gott wie hoher Druckzahl, wenn die Zugzahl nicht halbwegs mit in die Höhe geht.

Aus der für uns stets maßgebenden Betonwürfeldruckfestigkeit können wir nun bei hochwertigen Betonen annähernd die Biegungszugfestigkeit ermitteln durch die Annahme, daß der Achsialzug derzeit $\frac{1}{15}$ des Würfeldruckes, und der Biegungszug rund das zweifache des Achsialzuges ausmacht, gleichbedeutend mit einer Verhältniszahl von Würfelfestigkeit zu Biegungszugfestigkeit = 7,5. SALIGER fand bei seinen letzten, dem Referate zugrunde liegenden Versuchen eine mittlere Verhältniszahl von 6,3 für Handelsportlandzement und 6,9 für frühhochfesten Zement. Doch möchte ich empfehlen für angenäherte Rechnungen aus Sicherheitsgründen nach dem derzeitigen Stande der Zementtechnik bei 7,5 zu bleiben. Je kleiner diese Gütezahl wird, desto besser wird der Beton für Tragwerke, die auf Biegung beansprucht sind. Von Interesse wäre es, welche Gütezahl OLSEN bei seinen großzügigen Versuchen diesbezüglich ermittelte, da ich in seinem Werke die Würfelfestigkeit des Betons seiner Versuche nicht fand.

Würde ich daher unsere seinerzeitigen Prager Versuche hiernach ergänzen, nachdem wir seinerzeit leider keine Betonzugproben durchführten, so ergäbe sich bei den Versuchsbalken nach 28 Tagen eine Anrißlast von 1,07 $P$, für den Balken nach 42 Tagen eine solche von 1,18 $P$, wobei $P$ die einfache Nutzlast für Spannungsverhältnisse von $\dfrac{100}{2000}$ bedeutet. Nach unseren damaligen, obzwar mit der Lupe genau durchgeführten Beobachtungen ergaben sich die Anrisse bei 1,65 $P$, das heißt, es muß eine Lockerung des Betongefüges auf der Zugseite, die auch dem verschärften Auge nicht sichtbar ist, schon viel früher eingetreten sein, ein Umstand, den auch SALIGER in seinem Berichte anführt. OLSEN findet bei seinem für ein Spannungsverhältnis von $\dfrac{100}{2000}$ entworfenen Balken $D$ eine Anrißlast von 0,88 $P$, sie sehen daher gegen 1,07 $P$ keinen großen Unterschied. Und noch schlechter steht es mit unseren damaligen Decken, die nur eine Würfelfestigkeit des baumäßigen Betons von 225 kg/qcm besaßen, die daher eine Lockerung des Gefüges weit noch vor einfacher Nutzlast besessen haben mußten, da wir die ersten feinen Haarrisse bei einfacher Nutzlast feststellten. Aus dem Gesagten ist daher, meine Herren, zu entnehmen, daß die Anrißlasten bei so hoch gewählten Spannungsverhältnissen insbesondere bei Plattenbalkenbauwerken viel kleiner als 1 werden. Dies beweisen aber auch die niedrigen Anrißspannungen, wie sie SALIGER in seinem Berichte aus seinen Versuchen zusammengestellt hat.

Eine zweite Frage, die bei solchen mit hartem Stahl bewehrten Verbundkonstruktionen von größerer Bedeutung wird gegenüber gewöhnlichen Verbundkonstruktionen, ist die Frage der *Schwindspannungen*, worüber OLSEN in seinem vorerwähnten Werke uns ebenfalls sehr interessante Aufschlüsse gibt, und auf die ich zeitmangels nicht eingehen kann und diesbezüglich auf das ausgezeichnete Werk von HERZKA verweisen muß. Wenn wir daher schon an oder unter der Grenze der Rißsicherheit angelangt sind, wird diese Sicherheit durch die Schwindspannungen noch um ein Beträchtliches verringert.

Was die Frage der Störung des Verbundes und Überwindung der Haftfestigkeit anbelangt, die von SKALL stets befürchtet wird, hat GESSNER in Prag 1926 diese Frage gründlich durch Versuche studiert und fand tatsächlich die Zerstörung des Verbundes aber nur bei jenen plattenbalkenförmigen Probebalken, die nur mit einem Rundeisen $\oslash$ 16 mm bewehrt waren, daher wie sie leicht entnehmen können, dies eine schlechte Bewehrung vorstellt. Bei zwei oder drei Eiseneinlagen wäre auch dort keine Zerstörung durch die Lösung des Verbundes eingetreten. Bei allen unseren Deckenversuchen, wo einer guten Schub- und Verbundsicherung große Sorgfalt gewidmet wurde, konnte eine Zerstörung des Verbundes nirgends festgestellt werden.

Es gäbe nun noch eine Reihe anderer, aber untergeordneter Fragen, die zu diesem Problem gehören würden, worauf ich aber zeitmangels nicht eingehen kann. Nach dem bisher gesagten kann ich daher sämtlichen Schlußfolgerungen des Herrn Referenten SALIGER zustimmen.

Professor SPANGENBERG, München:

Durch die Gütesteigerung des Zementes und des Stahles sind wir vor die Aufgabe gestellt, das Verhalten dieser hochwertigen Baustoffe in den Verbundkörpern, namentlich bei Beanspruchung auf Biegung, zu erforschen. Die ausgezeichneten Versuche von Professor SALIGER sind ein sehr wertvoller Beitrag zu dieser Frage. Meine anschließenden Bemerkungen beziehen sich auf die Rissesicherheit, die bei solchen Konstruktionen eine wichtige Rolle spielt. Ich benutze dabei eine Abbildung und eine Tabelle aus einer Doktorarbeit, die ein Schüler von mir, Herr OLSEN, auf meine Anregung hin verfaßt hat und die jetzt unter dem Titel: „Die wirtschaftliche und konstruktive Bedeutung erhöhter zulässiger Beanspruchungen für den Eisenbetonbau" erschienen ist.

Bekanntlich ist die Biegezugspannung $\sigma_{bz}$, berechnet nach Stadium I, ein guter Maßstab für die Rissesicherheit. Wird ein einfach bewehrter Rechtecksquerschnitt eines gebogenen Balkens für bestimmte zulässige Beanspruchungen $\sigma_b$ und $\sigma_e$ nach Stadium II dimensioniert, so ist damit zwangläufig auch der Wert $\sigma_{bz}$ nach Stadium I festgelegt, wenn nur die Nutzhöhe $h$ in ein bestimmtes Verhältnis zur Gesamthöhe $d$, also z. B. $h = 0,9\,d$, gesetzt wird. In der Abb. 13 sind die Werte $\sigma_b$ nach Stadium II als Abszissen, die Werte $\sigma_{bz}$ nach Stadium I in doppeltem Maßstabe als Ordinaten aufgetragen. Für verschiedene Werte $\sigma_e$ zwischen 1000 und 2000 kg/qcm sind die Kurven errechnet und eingezeichnet, welche für die betreffende Eisenspannung $\sigma_e$ die Abhängigkeit zwischen $\sigma_b$ und $\sigma_{bz}$ zeigen.

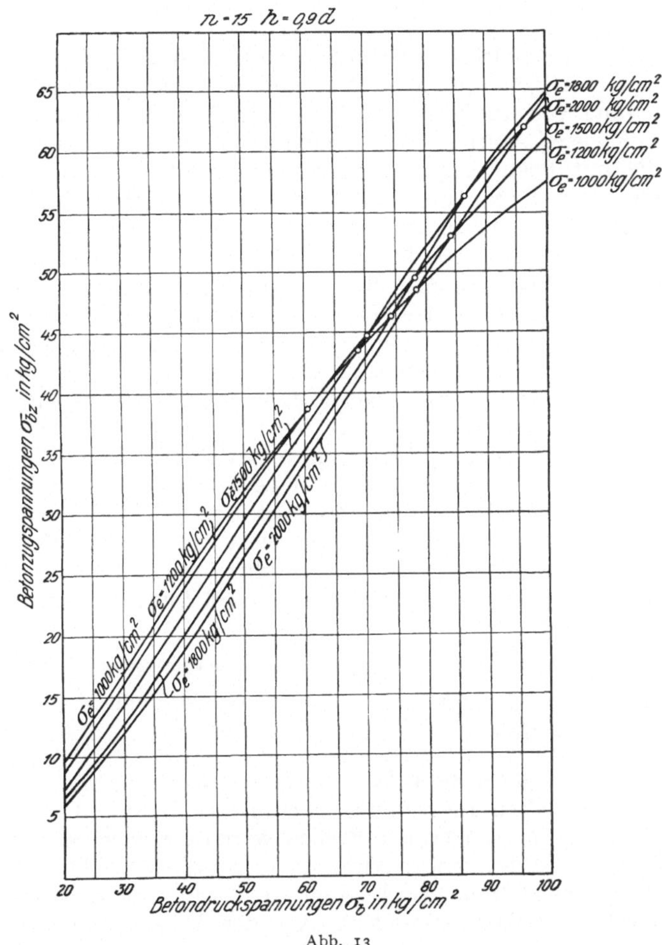


Abb. 13

Man erkennt aus dieser Darstellung, daß eine Erhöhung von $\sigma_b$ bei gleichbleibendem $\sigma_e$ eine sehr starke Steigerung von $\sigma_{bz}$ bewirkt; z. B. steigt bei $\sigma_e =$ $= 1200$ kg/qcm der Wert $\sigma_{bz}$ von 24 auf 45 kg/qcm, wenn man $\sigma_b$ von 40 auf 70 kg/qcm erhöht. Diesen Zusammenhang habe ich bereits vor zwei Jahren auf dem Internationalen Brückenbaukongreß in Zürich dargelegt und zur Begründung der Forderung benutzt, daß der Zugfestigkeit der hochwertigen Zemente besondere Beachtung zu schenken sei.

Im Gegensatz hierzu ersieht man weiter aus der Abbildung, daß eine Änderung von $\sigma_e$ bei gleichbleibendem $\sigma_b$ nur von geringem Einfluß auf $\sigma_{bz}$ ist. Die sämtlichen

Kurven für die verschiedenen Eisenspannungen von 1000 bis 2000 kg/qcm fallen sehr nahe zusammen und es liegen z. B. bei $\sigma_b = 70$ kg/qcm für alle Werte von $\sigma_e$ die Spannungen $\sigma_{bz}$ zwischen 42 und 45 kg/qcm. Bei den kleineren Werten von $\sigma_b$ vermindert die Erhöhung von $\sigma_e$ sogar den Wert $\sigma_{bz}$ und erst bei größeren $\sigma_b$-Werten kehrt sich die Auswirkung um. Eine Erklärung für diesen eigentümlichen Zusammenhang findet sich in der Doktorarbeit von OLSEN. Zweifellos ist aber die Erhöhung der zulässigen Eisenspannung von viel geringerem Einfluß auf die Rißgefahr als die Steigerung der zulässigen Betondruckspannung, sodaß in dieser Hinsicht die Verhältnisse für die Ausnutzung des hochwertigen Stahles in den Verbundkonstruktionen nicht ungünstig liegen.

Da man aus wirtschaftlichen Gründen womöglich hochwertigen Stahl in Verbindung mit hochwertigem Beton bei Verbundkonstruktionen verwenden wird, so ist die Feststellung von Interesse, wie groß die Biegezugfestigkeit $\sigma_{bz}$, berechnet nach Stadium I, beim Auftreten der ersten Risse an bewehrten Versuchsbalken sich ergibt, die mit hochwertigem Zement hergestellt sind. Die ersten Versuche hierüber wurden von RÜTH und von OTZEN an sogenannten Kontrollbalken gemacht, die sehr stark bewehrt waren und in erster Linie zur Bestimmung der Biegedruckfestigkeit dienten. Hierbei wurden erstaunlich hohe Werte von $\sigma_{bz}$ beim Auftreten der ersten Risse festgestellt. So fand RÜTH für drei Tage alte Balken $\sigma_{bz} = 93{,}5$ kg/qcm, OTZEN für sieben Tage alte Balken Werte von 64 bis 75 kg/qcm. Die Probebalken hatten 1,0 m Stützweite, 15 cm Breite und 12 cm Höhe; sie waren mit fünf Rundeisen von 12 mm Durchmesser, also mit 3,14 % bewehrt, die Betondeckung der Eisen betrug 0,5 cm. Dagegen fand ich bei Versuchen an Balken mit 1 % Bewehrung Werte von $\sigma_{bz}$, die wenig über der nach der NAVIERschen Biegeformel errechneten Biegezugfestigkeit von unbewehrten Balken lagen. Ähnliche Werte an unbewehrten Betonbalken mit hochwertigem Zement sind übrigens schon früher von PROBST festgestellt worden[1]. Zur Aufklärung des Widerspruches mit den Versuchen von RÜTH und OTZEN hat Herr OLSEN auf meine Veranlassung eine Reihe sehr sorgfältiger Biegeversuche ausgeführt, deren Ergebnisse die Tafel 8 zeigt. Die Normenfestigkeiten der verwendeten beiden Zemente waren nach 28 Tagen kombinierter Lagerung:

|  | Druckfestigkeit | Zugfestigkeit |
|---|---|---|
| Bei hochwertigem Zement | 659 kg/qcm | 49,3 kg/qcm |
| Bei Handelszement | 469 ,, | 47,9 ,, |

Das Kiessandmaterial für die Balken hatte eine recht günstige Kornzusammensetzung, sodaß die erzielten Biegezugfestigkeiten des Betons durchweg sehr hohe waren. Die äußeren Abmessungen der Balken waren die gleichen wie bei den Versuchen von RÜTH und OTZEN, jedoch wurden vier verschiedene Arten der Bewehrung und zwei verschiedene Betondeckschichten angeordnet, außerdem wurden zum Vergleich unbewehrte Balken untersucht. Aus der Tabelle erkennt man, daß die Werte von $\sigma_{bz}$ bei hochwertigem Zement durchweg etwas höher sind, als bei Handelszement. Ferner ergibt sich die interessante Feststellung, daß $\sigma_{bz}$ gegenüber den unbewehrten Balken mit zunehmender Bewehrung und mit weitergehender Aufteilung der Eisen erheblich steigt, sowie daß sich $\sigma_{bz}$ auch mit abnehmender Betonüberdeckung der Eisen erhöht. Den höchsten Wert von $\sigma_{bz} = 96{,}6$ kg/qcm haben die Balken aus hochwertigem Zement mit 3,14 % Bewehrung und 0,5 cm Überdeckung ergeben. Diese Balken entsprechen in ihrer Konstruktion den Versuchsbalken von RÜTH und OTZEN, sodaß die von diesen beiden Forschern festgestellten hohen Werte $\sigma_{bz}$ wohl in der Hauptsache durch die Bauart ihrer Balken zu erklären sind. Die Versuche

---

[1] Vgl. PROBST, Hochwertige Zemente, ,,Der Bauingenieur'' 1926, Heft 17 u. 18.

von OLSEN zeigen aber in Übereinstimmung mit den bereits vorher von mir gemachten Versuchen, daß für Bewehrungen und Eisenüberdeckungen, welche den praktischen Ausführungen entsprechen, die Werte $\sigma_{bz}$ beim Auftreten der ersten Risse auch mit hochwertigem Zement nur wenig über den Werten der nach der NAVIERSCHEN Biegeformel errechneten Biegezugfestigkeit von unbewehrten Balken liegen. Es ist daher davor zu warnen, stark bewehrte Probebalken, insbesondere die sogenannten Kontrollbalken, zur Bestimmung der Biegezugfestigkeit zu benutzen. Vielmehr wird man die Biegezugfestigkeit des Betons am zuverlässigsten an unbewehrten oder an schwachbewehrten Balken ermitteln, bei denen die Anordnung der Bewehrung und die Betonüberdeckung den Verhältnissen der praktischen Ausführungen entspricht.

Tafel 8

**Einfluß der Bewehrung und der Betondeckschicht auf $\sigma_{bz}$**

Alter der Versuchsbalken....... 45 Tage
Querschnitt der Versuchsbalken. $h = 12$ cm; $b = 15$ cm
Zementmenge ................ 300 kgZ/cbm

$n = 15$  Konsistenz: $D = rd . 50$ cm

| Bezeichnung des Zementes | Beton-deck-schicht cm | Bewehrung | | | | | | | | Unbewehrt | |
|---|---|---|---|---|---|---|---|---|---|---|---|
| | | 5 Φ 12 mm $\mu = 3,14$ v. H. | | 3 Φ 12 mm $\mu = 1,88$ v. H. | | 5 Φ 8 mm $\mu = 1,40$ v. H. | | 3 Φ 8 mm $\mu = 0,84$ v. H. | | | |
| | | $\sigma_{bz}$ [kg/qcm] | | | | | | | | | |
| | | Einzel-werte | Mittel-wert | Einzel-werte | Mittel-wert | Einzel-werte | Mittel-wert | Einzel-werte | Mittel-wert | Einzel-werte | Mittel-wert |
| Hochwertiger Zement | 0,5 | 92,5 101,8 95,5 | 96,6 | 76,5 76,5 80,4 | 77,8 | 85,5 76,2 76,2 | 79,3 | 62,2 62,2 67,2 | 63,9 | 61,2 | 59,8 |
| | 1,0 | 86,4 90,0 88.2 | 88,2 | 70,2 66,0 66,0 | 67,4 | 72,2 72,2 79,8 | 74,7 | 55,2 65,5 60,4 | 60,4 | 57,0 61,2 | |
| Handels-zement | 0,5 | 76,8 83,4 80,3 | 80,2 | 80,5 64,6 72,5 | 72,5 | 62,3 67,0 71,5 | 66,9 | 47,0 57,2 57,2 | 53,8 | 50,6 | 47,2 |
| | 1,0 | 65,2 76,0 72,5 | 71,2 | 57,5 70,2 66,0 | 64,6 | 52,2 67,2 67,2 | 62,2 | 44,6 49,6 55,0 | 49,7 | 47,2 43,7 | |

**Professor Dr.-Ing. W. GEHLER, Dresden:**

Der Deutsche Ausschuß für Eisenbeton hat seit einer Reihe von Jahren ebenfalls Versuche mit stahlbewehrten Platten und Plattenbalken in den Materialprüfungsämtern Berlin und Dresden durchgeführt. In den deutschen Eisenbeton-Bestimmungen von 1925 befindet sich im Teil A bei § 19, Ziffer 4 die Fußnote: „Da die eingeleiteten Versuche mit hochwertigem Zement in Verbindung mit Stahl noch nicht abgeschlossen sind, bleibt die Anwendung der in Ziffer 5 genannten Spannungen in Hochbauten (z. B. $\sigma_e = 1500$ kg/qcm) zunächst nur auf Platten beschränkt." Die Versuchskörper wurden daher für die Betondruckspannung $\sigma_b = 40$ kg/qcm und für die Eisenspannung $\sigma_e = 1200$ bzw. 1500 bzw. 1800 kg/qcm dimensioniert und zwar in der einen Reihe in Verbindung mit St. 37 unter Verwendung von normalem Portlandzement, in der anderen Reihe in Verbindung mit St. 37 und St. 48 unter Verwendung von hochwertigem Portlandzement.

Im Gegensatz zu den Wiener Versuchen wurden die Dehnungen der Eisen und die Betondruckspannungen unmittelbar gemessen. Unsere Ergebnisse stimmen mit denen von Herrn SALIGER grundsätzlich überein. Trotz der verschiedenen Güte des verwendeten Bewehrungsstahles treten die ersten Risse in der Betonzugzone nahezu bei der gleichen rechnerischen Eisenspannung auf, sodaß in Übereinstimmung mit den Versuchen von Herrn SALIGER der hochwertige Baustahl hinsichtlich der Rißlasten keinen Vorteil bringt. Diese ersten Risse wurden aber in Dresden weit früher beobachtet als bei den Wiener Versuchen, nämlich bei einer aus der Rißlast rechnerisch für das Stadium II ermittelten Eisenspannung von rund 300 bis 400 kg/qcm, während bei den Wiener Versuchen, (nach Tafel 6) 800 bis 1080 kg/qcm gefunden wurde. Die Dehnungsmessungen ergeben die gleichen Werte wie die übliche Rechnung, wenn für das Elastizitätsmaß des Betons der aus den Feinmessungen an besonderen Probekörpern ermittelte Wert $E = 263000$ kg/qcm, also die Zahl $n = 8$ (anstatt $n = 15$) eingesetzt wird.

Auch bei unseren Versuchen ergab sich in Übereinstimmung mit den Wiener Versuchen, daß für die Tragkraft, soweit diese vom Zugwiderstand der Stahlbewehrung abhängt, bei hochwertigem Stahl die Streckgrenze in derselben Weise maßgebend ist, wie bei St. 37. Nur sind die Ansprüche an den Verbund naturgemäß um so größer, je höher die zulässigen Eisenspannungen angenommen werden. Durch Erhöhung der Betonfestigkeit wird unter sonst gleichen Umständen die Verbundwirkung verbessert. Unter der Voraussetzung, daß die größeren Ansprüche an Schubwiderstand und Verbund berücksichtigt werden, dürfen daher die zulässigen Beanspruchungen bei hochwertigem Baustahl im Vergleiche zu St. 37 im Verhältnis der Streckgrenzen erhöht werden. Als Nachteil bleibt nur der Umstand, daß die Risse in der Betonzugzone bei der gleichen Eisenspannung auftreten, also für hochwertigen Baustahl etwa bei $\frac{1}{5}$ der Nutzlast anstatt bei $\frac{1}{4}$ der Nutzlast für St. 37. Durch diese frühere Ausschaltung der Betonzugzone bei den Balken mit hochwertigem Baustahl ist der Erhöhung der zulässigen Eisenspannung bei Verwendung von hochwertigem Baustahl leider eine enge Grenze gezogen.

Dr.-Ing. H. OLSEN, München:

Herr Professor SPANGENBERG hat Ihnen vorhin eine Abbildung aus meinem Buche[1] gezeigt, in der in Form von Schaulinien der Zusammenhang zwischen den bei biegungsbeanspruchten Rechtecksquerschnitten auftretenden Randspannungen $\sigma_b/\sigma_e$ (kg/qcm) nach Zustand II und den zugehörigen Betonzugspannungen $\sigma_{bz}$ (kg/qcm) nach Zustand I dargestellt ist. Dabei hat Sie Herr Professor SPANGENBERG u. a. auf ein bemerkenswertes Ergebnis meiner Untersuchungen aufmerksam gemacht, daß nämlich bei gleichbleibender geringerer Betondruckspannung und zunehmenden Eisenzugspannungen die Werte $\sigma_{bz}$ geringer, bei gleichbleibender höherer Betondruckspannung — etwa von $\sigma_b = 80$ kg/qcm an — und zunehmenden Eisenzugspannungen die Werte $\sigma_{bz}$ jedoch größer werden. Ich möchte bei dieser Gelegenheit darauf hinweisen, daß ich mich bei meinen Untersuchungen nicht damit begnügt habe, lediglich die rechnerischen Zusammenhänge zwischen veränderlichen Spannungsverhältnissen $\sigma_b/\sigma_e$ und den jeweils zugehörigen Werten $\sigma_{bz}$ zu ermitteln, sondern die gefundenen Ergebnisse auch an Hand von Versuchen nachgeprüft habe.

Die Versuche wurden mit Eisenbetonbalken von 70 cm Länge und 15 cm Breite

---

[1] Die wirtschaftliche und konstruktive Bedeutung erhöhter zulässiger Beanspruchungen für den Eisenbetonbau. Verlag W. Ernst & Sohn, Berlin, 1928.

durchgeführt, wobei das Mischungsverhältnis 300 kg Zement je cbm fertigen Beton betrug. Die Querschnittshöhen und Eiseneinlagen der Balken waren so gewählt, daß bei Beanspruchung derselben auf Biegung durch eine in Feldmitte aufgebrachte Einzellast $P$ bei 65 cm Spannweite bestimmte Randspannungen $\sigma_b/\sigma_e$ entstanden. Durchgeführt wurden Versuchsreihen, die aus je drei Balken bestanden.

Bei den Balken der ersten Versuchsreihe entstanden durch die Einzellast $P_1 =$ 745 kg die Randspannungen $\sigma_b/\sigma_e = 40/1200$ kg/qcm, bei den Balken der zweiten Versuchsreihe mit der gleichen Einzellast die Randspannungen $\sigma_b/\sigma_e = 40/2000$ kg/qcm. Die erste Reihe ergab bei einem Alter der Balken von 45 Tagen als Mittelwert eine Rißlast von 2,28 $P_1$, die zweite Reihe eine solche von 2,58 $P_1$. Demnach zeigten die Balken der zweiten Reihe einen größeren Widerstand gegen Rißbildung in der Zugzone als die der ersten Reihe. Bei der dritten und vierten Versuchsreihe betrug die in Feldmitte aufgebrachte Einzellast $P_2 = 3160$ kg, wobei die Balken der dritten Reihe mit $\sigma_b/\sigma_e = 100/1200$ kg/qcm, die der vierten Reihe mit $\sigma_b/\sigma_e = 100/2000$ kg/qcm beansprucht waren. Die Rißlast betrug bei der dritten Reihe 1,08 $P_2$, bei der vierten Reihe 0,88 $P_2$. Die Balken der dritten Versuchsreihe zeigten also einen größeren Widerstand gegen Rißbildung als jene der vierten Reihe.

Die Versuche haben somit die vorerwähnten rechnerischen Ergebnisse voll bestätigt, *daß nämlich bei Eisenbetonkonstruktionen, die mit hohen Betondruckspannungen bemessen werden, nur dann eine Erhöhung der Eisenzugspannung vorgenommen werden darf, wenn der Beton eine entsprechende höhere Zugfestigkeit hat.*

Die hier angeführten Versuche sind ebenso wie die vorhin von Herrn Professor SPANGENBERG erwähnten unter meiner Leitung im Bautechnischen Laboratorium der Mittleren Isar A. G. in München durchgeführt worden. Die näheren Versuchsangaben sind in meinem vorerwähnten Buche, S. 86, enthalten.

# A<sub>4</sub>

# Ziel, Ergebnisse und Wert der Messungen an Bauwerken

Von Dipl.-Ing. **A. Bühler**, Sektionschef für Brückenbau bei der
Generaldirektion der Schweizerischen Bundesbahnen



## I. Das Ziel der Messungen an Bauwerken

### 1. *Einführung*

Wer heute im Bauwesen tätig ist, wird zugeben müssen, daß die theoretischen Grundlagen eine große Verbreiterung erfahren haben. Es hat sogar den Anschein, als ob die frühere Feindschaft zwischen „Praxis" und „Theorie" ihr Ende gefunden habe und daß beide einträchtig nebeneinander zu leben verstünden. Gelegentlich ist sogar feststellbar, daß die „Praxis" sich nunmehr der „Theorie" als Bundesgenossin bedient, um das ihr Passende zu beweisen, auch wenn keine Notwendigkeit dazu vorliegt. Auch dies zeigt, welch' großen Einfluß die rein theoretischen Erwägungen gewonnen haben.

*Theorie-Praxis:* Und doch, wie verhält sich eigentlich heute die Theorie zur Praxis, oder umgekehrt? Wer in die theoretischen und experimentellen Grundlagen der Ingenieurwissenschaften eingeführt wird, wird selten gewahr, in welch' bedeutendem Umfange von sogenannten Annahmen ausgegangen werden muß, um zu einem theoretischen Ziele zu gelangen. Ut tensio, sic vis, definierte einst R. Hook die Proportionalität zwischen Formänderung und Kraft (1679); es ging aber noch lange, bis Navier auf diesem Prinzip aufbauend (1821) die Annahme der Proportionalität zwischen Spannung und Dehnung zur Grundlage der heutigen Biegungs- und Elastizitätstheorie erhob. Obschon die gerade Spannungs-Dehnungslinie in engeren Grenzen nur ziemlich genau im Eisenbau gilt, wird sie heute auch im Holz-, Stein- und Eisenbetonbau unbedenklich angewendet, nachdem theoretisch, durch Modellversuche und in geringerem Umfang auch durch Messungen an Bauwerken mit mehr oder weniger Glück gezeigt wurde, daß die übliche Formänderungslehre ziemlich zutreffende Ergebnisse liefere. Wer aber ist in der Lage, bei verwickelteren, in ausgedehnter Weise zusammenhängenden Bauwerksteilen die Folgen dieser nur angenähert erfüllten Annahmen anzugeben? Wer kann den Einfluß der Zeit auf die Spannungs-Dehnungslinie, also auch auf den Verlauf der Stützlinie bei Gewölben, in Verbindung mit unregelmäßig wiederholten kleinen und großen Belastungen, und auf die Verformung der Mauern durch lang andauernde exzentrische Drücke (Stützmauern, Staumauern, auch Pfeiler) bestimmen? Ist die öfters beobachtete, gegenüber der Rechnung raschere Abnahme der Kontinuitätswirkung bei Eisenbetonbauten auf ähnliche Ursachen zurückzuführen?

*Tragsysteme, Gründungen:* Auch die faszinierende Wirkung anderer Annahmen verfehlt nicht, das kritische Urteil stark einzuschläfern. So die Berechnung der Fachwerke als gelenkige Liniensysteme anstatt als Rahmenträger, also die Vernachlässigung der Nebenspannungen, sodann die Weglassung der Berechnung der Zusatzspannungen, die die Verbände und Fahrbahnen oder Deckenkonstruktionen auf die Hauptträger oder Haupttragteile ausüben. Zusammenfassend ist zu bemerken, daß der in Wirklichkeit stets vorhandene Zusammenhang, sowie das Zusammenwirken aller räumlich angeordneten Bauwerksteile zu wenig beachtet wird. Diese Umstände könnten auch durch kostspielige Maßnahmen, wie z. B. Gelenkanordnungen, nicht, oder nur ungenügend aus der Welt geschaffen werden. Bei näherer Betrachtung macht uns auch die Mutter Erde bereits Schwierigkeiten, wenn wir wissen möchten, wie wir unsere Bauwerke abstellen sollten. Abgesehen davon, daß sie diese gelegentlich unwirsch schüttelt, wofür uns — was in solchen Fällen stets verständlich ist — ein Maß fehlt, so werden wir unsicher, sobald wir den Erddruckwirkungen und den dabei auftretenden verwickelten Erscheinungen gründlich zu Leibe rücken möchten. Erst die Gründung und der Anschluß bei „Fels" hebt unsere Kühnheit im Bauen ganz beträchtlich.

*Lasten:* Wenden wir uns den „Lasten" zu, die unsere Bauwerke tragen sollen, so bemerken wir bei näherem Zusehen, daß wir tief in der Erfahrung und den Annahmen unserer Vorgänger stecken. Wir werden dieses Umstandes besonders gewahr, wenn wir die in den verschiedenen Ländern angenommenen Belastungsgrundlagen vergleichen. Der berechnende Ingenieur konnte früher bei kleinen Gesehwindigkeiten und wenig zahlreichen Verkehrsmitteln und Menschenanhäufungen sich seine Lasten ruhend vorstellen und nach einfachen Grundsätzen der Gleichgewichtslehre arbeiten, was ihm den Namen Statiker eintrug. Ist heute dieses Verfahren bei den mechanisierten Verkehrsmitteln und den gewaltig angewachsenen Geschwindigkeiten noch zulässig? Wenn heute eine mit 100 km Geschwindigkeit in der Stunde verkehrende schwere Lokomotive eine 10 m lange Brücke in weniger als einer Sekunde passiert und in deren Fahrbahnträgern in Bruchteilen einer Sekunde vielfache große Spannungswechsel auslöst, ist das nicht eine dynamische Wirkung und Inanspruchnahme? Wir sind heute in die dynamische Zeit eingerückt, nicht nur bei den Eisenbahn-, sondern auch bei den Straßenbrücken. Die Dynamik wird und muß in Zukunft mehr als bisher unsere Tätigkeit beherrschen, wenn es auch wahrscheinlich ist, daß die Statik, ergänzt durch dynamische Prinzipien, ihre große Bedeutung nicht verlieren wird. Es wird aber noch der angestrengtesten Arbeit aller an den Fortschritt glaubenden Ingenieure bedürfen, um neue gute Berechnungsgrundlagen und Grundsätze zu schaffen, die ein Verstecken hinter den Sicherheitskoeffizienten nicht mehr nötig machen und gestatten, die Tatsachen und die Wirklichkeit scharf ins Auge zu fassen. Hiebei soll übrigens auch die Unsicherheit der Belastungsansätze überhaupt erwähnt werden. Diese besteht bei Eisenbahnbrücken darin, daß der Entwicklung der Lasten einer wenigstens näheren Zukunft Rücksicht zu tragen ist. Im Laufe eines Jahrhunderts sind diese Lasten von 3 t/m auf 14 t/m Geleise angewachsen. Bei Straßenbrücken liegt die Unsicherheit weniger in dem Maße der Lasten, als in deren Kombinationen und deren Abhängigkeit von der Spannweite. Wurde z. B. die im Jahre 1832 von CHALEY erbaute Hängebrücke in Freiburg von 256 m Spannweite für nur 100 kg/qm Belastung bemessen, so gehen heute die Annahmen bei den großen bis 1060 m weit gespannten Hängebrücken in Amerika[1] auf etwa 250 bis 300 kg/qm Belastung für die Hauptträger, während wir im übrigen gewöhnt sind, in städtischen Verhältnissen für kleinere und mittel-

---

[1]

| | Mittel-öffnung | Eisen-gewicht | Kosten | Eigen-gewicht | Zufällige Belastung |
|---|---|---|---|---|---|
| Kabelbrücke Philadelphia-Camden (1927) ....... | 530 m | 61 700 t | 190 Mill. Fr. | 38 t/m | 17,8 t/m |
| Kabelbrücke über den Hudson (1929)........ | 1060 m | 120 000 t | 380 Mill. Fr. | 58 t/m | 12,0 t/m |

weit gespannte Brücken etwa 500 bis 600 kg/qm Belastung, also sechs bis acht Personen auf den Quadratmeter vorzusehen. Auch im Ingenieurhochbau sind nicht nur die absoluten, auf Einzelteile wirkenden Größtlasten zu berücksichtigen, sondern es findet oftmals eine Abstufung derselben, z. B. bei der Säulenbemessung statt. Welch' weitere Überlegungen oder erhebliche Unsicherheiten, die sich nur auf die Wahrscheinlichkeit des Eintretens oder Nichteintretens gründen, in Kauf genommen werden müssen, kommt auch zum Bewußtsein, wenn wir an die Temperatur-, Schnee- und Windwirkungen denken, deren Festsetzung, sowie Übertragung in die Berechnungen mit erheblicher Willkür verbunden ist. Dies gilt insbesondere von Temperaturwirkungen, z. B. im Innern großer Massivkörper.

*Bemessen der Bauwerke, Materialfragen:* Zu dem Bemessungsverfahren übergehend, ist zu bemerken, daß auch in diesem Teil des Bauwissens eine große Unsicherheit besteht. Was wissen wir Genaues vom Bemessen in statischer und dynamischer Hinsicht, beim Überwiegen der einen oder anderen Beanspruchung oder von der Rolle der Zeit bei sehr lange andauernden Kraftwirkungen? Denken wir an die ständig einwirkenden großen Eigengewichtskräfte der Firth-of-Forth-Brücke, oder an diejenigen der riesigen amerikanischen Hängebrücken, bei denen zudem Sonne, Wind und Regen schroffe örtliche Beanspruchungen erzeugen können! Verhalten sich Zug- und Druckstäbe oder auf Biegung beanspruchte Balken nicht verschieden? Wie steht es bei den Verbindungen, bei der Ausbildung der Knotenpunkte, ja nur beim einfachen genieteten Balken, wenn alle Einzelheiten bewußt richtig und wirtschaftlich festgesetzt werden sollen? Wie einfach wird das Nietproblem gelehrt, welche Sphinx ist es in Wirklichkeit! Hoffentlich hilft uns die elektrische Schweißung aus dem Dilemma. Zeigen sich bei einachsigen Spannungszuständen noch zahlreiche unabgeklärte Verhältnisse, so häufen sich die Schwierigkeiten beim Betrachten von zwei- und dreiachsigen Spannungszuständen, die in unseren Bauwerken die Regel bilden, sowie ihre Kombinationen mit den Dauerfestigkeiten und dem Altern unserer Materialien überhaupt.

Heute kann nur mit einiger Wahrscheinlichkeit gesagt werden, daß die auftretenden Spannungen unterhalb der Proportionalitätsgrenze der Materialien liegen sollten, wenn Schädigungen vermieden werden wollen, und zwar kann diese Grenze in etwas roher Weise zur Hälfte der statischen Bruchfestigkeit angenommen werden.[1] Hieraus geht hervor, daß Bruchversuche uns kein Maß für die „Dauer-Sicherheit" eines Bauwerkes geben können.

Bei geringen Änderungen in der chemischen Zusammensetzung und bei etwas verschiedenem Herstellungsverfahren des Stahles lassen wir bei kleineren Brücken vielleicht bloß 0,7 t/qcm als Spannung zu, während bei großen Hängebrücken in Amerika auf 5,6 t/qcm Arbeitsspannung gegangen wird und 7 t/qcm Spannung in Aussicht genommen sind, ohne daß die Arbeitsfläche des Zugversuches der verwendeten Baustähle wesentliche Unterschiede aufwiese (Abb. 1). Als höchste Bruchfestigkeit kommen jetzt 16,2 t/qcm in Frage bei 4% Dehnung. Bei der Freiburger Hängebrücke betrug die Drahtfestigkeit 8 t/qcm, die Arbeitsspannung 2,7 t/qcm. Wie soll man sich hiezu einstellen, ohne sich über gewisse Erscheinungen, wie Dauerfestigkeit, Hysteresis, Erholungsfähigkeit, aber auch Rückbildungen usw., einen genauen Einblick verschafft zu haben?[2]

---

[1] Die genauere Formulierung der Ermüdung der wesentlichsten Baumaterialien lautet heute: Die Ermüdungsgrenze bei Eisen fällt bei ± Beanspruchung mit der Proportionalitätsgrenze und bei nur + oder nur — Beanspruchung mit der gehobenen „Proportionalitätsgrenze" zusammen. Bei Beton stellt sich die Ermüdung ein, sobald nach oftmaliger Belastung die Formänderungen nicht mehr angenähert nach geradlinigem Gesetze verlaufen.

[2] Andere Widersprüche bestehen z. B. bei der Beurteilung des Bau- und Schienenstahles. Wie wohl selten ein Bauteil im Eisenbahnbetrieb, ist die *Schiene* heftigen Schlägen und Ver-

Diese Verhältnisse werden am besten klar, wenn bei einem gegebenen Bauwerk, z. B. einer Brücke, die im Eisenbahnbetriebsdienst häufig gestellte Frage zu beantworten ist, welche Lasten auf eine mehr oder weniger gegebene Zeit noch zugelassen werden können, oder, wenn die Aufgabe zu lösen wäre, eine Brücke zu erstellen, die unendlich viele Beanspruchungen durch bestimmte Lasten noch eben sollte aushalten können. Ohne Sicherheitsbeiwerte und ohne uns auf Vorschriften zu stützen, sind wir nicht in der Lage eine Antwort zu geben. Hinzu kommt noch die Einschätzung der Einflüsse von Materialfehlern.

Löst man sich so los vom hergebrachten, anerzogenen, vereinfachenden und formalen technischen Denken, so möchte es manchmal scheinen, als ob der Boden unter den Füßen verloren ginge und ein Zurechtfinden in dem Chaos der Erscheinungen unmöglich wäre. Dem ist aber nicht ganz so. Es ist doch zu bedenken, daß wir in der Lage sind, wenigstens in großen Linien das Leben in unseren Bauwerken verstehen und voraussagen zu können. Wenn das heute noch nicht für alle Einzelheiten und alle Lebensäußerungen dieser Bauwerke gilt, so wird auch diese Kluft durch die unablässige Arbeit aller wissenschaftlich und praktisch arbeitenden Ingenieure einst überbrückt werden. Wir möchten den Wert dieser Gemeinschaftsarbeit schon an dieser Stelle betonen und hinzufügen, daß bei genauerem Zusehen ein Gegensatz zwischen Theorie und Praxis nie bestehen kann; beide sind heute aufeinander angewiesen, ja unlösbar miteinander verknüpft.

Wir haben eingangs der Auffassung Ausdruck gegeben, daß die üblichen theoretischen Grundlagen heute eine große Verbreiterung gefunden haben. Was weiterhin außerordentlich not täte, wäre eine Vertiefung und ein Ausbau dieser Grundlagen, in Verbindung mit genauen Materialkenntnissen, von denen wir bei unseren technischen Arbeiten Gebrauch machen müssen. Wie MARTENS möchten wir daher sagen: „Mehr Materialkenntnisse“, aber dazu beifügen: „Mehr Kenntnisse unserer Bauwerke und der Bauelemente“.

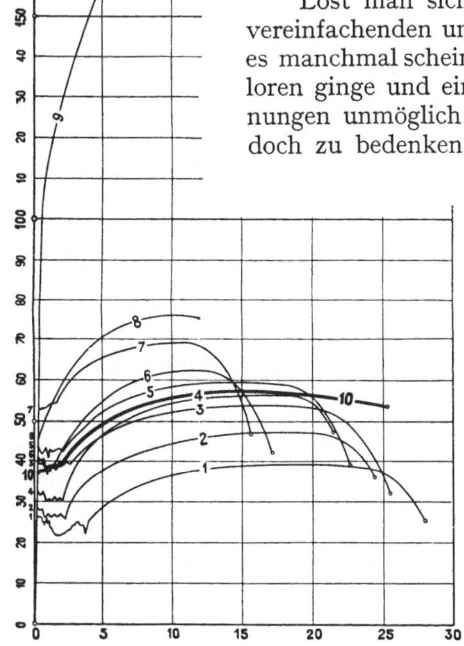

Abb. 1.  Dehnungen ($^0/_0$) und Festigkeiten (kg/qmm²) von Baustählen

1. Flußeisen (St. 37)  C 0,1$^0/_0$
2. Kohlenstoffstahl  C 0,2$^0/_0$
3. Nickelstahl  Ni 3$^0/_0$
4. Spezialstahl  —
5. Nickelstahl  Ni 5$^0/_0$
6. Chromnickelstahl  Cr + Ni 3$^0/_0$
7.      „  Cr + Ni 4$^0/_0$
8. Schienenstahl  S. B. B.
9. Kabeldraht  C 0,85$^0/_0$; P 0,04$^0/_0$; S 0,04$^0/_0$
10. Siliziumstahl  Si 1$^0/_0$
(Dehnungen gemessen auf 20 cm Länge)

Fortschritte in dieser Beziehung sind unverkennbar; wir erinnern nur an die Einführung des Schubmittelpunktes bei einem zur Kraftrichtung unsymmetrischen

biegungen ausgesetzt. Trotzdem wird unter Verzicht auf hohe Dehnung die Bruchfestigkeit und der Widerstand gegen Abnützung gesteigert. Beim Baustahl führt die ängstlich verteidigte hohe Dehnung zu tief liegenden Streckgrenzen, obschon die Beanspruchungen nie so heftig wie bei den Schienen sind. Theoretische Betrachtungen schützen alte praktische Ansichten, selbst wenn die Verhältnisse sich längst verändert haben und ein Schutz überflüssig wäre. Der Wert der Dehnung, festgestellt an kleinen Körpern, dürfte auch darum überschätzt werden, weil sie nur beim Beginn von Interesse ist. Die Erschöpfung aller Eisen enthaltenden Bauwerke liegt

Balken, an die Berechnung von vielen Einzelheiten eines Bauwerkes, wie Verbindungen bei mehrteiligen Druckstäben, Rahmenwirkungen usw., denen zweifellos ein Ausbau der Berechnung noch vieler weiterer Bauelemente folgen wird. Zurzeit wird in allen Ländern mit großem Fleiß an der Frage der Ermüdung der Materialien gearbeitet, mit Recht, da jedermann bestrebt ist, seine Bauwerke auf tunlichst lange Zeit sicherzustellen und vor Unterhaltarbeiten zu bewahren. In praktischer Hinsicht kommt auch noch die Frage der Abnützung dazu, indem, wie z. B. bei Brücken, die Lager und oft auch die Fahrbahnteile, Abdichtungen usw. durch geringfügig erscheinende Gleitungen sich ineinanderarbeiten und stark abnützen können.

### 2. *Ziel der Messungen an Bauwerken*

Wer möchte angesichts der vorstehend erwähnten Verhältnisse nicht zustimmend erklären, daß nur ein weiteres Beobachten und gründliche Messungen im Laboratorium und in gleichberechtigtem Maß an den Bauwerken, *neue Gesichtspunkte zum Beurteilen eines Baues*, zum ganzen Verstehen seines Arbeitens und seiner Natur eröffnen und Grundlagen zum Entwurfe neuer Bauwerke schaffen kann?

Es ist zwar nicht zu bestreiten, daß manche wichtige, allgemeine statische und auch dynamische Erkenntnisse von hervorragenden Ingenieuren, Mechanikern und Physikern auf rein theoretischem Wege gefunden worden sind, man denke an die EULER'sche Knickformel (1744), an das Gesetz der Reziprozität der Formänderungen usw., aber viele für die Praxis außerordentlich wichtige Aufgaben wurden oder konnten erst gestellt und gelöst werden, als die Erfahrung oder Messungen das Vorhandensein der Aufgaben und ihrer Tragweite zeigte. Ein Beispiel hiefür bieten die Nebenspannungen und wohl noch viele andere Theorien, die letzten Endes in Messungen oder unmittelbaren Anschauungen ihren Ursprung haben, ohne daß es heute möglich wäre, diese Zusammenhänge nachzuweisen.

Keines dieser allgemeinen Gesetze kann aber alle Erscheinungen an unseren Bauwerken restlos erläutern, fast immer bleibt eine Achillesferse, die unsere Herleitungen verwundbar macht. Wollen wir diese kennenlernen, ihr ihre Gefährlichkeit nehmen, so bleibt uns nichts anderes übrig, als zu beobachten und zu messen, ob die Ergebnisse der Berechnungen auch wirklich im großen und ganzen stimmen und ob und welche Verbesserungen daran nötig sind. Aus den Abweichungen zwischen Theorie und Messung können wir schließen, wo unsere Annahmen unzureichend sind und wie wir unsere Praxis, unser konstruktives Denken und Können zu ändern haben, um mit der Wirklichkeit besser übereinstimmende Ergebnisse zu erzielen.

Der Vollständigkeit halber sei erwähnt, daß diese Bestrebungen bereits auch auf die Berechnungsmethoden selbst übergegriffen haben und daß dort, wo die klassischen Berechnungsmethoden zu verwickelt und unkontrollierbar werden, Modellverfahren mit Vorteil einsetzen können. Wir nennen vor allen Dingen das BEGGS'sche Verfahren — auf ebene und räumliche Systeme anwendbar — und sodann das Verfahren mit polarisiertem Lichte, daß indessen nur bei ebenen Gebilden gebraucht werden kann und sich mehr für begrenzte, örtliche Spannungszustände eignet.

Aber nicht nur zur Überbrückung und Erklärung der Abweichungen zwischen rechnerischem und wirklichem Verhalten unserer Bauwerke sollen Versuche und Messungen an Bauwerken dienen: *sie sind auch das Mittel, unsere Arbeit dem höchsten Ziele ständig näherzubringen, nämlich dem der Bewährung, in dem sich sämtliche*

---

beim Beginne der Streckgrenze (auch Eisenbeton), weil große Verformungen nicht zugelassen werden können und weil bei großen Stabquerschnitten eine große Streckung nicht zustande kommt.

*Anstrengungen der Projektverfasser und der Ausführenden zu einer einzigen Resultierenden vereinigen müssen.*[1]

An welchen bauenden Ingenieur ist nicht schon die bange Frage nach der Bewährung herangetreten? Welcher dieser Ingenieure erinnert sich nicht der sorgen- und freudvollen Gefühle zugleich, wenn das erste von ihm, wenn auch zum Teil unbewußt, auf übernommenen Regeln projektierte Bauwerk der Beendigung entgegenging, oder gar vor der Probebelastung stand?

Für manche ist allerdings mit dem sogenannten guten Ausfall einer selbst oberflächlichen Probebelastung die Frage der Bewährung im günstigen Sinne erledigt, während für diejenigen Ingenieure, denen der Unterhalt der Bauwerke zufällt, hie und da die Zeit der Sorgen erst anbricht, denn erst unter der Dauerwirkung der Belastungen kommen gelegentlich Mängel zum Vorschein, oft erst nach Jahren, indessen um so früher, je mehr die Gebrauchslasten den Berechnungsannahmen gleichkommen. Stets wird es aber als gutes Zeichen gedeutet werden dürfen, wenn die Ergebnisse eingehender Messungen mit den rechnerischen Werten befriedigende Übereinstimmung zeigen und die Gründung unserer Bauwerke stabil zu bleiben verspricht. Hiebei soll, wie bereits betont, nicht übersehen werden, daß wir viele Einflüsse, insbesondere diejenigen der Zeit und der Witterung, der Ermüdung und des Alterns, sowie der reinen Abnützung noch nicht genau voraussagen können. Hier besteht eine Lücke in unserem Wissen, deren Tragweite noch nicht abgeklärt ist. Wir kommen am Schlusse unserer Ausführungen darauf zurück. Wir stehen heute erst am Beginne dieser Bewegung; viel Kleinarbeit ist geleistet und muß noch geleistet werden, bis einst das Wesentliche zu großen Richtlinien zusammengefaßt werden kann.

Diese Zusammenfassung der Ergebnisse aller Laboratoriums- und Bauwerksmessungen, verflochten mit sorgfältig angewandten Berechnungsmethoden und gründlicher Kenntnis der konstruktiven Verhältnisse und der Werkstoffe selbst, wird uns in den Stand setzen, Bauwerke zu schaffen, die in höchstem Sinne wirtschaftlich sind und sich durch ihre Bewährung auszeichnen werden.

### 3. *Prüfungsmethoden und Meßinstrumente*

Die Messungen an Bauwerken werden erst dann ihre volle Bedeutung erlangen, wenn die Ergebnisse durch genau anzeigende Apparate durchaus sichergestellt sind, so daß gestützt darauf ein zutreffendes Urteil über das Berechnungsverfahren und die getroffenen Annahmen abgegeben werden kann. Dabei bestehen heute zwischen den Methoden und Instrumenten, wie sie im Laboratorium gebraucht und denen, die im „Felde", d. h. bei der Messung an den Bauwerken selbst angewandt werden, keine so weitgehenden Unterschiede mehr wie ehedem.

Immerhin befinden sich die Messungen im Laboratorium insofern im Vorteil, daß bei ihnen auch die feinsten Meßapparate der Physiker gebraucht werden können und daß hinsichtlich der Prüfungsmethoden viele Möglichkeiten bestehen, im Hinblick auf die zahlreichen Prüfungsmaschinen, die erlauben, einfache und verwickeltere Belastungsfälle auf kleine, verhältnismäßig leicht übersehbare Probekörper zur Auswirkung zu bringen. Während man naturgemäß, wie die Bezeichnung „Festigkeitslehre" zeigt, anfangs die Sicherheit eines Bauteiles auf den „Bruch" (Festigkeit) bezog, ist, wie bereits erwähnt, in neuerer Zeit ein Wandel der Ansichten zu erkennen, der der Tatsache der Ermüdung und des Bruches eines Materials weit unterhalb seiner durch langsame Belastungszunahme bestimmten Festigkeit die gebührende Aufmerksamkeit schenken will. Demgemäß kommen in den Labora-

---

[1] Betrachtungen in künstlerischer Hinsicht sind ganz beiseite gelassen, ebenso solche, die die zweckmäßige Anwendung der verschiedenen Bauweisen betreffen.

torien heute in vermehrtem Maße Dauerprobemaschinen zur Aufstellung. Die Entwicklung dieses Gebietes der Materialuntersuchung ist in voller Entwicklung begriffen und verspricht äußerst lehrreiche Ergebnisse zu zeitigen.

Von demselben Gedanken ausgehend, daß die Verhältnisse beim Bruch eines Bauwerkes keinen Rückschluß auf seine Bewährung erlauben können, will die Messung am Bauwerk, so wie es ist, die normale Arbeitsweise feststellen und die Ergebnisse in Verbindung mit den grundlegenden Erkenntnissen der Materialforschung zu einem einheitlichen Schlusse verschmelzen. Diese Untersuchungsmethode verschmäht daher auch grundsätzlich die oft beliebte Überlastung der Bauwerke, die in vielen Fällen, insbesondere bei schlechter Ausführung, bleibende Schäden erzeugen kann.[1]

Bei den Messungen an Bauwerken können sowohl statische, als auch dynamische Belastungen in Frage kommen; die Entwicklung der Belastungsvorrichtungen ist jetzt bereits so weit, daß sogar Dauerproben mit einfachen, wenig kostspieligen Mitteln an den Bauwerken möglich werden. Daneben können auch Bestimmungen von Temperatur- oder anderen Naturvorgängen in Frage kommen.

An statischen und dynamischen Belastungen und Belastungseinrichtungen kommen in erster Linie diejenigen in Frage, die uns die normale Betriebs- oder Gebrauchsweise eines Bauwerkes zur Verfügung stellen kann, und zwar *bei Eisenbahnbrücken:* mehr oder weniger gut ausgewuchtete Lokomotiven und verschiedene, auf Resonanzwirkungen der Achsdrücke zusammengesetzte Wagenzüge; Einzelachsfahrzeuge zur Gewinnung von statischen und dynamischen Einflußlinien und zur Analysierung der verwickelteren Spannungsverhältnisse, insbesondere bei den Fahrbahnen; bei *Straßenbrücken:* Pferdegespanne und Automobile, sowie gruppierte, allenfalls im Takte schreitende Menschenmassen oder Reiter, und bei *Hochbauten:* neben Menschengruppen, auf Karren aufgebrachte, leicht bewegliche Lasten (z. B. Bleibarren), die eine Erprobung wesentlich zu beschleunigen vermögen.

Bei *allen drei Bauwerksgruppen* verspricht eine Belastungsvorrichtung besonders gute Dienste zu leisten, deren endgültige Formgebung unmittelbar bevorsteht. Es sind dies schwingende Gewichte, die im Takte mit den durch sie erregten Schwingungen der Bauwerke sich drehen. Verhältnismäßig kleine Gewichte vermögen große Brücken und Bauwerke in heftige Schwingungen zu versetzen. Das Maß des Kraftaufwandes und die Zeit, sowie die Anzahl Impulse bis zur Herbeiführung der maximalen Schwingungen werden als Wertmesser für die Güte des Bauwerkes und seiner Steifigkeit dienen können. Ja diesem Sinne sind auch Fallgewichte brauchbar.

Was die Meßinstrumente anbelangt, so ist zu unterscheiden zwischen solchen für statische und dynamische Messungen. Während für die statischen Messungen eine Reihe vorzüglicher Apparate vorliegt, die „im Laboratorium" und „im Felde" gleich gut gebraucht werden können, ist es mit den dynamischen Meßapparaten zurzeit noch nicht gut bestellt, obschon zu erwarten steht, daß nunmehr innerhalb annehmbarer Frist gute Fortschritte und vielleicht sogar ein gewisser Abschluß der Bestrebungen erzielt werden können.

Für *statische Messungen* kommen zurzeit sozusagen allein in Frage (Abb. 2): *für Einsenkungen: Meßuhren* ($^1/_{100}$ bis $^1/_{1000}$ mm Meßgenauigkeit) verschiedener Systeme für Kontakt mit ausziehbaren eisernen Stangen, oder zum Einlegen von

---

[1] Als klassisch ist der Modellversuch anläßlich des Baues der Britanniabrücke (England) anzusehen, in $^1/_3$ Naturgröße. Der Appenzeller Zimmermeister Grubenmann bediente sich meistens ebenfalls eines Modelles, um die Tragfähigkeit seiner kühnen hölzernen Brückenprojekte augenfällig zu machen. Als groß angelegte Modellversuche möchten wir die österreichischen Gewölbeversuche nennen und in der Neuzeit auch die Probe-Bogenstaumauer in Kalifornien.

Drähten (am besten Invardrähten mit einem Durchmesser von 1,5 bis 2 mm); für *Winkeländerungen: Klinometer*, bestehend aus feinen, auf drehbaren Armen befestigten Libellen mit Trommel, an der etwa 1 bis 2″ Drehwinkel ablesbar sind, sowie mit Zähler der Trommeldrehungen, montiert auf Kugelgelenkklammer; für *Dehnungen: Dehnungsmesser Okhuizen-Huggenberger* ($^1/_{1000}$ mm Längenänderung), und zwar für besonders geeignete, ausgewählte Beobachter das „Modell A", mit Schneidenlagerung, und in anderen Verhältnissen „Modell B" mit Zapfenlagerung der Hebel, und schließlich für die Feststellung von Dehnungen unter dem Eigengewicht, oder infolge anderer zeitlich sehr langsam verlaufenden Einflüsse: die Meßeinrichtung von Ingenieur MEYER, bestehend aus einem Invar-Zirkel, mit dem aus zwei Körnern auf ein Plättchen Striche geritzt werden, deren Abstände mit einem Meßmikroskop ($^1/_{1000}$ mm Meßgenauigkeit) festgestellt werden können.

Diese letztere, sehr einfache Apparatur hat sich bewährt und verspräche für Messungen in großen Zeitabschnitten an den Bauwerken und im Laboratorium bedeutende Dienste zu leisten. Zur Vermeidung des Gebrauches eines Mikroskopes sind diese Zirkel auch so ausgebildet, daß sie in Verbindung mit einem Mikrometer gebraucht werden können.

Für dynamische Messungen können, zurzeit wenigstens, noch keine bestimmten Apparate als zweckmäßig und gut bezeichnet werden. In engerem Wettbewerbe stehen die Apparate (Abb. 3) für Dehnungsmessungen: ein Kohlenplättchenapparat (Coal-stick telemeter) des *Standard-Bureau in Washington*, in Verbindung mit einer Weathstoneschen Meßbrücke und einem elektrischen Oszillographen; von *Fereday-Palmer*, der mechanisch-optisch vergrößert und photographisch registriert, und der rein mechanisch vergrößernde und zeichnende *Apparat von Ing. Meyer*, an dessen

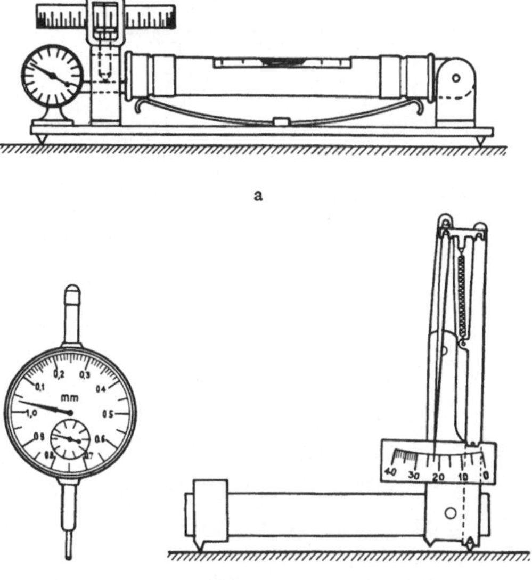

a

b      c

Abb. 2. Meßinstrumente für die statische Erprobung von Bauwerken

a Klinometer. b Meßuhr. c Dehnungsmesser mit Verlängerungsstange

Entwicklung der Berichterstatter mitwirkt. Zu letzteren Apparaten gehört auch der GEIGERsche Spannungszeichner. Zu *Schwingungsmessungen* von einem festen Punkt aus, mittelst Invardrähten, werden *Schwingungszeichner* verschiedener Systeme gute Dienste leisten; ihre Konstruktion muß aber noch wesentlich verbessert werden, um Fehler erzeugende Massenwirkungen nach Tunlichkeit zu vermeiden. Diese Arbeit ist im Gange. Sodann werden auch noch *Apparate, die nach dem seismographischen Prinzip* gebaut sind, verwendet werden können. Ihre Anpassung an die Bedürfnisse der Brückenbauer ist aber erst aufgegriffen. Es bedarf noch gründlicher Versuche, um auch diese Apparate ihrem Zweck entsprechend gut auszubilden. Ob noch andere Methoden, wie diejenige der unmittelbaren Photographie (Kinematographie für Einsenkungen, mikroskopische Photographien für Dehnungen) Erfolg haben werden, muß dahingestellt bleiben, indem zu beachten ist, daß die heftigen Erschütterungen, insbesondere bei

Brücken, auf die Meßapparate und ihre Wirkungsweise außerordentlich störend einwirken können.

Für *langsam verlaufende Bewegungen* mit einer Dauer von etwa $^1/_2$ bis 1 Stunde und mehr, z. B. bei Staumauern, hat sich in neuerer Zeit noch ein Verfahren als zweckmäßig und sehr genau herausgestellt, nämlich die geodätischen Vermessungen. Dank den Fortschritten im Bau von Theodoliten und Nivellierinstrumenten, die sich trotz der Steigerung der Genauigkeit in einer Verkleinerung der Abmessungen und einer bequemeren Handhabung äußern, ist es gelungen, Bewegungen bis zu $^1/_{10}$ mm nachzuweisen, bei Triangulationsseiten von etwa 20 m. Auch durch Nivellierungen lassen sich heute Höhenunterschiede von $^1/_{10}$ mm nachweisen.

Zur Sicherung stets guter Meßergebnisse müssen die Apparate, gute Unterhaltung vorausgesetzt, von Zeit zu Zeit geprüft werden. Hiezu dienen Mikrometer, Kontrollibellen, Schütteltische, Okularschraubenmikrometer usw., die zum Teil noch im Entstehen begriffen sind.

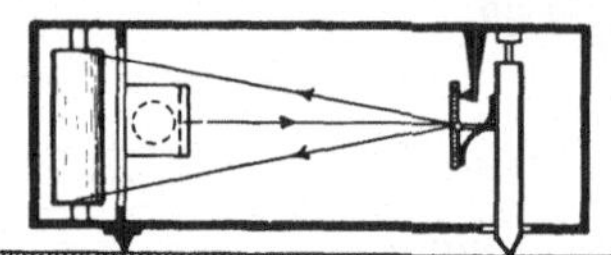

Dehnungszeichner Fereday-Palmer

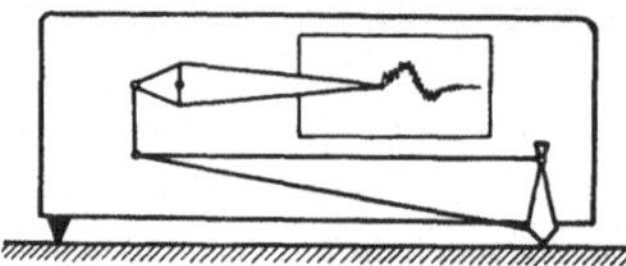

Dehnungszeichner Meyer

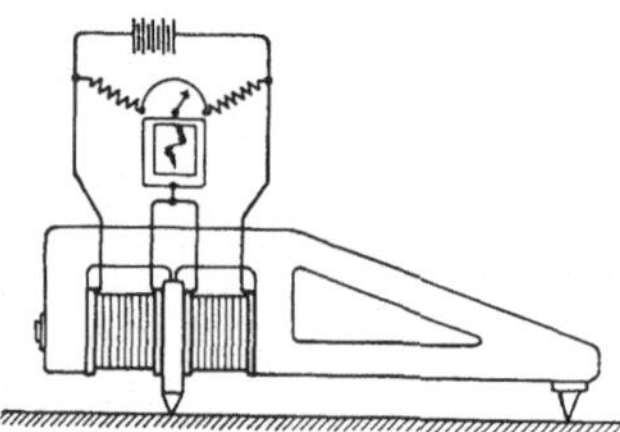

Dehnungszeichner (Telemeter) des Standard-
Bureau, Washington (U. S. A.)

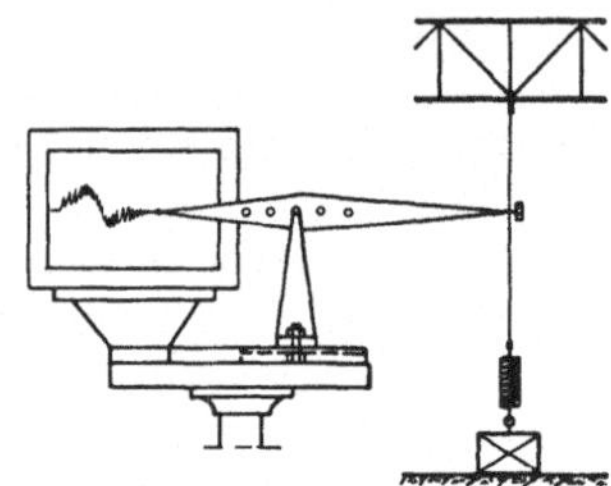

Durchbiegungszeichner

Abb. 3. Meßinstrumente für die dynamische Erprobung von Bauwerken

Zur Durchführung der Messungen bedarf es einer gewissen Übung. Schon die Aufstellung des Programmes muß mit Bedacht erfolgen und Rücksicht auf die Apparate, ihre Leistungsfähigkeit und die zu erwartenden Meßgrößen nehmen. Jeder Apparat hat gewissermaßen einen „toten Gang" und ist mit inneren Reibungen behaftet; je kleiner der Meßwert ist, um so weniger genau wird das Ergebnis. Um daher zuverlässige Werte zu bekommen, muß der Apparat ein Vielfaches dieser Fehlergrenze laufen. Diese Abstimmung der Apparate (Änderung der Übersetzung, der Meßlänge u. dgl.) und die Wahl empfindlicher Beobachtungsstellen, wo große Meßwerte erzielbar sind, sind für den Erfolg der Messung von Bedeutung. Auch die Raschheit der Messungen spielt eine Rolle. Um die Einwirkungen der Temperaturänderungen auf Bauwerk und Meßeinrichtungen auszuschalten, oder möglichst zu vermindern, empfiehlt es sich, jede Meß-Serie so kurz als tunlich zu halten, oder dann dazwischen stets wieder sogenannte „Nullstellungen" einzuführen.

Es ist daher meistens zweckmäßig, auch Temperatur und Zeitangaben neben den Beobachtungen zu notieren. Schließlich bildet die Ausgleichung der Meßergebnisse, ihre Auswertung und Darstellung eine oft mühevolle Arbeit; sie ist manchmal mit großen Schwierigkeiten verknüpft. Nicht alle Ingenieure und

Techniker eignen sich zu solchen Arbeiten und verstehen, richtige und vollständige Schlüsse, also ein Optimum aus den Meßergebnissen zu erzielen.

Die Auswahl guter Beobachter ist von Bedeutung. Es hat keinen Sinn und keinen Erfolg, feine Meßapparate ungeschickten Händen zu übergeben. Die Beobachter müssen die Apparate genau kennen und in der Handhabung geübt sein.

Die aus den Messungen zu gewinnenden Ergebnisse gehen aus dem folgenden Abschnitt hervor. Sie lassen sich kurz wie folgt umschreiben. Im allgemeinen kann die Elastizitätsziffer des Bauwerkes oder einzelner Bauelemente bestimmt werden, sei es aus Einsenkungen oder Drehwinkeln, im Vergleich mit rechnerischen Ergebnissen, wodurch das elastische Verhalten als Gesamtmittelwert zum Ausdruck kommt. Durch Dehnungsmessungen wird das örtliche Verhalten bestimmt, womit Unregelmäßigkeiten in der Arbeitsweise der Bauelemente usw. nachgewiesen werden können. Es ist erwünscht, in jedem Meßquerschnitte zahlreiche Apparate zu haben, einerseits, um Beobachtungsfehler besser ausgleichen zu können und die Sicherheit der Messung zu steigern, anderseits, um die oftmals nicht lineare Spannungsverteilung zu erfassen. Dynamische Messungen, von statischen Belastungen ausgehend, zeigen uns, um wieviel mehr die Bauwerke beansprucht werden, wenn sich die Lasten rasch und auf rauhen Bahnen über das Bauwerk bewegen.

## II. Die Ergebnisse der Messungen an Bauwerken

Von den Messungen, die den Bauingenieur interessieren, und die für ihn bei der Projektierung von Bauwerken Bedeutung erlangen können, bringen wir nachstehend einen kurzen Auszug oder allgemeine Betrachtungen. Es betrifft dies alles Messungen, die in der Schweiz ausgeführt worden sind,[1] und zwar solche von der Sektion für Brückenbau bei der Generaldirektion der schweizerischen Bundesbahnen (SBB), von der Materialprüfungsanstalt an der eidg. technischen Hochschule (EMPA) Zürich, den Nordostschweizerischen Kraftwerken (NOK) Baden, den Herren Prof. Dr. Joye, Freiburg, Bolomey und Paris, Lausanne, Herrn Hübner, Kontrollingenieur beim eidg. Eisenbahndepartement Bern, und der Sektion für Geodäsie beim eidg. topographischen Bureau (Sektionschef Zölly, Ing.). Diese Darstellung wird das zuvor Gesagte erläutern und einen Begriff von der Mannigfaltigkeit solcher Messungen geben.

### a) *Bodenuntersuchungen*

Dieser Zweig unseres Bauwissens dürfte vielleicht einer der ungepflegtesten sein. Erst in neuerer Zeit wird mit Nachdruck begonnen, dieses übrigens schwer zugängliche Gebiet genaueren Berechnungen zu eröffnen und die recht verwickelten Verhältnisse klarzulegen.

Einen interessanten Versuch haben die SBB im Jahre 1925, anläßlich der Verlegung der linksufrigen Zürichseebahn im Gebiete der Stadt Zürich ausgeführt, zur Bestimmung der Bettungsziffern, und zwar für Kies- und Sandboden in einem ungefähr 6 m tiefen Einschnitt, wo angenommen werden durfte, daß der Boden eine vollständig ungestörte Lagerung habe. Eine Fläche von $100 \times 54$ cm wurde sowohl lotrechten Belastungen, als auch Biegungsmomenten ausgesetzt und für die verschiedenen Laststufen aus den Einsenkungen und Winkeländerungen die Bettungsziffern berechnet. Obschon die Bettungsziffern ($C$) bei den verschiedenen Be-

---

[1] In diesem Bericht ist auf die Messungen an Bauwerken anderer Länder nicht näher eingegangen. Großes haben die amerikanischen Ingenieure geleistet, dann aber auch die französischen Ingenieure, die überhaupt den Grund zur Entwicklung der Meßtechnik an Bauwerken gelegt haben und schließlich möchten wir auch der deutschen, österreichischen und russischen Kollegen gedenken, die ebenfalls schon lange dieses Gebiet wissenschaftlich pflegen.

lastungen erheblich schwankten, konnte doch für kurze Zeit andauernde Belastungen ein Wert $C$ von 100 bis 140 kg/qcm und für eine Laststufe von 0 bis 2,9 kg/qcm, bei vierzehnstündiger Wirkung, ein Wert $C$ von bloß 20 bis 30 kg/qcm festgestellt werden. Diese Werte waren von Bedeutung für die Berechnungen von Rahmenbrücken für Straßen, die die zuvor genannte Linie überspannen; sie zeigen auch den Einfluß der Zeit und der Belastungen auf die Bewegungen.

Die Rahmenbrücken, wie noch andere Bauwerke, haben daher die Fähigkeit, sich dem Kiesboden anzupassen, so daß der Bodendruck günstig ausfällt, also sich gewissermaßen automatisch ausgleicht. Dieser Vorgang muß aber, wenn nötig, im Überbau berücksichtigt werden, wenn damit größere Änderungen im Kraftverlauf verbunden sind. Auch bei anderen Gründungsfragen mögen diese Verhältnisse von Einfluß sein.

Beim Bau von Kraftübertragungsleitungen mit stark gespreizten Masten wurden Ausreißversuche von Fundamenten zur Bestimmung der Standfestigkeit gemacht,

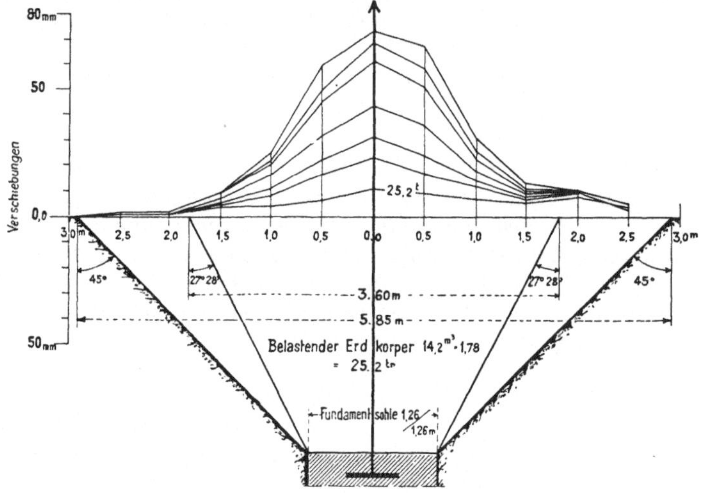


Abb. 4. Ausreißversuch bei einem Tragmastfundament in Mühleberg (1921)

die ergeben haben, daß ausreichend sicher gerechnet wird, wenn der Erdkegel über dem Fundament mit einem halben Öffnungswinkel von 5° bis 40°, je nach Bodenart und Einbauverfahren angenommen wird (Abb. 4).

In Verbindung mit der Revision der Vorschriften für elektrische Anlagen sind von der mit den Arbeiten betrauten Kommission umfangreiche Versuche mit verschiedenen Tragwerksfundamenten vorgenommen worden. Die Versuche beanspruchen allgemeines Interesse. Ihre Ergebnisse auch nur kurz zu erwähnen, würde zu weit führen. Es sei beigefügt, daß im Hinblick auf die beobachteten Formänderungen bei der Bemessung der Fundamente von einer zulässigen Mastneigung von $^1/_{100}$ ausgegangen wird und daß dafür und für verschiedene Bodenarten die erforderlichen, auf Versuchen beruhenden Angaben gemacht worden sind.

Im Zusammenhange damit sei noch bemerkt, daß vor einiger Zeit an der eidg. technischen Hochschule in Zürich ein Erdbaulaboratorium eingerichtet worden ist, in dem Sonderfragen des Erdbaues genau geprüft werden können. Dieses Institut kann in Verbindung mit Versuchen an Bauten bei Fragen der Gründungen, des Tunnelbaues usw. große Dienste leisten.

### b) *Massive Bauwerke aus Stein und Beton*

Diese Bauwerke sind von jeher als außerordentlich steif angesehen worden, so daß Messungen an solchen Bauwerken lange als unnötig angesehen wurden. Man stellte sich vor, daß die zufällige Last nur einen sehr kleinen Bruchteil des Eigengewichtes ausmache, und schloß daraus, daß deren Einfluß verschwindend sei. Aber auch diese Bauwerke unterliegen leicht meßbaren Dehnungen, Formänderungen und Schwingungen. Nicht umsonst heißt ein indischer, philosophischer Ausspruch: „Das Gewölbe lebt.‟

Daß die elastischen Auswirkungen meßbar geworden sind, liegt einerseits zum Teil daran, daß die Belastungen gegenüber früheren Zeiten bedeutend angewachsen sind, anderseits ist zu beachten, daß die Abmessungen sparsam und immer mehr genau nach statischen Grundsätzen gewählt werden, wodurch die Bauwerke vielfach schlanker ausfielen und sich mehr von den oft außerordentlichen massigen alten Bauweisen entfernten. Indessen nicht immer mit Erfolg. Die Bewährung, die sich in geringen Unterhaltungskosten ausdrückt, wurde mit diesen Bestrebungen nach geringen Bauaufwendungen oft empfindlich herabgedrückt. Reine Stein- und Betonbauwerke bedürfen, besonders im Eisenbahnbetrieb, einer gewissen minimalen Masse, an die ihre Bewährung geknüpft ist, ansonsten die dynamischen Wirkungen der Verkehrslasten ihnen hart zusetzen. Darum ist es auch zu verstehen, daß jene schweren, aus der Anfangszeit der Eisenbahnen stammenden Steinbauten sich bis in unsere Tage schadlos hineinretten konnten, wenn das Steinmaterial wetterbeständig blieb und die Entwässerung samt Abdichtung gut ausgeführt wurde.

Welches ist aber das Maß der Erschütterungen, das unsere massiven Brücken, ohne Schaden zu nehmen, dauernd ertragen können? Hier besteht noch eine empfindliche Lücke in der Erfahrung, wenn es auch naheliegen könnte, die Skala der Erdbebenforscher heranzuziehen, um ein Urteil über den Einfluß der Schwingungen zu gewinnen. An einer größeren Zahl neuerer massiver Eisenbahnbrücken haben wir die Schwingungen festgestellt. Es wird sich später zeigen, ob diese mit der Bewährung in eine Beziehung gebracht werden können.

Aus den bisherigen Beobachtungen an solchen Bauten lassen sich immerhin verschiedene Schlüsse ziehen, und zwar hauptsächlich hinsichtlich der Elastizitätsziffern des verwendeten Stein- und Betonmaterials. Es ergaben sich z. B.:

|  |  |
|---|---|
| | Tessinbrücke bei |
| |   Dazio Grande ..... $E = 250$ t/qcm (Granitmauerwerk) |
| | Tessinbrücke oberhalb |
| |   Giornico .......... $E = 335$ t/qcm (Granitmauerwerk u. Hinterbetonierung) |
| Aus Einsenkungsmessungen bei der | Unteren Birsbrücke   im Kessiloch ...... $E = 350$ t/qcm |
| | Oberen Birsbrücke   im Kessiloch ...... $E = 440$ t/qcm  } Granitmauerwerk |
| | Selvacciabrücke,   Cenerilinie ........ $E = 312$ t/qcm (Granitmauerwerk) |
| | Robasaccobrücke,   Cenerilinie ........ $E = 372$ t/qcm (Granitmauerwerk mit Hinterbetonierung) |
| Aus Dehnungsmessungen bei der | Sensebrücke bei   Thörishaus ........ $E = 270$ t/qcm (Betongewölbe). |

Es ist allerdings nicht zu übersehen, daß diese $E$-Werte sich aus dem Vergleiche rechnerischer Einsenkungen oder Spannungen, bezogen auf die rein elastisch angenommenen bloßen Gewölbe, mit den beobachteten Einsenkungen oder Spannungen ergaben, in denen die Mitarbeit der Übermauerung sich naturgemäß stark geltend machen muß, im Sinne einer Erhöhung der $E$-Werte und Verminderung der Spannung. Die wirklichen $E$-Werte sind tatsächlich erheblich kleiner, ebenso die Spannungen; ihre genaue rechnerische Bestimmung ist aber meistens mit Schwierigkeiten verknüpft. Der Verfasser dieses Referates hat wohl zum ersten Male im Jahre 1918 diesen Umstand meßtechnisch bei der Linthbrücke in Schwanden verfolgt und ist dabei zu der Schlußfolgerung gelangt, daß die Formänderungen des flachen Dreigelenkbogens für ein $E = 140$ t/qcm mit der Berechnung übereinstimmten, und zwar erst für *alle* Belastungsfälle, wenn die Übermauerung auch in der Berechnung als mitarbeitend angenommen wurde.

Im Vergleich zu obigen hohen Werten von $E$ bei gemauerten Gewölben, bei denen die Aufmauerung stark mitwirkte, ergaben z. B. Messungen an Granitkörpern (Urner Granit), daß $E$ sehr schwankend ist und als Mittelwert etwa der Formel $E = 116 + 570 \times \sigma$ folgt (Maße in t und cm). Aus Biegeproben hergeleitet, fällt $E$ auf unter 100 t/qcm.

Bei der Bemessung von massiven Bauwerken wird oft die Zugspannung in den Mauerwerksfugen als wichtig und für die Bemessung als bestimmend angesehen. Versuche haben ergeben, daß die Haftfestigkeit von Mörtel und Granit etwa 8 kg/qcm beträgt, während die Biegefestigkeit des Granites allein 84 kg/qcm und des Mörtels 35 kg/qcm ergab. Die übliche Zulassung von 3 bis 5 kg/qcm Zugspannungen dürfte daher gerechtfertigt sein.

Für die Ergebnisse der Berechnung von massiven Bauwerken spielt besonders die Festsetzung der Ausdehnungsziffer für Temperaturänderungen eine große Rolle. Granitprismen mit und ohne Mörtelfugen ergaben im Wasserbad einen Wert $\alpha = 0{,}000009$, der Fugenmörtel allein $0{,}000016$, also beinahe doppelt so viel, während im Petrolbade die Granitstäbe von $1 \times 3$ cm Querschnitt ein $\alpha = 0{,}000007$ aufwiesen. Noch geringere Werte wurden bei Kalksandsteinen gefunden, und zwar $\alpha = 0{,}0000045$.

Aus diesen wenigen Angaben läßt sich der Schluß ziehen, daß die nach Literaturangaben meist zu hoch bewerteten $\alpha$-Werte vom Feuchtigkeitszustande, vermutlich aber auch von dem Druckzustand abhängig sind. Ein Bauwerk wird also mehr oder weniger beansprucht, wenn es neben einem Temperaturwechsel auch einen Wechsel im Feuchtigkeitszustand erleidet. Kennen wir diese Einflüsse genauer bei unseren Bauwerken? Mit nichten, wir kennen diese Erscheinungen nicht einmal ausreichend genau an unseren Baumaterialien auf Grund einfacher Laboratoriumsversuche, die auch den Einfluß der Zeit und des Druckzustandes zu berücksichtigen hätten. Wie wichtig die *Bestimmungen der Ausdehnungsziffer* ($\alpha$), *der Form und der Eindringungstiefe der Temperaturänderung* ($t$) und schließlich auch der *Bedeutung der Übermauerung bei Gewölben* wären, zeigt sich bei der Berechnung jedes massiven Bauwerkes. Während Betonbauten infolge ihrer, die Rechnungsgrundlagen eher erfüllenden monolithischen Form tatsächlich reißen — oft allerdings unter dem schlimmen Einflusse des Schwindens[1] — wenn nicht Fugen angeordnet werden, ist dies bei Mauerwerksbauten anders. $\alpha$, $E$ und voraussichtlich auch $t$, infolge geringerer Wärmeleitungsfähigkeit der Fugen und der Struktur wegen, sind kleiner als bei

---

[1] Auch bei Massivbauten aus Bruchsteinen kann das Schwinden bedeutende Beträge erreichen, und zwar um so mehr, je mehr Mörtel für die Fugen benötigt wird, was besonders bei Bruchsteinmauerwerk der Fall ist. Bei sehr unregelmäßigen Bruchsteinen, wie z. B. bei denjenigen, die für die Pfeiler des Sitter-Viaduktes bei Bruggen (S.B.B.) verwendet wurden (sogenannter Schachengranit, ein hartes Konglomerat), stieg der Mörtelverbrauch auf 30 bis 40% des Mauerwerkausmaßes, also mehr als bei Beton. Derartiges Mauerwerk muß „weich", d. h. sehr elastisch ausfallen, weil überall kleine Hohlräume entstehen.

Betonbauten; ferner entfällt das Schwinden zum Teil, so daß die gemauerten Bauten durch Spannungsausgleich und bleibende Formänderungen selbst bei nachgiebigen Fundamenten sich gut halten können. Zeugnis hievon legen oft stark verbogene Stützmauern ab, ferner die interessanten Verbiegungen der Pfeiler der Brücken über den Rhein bei Eglisau und über die Sitter bei Bruggen (BT), bei denen Bogenschübe im Verein mit der Zeitwirkung (20 Jahre) und den dynamischen Wirkungen, ausgelöst durch die Zugsüberfahrten, Ausbiegungen der gewaltigen Pfeiler von 100 und 200 mm erzeugen konnten, ohne daß Risse entstanden. Hinzu kommt noch, daß insbesondere das mit hydraulischem Kalk erstellte Mauerwerk eine erhebliche Weichheit, also ein kleines $E$ besitzt, was auch in den oft schlecht ausgefüllten Fugen begründet ist.

SÉJOURNÉ in seinem Werk Grandes Voûtes sagt: „On fait une voûte d'après les voûtes faites, c'est affaire d'expérience". Dies zeigt sich besonders bei Viaduktbauten, bei denen die Übermauerung auf die Gewölbe in außerordentlichem Maße lastverteilend und versteifend wirkt. Die Feinheiten der neueren Berechnungsverfahren gehen in den unerfüllten Annahmen verloren; ja ihre strenge Anwendung kann zu unrichtigen Maßnahmen Anlaß geben. Es können daher für solche ausgeführte Bauwerke sehr weit auseinandergehende Abmessungen festgestellt werden, ohne daß indessen die Bewährung auch in extremen Fällen darunter gelitten hätte.[1] Die Übermauerung, die notwendig ist, um die sonst allzu elastischen und durch Stöße in Schwingungen geratenden Gewölbe zu versteifen, ist eine den Wert der üblichen Berechnungen stark, ja ganz herabsetzende konstruktive Notwendigkeit.[2]

Obschon sehr zahlreiche massive Brückenbauten erstellt worden sind, ist über ihr wirkliches inneres Leben verhältnismäßig noch wenig bekannt; im meßtechnischen Sinne sind sie sehr vernachlässigt worden. Es wäre außerordentlich verdienstlich, wenn gründliche Untersuchungen in bezug auf die Werte $a$, $E$, $t$ und den Einfluß der verschiedenen Formen der Übermauerung (voll oder mit Sparbogen) angestellt würden. Hiebei könnte auch das BEGGS'sche Modellverfahren wesentliche Dienste leisten. Infolge der Übermauerung arbeiten die Gewölbe mehr als Rahmen; durch ihre große Steifigkeit werden die Pfeiler stark entlastet. Zum mindesten bei gemauerten Gewölben scheiden weitgehende Berechnungskunstgriffe aus; die Gewölbe sind fähig, örtliche große Spannungen in längeren Fristen auszugleichen.

Ein weiteres, nicht unwesentliches, der Meßtechnik zugängliches Gebiet ist die Bestimmung der Lasten, die die Lehrgerüste bei ringweiser Ausführung der Gewölbe übernehmen, sowie ihres Einspannungsgrades. Es hat sich z. B. gezeigt, daß die Kämpfer der auf große Massivkörper aufgesetzten Gewölbe nicht als ganz fest eingespannt angesehen werden können, indem kleine Winkeländerungen bis zu 40'' nachgewiesen werden könnten. Auch beim Aufpressen von Gewölben (FÄRBER-FREYSSINET) ließen sich schon wertvolle Erhebungen durchführen; ebenso gelingt es leicht, Stoßwerte bei Eisenbahnbrücken nachzuweisen.

---

[1] Einer der die schlankesten Verhältnisse aufweisenden Viadukte dürfte der Lockwoodviadukt bei Huddersfield (England) sein, der 1846/49 erstellt, aus 32 Bogen von 9,12 m Weite besteht. Dieser kühne Viadukt ist 435 m lang und hat eine Höhe von 40 m; die Pfeiler haben oben nur 1,37 m Stärke, unten 2,22 m. Für diesen Bau wurden Bruchsteine verwendet. Die Gewölbe sind durch Längswände versteift.

[2] „De Haviland's arch", Seringapatam, India. Es ist dies ein noch bestehendes Versuchsgewölbe, das von einem Ingenieur im Jahre 1808 aus Backsteinen erstellt wurde. Seine Spannweite beträgt zirka 30 m, die Pfeilerhöhe zirka 3,0 m, die Scheitelstärke zirka 1,2 m. Eine einzige, auf dem Scheitel des Gewölbes in Resonanz springende Person, kann bedeutende Schwingungen zustande bringen.

Ferner ist es auch nicht überraschend, daß durch die genaue Einmessung von schweizerischen Talsperren bereits in zwei Fällen, und zwar sowohl durch geodätische Messung, als auch mit Klinometern, festgestellt werden konnte, daß durch den ständig wirkenden Wasserdruck bleibende Durchbiegungen entstehen. Dies trifft sowohl für Schwergewichtsmauern, als auch für Bogenstaumauern zu (Abb. 5). Es wird sich daher empfehlen, bei Staumauern, wie es bei Brücken üblich ist, periodische Messungen vorzunehmen, um damit ein Maß für die Beurteilung ihrer Standsicherheit zu bekommen. Im Hinblick auf die durch den Bruch solcher Mauern frei werdenden, auf ihrem Weg alles vernichtenden Wassermassen, wären solche Messungen neben anderweitigen Prüfungen das Mindeste, was der Staat von den Eigentümern solcher Bauwerke im Interesse der allgemeinen Sicherheit verlangen sollte. Es wird künftigen Messungen noch vorbehalten bleiben, mittelst des MEYER'schen Apparates auch die Dehnungen an der Außenseite der Mauern zu verfolgen, während für das Innere die amerikanischen Telemeter (Standard-Bureau) zu verwenden sind.

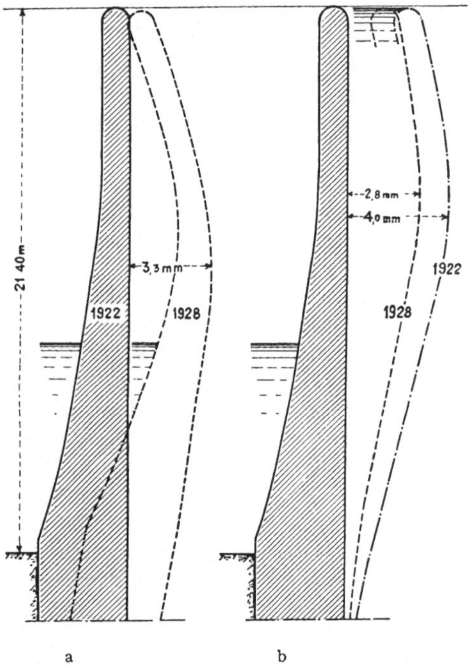

Als ein besonders interessantes und wichtiges Beobachtungsgebiet hat bei den Talsperren die Beobachtung der *Temperatureinflüsse* zu gelten, von denen sie ihrer Steifigkeit wegen sehr betroffen werden. Solche Messungen sind, wie bei den Brücken, schon verschiedentlich begonnen worden. Während bei Brücken noch mit billigen, gewöhnlichen Thermometern ein Auslangen gefunden werden kann, kommen bei Staumauern wohl einzig die Thermoelemente in Frage. Umfangreichere Temperaturmeßanlagen sind eingerichtet worden bei den Talsperren: an der Jogne (Montsalvens, Freiburgische Elektrizitätswerke), am Pfaffensprung des Kraftwerkes Amsteg (SBB), an der Barberine (SBB) und im Wäggital



Abb. 5. Staumauer Pfaffensprung des Kraftwerkes Amsteg
a Bleibende Durchbiegung von 3,3 mm der Staumauer, zustande gekommen innerhalb der Jahre 1922/28
b Veränderung der Durchbiegung unter Vollast, und zwar 4,0 mm im Jahre 1922, 2,8 mm im Jahre 1928

(NOK). Die Auswertung der Beobachtungen wird erst erfolgen können, wenn eine längere Meßperiode abgelaufen ist. Es wird wichtig sein, zu wissen, wie sich die bei der Herstellung von Betonmauern entwickelnde Wärme bis zu 40° verteilt und nachher verflüchtigt und welche inneren Spannungen daraus entstehen werden. Es scheint nicht ausgeschlossen zu sein, daß diese Temperaturspannungen die auf übliche Weise berechneten Spannungen aus Eigengewicht und Wasserlast noch übertreffen werden. Herr Prof. Dr. JOYE der Universität in Freiburg (Schweiz) hat sich um die Entwicklung dieser Meßmethode sehr verdient gemacht.

Als weitere ingenieurtechnische Messungen sind jene in den Versuchs-Druckschächten in Amsteg und am Gelmersee-Handeck zu betrachten. Sie führten zu der Erkenntnis, daß bei dem anstehenden Gestein die elastischen und die bleibenden Formänderungen zu berücksichtigen sind. Die elastische Arbeitsweise des durch die Stollen durchfahrenen Gesteins ist in den verschiedenen Durchmesserrichtungen veränderlich, so daß diesem Umstande durch bauliche Maßnahmen begegnet werden muß. Es zeigte sich auch, daß das Gestein nicht frei von Vorspannungen ist.

Die Formänderungsmessungen in den Stollen und Versuchsdruckschächten haben zu wertvollen Erkenntnissen und Schlüssen über die Frage der Druckschachtauskleidungen geführt.

Zusammenfassend darf daher gesagt werden, daß die Messungen an massiven Bauwerken erst am Anfange stehen. Eine Gesamtbeurteilung dieser Bauwerke ist zwar verhältnismäßig leicht anzugeben, da sie nicht so reich gegliedert sind, wie Eisen- und Eisenbetonbauwerke. Dafür bereitet die Beurteilung unregelmäßiger örtlicher Einflüsse große Schwierigkeiten. Je nach Bauart können sich die Lagen von Mitteldrucklinien selbsttätig verschieben und die Spannungen ausgleichen. In jungem Zustande sind die Bauwerke gegen Veränderungen in der Gründung nicht sehr empfindlich; sie können sich anpassen. Mit dem Alter werden sie steifer, die Temperaturkräfte werden größer, was nach erfolgter Anpassung ohne Belang ist. Wenn die Möglichkeit in statischer Hinsicht vorhanden ist, spielen sich daher Gründung und Bauwerk aufeinander ein, und zwar bei Mauerwerksbauten am ehesten.

## c) *Eiserne Bauwerke*

Die bei eisernen Bauwerken durch Messungen zu lösenden Aufgaben sind außerordentlich zahlreich. Dank der Gleichmäßigkeit des Gefüges des Eisens und seiner für Zug, Druck und Biegung ziemlich gleichbleibenden Elastizitätsziffer sind solche Messungen sehr lehrreich. Neben der Abklärung von Einzelproblemen, wie z. B. der Nietungen, des Knickens mit und ohne Querbelastungen, der Fahrbahnen (Quer- und Längsträger), sowie der Einspannungen, Nebenspannungen und Zusatzspannungen in und quer zur Tragebene usw., kommt die *Nachprüfung der Arbeitsweise ganzer Bauwerke* in Frage. Diese letzteren Untersuchungen sind indessen sehr mühevoll und sind in der Schweiz erst bei einem Bauwerk, nämlich der Suldbachbrücke bei Mülenen durchgeführt worden. Es konnten dabei verschiedene Ergebnisse gewonnen werden, die von allgemeinem Interesse sind und nachstehend kurz zusammengefaßt seien:

$\alpha$) Das Gewicht einer über einer Schwelle stehenden Achse wird nur zur Hälfte von dieser aufgenommen; die benachbarten Schwellen beteiligen sich zu je einem Viertel an der Lastübertragung.

$\beta$) Die Längsträger wirken als in vermindertem Maße durchgehende Träger, obschon die Anschlüsse nur aus Winkeleisen bestehen.

$\gamma$) Die gekreuzten Streben der Hauptträger nehmen die Querkräfte im Verhältnis zu ihren Querschnitten auf; die Gurtungen der Brücke arbeiten entsprechend Momentenlinien, deren Drehpunkt unter den Kreuzungspunkten der Streben liegt; die Untergurte sind durch die Fahrbahn und den unteren Windverband erheblich entlastet.

Hinsichtlich der *Lösung von Einzelproblemen* ist zu bemerken, daß diese Art von Untersuchungen viel rascher zu Ergebnissen und durch Messung an verschiedenen Bauwerken auch zu allgemeinen Schlüssen führt. Wenn nicht erhebliche Mittel zur Verfügung stehen, wird es auch stets gegeben sein, sich mit Einzelproblemen zu befassen, was übrigens auch in bezug auf andere Bauwerke gilt.

Einzelprobleme sind vielerlei in Angriff genommen worden, so wurde die Frage der Nebenspannungen, der Kontinuitätswirkungen bei Fahrbahnen, der Torsionsbeanspruchungen bei Kastenträgern von Unterwerksgerüsten und dgl. behandelt und einer Lösung entgegenzuführen gesucht.

Von den Ergebnissen möchten wir folgende anführen:

*a*) Die *Größe der Nebenspannungen* wurde von der Gruppe V der Technischen Kommission des Verbandes schweizerischer Brücken- und Eisenhochbaufabriken an einer großen Anzahl eiserner Brücken festgestellt. Die Ergebnisse konnten in einem Schaubilde zusammengefaßt werden, aus dem hervorgeht, daß die Nebenspannungen zwar erheblich sind, aber bei den heutigen Bemessungsverfahren in den meisten Fällen vernachlässigt werden können (Abb. 6).

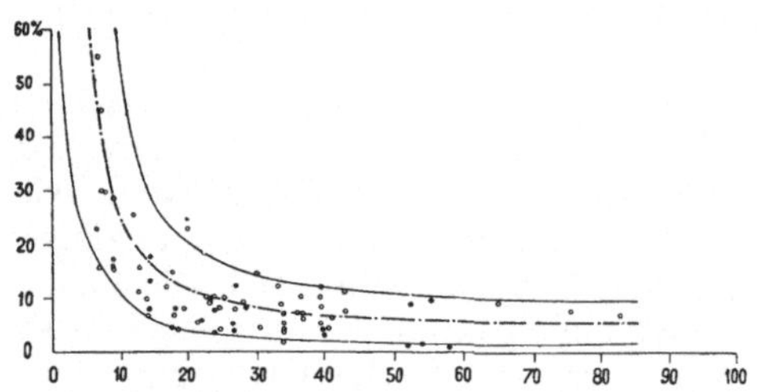

Abb. 6. Nebenspannungen bei eisernen Fachwerkträgern

Minimale und maximale Nebenspannungen in Prozent der Grundspannungen bei verschiedenen Verhältnissen der theoretischen Stablänge zum Abstand der Randfaser vom Stabschwerpunkt. Die Mittelwertkurve ist mit ――.――. bezeichnet. Die Meßwerte sind bezeichnet für Gurtstäbe mit O, Streben mit ●

*β*) Eine andere Untersuchung bezieht sich auf die *Verteilung der Querkräfte bei mehrteiligen Strebenfachwerken.* Die Ergebnisse sind in einem Berichte von Ingenieur MEYER zusammengefaßt. Dieser Frage sind auch Bruchversuche mit sechs großen Fachwerkträgern gewidmet, die auf einer besonderen Biegepresse ausgeführt worden sind.

*γ*) Durchgehende Längsträger können als solche berechnet werden, wobei, bei erheblicher Nachgiebigkeit der Stützung, die Tabellen von Prof. Dr. W. RITTER sehr gute Ergebnisse liefern.

*δ*) Bei Trägerdecken, die für Eisenbahnbrücken sehr viel vorgesehen werden, ist die Querverteilung der Belastung sehr weitgehend. Zur Sicherung des Zusammenhanges empfehlen sich Querbewehrungen.

*ε*) Untersuchungen über die Stoßwerte bei eisernen Brücken. Ihre zutreffende Festsetzung mit Rücksicht auf Stützweite, Bauart (Gliederung und Fahrbahn), Belastungslänge, schwerste Achsen, Geschwindigkeit, Bauart der Fahrzeuge usw., wird noch große Anstrengungen erfordern.

Im Laboratorium sind ⊏-Eisen in bezug auf den Schubmittelpunkt geprüft worden, während genietete Träger mit Lamellenpaketen noch der Untersuchungen harren, ebenso andere Bauelemente. Die Knickfragen werden im Laboratorium weiter untersucht. Erwünscht wäre die Prüfung des Knickens von Stabgruppen, da in den Bauwerken stets gegenseitige Einspannungen vorhanden sind.

Im allgemeinen ist die Übereinstimmung zwischen den Ergebnissen einer eingehenden, auch Nebenumstände erfassenden Berechnung und denen der Messung an Eisenbauwerken befriedigend, öfters sehr gut, ja vollkommen, was das Zutrauen zu den sachgemäß berechneten und erstellten Eisenbauwerken zu einem beinahe unbeschränkten erheben darf.

### d) Eisenbetonbauten

Messungen an Eisenbetonbauten sind nicht leicht auszuführen, will man neben Durchbiegungen und Winkeländerungen auch Spannungen (örtliche Dehnungen) messen. Wie sich dies bei einem größeren Versuchsmodell gezeigt hat, fallen Dehnungsmessungen am Beton und an den Bewehrungseisen sehr unregelmäßig aus, wegen der Heterogenität des Betons und den frühzeitig einsetzenden Rissen. Es darf heute als feststehend angesehen werden, daß es keinen Eisenbetonbau gibt, der nicht zum mindesten Haarrisse aufweist; hinsichtlich seiner Bewährung hängt alles davon ab, daß das Bauwerk von solchen Rissen verschont bleibt, bei denen Frost, Rost oder andere Einwirkungen ihre verderbliche Wirkung beginnen können.

Von schweizerischen Messungen an Eisenbetonbauwerken sind zu erwähnen: solche an Rahmenbrücken zur Bestimmung der Lastverteilung im Quersinn, sodann an Eisenbetongewölben *ohne* Aufbauten, die noch zu ergänzen sind durch Messungen an den Gewölben *mit* Aufbauten, ferner an Pilzdecken, Behältern und Druckleitungen, sowie an Decken zur Bestimmung des Einspanngrades und an Versuchsbalken zur Bestimmung der Rißsicherheit bei Dauerbeanspruchungen.

Einige allgemeine, bei diesen Messungen gewonnene Ergebnisse seien nachstehend aufgeführt:

Bestimmungen von Elastizitätsziffern und Lastverteilungen im Quersinne:

*Überführung der Bederstraße in Zürich* (L = 6,4 + 14,1 + 12,7 m, Breite 18,4 m, 14 Träger): aus Einsenkungsmessungen $E = 250$ bis $380$ t/qcm. Hiebei wurde $n = 8$ gesetzt und die Chaussierung mit $n = {}^2/_3$ eingeführt. Infolge der angeordneten mehrfachen Querverbindungen war die Lastverteilung bei Wagenlasten eine so gute, daß die unmittelbar belasteten Träger nur 16% der Last aufnahmen.

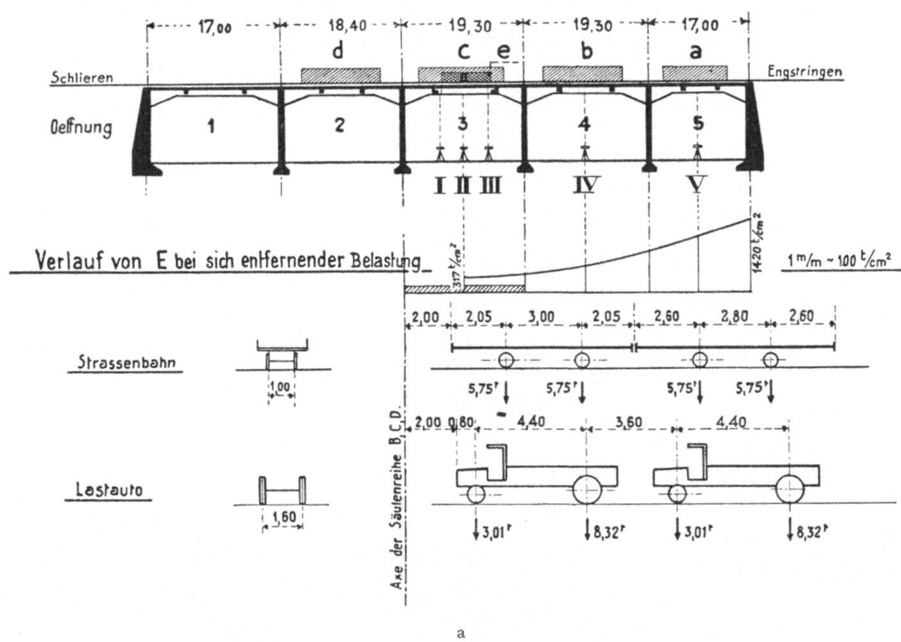


Abb. 7a. Überführung der Engstringenstraße in Schlieren. Ergebnisse der Belastungsprobe

a Bauwerksskizze, Belastungen, Belastungsfälle und Verlauf der Elastizitätsziffer

Die Berechnung solcher Objekte dürfte daher in weitgehendem Maße für verteilte Lasten erfolgen.

*Überführung der Engstringerstraße in Schlieren* (Abb. 7) (L = 17,0 + 18,4 + + 19,3 + 18,4 + 17,0 m, Breite 12,0 m, 7 Träger): $n$ wurde $= 8$ und die Straßendecke mit $n = {}^1/_2$ eingeführt. Es ergab sich, daß die $E$-Werte um so größer wurden, je weiter sich die Belastung vom Meßort entfernte (300 bis 1400 t/qcm), wofür als Ursache elastische Remanenzen, zeitliche, sowie andere versteifende Wirkungen in Frage kommen. Auch bei dieser Brücke war die Lastverteilung im Quersinne eine sehr weitgehende; sie betrug 20% Lastaufnahme für den unmittelbar belasteten Träger.

*Überführung der Briggerstraße in Winterthur* (L = 18,0 + 26,7 + 20,5 m, Breite 8,10 m, 6 Träger). Mit $n = 8$ und Berücksichtigung der Straßendecke zu $n = {}^2/_3$ ergaben sich für $E = 240$ bis $290$ t/qcm. Die Lastverteilung im Quersinne war sehr gut; bei Verhältnissen von $\dfrac{\text{Stützweite}}{\text{Breite}} \geqq 2$ kann die Querverteilung der Lasten nach linearem Gesetze vorgenommen werden. Dampfwalzen auf Kleinsteinpflaster ergaben Stoßwerte bis zu $21^0/_0$.

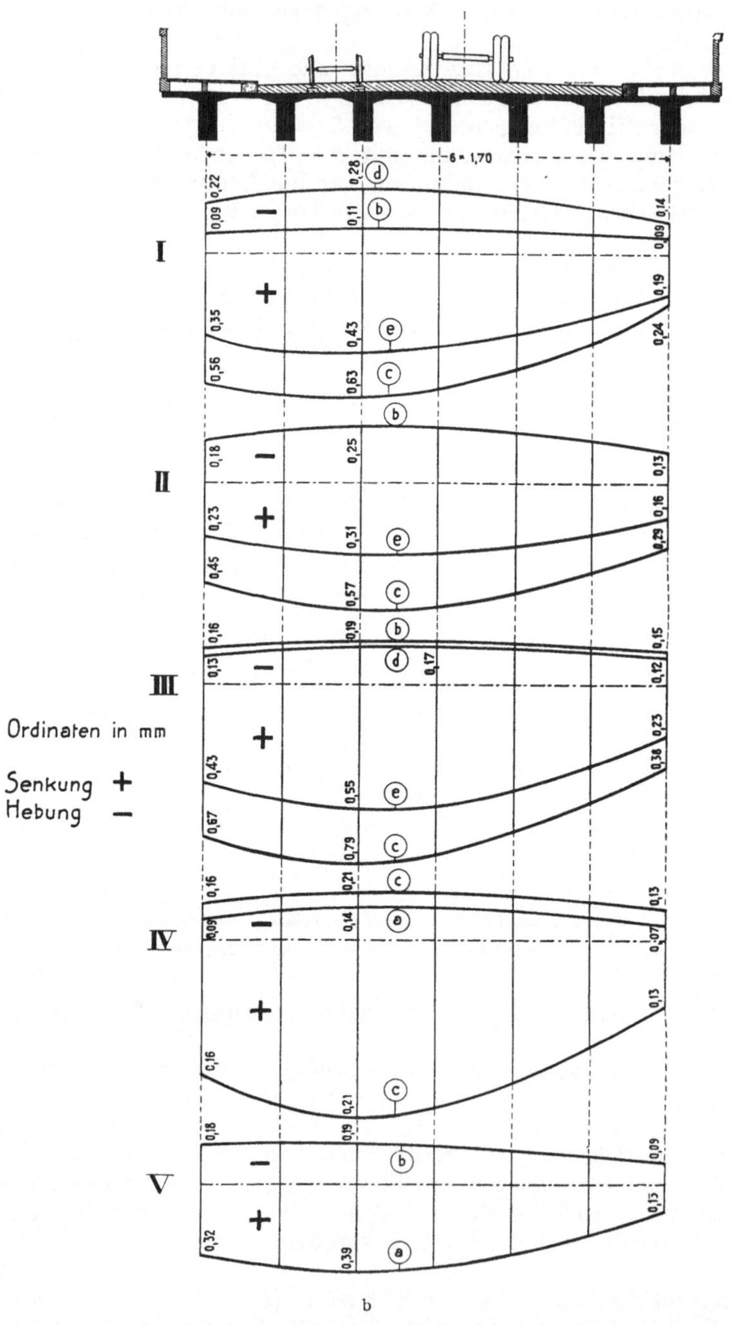


Abb. 7 b. Überfuhrung der Engstringenstraße in Schlieren. Ergebnisse der Belastungsprobe
b Darstellung der Querdurchbiegungskurven in den Öffnungen 3 bis 5 und für die Laststellungen a bis e

Ähnliche Ergebnisse fanden sich bei der großen Überführung in Muttenz (Basel) mit Stützweiten von 15,0 + 23,5 + 20,3 + 13,0 m bei einer Breite von 7,0 m. Bei den großen Überführungen der verlegten linksufrigen Zürichseebahn, mit Lichtweiten bis zu 24,0 m, die aus 1,0 m hohen Differdingerträgern als Rahmenbrücken erstellt wurden, fand sich $E$ zu 200 bis 300 t/qcm, bei Berücksichtigung der Straßendecke.

Weitere eingehende Messungen hat die eidg. Materialprüfungsanstalt an gewölbten Eisenbetonbrücken ausgeführt, ferner an Pilzdecken und anderen Bauten.

Besonders ist auch noch auf die Messungen beim Reservoir Calvaire hinzuweisen, die von der Gruppe für Eisenbeton des Schweizerischen Ingenieur- und Architektenvereins durchgeführt und von Herrn Prof. PARIS (Lausanne) sehr eingehend ausgewertet wurden.

Es würde zu weit führen, auf Einzelheiten dieser und verwandter Messungen auch nur in Kürze einzutreten.

Zusammenfassend kann zu den Messungen an Eisenbetonbauten folgendes gesagt werden:

Eisenbetonbauwerke, die sachgemäß bewehrt und erstellt sind, verhalten sich als elastische Körper, deren Formänderungen leicht nachweisbar sind. Die Übereinstimmung zwischen Berechnungen und Messungen ist gut, insofern nicht Störungen durch andere Bauglieder (z. B. Aufbauten bei Gewölben, Überbeton, Straßendecken usw.) durch besondere Auflagerungen, Reibungen und andere Einflüsse sich geltend machen. Zum Teil lassen sich diese Umstände rechnerisch erfassen. Die Bedeutung der Rißbildungen (Haarrisse, statische Risse) wird sich nur durch langjährige, systematische Beobachtungen an Bauwerken in einwandfreier Weise beurteilen lassen; der rechnerisch ermittelte Wert der Betonzugspannung scheint nicht ausschlaggebend zu sein.

Bei Dehnungs- und Einsenkungsmessungen an Eisenbetonbauwerken sind zu berücksichtigen:

$\alpha$) Das Alter und der Zustand des Bauwerkes (Betonierungsfugen, Schwinden) in Verbindung mit den Spannungen aus Eigengewicht;

$\beta$) die Dauer und Anzahl der Belastungen, sowie deren Geschwindigkeit (Zeiteinfluß, gesamte bleibende, elastische und sich rückbildende Formänderungen);

$\gamma$) der Einfluß der Heterogenität des Betons, die sich in Verschiebungen des elastischen gegenüber dem geometrischen Schwerpunkt, sowie in einem Spannungsausgleich zwischen Teilen geringer Festigkeit (kleines $E$) und Teilen größerer Festigkeit (großes $E$) äußern kann.

Die im Vergleich zu den Eisenbauten sehr verwickelten Verhältnisse bei Eisenbetonbauten rechtfertigen die Bestrebungen, durch Versuche im Laboratorium, auf der Baustelle und am Bauwerk selbst, nach Möglichkeit Licht und Erkenntnis über diese Bauweise zu verbreiten.

*e) Holzbauten*

Neben zahlreichen Versuchen zur Abklärung der Wirkungsweise von Holzverbindungen sind auch hölzerne Bauwerke meßtechnisch untersucht worden, so z. B. die nun abgebrochene hölzerne Eisenbahnbrücke über den Rhein bei Ragaz, bei der schon die üblichen Durchbiegungsmessungen erkennen ließen (Abb. 8), daß trotz der konstruktiv gut durchgeführten Kontinuität der Hauptträger dennoch eine wesentliche Abminderung dieser Wirkungsweise bestand. Unregelmäßigkeiten in der Arbeitsweise einzelner Bauteile (Querträger, Gurtungen, Streben) waren sehr ausgeprägt. Dasselbe fand sich bestätigt bei Messungen an der hölzernen Straßenbrücke über die Limmat bei Wettingen

Aus den bisherigen Messungen darf geschlossen werden, daß die Kräfteverteilung bei nicht ganz klaren Tragwerken eine unsichere ist. Die Formänderungen als Einsenkungen bestimmt, stimmen mit den theoretisch ermittelten Werten ziemlich gut überein, während die Dehnungsmessungen, als örtliche Untersuchung, unregelmäßige Ergebnisse zeitigen und auf Nebenspannungen und exzentrische Wirkungen schließen lassen.

Inwieweit diese Feststellungen auch an neueren, gut gebauten und klar durchgebildeten Bauwerken sich bestätigt finden, muß durch Messungen vorerst festgestellt werden. Es wäre sehr erwünscht, wenn diese Lücke in der meßtechnischen Behandlung von Holzbauten noch geschlossen würde. Immerhin ist zu erwarten, daß die Heterogenität des inneren Holzaufbaues, die nicht vermeidbaren exzentrischen Wirkungen und die bei allen Holzverbindungen vorhandene erhebliche Nachgiebigkeit stets einen ungünstigen Einfluß auf die Meßergebnisse ausüben werden, so daß die Erfassung der Umstände, die die Unterschiede zwischen Berechnung und Messung erklären können, nicht leicht oder unmöglich ist.

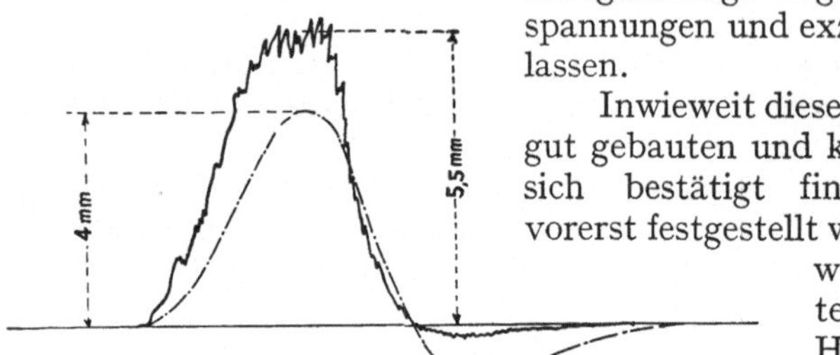

Abb. 8.   Rheinbrücke bei Ragaz mit kontinuierlichen Howe'schen Fachwerkträgern über 6 Öffnungen von je 24 m Stützweite

———————— Einsenkungsdiagramm bei einer Endöffnung

·——·——· theoretisches Einsenkungsdiagramm bei voller Kontinuität

*f) Schwingungsmessungen an Häusern und Türmen (Verkehrsbeben usw.)*

Ein besonderes Gebiet der Messungen an Bauwerken bilden die Schwingungsmessungen an Häusern und Türmen, sei es z. B. infolge des Verkehrs (Verkehrsbeben) oder Maschinenwirkungen, sei es bei Türmen infolge des Glockengeläutes. Man hat es hier mit einer Aufgabe zu tun, die ein Grenzgebiet zwischen den rein ingenieurtechnischen Aufgaben und den Aufgaben der Erdbebenforscher darstellen. Ursache und Wirkung stehen dabei in so enger Verbindung, daß die Aufgabe und Auswertung der Messungen eher zu einer bautechnischen wird, auch aus dem Grunde, weil es sich um sehr heftige Schwingungen handelt, die die Apparate der Erdbebenforscher meist nicht richtig aufzuzeichnen vermögen, oder weil die Ausschläge so groß sind, daß eine Aufzeichnung Instrumente erfordert, die den Zwecken der Brückenbauer angepaßt sind.

Prof. Dr. RITTER hat schon im Jahre 1894 und 1895 mit einem FRÄNKEL'schen Schwingungsmesser den schlanken Kirchturm in Zürich-Enge untersucht. Es gelang, die Schwingungen genau aufzunehmen und sie auch zu erklären. Er fand die Elastizitätsziffer des Mauerwerkes zu $E = 153$ t/qcm (Bächler-Sandsteine) (Abb. 9). Eine Kontrollmessung der eidg. Materialprüfungsanstalt im Jahre 1926 ergab keine Veränderung der Verhältnisse.

Die EMPA fand im Jahre 1926 an den viele Jahrhunderte alten Türmen des Basler Münsters einen $E$-Wert von 56 qcm (Roter Vogesen-Sandstein).

In den letzten Jahren sind auch zahlreiche Messungen an Gebäuden in der Nähe von Eisenbahnlinien gemacht worden. Die Besitzer glaubten sich berechtigt, im Hinblick auf das zunehmende Gewicht und die vermehrte Geschwindigkeit der elektrisch geführten Züge, Mängel ihrer Gebäude auf diese Umstände zurückzuführen, und so auf die Bahnverwaltung abwälzen zu können. In allen Fällen konnte aber durch vergleichende Messungen gezeigt werden, daß die neue Betriebsart günstiger sei, als diejenige mit Dampflokomotiven. Dies darf den vollständig ausgewuchteten elektrischen Lokomotiven gutgeschrieben werden. Wichtig hat sich auch erwiesen, daß die Schienenstöße gut unterhalten oder durch Verwendung langer Schienen an kritischen Stellen ausgemerzt werden. Ungünstig wirken schnell befahrene Weichenanlagen. Von großer Bedeutung wäre die Feststellung von Normalwerten der Erschütterungen des Bodens in Funktion des Abstandes vom

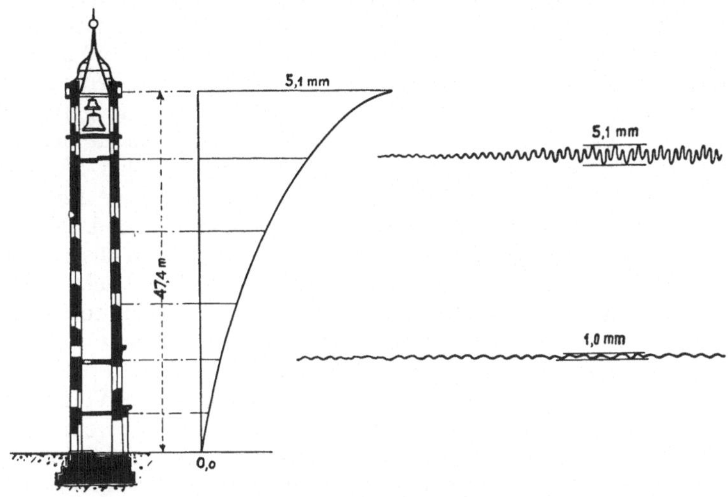


Abb. 9. Kirchturm Enge-Zürich

Ergebnisse der Schwingungsmessungen bei Resonanzerscheinungen des Glockengeläutes

Bahnkörper für verschiedene Untergrundverhältnisse und der Erschütterungen von Gebäuden in bezug auf die Beschädigungsmöglichkeit.

In dieser Beziehung sind auch die schweizerischen Lastkraftwagenbesitzer an der Arbeit, um ihre Interessen wahrzunehmen.

### III. Wert der Messungen an Bauwerken

Obschon die Messungen an Bauwerken nur *ein* Mittel in der Hand des Ingenieurs sind, um sein Können und Wissen zu vertiefen, so ist es wohl eines der mächtigsten, das ihm erlaubt, seine Bauwerke vollkommener auszugestalten und dem Ziele, Berechnungen und tatsächliche Arbeitsweise in Übereinstimmung zu bringen und die Bewährung zu steigern, immer näher zu kommen. Die vorangehende gedrängte Darstellung der bisherigen Messungen dürfte ein Hinweis sein, wie diese Angelegenheit angefaßt und weiter entwickelt werden kann. Wir möchten aber betonen, daß auch in der Schweiz das Meßwesen eigentlich erst im Beginne der Entwicklung steht. Mit verhältnismäßig wenig Mitteln und Personal mußten neben dringenden Arbeiten die Meßtechnik gepflegt und die benötigten Apparate dazu gesucht und verbessert werden. Wenn trotzdem schon interessante Ergebnisse gefunden wurden, so ist das nicht zuletzt dem Zusammenwirken einer Anzahl gleichgesinnter Kollegen zu danken. Gestützt auf das bisher Geleistete, muß aber ein weiterer systematischer Ausbau der Messungen noch erfolgen, wozu auch die Mitarbeit der ausländischen Fachkollegen nötig ist.

Was nun die Messungen an Bauwerken selbst anbetrifft, haben diese auf die mit Projektierungsarbeiten beschäftigten Ingenieure einen besonderen, heilsamen Einfluß. Die Feststellung, wie erheblich theoretische und gemessene Werte auseinandergehen können, legen es nahe, nur einfache Bauweisen vorzusehen, die wohl immer am wirtschaftlichsten sind und am besten halten und bei denen die für eine

Berechnung stets zu machenden Annahmen am ehesten zutreffen. Die Pflicht, die Unterschiede zwischen Beobachtung und Messung aufzuklären, führen dazu, der gegenseitigen Beeinflussung der Bauteile nachzugehen, oder dafür zum mindesten ein Maß zu gewinnen, was auf anderem Wege nicht möglich ist. *Auf Grund unserer Erfahrungen ist daher die Ausübung der Meßtechnik an Bauwerken für die beteiligten Ingenieure von großer erzieherischer Wirkung, und zwar nicht nur in praktischer, sondern auch in theoretischer Hinsicht. Dieser Umstand allein rechtfertigt es, erhebliche Mittel für die Ausübung der Meßtechnik an Bauwerken aufzuwenden.*

Vielfach wird der Wert solcher Messungen dahingehend ausgelegt, daß damit ein bedeutender wirtschaftlicher Nutzen verbunden sei, etwa in dem Sinne, daß an Material gespart, oder mit den zulässigen Spannungen höher gegangen werden könne. Diesen Verhältnissen möchten wir aber in bezug auf *neue Bauwerke* vorderhand keine ausschlaggebende Bedeutung beimessen. Wir haben schon im ersten Abschnitt unserer Ausführungen bereits darauf hingewiesen, daß unsere Berechnungsgrundlagen noch mit solchen Unsicherheiten behaftet sind und sein werden, daß in allen Beziehungen und mit Rücksicht auf Gegenwart und Zukunft von einer absoluten Wirtschaftlichkeit nie gesprochen werden kann. Die Grundlagen, deren wir uns bedienen müssen, sind der Ausdruck der Zeit und der Verhältnisse, in denen wir leben und die Entwicklung der ökonomischen Verhältnisse eines Landes können ein *heute* wirtschaftliches Bauwerk *morgen* in ein unwirtschaftliches verwandeln und umgekehrt. Dieser Umstände muß sich besonders derjenige Ingenieur bewußt sein, der an großen öffentlichen Bauwerken mitwirkt, deren Bestand die verhältnismäßig kurzfristige Zeit der schöpferischen Tätigkeit des Ingenieurs lange überdauert. So kann es z. B. weder vom Standpunkte des Privaten, noch von dem des Staates als wirtschaftlich angesehen werden, wenn, wie es bei Brückenbauten vorgekommen ist, innerhalb 70 Jahren ein Bauwerk infolge der Belastungszunahme dreimal ersetzt werden mußte, so daß heute die vierte Brückengeneration im Betriebe steht. Mit Rücksicht auf die Entwicklung der Anforderungen, z. B. der Betriebsmittel, können also heute wirtschaftlich erscheinende Bauwerke nach kurzer Frist unwirtschaftlich werden. Wer bürgt aber dafür, daß wir heute die Entwicklung der Betriebsmittel nicht überschätzen und früher oder später ein Rückschlag eintritt? Damit müssen wir erkennen, daß das Ziel des dauernd wirtschaftlichen Bauwerkes ein Phantom ist, das um so weiter entflieht, je mehr wir seine wahre Gestalt erfassen möchten. Wir ersehen daraus, daß unsere Bauwerke nur relativ wirtschaftlich sein können, gemessen an den heute gegebenen Belastungsgrundlagen. Es kann aber keinem Ingenieur ein Vorwurf gemacht werden, wenn er dabei eher leicht oder eher schwer baut. Neigen wir heute zu letzterem, so hat das seinen Grund darin, daß der teure Unterhalt und die Abnützung der Bauwerke tunlichst hintangehalten, also die Bewährung möglichst gesteigert werden soll, die von jeher und auch noch heute nur mit kräftigen Bauwerken erkauft werden kann.

Ganz anders liegen die Verhältnisse, wenn *bestehende Bauwerke* für erhöhte Belastungen zu berechnen und zu untersuchen sind. Hier können wir von festen Grundlagen ausgehen; Belastung und Bauwerk sind gegeben und nur noch die dritte große Unbekannte, die Frage nach den zulässigen Spannungen trübt die Sicherheit unseres Urteils. Gewisse engere Grenzen sind dafür allerdings vorhanden, wenn nicht sogar Vorschriften gestatten, sich auf bestimmte Werte zu stützen. In diesen Fällen leisten nun auf meßtechnischen Untersuchungen aufgebaute Nachrechnungen große Dienste, indem sie an den Berechnungen diejenigen Verbesserungen anzubringen gestatten, die sich auf Grund der Feststellung der wirklichen Arbeitsweise ergeben. Bei den zumeist in eher verwickelter Weise angeordneten älteren Bauwerken ist dies von erheblicher Bedeutung, so z. B. bei der Bestimmung der Querkraftverteilung auf vielfache Strebenzüge, bei Lastverteilungen auf mehrere Hauptträger, von Einspannungen, der Schubregulierung von Bogenbrücken usw. In solchen Fällen kann ein unmittelbarer wirtschaftlicher Nutzen entstehen, wenn Verstärkungen umgangen oder günstige Verhältnisse nachgewiesen werden können, die durch die Berechnung allein nicht faßbar sind.

Damit kommen wir zum Schluß unserer Ausführungen, indem wir das Ziel, die Ergebnisse und den Wert der Messungen wie folgt in einigen Thesen zusammenfassen:

1. Die Messungen an Bauwerken sind geeignet, Theorie (Berechnungsmethoden) und Praxis (wirkliche Arbeitsweise) einander vollständig nahe zu bringen, die grundlegenden Versuche in den Laboratorien (die in kleinen und kurz dauernden Erprobungen bestehen) in denkbar bester Weise zu ergänzen und die Zulässigkeit der Übertragung solcher Ergebnisse ins Große, also auf Ingenieurbauwerke nachzuprüfen. Es wäre erwünscht, daß diese Bestrebungen überall Unterstützung fänden.

2. Die Messungen an Bauwerken machen den Ingenieur mit seinem Werk erst richtig bekannt und verschaffen ihm Anregungen und Belehrungen; die Auswertung veranlaßt ihn zu einfachem Bauen, sowie dazu konstruktiv richtige Lösungen anzuwenden und weist ihn darauf hin, auch untergeordnet erscheinenden Einzelheiten Aufmerksamkeit zu schenken. Damit und aus der zutreffenderen Beurteilung der wirklichen Verhältnisse entsteht bei der Projektierung von Neubauten ein großer Vorteil. Bei der Beurteilung bestehender Bauwerke kann die Meßtechnik unschätzbare Dienste leisten und sogar großen wirtschaftlichen Gewinn abwerfen.

3. Bruchversuche mit ganzen Bauwerken und Modellen, oder Überlastungen derselben geben hauptsächlich in Knickfragen wertvolle Aufschlüsse; sie können aber grundsätzlich entbehrt werden, da sie uns über den Sicherheitsgrad nicht mehr aussagen, als die Versuche an Bauwerken, in Verbindung mit Versuchen im Laboratorium. Die Sicherheit eines Bauwerkes ist nämlich eine Funktion der verschiedenen, vom inneren Aufbau abhängigen Dauerfestigkeiten der Materialien und wird damit zugleich abhängig vom Verhältnis und der Art der dauernden Kräfte (Eigengewicht) zu den veränderlichen Kräften (Belastungen) und von der Form der Bauelemente selbst. Da voraussichtlich für die Bewährung eines Bauwerkes die Einhaltung der Proportionalitätsgrenze (Eisen) oder dazu eines Erschütterungsmaßes (Massivbau, Eisenbeton) oder noch andere Gesichtspunkte ausschlaggebend sind, kann uns nur die genaue Beobachtung und Erforschung der Bauwerke diejenigen Wege weisen, die zu einer zuverlässigen Beurteilung derselben und damit auch zu einwandfreien Grundsätzen für Neubauten führen können.[1]

**Literaturangaben betreffend neuere schweizerische Messungen an Bauwerken**

Bühler u. Ruegg: Die neue Linthbrücke bei Schwanden. Schweiz. Bauzeitung 1919, Nr. 7 v. 16. Aug. — Druckstollenkommission SBB: Bericht 1923, Nov. — Prof. Joye: Recherches sur les variations et la répartition de la température dans le barrage de Montsalvans. Fribourg 1923. — Zölly: Trigonometrische Beobachtung der elastischen Deformationen der

---

[1] Diese Umstände würden nahe legen, nur noch wenige Bauwerktypen auszuführen, die dann aber nach allen Richtungen genau zu berechnen und konstruktiv vollständig abschließend durchzudenken wären. Es ist unendlich schade, wie viel Unzulängliches gebaut wird, meistens allerdings unter dem Drucke der Verhältnisse. Es gilt zum Teil auch im Ingenieurbau, was Ford in bezug auf den Häuserbau (Architekten) ausgesprochen hat. Da wir alle einer höheren Warte zusteuern, hoffen wir, es werden auch die in den verschiedenen Ländern noch bestehenden Unterschiede in der Denkweise der Ingenieure sich ausgleichen. Manche Anzeichen hiefür sind da. Es werden sich einst einheitliche Belastungsannahmen und Bemessungsregeln herauskristallisieren müssen, da die Bedingungen prinzipiell ja überall dieselben sind, obschon bis heute gerne stets das Trennende betont wurde, was gerade dem wissenschaftlich gebildeten Ingenieur schlecht ansteht.

Staumauer am Pfaffensprung, Schweiz. Bauzeitung, Nr. 3, 20. Jan. 1923. — WYSS: Beitrag zur Spannungsuntersuchung an Knotenblechen eiserner Fachwerke. Forschungsheft V. d. I., Nr. 262. — BÜHLER u. MEYER: Beschreibung von Apparaten zur Untersuchung von eisernen und massiven Bauwerken. Schweiz. Bundesbahnen Bern, 1924, 2. Aufl. — *Diskussionsberichte* der eidg. Materialprüfungsanstalt: Nr. 8, 14, 29. — *Schweizerische Ingenieurbauten in Theorie und Praxis* (Denkschrift zum 1. Internationalen Kongreß für Brückenbau und Hochbau), Zürich, Sept. 1926. Verlag Ernst & Sohn, Berlin. Aus diesem Werke sind besonders im Hinblick auf die Darstellung von Meßergebnissen zu erwähnen: ACKERMANN: Versuche mit Holzverbindungen. BÜHLER: Stoßwirkungen bei eisernen Eisenbahnbrücken. HÜBNER: Erfahrungen bei Versuchen an Bauwerken. MEYER: Spannungsverteilung in Füllungsgliedern von Brücken. RoŠ: Spannungsmessungen an der durch Steinschlag beschädigten eisernen Brücke der Chur-Arosa-Bahn; Nebenspannungen infolge vernieteter Knotenpunktverbindungen; Messungen an der hölzernen Straßenbrücke bei Wettingen; Messungen an den Eisenbetonbrücken bei Hundwil und Baden. STURZENEGGER: Meßergebnisse an der Isornobrücke der Centovallibahn. S. J. A. Prof. A. PARIS: Réservoir au Calvaire sur Lausanne (Bulletin technique de la Suisse romande 1928, Nr. 6/9). — SULZBERGER: Die Fundamente der Freileitungstragwerke und ihre Berechnung. Bull. d. elektr. Ver., Nr. 5 u. 7/1924, 10/1925, 6/1927. — MEYER-RoŠ: Gutachten über den Druckschacht. Gelmersee-Handeck, 1927. — GASSMANN: Einige neuere Schwingungsmeßapparate. Schweiz. techn. Zeitschr., 12. April 1928. — STADELMANN: Temperaturerscheinungen am Mauerwerk. S.-A. aus Hoch- u. Tiefbau, 1928. — MONTEIL: Die schweizerischen Untersuchungen der Bereifung von Motorlastwagen. Verband schweiz. Motorlastwagenbesitzer. Bern 1928. Mitwirkung der Beratungsstelle für Erschütterungsmessungen. Trüb, Täuber & Cie., Zürich 6. — NATER: Ergebnisse der Belastungsprobe des SBB Sitter Viaduktes. Vortrag am Brückenbaukongreß 1926, erscheint in der Zeitschrift Bautechnik.


# Diskussion

Dr.-Ing. FRANZ FALTUS, Pilsen:

Als Beitrag zu den Ausführungen des Herrn Referenten sei es mir erlaubt, ein nicht alltägliches Beispiel von Messungen an einem hochgradig statisch unbestimmten

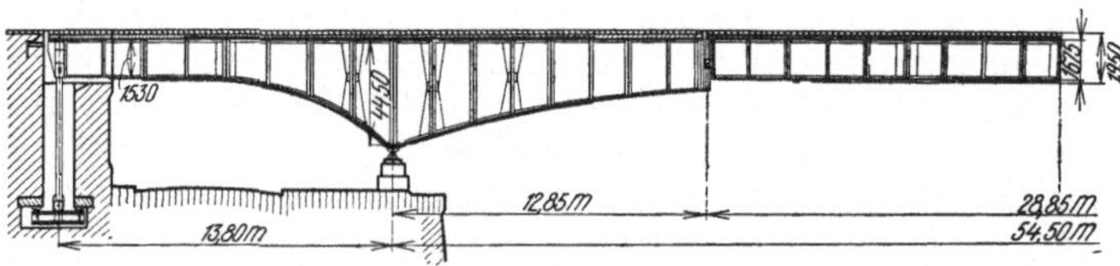

Abb. 10. Friedensbrücke in Wien, Längsschnitt

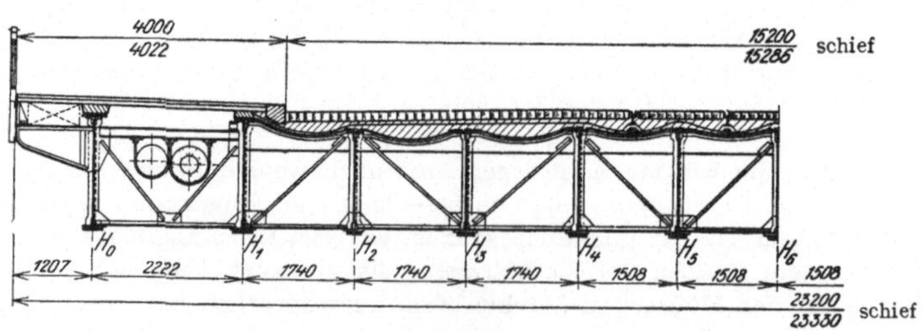

Abb. 11. Friedensbrücke in Wien, Querschnitt

Tragwerk zu erwähnen, und zwar die Kontrolle der Wirksamkeit der Querversteifung der neuen Friedensbrücke über den Donaukanal in Wien.

Abb. 10 zeigt im Längsschnitt der Brücke die vollwandigen gegerberten Hauptträger von $13,8 + 54,5 + 13,8$ m Stützweite. Im Querschnitt (Abb. 11) ist die Anordnung der 13 Hauptträger ersichtlich. Die Fahrbahn wird ohne Vermittlung eines Querträgerrostes von Hängeblechen getragen, die an die vorstehenden Obergurt-

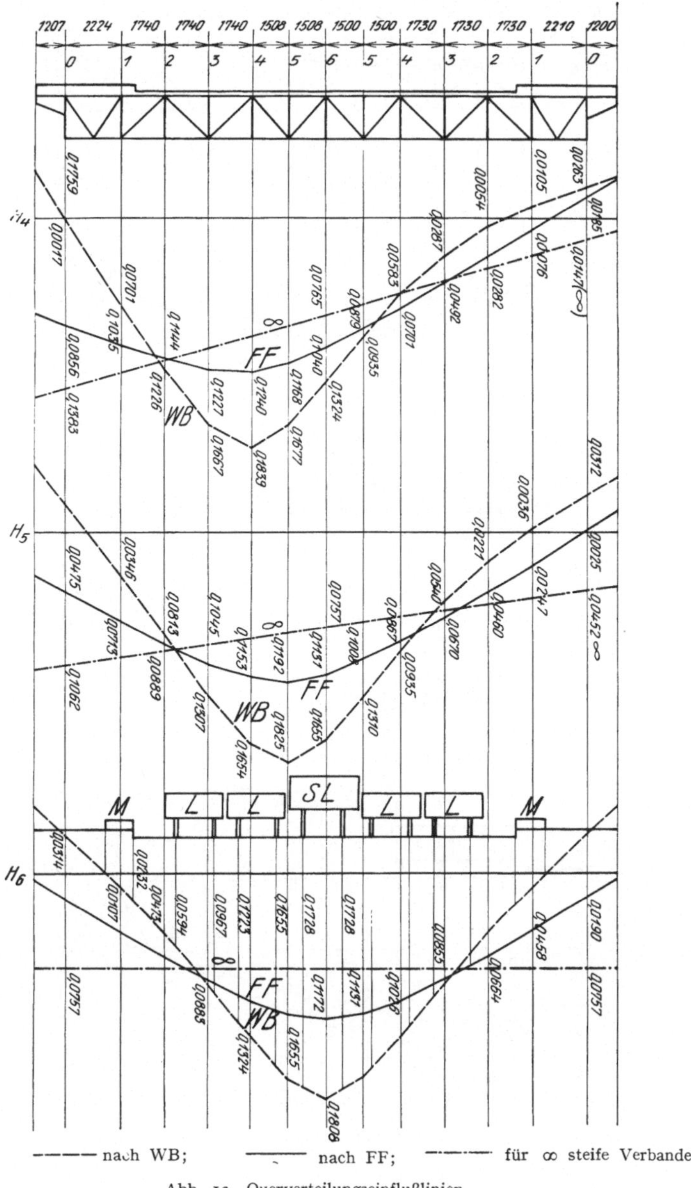

Berechnung:  ------ nach WB;  ——— nach FF;  —·—·— für ∞ steife Verbande

Abb. 12. Querverteilungseinflußlinien

lamellen genietet sind. Zur Sicherung einer guten Zusammenarbeit der Träger wurden steife Querverbände in Abständen von zirka 3,0 m angeordnet, deren lastverteilende Wirkung schon bei der Berechnung der Brücke schätzungsweise berücksichtigt wurde. Die Näherungsrechnung fußte auf der Annahme, daß jeder der Querverbände als Träger auf 13 elastisch nachgiebigen Stützen, nur die ihn *unmittelbar* treffenden

Lasten in der Querrichtung verteilt. Die gegenseitige Beeinflussung der Querverbände, die durch die einförmige Krümmung der Biegelinie der Hauptträger hervorgerufen wird, wurde zunächst nicht berücksichtigt.

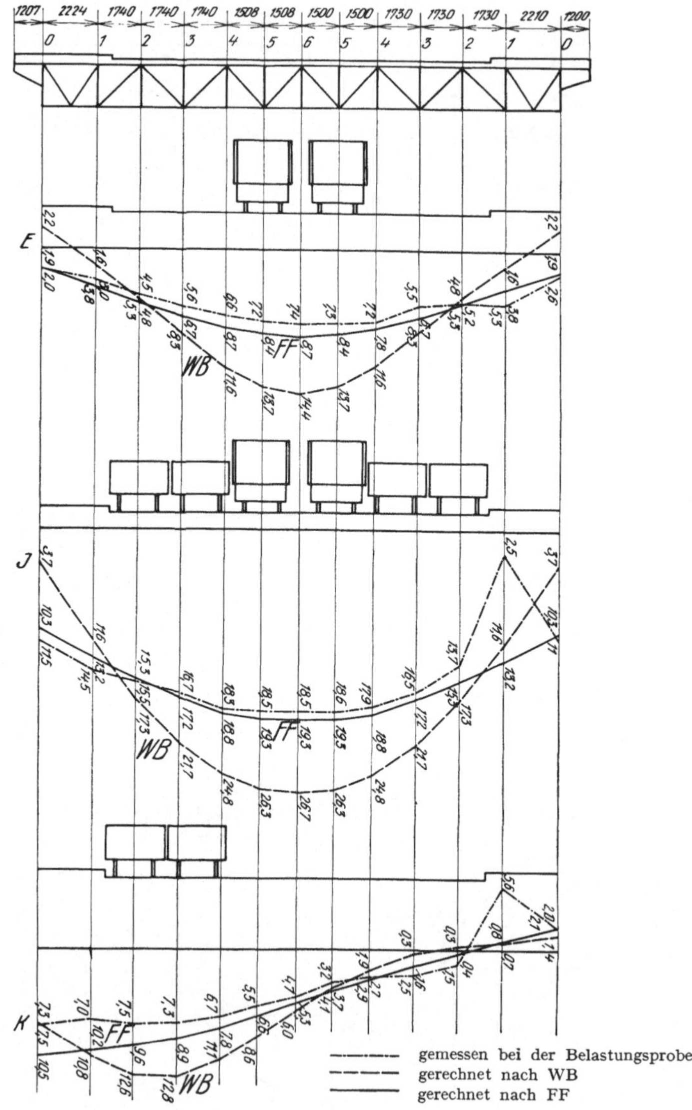


Abb. 13. Schaubild der Durchbiegungen in Brückenmitte. Maße in mm

Eine genauere Berechnung, die mit demselben Aufwand an Rechenarbeit zu erledigen ist, wurde im Bauingenieur[1] entwickelt und zur Neuberechnung der Einflußlinien der Friedensbrücke verwendet. In der Abb. 12 sind die Einflußlinien der Querverteilung nach der ursprünglichen Berechnung (*WB*) und nach der neuen

---

[1] Siehe FALTUS, Lastverteilende Querverbindungen, Zeitschrift „Der Bauingenieur", Jg. 1927, S. 853.

Berechnung (*FF*) dargestellt. Der Unterschied beider Linien ist ganz beträchtlich. So würde z. B. der Träger $H_6$ von einer über ihm stehenden Last 18 % zu übernehmen haben, während nach der genaueren Berechnung diesem nur 11,7 % zufallen.

Über das *wirkliche* Verhalten des Tragwerkes gibt die Probebelastung Aufschluß. Abb. 13 zeigt die für verschiedene Belastungen gemessenen und gerechneten Durchbiegungen der 13 Hauptträger in Brückenmitte. Die nach *WB* errechneten Durchbiegungen weichen sehr stark von den gemessenen Werten ab und entsprechen diesen nicht einmal qualitativ. Die Übereinstimmung der nach *FF* gerechneten Werte mit dem Ergebnis der Messung ist hingegen als befriedigend zu bezeichnen.

Es kann dies als Bestätigung der entwickelten Theorie und auch dafür angesprochen werden, daß die Berechnung von Stahlkonstruktionen auch bei hochgradiger statischer Unbestimmtheit für ruhende Belastungen zutreffende Ergebnisse zu liefern vermag.

Zum Schlusse sei noch auf die Abb. 14 verwiesen, in der die Maximalmomente für die für die Berechnung der Friedensbrücke vorgeschriebenen Verkehrslasten dar-

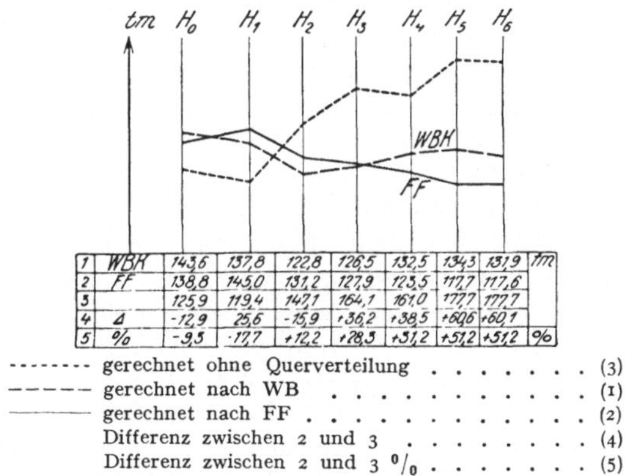


| 1 | WBH | 143,6 | 137,8 | 122,8 | 126,5 | 132,5 | 134,3 | 131,9 | tm |
| 2 | FF | 138,8 | 145,0 | 131,2 | 127,9 | 123,5 | 117,7 | 117,6 | |
| 3 | | 125,9 | 119,4 | 147,1 | 164,1 | 161,0 | 177,7 | 177,7 | |
| 4 | Δ | −12,9 | 25,6 | −15,9 | +36,2 | +38,5 | +60,6 | +60,1 | |
| 5 | % | −9,5 | ·17,7 | +12,2 | +28,3 | +51,2 | +51,2 | +51,2 | % |

```
--------  gerechnet ohne Querverteilung . . . . . . . (3)
-- -- --  gerechnet nach WB  . . . . . . . . . . . (1)
————      gerechnet nach FF . . . . . . . . . . . . (2)
          Differenz zwischen 2 und 3  . . . . . . . . (4)
          Differenz zwischen 2 und 3 % . . . . . . . (5)
```

Abb. 14. Maximalmomente in Brückenmitte von Verkehrslast herrührend

gestellt sind, und zwar *mit* und *ohne* Berücksichtigung der Querverteilung. Zum Verständnis der Abbildung ist zu erwähnen, daß für die Mitte der Brücke besonders schwere Belastungen vorgeschrieben waren. Die Abminderung der Momente der mittleren Träger ist ganz bedeutend und der günstige Einfluß der Querverbände augenscheinlich.

Professor Dr.-Ing. L. KARNER, Zürich:

Ziel und Zweck von Messungen an ausgeführten Bauwerken sind zweifacher Art, einmal soll die technische Ausführung eines Baues überprüft werden, um durch Vergleich der rechnerisch ermittelten Werte der Spannungen und Deformationen mit den gemessenen die Richtigkeit der baulichen Durchführung nachzuweisen, zum anderen soll durch Messungen unter bestimmten Lasten, Temperatur usw. rückschließende Grundlagen für die genaue Berechnung komplizierter Bauwerke gewonnen oder auch Fehler in den Berechnungsannahmen aufgedeckt werden. *Die Bewertung der Messungsergebnisse ist jedoch für beide oben angeführten Forderungen sehr von dem Baustoff bzw. der Bauweise abhängig.*

Im Eisenbau sind am ausgeführten Bauwerk alle Bemessungs- und Festigkeitswerte bekannt, Querschnitte und Trägheitsmomente können nachgerechnet und die Festigkeitswerte des Baustoffes geprüft werden, es ist somit möglich, die gewünschte Überprüfung der technischen Ausführung vorzunehmen, und bei entsprechender

Belastung ist auch der Nachweis möglich, daß das Bauwerk den gestellten Anforderungen entspricht. Ebenso kann das statische und dynamische Verhalten des Bauwerkes unter bestimmten Belastungsannahmen ermöglichen, theoretische Berechnungsgrundlagen zu überprüfen, sowie etwaige Fehler im Bauwerk durch Auswertung der Messungsergebnisse aufzufinden.

Im Eisenbetonbau sind im fertigen Bauwerk die Bemessungsgrößen nur mangelhaft zu bestimmen, da die aus verschiedenen Gründen auftretenden Rißbildungen, um nur ein Beispiel zu nennen, es verhindern, wirksame Querschnitte und Trägheitsmomente richtig in die Rechnung einzusetzen. Bei geringen Konstruktionshöhen, beispielsweise bei Platten spielt ferner die mehr oder weniger richtige Höhenlage der Armierung, die nicht nachprüfbar ist, eine bedeutende Rolle. Da auch die Festlegung der Festigkeitswerte infolge der Heterogenität des Baustoffes nur innerhalb weiter Grenzen möglich ist, können Messungsergebnisse an ausgeführten Eisenbetonbauten selten als absolut sichere Vergleichsgrößen zu den Rechnungswerten gelten. Die Messung kann daher höchstens den ersten Zweck erfüllen, die technisch richtige Ausführung angenähert zu überprüfen, während Rückschlüsse auf Berechnungsannahmen sowie die Aufsuchung von Fehlern im Bauwerk kaum möglich ist.

Um ferner aus den Messungsergebnissen an Bauwerken einwandfreie Schlüsse ziehen zu können, sind die Belastungen, unter deren Wirkung die Verformung untersucht wird, möglichst einfach anzunehmen. Genau so wie bei der Berechnung die Wirkung einzelner Lasten verfolgt und deren Einflüsse übereinander gelagert werden, so sollen auch bei Messungen tunlichst der Einfluß von Einzellasten untersucht werden. Beispielsweise können bei mehrteiligen Fachwerken nur durch Anbringung von Einzellasten wirkliche Aufschlüsse über das statische Verhalten solcher Trägerformen, über die dabei auftretenden Nebenspannungen usw. Aufschluß geben. Nebenher werden Belastungen durch verteilte Last und durch Lastgruppen, die den praktischen Verhältnissen entsprechen, immer noch angewandt werden, um die Eignung eines Bauwerkes ganz allgemein nachzuprüfen. Kommen wir daher auf die Schlußzusammenfassung des Referates $A_4$ zurück, so haben wir noch hinzuzufügen, daß die Bewertung der Messungsergebnisse an ausgeführten Bauwerken sehr vom Baustoff und der Bauweise abhängig ist. Rückschlüsse auf eine richtige technische Ausführung und auf richtige Annahme aller Berechnungsgrundlagen sind bei Stahlbauten viel genauer als bei Massivbauweisen, ebenso wie fehlerhafte technische Ausführungen oder fehlerhafte Berechnungsannahmen leichter bei ersterer Bauweise durch Messungen nachgewiesen werden können. Schließlich ist noch ganz besonders die Forderung aufzustellen, daß bei allen Messungen tunlichst einfache Belastungsfälle am besten durch Einzellasten den Messungen zugrunde gelegt werden, um ihre Wirkung auf die Verformung klar und eindeutig zu erhalten.


## Direktor Dr.-Ing. KOMMERELL, Berlin:

Ich stimme mit Herrn BÜHLER darin überein, daß bei den dynamischen Beanspruchungen die Zeit eine sehr große Rolle spielt. Es ist aber sicher ein großer Unterschied, ob ich einen Stab in ununterbrochener Reihenfolge sehr schnell Zug- und Druckkräften aussetze oder ob ich ihn dazwischen wieder ruhen lasse. Ich halte es für fraglich, ob wir der experimentell nachgewiesenen Ermüdungsfestigkeit für unsere Ingenieurbauwerke eine so große Rolle beimessen dürfen wie der Maschinenbau, wo tatsächlich den Versuchen nahekommende Lastwechsel auftreten.

Die augenblicklich herrschende Berechnungsmethode, die dynamischen Einflüsse durch Beiwerte und die Einflüsse der Nebenspannungen und der Ungleichheit des Werkstoffes durch Annahme eines bestimmten Sicherheitsgrades — abhängig von der Streckgrenze des Werkstoffes — zu berücksichtigen, hat den großen Vorzug der Einfachheit der Berechnung. So wichtig es erscheinen mag, bei unseren Brücken-berechnungen auch die Gesetze der Dynamik anzuwenden, so muß man doch angesichts der ungeheuren Zahl von Bauwerken stets im Auge behalten, daß die Berechnungen nicht zu umständlich werden. Richtig scheint der Weg zu sein, durch möglichst feine Meßinstrumente und auch auf theoretischem Wege an charakteristischen Beispielen systematisch den dynamischen Einfluß unserer Fahrzeuge zu ergründen und womöglich in Einzeleinflüsse aufzulösen, damit man erkennt, ob wir alle Teile sicher genug oder ob wir einzelne Glieder nicht zu ungünstig berechnen. Dies muß dann auch dazu führen, die Anforderungen an die für die Praxis erforderlichen Meßinstrumente zu bestimmen. Es ist wohl möglich, daß wir bei unseren gewöhnlichen Brückenprüfungen mit viel weniger empfindlichen Meßinstrumenten auskommen; wir müssen aber erst mit den denkbar feinsten Instrumenten einen möglichst genauen Einblick in das Kräftespiel bekommen. Die feinen Instrumente sollen uns zur Eichung der für den täglichen Gebrauch bestimmten dienen.

Regelmäßig wiederkehrende Probebelastungen, deren Meßergebnisse nicht ausgewertet werden, sind völlig zwecklos und zudem sehr teuer. Die Deutsche Reichsbahn ist daher schon seit längerer Zeit dazu übergegangen, Probebelastungen nur noch bei neuen und verstärkten Brücken auszuführen. Die Ergebnisse werden den theoretischen Durchbiegungen, die an der Hand von Einflußlinien berechnet werden, gegenübergestellt.

An der Hand der Ergebnisse der bis jetzt vorgenommenen Messungen hat Herr Bühler eine Fülle von Aufgaben berührt, die ihrer Lösung und Erforschung harren. Auf dem Gebiet der Brückenmeßtechnik ist noch sehr viel zu tun und die Versuche kosten viel Zeit und Geld. Wenn auch sicher von großem Werte wäre, wenn sich verschiedene Forscher unabhängig voneinander mit den schwierigen Problemen beschäftigten, so glaube ich doch vorschlagen zu müssen, daß wir vorläufig die verschiedenen Gebiete, die Herr Bühler erwähnt hat, so aufteilen sollten, daß jedes Land sich zunächst auf ganz bestimmte Probleme konzentriert, und es wäre ein großer Gewinn unserer Tagung, wenn in dieser Richtung eine Verständigung stattfände.

## Prof. Dr. Ing. M. Roš, Zürich:

Zur Bekräftigung der Ausführungen von Sektionschef A. Bühler über die Bedeutung der Messungen an ausgeführten Bauwerken nenne ich nachfolgend die Ergebnisse der von der Eidg. Materialprüfungsanstalt in den Jahren 1924 bis 1928 durchgeführten Verformungs- und Spannungsmessungen an zwei Gruppen hochgradig statisch unbestimmter Eisenbeton-Tragwerke:

1. Eingespannte Bogen,
2. Pilzdecken.

Die rechnerische Ermittlung der Spannungen und Verformungen so hochgradig statisch unbestimmter Tragwerke aus Eisenbeton ist äußerst zeitraubend und genau praktisch unmöglich. Desto wertvoller sind die Ergebnisse der Messungen am ausgeführten Bauwerk.

1. *Eingespannte Bogen.* In den Jahren 1924 bis 1928 wurden die weitgespannten Bogenbrücken über die *Urnäsch bei Hundwil*, Kanton Appenzell (Abb. 15), und über die *Limmat in Baden*, Kanton Aargau (Abb. 16), Versuchen durch Belastungen im Bogenscheitel und Bogenviertel unterzogen, einmal ohne (Abb. 17 und 18) und sodann mit Überbau (Abb. 15 und 16). Aus dem Vergleich der so gewonnenen Ergebnisse, erstens am dreifach statisch unbestimmten Bogentragwerk (Bogen ohne Überbau) und sodann am hochgradig statisch unbestimmten Bogenträger (Bogen mit Überbau) ist es möglich, auf die *entlastende Wirkung des Überbaues auf den Bogen allein*, so wie er berechnet und dimensioniert wird, zu schließen. Die Er-

Abb. 15

Hundwilertobelbrucke uber die Urnäsch, Kt. Appenzell. Stützweite 105 m. Höhe über Talsohle 73 m.
Nach eigenem Entwurfe erbaut von Ed. Zublin & Co. A. G. Zurich-Basel, 1924/25. Bauleitung: A. Schlapfer,
Kantonsingenieur, Herisau

Abb. 16

Hochbrücke Baden-Wettingen, Kt. Aargau, 1925/26. Stützweite 68 m, Höhe über Wasserspiegel 28 m.
Entwurf: J. Bolliger & Co., Ingenieurbureau, Zürich. Unternehmung: T. Bertschinger A. G. & Ingenieurbureau
Rothplatz & Lienhard. Bauleitung: Kantonsingenieur E. Wydler

gebnisse dieser Messungen sind für die Hundwilertobelbrücke in den Abb. 19 und 20 und für die Hochbrücke Baden-Wettingen in den Abb. 21 und 22 zur Darstellung gebracht. Die Abb. 23 bezieht sich auf die im Jahre 1928 durchgeführten Messungen an der neu erbauten *Tavanasa-Brücke über den Rhein*, Kanton Graubünden (Abb. 24). Da diese letzteren Belastungsversuche nur am Bogen mit Überbau durchgeführt

Abb. 17
Hundwilertobelbrucke. Bauzustand Ende Dezember 1924

Abb. 18
Hochbrucke Baden-Wettingen. Bogen ohne Überbau

worden sind, ist aus den in der Abb. 23 eingetragenen Messungsergebnissen nur ein Vergleich zwischen den rechnerischen Verformungen und Spannungen des Bogens ohne Überbau und den wirklich gemessenen des Bogens mit Überbau möglich. Zufolge des Vergleichs der rechnerischen Spannungen mit den gemessenen für den Bogen ohne Überbau bei der Hundwilertobelbrücke und Hochbrücke Baden-Wettingen, welcher Vergleich eine praktisch gute Übereinstimmung zeigt, ist es zulässig,

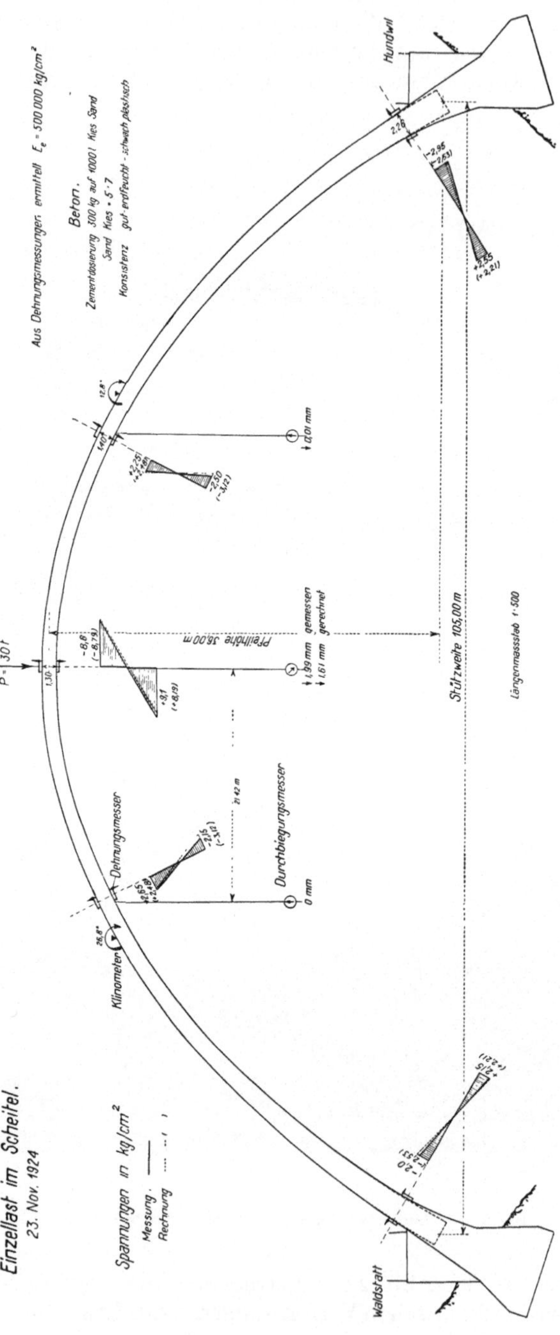



Abb. 19

Hundwilertobelbrücke. Bogen ohne Überbau, Einzelblatt $P = 30\,t$ im Scheitel. Messungsergebnisse

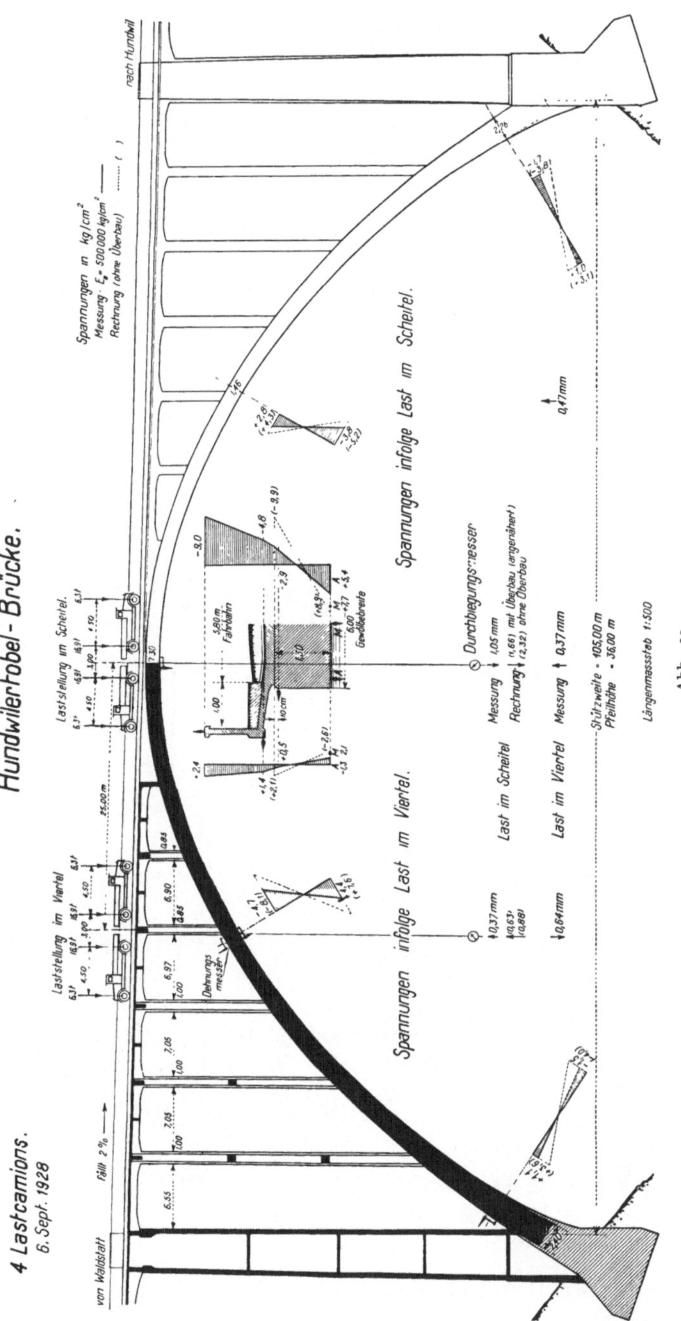


Abb. 20

Hundwilertobelbrücke, Bogen mit Überbau. 4 Lastcamions. Messungsergebnisse

auch bei der Tavanasa-Brücke die erwähnten rechnerischen und wirklich gemessenen Werte gegenüberzustellen. Die weitgehende entlastende Wirkung des Überbaues auf den Bogen tritt deutlich in Erscheinung und sie ist je nach der Art der Ausbildung und der Steifigkeitsverhältnisse des Überbaues auch verschieden groß. In

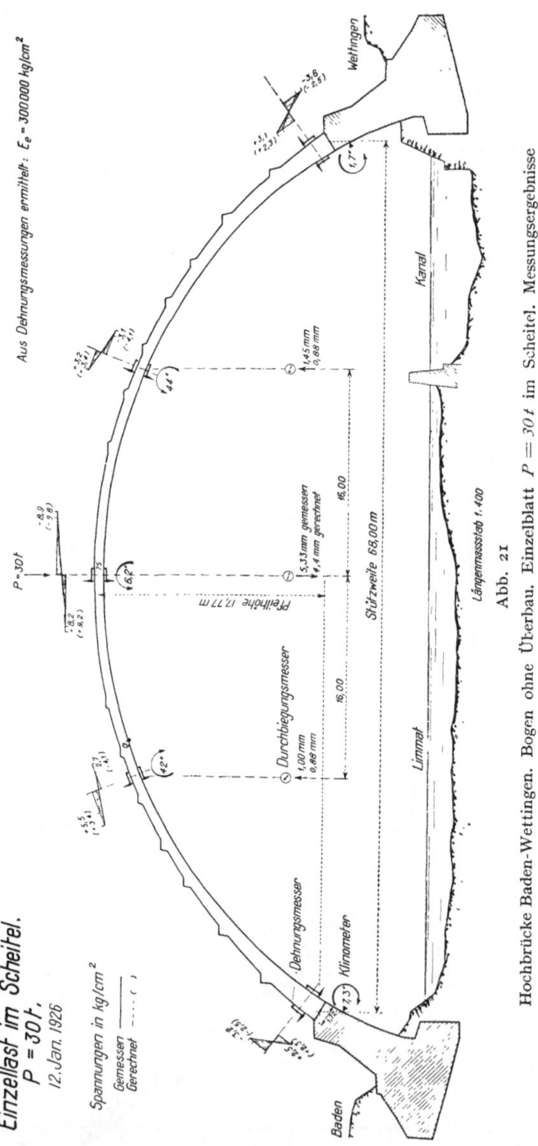



Abb. 21

Hochbrücke Baden-Wettingen. Bogen ohne Überbau. Einzelblatt $P = 30\,t$ im Scheitel. Messungsergebnisse

Zahlen ausgedrückt belaufen sich diese auf die jeweiligen *rechnerischen Größen* bezogenen *Entlastungen:*

*Hundwilertobelbrücke,*                                                           Entlastung

    Größte Randfaserspannungen (Bogenscheitel, Viertel und Kämpfer)   30 bis 60%
    Größte lotrechte Durchbiegungen (Bogenscheitel) . . . . . . . . . . . . . .   rund 50%

*Hochbrücke Baden-Wettingen,*                                    Entlastung
  Größte Randfaserspannungen ...............................   75 bis 90%
  Größte lotrechte Durchbiegungen .........................   rund 95%
  Größte Drehungen (Bogenviertel) .........................   rund 90%

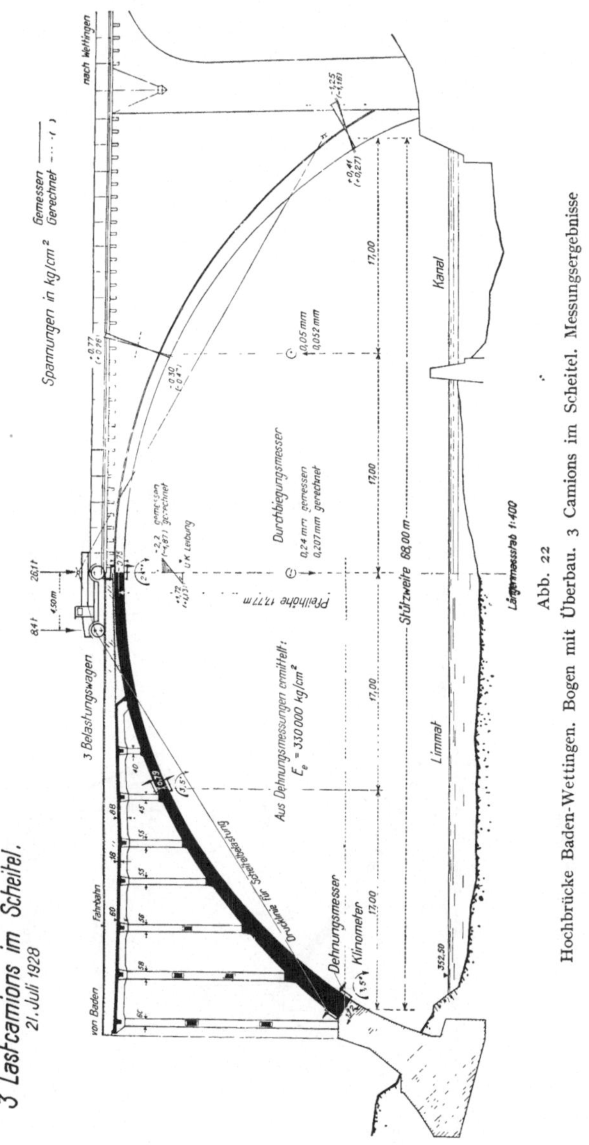


Hochbrücke Baden-Wettingen. Bogen mit Überbau. 3 Camions im Scheitel. Messungsergebnisse

*Rheinbrücke Tavanasa,*
  Größte Randfaserspannungen ..............................   50 bis 75%
  Größte lotrechte Durchbiegungen .........................   60%

    2. *Pilzdecken.* Aus den in den Jahren 1925 bis 1927 durchgeführten eingehenden Dehnungs- und Durchbiegungsmessungen mit den Pilzdecken in Chiasso, Basel, Mülhausen (Elsaß) und Zürich (Abb. 25), wobei gleichmäßig verteilte Belastung

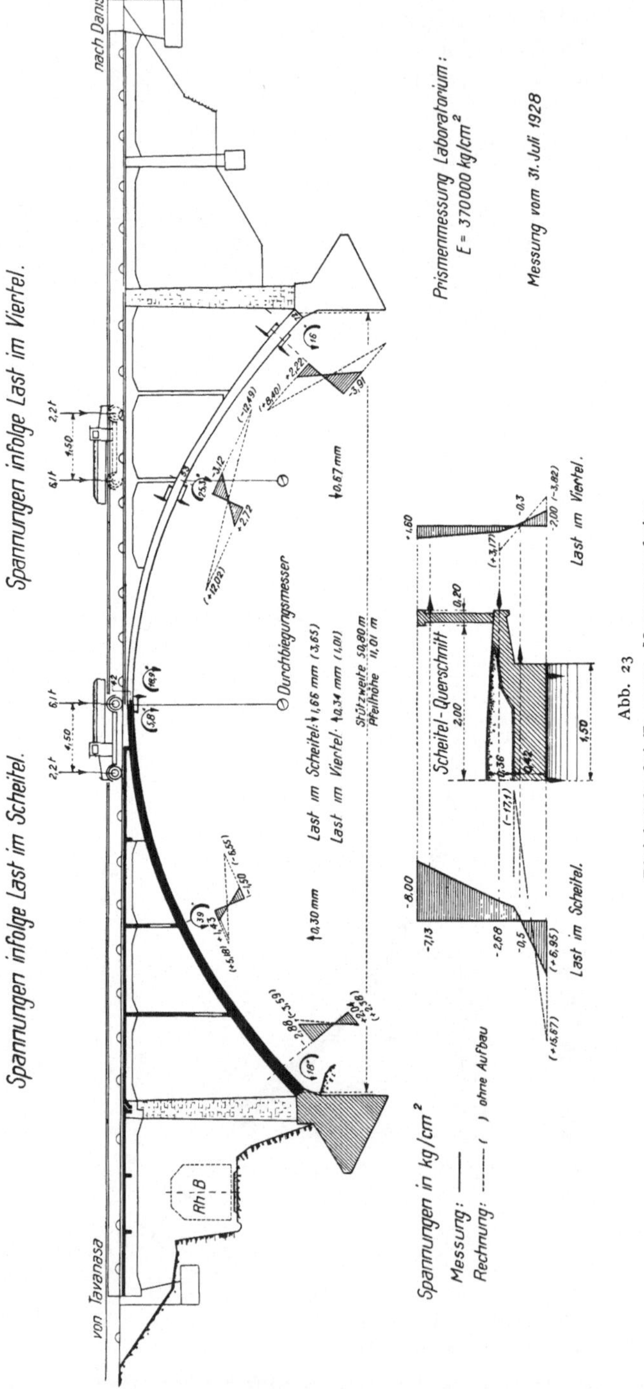


Abb. 23

Rheinbrücke bei Tavanasa. Messungsergebnisse

Abb. 24

Rheinbrücke bei Tavanasa. Ansicht. Entwurf: Ing. W. Versell, Chur. Bauunternehmung: B. & C. Caprez, Chur & Arosa.
Bauleitung: Obering. J. Solca, Chur

Abb. 25
Pilzdecken. Kehrichtverbrennungsanstalt Zürich. Entwurf und Bauleitung: Ingenieur R. Maillart, Genf

ganzer Pilzdeckenfelder bis zu 2000 kg/qm, sowie wandernde Einzellasten bis zu 6,5 t zur Auswirkung gelangten (Abb. 26), kann auf Grund einer praktisch sehr gut brauchbaren Näherungsformel für die Durchbiegung in Feldmitte $\delta_m$ bei voller gleichmäßig verteilter Belastung $p$ eines ganzen Deckenfeldes, dessen theoretische Stützweiten $l_x$ und $l_y$ betragen und dessen Trägheitsmoment von der Größe $J$ ist,

$$\delta_m = \frac{p\,(l_x^4 + l_y^4)}{552\ E \cdot J}$$

der Wert des Elastizitätsmoduls $E$ ermittelt werden. Legt man den so errechneten $E$-Modul der Bestimmung der Randfaserspannungen aus den gemessenen Randdehnungen und somit der Ermittlung der Biegungsmomente zugrunde, so ergeben sich die in der nachfolgenden Tabelle zusammengestellten Größtwerte der Momente für die Feldmitte (Feldmoment) und für die der Mitte zwischen den Säulen (Gurtmoment). Den so aus den Messungen abgeleiteten Momenten wurden die nach H. Marcus rechnerisch ermittelten gegenübergestellt. Die Übereinstimmung ist eine sehr befriedigende.

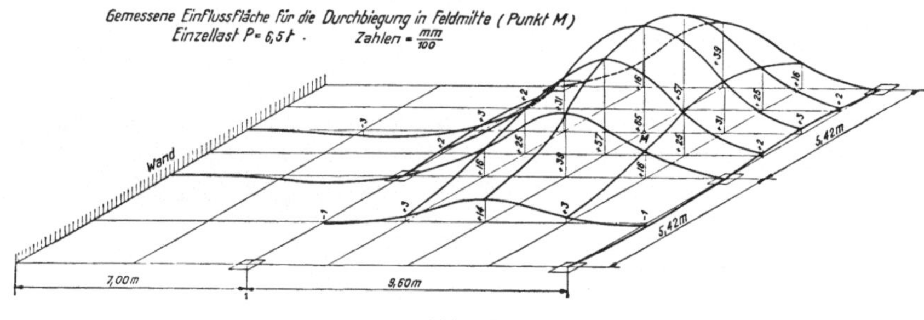


Abb. 26

Pilzdecken. Kehrichtverbrennungsanstalt Zürich. Messungsergebnisse

### Pilz-Decken

| Ort | Zeit | Probe-Belastung | Nutzlast $p$ | Plattenstärke | Feldweiten $l_x$ und $l_y$ | Gemessene bzw. abgeleitete Durchbiegung in Feldmitte f. Feldbelastung m. Nutzlast | Elastizitäts-modul | Beiwerte $n$ $M$ für Streifenbelastung $=\frac{pl^2}{n}$ | | | | Entwurf |
|---|---|---|---|---|---|---|---|---|---|---|---|---|
| | | | | | | | | Feldmitte | | Gurtmitte | | |
| | | t/qm | t | t/qm | cm | m | mm | t/cqm | Mess. | Rech. | Mess. | Rech. | |
| Chiasso | X. 1925 | 2,0 | | 2,0 | 23 | 5,0 . 5,2 | 3,1 | 169 | 37,4 | 33,6 | 24,6 | 22,4 | R. Maillart |
| Basel | XI. 1926 | 2,0 | | 2,0 | 22 | 5,0 . 4,3 | 1,7 | 243 | 34,6 | 32,4 | 21,6 | 21,6 | Dr. M. Ritter |
| Mulhouse | I. 1927 | | 5,0 | 0,5 | 23 | 8,0 . 7,0 | 2,2 | 257 | 32,6 | 31,5 | 23,3 | 21,0 | Dr. M. Ritter |
| Zürich | XII. 1927 | | 6,5 | 1,0 | 29 | 9,6 . 5,4 | 2,1 | 389 | 26,8 | 31,7 | 24,0 | 21,1 | R. Maillart |

Bühler:

Zu den Ausführungen der Diskussionsredner möchte ich zusammenfassend bemerken, daß ich die Auffassung von Herrn Reichsbahndirektor Kommerell (Berlin), die Dauerfestigkeit spiele bei der Bemessung keine Rolle, nicht ganz teilen kann, indem ansonst zahlreiche Brucherscheinungen bei älteren Brücken nicht erklärt werden könnten. Hingegen stimme ich mit ihm überein, was die dynamischen

Erscheinungen an den Brücken anbelangt. Es wird wohl unmöglich sein, diese stets und in allen Beziehungen in den Berechnungen zum Ausdruck zu bringen, weshalb es angezeigt wäre, zu international anerkannten Bautypen zu gelangen, um so mehr als es ausgeschlossen ist, bei der Fülle der Bauaufgaben alle Entwürfe „ab ovo" stets gleich gut zu studieren. Auch die Bemerkungen betreffend die Meßapparate (einfache, die sich aus den feinsten Instrumenten herleiten lassen) halte ich für zutreffend.

Die Beispiele von Herrn Direktor Roš (Zürich) beweisen sicherlich die Wichtigkeit der Messungen an Bauwerken; sie zeigen ebenfalls deutlich, wie unvollkommen unsere Berechnungsmethoden eigentlich noch sind. Die Beweiskraft seiner Darlegung wäre indessen wohl ein Vielfaches, wenn nicht die Entlastung der Gewölbe, die uns weniger interessiert, als vielmehr die Mehrbelastung der Aufbauten angegeben worden wäre.

Die Anregung von Herrn Professor KARNER (Zürich) begrüsse ich sehr. Als „Punkt 4" der Schlußfolgerungen meines Referates könnte daher auch im Sinne der dortigen Darlegungen aufgenommen werden:

4. Der Wert der Messungen an Bauwerken ist derzeit noch ein relativer. Bei eisernen Bauwerken sind die Voraussetzungen der Theorie und Praxis am besten erfüllt, um sichere Schlüsse ziehen zu können. Bei den massiven Bauten sinkt die Sicherheit der Beurteilung erheblich, weil die wirksamen Querschnitte und Trägheitsmomente nicht genau zu ermitteln sind und die Voraussetzung der Homogenität der Materialien fehlt. Beim Holzbau wird der Wert durch die Nachgiebigkeit der Verbindungen und durch die vorerwähnten Umstände weiter herabgesetzt.

*Zusammenfassend* möchte ich daher feststellen, daß die Kongreßteilnehmer mit dem Inhalt meines Referates einig gehen und insbesondere den großen Wert der Messungen an Bauwerken anerkennen. Ich hoffe daher, daß das Meßwesen sich weiter verbreitet und daß insbesondere den jüngeren projektierenden Ingenieuren Gelegenheit gegeben werden möge, aus dem Bureau herauszutreten und das Werk, die Frucht ihrer Studien zu sehen, nachzuprüfen und so die Anregung und den Eifer zu Verbesserungen und Vervollkommnungen für neu zu erstellende Bauwerke heimzubringen. Wo es nötig ist, möge das Referat denjenigen eine Unterstützung bieten, denen bei der Anforderung der für solche Messungen erforderlichen Geldmittel etwelche Schwierigkeiten begegnen.

Professor Dr.-Ing. W. GEHLER, Dresden (Vorsitzender):

Wir danken nicht nur dem Herrn Berichterstatter, sondern auch den Herren Diskussionsrednern für ihre wertvollen Darlegungen. Unser Dank gilt vor allem den schweizerischen Fachgenossen, deren Versuche an Bauwerken als vorbildlich zu bezeichnen sind. Das von Herrn Roš vorgeführte Beispiel der Messungen an massiven Bogenbrücken, sowohl vor, als auch nach Aufbringung der Überbauten, sind besonders lehrreich. In erster Linie ist unser Ziel, zweckmäßige Bauwerke zu schaffen, selbst dann, wenn dadurch eine höhere statische Unbestimmtheit, ja sogar eine statische Unklarheit in Kauf genommen werden muß. Die Gewölbeaufbauten wirken nicht nur lastverteilend, sie sind auch günstig hinsichtlich der Stoßwirkungen. Sie verschleiern aber die Kraftwirkung oft derart, daß nur durch die Messung an Bauwerken selbst ein Aufschluß erzielt werden kann. Auch das von Herrn FALTUS aufgerollte Problem der Lastverteilung im Quersinn ist ein bemerkenswertes Beispiel für die Bedeutung der Messungen an Bauwerken.

# B ₁

# Sicherheitsgrad und Beanspruchung

Von Professor Dr.-Ing. **W. Gehler**, Dresden

Die rasche Entwicklung der hochwertigen Baustähle in den letzten Jahren legt uns die Pflicht auf, den Sicherheitsgrad und die zulässigen Beanspruchungen mit wissenschaftlichem Rüstzeug gründlich nachzuprüfen. Die heute noch bestehenden ersten gußeisernen Bogenbrücken, z. B. in Coalbrookdale, sind rund 150 Jahre alt; die ältesten großen schweißeisernen Brücken, wie die Britania-Brücke, wurden vor rund 75 Jahren erbaut, und die ersten großen flußeisernen deutschen Brückenträger über die Weichsel vor etwa 38 Jahren, so daß sich das Alter dieser drei Baustoffe im Eisenbrückenbau etwa wie $150 : 75 : 38 = 4 : 2 : 1$ verhält. Vor vier Jahren führten wir den hochwertigen Kohlenstoffstahl St. 48 in Deutschland ein, vor etwa zwei Jahren den Siliciumstahl, St. Si. genannt, und heute erwarten wir bereits mit Spannung das Erscheinen weiterer verbesserter, legierter Baustähle. Bei diesem stürmischen Vorwärtsdrängen unserer schnelllebigen Zeit ist eine ernste Nachprüfung unerläßlich. Hierzu kommt vor allem, daß die zulässigen Beanspruchungen für Hochbauten 800 kg/qcm bei Schweißeisen betrugen, ferner 1200 kg/qcm bei Flußeisen (heute Baustahl St. 37 genannt) und jetzt 1800 kg/qcm bei St. Si. Diese Zahlenreihe $800 : 1200 : 1800 = 1 : 1,5 : 2,25$ zeigt die gewaltige Steigerung der zulässigen Beanspruchung und damit der Ausnutzung des Baustoffes.

Aus der Fülle der Probleme seien drei Beispiele herausgegriffen. Die Vertiefung unserer statischen Untersuchungsverfahren führte dazu, als Belohnung sorgfältigster Berechnung unter Berücksichtigung der Wind- und Zusatzkräfte, z. B. bei St. 37, die zulässige Beanspruchung auf 1600 kg/qcm zu erhöhen. Da aber die Nebenspannungen mindestens etwa 20 v. H. dieser Hauptspannungen betragen, so ergibt sich rechnerisch $\sigma = 1,20 \cdot 1600 = 1920$ kg/qcm. Für Martineisen St. 37 wurde aber wiederholt als Streckgrenze $\sigma_S = 1950$ kg/qcm gefunden. Die rechnerische Beanspruchung $\sigma$ erreicht somit bei St. 37 vielfach die Größenordnung der Streckgrenze $\sigma_S$. Aus solchen Feststellungen ergab sich die Notwendigkeit, die *Bedeutung der Streckgrenze für den Sicherheitsgrad* genauer zu untersuchen, ferner aber auch die Folgerung, die neuen Baustähle so auszubilden, daß sie auch hinsichtlich der Streckgrenze eine erhöhte, also hinreichende Sicherheit gegenüber der rechnerischen Beanspruchung aufweisen.

Ein unvermeidbarer Nachteil aller hochwertigen Baustähle, der ihrer Einführung im Hochbau sehr hinderlich ist, besteht darin, daß bei Beibehaltung der äußeren Abmessungen, also der Trägerhöhe $h$ und der Stützweite $l$ die Durchbiegung beim einfachen Balken[1]

$$f = \frac{\sigma}{h} \cdot \frac{l^2}{6\,E} \quad \ldots \ldots \ldots \ldots \ldots \ldots \quad (1)$$

---

[1] Siehe W. GEHLER, Kapitel Eisenbrückenbau, Taschenbuch für Bauingenieure. 5. Aufl., Verlag von Julius Springer, Berlin 1928. S. 338, Formel 3 a.

ist, also verhältnisgleich mit der zulässigen Beanspruchung wächst, weil das Elastizitätsmaß $E$ leider für alle Baustähle gleich groß anzunehmen ist. Nur dann, wenn die Trägerhöhe $h$ im gleichen Verhältnis, also z. B. bei Si-Stahl gegenüber St. 37 um 50 v. H. vergrößert würde, was praktisch ausgeschlossen ist, würde sich der gleiche Wert der Durchbiegung ergeben. Hieraus folgt, daß sich Si-Stahl-Brücken bei der üblichen bescheidenen Vergrößerung der Trägerhöhe gegenüber denen aus St. 37 sämtlich wesentlich stärker, als diese durchbiegen müssen. In Anerkennung dieser Schwierigkeit hat die Deutsche Reichsbahn für ruhende Verkehrslasten die zulässige Durchbiegung, die früher bei Eisenbahnbrücken zu etwa $f = \dfrac{l}{1500}$ $\left(\text{bzw. } \dfrac{l}{1200} \text{ bei Straßenbrücken}\right)$ angenommen wurde, auf $f = \dfrac{l}{900}$ $\left(\text{bzw. } \dfrac{l}{600}\right)$ erhöht, also eine wesentlich größere Weichheit der Brücke in Kauf genommen (z. B. bei $l = 100$ m die Durchbiegung $f = 11$ cm bzw. 16,6 cm). Neben den Spannungen werden wir daher künftig vielmehr, wie bisher auch die *Formänderungen und ihre Einwirkung auf den Sicherheitsgrad* erörtern müssen.

Die beträchtliche Gewichtsersparnis, also die Verringerung der toten Last, die ja der Endzweck unserer Bestrebung, die Erdenschwere zu bannen, bildet, trifft heute gleichzeitig mit einem neuen starken Anwachsen der Verkehrslasten zusammen. Sie sind in den beiden letzten Jahrzehnten bei den deutschen Eisenbahnen von der Lokomotive des früheren G-Lastenzuges mit $5 . 17 = 85\,t$ auf den E-Lastenzug mit $6 . 20 = 120\,t$ und neuerdings auf den N-Lastenzug mit $7 . 25 = 175\,t$ erhöht worden. Rechnet man als Ersparnis an dem Eisengewicht $G_e$ bei Anwendung von Si-Stahl etwa 30 v. H. gegenüber St. 37, so ist das Verhältnis von stoßender Masse zur gestoßenen Masse von $(85 : G_e)$ auf $(175 : 0,7\,G_e) = (250 : G)$ vergrößert worden, also auf das $250 : 85 = $ rund 3 fache. Alle dynamischen Einwirkungen sind somit heute für unsere Baustahlbrücken wesentlich größer als früher. Während ihre Bedeutung für die eisernen Brücken in den letzten Jahrzehnten stark zurücktrat, müssen wir heute an die vorbildlichen Versuche von WÖHLER-Berlin (1870) und BAUSCHINGER-München (1886) wieder anknüpfen. Das bedeutsamste Problem des Eisenbrückenbaues für das nächste Jahrzehnt wird der *Einfluß der dynamischen Einwirkungen zunächst auf den Baustoff, sodann auf die Bauteile im Bauwerk und endlich auf ihre Verbindungsmittel,* sowie die Festlegung der Sicherheit in dieser Hinsicht sein.

Im vorliegenden Bericht sollen Mitteilungen und Gedanken, die bei der Ausbildung des St. 48 und des Silicium-Stahles auf Grund der Dresdner Versuche gesammelt worden sind, gegeben und zur Erörterung gestellt werden, sowie einige Anregungen zur weiteren Erforschung dieses umfangreichen und dankbaren Arbeitsgebietes.

## I. Sicherheit hinsichtlich der Anstrengung oder der Verformung

Für den Sicherheitsgrad unserer Eisenbauteile ist in der Regel die *Anstrengung, also der Eintritt des Fließens oder des Brechens* maßgebend. Nur in besonderen Fällen wird die Forderung gestellt, daß die *Bauteile oder das Bauwerk seine Form nicht mehr als zulässig ändern dürfen.* So würde z. B. bei einer Hängebrücke mit Eisenbahnverkehr von 300 m Stützweite eine *federnde Durchbiegung* von $f = \dfrac{l}{900} = \dfrac{300}{900} = 0,33$ m den Betrieb stören. Bei einer Straßenbrücke gleicher Art wäre nach den deutschen Normen zwar eine rechnerische Durchbiegung von $f = \dfrac{l}{600} = 0,50$ m zulässig. Sie wird aber deshalb in Wirklichkeit wohl nie auftreten, weil dann beispielsweise bei 23 m Straßenbreite, wie z. B. bei der Rheinbrücke Köln-Mülheim, eine Verkehrslast von 300 . 23 . 0,5 t = 3450 t erforderlich wäre, die in der Form von bewegten Fahrzeugen überhaupt nicht unterzubringen ist. Erst die Erfahrung muß lehren, wie sich derartige weiche Hängebrücken aus Si-Stahl unter dem neuzeitlichen Straßenverkehr verhalten und bewähren. Bei Brückenmessungen sollten aber nicht nur Durchbiegungen und Verdrehungen unter den bewegten Lasten, sondern auch die Zeit beobachtet werden, in der sich diese Bewegungen vollziehen, also die Verformungsgeschwindigkeit, die für die Beurteilung der störenden und der zulässigen Formänderung, also des Sicherheitsgrades maßgebend sein wird. Ein Beispiel dafür, daß nicht die federnde, sondern die *bleibende Verformung* den Sicherheitsgrad und die zulässige Beanspruchung bestimmt, bildet der Lochleibungsdruck oder Stauchdruck der Niete. Vor drei Jahren[1] sprach ich die Befürchtung aus, daß bei einem Lochleibungsdruck $\sigma_l$, der das 2,5 fache der zulässigen Stabspannung $\sigma_{zul}$ beträgt, die Nietlöcher unrund werden könnten und eine vorzeitige Auswechslung der Niete und Schrauben nötig würde. Die daraufhin von der Reichsbahn 1926 und 1927 in den Versuchsanstalten Dresden, Karlsruhe und München durchgeführten Versuchsreihen haben erwiesen, daß diese Befürchtungen zunächst für alle Bolzen berechtigt sind, worüber Herr FINDEISEN nachher berichten wird. Sowohl bei zylindrischen, wie vor allem auch bei konischen Bolzen sollte mit $\sigma_l = 1{,}5\ \sigma_{zul}$ gerechnet werden, im Gegensatz zu unseren jetzigen Reichsbahnvorschriften. Bei den Nieten tritt infolge der „Klammerwirkung" der Nietköpfe eine gewisse Einspannung des Nietschaftes ein, die eine höhere Beanspruchung als bei Bolzen rechtfertigt, also meines Erachtens etwa $\sigma_l = 2{,}0\ \sigma_{zul}$. Erst nach Durchführung der in Stuttgart eingeleiteten Dauerversuche werden die hier aufgerollten bedeutsamen Fragen entschieden werden können.

Sieht man von derartigen wenigen Sonderfällen der Sicherheit gegen allzu große federnde oder bleibende Verformungen ab, so handelt es sich in der Regel um eine Beurteilung der Gefahr einer Überanstrengung, also um die Sicherheit gegen Überschreitung der Streckgrenze und gegen den Bruch der Bauteile.

## II. Der Zugversuch als Grundlage für den Sicherheitsgrad

### a) *Der übliche Zugversuch*

Ein Vergleich der Anstrengungen im Bauwerk einerseits und in Versuchsstücken anderseits wäre nur dann völlig einwandfrei durchzuführen, wenn der Spannungs- und Formänderungszustand bei beiden übereinstimmen würde. Versuche am Bauwerk haben den Nachteil, daß die Belastung wohl bis zur Nutzlast, nicht aber bis zum Bruch gesteigert werden kann. Modellversuche, bei denen man zwar den Spannungs- und Formänderungszustand nachzuahmen vermag, bringen wiederum die Schwierigkeit der Wahl des richtigen Umrechnungsmaßstabes. Bei der Prüfung einzelner Stäbe sind aber nicht nur die Einspannungs- oder Lagerungsverhältnisse anders, wie im Bauwerk, sondern meist auch die Abmessungen wesentlich kleiner. Völlig einwandfreie Grundlagen für die Beurteilung der Sicherheit können daher nur durch Bruchproben mit genauen Messungen an Bauwerken in natürlicher Größe geschaffen werden. Dieser Weg wird zur Zeit an einer Reihe elektrisch geschweißter Fachwerkträger beschritten, die nach einem Arbeitsplan des Deutschen Eisenbau-Verbandes im Dresdner Materialprüfungsamt bis zum Bruch belastet werden sollen. Da aber die Mannigfaltigkeit der Spannungs- und Formänderungszustände bei unseren Eisenbauten sehr groß ist und die Statik und Festigkeitslehre uns die Mittel

---

[1] Siehe W. GEHLER, Der Bauingenieur, 1926. S. 69. Die neuen Vorschriften für Eisenbauwerke der Reichsbahngesellschaft.

zur Umrechnung darbieten, begnügen wir uns in der Regel mit der Feststellung der wichtigsten Baustoffeigenschaften durch den *üblichen Zugversuch*, der den Ausgangspunkt unserer Sicherheitsbetrachtungen bildet. Da bei ihm ein einachsiger Spannungszustand nachgeahmt wird, hat er den Vorzug größter Einfachheit in Durchführung und Rechnung, so daß in unseren Stahlwerken täglich eine große Anzahl von Proben zerrissen und ausgewertet werden kann. Trägt man als Ordinaten $y$ eines rechtwinkligen Systems die Laststufen $P$ und als Abszissen $x$ die dabei gemessenen Verlängerungen $\Delta l$ des Probestabes von der Länge $l$ auf, so erhält man die *Lastverlängerungslinie* ($P - \Delta l$-Linie).

Um eine Gesetzmäßigkeit zu finden, müssen hieraus die bezogenen Größen errechnet und als Ordinaten die Spannungen $\sigma = P : F$ und als Abszissen die Dehnungen $\delta = \Delta l : l$ aufgetragen werden, so daß sich als Ableitung die *Spannungsdehnungslinie* ($\sigma$-$\delta$-Linie) ergibt (s. Abb. 1). Diese allgemein übliche Darstellungsweise ist aber mit zwei Unzulänglichkeiten behaftet. Zunächst muß die Bruchspannung $\sigma_B$ als ein fiktiver Wert bezeichnet werden, weil die Querdehnung vernachlässigt wird. Berücksichtigt man dagegen die Einschnürung des Stabes bei der Laststufe des Punktes $B$ (s. Abb. 1), so ergibt sich z. B. als Ordinatengrößtwert $\sigma_B' = 59$ kg/qmm anstatt $\sigma_B =$ $= 50$ kg/qmm und kurz vor dem Bruche $\sigma_Z' = 86{,}5$ kg/qmm (bei einer Querzusammenziehung von 53,5 v. H.) anstatt $\sigma_Z = 40$ kg/qmm. Der letzte Teil der Spannungsdehnungslinie zwischen Punkt $B$ und

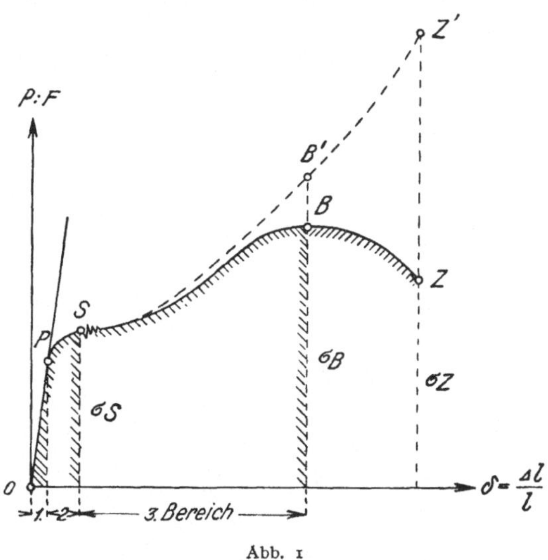



Abb. 1

dem Endpunkt $Z$ ist allerdings für uns ohne Bedeutung. Dagegen erfordert die Erhöhung der Bruchspannung $\sigma_B$ um etwa 20 v. H. bei Berücksichtigung der Querdehnung doch eine beachtenswerte Berichtigung $O\,P\,S\,B'$ der üblichen Spannungsdehnungslinie. Der Fehler besteht also darin, daß man die $\sigma$-$\delta$-Linie aus der $P$-$\Delta l$-Linie einfach durch Maßstabsveränderung ableitet, indem man die Ordinaten $P$ durch den ursprünglichen Stabquerschnitt teilt, also seine Veränderlichkeit vernachlässigt. Dieses Verfahren bietet dem Konstrukteur allerdings den Vorteil, die Stabkraft jeweils zu $P = \sigma \cdot F$ aus der $\sigma$-$\delta$-Linie zu ermitteln. Die zweite Unzulänglichkeit liegt in der Vernachlässigung der Versuchsgeschwindigkeit, also der Zeit $T$. Innerhalb der Elastizitätsgrenze ist sie zwar nahezu ohne Bedeutung, nicht aber jenseits derselben. Man kann sie nur dadurch ausschalten, daß man bei jeder Laststufe so lange wartet, bis sich ein Gleichgewichtszustand zwischen den äußeren und den inneren Kräften jeweils selbsttätig ausgebildet hat, bis also die Spiegel oder Zeiger des Meßgerätes zur Ruhe gekommen sind. Da dieser Zustand bestehen bleibt, auch wenn die Wartezeit länger, ja unendlich lang ausgedehnt würde, bildet die zugehörige Spannungsdehnungslinie, die wir *Gleichgewichtslinie* nennen wollen, den *einen Grenzfall*. Ihm steht der andere *Grenzfall des Stoß- oder Schlagversuches* gegenüber, bei dem die Versuchszeit $T$ sehr klein, also nahezu gleich Null ist, bei dem also die Dehnung fast gar keine Zeit findet, sich auszuwirken. In dieser sogenannten Stoßlinie gehören dann zu den sehr kleinen Werten der

Bruchdehnung $\delta_Z$ sehr hohe Werte der Bruchspannung $\sigma_B$. Zwischen diesen beiden Grenzlinien liegen die Linien der üblichen Zerreißversuche. Eine verhältnismäßig kleine unzulässige Steigerung der Versuchsgeschwindigkeit hat z. B. in einem Stahlwerk gegenüber unserem Materialprüfungsamt eine Erhöhung der Streckgrenze um 10 v. H. ergeben und zu anfänglichen Mißverständnissen geführt. Um eine bestimmte Spannungsdehnungslinie festzulegen, muß daher die Versuchsgeschwindigkeit genormt werden, z. B. 3 kg/qmm Spannungserhöhung in 3 Minuten, wobei sich eine Dauer eines Zerreißversuches von etwa einer halben Stunde, gegenüber 14 Stunden beim Gleichgewichtsversuch ergibt.

Das Hauptergebnis dieses üblichen Zugversuches ist die Festlegung der drei Grenzen oder Bereiche.

1. *Im Proportionalitätsbereich*, also innerhalb der HOOKEschen Geraden $OP$ (s. Abb. 1) verhält sich der Probekörper nahezu vollkommen elastisch. Es empfiehlt sich, die Proportionalitätsgrenze, kurz $P$-Grenze genannt, zugleich als Elastizitäts-

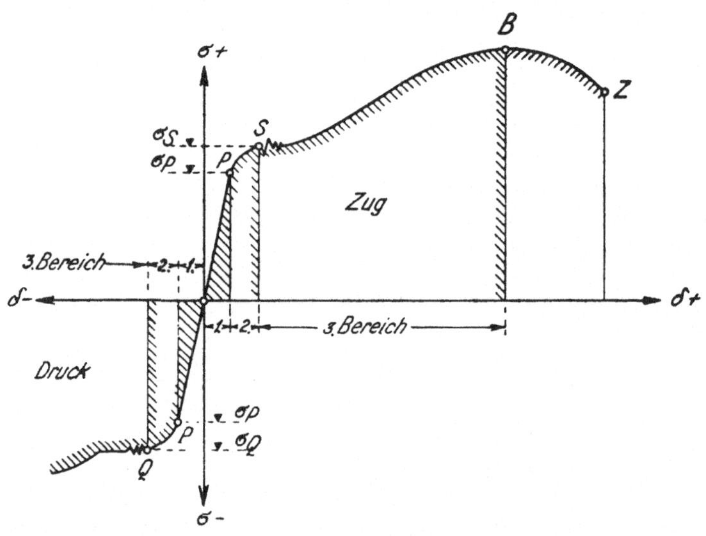


Abb. 2

grenze anzusehen. Dieser erste Bereich umfaßt die Laststufen, in denen sich der Konstrukteur bei seinen statischen Untersuchungen bewegt.

2. *Im plastischen Bereich* zwischen der $P$-Grenze und der Streckgrenze $S$ treten starke bleibende Verformungen auf. Der Baustoff beginnt bei diesen Beanspruchungen plastisch oder bildsam zu werden. Bei der Kaltbearbeitung in der Werkstatt werden absichtlich derartige bleibende Verformungen hervorgerufen. Der plastische Bereich gleicht (im Gegensatz zu dem Tiefland des ersten Bereiches) der Höhenzone eines Berggeländes, in die der Mensch unter außergewöhnlicher Beanspruchung aufsteigen darf, ohne daß eine Gefahr auftritt. Der Erforschung dieses Bereiches galt die Arbeit des letzten Jahrzehntes (der sogenannten Plastiker unserer Wissenschaft).

3. *Im Verfestigungsbereich* zwischen der Streckgrenze $S$ und der Bruchspannung oder Festigkeit $B$ herrscht die bleibende Dehnung und die Verfestigung vor, die mit einer starken Gefügeänderung des Aufbaues der Kristallite verbunden ist. Für plötzliche sehr starke und gewaltsame Beanspruchungen bildet dieser Bereich eine wertvolle Reserve. (Er gleicht einer noch wenig erforschten Hochgebirgszone).

Diese drei Bereiche werden durch die Proportionalitäts- oder Elastizitätsgrenze $P$, durch die Fließ- oder Streckgrenze $S$ und durch die Festigkeit oder Bruchspannung $B$ begrenzt. Hiernach ergeben sich auch *drei verschiedene Arten von Sicherheit*, nämlich gegen *Überschreiten der Elastizitäts-, der Fließ- und der Bruchgrenze.*

Führt man den *Druckversuch* genau so wie den Zugversuch durch, und wertet ihn in gleicher Weise aus, so ergibt sich wiederum eine Spannungsdehnungslinie, die nach Abb. 2 in Bezug auf den Nullpunkt polarsymmetrisch zu der soeben betrachteten Linie im Zuggebiet ist. Der $P$-Grenze und Streckgrenze für Zug entspricht für Druck wiederum die $P$-Grenze und Fließgrenze, die hier Quetschgrenze $Q$ genannt wird. Auch die entsprechenden Spannungen können mit praktisch hinreichender Genauigkeit jeweils als gleich groß angesehen werden. Nur fällt bei Druck der dritte Bereich jenseits der Quetschgrenze weg, mit deren Erreichung der Versuch als beendet gilt. Die in Abb. 2 nach dem Fließen noch einsetzende Verfestigungslinie kann beliebig weit fortgeführt und der Körper beliebig breit gedrückt werden, was hier aber ohne Bedeutung ist. Bei Druckkörpern gibt es somit nur zwei Arten von Sicherheit, nämlich gegen die Überschreitung der Elastizitäts- oder $P$-Grenze und der Quetschgrenze. Hierzu kommt noch als Sonderheit schlanker gedrückter Stäbe die Knicksicherheit (s. unter V.).

*b) Der Gleichgewichtsversuch.*

Eine einwandfreie, feste Bestimmung der Spannungen und Dehnungen an der Proportionalitäts-, der Streck- und der Bruchgrenze ist nur durch den Gleichgewichtsversuch, also für den einen Grenzfall der Spannungsdehnungslinie möglich, weil bei den übrigen, schneller durchgeführten Versuchen diese Grenzen beliebig nach oben zu verschoben werden können. Hierbei muß zwischen *federnder (elastischer) Dehnung* $\varepsilon$ und *bleibender Dehnung* $\eta$ unterschieden werden, so daß jeweils die Gesamtdehnung

$$\delta = \varepsilon + \eta. \qquad \qquad (2)$$

ist. Beim Gleichgewichtsversuch wartet man bei jeder Laststufe so lange, bis sich der Gleichgewichtszustand zwischen den äußeren Kräften (Lasten) und den inneren Kräften (Spannungen) eingestellt hat, bestimmt sodann durch Entlasten die bleibende Dehnung $\eta$ und findet endlich die federnde Dehnung nach Gleichung (2) als $\varepsilon = \delta - \eta$. Solche genaue Versuche an gedrückten Probekörpern im Dresdner Materialprüfungsamt führten zu folgenden Feststellungen (s. Abb. 3).

1. *Im Proportionalitätsbereich OP* zeigt sich schon bei sehr niedrigen Laststufen eine, wenn auch sehr kleine, bleibende Dehnung (s. Abb. 3a), die erst an der $P$-Grenze stark anwächst. Sowohl für St. 37 wie für St. 48 wurde diese bleibende Dehnung an der $P$-Grenze zu

$$\eta_P = \frac{1}{30} \, {}^0\!/_{00} \qquad \qquad (3)$$

festgestellt. An Stelle der HOOKEschen Geraden ergibt sich somit bei sehr genauen Messungen eine schwach gekrümmte Linie. Der Baustoff ist also auch in diesem Bereiche nicht vollkommen elastisch. Die Grenze der vollkommenen Elastizität muß somit in den $O$-Punkt verlegt werden. Vom Standpunkt unserer Nutzanwendung aus betrachtet, erscheint es aber ausreichend, die sehr kleinen Werte von $\eta$ im ersten Bereich zu vernachlässigen und die Elastizitätsgrenze mit der $P$-Grenze zusammenfallen zu lassen, also dorthin zu verlegen, wo sich ein starkes Ansteigen der bleibenden Dehnungen deutlich feststellen läßt. Hiernach darf Gleichung (3) als die Begriffsfestsetzung sowohl der $P$-Grenze, als auch der Elastizitätsgrenze angesehen werden.

2. *Im plastischen Bereich PS* wachsen die bleibenden Dehnungen sehr stark an und erreichen nach unseren Versuchen an der Quetschgrenze oder Fließgrenze sowohl für St. 37, als auch für St. 48 den Wert

$$\eta_Q = \frac{2}{3}\,^0/_{00} \quad \ldots \ldots \ldots \ldots \ldots \ldots \ldots \quad (4)$$

Der elastische Anteil

$$\varepsilon = \frac{\sigma}{E} \quad \ldots \ldots \ldots \ldots \ldots \ldots \quad (5)$$

der gesamten Dehnung $\delta$ ist jeweils durch die HOOKEsche Gerade $OP$ begrenzt, die wir auch über den Punkt $P$ hinaus verlängert denken können (sogenanntes

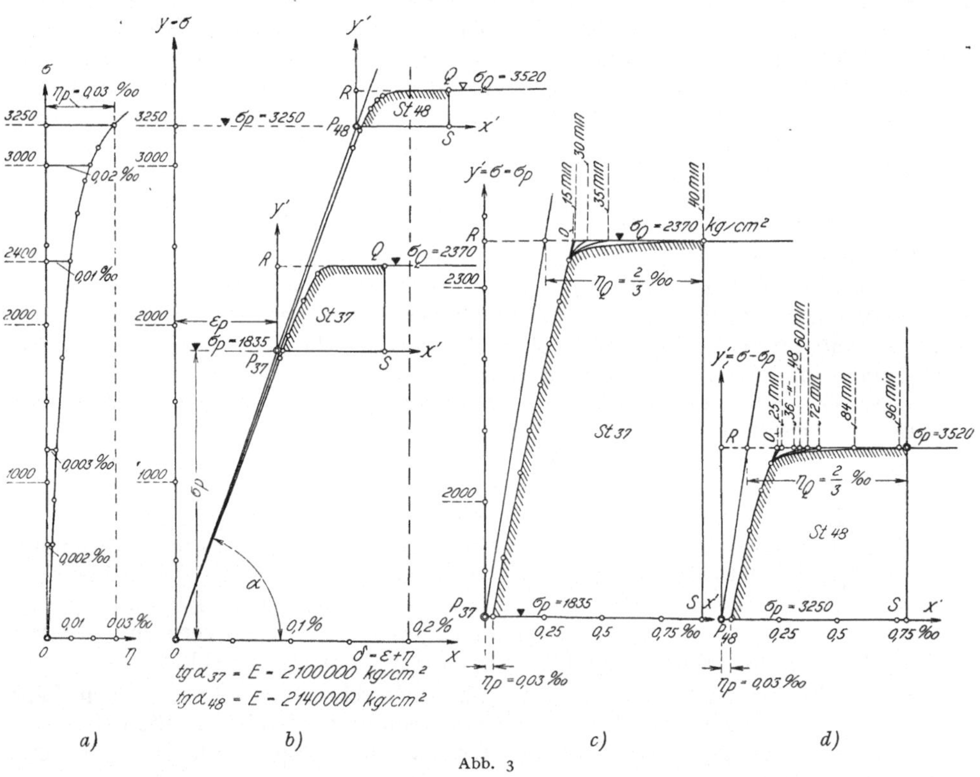



Abb. 3

BRIKsches Gesetz)[1]. Der bleibende Anteil $\eta$ der gesamten Dehnung ruft jeweils die Abweichung von dieser Geraden hervor, ist also durch die Krümmung der Spannungsdehnungslinie gekennzeichnet. Jede krumme $\sigma$-$\delta$-Linie läßt somit auf bleibende Verformung schließen. In Abb. 3 c und d sind die $\sigma$-$\delta$-Linien des plastischen Bereiches für die hier betrachteten beiden Baustoffe St. 37 und St. 48 nochmals aufgetragen, also die Funktion

$$\delta = \varepsilon + \eta = \frac{\sigma}{E} + f(\sigma - \sigma_P) \quad \ldots \ldots \ldots \ldots \quad (6)$$

dargestellt, die als Formänderungsgesetz im plastischen Bereich neuerdings viel-

---

[1] Siehe J. E. BRIK, Fachwissenschaftliche Erörterung zu dem Bericht des Brückenmaterial-Komitees d. Oesterr. Ing.- und Arch.-Vereines (Zeitschrift dieses Vereines, 1891, S. 73).

fach erörtert wird.[1] Nach unseren Versuchen ergab sich gemäß Gleichung (6) für die Quetschgrenze

$$\text{bei St. 37} \quad \delta_Q = \varepsilon_Q + \eta_Q = 1{,}15 + 0{,}67 = 1{,}82^0/_{00} \left.\vphantom{\begin{matrix}a\\b\end{matrix}}\right\}$$
$$\text{bei St. 48} \quad \delta_Q = \varepsilon_Q + \eta_Q = 1{,}48 + 0{,}67 = 2{,}15^0/_{00} \qquad \cdots \cdots (7)$$

also im Mittel rund $2^0/_{00} = 0{,}2^0/_0$. (Bemerkt sei hier, daß die Fließgrenze vielfach im Versuchswesen durch die bleibende Dehnung:

$$\eta_S = \eta_Q = 0{,}2^0/_0 \ldots \ldots \ldots \ldots \ldots \ldots (8)$$

definiert wird als sogenannte „0,2-Dehnungsgrenze".)

3. Innerhalb des Proportionalitätsbereiches $OP$ ist das *Elastizitätsmaß* mit hinreichender Genauigkeit für die Zwecke des Brückenbaues gleich groß anzunehmen und zwar zu

$$E = \sigma : \delta = \operatorname{tg} \alpha = 2100 \text{ t/qcm} \ldots \ldots \ldots \ldots (9)$$

Geometrisch wird dieser Wert durch die Neigung der Hookeschen Geraden gegen die Dehnungsachse dargestellt. Für Si-Stahl wurde neuerdings von uns wiederholt $E = 2160$ t/qcm ermittelt. Da aber nach unseren Versuchen eine Kaltbearbeitung und die damit verbundene Härtung diesen Wert auf 2050 t/qcm und noch tiefer herabdrücken kann, empfiehlt es sich, praktisch mit dem Mittelwert der Gleichung (9) zu rechnen. Außerhalb der $P$-Grenze, also im plastischen Bereiche, ist an Stelle von $E$ der Wert

$$E_\sigma = \operatorname{tg} \alpha_\sigma \ldots \ldots \ldots \ldots \ldots \ldots \ldots (10)$$

als Neigung der Tangente an die Spannungsdehnungslinie einzuführen.

4. Je näher die $P$-Grenze beim Vergleich verschiedener Baustoffe an die Streckgrenze heranrückt, desto größer ist der Bereich, den der Konstrukteur mit Sicherheit rechnerisch ausnutzen kann, um so wertvoller ist uns also der Baustoff. Dieses Verhältnis ergab sich nach unseren Versuchen

$$\text{für St. 37 zu} \quad \sigma_P : \sigma_S = 0{,}79$$
$$\text{,, \ St. 48 \ ,,} \quad \sigma_P : \sigma_S = 0{,}92.$$

Unsere neuen Baustoffe bringen uns somit eine *Vergrößerung des Proportionalitäts- oder elastischen Bereiches* und damit unter gleichen Verhältnissen eine Erhöhung der Sicherheit gegen Überschreitung der Elastizitätsgrenze.

5. Anderseits darf aber die Streckgrenze nicht zu dicht an die Bruchspannung $B$ heranrücken, weil sonst der sehr wertvolle *Verfestigungsbereich* stark zusammenschrumpft oder vollständig verloren geht. Für das Verhältnis $\sigma_S : \sigma_B$ ergeben sich bei St. 37, St. 48 und St. Si die in Übersicht I (siehe unter IV) eingetragenen Werte. Erwünscht ist, daß dieses Verhältnis nicht nennenswert größer wird als 0,70. Durch diese Forderung wird den Möglichkeiten der Ausbildung der neuen Baustähle eine bestimmte Grenze gezogen.

Für diesen dritten Bereich liegen meines Wissens genauere Untersuchungen noch nicht vor. Aufgabe weiterer Forschung wird es sein müssen, die Gleichgewichtslinie sowohl für den Druckbereich, als auch für den Zugbereich festzustellen, insbesondere aber auch für den Si-Stahl, um weitere zahlenmäßig einwandfreie Angaben über Spannung und Dehnung an den drei Grenzpunkten und den entsprechenden Sicherheitsgrad zu erlangen.

### III. Der Biege- und Schlagversuch zur Beurteilung der Formänderungsfähigkeit

Auf dem Nachbargebiet des Maschinenbaues ist in den letzten Jahren die Erkenntnis der Kerbzähigkeit sehr gefördert worden. Sie hat für diejenigen Ma-

---

[1] Siehe Martin Grüning, Die Tragfähigkeit statisch unbestimmter Tragwerke bei beliebig häufig wiederholter Belastung. Berlin, Verlag von Julius Springer, 1927. S. 2.

schinenteile Bedeutung, bei denen durch Verletzung der Oberfläche, durch unstetige Querschnittsveränderungen oder durch gewaltsame Einwirkungen plötzlich Brüche herbeigeführt werden können, insbesondere durch Dauerbeanspruchungen bei Maschinen, Kraftfahrzeugen und Flugzeugen. Diese Untersuchungsergebnisse sind für den Brückenbau deshalb wichtig, weil der Biegeversuch über das Wesen unserer Baustoffe mancherlei Aufschlüsse gibt, die durch den üblichen Zugversuch allein nicht gebracht werden können. Beim Biegeversuch ist es nämlich möglich, drei Größen leicht zu verändern, und zwar die *Versuchsgeschwindigkeit* (von der ruhenden Belastung bis zum Stoß- und Schlagversuch mit dem Pendelschlagwerk), sodann die *Querdehnung* (die durch die Gestaltung der Kerbform zugelassen oder ausgeschaltet werden kann) und endlich die *Körpertemperatur* (sowohl Kältegrade. wie auch einige hundert Grade Erwärmung). Für den Eisenbau sind folgende Erkenntnisse von Bedeutung, die ich durch den Hinweis auf die *Poissonsche Zahl m* veranschaulichen möchte, die neben dem Elastizitätsmaß $E$ den zweiten, bisher noch wenig beachteten Materialfestwert bildet.

1. Man unterscheidet zwischen *Trennungs-* und *Verfestigungsbruch*. Beim Trennungsbruch wird der Trennungswiderstand (Kohäsion in technischem Sinne) überwunden, beim Verfestigungsbruch der Verfestigungswiderstand. In einem Bruchquerschnitt von Kerbschlag- oder Scherproben lassen sich beide Brucharten durch das Aussehen des Gefüges genau unterscheiden. Der Verfestigungsbruch zeigt feinkörniges Gefüge, das durch den üblichen Zerreißversuch eines Stabes aus zähem Flußeisen wohl bekannt ist und bei dem die Kristallkörner nicht zu unterscheiden sind. Der Trennungsbruch dagegen hat ein mehr oder minder grob kristallinisches Aussehen, wobei die Korngröße vom inneren Gefügezustand des Baustoffes bestimmt wird. Unter dem Mikroskop läßt sich erkennen, daß der Trennungsbruch entweder den Kristallgrenzen folgt oder die Kristalle spaltet, ohne sie zu verformen oder zu verfestigen.

2. Beim *Trennungsbruch* vollzieht sich der Bruchvorgang plötzlich durch Überwindung des Trennungswiderstandes. Hierbei wird keine Formänderungsarbeit geleistet, weil keine meßbaren Dehnungswege zurückgelegt werden. Diese Bruchart kennzeichnet die sehr spröden Stoffe wie Glas und Porzellan, kann aber leider auch bei unserem Baustahl dann eintreten, wenn die Ausbildung der Querdehnung gehemmt wird. Versuchstechnisch kann man die Querdehnung im Kerbgrunde z. B. dadurch verhindern, daß man ihn nach Abb. 4 a in eine scharfe Dreieckspitze auslaufen läßt. Bezeichnet man die Querdehnung als einen Bruchteil der Längsdehnung, also

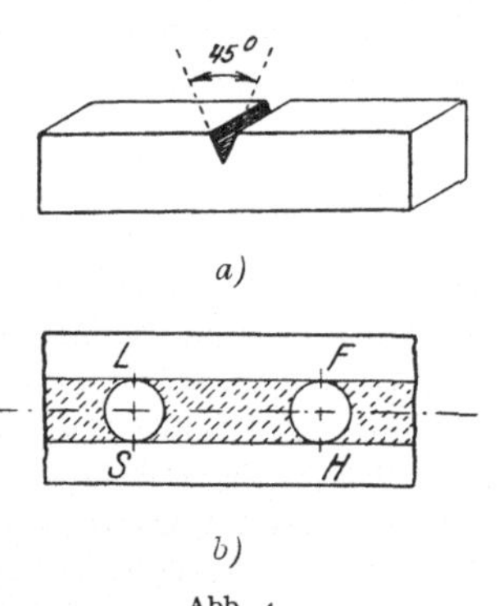

Abb. 4

$$\delta_q = \frac{\delta}{m} \quad \cdots \cdots \cdots \cdots \cdots \cdots \cdots \quad (11)$$

wobei $m$ die sogenannte Poissonsche Zahl ist, so tritt hier der Trennungsbruch bei $\delta_q = 0$, also bei $m = \infty$ oder wenigstens bei einem sehr großen Wert von $m$ ein. Unter *Kerbwirkung* versteht man allgemein den Einfluß einer Querschnittsveränderung des Stabes, durch den die Querdehnung mehr oder weniger behindert wird. Während beim ungekerbten Stabe (Abb. 5 a) das sich verformende Volumen[1] gleich dem Prisma vom Querschnitt $ABCD$ ist, schrumpft es bei der Anordnung

---

[1] Siehe W. Schwinning und K. Matthaes. Die Bedeutung der Kerbschlagprobe. Heft 78 des Deutschen Verbandes für die Materialprüfungen der Technik, S. 3.

des Kerbes nach Abb. 5 b auf das wesentlich kleinere Volumen vom Querschnitt $A B C D$ zusammen. Für den Eisenbau ergibt sich die durch Versuche bestätigte Folgerung, daß in einem gelochten Blech auch bei sorgfältig gebohrten, nicht gestanzten Löchern ebenfalls eine Kerbwirkung eintritt. Das in Abb. 4 b zwischen den Linien $L F$ und $S H$ liegende Körpervolumen wird von der Verformung größtenteils ausgeschaltet. Durch Versuche ist erwiesen, daß z. B. beim Zugversuch von Si-Stahl die Bruchdehnung gelochter Bleche um ein Drittel kleiner ist, als bei entsprechenden ungelochten Blechen. Bei gelochten Blechen muß daher gegebenenfalls ein Trennungsbruch befürchtet werden, ebenso bei allen einspringenden Ecken ohne genügende Ausrundung, oder bei Einkerbungen an Bauteilen zur Festlegung von Meßpunkten.

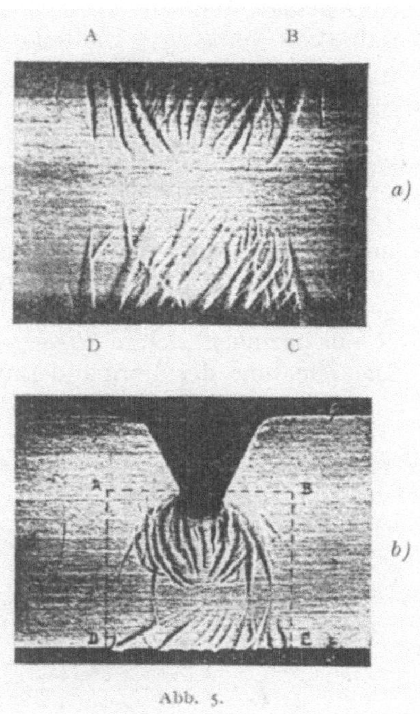
Abb. 5.

3. Während der Trennungsbruch bei unseren Bauteilen möglichst vermieden werden muß, ist der *Verfestigungsbruch* anzustreben. Er kann sich je nach dem inneren Aufbau des Baustoffes entweder bei den plastischen Stoffen als *Formänderungsbruch* ausbilden oder bei den spröden Stoffen als *Gleitungsbruch*, wofür wiederum die POISSONsche Zahl $m$ maßgebend ist. Beim Formänderungsbruch entsteht die stärkste Verfestigung. Er enthält also willkommene innere Reserven und die Möglichkeit großer Querdehnung. Dies drückt sich bei unserem Baustahl durch $m = 3$ bis 4 aus. Bei spröden Stoffen dagegen, wie Beton und Steinen, die durch den Gleitungsbruch gekennzeichnet werden, ist $m$ größer, z. B. für Beton auf Grund der Dresdner Versuche bei Druck $m = 6$ und bei Zug $m = 10$ bis 12, so daß also die Querdehnungen wesentlich kleiner sind, wie bei den sogenannten plastischen Stoffen. Auch treten hier keine Fließfiguren oder mit bloßem Auge sichtbare Formänderungen und Einschnürungen auf. Beim Gleitungsbruch wird die im Körper aufgespeicherte potentielle Energie durch Ausbildung von Gleitflächen plötzlich entladen.[1]

4. Für den Sicherheitsgrad der Baukörper ist der Betrag der *Formänderungsarbeit* maßgebend, den sie bis zum Bruch aufzunehmen vermögen. Diese Fähigkeit, sie aufzuspeichern, wird auch als *Formänderungsfähigkeit oder Zähigkeit* bezeichnet. Je größer beim Zugversuch (Abb. 1) die Längsdehnung und damit auch die Querdehnung ist, je länger sich also die Spannungsdehnungslinie wagrecht erstreckt, um so größer ist dieser Wert. Zahlenmäßig wird er durch die von der Spannungsdehnungslinie und die Dehnungsachse eingeschlossenen Fläche, also durch

$$A = \int \sigma \cdot d\,\delta \quad \ldots \ldots \ldots \ldots \ldots \quad (12)$$

ausgedrückt, also in kg . cm : ccm = kg/qcm und heißt auch *bezogene Formänderungsarbeit*, weil er die in der Raumeinheit, z. B. einem Kubikzentimeter, aufgespeicherte Arbeit oder Energie darstellt, die auch kurz als Ladung bezeichnet wird. Der Form-

---

[1] W. GEHLER, Die Würfelfestigkeit und Säulenfestigkeit als Grundlage der Betonprüfung und die Sicherheit von Beton- und Eisenbetonbauten (Der Bauingenieur, 1928, Heft 2 bis 4).

änderungsbruch der plastischen Stoffe bringt den größten Wert von $A$, an zweiter
Stelle steht der Gleitungsbruch der spröden Stoffe und am niedrigsten der Trennungsbruch entsprechend den Werten $m = 3$ bis 4, $m = 6$ bis 12 und $m = \infty$. Erwähnt
sei noch, daß der Trennungsbruch auch nach einer gewissen Verfestigung des Baustoffes auftreten kann, und zwar dann, wenn der Trennungswiderstand einmal
kleiner als der Verfestigungswiderstand wird, wenn also dieser stark ansteigt oder
kurz gesagt, wenn die Verfestigung sehr groß wird. Für den Eisenbau folgt daraus,
daß stark verfestigte Bauteile zu dem gefährlichen Trennungsbruch neigen, z. B.
bei *Kaltbearbeitung* oder bei *Selbsthärtung durch Überschreiten der Streckgrenze* (siehe
unter VI).

5. Den *Verfestigungsvorgang* kann man sich hiernach und auf Grund der metallo-
graphischen Untersuchungen folgendermaßen denken. Bei Erreichung der *Streckgrenze*
bricht das ursprüngliche Gerippe des inneren Aufbaues des Baustahles zusammen.
Der zuerst an der Streckgrenze erreichte Spannungswert $\sigma_S$ fällt stark ab, bei
unseren Baustählen etwa um 5 bis 10%. (Der dabei vorübergehend erreichte niedrigste
Wert von $\sigma$ im Bereich des Streckens wird neuerdings auch *untere Streckgrenze*
genannt.) Bei der weiteren Verformung bilden sich *Gleitflächen*, die am äußeren
Rande beginnen, sich in *Fließfiguren* daselbst äußern und nach innen zu fortschreiten.
Die Zunahme der Formänderungsarbeit $A$ (Gleichung 12) entsteht dadurch, daß

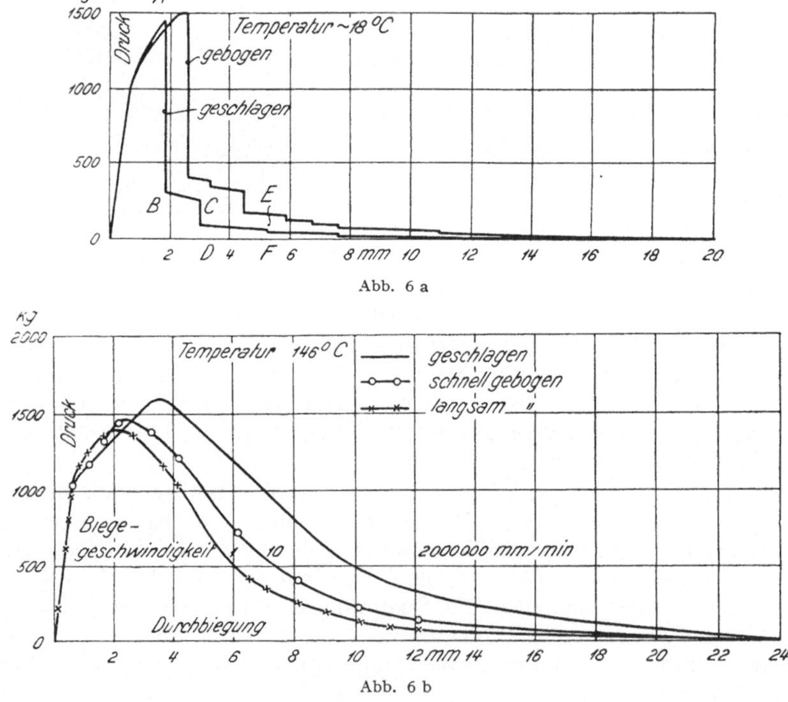


Abb. 6 a



Abb. 6 b

sich die Kristalle auf diesen Gleitflächen verschieben (starke Zunahme der Dehnung $\delta$), während sich die Kristallkörner gleichzeitig bis zu einem Höchstmaße
fortschreitend verfestigen (Zunahme der Spannung $\sigma$). Ist endlich die Formänderungsfähigkeit der einzelnen Kristallite durch Abschieben in den Gleitflächen
erschöpft, so tritt der Verfestigungsbruch ein.

6. Als Beispiele verschiedener Bruchformen sind in Abb. 6 a bis 6 c die Er-

gebnisse der Versuche von Professor Dr. SCHWINNING-Dresden mit Biegeproben wiedergegeben.[1] Zunächst wurden bei 18⁰ Probestäbe von 20 . 20 . 180 ccm mit sogenannte Normalspitzkerb von 8 mm Tiefe sowohl langsam gebogen, wie auch geschlagen, wobei die Durchbiegung $f$ mit einem besonderen optischen Instrument gemessen wurde. Die lotrechten Strecken $AB$, $CD$ und $EF$ der Kraft-Durchbiegungslinie (Abb. 6 a) kennzeichnen den sich in den einzelnen Zeitabschnitten vollziehenden Trennungsbruch, bei dem keine meßbare Durchbiegung auftritt, also auch keine Formänderungsarbeit $A$ geleistet wird. Die dazwischen liegenden nahezu wagrechten Strecken $BC$ und $DE$ entsprechen den Zeitabschnitten, in denen der Tren-

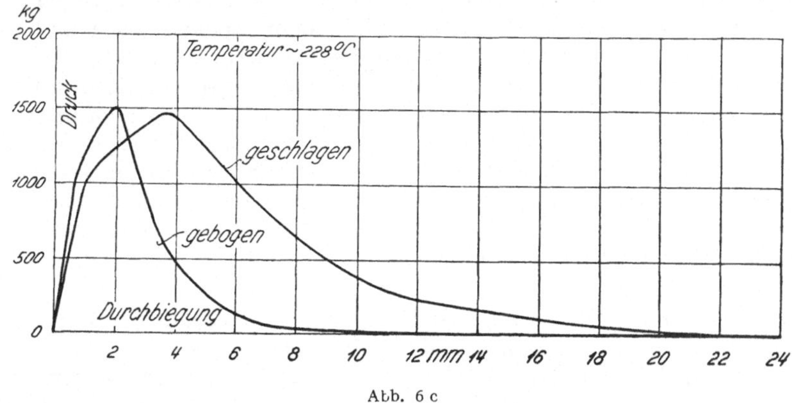


Abb. 6 c

nungswiderstand jeweils größer als der Verfestigungswiderstand geworden ist und sich jeweils ein Verfestigungsbruch mit Gleitverschiebungen ausbildete. Die Bruchflächen der Proben ließen deutlich die Verschiedenheit des Gefüges beider Brucharten in der gleichen Zeitfolge erkennen. Die Streifen des feinkörnigen Verfestigungsbruches erschienen feinkörnig, die des Trennungsbruches grob kristallinisch. Die Abb. 6 b und 6 c entsprechen den gleichen Versuchen bei 146⁰ und 228⁰. Die Biegegeschwindigkeiten der drei Proben der Abb. 6 b betrugen 1 mm/Min., 10 mm/Min. und 200000 mm/Min. Bei 18⁰ (Abb. 6 a) ist die von der Kraft-Durchbiegungslinie eingeschlossene Fläche, also die Arbeit bei dem langsam gebogenen Probestab um 69 v. H. größer als bei dem geschlagenen. (Bei den höheren Temperaturen der Abb. 6 b und 6 c ist dieses Verhältnis bezeichnenderweise umgekehrt.)

Der Biegeversuch läßt die *Bedeutung des Formänderungsvermögens* klar erkennen, die durch den Wert $A$ nach Gleichung (12) zu messen ist. Je kleiner durch etwaige nachteilige Formgebung insbesondere starker *Querschnittsveränderungen* (siehe Abb. 5 b) das verformbare Körpervolumen $A\,B\,C\,D$ wird, um so größer muß die Ladung $A$ mit potentieller Energie sein, die bei einer gegebenen Menge der gesamten Energie auf die Raumeinheit entfällt, um so früher muß also die Ladungsgrenze oder der Bruch erreicht werden. Je nach der Gefügeart ist diese *Ladungsgrenze bei unseren Baustählen* verschieden. Sie beträgt nach den Dresdner Versuchen, aus der Spannungsdehnungslinie ermittelt, für die Bruchspannung $\sigma_B$

$$\left.\begin{array}{ll}\text{bei St. 37} & A_B = 490 \text{ bis } 860, \text{ i. M. } 675 \text{ kg/qcm}\\ \text{,, St. 48} & A_B = 760 \text{ kg/qcm}\\ \text{,, St. Si} & A_B = 910 \text{ bis } 940, \text{ i. M. } 925 \text{ kg/qcm}\end{array}\right\} \quad \dots \dots \dots (13)$$

woraus die Überlegenheit des Siliciumstahles um etwa 14⁰/₀ gegenüber St. 37 hervorgeht (siehe auch unter IV, 3).

---

[1] Siehe Fußnote 1 auf S. 224.

## IV. Der Sicherheitsgrad bei ruhender Belastung

Legt man die Spannungsdehnungslinie des Zugversuches (Abb. 1) und zwar die Gleichgewichtslinie zu Grunde, so hat man bei ruhender Last drei Möglichkeiten zur Beurteilung des Sicherheitsgrades, die wir kurz als *Spannungsmaßstab*, *Dehnungsmaßstab* und *Energiemaßstab* bezeichnen wollen.

Bisher war es stets üblich, als Maß der Anstrengung die Spannungen $\sigma = P : F$ des einachsigen Spannungszustandes beim üblichen Zugversuch zu Grunde zu legen und sie mit den wirklichen Zug- und Druckspannungen mittig beanspruchter Stäbe eines Fachwerks oder mit den Randspannungen eines gebogenen Trägers zu vergleichen (*Spannungsmaßstab*). Da aber mit jedem Spannungszustand zwangsläufig ein Formänderungszustand verbunden ist, so kann man mit dem gleichen Rechte von den Dehnungen an Stelle der Spannungen ausgehen, also in der Spannungsdehnungslinie der Abb. 1 von den Abszissen an Stelle der Ordinaten (*Dehnungsmaßstab*). Das vollkommenste Bild bietet aber der Vergleich der Energiemengen oder der Ladungen der Raumeinheit des betrachteten Körpers, und zwar der Ladungsgrenze auf Grund des Zugversuches, also der von der Spannungsdehnungslinie begrenzten Fläche (siehe Gleichung 12) einerseits mit der errechneten Größe $A$, anderseits dem sogenannten elastischen Potential für die wirklichen Lasten und Spannungen (*Energiemaßstab*).

1. *Der Vergleich der Spannungen* ist in Übersicht I zusammengestellt, und zwar für die $P$-Grenze, die Streckgrenze und die Festigkeit. Da wir die ruhende Last (ohne Stoßzuschlag) betrachten, wurden die für Hochbauten maßgebenden Werte $\sigma_{zul} = 1200$ kg/qcm bei St. 37, 1560 kg/qcm bei St. 48 und 1800 bei St. Si zugrunde gelegt. *Für den Sicherheitsgrad ist die Streckgrenze maßgebend*, also $v_2 = \sigma_S : \sigma_{zul}$, das sich zwischen 2,0 und 2,3 bewegt. Hierbei sei auf die Unstimmigkeit hingewiesen, die darin besteht, daß bei St. 37 $\sigma_S = 2400$ kg/qcm einen Mittelwert darstellt, dagegen bei St. 48 und St. Si $\sigma_S = 3120$ bzw. 3600 kg/qcm Mindestwerte. Für den wiederholt beobachteten Mindestwert $\sigma_S = 1950$ kg/qcm bei St. 37 wird $v_2 = 1950 : 1200 = 1,63$, der bei St. 48 und St. Si tatsächlich auf 1,8 erhöht worden ist.

### Übersicht 1

| | St. 37 | | St. 48 | | St. Si | |
|---|---|---|---|---|---|---|
| | min | max | min | max | min | max |
| $v_1 = \dfrac{\sigma_P}{\sigma_{zul}} =$ | $\dfrac{1900}{1200} = 1,58$ | $\dfrac{2160}{1200} = 1,80$ | $\dfrac{2800}{1560} = 1,80$ | $\dfrac{3240}{1560} = 2,08$ | $\dfrac{3240}{1800} = 1,80$ | $\dfrac{3690}{1800} = 2,05$ |
| $v_2 = \dfrac{\sigma_S}{\sigma_{zul}} =$ | $\dfrac{2400}{1200} = 2,0$ | $\dfrac{2700}{1200} = 2,25$ | $\dfrac{3120}{1560} = 2,0$ | $\dfrac{3600}{1560} = 2,31$ | $\dfrac{3600}{1800} = 2,0$ | $\dfrac{4200}{1800} = 2,33$ |
| $v_3 = \dfrac{\sigma_B}{\sigma_{zul}} =$ | $\dfrac{3700}{1200} = 3,08$ | $\dfrac{4300}{1200} = 3,59$ | $\dfrac{4800}{1560} = 3,08$ | $\dfrac{5800}{1560} = 3,72$ | $\dfrac{5000}{1800} = 2,78$ | $\dfrac{6000}{1800} = 3,33$ |
| $\sigma_S : \sigma_B =$ | 0,65 | 0,63 | 0,65 | 0,60 | 0,72 | 0,67 |

*Die Sicherheit gegen Überschreitung der P-Grenze* $v_1 = \sigma_P : \sigma_{zul}$ hat nur die Bedeutung, daß bei der Festlegung der amtlich zulässigen Beanspruchungen, z. B. $\sigma_{zul} = 1200$ kg/qcm, erwogen werden muß, welche Zuschläge in Wirklichkeit noch hinzukommen, die durch das übliche Rechnungsverfahren nicht erfaßt werden, und um wieviel bei ihrem Hinzutreten $\sigma_P$ überschritten wird. Bei unseren Hochbauten sind dieses die Zusatzkräfte durch Wind, die der Nebenspannungen infolge außermittiger Auschlüsse und der Nebeneinflüsse, wie Ungenauigkeiten des Querschnittes, der Ausführung und der unsicheren Erfassung der Lasten und Stoßzuschläge. Die Erhöhung von $v_1 = 1{,}58$ (oder $1{,}25$ unter Annahme von $\sigma_S = 1950$ und $\sigma_P = 1525$ kg/qcm) bei St. 37 auf min. $v_1 = 1{,}8$ bei St. 48 und St. Si ist daher eine Verbesserung.

*Die Sicherheit gegen Überschreitung der Bruchspannung* $\sigma_B$, also $v_3$ wird heute nicht mehr als maßgebend angesehen. Dagegen wird besonderer Wert darauf gelegt, daß das in Übersicht I hinzugefügte Verhältnis $\sigma_S : \sigma_B \leq 0{,}7$ ist, damit sich der Verfestigungsbruch einwandfrei vollziehen kann und der Trennungsbruch vermieden wird.

Um einen klareren Aufbau zu erhalten, ist künftig anzustreben, an Stelle von min $\sigma_S$ sowie min $\sigma_B$ und max $\sigma_B$ bestimmte *Mittelwerte vorzuschreiben mit zulässigen Abweichungen nach oben und unten*, also z. B.

$$\text{für St. 37:} \quad \sigma_S = 24 \pm 3 \qquad \sigma_B = 40 \pm 3 \quad \text{in kg/qmm}$$
$$\text{,, St. 48:} \quad \sigma_S = 33 \pm 3 \qquad \sigma_B = 53 \pm 5 \quad \text{,, kg/qmm}$$
$$\text{,, St. Si.:} \quad \sigma_S = 39 \pm 3 \qquad \sigma_B = 55 \pm 5 \quad \text{,, kg/qmm}$$

Dann wäre auch max $\sigma_S$ festgelegt. Das Verhältnis der Streckgrenzen würde sich nach diesem Vorschlag ergeben zu $24 : 33 : 39 = 1 : 1{,}37 : 1{,}62$ (anstatt wie jetzt $1 : 1{,}3 : 1{,}5$), so daß bei Beibehaltung der heutigen Werte für $\sigma_{zul} = 1200, 1520, 1800$ kg/qcm eine erhöhte Sicherheit für St. 48 und Si-Stahl erreicht würde.

Der Vergleich der Spannungen wird künftig als einfachster Maßstab für die amtlichen Bestimmungen beibehalten werden müssen, obwohl er deshalb nur als roher Anhalt zu bezeichnen ist, weil das Proportionalitätsgesetz (siehe Abb. 1) nicht bis zur Streckgrenze gilt und das Verhältnis $(\sigma : \sigma_S)$ den wahren Spannungs-Dehnungsverlauf nicht richtig beschreibt. Neuerdings wird die Berechtigung des Spannungsmaßstabes vor allem für statisch unbestimmte Grundformen und für das Kontinuum bestritten[1] (siehe auch unter VI, 3), nicht aber für statisch bestimmte Systeme. Sein Hauptmangel ist meines Erachtens der rohe Vergleich eines allgemeinen wirklichen Spannungszustandes mit dem einachsigen Zustand des Zugversuches. In der Nähe des Auflagers eines Blechträgers z. B. wirken außer den Biegungsspannungen $\sigma_x$ besonders bei kurzer Spannweite erhebliche lokale Pressungen $\sigma_y$ im lotrechten Sinn und Schubspannungen $\tau$, die beide hier bei dem Spannungsmaßstab unberücksichtigt bleiben.

2. *Der Vergleich der Dehnungen (Dehnungsmaßstab)* war bisher nicht üblich, wird aber künftig wegen der bleibenden Dehnungen besonders bei statisch unbestimmten Grundformen Bedeutung gewinnen.

In Übersicht II sind die federnden Dehnungen $\varepsilon$ und die bleibenden Dehnungen $\eta$ für die $P$-Grenze und Streckgrenze von St. 37 und St. Si zusammengestellt (vgl. auch

## Übersicht II

| | | $\sigma$ kg/qcm | $\varepsilon$ | $\eta$ | $\eta : \varepsilon$ |
|---|---|---|---|---|---|
| St. 37 | P-Grenze ...... | 1900 | $9{,}1 \cdot 10^{-4}$ | $0{,}3 \cdot 10^{-4}$ | 0,033 |
| | Streckgrenze ... | 2400 | $11{,}4 \cdot 10^{-4}$ | $6{,}6 \cdot 10^{-4}$ | 0,58 |
| St. Si | P-Grenze ...... | 3200 | $15{,}5 \cdot 10^{-4}$ | $0{,}3 \cdot 10^{-4}$ | 0,02 |
| | Streckgrenze ... | 3600 | $17{,}2 \cdot 10^{-4}$ | $6{,}6 \cdot 10^{-4}$ | 0,40 |

[1] Siehe die in Fußnote [1] auf S. 223 zitierte Arbeit von GRÜNING.

die Gleichung 3 bis 9). Da man für eine gegebene Spannung $\sigma$ jeweils rasch $\varepsilon = \sigma : E$ finden kann, so würde es ausreichen, für unsere verschiedenen Baustähle das Verhältnis $(\eta : \varepsilon)$ bei verschiedenen Laststufen zu kennen, also $\eta : \varepsilon = f(\sigma)$. Für St. 37 bzw. St. Si ist, soweit die jetzigen Versuche reichen, $(\eta : \varepsilon)$ an der $P$-Grenze zu 1/30 bzw. 1/50, an der Streckgrenze aber zu 5/10 bis 6/10 bzw. zu 4/10 anzunehmen.

**Übersicht III**

| | in kg/qcm | zul. | P.-Grenze | Streck-grenze | Bruch-spannung | $A_P : A_{\text{zul}}$ | $A_S : A_{\text{zul}}$ | $A_B : A_S$ |
|---|---|---|---|---|---|---|---|---|
| St. 37 | $\sigma =$ | 1200 | 1900 | 2400 | 4000 | 2,5 | 8,3 | 510 |
| | $A =$ | 0,34 | 0,86 | 2,81 | 675 | | | |
| St. Si | $\sigma =$ | 1800 | 3200 | 3600 | 5600 | 3,1 | 6,6 | 178 |
| | $A =$ | 0,78 | 2,43 | 5,16 | 925 | | | |

3. *Der Vergleich der bezogenen Formänderungsarbeit (Energiemaßstab)* ist grundlegend für alle wissenschaftlichen Betrachtungen (siehe Gleichung 12). In Übersicht III wurde z. B. für St. 37 der Wert berechnet

$$A_{\text{zul}} = \frac{1}{2}\,\sigma_{\text{zul}} \cdot \varepsilon_{\text{zul}} = 0,34 \text{ kg/qcm} \quad \text{und} \quad A_P = \frac{1}{2}\,\sigma_P \cdot \varepsilon_P = 0,86 \text{ kg/qcm} \quad . \quad (14)$$

Ferner wurden die Werte $A_S = 2,81$ kg/qcm und $A_B = 675$ kg/qcm durch Planimetrieren der von der Spannungsdehnungslinie und der Dehnungsachse eingeschlossenen Fläche gefunden. Das Verhältnis $A_P : A_{\text{zul}} = 2,5$ kann auch einfacher unmittelbar durch $(\sigma_P^2 : \sigma_{\text{zul}}^2)$ berechnet werden. Für den Sicherheitsgrad ist auch hier die Streckgrenze maßgebend, also für St. 37 bzw. St. 48

$$v_2 = A_S : A_{\text{zul}} = 8,3 \text{ bzw. } 6,6 \quad . . . . . . . . . . \quad (15)$$

In der letzten Spalte ist noch das Verhältnis von $(A_B : A_S)$ angegeben, das die Steigerung der Formänderungsfähigkeit im Verfestigungsbereich gegenüber dem Zustand an der Streckgrenze kennzeichnet.

Ein wesentlicher Vorteil dieses Verfahrens mit Hilfe des Energiemaßstabes besteht darin, daß für jeden Spannungszustand, für den die Normalspannungen $\sigma_x$, $\sigma_y$, $\sigma_z$ und die Schubspannungen $\tau_{xy}$, $\tau_{xz}$, $\tau_{yz}$ bekannt sind oder zu schätzen sind, das sogenannte *elastische Potential* nach der Elastizitätslehre zu

$$A = \frac{1}{2E} \cdot (\sigma_x^2 + \sigma_y^2 + \sigma_z^2) - \frac{1}{mE} (\sigma_x \sigma_y + \sigma_x \sigma_z + \sigma_y \sigma_z) + .$$

$$\frac{1}{2G} \cdot (\tau_{xy}^2 + \tau_{xz}^2 + \tau_{yz}^2) \quad . . . . . . . . . . . . . . \quad (16)$$

berechnet werden kann. Dieser Wert stellt die Ladung der Raumeinheit im Bauwerk unter der vorliegenden Belastung dar und tritt an Stelle von $A_{\text{zul}}$ in Gleichung (15), so daß

$$v = A_S : A \quad . . . . . . . . . . . . . . . \quad (17)$$

wird. Wirkt z. B. neben $\sigma_x = \sigma_{\text{zul}}$, noch $\sigma_y = 0,2\,\sigma_x$ und $\tau_{xy} = 0,8\,\sigma_x$, so errechnet sich für $m = \dfrac{10}{3}$ aus Gleichung (16)

$$A = 0,584\,\frac{\sigma_x^2}{E} = 1,17\,A_{\text{zul}},$$

weil nach Gleichung (14) $A_{\text{zul}} = \dfrac{1}{2}\,\sigma_x \cdot \varepsilon_x = \dfrac{1}{2}\,\dfrac{\sigma_x^2}{E}$ ist. Dann wird der Sicherheitsgrad $v = 8,3 : 1,17 = 7,1$.

Wird dagegen wie bei der Verdrehung $\sigma_x = -\sigma_y$, so ergibt sich nach Gleichung (16)

$$A = \frac{1}{2\,E}\left(\sigma_x^2 + \sigma_x^2 + \frac{6}{10}\,\sigma_x^2\right) = 2{,}6 \cdot \frac{\sigma_x^2}{2\,E}$$

so daß der Sicherheitsgrad auf

$$v = 8{,}3 : 2{,}6 = 3{,}2$$

herabsinkt. Damit ergibt sich der Übergang zu den neueren Untersuchungen der Plastizitätslehre von GIRTLER, V. MISES und SCHLEICHER, bei denen es sich hauptsächlich um die Formulierung der Bedingung für das Fließen, der sogenannten Plastizitätsbedingung handelt.[1]

## V. Der Sicherheitsgrad beim Knicken

1. *Die $\sigma_K$-$\lambda$-Linie.* Ist $P_K$ die Knicklast eines gedrückten Stabes von der Länge $l$, $F$ der Querschnitt und $i$ der Trägheitshalbmesser, so ist die sogenannte Knick-

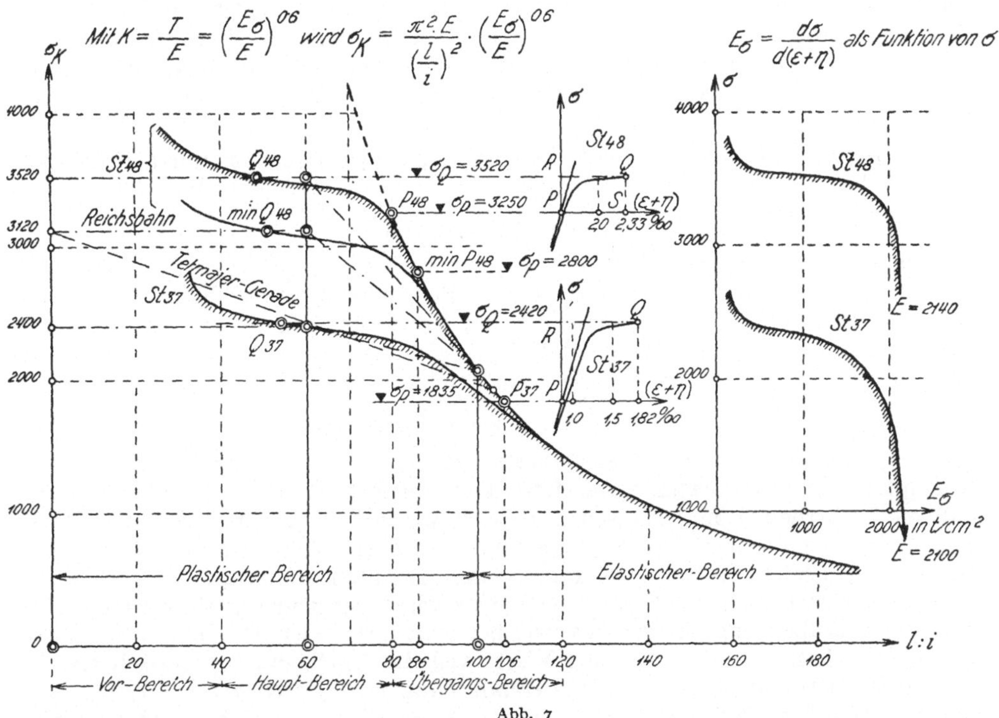

Abb. 7

spannung $\sigma_K = P_K : F$ und der Schlankheitsgrad $\lambda = l : i$. Im Proportionalitäts- oder elastischen Bereich (siehe Abb. 1) gilt dann *für mittigen Kraftangriff* bekanntlich die EULER-Gleichung:

$$P_K = \frac{\pi^2\,E\,J}{l^2} \quad \text{oder} \quad \sigma_K = \frac{\pi^2\,E}{\lambda^2} \qquad \dots \dots \dots \dots (18)$$

und im plastischen Bereich (siehe Abb. 1) nach Engesser und von Karman die

---

[1] W. GEHLER, Kapitel Festigkeitslehre im Taschenbuch f. Bauingenieure. 5. Aufl., Verlag von Julius Springer, Berlin, S. 250.

sogenannte natürliche Knicklinie

$$\sigma_K = \frac{\pi^2 \cdot E}{\lambda^2} \cdot K \text{ mit } K = \left(\frac{E_\sigma}{E}\right) \cdot \frac{J_1}{J} + \frac{J_2}{J} \quad \ldots \ldots \quad \ldots \ldots \quad (19)$$

wofür nach dem Vorschlag des Verfassers[1] für den Eisenbau hinreichend genau $K = (E_\sigma : E)^{0,6}$ gesetzt werden kann, so daß man

$$\sigma_K = \frac{\pi^2 \cdot E}{\lambda^2} \cdot \left(\frac{E_\sigma}{E}\right)^{0,6} \ldots \ldots \ldots \ldots \ldots \ldots (20)$$

erhält. Sobald man aus der Spannungsdehnungslinie nach Gleichung (10) für den plastischen Bereich $E_\sigma$ bestimmt hat, kann man die $\sigma_K$-$\lambda$-Linie sowohl für $\lambda \leq 100$ nach Gleichung (20), als auch im elastischen Bereich für $\lambda > 100$ nach Gleichung (18) berechnen und in Abb. 7 auftragen, was daselbst für einen Baustahl mit min $\sigma_B = 37$, 48 und 54 kg/qcm geschehen ist. Außerdem ist die TETMAYER-Gerade und die als Ausgleichende anzusehende $\sigma_K$-$\lambda$-Linie der Reichsbahn eingezeichnet worden.

Diese auf Grund unserer Dresdner Versuche tatsächlich aus der Spannungsdehnungslinie (Abb. 1) abgeleitet $\sigma_K$-$\lambda$-Linie ist uns durch die umfangreichen Knickversuche des Deutschen Eisenbauverbandes voll bestätigt worden, so daß über ihre Gültigkeit bei mittigem Kraftangriff heute keine Zweifel mehr bestehen. Offene Fragen sind nur noch das Knickproblem bei außermittigem Kraftangriff und der Einfluß der sogenannten Bindung einzelner Stäbe zu einem einheitlichen Querschnitt.

2. *Die $\sigma_{dzul}$-$\lambda$-Linie*, d. h. die rechnerisch zulässigen Druckspannungswerte $\sigma_{dzul}$ bei einer bestimmten Schlankheit erhält man dadurch, daß man die Ordinaten $\sigma_K$ durch $\nu$ teilt, weil

$$\nu = \sigma_K : \sigma_{dzul} \ldots \ldots \ldots \ldots \ldots \ldots (21)$$

ist. Diese einfache Aufgabe wird nur dadurch verwickelt, daß man sich nicht dazu entschließen kann, für $\nu$ einen Festwert, z. B. 3 oder 2,5 zu wählen. Dann wäre die $\sigma_{dzul}$-$\lambda$-Linie affin zur $\sigma_K$-$\lambda$-Linie und ihre Erörterung gegenstandslos. Hiergegen wendet man ein, daß für $\lambda = 0$ der Wert $\nu$ durch den Spannungsmaßstab des Quetschversuches, und zwar im Hochbau bereits zu

$$\nu_0 = \sigma_S : \sigma_{zul} = 2400 : 1200 = 2,0$$

festgelegt ist und bei Eisenbahnbrücken zu $\nu_0 = 2400 : 1400 = 1,7$. Anderseits behauptet man, ohne hierfür meines Erachtens bisher den Beweis erbracht zu haben, daß die Sicherheit $\nu$ im elastischen Bereich wesentlich größer sein müsse, z. B. $\nu = 3,5$, weil die schlankeren Stäbe gefährlicher seien. Aber gerade der elastische Bereich mit der EULER-Hyperbel kann meines Erachtens am schärfsten rechnerisch und versuchstechnisch erfaßt werden. Ferner wirkt sich außermittiger Kraftangriff bei kurzen Stäben ungünstiger aus, wie bei schlanken. Der Anschluß von $\nu$ an $\nu_0$ hat aber deshalb nur theoretischen Wert, weil die Knickgefahr praktisch erst bei $\lambda = 40$ in Betracht kommt. *Zur Vereinfachung wäre daher die Festlegung eines festen Sicherheitsgrades z. B. $\nu = 2,5$ und eine besondere scharfe Erfassung des Einflusses außermittigen Kraftangriffes zu empfehlen.*

Eine weitere Herabsetzung von $\nu$ ist deshalb nicht ratsam, weil der Knickvorgang ein *Stabilitätsproblem* ist. Sobald eine gewisse Ladung der Raumeinheit eines Stabes von bestimmter Schlankheit erreicht ist, knickt er *plötzlich* aus. Die äußerst wertvolle Reserve des dritten Bereiches, des Verfestigungsbereiches (siehe Abb. 2) fällt hier fort. Deshalb muß hier $\nu$ größer als bei gezogenen Stäben sein. Auch müssen durch diesen Sicherheitsgrad alle Nebeneinflüsse gedeckt werden,

<hr>

[1] W. GEHLER, Die Spannungsdehnungslinie im plastischen Druckbereich und die Knickspannungslinie. Verhandlungen des 2. Internationalen Kongresses für techn. Mechanik. Zürich 1926. Verlag von Orell Füßli, Zürich.

die in einer Ungenauigkeit des Querschnittes, der Ausführung und der unsicheren Erfassung der Lasten und der Stoßzuschläge bestehen können.

## VI. Der Sicherheitsgrad bei häufig wechselnden Belastungen

1. Sobald die Lasten ihre Größen wechseln, also nicht ständig bis zum Bruche zunehmen, ist es unerläßlich notwendig, den *Einfluß der Zeit T* zu berücksichtigen. Von unseren Brückenmeßgeräten wird er bekanntlich als *Zeitdehnungslinie (T-δ-Linie)* aufgezeichnet, aus der, solange $\sigma < \sigma_P$ ist, die *Zeitspannungslinie (T-σ-Linie)* durch Maßstabsveränderung hervorgeht, weil $\sigma = E \cdot \delta$ ist. In Abb. 8 ist nach

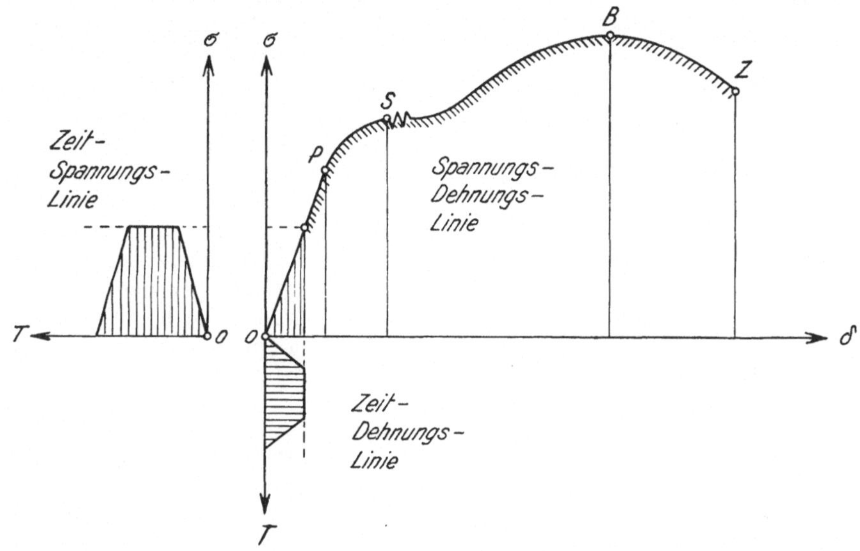


Abb. 8

Vorschlag des Verfassers außer der Spannungsdehnungslinie (σ-δ-Linie) als Aufriß auch noch die von den Meßgeräten aufgezeichnete Zeitdehnungslinie (*T-δ-Linie*) als Grundriß und die Zeitspannungslinie (*T-σ-Linie*) als Seitenriß dargestellt. Man denke sich bei einem Versuche den Zugstab in der Zerreißmaschine bis zu einer Laststufe von etwa $^2/_3\,\sigma_P$ belastet. Dann stellen die lotrecht und wagrecht schraffierten Flächen die drei Projektionen der von der Zeit-Spannungs-Dehnungslinie begrenzten Flächen dar. Damit erhalten wir die *räumliche Darstellung einer Zeit-Spannungs-Dehnungslinie* in drei Projektionen mit den Achsen $T$, $\sigma$ und $\delta$. Sie bietet den Vorteil, auch verwickelte dynamische Versuchsvorgänge durch das Bild der Zeichnung zu veranschaulichen. Als Beispiel hierfür diene Abb. 9, die den sogenannten ersten BAUSCHINGERschen Satz darstellt. Dieser Satz lautet:

„Die Elastizitätsgrenze (die übrigens auch BAUSCHINGER mit der $P$-Grenze zusammenfallen läßt) wird durch eine Beanspruchung $\sigma > \sigma_S$ herabgeworfen, oft bis auf Null, so daß die Probestücke, wenn sie unmittelbar nach dem Strecken und Entlasten wieder gemessen werden, gar keine oder eine bedeutend niedrigere Elastizitätsgrenze haben. In der Zeit der Ruhe aber, die nach der auf das Strecken vorgenommenen Entlastung verstreicht, hebt sich auch die Elastizitätsgrenze wieder, erreicht nach mehreren Tagen die Belastung, mit welcher gestreckt wurde und wird nach genügend langer Zeit, sicher nach mehreren Jahren, selbst über diese Belastung hinaus gehoben."

Dieser verwickelte Versuchsvorgang läßt sich durch die σ-δ-Linie der Abb. 9 a und die *T-δ-Linie* der Abb. 9 b veranschaulichen.

*a) Erstmaliges Belasten.* Versuchsbeginn Punkt 1, im Punkt 2 wird $\eta_P = 1/30^0/_{00}$

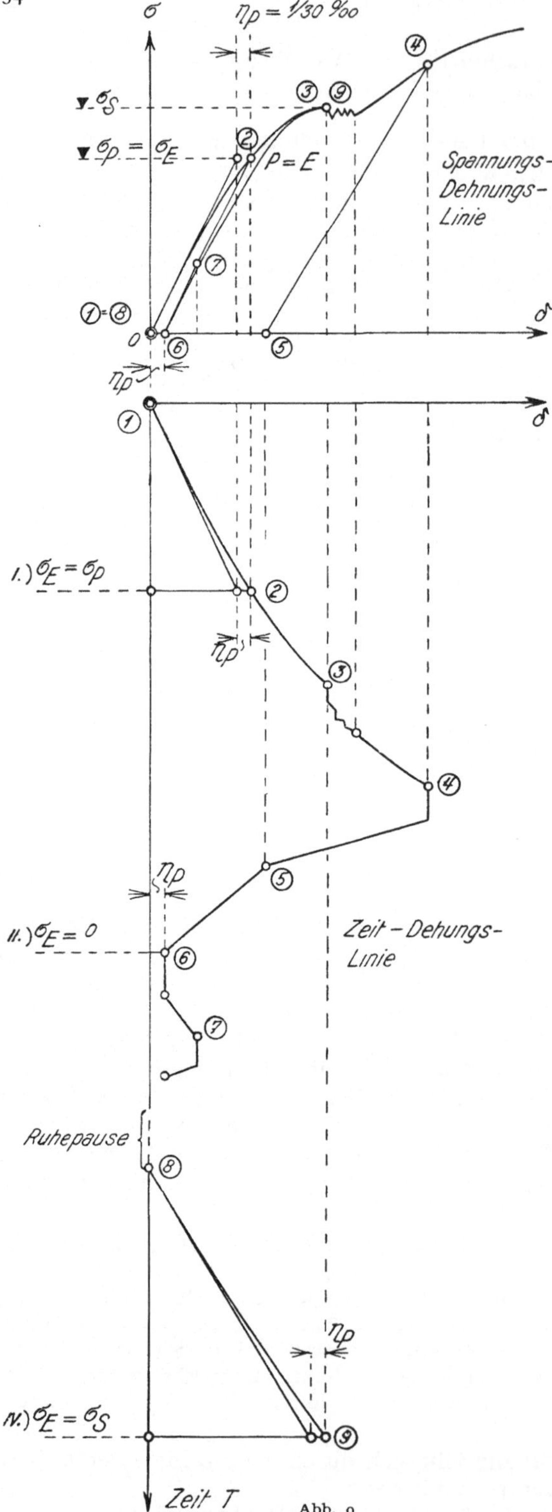


erreicht. (Dieses Maß kennzeichnet jeweils die $P$-Grenze = Elastizitätsgrenze $\sigma_E$.) Die Streckgrenze im Punkt 3 wird durchlaufen bis zum Punkt 4 ($\sigma > \sigma_S$).

*b) Entlasten* bis zur Laststufe $\sigma = 0$, d. h. Punkt 5 mit einer starken bleibenden Dehnung, die aber rasch zurückgeht und zwar entweder bis auf einen Wert $> \eta_P$ oder $= \eta_P$.

*c) Ruhepause.*

*d) Nochmaliges Belasten* (siehe Punkt 8). Dann wird z. B. $\eta_P$ erst bei einem Werte $\sigma = \sigma_S$ im Punkt 9 erreicht.

Die drei verschiedenen Höhenlagen der Elastizitätsgrenze bei den drei Teilvorgängen a, b und d sind somit I. $\sigma_E = \sigma_P$, II. $\sigma_E = 0$ und IV. $\sigma_E = \sigma_S$.

2. Das durch das WÖHLERsche Gesetz und die zwölf BAUSCHINGERschen Gesetze gegebene Bild über das Verhalten des Baustahles bei häufig wiederholter Belastung, insbesondere auch bei Schwingungen, bedarf zur Aufklärung noch weiterer umfangreicher Versuche. Eine klare Auffassung auf Grund der aus diesen älteren Versuchen zu ziehenden *Folgerungen für den plastischen Bereich* bietet die Darstellung von F. BLEICH.[1]

*Erster Fall:* Ein Stab wird bis zur Zugspannung $\sigma_1$ belastet, die beträchtlich über der Elastizitätsgrenze $\sigma_E = \sigma_P$ liegt (Abb. 10) und wieder entlastet (Linie 0-$E$-1-1′, wobei 1-1′ parallel zu $O$-$E$). Bei nochmaliger Belastung wird die Spannungsdehnungslinie 1′ 2

<hr>

[1] FR. BLEICH, Theorie und Berechnung der eisernen Brücken. Berlin. Verlag von Julius Springer, . 1924. S. 82.

bis zur Spannung $\sigma_1$ nahezu geradlinig. Hierbei zeigen sich aber schon bei den niedrigsten Laststufen beträchtliche bleibende Dehnungen, die nahezu verhältnisgleich mit den Spannungen wachsen (siehe die wagrecht gestrichelten Flächenteile zwischen 1-1' und 1' 2). Die Elastizitätsgrenze ist somit auf Null herabgeworfen worden. Ferner ist der Neigungswinkel von 1'-2 gegen die Dehnungsachse kleiner als der von $O$-$E$, also ist auch nach Gleichung (10) der Festwert des Elastizitätsmaßes kleiner geworden. Bei den weiteren Belastungen wiederholt sich dieses Spiel, wobei immer weitere Dehnungen $\eta$ (siehe die gestrichelten Flächen der Abb. 10) hinzutreten. Die gesamte Formänderungsarbeit $A$ (siehe Gleichung 12), die z. B. durch die Fläche $O$-$E$-1-2-3-4-4'$ dargestellt ist und ständig weiter wächst, wird schließlich so groß, daß das Arbeitsvermögen des Körpers erschöpft ist und der Stab zerreißt.

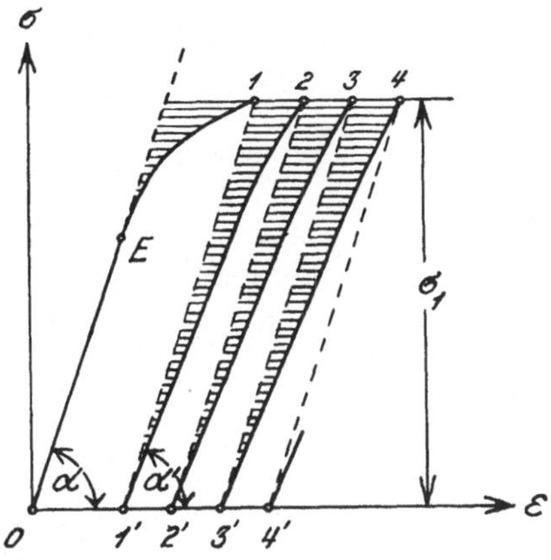

*Zweiter Fall:* Liegt die Spannung $\sigma_1$ unterhalb der Elastizitätsgrenze $\sigma_E = \sigma_P$, so treten bei Wiederholung der Belastung keine nennenswerten bleibenden Dehnungen hinzu.

Abb. 10

Die im Stab aufgespeicherte Formänderungsarbeit wird nach jedesmaliger Entlastung zurückgewonnen. Das Arbeitsvermögen des Stabes kann durch derartig wiederholte Belastungen nie erschöpft werden.

Bei wiederholten Belastungen empfehlen sich hinsichtlich des Sicherheitsgrades folgende beiden *Forderungen*: Zunächst muß, wie auch bei ruhender Belastung, *hinreichende Sicherheit gegen Überschreitung der Streckgrenze* vorhanden sein. Hierzu kommt noch als zweite Forderung *hinreichende Sicherheit gegen Überschreitung der* im folgenden noch weiter zu erörternden *Arbeitsfestigkeit*. Zur Begründung der Forderung der Streckgrenze sei die zuerst von WÖHLER gefundene und von BAUSCHINGER erklärte Tatsache angeführt, daß kein Bruch herbeigeführt wird, falls die gleichsinnigen Spannungsgrenzen in unserem plastischen Bereich liegen ($\sigma_P < \sigma < \sigma_S$). Durch wiederholte Beanspruchungen wird die ursprüngliche Elastizitätsgrenze $\sigma_E$ über die obere Beanspruchungsgrenze hinausgehoben. Dabei wird der Arbeitsvorgang zu einem rein elastischen. Die im Stab aufgespeicherte Formänderungsarbeit wird also nach jedesmaligem Entlasten vollständig zurückgewonnen. Eine Erschöpfung des Arbeitsvermögens des Stabes ist daher unmöglich. Die sogenannte *Ursprungsfestigkeit* $\sigma_u$ (jene Anstrengung, die der Baustoff trotz vielfacher Wiederholung zwischen o und $\sigma_u$ gerade noch erträgt) wird hiernach wahrscheinlich mit der *Streckgrenze* nahezu übereinstimmen. Die *Schwingungsfestigkeit* (jene Anstrengung, die der Baustoff trotz vielfachen Wechselns zwischen einer Zug- und Druckspannung gleicher Größe gerade noch erträgt), ist nach BAUSCHINGER gleich der *Elastizitätsgrenze $\sigma_E = \sigma_P$ beim erstmaligen Versuch* anzunehmen, die auch *natürliche Elastizitätsgrenze $\sigma_E$* genannt wird. Damit soll der Wert $\sigma_E$, der weder durch Walzen und Strecken künstlich erhöht, noch durch den Wechsel von Zug und Druck oder Erwärmen künstlich erniedrigt worden ist, bezeichnet werden.

Das zunächst verwickelt erscheinende Gesamtbild vereinfacht sich somit dahin, daß auch hier wie bei unseren bisherigen Betrachtungen die beiden Grenzen des plastischen Bereiches, die Elastizitäts- oder Proportionalitätsgrenze $\sigma_E = \sigma_P$ als Schwingungsfestigkeit und die Streckgrenze $\sigma_S$ als Ursprungsfestigkeit, maßgebend zu sein scheinen.

Unter *Arbeitsfestigkeit* wird die Festigkeit des Baustoffes beim Wechsel zwischen einer größten Druckkraft $S_{min}$ und einer größten Zugkraft $S_{max}$ verstanden. Auf Grund der Arbeiten von LAUNHARDT und WEYRAUCH ist sie anzunehmen zu

$$\sigma_a = \frac{2}{3} \cdot \sigma_B \cdot \left( 1 - \frac{1}{2} \cdot \frac{S_{min}}{S_{max}} \right) \quad \dots \dots \dots \dots \quad (22)$$

wobei, wie bisher, $\sigma_B$ die Zugfestigkeit bei einmaliger, langsam anwachsender Belastung bedeutet und auch *Tragfestigkeit* genannt wird. Sind $S_{min}$ und $S_{max}$ gleichgerichtet, so liegt $\left( \frac{S_{min}}{S_{max}} \right)$ zwischen 0 und 1. Hieraus ergibt sich für $S_{min} = 0$ als Grenzfall

$$\sigma_a = \frac{2}{3} \sigma_B = \text{wiederum rd. } \sigma_S. \quad \dots \dots \dots \dots \quad (23)$$

Die bekannte Vorschrift der Reichsbahn ist aus Gleichung (22) abgeleitet (siehe BLEICH a. a. O., S. 93), wobei $\frac{S_{max}}{F_n}$ an Stelle von $\sigma_a$ und $\sigma_{zul} = 1400$ kg/qcm an Stelle von $\frac{2}{3} \sigma_B$ tritt.

3. Zu diesen versuchsmäßigen Erfahrungen fügt M. GRÜNING auf Grund von Untersuchungen nach der Elastizitätslehre und Statik eine Reihe von Folgerungen hinzu.[1] Er erörtert vor allem die Frage, welcher Spannungszustand den Bruch eines statisch unbestimmten Fachwerkes bedingt, um sodann auf die Grenze der Tragfähigkeit zu schließen. Dabei wird aber nicht die Bruchspannung oder die Streckgrenze zu Grunde gelegt, sondern die Ursprungsfestigkeit, weil diese besonders für Eisenbahnbrücken mit häufig wiederholten Belastungen in Betracht kommt. Er geht dabei von dem Formänderungsgesetz der Gleichung (6) aus und setzt zunächst voraus, daß die Elastizitätsgrenze nur in solchen Stäben beliebig überschritten wird, die als überzählige eines statisch bestimmten Systems aufgefaßt werden können. Dabei besteht also immer ein stabiles System, in dessen Stäben ein Überschreiten der Elastizitätsgrenze nicht stattfindet (Erster Fall). Sodann wird diese Erörterung auch auf den Fall der Überschreitung der Elastizitätsgrenze in einzelnen Stäben des bezeichneten stabilen Systems ausgedehnt (Zweiter Fall).

Für den Eisenbrückenbau ist die Folgerung GRÜNINGS von besonderer Bedeutung, daß Temperaturspannungen nicht als Hauptspannungen behandelt werden dürfen, wie es nach den Reichsbahnvorschriften geschieht. Richtiger wäre die Vorschrift, daß alle Einflüsse, infolge Wärme, Stützenverschiebungen und der Wirkung der tragbaren Last, bleibende Dehnungen von einer bestimmten Größe nicht überschreiten dürfen. Hier wird also die Anwendung eines Dehnungsmaßstabes für den Sicherheitsgrad gefordert (siehe oben unter IV, 2). GRÜNING kommt zu der Auffassung, daß bei statisch unbestimmten Fachwerken die Vorschrift einer zulässigen Spannung überhaupt aufgegeben und durch die Forderung ersetzt werden sollte: Die tragbare Last in jeder möglichen Laststellung soll ein bestimmtes Vielfaches der wirkenden Last sein. Diese Forderung ist bekanntlich im Eisenbetonbau schon wiederholt erörtert worden. Der Sicherheitsgrad $v$ ist dann naturgemäß das Verhältnis der tragbaren Last (sonst als Bruchlast bezeichnet) zur wirkenden Last (sonst als Nutzlast bezeichnet). Dieser Sicherheitsgrad brauche nicht größer gewählt zu werden, als das bei statisch bestimmten Fachwerken maßgebende Verhältnis $v = \frac{\sigma_S}{\sigma_{zul}}$. Die Gewichtsersparnis, die sich bei dieser Auffassung für den Eisenbau ergibt, ist zwar nicht beträchtlich. Bedeutsam ist aber die weniger nachteilige Einschätzung des Einflusses von Temperaturänderungen, Stützenverschiebungen und des Spannungswechsels in Fachwerkstäben.

---

[1] Siehe die auf Seite 223 zitierte Arbeit von GRÜNING.

Auch für das Kontinuum müßte nach der Elastizitätslehre jeweils ein zusammenhängendes Spannungs- und Verzerrungsbild Aufschluß über die Festigkeit geben. Unter der Einwirkung wiederholter Belastungen entstehen nämlich so lange bleibende Verzerrungen, bis die Formänderung eine rein elastische geworden ist. Voraussetzung ist hierbei jedoch, daß überhaupt ein Spannungszustand statisch möglich ist, der in keinem Punkte die Elastizitätsgrenze überschreitet. Die von den Amerikanern J. G. WILSON und P. HAIGH durchgeführten Versuche mit gelochten Zugstäben unter Millionen von Spannungswechseln können schon heute hierfür als Beweis dienen.

Die Vorstellung des *Spannungsausgleiches im Augenblicke des Fließens* wird durch die neueren Auffassungen der *Plastiko-Dynamik* noch weiter vertieft.[1] Jede Raumeinheit weist eine bestimmte Kapazität von elastischer Gestaltungsenergie auf, die erschöpft ist, sobald der plastische Zustand, also die Streckgrenze, erreicht wird. Im Augenblicke des Fließens läuft aber die Spannungsdehnungslinie (siehe Abb. 1 und 2) zur Dehnungsachse parallel, d. h. die Dehnungen wachsen unabhängig von den Spannungen. Hieraus folgt, daß die mit elastischer Gestaltungsenergie gesättigten Raumteile jede weitere Aufbürdung von neuer Belastung selbsttätig abzuleiten suchen. Bei steigender Belastung wird somit infolge des kontinuierlichen Zusammenhanges der Massenteile bei statisch unbestimmten Systemen oder im Kontinuum der „elastische Energiestrom" in solche Raumteile geleitet, deren Kapazität noch nicht erschöpft ist. Aus bedrohten Zonen, wie z. B. bei Knotenblechen und gelochten Stäben, werden die inneren Kräfte in weniger beanspruchte Zonen abwandern. Folglich herrscht das Bestreben vor, jeden Raumteil nach Möglichkeit bis zu seiner äußersten Tragfähigkeit heranzuziehen. Die aufgespeicherte elastische Verformungsenergie läßt sich trotz des plastischen Zustandes der Raumteile wieder zurückgewinnen. Treten jedoch noch Verfestigungen im Körper hinzu, wie es besonders in unserem dritten Bereich der Fall ist (siehe Abb. 1), so bewirken diese, daß die Kapazität der Raumteile für Verformungsenergie bei erneuter Belastung erhöht wird.

Für den Eisenbau ist hieraus zu schließen, daß z. B. die Nebenspannungen infolge starrer Knotenverbindungen nicht gleichwertig mit den Grundspannungen sind und ihnen auch nicht ohne weiteres zugezählt werden dürfen. Sie sind somit infolge dieses selbsttätigen Spannungsausgleiches im allgemeinen nicht so hoch einzuschätzen, wie früher allgemein geglaubt wurde.

4. Zur Beurteilung des Verhaltens von Baustahl in unserem *dritten Bereiche, dem Verfestigungsbereich,* mögen endlich die Ergebnisse aus neueren Versuchen dienen, die der Verfasser gemeinsam mit Dr. FINDEISEN-Dresden 1923 durchgeführt hat und die in guter Übereinstimmung mit den Arbeiten von BAUSCHINGER und GRÜNING stehen. Ein zylindrischer Druckkörper mit $h = 3\,d$ wurde bis zur Dehnung $\delta = \varepsilon + \eta = 5/^0{}_0$ belastet und seine Dehnungslinie bestimmt. Sodann wurde er von neuem abgedreht, so daß die entstandenen Ausbauchungen verschwanden und er genau so wie vor dem Versuche aussah. Er wurde wiederum bis zu $\delta = 5^0/_0$ belastet, so daß der Baustoff die gesamte Dehnung von $10^0/_0$, also eine sehr starke bleibende Reckung erlitten hatte. Das Spiel wiederholte sich beim dritten Versuch, dem der um $10^0/_0$ verkürzte Körper unterzogen wurde und beim vierten Versuch mit dem um $15^0/_0$ verkürzten Körper.

*Ergebnis:* Die Quetschgrenze stieg bei den vier Versuchen von 36 auf 49, auf 58 und auf 64 kg/qmm. Das Elastizitätsmaß war nahezu gleich groß geblieben und

---

[1] R. v. MISES, Mechanik der festen Körper in plastisch deformablem Zustand. Göttinger Nachr. math.-phys. Kl. 1913, S. 582 und TH. WYSS, Die Kraftfelder in festen elastischen Körpern und ihre praktischen Anwendungen. Verlag von Julius Springer, Berlin, 1926.

betrug im Mittel $E = 2140$ t/qcm. Dabei war eine Abweichung von $+ 12\%$ nach oben und $- 8\%$ nach unten festzustellen und ferner eine leichte Krümmung der früher geradlinig verlaufenden Linie, also der HOOKEschen Geraden, im ersten Bereich. Bemerkt sei noch, daß diese Abweichungen in der Größe von $E$ nach dem vierten Versuch nur noch $+ 0\%$ und $- 8\%$ waren, also im Mittel $- 4\%$, was einem Elastizitätsmaß von etwa 2060 t/qcm entspricht.

*Folgerungen:* Überschreitet man bei Zug- oder Druckstäben die Streckgrenze, so tritt eine Verdichtung, also eine Umlagerung der Kristallite ein, der Baustoff härtet sich; seine Grenzen, also die Fließgrenze und damit auch die $P$-Grenze oder Elastizitätsgrenze erhöhen sich. Nach wiederholten derartigen Belastungen nimmt das Elastizitätsmaß nach anfänglich stärkeren Schwankungen nahezu den gleichen Wert wie im ursprünglichen Zustand wieder an. Es stellt sich somit allmählich wiederum ein elastisches Arbeiten, jedoch mit einer erhöhten Elastizitätsgrenze und Streckgrenze ein. Der einzige Nachteil besteht darin, daß diese fortschreitende Verdichtung eine *Selbsthärtung* erzeugt und daß dabei die Reserve, die im Verdichtungsbereiche liegt, mehr und mehr aufgezehrt wird.

*Zusammenfassend* ergibt sich heute folgendes Bild. Die *P-Grenze oder Elastizitätsgrenze* und die *Streckgrenze* sind zwei Schwellen, deren Überschreitung eine besondere Bedeutung hat. Ist das *System statisch bestimmt*, so *muß* die *Streckgrenze* eingehalten werden. Ist es dagegen *statisch unbestimmt* oder ein *Kontinuum*, so bringt *selbst eine Überschreitung der Streckgrenze keine Gefahr*, sondern nur eine *Gefügeänderung*, eine Verdichtung im Aufbau der Kristallite und eine selbsttätige Erhöhung dieser Grenzen. Je stärker diese Überschreitung der Streckgrenze aber ist, um so mehr wird die *Verdichtungsreserve*, die in den plastischen Stoffen liegt, erschöpft.

## VII. Die Arbeitsleistungslinie

Die Berücksichtigung des Einflusses der Zeit erhöht die Mannigfaltigkeit der Versuchsergebnisse so stark, daß versucht werden muß, gewisse einfache Darstellungsmittel zu finden, um für die Technik klare Folgerungen ziehen zu können. Nach Vorschlag des Verfassers kann hiefür eine Arbeits-Leistungs-Linie dienen.

Vergleicht man z. B. die gesamte Arbeit eines Spaziergängers und eines Schnellläufers, die beide dieselbe Wegstrecke zurücklegen, jedoch in wesentlich verschiedenen Zeiten, so kann der Vorgang durch folgende Grundbegriffe beschrieben werden.

a) Zunächst muß ein *Energieumwandlungsgesetz* bekannt sein, z. B. durch Messung des Sauerstoffverbrauches in beiden Fällen.

b) Als erste Grundgröße ist die *Arbeit* während jedes Zeitabschnittes maßgebend (z. B. bei einem rollenden Wagen das Produkt aus Wagengewicht, Reibungsbeiwert und Wegstrecke).

c) Außerdem aber ist die *Leistung* kennzeichnend, d. i. die Arbeit geteilt durch die Zeit, also

$$L = \frac{A}{T} \text{ in } \left( \text{kg } \frac{m}{\text{sek}} \right) \quad \cdots \cdots \cdots \cdots (24)$$

In unserem Fall des Zerreißversuches ist das Energieumwandlungsgesetz durch die Spannungsdehnungslinie dargestellt, weil die von ihr begrenzten Flächen die in der Raumeinheit aufgespeicherte Energiemenge oder die bezogene Formänderungsarbeit $A$ angeben. (Z. B. $A_I$ von 0 bis zur $P$-Grenze, $A_{II}$ von 0 bis zur Streckgrenze und $A_{III}$ von 0 bis zur Bruchspannung. Abb. 1).

Trägt man nunmehr diese Werte $A_I$, $A_{II}$ und $A_{III}$ als Ordinaten in Abb. 11 a auf und die Zeitdauer, die bis zur Ladung mit diesen Energiemengen verstreicht, als Winkel $\vartheta_I$, $\vartheta_{II}$, $\vartheta_{III}$ mit den Fahrstrahlen o-I, o-II und o-III, so ist z. B.

$$\operatorname{tg}\vartheta_{II} = \frac{y_{II}}{x_{II}} \quad \text{oder} \quad x_{II} = \frac{y_{II}}{\operatorname{tg}\vartheta_{II}}.$$

Trägt man somit als Ordinaten $y_{II}$ die Größe der Arbeit $A_{II}$ auf und als $\operatorname{tg}\vartheta_{II} = T_{II}$ die Zeitdauer, so muß nach Gleichung (24)

$$x_{II} = L_2$$

die Leistung darstellen. Man kann somit aus jedem Energieumwandlungsgesetz, z. B. der Spannungs-Dehnungs-Linie für verschiedene Abschnitte diese Größen $A$ und $L$

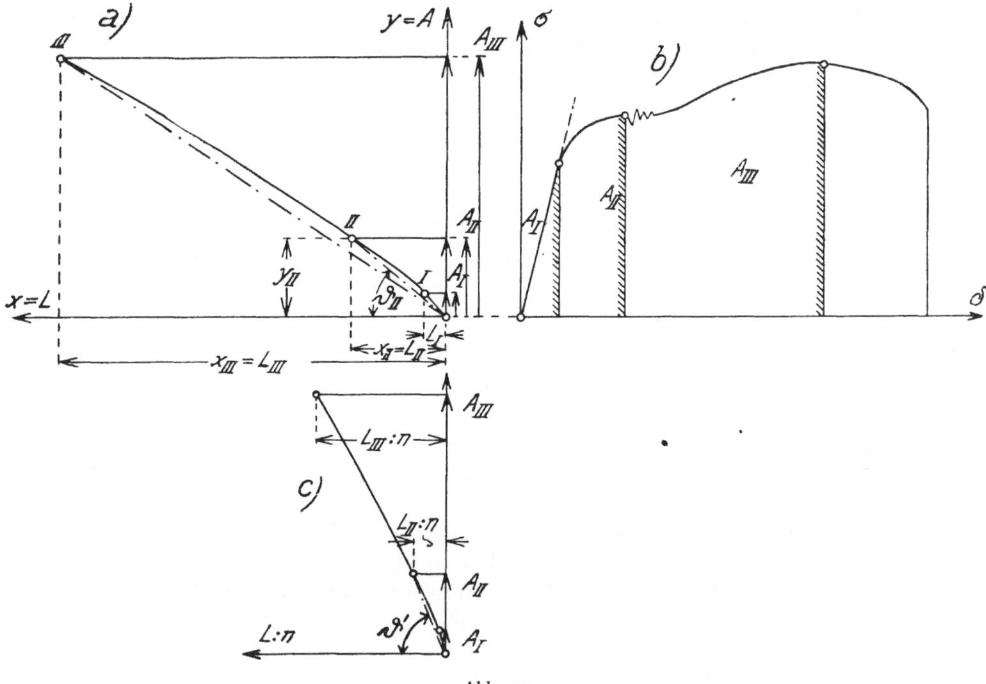

Abb. 11

bestimmen und die zugehörigen Punkte im Arbeitsleistungsdiagramm auftragen. So erhält man eine Arbeitsleistungslinie, z. B. hier des Probestabes beim Zerreiß- versuch, und zwar eine bestimmte Linie beim Gleichgewichtsversuch und eine andere Linie beim Stoßversuch.

Bemerkt sei noch, daß die Winkel $(90^0 - \vartheta)$ jeweils der Geschwindigkeit ver- hältnisgleich sind, weil $\operatorname{tg}(90^0 - \vartheta) = \dfrac{1}{\operatorname{tg}\vartheta}$ ist und sich die Geschwindigkeiten umgekehrt wie die Zeiten verhalten. Den einen Grenzfall bildet $\operatorname{tg}\vartheta = 0$, bei dem die Geschwindigkeit unendlich groß und die Zeitdauer äußerst klein ist. Der andere Grenzfall ergibt sich zu $\operatorname{tg}\vartheta = 1$, also für $\vartheta = 45^0$, bei dem die Zeit vollständig ausscheidet.

Der Grundgedanke des Verfahrens besteht nun darin, daß einmal die Arbeits- leistungslinie aufgetragen wird, die sich für den Probekörper durch Versuche ergibt.

Sie stellt eine Grenzlinie dar. Sodann ist eine zweite Linie für die tatsächlich wirkenden Lasten aufzutragen unter Berücksichtigung der Spannungen oder Dehnungen und der Zeitdauer des Arbeitsvorganges. Das Verhältnis der Ordinaten beider Linien gibt dann den Sicherheitsgrad $v$.

2. Als *Beispiel* mögen die Ergebnisse der *Versuche von* SCHWINNING-*Dresden* (siehe oben unter III, 6) aufgezeichnet werden. In Abb. 12 sind die aus den Lastdurchbiegungslinien (Abb. 6) zunächst berechneten Werte $A$ als Ordinaten aufgetragen. Da bei diesem Versuch auch die Zeiten und Geschwindigkeiten gemessen wurden, und zwar $v_1 = 1$ mm/Min., $v_2 = 10$ mm/Min. und $v_3 = 200\,000$ mm/Min., konnten hier auch die Leistungsgrößen berechnet und als Abszissen eingetragen werden. Falls die sehr großen Werte $x = L$ für den Stoßversuch bei der Auftragung unerwünscht sind, kann man eine Maßstabsveränderung dadurch vornehmen, daß man die Abszissen $x = L$ durch einen Festwert $n$, in Abb. 11 c z. B. $n = 3$ (in Abb. 11 c) teilt. Dann ist zwar nicht mehr z. B. tg $\vartheta_{II} = T_{II}$, wohl aber bleibt das Verhältnis tg $\vartheta_I$ : tg $\vartheta_{II}$ : tg $\vartheta_{III} = T_I : T_{II} : T_{III}$ gewahrt.

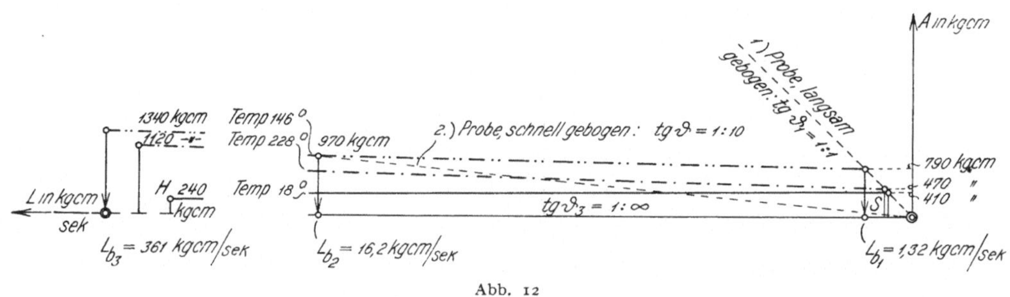


Abb. 12

So erhält man z. B. für die Temperatur von 18° die Linie $S$—$H$ der Abb. 12, die eine Grenzlinie darstellt. Mit diesem Bruchversuch des gebogenen Stabes kann nunmehr der Zustand eines zweiten Stabes verglichen werden, der eine gewisse Arbeit und Leistung aufnehmen soll. Damit ergibt sich eine zweite Linie für die im gegebenen Fall tatsächlich vorhandene Spannung, Arbeit und Leistung. Aus dem Vergleich ihrer Ordinaten erhält man wiederum den Sicherheitsgrad.

# Diskussion

*Prof.* GEHLER *leitet die Diskussion wie folgt ein:*
*Prof.* GEHLER *introduces the discussion with the following statements:*
*La discussion s'ouvre par la communication suivante de M. le Prof.* GEHLER:

Als Berichterstatter möchte ich noch folgende drei Leitsätze anfügen.

1. *Bei rein statischer Belastung und bei normaler Querschnittsausbildung der Stäbe* (ohne Behinderung der Querdehnung, also ohne Kerbwirkung) ist unser übliches Verfahren des *Spannungsmaßstabes* zur Bemessung des Sicherheitsgrades ausreichend, ebenso auch *die Höhe der heute zulässigen Beanspruchung*, z. B. bei Siliziumstahl im Eisenbrückenbau $\sigma_{zul} = 2100$ kg/qcm bei 3600 kg/qcm Mindest-Streckgrenze.

2. *Bei statisch unbestimmten Systemen* besteht die Hoffnung, später einmal auch den plastischen Bereich (zwischen $P$-Grenze und Streckgrenze) auszunutzen.

Künftige Versuche müssen zeigen, ob auf Grund der Gesetze von Wöhler und Bauschinger oder neuer Erkenntnisse etwa ein *Dehnungsmaßstab* mit einer *zulässigen bleibenden Dehnung* für statisch unbestimmte Grundformen vorgeschrieben werden kann.

3. *Bei dynamischer Beanspruchung* muß die Zeit berücksichtigt werden. Die gemessenen Größen sind Weg und Zeit. Sie werden durch die *Zeit-Dehnungslinie* dargestellt. Auch Arbeit und Leistung kommen als Kennziffern in Betracht, die durch das *Arbeits-Leistungs-Diagramm* darzustellen sind. Künftige Versuche müssen lehren, welche Grenzen hiebei einzuhalten sind.

Mit diesen drei Leitsätzen können die Probleme des *Statikers*, des *Plastikers* und des *Dynamikers* gekennzeichnet werden.

*Zum 1. Leitsatz. Statische Probleme.* Unsere Statik des Eisenbaues ist heute so ausgebaut, daß grundsätzlich neue Lösungen nicht erwartet werden dürfen. Sowohl die Berechnungsverfahren unserer Brücken und Hochbauten, wie auch die bauliche Durchbildung haben sich bewährt. Bei Bemessung des Sicherheitsgrades ist das übliche Verfahren des Spannungsmaßstabes bei rein statischer Belastung ausreichend und zuverlässig. Der Bereich des Statikers umfaßt die Beanspruchungen innerhalb des Hookeschen Gesetzes, also bis zur Proportionalitätsgrenze (vgl. unseren ersten Bereich Abb. 1). Zutreffend ist auch die Höhe der z. B. in Deutschland üblichen zulässigen Beanspruchungen. Nur die Voraussetzung normaler Querschnittsausbildung der Stäbe muß hierbei erfüllt sein, d. h. ohne Behinderung der Querdehnung, ohne Kerbwirkung. Solche Kerbwirkungen treten z. B. bei gelochten Stäben, also bei unseren Vernietungen auf. Die Nietverbindungen ergeben also ein plastisches Problem und nehmen deshalb eine Ausnahmestellung im Arbeitsgebiet des Statikers ein. Solange sich unsere Beanspruchungen nur im Proportionalitätsbereich bewegen, bleibt uns der zweite und dritte Bereich eine wertvolle Reserve, die oft ohne Absicht und Wissen des Konstrukteurs in Anspruch genommen wird.

*Zum 2. Leitsatz.* Die *plastischen Probleme* sind heute leider noch nicht so ausgereift, daß sie praktisch nutzbar gemacht werden könnten. Das Ziel ist, auch den plastischen Bereich (zwischen $P$-Grenze und Streckgrenze, also unseren zweiten Bereich der Abb. 1) bewußt auszunutzen. Dann bleibt uns als Reserve noch der Verfestigungsbereich (der dritte Bereich der Abb. 1). Hierfür eignen sich vor allem die statisch unbestimmten Fachwerke, ferner das Kontinuum, also der Vollwandträger in den verschiedenen Grundformen (z. B. dem durchlaufenden Träger, Rahmen u. dgl.). Zunächst geben die Gesetze von Wöhler und Bauschinger einen gewissen Anhalt. An die Stelle der beiden Schwellen, die unsere Bereiche (Abb. 1) begrenzen, nämlich der $P$-Grenze und der Streckgrenze, tritt hier die Schwingungsfestigkeit und die Ursprungsfestigkeit. Diese Erkenntnisse müssen aber durch weitere Versuche ergänzt werden, um brauchbare Verfahren zur Begrenzung der zulässigen Belastung zu finden, möglicherweise durch Festsetzung einer zulässigen bleibenden Dehnung (Dehnungsmaßstab).

*Zum 3. Leitsatz.* Bei *dynamischen Problemen* tritt zu den Größen Last und Weg noch die Zeit hinzu. Da sich alle Belastungsvorgänge in der Zeit vollziehen, ist die statische Betrachtungsweise stets nur die erste, aber meist ausreichende Annäherung. Bei eisernen Brücken, insbesondere unter Eisenbahngeleisen vollziehen sich die Belastungsvorgänge jedoch so schnell, daß dieser Einfluß berücksichtigt werden muß, wenn auch durch einen rohen, möglichst einfachen Maßstab. Die Stoßzahl $S$ bildet die übliche Grundlage zur Berücksichtigung dynamischer Wirkungen bei der Spannungsermittlung, obwohl ein einwandfreier versuchsmäßiger oder theoretischer Nachweis dieser Zusammenhänge noch fehlt. Bei der Mannigfaltigkeit der Erscheinungen kann die Feststellung der Größen Arbeit und Leistung und ihrer gegenseitigen Beziehung auf Grund künftiger Versuche in der Form des von mir vorgeschlagenen Arbeitsleistungs-Diagrammes zweckmäßig dazu dienen, Gesetzmäßigkeiten zu finden, die eine Grundlage zur Beurteilung des Sicherheitsgrades bei dynamischen Einflüssen geben.

### Ministerialrat a. D. Ing. JOSEF BEKE, Budapest:

Wenn wir über Sicherheitsgrad der Baukonstruktionen sprechen, müssen wir vor allem den *Begriff des Sicherheitsgrades* genauer festsetzen. Der Sicherheitsgrad soll, meiner Ansicht nach, eine Reserve bieten für *unvermeidliche, unvorhersehbare* Spannungserhöhungen. In diesem Sinne ist die Verhältniszahl $v = \dfrac{\sigma_s}{\sigma_{zul}}$ kein verläßlicher und insbesondere kein einheitlicher Maßstab für den Sicherheitsgrad. Denn — obgleich wir wissen, daß gewisse Nebenspannungen nicht ohne weiteres den Grundspannungen zugezählt werden können — ist der Sicherheitsgrad doch nicht derselbe, wenn die auf Grund der amtlichen Bestimmungen *nicht berechneten* Spannungen infolge weniger sachgemäßer Konstruktionsausbildung, oder infolge Ungenauigkeit in der Ausführung, oder auch infolge nicht ganz richtiger Berechnungsannahmen 70 bis $100\%$ der Grundspannung betragen, oder aber bei Einhaltung wenigstens der bekannten Regeln, 25 bis $30\%$ nicht überschreiten.

Mit dieser kurzen Bemerkung will ich — ohne näher in die Frage einzugehen — nur darauf hinweisen, daß die Sicherheit nicht nur von der Zahl $v$, sondern auch von anderen Umständen, und besonders auch von der *Qualität* der Konstruktion abhängig ist.

Wir können und sollen $\sigma_{zul}$ so hoch wie möglich in den Bestimmungen festsetzen, weil die Kosten in erster Reihe von dieser Zahl abhängen und wir daher nur in dieser Weise mit dem Baustoff sparen können. Die Grundbedingung der hohen $\sigma_{zul}$ ist aber die gute, sachgemäße Ausführung.

Die Sicherheitsfrage ist daher nicht nur eine Frage der zulässigen Beanspruchung, nicht nur eine Frage der wissenschaftlichen Ergründung der Leistungsfähigkeit unserer guten, bewährten Baustoffe, sondern sie ist auch eine *Ingenieurfrage*, eine Frage der *Wertschätzung des technischen Wissens*.

Ich glaube daher, daß bei Besprechung dieser wichtigen Frage auf diesem Kongresse betont werden muß, daß sowohl im Eisenbau, wie im Eisenbetonbau eine Bedingung der hohen zulässigen Beanspruchungen die Forderung ist, daß die Entwürfe solcher Konstruktionen nur von dazu berufenen Ingenieuren ausgearbeitet werden, die Arbeit nur erfahrenen, gut geleiteten Brückenbauanstalten und Unternehmungen übertragen werde, und daß alle solche Arbeiten nicht nur formell, sondern sachgemäß überwacht werden.

### Prof. ST. KUNICKI, Warschau:

Le travail remarquable de Mr. Prof. GEHLER, fondé sur un nombre considérable des études expérimentales nous montre qu'actuellement, avec les chiffres plus élevés des tensions admissibles pour le fer fondu montants jusqu'à 1600 kg/cm²,[1] le taux du travail du métal dans les ponts nouvellement projetés peut atteindre 1920 kg/cm², si l'on envisage toutes les forces agissantes, comme celles du vent et les tensions secondaires provenants de la rigidité des nœuds, etc. En même temps la limite de la plasticité du métal (fer fondu) obtenu des fours Martin n'est que 1950 kg/cm².

---

[1] Dernière prescription allemande.

Ainsi le métal travaille jusqu'à sa limite admissible.

Le plus petit coefficient de sécurité, d'après le Prof. GEHLER, peut être pris non moins que 2,5, spécialement pour les éléments comprimés et sujets au flambement, ce qui correspond au chiffre (minimum) admis dans quelques prescriptions pour le calcul des ponts dans différents pays de l'Europe.

L'ouvrage du Prof. GEHLER montre aussi que pour les constructions statiquement déterminées il n'est pas possible de surpasser la limite de plasticité du métal. Heureusement pour les constructions hyperstatiques même qu'en surpassant de quelque peu la limite de plasticité du métal on ne court pas, d'après le Prof. GEHLER, un danger immédiat, parce que le métal dans ces conditions change sa structure devenant plus condensé et la limite de plasticité s'élève, mais d'un autre côté la capacité de condensation du métal ainsi changé diminue, le fer devient moins plastique, comme si plus cassant.

Pour relever la limite de plasticité il faut avoir recours aux matériaux plus résistants.

Ainsi il faudrait dans le futur employer pour les constructions de grande portée au lieu du fer fondu de l'acier ordinaire au carbone ou même de l'acier d'une haute rèsistance, par exemple de l'acier au silicium ou autre.

Mais l'acier a deux inconvénients: il est dur à travailler et les constructions en acier étant comparativement plus légères donnent des plus grandes déformations, elles sont moins rigides; c'est à dire l'action dynamique des charges est plus nuisible dans ce cas.

L'importance de l'action dynamique de surcharges nous a été demonstré hier dans les rapports remarquables des Professeurs GODARD, MENDIZEBAL. FULLER et STRELETZKY et dans les discours de Mrs. BÜHLER et CHAUDY.

Les questions du degrés de sécurité et de l'action dynamique de surcharges étant intimement liées, nous possédons déjà dans ces travaux intéressants un nombre des données experimentales et des études théoriques, ce qui nous donne un moyen précieux de procéder à l'investigation du degrés de la sécurité des ponts métalliques existants et surchargés par des charges roulantes surpassant de beaucoup celles pour lesquelles ils ont été projetés.

La surveillance de la sécurité des ponts est notre devoir comme ingénieurs.

C'est pour cela que j'ai l'honneur de proposer au Congrès d'émettre le vœu, que les Directions des chemins de fer et autres institutions intéressées utilisent dorénavant les informations si précieuses et si abondantes qui sont incluses dans les rapports présentés au Congrès pour l'étude du degrés de la sécurité de leurs ponts et surtout des ponts anciens travaillant sous des surcharges excessives.

En même temps il faudrait recommander de prolonger et d'élargir les recherches et études expérimentales pour approfondir et pour développer la science de l'ingénieur et pour contribuer ainsi à la plus grande sécurité de nos constructions.

Il faudrait aussi comparer les résultats de ces recherches avec les données des formules empiriques employées dans divers pays pour tenir compte à l'action dynamique des surcharges.


Prof. F. HARTMANN, Wien:

Von mehreren Autoren wurde die Behauptung aufgestellt, daß die Nebenspannungen, die in Fachwerken durch die starren Knoten entstehen, ohne Einfluß auf den Bruch des Fachwerkes sind, weil sie als örtliche Beanspruchung nach Überschreitung der Streckgrenze immer kleiner werden. Es wäre natürlich für uns Eisenbauer sehr erwünscht, wenn die Sicherheit unserer Fachwerke durch die

Nebenspannungen gar nicht beeinflußt werden würde. Ich fürchte aber, daß dies doch nicht der Fall ist, so bestechend manche Beweisführungen aussahen.

Der Untergurt eines Fachwerkes (Abb. 13) biegt sich nach Abb. 13a so, daß an seinem unteren Rande Zug herrscht, der die bestehende Hauptspannung vermehrt (Abb. 13e und f). Wenn die Streckgrenze für die Sicherheit der Bauwerke als maßgebend angenommen wird, dann wird diese Grenze zweifellos am unteren

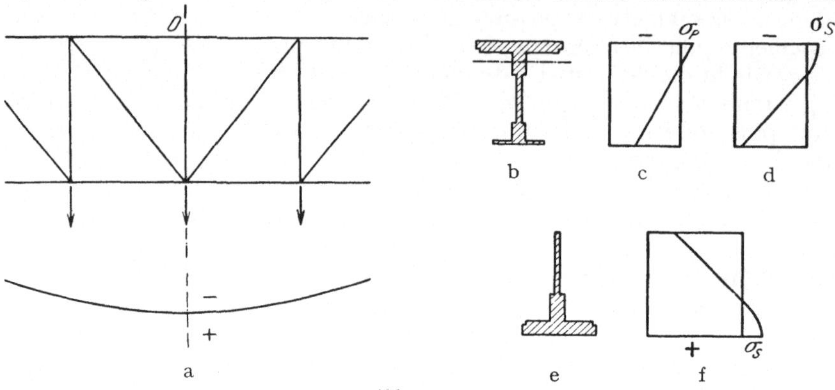

Abb. 13

Rand des Untergurtes früher erreicht als wenn nur reine Normalspannungen vorhanden wären. Faßt man die Bruchgrenze als maßgebend für die Sicherheit auf, dann ist natürlich genau dasselbe der Fall. Am unteren Rand wird die Bruchgrenze früher erreicht, als ohne die Biegung des Gurtes, wobei besonders darauf aufmerksam gemacht werden möge, daß die Erreichung der Bruchgrenze ohne Behinderung der Querdehnung erfolgt, da gerade die abstehenden Schenkel des Gurtes in ihrer

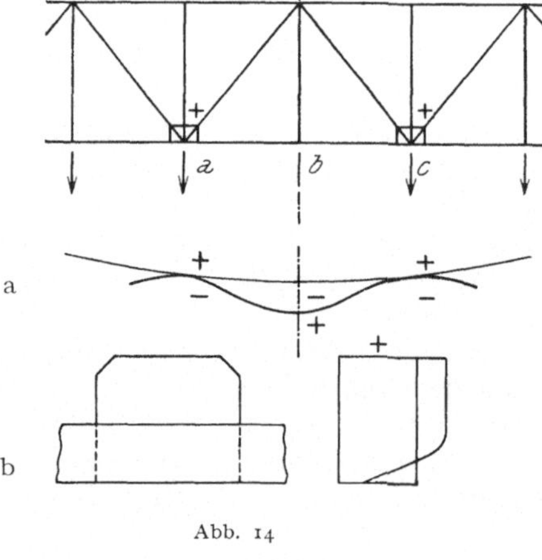

Abb. 14

vollen Fläche die größte Spannung erhalten und diese Fläche durch nichts in der Querkontraktion gehindert wird.

Noch schlimmer ist es beim Obergurt. Dieser erfährt an der oberen Kante eine Vermehrung der herrschenden Druckspannung (Abb. 13b bis 13d). Da bei einfachen T-Gurten wohl immer die Knickgefahr aus der Ebene maßgebend ist, ersieht man aus Abb. 13b bis 13d sofort, daß die Knickspannung durch das Vorhandensein der Nebenspannungen früher erreicht werden muß als ohne Nebenspannungen. Spätestens knickt der Obergurt bei Erreichung der Streckgrenze seitlich aus, die dann auch wieder im ganzen Querschnitt der abstehenden Schenkel vorhanden ist, die allein für die seitliche Knickung maßgebend sind. Bei gedrückten Stäben kann sich der Vorgang sogar ganz im elastischen Bereich abspielen, wenn beispielsweise die Knickspannung gleich der Proportionalitätsgrenze ist (Abb. 13c), was allerdings eher im Hochbau als im Brückenbau vorkommen wird. Aber hier liegt ganz klar ein Fall vor, in welchem man den Einfluß der Nebenspannungen auf den Bruch rechnungsmäßig angeben kann. Beträgt die Nebenspannung etwa $20\,^0/_0$ der Hauptspannung, dann wird bei $\sigma_p = 2000$ der Stab schon bei einer Normalspannung von $1670\,\mathrm{kg/qcm}$ knicken. Ähnliche Verhältnisse ergeben sich bei Druckstreben, die durch die Nebenspannungen nur einseitig gebogen werden. Andererseits muß bei Druckstreben, die durch die Nebenspannungen S-förmig gekrümmt werden, die Knickkraft größer sein als im reinen Gelenkfachwerk, da die Knicklänge kleiner wird als die Stablänge. Schließlich ist noch aufmerksam zu machen, daß bei Fachwerken mit Hängestangen (Abb. 14) in den Hauptknotenpunkten des Lastgurtes (a, c) öfter infolge Längenänderungen der Hängestangen negative Krümmungen auftreten, die am oberen Knotenblechrand starke Zugspannungen ergeben können. Dort wird somit die Streckgrenze viel früher erreicht als es sonst der Fall wäre und das ist insoferne unangenehm, als dort die Anschlüsse für die Streben sind. Die Streckgrenze wird zuerst nur am oberen Rand erreicht, bei weiterer Steigerung der Belastung aber wird das Spannungsbild entsprechend der Dehnungslinie den in Abb. 14b eingezeichneten Verlauf haben, d. h. das ganze Knotenblech beginnt zu fließen. Natürlich ist die Spannungsverteilung ohne Berücksichtigung der Wirkungen der Zugkräfte der Streben eingezeichnet und es ist wohl kaum möglich, den wirklichen Verlauf im plastischen Bereich auf theoretischem Wege zu ermitteln. Jedenfalls aber ist die Erreichung der Streckgrenze gerade dort, wo die Strebenanschlüsse vorhanden sind, ein unerwünschter Zustand, der vermieden werden soll.

Diese Erwägungen dürften wohl zeigen, daß die Nebenspannungen nicht ganz ohne Einfluß auf die Sicherheit des Fachwerkes sind. Jedenfalls wäre es wünschenswert, einmal Modellversuche anzustellen, denn nur Versuche mit einem ganzen Fachwerk können die endgültige Lösung der Frage bringen.

Prof. Ing. O. GRAF, Stuttgart:

Die Sicherheitszahl gibt nach der heutigen Gepflogenheit ein Maß des Unterschieds der in unseren Rechnungen angewandten zulässigen Anstrengung und einer Festigkeitszahl. Die Festigkeitszahl wird in der Regel unter Verhältnissen ermittelt, die den wirklichen keineswegs nahekommen. Der Unterschied deckt die Unvollkommenheiten unserer Erkenntnisse über die tatsächlichen Anstrengungen und über die Widerstandsfähigkeit des Materials im Dienst. Statt Sicherheitszahl sollten wir besser Unsicherheitszahl sagen.

In bezug auf die Eigenschaften des Stahls bedeutet die höchstmögliche zulässige Anstrengung im engeren Sinn die Belastung, welche die vorgesehene Benutzung des Bauwerks eben noch hinreichend lang ermöglicht; sie ist durch Dauerversuche für die wichtigsten Belastungsfälle zu erkunden. Soweit dies bis jetzt geschehen ist, zeigt sich, daß das Verhältnis der Dauerfestigkeit, z. B. bei abwechselnder Beanspruchung nach zwei Richtungen, kurz Schwingungsfestigkeit genannt, zur Zugfestigkeit oder Streckgrenze des heute als Abnahmeversuch allgemein angewandten Zugversuches in weiten Grenzen schwankt. Das Verhältnis der Schwingungsfestigkeit zur Zugfestigkeit beträgt bei Kohlenstoffstählen und bei legierten Stählen rund 0,35 bis 0,7. Wir sehen hieraus, daß die Basis für die Wahl der zulässigen Anstrengung auch vom Standpunkt des Materialkundigen noch recht lückenhaft ist. Was heute zur Beurteilung des Materials im Dienst herangezogen wird, ist noch ein Notbehelf. Wir werden anzustreben haben, daß an Stelle der heute üblichen Festigkeiten u. a. die Feststellung der Ursprungsfestigkeit und der Schwingungsfestigkeit tritt, festgestellt mit Maschinen, die das Material entsprechend den wirklichen Verhältnissen beanspruchen.

Prof. Ing. P. HARTMANN namens Prof. PATTON-Kiew:

Prof. PATTON-Kiew hatte sich zur Teilnahme an dieser Diskussion gemeldet, war aber wegen Paßschwierigkeiten verhindert gewesen, zu erscheinen. Über sein Ersuchen wird hier mitgeteilt, daß er in Rußland großzügige Versuche zur Bestimmung der Nebenspannungen von Fachwerksbrücken durchgeführt hat. Es wurden durch Messungen die Einflußlinien der Nebenspannungen an 20 verschiedenen Brücken bestimmt und zwar an drei einfachen Fachwerksträgern mit gekreuzten Streben in den mittleren Feldern, an einem K-Fachwerk, an drei Trägern mit Zwischenfachwerk, an fünf Trägern mit Strebenfachwerk und Hängestangen (Hilfsständer), an zwei Rhombenfachwerksträgern und an sechs Trägern mit doppeltem System von Zugstreben und Ständern. Im ganzen wurden 244 Einflußlinien durch Messung bestimmt. Da aber in Rußland keine „fahrbare Einzellast" vorhanden ist, wurden die Brücken mit ein bis zwei Lokomotiven (neun bis achtzehn Achsen) befahren und die Summeneinflußlinien bestimmt, aus denen nach einem Verfahren von RABINOWITSCH die reinen Einflußlinien abgeleitet wurden. Die Nebenspannungen wurden rechnerisch von dem Einfluß von Exzentrizitäten befreit. Die Ergebnisse können hier noch nicht bekanntgegeben werden, weil die Berechnungen noch nicht überprüft sind; auch soll einer besonderen Veröffentlichung PATTONS hier nicht vorgegriffen werden.

Dipl. Ing: K. ROTTER, Budapest:

Wenn man uns heute fragt, welche Sicherheit die bestehenden älteren und neueren *Eisenbrücken*-Konstruktionen wohl bieten, können wir diese Frage keinesfalls kurz und bündig beantworten.

Vor 30 bis 40 Jahren meinte man, daß der Sicherheitsgrad der eisernen Brücken als ein vier- bis viereinhalbfacher anzunehmen ist, da die zulässige Beanspruchung durchschnittlich 800 kg/qcm war, und die Zugfestigkeit des damals üblichen Brückenmateriales zwischen 3200 bis 3600 kg/qcm schwankte.

Diese Art der Bewertung des Sicherheitsgrades war natürlich unrichtig.

Der Sicherheitsgrad wäre eigentlich das Verhältnis der Bruchbelastung zur tatsächlich größtmöglichen Belastung. Da wir aber die Bruchbelastung nicht genau bestimmen können, so können wir auch den Sicherheitsgrad der Konstruktion nicht zahlenmäßig ausdrücken. Trotzdem können wir behaupten, daß es möglich ist, eine genügende Sicherheit zu erreichen.

Wenn wir uns das Bild der Sicherheit einer eisernen Brückenkonstruktion vorstellen wollen, so müssen wir all diejenigen Einzelheiten und Umstände ins Auge fassen, die die Sicherheit irgendwie beeinflussen können.

Vor allem müssen wir das Entwerfen des Konstruktionsplanes verfolgen.

Aus dem Gesichtspunkte der Sicherheit ist hauptsächlich maßgebend:

1. Die in Rechnung gezogene *Belastung*.

2. Die statische Berechnung.

3. Das Dimensionieren der Bestandteile und die konstruktive Ausbildung dieser Teile samt deren Verbindungen.

Wir wollen das eben Gesagte etwas erörtern.

1. Die Belastung zerfällt in das Eigengewicht und andere zufällige Belastungen, wie bewegliche Last, Winddruck, Einfluß des Temperaturwechsels usw.

Das Eigengewicht läßt sich, vom praktischen Standpunkte betrachtet, mit genügender Sicherheit bestimmen.

Bei der Bemessung der folgenden Belastungen tritt jedoch schon eine gewisse Unbestimmtheit auf.

Als bewegliche Last, müssen wir in Hinblick auf die zukünftige Entwicklung des Verkehrs, sehr schwere Idealfahrzeuge annehmen. Dies bedeutet für die Gegenwart einen gesteigerten Grad der Sicherheit, welcher sich in der Zukunft natürlich verkleinert.

Die Bemessung des Winddruckes ist ohne Zweifel etwas unsicher. Wir greifen entweder zu hoch, oder zu tief. Es ist jedenfalls Tatsache, daß der größte Winddruck gemäß der Lage des Bauwerkes sehr verschieden ist.

Sehr schwer ist der Einfluß der Temperatur zu erfassen; namentlich ist die Wirkung der einseitigen Sonnenbestrahlung auf die Konstruktionsteile schwer zu beurteilen.

Die zufälligen Belastungen beanspruchen die einzelnen Konstruktionsteile nicht gleichmäßig. Die unmittelbar oder näher belasteten Träger und Bauglieder werden stärker in Mitleidenschaft gezogen, so daß eine in Bewegung fortschreitende Last verschiedene Gliedergruppen im verschiedenen Maße beansprucht.

Zur Ausgleichung dieser Verschiedenheit benützen wir eine wechselnde Stoßziffer oder vermindern wir die zulässige Beanspruchung einiger Bestandteile. Es ist jedenfalls fraglich, ob man mit der Stoßziffer das Spiel der Kräfte genügend verfolgen kann.

2. Die statische Berechnung bringt leider auch gewisse Unbestimmtheiten mit sich. Bei dieser Berechnung sind wir eben auf Annäherungen und Vereinfachungen angewiesen (so z. B. Betrachtung der Anknüpfungspunkte als Gelenke, mittige Übertragung der Kräfte usw.).

Die Berechnung der statisch unbestimmten Träger erfordert jedenfalls noch weitere Annäherungen.

3. Die Kräfte, welche gemäß der statischen Berechnung bestimmt wurden, beziehen sich eigentlich auf ein Liniengebilde. Nun müssen wir die Bestandteile körperlich ausbilden und deren Zusammenknüpfungen entwerfen. Bei diesem Schritt müssen wir wieder so manche Unbestimmtheit in den Kauf nehmen. Wir nehmen an, daß sich die Kräfte in den aus Profileisen zusammengenieteten Stäben gleichmäßig verteilen, daß an den Anknüpfungspunkten sämtliche Nieten gleichförmig beansprucht werden usw. Ganz besonders will ich betonen, daß die Ausbildung der gedrückten Stäbe keineswegs noch endgültig bestimmt ist.

Sind nun die Pläne ausgearbeitet, so folgt die Ausführung des Bauwerkes.

Hier wäre folgendes zu beachten:

1. Qualität des Baustahles.
2. Bearbeitung und Vorbereitung der Konstruktionsteile in der Werkstatt.
3. Zusammenstellung und Vollendung am Bauplatze.

Diesbezüglich ist zu bemerken:

1. Es ist unbedingt notwendig, daß sämtliche Brückenteile gleichmäßig, aus dem vorschriftsmäßigen Baustahl erzeugt werden. Das aufgearbeitete Material muß also bis zum letzten Stück fehlerlos angeliefert werden. Deshalb ist die fachkundige und strenge Abnahme der Stücke unerläßlich.

Heutzutage ist das Erzeugen des Stahls schon so vollkommen, weiters sind die Abnahmebedingungen schon dergestalt entsprechend, daß in dieser Hinsicht die Sicherheit des Bauwerkes kaum vermindert wird.

2. Bei der Bearbeitung des Materials in der Werkstatt ist strenge darauf zu achten, daß die Stücke beim Glätten, Schneiden, Bohren, Biegen usw. keine Fehler erleiden und daß der Stahl keiner Veränderung ausgesetzt wird.

Bei dem Zusammenstellen und der Vernietung der Bestandteile ist jede Anstrengung der Stücke zu vermeiden. Besonders wichtig ist die strenge, gewissenhafte Aufsicht, damit nicht etwa fehlerhaft bearbeitete Stücke eingeschmuggelt werden.

3. Bei der Montage an der Baustelle muß man wieder alles, was unter 2. soeben angeführt wurde, mit gesteigerter Sorgfalt beachten, weil man eben bei der Montage am Bauplatze nur durch gewissenhafte und fachkundige Arbeit vermeiden kann,

daß Bestandteile mit Gewalt zusammengezwängt werden, wodurch Verformungen und Zusatzspannungen entstehen.

(Es ist eine unliebsame Erfahrung, daß eben bei der Arbeit an der Baustelle häufig Fehler begangen werden.)

Wir haben nun flüchtig darauf hingewiesen, daß bei dem Entwurf und dem Werdegang des eisernen Bauwerkes so manches unbestimmt bleibt. Die Ungewißheiten waren vor Jahrzehnten größer und zahlreicher, bestehen aber noch heute, wenn auch in stark beschränktem Maße, bei den neuesten Ausführungen fort.

Nun müssen wir feststellen, daß seitdem man Eisenbrücken baut, die Konstrukteure strenge darauf achteten, trotz der Ungewißheiten eine gehörige Sicherheit zu gewährleisten und wir können behaupten, daß dies jedem erfahrenen Fachmann gelang.

Das Augenmerk war hauptsächlich auf denselben Punkt gerichtet, daß nämlich der Spielraum zwischen der größtmöglichen Belastung und der Bruchbelastung gehörig groß bleibe.

Vor Jahrzehnten war dieser Spielraum ziemlich groß, man könnte sagen, unwirtschaftlich groß bemessen und dieser Spielraum konnte mit der Entwicklung unserer Fachkenntnisse und mit dem Sammeln unserer Erfahrungen immer kleiner und kleiner bestimmt werden.

In dieser Hinsicht ist seit einigen Jahren ein entscheidender Fortschritt zu bemerken; ich meine die besondere Beachtung der *Streckgrenze* neben der *Zugfestigkeit*. Dadurch, daß für den Baustahl eine bestimmte Streckgrenze vorgeschrieben wird, können wir die Eisenkonstruktionen, ohne Verminderung des Sicherheitsgrades, wirtschaftlicher gestalten.

Vor Jahrzehnten betrug die zulässige Beanspruchung nur 20 bis $22^0/_0$ der Zugfestigkeit, wohingegen heutzutage dieser Prozentsatz sich schon bis auf $40$—$44^0/_0$ verbessert hat.

Es ist vielleicht überflüssig, wenn ich hier noch besonders betone, daß *sicherheitshalber* nur solcher Baustahl anzuwenden ist, dessen Streckgrenze beträchtlich niedriger ist. als seine Zugfestigkeit.

Nach den flüchtig vorgetragenen Erwägungen kann man noch folgende Frage aufwerfen:

Wenn wir auch die Sicherheit der neuestens erstellten eisernen Brücken als genügend erachten, wie steht es mit der Sicherheit der älteren eisernen Brücken?

Es ist Tatsache, daß bis zur letzten Zeit in den Vorschriften für das Brückenmaterial die Streckgrenze nicht inbegriffen war. Infolge dessen können wir jetzt nachträglich darauf hinweisen, daß die tatsächliche Streckgrenze des Eisenstoffes älterer Brücken, in so manchem Falle der zulässigen Beanspruchung viel näher tritt, als wir dies heutzutage zulassen würden.

Wer sich also mit der Erhaltung eiserner Brücken befaßt, muß bei bemerkenswertem Anwachsen des Gewichtes oder der Geschwindigkeit der rollenden Lasten, seine Untersuchungen womöglich häufiger und mit großer Umsicht durchführen.

Das neueste Motto ist: „Hüte dich vor der Streckgrenze".


Dozent Dr. Ing. E. Chwalla, Wien:

1. Im Rahmen der im Referat zitierten, von Prof. Grüning auf Grund der Sätze Bauschingers gefolgerten Überlegenheit statisch unbestimmter Eisentragwerke gegenüber statisch bestimmten scheint mir eine wesentliche Frage noch nicht endgültig bereinigt zu sein. Als Folge einer Verknüpfung von System- und Materialeigenschaften zeigen derartige Tragwerke die Tendenz, bestimmte, wiederholt über die $E$-Grenze beanspruchte Teile einer fortschreitenden Entlastung zu

unterziehen, soferne ein ausreichend aufnahmsfähiges, stabiles, elastisch bleibendes Grundsystem vorhanden ist. In der Mehrzahl der Fälle wird wohl dieser Entlastungsprozeß noch vor Erreichung des elastischen Bereiches unterbunden, da sich im Sinne Bauschingers durch die Bildung geschlossener „Hysteresisschleifen" ein stationärer Formänderungszustand einstellt. Es fragt sich nun, ob die Ausbildung derartiger geschlossener Schleifen einwandfrei einer Zurückführung in den elastischen Bereich gleichwertig ist, d. h. ob diese Schleifen unbeschränkt durchlaufen werden können, wie es (da bei Schließung der Schleife die bleibende Längenänderung ihren Größtwert erreicht) den Erkenntnissen Bauschingers und damit den Folgerungen Prof. Grünings entspricht. Demgegenüber muß jedoch auf die bei jedem Zyklus in Wärme umgesetzte, dem Flächeninhalt der Schleife proportionale Arbeit hingewiesen werden, die vom Stab nicht unbeschränkt geleistet werden kann, so daß (da im Sinne der Erkenntnisse Bauschingers die Schleifenfläche selbst nicht gegen Null konvergiert) die Basis der Untersuchungen Prof. Grünings zum Teil noch klärungsbedürftig erscheint.

2. Bezüglich des „Knicksicherheitsgrades" von Baustahlstäben wäre es wünschenswert, auf einen wichtigen Faktor im Rahmen dieser Sicherheit Rücksicht zu nehmen, den man, wie ich in meinem Sektionsvortrag darzulegen versuchen werde, „Stabilitätsmaß" nennen kann und der bei der „Standfestigkeit" schwerer Körper sein Analogon findet. Dieses Stabilitätsmaß gibt etwa in Form einer kritischen Scheitelausbiegung den Maximalwert transversaler Störung an, den ein gedrückter Baustahlstab verträgt, ohne schrankenlos sein Tragvermögen einzubüßen. Da derartige kritische Verformungen bei Bauwerkstäben als geringe Bruchteile der Querschnittshöhe resultieren und durch unberücksichtigte Einflüsse (Schwingungen, Nebenspannungen u. a.) im Bauwerk zum Teil zur Ausbildung gelangen können, ist dieses Stabilitätsmaß für den baupraktischen Knicksicherheitsbegriff von Bedeutung.

Der begrüßenswerten Forderung einer schärferen Behandlung außermittiger Kraftangriffe kann meines Erachtens in zweckmäßigster Weise durch die Multiplikation der vorhandenen Knickzahlen des zentrischen Angriffes mit einem Faktor von der Form $\left(1 + a \cdot \dfrac{p}{i}\right)$ Rechnung getragen werden, wobei „$p$" den Hebelarm des Angriffes und „$i$" den Trägheitshalbmesser in Richtung von „$p$" vorstellt und für den Beiwert „$a$" bei gewöhnlichem Material etwa 3/2 gesetzt werden kann; dieses einfache Verfahren vermag die vorhandenen theoretischen und empirischen Ergebnisse im praktischen Schlankheitsbereich überdies besser anzunähern als der übliche Nachweis bestimmter Randpressungen.

Schließlich möchte ich mit Bezug auf den rechnungsmäßigen „Knicksicherheitsgrad" von Druckgurten offener Brücken besonders unterstreichen, daß die in Rechnung gestellten Rahmenwiderstände im Zustand der kritischen, also der $v$-fachen Vollbelastung der Brücke nachweisbar vorhanden sein müssen, d. h. daß unter dieser Belastung die Proportionalitätsgrenze nicht überschritten werden darf. Die Verwendung *systemgedrückter* Fachwerkständer als Halbrahmenstiele beinhaltet meines Erachtens eine schwere Gefährdung jenes Sicherheitsgrades, da das erwähnte, zum Teil sehr kleine „Stabilitätsmaß" dieser Ständer unter $p$-facher Vollast mit dem Begriff „Rahmenwiderstand" schlechtweg unverträglich ist.

Ober-Ing. G. v. Kazinczy, Budapest:

Ich habe den Aufsatz des Herrn Professor Gehler über den „Sicherheitsgrad und Beanspruchung" nicht hinreichend gefunden, uns in der verwickelten Frage des zutreffenden Sicherheitsgrades in allen Fällen der Praxis immer als Ratgeber zu dienen. Es ist hier kein Aufschluß gegeben, wann und wo und welche Art der

Beanspruchung als Grenzbeanspruchung zu betrachten ist. Ich möchte mit meinen kurzgefaßten Zeilen diese Lücken zu ergänzen suchen.

Die Frage der Sicherheit ist eine der wichtigsten Fragen der Ingenieurwissenschaft und sind die Meinungen dennoch am verschiedensten.

Die Ursache hievon ist, daß die Grundbegriffe nicht vollständig definiert sind, denn nur so kann es vorkommen, daß einige von einer acht- bis zwölffacher Sicherheit reden und andere wieder meinen, daß die Sicherheit in demselben Falle kaum eine zweifache sei. Sicherheitsgrad ist ein Bruch

$$v = \frac{\text{Grenzzustand des Tragvermögens}}{\text{zulässiger Zustand}} \quad\ldots\ldots\ldots\ldots\ldots\ldots (1)$$

Was aber unter Grenzzustand des Tragvermögens und zulässigem Zustand zu verstehen und mit was für einem Maßstab (Kraft-, Spannungs-, Formänderungs-, Dehnungsmaßstab) er zu bestimmen ist, wird verschieden aufgefaßt und sollte genau definiert werden. Um die Notwendigkeit dieser genauen Definition zu beweisen, soll hier nur ein einziges Beispiel gegeben werden: Man findet in älteren Bestimmungen solche Ausdrücke wie: Das Ziegelmauerwerk soll mit zwölffacher Sicherheit bemessen werden und versteht darunter, daß das fertige Mauerwerk mit 8 kg/qcm durch zentrisch wirkende rechnungsmäßige Last beansprucht werden kann, wenn die Ziegel eine 12 × 8, rund 100 kg/qcm Würfelfestigkeit besitzen. Diese Auffassung ist ganz falsch, denn das Mauerwerk hat bei einer tatsächlichen Belastung von 16 bis 20 kg/qcm schon die Bruchgrenze erreicht. So ist also die Sicherheit eine 2- bis 2,5fache.

Man soll also den Sicherheitsgrad immer auf den Bruch des *Bauwerkes* beziehen und nicht auf eine Materialeigenschaft, die durch eine Prüfungsmethode bestimmt wird und welche gewöhnlich nicht einmal den wahren Wert der betreffenden Eigenschaft, sondern nur eine Vergleichsziffer ergibt.

Es gibt aber Bauwerke, die schon bei einer zu großen Formänderung ihren Zweck nicht mehr erfüllen können. Bei diesen Bauwerken ist selbstverständlich die Sicherheit auf die zulässige Formänderung zu beziehen. Man muß überhaupt die verschiedenen Bauwerke und ihr Verhalten unter den verschiedenen Kräften genau und individuell studieren; also untersuchen, was für und wie große und mit welcher möglichen Verteilung wirkende Kräfte in dem Bauwerke eine solche Änderung verursachen, die schon nicht mehr wünschenswert ist. Selbstverständlich muß man darauf Rücksicht nehmen, daß Lasten beliebig oft wechseln können. Wenn wir das Gesagte uns vor Augen halten, werden wir finden, daß bei verschiedenen Bauwerken der nicht erwünschte Zustand verschieden ist. Bei einem Familienhaus z. B. macht ein Riß von 1 mm in einer Eisenbetondecke nichts aus, dagegen in einem Wasserbehälter ist der nicht erwünschte Zustand bei einem viel kleineren Riß schon da! Es kommt vor, daß wir bei demselben Bauwerk auch mehrere nicht erwünschte Zustände, die nach der Größenordnung der Beanspruchung durch Kräfte verschieden sind, berücksichtigen müssen. Darauf werden wir noch später zurückkommen.

In der Gleichung (1) ist hiemit der Zähler definiert, da unter Tragvermögen der *nicht erwünschte Zustand* zu verstehen ist, was in dem Nachfolgenden mit dem Namen „*kritischer Zustand*" bezeichnet wird. Bei dem in dem Nenner sich befindenden zulässigen Zustand müssen wir nur feststellen, daß wir unter den zulässigen Beanspruchungen oder Formänderungen niemals die tatsächlichen, sondern immer die rechnungsmäßigen Beanspruchungen und Formänderungen nach einer üblichen Rechnungsweise zu verstehen haben. Wir verlangen eigentlich von einem fertigen Bauwerk niemals eine $v > 1$fache *tatsächliche* Sicherheit, sondern eine *rechnungsmäßige*, da für eine tatsächlich vorhandene Sicherheit eine $v = 1 + \triangle$-fache vollständig genügt, die aber auch in dem schlimmsten Fall vorhanden sein soll; wo $\triangle$ eine kleine Zahl bedeutet.

Warum müssen wir denn eigentlich die Bauwerke mit Sicherheit bemessen? Weil die Berechnung und Ausführung ungenau und das Material nicht gleichmäßig ist und wir dessen Eigenschaften auch nicht genau kennen. Wenn wir also die Beanspruchungen genau berechnen könnten, wenn wir vollkommen bauen könnten, wenn das Material homogen wäre und seine Eigenschaften uns bekannt wären und wenn wir selbstverständlich genau wüßten, welche zufälligen Lasten und wie oft diese auf das Bauwerk einwirken, so wäre ein *Überfluß* an Sicherheit unnötig, es genügt also $\nu = 1 + \triangle$.

Wir haben gesehen, es hat mehrere Ursachen, daß der rechnungsmäßige Sicherheitsgrad $\nu > 1$ sein soll. Es ist also überhaupt kein Vorteil, wenn $\nu$ einheitlich bestimmt wird, wie es von einigen Herren im Kongresse als wünschenswert ausgesprochen wurde, denn dann müßte man $\nu$ so groß wählen, daß es in jedem Fall genüge; dagegen können wir, wenn wir $\nu$ immer von Fall zu Fall bestimmen, immer wirtschaftlich rechnen.

Bevor ich den Vorschlag eines neuen Verfahrens mache, möchte ich dessen Notwendigkeit an einem Beispiel beweisen, womit man auch jene Frage beantworten kann, ob man sich die Gesamtlast, oder die zufällige Last $\nu$-mal vergrößert denken muß, um den nicht erwünschten Zustand zu erreichen.

Sagen wir (wie es heutzutage üblich ist), es sollen in einem Eisenfachwerksträger die Streben auf Zug mit einer zweifachen, auf Druck mit einer dreifachen Sicherheit bemessen werden. Wählen wir nun eine Strebe, die von dem Eigen-

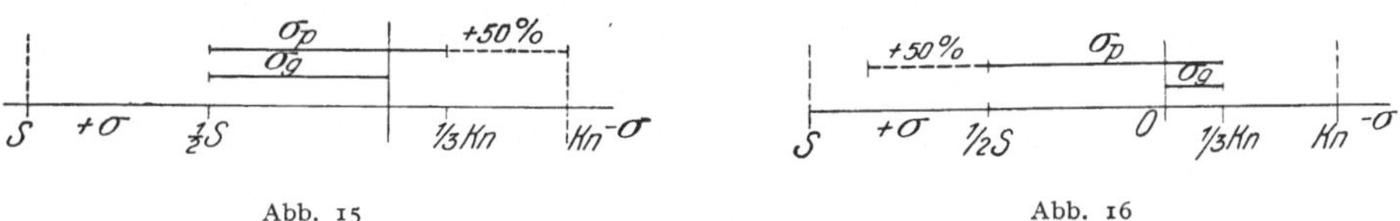

Abb. 15
Abb. 16

gewicht gezogen und von der Verkehrslast nur gedrückt wird, wobei aber die Druckkraft größer ist. Ich stelle es zeichnerisch dar (Abb. 15).

Wir sehen, daß bei einer 50%igen Steigerung der Nutzlast der Stab ausknickt. Dagegen wird in einer anderen Strebe, wo die Druckkraft vom Eigengewicht verursacht wird und der Zug von der Nutzlast, eine 50%ige Steigerung der Nutzlast nicht gefährlich sein (Abb. 16).

Wir fühlen, daß hier etwas nicht in Ordnung ist, daß die wahre Sicherheit in dem zweiten Fall größer ist.

Um diesen Widerspruch zu beseitigen, möchte ich den Vorschlag machen, den gesamten Sicherheitsgrad, der aus der Ungenauigkeit der Berechnung, ferner der Größe der Verkehrslast, des Eigengewichtes, den tatsächlichen Abmessungen des Bauwerkes, der Unbestimmtheit der Materialeigenschaften usw. usw. stammt, auf die einzelnen Ursachen zu verteilen und bei dem Berechnungsverfahren die einzelnen Umstände sogleich mit dem dazugehörigen Teilsicherheitsgrad vergrößert in Rechnung zu stellen. Ebenso wie z. B. die dynamischen Einflüsse als Multiplikation der Verkehrslast mit dem dynamischen Faktor in Betracht genommen werden.

Wenn wir so verfahren, dann können wir auf die Frage, die wir vorher aufgestellt haben (soll man, um den kritischen Zustand zu erreichen, die Gesamtlast $\nu$ mal vergrößern oder die Verkehrslast) nun etwa so antworten: Keine von beiden, aber wir haben bei der Dimensionierung auf einen 5%-Fehler in der Bestimmung des Eigengewichtes und auf einen 20%-Fehler in der Bestimmung der Verkehrslast usw. gerechnet.

Wenn wir also alle unsicheren Größen mit dem dazugehörigen Teilsicherheitsgrad schon vergrößert in die Rechnung nehmen, dann brauchen wir keinen noch weiteren Sicherheitsgrad zu berücksichtigen, d. h. wir können dann auf Bruch bzw. auf den „kritischen Zustand" dimensionieren.

So zu verfahren wäre praktisch und logisch, aber es ist noch nicht das wirtschaftlichste Verfahren. Wir kommen nämlich zu demselben Resultat, wenn wir die Teilsicherheitsgrade addieren und nach der heutigen Methode verfahren. Nur ist uns dadurch geholfen, daß wir mit dem von Fall zu Fall bestimmten Sicherheitsgrad etwas wirtschaftlicher verfahren können. Wollen wir noch wirtschaftlicher verfahren, dann müssen wir den Charakter des Teilsicherheitsgrades studieren. Wir werden dann bemerken, daß die Unsicherheiten denselben Charakter haben wie die Messungsfehler und so können wir die Teilsicherheitsgrade nicht einfach, sondern nach der Regel der Wahrscheinlichkeitsrechnung addieren.

Ein Teilsicherheitsfaktor $v_n$ ist eigentlich ein Grenzwert der Wahrscheinlichkeit des Fehlers der betreffenden Größe. Z. B. der planmäßige ist der wahrscheinlichste Wert der möglichen Abmessungen des fertigen Bauwerkteiles. Die möglichen Abmessungen des fertigen Bauwerkteiles sind größer oder kleiner und die Wahrscheinlichkeit der Fehler verteilen sich um die planmäßige Abmessung ähnlich, aber nicht genau nach der GAUSSchen Regel. Als $v_n$ kann das dreifache des mittleren Fehlers genommen werden (Abb. 17).

Wenn wir eine zweite Ungewißheit auch in Rechnung nehmen wollen, z. B. Ungenauigkeit des Materials, so bekommen wir einen andern $v_m$ Teilsicher-

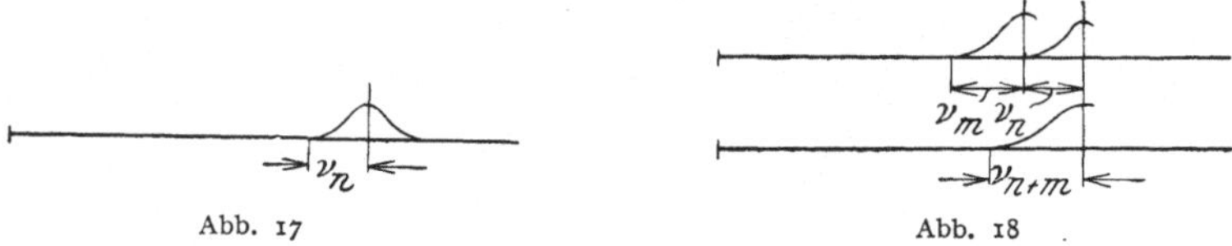

Abb. 17    Abb. 18

heitsgrad. Die beiden $v_n$ und $v_m$ werden nicht einfach addiert, weil die Wahrscheinlichkeit, daß in einem Stab auf einmal die größte Abweichung in der Abmessung und in der Festigkeit vorkomme, sehr unwahrscheinlich ist. Es muß also die Addition nach den Regeln der Wahrscheinlichkeiten geschehen (Abb. 18).

Jetzt noch eines: Herr Prof. GEHLER schreibt öfters (ganz richtig) gegen Trennungsbruch müssen die Bauwerke einen größeren Sicherheitsgrad enthalten als gegen, sagen wir, Risse oder Verfestigungsbruch, doch bleibt er den Beweis dafür schuldig. Auch nach den vorhergehenden Betrachtungen ist das nicht sogleich einzusehen, denn wenn wir alle Fehlerquellen in Betracht ziehen, dann ergibt sich ein gewisser Sicherheitsgrad und so sind wir im Falle der Fehlerüberhäufung gesichert, den kritischen Zustand (was hier z. B. eine nicht zulässige Einsenkung sein soll) nicht zu erreichen. Wozu nun noch eine größere Sicherheit gegen Bruch?

Bevor wir diesbezüglich Prof. Gehler beipflichten, müssen wir feststellen, 1. daß je größer die gewünschte Sicherheit, desto teurer das Bauwerk wird, 2. daß die Wahrscheinlichkeit des Fehlers niemals gleich Null, sondern in gewissen Fällen sehr klein ist, 3. daß es auch nicht notwendig ist, mit einer absoluten Sicherheit zu bauen. Die Frage des Sicherheitsgrades ist also eine wirtschaftliche Frage, die etwa so zu lösen wäre: Mit der Verminderung des Grades der Sicherheit werden die Tragwerke kleinere Abmessungen haben, daher billiger sein, dagegen bleibt das Erträgnis des Gesamtbauwerkes unverändert (da dies nur von der Benutzbarkeit abhängt), daher wird die Rentabilität des Gesamtkapitals größer. Beim Erreichen des nicht erwünschten Zustandes in einem Tragwerke, wird die Brauchbarkeit eingeschränkt, daher das Erträgnis kleiner, bei Bruch auch $= 0$, sogar negativ (weiterer Schaden). Es ist aber nach dem Vorhergesagten unbestimmbar, bei welchen verminderten Abmessungen ein solches Ereignis eintrifft (deswegen bauen wir ja eben mit Sicherheit). Man muß also die Wertverminderung mit seiner Wahrscheinlichkeit multipliziert in Betracht ziehen. Wenn wir nun in einer Abbildung zu den verschiedenen Abmessungen des Tragwerkes die dazugehörige Rentabilität des Bauwerkes auftragen, wo die Wahrscheinlichkeit einer Wertminderung durch ein nicht erwünschtes Ereignis auch in Betracht gezogen wird, bekommen wir eine Linie, die ein Maximum, einen Größtwert der Rentabilität hat. So erhalten wir die wirtschaftlichste Abmessung des Tragwerkes und daraus den rechnungsmäßigen Grad der Sicherheit.

Je größer der Schaden, desto kleiner soll die Wahrscheinlichkeit des Eintreffens sein. Da die Risse allein nicht großen Schaden bedeuten (in Bauwerken, die nicht schädlichem Einfluß ausgesetzt sind), muß die Sicherheit gegen Risse nicht groß sein, dagegen bei Bruch, wo auch Lebensgefahr ist, muß das Eintreffen eines Unfalles beinahe, aber nicht absolut ausgeschlossen sein.

So kann es vorkommen, daß bei einem Bauwerk nicht die früher eintretende zu große, also nicht erwünschte Formänderung (Durchbiegung), sondern ein später eintreffender Bruchzustand bei der Berechnung maßgebend sein wird.

Kurz gesagt, wir müssen so bauen, daß die Rentabilität der Bauten ein Maximum sei. Das Gesagte sei durch die Abb. 19 und deren Erklärung noch besser beleuchtet.[1]

Ich hoffe mit diesen Zeilen den Aufsatz des Herrn Professor GEHLER ergänzt zu haben, da er alle möglichen Zustände der Materialien aufzählt, welche geeignet sind, als Grenzpunkt für die Bestimmungen des Sicherheitsgrades zu dienen und alle möglichen Maßstäbe wie Spannungsmaßstab, Dehnungsmaßstab, Energiemaßstab nennt, von denen aber nach meiner Ansicht einige nicht zu verwenden sind. Man kann z. B. überhaupt von einer

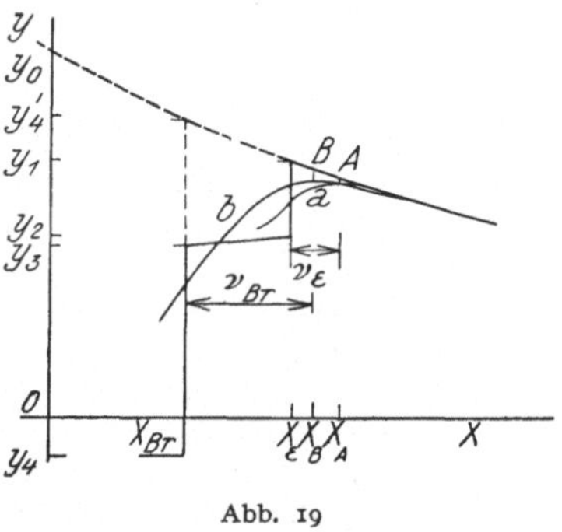

Abb. 19

Sicherheit gegen Zerreißen eines Zugstabes bei einem Eisenfachwerk nicht reden, da bei einer auch nicht zu größen Dehnung (bezogen auf die Gesamtdehnungsfähigkeit) das Bauwerk zugrunde geht. Ebenso wird in der Praxis mit der schön erdachten Arbeitleistungslinie in dem dritten Bereiche nichts zu machen sein, denn ehe wir dahin gelangen, ist das Bauwerk längst kein Bauwerk mehr. Bei dem Problem der Sicherheit ist *niemals das Material*, sondern *immer das Verhalten des Bauwerkes* zu berücksichtigen.

Zu der Diskussion des Herrn Professor MAIER-LEIBNITZ möchte ich noch bemerken, daß jene Tatsache, wonach ein statisch unbestimmter Träger tragfähiger sei, bei uns schon längst bekannt ist. Im Jahre 1913 haben wir in *Budapest* Versuche mit eingespannten I-Eisenträgern durchgeführt und haben diese Tatsache bemerkt. Nach einer theoretischen Betrachtung habe ich die Schlußforderung gezogen, daß bei einem -$n$fach statisch unbestimmten Träger aus Eisen das Tragvermögen nur dann erschöpft ist, wenn die Streckgrenze in $n + 1$ Querschnitten überschritten wird; bei einem auf beiden Seiten eingespannten Träger also an drei Orten; und zwar an den beiden Enden und gegen die Mitte. Bei solchen Trägern kann man also, wenn man das Tragvermögen bestimmen will, so verfahren, daß man die Momentenlinie nicht nach der Elastizitätslehre bestimmt, sondern man bestimmt erst die größten Momente, die der Träger aufnehmen kann, voraus ($M_{max} = W\sigma_s$), trägt diese auf und zieht durch diese eine der Verteilung

---

[1] Die Erklärung der Bezeichnungen zu Abb. 19 befindet sich auf Seite 254.

der Lasten entsprechende Momentenlinie. durch welche man, zurück rechnend, die Größe der Lasten bestimmen kann. Statt willkürliche Gelenke in statisch unbestimmten Trägern anzunehmen, um diese leichter berechnen zu können, nehmen wir lieber die Maximalmomente an. Bei einem Eisenträger auf drei Stützen mit zwei gleichen Öffnungen bekommen wir so das maßgebende Moment für $\pm M = \dfrac{p\,l^2}{11{,}65}$ statt $-M\dfrac{p\,l^2}{8}$ und bei einem eingespannten eisernen I-Träger $\pm M = \dfrac{p\,l^2}{16}$, unabhängig davon, daß der Einspannungsquerschnitt gewisse elastische Verdrehungen ermöglicht oder nicht. Man muß nur darauf achten, daß in dem Balken durch die wechselnde Last allein nicht die Ursprungsfestigkeit erreicht sei und man muß die Ausführung mit Rücksicht auf die Einspannungsmomente mit genügender Sicherheit ausbilden (Auflagerdrücke). Nach diesem Rechnungsverfahren sind seit 1914 sehr viele Bauwerke, besonders Decken, berechnet worden und haben sich bewährt und nie ist etwas Unangenehmes vorgefallen.

Erklärung zu Abb. 19

$x$ = Abmessung des Tragwerkes.

$y$ = perzentuelle Rentabilität des Bauwerkes = $\dfrac{\text{Ertägnis durch Brauchbarkeit}}{\text{Gesamtbaukosten}} - 100$

$y_0$ = dieselbe $\dfrac{\text{theoretisches Ertägnis}}{\text{Gesamtbaukosten ohne Kosten des Tragwerkes}}$

$y_1$ = dieselbe mit Kosten des Tragwerkes bei einem Bauwerk ohne rechnungsmäßige Sicherheit ($v = 1$), doch noch vollständig brauchbar.

$y_2$ wie $y_1$, doch schon mit beschränkter Brauchbarkeit (z. B. nicht erwünschte große Formänderung).

$y_3$ wie $y_2$, aber an der Grenze des Bruches.

$y'_4$ = theoretische Rentabilität an der Grenze des Bruches, wenn das Bauwerk zwar beschränkt aber noch brauchbar wäre.

$y_4$ = dieselbe nach dem Bruch; $y_4$ kann auch negativ sein, da durch Bruchkatastrophe weitere Schäden verursacht werden.

Bei einer Abmessung des Tragwerkes $x_\varepsilon$ trifft rechnerisch der I. kritische Zustand ein, tatsächlich früher oder später. Die Rentabilitätsverminderung $y_1 - y_2$ ist also mit der Wahrscheinlichkeit des eintreffenden I. kritischen Zustandes bei einer veränderlichen $x$ zu multiplizieren. So entwickelt sich die Kurve $a$ (Integral der GAUSSchen Kurve).

Die wirtschaftlichste Abmessung ist bei $x_A$.

$v_\varepsilon$ = der wirtschaftlichste Sicherheitsgrad gegen Eintreffen des I. kritischen Zustandes (z. B. unzulässige Formänderung). Kurve $b$ bedeutet dasselbe wie Kurve $a$, nur auf den Bruch bezogen.

$x_B$ = die wirtschaftlichste Abmessung des Tragwerkes betreffs Bruchsicherheit.

$v_{Br}$ = wirtschaftlichster Sicherheitsgrad gegen Bruch.

$x_B$ ist maßgebend, wenn $x_B > x_A$ und $x_A$, wenn $x_A > x_B$.

$v_{Br} < v_\varepsilon$, da die Schäden größer sind.

## Prof. Dr. J. Kossalka, Budapest:

Herr Professor GEHLER äußert die Meinung, daß es bei gedrückten Stäben empfehlenswert wäre, einen festen Sicherheitsgrad festzustellen und ferner, daß der Sicherheitsgrad bei gedrückten Stäben größer sein müsse, wie bei gezogenen, bei denen nach Erreichung der Streckgrenze noch die wertvolle Reserve des Verfestigungsbereiches vorhanden ist.

Die bisherigen Versuche, welche diese Äußerung vollständig unterstützen, beziehen sich auf Probestäbe, die an beiden Enden frei drehbar waren und mit zentrischer oder exzentrischer Kraft angegriffen wurden. Der andere Grenzfall, der des an beiden Enden vollständig eingespannten Stabes, wurde in der letzten Zeit eingehenden Versuchen meines Wissens nicht unterworfen.

In der Praxis aber sind die Stäbe im allgemeinen immer mehr oder weniger eingespannt, so daß es meines Erachtens nach von Bedeutung ist, den Einfluß der Einspannung näher zu untersuchen.

Es sei mir gestattet, in dem folgenden ganz kurz die Ergebnisse meiner Versuche (I. und II.) zu beschreiben, die ich kurz vor dem Beginn des Kongresses beendete.

Das Material der Gruppe I war Si-Stahl (Streckgrenze 5450, Zugfestigkeit 6600 kg/qcm). Das Material der zweiten Gruppe war Flußeisen (Streckgrenze 3160, Zugfestigkeit 3900 kg/qcm).

Der Querschnitt sämtlicher Probestäbe war ein Rechteck, dessen breitere Seite genau 25 mm, während die andere Seite mit der Dicke des Bleches gleich war, aus welchem die Probestäbe ausgearbeitet wurden. Diese Dicke war bei Gruppe I zirka 8,6 mm, bei Gruppe II zirka 8,0 mm. Die Länge „$h$" der Probestäbe (Abb. 20) wechselte dem erwünschten Schlankheitsgrade entsprechend zwischen 162 und 570 mm.

Die Probestäbe wurden an beiden Enden eingespannt. Dies geschah, wie aus Abb. 20 und 21 ersichtlich, folgendermaßen: Der Probestab wurde zwischen zwei, an den Berührungsflächen mit Zähnen versehenen Keile gelegt. Stab und Keile wurden in einem massiven Kopfstück gelagert, welch letzteres durch die Druckkraft unmittelbar angegriffen wurde. Unter dem Einflusse der Druckkraft nähern sich die Kopfstücke aneinander und die Keile sind gezwungen, sich zwischen Kopfstück und

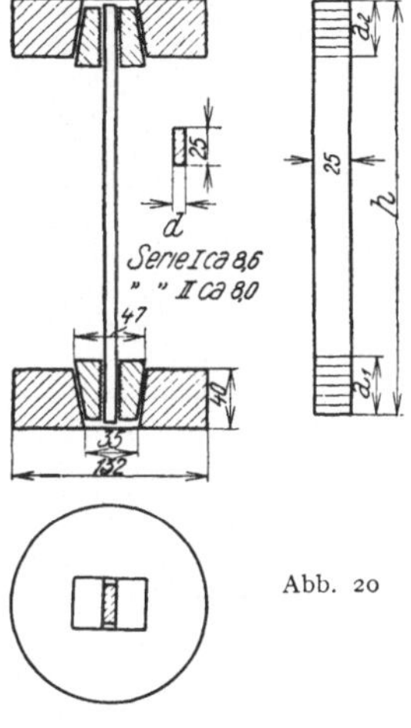

Abb. 20

Probestab hineinzuschieben. Die Zähne der Keile pressen sich dadurch in das Material des Probestabes ein und bewirken die Übermittlung der Druckkraft an das Stabende.

Nach der erfolgten Probe sind die Eingriffe der Zähne als gerade Linien klar sichtbar (Abb. 20), so daß die Entfernungen $a_1$, $a_2$ festgestellt werden konnten. Als freie Länge wurde

$$2\,l = h - (a_1 + a_2)$$

betrachtet, wo „$h$" die ursprüngliche vor dem Versnch gemessene Länge des Stabes bedeutet. Die Hälfte dieser Länge ist als Knicklänge angenommen worden.

Bei Gruppe I waren die mit Zähnen versehenen Flächen schwach gekrümmt, bei Gruppe II dagegen waren diese Flächen Ebenen.

Die Resultate der ersten Gruppe sind in Abb. 22 zusammengestellt. Die Streuung ist relativ

Abb. 21

groß. Es lag der Gedanke nahe, diese ungünstige Erscheinung in bedeutendem Maße dem Umstande zuzuschreiben, daß die mit Zähnen versehenen Flächen der Keile gekrümmt waren. Aus diesem Grunde wurden bei der zweiten Gruppe Keile mit ebenen Berührungsflächen angewendet.

Die Ergebnisse der zweiten Gruppe sind in Abb. 23 zusammengestellt. Die Streuung ist hier bedeutend kleiner. Ob dieser Unterschied allein den Keilen zuzuschreiben ist, wird erst durch weitere Versuche festgestellt werden können.

Sämtliche Druckproben und auch jene Zerreißproben, die zur Bestimmung der Streckgrenze und Zugfestigkeit dienten, waren im mechanisch-technischen Laboratorium der Technischen Hochschule in Budapest durchgeführt, und zwar mit einer „Alfa"-Maschine mit 50 $t$ Leistung. Bei allen Versuchen war die relative Bewegung der Druckköpfe der Maschine 2 mm pro Minute. Es wurden Diagramme aufgenommen, wo die Ordinate die Druckkraft, die Abszisse die oben erwähnte relative Bewegung darstellt.

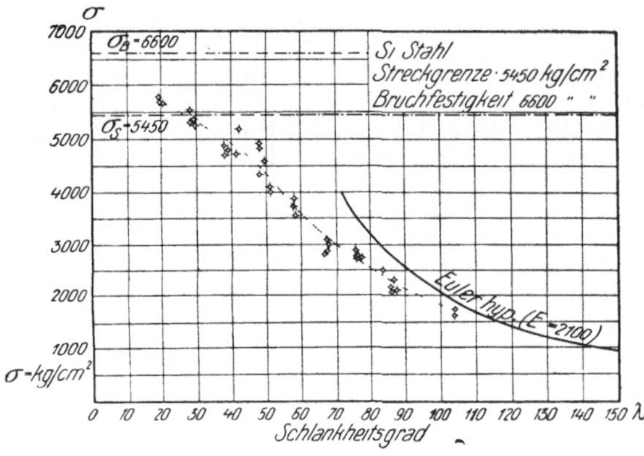

Abb. 22

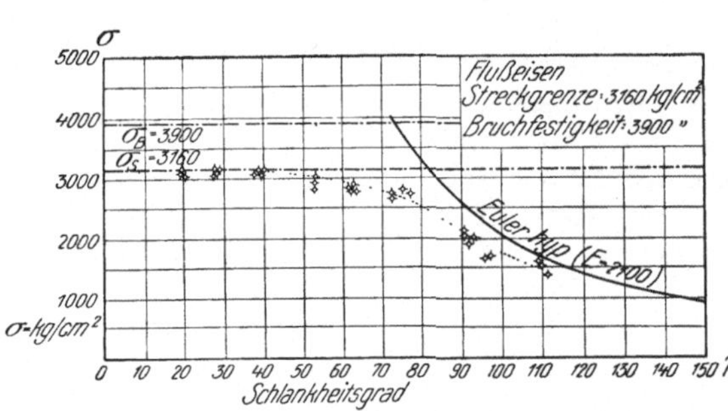

Abb. 23

Einige dieser Diagramme sind in Abb. 24 und 25 dargestellt. Bei Schlankheitsgraden über $\lambda = 30$ knickt der Stab plötzlich nach Erreichung der Knickkraft, bei Schlankheitsgraden unter $\lambda = 30$ ist der Stab imstande, die Knickkraft länger auszuhalten (Abb. 24 und 25).

Meine Aufgabe war, möglichst bald Resultate zu erzielen; aus diesem Grunde wurden feine Beobachtungen und Messungen späteren Versuchen vorbehalten, so daß die jetzigen Versuche eigentlich nur als Vorversuche zu betrachten sind. Die erste Gruppe umfaßt 36 Proben, die zweite 31 Proben.

In die Abb. 22, 23, in welchen die Ergebnisse der Proben zusammengestellt sind, habe ich auch die Streck- und Bruchgrenzen eingetragen. Es sei noch erwähnt, daß die Knickkräfte im elastischen Bereiche kleiner sind als die EULERschen. Leider wurden diesbezüglich aus Flußeisen nur drei Proben mit $\lambda$ zirka 110 und aus Si-Stahl zwei Proben mit $\lambda$ zirka 104 durchgeführt. Die Differenz der Kräfte beträgt zirka 12%. Als Ursachen dieser Differenz können exzentrischer Kraftangriff und nicht entsprechende Wahl der Knicklänge betrachtet werden. Was die Knicklänge anbelangt, sei erwähnt, daß die Verminderung der Strecken $a_1$ und $a_2$ um einen Zähneabstand (zirka 3 mm) den Schlankheitsgrad nur um 1,5 vergrößert.

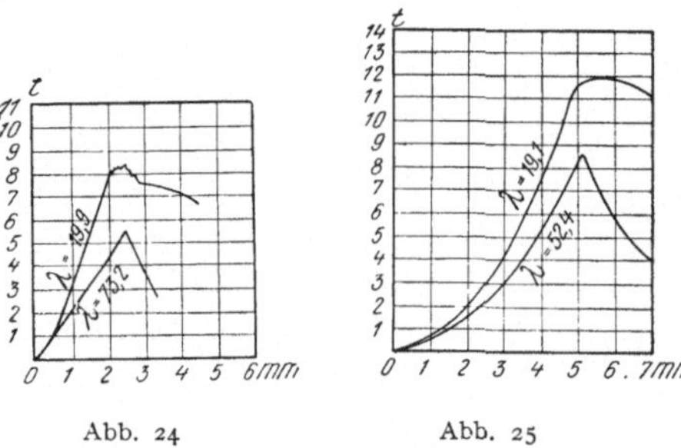

Abb. 24          Abb. 25

Die Geschwindigkeit, mit welcher der einzelne Druckversuch durchgeführt wurde, kann wohl als zu groß beanstandet werden, die Feststellung der Streck- und Bruchgrenzen geschah aber mit derselben Geschwindigkeit und so erscheint es wahrscheinlich, daß aus der $\sigma_k \lambda$-Linie der Einfluß der Geschwindigkeit so ziemlich ausgeschaltet wurde.

Auffallend ist die kleine Streuung bei der Gruppe II, wenn man bedenkt, daß die Dicke nur zirka 8 mm war und daß außer sorgfältiger Bearbeitung der Probestäbe, der Keile und Kopfstücke keine anderen Anordnungen zur Vermeidung irgendwelcher Exzentrizität getroffen wurden. Es hat den Anschein als ob die Exzentrizität bei eingespannten Stäben weniger ins Gewicht fallen würde als bei an beiden Enden drehbar gelagerten Stäben.

Die punktierten Linien, welche in die Abb. 22, 23 eingezeichnet sind und welche den wahrscheinlichen Verlauf der $\sigma_k \lambda$-Linie zeigen wollen, sind willkürlich, es könnte besonders in Abb. 1 ebenso eine andere Linie eingetragen werden.

Dies ist aber für die Schlüsse, die aus den Versuchen gezogen werden können, von keiner Bedeutung. Es sind die folgenden:

1. Die Annahme, daß bei vollständig eingespannten Stäben die Knicklänge mit der Hälfte der freien Länge angenommen werden darf, ist durch die Versuche bestätigt.

2. Als größte Knickkraft kann auch bei eingespannten Stäben die Streckgrenze angenommen werden.

3. Die $\sigma_k \lambda$-Linie schließt sich an die EULERsche Hyperbel an.

4. Bei sehr kleinen $\lambda$, etwa bei 20 bis 30, kann zwar der Stab die Knickkraft länger aushalten wie bei schlanken Stäben, wo die Knickung ganz plötzlich auftritt, jene große Reserve aber, welche bei Zug in der Verfestigung des Materiales besteht, ist bei Druckbeanspruchung nicht vorhanden.

Die Versuche mit eingespannten Stäben bekräftigen also im vollen Maße die von Herrn Professor GEHLER geäußerte Meinung, laut welcher der Sicherheitsgrad gegen Druck größer angenommen werden muß, wie gegen Zug, um in beiden Fällen dieselbe Sicherheit zu erzielen.

Ebenso gerechtfertigt erscheint auch jene Meinung des Herrn Professor GEHLER, daß es nicht angezeigt erscheint, für verschiedene Schlankheitsgrade verschiedene Sicherheitsgrade anzunehmen.

Prof. Dr.-Ing. MAIER-LEIBNITZ, Stuttgart:

Soweit es sich um statisch unbestimmte Träger handelt, kann die angeschnittene Frage wesentlich durch Versuche geklärt werden. Für eine einfache Trägerart (durchlaufenden Träger mit zwei Öffnungen) und eine einfache Belastung (gleiche Lasten in den Drittelpunkten) ist dies durch die in der Bautechnik 1928, Heft 1 und 2 beschriebenen Versuche, durchwegs mit I Trägern gleichen Querschnitts und gleicher Stützweite, geschehen (Abb. 26).

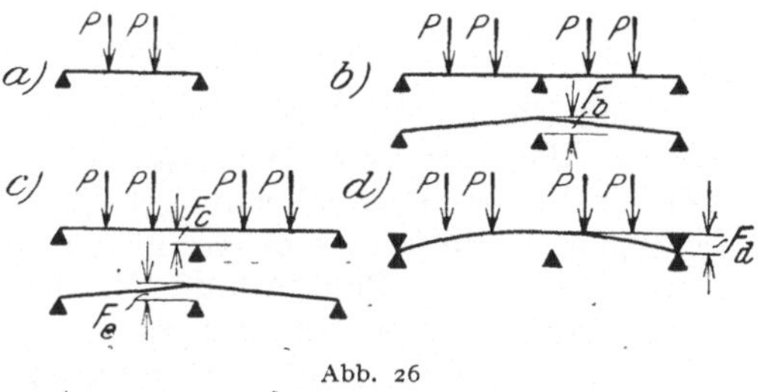

Abb. 26

Der Versuch a) erfolgte mit einem einfachen Balken, die Versuche b), c) und d) mit je einem durchlaufenden Balken, wobei bei b) die Stützen gleich hoch waren. Bei c) war die Mittelstütze so gesenkt, daß bei Erreichung einer zulässigen Beanspruchung von 1,2 $t$/qcm das Stützenmoment gleich dem Feldmoment unter der äußeren Last war. Dasselbe hätte man mit Hilfe eines z. B. durch Kaltverformung nach oben um $F_c$ gebogenen Trägers erreichen können. Bei d) waren die Außenstützen so gesenkt, daß schon vor Aufbringen der Lasten $P$ die zulässige Beanspruchung über der Mittelstütze erreicht war.

Im folgenden sind die nach der klassischen Baustatik (Spannungsmaß) zulässigen Lasten $P_{zul}$ und die beim Versuch gefundenen Lasten $P_v$, bei denen die Träger tatsächlich versagt haben, zusammengestellt:

| | Versuch a | b | c | d |
|---|---|---|---|---|
| $P_{zul}$ | 3,5 $t$ | 3,5 $t$ | 4,67 $t$ | 0 $t$ |
| $P_v$ | 9,5 $t$ | 13,1 $t$ | 13,0 $t$ | 13,45 $t$ |

Aus den Versuchen folgt unter anderem:

1. beim statisch bestimmten Träger ist die Tragfähigkeit praktisch erreicht, wenn die Spannung an die Streckgrenze gelangt, d. h. unter einer ganz bestimmten Last $P_T$;

2. der durchlaufende Träger hat eine wesentlich höhere Tragfähigkeit als der einfache Träger; durch eine künstliche Mittelstützensenkung wird sie nicht erhöht; durch die gewählte, ziemlich beträchtliche Außenstützensenkung wird sie nicht vermindert;

3. bei Überschreiten der Streckgrenze am Mittelstützenquerschnitt infolge wachsender $P$ tritt eine bleibende Überhöhung des Trägers um ein Maß $Fb$ ein, wodurch sich selbsttätig, ähnlich wie bei c), das Stützenmoment ermäßigt, d. h. trotz wachsender $P$ annähernd konstant bleibt. Ein Versagen des Trägers tritt erst ein, wenn unter der äußeren Last an der Stelle des größten Feldmoments eine Beanspruchung gleich der Streckgrenze eintritt. Nennt man das diesem Stadium entsprechende $P_T$ die größte praktisch noch zulässige Tragfähigkeit, so geht aus dem vorhergehenden unmittelbar hervor, daß auch bei unendlich oft wiederholtem Anwachsen von $P$ zwischen einem kleinen Anfangswert und $P_T$ diese Tragfähigkeit nicht geändert wird. Die dem Begriff Ursprungsfestigkeit entsprechende Ursprungstragfähigkeit ist also im vorliegenden Fall sicher nicht kleiner als der Wert $P_T$;

4. die sich selbsttätig einstellende Stützensenkungsmöglichkeit kann zur rechnerischen Auswertung der tatsächlichen Tragfähigkeit durchlaufender Träger verwendet werden.

Die Versuche sind eine Bestätigung der Theorie von GRÜNING. Der Stützenquerschnitt und die Feldquerschnitte unter den äußeren Lasten sind einander zugeordnet. Weitere Versuche sind anzustreben, um erstens das Vertrauen zu statisch unbestimmten Trägern zu stärken, das einzelne Ingenieure von jeher für sie in intuitiver Erkenntnis der bei ihnen vorhandenen Selbsthilfemöglichkeit des Baustoffs gehabt haben und um zweitens für die richtige Auswahl der Trägerarten und Systeme sichere, auch die Behörden überzeugende, sozusagen handgreifliche Unterlagen zu erhalten.

Prof. Dipl. Ing. K. MEMMLER, Berlin:

Zum Referat des Herrn Prof. GEHLER hätte ich wohl einige Einwendungen zu machen, die aber vorwiegend spezielle Fragen der Prüfungsmethodik betreffend, daher mehr den Materialprüfungsfachmann als den Brückenbaufachmann angehen, weswegen ich sie in diesem Kreise mit Rücksicht auf die knappe Zeit unterdrücken möchte. In einem Punkte muß ich aber eine Berichtigung anbringen, um irrtümlichen Auffassungen vorzubeugen.

Auf Seite 136 bringt Herr GEHLER unter Abschnitt V: „Der Sicherheitsgrad beim Knicken", eine graphische Darstellung der $\sigma_k - \lambda$-Kurve, aus der hervorgeht, daß bereits bei einem $\dfrac{l}{i} = \lambda = \sim 55$ für St. 37 und $\sim 50$ für St. 48 die $\sigma_k$-Kurve sich von der Streckgrenzenordinate abhebt und nach oben abbiegt, also einer Asymptote zur Ordinatenachse zustrebt. Seite 137, Absatz 2 behauptet dann Herr GEHLER, daß diese $\sigma_k - \lambda$-Linie durch die umfangreichen Knickversuche des Deutschen Eisenbauverbandes *voll* bestätigt worden sei. Ich nehme an, daß Herr GEHLER hier die Versuche meint, die im Benehmen mit dem Versuchsausschuß des Deutschen Eisenbauverbandes bei uns im Materialprüfungsamte in Berlin-Dahlem ausgeführt wurden. Diese Versuche bestätigen nun keineswegs die von Herrn GEHLER in der Abteilung 7 auf Seite 136 dargestellte $\sigma_k - \lambda$-Linie, und zwar weder für St. 37 noch für St. 48, auch nicht für Si-Stahl.

Diese umfangreichen Versuche, die an sogenannten Modellstäben von rechteckigem Querschnitt mit einer sehr sorgfältigen Versuchsmethodik neuerdings bis herunter zu einem $\lambda = 20$ durchgeführt wurden, zeigen keinen Aufwärtsverlauf der $\sigma_k$-Kurve; diese verläuft vielmehr nach Einmündung der EULER-Hyperbel in die Streckgrenzengerade bis zu $\lambda = 20$ in Höhe dieser Gerade, d. h. in Höhe der Streckgrenzenordinate.

Prof. N. STRELETZKY, Moskau:

Die Frage des Sicherheitsgrades ist eng mit der Formel der zulässigen Spannungen verbunden; darum müssen beide Beiwerte dieser Formel, der Beiwert der linken Seite, den wir Stoßkoeffizient oder dynamischer Koeffizient nennen, und der Beiwert der rechten Seite, der Sicherungsgrad, gemeinsam betrachtet werden.

Die Formel der zulässigen Spannungen ist:

$$\sigma_g + (\mathbf{1} + \varphi)\, \sigma_p = \frac{\sigma_s}{n}$$

wo $(\mathbf{1} + \varphi)$ der Stoßkoeffizient und $n$ der Sicherungsgrad ist.

Die erste Frage ist die Frage der Verteilung der verschiedenen Komponenten der Lastwirkung zwischen diesen Beiwerten; das einfachste und dem Sinne der Formel zweckmäßigste Prinzip ist eine solche Verteilung, bei welcher alle gesetzmäßigen, berechenbaren Faktoren auf die linke und alle nicht gesetzmäßigen auf die rechte Seite der Gleichung gesetzt werden, denn die linke Seite ist die Berechnung und die rechte das Ergebnis der Berechnung.

Nach dem Sinne unserer Formel sind nur die Hauptspannungen berechenbar; deswegen muß der Beiwert $(\mathbf{1} + \varphi)$ nur auf solche dynamische Impulse sich erstrecken, welche die Hauptspannungen beeinflussen. (Außer der Rechnung bleiben alle Neben- und Zusatzspannungen, die man auch als Faser- und örtliche oder Lokalspannungen bezeichnen kann; streng gesagt, ist es nicht ganz logisch, denn einige Kategorien der Faserspannungen, die Spannungen der Knotenmomente sind gut berechenbar und gesetzmäßig und können ganz einfach auf die linke Seite übertragen werden.)

Nach dem hier ausgesprochenen Standpunkte muß der Beiwert $(\mathbf{1} + \varphi)$ die gesetzmäßigen dynamischen Einflüsse enthalten. Es sind:

1. Einflüsse der dynamischen Last;
2. gesetzmäßige Einflüsse der Brückenkonstruktion;
3. vielleicht — gesetzmäßige Einflüsse der Resonanzerscheinung.

Der Beiwert $n$ (Sicherungsgrad):

1. alle statischen und dynamischen Neben- und Zusatzspannungen (Faser- und örtliche Spannungen);
2. nicht gesetzmäßige Einflüsse der Konstruktion und des Zustands der Brücke, statische und dynamische;
3. nicht gesetzmäßige oder besser alle Einflüsse der Resonanzerscheinung.

Streng genommen müßte auch bei $\sigma_g$ in der Formel ein Beiwert stehen, und die Formel sollte besser lauten:

$$\alpha\, \sigma_g + (\mathbf{1} + \varphi)\, \sigma_p = \frac{\sigma_s}{n}$$

wo $\alpha$ die gesetzmäßigen Einflüsse der Brückenkonstruktion auf die Spannungen der ständigen Last ausdrückt (denn unsere Rechenspannungen, die infolge der ständigen Last entstehen, sind den wirklichen Hauptspannungen bei dieser Belastung nicht gleich).

Aber die Spannungsuntersuchungen, welche beim Abnehmen der Rüstungen gemacht wurden, zeigen uns, daß in diesem Augenblick — und nur dann wirkt die ständige Last — die Abweichungen der wirklichen Hauptspannungen von den berechneten, besonders bei unseren weitmaschigen Konstruktionen, nicht groß sind.

Deswegen können wir $\alpha = 1$ setzen.

Der Beiwert $(1 + \varphi)$ nach dem Sinne unserer Formel und seinem Gesetz (Hyperbel, als Funktion der Belastungsstrecke) beeinflußt nur die dynamische Wirkung der Last. Aber die Zahlenwerte, die wir in dem Ausdruck $(1 + \varphi)$ einstellen und die wir den Brückenuntersuchungen entnehmen, umfassen alle dynamischen Wirkungen. Hier haben wir keine Einheit. Die Zahlenwerte des dynamischen Koeffizienten der Last sind niedriger als die empirischen Werte, besonders wenn wir im Resonanzgebiet den dynamischen Koeffizienten als Funktion der kritischen Geschwindigkeit annehmen.

Der dynamische Koeffizient der Last (Abb. 27), als Funktion der Belastungsstrecke, besteht aus drei Hyperbeln; die erste, die für ganz kleine Spannweiten, Längsträger und Brücken mit Fahrbahn oben, gültig ist, berücksichtigt die Einflüsse des Antriebsmechanismus nur der einen Seite der Lokomotive; die zweite, für kleinere Brücken mit Fahrbahn unten, die noch außerhalb des Resonanzgebietes liegen, berücksichtigt die beiden Seiten der Lokomotive und liegt deswegen etwas

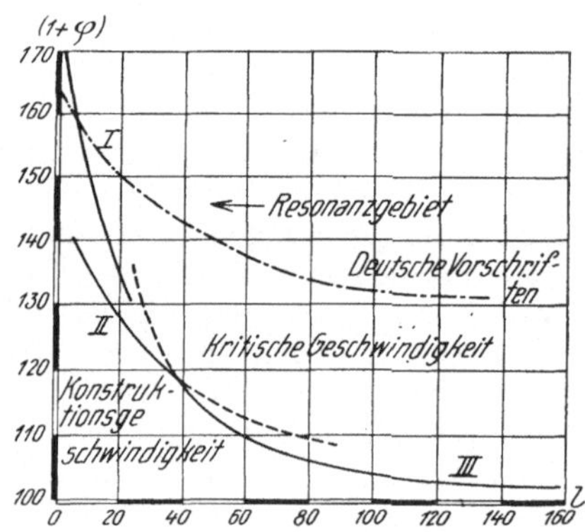


Abb. 27. Dynamische Koeffizienten der Last

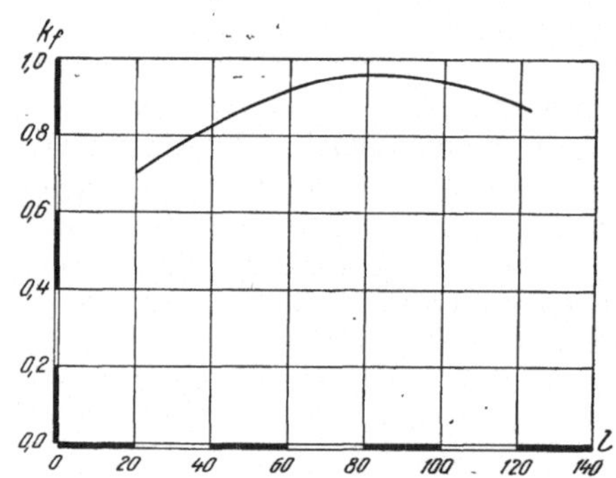


Abb. 28. Durchschnittskurve der Flächenkoeffizienten

niedriger als die erste. Diese beiden Hyperbeln entsprechen den größten Konstruktionsgeschwindigkeiten der Lokomotive. Die dritte Hyperbel liegt im Resonanzgebiet; sie berücksichtigt beide Seiten der Lokomotive und ist eine Funktion der kritischen Geschwindigkeit.

Der gesetzmäßige Einfluß der Brückenkonstruktion entspricht dem Unterschiede zwischen den wirklichen und theoretischen Einflußlinien, was mit Flächenkoeffizienten berücksichtigt werden kann (Abb. 28). Die Flächenkoeffizienten sind leicht findbare empirische Werte; hier müssen Axialflächen-Koeffizienten angezogen werden. Eine Durchschnittskurve der Flächenkoeffizienten ist auf der Abb. 28 gezeigt.

Die Berücksichtigung der Resonanz mit dem Beiwerte $(1 + \varphi)$ ist schwierig, aber nötig, wenn wir genügend große Zahlenwerte des Beiwertes $(1 + \varphi)$, die mit unseren zulässigen Beanspruchungen im Einklang stehen, finden wollen. Vom prinzipiellen Standpunkte würde es besser sein, wenigstens bei Eisenbahnbrücken, die Berücksichtigung der Resonanz mit dem Sicherungsgrade (in der rechten Seite der Formel) durchzuführen, denn bei Eisenbahnbrücken ist die Resonanz eine zufällige, aber keine regelmäßige Erscheinung; das würde aber zu ganz eigentümlichen Zahlenwerten der Beanspruchungen führen, die uns ganz ungewöhnlich sind.

Die Berücksichtigung der Resonanz auf der linken Seite der Formel kann auf rechnerisch-empirischem Wege stattfinden. Der empirische Wert ist hier der Dämpfungskoeffizient (Abb. 29); er kann bei Brückenuntersuchungen mittels Schlagproben oder Schwingungsmaschinen gefunden werden. Ist er bekannt, so kann die größte Amplitude der Brückenschwingungen bei der Resonanz berechnet werden; die Resonanz kann infolge der Wirkungen der Rädergegengewichte bei Durchfahrt einer Lokomotive oder infolge der Stöße bei abgenützten Schienenfugen, bei Durchfahrt eines langen Güterzuges, bestimmt werden.

Die erste Kurve (der Amplituden infolge der Räderresonanz, Abb. 30) hat ein ausgeprägtes Maximum; denn sie ist von zwei Faktoren, die gegenseitig wirken, abhängig, nämlich:

1. von der Intensität der Stöße, die von der kritischen Geschwindigkeit abhängig ist und mit der Vergrößerung der Stützweite sich verkleinert (denn die kritische Geschwindigkeit ist eine sinkende Funktion der Stützweite);

2. von der Zahl der Stöße, die mit der Größe der Stützweite sich vergrößert.

Die Berechnung der zweiten Kurve (der Amplituden infolge der Schienenresonanz) (Abb. 30) zeigt eine Vergrößerung der Amplitudenwerte mit der Stützweite.

Es kann angenommen werden, daß die Entfernung zwischen den Schienenfugen ein vielfaches der Achsenabstände ist, welche beim ganzen Zuge gleich sind;

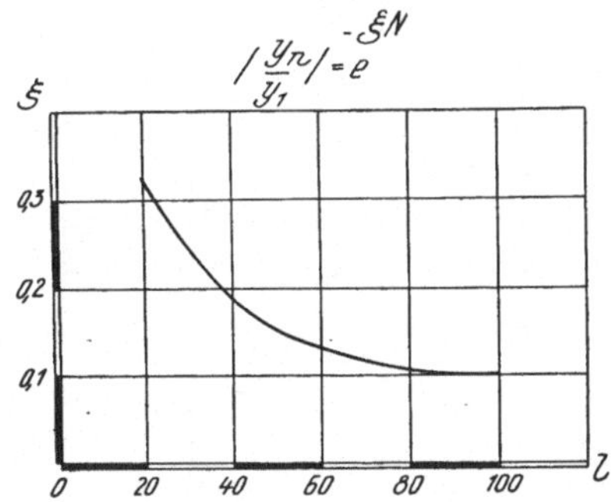

Abb. 29. Durchschnittskurve der Dämpfungskoeffizienten

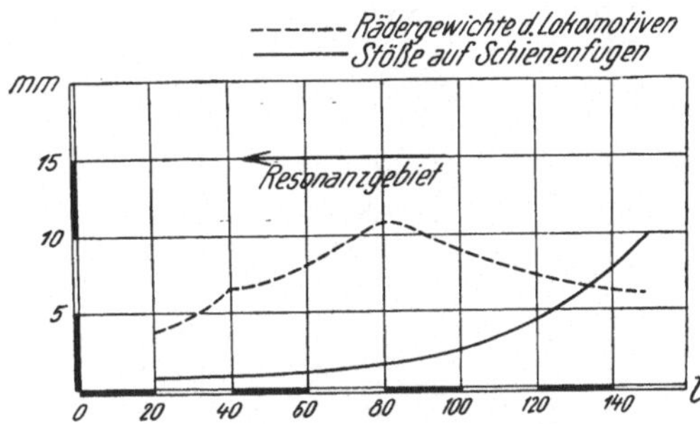


Abb. 30. Amplituden der Brückenschwingungen

das ist immer möglich. Dann wird die gesamte Intensität der gleichzeitigen Stöße mit der Größe der Brücke und mit der Zahl der Fugen sich vergrößern; die Zahl der gleichzeitigen Stöße kann bei dieser Berechnung als ein für alle Stützweiten konstanter Wert angenommen werden, denn sie hängt nicht von der Länge der Brücke, sondern von jener des Zuges ab; das führt zum Schlusse der Berechnung zu den Amplitudenwerten, die mit Vergrößerung der Stützweiten sich vergrößern.

Es ist möglich, als ein Maximum maximorum der Einflüsse, daß der Radumlauf der Lokomotive dem Achsenabstand der Güterwagen gleich ist; dann können die beiden Resonanzeinflüsse sich summieren.

Das Verhältnis der erhaltenen größten Summenamplitudenwerte zu der statischen Durchbiegung kann als der dynamische Zusatzkoeffizient der Resonanzerscheinung ($r$) (Abb. 31) bezeichnet werden; es kann angenommen werden, daß die Vergrößerung der Hauptspannung dem Koeffizienten ($1 + r$) proportional ist. Die Kurve ($1 + r$) ist keine sinkende Funktion der Stützweite oder Belastungsstrecke, sie hat ein Maximum und ein Minimum.

Bei *kleinen* Brücken, die außerhalb des Resonanzgebietes liegen, können nur periodische Stoßimpulse vorhanden sein, die man bei größter Konstruktionsgeschwindigkeit der Lokomotive wirkend denken muß. Der Beiwert ($1 + r$) bei diesen Stützweiten ist eine rasch fallende Funktion und hat ein Minimum, denn die statische Durchbiegung bei kleinen Stützweiten vermindert sich mit der Ver-

kleinerung der Stützweite viel schneller, als die dynamische Schwingungsampli-
tude (bei konstanter Intensität des Stoßes). Zum Schluß bekommen wir für $(1 + r)$
eine Kurve, die zwei Minima und ein Maximum hat.

Die resultierende Kurve des rechnerisch dynamischen Beiwerts, welche die
gesetzmäßigen Einflüsse der Last und der Brücke berücksichtigt, kann als

$$(1 + \varphi') = K_f (1 + \varphi + r)$$

bezeichnet werden (Abb. 32). Die Kurve $(1 + \varphi')$ ist auch keine sinkende Funktion
und hat Minima und Maximum.

Im ganzen genommen ist das Gesetz dieser Kurve, die auf dem beschriebenen
rechnerisch-empirischen Wege gefunden wurde, nahe dem Gesetze des Stoßkoeffizienten von Herrn REMPFRY. Die Berechnungen von Herrn Dr. HORT ergeben auch
kein eintöniges sinkendes Gesetz für den dynamischen Koeffizienten.

Die gefundene Kurve hat den Vorzug, daß sie sich auf empirische Werte stützt:
es sind Dämpfungskoeffizient und Flächenkoeffizient. Die Kurve zeigt, daß das
Gesetz der gesamten dynamischen Wirkung keineswegs eine einfache Hyperbel ist.
Die Kurve zeigt den möglichen Hochwert der gesetzmäßigen dynamischen Ein-

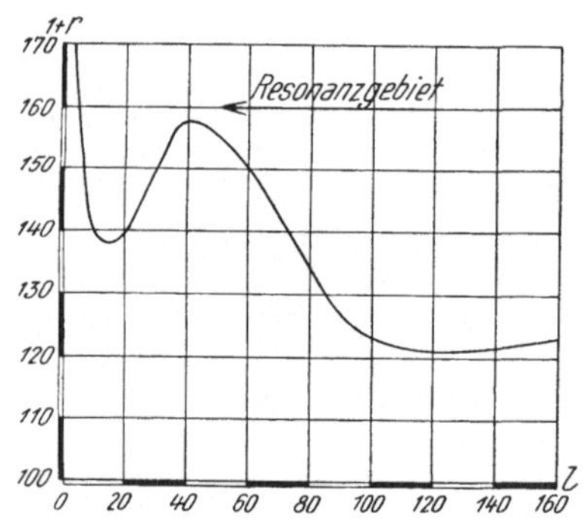


Abb. 31. Dynamischer Zusatzkoeffizient der Resonanzerscheinung

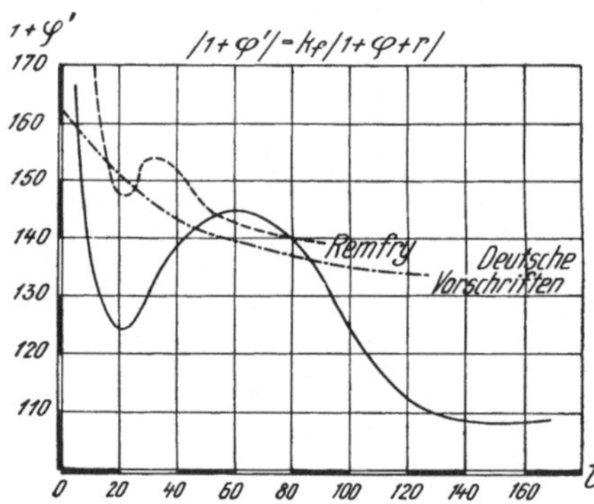


Abb. 32. Dynamischer Brückenkoeffizient

flüsse; wie wir sehen, sind die Ordinaten dieser Kurve nicht sehr hoch; alle empirischen Werte, die über der Kurve liegen, entsprechen nicht den Hauptspannungen,
sondern auch den Zusatz- und Nebenspannungen oder den ungesetzmäßigen Einflüssen der dynamischen Wirkung.

Jetzt gehen wir zu der rechten Seite der Formel, zu dem Sicherungsgrad über.
Bei unserer Rechnungsmethode muß er als ein konstanter Durchschnittswert angenommen werden. Nach den meisten Vorschriften, wenn wir mit der Streckgrenze, als der Grenze aller möglichen Spannungen, rechnen, haben wir für die
Einflüsse, die mit dem Sicherungsgrad berücksichtigt werden müssen, zirka 50 %
der Hauptspannungen, was 800 kg/qcm ausmacht. Die erste Frage der Untersuchung ist die folgende: Ist diese Spanne genügend, um alle oben beschriebenen
Neben- und Zusatzspannungen und die ungesetzmäßigen Hauptspannungen zu
überdecken oder nicht? Darauf kann eine ganz bestimmte Antwort gegeben werden:
die Spanne ist ungenügend. Die möglichen Folgen aus diesem Schlusse sind: 1. die
Erniedrigung der zulässigen Beanspruchungen; 2. die Erhöhung über die Streckgrenze der möglichen Spannungen. Die Erfahrung lehrt uns, daß der zweite Ausweg
zweckmäßiger und besser ist und keine Gefahr mit sich bringt, und daß wenigstens
eine Kategorie der Spannungen, die örtlichen Spannungen, ganz leicht über der
Streckgrenze bleiben können.

Bei dieser Auffassung berücksichtigt der Sicherheitsgrad bis zu der Streckgrenze nur die Nebenspannungen und die Hauptspannungen, die infolge der Ungesetzmäßigkeiten der dynamischen und statischen Arbeit der Brücke (Verkrümmungen, Räumlichkeit usw.) entstehen. Aber die einfache Berechnung der möglichen Zahlenwerte dieser Spannungen zeigt, daß auch sie sehr oft die Streckgrenze überschreiten müssen.

Zum Trost kann man nur sagen, daß dieses Überschreiten nur in den schlechtesten Fällen, bei ganz außerordentlichen Umständen — wie größte Windkraft, Temperaturwirkung, Bremsen, Resonanz usw. —möglich ist und doch keine eigentliche Gefahr mit sich bringt; denn infolge der statischen Unbestimmtheit unseres Fachwerkes wird das örtliche Überschreiten der Streckgrenze nur eine Veränderung der Kraftströmungen in den Fachwerksgliedern bewirken.

Die örtlichen Zusatzspannungen können auch bei regelmäßiger Arbeit der Brücke die Streckgrenze überschreiten. Das gibt diesen Spannungen die größte Wichtigkeit: sie üben den größten Einfluß auf die Veränderung des Zustandes der Brücke, sie sind Quellen der Ermüdung, da sie bei dynamischer Arbeit der Brücke öfters Wechselspannungen mit sehr großen Frequenzen sein können; endlich können sie als der wichtigste Teil der Störungen, welche die Abweichungen der dynamischen Arbeit von dem Gesetz der Proportionalität der äußeren Kräfte beeinflussen, betrachtet werden.

Alle diese Tatsachen müssen als eine reguläre Folge der Brückenarbeit betrachtet werden; aus den Erfahrungen wissen wir, daß sie auch keine Gefahr für die Brücke mit sich bringen; sie bewirken aber ein Abnützen der Brücke. Die Erfahrungen lehren uns weiter, daß dieser Vorgang des Abnutzens langsam vorschreitet und im guten Einklang mit der wirtschaftlichen Arbeitsdauer der Brücke steht; deswegen kann er keine Beunruhigung hervorrufen.

So kommen wir zum Schlusse, daß wir eigentlich keine bestimmte Grenze der möglichen Spannungen haben, denn die Streckgrenze wird von örtlichen Spannungen und kann von Nebenspannungen überschritten werden. Da hat auch der Begriff „Sicherheitsgrad" keinen reellen Sinn; zuerst müssen wir noch große Untersuchungen auf dem Gebiete der örtlichen Spannungen und der plastischen Arbeit der Brücke durchführen, und nur dann können wir den reellen Sicherheitsgrad unserer Brücken bestätigen. Bis dahin können wir aber unsere zulässigen Spannungen nicht vergrößern; denn wir kommen mit unseren Zusatz- und Nebenspannungen in das Unbestimmte.

Prof. GRÜNING, Hannover:

In der Schrift „Tragfähigkeit statisch unbestimmter Systeme usw.", deren wesentliches Ergebnis Herr GEHLER wiedergegeben hat, habe ich den Satz aufgestellt: „Überschreiten die Spannungen in $n$ Stäben eines $n$-fach statisch unbestimmten Fachwerkes, die als Überzählige eines stabilen Systems aufgefaßt werden können, sowie in solchen Stäben des stabilen Systems, deren Spannkräfte den Gleichgewichtsbedingungen gemäß mit denen der Überzähligen abnehmen, infolge einer Belastung die Elastizitätsgrenze, so gehen sie unter wiederholten Be- und Entlastungen in und unter Umständen unter die Elastizitätsgrenze zurück, sofern die Spannung in keinem der Stäbe des stabilen Systems, deren Spannkräfte mit Abnahme der Spannkräfte in den Überzähligen zunehmen, sich über die Elastizitätsgrenze hebt." Es findet also ein Ausgleich der Spannungen statt, und schreitet solange fort, bis die Spannung in einem der letztgenannten Stäbe die Elastizitätsgrenze überschreitet. Daher besteht für jede Laststellung eine bestimmte Belastungsgröße, welche in $n + 1$ Stäben gerade die Spannung der Elastizitätsgrenze erzeugt. Unter der Elastizitätsgrenze muß dabei die Spannung verstanden werden, bis zu der nach den Feststellungen BAUSCHINGERS die Proportionalitätsgrenze durch wiederholte Belastungen dauernd gehoben wird. Der Satz kennzeichnet die Grenze der Belastung, welche ein $n$-fach statisch unbestimmtes Fachwerk beliebig oft ohne Bruch erträgt. Es ist die Belastung, welche nach den Gleichgewichtsbedingungen im allgemeinen $n + 1$ gesetzmäßig einander zugeordnete Stäbe gleich hoch mit der Spannung der Elastizitätsgrenze beansprucht. Die notwendige Folge des Spannungsausgleiches ist: In einem statisch unbestimmten Fachwerk steht die Sicherheit eines auf Zug oder Druck beanspruchten Stabes nicht in bestimmter Beziehung zu der Höhe der Spannung. Die Spannung in *einem* Stabe bietet keinen Maßstab der Sicherheit. Der Beweis des Satzes setzt voraus, daß die Formänderung bei der Belastung nach Gleichung 6 des Referates

$$\delta = \frac{\sigma}{E} + f\,(\sigma - \sigma_p)$$

bei der Entlastung linear

$$\delta = \frac{\sigma}{E_1}$$

erfolgt, wobei $E_1$ auch von $E$ verschieden sein kann. Um die Gültigkeit der Voraussetzung zu prüfen, habe ich in einer Anzahl von Versuchen die Spannungsdehnungslinie verschiedener Stahlsorten bei wiederholten Be- und Entlastungen mit MARTENSchen Spiegeln aufgenommen. Die obere Belastung lag dabei teils dicht unter der Streckgrenze, teils erheblich über ihr. Die Entlastungen wurden

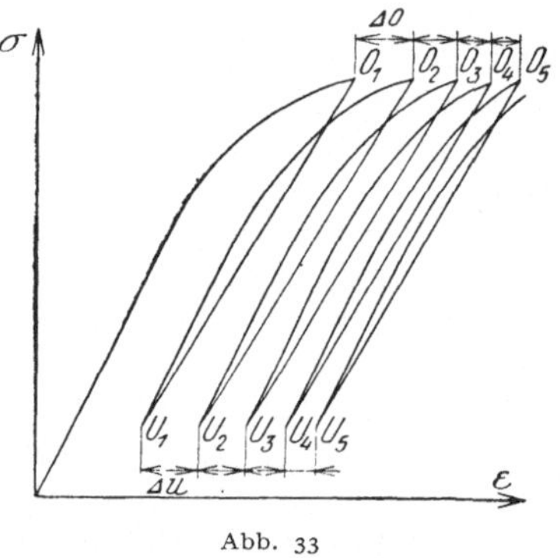

Abb. 33

nur bis etwa 300 bis 400 kg/qcm durchgeführt, um die Stäbe nicht gänzlich zu entspannen. Die Messungen zeigten in allen Fällen das gleiche charakteristische Bild, das in der nebenstehenden Abb. 33 veranschaulicht ist.

Der Rückgang $o - u$ erfolgt ganz oder nahezu geradlinig mit etwas schwächerer Neigung als $E$. Bei der folgenden Belastung steigt die Linie zunächst *geradlinig* mit $E$, geht dann in schwächere Neigung über und durchschneidet die Linie der Entlastung. Die Abstände $\varDelta o$, $\varDelta u$ nehmen mit jeder Be- und Entlastung ab. Beide konvergieren anscheinend gegen $o$, indem die beiden Zweige einer Schleife in einer Geraden zusammenfallen.

Den gleichen Verlauf zeigten auch die Fälle, in denen die obere Spannung erheblich — bis zu 600 kg/qcm — über der Streckgrenze lag.[1]

Die Messungen stehen im Widerspruch zu dem ersten Satze BAUSCHINGERS, der lehrt, daß die Proportionalitätsgrenze durch eine Belastung, welche die Streckgrenze überschreitet, erheblich — oft bis auf $o$ — herabgeworfen wird. Bei keinem der untersuchten Stäbe ist die Proportionalität zwischen Spannung und Dehnung unterhalb der Elastizitätsgrenze gestört worden, trotzdem die Belastungen weit über die Streckgrenze hinausgingen. Die zweite bemerkenswerte Erscheinung ist die deutlich erkennbare Verfestigung bestehend in der Konvergenz der Dehnungen $\varDelta o$, $\varDelta u$ und der zunehmenden Abflachung der Schleifen. Die Zahl der durchgeführten Versuche reicht zu einem endgültigen Schluß nicht aus. Sie werden deshalb fortgesetzt. Immerhin läßt die Tatsache, daß in allen Fällen trotz verschiedener Stahlsorten und Stärken das gleiche Ergebnis gefunden wurde, eine Bestätigung bei weiteren Versuchen erwarten.

---

[1] Ein knapp nach dem Kongresse durchgeführter Versuch zeigt nach 15 Belastungen vollständige Konvergenz und elastische Formänderung bei weiteren 25 Be- und Entlastungen zwischen $\sigma_0 = 3100$ kg/qcm (200 kg über der Streckgrenze) und $\sigma_n = 280$ kg/qcm.

Die physikalische Grundlage des aufgestellten Satzes hat sich bisher bestätigt. Eine offene Frage bleibt die Höhe der Ursprungsfestigkeit. Die Auffassung BAUSCHINGERS, daß die Ursprungsfestigkeit mit der Spannung zusammenfällt, bis zu der die Elastizitätsgrenze dauernd gehoben werden kann, erscheint heute zweifelhaft. *Die Feststellung der Ursprungsfestigkeit der verschiedenen Stahlsorten ist eine der wichtigsten Aufgaben der Eisenforschung.* Gleichzeitig wäre auch die Gültigkeit der Formel LAUNHARDT-WEYRAUCH nachzuprüfen, die ich in den Fällen bezweifle, in denen die untere Grenze der — entgegengesetzten — Beanspruchung die natürliche Elastizitätsgrenze des Materials nicht überschreitet. Denn bei keinem Versuche ist eine Tatsache festgestellt worden, aus der zu schließen wäre, daß eine Beanspruchung unterhalb der natürlichen Elastizitätsgrenze — nach BAUSCHINGER etwa $^2/_3\,\sigma_E$ — das elastische Verhalten des Stahles gegen Beanspruchung des entgegengesetzten Sinnes beeinflußt. Da es sich bei der großen Mehrzahl aller Wechselstäbe um den Wechsel zwischen einer hohen Spannung des einen und einer wesentlich niedrigeren Spannung des anderen Sinnes handelt, ist die Frage von erheblicher praktischer Bedeutung. Es kommt hinzu, daß im Eisenbau der Wechsel zwischen zwei Spannungen entgegengesetzten Sinnes sich im allgemeinen nicht hin und her schwingend vollzieht, sondern nur durch eine Änderung der Laststellung hervorgerufen wird.

Noch einige Worte zu den Ausführungen des Herrn HARTMANN über die Bedeutung der Nebenspannungen, die durch Vernietung der Knotenpunkte entstehen. Solange die Spannungen des idealen Fachwerkes die Streckgrenze nicht überschreiten, bleiben die Längenänderungen der Stäbe in der Größenordnung $\Delta s = 0{,}002 \cdot s$. Durch diese ist aber die Schärfe der Krümmungen festgelegt, welche die Stäbe infolge Vernietung der Knotenpunkte erfahren. Die Überschreitung der Streckspannung am Rande eines Stabes ist erst möglich, wenn die Dehnung hier den ganzen Dehnungsbereich der Streckgrenze durchlaufen hat. Nach meinen Messungen sind das $\varepsilon = 25^0/_{00}$ und mehr für St. 37 und $\varepsilon = 15^0/_{00}$ und mehr für St. 48. Daraus ergibt sich für den kleinsten Wert, wenn $h$ die Höhe des Querschnittes bezeichnet, eine Krümmung der Größenordnung

$$\frac{1}{\varrho} = \sim \frac{1}{80\,h}$$

Man erkennt leicht, daß eine Krümmung dieser Schärfe unter der genannten Voraussetzung geometrisch unmöglich ist. Daraus folgt, daß die Streckspannung am Stabrande nicht überschritten werden kann, solange die Stabspannung des idealen Fachwerks sie nicht überschreitet.

Zu einem allgemeinen Schluß führt folgende Überlegung. Es bezeichne $A$ die Arbeit der Lasten, $F$ die Formänderungsarbeit der Spannkräfte in den Stäben, $B$ die Formänderungsarbeit der Biegungsmomente infolge vernieteter Knotenpunkte. $A_0$, $F_0$ seien die fraglichen Größen des idealen Fachwerks. Unabhängig vom Formänderungsgesetz gilt für das ideale Fachwerk

$$A_0 = F_0$$

für das Fachwerk mit vernieteten Knotenpunkten

$$A = F + B.$$

Solange Proportionalität zwischen Spannung und Dehnung besteht, ist leicht abzuleiten

$$F + B = F_0 - \frac{1}{2}\,\Sigma\,S_x{}^2\,\frac{s}{E F} - \frac{1}{2}\int M_x{}^2\,\frac{d s}{E J}$$

wenn $S_x$ die Spannkräfte und $M_x$ die Momente sind. die durch die statisch Unbestimmten erzeugt werden. Also ist

$$F + B < F_0$$

$$A < A_0.$$

Bei nicht linearem Formänderungsgesetz ist in ähnlicher Weise

$$A < A_0,$$

kürzer noch aus dem Satze ENGESSERS vom Minimum der Ergänzungsarbeit abzuleiten. Mithin ist

$$F + B < F_0$$

*allgemein gültig.* Das ideale Fachwerk sei in jedem Stab gerade noch bruch- und knicksicher. Ein Bruch durch die Nebenspannungen bedingt infolge der Zähigkeit des Stahles Formänderung und Formänderungsarbeit. Beim Bruch können die Lasten sich nicht heben, sie werden im allgemeinen sinken. $A$ kann nicht abnehmen, sondern nur zunehmen.

Mit $A$ nimmt auch $F$ zu, dagegen nimmt $B$ ab, da für $A \to A_0$, $B \to o$. Für $B$ besteht der Grenzwert

$$B = F_0 - F - (A_0 - A)$$

Der Krümmung der Stabachsen ist daher eine bestimmte Grenze gesteckt, die nicht überschritten werden kann, solange das ideale Fachwerk in allen Stäben bruch- und knicksicher ist. Das gleiche gilt für die Dehnungen in allen Punkten der Stabquerschnitte. In einem Material von der Zähigkeit des Stahles kann ein Bruch nur bei *unbehinderter Dehnung* entstehen. Aus den dargelegten Gründen bin ich der Ansicht, die ENGESSER schon vor etwa 35 Jahren vertreten hat, daß die Höhe der Nebenspannungen, die durch Vernietung der Knotenpunkte entstehen, auf die Sicherheit eines Fachwerkes keinerlei Einfluß hat, und der Sicherheitsgrad ausschließlich durch die Höhe der Hauptspannungen bestimmt ist.

Prof. Dr. Ing. GEHLER:

Zunächst danke ich den Herren Diskussionsrednern für das lebhafte Interesse, das sie durch ihre Beteiligung an der Aussprache für meine Darlegungen bekundet haben. Mein besonderer Dank gilt Herrn v. KUNICKY-Warschau, der sich in liebenswürdiger Weise bereitgefunden hat, durch seine Erläuterungen den wesentlichen Inhalt meines Referates in französischer Sprache den Fachgenossen romanischen Stammes zu übermitteln. Ich möchte nicht unterlassen, darauf hinzuweisen, daß die wörtliche Übersetzung meines Referates ins Französische von der Geschäftsstelle durchgeführt worden ist. Das Schriftstück kann im Sekretariat entnommen werden.

Herrn GRAF-Stuttgart stimme ich grundsätzlich darin bei, daß, wie ich auch in meinem Referat betont habe, bei allen plastischen Problemen die Schwingungsfestigkeit und Ursprungsfestigkeit maßgebend sind, die nach den Versuchen von WÖHLER und BAUSCHINGER an die Stelle der $P$-Grenze und Streckgrenze treten.

Herrn MEMMLER-Berlin möchte ich erwidern, daß bereits KÁRMÁN auf die bekannte Verzweigung der $\sigma_K$-$\lambda$-Linie etwa im Punkte $\lambda = 40$ hingewiesen hat. Es handelt sich hier um das bekannte Problem des Verzweigungsgleichgewichtes oder der bifikularen Erscheinungen. Der eine Ast der $\sigma_K$-$\lambda$-Linie läuft wagrecht von $\lambda = 40$ bis $\lambda = o$ weiter, während der andere Ast von $\lambda = 40$ an stark ansteigt. Der erhobene Einwand behandelt also eine seit langem bekannte Erscheinung.

Herr KOSSALKA-Budapest kommt auf Grund seiner eigenen, sehr interessanten

Versuche zu dem gleichen Ergebnis wie ich in meinem Referat, also zu dem Vorschlag, für Knickstäbe den Sicherheitsgrad $v = 2{,}5$, und zwar gleichbleibend für den plastischen und elastischen Bereich anzunehmen. Ich darf diese Übereinstimmung mit Freuden begrüßen. Um Mißverständnissen vorzubeugen, sei besonders hervorgehoben, daß durch die umfangreichen Versuche des Deutschen Eisenbauverbandes die in der Abb. 7 meines Referates dargestellte Knickspannungslinie äußerst befriedigend bestätigt worden ist.

Herr HARTMANN-Wien hat sich mit Recht dagegen gewendet, daß die Nebenspannungen infolge starrer Knotenverbindungen künftig etwa als vollständig belanglos betrachtet werden können. Ich habe in meinem Referat unter VI,3 mich wie folgt ausgedrückt: „Für den Eisenbau ist hieraus zu schließen, daß z. B. die Nebenspannungen infolge starrer Knotenverbindungen nicht gleichwertig mit den Grundspannungen sind und ihnen auch nicht ohne weiteres zugezählt werden dürfen. Sie sind somit infolge dieses selbsttätigen Spannungsausgleiches im allgemeinen nicht so hoch einzuschätzen, wie früher allgemein geglaubt wurde." Ich nehme somit eine Mittelstellung zwischen Herrn HARTMANN und Herrn GRÜNING ein. Auf der einen Seite stimme ich mit Herrn GRÜNING darin überein, daß in allen Nietverbindungen, also auch insbesondere an den Knoten, ein gewisser Spannungsausgleich selbsttätig eintritt. Hier liegt somit ein plastisches Problem (vgl. meinen zweiten Leitsatz) vor, aus dem wir Nutzen ziehen können. Andererseits stimme ich mit Herrn HARTMANN darin überein, daß wir keinesfalls alle Nebenspannungen infolge starrer Knotenverbindungen und infolge außermittigen Kraftangriffes an den Knoten etwa vernachlässigen dürfen. Der Einsturz der Mönchensteiner Brücke im Jahre 1891 und die darauffolgenden Erörterungen im Schrifttum[1] haben einwandfrei erwiesen, daß dort die Nebenspannungen in einzelnen Stäben das Dreifache der Hauptspannungen betrugen, und zwar hauptsächlich infolge des starken außermittigen Kraftangriffes. Hieraus ziehe ich die Folgerung, daß bei außergewöhnlichen Abmessungen von Fachwerken und bei außergewöhnlichen Grundformen nach wie vor die Nebenspannungen infolge starrer Knotenverbindungen gerechnet werden müssen, dagegen keinesfalls bei den gebräuchlichen Abmessungen und den üblichen Grundformen. Andererseits bin ich aber der Meinung, daß man mit der zulässigen Beanspruchung wesentlich höher als bisher gehen darf, so z. B. für die der Einfachheit halber als gleichwertig angenommenen Grund- und Nebenspannungen bis zur oder nahe bis zur Streckgrenze. Eine Entscheidung dieser schwierigen Frage kann erst dann getroffen werden, wenn weitere Ergebnisse von Versuchen mit häufig wiederholter Belastung vorliegen, wie sie z. B. zurzeit für Nietverbindungen in Stuttgart ausgeführt werden.

Herr GRÜNING-Hannover hat darauf hingewiesen, daß nach seinen neuesten, noch nicht veröffentlichten Versuchen sich bei häufig wiederholter Belastung ein anderes Ergebnis zeigt, als Abb. 10 meines Referates darstellt. Diese Abb. 10 ist, wie aus meinen Darlegungen klar hervorgeht, dem bekannten Werk von FR. BLEICH, Theorie und Berechnung der eisernen Brücken, Berlin, Verlag von Julius Springer, 1924, Seite 82, entnommen. Sie hat lediglich den Zweck, im Sinne von Herrn BLEICH eine möglichst einfache Grundlage für die Erklärung des WÖHLERschen Gesetzes und der zwölf BAUSCHINGERschen Gesetze zu bieten. Jeder neue Beitrag, wie der von Herrn GRÜNING in Aussicht gestellte zur Erforschung dieses plastischen Bereiches muß naturgemäß mit Freuden begrüßt werden.

Herr MAIER-LEIBNITZ-Eßlingen hat über seine sehr bemerkenswerten Versuche berichtet, die ebenfalls einen Beitrag zur Erforschung des plastischen Bereiches

---

[1] Vgl. W. GEHLER, Nebenspannungen eiserner Brücken. Verlag W. Ernst und Sohn, Berlin, Seite 43.

bilden. Bei dem beschränkten Raum, der für mein Referat vorgeschrieben war, und an den ich mich halten zu müssen glaubte, habe ich es leider unterlassen, auf die mir wohlbekannten neueren Versuche von Herrn MAIER-LEIBNITZ einzugehen. Um so mehr begrüße ich die hier von ihm dargebotene Ergänzung, die sich in den Rahmen meiner Darlegungen zwanglos eingliedert.

Herr STRELETZKY-Moskau hat auf die Notwendigkeit hingewiesen, die Ergebnisse der dynamischen Erforschung von Brücken möglichst bald für die Bemessung der Tragwerke nutzbar zu machen, also bestimmte Beiwerte in die Spannungsformeln aufzunehmen. Ich möchte hier einen Gedanken von Herrn STRELETZKY, den er in seinem Referat $A_2$, Seite 112, angedeutet hat, etwas ausführlicher erläutern, weil ich ihn für praktisch bedeutsam erachte.

Die zulässige Spannung ist

$$\sigma_{\text{zul}} = \frac{S_g + S_p}{F}.$$

Bezeichnet $f_s$ = Fläche der statischen Einflußlinie und $f_d$ = die Fläche der dynamischen Einflußlinie, so ist $S_g = g \cdot f_s$ und $S_p = p_d \cdot f_d$, wobei $p_d$ den statischen Belastungsgleichwert bedeutet. Es handelt sich nun darum, das letztere Produkt aus den statischen Größen aufzubauen. Hierzu sind zwei Beiwerte erforderlich, nämlich ein dynamischer *Belastungsbeiwert* (d. i. unsere Stoßzahl $\varphi$) und ein *dynamischer Brückenbeiwert*, der lediglich von der Art der Brücke, also nicht von der Belastungsgröße und Belastungsart abhängt. Für diesen neuen Beiwert schlägt STRELETZKY den sogenannten Flächenbeiwert $K_f$ vor. Aus Abb. 37 des Referates STRELETZKYS ergibt sich z. B. für eine Brücke von 60 m Spannweite $K_f = 0{,}8$, dagegen bei 90 m Spannweite $K_f = 1{,}0$. Nimmt man nach Abb. 33, S. 98 die zu diesen Stützweiten zugehörigen Stoßzahlen zu $\varphi = 1{,}8$ bzw. $\varphi = 1{,}65$ an, so erhält man dieses erörterte Produkt zu

$$p_d \cdot f_d = (p_s \cdot \varphi) \cdot (f_s \cdot K_f) = (p_s \cdot f_s) \cdot \varphi \cdot K_f = P \cdot 1{,}80 \cdot 0{,}8 = 1{,}44 \, P$$
$$\text{bzw. } p_d \cdot f_d = \dots\dots\dots\dots\dots\dots\dots\dots\dots = P \cdot 1{,}65 \cdot 1{,}0 = 1{,}65 \, P$$

Somit ergibt sich:

$$\text{für } l = 60 \text{ m } \sigma_{\text{zul}} = \frac{1}{F}\left\{g \cdot f_s + (p_s \cdot \varphi) \cdot (f_s \cdot K_f)\right\} = \frac{1}{F}(S_g + 1{,}44 \, S_p)$$
$$\text{bzw. ,, } l = 90 \text{ m } \sigma_{\text{zul}} = \qquad\qquad\qquad\qquad = \frac{1}{F}(S_g + 1{,}65 \, S_p)$$

Der Grundgedanke dieses Vorschlages besteht darin, durch Einführung des *neuen Beiwertes $K_f$*, der die *Arbeit der Brücke* kennzeichnet, *neben dem Belastungsbeiwert* $\varphi$ einen neuen verbesserten Maßstab für die Beanspruchung zu finden.

Zum Schluß möchte ich im Anschluß hieran noch zwei Beispiele für die *Arbeits-Leistungslinie bei der dynamischen Beanspruchung von Brücken* andeuten.

In unserem Ausschuß für Brückenmeßtechnik der Reichsbahn rollte ich bei der letzten Sitzung Ende August die beiden Fragen auf: Was ist bei unseren Brückenschwingungen Arbeitssumme und was ist Leistung? Das Referat STRELETZKY gab mir folgende Anregung:

*1. Beispiel*: Nimmt man an, daß der schweizerische Einachswagen mit 40 km/Std. Geschwindigkeit über einen Gleisträger rollt, so ergibt sich nach STRELETZKY (S. 42) aus dem Durchbiegungsdiagramm die Fläche $f_d$ der dynamischen Einflußlinie und ferner die für die Einzellast leicht zu bestimmende Fläche $f_t$ der theoretischen Einflußlinie der Durchbiegungen. Der sogenannte Flächenbeiwert ist dann nach STRELETZKY:

$$K_f = f_d : f_t.$$

Er stellt eine Arbeitsgröße dar. Die zugehörige Leistungsgröße erhält man dadurch, daß man diesen Wert durch die Zeitdauer der Überfahrt $T_f$ teilt, also den Ausdruck

$$L_f = K_f : T_f$$

bildet. Somit ist man in der Lage, für eine bestimmte Geschwindigkeit einen Punkt meines Arbeits-Leistungsdiagrammes (Abb. 11 meines Referates) zu finden und für andere Geschwindigkeiten andere Punkte. Eine Grenzlinie in diesem Diagramm wäre dann zu finden, wenn sich bei einer bestimmten sehr großen Geschwindigkeit irgend ein bleibender Schaden an der Brücke zeigt, sei es das Lockern der Nietverbindungen, starke Fließerscheinungen oder Schäden an Gelenkverbindungen. Die Ordinaten der zulässigen Arbeits-Leistungslinie müßten dann zu einem Bruchteil der Ordinaten der Grenzlinie angenommen werden, z. B. zu etwa zwei Drittel.

2. *Beispiel*: Bei den *freien Schwingungen* eines *Knotens* beim russischen *Schlagversuch* oder beim *Aufschaukeln der Brücke durch den neuen deutschen Erschütterungswagen der Firma Losenhausen* ist nach STRELETZKY S. 104 das bekannte *Dämpfungsgesetz*:

$$\left(\frac{y_n}{y_1}\right) = e^{-ENT}$$

und nach S. 106 der Wert $\frac{d}{dt}\left[\left(\frac{y_1}{y}\right)^2\right]$ eine Kennziffer für den *Energieverbrauch*. Somit besteht wiederum die Möglichkeit

a) eine *Arbeitsgröße* $A_S$ aus diesem Diagramm zu finden;
b) die *zugehörige Zeit* $T_S$ zu entnehmen und $L_S = A_S : T_S$ zu bilden
und c) wiederum meine *Arbeits-Leistungslinie aufzutragen*.

Meine Herren! Unsere Brücken sind dynamische Lebewesen, genau wie wir Menschen. Sie sind, genau wie wir selbst, sehr verschieden in ihrem Energie-Umwandlungsgesetz, in ihrer Arbeitssumme und in ihrer Leistung. Es gilt nun diejenige Grenzlinie als *Arbeits-Leistungsdiagramm* zu finden, bei der irgend etwas eintritt, was wir für bedenklich ansehen. Dies muß nicht etwa der Bruch sein, sondern z. B. beim Menschen irgend ein ernstes Warnungszeichen, eine starke bleibende Dehnung, ein Schlaganfall, ein Memento mori. Kennen wir diese dynamischen Grenzlinien, so sind wir auch in der Lage, zulässige Beanspruchungen festzulegen. Derartige dynamische Grenzlinien zu finden, z. B. die von mir vorgeschlagene Arbeits-Leistungslinie bestimmter Brückentypen, möchte ich als eines der nächsten Ziele unserer Forschungsarbeit kennzeichnen.

# B₂

# Le flambage des poutres comprimées par des forces axiales et des forces excentrées

Par G. Pigeaud, Paris

*Préliminaires.* — Il ne sera question ici que de poutres droites supposées parfaites à tous les points de vue sauf un. Leur axe est supposé parfaitement rectiligne, leur section rigoureusement constante, leur matière parfaitement homogène, etc. Seule interviendra la considération d'une certaine excentricité de la force de compression $F$, dont la ligne d'action ne sera pas supposée en parfaite coïncidence avec l'axe.

Lorsque l'excentricité $b$ a une valeur notable, déterminée par des conditions de construction (par exemple lorsque l'on admet des barres de treillis dissymétriques par rapport au plan moyen d'une ferme composée), la force excentrée $F$ est équivalente à une force égale agissant suivant l'axe et à un couple complémentaire $Fb$. A la fatigue primaire $\frac{F}{S}$ se superpose une fatigue secondaire due à la flexion provoquée par le couple, et dans les fibres extrêmes de la section cette fatigue secondaire est fréquemment prépondérante. Mais tant que les déplacements transversaux dûs à la flexion demeurent petits par rapport à l'excentricité $b$, les règles ordinaires de la Résistance des Matériaux peuvent à la rigueur suffire, les équations d'équilibre à faire intervenir pour l'étude de la pièce déformée pouvant être remplacées, avec un degré d'exactitude suffisant, par les équations similaires applicables à la pièce initiale, avant déformation.

Mais dans une construction très soignée, ou mieux encore dans des expériences de laboratoire, on s'efforce de réduire l'excentricité à d'aussi faibles valeurs que possible. Elle est alors du même ordre de grandeur que les déplacements transversaux. Il faut donc écrire les équations complètes en tenant compte de ces déplacements possibles.

Ce que l'on appelle force axiale, ou rigoureusement centrée, n'est d'ailleurs qu'une force dont l'excentricité est devenue suffisamment petite pour n'être pas décelable par une observation directe. Cette excentricité, si petite qu'elle soit, doit toujours être considérée comme existante et comme constituant, dans chaque cas concret et expérimental, un paramètre qui demeure déterminé et fixe, alors que d'autres quantités, comme l'intensité de la force appliquée, sont regardées comme des variables, au sens mathématique du mot, et restent à la disposition de l'expérimentateur.

Dans le présent travail on supposera d'abord une barre libre à ses deux extrémités, qui serait formée d'une matière hypothétique se comportant élastiquement jusqu'à sa rupture et on y appliquera les principes de l'analyse d'Euler. Puis on confrontera les résultats de cette analyse avec les résultats d'expériences et on passera en revue quelques unes des formules de correction qui ont été proposées pour passer des premiers résultats aux seconds, et pour tenir compte en somme du domaine de semi-plasticité, qui succède généralement, pour les matériaux métalliques, tout au moins, au domaine d'élasticité presque parfaite.

On fera ensuite une application de l'analyse aux barres qui sont partiellement encastrées à leurs extrémités et qui se rapprochent davantage des conditions ordinaires des constructions. On ne pourra certes jamais connaître d'une manière certaine le degré d'encastrement obtenu dans un cas concret, mais l'établissement d'une théorie générale facilite l'accord à réaliser sur des appréciations raisonnables.

Enfin on dira quelques mots de la recherche des charges critiques pour des pièces comprimées et entourées d'un milieu élastique dans les deux cas simples d'extrémités libres, ou parfaitement encastrées.

### Chapitre I. *Pièces parfaitement élastiques jusqu'à rupture*

Représentons schématiquement la barre comprimée par sa section longitudinale $A A' B B'$, correspondant à un plan moyen, ou de symétrie (Fig. 1).

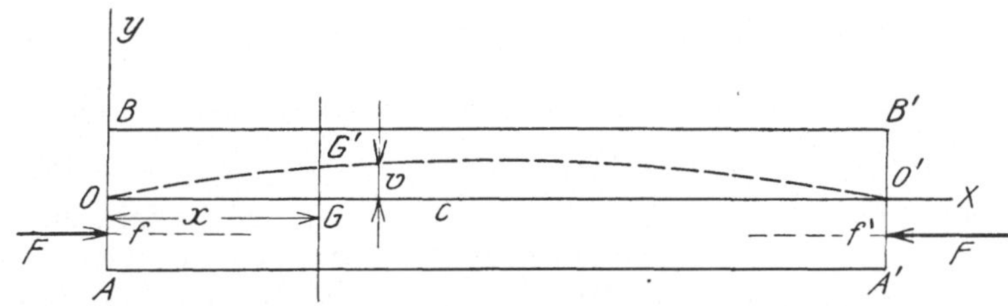

Fig. 1

Appelons $l$ sa longueur $oo'$, $S$ l'aire de sa section transversale, $I$ son moment d'inertie, $r^2$ son rayon de giration, $h$ la distance à l'axe de la fibre extrême la plus comprimée.

Soit d'autre part $ff'$ la ligne d'action des forces appliquées $F$, située à une distance $of = b$ au-dessous de l'axe $oo'$, dont les extrémités sont supposées maintenues sur $ox$.

L'analyse d'EULER peut s'exposer rapidement de la manière suivante. Sous l'action du couple $-Fc$ la pièce fléchit et un point $G$ de son axe, situé à l'abscisse $x$ à compter du point $o$, subit un déplacement transversal $v(x)$. Le moment fléchissant dans la section correspondante est $M(x) = -F(b + v)$. Par suite la fonction $v$ doit satisfaire à l'équation différentielle bien connue:

$$\frac{d^2 v}{d x^2} = \frac{M(x)}{E I} = -\frac{F}{E I}(b + v).$$

Posant pour simplifier $k^2 = \dfrac{F}{E I}$ elle s'écrit:

$$\frac{d^2 v}{d x^2} + k^2 v + k^2 b = 0 \dots\dots\dots\dots\dots\dots\dots (1)$$

Compte tenu de la symétrie nécessaire par rapport au milieu de la barre, son intégrale générale se présente sous la forme:

$$v = A \cos k\left(x - \frac{l}{2}\right) - b$$

et la condition $v = 0$ pour $x = 0$ s'exprime pour la relation:

$$A = \frac{b}{\cos \dfrac{k l}{2}}$$

Finalement on trouve les formules suivantes:

$$v = b \left[ \frac{1}{\cos\dfrac{k\,l}{2}} - 1 \right] \dots\dots\dots\dots\dots\dots\dots\dots\dots (2)$$

$$M(x) = -F(b+v) = -F\,b\,\frac{\cos k\left(x - \dfrac{l}{2}\right)}{\cos\dfrac{k\,l}{2}} \dots\dots\dots\dots\dots (3)$$

La fatigue $n$ dans la fibre extrême la plus comprimée atteint sa valeur maximum dans la section médiane et cette valeur est

$$n = \frac{F}{S} \left[ 1 + \frac{b\,h}{r^2 \cos\dfrac{k\,l}{2}} \right] \dots\dots\dots\dots\dots\dots\dots\dots (4)$$

La fatigue primaire $\dfrac{F}{S}$ se trouve multipliée par un facteur, qui dépend de la grandeur de la force $F$, puisque celle-ci figure implicitement dans $k$, et qui dépend aussi de l'excentricité $b$.

Supposons un cas concret, où l'excentricité $b$ soit connue et déterminée, ainsi que la force $F$. Il suffit de calculer la parenthèse, facteur de $\dfrac{F}{S}$ dans la relation (4) pour savoir si la valeur de $n$ rentre ou non dans les limites admissibles et notamment si elle sort ou non du domaine élastique, délimité par la limite d'élasticité $N$.

Supposons ensuite que, l'excentricité $b$ demeurant déterminée, on fasse croître $F$ à partir de zéro et suivons les valeurs successives prises par la parenthèse.

Elle part de la valeur $1 + \dfrac{b\,h}{r^2}$, pour $F = o$, ou $k = o$ et va en croissant d'abord lentement, puis plus vite, et atteint de très grandes valeurs lorsque la valeur de $\dfrac{k\,l}{2}$ se rapproche de $\dfrac{\pi}{2}$. Elle tend vers l'infini lorsque $\dfrac{k\,l}{2}$ tend vers $\dfrac{\pi}{2}$, ou, autrement dit, lorsque la force $F$ tend vers la valeur:

$$F = \frac{\pi^2\,E\,I}{l^2} \qquad \text{d'où} \quad \frac{F}{S} = \pi^2\,E\,\frac{r^2}{l^2}.$$

Ce sont là les valeurs critiques d'EULER, se rapportant l'une à la force de compression, l'autre à la fatigue primaire de compression.

Ce qu'elles offrent de remarquable c'est d'abord qu'on ne saurait les atteindre sans avoir *auparavant* mis la pièce dans une situation dangereuse, la valeur de la fatigue $n$ étant devenue forcément supérieure à la limite de rupture $R$ (que théoriquement nous supposons coïncider ici avec la limite d'élasticité $N$).

Ensuite, ce sont des limites qui ne dépendent pas de l'excentricité $b$, mais seulement des dimensions de la pièce, le seul paramètre effectif étant d'ailleurs le rapport $\dfrac{r^2}{l^2}$, en ce qui concerne la fatigue primaire.

Cela ne veut pas dire évidemment que l'excentricité $b$ ne jouera aucun rôle dans la rupture de la pièce et ne contribuera pas à la déterminer, ou à la hâter. Cela veut dire simplement que si petite que soit $b$, qu'elle soit mesurable, ou qu'elle soit d'un ordre de petitesse comparable aux erreurs de mesure, la rupture ne peut manquer de survenir avant que la force de compression ait atteint la valeur critique.

Au surplus il est très intéressant de suivre par des exemples le mécanisme des augmentations de fatigue qui se produiraient dans une pièce comprimée, lorsque sa fatigue primaire va en croissant, et de mettre en évidence l'influence de l'excentricité $b$.

Supposons que l'on ait $\dfrac{r^2}{l^2} = 10^{-4}$, et que l'excentricité prenne dans trois pièces identiques des valeurs telles que $\dfrac{b\,h}{r^2}$ ait les valeurs $0,1 - 0,05 - 0,01$ respectivement. On dressera aisément le tableau suivant, la limite d'EULER étant $19{,}7^k$ par mm².

| Fatigue primaire | Fatigue maxima 1re pièce | Fatigue maxima 2me pièce | Fatigue maxima 3me pièce |
|---|---|---|---|
| $10^k$ | $12{,}2^k$ | $11{,}1^k$ | $10{,}2^k$ |
| $12^k$ | $15{,}2^k$ | $13{,}6^k$ | $12{,}3^k$ |
| $15^k$ | $21{,}8^k$ | $18{,}4^k$ | $15{,}7^k$ |
| $18^k$ | $38{,}8^k$ | $28{,}2^k$ | $20{,}1^k$ |
| $19^k$ | $60{,}0^k$ | $39{,}5^k$ | $23{,}1^k$ |
| $19{,}7^k$ | $\infty$ | $\infty$ | $\infty$ |

Les majorations de fatigue sont naturellement d'autant moins accusées au début, pour une même fatigue primaire, que $b$ est plus petit et le moment de la rupture, qui correspondra à un même chiffre de fatigue réelle, de $44^k$ par mm² par exemple, se trouvera d'autant plus retardé que $b$ sera plus petit. Mais ce moment arrivera toujours avant que l'on n'atteigne pour la fatigue primaire la limite critique d'EULER, de sorte que la période des très grandes majorations de fatigue se trouvera d'autant plus brusque et d'autant plus resserrée au voisinage de cette limite critique que la force agissante sera plus parfaitement centrée. Pour une pièce *parfaitement* centrée, non pas au sens mathématique, mais au sens expérimental de ce mot, le phénomène deviendra extrêmement brusque et c'est en cela que consiste essentiellement ce que l'on peut appeler le « flambage » des pièces comprimées parfaites.

Ainsi, en se bornant maintenant aux pièces *présumées parfaites*, il y a pour la fatigue primaire $\dfrac{F}{S}$ deux valeurs dangereuses, qui l'une et l'autre ne peuvent être atteintes sans entraîner la rupture. L'une est la limite de rupture $R$ telle qu'elle est connue expérimentalement d'après des essais sur barres courtes; l'autre est la limite critique d'EULER. Si l'on désigne par $\varepsilon$ un coefficient de sécurité convenable, $\dfrac{1}{4}$ ou $\dfrac{1}{3}$ par exemple, il est logique de dire que la fatigue primaire doit satisfaire à la fois aux deux conditions suivantes, également impératives:

$$\frac{F}{S} \leqq \varepsilon\,R \quad \text{et} \quad \frac{F}{S} \leqq \varepsilon\,\pi^2\,E\,\frac{r^2}{l^2}\,.$$

Si dans un plan on construit un diagramme, relatif à une pièce comprimée parfaite, en portant en abscisse la rapport $X = \dfrac{r^2}{l^2}$ et en ordonnée $Y = \dfrac{F}{S}$, le point figuratif $M$ devra, pour que la pièce ne se rompe pas inévitablement, se tenir d'une part au-dessous de l'horizontale $RR'$, d'ordonnée égale à $R$ et d'autre part au-dessous de la droite $OE'$, d'équation $Y = \pi^2\,EX$, qui représente la limite d'EULER. Ces deux droites se rencontrent en un point $E$, dont l'abscisse est $oe = \dfrac{R}{\pi^2\,E}\,.$

Si la pièce considérée est telle que $X = \dfrac{r^2}{l^2} = \overline{om} > \overline{oe}$, lorsqu'on la soumettra à des charges croissantes, son point figuratif $M$ rencontrera la droite $RR'$ en $r$ avant de rencontrer la droite $O\,E$. C'est alors la résistance $R$ de la matière qui constituera la limite admissible pour $\dfrac{F}{S}$ avant rupture. Ce serait le cas des pièces relativement courtes.

Si au contraire on avait $X = \dfrac{r^2}{f^2} = \overline{om}' < \overline{oe}$, c'est la limite d'EULER qui deviendrait la vraie limite de rupture. Ce serait le cas des pièces relativement longues.

Quant à l'abscisse $\overline{oe}$ qui sépare les deux catégories elle dépend du matériau envisagé. Si l'on suppose que celui-ci soit de l'acier courant tel que $R = 44^k \times 10^6$ et que $E = 2 \times 10^{10}$, on a $\overline{oe} = \dfrac{R}{\pi^2 E} = 0{,}000{,}223$, ce qui correspond à $\dfrac{r}{l} = \dfrac{1}{67}$ environ. C'est donc seulement pour les pièces telles que $\dfrac{l}{r} > 67$ que la limite d'EULER aurait à intervenir.

*Chapitre II. — Pièces réelles ou imparfaitement élastiques. Résultats d'expériences.*
*Formules pratiques*

Assurément l'analyse d'EULER, telle qu'elle a été développée ci-dessus, prête à certaines critiques pour les pièces comprimées parfaitement centrées, car elle suppose que l'on ne sorte pas du domaine des faits élastiques. Pour les corps naturels et non plus théoriques, elle appelle des réserves évidentes dès que la formale de la flexion cesse d'être elle-même rigoureuse et surtout dès que certaines fibres de la pièce sont comprimées au delà de la limite élastique $N$ (Fig. 2). La fatigue limite d'EULER ne peut donc être considérée que comme un maximum théorique et il faut s'attendre à ce qu'en pratique la rupture se produise non pas pour les points tels que $r$ ou $r'$ du diagramme ci-dessus, mais se produise prématurément pour des points tels que $f$ ou $f'$. C'est ce que l'expérience a mis en évidence.

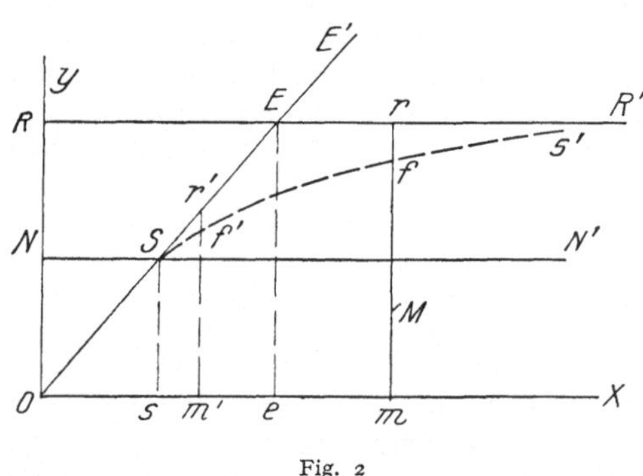

Fig. 2

Parmi les expérimentateurs qui se sont occupés de la qustion, on doit citer HODGKINSON en Angleterre, BAUSCHINGER et TETMAYER en Allemagne; mais je crois qu'une attention particulière doit être réservée aux expériences de CONSIDÈRE en France, en raison des précautions minutieuses que ce dernier avait prises pour réaliser des barres aussi parfaites que possible au point de vue du centrage des charges agissantes. Des couteaux disposés à angle droit définissaient exactement leur ligne d'action et d'ailleurs le centrage était reconnu aussi exact que possible par des expériences préliminaires, dans lesquelles on constatait qu'aucune flexion, ni aucun déplacement transversal observable ne se produisait même pour d'assez fortes valeurs de la charge. La précision avec laquelle CONSIDÈRE pouvait mesurer les déplacements transversaux était de l'ordre du quart de micron. C'est dire qu'il avait affaire à des forces parfaitement centrées au sens expérimental du mot.

Il a en premier lieu mis en évidence la grande brusquerie du phénomène de flambage des pièces éprouvées. Quand la charge augmentait progressivement on restait longtemps sans observer la moindre flèche, puis brusquement on constatait presque simultanément une première flèche perceptible, commencement d'une flexion observable, et l'effondrement en grand de la pièce.

En second lieu, pour différentes pièces faites avec un même métal, mais classées d'après la valeur du paramètre $X = \dfrac{r^2}{l^2}$, Considère a donné des mesures de la fatigue primaire $Y = \overline{mf}$ sous laquelle s'opérait la rupture et il a trouvé des résultats qu'on peut interpréter ainsi qu'il suit, en se référant au diagramme ci-dessus.

1⁰ Tant qu'il s'agit d'une pièce relativement longue, telle que $\overline{om} = \dfrac{r^2}{l^2}$ soit inférieur à une certaine valeur, plus petite que $\overline{oe}$, et très voisine de la valeur $\overline{os} = \dfrac{N}{\pi^2 E}$ ($N$ étant la limite d'élasticité du métal), le point $f$ se place très exactement, c'est à dire au degré d'approximation des expériences, sur la droite d'Euler $O\ E'$.

2⁰ Lorsque $\overline{om} = \dfrac{r^2}{l^2}$ est supérieur à $\overline{os}$, la courbe décrite par les points $f$, affecte la forme indiquée en $S\ f\ S'$. Elle serait concave vers le bas et située au-dessous du contour polygonal $S\ E\ R'$. Elle se raccorderait plus ou moins loin avec $R\ R'$ (cas des pièces très courtes).

Il ne peut être question bien entendu que de l'allure générale de la courbe, qui ne représente elle-même qu'une distribution moyenne des points $f$ obtenus expérimentalement.

Ces résultats semblent confirmer la théorie, compte tenu des réserves qu'il convenait de faire dès que l'on sort du domaine élastique et en même temps ils fournissent une base précieuse pour l'appréciation des corrections nécessaires dans le domaine non élastique (au delà du point marqué $S$) quand la fatigue primaire peut dépasser $N$.

Voici un résumé succinct des principales propositions qui ont été faites ou qui peuvent l'être pour corriger le contour brisé théorique $O\ E\ R'$, en tenant compte des résultats d'expériences et en observant les règles de la prudence.

Considère et presque simultanément Tetmayer, envisageant non pas la courbe $S\ f\ S'$ elle-même, mais sa transformée par le changement de $X$ en $\dfrac{1}{X}$, ont proposé de remplacer l'arc le plus utile de cette courbe transformée, et expérimentalement définie pour divers matériaux, par une simple droite épousant du mieux possible la dite courbe transformée au voisinage du point transformé de $S$. Dans le système de cordonnées employé ici cette droite correspondrait a une hyperbole dont l'équation serait de la forme :

$$Y = A + \frac{B}{X}$$

Les coefficients $A$ et $B$, définis comme on vient de le dire, n'assurent pas à cette hyperbole, comme asymptote horizontale, la droite $R\ R'$, ainsi que cela paraîtrait désirable.

On pourrait évidemment faire quelque chose d'analogue sur les courbes $S\ f\ S'$ tracées dans le système de coordonnées actuel. Par exemple on pourrait remplacer une courbe $S\ f\ S'$ par un élément de droite aboutissant à un point tel que $r$, convenablement choisi à droite de $E$, et le faire suivre par la droite $R\ R'$. On pourrait encore remplacer l'élément de droite intermédiaire, entre $S$ et $r$, par une courbe du second degré se raccordant avec $R\ R'$.

Une autre forme de courbe ultra-prudente pourrait consister à substituer au contour mixtiligne entier $O\ S\ f\ S'$ l'hyperbole du second degré tangente à $O\ E'$ au point $o$, et se raccordant asymptotiquement avec $R\ R'$. Son équation serait :

$$Y = R\,\frac{1}{1 + \dfrac{R}{\pi^2 E X}} = R\,\frac{1}{1 + \dfrac{R}{\pi^2 E}\cdot\dfrac{l^2}{r^2}}$$

Mais jamais personne n'est allé jusque là.

Toutefois c'est à une hyperbole de même famille que se rattache la formule dite de NAVIER, on de Rankine. Cette formule est identique à la précédente sauf qu'au dénominateur on remplace $R$ par la quantité plus petite $N$. Elle s'écrit comme on sait:

$$Y = R \cfrac{1}{1 + \cfrac{N}{\pi^2 E X}} = R \cfrac{1}{1 + \cfrac{N}{\pi^2 E} \cfrac{l^2}{r^2}}$$

Pour $X = \overline{os} = \dfrac{N}{\pi^2 E}$ elle donne $Y = \dfrac{R}{2}$. Le point correspondant s'écarte plus ou moins du point $S$. Cependant il s'en rapproche beaucoup lorsque la limite d'élasticité $N$ est voisine de $\dfrac{R}{2}$, et c'est le cas des aciers de construction les plus courants.

Une autre hyperbole de même famille, qui aurait comme la précédente l'inconvénient de couper la droite d'EULER $O E'$, mais qui aurait l'avantage de passer par le point $S$, s'obtiendrait en remplaçant $N$ par $R-N$ dans la formule de RANKINE. Son équation serait:

$$Y = R \cfrac{1}{1 + \cfrac{R-N}{\pi^2 E X}} = R \cfrac{1}{1 + \cfrac{R-N}{\pi^2 E} \cfrac{l^2}{r^2}}$$

Elle permettrait alors de conserver à gauche du point $S$ le segment $O S$ de la droite d'EULER et on pourrait limiter son utilisation pour remplacer seulement la courbe $S f S'$ à droite de $S$. Son emploi, ainsi limité, cadrerait aussi bien que possible avec l'ensemble des résultats expérimentaux.

Il convient d'ajouter que cette formule se déduirait logiquement de la formule d'EULER, si l'on admettait que le coefficient d'élasticité qui y figure n'est constant que sous la condition $\dfrac{F}{S} \leq N$ et qu'au delà il doit être remplacé par un coefficient $E'$ variable avec $\dfrac{F}{S}$ et représenté par la relation $E' = E \dfrac{R - \dfrac{F}{S}}{R-N}$, laquelle est assez rationnelle puisqu'elle donne $E' = E$ pour $\dfrac{F}{S} = N$ et qu' elle donne $E' = o$ pour $\dfrac{F}{S} = R$.

Il serait, semble-t-il, équitable d'attacher à cette formule le nom de M. VIERENDEEL, professeur à l'Université de Louvain.

### *Chapitre III. — Pièces partiellement encastrées à leurs extrémités*

Les résultats qui précèdent supposent que les pièces comprimées sont libres de prendre à leurs extrémités les déformations angulaires correspondant aux moments de flexion qu'elles subissent. Mais la plupart du temps dans les constructions métalliques il n'en est pas ainsi. La pièce à considérer est généralement solidaire des autres pièces qui lui transmettent les charges et leur est attachée d'une manière rigide, de sorte que ses déformations angulaires sont limitées par celles que peuvent prendre élastiquement ces autres pièces d'après leur constitution propre. Il est nécessaire dans ce cas de prendre en considération les couples de réaction qui s'exercent entre elles.

Ces couples seront proportionnels à la charge $F$ et on peut, tant que l'on ne sort pas du domaine élastique, tout au moins, les représenter par une expression de la forme $F \cdot c$; $c$ désignant une constante, représentant un bras de levier, qui est une inconnue du problème.

D'autre part on peut imaginer que l'on ait fait une étude préalable de la pièce élastique qui transmet la charge et que l'on ait déterminé un coefficient $\lambda$ tel que l'on ait la relation

$$Fc = \lambda \left(\frac{dv}{dx}\right)_0 \quad (\lambda > 0)$$

laquelle établit la proportionnalité entre le couple $F\,c$ et la déformation angulaire $\left(\frac{dv}{dx}\right)_0$ commune aux deux pièces, à l'extrémité qui est choisie comme origine. Cette relation devient une nouvelle condition du problème.

Prenons d'abord le cas d'une pièce comprimée par une force $F$ ayant une excentricité connue et déterminée $b$. En reprenant l'analyse du chapitre I, on aura à l'abscisse $x$ un moment fléchissant de la forme:

$$M(x) = -F(b+v) + F\,c = -F(v+b-c)$$

de sorte que, en posant toujours $k^2 = \dfrac{F}{E\,I}$, l'équation différentielle de flexion s'écrira

$$\frac{d^2v}{dx^2} + k^2v + k^2(b-c) = 0$$

En tenant compte de la symétrie par rapport au milieu de la pièce, son intégrale générale sera de la forme:

$$v = A \cos k\left(x - \frac{l}{2}\right) - (b-c)$$

On a cette fois deux constantes à déterminer $A$ et $c$. Pour les déterminer on aura recours aux deux conditions suivantes:

$1^0$ Pour $x = 0$, on a $v = 0$ d'où

$$A \cos \frac{kl}{2} + c = b.$$

$2^0$ Pour $x = 0$ on doit avoir $\dfrac{dv}{dx} = \left(\dfrac{dv}{dx}\right)_0 = \dfrac{Fc}{\lambda}$ ce qui donne:

$$A\,k \sin \frac{kl}{2} = \frac{Fc}{\lambda}.$$

On en déduit facilement:

$$A = \frac{b}{\cos \dfrac{kl}{2} + \dfrac{\lambda k}{F} \sin \dfrac{kl}{2}}.$$

Le maximum de $M(x)$ a lieu évidemment au milieu de la pièce et a pour valeur:

$$M(\max) = -F(v+b-c)_{\frac{l}{2}} = -FA = -\frac{Fb}{\cos \dfrac{kl}{2} + \dfrac{\lambda k}{F} \sin \dfrac{kl}{2}}.$$

Posons $\delta = \dfrac{\lambda k}{2\,E\,I}$, nous aurons $\dfrac{\lambda k}{F} = \dfrac{\lambda k}{E\,I\,k^2} = \delta \times \dfrac{1}{\dfrac{kl}{2}}$

et par suite:

$$M(\max) = \frac{-Fb}{\cos \dfrac{kl}{2} + \delta \dfrac{\sin \dfrac{kl}{2}}{\dfrac{kl}{2}}} = \frac{-Fb}{\cos u + \delta \dfrac{\sin u}{u}} \quad \dots\dots\dots\dots (5)$$

en posant pour abréger $u = \dfrac{kl}{2} = \dfrac{l}{2}\sqrt{\dfrac{F}{E\,I}}.$

La quantité représentée par $\delta$ ne dépend que des formes et des dimensions des pièces assemblées. Elle doit être considérée comme connue. La charge $F$ figure implicitement dans $u$.

Dans un cas concret donné cette expression de $M$ (max) serait donc calculable et on en pourrait déduire la fatigue $n$ de la fibre la plus comprimée.

Examinons maintenant ce qui se passe lorsque, $b$ demeurant déterminé, on fait croître $F$ à partir de zéro et par suite aussi $u$. Le dénominateur va constamment en décroissant. Il part de la valeur $1 + \delta$ pour $u = o$, il passe par la valeur $\dfrac{2\delta}{\pi}$ pour $u = \dfrac{\pi}{2}$, et enfin il s'annule pour une valeur de $u$, comprise entre $\dfrac{\pi}{2}$ et $\pi$, et satisfaisant à la relation:

$$\frac{u}{\operatorname{tg} u} = - \delta$$

C'est à cette valeur de $u$ que correspondrait la charge critique de la pièce considérée.

Les cas particuliers suivants sont spécialement intéressants.

$1^0$ Cas extrême où l'on aurait $\delta = o$. — Cela suppose aussi $\lambda = o$. On a affaire à une pièce articulée et on retombe sur le cas déjà étudié. La charge critique correspond à $u = \dfrac{kl}{2} = \dfrac{\pi}{2}$.

$2^0$ Second cas extrême où l'on aurait $\delta = \infty$. — Cela suppose aussi $\lambda = \infty$. On a alors affaire à une pièce dite parfaitement encastrée. La charge critique correspondrait à $u = \dfrac{kl}{2} = \pi$. Elle aurait pour expression $F = \dfrac{4\,\pi^2\,E\,I}{l^2}$.

$3^0$ Supposons que $\delta = \dfrac{3\,\pi}{4}$, ou $\lambda = \dfrac{3\,\pi}{2} \times \dfrac{E\,I}{l}$, la charge critique correspondra à la valeur $u = \dfrac{3\,\pi}{4}$, car alors $\operatorname{tg} u = - 1$. Elle aura pour expression $F = \dfrac{9}{4}\,\dfrac{\pi^2\,E\,I}{l^2}$ soit approximativement: $F = \dfrac{2\,\pi^2\,E\,I}{l^2}$.

On pourra conventionnellement dire que l'on a affaire à un demi-encastrement.

Partant de là on pourrait développer pour les deux derniers cas et pour tous autres que l'on voudrait, des considérations analogues à celles qui ont été exposées pour le premier et notamment construire des formules pratiques analogues à celles de RANKINE ou de M. VIERENDEEL pour corriger les valeurs théoriques des charges critiques correspondantes, ce qui résoudrait le problème des pièces dites parfaitement centrées.

En se limitant au cas des pièces de construction courante il est fort intéressant de voir que pour une excentricité $b$ donnée (treillis dissymétrique) la loi de croissance de $M$ (max), exprimée par la relation (5) sera d'autant moins rapide que la quantité $\delta$, exprimant en définitive le degré d'encastrement de la pièce, sera plus grande. Le domaine, non dangereux, dans lequel $F$ peut varier sans entraîner des fatigues inadmissibles, supérieures à $N$ par exemple, croîtra avec $\delta$.

Supposons en particulier que $\delta$ soit, non pas infini au sens mathématique, ce qui ne correspondrait pas à des conditions concrètes, mais simplement très grand, ce qui correspond à un encastrement pratiquement excellent. Tant que $u = \dfrac{k\,l}{2}$ demeure sensiblement inférieur à la valeur particulière qui annule le dénominateur de (5) et qui est alors très voisine de $\pi$, $\cos u$ et $\dfrac{\sin u}{u}$ sont des quantités finies et le dénominateur $\cos u + \delta \dfrac{\sin u}{u}$ exprime une quantité très grande, de sorte de $M$ (max) demeure petit quel que soit le numérateur $F\,b$. Il n'y en aura pas moins une valeur critique pour $F$, mais c'est seulement à son voisinage le plus immédiat qu'il y aura des fatigues secondaires importantes et méritant considération. Autrement dit, pour une pièce parfaitement encastrée, au sens pratique du mot, il n'y aurait pas lieu de s'occuper de la fatigue secondaire due à une excentricité plus on moins grande de l'effort. Il suffirait que l'on vérifiât, comme pour une pièce bien centrée, que la charge réelle $F$, ou que la fatigue unitaire $\dfrac{F}{S}$, sont inférieurs à une certaine fraction $\left( \dfrac{1}{3} \text{ ou } \dfrac{1}{4} \right)$ des limites critiques, lesquelles sont dans ce cas $F = 4\,\pi^2\,\dfrac{E\,I}{l^2}$, ou $\dfrac{F}{S} = 4\,\pi^2\,E\,\dfrac{r^2}{l^2}$ respectivement.

Il y a donc un très grand intérêt, lorsque dans une construction on est conduit à admettre des pièces mal centrées, ou tout à fait dissymétriques, à prendre des dispositions de nature à les encastrer le plus parfaitement possible à leurs extrémités, c'est à dire à les relier rigidement aux pièces qui leur transmettent les charges et à rendre ces dernières aussi peu déformables que possible.

Lorsque l'on ne peut atteindre qu'imparfaitement ce résultat, ce sera toujours une affaire d'appréciation que de déterminer la valeur de $\delta$ qui convient à un assemblage donné. Dans bien des cas il sera possible, sans imprudence, de compter sur un demi-encastrement, dans le sens du 3⁰ ci-dessus, c'est à dire d'adopter la valeur $\delta = \dfrac{3\,\pi}{h} = 2{,}35$ environ.

C'est dans cet esprit qu'a été rédigé l'article 8 des commentaires explicatifs du nouveau règlement français, du 10 mai 1927, sur les ponts métalliques, qui donne d'ailleurs des règles analogues pour ce qui concerne les fatigues secondaires des pièces tendues excentrées.

### *Chapitre IV. — Pièces comprimées dans un milieu élastique*

Ce problème, bien qu'il apparaisse comme purement théorique, mérite une mention spéciale, car il fournit des indications intéressantes au sujet des charges critiques relatives aux membrures comprimées des poutres composées ou aux arcs lorsqu'ils comportent des liaisons élastiques limitant leurs déplacements latéraux.

La place étant ici limitée, l'auteur renvoie pour les détails au travail qu'il a publié en 1924 dans les Annales des Ponts et Chaussées. Les conclusions essentielles sont les suivantes.

La réaction élastique sur un élément de longueur $d\,x$ étant supposée de la forme $\varepsilon v\,dx$, $v$ étant le déplacement transversal du point d'abscisse $x$ et $\varepsilon$ étant une constante, l'équation différentielle à laquelle doit satisfaire la fonction $v\,(x)$ pour une pièce parfaitement centrée est:

$$E\,I\,\frac{d^4 v}{d\,x^4} + F\,\frac{d^2 v}{d\,x^2} + \varepsilon\,v = 0 \quad \dotfill \quad (6)$$

C'est une équation différentielle à coefficients constants qui a pour équation adjointe, ou caractéristique, lorsqu'on l'intègre en sinus et cosinus:

$$E\,I\,S^4 - F\,S^2 + \varepsilon = 0 \quad \dotfill \quad (7)$$

Celle-ci a deux racines réelles et positives $k^2$ et $k'^2$ si l'on a $F \geq 2\sqrt{E\,I\,\varepsilon}$. Si l'on reste dans ce domaine, et si les conditions aux extrémités consistent dans la nullité de $v$ et de quelqu'une de ses dérivées, on peut trouver les relations, transcendantes, auxquelles $k$ ou $k'$, on ces deux quantités à la fois, doivent satisfaire pour que l'on puisse obtenir une solution de l'équation (6) *non identiquement nulle*. A un groupe de semblables valeurs correspondra une valeur particulière $f$ de la force $F$, qui constituera une valeur critique. Pratiquement, c'est la plus petite de ces valeurs critiques (généralement en nombre infini) qui importera seule.

Ajoutons immédiatement que si l'on sort du domaine réel, c'est à dire si $F < 2\sqrt{EI\varepsilon}$, il ne peut y avoir de solution, ce qui peut s'interpréter directement en disant que toute valeur critique satisfait à la condition générale

$$f \geq 2\sqrt{EI\varepsilon}.$$

Revenant au domaine réel, un groupe quelconque de valeurs $k$ et $k'$ correspondant à une valeur critique, ne cessera pas de satisfaire aux deux relations tirées de (7) savoir:

$$k^2 k'^2 = \frac{\varepsilon}{EI} \quad\dots\dots\dots\dots\dots\dots\dots\dots\dots\dots \text{(8)}$$

$$k^2 + k'^2 = \frac{F}{EI} \quad\dots\dots\dots\dots\dots\dots\dots\dots\dots\dots \text{(9)}$$

La première ne dépend que des dimensions de la pièce et s'adjoint à l'équation transcendante dont il est parlé plus haut.

Quant à la seconde elle fournit la relation qui lie la valeur critique au groupe $k$ et $k'$. On peut l'écrire

$$f = EI(k^2 + k'^2) = 2\sqrt{EI\varepsilon} + EI(k - k')^2 \quad\dots\dots\dots\dots\dots \text{(9)}'$$

Elle montre à nouveau que la plus petite valeur critique est égale ou supérieure à $2\sqrt{EI\varepsilon}$. Elle montre en outre que cette plus petite valeur critique correspond toujours au groupe de valeurs $k$ et $k'$ qui rend minimum la différence $k - k'$. Parmi tous les groupes possibles on devra donc choisir celui qui donne pour $k$, ou $k'$, et même pour les deux, la valeur la plus voisine de leur moyenne géométrique, laquelle, en vertu de (8) est constante et connue et égale à $\sqrt[4]{\dfrac{\varepsilon}{EI}}$.

Voici maintenant quelques résultats plus particuliers.

$1^0$ *Poutre libre à ses deux extrémités.* — L'équation transcendante à laquelle doit satisfaire soit $k$, soit $k'$ est:

$$\sin kl = o \text{ ou } kl = m\pi \ (m \text{ entier non nul}).$$

Toute charge critique est donc de la forme:

$$f = EI\frac{m^2\pi^2}{l^2} + \frac{l^2\varepsilon}{m^2\pi^2} \quad\dots\dots\dots\dots\dots\dots\dots\dots \text{(9)}$$

ou de la forme:

$$f = 2\sqrt{EI\varepsilon} + EI\left[\frac{m\pi}{l} - \frac{l}{m\pi}\sqrt{\frac{\varepsilon}{EI}}\right]^2 \quad\dots\dots\dots\dots \text{(9)}'$$

La plus petite d'entre elles s'obtiendra en cherchant le nombre entier $m$ le plus voisin de $\dfrac{l}{\pi}\sqrt[4]{\dfrac{\varepsilon}{EI}}$.

On peut construire un diagramme représentatif de la plus petite valeur critique. Si on porte en abscisses les valeurs de $\varepsilon$ et en ordonnées les valeurs de $f$ données par l'équation (9) et correspondant à une valeur fixe du nombre $m$, on obtient une droite. L'ensemble des droites correspondant aux différentes valeurs de $m$ a pour enveloppe la parabole du second degré dont l'équation, facile à trouver, est:

$$f = 2\sqrt{EI\varepsilon}.$$

Les abscisses des points de contact rentrent dans la formule:

$$\frac{\varepsilon}{E\,I} = \frac{m^4\,\pi^4}{l^4}$$

ce qui est évident d'après (9)'.

2° *Poutre encastrée à ses deux extrémités.* — Cette fois les équations transcendantes auxquelles doivent satisfaire $k$ et $k'$ renferment ces deux quantités à la fois. Il faut que l'on ait:

soit
$$k\,\mathrm{tg}\,\frac{k\,l}{2} - k'\,\mathrm{tg}\,\frac{k'\,l}{2} = 0 \dotfill (10)$$

soit
$$k\,\mathrm{cotg}\,\frac{k\,l}{2} - k'\,\mathrm{cotg}\,\frac{k'\,l}{2} = 0 \dotfill (10)'$$

On peut en considérant soit l'une soit l'autre construire des tables ou des courbes représentant la plus petite valeur critique en fonction de $\varepsilon$, ou mieux de l'argument

$$\alpha = \frac{l}{2}\sqrt[4]{\frac{\varepsilon}{E\,I}}.$$

On reconnaît que les deux courbes se recoupent pour toutes les valeurs de l'argument $\alpha$ correspondant à la formule $\alpha = \frac{\pi}{2}\sqrt{m\,(m+2)}$ et que leurs points communs ont des ordonnées rentrant dans la formule

$$f = \frac{\pi^2\,E\,I}{l^2}\,[m^2 + (m+2)^2]$$

$m$ étant un nombre entier, zéro n'étant pas exclu.

Ces valeurs particulières ont une autre expression plus directe et plus simple qui est de la forme:

$$f = 2\sqrt{E\,I\,\varepsilon} + 4\,E\,I\,\frac{\pi^2}{l^2}.$$

Pratiquement, cette dernière formule donne la plus petite valeur critique avec une approximation suffisante dès que $\varepsilon$ n' est pas très petit par rapport à $E\,I$.

# B₂

# Die Bemessung zentrisch und exzentrisch gedrückter Stäbe auf Knickung

Von **M. Roš**, Zürich

Die mangelnde Knicksicherheit von gedrückten Stäben aus Konstruktionsstählen ist für das Ingenieurwesen am verhängnisvollsten gewesen. Drei Viertel aller Einstürze im Eisenbrücken- und Eisenhochbau sind auf ungenügende Knicksicherheit zurückzuführen. Gedrückten Konstruktionsgliedern ist daher die allergrößte Sorgfalt bei deren Berechnung und konstruktiven Durchbildung zuzuwenden.

Insbesondere wird in der Praxis dem die Knicksicherheit vermindernden Einflusse des exzentrischen Kraftangriffes nicht immer die gebührende Beachtung zuteil.

In dieser Erkenntnis haben die Eidgenössische Materialprüfungsanstalt an der Eidgenössischen Technischen Hochschule in Zürich (E.M.P.A.), die Technische Kommission des Vereins Schweizerischer Brückenbauanstalten in Kriens-Luzern (T.K.V.S.B.) und die Generaldirektion der Schweizerischen Bundesbahnen in Bern (S.B.B.) mit zentrisch und exzentrisch gedrückten, an beiden Enden gelenkig gelagerten Stäben aus Konstruktionsstahl Versuche durchgeführt. Die Ergebnisse dieser Versuche wurden denjenigen der Theorie gegenübergestellt.

Die theoretischen Ableitungen für das Knicken beim zentrischen Kraftangriff lehnen sich auf das engste an die Untersuchungen von ENGESSER und KÁRMÁN[1]) an, während diejenigen für die Knickvorgänge bei exzentrischem Kraftangriff, sowie bei Querbelastung nach dem T.K.V.S.B.-Verfahren, von M. Roš und J. BRUNNER[2]), herrühren.

Der vorliegende Bericht umfaßt die Ergebnisse der Theorie und der Versuche, die an der Eidgenössischen Materialprüfungsanstalt in Zürich in den Jahren 1926 bis 1928 durchgeführt wurden, und weist folgende Abschnitte auf:

Abschnitt I: Knicken bei zentrischem Kraftangriff.

Abschnitt II: Knicken bei exzentrischem Kraftangriff, Knickrichtung in der Kraftebene.

Abschnitt III: Knicken bei exzentrischem Kraftangriff, Knickrichtung winkelrecht zur Kraftebene.

Abschnitt IV: Knicken bei nach beiden Hauptachsen exzentrischem Kraftangriff.

Abschnitt V: Knicken mit einer in der Stabmitte wirkenden unveränderlichen Querbelastung.

Die theoretischen Untersuchungen und die Versuche beziehen sich auf weiche Kohlenstoffstähle für Eisenkonstruktionen von Normalgüte — St. 37 —. Mit Si-Stahl wurden Knickversuche bei zentrischem Kraftangriff ausgeführt. Sie bilden gleichfalls den Gegenstand dieses Berichtes.

Sämtlichen theoretischen Untersuchungen liegen nachfolgende Annahmen zugrunde:

1. Vollwandige Stäbe, rechteckigen unveränderlichen Querschnittes. (Bei der Verwendung von I-Trägern zu Versuchszwecken waren dieselben in allen Teilen des Querschnittes in sich knicksicher.)

2. Gelenkige Lagerung der beiden Stabenden.

3. Druck-Stauchungs-Diagramm entsprechend der Abb. 3.

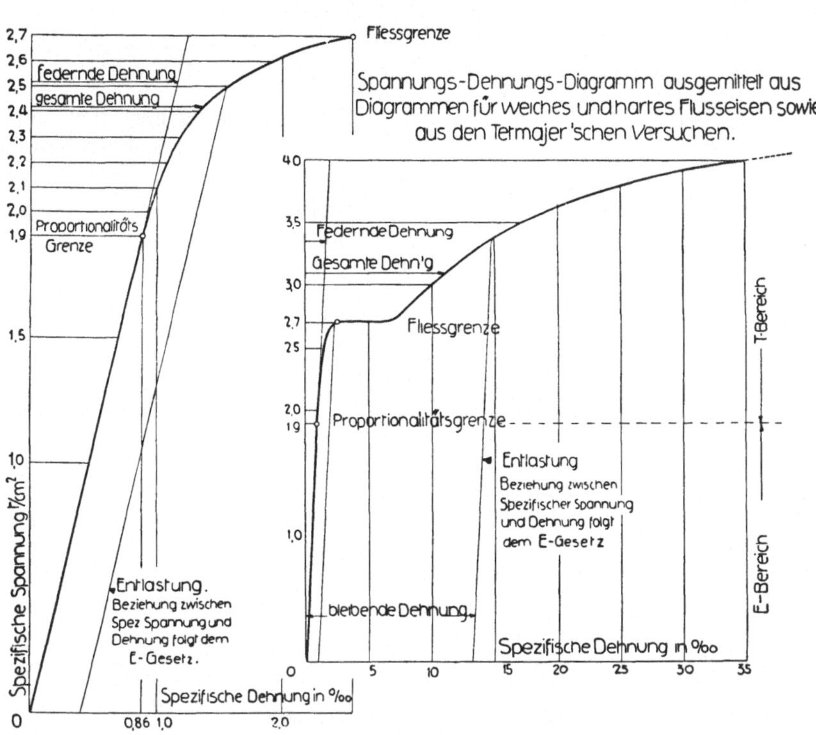


Abb. 3. Ideelles Druckstauchungsdiagramm

4. Ebenbleiben der Querschnitte.

5. Biegelinie gleich der Sinuslinie.

Die Berücksichtigung der Stabverkürzung infolge Achsialkraft, der Einfluß der Querkräfte, sowie die aussteifende Wirkung der Lager an den Stabenden, beeinflussen die Knickfestigkeit theoretisch wenig und praktisch ganz unbedeutend.

Die Berücksichtigung des genauen Krümmungshalbmessers statt desjenigen der Sinuslinie in Stabmitte ist nur in Sonderfällen von praktischem Werte.

## Abschnitt I

### Knicken bei zentrischem Kraftangriff

Dem Gedanken von ENGESSER und KÁRMÁN folgend, wurde die EULERsche *Knickformel* für zentrisch gedrückte Stäbe rechteckigen Querschnittes

$$P_k = \frac{\pi^2}{l^2} E \cdot J \quad \ldots \ldots \ldots \ldots \ldots \ldots (\text{I})$$

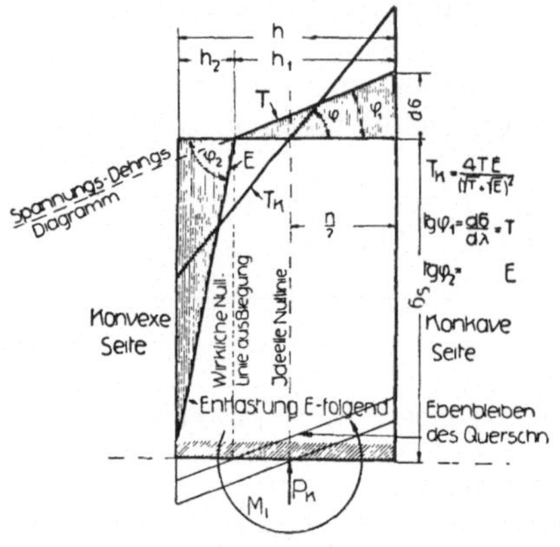


Abb. 4.　Bestimmung des Moduls $T_k$ für unendlich kleine Ausbiegungen

in der verallgemeinerten Form

$$P_k = \frac{\pi^2}{l^2}\, T_k \cdot J \quad \ldots \ldots \quad (2)$$

den vorliegenden Untersuchungen zugrunde gelegt. Der Elastizitätsmodul $E$ wurde durch den Knickmodul $T_k$, welcher durch das $\sigma$-$\lambda$-Diagramm bestimmt ist, ersetzt. Abb. 3.

Der Knickmodul

$$T_k = \frac{4 \cdot T \cdot E}{(\sqrt{T} + \sqrt{E})^2}$$

ist ein Mittelwert zwischen den jeweiligen $T$-Werten und dem Elastizitätsmodul $E$. Abb. 4.

Die Abhängigkeit zwischen $\sigma_k$ und $T_k$ geht aus der Abb. 5 hervor.

Die Schwerpunkt-Knickspannung beträgt

$$\sigma_k = \frac{P_k}{F} = \frac{\pi^2}{l^2} \cdot T_k \cdot \frac{J}{F} = \pi^2 \frac{T_k}{\left(\frac{l}{i}\right)^2} \quad \ldots \ldots \ldots \ldots \quad (3)$$

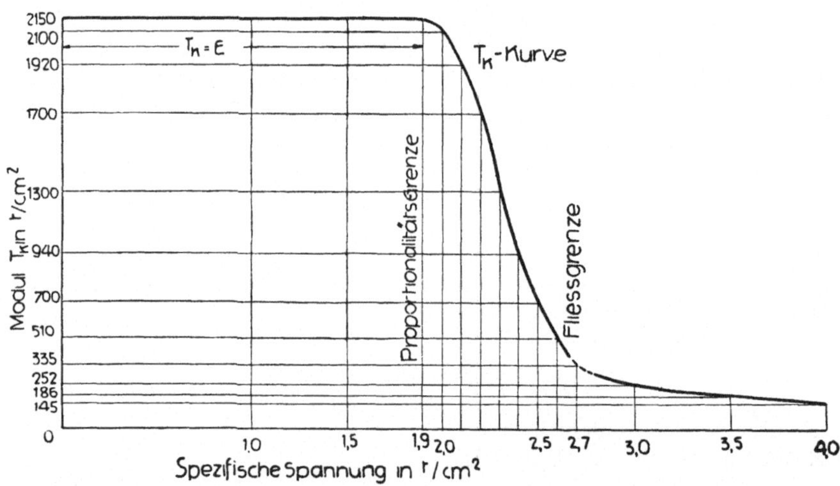


Abb. 5.　Knickmodul $T_k$ als Funktion der Spannung

Die Beziehung 3 ermöglicht es, $\sigma_k$ und $T_k$ als Funktionen des Schlankheitsgrades $\frac{l}{i}$ darzustellen. Abb. 6.

Der Einfluß der Querschnittsform des Stabes für Rechteck-, I- und T-Querschnitt auf die Knickspannung, geht aus der Abb. 7 hervor.

## Abschnitt II

### Knicken bei exzentrischem Kraftangriff, Knickrichtung in der Kraftebene

Die Prüfung des Gleichgewichtes zwischen dem Angriffsmoment $M_a$ der äußeren Kraft $P$ und dem aufrichtenden Moment $M_i$ der inneren Kräfte im Knickquerschnitt erstreckt sich nicht mehr, wie beim zentrischen Knicken, auf den Zustand sehr kleiner, sondern bestimmter, endlicher Ausbiegungen des gedrückten Stabes.

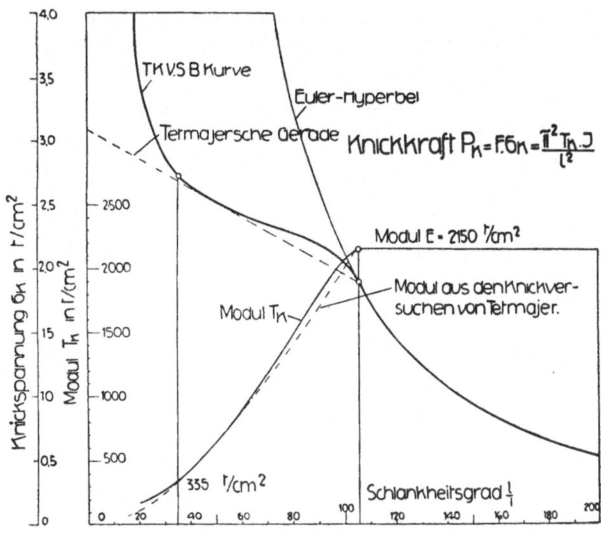


Abb. 6.  Knickmodul $T_k$ als Funktion des Schlankheitsgrades $\dfrac{l}{i}$

Für eine bestimmte Grundspannung $\sigma_s = \dfrac{P_k}{F}$ wurde für verschiedene willkürlich angenommene endliche Werte der Summe der Randfaserdehnungen $\varDelta$ an Hand des Druck-Stauchungs-Diagrammes das Moment $M_i$ graphisch bestimmt und der $T_k$-Modul aus der Beziehung

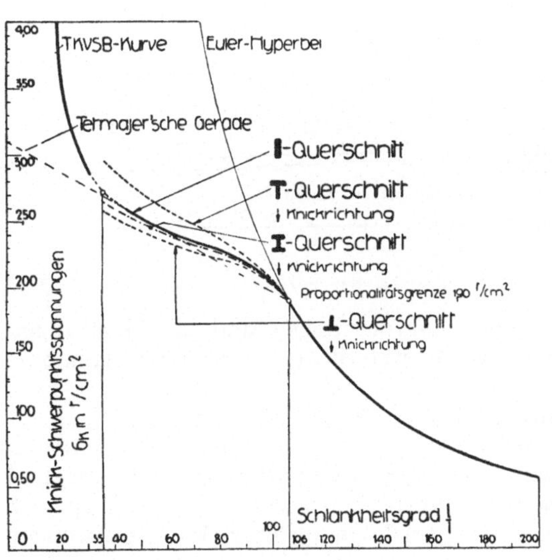


Abb. 7.  Einfluß der Querschnittsform auf die
Schwerpunkts-Knickspannung

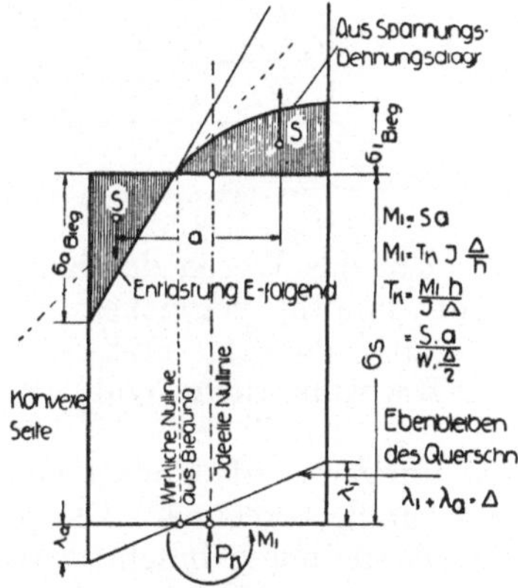


Abb. 8.  Ableitung des Moduls $T_k$ für
endliche Ausbiegungen

$$T_k = \frac{M_i}{J} \cdot \frac{h}{\varDelta} \quad \ldots \ldots \ldots \ldots (4)$$

berechnet. Abb. 8.

Diese Annahme trifft genau zu für den Fall, daß zuerst die volle Längskraft auftritt (Grundspannung) und erst nachher das der Exzentrizität des Kraftangriffes entsprechende Moment sich auswirkt und auch, wenn die Längskraft und das Exzentrizitätsmoment gleichzeitig bis zum kritischen Höchstwert anwachsen und hiebei die Grundspannung die Proportionalitätsgrenze nicht überschreitet.

Sie ist als Annäherung zu bewerten, wenn die exzentrisch wirkende Längskraft allmählich auf den Höchstwert anwächst und die Grundspannung über der Proportionalitätsgrenze liegt, weil auf der Konvexseite kompliziertere Belastungs- und Entlastungszustände auftreten. Der hieraus sich ergebende Unterschied ist für alle praktisch wichtigen Fälle, für welche die Grundspannung zwischen der Proportionalitätsgrenze und Fließgrenze liegt, nicht von Bedeutung und wird erst dann, wenn die Grundspannung die Fließgrenze überschreitet, größer.

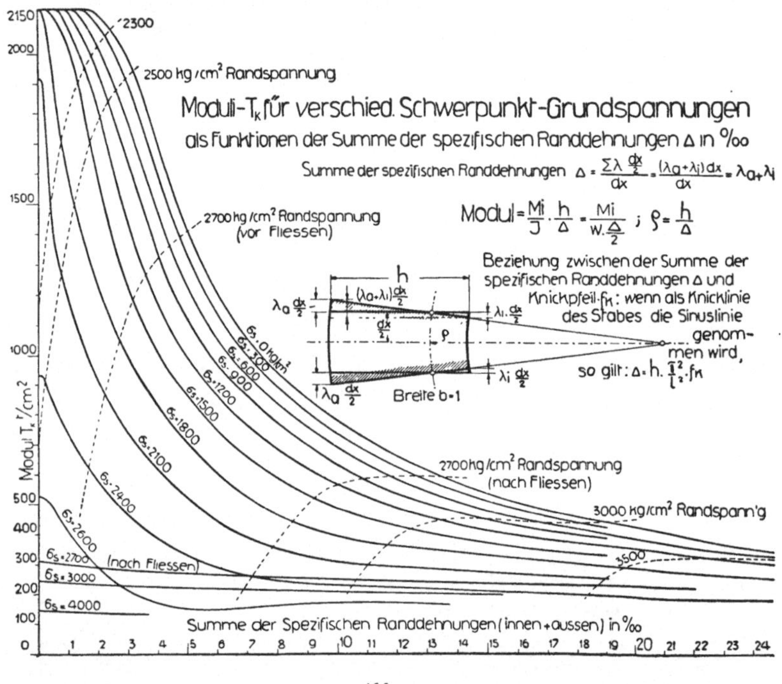


Abb. 9

Um das Wesen des Knickproblems klar hervorzuheben und die Ableitungen nicht unnötig verwickelt zu gestalten, wurde nur die erst erwähnte Annahme als gültig vorausgesetzt.

Die willkürliche Wahl von $h$ beeinflußt die Größe der $T_k$-Werte nicht.

Auf Grundlage dieses Verfahrens wurden die Moduli $T_k$ für verschiedene Grundspannungen $\sigma_s$ als Funktionen der Summe der spezifischen Randfaserdehnungen $\Delta$ in Promille berechnet. Die so erhaltenen $T_k$-Werte sind auf der Abb. 9 graphisch zur Darstellung gebracht, woselbst auch die zugeordneten größten Randspannungen eingetragen sind.

Der Krümmungsradius besitzt für die Zwecke der Praxis genügend genau (Zweig einer Sinuslinie durch eine volle Sinuslinie ersetzt) in Stabmitte den Wert

$$\varrho = \frac{l^2}{\pi^2} \cdot \frac{1}{f} \quad \text{Abb. 10} \ldots \ldots \ldots \ldots (5)$$

und da

$$\varrho = \frac{h}{\varDelta} \quad \cdots\cdots\cdots\cdots \quad (6)$$

ist, folgt

$$f = \frac{l^2}{\pi^2} \cdot \frac{\varDelta}{h} \quad \cdots\cdots\cdots\cdots \quad (7)$$

womit der Biegepfeil $f$ in Stabmitte mit der Summe der spezifischen Randfaser-dehnungen in Beziehung gebracht ist.

Unter Zuhilfenahme der $T_k$-Moduli für eine bestimmte Grundspannung $\sigma_s$ und entsprechend verschiedenen Werten der Summe der spezifischen Randfaser-

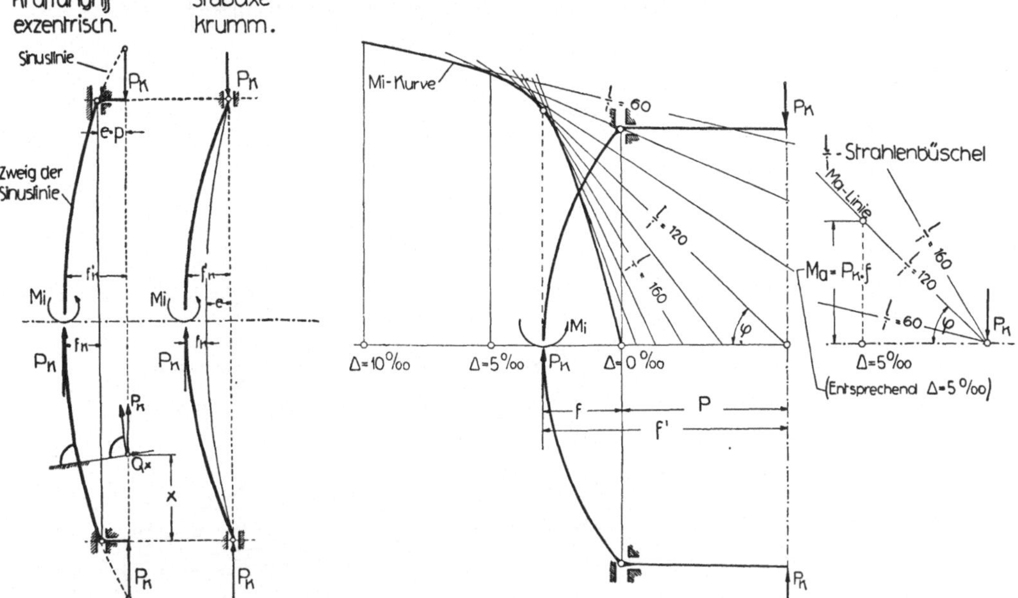


Abb. 10. Exzentrisches Knicken und ursprünglich krummer Stab

Abb. 11. Exzentrisches Knicken. $M_a$-Tangenten an die $M_i$-Kurve

dehnungen $\varDelta$ läßt sich für eine willkürlich vorausgesetzte Höhe des rechteckigen Stabquerschnittes $F = h \cdot 1$ die Kurve der $M_i$-Werte aus der Beziehung

$$M_i = T_k \cdot J \cdot \frac{\varDelta}{h} \quad \cdots\cdots\cdots\cdots \quad (8)$$

aufzeichnen. Abb. 11.

Bestimmt man nun die Strahlen des Strahlenbüschels der Momente $M_a = P_k \cdot f = \sigma_k \cdot h \cdot 1 \cdot f$ für verschiedene Schlankheitsgrade $\frac{l}{i}$, wobei $f$ durch die Summe der Randfaserdehnungen $\varDelta$ aus der Beziehung $f = \frac{l^2}{\pi^2} \cdot \frac{\varDelta}{h}$ ausgedrückt wird, und zieht entsprechend dem Strahlenbüschel an die $M_i$-Kurve Tangenten, so geben die so bestimmten Berührungspunkte die Gleichheit der Momente der äußeren exzentrisch wirkenden Kraft $P_k = \sigma_k \cdot h \cdot l$

$$M_a = P_k \cdot (f + p) \quad \cdots\cdots\cdots\cdots \quad (9)$$

und des inneren aufrichtenden Momentes

$$M_i = T_k \cdot J \frac{\Delta}{h}.$$

Die Kraft $P_k$ entspricht somit der Knickkraft, welche am Hebelarm $f' = (p + f)$ des verbogenen Stabes wirkt. Die Exzentrizität des Kraftangriffes wird durch das Exzentrizitätsmaß $m = \frac{p}{k}$ ausgedrückt, worin $p = $ ursprünglicher Exzentrizitätshebel am unverbogenen Stab und $k = $ Kernweite des rechteckigen Stabquerschnittes ist.

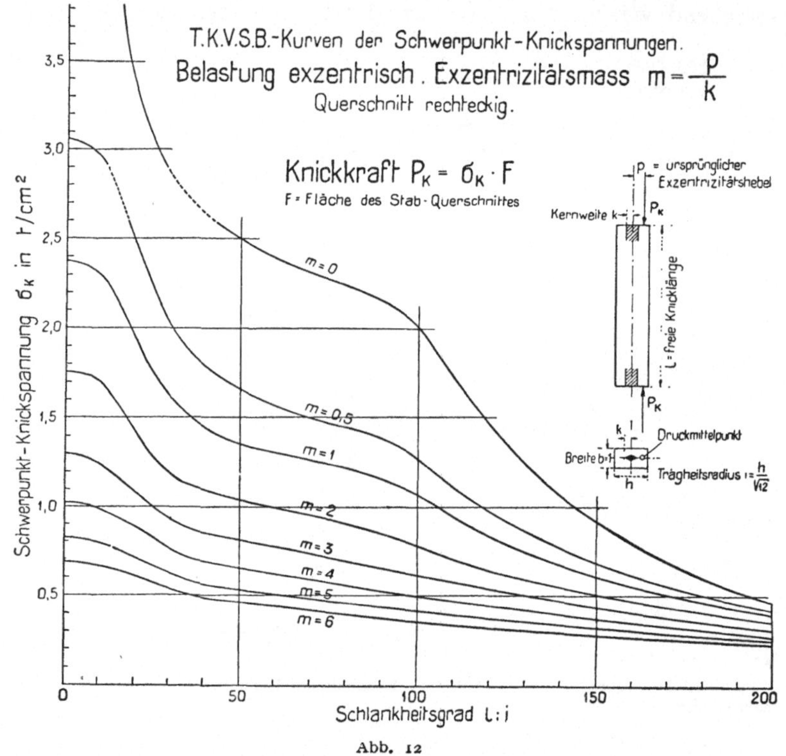

Abb. 12

Trägt man für verschiedene ins Auge gefaßte Grundspannungen $\sigma_k$ und für die verschiedenen angenommenen Schlankheitsverhältnisse $\frac{l}{i}$ die entsprechenden Exzentrizitätsmaße $m$ als Punkte in das Koordinatensystem $\frac{l}{i}$ (Abszisse) und $\sigma_k$ (Ordinate) ein, so erhält man durch Verbindung der gleich großen $m$-Werte die jeweiligen $m$-Kurven, z. B. für $m = $ 0,5, 1, 2, 3, 4, 5 und 6. So sind die T.K.V.S.B.-Kurven der Schwerpunkt-Knickspannungen für verschiedene exzentrische Knickbelastungen als Funktion des Schlankheitsverhältnisses $\frac{l}{i}$ entstanden. Abb. 12.

### Versuche und Versuchsergebnisse für Knicken bei zentrischem und exzentrischem Kraftangriff

In der AMSLERschen 500 Tonnen-Druckmaschine wurden 28 Knickversuche mit $INP\,32$ und $INP\,22$ durchgeführt. Abb. 13.

Das Material der untersuchten Knickstäbe war Thomasstahl von üblicher Handelsqualität, welcher eingehend untersucht wurde.

Bei sämtlichen Knickversuchen wurden gemessen:

die örtlichen Dehnungen im Knickquerschnitt (Stabmitte) an den vier äußeren Kanten der Flansche, sowie an zwei Stellen im Steg,

die seitlichen Ausbiegungen in Stabmitte, die Auflagerverschiebungen und die Neigungsänderung der Auflagerplatten.

Die festgestellte mittlere Proportionalitätsgrenze $\sigma_p = 2,00$ t/qcm und die Quetschgrenze $\sigma_f = 2,67$, sowie der ganze Charakter des Druck-Stauchungs-Diagrammes, Abb. 14, stimmt praktisch sehr gut mit dem den theoretischen Untersuchungen zugrunde gelegten $\sigma\text{-}\lambda$-Verlauf der Abb. 3 überein.

Die Ergebnisse der Versuche vom Schlankheitsgrad $\dfrac{l}{i} = 65$ und vom Exzentrizitätsmaße $m = 0$, 1 und 3, sind in der Abb. 15 zusammengestellt.

Das Endergebnis der Knickversuche ist in Abb. 16 zur Darstellung gebracht.

## Abschnitt III

### Knicken bei exzentrischem Kraftangriff, Knickrichtung winkelrecht zur Kraftebene

Ist ein Stab in einer der Hauptachsen exzentrisch gedrückt, so wird die Tragkraft nicht nur für diese Knickrichtung abgemindert, sondern auch für Knickrichtung winkelrecht zur Kraftebene, und zwar dann, wenn einzelne Flächenelemente des Querschnittes durch das Moment aus Exzentrizität und Biegungspfeil über die Proportionalitätsgrenze beansprucht werden. Das Material folgt dann in diesen Zonen einem andern Modul.

Die Überprüfung der Stabilität eines solchen der Knickgefahr ausgesetzten Stabes erfolgt

a) für das Ausknicken in der Kraftebene um die $x$-Achse, nach den Regeln für das Knicken bei exzentrischem Kraftangriff, Abschnitt II;

b) für das Ausknicken um die $y$-Achse, nach den Regeln für das Knicken bei zentrischem Kraftangriff, Abschnitt I, wobei aber ein anderer Knickmodul $T_m$ einzuführen ist.

Die kleinere der beiden so ermittelten Knickkräfte ist für das wirkliche Tragvermögen maßgebend.

Aus der $M_i$-Kurve der inneren Momente für die $x$-Achse

$$M_i = T_k \cdot J_x \cdot \frac{\varDelta}{h}$$

Abb. 13. Knickversuch mit I NP 32
Schneidenentfernung 3,20 m

Schlankheitsgrad $\dfrac{l}{i} = 120$; Exzentrizitätsmaß

$m = 0$

für eine bestimmte, vorerst schätzungsweise angenommene Grundspannung $\sigma_o$, unter Zuhilfenahme des Graphikons der Abb. 9, wird der infolge des Biegemomentes $P\,(p_x + f_x)$ erzeugte Biegepfeil $f_x$ bestimmt, Abb. 17, durch zum Schnitt bringen der $M_a$-Linie mit der $M_i$-Kurve.

Da zwischen dem Biegepfeil $f_x$ und der Summe der Randfaserdehnungen $\Delta$ nach Gleichung 7 die Beziehung

$$f_x = \frac{l^2}{\pi^2} \cdot \frac{\Delta}{h}$$

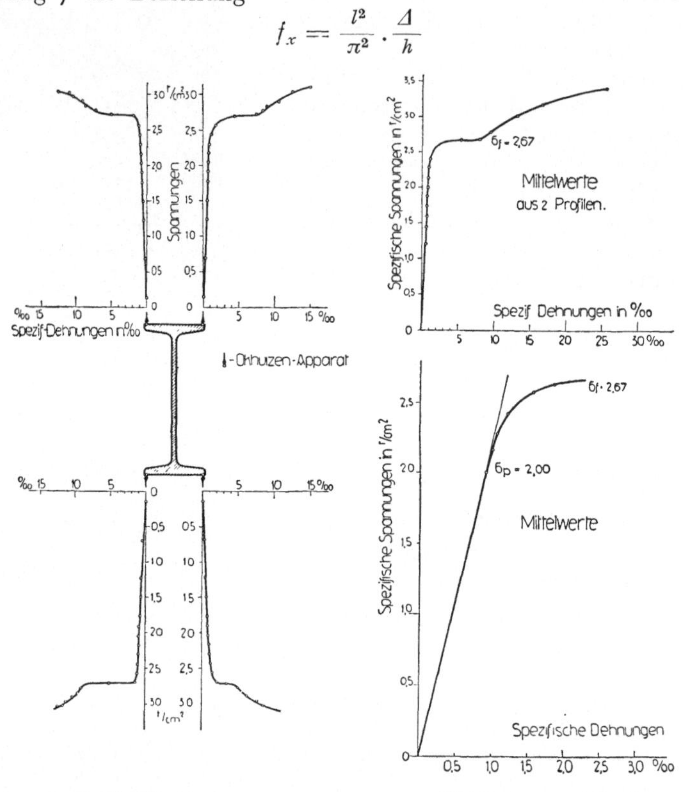


für die Flanschenkanten         Mittelwerte aus 2 Profilen

Abb. 14. Druck-Stauchungs-Diagramme

gilt, ist $f_x$ bekannt. Für die Lage der Nullinie ist die vorläufige Annahme von $\Delta_1$ bestimmend, wodurch auch die Spannungsverteilung über den Querschnitt festgelegt ist. Abb. 18.

Die Überprüfung der Gleichgewichtsbedingungen für die Biegungsmomente, nämlich:

Zugkraft = Druckkraft und
Moment der inneren Kräfte $M_i =$ dem
Moment der äußeren Kräfte $M_a = P\,(p_x + f_x)$,

erfordert gegebenenfalls zum Zwecke der Übereinstimmung eine nochmalige Annahme von $\sigma_o$ und $\Delta_1$. Auf Grund der wirklichen Spannungsverteilung, Abb. 18, können den Zonen $\Delta F$ mittlere $T_k$-Moduli zugeordnet werden, aus denen dann für den Gesamtquerschnitt ein Modul

$$T_m = \frac{\Sigma\, T_k \cdot \Delta F}{\Sigma\, \Delta F} \quad \ldots \ldots \ldots \ldots \ldots \quad (10)$$

berechnet wird.

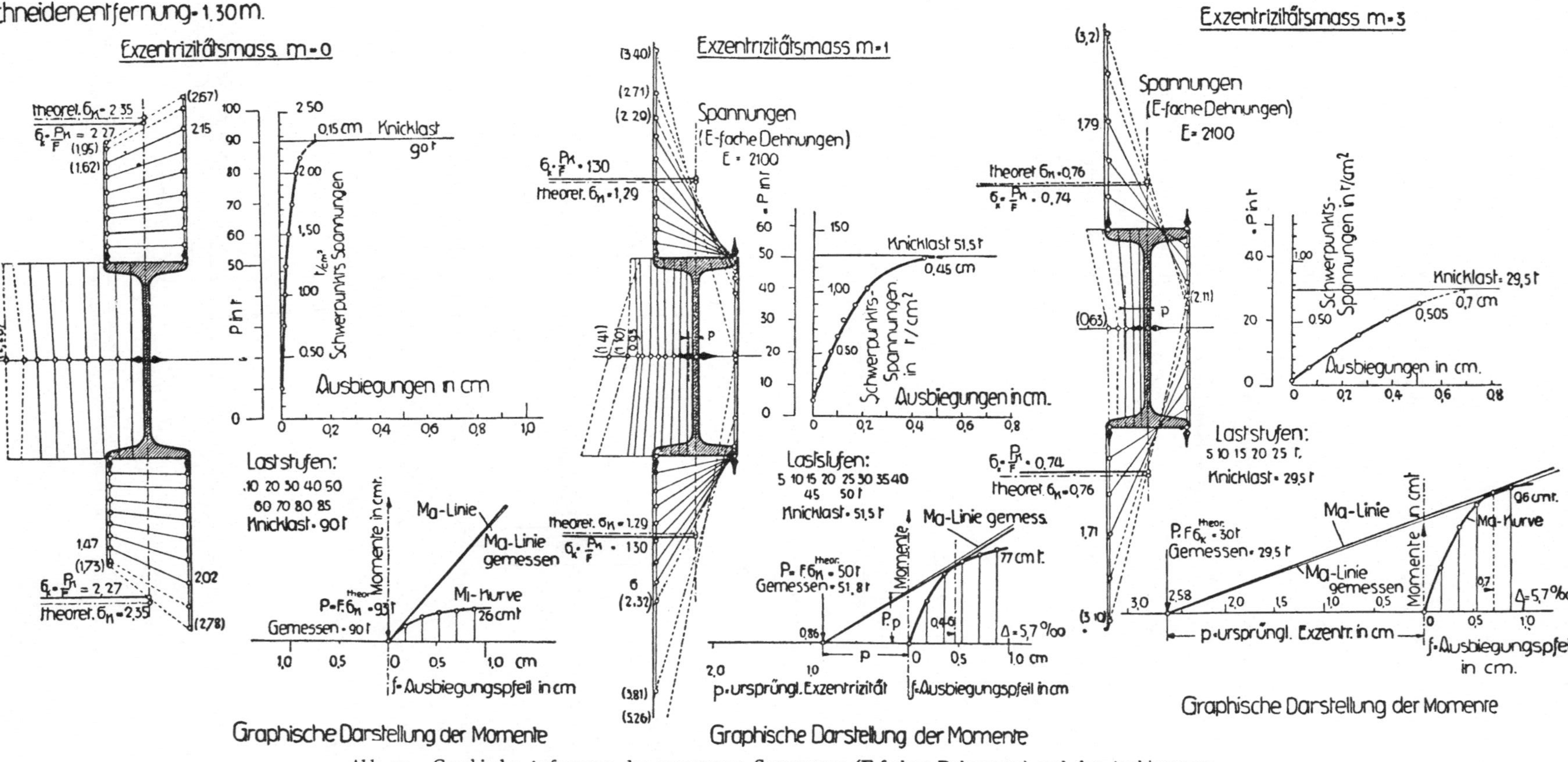


Abb. 15. Graphische Auftragung der gemessenen Spannungen (E-fachen Dehnungen) und der Ausbiegungen.
Graphische Darstellung der Gleichgewichtsmomente.

Die Kraft für das Ausknicken um die $y$-Achse erreicht den Wert von

$$_{y}P_k = \frac{\pi^2}{l^2} \cdot T_m \cdot J_{y} \quad \ldots \ldots \ldots \ldots \quad (11)$$

und die dieser Kraft entsprechende Schwerpunkt-Knickspannung

$$\sigma_k = \pi^2 \cdot \frac{T_m}{\left(\dfrac{l}{i_{y}}\right)^2} \quad \ldots \quad (12)$$

muß mit der angenommenen Grundspannung $\sigma_o$ übereinstimmen. Trifft dies nicht zu, so ist die Untersuchung im angegebenen Sinne bis zur Übereinstimmung zu wiederholen.

Mit Flußstahl-Stäben von $160 \times 40$ mm $= 64$ qcm Querschnitt und Knicklängen von $1520$ mm und $760$ mm, somit für Schlankheitsgrade

$$\frac{l}{i_{y}} = 130 \text{ bezw. } \frac{l}{i_x} = 33 \text{ und}$$

$$\frac{l}{i_{y}} = 65 \text{ bezw. } \frac{l}{i_x} = 17, \text{Abb. 19,}$$

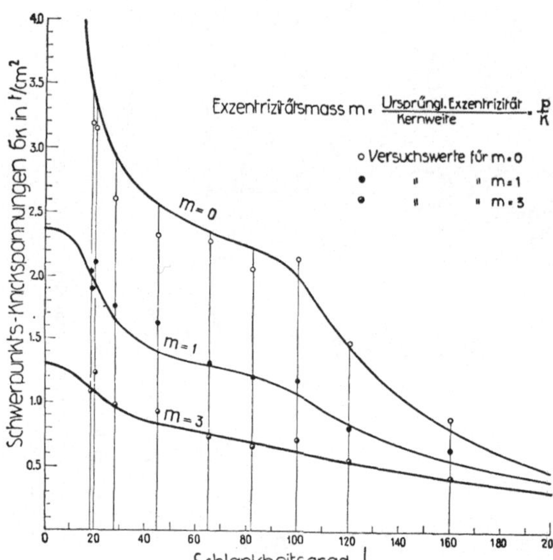


Abb. 16. T. K. V. S. B.-Kurven für exzentrische Belastungen, m = 0, 1 und 3. Versuchsergebnisse E. M. P. A. 1926

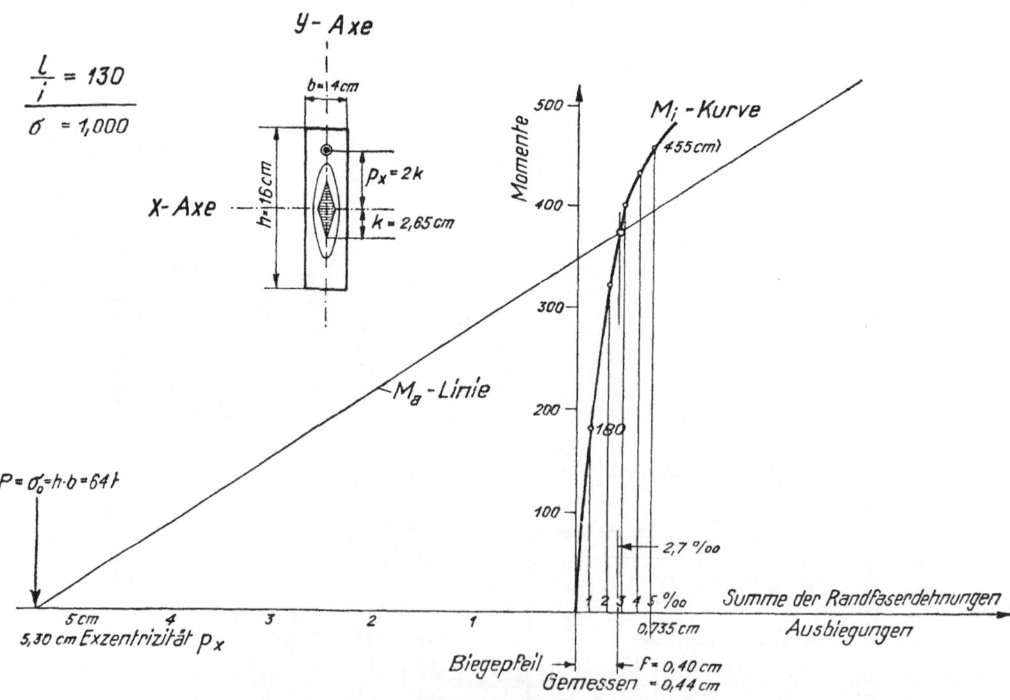


Abb. 17. Knicken bei exzentrischem Kraftangriff, Knickrichtung winkelrecht zur Kraftebene. Bestimmung des Biegepfeiles und der Randfaserdehnungen in der Kraftebene fur die geschätzte Kraft $P = \sigma_0 \cdot F = 1,000 \cdot 64 = 64$ t

wurden die in der nachfolgenden Tabelle I zusammengestellten Versuche mit für die $x$-Achse exzentrischem und für die $y$-Achse zentrischem Kraftangriff durchgeführt.

Tafel 1

### Knicken winkelrecht zur Kraftebene. Querschnitt Rechteck 160 × 40 mm

Gemessene Knickkräfte

| Schlankheitsgrad $\dfrac{l}{i_v} = 65$ | | | | Schlankheitsgrad $\dfrac{l}{i_y} = 130$ | | | |
|---|---|---|---|---|---|---|---|
| $m_x = 0$ | $m_x = 1$ | $m_x = 2$ | $m_x = 3$ | $m_x = 0$ | $m_x = 1$ | $m_x = 2$ | $m_x = 3$ |
| 132 t | 102 | 75 | — | 83 t | — | 60 | 51 |

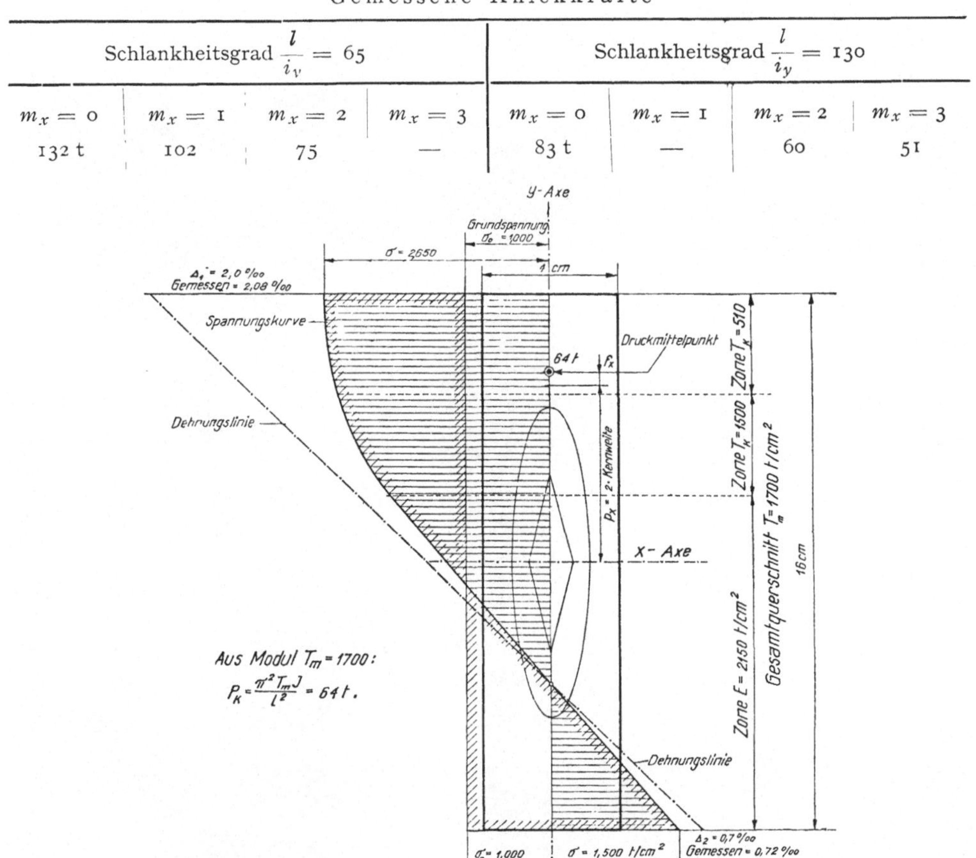


Abb. 18. Knicken bei exzentrischem Kraftangriff, $m_x = 2$ $\dfrac{l}{i_y} = 130$, Knickrichtung winkelrecht zur Kraftebene. Spannungsverteilung für die geschätzte Knickkraft $P_k = 64$ t, Aus Modul $T = 1700$ abgeleitete Knickkraft $= 64$ t (übereinstimmend). Gemessene Knickkraft $= 60$ t

Sämtliche Stäbe knickten um die $y$-Achse, also winkelrecht zur Kraftebene aus. Die Knickkräfte in der Ebene des exzentrischen Kraftangriffes sind, entsprechend den Versuchsergebnissen unter Abschnitt II, in Wirklichkeit auch größer. Die theoretischen Werte der Knickkräfte betragen für

$$\frac{l}{i_y} = 130 : \text{zentrisch} \ldots P_k = 80 \text{ t}$$

$$m_x = 2 \ldots P_k = 64 \text{ t}$$

während die entsprechenden Versuchswerte $P_k = 83$ t bzw. 60 t ergeben. Die Übereinstimmung ist praktisch eine sehr gute.

Der Abfall der Knickkräfte beläuft sich bei den untersuchten Stäben, je nach Schlankheitsgrad und Exzentrizität, auf rund $25\%$ bis $45\%$, bezogen auf zentrische Knickkräfte.

## Abschnitt IV

### Knicken bei einem nach beiden Hauptachsen exzentrischen Kraftangriff

Mit Spitzenlagerung, die eine freie Drehbarkeit des Stabes nach allen Richtungen gestattet, durchgeführte Knickversuche mit I-Dip-Trägern Nr. 14 zeigten einen sehr starken Abfall der Knickkräfte infolge der Ex-

Abb. 19. Knickversuch mit Rechteckeisen 16 × 4 cm. Schneidenentfernung 1,52 m

Schlankheitsgrad $\dfrac{l}{i_y} = 130$; Exzentrizitätsmaße

$m_x = 2,\ m_y = 0$

Abb. 20. Knickversuch mit I Dip. 14
Spitzenentfernung 1,58 m

Schlankheitsgrad $\dfrac{l}{i_y} = 45$; Exzentrizitätsmaße

$m_x = 1,5,\ m_y = 1$

zentrizitäten. Die Ergebnisse dieser Versuche sind in der nachfolgenden Tabelle II zusammengestellt.

## Tafel II
### Nach beiden Hauptachsen exzentrischer Kraftangriff. I-Dip Nr. 14
Gemessene Knickkräfte

| Schlankheitsgrad $\frac{l}{i} = 45$ | | | | Schlankheitsgrad $\frac{l}{i} = 80$ | | | |
|---|---|---|---|---|---|---|---|
| $m_x = 0$ $m_y = 0$ | $m_x = 0$ $m_y = 1$ | $m_x = 1$ $m_y = 1$ | $m_x = 1,5$ $m_y = 1$ | $m_x = 0$ $m_y = 0$ | $m_x = 0$ $m_y = 1$ | $m_x = 1$ $m_y = 1$ | $m_x = 1,5$ $m_y = 1$ |
| 120 t | 79 | 63 | 55 | 94 | 58 | 47 | 43 |

## Abschnitt V
### Knicken mit einer in der Stabmitte wirkenden unveränderlichen Querbelastung

In der Mitte winkelrecht zur Achse eines Stabes wirkende Lasten vermindern seine Knickkraft. Diese Verminderung der Tragfähigkeit hängt vom Schlankheits-

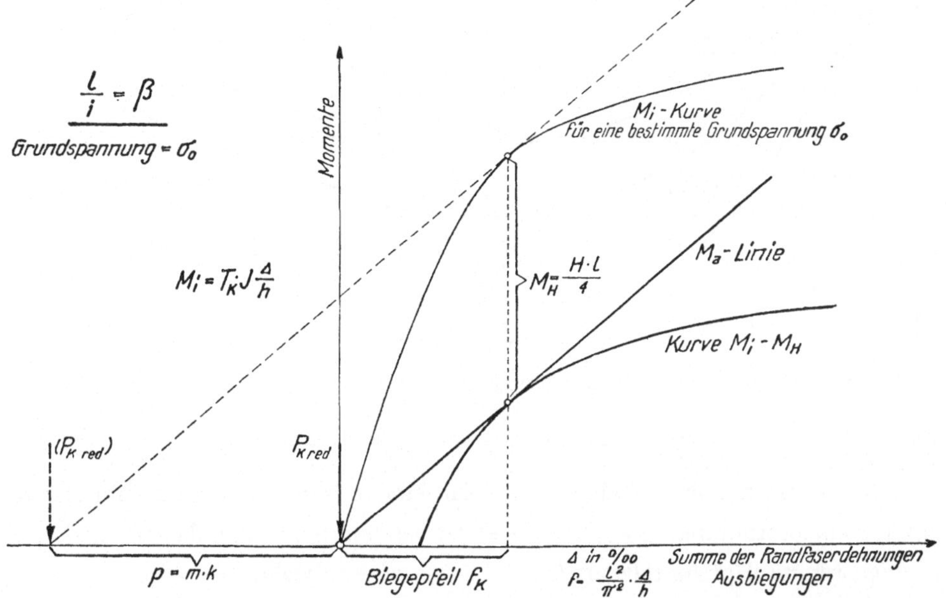


Abb. 21. Knicken mit Seitenlast. Theoretische Stabilitätskurven für innere und äußere Momente

grad $\beta = \frac{l}{i}$ , sowie von der Größe der wagrechten Kraft $H$ ab. Sowohl die Abminderung als auch die jeweilige Querbelastung sind in Bruchteilen der Knickkraft des zentrisch gedrückten und quer nicht belasteten Stabes angegeben. Abb. 22.

In der Abb. 21 ist der Verlauf der $M_i$-Kurve

$$M_i = T_k J \cdot \frac{\Delta}{h}$$

eines Stabes rechteckigen Querschnittes $F = h \cdot b$, dessen Schlankheitsgrad $\beta = \frac{l}{i}$ bekannt ist, für eine bestimmte angenommene Grundspannung $\sigma_0$ und verschiedene Werte der Summe der Randfaserdehnungen $\Delta$, ganz analog wie dies auch in der Abb. 17 geschehen ist, zur Darstellung gebracht.

Die in der Achse des Stabes wirkende Kraft weist die Größe von $P_{k\,\text{red}} = \sigma_0 . h . b$ auf. Die Beziehung

$$f = \frac{l^2}{\pi^2} \cdot \frac{\Delta}{h}$$

ermöglicht die Bestimmung des jeweilig den Randdehnungen zugeordneten Biegepfeiles. Einem bestimmten Biegepfeil $f$ entspricht ein Moment der äußeren Kraft $P_{k\,\text{red}}$ von der Größe $M_a = P_{k\,\text{red}} . f$. Der lineare Verlauf dieses Momentes ist in der Abb. 21 als $M_a$-Linie dargestellt. Die parallel zur $M_a$-Geraden verlaufende Tangente an die $M_i$-Kurve gibt denjenigen maximalen Anteil von $M_i$ an, welcher bis zur völligen Erschöpfung des inneren Momentes für das von einer Seitenlast $H$ erzeugte Moment

$$M_H = H . \frac{l}{4} \quad \ldots \ldots \ldots \ldots \ldots \ldots \ldots \quad (13)$$

zur Verfügung übrig bleibt.

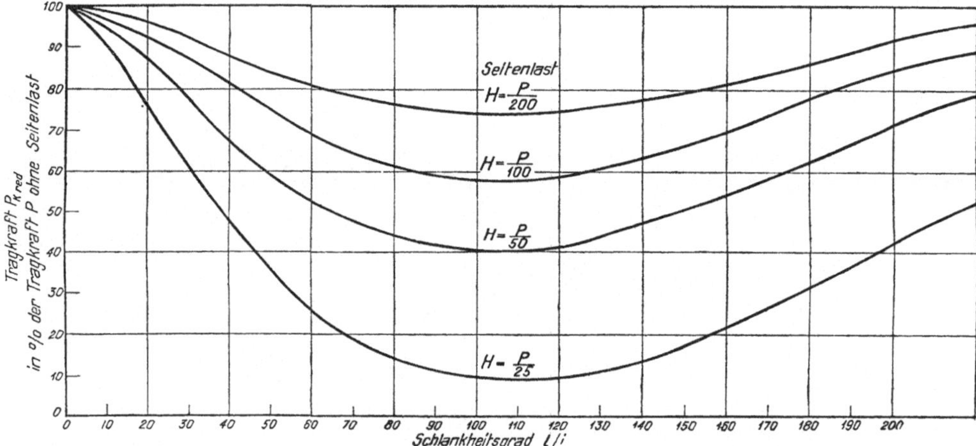


Abb. 22. Kurven der Knickkraft-Abminderung durch Seitenlast

Dieses Verfahren ermöglicht somit, für eine bestimmte Grundspannung $\sigma_0$, somit für ein bestimmtes $P_{k\,\text{red}}$ und für einen bestimmten Schlankheitsgrad $\beta = \dfrac{l}{i}$ eine zugeordnete Horizontalkraft $H = \dfrac{4 \cdot M_H}{l}$ zu ermitteln.

Anderseits ist für den nur zentrisch gedrückten Stab gleichen Schlankheitsgrades seine Knickkraft $P$, ohne die Einwirkung der Horizontalkraft, bekannt. Abb. 12.

Das Verhältnis von $\dfrac{P_{k\,\text{red}}}{P}$ gibt die Abminderung der Knickkraft $P$ des zentrisch gedrückten Stabes gegenüber derjenigen des mit der Horizontalkraft $H$ gleichzeitig belasteten Stabes. Die Horizontalkraft $H$ läßt sich durch die Beziehung

$$\alpha = \frac{H}{P} \quad \ldots \ldots \ldots \ldots \ldots \ldots \ldots \quad (14)$$

in Bruchteilen der zentrisch wirkenden Knickkraft $P$ ausdrücken.

Durch die Bestimmung der $\alpha$-Werte für die Verhältnisse $\dfrac{P_{k\,\text{red}}}{P}$ für alle vorkommenden Schlankheitsgrade $\beta$ und die Verbindung der gleich großen $\alpha$-Werte sind die Kurven der Abb. 22 entstanden.

Abb. 23.   Schneidenlager mit seitlichen Keilabstutzungen

Abb. 24.   Instrumentenanordnung in Trägermitte; Angriffsvorrichtung der Seitenlast

Aus Abb. 21 geht hervor, daß das Moment der Seitenlast die Größe

$$M_H = P_{k\,\text{red}} \cdot m \cdot k \quad \ldots \ldots \ldots \ldots \ldots \quad (15)$$

besitzt und damit in eine Beziehung zu einem ideellen Exzentrizitätsmaß $m$ (Abb. 12) gesetzt ist.

Als geeignete Kontrolle ergibt sich die Gleichung

$$m = \frac{\beta}{2,3} \cdot a \cdot \frac{P}{P_{k\,\text{red}}} \quad \ldots \ldots \ldots \ldots \quad (16)$$

die nach Maßgabe der Abb. 12 erfüllt sein muß.

Diese Kurven ermöglichen die Feststellung der Abminderung der zentrischen Tragkräfte $P$ infolge von Seitenlasten $H$ (in Bruchteilen von $P$ ausgedrückt) für die praktisch vorkommenden Schlankheitsgrade.

Da bei dieser Ableitung stets die Biegelinie des verbogenen Stabes als Sinuskurve mit einem Krümmungsradius in der Stabmitte von der Größe $\varrho = \dfrac{l^2}{\pi^2} \cdot \dfrac{1}{f}$ vorausgesetzt wurde, die wirkliche Biegelinie jedoch infolge schärferer Krümmung in der Stabmitte einen kleineren Krümmungsradius besitzt, kann, falls dies erwünscht erscheint, die Korrektur in nachfolgender Weise vorgenommen werden.

Das innere Moment $M_i$ besitzt die Größe

$$M_i = \frac{T_k \cdot J}{\varrho}.$$

Wird nun für einen bestimmten Pfeil der Krümmungsradius kleiner, was gegenüber der Annahme (der Sinuslinie) in Wirklichkeit zutrifft (Momentenfläche: kombiniert aus Sinusfläche und Dreieckfläche), so wird der $M_i$-Wert größer.

Bei den Versuchen wurden die Größen

$f =$ Biegepfeil und

$\Delta =$ Summe der Randfaserdehnungen

gemessen. Für den Biegepfeil der Sinuslinie gilt die Beziehung

Abb. 25. Knickversuch mit $INP$ 22. Schneidenentfernung 3,20 m.

Schlankheitsgrad $\dfrac{l}{i} = 160$; Seitenlast $H = \dfrac{P}{50}$

$$f = \frac{l^2}{\pi^2} \cdot \frac{\Delta}{h}$$

und für eine allgemeinere Kurve

$$f = \frac{l^2}{n} \cdot \frac{\Delta}{h}.$$

Auf Grund der Messungen lassen sich die $n$-Werte, welche die vorerwähnte Korrektur enthalten, aus der Beziehung

$$n = \frac{l^2}{h} \cdot \frac{\Delta}{f} \quad \ldots \ldots \ldots \ldots \ldots \quad (17)$$

ermitteln.

Damit ist auch der wirkliche Krümmungsradius

$$\varrho_w = \frac{l^2}{n} \cdot \frac{1}{f} \quad \ldots \ldots \ldots \ldots \ldots \quad (18)$$

und somit der genauere Wert von

$$M_i = \frac{T_k \cdot J}{\varrho_w} \quad \ldots \ldots \ldots \ldots \ldots \quad (19)$$

Abb. 26.  Knickversuch mit $INP\,32$. Schneidenentfernung 0,75 m.  Schlankheitsgrad $\frac{l}{i} = 28$;  Seitenlast $H = \frac{P}{50}$

bestimmt. Die Nichtberücksichtigung dieses Unterschiedes, d. h. die Beibehaltung der Sinuslinie als Biegelinie für die Berechnung führt nur zu etwas ungünstigeren Ergebnissen, indem die wirkliche Knickkraft des Stabes größer als die rechnerisch ermittelte wird.

Insgesamt wurden 33 Versuche mit $I\,NP\,22$ und 32 normaler Flußstahlqualität durchgeführt. Die Gesamtanordnung der Versuche, insbesondere die Schneidenlagerung der Versuchsstäbe und die Angriffsweise der Horizontalkräfte $H$, erzeugt durch Flaschenzüge, geht aus den Abb. 23 bis 26 hervor. Die Größen der Horizontalkräfte wurden durch eingeschaltete, geeichte Dynamometer gemessen.

Die Versuchsergebnisse selbst sind für Schlankheitsgrade von $\frac{l}{i} = 28, 45, 65,$ 82, 100, 120, 160 und für Seitenlasten $H = \frac{P}{200}, \frac{P}{100}$ und $\frac{P}{50}$ in die dazu gehörigen theoretisch ermittelten Kurven der Abb. 22 eingetragen. Die Übereinstimmung ist eine befriedigende. Die Abweichungen entsprechen dem Sinne nach den theoretischen Überlegungen. Abb. 27.

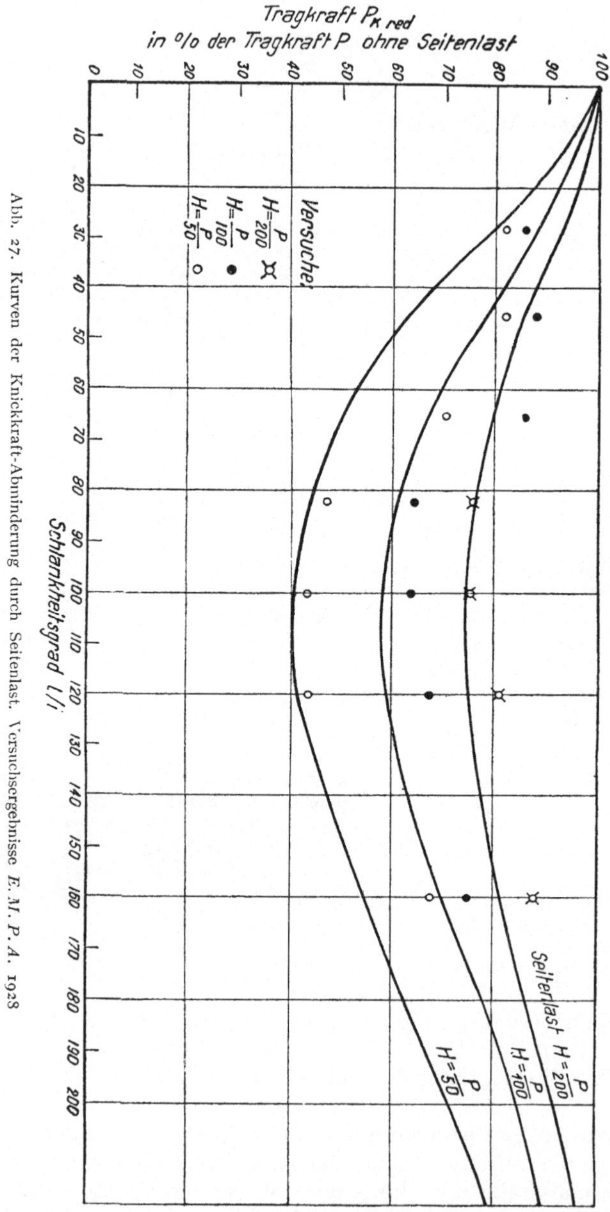


Abb. 27. Kurven der Knickkraft-Abminderung durch Seitenlast. Versuchsergebnisse E. M. P. A. 1928

Die in den Abschnitten III und V behandelten Probleme lassen sich auch für

a) eine gleichzeitig in der Kraftebene wirkende Querbelastung in Stabmitte — im Falle III — und

b) für exzentrischen Angriff der achsialen Druckkraft — im Falle V — in sinngemäßer Weise lösen.

## Zusammenfassung und Schlußfolgerungen

1. Das Knickproblem wird, als Gleichgewichtsproblem, das sich nicht auf das Erreichen einer bestimmten Randfaserspannung zurückführen läßt, von einem einheitlichen Gedanken beherrscht.

2. Das T. K. V. S. B.-Verfahren für die Bestimmung der Tragkraft zentrisch und exzentrisch gedrückter Stäbe besitzt allgemeine Gültigkeit und läßt sich auf Materialien verschiedenster Spannungs-Dehnungs-Diagramme ausdehnen.

3. Die Übereinstimmung der Theorie und der Versuche ist, vom Standpunkte der Praxis aus, eine gute. Die Abweichungen liegen innerhalb des Streuungsgebietes der Festigkeitsqualität des Stahlmaterials selbst.

4. Die Exzentrizität des Kraftangriffes vermindert die Knicktragkraft bei gedrungenen und mittleren Stäben $\frac{l}{i} < 100$, viel stärker als bei schlanken Stäben.

Der verhängnisvolle Einfluß des exzentrischen Kraftangriffes auf das Tragvermögen der Stäbe gelangt in deutlicher Weise zum Ausdruck. Im Kernrand gedrückte Stäbe ($m = 1$) tragen für Schlankheitsgrade von $\frac{l}{i}$ bis 100 rund die Hälfte ($55^0/_0$) von zentrisch auf Druck beanspruchten Stäben ($m = 0$).

5. Mit wachsender Exzentrizität nimmt das Tragvermögen in vergleichsweise geringerem Maße ab als das Exzentrizitätsmaß selbst zunimmt.

6. Da Exzentrizitäten des Kraftangriffes infolge geometrisch nicht absolut gerader Stabachsen (Richten), nicht ganz gleichmäßiger Gefügebeschaffenheit (Unhomogenität), praktisch unmöglicher, genauer Zentrierung des Kraftangriffes (Reibungen, Einspannungen) und (bei Fachwerkstäben) infolge von Nebenspannungen vernieteter Knotcnpunktverbindungen[3]) nicht zu vermeiden sind, ist es gerechtfertigt, insbesondere mit Rücksicht auf die mögliche Größe der Nebenspannungen von $20^0/_0$ der Grundspannungen, bei der Beurteilung der wirklichen Knicksicherheit mit einem Exzentrizitätsmaße $m = 0{,}25$ zu rechnen, entsprechend dem Kraftangriff im Viertel der Kernweite.

7. Bei mittelschlanken Stäben $\frac{l}{i} = 40$ bis 100 wird, im Gegensatz zu den anderen Schlankheitsgraden, durch die Einspannungen der Stabenden die Knickfestigkeit nur wenig erhöht.

Geringe Nachgiebigkeiten der eingespannten Stabenden genügen bei wenig schlanken Stäben, um die Erhöhung der Tragkraft infolge der Einspannung zu verwirken. Da die Knotenbleche eiserner Fachwerke nachgewiesenermaßen sich verformen[3]), [4]) und bei Überschreitung der Proportionalitäts- bzw. Fließgrenze die Nebenspannungen infolge steifer Knotenverbindungen rasch abnehmen und nicht mehr mit den Hauptspannungen proportional wachsen, ist es logisch, für nicht S-förmig verbogene, auf Druck beanspruchte Fachwerkstäbe (in der Regel Gurtungen) bei der Berechnung der Knicksicherheit die ganze theoretische Stablänge und nicht die 0,8-fache als Knicklänge zugrunde zu legen.

8. Die Kenntnis des Knickbiegepfeiles $f_k$ ermöglicht die Ermittlung der Knick-Querkraft $Q_{\max} = P_k \cdot f_k \cdot \frac{\pi}{l}$ und damit die Bemessung der Verbindungen von gegliederten Knickstäben (Vergitterungen, Bindebleche).

9. Für Konstruktionsstähle, deren Druck-Stauchungs-Diagramme höhere oder niedrigere Quetschgrenzen aufweisen als das ideelle, der theoretischen Untersuchung zugrunde gelegte Diagramm, sind die $\sigma_k$-Werte der T. K. V. S. B.-Kurven sinngemäß nach den entsprechenden Werten der Proportionalitäts- und Quetschgrenzen zu erhöhen oder zu erniedrigen (Annäherungsverfahren).

In der Abb. 28 ist die auf diese Weise bestimmte theoretische $\sigma_k$-Kurve des Si-Stahles für zentrisches Knicken eingetragen worden. Die Versuchsergebnisse stimmen mit den theoretischen Werten praktisch sehr gut überein.

10. Bei exzentrisch gedrückten Stäben wird auch die Knickkraft für die zur Exzentrizitätsebene winkelrechte Richtung abgemindert, und zwar dann, wenn in einem Querschnittselemente die Proportionalitätsgrenze überschritten wird. Die Abminderung beträgt bei den untersuchten rechteckigen Querschnitten 25 bis 45%.

Da diese Knicksicherheit vom Schlankheitsgrad des Stabes, von der Exzentrizität des Kraftangriffes und auch von der Querschnittsform abhängig ist, ist jeder Fall für sich zu untersuchen. Von allgemein gültigen Angaben wäre bis zur Vervollständigung dieser Untersuchungen Abstand zu nehmen.

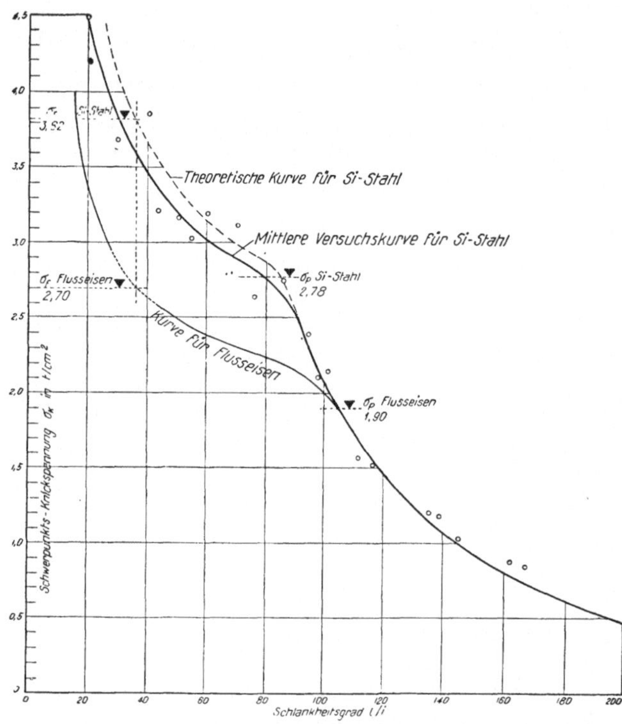


Abb. 28. Versuchswerte für Si-Stahl. Vergleich der Versuchskurve mit der theoretischen Kurve

11. Beim Kraftangriff, der nach beiden Hauptachsen exzentrisch wirkt, erleidet die Knicktragkraft einen sehr starken Abfall, der bei den untersuchten Stäben bis zu 55% geht. Da die Verhältnisse hier noch verwickelter sind als beim Ausknicken in der zur Kraftebene winkelrechten Richtung — siehe Punkt 10 — so empfiehlt es sich erst recht, vorderhand von der Aufstellung allgemein gültiger Regeln abzusehen und bis auf weiteres auf Grund der vorliegenden Rechnungsverfahren und Untersuchungsergebnisse die wirkliche Knicktragkraft zu ermitteln bzw. genügend genau einzuschätzen.

12. Eine in der Mitte eines zentrisch gedrückten Stabes wirkende Querbelastung (Seitenlast) vermindert die Knicktragkraft. Diese Abminderung ist abhängig von dem Schlankheitsgrad $\frac{l}{i}$ des Stabes, sowie der Größe der Querbelastung. Die Kurven der Abb. 22 geben Aufschluß über diese zum Teil sehr große, bis auf 10% heruntergehende Abminderung. Das Graphikon auf Abb. 22 bietet für den praktischen Gebrauch sehr schätzenswerte Vorteile.

Die Bemessung auf Knicken von

zentrisch gedrückten,

exzentrisch in einer Hauptachse gedrückten, sowie

zentrisch gedrückten und gleichzeitig durch eine in Stabmitte unveränderliche Querbelastung beanspruchten Stäben

ist auf Grundlage der Graphikons der Abb. 12 und 22 in einfacher und klarer

Weise möglich. Bei Stabquerschnitten, welche von der Rechteckform abweichen, sind die Abminderungen bzw. Erhöhungen der Knickkräfte auf Grund dieses Verfahrens einzuschätzen oder genau zu untersuchen. Abb. 7.

Der klaren Erkenntnis des Wesens des Knickens als Stabilitätsproblem, sowie der physikalisch richtigen Darstellung des Knickvorganges, ist die größte Aufmerksamkeit zuzuwenden.

Die Prüfung des Tragvermögens bei exzentrischem Kraftangriff, Knickrichtung winkelrecht zur Kraftebene, sowie des Knicktragvermögens von nach beiden Hauptachsen exzentrisch gedrückten Stäben, wäre bis auf weiteres auf Grund der angegebenen Verfahren von Fall zu Fall durchzuführen, da sich hierüber allgemeine Angaben in einer für die Praxis leicht anwendbaren Weise vorderhand noch nicht machen lassen.

## Anmerkungen

[1]) Th. von Kármán. Untersuchungen über Knickfestigkeit. Mitteilungen über Forschungsarbeiten des V.D.I., Heft 81, Berlin 1910.

[2]) M. Roš und J. Brunner. Die Knicksicherheit von an beiden Enden gelenkig gelagerten Stäben aus Konstruktionsstahl. Bericht Nr. 13 der Eidg. Materialprüfungsanstalt an der E.T.H: und der Gruppe VI der T.K.V.S.B., Zürich, August 1926.

[3]) M. Roš. Nebenspannungen infolge vernieteter Knotenpunkte eiserner Fachwerkbrücken. Bericht der Gruppe V der T.K.V.S.B. Juni 1922 und „Schweizerische Ingenieurbauten in Theorie und Praxis", September 1926.

[4]) Th. Wyss. Beitrag zur Spannungsuntersuchung an Knotenblechen eiserner Fachwerke. Mitteilungen über Forschungsarbeiten des V.D.I., Heft Nr. 262, 1923.

# Diskussion

Professor M. Broszko, Warschau:

I.

In seinem Referat über die grundlegenden Fragen der Knickungsfestigkeit[1] lehnt sich Herr Roš auf das engste an die theoretischen Untersuchungen Engessers[2] und v. Kármáns[3] an. Diese enge Anlehnung der verdienstvollen Arbeit der Herren Roš und Brunner an die von den genannten Forschern aufgestellte Knickungstheorie ist zu bedauern. Denn die Engesser-v. Kármánsche Theorie, an die in der Arbeit angeschlossen wird, fußt auf einer evident falschen Grundlage, ihre Endergebnisse sind irrig, und infolgedessen ist auch das von Herrn Roš angegebene Berechnungsverfahren (das sogenannte T. K. V. S. B.-Verfahren) nicht einwandfrei.

2.

Bei der theoretischen Behandlung des nichtelastischen Knickungsvorganges knüpft v. Kármán seine Überlegungen[4] an den Fall eines prismatischen homogenen Stabes vom Querschnitt $F$ an (s. Abb. 29), der durch eine achsparallele Kraft $P = F\,\sigma_m$

---

<sup></sup>[1] Siehe S. 282 des genannten Referates.

[2] F. Engesser, „Über Knickfragen", Schweizerische Bauzeitung, Bd. XXVI, Seite 24, 1895.

[3] Th. v. Kármán, Untersuchungen über Knickfestigkeit. Mitteilungen über Forschungsarbeiten des V. D. I., Heft 81, Berlin 1910.

[4] Th. v. Kármán, l. c. S. 11 f.

gleichmäßig zusammengedrückt und, infolge einer anfänglichen kleinen Exzentrizität $y_a$ dieser Kraft, in der Ebene seiner kleinsten Steifigkeit leicht ausgebogen wurde.[1] Über das elastische Verhalten des Stabmaterials wird dabei in den Überlegungen v. KÁRMÁNS folgendes vorausgesetzt:

a) Der BERNOULLIschen Hypothese entsprechend, bleiben die ebenen Querschnitte des ungebogenen Stabes nach dessen erfolgter Ausbiegung eben. Die vor der Ausbiegung gleichmäßige Verteilung der spezifischen Verkürzungen längs der in der Biegungsebene liegenden Querschnittshauptachse befolgt daher nach erfolgter Ausbiegung ein lineares Gesetz.

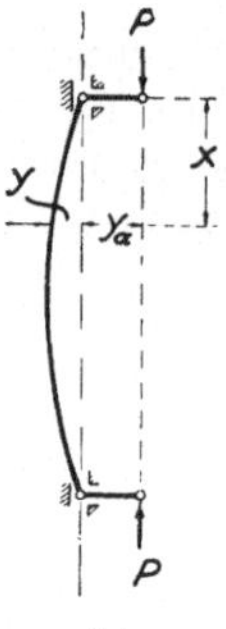

b) In demjenigen Querschnittsteile, in dem die vor der Ausbiegung gleichmäßig verteilten spezifischen Verkürzungen $\varepsilon_m$ infolge der Ausbiegung vergrößert wurden, gilt das durch die Druckversuche ermittelte, im Druck-Stauchungs-Diagramm zur Darstellung gelangende, empirische Gesetz $\sigma = f(\varepsilon)$.

c) An jeder Stelle desjenigen Querschnittsteiles, in dem die durch das Zusammendrücken hervorgerufenen spezifischen Verkürzungen $\varepsilon_m$ infolge der Ausbiegung verringert wurden, besteht, nach erfolgter Ausbiegung, zwischen der Abnahme der spezifischen Verkürzung $\Delta \varepsilon_m$ und der zugehörigen Druckspannungsabnahme $\Delta \sigma_m$ die lineare Beziehung $\Delta \sigma_m = E \Delta \varepsilon_m$, in der $E$ den YOUNGschen Elastizitätsmodul bedeutet.

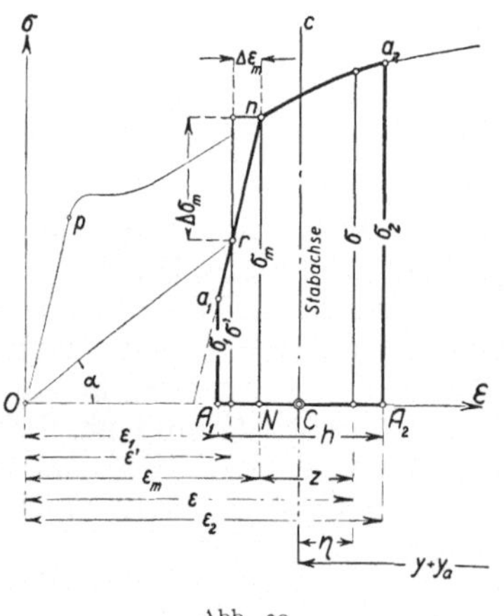

Abb. 29

Auf Grund dieser Annahmen und unter Benutzung des die elastischen Eigenschaften des Stabmaterials angebenden Druck-Stauchungs-Diagramms kann man offenbar die nach der Ausbiegung sich einstellende Spannungsverteilung im Querschnitt eindeutig bestimmen, falls die, vor der Ausbiegung gleichmäßig über den Querschnitt verteilte, spezifische Verkürzung $\varepsilon_m$ (oder die mittlere Druckspannung $\sigma_m$) und die spezifischen Verkürzungen in den äußersten Fasern ($\varepsilon_1$ und $\varepsilon_2$) bekannt sind. Zum Zwecke dieser eindeutigen Bestimmung errichte man zunächst (s. Abb. 30) in demjenigen Abszissenpunkte $N$ des Druck-Stauchungs-Diagramms, der dem Werte $\varepsilon_m$ entspricht,[2] eine zur Abszissenachse senkrechte Gerade und ziehe von dem Schnittpunkte $n$ dieser Geraden mit der Diagrammlinie eine zum geradlinigen Teil $Op$ der letzteren parallele Gerade $n\,a_1$. Durch die Abszissenpunkte $A_1$ bezw. $A_2$, die den spezifischen Verkürzungen $\varepsilon_1$ bezw. $\varepsilon_2$ entsprechen, ziehe man hierauf zwei zur Ordinatenachse parallele Geraden. Die erste dieser Geraden schneidet die Gerade $n\,a_1$ im Punkte $a_1$, die zweite gelangt dagegen mit der Diagrammlinie im Punkte $a_2$ zum Schnitt. Der aus der geraden Strecke $a_1\,n$ und aus dem Kurvenstück $n\,a_2$ zusammengesetzte gebrochene Linienzug $a_1\,n\,a_2$ stellt dann die Verteilung der Druckspannungen längs der in der Biegungsebene liegenden Querschnittshauptachse dar. Die Länge $h$ dieser Querschnittshauptachse erscheint dabei im Diagramm durch die Strecke $A_1\,A_2$ abgebildet, der Punkt $N$ stellt in dieser Abbildung den Fußpunkt

Abb. 30

---

[1] Der den Gegenstand der Überlegungen bildende Stab ist an seinen beiden Enden gelenkig gelagert, und seine beiden Enden sollen bei der Ausbiegung längs seiner ursprünglich geraden Achse geführt werden.

[2] Unsere Abbildung 30 stimmt in allen wesentlichen Stücken mit der v. KÁRMÁNschen Fig. 9 überein.

der sogenannten „neutralen Achse"[1] dar, und der Punkt $C$ deckt sich mit dem Schwerpunkte der Querschnittsfläche, falls durch das auf der Strecke $A_1 A_2$ senkrecht stehende Linienstück $C\,c$ ein Teilstück der in der Biegungsebene liegenden Stabachse abgebildet wurde.

Die auf Grund der vorstehend erörterten Überlegungen ermittelte und in der Abb. 31 dargestellte Spannungsverteilung ermöglicht nun die Aufstellung der beiden Gleichgewichtsbedingungen, die in jedem Querschnitt eines axial und unelastisch zusammengedrückten und hierauf leicht ausgebogenen Stabes erfüllt sein müssen. Diese Gleichgewichtsbedingungen drückt v. KÁRMÁN in der Form der beiden Gleichungen aus:[2]

$$\int_{(F)} \sigma\, dF = P \qquad \ldots \ldots \ldots \ldots \ldots \quad (1)$$

$$\int_{(F)} \sigma\, z\, dF = P\,(y + y_a) \qquad \ldots \ldots \ldots \ldots \quad (2)$$

wobei, nach v. KÁRMÁNS ausdrücklicher Angabe,

$z$ den Abstand der einzelnen Faser von der „neutralen Achse",[3]

$y_a$ die anfängliche Exzentrizität der Last in Bezug auf die gerade Schwerpunktlinie[4] und

$y$ die Ordinate der ausgebogenen Mittellinie im Abstande $x$ bedeutet.[4]

Es ist nun ohne weiteres ersichtlich, daß die v. KÁRMÁNsche Momentgleichung (in unseren Bemerkungen als Gleichung 2 angeführt) unrichtig ist. Denn nach den oben angeführten Angaben v. KÁRMÁNS ist der Hebelarm $(y + y_a)$ der äußeren Kraft $P$ mit der kürzesten Entfernung der Richtung dieser Kraft von derjenigen Schwerpunktsachse des Querschnitts gleichbedeutend, die auf der Biegungsebene senkrecht steht. Da nun im Gleichgewichtsfalle die Gleichheit des Momentes der äußeren Kraft und des resultierenden Momentes der Spannungen nur dann besteht, wenn diese beiden Momente auf *dieselbe* Momentenachse bezogen werden, so kann die im Gleichgewichtsfalle bestehende Momentengleichheit nur durch die in der Form

$$\int_{(F)} \sigma\, \eta\, dF = P\,(y + y_a) \qquad \ldots \ldots \ldots \ldots \quad (3)$$

angeschriebene Gleichung richtig zum Ausdruck gebracht werden, falls man die rechte Seite der v. KÁRMÁNschen Momentengleichung (Gl. 2) ungeändert läßt, und (s. Abb. 28) mit $\eta$ den kürzesten Abstand der einzelnen Faser von der zur Biegungsebene senkrechten Schwerpunktsachse des Querschnitts bezeichnet. Diese richtige Gleichung ist aber offenbar mit der v. KÁRMÁNschen Momentengleichung nicht identisch.

3.

Bei der Ableitung der Formel für den kritischen Wert $P_K$ der Belastung $P$, d. h. für die theoretische Knicklast bei vollkommener Zentrierung $(y_a = 0)$ ist eine

---

[1] Als „neutrale Achse" bezeichnet v. KÁRMÁN in seiner Abhandlung diejenige im Querschnitt liegende gerade Linie, längs deren die Spannung $\sigma_m$ nach erfolgter Ausbiegung unverändert bleibt. Er bemerkt dabei, daß diese Bezeichnung dem üblichen Sprachgebrauch insofern nicht entspricht, als diese „neutrale Achse" nicht spannungsfrei ist; ihre Fasern erhalten eben nur keine Spannungsänderung infolge der Biegung.

[2] TH. v. KÁRMÁN, l. c. S. 12. Gleichungen (5a) und (5b).

[3] TH. v. KÁRMÁN, l. c. S. 12.

[4] TH. v. KÁRMÁN, l. c. S. 9.

nur *unendlich kleine* virtuelle Ausbiegung des Stabes in der Ebene seiner kleinsten
Steifigkeit in Betracht zu ziehen. Im Falle einer unendlich kleinen Ausbiegung sind
aber die spezifischen Verkürzungen in den äußersten Fasern ($\varepsilon_1$ und $\varepsilon_2$) nur unendlich
wenig von derjenigen spezifischen Verkürzung $\varepsilon_m = \varepsilon_K$ verschieden, die bei der
gleichmäßigen Zusammendrückung durch die kritische Belastung $P_K$ im Stabe
hervorgerufen wird. Unsere Diagrammpunkte $a_1$ und $a_2$ (s. Abb. 30) werden daher
in diesem Falle zu unendlich benachbarten Punkten des Punktes $n$, und es ist dann
zulässig, das unendlich kleine Kurvenelement $n\,a_2$ mit dem Element der im Punkte $n$
an die Diagrammlinie gelegten Berührungsgeraden zu identifizieren. Die Spannungsverteilung längs der in der Biegungsebene liegenden Querschnittshauptachse ändert

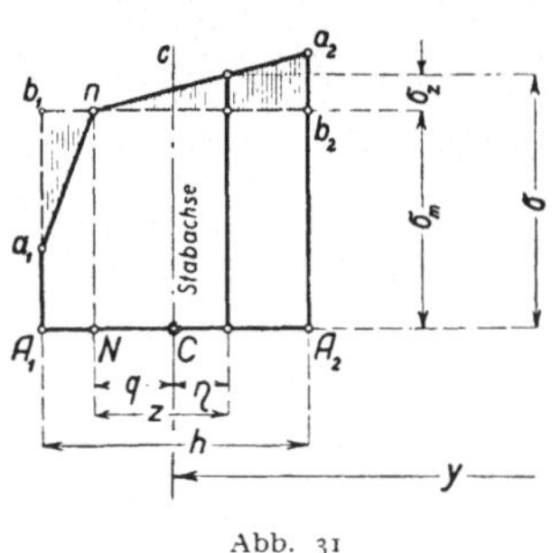

Abb. 31

sich also in diesem Falle *beiderseits* vom Punkte $N$
linear. Diese, auf Grund der vorstehenden Ausführungen ermittelte, beiderseitig lineare Spannungsverteilung ist in verzerrter Form in der Abb. 31 zur Darstellung gebracht worden. Die Unumgänglichkeit einer
Verzerrung hat dabei ihren Grund darin, daß für die
unendlich kleinen „Zusatzspannungen" $\sigma_z$, um sie
darstellbar zu machen, naturgemäß ein anderer
Maßstab gewählt werden muß als für die endliche
Knickspannung $\sigma_k \equiv \sigma_m$.

Es ist ohne weiteres einleuchtend, daß der in
diesem Abschnitt vorgenommene Übergang von der
vorhin betrachteten endlichen Ausbiegung des axial belasteten Stabes zu
einer unendlich kleinen Ausbiegung desselben die Form der die Gleichgewichtsbedingungen zum Ausdruck bringenden Gleichungen in keiner Weise
beeinflussen kann. Die Bedingungsgleichung (1) behält somit auch in dem jetzt
betrachteten Falle ihre frühere Form, und die v. KÁRMÁNsche Momentengleichung
würde im Falle einer zentrischen Belastung ($y_a = 0$) auch bei einer unendlich
kleinen Ausbiegung ihre Geltung in der Gestalt

$$\int\limits_{(F)} \sigma\,z\,dF = P\,y \qquad \ldots \ldots \ldots \ldots \ldots \ldots (2a)$$

beibehalten, wenn sie richtig wäre. Der naheliegenden Anwendung dieser bereits
vorhin in seiner Abhandlung aufgestellten Gleichgewichtsbedingung zieht jedoch
v. KÁRMÁN[1] ihre erneute Ableitung vor, wobei er diese Ableitung auf die Betrachtung
der Spannungsverteilung in unmittelbarer Nähe des geraden Zustandes stützt.
In Anlehnung an ein in allen wesentlichen Stücken mit unserer Abb. 31 überein-
stimmendes Spannungsverteilungs-Diagramm[2] leitet er dabei für den Spezialfall
eines Stabes mit rechteckigem Querschnitt eine Momentengleichung[3] ab, die in
dem allgemeinen Falle eines Stabes mit beliebiger Querschnittsform die Gestalt
annimmt:[4]

$$\int\limits_{(F)} \sigma_z\,z\,dF = P\,y \qquad \ldots \ldots \ldots \ldots \ldots (4)$$

Es ist ohne weiteres ersichtlich, daß die Gleichungen (2a) und (4) nicht gleich-

---

[1] TH. v. KÁRMÁN, l. c. S. 18.

[2] TH. v. KÁRMÁN, l. c. S. 19, Fig. 19.

[3] TH. v. KÁRMÁN, l. c. Siehe die viertletzte (mit keiner Ordnungsnummer versehene)
Gleichung.

[4] R. MAYER, Die Knickfestigkeit, Berlin 1921, S. 67, Gl. 2. Es ist dabei die Verschiedenheit
der MAYERschen Bezeichnungen von den in dieser Arbeit benutzten zu beachten.

bedeutend sind, obwohl sie nach dem Sinne v. KÁRMÁNscher Ausführungen dieselbe Gleichgewichtsbedingung zum Ausdruck bringen sollen. Außerdem ist leicht einzusehen, daß auch die zweite dieser beiden sich widersprechenden Gleichungen in ihrer Anwendung auf einen *elastischen* Stab obendrein noch falsch ist. Denn die im Gleichgewichtsfalle bestehende Gleichheit des Momentes der zentrischen Belastung $P$ und des Momentes der Spannungen kann offenbar (s. Abb. 31) in in dem vorliegenden *elastostatischen* Problem nur durch die Gleichung

$$\int\limits_{(F)} \sigma\,\eta\,dF = P\,y \quad\dots\dots\dots\dots\dots \text{(3a)}$$

richtig zum Ausdruck gebracht werden, falls man die Momente auf die zur Biegungsebene senkrechte Schwerpunktsachse des Querschnitts bezieht. Diese richtige Momentengleichung ist aber offenbar weder mit der Gleichung (2a) noch mit der Gleichung (4) identisch. Es müssen demnach diese beiden Ausgangsgleichungen der v. KÁRMÁNschen Theorie falsch sein.

4.

Von der Bedingungsgleichung (3 a) ausgehend, habe ich nun eine Theorie der Knickung zentrisch gedrückter Stäbe aufgestellt, die vor einigen Monaten in den Sitzungsberichten der Pariser Akademie der Wissenschaften veröffentlicht worden ist.[1] Der geänderten Ausgangsgleichung entsprechend, führt diese neue Knickungstheorie naturgemäß zu Endergebnissen, die von denen der ENGESSER-v. KÁRMÁNschen Theorie grundverschieden sind. Denn die Knicklast $P_K$ eines an seinen beiden Enden gelenkig gelagerten Stabes, dessen Enden bei der Ausbiegung längs seiner ursprünglich geraden Achse geführt werden, ist nach der ENGESSER-v. KÁRMÁNschen Theorie bei zentrischem Kraftangriff durch die Gleichung gegeben

$$P_K = \pi^2\,\frac{T\,J}{l_0^{\,2}}\,.\quad\dots\dots\dots\dots\dots \text{(5)}$$

in der $T$ den sogenannten Knickmodul, $J$ das Trägheitsmoment der Querschnittsfläche in Bezug auf die zur Biegungsebene senkrechte Schwerpunktsachse und $l_0$ die ursprüngliche Stablänge bezeichnet. Der Knickmodul $T$ ist dabei durch die beiden simultanen Gleichungen bestimmt

$$T = \frac{E\,J_{1N} + \left(\dfrac{d\sigma}{d\varepsilon}\right)_K J_{2N}}{J}\quad\dots\dots\dots \text{(6a)}$$

$$E\,S_{1N} + \left(\frac{d\sigma}{d\varepsilon}\right)_K S_{2N} = 0 \quad\dots\dots\dots \text{(6b)}$$

in denen $J_{1N}$ und $J_{2N}$ die Trägheitsmomente der beiden durch die neutrale Achse getrennten Teilflächen der Querschnittsfläche in Bezug auf die neutrale Achse, $S_{1N}$ und $S_{2N}$ die statischen Momente derselben Teilflächen in Bezug auf dieselbe Achse[2], $E$ den YOUNGschen Elastizitätsmodul und $\left(\dfrac{d\sigma}{d\varepsilon}\right)_K$ den der kritischen Belastung $P_K$ entsprechenden Wert der (aus dem Druck-Stauchungs-Diagramm zu bestimmenden) Ableitung $\dfrac{d\sigma}{d\varepsilon}$ bezeichnen. Nach der neuen Knickungstheorie ist dagegen die Knicklast durch die Gleichung gegeben

$$P_K = \pi^2\,\frac{\tilde{E}_K\,J}{(1-\varepsilon_K)\,l_0^{\,2}},\quad\dots\dots\dots\dots \text{(7)}$$

---

[1] Comptes rendus des séances de l'Académie des Sciences, Bd. 186, 1928, S. 1041.

[2] Der Index „1" bezeichnet dabei die Biegezugseite, der Index „2" dagegen die Biegedruckseite.

wobei der in dieser Gleichung auftretende Modul $\tilde{E}_K$ durch die einfache Gleichung

$$\tilde{E}_K = \frac{\sigma_K}{\varepsilon_K} \quad \ldots \ldots \ldots \ldots \quad (8)$$

als das Verhältnis der Knickspannung $\sigma_K$ zu der Knickstauchung $\varepsilon_K$ definiert ist[1] und der im Nenner auftretende Faktor $(1 - \varepsilon_K)$ den — sowohl in den EULER-Formeln als auch in den v. KÁRMÁNschen Gleichungen vernachlässigten — Einfluß der Stabverkürzung zum Ausdruck bringt.

Auf Grund der vorstehenden Angaben erkennt man nun, daß das überraschend einfache Ergebnis der neuen Knickungstheorie folgendermaßen formuliert werden kann: *Die ursprünglich nur für den Fall einer elastischen Knickung abgeleiteten EULERschen Knickformeln stellen auch im Bereiche der unelastischen Knickung eine strenge Lösung des Stabilitätsproblems dar, sofern man nur, in der sonst üblichen Weise,[2] die Bedeutung des Begriffes ,,Elastizitätsmodul'' dahin verallgemeinert, daß er stets (d. h. auch nach Überschreitung der Proportionalitätsgrenze) den Wert des Verhältnisses $\dfrac{\sigma}{\varepsilon}$ bedeuten soll.*[3]

Bezüglich der mathematischen Ableitung[4] der Gleichung (7) muß auf die vorerwähnte Akademienote verwiesen werden. An dieser Stelle möge nur, zwecks besserer Beleuchtung des Endergebnisses der neuen Knickungstheorie, die folgende einfache Betrachtung angestellt werden:

Wird einem durch die zentrische Knicklast $P_K$ unelastisch zusammengedrückten Stabe eine *unendlich kleine* Ausbiegung in der Ebene seiner kleinsten Steifigkeit erteilt, so werden sich, infolge dieser unendlich kleinen Ausbiegung, die vorhin im Querschnitt gleichmäßig verteilten Werte der spezifischen Verkürzungen $\varepsilon$ nur um unendlich kleine Beträge gegenüber demjenigen endlichen Wert $\varepsilon_K$ der spezifischen Verkürzung ändern, der, bei der alleinigen gleichmäßigen Zusammendrückung, sämtlichen Fasern gemeinsam war. Da nun aber die diesen unendlich kleinen Deformationsänderungen zugehörigen Änderungen der Spannung ebenfalls unendlich klein sein müssen, so ist es klar, daß die Werte der für verschiedene Querschnittspunkte berechneten Verhältnisse $\dfrac{\sigma}{\varepsilon} = \tilde{E}$ bei einer unendlich kleinen Ausbiegung nur um unendlich kleine additive Glieder von dem vorhin gemeinsamen Werte $\dfrac{\sigma_K}{\varepsilon_K} = \tilde{E}_K$ verschieden sein können. Diese unendlich kleinen Abweichungen der Werte $\tilde{E}$ von dem endlichen Werte $\tilde{E}_K$ dürfen im ganzen Verlaufe des Vorganges einer unendlich kleinen Ausbiegung nach den Regeln der Infinitesimalrechnung vernachlässigt werden. Da nun aber die Betrachtung des Verhaltens eines zentrisch belasteten Stabes während seiner nur unendlich kleinen Ausbiegung vollauf genügt, um über die Art seines Gleichgewichtszustandes (stabil, labil oder indifferent) zu ent-

---

[1] Die Bestimmung des Wertes des Moduls $\tilde{E}_K$ kann offenbar (im Gegensatz zu derjenigen des Knickmoduls $T$) auf rein analytischem Wege erfolgen.

[2] S. A. FÖPPL, Vorlesungen über technische Mechanik, Bd. III, 9. Aufl., 1922, S. 47.

[3] Für diesen verallgemeinerten Begriff eines nach Überschreitung der Proportionalitätsgrenze variablen Elastizitätsmoduls wird hiemit die Bezeichnung $\tilde{E}$ in Vorschlag gebracht.

[4] Mit Rücksicht auf den sehr knappen (auf 2½ Seiten beschränkten) Umfang der Akademienoten mußte die mathematische Ableitung des Endresultats in einer sehr gedrängten Form gebracht werden. Ich habe daher zwar ursprünglich die Absicht gehabt, diese Ableitung in der Niederschrift meines Diskussionsvortrages etwas ausführlicher zu behandeln, um sie auch denjenigen Lesern zugänglich zu machen, die in den Gedankengängen der höheren Mathematik weniger bewandert sind. Mit Rücksicht auf die in Aussicht gestellte Polemik habe ich aber aus naheliegenden Gründen von diesem meinen anfänglichen Vorhaben Abstand genommen.

scheiden, so ist nicht einzusehen, weshalb ein Stab aus einem Material, dessen Elastizitätsmodul $\tilde{E}_K$ im Verlaufe dieser unendlich kleinen Ausbiegung als unveränderlich im strengsten mathematischen Sinne zu gelten hat, sich in Bezug auf seine Stabilität anders verhalten sollte als ein anderer Stab von den gleichen Dimensionen, dessen Material unter der Knicklast noch das HOOKEsche Gesetz befolgt und dessen YOUNGscher Modul $E$ einen numerischen Wert $E = \tilde{E}_K$ hat. Es ist vielmehr von vornherein zu erwarten, daß beide Stäbe dieselben Stabilitätsbedingungen befolgen, also — mit Rücksicht auf ihre gleichen Dimensionen und auf die Gleichheit der einzigen beim Stabilitätsproblem in Frage kommenden Materialkonstante — unter der gleichen Axialbelastung ausknicken werden. Dieser Erwartung wird aber offenbar bei allen möglichen Werten von $\tilde{E}_K$ nur dann entsprochen werden können, wenn die bei der unelastischen Knickung geltende Knickformel mit der analogen, die elastische Knickung bestimmenden, in Bezug auf ihren Aufbau völlig übereinstimmt.

Zur Kennzeichnung der neuen Knickungstheorie muß vor allem hervorgehoben werden, daß sie — im Gegensatz zu der ENGESSER-V. KÁRMÁNschen Theorie — auch auf solche Materialien anwendbar ist, die keine Proportionalitätsgrenze besitzen, sofern nur für diese Materialien die BERNOULLISche Annahme des Ebenbleibens der Querschnitte bei Biegung zutrifft.[1] Des weiteren soll nochmals betont werden, daß in der neuen Gleichung für die Knicklast, infolge einer

exakteren Fassung der Deformationsvorgänge beim Knicken, auch der — allerdings unerhebliche — Einfluß der Stabverkürzung zum Ausdruck gelangt. Keiner besonderen Unterstreichung bedarf, nach dem oben Gesagten, die selbstverständliche Eigenschaft der neuen Knickungstheorie, daß sie die EULERsche als einen Spezialfall in sich einschließt.

In welchem Grade und in welchem Sinne die Endergebnisse der neuen Knickungstheorie von denjenigen der ENGESSER-V. KÁRMÁNschen Theorie abweichen, ist aus der Abb. 32 ersichtlich. In diese Abbildung sind zwei Kurven eingezeichnet worden, in denen die aus den v. KÁRMÁNschen Druckversuchen auf Grund der bei-

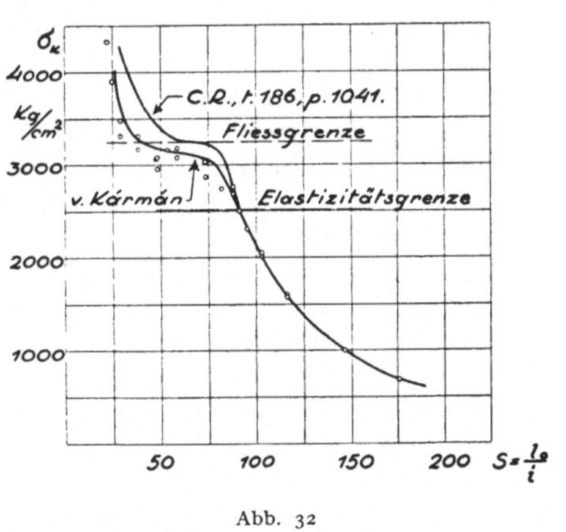


Abb. 32

den vorerwähnten Knickungstheorien abgeleitete Abhängigkeit der Knickspannungen von der Schlankheit des Stabes $s = \dfrac{l_0}{i} = \dfrac{\text{ursprüngliche Stablänge}}{\text{Trägheitshalbmesser}}$ zur Darstellung gebracht worden ist. Außerdem wurden in diese Abbildung auch Punkte eingetragen, in denen die Ergebnisse der v. KÁRMÁNschen Knickversuche zum Ausdruck gelangen. Man sieht auf den ersten Blick, daß die aus der neuen Theorie abgeleitete Knickspannungskurve, im Gegensatz zu der v. KÁRMÁNschen,[2] die tatsächlich

---

[1] Diese Eigenschaft der neuen Theorie folgt daraus, daß man auch dann, wenn der Teil $a_1 n$ des Spannungsverteilungsdiagrammes (s. Abb. 30) nicht geradlinig ist, zu demselben, durch die Gl. (7) gegebenen Endresultat gelangt.

[2] In der Fig. 23 der v. KÁRMÁNscher Abhandlung wird die theoretische Knickspannungskurve von einigen Versuchspunkten in unzulässiger Weise nach oben überschritten. Es kann infolgedessen von einer Bestätigung der v. KÁRMÁNschen Theorie durch seine Knickversuche kaum die Rede sein, zumal der in den v. KÁRMÁNschen Knickversuchen erreichte Genauigkeitsgrad der Zentrierung der Versuchsstäbe wohl überschreitbar ist.

obere Grenze für die beobachteten Knickspannungswerte bildet, und daß — wie es sein soll — keine Abweichungen der letzteren nach oben vorkommen.

In meiner vorerwähnten Akademienote wird nur die Knickung bei zentrischem Kraftangriff behandelt. Es ist aber leicht einzusehen, daß eine Erweiterung dieser Theorie auf den Fall exzentrischen Kraftangriffs ohne Mühe vorgenommen werden kann.

### Prof. Dr. Ing. M. T. Huber, Warschau:

Der Bericht des Herrn Prof Dr. M. Roš über die Bemessung zentrisch und exzentrisch gedrückter Stäbe auf Knickung beleuchtet an Hand der wertvollen Versuchsergebnisse die hohe Bedeutung und die Schwierigkeiten der behandelten allgemeinen Aufgabe, er läßt aber die theoretischen Grundbegriffe derselben nur andeutungsweise hervortreten.

Ich gestatte mir deswegen ganz kurz die Aufmerksamkeit der Herren Fachkollegen auf diese Grundbegriffe zu lenken und dabei einiges in Erinnerung zu bringen, was teilweise seit langer Zeit in der Schatzkammer der technischen Mechanik niedergelegt worden ist.

In den sehr oft gebrauchten Bezeichnungen: „Knickgefahr", „Knickbelastung", „Knickfestigkeit" u. dgl. stecken nämlich zwei grundverschiedene Begriffe:

1. Für einen praktisch homogenen, zentrisch gedrückten Stab sucht man denjenigen Grenzwert der Belastung $P$, deren Überschreitung zur *Instabilität* der *geraden* und zur *Stabilität* der *verbogenen* Form der Stabachse führt. Dieser Grenzwert entspricht also dem *indifferenten* Gleichgewichtszustande des belasteten Stabes und wird zweckmäßig als *kritische Belastung* ($P_{kr}$) bezeichnet. Demnach hängt der Begriff der kritischen Belastung mit der *Stabilitätsforderung* zusammen.

2. Man sucht denjenigen Grenzwert der Belastung, dessen Überschreitung unzulässige gefährliche Formänderungen des Stabes bedingt. Ich möchte diesen Grenzwert als *gefährliche Belastung* ($P_{gef}$) bezeichnen. Der Begriff der gefährlichen Belastung wird von der *Festigkeitsforderung* bestimmt. Er ist mit dem Begriffe des Sicherheitsgrades und der Beanspruchung eng verbunden.[1]

Wenn man die beiden Grundbegriffe des Problems, d. h. die *kritische Belastung* ($P_{kr}$) und die *gefährliche Belastung* ($P_{gef}$) immer scharf auseinander hält und sie nicht durchweg — wie in der technischen Literatur üblich — mit dem gemeinsamen Namen „Knickbelastung" bezeichnet, so vermeidet man Mißverständnisse, welche in unfruchtbare Streitigkeiten auszuarten pflegen. Von den Ingenieuren der Baupraxis wird nämlich unter „Knickung" (fr. „flambage") im allgemeinen jede deutliche Ausbiegung der Stabachse verstanden, die infolge der zusammendrückenden Längskraft stattfindet, und zwar gleichgültig, ob die Belastung zentrisch oder exzentrisch wirkt. Es wäre vielleicht aussichtslos, gegen diese alte Gewohnheit zu kämpfen, aber es ist unbedingt notwendig, die beiden Bedeutungen desselben Wortes scharf auseinander zu halten.

Der wichtigste Unterschied zwischen der zentrischen und der sogenannten *„exzentrischen Knickung"* besteht darin, daß beim exzentrischen Kraftangriff der Begriff der kritischen Belastung vollständig in Wegfall kommt. Der Stab wird bei jedem noch so kleinen Werte von $P$ verbogen und seine gekrümmte Gestalt ist immer stabil, so lange die Anstrengung des Materials eine gewisse Grenze nicht

---

[1] Diese beiden Forderungen entsprechen den Hauptzwecken der technischen Elastizitäts- und Festigkeitslehre, welche folgendermaßen ausgedrückt werden können:

Jedes Konstruktionselement soll den Bedingungen einer ausreichenden *Steifigkeit*, *Widerstandsfähigkeit* sowie möglichst hoher *Wirtschaftlichkeit* genüge leisten. Die zwei ersten ergeben in unserem Falle die *Stabilitätsforderung* und die *Festigkeitsforderung*.

erreicht. Diese Grenze aber entspricht dem Werte der gefährlichen Belastung.

Im Falle der exzentrischen Belastung hat somit nur der Begriff der gefährlichen Belastung einen konkreten Sinn.

Bei praktisch achsialer Belastung genügend schlanker Stäbe nehmen die beiden Größen $P_{kr}$ und $P_{gef}$ praktisch gleiche Werte an und wahrscheinlich deswegen hat man sie so oft durcheinandergeworfen.

Der Wert der kritischen Belastung ist bekanntlich für genügend schlanke Stäbe durch die EULERsche Formel mit großer Genauigkeit bestimmt (,,elastische Knickung"). Für die weniger schlanken Stäbe, d. h. im Gebiete der ,,unelastischen Knickung" scheint mir den Wert von $P_{kr}$ erst die neue Formel vom Herrn Prof. M. BROSZKO theoretisch einwandfrei zu liefern.[1]

Die graphische Darstellung der Abhängigkeit der $\sigma_{kr} = \dfrac{P_{kr}}{F}$ von der Schlankheit $s$ gibt eine glatte Kurve, welche aus zwei Teilen zusammengesetzt ist (Abb. 33). Der erste für das Schlankheitsintervall $0 < s < s_{gr}$ entspricht dem unelastischen Gebiet; der zweite für $s_{gr} < s < \infty$ gehört der EULERschen Hyperbel im elastischen Gebiet. Beide Teile bilden die vollständige *Stabilitätskurve* des Stabes.

---

[1] Die Berechtigung der Einwände von BROSZKO gegen die Ableitung des ENGESSER-v. KÁRMÁNschen Knickmoduls stehen meines Erachtens außer jedem Zweifel.

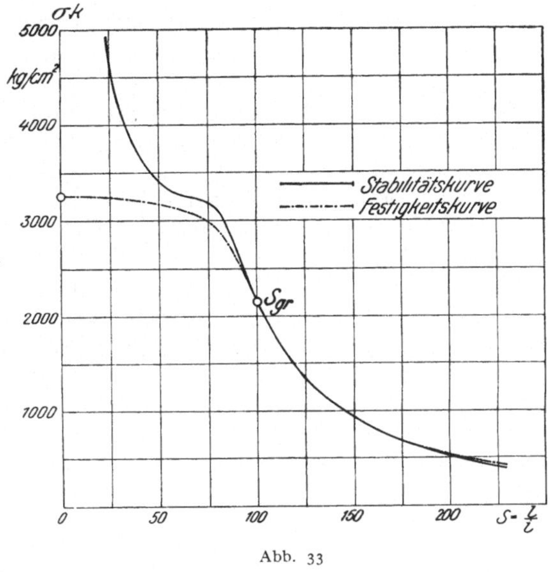


Abb. 33

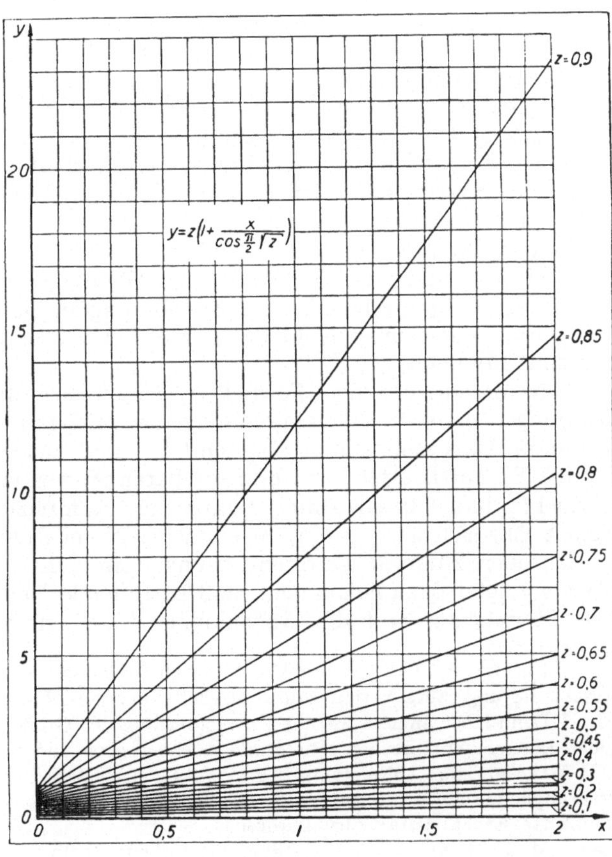


Abb. 34

Eine zugehörige Kurve der gefährlichen mittleren Spannungen $\sigma_{gef} = \dfrac{P_{gef}}{F}$ — kurz die *Festigkeitskurve* — liegt im Bereiche sehr kleiner Schlankheiten ausgesprochen tiefer und im Bereiche sehr großer (praktisch fast nie vorkommender) Schlankheiten deutlich höher als die Stabilitätskurve. Es gibt offenbar mehrere Festigkeitskurven, je nachdem man das Erreichen der Elastizitätsgrenze oder Fließgrenze, bzw. der Bruchspannung als *gefährlich* betrachtet.[1]

In dem praktisch wichtigsten Bereiche mittlerer Werte der Schlankheit werden die Unterschiede der Ordinaten beider Kurven unbedeutend und praktisch vernachlässigbar.[2]

## II.

Eine andere wesentliche Schwierigkeit des Problems beruht darauf, daß kleine zufällige und unvermeidliche Exzentrizitäten der Kraftwirkung den Wert von $P_{gef}$ in praktischen Fällen sehr stark herabdrücken.[3]

Diese verhängnisvolle Rolle kleiner Exzentrizitäten wurde durch die Versuche der Herren Roš und BRUNNER sehr schön beleuchtet. Seine diesbezüglichen Schlußfolgerungen lassen sich auch theoretisch ableiten. Wenn man nämlich von unmerklichen Exzentrizitäten absieht, bei welchen nur die Lösung der strengen Differentialgleichung der Biegungslinie mit den Versuchsergebnissen vergleichbar ist, so kann man genügend genau nach der bekannten Näherungslösung den Wert der gefährlichen Belastung aus der folgenden Formel berechnen:

$$\frac{P_0}{P_E} = \frac{P_{gef}}{P_E}\left(1 + \frac{\delta}{k}\sec\frac{\pi}{2}\sqrt{\frac{P_{gef}}{P_E}}\right) \quad \cdots \cdots \cdots \quad (1)$$

Hier bedeutet:

$P_E$ den EULERschen Wert;

$P_0$ jene Querschnittsbelastung, welche bei gleichförmiger Verteilung das Erreichen der Elastizitäts- bzw. Fließgrenze herbeiführen würde;

$\delta$ die Exzentrizität der Belastung (in der Richtung des kleinsten Trägheitsradius des Querschnitts).

$k$ den entsprechenden Kernradius.

Bei der Aufstellung der Formel ist allerdings von der kleinen Krümmung der Spannungs-Dehnungslinie bei der Annäherung an die Fließgrenze abgesehen worden. Der daraus entspringende Fehler dürfte bei der praktischen Anwendung kaum in Betracht kommen.

Aus der allgemeinen Formel (1) lassen sich durch weitere starke Vernachlässigungen die seinerzeit vorgeschlagenen praktischen Formeln von v. EMPERGER, JOHNSON, OSTENFELD u. a. ableiten.[4] Sie sind ausreichend genau nur bei ziemlich großen Exzentrizitäten. Der unmittelbaren Anwendung der genaueren allgemeinen Formel (1) in der Praxis stand offenbar ihre Kompliziertheit im Wege. Diese Schwierigkeit läßt sich aber durch ein einfaches Nomogramm umgehen. Ich habe bereits in der oben zitierten Veröffentlichung vom Jahre 1907 darauf hingewiesen, bin aber erst jetzt dazu gekommen, daß betreffende Nomogramm anfertigen zu lassen. Die Einrichtung und die Anwendung desselben gestaltet sich folgendermaßen:

---

[1] Für Baustahl ist meines Erachtens die Fließgrenze maßgebend. Dieser Annahme entspricht der ungefähre Verlauf der Festigkeitskurve in Abb. 33.

[2] Denn einer äußerst kleinen Überschreitung der Größe $P_{kr}$ durch die Belastung im elastischen Bereiche entsprechen sehr große Ausbiegungen und Spannungserhöhungen.

[3] Die übrigen Abweichungen des praktischen Stabes von dem theoretischen Schema, wie ursprungliche schwache Krümmung, Unhomogenitäten des Materials u. dgl. lassen sich auf eine reduzierte Exzentrizität zurückführen.

[4] M. T. HUBER, „Über die Säulenfestigkeit" (poln.). — Przegląd Techniczny, Warszawa, 1907.

Mit den Bezeichnungen der Verhältniszahlen:

$$\frac{\delta}{k} = x, \quad \frac{P_0}{P_E} = y, \quad \frac{P_{gef}}{P_E} = z$$

geht die Gleichung (1) in folgende über:

$$y = z\left(1 + x \sec \frac{\pi}{2}\sqrt{z}\,\right) \quad \cdots \cdots \cdots \cdots \quad (1a)$$

Dieser Gleichung entspricht in der $XY$-Ebene ein System von Geraden mit dem variablen Parameter $z$ (Abb. 34 und 35). Für einen gegebenen exzentrisch belasteten Stab berechnet man die Werte von

$$\frac{\delta}{k} = x \quad \text{und} \quad \frac{P_0}{P_E} = y$$

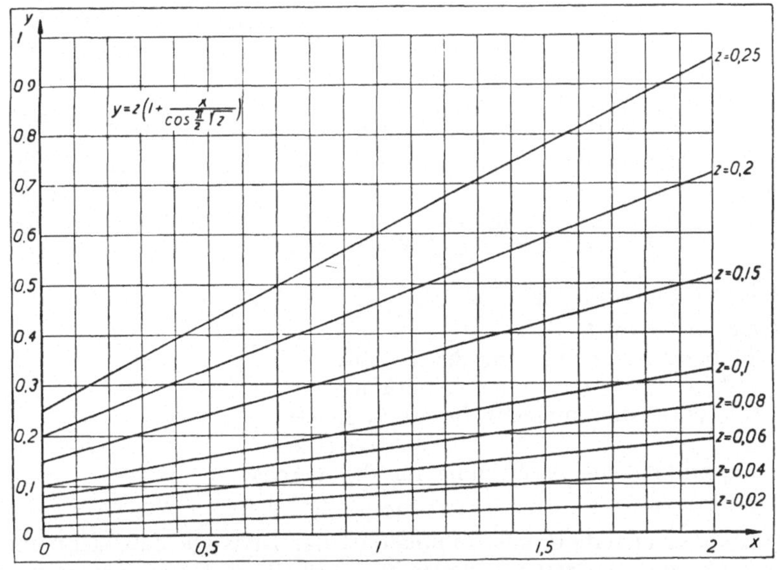


Abb. 35

und entnimmt aus dem Nomogramm — nötigenfalls durch Interpolation — den zugehörigen Wert von

$$z = \frac{P_{gef}}{P_E}.$$

Das Nomogramm gilt selbstverständlich für alle Stoffe, welche dem Proportionalitätsgesetze bis zu der als gefährlich betrachteten Spannung genügend genau folgen.[1]

Wie man sieht, übernimmt hier die Größe $P_E$ die Rolle eines Maßstabes, mit welchem der Wert der gefährlichen Belastung gemessen wird. Der Einfluß der Exzentrizitäten auf Verminderung des Wertes $P_{gef} = z\,P_E$ läßt sich aus dem Nomogramm sehr bequem ablesen.

Es wäre wünschenswert, die Ergebnisse der Roßschen Versuche bei exzentrischer Belastung mit der obigen theoretischen Formel zu vergleichen.

---

[1] Es ist bereits in meinem polnischen Aufsatz „Zur Berechnung der Druckstäbe" (Przeglᵃd Techniczny, Warschau 1928) veröffentlicht worden.

Professor H. KAYSER, Darmstadt:

Das Problem der Knickung wird schon seit Jahren in allen Ländern, die heute an dem Kongreß teilnehmen, mit dem größten Interesse verfolgt. Umfangreiche Versuche sind durchgeführt worden und haben sehr wertvolles Material für die weitere theoretische Behandlung der Knickfrage geliefert. Ich glaube daher, daß es an der Zeit ist, zu versuchen, alle gewonnenen Versuchsergebnisse zusammenzufassen und zu vereinheitlichen, um eine breite theoretische Grundlage zu gewinnen, auf der die Praxis in den nächsten Jahren arbeiten kann.

Anschließend an Vorschläge, die ich im Jahre 1910 gemacht habe, und gestützt auf Versuche, die ich in diesem Jahre mit doppelwandigen Druckstäben für den Deutschen Eisenbau-Verband durchgeführt habe, will ich Ihnen heute ein theoretisch-praktisches Verfahren vorführen, welches es ermöglicht, alle Druckstäbe auf einfachste Weise vorauszuberechnen mit Ergebnissen, die für die Praxis vollständig ausreichend sind.

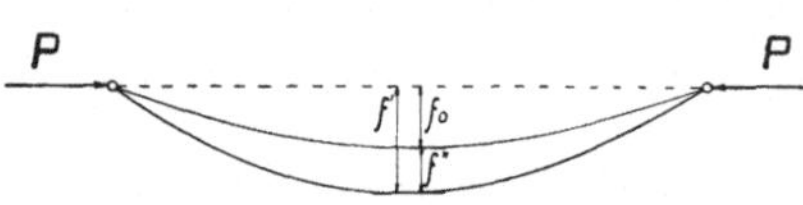

Abb. 36. Ausbiegung der Stabachse

Ich gehe bei meinen Überlegungen von der Druckbiegegleichung aus, die ich erweitert habe und die es gestattet, auf Grund der Berechnung der Randspannungen bei exzentrischem Kraftangriff eine einwandfreie Vorausberechnung durchzuführen. Die verallgemeinerte Druckbiegegleichung lautet für die Ermittelung der Randspannung

$$\sigma = \frac{P}{F} \pm \frac{R_x}{R_x - P} \cdot f_0\,x\, \frac{P}{W_x} \pm \frac{R_y}{R_y - P} \cdot f_0\,y\, \frac{P}{W_y};$$

hierin bedeutet (vgl. Abb. 36)

$P$   die Druckkraft,
$R_x$   Biegungswiderstand für die $x$-Achse,
$R_y$   ,,       ,,   ,,  $y$-Achse,
$W_x$  das Widerstandmoment für die $x$-Achse,
$W_y$  ,,      ,,     ,,  ,,  $y$-Achse,
$f_0\,x$  die anfängliche Ausbiegung für die $x$-Achse,
$f_0\,y$  ,,    ,,      ,,     ,,  ,,  $y$-Achse.

Die hieraus ermittelte Randspannung darf das zulässige Maß nicht übersteigen. Das ganze Rechnungsverfahren verläuft unterhalb der Proportionalitätengrenze und schließt sich damit dem Rechnungsverfahren für Zugbeanspruchung und für Biegebeanspruchung an. Die *Druckbiegegleichung* schließt den Eulerwert in sich ein und gilt gleichmäßig für gedrungene und schlanke Druckstäbe. $\sigma$ wird unendlich groß, falls $R_x = P$ oder $R_y = P$; für den gelenkig gestützten Stab ist $R = \dfrac{\pi^2 \cdot E \cdot J}{l^2}$, für den eingespannten Stab ist $R = 4 \cdot \dfrac{\pi^2 \cdot E \cdot J}{l^2}$.

Man sieht also, daß die Randspannung in hohem Maße von dem Wert $R$ abhängig ist und daß die richtige Bestimmung dieses Wertes von großer Bedeutung ist.

Bei doppelteiligen Druckstäben ist der Wert $R$ nicht nur von der Einspannung, sondern auch von der Abminderung infolge der Bindungen durch Gitterstäbe oder Bindebleche abhängig. Diese Abminderung kann nach den bekannten Formeln von KAYSER oder MÜLLER-Breslau genau genug berechnet werden.[1]

Schwieriger ist es, den Einspannungsgrad durch Rechnung festzustellen. In dieser Beziehung leistet *der Versuch* mit Druckstäben an fertigen Bauwerken gute

---

[1] KAYSER, Die Knickversteifung doppelwandiger Druckquerschnitte. Der Eisenbau 1910. — MÜLLER, Breslau: Neuere Methoden. — PETERMANN: MÜLLER, Breslau, Versuche. Bauingenieur 1926.

Dienste. Man kann den Stab in der Mitte mit einer Einzelkraft $Q$ querbelasten; es wird dann

$$R = P + 0,2 \; Q \cdot \frac{l}{fm};$$

$fm$ ist der gemessene Ausbiegungswert, $P$ die vorhandene Längskraft.[1] (vgl. Abb. 37) Wie nachgewiesen werden kann, ist in diesem Wert sowohl der Grad der Einspannung, als auch der der Abminderung enthalten. Man kann diesen Wert $R$ als Biegunswiderstand oder Rückstellkraft bezeichnen. Wenn man ihn in die allgemeine Biegungsgleichung einführt, ist

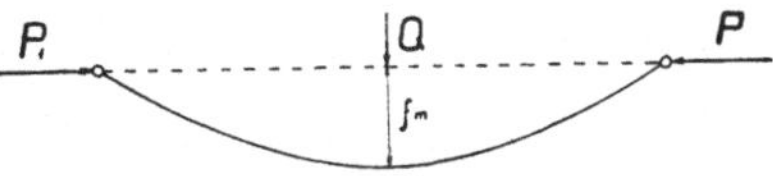

Abb. 37. Querbelastung des Stabes

Einspannungsgrad und Abminderung auch bei mehrteiligen Druckstäben berücksichtigt.

Die Berechnung der Nutzspannung ist nunmehr noch von $f_0$ abhängig. Dieser Wert ist aber auf theoretischem Wege nicht zu finden; er wird innerhalb weiter Grenzen schwanken und ist von mancherlei Zufälligkeiten bei der Ausführung des Stabes abhängig. Er schließt Stabverbiegungen, exzentrischen Kraftangriff, Ungleichmäßigkeiten des Materiales u. dgl. in sich ein und ist daher lediglich als *Rechnungshilfswert* zu betrachten. Er wird in der Praxis mit etwa 1 : 200 angenommen, wobei bei guter Ausführung 1 : 250 als unterer Grenzwert und bei weniger guter Ausführung 1 : 150 als oberer Grenzwert gewählt werden dürfte. Ein Nachweis für diese Annahme auf versuchstechnischer Grundlage war seither noch nicht erbracht worden.

Die von mir im Auftrage des Deutschen Eisenbau-Verbandes durchgeführten Versuche mit doppelteiligen Druckstäben sollten auch diese Frage klären. Ich will Ihnen daher nur noch ganz kurz über diese Versuche und die gewonnenen Ergebnisse berichten.

In Abb. 38 ersehen Sie die Ausbildung der untersuchten Druckstäbe. Sie wurden mit steigender Längsbelastung von 5 bis 30 t belastet und dabei die Spannungen in vier Randpunkten *der Stabmitte* und die Ausbiegung gemessen. Zur Ermittelung des Biegungswiderstandes $R$ diente eine

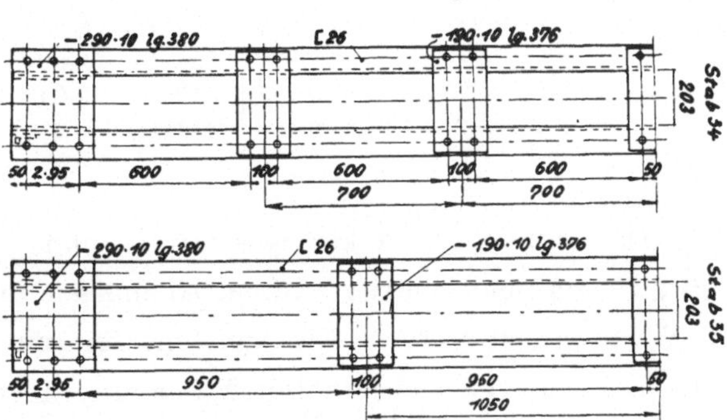

Abb. 38. Ausbildung der Versuchsstäbe

Querbelastung von 0,5 bis 3,0 t. Das Ergebnis der Querbelastung lieferte $R$-Werte, wie sie in der Tafel 3 zusammengestellt sind.

In dieser Tabelle sind zum Vergleiche auch die theoretischen Werte aufgeführt und zeigen gute Übereinstimmung.

Die Ermittelung der Randspannungen durch Messung liefert in Verbindung mit der Druckbiegegleichung die Werte $f_0$, welche naturgemäß innerhalb weiter Grenzen schwanken. Die Ergebnisse der Messungen und Rechnungen zeigt Tafel 4.

---

[1] KAYSER, Beziehungen zwischen Druckfestigkeit und Biegungsfestigkeit. Ztschr. d. Vereines dtsch. Ingenieure 1917, S. 92.

## Tafel 3
### Zusammenstellung der Biegungswiderstände

| Stab Nr. | $R$-Werte theoretisch nach | | | $R$ aus dem Versuch |
| --- | --- | --- | --- | --- |
| | EULER kg | KAYSER kg | MÜLLER-Breslau kg | kg |
| 32 | 1 466 000 | 1 233 000 | 1 155 000 | 912 000 |
| 33 | 1 466 000 | 1 020 000 | 897 000 | 926 000 |
| 34 | 1 466 000 | 865 000 | 722 000 | 852 000 |
| 35 | 1 466 000 | 616 000 | 448 000 | 446 000 |
| 36 | 1 466 000 | 446 000 | 286 000 | 422 000 |

## Tafel 4
### Tabelle für die „anfängliche Ausbiegung" der Stabachse

$$P = 25\,000 \text{ kg} \qquad f_{0x} = \frac{R_x - P}{R_x} \cdot f'_x \qquad f_{0y} = \frac{R_y - P}{R_y} \cdot f'_y$$

$$R_x = 896\,000 \text{ kg} \qquad l = 471{,}5 \text{ cm}$$

| Stab Nr. | $\dfrac{R_x - P}{R_x}$ | $f'_x$ | $f_{0x}$ | $R_y$ | $\dfrac{R_y - P}{R_y}$ | $f'_y$ | $f_{0y}$ | $f_0$ | $f_0 : l$ |
| --- | --- | --- | --- | --- | --- | --- | --- | --- | --- |
| 32 | 0,972 | 1,1800 | 1,145 | 912 000 | 0,971 | 0,249 | 0,242 | 1,170 | 1 : 403 |
| 33 | 0,972 | 1,0300 | 1,000 | 926 000 | 0,972 | 0,297 | 0,289 | 1,040 | 1 : 453 |
| 34 | 0,972 | 0,0186 | 0,018 | 852 000 | 0,969 | 0,466 | 0,452 | 0,452 | 1 : 1040 |
| 35 | 0,972 | 0.9520 | 0,927 | 446 000 | 0,943 | 0,174 | 0,164 | 0,941 | 1 : 500 |
| 36 | 0,972 | 0,4640 | 0,451 | 422 000 | 0,939 | 0,399 | 0,374 | 0.587 | 1 : 804 |

Die Werte $f_0$ schwanken zwischen $\frac{1}{400}$ und $\frac{1}{1000}$. Da die Versuchsstäbe sehr gut ausgerichtet und zentriert waren, so müssen für den praktischen Gebrauch die $f_0$-Werte erhöht werden. Die Annahme für mittlere Verhältnisse $f_0 = \frac{1}{200}$ scheint also durch die Versuche bestätigt. Man könnte auch, wie es Professor Roš vorschlägt, $f_0$ in Abhängigkeit von der Kernweite bringen und etwa zu $^1/_4$ derselben annehmen. Es mag weiteren Versuchen vorbehalten bleiben, festzustellen, ob die eine oder die andere Annahme für die Praxis zweckmäßiger ist. Wünschenswert wäre es jedenfalls, wenn in den verschiedenen Ländern und bei den verschiedenen Verwaltungen nach einheitlichen Grundsätzen recht bald gerechnet werden könnte.

Dozent Dr. Ing. I. RATZERSDORFER, Breslau.

Bei der Berechnung des Gleichgewichts von Balken auf nachgiebiger Unterlage ist in der technischen Literatur, wie auch aus dem Referat des Herrn G. PIGEAUD ersichtlich ist, die insbesondere von H. ZIMMERMANN entwickelte Annahme üblich, daß zwischen der Pressung, dem sogenannten „Bettungsdruck" $p(x)$ und der „Einsenkung" $y(x)$ der einfache Zusammenhang

$$p(x) = c \cdot y(x)$$

besteht. Die Konstante $c$ ist eine stets positive Erfahrungszahl, die Bettungs- oder Bodenziffer.[1]

Eine Kritik dieses Ansatzes wurde von K. WIEGHARDT in einer tiefgreifenden Abhandlung gegeben.[2] Die Einsenkung an einer Stelle hängt nicht nur von der Pressung an dieser Stelle ab, sondern von der Gesamtheit aller Pressungen. WIEGHARDT ersetzt diese Gleichung durch eine Integralgleichung, die man auch in der Form

$$p(x) = c \int k(x, \xi) \cdot y(\xi) \, d\xi$$

anschreiben kann. $k$ ist eine unbekannte Funktion der gegenseitigen Entfernung der Stellen $x$ und $\xi$, hat den größten Wert für $x = \xi$ und verschwindet für wachsende positive und negative $\xi - x$ entweder schon im Endlichen oder erst im Unendlichen. Die GREENsche Funktion $k$ stellt die Einflußlinie der Pressungen vor (Abb. 39). $c$ ist ein Analogon zur ZIMMERMANNschen Bettungsziffer.

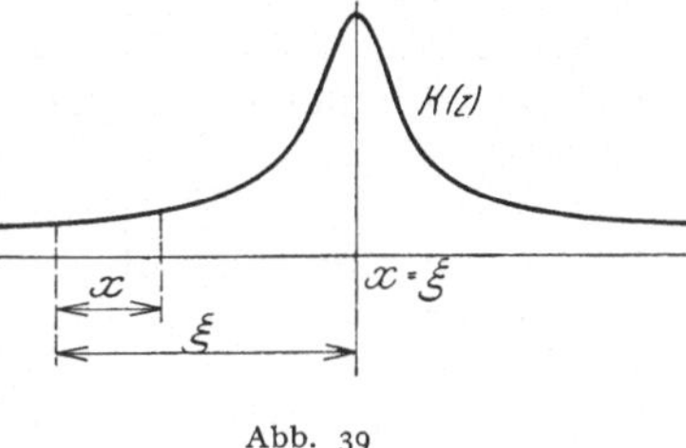



Abb. 39

Um mit diesem Ansatz eine Berechnung des Knickfalls durchzuführen, muß man einen großen mathematischen Apparat in Bewegung setzen. Wenn man sich aber, nach einer Idee des Herrn Professor v. MISES, mit einer Annäherung an die WIEGHARDTsche Forderung begnügt, so geht man so vor: Man schreibt mit $\xi - x = z$

$$p(x) = c \int k(z) \cdot y(x + z) \cdot dz$$

entwickelt $y(x + z)$ in die TAYLORsche Reihe

$$y(x + z) = y(x) + z\, y'(x) + \frac{z^2}{2} y''(x) + \frac{z^3}{6} y'''(x) + \cdots$$

und bekommt

$$p(x) = c \cdot y(x) \int k(z)\, dz + c\, y'(x) \int z\, k(z)\, dz + \frac{c}{2} y''(x) \int z^2 k(z)\, dz + \cdots$$

Infolge der Symmetrie von $k$ bezüglich der Stelle $x = \xi$ sind das zweite Integral, das vierte Integral usf. gleich null und man gewinnt, wenn man beim vierten Glied abbricht und die neuen Konstanten

$$c \int k(z)\, dz = c_1, \quad \frac{c}{2} \int z^2 k(z)\, dz = c_2$$

einführt, die Gleichung

$$p(x) = c_1\, y(x) + c_2\, y''(x)$$

Der zweite Summand auf der rechten Seite bildet eine Korrektur zur ZIMMERMANNschen Gleichung und man wird bei Berücksichtigung dieses Gliedes dem WIEGHARDTschen Ansatz wenigstens einigermaßen entgegenkommen.[3]

Die Differentialgleichung der Elastika kann man für den elastisch gelagerten Druckstab leicht aufstellen. Setzt man nach der EULER-BERNOUILLIschen Theorie

---

[1] H. ZIMMERMANN, Die Berechnung des Eisenbahnoberbaues. Berlin 1888. Die Knickfestigkeit eines Stabes mit elastischer Querstützung. Berlin 1906.

[2] K. WIEGHARDT, Über den Balken auf nachgiebiger Unterlage. Zeitschr. f. angew. Math. u. Mech. 1922. S. 165—184.

[3] Für Platten auf elastischer Unterlage wird man ähnliche Erwägungen anstellen dürfen.

die Krümmung dem biegenden Moment proportional, so erhält man für kleine $y$ für den Stab von konstanter Höhe und der Breite $b$ die Gleichung

$$\frac{d^4 y}{d x^4} + \frac{P + b c_2}{E J} \frac{d^2 y}{d x^2} + \frac{b c_1}{E J} y = 0$$

$P$ ist die achsiale Druckkraft, $E$ der Youngsche Elastizitätsmodul, $J$ das maßgebende Querschnittsträgheitsmoment. Die Randbedingungen sind das Verschwinden von Biegungsmoment und Querkraft an den Stabenden. Diese Gleichung unterscheidet sich von der bei Zimmermann nur dadurch, daß an Stelle von $P$ jetzt $P + b c_2$ steht.

Für die Biegungsaufgabe (bei $P = 0$) ergibt sich mit dem korrigierten Ansatz eine Differentialgleichung von derselben Form wie beim Stabilitätsproblem.

Wie groß sind aber die *Bodenkonstanten*? Es sind so gut wie gar keine Versuchsergebnisse vorhanden, die gestatten würden, die beiden Konstanten zu berechnen. Nach einer Angabe von S. Timoshenko zeigte sich bei Versuchen an Eisenbahngleisen eine sehr gute Übereinstimmung zwischen den nach der Zimmermannschen Theorie ermittelten Durchbiegungen und Pressungen mit den gemessenen Werten.[1] Diese Versuche bilden aber — leider — nicht auch die Bestätigung, daß unser Korrekturglied klein ist, da infolge der Lagerung auf Querschwellen keine stetige Stützung vorhanden war. Ältere Versuche, die A. Föppl im Hofe seines Laboratoriums vornahm, zeigten eigentlich nur, daß die Senkungen sehr rasch mit der Entfernung von der Laststelle abklingen, weiter geben sie keine Auskunft.[2] — Wirklichen Aufschluß könnten nur sorgfältig und präzise durchgeführte Versuche geben. Auch die Auswertung der Experimente, bei denen aus der Biegungslinie auf die Konstanten geschlossen werden muß, ist keineswegs vollständig mühelos. Es wäre aber meiner Ansicht nach sicher von Interesse, wenn man bei der Baugrundforschung auch solchen Versuchen nähertreten würde. Man könnte zumindest erkennen, mit welcher Berechtigung man bei dem einfacheren Zimmermannschen Ansatz bleiben darf.

Prof. F. Keelhoff, Gand:

Avant de lever la séance, je crois devoir remarquer, qu'aucun des orateurs précédents ne s'est préoccupé des efforts tranchants à craindre dans les pièces chargées de bout, alors que, dans toutes les charpentes un peu importantes, la plupart des barres comprimées sont en treillis: cela me paraît peu justifié, d'autant plus, qu'au point de vue pratique, toutes les formules modernes donnent à peu près le même résultat quant au flambement par moment fléchissant. Il n'en est pas de même quant aux formules proposées pour le calcul des efforts tranchants, ce qui constitue un vrai danger: on sait que l'écroulement du pont de Québec, pendant le montage, c'est-à-dire la plus grande catastrophe dont l'histoire des constructions métalliques fasse mention, est due à une sous-évaluation des efforts tranchants à prévoir dans les membrures comprimées. J'exprime donc le vœu que, d'ici à notre prochain congrès, cette question soit étudiée à fond théoriquement et, si possible, expérimentalement.

*Außer obigen bei der Tagung vorgetragenen Diskussionsbeiträgen sind die folgenden Beiträge auf schriftlichem Wege eingelangt (und zwar die Beiträge* Chwalla, Memmler *und* Chaudy *während der Tagung, die übrigen nach derselben).*

---

[1] S Timoshenko, Method of Analysis of Statical and Dynamical Stresses in Rail. Verhandlungen des 2. Internat. Kongresses für Techn. Mechanik. Zürich 1926, S. 407.

[2] A. Föppl, Vorlesungen über Techn. Mech. 3. Bd. Festigkeitslehre. 7. Aufl. 1919, S. 258.

*Besides the above papers read before the Congress we have now received the following contributions in writing (and that, the papers of the authors* CHWALLA, MEMMLER *and* CHAUDY *during the Congress, the others after it).*

*En outre des communications faites pendant le Congrès à l'occasion des discussions, nous sont parvenues les communications écrites ci-dessous: (les communications des MM.* CHWALLA, MEMMLER *and* CHAUDY *nous sont parvenues pendant le Congrès, les autres après la clôture du Congrès).*

## Dozent Dr. Ing. E. CHWALLA, Wien:

Im ersten und auch dritten Kapitel des Referates PIGEAUD wird für einen geraden Stab, der nach Voraussetzung „vollkommen elastisch bis zum Bruche" ist und eine endlich große, „bekannte und bestimmte" Anfangsexzentrizität der Achsialkraft aufweist, aus dem Unendlichwerden der Ausbiegung eine „Knicklast" abgeleitet. Einem derartigen Vorgang kann ich mich nicht anschließen. Ein exzentrisch gedrückter, gerader Stab aus einem Werkstoff, der unbeschränkt dem HOOKEschen Gesetze gehorcht, besitzt nur eine einzige Gleichgewichtsform, die eine ausgebogene Achse aufweist und unbeschränkt stabil ist; *eine Knicklast existiert hier nicht.* Diesbezügliche Fehlschlüsse verdanken ihr Entstehen der üblichen Vernachlässigung der ersten Ableitung im analytischen Ausdruck für die Achsenkrümmung und nur als Folge dieser Vernachlässigung ergibt sich dann beispielsweise unter der exzentrisch wirksamen EULERlast ungeachtet der Endlichkeit der Stablänge eine unendlich große Ausbiegung, die ungerechtfertigterweise als Kriterium eines Stabilitätswechsels dient.

Im Anschlusse an das im vierten Kapitel des Referates behandelte Knickproblem eines elastisch gebetteten Druckstabes, das schon im Jahre 1884 von ENGESSER im „Zentralblatt d. Bauverwaltung" gelöst wurde, möchte ich mir einige ergänzende Bemerkungen erlauben. Die Randbedingungen dieses Problems, die im Referate durch die Worte „frei an beiden Enden" gekennzeichnet sind, würden präziser durch die Worte „gelenkig festgehalten an beiden Enden" beschrieben werden; den etwas verwickelteren Fall tatsächlich *freier* Stabenden habe ich in der „Z. f. ang. Math. u. Mech. 1927" behandelt. Von großer praktischer Bedeutung ist die Stabilitätsuntersuchung eines elastisch gebetteten Druckstabes, dessen beide Endpunkte *für sich* elastisch quergestützt sind, da dieser Fall beim „Seitensteifigkeitsproblem" offener Brücken mit Parallel-, Trapez- oder Halbparabelträgern vorteilhaft Verwertung finden kann, welches Problem vollständig von der aus konstruktiven Gründen unvermeidlich starken Nachgiebigkeit der Endquerrahmen beherrscht wird. Ich habe diesen Fall in einer unveröffentlichten Arbeit vor einigen Jahren behandelt und eine relativ einfache, geschlossene Formel für die erforderlichen Endrahmenwiderstände erhalten. Vergleiche mit den strengen, tabellarisch gefaßten Lösungen für Einzelstützung (SCHWEDA, „Bauingenieur 1928") zeigen, daß die Abweichungen, die sich durch die Aufteilung der Zwischenrahmenwiderstände ergeben, wegen der immer vorhandenen großen Gurtsteifigkeit praktisch unbedeutend sind.

Das zweite, von Prof. ROŠ verfaßte Referat befriedigt nicht nur ein brennendes Bedürfnis der Praxis, sondern ist auch vom Standpunkt der Erkenntnis zu begrüßen, da es mithilft, die grundlegende Bedeutung des *Formänderungsgesetzes* bei allen Knickproblemen in quantitativer und qualitativer Beziehung zu unterstreichen. Wir müssen uns bewußt sein, daß alle im Rahmen unserer Elastizitätstheorie gelösten Stabilitätsprobleme, die alle das HOOKEsche Gesetz unbeschränkt voraussetzen, dem Eisenbau bloß einen Teil seiner kritischen Belastungen zu liefern vermögen, während eine ganze Gruppe baupraktisch bedeutungsvoller Knickerscheinungen wie auch fast alle Ergebnisse qualitativer Natur dem eigenartigen Formänderungsgesetze des Baustahls mit seiner ausgesprochenen Plastizitätsgrenze entspringen. Die gewohnte, mit dem HOOKEschen Gesetz allein arbeitende Knicktheorie verkündet bekanntlich das Kriterium der Eindeutigkeit des Gleichgewichtes im stabilen und der Mehrdeutigkeit im instabilen Zustand; ein eiserner Bauwerkstab besitzt im Gegensatz hiezu vor dem kritischen Zustand (mindestens) *zwei* und darüber hinaus nur *eine* mögliche Gleichgewichtslage. Ferner vermag selbst der schlankeste der eisernen Bauwerkstäbe seine Knicklast ungeachtet der bekannten zugeschärften Eulertheorie schon bei Ausbiegungen von nur etwa der halben Querschnittshöhe überhaupt nicht mehr im Gleichgewicht zu halten und schließlich kennt die genannte Theorie auch keine Knickerscheinung gerader Stäbe unter exzentrischem Druck, der ein Eisenstab in gefährlichem Maße unterliegt. Selbst der grundlegende Begriff der „Stabilität", das ist die Fähigkeit einer Gleichgewichtslage, sich nach einer kleinen Störung aus eigenem wieder herzustellen, kann in dieser Bedeutung nicht schlechtweg übernommen werden; denn die im unelastischen Bereich unter zentrischem Druck knickenden Baustahlstäbe besitzen diese Fähigkeit gar nicht im ganzen „stabil" genannten Zustand, da im vorkritischen, unelastischen Bereich das Spannungsbild im Zuge der Wiederherstellung durch das Entlastungsgesetz vollständig verändert wird. An diesen Beispielen soll nicht nur die tiefgreifende Bedeutung des Formänderungsgesetzes für die Knickerscheinungen, sondern auch die große Gefahr von Irrtümern ermessen werden, die durch eine nicht ausreichend scharfe Trennung der Problemgruppen nach dem ihnen zugrunde liegenden Formänderungsgesetz heraufbeschworen wird. Und da die didaktisch so wichtige Betonung dieser Problemtrennung nicht selten vermißt wird, will ich ihr meinen Sektionsvortrag widmen. Zum Inhalt des Referates selbst seien folgende Bemerkungen erlaubt:

1. Die der Behandlung des *exzentrischen* Knickproblems zugrunde gelegten Spannungsbilder des unelastischen Bereiches scheinen mir grundsätzlich unzutreffend. Das Formänderungsgesetz einer *Entlastung* unelastisch gestauchter Fasern würde hier nur dann Geltung besitzen, wenn die Achsiallast in ideal zentrischem Zustand bis auf ihren kritischen Wert anwachsen und *hierauf erst* hinausrücken würde in die in Rechnung gestellte exzentrische Lage. Nun ist aber eine Angriffsexzentrizität bei wohl allen Bauwerks- und Versuchsstäben unveränderlich an das System gebunden, so daß im Zuge des Anwachsens der Achsiallast die geweckten Grund- und Biegespannungen *gemeinsam*, wenn auch nicht genau verhältnisgleich, zunehmen; zu einer Entlastung unelastisch gestauchter Fasern kann es somit nicht kommen und im Spannungsbild hat an Stelle der Entlastungsgeraden das Formänderungsgesetz der Belastung zu treten. Die im Referat berechneten inneren Momente sind daher im unelastischen Bereich grundsätzlich zu groß und die Abweichungen werden, wie man sich leicht vergegenwärtigen kann, insbesonders bei Grundspannungen an und über der Quetschgrenze bedeutend. Diese Feststellung bezieht sich übrigens auch auf den III. und V. Abschnitt des Referates, da die erwähnten Spannungsbilder auch dort zur Verwendung gelangen.

2. Die Ableitungen des Referates setzen für die Gleichgewichtsformen *Sinuslinien* voraus, und zwar werden im Interesse einer einfachen Problembehandlung *ganze Sinushalbwellen* auch im Falle des *exzentrischen* Druckes gewählt. Diese Annahme wird im Referat als praktisch zulässige Näherung bezeichnet, trotzdem sie zum Beispiel dem oft recht großen Angriffsmoment an den beiden Stabenden, also dem Produkt „Kraft mal Angriffsexzentrizität", willkürlich die Achsenkrümmung Null gegenüberstellt. Nun habe ich in einer Arbeit, die in den Sitzungsberichten der Wiener Akademie erschien, das zentrische und exzentrische Knick-

problem des Baustahlstabes mit Schärfe behandelt und fand unter Zugrundelegung des gleichen Arbeitslinienverlaufes für die Gleichgewichtsformen merkliche Unterschiede gegenüber der Sinushalbwelle und im Endergebnis zum Teil starke Abweichungen in den kritischen Schlankheiten; so beträgt schon bei der kleinen Grundspannung von 1000 kg/qcm, also tief im elastischen Bereich, wo die Sinuslinie noch am ehesten gerechtfertigt erscheinen mag, der Unterschied bei einem Angriff in der dreifachen Kernweite über 40%! Es scheint daher ungeachtet der vorkommenden großen Streuungen auch für praktische Nutzanwendungen erforderlich zu sein, bei der Ermittlung der gebrauchsfertigen Diagramme (deren Entwurf überdies auch für den St. 48 und den Si-Stahl recht erwünscht wäre) eine genauere Form der Deformationsfiguren in Rechnung zu stellen. Der Einfluß der Schubverzerrung oder Nullinienverschiebung ist natürlich praktisch bedeutungslos.

Ferner möchte ich bemerken, daß es bei derartigen Diagrammen praktischer wäre, das Exzentrizitätsmaß nicht auf die Kernweite, sondern auf den für alle Profile unmittelbar nachschlagbaren Trägheitsradius zu beziehen und schließlich noch auf einen kleinen Zeichenfehler in Abb. 9 des Referates aufmerksam machen: Die Nullinie der Biegespannungen und damit der Verdrehungspunkt der Querschnittsebenen liegt grundsätzlich in der dem Krümmungsmittelpunkt *abgewendeten* Stabhälfte und nicht auf der Innenseite, wie versehentlich eingetragen wurde.

3. Eine unmittelbare Verwertung der erhaltenen Ergebnisse bei der Bemessung *gegliederter* Druckstäbe, wie im Referat vorgeschlagen wird, scheint vom theoretischen Standpunkt etwas gewagt, da die Zerreißung des einflußreichen Spannungsbildes, die Beschränkung des inneren Hebelsarmes und die lokale Wirkung des Verbundes *wesentliche* Abweichungen gegenüber einem Vollstab ergeben dürften. So ist zum Beispiel schon bei der zentrischen Knickung eines Rahmenstabes (die ich im letzten Jahrgang der Wiener Sitzungsberichte ausführlich behandelt habe) nicht, wie vom Vollstab bekanntlich übernommen wird, das Bindeblech am Stabende, sondern das diesem *benachbarte*, vorletzte, das weitaus stärkst beanspruchte.

Zum Schlusse sei mir noch eine wichtige *ergänzende* Bemerkung gestattet:

Bei der knicksicheren Ausbildung eines Druckstabes aus Baustahl ist es ein grundlegendes Erfordernis, die Stärke aller *plattenartigen* Elemente des Stabes, wie der Stege, Lamellen und freien Schenkel derart zu bemessen, daß ein „Ausbeulen" dieser Teile vor dem Ausknicken des ganzen Stabes ausgeschlossen ist. Gegen diese Forderung wird in der Praxis häufig gesündigt, so bedeutungsvoll sie insbesonders bei den zarten Profiltypen des Spezialstahlbaues ist. Das Problem wurde von Dr. BLEICH weitgehend behandelt und in Bemessungsformeln gefaßt, doch scheint allgemein bei Stabilitätsuntersuchungen eiserner „Platten" und „Schalen" eine *wesentliche Materialeigenschaft nicht* berücksichtigt zu werden, was sich gefährlicherweise auf Seite der Unsicherheit auswirkt. Die kritische Spannung eines in der Längsrichtung gedrückten, langen, schmalen Plattenstreifens von der Dicke „$d$" und der Breite „$a$" beträgt im elastischen Bereich bekanntlich

$$\sigma_k = \beta^2 \cdot \left(\frac{d}{a}\right)^2 \cdot \frac{E}{12 \cdot (1-m^2)},$$

wobei für den Beiwert $\beta$ bei einer Einspannung der beiden Längsseiten $\beta = 8{,}30$, bei einer freien Verdrehbarkeit $\beta = 6{,}28$ zu setzen ist und „$m = 0{,}3$" die Poissonzahl bedeutet. Eine vorzeitige Ausbeulgefahr ist gebannt, wenn diese Knickspannung zumindest gleich ist der Knickspannung des ganzen Stabes $\overline{\sigma}_k = \dfrac{\pi^2 \cdot E}{(l/i)^2}$. Nun knickt die Mehrzahl der Bauwerkstäbe im unelastischen Bereich, so daß in Richtung der Stabachse sowohl für die Platte als auch für den ganzen Stab das Knickspannungsbild und damit der Knickmodul nach KÁRMÁN Gültigkeit besitzt. Beim Plattenproblem ist jedoch noch die Kenntnis des Moduls für die andere, hier lastfreie Richtung, wie auch des Gleitmoduls erforderlich. Dr. BLEICH setzt, wie es bei der üblichen Auffassung der Platten als „elastisches Gewebe" naheliegend erscheint, für den ersteren *wegen der Lastfreiheit* den *Elastizitätsmodul* und wählt für die Schubverzerrung einen Mittelwert aus diesem und dem Knickmodul. Einem derartigen Vorgang steht jedoch entgegen, daß *die Quasi-Isotropie des Materials erwiesenermaßen auch im plastischen Bereich erhalten bleibt.* Ich schlage daher vor, den Knickmodul allen drei Gliedern der Plattengleichung zuzuordnen und die geringfügige Änderung der Poissonzahl im plastischen Bereich auf 0,5 zu vernachlässigen. Es resultiert dann die einfache, in *beiden* Bereichen geltende Bemessungsformel $\frac{d}{a} \geq \frac{k}{(l/i)}$, wobei $(l/i)$ die maßgebende Knickschlankheit des ganzen Stabes bedeutet und für „$k$" bei beiderseitiger Einspannung der Platte „1,25" und bei freier Verdrehbarkeit „1,65" zu setzen ist, bzw. ein dem geschätzten Einspannungsgrad entsprechender Zwischenwert gewählt werden kann.

Prof. Dipl. Ing. MEMMLER, Berlin:

Die Ergebnisse der in der Schweiz durchgeführten Versuche mit Walzprofilen stimmen überein mit den Knickspannungswerten, die auf Grund der KÁRMÁNschen Theorie aus dem Druckstauchungsdiagramm berechnet werden können. Es müßte danach das Bestreben sein, ideelle Druckstauchungsdiagramme festzulegen, die in ihrem Verlauf charakteristisch für die verschiedenen Stähle sind. Bei den im Materialprüfungsamt in Berlin-Dahlem für den Deutschen Eisenbau-Verband untersuchten Stählen zeigen sich nun gerade für diese Diagramme Abweichungen von dem von Herrn Roš angegebenen ideellen Diagramm, und zwar für alle Materialien in so starkem Maße, daß die hieraus zu errechnenden Knickspannungslinien entsprechend stark von der Knickspannungslinie der T. K. V. S. B. abweichen müssen. Die bis zu $\lambda = 20$ im Amt durchgeführten Knickversuche bestätigen diese Abweichung.

Das von den Herren Roš und BRUNNER angegebene ideelle Druckstauchungsdiagramm zeigt zwischen $P$ und $S$-Grenze eine verhältnismäßig starke Krümmung, also starke bleibende Verformungen. Die Moduli $T$ ändern sich schnell und weichen von dem $E$-Modul stark ab. Der Übergang zwischen dem Bereich elastischen Knickens und dem Bereich, in dem die Knickspannungen gleich oder eventuell größer als die Quetschgrenze sind, vollzieht sich sehr allmählich, im Schlankheits-Knickspannungsschaubild gekennzeichnet durch einen allmählichen Übergang aus dem Geltungsbereich der EULER-Hyperbel zu der Kurve, deren Ordinate gleich oder größer als die Quetschgrenze ist. Bei den im Amt durchgeführten mannigfaltigen Versuchen zeigt im Gegensatz hierzu das Zug-Dehnungsdiagramm für Stahl 37 und für hochwertige Baustähle in den weitaus meisten Fällen oberhalb der $P$-Grenze, die vielfach nur wenig kleiner als die Streckgrenze ist, eine verhältnismäßig geringe Abweichung von der HOOKEschen Geraden. Die bisher ermittelten Druckstauchungsdiagramme hatten das gleiche Ergebnis. Dementsprechend .verläuft auch der durch Knickversuche festgestellte Übergang aus dem Bereich elastischen Knickens in dem plastischen Bereich, und zwar für die verschiedenen Materialien mehr oder weniger stark ausgeprägt. In allen Fällen vollzieht sich aber dieser Übergang plötzlicher als nach den Schaubildern von Herrn Roš. Man gelangt also im Übergangsbereich zu *günstigeren* Ergebnissen, da die Knickspannungen in diesem Bereich entsprechend der geringeren Abweichung der Moduli $T$ vom Modul $E$ weit geringere Unterschiede vom EULER-Wert aufweisen als in den von Herrn Roš mitgeteilten Kurven. Im ideellen Druckstauchungsdiagramm ist ferner von Herrn Roš der wagrechte in Höhe der Quetschgrenze verlaufende Teil des Diagramms nur bis 7 bis $8^0/_{00}$ angegeben. Bei den meisten im Amt untersuchten Materialien und auch nach Erfahrungen in der Praxis muß man aber im allgemeinen mit einem Fließen bis zu 15 und sogar 20⁰/₀₀ rechnen. Es liegen zwar für die meisten Fälle nur Zug-Dehnungsdiagramme vor, da die Ausführung von Druckversuchen aus bekannten Gründen weit schwieriger ist. Für Stahl 37 ist im letzten Jahr für den Eisenbau-Verband aber auch das Druckstauchungsdiagramm bei uns in Dahlem aufgenommen. Bei diesen Versuchen wurden besondere Vorkehrungen getroffen, um fehlerhafte Beeinflussung der Messungen, vor allem den Einfluß der Endflächenreibung aus-zuschalten. Auch bei diesen Diagrammen zeigte sich wie beim Zugversuch ein längerer Fließbereich. Die auf Grund der ENGESSER-KÁRMÁNschen Theorie an einem solchen Diagramm errechnete Knickspannungslinie verläuft für einen großen Bereich der Schlankheitsgerade parallel oder nahezu parallel zur Abszissenachse in Höhe der Quetschgrenze, ein Ergebnis, das durch die Knickversuche belegt wird. Eine Überschreitung der Quetschgrenze konnte durch diese auch für die kleine Schlankheit $\lambda = 20$ nur in einigen wenigen Fällen um 3 bis 4%, in einem Fall um 6% festgestellt werden. Bei den hochwertigen Stählen liegen die Verhältnisse nach den Knickversuchen ganz ähnlich.

Wenn man in der Zukunft den ideellen Verlauf des Druckstauchungsschau-bildes auf Grund von Versuchen für die jetzt verwendeten Baustoffe ableitet, werden sich nach den im Dahlemer Materialprüfungsamt gemachten Feststellungen prak-tisch auch bei kleinen Schlankheiten, die für die Praxis noch Bedeutung haben, auch auf Grund der ENGESSER-KÁRMÁNschen Theorie keine Knickspannungen ergeben, die wesentlich größer als die Quetschgrenze sind. Es muß darauf hin-gewiesen werden, daß die Versuche der T. K. V. S. B. für die Schlankheit $\lambda = 30$ (40) — 90 im allgemeinen unter der Quetschgrenze liegen. Das erklärt sich wohl hauptsächlich daraus, daß für die Versuche Walzprofile verwendet worden sind, bei denen auch nach unserer Erfahrung eine exakte Versuchsdurchführung sich sehr viel schwieriger gestaltet, als mit Modellstäben, zumal auch mit wesentlichen Materialverschiedenheiten in den Querschnittsflächen zu rechnen ist.

Ein weiterer Punkt wäre noch zu berühren. Man hat sich daran gewöhnt, die Quetschgrenze gleich der Streckgrenze anzunehmen und die Knick-spannung unter dieser Annahme zu berechnen. Es ist die Frage aufzuwerfen, ob die Ergebnisse des Zugversuches ohne weiteres auf den Druckversuch zu übertragen sind, vor allem, ob die Erscheinung der oberen und unteren Streckgrenze analog auch beim Stauchversuch vorliegt. Nach den in meinem Amte für den Eisenbau-Verband und auch anderwärts angestellten Versuchen kann man diese Verhält-nisse nicht allgemein als analog annehmen, danach auch nicht immer $\sigma_Q = \sigma_S$ setzen, eine Tatsache, die in bezug auf die Knick-spannung bei kleinen Schlankheiten wichtig erscheint.

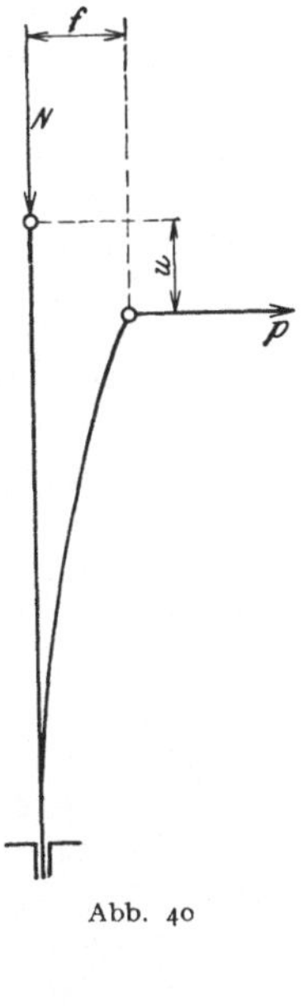

Ing. M. CHAUDY, Paris:

M. CHAUDY, Ingénieur Principal au Chemin de fer du Nord, à Paris, expose sommairement une solution personnelle du problème des pièces prismatiques chargées de bout axialement.

Il considère le cas type, auquel tous les autres se ramènent, d'un prisme encastré à sa base, libre à son sommet et soumis en ce dernier point à l'action d'une charge $N$. Lorsque le prisme fléchit sous l'action d'un effort transversal éphémère, le point d'application de $N$ subit un déplacement élastique longitudinal $u$ et un déplacement transversal $f$. Si $p$ désigne la force transversale appliquée au sommet qui donne une flèche égale $f$, on doit avoir:

$$N\,u \leq p\,f.$$

Abb. 40

Cette relation exprime que le travail de la force extérieure $N$ est inférieur ou au plus égal au travail des forces élastiques intérieures lequel, comme le montre M. Chaudy, a pour limite inférieure $p\,f$.

On doit donc avoir, pour que le prisme ne flambe pas ou, s'il fléchit, pour que les forces élastiques intérieures puissent le ramener à sa position d'origine:

$$N \leq \frac{p\,f}{u} = \frac{\mathrm{10}\,E\,I}{l^2},$$

en désignant par $E$ le coefficient d'élasticité, par $I$ le moment d'inertie transversal et par $l$ la longueur du prisme.

On sait que la formule d'Euler donne:

$$N \leq \frac{9{,}86\,E\,I}{l^2}$$

Cette théorie de M. Chaudy permet de se rendre aisément compte que le treillis, lorsque le prisme chargé de bout en comporte un, doit résister, sur toute la longueur de la pièce, à un effort tranchant $p$ qui se détermine comme suit:

Partant de la charge totale $N$, on calcule, au moyen de la la formule $N = \frac{\mathrm{10}\,E\,I}{l^2}$, la section transversale $\omega$ à donner au prisme. On écrit ensuite que le travail moléculaire à la base est égal au taux limite $R$, soit:

$$R = \frac{N}{\omega} + \frac{v\,p\,l}{I} \quad . \quad . \quad . \quad . \quad . \quad . \quad . \quad . \quad . \quad . \quad . \quad (\text{1})$$

$v$ désignant la moitié de la largeur de la pièce.

De cette formule (1) on tire la valeur de $p$ qui est celle de l'effort tranchant à considérer pour le calcul du treillis.


Prof. Grüning, Hannover:

Das bemerkenswerteste Ergebnis der wertvollen Knickversuche, die von der Eidgenössischen Materialprüfungsanstalt durchgeführt sind, ist wohl der Nachweis der Abnahme der Knicklast mittelschlanker und kurzer Stäbe mit der Exzentrizität des Kraftangriffes. Auf theoretischem Wege bin ich in der Arbeit: „Knickung genieteter vollwandiger Druckstäbe", Zeitschrift für Architektur und Ingenieurwesen, 1917, Seite 85 ff" zu dem gleichen Ergebnis gelangt. Meine Untersuchung gilt unmittelbar nur für solche Querschnitte, die einen oder zwei verhältnismäßig dünne Stege haben. Sie geht von den Randspannungen aus und ermittelt bei vorgegebener Exzentrizität die durch die mittlere Spannung ausgedrückte Last, welche eine angenommene Spannung an dem stärker beanspruchten Rande erzeugt. Die Wiederholung der Rechnung für eine steigende Reihe von Randspannungen zeigt, daß für die Last ein Größtwert besteht. Unter einer diesen übersteigenden Last ist in der vorgegebenen Stellung Gleichgewicht zwischen äußeren und inneren Kräften nicht möglich. Ein anderer Rechnungsgang ermittelt für vorgegebene Last die Exzentrizität, in welcher eine angenommene Spannung an dem stärker beanspruchten Rande entsteht, und findet aus einer steigenden Reihe von Randspannungen einen Größtwert für die Exzentrizität. Bei größerer Exzentrizität ist unter der vorgegebenen Last Gleichgewicht nicht möglich.

Für unsymmetrische Querschnittformen führt meine Untersuchung zu dem Ergebnis, daß die Empfindlichkeit gegen exzentrischen Kraftangriff nach beiden Seiten wesentlich verschieden ist. Während die Abweichung der Kraft nach der Seite des größeren Randabstandes die Knicklast erheblich herabsetzt, ist die Abweichung nach der entgegengesetzten Seite kaum von Einfluß. In der gedrückten

Obergurtung von Balkenbrücken, in der nicht alle Stabachsen in die Systemlinie gelegt werden können, sind deshalb Stabachsen über den Netzlinien besser zu vermeiden.

Das Problem des gedrückten Stabes läßt sich jenseits des elastischen Bereiches natürlich nicht mathematisch exakt erfassen. Jeder Lösungsversuch ist mit Mängeln behaftet. Überdies ist die Grundlage unsicher, wenn die Spannungs-Dehnungslinie des Materials nicht durch genaue Messung bestimmt ist. Um so wertvoller sind die Versuche der Eidgenössischen Materialprüfungsanstalt. Sie zeigen, daß die Theorie trotz ihrer Mängel der Praxis brauchbare Ergebnisse liefert. Die Ergebnisse der Versuche erheischen unbedingte Beachtung.

Auf gedrückte Fachwerkstäbe, deren Achsen in den Systemlinien liegen, können jedoch nach meiner Auffassung die Versuche mit exzentrischer Belastung keine Anwendung finden. Denn wenn auch die Kraftlinie durch die Momente infolge Vernietung der Knotenpunkte aus der Stabachse verschoben wird, so sind doch die Bedingungen der Belastung von denen des Versuches wesentlich verschieden. Beim Versuch wirkt die Last in gegebener, unveränderter Lage. In einem Fachwerkstab nehmen die Momente ab, wenn sich der Stab krümmt. Die Kraftlinie nähert sich der Stabachse. Ferner verschwinden die Momente, sobald die Stabspannung die Quetschgrenze erreicht. Die Knicksicherheit eines Fachwerkstabes wird daher mit Recht nach der Knicklast des zentrisch beanspruchten Stabes beurteilt. Als logische Folge dieser Auffassung muß die Verminderung der Knicklänge auf 0,8 der Stablänge als unrichtig angesehen werden. Es kann nur in Betracht kommen, in durchlaufenden Gurtungen gemäß der von ZIMMERMANN und BLEICH nachgewiesenen Zusammenhänge den Überschuß eines Stabes an Knicksicherheit für den benachbarten Stab auszunutzen.


J. F. VAN DER HAEGHEN, Bruxelles:

*Le flambage: Phènoméne vibratoire*

Le flambage des pièces chargées debout est un phénomène physique; il a donc nécessairement une cause et un processus physiques, qui doivent pouvoir se contrôler et se comprendre en dehors de toute intervention préalable des mathématiques.

La théorie vibratoire apporte l'explication physique du fait et conduit ensuite tout naturellement à la mise en équation du phénomène.

Ce phénomène, paradoxal pour la mécanique rationnelle, s'explique comme suit:

Toute variation de la charge en bout provoque une onde ou vibration longitudinale, dont la vitesse de transmission est celle du son dans la matière et qui s'amortit plus ou moins vite suivant l'importance de l'impulsion motrice et la nature de la matière.

Si la matière, dont est constituée la barre, était rigoureusement homogène et isotrope en chacun de ses points, les augmentations successives de la charge axiale détermineraient simplement un tassement progressif de plus en plus accentué, jusqu'à l'effondrement de la pièce par écrasement ou écoulement symétrique, mais sans aucune déflection latérale, puisque la résultante des efforts tranchants transversaux serait restée constamment nulle dans toutes les sections.

Seulement la nature ne livre pas des masses matérielles parfaitement isotropes; dès lors, la vibration longitudinale, que provoque chaque variation de charge, ne se propage pas suivant un front immuablement plan et droit, mais suivant une surface continuellement déformée; la résultante des efforts tranchants ne reste pas nulle en toutes les sections et sous son impulsion naît une vibration transversale. Celle-ci s'amortit plus ou moins vite suivant la force de l'impulsion motrice, la nature de la matière et la viscosité du milieu ambiant, pour ramener la pièce au repos dans sa position initiale, à moins que, pour certaines conditions de charge, elle ne se traduise par une déflection unique et sans rappel élastique: c'est le moment du flambage avec toute sa brusquerie.

*Flexion statique*

L'équation qui expime les conditions d'équilibre d'une pièce fléchie statiquement par une charge en bout $P$ s'écrit:

$$E \cdot I \frac{\delta^2 y}{\delta x^2} = -P \cdot y$$

La discussion de cette équation conduit à la formule bien connue qui porte le nom d'EULER

$$\frac{P}{S} = \frac{\pi^2 E}{\left(\dfrac{L}{r}\right)^2}$$

et qui donne la charge unitaire critique $\frac{P}{S}$ que peut porter une pièce articulée aux deux bouts, de longueur $L$ et de section $S$ dont le rayon de giration est $r$.

On sait que cette formule, qui convient numériquement pour les pièces de grande longueur relative devient totalement inexacte pour des élancements inférieurs à une certaine valeur de $\frac{L}{r}$, d'ailleurs différente pour chaque matière.

De nombreux auteurs ont traité cette question depuis EULER et se sont efforcés d'établir et d'étendre aux petits élancements, une formule qui cadrerait avec les résultats de l'expérience pris comme point de départ.

*Flexion dynamique*

Ces formules ne peuvent être que des formules empiriques plus ou moins réussies, puisqu'elles ne sont pas l'expression ni l'aboutissement mathématique d'une hypothèse physique établie.

Considérant le flambage comme le résultat d'une vibration transversale, subséquente à la vibration longitudinale que provoque la variation de charge en bout, l'étude de l'équilibre dynamique de la pièce conduit à une équation générale connue, qui s'écrit, abstraction faite du sens des signes,

$$\frac{\delta^2 M}{\delta x^2} + m \cdot I \cdot \frac{\delta^4 y}{\delta x^2 \delta t^2} + m \cdot S \frac{\delta^2 y}{\delta t^2} = 0$$

dans laquelle $M$ est le moment des forces extérieures; $m$ la masse de l'unité de volume; $I$ le moment d'inertie de la section $S$.

Une première discussion de cette équation conduit à la connaissance de la période d'oscillation $T$, ou de son inverse, la fréquence $N_1$, laquelle, pour une pièce articulé à ses extrémités, a pour expression du son fondamental, en fonction de la vitesse $V$ des vibrations longitudinales:

$$N_1 = \frac{\pi V}{2L\sqrt{\pi^2 + \left(\dfrac{L}{r}\right)^2}}$$

En reprenant la discussion de cette même équation, après y avoir remplacé le moment $M$ en fonction de la charge en bout $P$ et en y introduisant la notion de la vitesse de propagation $v$ des vibrations transversales, tirée de l'équation différentielle

$$\frac{\delta^2 y}{\delta t^2} = v^2 \cdot \frac{\delta^2 y}{\delta x^2}$$

on arrive, après transformations, à la formule finale

$$\frac{P}{S} = \frac{m \cdot v^2}{1 + \dfrac{m \cdot v^2}{E'}}$$

Cette formule est l'expression unique et générale pour tous les élancements et pour tous les modes de fixation; elle donne la charge critique unitaire $\frac{P}{S}$ applicable en bout suivant l'axe de la pièce.

En y remplaçant la vitesse $v$ par sa valeur en fonction des dimensions géométriques de la pièce, telle qu'elle résulte des lois des fréquences, on trouve pour une barre articulée

$$\frac{P}{S} = \frac{\pi^2 E'}{\pi^2 + \left(\dfrac{L}{r}\right)^2}$$

Nous signifions par $E'$ le coefficient *instantané* de proportionnalité sans désignation de valeur absolue, celle-ci variant avec l'état de tension de la pièce.

Ainsi pour les grandes longueurs, où les charges unitaires possibles sont faibles, les valeurs de $E'$ restent voisines de la valeur constante qu'on attribue habituellement au coefficient d'élasticité $E$; autrement dit le coefficient $E$ n'est en réalité que la moyenne des valeurs *supérieures* de $E'$.

Quand l'élancement $\frac{L}{r}$ tend vers zéro, la formule d'EULER conduit vers l'infini, tandis que notre formule renseigne la valeur *inférieure* de $E'$, puisque dans ce cas $\frac{P}{S} = E' =$ charge d'écrasement.

Il s'ensuit que l'application de notre formule générale exige la connaissance préalable de la loi de variation de $E'$, en fonction de l'état de tension, ainsi que les vitesses de propagation $v$ pour chaque mode de fixation de la pièce et pour chaque matériau.

*Coefficient $E'$*

Quand on bute une verge cylindrique axialement entre deux pointes, juste avec la pression de contact, et qu'on la fait vibrer transversalement, on obtient un son fondamental qu'on mesure et dont l'expression est

$$N_1 = \frac{\pi \cdot V \cdot r}{2 L^2}$$

d'où l'on tire la vitesse du son dans la barre

$$V = \frac{2 \cdot N_1 L^2}{\pi \cdot r}$$

et ensuite, par l'application de la formule de NEWTON,

$$E' = m \cdot V^2$$

Dès qu'on augmente la pression axiale, c'est-à-dire qu'on ajoute des charges en bout successives, on constate que pour chaque nouvel état de fatigue, on obtient une note différente, qui, à mesure que la pression croit, va en s'abaissant pour les barres longues, et en s'élevant pour les barres courtes; chacune de ces notes donne une valeur de $E'$.

On pourra ainsi, moyennant une série convenablement choisie de barres d'élancement décroissant, construire point par point la loi de variation de $E'$, en fonction de la tension, pour une matière quelconque, depuis son état de repos jusqu'à sa charge d'écrasement.

Notons ici que les équations générales de l'équilibre dynamique sont écrites en dehors de la condition d'un valeur absolue de $E$ et qu'elles conviennent donc aussi bien pour une verge d'acier que pour une verge en laiton, en verre ou en bois; que d'autre part, même pour un état de tension qui dépasse la limite d'élasticité, la valeur instantanée de $E'$ est suffisamment constante et les courbures vibratoires suffisamment faibles, pour que là encore ces équations restent valables.

*Vitesse de propagation v*

La vitesse de propagation se déduit directement de la connaissance expérimentale de la fréquence $N_1$.

Ainsi, pour une barre articulée, la distance spatiale étant $\lambda = 2\,L$, la vitesse sera

$$v = 2 \cdot N_1 \cdot L.$$

Elle se détermine de la même manière pour tous les modes de fixation en leur appliquant les lois des fréquences.

*Influence des fixations terminales*

a) *Barre articulée aux deux bouts*:

Nous avons indiqué plus haut comme formule générale

$$\frac{P}{S} = \frac{m \cdot v^2}{1 + \dfrac{m \cdot v^2}{E'}}$$

où $v$ est la vitesse de propagation propre à cette fixation.

Si nous désignons par $v_1$ les vitesses de propagation propres aux autres modes de fixation, on calculera les rapports $\dfrac{v_1^2}{v^2} = K$ qu'il faudra faire intervenir dans la formule pour chacun d'eux, et qui, du moins pour les grands élancements, serviront de multiplicateurs à la charge trouvée pour la barre articulée de même longueur totale.

b) *Barre encastrée-libre*:

$$K = \frac{1}{8}$$

L'enseignement actuel propose $K = \dfrac{1}{4}$.

c) *Barre encastrée aux deux bouts*:

$$K = 2{,}95$$

Ce coefficient est confirmé par l'expérience; la barre $L$, encastrée aux deux bouts, peut donc être assimilée à une barre articulée de longueur $0{,}582 \times L$, laissant de part et d'autre un bout encastré libre de $0{,}2075 \times L$. En appliquant à ces deux petits bouts le coefficient habituel $K = \dfrac{1}{4}$ on trouverait que ces extrémités ont une section deux fois trop forte; seul notre coefficient $K = \dfrac{1}{8}$ élimine cette contradiction.

d) *Barre encastrée-guidée*:

$$K = 1{,}82$$

Cette barre $L$ peut être assimilée à une barre articulée de $0{,}738 \times L$, ou encore à une barre encastrée-libre de $0{,}262 \times L$ avec le coefficient $K = \dfrac{1}{8}$.

*Élancement fondamental*

D'après notre théorie et l'observation expérimentale à laquelle elle a donné lieu, l'élancement critique (environ 105 pour l'acier doux) en dessous duquel la formule d'EULER devient inexacte, serait la longueur proportionnelle $\frac{L}{r}$, à partir de laquelle la pièce ne donne plus que le son fondamental; pour des pièces plus grandes au contraire, apparaissent en dehors du fondamental, des harmoniques de plus en plus élevées, jusqu'à un maximum déterminé.

Nous pouvons d'ailleurs déterminer l'élancement critique de n'importe quel matériau moyennant la connaissance préalable de sa résistance à l'écrasement.

*Colonnes en treillis.*

Le flambage étant un phénomène de flexion vibratoire, on peut en conclure que dans ces conditions une colonne composée doit être conçue de manière à pouvoir résister convenablement à la charge fictive latérale qui donnerait la même courbure que celle qu'engendre la vibration.

La charge fictive qui répond à ce désideratum est une charge $\Sigma p$ répartie suivant une loi de parabole cubique et égale à la charge en bout $P$. Mais comme il s'agit en fait de petites déformations, nous remplaçons cette distribution parabolique par une répartition trangulaire, maximum au milieu et nulle aux points d'appui.

Si, pour une colonne articulée aux deux bouts, nous écrivons que, pour une même flèche $f$ au centre, les moments sont égaux pour les deux sollicitations prises séparément, nous posons

$$P \cdot f = \frac{\Sigma p \times L}{6} = \frac{P \cdot L}{6}$$

Or la flèche résultant de la charge triangulaire $= \dfrac{P \cdot L^3}{60 \cdot E \cdot I}$

D'où

$$P \cdot \frac{P \cdot L^3}{60 \cdot E \cdot I} = \frac{P \cdot L}{6}$$

$$P = \frac{10 \cdot E \cdot I}{L^2} = \frac{10 \cdot E \cdot S \cdot r^2}{L^2}$$

et finalement

$$\frac{P}{S} = \frac{10\,E}{\left(\dfrac{L}{r}\right)^2}$$

Une valeur en parabole aurait donné sensiblement la valeur d'EULER.

Faisant le même calcul pour les autres modes de fixation en s'imposant une répartition de la charge fictive de telle manière que son maximum coïncide en position avec la flèche maximum de son élastique, on retrouve les mêmes coefficients $K$ que détermine la théorie vibratoire.

On peut donc conclure de là, que cette méthode permet de calculer exactement l'entretoisement d'une colonne en treillis en l'assimilant à une poutre appuyée qui supporterait une charge en triangle égale à la charge que la colonne doit porter en bout.

*Conclusions*

Nous croyons pouvoir résumer cette étude en disant qu'elle présente comme points essentiels:

a) l'explication physique du processus du flambage;

b) l'interprétation mathématique du phénomène;

c) la détermination de la loi de variation du coefficient de proportionnalité;
d) la signification de l'élancement critique;
e) la méthode de calcul de l'entretoisement des colonnes en treillis.

Prof. Ing. Dr. P. Fillunger, Wien:

*Zu den obigen Ausführungen Prof. Broszkos hat Prof. Ing. Dr. P. Fillunger, Wien, schriftlich wie folgt Stellung genommen:*

*To the above statements of Prof. Broszko, Prof. Fillunger, Vienna in writing responded as follows:*

*Monsieur le Professeur Fillunger a exprimé comme suit son point de vue concernant les opinions ci-dessus rapportées de Monsieur le Prof. Broszko:*

Die Kritik des Herrn Broszko an der Engesser-v. Kármánschen Knickformel ist nicht begründet. Allerdings muß eingeräumt werden, daß die von Herrn Broszko beanständete Formel 2 richtig wie 3 lauten müßte. Da aber Herr v. Kármán, wie auch Herr Broszko bemerkt, die Knicklast nicht aus 2, sondern aus 4 ableitet, *wo $\sigma_z$ die der mittleren Spannung $\sigma_m$ überlagerte Biegespannung bedeutet*, bleibt das Endergebnis, die Form des Knickmoduls, hievon unbeeinflußt. Das Kraftsystem $\sigma_z$

*besitzt keine Resultierende* $\left( \int_F \sigma_z \, dF = 0 \right)$. *Daher ist sein resultierendes Moment in*

*bezug auf jede zur Schwerachse parallele Achse gleich groß* und es ist somit ohne weiters erlaubt, das Moment der inneren Kräfte $\sigma_z$ in bezug auf die für die Rechnung bequemste Achse, nämlich die „neutrale" Achse aufzustellen. Der Arm $y$ der *äußeren* Kraft $P$ hingegen ist der Abstand ihrer Wirkungsgeraden vom Angriffs-

punkt der Resultierenden der *mittleren* Spannung $\sigma_m$, d. h. von $\int_F \sigma_m \, dF = P =$

$=: \int_F \sigma \, dF$, (wenn $\sigma$ dieselbe Bedeutung hat wie in 1), *also vom Schwerpunkt des*

*Querschnittes.*

Herr Broszko stellt der Engesser-v. Kármánschen Knickformel seine in den Comptes rendus des séances de l'Académie des Sciences, t. 186, p. 1041 mitgeteilte Formel entgegen. Nach Herrn Broszko lautet die Momentengleichung

$$P_{cr} \cdot y = \int_F \eta \, \sigma \, dF = \int_F \tilde{E} \, \varepsilon \, \eta \, dF =$$

$$= \left[ \varepsilon_{cr} + \frac{m}{\varrho} \left( 1 - \varepsilon_{cr} \right) \right] \int_F \tilde{E} \, \eta \, dF + \frac{1 - \varepsilon_{cr}}{\varrho} \int_F \tilde{E} \, \eta^2 \, dF,$$

und zwar zunächst für eine *endliche* Ausbiegung. Hier bedeuten

$P_{cr}$ .... die kritische Last,
$\varepsilon_{cr}$ ..... die spezifische Verkürzung des Stabes unter dieser Last, wenn er gerade bleibt,
$y$ ...... den Arm der Kraft wie oben,
$\sigma$ ...... die Spannung in $dF$ wie oben,
$\varepsilon$ ...... die dem $\sigma$ entsprechende spezifische Verkürzung,
$m$ ..... den Abstand der „neutralen" Achse vom Schwerpunkt,
$\eta$ ...... den Abstand der Spannung $\sigma$ vom Schwerpunkt,
$\varrho$ ...... den Krümmungshalbmesser der elastische Linie,
$\tilde{E} = \dfrac{\sigma}{\varepsilon}$ . den „Modul".

Die zweite Zeile der obigen Gleichung folgt aus der ersten durch die mit KÁRMÁN übereinstimmende Hypothese vom Ebenbleiben der Querschnitte.

Herr BROSZKO zieht nun die Schlußfolgerung: Wenn die Ausbiegung nicht *endlich*, sondern *unendlich klein* ist, strebt $\tilde{E}$ in der Grenze einem für den *ganzen* Querschnitt *konstanten* Wert $\tilde{E}_{cr} = \dfrac{\sigma_{cr}}{\varepsilon_{cr}}$ zu. Indem Herr BROSZKO *diesen Grenzübergang in der zweiten obigen Zeile statt in der ersten durchführt und berücksichtigt,* daß $\displaystyle\int_F \eta \, dF = 0$, ergibt sich

$$P_{cr} \cdot y = \frac{(1 - \varepsilon_{cr}) \, \tilde{E}_{cr}}{\varrho} \cdot J$$

und demzufolge

$$P_{cr} = \frac{\pi^2 (1 - \varepsilon_{cr}) \, \tilde{E}_{cr} \, J}{l^2} \, .$$

Herr BROSZKO übersieht, daß dieser Grenzübergang, *wenn er überhaupt vorgenommen wird*, schon in der *ersten* obigen Zeile durchgeführt werden kann und dann ergibt

$$P_{cr} \cdot y = \tilde{E}_{cr} \, \varepsilon_{cr} \int_F \eta \, dF = 0 \, ,$$

d. h. 
$$y = 0.$$

Der von Herrn BROSZKO gewählte Grenzübergang führt somit unmittelbar zu dem sogenannten *trivialen* Falle, in welchem der Stab gerade bleibt, und *nur* zu diesem Falle. Es ist leicht einzusehen, weshalb dieses Ergebnis erscheinen muß. Weil $P_{cr} \cdot y$ ein Moment von *erster Kleinheitsordnung* bedeutet, müssen unter dem Integralzeichen Größen von zweiter Kleinheitsordnung berücksichtigt werden. Dies ist der Grund, weshalb Herr v. KÁRMÁN die unendlich kleinen Zusatzspannungen $\sigma_z$ einführt.

Aus der Knickformel des Herrn BROSZKO würde übrigens auch folgen, daß ein Stab, welcher in einem Zuge bis zum Knicken im plastischen Bereich belastet wird, eine wesentlich *kleinere* Knicklast aufweisen müßte, als derselbe Stab, wenn er zunächst mit einer knapp unter jener Knicklast liegenden Last gedrückt, wobei er noch gerade bliebe, sodann *entlastet* und neuerlich bis zum Knicken belastet würde. Denn im zweiten Falle wäre offenbar als Ursprung des Koordinatensystems $(\sigma, \varepsilon)$ ein Punkt der $\varepsilon$-Achse anzusehen, welcher um die nach der Entlastung zurückgebliebene plastische Verkürzung nach rechts verschoben wäre. Ein ganz unmögliches Resultat!

Prof. BROSZKO, Warschau:

*Prof.* BROSZKO *hat obige Stellungnahme wie folgt beantwortet:*
*Prof.* BROSZKO *auswered to the above respose as follows:*
*M. le Prof.* BROSZKO *a repondu comme suit aux remarques présenténs par M. le Prof.* FILLUNGER:

In seinen polemischen Ausführungen sucht Herr FILLUNGER zu beweisen,

    a) daß meine Kritik an der ENGESSER-v. KÁRMÁNschen Theorie nicht begründet ist,

    b) daß die von mir aufgestellte Knickungstheorie nur zu der sogenannten trivialen Lösung führt.

Obwohl diese beiden Einwände unhaltbar sind, so bin ich dennoch Herrn FILLUNGER für seine Bereitwilligkeit zur Übernahme der Rolle eines Opponenten sehr zu Dank verpflichtet. Denn die von Herrn FILLUNGER angeregte Polemik gibt mir erst die erwünschte Gelegenheit zum Vorbringen derjenigen Beweisgründe für die Richtigkeit meiner Auffassung, die ich wegen der Knappheit des vorgeschriebenen Notenumfangs in meine Akademienote, und wegen der Kürze der festgesetzten Sprechzeit in meinen Diskussionsvortrag nicht aufnehmen konnte.

Seine Kritik an der von mir aufgestellten Knickungstheorie stützt Herr FILLUNGER auf die Tatsache, daß die Ausgangsgleichung dieser Theorie

$$P_k\, y = \int_{(F)} \tilde{E}\, \varepsilon\, \eta\, dF \qquad \dots \dots \dots \quad (9)$$

nach ausgeführtem Grenzübergang

$$\lim_{y_{\max}\,=\,0} (P_k\, y) = \tilde{E}_k\, \varepsilon_k \int_{(F)} \eta\, dF$$

naturgemäß zu der trivialen Lösung

$$y = 0 \qquad \dots \dots \dots \dots \quad (10)$$

führt. Aus dieser Tatsache zieht Herr FILLUNGER die unrichtige Folgerung, daß die Ausgangsgleichung (9) *nur* zu dem Ergebnis (10) führen kann. Die Irrtümlichkeit dieser Folgerung liegt auf der Hand. Denn die Ausgangsgleichung der EULERschen Theorie der elastischen Knickung

$$P_k\, y = \int_{(F)} E\, \varepsilon\, \eta\, dF \cdot$$

führt ja nach ausgeführtem Grenzübergang

$$\lim_{y_{\max}\,=\,0} (P_k\, y) = E \lim_{y_{\max}\,=\,0} \left( \int_{(F)} \varepsilon\, \eta\, dF \right) = 0$$

ebenfalls zu der trivialen Lösung (10), und dieses Ergebnis berechtigt noch lange nicht zu der Folgerung, daß aus der Ausgangsgleichung der EULERschen Knickungstheorie *nur* die triviale Lösung gewonnen werden könnte.

Der erste Einwand des Herrn FILLUNGER erweist sich somit als unhaltbar; dieser Einwand ist aber außerdem auch gegenstandslos. Denn weder in meiner Akademienote, noch in meinen Bemerkungen zum Referat des Herrn Roš ist von einem „Grenzübergang" die Rede. Bei der Ableitung der Formel für die theoretische Knicklast lege ich meinen Betrachtungen stets den Fall einer unendlich kleinen virtuellen Ausbiegung des Stabes zugrunde, wobei die Ordinaten der ausgebogenen Stabachse zwar unendlich klein, aber *von Null verschieden* sind. Von den mathematischen Hilfsmitteln wird dabei einzig und allein die unbestreitbar richtige Regel benutzt, daß man in einer algebraischen Summe unendlich kleine Summanden gegenüber solchen von endlicher Größe vernachlässigen darf. Die Anwendung dieser elementaren Regel auf die Gleichung

$$P_k\, y = \left\{ \varepsilon_k + \frac{q}{\varrho}\, (1 - \varepsilon_k) \right\} \int_{(F)} \tilde{E}\, \eta\, dF + \frac{1 - \varepsilon_k}{\varrho} \int_{(F)} \tilde{E}\, \eta^2\, dF \quad \dots \quad (11)$$

die aus der Ausgangsgleichung (9) nach Einsetzung des Wertes

$$\varepsilon = \varepsilon_k + \frac{\eta + q}{\varrho}\, (1 - \varepsilon_k)$$

hervorgeht, führt aber unmittelbar zu der Differentialgleichung

$$P_k\, y = \frac{(1 - \varepsilon_k)\, \tilde{E}_k}{\varrho}\, J, \qquad \dots \dots \dots \quad (12)$$

deren Integration meine Knickformel liefert. Denn im Falle einer unendlich kleinen Ausbiegung eines durch die Knicklast zentrisch zusammengedrückten Stabes sind die Werte der für verschiedene Querschnittspunkte berechneten Verhältnisse $\frac{\sigma}{\varepsilon} = \tilde{E}$ nur um unendlich kleine additive Glieder $\tilde{E}_z$ von demjenigen endlichen, konstanten Wert $\frac{\sigma_k}{\varepsilon_k} = \tilde{E}_k$ verschieden, der vor der Ausbiegung, d. h. bei alleiniger Zusammendrückung durch die Knicklast, sämtlichen Fasern gemeinsam war. Dementsprechend ist es zulässig, in der Gleichung

$$\tilde{E} = \tilde{E}_k + \tilde{E}_z \quad \dots \dots \dots \dots \dots \quad (13)$$

den bei einer unendlich schwachen Ausbiegung unendlich kleinen Summanden $\tilde{E}_z$ gegenüber dem endlichen $E_k$ gemäß der vorangeführten Regel zu vernachlässigen. Diese im strengsten mathematischen Sinne zulässige Vernachlässigung führt aber unmittelbar von der Gleichung (11) zur Gleichung (12), wenn man außerdem noch berücksichtigt, daß

$$\int_{(F)} \eta \, dF = 0 \quad \dots \dots \dots \dots \dots \quad (14)$$

ist.

Aus den vorstehenden Ausführungen geht deutlich genug hervor, daß die Ableitung meiner Knickformel den Anforderungen mathematischer Exaktheit voll genügt, und daß dementsprechend der Einwand mathematischer Natur, den Herr FILLUNGER gegen die von mir aufgestellte Theorie vorbringt, jeder Berechtigung entbehrt. Interessant an der durch die vorstehenden Ausführungen erledigten Streitfrage dürfte eigentlich nur der Umstand sein, daß die Anwendung der vorerwähnten elementaren mathematischen Regel auf den Modul $\tilde{E}$ einen Widerspruch hervorgerufen hat, obwohl die aus der analogen Regel abgeleitete und im gleichen Grade berechtigte Gleichsetzung des Krümmungshalbmessers $\varrho$ für alle Fasern eines unendlich schwach ausgebogenen Stabes von der Kritik weder in der Ableitung der EULERschen Knickformeln noch in der Abhandlung v. KÁRMÁNS beanstandet worden ist.

Obschon die erörterte Streitfrage nach meinen vorstehenden Ausführungen als erschöpft betrachtet werden könnte, glaube ich doch auf noch eine, allerdings nicht ganz klar ausgesprochene, polemische Bemerkung eingehen zu müssen, die Herr FILLUNGER im Zusammenhang mit dem soeben erörterten Einwand, gegen die mathematische Ableitung meiner Knickformel zu richten scheint. In dem vorletzten Abschnitt seiner Zuschrift sagt nämlich Herr FILLUNGER, die angebliche Inkorrektheit der mathematischen Ableitung meiner Knickformel bestehe darin, daß ich in meiner Akademienote (wohl bei dem Übergang von der Gleichung 11 zur Gleichung 12) unter dem Integralzeichen Größen von zweiter Kleinheitsordnung nicht berücksichtigt habe. Da nun in der durch Einführung des Wertes von $\tilde{E}$ aus (13) in (11) erhaltenen Gleichung

$$P_k y = \left\{ \varepsilon_k + \frac{q}{\varrho}\,(1 - \varepsilon_k) \right\} \left[ \tilde{E}_k \int_{(F)} \eta \, dF + \int_{(F)} \eta \, (\tilde{E}_z \, dF) \right] +$$

$$+ \frac{1 - \varepsilon_k}{\varrho} \left[ \tilde{E}_k \int_{(F)} \eta^2 \, dF + \int_{(F)} \eta^2 \, (\tilde{E}_z \, dF) \right] \quad \dots \dots \dots \quad (15)$$

das zweite Glied in der zweiten eckigen Klammer gegen das erste, gemäß der vorangeführten elementaren Regel, vernachlässigbar ist, so kann der Einwand des

Herrn FILLUNGER sich wohl nur auf das zweite Glied in der ersten eckigen Klammer beziehen, welch letzteres bei oberflächlicher Betrachtung unendlich klein von der ersten Ordnung zu sein scheint, wogegen das in derselben Klammer auftretende erste Glied, gemäß der Gleichung (14), exakt gleich Null ist. Es ist aber nicht schwer zu beweisen, daß — entgegen dieser oberflächlichen Einschätzung — auch das zweite Glied in der ersten eckigen Klammer exakt gleich Null sein muß. Zum Zwecke der Beweisführung denke man sich im Querschnitt eine Gerade geführt, die in einer unendlich kleinen Entfernung parallel zu derjenigen Schwerpunktsachse verläuft, von der die Abstände $\eta$ gemessen werden. Bezeichnet man nun die Abstände der unendlich schmalen Flächenstreifen $dF$ von dieser neuen Achse mit $\zeta$ und bildet die Momente

$$\int_{(F)} \zeta\, dF \quad \text{und} \quad \int_{(F)} \zeta \left( \tilde{E}_z\, dF \right),$$

so ist leicht einzusehen, daß die erste dieser unendlich kleinen Größen von der ersten Ordnung, die zweite dagegen, wegen der unendlichen Kleinheit des Faktors $\tilde{E}_z$, von der zweiten Ordnung ist. Verschiebt man nun die neue Momentenachse parallel zu der unbeweglichen Schwerpunktsachse derart, daß die Differenz $\zeta - \eta$ dem Werte Null zustrebt, so ist während dieses Grenzüberganges die Ordnung der unendlich kleinen Größe $\int_{(F)} \zeta\, dF$ stets um eins niedriger, als die Ordnung der Größe $\int_{(F)} \zeta \left( \tilde{E}_z\, dF \right)$. Infolgedessen muß

$$\lim_{(\zeta - \eta)\,=\,0} \left[ \int_{(F)} \zeta \left( \tilde{E}_z\, dF \right) \right] = \int_{(F)} \eta \left( \tilde{E}_z\, dF \right) = 0$$

sein, da ja

$$\lim_{(\zeta - \eta)\,=\,0} \left[ \int_{(F)} \zeta\, dF \right] = \int_{(F)} \eta\, dF = 0$$

ist. Die soeben erörterte Behauptung des Herrn FILLUNGER entbehrt daher jeder Begründung.

Der zweite Einwand, den Herr FILLUNGER gegen die von mir aufgestellte Knickungstheorie richtet, betrifft die angebliche Unstimmigkeit einer aus dieser Theorie gezogenen Folgerung mit der Erfahrung. Herr FILLUNGER glaubt diese von ihm behauptete Unstimmigkeit mit der Tatsache begründen zu können, daß ein Stab, welcher in einem Zuge bis zum Knicken *im plastischen Bereich* belastet wird, nach meiner Theorie (im Gegensatz zu dem diesbezüglichen Ergebnis der Theorie von ENGESSER und v. KÁRMÁN) eine wesentlich kleinere Knicklast aufweisen müßte als derselbe Stab, wenn er zunächst mit einer knapp unter jener Knicklast liegenden Last gedrückt, sodann entlastet und neuerlich bis zum Knicken belastet würde. Es ist nun aber auf den ersten Blick ersichtlich, daß diese Begründung, die Herrn FILLUNGER seinem zweiten Einwand gibt, nur als eine zwar von dem Herrn Opponenten unbeabsichtigte, aber für mich sehr willkommene Vermehrung einer Anzahl von Tatsachen gewertet werden kann, die ich im nächsten Abschnitt anführen werde, um die Richtigkeit meiner Knickungstheorie und die Irrtümlichkeit derjenigen von ENGESSER und v. KÁRMÁN auf Grund von Erfahrungstatsachen darzulegen. Denn es ist ohne weiteres klar, daß ein Stab, der infolge einer Zusammendrückung eine *bleibende* Deformation erlitten hat, elastische Eigenschaften aufweisen muß, die ganz verschieden von denjenigen sind, die er vor seiner bleibenden Verformung besessen hat. Es ist infolgedessen nicht zulässig — wie Herr FILLUNGER es tut —, den mit einer zurückgebliebenen plastischen Deformation behafteten Stab mit dem ursprünglichen, nicht deformierten Stab zu identifizieren. Außerdem ist leicht einzusehen, daß der Einfluß einer Verfestigung des Stabmaterials auf die Größe der Knicklast sich eben im Sinne der aus meiner Knickungstheorie gezogenen Folgerungen offenbaren muß, und daß die aus der ENGESSER-V. KÁRMÁNschen Theorie gefolgerte angebliche Unabhängigkeit der Knicklast von den infolge der Verfestigung geänderten elastischen Eigenschaften des Stabmaterials einen Beweis mehr für die Irrtümlichkeit dieser Theorie abgibt.

In seinen auf die ENGESSER-V. KÁRMÁNsche Knickungstheorie sich beziehenden Ausführungen gibt Herr FILLUNGER zunächst die Unrichtigkeit der v. KÁRMÁNschen Gleichung (5 b) zu, behauptet aber gleich hierauf, daß die Ausgangsgleichung, aus der v. KÁRMÁN seine Knickformel abgeleitet hat, einwandfrei sei. Demgegenüber muß bemerkt werden, daß die v. KÁRMÁNsche Ausgangsgleichung, infolge der unzulässigen Einführung der Zusatzspannungen $\sigma_z$ an Stelle der wirklich wirkenden Spannungen $\sigma$, nicht einwandfrei ist, und daß durch diese unzulässige Maßnahme das Endergebnis der Rechnungen — entgegen der Behauptung des Herrn FILLUNGER — doch beeinflußt wird. Diese Beeinflussung des Endergebnisses offenbart sich eben darin, daß in der v. KÁRMÁNschen Knickformel die in Wirklichkeit vorhandene Abhängigkeit der Knicklast von der Stabverkürzung nicht zum Ausdruck gelangt. Dementsprechend kann ich nur wiederholt unterstreichen, daß die v. KÁRMÁNsche Ausgangsgleichung mit der meinigen nicht identisch ist. Da außerdem die v. KÁRMÁNschen physikalischen Ansätze evident unrichtig sind, und infolgedessen sämtliche aus seiner Ausgangsgleichung abgeleiteten Folgerungen mit den Erfahrungstatsachen nicht in Einklang gebracht werden können, so muß ich nach wie vor an der Behauptung festhalten, daß die ENGESSER-V. KÁRMÁNsche Knickungstheorie irrig ist.

Zwecks Darlegung der evidenten Unstimmigkeit der v. KÁRMÁNschen Knickformel mit den Versuchsergebnissen wollen wir zunächst die Ergebnisse der eigenen Knickversuche v. KÁRMÁNS den aus seiner Theorie gezogenen Folgerungen gegenüberstellen. Diese Knickversuche wurden bekanntlich an Stäben von rechteckigem Querschnitt angestellt, deren Knickmodul nach der ENGESSER-V. KÁRMÁNschen Theorie durch die Gleichung

$$T = \frac{4\,E\left(\dfrac{d\sigma}{d\varepsilon}\right)_k}{\left(\sqrt{E} + \sqrt{\left(\dfrac{d\sigma}{d\varepsilon}\right)_k}\right)^2}$$

bestimmt ist. Das Material dieser Stäbe war dadurch ausgezeichnet, daß seine Druck-Stauchungs-Charakteristik nach Erreichung der Fließgrenze in ganz ausgeprägter Weise parallel zur $\varepsilon$-Achse verlief, wie das aus der v. KÁRMÁNschen Figur 21 sehr deutlich zu ersehen ist.[1] Infolgedessen war an der Fließgrenze

$$\left[\left(\frac{d\sigma}{d\varepsilon}\right)_k\right]_{Fl} = 0, \qquad T_{Fl} = 0$$

---

[1] Über den normalen Verlauf der Druck-Stauchungs-Charakteristik im plastischen Druckbereich berichtet W. GEHLER in seiner sehr bemerkenswerten Arbeit „Die Spannungs-Dehnungslinie im plastischen Druckbereich und die Knickspannungslinie". Verhandlungen des 2. Internationalen Kongresses für Technische Mechanik. 1927. S. 364.

und dementsprechend müßte nach der ENGESSER-V. KÁRMÁNSchen Theorie die der
Fließspannung $(\sigma_k)_{Fl}$ entsprechende Schlankheit

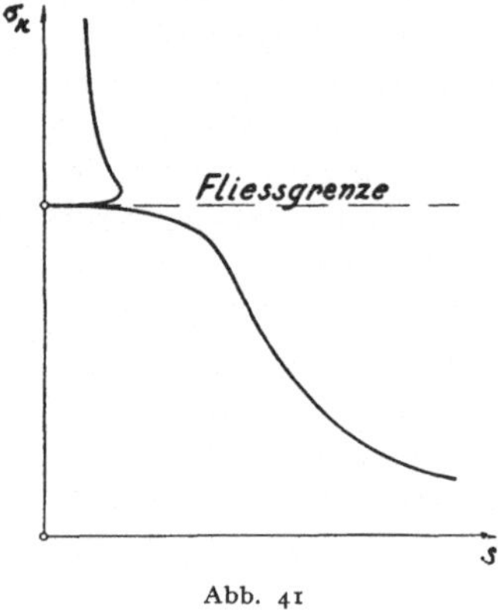


Abb. 41

$$s_{Fl} = \pi \sqrt{\frac{T_{Fl}}{(\sigma_k)_{Fl}}} = 0$$

sein. Wegen des kontinuierlichen Verlaufes der Druck-
Stauchungs-Charakteristik müßte daher das Knick-
spannungs-Schlankheits-Diagramm ungefähr einen solchen Verlauf aufweisen, wie er in der nebenstehenden
Skizze (s. Abb. 41) angedeutet ist. Infolgedessen müßten
zentrisch zusammengedrückte Stäbe jeder Schlankheit
bereits unter einer Achsiallast ausknicken, die kleiner
als $P_{Fl} = F(\sigma_k)_{Fl}$ ist und eine unelastische Knickung
könnte dementsprechend niemals zustande kommen.
Diese aus der ENGESSER-V. KÁRMÁNSchen Theorie sich
ergebende Folgerung wird aber von der Erfahrung
nicht bestätigt.

Den Widerspruch zwischen der v. KÁRMÁNSchen Theorie und den Erfahrungstatsachen, der in dem soeben erörterten Fall so klar zu Tage tritt, kann man offenbar
nicht durch unklare Auseinandersetzungen über die an der Fließgrenze auftretende
Labilität beseitigen. Aber selbst dann, wenn man die übliche Überbrückung des
entsprechenden Teiles der Knickspannungs-Schlankheitslinie mit Strichlinien als
gleichbedeutend mit einer berechtigten Interpolation anerkennen wollte, würde
man hiedurch doch nicht einen anderen Widerspruch beseitigen können, der zwischen
dem tatsächlichen Verhalten der Knickstäbe an der Fließgrenze und den Ergebnissen der ENGESSER-V. KÁRMÁNSchen Theorie nach wie vor bestehen bliebe. Dieser
Widerspruch ist an der Tatsache erkennbar, daß selbst die durch die vorerwähnte
Interpolation geänderte v. KÁRMÁNSche Knickspannungslinie an der Fließgrenze
einen Verlauf hat (s. Abb. 32), der mit den im Materialprüfungsamt zu Berlin-Dahlem
experimentell mit peinlichster Genauigkeit festgestellten[1] charakteristischen Eigenschaften jener Linie ganz unvereinbar ist.

Im Zusammenhang mit den vorstehenden Ausführungen darf wohl hervorgehoben werden, daß das aus der von mir aufgestellten Theorie abgeleitete Verhalten
der Knickstäbe an der Fließgrenze im vollen Einklang mit der Erfahrung steht,
und daß im besonderen die Ergebnisse der angeführten MEMMLERschen Arbeit den
besten Beweis für die Richtigkeit des Verlaufes meiner Knickspannungskurve
liefern. Denn die letztere verläuft im Fließbereich, in Übereinstimmung mit den
Endergebnissen der MEMMLERschen Arbeit, parallel zu der s-Achse.

Aber nicht nur an der Fließgrenze ist der Verlauf der v. KÁRMÁNSchen Knickspannungskurve mit der Erfahrung unvereinbar. Denn aus der v. KÁRMÁNSchen
Figur 23 und aus meiner Abb. 32 ist ganz klar zu ersehen, daß mehrere Versuchspunkte *oberhalb* dieser Kurve liegen. Da nun aber die Knickspannungskurve, laut
Theorie, *die obere Grenze* für die beobachteten Werte der Knickspannungen bildet,
so ist ganz unverständlich, auf welchem Wege einzelne Verfasser[2] zu der Überzeugung gelangt sind, daß die ENGESSER-V. KÁRMÁNSche Knickungstheorie durch
die v. KÁRMÁNSchen Versuche „in ausgezeichneter Weise" bestätigt worden sei.
Dieses unverständliche Urteil klingt um so sonderbarer, wenn man bedenkt, daß

[1] K. MEMMLER, Neuere experimentelle Beiträge zur Frage der Knickfestigkeit. Verhandlungen des 2. Internationalen Kongresses für Technische Mechanik. 1927. S. 357. Siehe
insbesondere die MEMMLERsche Abb. 40.
[2] R. MAYER, Die Knickfestigkeit. 1921. S. 66.

einerseits der in den v. KÁRMÁNschen Knickversuchen erzielte Genauigkeitsgrad der Zentrierung nachgewiesenermaßen[1] in den vorerwähnten Dahlemer Versuchen weit übertroffen worden ist, und daß anderseits im unelastischen Bereich eine sehr unerhebliche Verringerung der praktisch unvermeidbaren Exzentrizität des Kraftangriffes schon eine sehr bedeutende Erhöhung der Knickspannung hervorruft. Denn in Anbetracht der letzterwähnten Tatsache unterliegt es gar keinem Zweifel, daß bei einer genaueren Zentrierung der Versuchsstäbe die in den v. KÁRMÁNschen Knickversuchen festgestellte Unstimmigkeit noch viel stärker in Erscheinung hätte treten müssen.

Im Zusammenhange mit den vorstehenden Ausführungen darf wohl wiederum hervorgehoben werden, daß die aus meiner Theorie abgeleitete Knickspannungslinie von keinem Versuchspunkte nach oben überschritten und daß dementsprechend das vorerwähnte Kriterium für die Richtigkeit der Knickformeln von meiner Theorie in vollkommener Weise befriedigt wird.

Wenn man nun nach der Ursache des Mangels an Übereinstimmung zwischen den Ergebnissen der ENGESSER-V. KÁRMÁNschen Knickungstheorie und der Erfahrung fragt, so muß in Beantwortung dieser Frage vor allem auf die physikalischen Ansätze dieser Theorie hingewiesen werden. Das Fehlerhafte der physikalischen Ansätze der ENGESSER-V. KÁRMÁNschen Knickungstheorie besteht nun in der Annahme, daß auf der Biegezugseite eines unelastisch ausknickenden Stabes der Zusammenhang der Druckspannungsabnahme $\Delta \sigma_m$ mit der zugehörigen Abnahme der spezifischen Verkürzung $\Delta \varepsilon_m$ *ganz allgemein* durch das einfache Proportionalitätsgesetz $\Delta \sigma_m = E \Delta \varepsilon_m$ gegeben sei, sofern nur das Stabmaterial eine Proportionalitätsgrenze besitzt. Es ist aber nicht schwierig, sich von der Irrtümlichkeit dieser Annahme zu überzeugen. Denn die angenäherte Gültigkeit des Proportionalitätsgesetzes in dem in Rede stehenden Fall ist offenbar nur auf solche *verhältnismäßig großen* Ausbiegungen beschränkt, bei denen die Hysteresisschleife des Stabmaterials im Druck-Stauchungs-Diagramm (s. Abb. 30) annähernd durch die zum geradlinigen Teil $O\,p$ der Diagrammlinie parallele Gerade $a_1\,n$ abgebildet werden darf. Bei *sehr kleinen* (exakt gesprochen: bei unendlich kleinen) Ausbiegungen des Stabes, die allein bei der Ableitung der Formel für die theoretische Knicklast in Frage kommen, ist aber diese Annäherung unzulässig. Denn das unmittelbar an den Punkt $n$ angrenzende Bogenelement des absteigenden Zweiges der Hysteresisschleife (s. Abb. 42) ist gegen die $\varepsilon$-Achse unter einem Winkel $\psi$ geneigt, dessen trigonometrische Tangente von derjenigen des Neigungswinkels $\varphi$ sehr verschieden sein kann, den der geradlinige Teil $O\,p$ der Diagrammlinie mit derselben Achse einschließt. Es kann daher von der Gültigkeit des einfachen Gesetzes $\Delta \sigma_m = E \Delta \varepsilon_m$ im Falle einer unendlich kleinen Ausbiegung nicht die Rede sein. Mit der als unzutreffend sich erweisenden Anwendbarkeit dieses Gesetzes auf kleine Ausbiegungen fällt aber die ganze ENGESSER-V. KÁRMÁNsche Knickungstheorie.

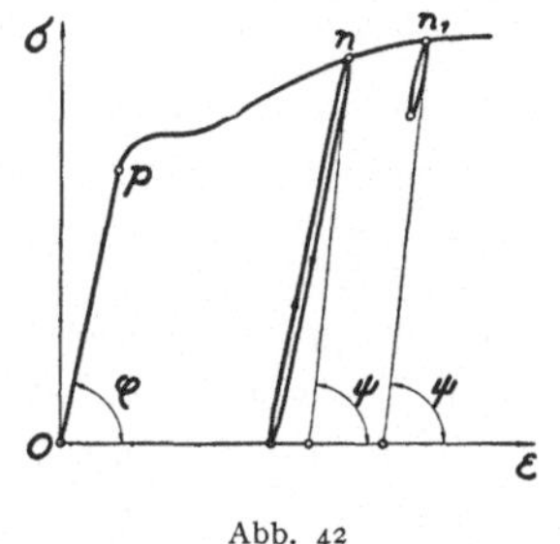

Abb. 42

Zusammenfassend kann somit über die ENGESSER-V. KÁRMÁNsche Knickungstheorie gesagt werden, daß sie unter der Last ganz entbehrlicher und nicht streng richtiger physikalischer Ansätze zusammenbricht, mit denen sie von ihren Urhebern *unnötigerweise* belastet worden ist. Denn aus den vorstehenden Ausführungen geht zur Genüge klar hervor, daß auch ohne irgendwelche spezielle Annahmen über die Art der Spannungsverteilung im Querschnitt eines unendlich schwach ausgebogenen

---

[1] Siehe die Abb. 2 und 3 in der vorangeführten Abhandlung K. MEMMLERS.

Stabes eine ganz allgemeine und überraschend einfache Lösung des Knickproblems erreichbar ist, die an Exaktheit der speziellen Eulerschen Lösung in keiner Hinsicht nachstcht.

Prof. Dr. M. Roš, Zürich:

Auf Grund des Studiums der verschiedenen in der Diskussion aufgeworfenen Fragen und Mitteilungen über das Knickproblem beehre ich mich, auch namens der wissenschaftlichen Mitarbeiter der E. M. P. A., Dr. Ing. J. Brunner und Dipl. Ing. A. Eichinger, wie folgt zu antworten.

Die Voraussetzungen, welche den in Frage stehenden theoretischen Untersuchungen und Betrachtungen zugrunde liegen, lauten:

1. Vollwandige Stäbe, unveränderlichen rechteckigen Querschnittes.
2. Gelenkige Lagerung der Stabenden.
3. Ebenbleiben der Querschnitte.
4. Biegelinie gleich der Sinuslinie.
5. Druck-Stauchungs-Diagramm entsprechend der Abb. 3.
6. Entlastung der gedrückten Fasern, dem E-Gesetz folgend — Abb. 3.
7. Allmähliche stetige (doch nicht zu langsame) Steigerung der äußeren Druckkraft $P$ bis zur Knicklast $P_k$ — statische Knickversuche.

Auf den gleichen Voraussetzungen, mit teilweiser Ausnahme des Punktes 4 für exzentrisches Knicken, beruhen auch die Untersuchungen aller Diskussionsredner, so daß den nachfolgenden kritischen Betrachtungen die genau gleiche Basis zugrunde liegt.

$$* \quad * \quad *$$

Die grundlegenden Annahmen der Knickungstheorie von Prof. M. Broszko (1928) sind genau die gleichen wie diejenigen von Prof. Th. v. Kármán (1910). Die Ausgangsgleichungen für zentrisches Knicken

$$P \cdot y = \int_{(F)} \sigma_z \cdot z \cdot dF \quad \text{(Kármán)} \dots\dots\dots\dots\dots (1)$$

und

$$P \cdot y = \int_{(F)} \sigma \cdot \eta \cdot dF \quad \text{(Broszko)} \dots\dots\dots\dots\dots (2)$$

sind nur ihrer äußeren Form, nicht aber ihrem inneren Werte nach verschieden. Sie sagen genau das gleiche aus, jedoch bietet bei der Integration die Schreibweise von Broszko größere Schwierigkeiten als diejenige von v. Kármán. — Die Kármánsche Gleichung (2), Seite 305, sollte bei $\sigma$ einen Unterscheidungsindex tragen [$\sigma_z$ gegenüber $\sigma$ der Gleich. (1)], so daß sie analog der richtigen Gleichung (4), Seite 306, lautet, die von v. Kármán zu den Ableitungen allein benutzt wurde.

Während Engesser-v. Kármán für die Ausgangsgleichung eines zentrisch gedrückten Stabes die richtige Lösung in der Form

$$P_k = \pi^2 \cdot \frac{T_k \cdot J}{l_0^2} \dots\dots\dots\dots\dots\dots\dots (3)$$

geben, gelangt Broszko durch unrichtige Integration seiner Ausgangsgleichung

$$P_{cr} \cdot y = \int_{(F)} \sigma \cdot \eta \cdot dF = \int_{(F)} \tilde{E} \cdot \varepsilon \cdot \eta \cdot dF =$$

$$= \left[ \varepsilon_{cr} + \frac{m}{\varrho} (1 - \varepsilon_{cr}) \right] \int_{(F)} \tilde{E} \cdot \eta \cdot dF + \frac{1 - \varepsilon_{cr}}{\varrho} \int_{(F)} \tilde{E} \cdot \eta^2 \cdot dF \dots\dots\dots (4)$$

zum unzutreffenden Werte von

$$P_{cr} = \frac{\pi^2 \, (1 - \varepsilon_{cr}) \cdot \tilde{E}_{cr} \cdot J}{l^2} = P_k \quad \dotfill \quad (5)$$

bzw. bei der zulässigen Vernachlässigung der Stabverkürzung infolge Achsialkraft gegenüber 1 ($\varepsilon_{cr} \sim 0$)

$$P_{cr} = \pi^2 \cdot \frac{\tilde{E}_{cr} \cdot J}{l_0^2} = P_k \quad \dotfill \quad (6)$$

Beide Gleichungen, (3) und (6), für die Knicklast $P_k = P_{cr}$ weisen den gleichen Aufbau auf, nur besitzt bei KÁRMÁN der Knickmodul $T_k$ den Wert

$$T_k = \frac{4 \cdot E \cdot \left(\dfrac{d\sigma}{d\varepsilon}\right)_k}{\left[\sqrt{\tilde{E}} + \sqrt{\left(\dfrac{d\sigma}{d\varepsilon}\right)_k}\right]^2} \quad \dotfill \quad (7)$$

also ist er ein Mittelwert zwischen $\dfrac{d\sigma}{d\varepsilon}$ (Tangente an das Druck-Stauchungs-Diagramm) und dem E-Modul, im Gegensatz zu BROSZKO, bei welchem an Stelle von $T$

tritt.

$$\tilde{E}_{cr} = \frac{\sigma_{cr}}{\varepsilon_{cr}} \quad \dotfill \quad (8)$$

BROSZKO gelangt zu dieser unrichtigen Lösung infolge unzutreffender Diskussion der an sich richtigen Gleichung (4), indem er, ohne den mathematischen Ausweis zu erbringen, von welcher Größenordnung die unendlich kleine Größe des ersten Summanden der Gleichung (4)

$$I = \left[\varepsilon_{cr} + \frac{m}{\varrho} \, (1 - \varepsilon_{cr})\right] \int\limits_{(F)} \tilde{E} \cdot \eta \cdot dF$$

für eine unendlich kleine Ausbiegung ist, dieselbe gleich Null setzt. Sie darf aber neben der Größe des zweiten Summanden der Gleichung (4)

$$II = \frac{1 - \varepsilon_{cr}}{\varrho} \int\limits_{(F)} \tilde{E} \cdot \eta^2 \cdot dF$$

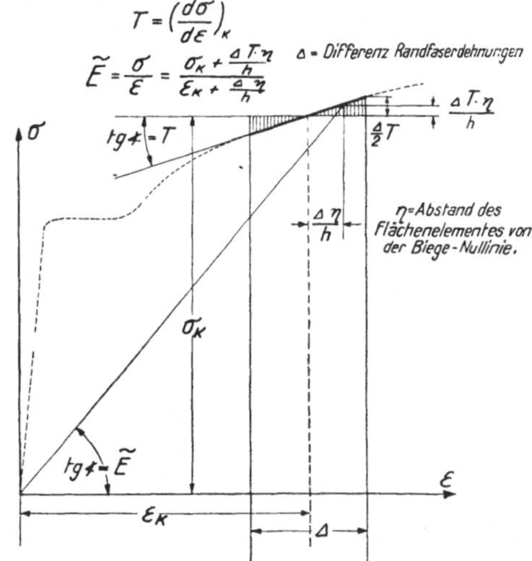


Abb. 43. Annahme über den $\sigma$-$\varepsilon$-Verlauf: Bei Belastung und Entlastung dem Druck-Stauchungs-Diagramm folgend

welche für eine unendlich kleine Ausbiegung auch unendlich klein ist, nicht vernachlässigt werden. In der Abb. 46 sind die Werte dieser beiden Summanden eingetragen, woraus die für eine strenge Lösung unzulässige Vernachlässigung von BROSZKO ersichtlich ist.

Der Beweis soll in anschaulicher Weise für die Annahme erbracht werden, daß sowohl die Belastung als auch die Entlastung des gedrückten und unendlich wenig seitlich ausgebogenen Stabes dem Druck-Stauchungs-Diagramm gehorcht, also so wie es ENGESSER ursprünglich für Stahl unrichtig annahm und später auf den Einwand von JASINSKY berichtigte. Es folgt aus der Abb. 43

$$\sigma = \sigma_k + T \cdot \frac{\Delta \cdot \eta}{h} \quad \dotfill \quad (9)$$

$$\varepsilon = \varepsilon_k + \frac{\Delta \cdot \eta}{h} \quad \dotfill \quad (10)$$

wenn $T = \dfrac{d\sigma}{d\varepsilon}$, $\Delta =$ Differenz der Randfaserdehnungen und $h =$ Höhe des rechteckigen Querschnittes bedeutet; des fernern ist

$$\tilde{E} = \frac{\sigma}{\varepsilon} = \frac{\sigma_k + T \cdot \dfrac{\Delta \cdot \eta}{h}}{\varepsilon_k + \dfrac{\Delta \cdot \eta}{h}}$$

Die Broszkosche Gleichung (2) bzw. (4)

$$P_{cr} \cdot y = \int_{(F)} \sigma \cdot \eta \cdot dF = \int_{(F)} \tilde{E} \cdot \varepsilon \cdot \eta \cdot dF$$

nimmt die Form an

$$P_{cr} \cdot y = \int_{(F)} \frac{\sigma_k + T \cdot \dfrac{\Delta \cdot \eta}{h}}{\varepsilon_k + \dfrac{\Delta \cdot \eta}{h}} \cdot \left(\varepsilon_k + \Delta \frac{\eta}{h}\right) \cdot \eta \, dF = \sigma_k \int_{(F)} \eta \cdot dF + T \cdot \frac{\Delta}{h} \int_{(F)} \eta^2 \cdot dF$$

und da

$$\int_{(F)} \eta \, dF = 0 \quad \text{und} \quad \int_{(F)} \eta^2 \, dF = J \quad \text{ist}$$

folgt

$$P_{cr} \cdot y = T_k \frac{\Delta}{h} \cdot J$$

Mittels der Beziehung

$$\frac{\Delta}{h} = \frac{1}{\varrho} = - \frac{d^2 y}{dx^2}$$

ergibt sich die Differentialgleichung der Biegelinie zu:

$$\frac{d^2 y}{dx^2} + y \cdot \frac{P_{cr}}{T \cdot J} = 0$$

deren Lösung

$$P_{cr} = \pi^2 \cdot \frac{T_k J}{l_0^2}$$

in Übereinstimmung mit Engesser-v. Kármán ist und nicht mit Broszko, welcher den Wert $P_{cr}$ nach seiner Theorie zu

$$P_{cr} = \pi^2 \cdot \frac{\tilde{E}_{cr} J}{l_0^2}$$

angibt.

Die richtige Integration der Broszkoschen Ausgangsgleichung (2) oder in entwickelter Form (4) führt für die Knicklast $P_k$ nicht zur von Prof. Broszko aufgestellten und verfochtenen Gleichung (6)

$$P_{cr} = \pi^2 \cdot \frac{\tilde{E}_{cr} \cdot J}{l_0^2} = P_k,$$

sondern zur Lösung von Engesser-v. Kármán, nämlich zu der Gleichung (3)

$$P_k = \pi^2 \cdot \frac{T_k J}{l_0^2}$$

womit der Beweis von der Unhaltbarkeit der Knickformel von Broszko als einer exakten Lösung des Knickproblems und somit auch seiner Theorie erbracht ist.

Das Unzutreffende der BROSZKOschen *Ableitung* geht auch nach folgender Überlegung aus seiner Abb. 30 und unserer Abb. 44 hervor:

Die Spannungsverteilung über dem Querschnitt ist, wie auch BROSZKO hervorhebt, eine eindeutig bestimmte und damit auch die Knickkraft.

Die Spannungsverteilung ist gegeben durch den Kurvenzweig $n\,a_2$ und durch die Entlastungsgerade. Der Kurvenzweig $O\,p\,n$ und damit auch der Koordinaten-

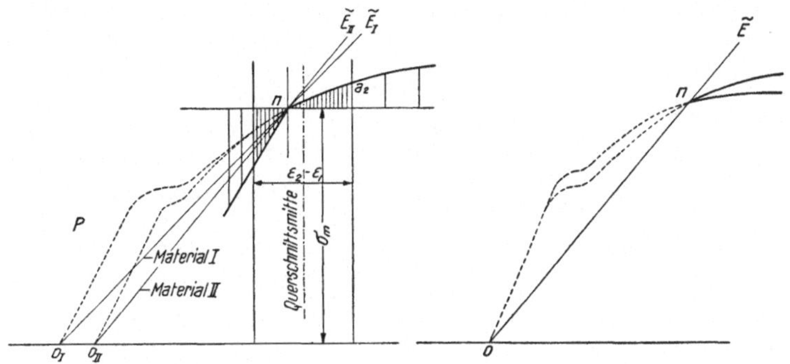


Abb. 44. Spannungs-Dehnungs-Diagramme und Moduli $\tilde{E}$

anfangspunkt $O$ spielt hiebei gar keine Rolle mehr, denn es kommt nur die Differenz $(\varepsilon_2 - \varepsilon_1)$ in Frage, nicht aber deren absolute Werte. Nun ist aber für die BROSZKOsche Ableitung der Modul $\tilde{E}$ und damit der Koordinatenanfangspunkt $O$ von ausschlaggebender Bedeutung und je nachdem wir den Punkt $O$ gegenüber dem Punkt $n$

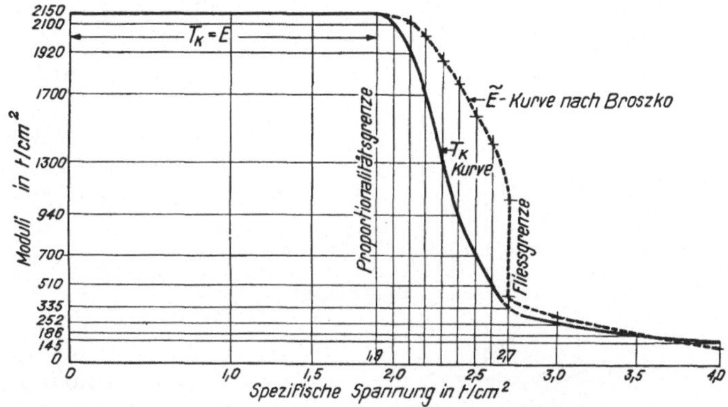


Abb. 45. Knickmoduli als Funktion der Spannung

anders annehmen, bekommen wir ganz verschiedene Knickwerte für ein und dieselbe Spannungsverteilung über dem Querschnitt (Abb. 44,₁).

Dies steht aber im Widerspruch zur Grundlage der theoretischen Betrachtung. Nach der Knickformel von BROSZKO

$$P_{cr} = \pi^2 \cdot \frac{\tilde{E}_{cr} \cdot J}{l_0^2}$$

ist die Knickkraft $P_{cr}$ von

$$\tilde{E}_{cr} = \frac{\sigma_{cr}}{\varepsilon_{cr}},$$

also von der Sehne des Druck-Stauchungs-Diagrammes abhängig. Somit trägt der Wert von $\tilde{E}_{cr}$ dem Verlauf des Druck-Stauchungs-Diagrammes an der $\varepsilon_{cr}$ entsprechenden Stelle in keiner Weise Rechnung (Abb. 44,₂), was gleichfalls im Gegensatz zur eigenen Grundlage der BROSZKOschen Theorie steht. Die Theorie von BROSZKO ist daher unhaltbar.

Wegen des Überwindens der Fließgrenze von Knickstäben schreibt Prof. BROSZKO an Hand seiner Abb. 41, daß nach der KÁRMÁNschen Theorie zentrisch gedrückte Stäbe bereits unter einer Achsiallast ausknicken müßten, die kleiner ist als $P = F \cdot \sigma_f$. Dieses Diagramm zeigt eben an der Fließgrenze den „Anlaß zur Labilität", der viele Stäbe erliegen, wie Versuche lehren. Nach BROSZKO aber wäre wegen des kontinuierlichen Charakters der $\widetilde{E}$-Werte ein solcher Anlaß gar nicht vorhanden.

Die Berücksichtigung der Hysteresisschleife, deren Form insbesondere im Fließbereich sehr von der Geschwindigkeit der Belastung bzw. Entlastung abhängig ist und welch letztere in den Voraussetzungen 1 bis 7 absichtlich nicht enthalten ist, deren Einfluß auf die Knicktragkraft Gegenstand einer besonderen Untersuchung werden soll (Zeiteinfluß auf die Knickvorgänge), ist eine nachträgliche Hineininterpretation von BROSZKO, die in den mathematischen Ansätzen in keiner Weise enthalten ist. Die physikalischen Ansätze der BROSZKOschen Ableitung sind genau dieselben wie die ENGESSER-KÁRMÁNschen und die Nichtübereinstimmung mit KÁRMÁN beruht einzig auf dem angegebenen rein rechnerischen Fehler.

*Die Ausgangsgleichung* (1) (S. 338) *der* ENGESSER-V. KÁRMÁNschen *Theorie ist nicht falsch, sie ist richtig. Die* ENGESSER-V. KÁRMÁNsche *Theorie für zentrisches Knicken ist nicht irrig, sie ist unter Beachtung der eingangs unter 1 bis 7 angeführten Voraussetzungen zutreffend,* wie dies auch durch die Knickversuche von *Göttingen*

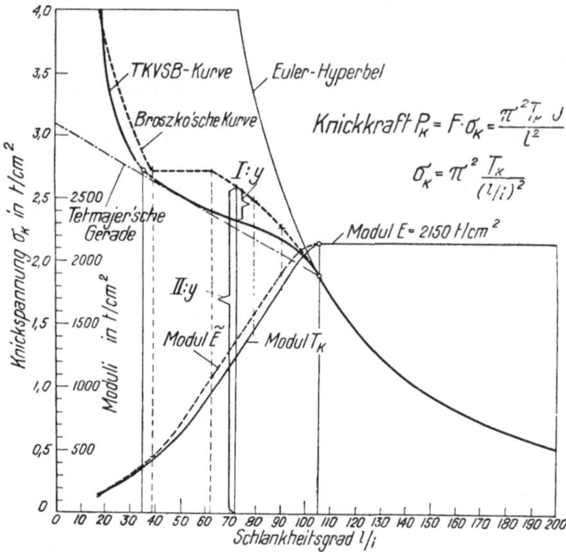

Abb. 46. Knickmoduli und Knickspannungen als Funktion des Schlankheitsgrades

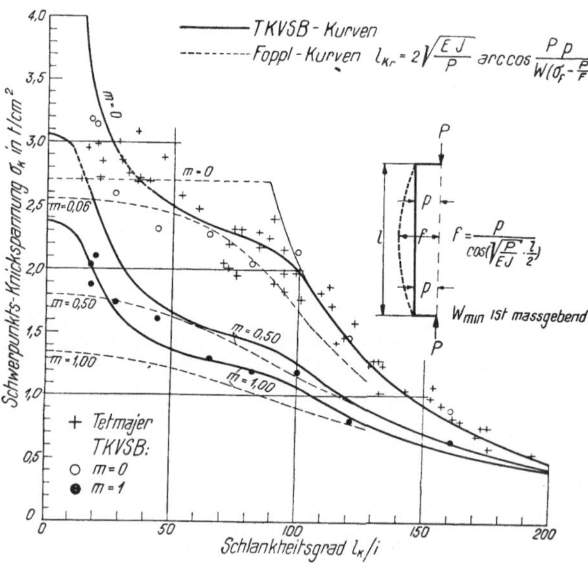

Abb. 47. Kurven nach A. FÖPPL für Exzentrizitätsmaße $m = 0$, 0,06, 0,50, 1,00, und TKVSB-Kurven für $m = 0$, 0,50, 1,00
Die angegebene Formel ist mit der HUBERschen Formel 1)

$$\sigma_f \cdot F = P\left(1 + \frac{p \cdot F}{W} \sec \frac{\pi}{2} \sqrt{\frac{P}{P_E}}\right) \text{ identisch}$$

(1910), *Berlin* (1926) und *Zürich*·(1926) ausgewiesen wurde. Alle Schlußfolgerungen, zu welchen Prof. BROSZKO auf Grund seiner Knickungstheorie gelangt, sind prinzipiell unzutreffend, die Wertunterschiede der $\sigma_k$ sind jedoch in den vorliegenden Fällen nicht sehr groß, weil die für einen bestimmten Bereich ganz bedeutenden Unterschiede der Werte der Knickmoduli (Abb. 45) sich in den Knickspannungen als Funktion von $\frac{l}{i}$ weit weniger auswirken (Abb. 46).

* * *

Das Knickproblem ist ein Stabilitätsproblem, nur so aufgefaßt wird es von einem einheitlichen Gedanken beherrscht. Die Einführung der Begriffe kritische Belastung — *Stabilitätsforderung* und gefährliche Belastung — *Festigkeitsforderung* dürfte, je nach der Einstellung zum Knickproblem, Vorteile für die Praxis mit sich bringen, jedoch auf Kosten der einheitlichen Grundlage über das Wesen des Knickens.

Der von Prof. Dr. M. T. HUBER gewünschte Vergleich zwischen den theoretischen Werten seiner Formel (1) bzw. (1 a) für exzentrisch gedrückte Stäbe und den Ergebnissen von Zürich geht aus der Abb. 47 hervor. (Die FÖPPLschen Kurven wurden schon im vorne erwähnten Bericht Nr. 13 der EMPA, Zürich 1926, angegeben.)

* * *

Zu dem Berechnungsverfahren von Prof. KAYSER, wie es ausführlicher in seiner Abhandlung „Beziehungen zwischen Druckfestigkeit und Biegungsfestigkeit" dargelegt wird, ist zu bemerken:

Belasten wir mit einer Querkraft $Q$ den Stab nur insoweit, daß nirgends die Proportionalitätsgrenze überschritten wird, so stellt der Wert $\frac{Q}{f_m}$ einen Festwert des Stabes dar und mit diesem Festwerte lassen sich Knickstäbe berechnen, bei denen die Knickspannung ebenfalls die Proportionalitätsgrenze nicht überschreitet, also nur sehr schlanke Stäbe.

Die Tragfähigkeit gedrungener Stäbe kann aber nach diesem Verfahren nicht berechnet werden, denn in dem Festwerte kommen die Proportionalitäts- und Fließgrenze gar nicht zum Ausdruck, die doch für die Tragfähigkeit gedrungener Stäbe maßgebend sind.

Belastet man aber mit $Q$ über die Proportionalitätsgrenze hinaus, so hat der Ausdruck $\frac{Q}{f_m}$ einen ganz variablen Wert, der naturgemäß nicht als Grundlage für die Bestimmung der Knicktragkraft dienen kann.

* * *

Die scharfsinnigen Bemerkungen des Dr. Ing. E. CHWALLA verdienen volle Beachtung. Wir erlauben uns, zu denselben wie folgt uns zu äußern:

1. Zur Frage der Belastungs- und Entlastungszustände auf der Konvexseite eines zu knickenden Stabes wurde schon im Referate bemerkt, daß die Annahme des Entlastungsgesetzes zutrifft für den Fall des zentrischen Anwachsens der Knickkraft und nachträglichen Hinzutritts der Exzentrizität. Für das exzentrische Anwachsen der Last stellt dies eine Annäherung dar. (CHWALLA bezeichnet in seiner Schrift „Die Stabilität zentrisch und exzentrisch gedrückter Stäbe aus Baustahl", Sitz.-Ber. d. Akad. d. Wissensch. in Wien, 1928, den Fall des exzentrischen Anwachsens der Last mit Belastungsfall a, den des zentrischen Anwachsens mit nachträglichem Hinzutritt der Exzentrizität als Belastungsfall b.) Untersuchungen der

Spannungsbilder bei allmählich wachsender, exzentrischer Kraft, z. B. beim Fall Abb. 48, zeigen, daß aber auch hier zum Teil Entlastungszonen auftreten, so daß die restlose Annahme des Belastungsgesetzes ebenfalls nicht streng richtig ist.

Die Unterschiede für die beiden Belastungsfälle sind in der Abb. 49 vermerkt; es ergeben sich:

Für Knickspannungen bis zur Proportionalitätsgrenze keine Unterschiede, bis zur Fließgrenze geringfügige Unterschiede und erst über der Fließgrenze merkliche Differenzen.

2. Bei der Ableitung der Knickkraft bei exzentrischem Angriff wurde nicht nur die Annahme ganzer Sinushalbwellen gemacht, sondern es wurde auch der Modul $T$ für den ganzen Stab als von derselben Größe vorausgesetzt.

Nun wechselt aber der Modul $T$ je nach dem Krümmungsradius des betreffenden Stabelementes, und zwar ist er in der Mitte am kleinsten und wird gegen die Enden hin größer. Dies bedingt gegenüber dem Sinuslinienabschnitt eine Kurve mit etwas gestreckteren Enden. Die ganze Sinuswelle hat nun diese Eigenschaft gegenüber dem Sinuswellenabschnitt, so daß sich diese beiden Näherungsannahmen gerade teilweise kompensieren.

In welcher Weise durch den Versuch der wirkliche Krümmungsradius der Stabmitte genauer berücksichtigt werden kann, ist im Referate durch die Gleichungen (17), (18) und (19) angegeben worden. Die Unterschiede der maßgebenden $\sigma_k$-Werte sind je nach Exzentrizitätsmaß $m$ und Schlankheitsgrad $\left(\dfrac{l}{i}\right)$ gegenüber den Werten von CHWALLA verschieden, aber wesentlich geringer als die entsprechenden Unterschiede der kritischen Schlankheiten. Beispielsweise entspricht einem Unterschied in der kritischen Schlankheit $\left(\dfrac{l}{i}\right)_k$ von 40%, wie ihn Dr. Ing. CHWALLA anführt, ein solcher von $\overline{\overline{<}}$ 15% in

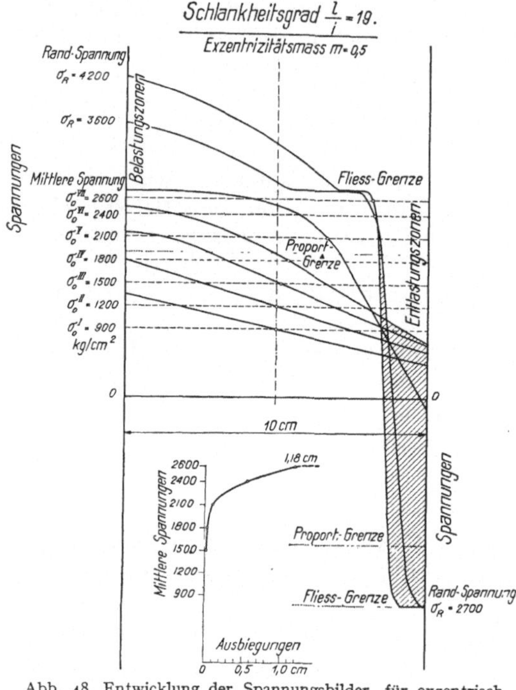

Abb. 48. Entwicklung der Spannungsbilder für exzentrisch wachsende Last

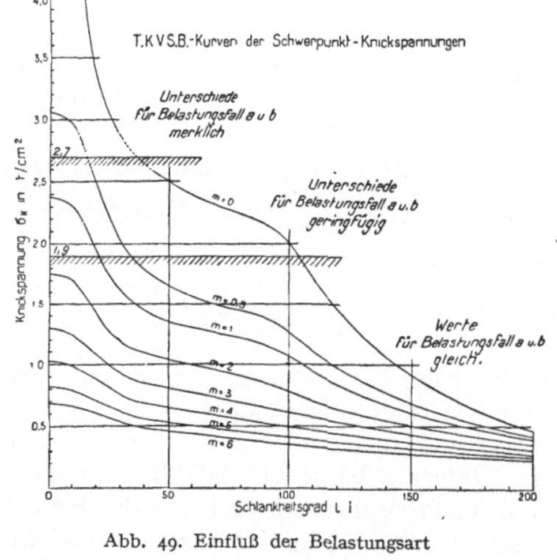

Abb. 49. Einfluß der Belastungsart

bezug auf die Schwerpunkt-Knickspannungen, welche als Funktion von $\left(\dfrac{l}{i}\right)$ dargestellt, gegenüber der $\dfrac{l}{i}$-Achse einen flachen Verlauf aufweisen. Abb. 50 zeigt die noch geringeren Unterschiede der andern Werte.

Zum Vorschlag, als Exzentrizitätsmaß nicht die Kernweite, sondern den Trägheitsradius zu wählen, ist zu bemerken, daß dies für unsymmetrische Profile zu unzutreffenden Ergebnissen führen würde. Ein einfaches T-Profil z. B. ist für Exzentrizitäten nach der Seite des Steges oder nach der Seite des Flansches hin ganz verschieden empfindlich, was auch unsere Versuche bestätigen. (Siehe auch Referat von Prof. Grüning, Hannover, in vorliegender Schrift.) Der Trägheitsradius würde nach beiden Seiten hin gleichwertig messen, während die verschiedene Kernweite (verschränkt gemessen) ebenfalls verschiedene Empfindlichkeiten ergibt.

* * *

Den Ausführungen von Prof. Memmler stimmen wir bei. Den Versuchen von Zürich liegt das im Referat angegebene Druck-Stauchungs-Diagramm (Abb. 3) zugrunde. Zeigt das jeweilige Druck-Stauchungs-Diagramm einen wesentlich anderen Verlauf, so wird auch die Form der $\sigma_k$-Linien (Abb. 12) eine andere sein. Sieht man von einer besonderen Ableitung der $\sigma_k$-Linien für einen solchen abweichenden Fall ab, so gibt das unter Punkt 9 der „Zusammenfassung" angegebene Näherungsverfahren für zentrisches Knicken praktisch recht zutreffende Ergebnisse.

Die Knickversuche von Zürich wurden mit sorgfältig ausgewählten, jedoch dem Handel entnommenen Stäben aus Baustahl vorgenommen.

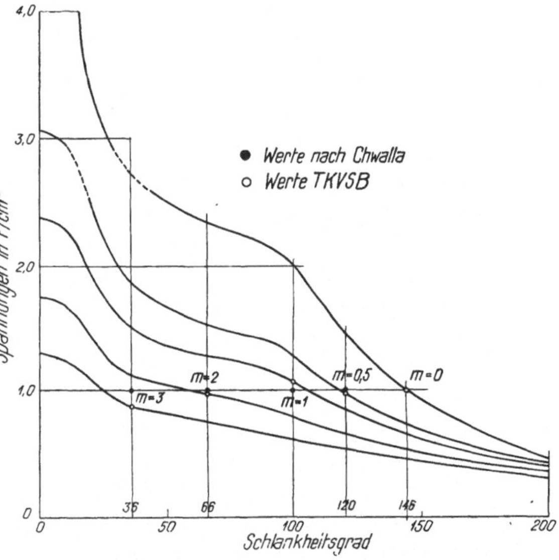

* * *

Aus diesen Darlegungen geht hervor, daß die von Roš-Brunner abgeleiteten T. K. V. S. B.-Kurven der Knickspannungen $\sigma_k$ für zentrisches und exzentrisches Knicken (Abb. 12) vom Standpunkte der Praxis aus recht brauchbare Werte darstellen. Sie wurden durch Versuche überprüft (Abb. 16).



Abb. 50. Einfluß der Krümmungslinie

Von den theoretischen Untersuchungen anderer Autoren (Köchlin, Föppl, Chwalla) weichen jene Werte in vermittelndem Sinne ab.

Die Untersuchungen von Zürich verfolgen in erster Linie den Zweck,

das Wesen des Knickens klar hervorzuheben,

das Knickproblem durch einen einheitlichen Gedanken zu erfassen und

für die Konstruktionspraxis wichtige Fragen des Knickens durch Versuche grundsätzlich abzuklären.

Da, in Übereinstimmung mit Prof. Grüning, eine geschlossene mathematische Fassung des Knickproblems, einheitlich für alle Bereiche (elastischer, plastischer und Verfestigungsbereich) nicht möglich ist, legten wir größeren Wert auf grundsätzliche Abklärung als auf formelmäßige Genauigkeit, in voller Erkenntnis, daß nur die Ergebnisse sorgfältiger Versuche endgültigen Entscheid bringen können.

Die vorliegenden Ergebnisse beziehen sich nur auf eine allmähliche und nicht zu langsame Steigerung (Vermeidung des Zeiteinflusses) der äußeren Druckkraft $P$ bis zur Knicklast $P_k = P_{cr}$, also auf statische Knickversuche.

Knickversuche unter dem Einflusse sehr langsamer und dauernd wirkender Belastungen (Zeiteinfluß), sowie von wiederholten Belastungen (Ermüdung) sind in Vorbereitung und werden den Gegenstand eines besonderen Berichtes bilden.

Ich danke verbindlichst allen Diskussionsrednern für die kritischen Betrachtungen und anregenden Äußerungen, die alle nur das gleiche Ziel zu erreichen suchen, nämlich eine Abklärung des für das Ingenieurwesen so wichtigen Knickproblems zu bringen. Eingehendes theoretisches Studium, sorgfältige Versuche, sachliche Kritik, gemeinsame Arbeit und Erfahrung sind die einzigen uns zur Verfügung stehenden Mittel, um uns dem so ersehnten Ziele, der Erkenntnis des Wahren, zu nähern.

# B₃

# Versuche über Lochleibungsdruck

Bericht von **Findeisen**, Dresden

### Allgemeines

Der nachstehende Bericht umfaßt die Versuche, welche die Deutsche Reichsbahngesellschaft in den Jahren 1926 und 1927 zur Nachprüfung des zulässigen
Lochleibungsdruckes bei Bolzen- und Nietverbindungen hat durchführen lassen.
Mit dieser Arbeit waren gleichzeitig drei Institute, nämlich München, Karlsruhe
und Dresden beauftragt, und zwar in der Weise, daß auf jedes Institut die gleiche
Arbeit entfiel, d. h. sämtliche im Arbeitsplan vorgesehenen Versuche.[1] Diese Maßnahme hatte den Vorteil, daß die Ergebnisse der Untersuchungen nach Beendigung
miteinander verglichen und einwandfrei festgestellt werden konnten. Dabei ist
noch bemerkenswert, daß zwar der Arbeitsplan den Zweck der Versuche eindeutig
vorsah, daß aber über die Durchführung derselben, insbesondere über die anzu-
wendenden Meßverfahren, keine Vorschriften gemacht worden waren. Jedes
Institut hatte demnach vollkommen freie Hand in der Lösung der Aufgabe. Obwohl die dabei eingeschlagenen Wege mitunter voneinander abwichen, führten
sie schließlich doch sämtlich zu ein und denselben Ergebnissen, was an dieser Stelle
ganz besonders betont sei. Für die weiteren Erörterungen ist es daher belanglos,
welche Versuchsergebnisse dem vorliegenden Bericht zugrunde gelegt werden;
der Einfachheit halber wurden die Dresdner Unterlagen hierzu gewählt. Um Gleichmäßigkeit in der Herstellung besonders bei den genieteten Proben zu erreichen,
wurde das gesamte Versuchsmaterial in eine Hand gegeben und von dort aus ver-
suchsfertig auf die drei Institute verteilt. Diese Aufgabe hatte die Brückenbauanstalt Johannes DÖRNEN in Derne bei Dortmund übernommen, die in gewissenhafter Weise dafür Sorge trug, daß auch keine Verwechslungen der verschiedenen
Stähle, aus denen die Flacheisen und Laschen, Nieten und Bolzen bestanden, unter-
liefen.

In Deutschland sind bei Neubauten für die Baustähle St. 37, St. 48 und Si-
Stahl die in nachstehender Tabelle angeführten Beanspruchungen zulässig, wobei

---

[1] Die Anregung zu diesen Versuchen gab Professor Dr.-Ing. GEHLER, Direktor der Bau-
techn. Abteilung des Versuchs- und Materialprüfungsamtes a. d. Techn. Hochschule Dresden.
Herr Reichsbahndirektor Geheimrat Dr.-Ing. E. h. SCHAPER bewilligte die Mittel zur Durchführung derselben und übergab die Klärung der Frage einem von ihm berufenen Versuchsausschuß. Herr Reichsbahnoberrat WEIDMANN, München, hatte die Obmannschaft dieses Ausschusses übernommen, dem noch folgende Herren angehörten: Reichsbahnrat KARIG, Dresden,
Reichsbahnrat KNITTEL, Karlsruhe, Prof. Dr.-Ing. GABER, Techn. Hochschule Karlsruhe,
Dr.-Ing. HUBER, Techn. Hochschule München, Reg.-Baurat Dr.Ing. FINDEISEN, Versuchs-
und Materialprüfungsamt a. d. Techn. Hochschule Dresden und Dr.-Ing. DÖRNEN, Inhaber der
Brückenbauanstalt Johannes Dörnen, Derne bei Dortmund.

mit $\sigma_{zul}$ die Normalspannungen und mit $\sigma_{l\,zul} = 2{,}5\,\sigma_{zul}$ der Lochleibungsdruck bezeichnet ist.

**Zulässige Beanspruchungen nach den Vorschriften der Deutschen Reichsbahn**

| Stahl | $\sigma_{zul}$ kg/qcm | $\sigma_{l\,zul}$ kg/qcm |
|:---:|:---:|:---:|
| St. 37 | 1400 | 3500 |
| St. 48 | 1820 | 4550 |
| Si-St. | 2100 | 5250 |

Die Bolzen- bzw. Nietverbindung ist die älteste und heute noch sicherste Verbindung von Eisenbauteilen. Sie hat den Vorteil, daß ihre Ausführung leicht überwacht und jederzeit nachgeprüft werden kann. Sie besitzt aber den Nachteil, daß schon bei den üblichen zulässigen Beanspruchungen an gewissen Punkten des Lochrandes erhöhte Spannungen auftreten, die bereits bleibende Formänderungen zur Folge haben, da an diesen Stellen die Streckgrenze des Eisens überschritten wird. Freilich sind diese örtlichen bleibenden Formänderungen sehr klein und konnten bisher ohne Gefährdung eines Eisenbauwerkes infolge der Zähigkeit des Baustoffes zugelassen werden. Wenn nun aber durch die Einführung neuer Baustähle, wie St. 48 und Si-St., die zulässigen Beanspruchungen immer mehr erhöht werden, wie die obige Zusammenstellung zeigt, in welcher besonders der Lochleibungsdruck eine ganz beträchtliche Steigerung erfahren hat, dann entsteht die Frage, ob sich denn auch jetzt noch diese bleibenden Formänderungen in den gewünschten Grenzen halten oder ob sich ihre Bereiche derart erweitern, daß eine Lockerung in der anfangs steifen Verbindung eintritt. Diese Frage ist durchaus berechtigt, denn sie kann mit Hilfe der Elastizitätslehre nicht beantwortet werden. Es gelten hier andere Gesetzmäßigkeiten, mit denen sich die Plastizitätslehre befaßt. Von diesem Gedanken ausgehend, sind auch die vorliegenden Versuche der Deutschen Reichsbahn in Angriff genommen worden. *Es handelte sich um die Klärung der Bedenken, die gegen die hohen Werte des zulässigen Lochleibungsdruckes erhoben worden sind, da vermutet wurde, daß hierdurch die bleibenden Formänderungen so stark anwachsen, daß sie nicht mehr verantwortet werden können.* Diese Aufgabe sollte nun durch Ermittelung der Formänderungen an einer Anzahl Bolzen- und Nietverbindungen gelöst werden. Nach den Vorschriften beträgt der zulässige Lochleibungsdruck bei jeder Stahlsorte das 2,5-fache der zulässigen Normalspannung. Somit wird durch die Zahl 2,5 ein Bereich gekennzeichnet, der bei der Beurteilung der Versuchsergebnisse zu beachten war. Das Verhältnis der beiden Größen $\dfrac{\sigma_{l\,zul}}{\sigma_{zul}}$ wurde $\alpha$ genannt.

Die den Versuchen zugrunde gelegten Probekörper waren in allen Fällen Zugstäbe, bestehend aus doppelt verlaschten Flacheisen mit nur einem Bolzen oder einem Niet auf jeder Seite des Stoßes. Die Bolzen bzw. Nieten hatten durchweg ein und dieselbe Dicke, nämlich 23 mm. Auch war die Stärke der Flacheisen und Laschen überall gleich, und zwar 12 bzw. 8 mm. Nur die Breite dieser Eisen und der Endabstand des Loches waren ab und zu verschieden. Der Stoß bildete die rechtwinklige Symmetrieachse zur Längsrichtung der Stäbe. An diesen Proben wurden nun bei steigender Belastung folgende Formänderungen gemessen:

1. Die Erweiterung der Löcher in der Kraftrichtung,
2. die Verschiebung des mittleren Flacheisens gegen die beiden Laschen und
3. die Wölbungen der Endflächen des mittleren Flacheisens an der Stoßstelle.

Leider eignet sich aber das erste der genannten Verfahren bisher nur für Probekörper mit zylindrischen Bolzenverbindungen. Es wäre daher anzustreben, eine Möglichkeit auszubilden, mit der man auch bei Nietverbindungen die Erweiterung der Löcher zu bestimmen vermag, um ihr Verhalten auch bei solchen Verbindungen verfolgen zu können.

Vor Beginn der Versuche wurde das gesamte Material geprüft, um sicher zu sein, daß die verwendeten Stahlsorten auch wirklich die für sie vorgeschriebenen Eigenschaften besaßen. Diese Untersuchungen erstreckten sich nicht nur auf die Ermittelung der Gütezahlen, wie sie durch den gewöhnlichen Zerreißversuch gefunden werden, sondern auch auf die Bestimmung der Scherfestigkeit, der Brinellhärte und des Elastizitätsmoduls bei Zug und Biegung. Alle diese Versuche haben ergeben, daß die verwendeten Stahlsorten sehr sorgfältig ausgewählt worden waren.

Die eigentlichen Versuche umfaßten sechs Gruppen $A$ bis $F$, von denen die Gruppen $A$ und $B$ im Jahre 1926 und die übrigen Gruppen im folgenden Jahre zum Abschluß gelangten. In beiden Fällen war ein besonderer Arbeitsplan aufgestellt worden. Der erste dieser Arbeitspläne hatte nur die Untersuchung von St. 37 und St. 48 vorgesehen, während in den zweiten auch noch Si-St. einbezogen werden konnte, da dieser Stahl bei der Deutschen Reichsbahn inzwischen Einführung gefunden hatte. Im einzelnen ist nun über diese Versuche folgendes zu berichten.

### Durchführung und Ergebnisse der Versuche

### Gruppe A

*Zylindrische Bolzen- und Nietverbindungen*

Die Bezeichnung der Zugstäbe, ihre Anzahl und der verwendete Baustoff sind nachstehend zusammengestellt.

### Versuchskörper der Gruppe A

| Bezeichnung der Probe und Material der Laschen und Flacheisen | | Material | | Anzahl der Proben |
| --- | --- | --- | --- | --- |
| | | der Bolzen | der Nieten | |
| V. R. 2 | St. 48 | St. 48 | — | 1 |
| V. R. 4 | St. 37 | St. 37 | — | 1 |
| V. R. 5 | St. 48 | — | St. 48 | 1 |
| V. R. 7 | St. 37 | — | St. 37 | 1 |

Von den vier Versuchskörpern waren V. R. 2 und V. R. 4 mit zylindrisch eingepaßten Bolzen und V. R. 5 und V. R. 7 durch Vernietung verbunden. Der End- oder Randabstand der Löcher betrug 100 mm und die Breite der Stäbe 120 mm. Mit diesen Stäben waren folgende Versuche vorzunehmen:

1. Bei den beiden verbolzten Proben war durch stufenförmige Belastung das Langziehen der Löcher im mittleren Eisen, also im eigentlichen Flacheisen, zu verfolgen. Um die Oberflächen dieser Flacheisen in der Nähe der Löcher beobachten zu können, waren diese Stellen zu polieren. Die Bolzenverbindung sollte nach jeder Laststufe zur Vornahme der entsprechenden Messungen zerlegt werden.

2. Bei den Nietverbindungen war die Verschiebung der drei Eisen gegeneinander bei stufenförmiger Belastung zu bestimmen.

### Versuche zu 1

Zur Ermittelung der Locherweiterungen diente ein Flankenmikrometer, welches Ablesungen auf $^1/_{100}$ mm gestattete. Die Messungen wurden in verschiedenen Tiefen

## Zahlentafel 1

### Erweiterung der Bolzenlöcher am Probekörper V. R. 2, St. 48

| Loch-druck in kg | Loch-druck in kg/qcm | Erweiterung des Bolzenloches 1 in mm | | | | | | Erweiterung des Bolzenloches 2 in mm | | | | | | α |
| | | längs | | | quer | | | längs | | | quer | | | |
| | | in Tiefe | | | in Tiefe | | | in Tiefe | | | in Tiefe | | | |
| | | o | m | u | o | m | u | o | m | u | o | m | u | |
| 0 | 0 | 0 | 0 | 0 | 0 | 0 | 0 | 0 | 0 | 0 | 0 | 0 | 0 | 0 |
| 2 500 | 875 | 0,00 | 0,00 | 0,00 | 0,00 | 0,00 | 0,00 | 0,02 | 0,01 | 0,01 | 0,00 | 0,00 | 0,00 | 0,48 |
| 5 000 | 1 750 | 0,00 | 0,00 | 0,00 | 0,00 | 0,00 | 0,00 | 0,02 | 0,01 | 0,02 | 0,01 | 0,01 | 0,01 | 0,96 |
| 7 500 | 2 625 | 0,01 | 0,01 | 0,01 | 0,00 | 0,00 | 0,00 | 0,03 | 0,02 | 0,02 | 0,01 | 0,01 | 0,01 | 1,44 |
| 10 000 | 3 500 | 0,01 | 0,01 | 0,01 | 0,00 | 0,00 | 0,00 | 0,03 | 0,03 | 0,03 | 0,01 | 0,01 | 0,01 | 1,92 |
| 12 500 | 4 375 | 0,11 | 0,12 | 0,12 | 0,00 | 0,00 | 0,00 | 0,14 | 0,14 | 0,14 | 0,01 | 0,01 | 0,01 | 2,40 |
| 15 000 | 5 250 | 0,34 | 0,32 | 0,33 | 0,01 | 0,02 | 0,03 | 0,34 | 0,32 | 0,32 | 0,02 | 0,02 | 0,02 | 2,88 |
| 17 500 | 6 125 | 0,45 | 0,44 | 0,45 | 0,05 | 0,05 | 0,05 | 0,48 | 0,47 | 0,47 | 0,04 | 0,05 | 0,05 | 3,36 |
| 20 000 | 7 000 | 0,72 | 0,80 | 0,80 | 0,05 | 0,06 | 0,06 | 0,97 | 0,77 | 0,81 | 0,07 | 0,07 | 0,08 | 3,85 |

## Zahlentafel 2

### Erweiterung der Bolzenlöcher am Probekörper V. R. 4, St. 37

| Loch-druck in kg | Loch-druck in kg/qcm | Erweiterung des Bolzenloches 3 in mm | | | | | | Erweiterung des Bolzenloches 4 in mm | | | | | | α |
| | | längs | | | quer | | | längs | | | quer | | | |
| | | in Tiefe | | | in Tiefe | | | in Tiefe | | | in Tiefe | | | |
| | | o | m | u | o | m | u | o | m | u | o | m | u | |
| 0 | 0 | 0 | 0 | 0 | 0 | 0 | 0 | 0 | 0 | 0 | 0 | 0 | 0 | 0 |
| 2 000 | 756 | 0,02 | 0,02 | 0,02 | 0,00 | 0,00 | 0,00 | 0,00 | 0,00 | 0,00 | 0,00 | 0,00 | 0,00 | 0,54 |
| 4 000 | 1 512 | 0,03 | 0,02 | 0,03 | 0,02 | 0,00 | 0,00 | 0,00 | 0,00 | 0,00 | 0,00 | 0,00 | 0,00 | 1,08 |
| 6 000 | 2 268 | 0,04 | 0,03 | 0,04 | 0,02 | 0,00 | 0,00 | 0,01 | 0,01 | 0,01 | 0,00 | 0,00 | 0,00 | 1,62 |
| 8 000 | 3 024 | 0,27 | 0,28 | 0,29 | 0,03 | 0,01 | 0,01 | 0,27 | 0,25 | 0,24 | 0,00 | 0,00 | 0,00 | 2,16 |
| 10 000 | 3 780 | 0,31 | 0,33 | 0,33 | 0,04 | 0,03 | 0,03 | 0,28 | 0,27 | 0,33 | 0,02 | 0,02 | 0,02 | 2,70 |
| 12 000 | 4 536 | 0,56 | 0,56 | 0,56 | 0,06 | 0,04 | 0,04 | 0,59 | 0,51 | 0,52 | 0,03 | 0,03 | 0,03 | 3,24 |
| 14 000 | 5 292 | 0,96 | 0,96 | 0,96 | 0,06 | 0,05 | 0,06 | 0,91 | 0,84 | 0,89 | 0,06 | 0,06 | 0,08 | 3,78 |
| 16 000 | 6 048 | 1,69 | 1,59 | 1,76 | 0,10 | 0,11 | 0,09 | 1,91 | 1,61 | 1,84 | 0,10 | 0,12 | 0,11 | 4,32 |

des Bolzenloches vorgenommen, und zwar in 1,5 mm von oben ($o$), in der Mitte ($m$) und in 1,5 mm von unten ($u$). Die Messungen sind nicht nur in der Längsrichtung der Löcher, sondern auch in der Querrichtung, also rechtwinklig dazu, ausgeführt worden. Die abgelesenen Zahlenwerte sind auf den Tafeln 1 und 2 zusammengestellt. Die Löcher für den Probekörper V. R. 2 sind mit 1 und 2 und die der Probe V. R. 4 mit 3 und 4 benannt worden. Bei V. R. 2 begannen die Messungen bei $a = 0{,}48$ und endigten bei $a = 3{,}85$; bei V. R. 4 sind die entsprechenden Zahlen 0,54 und 4,32. Die Fortsetzung der Versuche über diese Werte hinaus hatte keinen Zweck mehr, da bereits beträchtliche Verformungen der Bolzen und auch ihrer Löcher eingetreten waren. Die Zahlentafeln lassen erkennen, daß schon bei den ersten Messungen, die etwa einem $a = 0{,}5$ entsprachen, bleibende Locherweiterungen auftraten. Auch wurden die ersten Quetscherscheinungen an den Lochrändern bereits bei verhältnismäßig niederen Lasten beobachtet. Es zeigten sich vor den

Löchern sichelförmige Fließfiguren mit einer Pfeilhöhe von 2 mm in der Mitte, also in der Stabachse gemessen. Diese Beobachtungen sind gemacht worden bei $a = 1{,}62$ für St. 37 und bei $a = 1{,}44$ für St. 48. Von da erweiterten sich diese Fließfiguren immer mehr.

Die Zahlen für die Löcher 1 und 3 sind auf Abb. 1 teilweise zeichnerisch aufgetragen worden, und zwar nur die Werte, welche in der Längsrichtung gemessen wurden und von diesen wieder nur diejenigen, welche mit $m$ bezeichnet sind. Die Zahlen in der Querrichtung sind nicht weiter verfolgt worden, weil sie gegen die Verformungen der Löcher in der Längsrichtung verschwinden.

Als Ergebnis dieser Versuche konnte festgestellt werden, daß jede der Linien für die Locherweiterung einen besonders scharf ausgeprägten Knick aufweist. Dieser Knick liegt für St. 37 im Bereiche von $a = 1{,}6$ bis 2,0 und für St. 48 von $a = 2{,}0$ bis 2,4. Bis zu diesen Gebieten zeigen die Linien ausgesprochen geradlinigen Verlauf, wobei das Langziehen der Löcher in sehr kleinen Grenzen verbleibt. Von diesen Stellen an nimmt aber die Er-

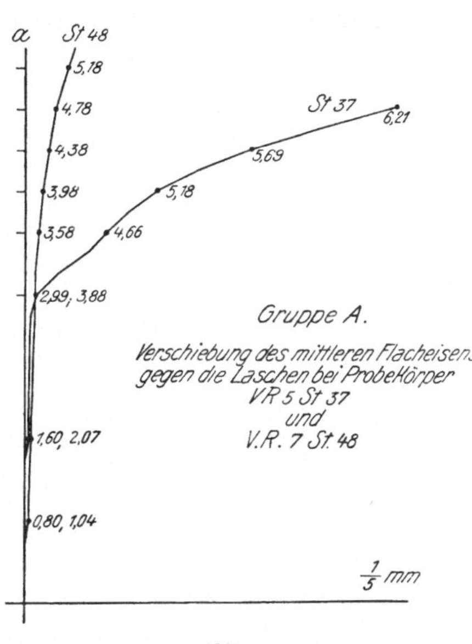


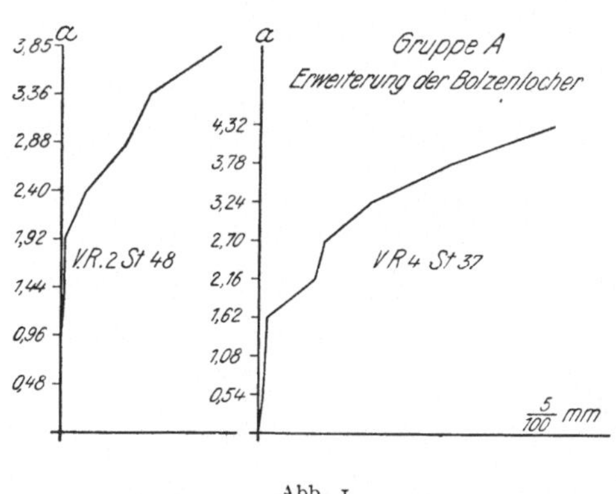


Abb. 1     Abb. 2

weiterung der Löcher sehr rasch zu, so daß es bedenklich erscheint, mit der Beanspruchung über die gefundenen Grenzen hinauszugehen.

### Versuche zu 2

Das Verschieben der drei Eisen gegeneinander ist bei den zwei vernieteten Proben mit einer besonderen Versuchseinrichtung bestimmt worden, die ebenfalls Ablesungen auf $^1/_{100}$ mm gestattete. Es blieb nur noch die Frage offen, an welchem Querschnitt des Stabes diese Versuchseinrichtung anzubringen war, da vermutet wurde, daß nicht alle Stellen hinsichtlich der Verschiebungen gleichartig sind. Im vorliegenden Falle ist der Nietquerschnitt als Meßstelle gewählt worden.

In Abb. 2 sind die Messungen zeichnerisch dargestellt. Der Verlauf der beiden Kurven ist im Anfang wieder geradlinig. Bei St. 37 zeigt sich ein deutlicher Knickpunkt, während die Linie für St. 48 anfängt, sich stetig zu krümmen, um allmählich flacher zu verlaufen.

Betrachtet man bei den Linienzügen wieder nur die Lage der Knickpunkte, so dürfte man von einer nicht unwesentlichen Überlegenheit der Nietverbindung gegenüber der Bolzenverbindung sprechen. Denn wählt man beispielsweise für beide Baustoffe $a = 3{,}0$, so zeigen die Schaulinien, daß man das Gebiet noch nicht erreicht hat, wo Bedenken gegen die Höhe der Beanspruchung einsetzen könnte. Es darf dabei aber nicht übersehen werden, daß zu diesen Knickpunkten bereits Verschiebungen gehören, die 0,25 mm (St. 37) und 0,20 mm (St. 48) betragen, während bei den Bolzenverbindungen an den Knickstellen die Werte der Locherweiterung nur 0,04 bzw. 0,03 mm, also etwa nur den sechsten Teil ausmachten.

## Gruppe B
### *Nietverbindungen*

Die zwölf Probestäbe dieser Gruppe waren sämtlich vernietet. An der Stoßstelle stießen die beiden mittleren Eisen nicht stumpf aufeinander, sondern ließen einen Spalt von 50 mm Länge frei, um Messungen an den Endflächen vornehmen zu können. Einzelheiten über Bezeichnung, Abmessungen u. dgl. sind aus der nachstehenden Tabelle zu entnehmen.

### Zusammenstellung der Probekörper für die Gruppe B

| Bezeichnung der Probe | Material | | Rand-abstand $e$ | Breite $b$ |
|---|---|---|---|---|
| | der Flacheisen | der Nieten | | |
| $a$ I | St. 48 | St. 48 | 1,75 $d$ | 3 $d$ |
| $b$ I | St. 48 | St. 48 | 1,75 $d$ | 4 $d$ |
| $c$ I | St. 48 | St. 48 | 1,75 $d$ | 5 $d$ |
| $d$ II | St. 48 | St. 48 | 2,00 $d$ | 3 $d$ |
| $e$ II | St. 48 | St. 48 | 2,00 $d$ | 4 $d$ |
| $f$ II | St. 48 | St. 48 | 2,00 $d$ | 5 $d$ |
| $g$ I | St. 48 | St. 48 | 2,50 $d$ | 3 $d$ |
| $h$ I | St. 48 | St. 48 | 2,50 $d$ | 4 $d$ |
| $i$ I | St. 48 | St. 48 | 2,50 $d$ | 5 $d$ |
| $g$ II | St. 37 | St. 37 | 2,50 $d$ | 3 $d$ |
| $h$ II | St. 37 | St. 37 | 2,50 $d$ | 4 $d$ |
| $i$ II | St. 37 | St. 37 | 2,50 $d$ | 5 $d$ |

In der Tabelle bedeutet $e$ den Randabstand des Nietes im Flacheisen oder auch in den Laschen, und mit $b$ ist die Breite des Flacheisens und der Laschen bezeichnet. Es kamen also bei den Versuchen dreierlei Randabstände und dreierlei Stabbreiten vor, nämlich

$e_1 =$ rund 40 mm          $b_1 =$ rund   70 mm
$e_2 =$ rund 46 mm          $b_2 =$ rund   90 mm
$e_3 =$ rund 58 mm          $b_3 =$ rund  120 mm

Der Arbeitsplan verlangte als Versuche an diesen zwölf Stäben:

Es sollte das Eintreten einer Wölbung auf den Endflächen des eigentlichen Flacheisens beobachtet werden.

Das Verhalten der Endflächen wurde mit einer weiteren besonderen Meßeinrichtung verfolgt, die wieder Ablesungen auf $^1/_{100}$ mm gestattete. Bei den schmalen Proben von 70 und 90 mm Breite wurden fünf Meßpunkte $O$, $P$, $Q$, $R$, $S$ und bei den anderen Stäben von 120 *mm* Breite sieben Meßpunkte, nämlich $N$, $O$, $P$, $Q$, $R$, $S$, $T$ gewählt, die sich in gleichmäßigen Abständen auf die Stabbreite verteilten. Der Punkt $Q$ lag also immer in der mittleren Längsfaser.

Von den zahlreichen an den Meßgeräten abgelesenen Werten seien hier nur die wichtigsten angeführt. Zunächst zeigt Abb. 3 die Wölbungen der Endflächen bei den breiten Stäben von 120 mm. Bei den anderen Proben verlaufen sie ganz ähnlich, so daß auf ihre zeichnerische Darstellung verzichtet werden konnte. Die

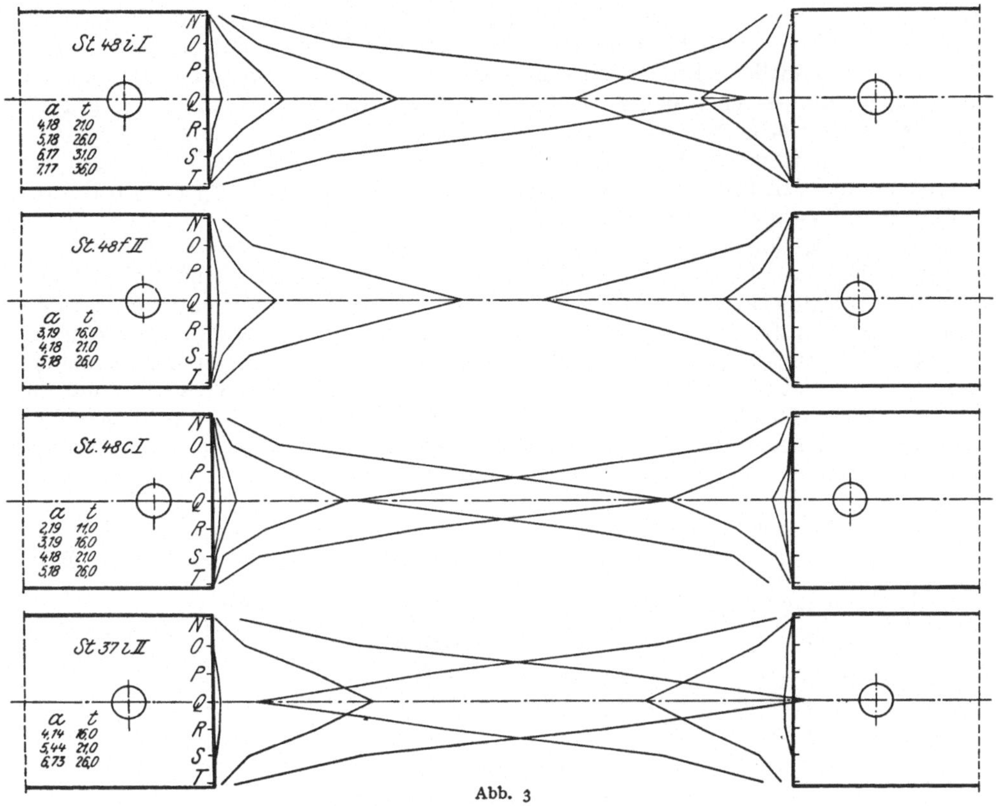

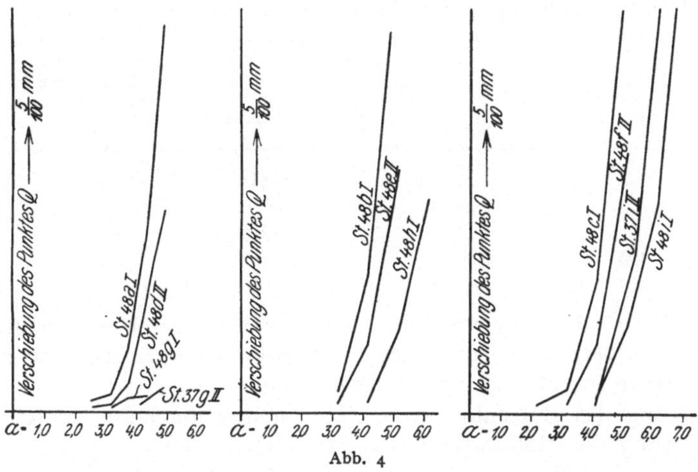

Abb. 3

auf dem Schaubild eingetragenen Werte für $\alpha$ sind ohne weiteres verständlich. Da der Probekörper St. 48 $iI$ während der Ablesung zerriß, so findet man auf der

Abb. 4

einen Seite nur vier anstatt fünf Kurven. Die Linien veranschaulichen zwar die gegenseitige Lage der einzelnen Meßpunkte, aber die Zunahme der Wölbung hebt sich nicht deutlich hervor. Deshalb wurde in Abb. 4 eine andere zeichnerische

Darstellung gewählt, und zwar wurde nur die Verschiebung des mittleren Meßpunktes $Q$, auf die es ja besonders ankam, über der Größe $a$ aufgetragen. Dieses Mal aber für sämtliche Probekörper mit Ausnahme von St. 48 *hII*, von welchem die Instrumente versehentlich zu früh abgenommen wurden, so daß hierfür nur ein einziger Punkt vorhanden ist. Dieser lag bei $a = 4{,}14$.

Als Ergebnis dieser Messungen ließ sich feststellen, daß die Wölbungen der Endflächen bei den Proben mit dem kleinsten Randabstand $e = 1{,}75\,d$ am frühesten einsetzen, und zwar etwa bei $a = 2{,}6$. Für die Proben mit dem Randabstand $e = 2{,}0\,d$ ergibt sich ungefähr für $a = 3{,}0$ und für den Randabstand $e = 2{,}5\,d$ liegen die $a$-Werte über $3{,}0$. Im allgemeinen liegen die Knickpunkte der Schaulinien, wenn man das Augenmerk wieder auf diese richtet, bei Lasten, denen ein $a$ entspricht, welches etwas größer ist als $3{,}0$. Von den Knickpunkten ab verlaufen die Kurven sehr steil, d. h. die Wölbung nimmt außerordentlich rasch zu. Da man im allgemeinen den Randabstand nie unter $2{,}0\,d$ ausführen wird, so zeigen die Versuche, daß die Wölbung der Endflächen bei viel höherer Belastung kritisch wird, als das Verschieben der drei Eisen gegeneinander. Für die Beurteilung des zulässigen Lochleibungsdruckes können daher die Wölbungen der Endflächen nicht als maßgebend bezeichnet werden.

Der Einfluß der Stabbreite auf den Beginn der Wölbungen an den Endflächen tritt weniger deutlich hervor, so daß sich hierüber nichts Bestimmtes aussagen läßt.

Als Stahl lagen den Versuchen der nun folgenden Gruppen zugrunde:

Si-Ma, d. i. Si-Stahl aus dem Martin-Ofen,
Si-Bo, d. i. Si-Stahl aus dem Bosshardt-Ofen,
St. 48 und
St. 37.

## Gruppe C
### *Zylindrische Bolzenverbindungen*

Die Bezeichnung der Probekörper und die Art des Materials sind aus nachstehender Tabelle zu ersehen.

**Zusammenstellung der Probekörper für die Gruppe C**

| Bezeichnung des Probekörpers | Material der | | Anzahl der Probekörper |
| --- | --- | --- | --- |
| | Versuchsstäbe | zyl. Bolzen | |
| Ca | Si-Ma | Si-Ma | 1 |
| Cb | Si-Bo | Si-Bo | 1 |
| Cc | St. 37 | Si-Bo | 1 |
| Cd | St. 48 | Si-Bo | 1 |

Die Verbindung bei den vier Stäben bestand in zylindrisch eingepaßten Bolzen. Die Stabbreite betrug 120 mm, der Randabstand der Löcher 100 mm.
Zu messen war bei stufenförmiger Belastung:
1. Erweiterung des Bolzenloches im eigentlichen Flacheisen und
2. Veränderung des Bolzendurchmessers.

Die Messungen der Bolzenlöcher wurden in derselben Weise durchgeführt wie früher. Auch die Messungen in der Querrichtung sind wieder vorgenommen worden.
Auf Abb. 5 ist ein Teil der gemessenen Zahlen zeichnerisch aufgetragen worden und zwar nur die Punkte $m$, die sich für die Locherweiterungen ergeben haben.

Gemessen wurde immer an beiden Löchern jeder Probe. Da sich aber die zwei Löcher ganz gleich verhielten, so genügte es, auf Abb. 5 jeweils nur die Messungen an einem Loch zu zeigen. Die Kurven verlaufen anfangs sehr steil, zeigen aber im allgemeinen sämtlich etwa bei $a = 2{,}0$ einen deutlichen Knick, von dem ab die Locherweiterungen zunehmen, ein Ergebnis, das mit den Untersuchungen der Bolzen in Gruppe $A$ übereinstimmt. Überhaupt ist das Gesamtbild dieser Versuche dem der Gruppe $A$ ganz ähnlich, denn es hat sich auch im Hinblick auf die Einfügung des Si-Stahles weiter nichts Bemerkenswertes feststellen lassen.

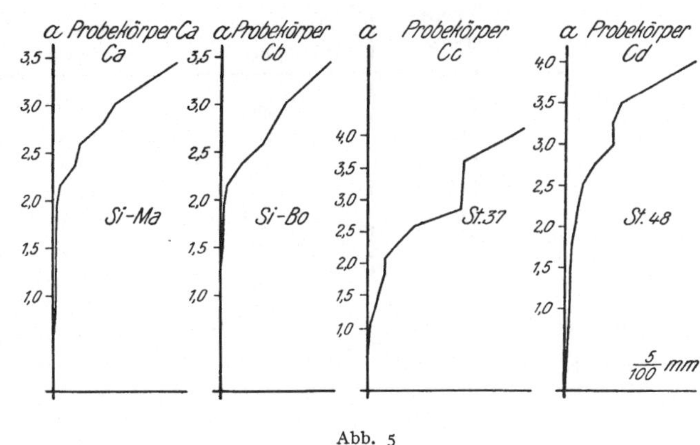


Abb. 5

Die Locherweiterungen in der Querrichtung waren wieder sehr gering gegenüber den anderen und setzten erst bei höheren Lasten ein.

Über die Veränderungen der Bolzendurchmesser gibt Zahlentafel 3 näheren Aufschluß. Es zeigt sich, daß die Zusammendrückung der Bolzen in der Längsrichtung der Stabverbindungen schon bei $a = 2{,}5$ meßbar war, und zwar für Si-Ma, Si-Bo und St. 48, während dies bei St. 37 erst bei $a = 3{,}6$ der Fall ist. Bei diesen Messungen konnte auch festgestellt werden, daß die Bolzendurchmesser an Dicke zunehmen, selbstverständlich nur in der Querrichtung. Diese Vergrößerung des Durchmessers ist allerdings verschwindend klein gegenüber der Zusammendrückung in der Längsrichtung. Sie setzte auch erst bei höheren Lasten ein.

Zahlentafel 3

**Verkleinerung der Bolzendurchmesser**

| Si-Ma | | Si-Bo | | St. 37 | | St. 48 | |
|---|---|---|---|---|---|---|---|
| $a$ | Verkleinerung des Durchmessers mm | $a$ | Verkleinerung des Durchmessers mm | $a$ | Verkleinerung des Durchmessers mm | $a$ | Verkleinerung des Durchmessers mm |
| 2,36 | 0,01 | 2,36 | — | 3,62 | 0,08 | 2,74 | 0,08 |
| 2,59 | 0,06 | 2,59 | 0,04 | 4,14 | 0,17 | 2,99 | 0,16 |
| 2,80 | 0,13 | 2,80 | 0,17 | — | — | 3,24 | 0,18 |
| 3,02 | 0,25 | 3,02 | 0,24 | — | — | 3,48 | 0,26 |
| 3,45 | 0,34 | 3,45 | 0,37 | — | — | 3,98 | 0,47 |

Als Ergebnis der Versuchsgruppe $C$ hat sich bei sämtlichen Stahlsorten herausgestellt, daß die bleibenden Locherweiterungen bei $a = 2{,}0$ beginnen und von da an bedenklich werden.

## Gruppe D

*Konische Bolzenverbindung mit Schrauben*

Die Bezeichnung der Probekörper und die Art des Materials sind aus nachstehender Tabelle zu ersehen.

### Zusammenstellung der Probekörper für die Gruppe D

| Bezeichnung des Probekörpers | Material der | | Anzahl der Probekörper |
| --- | --- | --- | --- |
| | Versuchsstäbe | konischen Bolzen | |
| Da | Si-Ma | Si-Ma | 1 |
| Db | Si-Bo | Si-Bo | 1 |
| Dc | St. 37 | Si-Bo | 1 |
| Dd | St. 48 | Si-Bo | 1 |
| De | St. 37 | St. 37 | 1 |
| Df | St. 48 | St. 48 | 1 |

Die Stabbreite betrug 120 mm, der Randabstand der Bolzen $2{,}5\,d = 58$ mm. Der Anzug der konischen Bolzen war $1:100$. Das Anziehen der $^7/_8$''-Muttern erfolgte mit einem Drehmoment von 1400 kgcm. Ein größeres Drehmoment anzuwenden, war nicht zu empfehlen, da sonst bereits Verquetschungen der Lochränder eintraten, wie Herr Reichsbahnoberrat WEIDMANN, München, mitgeteilt hatte.

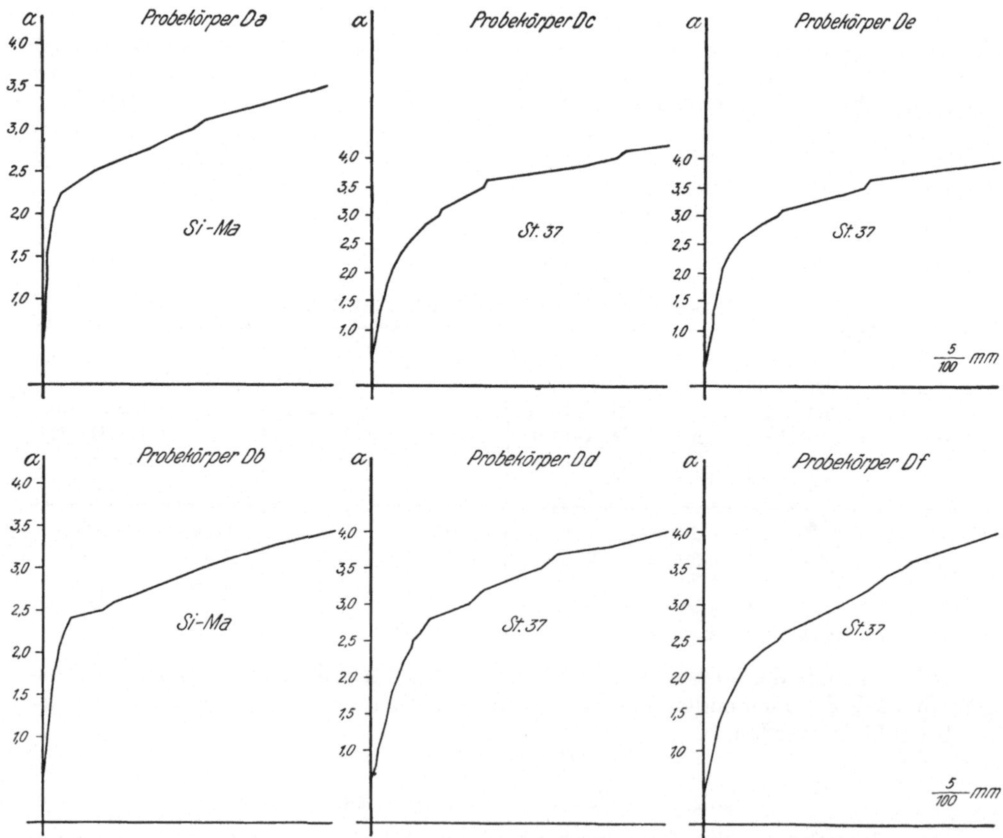


Abb. 6

Zu messen war bei stufenförmiger Belastung:

1. Die Verschiebung der Laschen gegen den Mittelstab in der Querschnittsebene des Bolzens,

2. die Wölbung der Endflächen des Mittelstabes.

Als Feinmeßgeräte dienten die gleichen wie bisher; sie sind im vorliegenden Fall gleichzeitig angesetzt worden.

Die Wölbungen der Endflächen auf den 120 mm breiten Proben wurden wieder an sieben Punkten auf den beiden Stirnseiten gemessen. Die Wölbungen setzten bei allen Proben an den Punkten deutlich ein, wo $\alpha$ den Wert 2,5 erreichte, und nehmen von da ab ganz ähnlichen Verlauf wie bei den früheren Versuchen. Auf eine zeichnerische Darstellung der gewonnenen Zahlenwerte kann daher verzichtet werden, da die Bilder nichts Neues bieten.

Dagegen sind die Verschiebungen der drei Eisen gegeneinander in Abb. 6 zeichnerisch veranschaulicht. Betrachtet man lediglich die Stellen der Linienzüge, bei denen sich dieselben entweder sehr stark krümmen oder überhaupt einen deutlichen Knickpunkt aufweisen, dann erkennt man, daß diese Punkte nahezu regelmäßig in der Mitte von $\alpha = 2,0$ und $\alpha = 2,5$ liegen. Andererseits erkennt man aber auch, daß die Verschiebungen bei $\alpha = 2,0$ bereits beachtliche Werte angenommen haben, deren Größe von 0,1 bis 0,24 mm reicht.

Als Ergebnis dieser Versuche- läßt sich demnach feststellen, daß Beanspruchungen der konischen Bolzenverbindung, die zu dem Werte $\alpha = 2,5$ führen, unzulässig sind.

## Gruppe E
### *Nietverbindungen*

Die Bezeichnung der Probekörper und die Art des Materials sind aus der folgenden Tabelle zu ersehen.

### Zusammenstellung der Probekörper für die Gruppe E

| Bezeichnung des Probekörpers | Material der | | Anzahl der Probekörper |
| --- | --- | --- | --- |
| | Versuchsstäbe | Nieten | |
| $E_{a_1}$ | Si-Ma | Si-Ma | 1 |
| $E_{b_1}$ | Si-Bo | Si-Bo | 1 |
| $E_{c_1}$ | St. 37 | Si-Bo | 1 |
| $E_{d_1}$ | St. 48 | Si-Bo | 1 |
| $E_{e_1}$ | St. 37 | St. 37 | 1 |
| $E_{f_1}$ | St. 48 | St. 48 | 1 |
| $E_{a_2}$ | Si-Ma | Si-Ma | 1 |
| $E_{b_2}$ | Si-Bo | Si-Bo | 1 |
| $E_{c_2}$ | St. 37 | Si-Bo | 1 |
| $E_{d_2}$ | St. 48 | Si-Bo | 1 |
| $E_{e_2}$ | St. 37 | St. 37 | 1 |
| $E_{f_2}$ | St. 48 | St. 48 | 1 |

Die Breite der Stäbe $E_{a_1}$ bis $E_{f_1}$ war 70 mm und die der übrigen 120 mm, der Randabstand $e$ der Nieten in allen Fällen $2,5\,d = 58$ mm. Zu messen war bei stufenförmiger Belastung:

1. Die Verschiebung der Laschen gegen den Mittelstab in der Querschnittsebene des Bolzens,

2. die Wölbung der Endflächen des Mittelstabes. Außerdem sollte nach Erreichung der Laststufe $\alpha = 2,5$ nochmals zwölfmal auf $\alpha = 2,5$ be- und entlastet werden und hierauf die Laschenverschiebung gegen den Mittelstab und die Wölbung der Endflächen nochmals ermittelt werden. Nachdem die Laststufe $\alpha$ beim Beginn des starken Fließens erreicht war, waren die Nietköpfe abzuhobeln, sodann der zum Herausdrücken des Nietschaftes erforderliche Druck zu messen und schließlich die eingetretenen Formänderungen des Nietloches festzustellen.

Die Versuche wurden mit den nämlichen Meßgeräten und in der gleichen Weise wie die bei der vorhergehenden Gruppe vorgenommen. Bei den breiten Proben waren zur Bestimmung der Wölbung an den Endflächen wieder sieben und bei den schmalen fünf Meßpunkte eingeführt worden.

Beim Abhobeln der Nietköpfe wurden die Proben so auf den Tisch der Hobelmaschine aufgespannt, daß der untere Nietkopf, der nicht abgehobelt wurde, gegen die Laschen drückte, und außerdem sind sehr dünne Späne genommen worden. Durch diese Maßnahme sollte das Niet während der Bearbeitung in seinem Sitz nicht beeinträchtigt werden. Es entstand ferner die Frage, ob der geschlagene Kopf oder der Setzkopf des Nietes abzuhobeln ist. Es wurde im vorliegenden Falle das Abhobeln des geschlagenen Kopfes gewählt. Dieses wurde noch bis zu etwa 1,5 mm Tiefe in die Laschenoberfläche fortgesetzt, um sicher zu sein, daß auch nur der zylindrische Schaft des Bolzens übrig blieb. Das Herausdrücken des Nietes erfolgte mit Hilfe eines Stempels von 21 mm Durchmesser und durch Unterlegen eines entsprechenden Ringes. Die Locherweiterungen wurden wieder mit dem Flankenmikrometer gemessen unter der Annahme, daß das ursprüngliche Loch einen Durchmesser von 23 mm besaß.

Der Beginn des starken Fließens war nicht einfach festzustellen, denn hiefür gab es verschiedene Anhaltspunkte. Als maßgebend wurden die Zeiger, die das Verschieben der drei Eisen gegeneinander angaben, angesehen. Die Ausschläge derselben nahmen bei steigender Last zu, sie blieben aber beim Anhalten der Last ohne weiteres zunächst stehen. Dann gelangte man zu Lasten, bei denen die Zeiger noch etwas weiter liefen und schließlich kamen sie bei weiterer Zunahme der Last erst nach Verlauf von zwei bis drei Minuten und noch länger zur Ruhe. Es wurde daher, um die Frage des starken Fließens zu beantworten, der Versuch dann beendet, wenn die Zeiger erst nach einigen Minuten stehen blieben. Dies geschah allerdings erst bei sehr hohen Lasten, die einem $\alpha = 3,5$ bis 4,6 entsprachen.

## Zahlentafel 4

### Herausdrücken bereits belasteter Nieten und Erweiterung der Nietlöcher

| Bezeichnung der Probe | Belastung bei Beginn des starken Fließens in t | Kraft zum Herausdrücken des Niets in kg | | Erweiterung des Bolzenloches in mm | |
|---|---|---|---|---|---|
| | | links | rechts | links | rechts |
| $E_{a_1}$ | 20 | 3960 | 1460 | 0,64 | 0,61 |
| $E_{b_1}$ | 22 | 5050 | 5960 | 0,73 | 0,95 |
| $E_{c_1}$ | 18 | 1750 | 800 | 0,77 | 0,65 |
| $E_{d_1}$ | 20 | 1080 | 150 | 1,08 | 1,09 |
| $E_{e_1}$ | 14 | 20 | 2080 | 1,08 | 0,75 |
| $E_{f_1}$ | 19 | 680 | 2300 | 0,88 | 1,05 |
| $E_{a_2}$ | 24 | 3000 | 2800 | 0,85 | 1,25 |
| $E_{b_2}$ | 24 | 2000 | 2300 | 0,75 | 0,85 |
| $E_{c_2}$ | 18 | 1200 | 1100 | 0,52 | 0,66 |
| $E_{d_2}$ | 20 | 1020 | 5600 | 1,25 | 0,44 |
| $E_{e_2}$ | 15 | 2500 | 1200 | 0,70 | 0,68 |
| $E_{f_2}$ | 20 | 400 | 2150 | 0,44 | 0,67 |

Die Kräfte, die beim Herausdrücken der Nieten gefunden wurden, lassen kaum den Schluß auf irgend eine Gesetzmäßigkeit zu. Sie bewegen sich bei ein und derselben Stahlsorte oft in sehr weiten Grenzen. Bei den Si-Stählen liegen sie am höchsten und zeigen bei diesen auch die wenigste Streuung.

Die Nietlöcher, deren Erweiterung nur in der Längsrichtung gemessen wurde, hatten bei den hohen Lasten bereits starke Verformungen aufzuweisen. Es sind Zunahmen des Lochdurchmessers von 0,44 bis 1,25 mm festgestellt worden. Einzelwerte dieser Versuche enthält die Zahlentafel 4.

Die Wölbungen der Endflächen traten erst in Erscheinung, nachdem der Wert $\alpha = 3,0$ schon beträchtlich überschritten war, und zwar gilt dies sowohl für die breiten Stäbe von 120 mm, als auch für die schmäleren von 70 mm. Auf eine

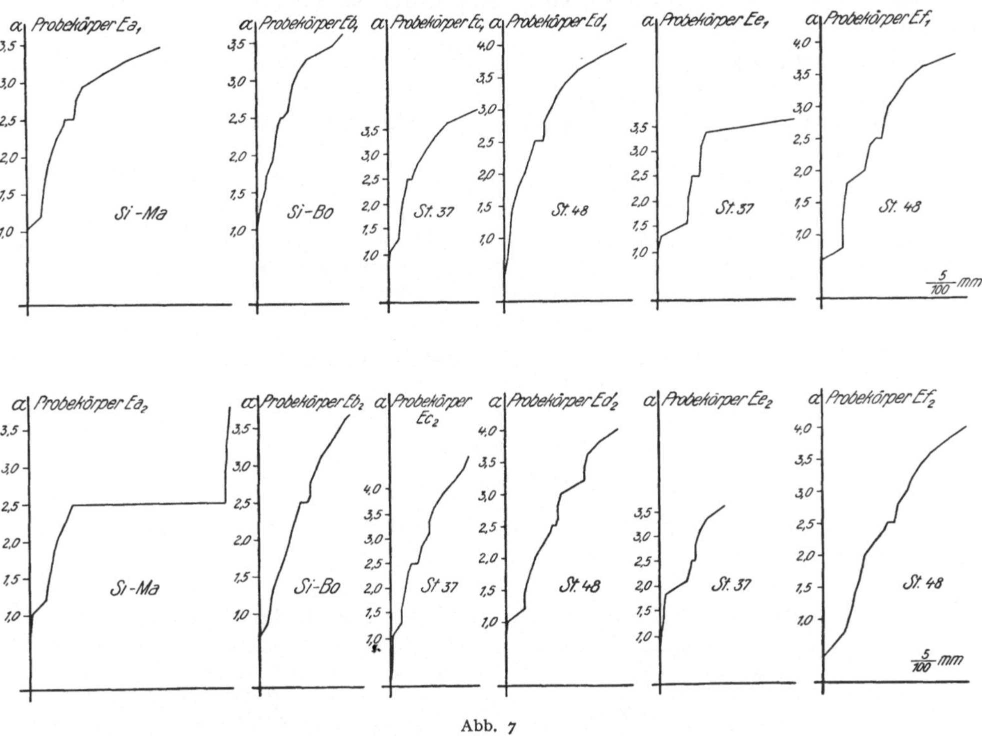


Abb. 7

zeichnerische Darstellung der gemessenen Zahlen ist verzichtet worden, da die Bilder nichts Neues veranschaulichen. Ein Vergleich mit den Versuchen der Gruppe $D$ ergibt, daß bei gleichen Stahlsorten und bei gleichen Randabständen die Vernietung der Bolzenverbindung überlegen ist.

Die Verschiebungen der drei Eisen gegeneinander wurden so gemessen, wie es der Arbeitsplan verlangte. Nachdem die Laststufe $\alpha = 2,5$ erreicht war, ist eine zwölfmalige Be- und Entlastung vorgenommen und alsdann an den Instrumenten erneut abgelesen worden. Hierbei hat sich ergeben, daß sich die ersten Ablesungen für die Wölbungen der Endflächen nicht verändert hatten, daß aber die Verschiebung der drei Eisen gegeneinander weiter vor sich gegangen war. Auf Abb. 7 sind die Messungen zeichnerisch aufgetragen. Man erkennt bei jedem Probekörper die Unstetigkeit, die sich bei $\alpha = 2,5$ eingestellt hat. Bei der Probe $E_{a_2}$ ist sie ungemein groß, so daß sich bei dieser sehr wesentliche Veränderungen in der Nietverbindung vollzogen haben müssen. Beachtlich ist auch der weitere steile Verlauf des Linienzuges bei diesem Versuchskörper, der darauf schließen läßt, daß bei $a = 2,5$ eine so beträchtliche Verformung eintrat, die bei der nun folgenden Belastung zunächst keine weitere Formänderung mehr zuließ. Dieselbe Erscheinung trat ebenfalls bei allen anderen Probekörpern auf, wenn auch nicht so ausgeprägt, denn die Schaubilder lassen nach der zwölfmaligen Belastung bei $a = 2,5$ überall eine größere Steilheit der Kurven für die nächsten Laststufen erkennen. Es hat also die zwölfmalige Be- und Entlastung eine Stauchung oder Verfestigung des Materials zur Folge gehabt.

Es ist nun nicht leicht, über den kritischen Bereich auf Grund dieser Versuche eine bestimmte Angabe zu machen. Die Vorgänge bei $a = 2,5$ führen zu folgender Überlegung. Es wären zweckmäßig durch *neue Versuche* folgende Fragen zu klären:

1. Bei welchem kleinsten Wert von $a$ schreitet die Verschiebung der drei Eisen gegeneinander bei wiederholter gleicher Belastung fort?

2. Welchen Grenzwert erreicht diese Verschiebung infolge Verfestigung bei derartiger Belastung?

3. Welche Grenzwerte ergeben sich auf diese Weise für höhere Werte von $a$?

Aus der so ermittelten Grenzkurve ist alsdann das kritische $a$ zu bestimmen, entweder aus der Knickstelle dieser Kurve oder aus einem zulässigen Größtmaß der Verschiebung, welches allerdings noch festzusetzen ist. Diese Fragen könnten also nur durch Dauerversuche beantwortet werden.

Auf Grund der bisher durchgeführten Versuche läßt sich jedenfalls sagen, daß die Größe der gegenseitigen Verschiebungen bei $a = 2,5$ bereits derartige Werte erreicht, die kaum noch zuzulassen sind.

## Gruppe F

### *Nietverbindungen*

Die Bezeichnung der Probekörper und die Art des Materials sind nachstehend zusammengestellt.

**Zusammenstellung der Probekörper für die Gruppe F**

| Bezeichnung des Probekörpers | Material der | | Anzahl der Probekörper |
| --- | --- | --- | --- |
| | Versuchsstäbe | Nieten | |
| Fa | Si-Ma | Si-Ma | 1 |
| Fb | Si-Bo | Si-Bo | 1 |
| Fc | St. 37 | Si-Ma | 1 |
| Fd | St. 37 | Si-Bo | 1 |

Die Stabbreite betrug 120 mm und der Randabstand der Nieten 100 mm. Zu messen war bei stufenförmiger Belastung:

1. Die Spannungs-Dehnungs-Linie der Nietstrecke und

2. die Verschiebung des Mittelstabes gegen die Laschen in der Querschnittsebene des Niets.

Zur Bestimmung der Spannungs-Dehnungs-Linie dienten MARTENSsche Spiegelmit Übersetzung $1 : 1000$. Diese Meßgeräte, die nur im mittleren Eisen saßen, waren symmetrisch zum Stoß angebracht und hatten eine Feinmeßlänge von 330 mm. Sie umfaßten also mehr als die gesamte Nietstrecke.

Die Ergebnisse dieser Versuche sind in Abb. 8 zeichnerisch veranschaulicht, wo außer den elastischen und bleibenden auch noch die gesamten Dehnungen eingetragen sind. In den Schaulinien sind noch weitere Geraden $E$ und $E'$ eingetragen. Die Gerade $E$ ist die gerechnete elastische Linie des durch keine Bohrung geschwächten Flacheisens, bezogen auf 330 mm Länge bei einem Elastizitätsmodul von 2 100 000 kg/qcm. Die Gerade $E'$ stellt das gleiche für die unverschwächten Laschen dar. Die Versuche mußten schon bei 7, 8 und 9 $t$ Belastung beendet werden, da Feinmessungen bei derart großen Skalenausschlägen keinen Sinn mehr gehabt hätten. Bei Betrachtung der Linienzüge ist es interessant zu beobachten, daß die Kurven für die bleibenden Dehnungen bei 4 t Belastung einen deutlich ausgeprägten Knick aufweisen und die Linien von da ab sehr flach verlaufen, wobei die einzelnen Neigungen kaum voneinander abweichen. Aus den Ergebnissen in Abb. 8 lassen sich folgende Schlüsse ziehen:

1. Das elastische Verhalten des ungeschwächten Flacheisens, wie es die Gerade $E$ zeigt, bleibt in der Nietverbindung innerhalb des Meßbereiches nahezu bestehen, denn die Kurve der gemessenen elastischen Dehnung der Nietverbindung ist nahezu eine gerade Linie, die fast die gleiche Neigung hat wie $E$. Die Verstärkung durch die Laschen war bei diesen Nietverbindungen 33,3%.

2. Aus den Kurven der bleibenden Dehnung sieht man, daß die Nietverbindung kein einheitlicher Körper ist. Die einzelnen Elemente dieser Verbindung pressen sich gegeneinander; die ganze Verbindung reckt und streckt sich von 4 t Belastung an und führt von da an zu sehr deutlichen bleibenden Formänderungen. Die Scherspannung an den Knickstellen betrug für das doppelschnittige Niet 485 kg/qcm.

3. Dabei ist es gleichgültig, aus welchen Stählen eine derartige Verbindung besteht. Die Nachgiebigkeit ist anfangs überall gleich groß.

Die bleibenden Formänderungen, die sich auf die ganze Meßlänge von 330 mm beziehen, betragen bei

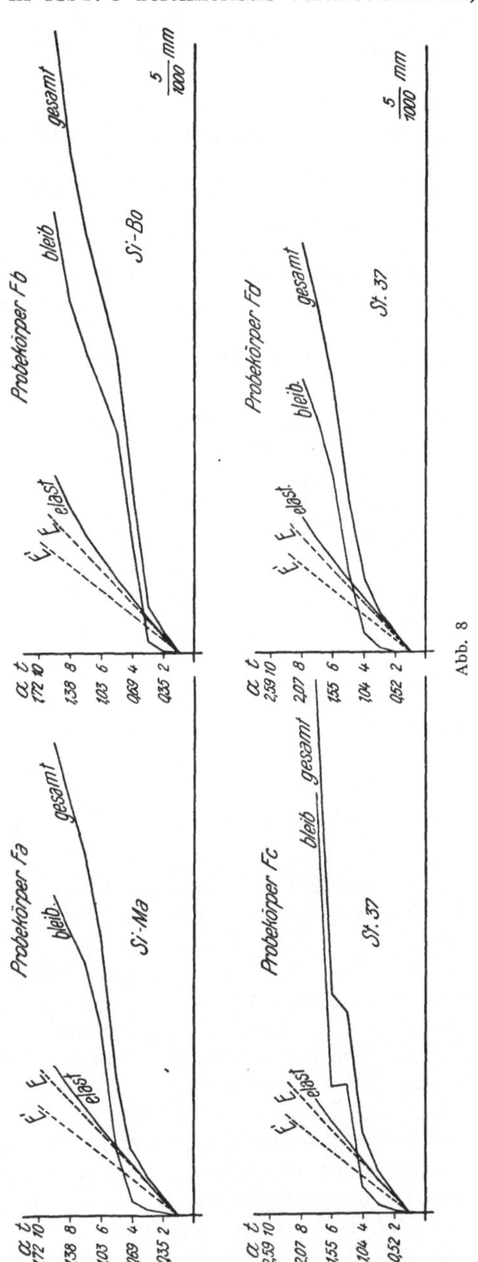

Abb. 8

| Stahl | $\alpha$ | Bleibende Dehnung mm |
|---|---|---|
| Si-Ma | 1,55 | 0,212 |
| Si-Bo | 1,55 | 0,291 |
| St. 37 | 1,81 | 0,216 |

Diese dürften, wenn ihre Zunahme derartig fortschreitet, bei $a = 2{,}5$ zu beachtlichen Werten angewachsen sein. Vergegenwärtigt man sich nun den Fall, daß sich bei Stäben mit wechselnder Belastung, eine Möglichkeit, von der bis jetzt noch gar nicht die Rede gewesen ist, die bleibenden Dehnungen aller Voraussicht nach verdoppeln können, dann dürfte das in dieser Nietverbindung entstehende Spiel noch beachtlicher werden.

Die für die Verschiebung der drei Eisen gemessenen Werte sind in Abb. 9 zeichnerisch dargestellt. Die Kurven verlaufen ausnahmslos mit stetiger Krümmung und geben wenig Anhaltspunkte für den Beginn eines kritischen Bereiches. Hier macht sich besonders das Bedürfnis geltend, ein höchst zulässiges Maß für diese Formänderung der Nietverbindung festzusetzen. In Einklang mit den bisherigen

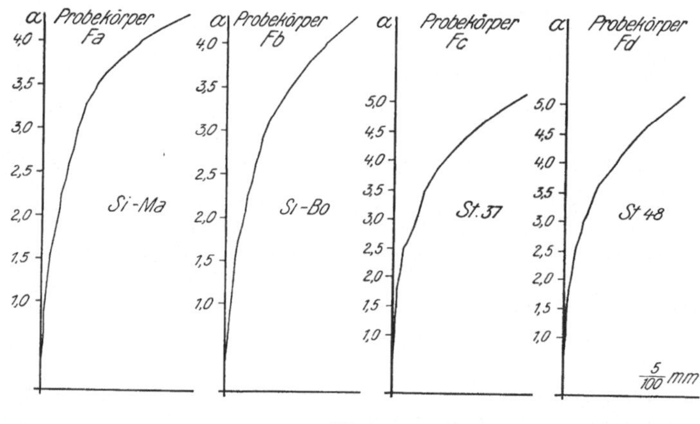


Abb. 9

Ergebnissen läßt sich sagen, daß für Si-St. bei $a = 3{,}0$ und bei St. 37 bei $a = 3{,}5$ die Verschiebungen bedenklich werden. Der Eindruck der Abb. 9 stellt sich also viel günstiger dar, als der der Abb. 8. Es sind demnach die Elastizitätsmessungen der gesamten Nietstrecke den Messungen für die Verschiebung der drei Eisen, die sich nur auf eine Seite des Stoßes und auf einen willkürlich angenommenen Stabquerschnitt erstrecken, vorzuziehen.

Der Zweck der gesamten Versuche bestand darin, den Einfluß des Lochleibungsdruckes auf die bleibenden Formänderungen einer Bolzen- oder Nietverbindung zu ergründen. Diese Formänderungen setzen sich aus der Erweiterung der Nietlöcher, dem Verbiegen und Zusammendrücken des Nietbolzens und schließlich den Hohlräumen nicht genügend ausgefüllter Nietlöcher zusammen. Da diese einzelnen Formänderungen gleichzeitig wirken und bei steigender Belastung zur Lockerung einer Nietverbindung beitragen, wäre es zweckmäßig, die Formänderungen der gesamten Nietstrecke durch weitere Versuche zu studieren.

## Zusammenfassung der Ergebnisse und Schlußbemerkungen

Den Versuchen lagen bei Verwendung von St. 37, St. 48 und Si-St. doppelt verlaschte Flacheisen mit durchwegs nur einem Bolzen oder einem Niet auf jeder

Seite des Stoßes zugrunde. An diesen Stäben wurden bei steigender Belastung nach drei Verfahren Messungen durchgeführt, und zwar:

1. Erweiterung der Bolzenlöcher,
2. Verschiebung der drei Eisen gegeneinander und
3. Wölbung der Endflächen.

Dabei hat sich ergeben:

*a) Zylindrische Bolzenverbindungen*

Der kritische Bereich ließ sich bei den zylindrischen Bolzenverbindungen durch Messen der Locherweiterungen am frühesten erkennen. *Es konnte festgestellt werden, daß die bleibenden Locherweiterungen für sämtliche Stahlsorten bei α = 2,0 bedenklich werden.*

*b) Konische Bolzenverbindungen*

Bei diesen Verbindungen konnten die Locherweiterungen nicht ermittelt werden, so daß die Messungen für die Verschiebungen der drei Eisen gegeneinander zur Beurteilung des kritischen Bereiches zugrunde zu legen waren. *Als Ergebnis dieser Versuche ließ sich feststellen, daß Beanspruchungen, die zu dem Wert α = 2,5 führen, unzulässig sind.*

Bei sämtlichen Bolzenverbindungen betrug der Randabstand 100 mm.

*c) Nietverbindungen*

Da die Wölbungen der Endflächen erst bei höheren Lasten einsetzten, so kamen sie für die Angabe des kritischen Bereiches weit weniger in Betracht, als die Verschiebungen der drei Eisen gegeneinander. *Im allgemeinen konnte festgestellt werden, daß die Verschiebungen bei α = 2,5 bedenklich zu werden beginnen, wenn der Randabstand 2,5 d betrug.* Bei dem großen Randabstand von 4,4 d = 100 mm trat dies etwas später ein, und zwar bei α ungefähr gleich 3,0.

Die Versuche haben demnach gezeigt, daß man von einer Überlegenheit der Nietverbindung gegenüber der Bolzenverbindung sprechen kann. Freilich darf dabei nicht übersehen werden, daß sich die Beurteilung der Bolzenverbindung auf die Messung der Locherweiterungen stützt, ein Verfahren, welches bei den Nietverbindungen bis jetzt noch nicht angewendet werden konnte.

*Beachtung verdienen auch die Versuche, die sich auf die Elastizitätsmessungen der Nietstrecke beziehen. Es besteht die Möglichkeit, daß mit Hilfe dieses Verfahrens das kritische α noch früher erkannt wird, als durch die Ermittelung der gegenseitigen Verschiebung der drei Eisen. Bei Fortsetzung der Versuche sei daher nochmals auf diese Messungen hingewiesen.*

*Das kritische α wurde in der Regel an den Knickpunkten der Schaulinien abgelesen. Falls dies durch stetige Krümmung der Kurven nicht möglich ist, müßte ein höchstzulässiger Wert der gemessenen bleibenden Formänderungen festgesetzt werden.* Freilich ist die Angabe eines derartigen Wertes nicht so einfach, da durch ihn zum Ausdruck kommen müßte, daß die bleibenden Formänderungen von diesem Wert ab eine gefährliche Lockerung der Verbindung zur Folge haben.

In den bisher ausgesprochenen kritischen Werten von α ist die *Frage der Sicherheit* noch nicht erwogen worden. Da diese unter allen Umständen eingeführt werden muß, so ergeben die vorliegenden Versuche, daß der *zulässige Wert α = 2,5 zu hoch* ist. Es trifft dies ganz besonders für die Bolzenverbindungen zu, und obwohl man sich bei den Nietverbindungen in etwas günstigerer Lage befindet, so ist doch auch für diese der zulässige Lochleibungsdruck zu verringern. Wie weit allerdings zurückzugehen ist, kann auf Grund der vorliegenden Versuche nicht mit

Bestimmtheit ausgesprochen werden, da diese Frage erst noch durch weitere Versuche geklärt werden muß. Bei den *neuen Versuchen* dürften vor allen Dingen folgende Gesichtspunkte nicht übergangen werden:

1. Es sind die bleibenden Formänderungen bei einem Bild mit mehreren Nieten hintereinander zu bestimmen, denn die Beteiligung derselben an der Kraftüber-

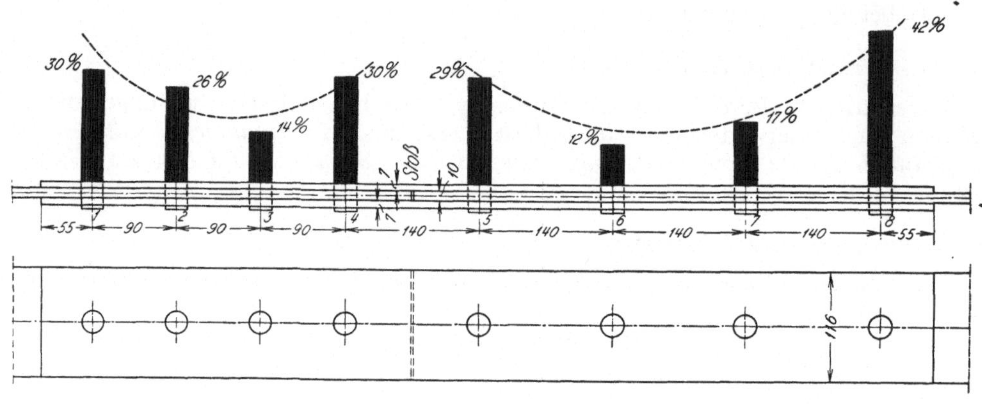


Abb. 10

tragung ist, wenigstens im elastischen Bereich, sehr ungleichmäßig, wie die Abb. 10 veranschaulicht.[1]

2. Wie gestalten sich die bleibenden Formänderungen in einer Nietverbindung bei Stäben mit wechselnder Belastung?

3. Es ist der Einfluß dynamischer Kräfte auf die bleibenden Formänderungen einer Nietverbindung zu bestimmen.

Bei der Durchführung dieser Vorschläge ist in erster Linie an Dauerversuche gedacht.

---

[1] Vgl. BLEICH, Theorie und Berechnung der eisernen Brücken, Verlag von Julius Springer, Berlin, und FINDEISEN, Versuche über die Beanspruchungen in den Laschen eines gestoßenen Flacheisens bei Verwendung zylindrischer Bolzen. Forschungsheft 229, V. D. I.-Verlag.

# Über die Scherfestigkeit und den Lochleibungsdruck von Nieten und Nietverbindungen[1]

Von Dr.-Ing. e. h. Stefan Gállik, Budapest

## I. Die Scherfestigkeit der Nieten

### 1. Die reine Scherfestigkeit

Nach der theoretischen Elastizitätslehre besteht zwischen der Scher- und Zugfestigkeit der Zusammenhang

$$\tau = \frac{m}{m+1} \cdot \sigma;$$

dem entspricht für $m \sim 3-4$ der Wert $\frac{\tau}{\sigma} = 0{,}70$ bis $0{,}80$.

Die auf die innere Reibung aufgebaute DUGUET-MOHRsche Theorie gibt $\tau = \frac{1}{2} \operatorname{tg} a \cdot \sigma$ an, wonach mit dem Wirkungswinkel $a = 53$ bis $58^0$, ist: $\frac{\tau}{\sigma} = 0{,}66$ bis $0{,}80$.

TETMAJER fand nach seinen Versuchen mit Schweißeisen (Mitteilungen III. Bd.) den Wert $\frac{\tau}{\sigma}$ mit $0{,}75$ bis $0{,}80$.

BAUSCHINGERS Versuche ergaben für Flußeisen und weichen Stahl den Wert von $0{,}71$ bis $0{,}78$.

Nach den unten genannten neuesten Versuchen von Dr. GEHLER ist dieses Verhältnis für Siliziumstahl von 4900 bis 5800 kg Festigkeit 0,74.

Verfasser fand nach den neueren, in Diósgyőr durchgeführten Versuchen diese Verhältniszahl

        für Flußeisen und Kohlenstoffstahl .......... 0,74
        für Siliziumstahl ........................... 0,78

Die für die reine Scherfestigkeit gefundenen Werte stimmen also sehr gut miteinander überein.

### 2. Die Scherfestigkeit der Nieten in Verbindungen

Die Scherfestigkeit der geschlagenen Niete, d. h. die Festigkeit der Nietverbindungen ($\tau_v$) ist nicht identisch mit der Scherfestigkeit des Nietmaterials, sondern·

---

[1] Im Auftrag des vom kön. ung. Handelsministeriums entsandten Baustahl-Ausschusses vom Verfasser erstatteter Bericht.

übersteigt diese wesentlich, und zwar nicht nur wegen der auftretenden Reibung, da diese in der letzten Phase des Zerreißens — wo die Nietlöcher sich bereits dehnen und die Bleche sich schon strecken — nur einen kleinen Wert besitzen dürfte, sondern hauptsächlich wegen der Verfestigung, welche die Niete beim Pressen des Setzkopfes erfahren, und noch im höheren Maße wegen der Stauchung beim Schlagen.

Die Feststellung der tatsächlichen Scherfestigkeit erfolgt durch Zerreißversuche mit genieteten Laschenverbindungen. Einige diesbezügliche Versuchsreihen teilen wir im nachstehenden mit.

### 3. Versuche mit Nietverbindungen

*a) Versuche von* F. ENGESSER.

„Versuche über die Festigkeit von Nietverbindungen" (Zeitschr. d. Ver. Deutsch. Ing. 1889, S. 324).

Die Zugfestigkeit des bei den Versuchen verwendeten Materials war bei den Blechen 3430, bei den Nieten $\sigma_n = 3820$ kg/qcm. Die Scherfestigkeit der zweischnittigen Nietverbindung, ob warm oder kalt eingezogen, betrug:

$$\tau_v = 3550 \text{ kg/qcm} = 0{,}93 \cdot \sigma_n$$

| | |
|---|---|
| dieselbe ohne Reibung ...................... | 3320 kg/qcm = 0,87 . $\sigma_n$ |
| die Reibung beim Reißen also................. | 200 kg/qcm |
| die Reibung beim Beginn des Gleitens......... | 890 kg/qcm |

*b) Versuche von* L. TETMAJER.

$\alpha$) „Angewandte Elast.- und Festigkeitslehre", Wien 1906, S. 296 bis 310. Die Festigkeit der Nietverbindung bei Flußeisen war nach TETMAJER:

$$\tau_v = 0{,}86 \cdot \sigma_n.$$

Die durch die Nietung erzeugte Reibung: 800 bis 1000 kg/qcm.

$\beta$) Mitteilungen d. E. M. P. A. (Zürich, III. Bd. 1886).

Das Verhältnis zwischen der Scherfestigkeit der Nietverbindung und der des Nietmaterials $\left(\dfrac{\tau_v}{\tau}\right) = 1{,}19$ bis $1{,}24$, durchschnittlich $1{,}21$.

*c) Die Versuche in Diósgyör vom Jahre 1898.*

Nach den ersten Versuchen des Verfassers im Jahre 1898 war die Verhältniszahl $\left(\dfrac{\tau_v}{\sigma_n}\right)$:

bei Nieten mit 4000 kg Zugfestigkeit ........................... $\dfrac{\tau_v}{\sigma_n} = 0{,}83$

bei Nickelstahlnieten mit 6000 kg Zugfestigkeit ................ $\dfrac{\tau_v}{\sigma_n} = 0{,}87$

*d) Österreichische Versuche vom Jahre 1914.*

Nach den Endergebnissen der durch K. HABERKALT veröffentlichten österreichischen Versuche (Österr. Wochenschrift f. öff. Baudienst, 1914. S. 832) war das Verhältnis zwischen der Scherfestigkeit der Nietverbindungen (bezogen auf den Lochdurchmesser) und der Zugfestigkeit des Nietmaterials das folgende:

I. Nickelstahl, mit Zugf. $\sigma_n = 5350$ bis $6080$ kg/qcm $\left(\dfrac{\tau_v}{\sigma_n}\right) = 1{,}04$

II. Karbonstahl, $\sigma_n = 6600$ bis $7000$ kg/qcm $\left(\dfrac{\tau_v}{\sigma_n}\right) = (0{,}73)$

III. Karbonstahl, $\sigma_n = 5500$ bis $6500$ kg/qcm $\left(\dfrac{\tau_v}{\sigma_n}\right) = 0{,}94$

IV. Flußeisen, $\sigma_n = 3900$ bis $4000$ kg/qcm $\left(\dfrac{\tau_v}{\sigma_n}\right) = 0{,}83$

(für Stahl durchschn. 0,94)

*Bemerkungen:* 1. Auffallend ist die hohe Verhältniszahl bei den Ni-Stahlnieten. Von 16 Versuchen war in 4 Fällen die Verhältniszahl zwischen 1,30 bis 1,50, was nur durch die Annahme zu erklären ist, daß zwischen den Nieten zufälligerweise einige von höherer Festigkeit waren, oder daß die Nietung derart ausnahmsweise fest war, daß ein beträchtlicher Teil der Reibung auch beim Reißen noch wirksam war. Welche außergewöhnlich hohe Werte die Reibung erreichen kann, zeigen die Angaben von CONSIDÈRE, nach welchen bei Durchschnittswerten von 800 bis 1500 kg/qcm in einigen Fällen Werte von 2200 und 3400 vorkommen.

Wir haben den Durchschnittswert unter I durch Weglassung der vier extremen Werte gebildet.

2. Desgleichen ist der niedrige Wert des Verhältnisses bei Kohlenstoffstahl II auffallend. Auch HABERKALT bemerkt, daß hier bei den meisten Versuchen die Nietköpfe abgesprungen sind oder die Nietschäfte in mehrere Stücke zerbrachen; dieses Material war also zu spröde. HABERKALT meint, daß ein Material mit so hoher Festigkeit wohl durch die Nietung ein Härten erfahren kann, und empfiehlt aus diesem Grunde die Anwendung eines weicheren Nietmateriales.

Die für Flußeisen und weichen Stahl gefundenen Verhältniszahlen entsprechen den von anderen Forschern gefundenen Werten.

*e) Die Versuche der Gute-Hoffnungs-Hütte.*

Nach der Veröffentlichung von Dr. BOHNY (siehe „OTTO MOHR zum achtzigsten Geburtstag“, Berlin 1916) ist für Nickelstahlniete von 5500 bis 6500 kg/qcm Festigkeit ........................................................ $\tau_v = 1{,}11 . \sigma_n$
für Kohlenstoffstahlniete von 5500 bis 6500 kg/qcm Festigkeit .... $\tau_v = 0{,}85 . \sigma_n$

*f) Die Dresdener Versuche.*

In der neuesten Zeit führte Dr. GEHLER in Dresden ähnliche Versuche aus (siehe SCHAPER, Bautechnik 1926, H. 17) mit Silicium-Stahlnieten und Nietverbindungen von 5000 bis 5700 kg/qcm Festigkeit und fand

die Scherfestigkeit der Niete ................ $\tau = 0{,}74 . \sigma_n$
„          „          der Nietverbindungen ..... $\tau_v = 1{,}19 . \tau = 0{,}88 . \sigma_n$

*g) Versuche des Deutschen Eisenbauverbandes.*

I. Berichte des Ausschusses für Versuche im Eisenbau. H. 1, B. Berichterstatter: Dr. KÖGLER. Berlin 1915. J. Springer.

Tafel 1

| Die Art der Nietung | Bruchbeanspruchung beim Beginn des Gleitens | | Bruchbeanspruchung | | Verhältnis $\left(\dfrac{\tau_v}{\sigma_B}\right)^1$ |
|---|---|---|---|---|---|
| | $\tau_{vs}$ kg/qcm | $^0/_0$ | in den Nieten $\tau_v$ | im Bleche $\sigma_B$ | |
| 1. Zweiseitige Stoßverbindungen mit 3—3 Nieten | | | | | |
| Handnietung ........... | 686 | 100 | 2920 | 3910 | $0{,}75^1$ |
| Pneumatische Nietung ... | 694 | 101 | 2880 | 3880 | 0,74 |
| Kniehebelnietung ....... | 980 | 143 | 2970 | 4000 | 0,74 |

[1] Die hier mitgeteilten Werte $\left(\dfrac{\tau_v}{\sigma}\right)$ sind nicht gleichwertig mit den oben angeführten anderen Daten, da hier $\sigma$ nicht die Zugfestigkeit des Nietmaterials, sondern die des Bleches bedeutet. Die Zugfestigkeit des Nietmaterials wurde — wie auch Dr. KÖGLER erwähnt — nicht festgestellt,

| Die Art der Nietung | Bruchbeanspruchung beim Beginn des Gleitens | | Bruchbeanspruchung | | Verhältnis $\left(\dfrac{\tau_v}{\sigma_B}\right)$ |
|---|---|---|---|---|---|
| | $\tau_{vs}$ kg/qcm | % | in den Nieten $\tau_v$ | im Bleche $\sigma_B$ | |
| **2. Stoßverbindungen mit verschiedenen Nietdurchmessern** | | | | | |
| ⌀ 21 mm | | | 3045 | — | — |
| ⌀ 23 mm | | | 2933 | 3955 | 0,74 |
| ⌀ 25 mm | | | 2874 | 3744 | 0,77 |
| ⌀ 27 mm | | | 2900 | 4003 | 0,73 |

II. „Versuche mit Nietverbindungen." Berichterstatter. Prof. RUDELOFF. Berlin 1912.

## Tafel 2

| Die Art der Nietung | Scherbeanspruchung beim Beginn des Gleitens | | Bruchbeanspruchung | | Verhältnis $\left(\dfrac{\tau_v}{\sigma_B}\right)$ |
|---|---|---|---|---|---|
| | $\tau_{vs}$ kg/qcm | % | in den Nieten $\tau_v$ | im Bleche $\sigma_B$ | |
| **1. Zweiseitiger Stoß mit 3—3 Nieten** | | | | | |
| Handnietung . . . . . . . . . . | 610 | 100 | 2970 | 3940 | 0,75[2] |
| Pneumatische Nietung . . . | 650 | 106 | 2980 | 3930 | 0,76 |
| Kniehebelnietung . . . . . . . | 924 | 151 | 3010 | 3990 | 0,75 |
| **2. Zweiseitiger Stoß mit 2—2 Nieten** | | | | | |
| Handnietung . . . . . . . . . . | 254[3] | | 2890 | 3880 | 0,75 |
| Pneumatische Nietung . . . | 420[3] | | 2780 | 3740 | 0,74 |
| Kniehebelnietung . . . . . . . | 806 | | 2900 | 3900 | 0,74 |

*h) Die neueren Versuche in Diósgyör von 1927—1928.*

Im Auftrag des ungarischen Stahlausschusses hat der Verfasser in der neuesten Zeit Versuche durchgeführt, welche Niete und Nietverbindungen aus Flußeisen, Kohlenstoff-Manganstahl und Siliziumstahl betrafen.

sondern nur gesagt, daß es ein normales Flußeisenmaterial war. Wenn folglich das Nietmaterial nicht dasselbe (3900 bis 4000 kg) an Festigkeit hatte wie die Bleche, sondern z. B. eine Festigkeit von 3500 kg, so erhöht sich die Verhältniszahl von 0,75 auf 0,84, entspricht also sofort den für Flußeisenniete gefundenen anderen Werten.

[2] Für die Verhältniszahl $\dfrac{\tau_v}{\sigma}$ gilt dieselbe Bemerkung wie oben, d. h. daß sie wahrscheinlich kleiner ist als in der Wirklichkeit, nachdem nur die Festigkeit des Bleches, nicht aber die des Nietmaterials angegeben ist.

[3] Die gefundenen Werte der Reibung bei Stoßverbindungen mit 2—2 Nieten sind abnormal niedrig. Auf diese Erscheinung weist bereits KÖGLER hin, wofür er die Erklärung gibt, daß die leichten Laboratoriumsversuchsstücke sowohl bei der Handnietung wie bei der pneumatischen Nietung derartigen Erschütterungen ausgesetzt sind, die bei Bauwerken mit ihren viel größeren Maßen und fest aneinander geschraubten Bestandteilen nicht vorkommen können.

Wir können noch hinzufügen, daß beim zweinietigen Stoß das erste Niet, mangels der nötigen Aneinanderpressung noch nicht vollkommen schließt, hingegen findet der zweite Niet schon besser zusammengepreßte Bleche usw. Deshalb schreibt auch die Baupraxis vor, daß in Fällen, wo nach der Berechnung nur ein oder zwei Niete notwendig sind, die Zahl der Niete um eins zu erhöhen ist.

Die. Hauptresultate sind in Tafel 3—-8 zusammengestellt:

## Tafel 3

### Zerreißversuche mit Nietmaterial

| Material | $\varnothing$ mm | Anzahl der Versuche | Zug-festigkeit $\sigma$ | Fließ-grenze $\sigma_s$ | Dehnung $^0/_0$ | Kon-traktion $^0/_0$ | $\left(\dfrac{\sigma_s}{\sigma}\right)$ $^0/_0$ |
|---|---|---|---|---|---|---|---|
| Flußeisen.......... | 20 | 3 | 4010 | 2450 | 30,0 | 56 | 61 |
| Kohlenstoffstahl .... | 20 | 3 | 5310 | 3350 | 25,0 | 49 | 63 |
| Siliziumstahl ....... | 20 | 2 | 4700 | 3310 | 29,5 | 63 | 70 |
| ,,          ....... | 22 | 2 | 4850 | 3360 | 29,5 | 55 | 69 |

## Tafel 4

### Die Scherfestigkeit der Niete

(Ergebnisse von 66 Versuchen)

| | | Flußeisen | Kohlenstoffstahl | Siliziumstahl |
|---|---|---|---|---|
| Fließgrenze | $\tau_s$ Mittelwert kg/qcm | 1170 bis 1800 1440 | 1650 bis 2090 1910 | 1500 bis 2180 1920 |
| Scher-festigkeit | $\tau$ Mittelwert kg/qcm | 2810 bis 3280 3010 | 3680 bis 4260 3890 | 3540 bis 3860 3715 |
| Verhältnis-zahlen | $\left(\dfrac{\tau_s}{\tau}\right)$ | 48 $^0/_0$ | 49 $^0/_0$ | 52 $^0/_0$ |
| | $\left(\dfrac{\tau}{\sigma}\right)$ | 75 $^0/_0$ | 73 $^0/_0$ | 78 $^0/_0$ |

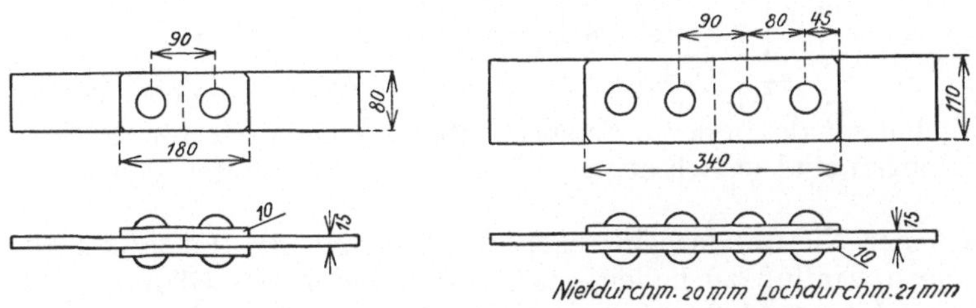


Abb. 11 a—b.  Die Scherversuche mit Nietverbindungen

## Tafel 5
### Die Scherfestigkeit der Nietverbindungen

Art der Nietung: $H$ = Handnietung; $P$ = pneumatischer Hammer; $M$ = Maschinennietung, Druckdauer 5 sek; $MM$ = Maschinennietung, Druckdauer 10 sek

| Figur | Anzahl der Versuche | Art der Nietung | Material der Niete | | | | | | | | |
|---|---|---|---|---|---|---|---|---|---|---|---|
| | | | Flußeisen | | | Kohlenstoffstahl | | | Siliziumstahl | | |
| | | | $\tau_{vs}$ | $\tau_v$ | $\left(\dfrac{\tau_v}{\sigma}\right)$ | $\tau_{vs}$ | $\tau_v$ | $\left(\dfrac{\tau_v}{\sigma}\right)$ | $\tau_{vs}$ | $\tau_v$ | $\left(\dfrac{\tau_v}{\sigma}\right)$ |
| I | 17 | MM | 2010 | 3460 | | 2290 | 5120 | | 2050 | 4800 | |
| II | 6 | MM | 1905 | 3260 | % | — | 4660 | % | — | — | % |
| Mittel· | | | 1970 | 3390 | 84,6 | 2290 | 4950 | 93,2 | 2050 | 4800 | 102 |
| I | 17 | M | 1680 | 3370 | | 1590 | 4680 | | 1600 | 4780 | |
| II | 8 | M | 1820 | 3370 | | 1910 | 4650 | | 1590 | 4650 | |
| Mittel | | | 1710 | 3370 | 84 | 1720 | 4670 | 88 | 1595 | 4720 | 100 |
| I | 7 | P | 1950 | 3470 | | 1910 | 4860 | | 1750 | 4510 | |
| II | 6 | P | 1230 | 3300 | | 1470 | 4340 | | 1710 | 4300 | |
| Mittel | | | 1560 | 3385 | 84,5 | 1690 | 4600 | 86,6 | 1740 | 4430 | 94 |
| I | 20 | H | 1640 | 3300 | | 1890 | 4710 | | 1910 | 4490 | |
| II | 8 | H | 1200 | 3290 | | 1230 | 4220 | | 1260 | 4420 | |
| Mittel | | | 1510 | 3280 | 82 | 1670 | 4550 | 85,7 | 1750 | 4470 | 95 |

Hauptmittelwerte

| Berechnet nach dem | $\tau_{vs}$ | $\tau_v$ | $\left(\dfrac{\tau_v}{\sigma}\right)$ | $\tau_{vs}$ | $\tau_v$ | $\left(\dfrac{\tau_v}{\sigma}\right)$ | $\tau_{vs}$ | $\tau_v$ | $\left(\dfrac{\tau_v}{\sigma}\right)$ |
|---|---|---|---|---|---|---|---|---|---|
| Nietdurchm..... | 1690 | 3370 | 84% | 1840 | 4690 | 88,5% | 1780 | 4600 | 98% |
| Lochdurchm.... | 1530 | 3060 | 76,5 | 1670 | 4250 | 80 | 1590 | 4170 | 88,4 |

## Tafel 6
### Einfluß der Art der Nietung

| | Fließgrenze ($\tau_{vs}$) | Scherfestigkeit ($\tau_v$) |
|---|---|---|
| | MM : M : P : H | MM : M : P : H |
| Flußeisen ............ | 115 : 100 :  91 :  88 | 101 : 100 : 100 : 97 |
| Kohlenstoffstahl....... | 133 : 100 :  98 :  97 | 106 : 100 :  99 : 97 |
| Siliziumstahl ......... | 128 : 100 : 109 : 109 | 102 : 100 :  94 : 95 |

Die für die reine Scherfestigkeit gefundenen Werte stimmen also vollkommen mit den Ergebnissen der anderen Versuche überein, die Werte für die Scherfestigkeit der Verbindungen sind jedoch etwas kleiner als jene der unter a) bis e) angeführten Versuche.

Die Art der Nietung scheint nach Tafel 6 auf die Festigkeit der Nietverbindung keinen Einfluß zu haben, auch beim Beginn des Gleitens gibt es keinen nennenswerten Unterschied zwischen der Hand- und Maschinennietung. Hingegen erhöht sich bei der Maschinennietung mit größerer Druckdauer (Spalte MM) die Streckgrenze bedeutend.

Es fällt auf, daß die perzentuelle Höhe der Scherfestigkeit bei Siliziumstahl merklich größer ist als bei Kohlenstoffstahl. Trotzdem können wir nicht anraten, die Scherbeanspruchung des Si-Stahles entsprechend zu erhöhen, weil der Beginn des Gleitens beim Si-Stahl nicht höher, sondern sogar ein wenig tiefer ist.

Außer den Versuchen mit Stoßverbindungen wurden, zwar in kleinerem Maße, auch Versuche mit einfachen Überlappungen durchgeführt. Die Ergebnisse waren folgende:

### Tafel 7
### Versuche mit einfachen Überlappungen

| Material der Niete | Anzahl d. Versuche | Nietung | Mit 1 Niet | | | Mit 2 Nieten | | | Mit 3 Nieten | | |
|---|---|---|---|---|---|---|---|---|---|---|---|
| | | | $\tau_{vs}$ | $\tau_v$ | $\left(\dfrac{\tau_v}{\sigma}\right)$ | $\tau_{vs}$ | $\tau_v$ | $\left(\dfrac{\tau_v}{\sigma}\right)$ | $\tau_{vs}$ | $\tau_v$ | $\left(\dfrac{\tau_v}{\sigma}\right)$ |
| Flußeisen ..... | 12 | M | — | — | % | 1400 | 3310 | 82,6 | 1300 | 3060 | 76,5 |
| | 6 | H | | 3180 | 79,5 | 1590 | 3250 | 81 | 1540 | 3380 | 84,5 |
| Kohlenstoffstahl | 6 | M | — | — | | 1700 | 4520 | 85 | 1250 | 4620 | 87 |
| | 6 | H | | 4280 | 80,5 | 2170 | 4700 | 88,5 | 1440 | 4140 | 78 |
| Siliziumstahl ... | 6 | M | | 4050 | 86 | 1950 | 3970 | 84 | 2000 | 3900 | 83 |

### Tafel 8
### Hauptmittelwerte der Ergebnisse mit Überlappungen

| Berechnet nach | Flußeisen | | | Kohlenstoffstahl | | | Siliziumstahl | | |
|---|---|---|---|---|---|---|---|---|---|
| | $\tau_{vs}$ | $\tau_v$ | $\left(\dfrac{\tau_v}{\sigma}\right)\%$ | $\tau_{vs}$ | $\tau_v$ | $\left(\dfrac{\tau_v}{\sigma}\right)\%$ | $\tau_{vs}$ | $\tau_v$ | $\left(\dfrac{\tau_v}{\sigma}\right)\%$ |
| Lochdurchm. .... | 1460 | 3240 | 81 | 1640 | 4450 | 84 | 1970 | 3970 | 84 |

Nach den Hauptmittelwerten in Tafel 5 und 8 zeigt sich also zwischen Scherfestigkeiten von zweischnittigen und einschnittigen Verbindungen kein bestimmter Unterschied.

### 4. Ergebnisse

Den angeführten Versuchsergebnissen gemäß ist das Verhältnis zwischen der Scherfestigkeit der Nietverbindung und der Zugfestigkeit des Nietmaterials $\left(\dfrac{\tau_v}{\sigma_n}\right)$

| | für Flußeisen | Kohlenstoffstahl | Si-Stahl |
|---|---|---|---|
| nach den älteren Versuchen.......................... | 0,83 | 0,87 | — |
| nach den neueren Diósgyörer Versuchen ............. | 0,77 | 0,80 | 0,88 |
| nach Dr. GEHLER ...................................... | — | — | 0,88 |

Demgemäß können wir vorläufig mit folgenden Werten rechnen:

$$\text{Flußeisen} \dots\dots\dots\dots\dots\dots\dots\dots\dots\dots 0,80$$
$$\text{Kohlenstoffstahl} \dots\dots\dots\dots\dots\dots\dots\dots 0,84$$
$$\text{Si- und Ni-Stahl} \dots\dots\dots\dots\dots\dots\dots\dots 0,88$$

Es ist zu bemerken, daß bei Nickelstahl dieses Verhältnis auch noch höher sein kann, der sehr verschiedenen Versuchsergebnisse wegen ist jedoch zu empfehlen, dieses Verhältnis fallweise durch Versuche festzustellen.

Es ist noch zu bemerken, daß bei der Berechnung obiger Werte die Scherfestigkeiten auf den Nietlochdurchmesser bezogen sind. Wenn man also auch bei der statischen Berechnung mit dem Lochdurchmesser rechnet — wie z. B. in Deutschland —, so ist der berechnete Widerstand der Verbindung tatsächlich nur dann vorhanden, wenn die Niete die Löcher voll ausfüllen.

In Ungarn rechnen wir mit dem wirklichen Nietschaftdurchmesser; in diesem Falle wäre also der berechnete Scherwiderstand auch dann vorhanden, wenn die Nietschäfte gar keine Stauchung erlitten hätten. In der Wirklichkeit aber füllen die Nietschäfte die Löcher im allgemeinen doch gut aus; bei unserer Rechnungsweise gibt es also eine um 8 bis $10^0/_0$ höhere Sicherheit.

## II. Welche Umstände beeinflussen die Güte der Nietung?

### 5. Die durch die Nietung erzeugte Reibung

Zur Feststellung des Reibungswiderstandes haben ENGESSER und CONSIDÈRE besondere Versuche durchgeführt, und zwar in der Weise, daß sie die Lochung des mittleren Bleches länglich oder mit größerem Durchmesser herstellen ließen. Sie haben auf diese Weise den Reibungswiderstand mit 800 bis 1000 kg/qcm gefunden, bezogen auf die Scherfläche (bei zweischnittigen Nietungen daher auf die zweifache Fläche).

Etwas kleinere Werte ergeben die Versuche des Deutschen Eisenbauverbandes, nach welchen der Reibungswiderstand bei Hand- und Druckluftnietung zwischen 600 bis 700 kg, bei Maschinennietung zwischen 900 bis 1000 kg sich änderte.

Die Verhältniszahlen der durch die Hand-, Druckluft- und Maschinennietung erzeugten Reibung können nach den deutschen Versuchen mit 100 : 105 : 145 und nach den österreichischen Versuchen mit 100 : 105 : 114 angenommen werden.

Nach den Diósgyörer Versuchen waren bei Flußeisen die Verhältniszahlen 88 : 91 : 100, bei Stahlmaterial hingegen konnte kein wahrnehmbarer Unterschied festgestellt werden. Ein großer Unterschied zeigte sich jedoch bei der Maschinennietung, wenn die übliche Druckdauer von 4 bis 5 Sec. auf 8 bis 10 Sec. erhöht wurde. Es erfolgte nämlich eine Zunahme des Beginnens der Gleitung bei Flußeisen um $15^0/_0$, bei Stahl um rund $30^0/_0$.

Allgemein wird von Forschern festgestellt, daß die Reibung auf die Scherfestigkeit der Nietverbindungen keinen oder einen sehr geringen Einfluß hat, demnach übt auch die Art der Nietung (Hand-, Druckluft- oder Maschinennietung) auf die Scherfestigkeit keinen merkbaren Einfluß aus.

Dieser Umstand ist auch erklärlich, nachdem beim Eintritt der starken Verschiebungen die Reibung bereits überwunden ist, die Dehnung der Bleche beginnt, ihre Dicke abnimmt und so die zusammenpressende Wirkung der Nietköpfe auch aufgehoben ist.

### 6. Einfluß der Temperatur

Diesbezüglich hat CONSIDÈRE eingehende Versuche gemacht (Anwendung von Eisen und Stahl, Wien 1888, 272 bis 279), wobei er feststellte, daß für die Reibung eine Nietung bei 600 bis $700^0$ (Dunkelrotglut), für die Scherfestigkeit aber eine Temperatur von 550 bis $600^0$ (Verschwinden der Dunkelrotglut) die günstigste ist.

Bei zu großer Hitze, z. B. bei Hellrotglut (900 bis $1000^0$) oder bei einer noch höheren Temperatur, wird das Niet zu weich und unfähig zur Aufnahme der Stauchungsarbeit, geradeso, wie ein bei zu hoher Temperatur gewalztes Eisen eine niedrigere Festigkeit und Streckgrenze aufweisen wird, als ein solches, welches bei einer richtigen Temperatur gewalzt wurde.

Ein bei zu niedriger Temperatur eingezogenes Niet wird hingegen das Loch nicht ausfüllen, bei Bildung des Schließkopfes sinkt die Temperatur bis zur Schwarz- oder Blauwärme und der Kopf kann Risse bekommen. Bei zu niedriger Temperatur wird ferner auch die Reibung kleiner sein, nachdem die bei der Auskühlung erfolgende Zusammenziehung des Nietschaftes ausbleibt.

Es wird also die alte praktische Regel bestätigt, daß bei richtig erfolgter Nietung der Nietkopf nach Beendigung des Schließens noch einen rotglühenden Kern zeigen muß.

Diese Feststellungen beziehen sich auf jenen Fall, wo bei der Maschinennietung eine entsprechende Druckkraft vorhanden ist, oder bei der Handnietung die Abmessungen der Niete nicht zu groß sind. Liegen diese Bedingungen nicht vor, so muß man die Nietung — wenn auch etwa auf Kosten der Festigkeit —, bei einer höheren Temperatur durchführen.

Die angeführten Erfahrungen beziehen sich besonders auf Flußeisenniete, für das Erhitzen und Einziehen der Stahlniete stehen uns noch keine ähnlichen Studien zur Verfügung.

## 7. Die Größe des für die Nietung erforderlichen Druckes

Für die Stauchung der Nietschäfte zwecks guter Ausfüllung des Nietloches ist ein gewisser Druck notwendig, welcher mit dem Querschnitt der Niete und deren Festigkeit im geraden Verhältnis steht.

Nach den Versuchen von CONSIDÈRE ist bei einem Nietmaterial mit 4000 kg/qcm Festigkeit ein Druck von 7 t/qcm nicht genügend, sondern es ist ein solcher von 9 bis 10,5 t/qcm notwendig. Eine andere Quelle (Génie Civil 1908, Nov. 28) gibt ebenfalls 10 t/qcm an.

Bei den außerordentlich großen Nieten der Hell-Gate-Brücke war bei einem Material von 3500 bis 4000 kg/qcm Festigkeit und 33 mm Durchmesser der größte Druck der Nietmaschine 100 Tonnen, demgemäß betrug hier der spezifische Druck 11,5 t/qcm.

Nehmen wir daher für Flußeisenniete 9 bis 10 t/qcm Druck an, so wäre
bei Stahlnieten von 4500 bis 5000 kg Festigkeit der notwendige Druck

11 bis 12 t/qcm

bei Stahlnieten von 5000 bis 5500 kg Festigkeit der notwendige Druck

12 bis 14 t/qcm

## 8. Die Untersuchungen von Bach und Baumann
### (Zeitschr. d. Ver. deutsch. Ing., 1912, Nr. 47)

BACH und BAUMANN erwogen die Frage aus anderen Gesichtspunkten, und zwar:

a) Sie stellten diejenige Kraft fest, mit der die zwei Nietköpfe die Bleche zusammenpressen, und zwar in der Weise, daß die mit verschiedenem Schließdruck eingetriebenen Niete wieder freigelegt und die erfolgte Längenänderung genau gemessen wurde.

Auf diese Weise haben sie festgestellt, daß im Falle eines entsprechend großen Druckes oder bei vollkommenem Ebensein der Bleche die Kraft, mit welcher die Nietköpfe die Bleche im kalten Zustande zusammenpressen, vom Schließdruck unabhängig ist und lediglich eine Folge der Zusammenziehung des Nietschaftes infolge der Abkühlung ist, und daß weiters diese Kraft im allgemeinen der Fließgrenze des Materials nahekommt.

b) Bei ebenen und gut aufeinander liegenden Blechen ist die Druckdauer ebenfalls ohne Einfluß.

Sind hingegen die Bleche nicht vollkommen eben, dann zeigen die Bleche das Bestreben, die noch warmen Nietköpfe auseinander zu drücken; der Schließdruck soll daher solange wirken, bis die Nietschäfte sich derart abkühlen, daß sie den elastischen Federungen der Bleche widerstehen können.

Für diese Zeitdauer geben BACH sowie SPIELMANN bei Nieten von 28 m/m Durchmesser eine Minute an. Für schwächere Niete kann die Druckdauer, entsprechend der schnelleren Abkühlung, auch kürzer sein.

c) Für die vollkommene Bildung der Schließköpfe war ein Druck von 7 bis 8 t/qcm notwendig. Die Erhöhung dieses Druckes ist nach ihrer Meinung nicht statthaft, da schon bei einem Druck von 7 bis 8 t/qcm sich die Fließfiguren bei den an den Nieten angrenzenden Teilen des Bleches zeigten, nachdem die glühendweiche Masse des Nietschaftes den Druck wie eine Flüssigkeit auf die Seitenflächen des Nietloches übertrug und dort schädliche Spannungen erzeugte.

Die bei Kesselblechen vorkommenden radialen Risse sind nach BACH in vielen Fällen auf einen zu großen Schließdruck zurückzuführen, wenigstens aber haben die zu großen Drücke die Bildung der Risse befördert.

BACH hat bei diesen Versuchen Niete von 4450 kg/qcm und Bleche von 3780 kg/qcm Festigkeit verwendet.

d) Die Kraft, mit welcher die Nietköpfe die Bleche zusammenpressen, ist bei kürzeren Nieten kleiner, 1600 bis 2400 kg/qcm, bei längeren Nieten größer, oberhalb des Längenmaßes $3 . d$ bereits konstant und erreicht die Streckgrenze des Materials, in diesem Falle den Wert von 3100 kg/qcm. Diese Erscheinung rührt davon her, daß bei kürzeren Nieten die Formänderung der Köpfe einen namhaften Teil der Gesamtformänderung bildet und daher diesem zu Hilfe kommt.

BACH empfiehlt daher einen kleineren Schließdruck, 7 bis 8 t/qcm, hingegen CONSIDÈRE und andere Quellen für diesen 9 bis 10 t/qcm Druck angeben.

Beziehen wir diese Angaben auf die Festigkeit des verwendeten Materials, so finden wir für den richtigen Schließdruck ($S_d$) eine Doppelregel, und zwar:

nach CONSIDÈRE .......................... $S_d \geq 2{,}25 \times$ Nietfestigkeit

nach BACH ................................. $S_d \leq 2 \sim 2{,}1 \times$ Blechfestigkeit

Jedenfalls mahnen die angeführten Forschungen, daß man mit dem Schließdruck nicht höher gehen soll, als es die gute Nietungsarbeit erfordert.

Wir können der Beobachtung, daß bei 8 t/qcm Druck schon Fließerscheinungen in der Nähe des Lochrandes auftreten, kein entscheidendes Gewicht anerkennen, da in verschiedenen Bestandteilen der Bauwerke bei der ersten Belastung örtliche, bis zur Streckgrenze gehende Inanspruchnahmen und kleine Deformationen auftreten — so z. B. bei Nietgruppen der ungleichmäßigen Kraftverteilung wegen, in den Fasern neben den Nietlöchern, in den Köpfen der Kettenglieder usw., ohne jedoch, daß diese Erscheinungen auf die Güte und Haltbarkeit der Bauwerke ungünstigen Einfluß hätten, da wir wissen, daß die bei der ersten Belastung auftretenden und sich nicht mehr wiederholenden bleibenden Deformationen die Sicherheit der Bauwerke nicht schädlich beeinflussen.


## 9. Über die Nietmaschinen

Die gute Nietarbeit ist, wie wir sehen, durch einen gewissen Schließdruck und eine entsprechende Druckdauer bedingt, die Druckkraft soll ferner mit dem Nietdurchmesser veränderlich sein.

Die Kniehebel-Nietmaschine entspricht diesen Forderungen nicht, nachdem bei dieser die Größe des Schließdruckes von der Endlage des Hebels abhängt, diese Lage jedoch sich ändert, sobald die Maschine nicht genau nach der Stärke der

Stücke eingestellt ist oder wenn der Nietschaft etwas länger als die theoretische Länge ist.

Den verschiedenen Forderungen entspricht am besten die Druckwasser-Nietmaschine, dessen Pumpe durch einen Elektromotor angetrieben wird. Diese Maschine kann auch am Bauplatz verwendet werden, da die elektrische Leitung billig und leicht versetzbar ist, die hydraulische oder pneumatische Leitung hingegen teuer und der Frostgefahr ausgesetzt ist. Die hydraulische Presse selbst kann mit einer schwer frierenden Flüssigkeit, z. B. Glyzerin-Wasser-Lösung, gefüllt werden.

Eine solche elektro-hydraulische Nietmaschine ist von SPIELMANN in der Z. V. D. I. 1914, S. 95, und die Maschine „System Oerlikon" in Le Génie Civil, 1908, Nov. 28, beschrieben.

Heutzutage werden bereits vollkommene automatische Nietmaschinen erzeugt (siehe: Eisenbau 1913, S. 130, und Z. V. D. I. 1913, S. 1261), die man von vornherein auf einen bestimmten Maximaldruck einstellen kann. Bei Erreichung des Maximaldruckes wird ein Uhrwerk in Gang gesetzt, welches die Anzahl der verflossenen Sekunden anzeigt.

Bei solchen Maschinen sind also die Größe und die Dauer des Schließdruckes nicht der Schätzung des Arbeiters überlassen und für ihre Beurteilung wird nicht die Aufmerksamkeit des letzteren beansprucht, der hingegen sein ganzes Augenmerk auf die richtige Durchführung der Nietung richten kann.

## III. Der Lochleibungsdruck der Niete

### 10. Theoretische Erklärung der Frage

Der Abstand der äußersten Niete in der Kraftrichtung vom Blechrande wurde früher allgemein mit $e = 1{,}5\,D$ angenommen. (S. Abb. 12.)

Diesen Wert fand z. B. auch MEHRTENS (Eisenbrückenbau I, 132), wobei er annahm, daß gegen Ausreißen die Scherfestigkeit einer Fläche von $2 \cdot y \cdot \delta$ widersteht.

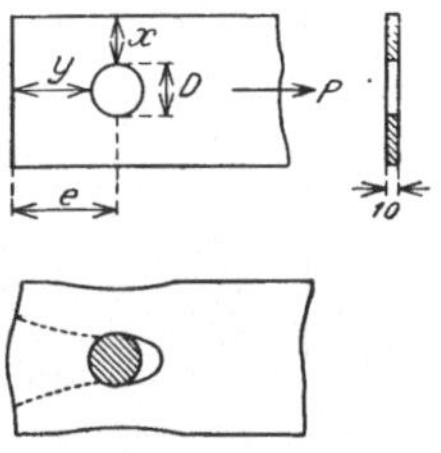

Mit der Annahme eines Leibungsdruckes $\sigma_l = 2 \cdot \sigma$ wird also $P = D \cdot \delta \cdot \sigma_l = 2 \cdot D \cdot \delta \cdot \sigma = 2 \cdot y \cdot \delta \cdot \sigma_\tau$ und mit $\sigma_\tau = \sigma$ bekommt man $y = D$, also $e = y + \dfrac{D}{2} = 1{,}5\ D$.

Dieser Wert ist jedoch zu klein, nachdem die Scherfestigkeit des Bleches mit Sicherheit nicht höher als $0{,}75\ \sigma$ anzunehmen ist, was bereits eine Randentfernung $e = 1{,}83\ D$ gibt.

Beim Reißen der Verbindung wird aber der Querschnitt „$y$" nicht nur auf Abscherung, sondern auch auf Zug und Biegung beansprucht, und die Versuche haben tatsächlich auch gezeigt, daß für einen Leibungsdruck $\sigma_l = 2 \cdot \sigma$ eine Randentfernung $e = 2 \cdot D$ notwendig ist.

Abb. 12

Allgemein ist daher das Verhältnis $\left(\dfrac{e}{D}\right)$ eine Funktion des Lochleibungsdruckes

$$\frac{e}{D} = f\left(\frac{\sigma_l}{\sigma}\right).$$

Je größer also diese Verhältniszahl $\left(\dfrac{\sigma_l}{\sigma}\right)$ durch eine Vorschrift festgelegt ist, mit desto größerem Wert von $\dfrac{e}{D}$ muß beim Entwerfen gerechnet werden.

Auf Grund der unten angeführten Versuchsergebnisse werden wir in der Lage sein, obige Funktion festzustellen.

## 11. Versuche über die Lochleibungsfestigkeit

*a) Diósgyörer Versuche vom Jahre 1896 bis 1898.*

Aus Anlaß des Baues der Budapester Erzsébet-Brücke wurden in Diósgyör durch den Verfasser eingehende Versuche zur Festlegung der Abmessungen der

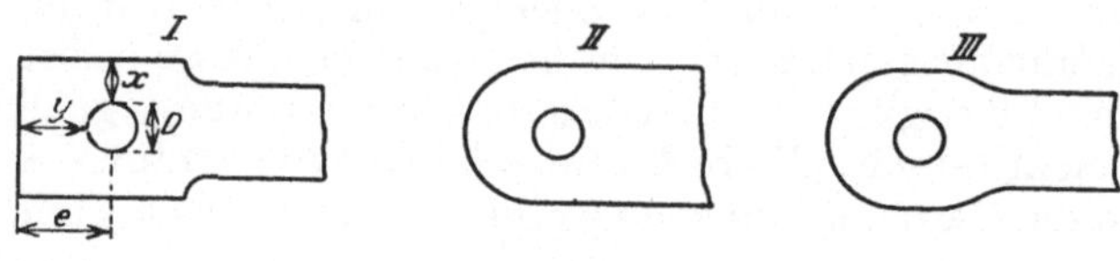

Abb. 13

Kettenglieder und besonders der Kettenköpfe nach drei verschiedenen Formen ausgeführt. Siehe Abb. 13.

Von diesen Versuchsergebnissen haben wir jene zusammengefaßt, bei denen der Riß in der Richtung „$y$" erfolgte, welche also für die Festlegung der Abmessungen „$y$" und „$e$" maßgebend sind.

Tafel 9

| Form | Abmessungen mm | | | | Zugfest. d. Bleches $\sigma$ | Belastung $P\ Tonne$ | Leibungsdruck $\sigma l$ | Ergebnis | |
|---|---|---|---|---|---|---|---|---|---|
| | $x$ | $y$ | $D$ | $\delta$ | | | | $\dfrac{\sigma l}{\sigma}$ | $\dfrac{e}{D}$ |
| I | 33,8 | 25,2 | 40 | 10,5 | 4990 | 24,5 | 5850 | 1,17 | 1,13 |
| | 34,0 | 29,8 | 40 | 10,35 | 4990 | 26,8 | 6480 | 1,30 | 1,25 |
| | 34,0 | 35,3 | 40 | 10,1 | 4990 | 30,0 | 7440 | 1,49 | 1,38 |
| | 34,0 | 37,2 | 40 | 10,6 | 4990 | 31,5 | 7440 | 1,49 | 1,43 |
| II | 36,4 | 29,9 | 36 | 9,9 | 5200 | 25,0 | 7020 | 1,35 | 1,33 |
| | 36,8 | 35,2 | 36 | 9,9 | 5200 | 26,7 | 7480 | 1,44 | 1,48 |
| | 37,0 | 40,0 | 36 | 10,0 | 5200 | 30,8 | 8570 | 1,65 | 1,61 |
| | 29,6 | 29,6 | 36 | 10,0 | 5200 | 24,5 | 6800 | 1,31 | 1,33 |
| III | 35,9 | 35,7 | 40,1 | 10,54 | 5060 | 30,7 | 7280 | 1,44 | 1,39 |
| | 37,9 | 37,7 | 40,1 | 10,45 | 5060 | 31,1 | 7280 | 1,44 | 1,44 |
| | 37,8 | 39,7 | 40,1 | 10,45 | 5060 | 31,3 | 7340 | 1,45 | 1,49 |
| | 31,0 | 40,0 | 40,3 | 10,15 | 5060 | 29,9 | 7320 | 1,45 | 1,50 |
| | 31,9 | 41,2 | 40,3 | 10,50 | 5060 | 29,1 | 6860 | 1,36 | 1,52 |

*b) Versuche mit Nietverbindungen in Diósgyör 1909.*

Bei diesen schon unter 3. c) erwähnten Versuchen erfolgte der Bruch nach der Richtung „$y$" in vier Fällen, und zwar:

Tafel 10

| Material | Zugfest. d. Bleches $\sigma$ | Dicke $\delta$ mm | Bruchkraft $Pt$ | Leibungsdruck $\sigma l$ | Verhältniszahlen | |
|---|---|---|---|---|---|---|
| | | | | | $\left(\dfrac{\sigma l}{\sigma}\right)$ | $\left(\dfrac{e}{D}\right)$ |
| Flußeisen...... | 4200 | 10,0 | 18,8 | 8 950 | 2,13 | 2,14 |
| | 4200 | 10,0 | 18,6 | 8 860 | 2,11 | |
| Nickelstahl .... | 5600 | 10,4 | 31,0 | 14 200 | 2,54 | 2,14 |
| | 5600 | 10,4 | 31,0 | 14 200 | 2,54 | |

*c) Versuche von* F. ENGESSER (Z. V. D. I. 1889).

Aus den schon oben erwähnten Versuchen von F. ENGESSER teilen wir einige Versuchsergebnisse bezüglich des Lochleibungsdruckes mit, und zwar.:

### α) *Verbindungen mit Schrauben*

bei $\sigma_l = $ 7500 kg/qcm $= 2,2 \cdot \sigma$ .... Schraube beginnt ins Blech einzudringen
„ $\sigma_l = $ 9000 kg/qcm $= 2,6 \cdot \sigma$ .... Beginn der Stauchung des Bleches
„ $\sigma_l = $ 10500 kg/qcm $= 3,1 \cdot \sigma$ .... $\left\{ \begin{array}{l} \text{Blechdicke ist gestaucht von 5 auf 7,5 mm} \\ \text{das Loch hat sich von 20 auf 30 mm gedehnt} \end{array} \right.$

### β) *Verbindungen mit Stahlnieten*

bei $\sigma_l = $ 15250 kg/qcm $= 4,4 \cdot \sigma$ .... Dehnung des Loches um $60^0/_0$
„ $\sigma_l = $ 16400 kg/qcm $= 4,8 \cdot \sigma$ .... $\left\{ \begin{array}{l} \text{Starke Stauchung des Bleches} \\ \text{Nietköpfe springen ab} \end{array} \right.$

Auf Grund dieser Versuche stellt ENGESSER fest, daß mit $\sigma_l$ eine gewisse Grenze nicht zu überschreiten ist und gibt als obere Grenze im Einvernehmen mit GERBER $\sigma_l = 2\,\sigma$ an.

*d) Die Versuche von* Dr. A. DÖRNEN.

„Die bisherigen Anschlüsse steifer Fachwerkstäbe und ihre Verbesserung", Berlin, W. Ernst & Sohn. 1924.

Tafel 11

**Versuche mit zweischnittigen Nietverbindungen**

| | Rand-<br>entfernung<br>$\left(\dfrac{c}{D}\right)$ | Leibungs-<br>druck<br>$\left(\dfrac{\sigma_l}{\sigma}\right)$ | Art des<br>Reißens | Anmerkungen |
|---|---|---|---|---|
| — | 2,22 | 2,00 | *y* | Die Abmessung „*e*" ist gerade an der Grenze |
| 1 | 2,35 | 1,60 | *x* | Die Abmessung „*e*" ist zu stark |
| 2 | 3,16 | 3,20 | *x* | Die Abmessung „*e*" ist gerade an der Grenze<br>Nietloch dehnte sich um $100^0/_0$ |
| 3 | 3,16 | — | *y* | Nietloch dehnte sich um $150^0/_0$ |
| 3a | 3,00 | 3,50 | *y* | Grenzwert, berechnet aus der unter 3 er-<br>mittelten Bruchkraft |

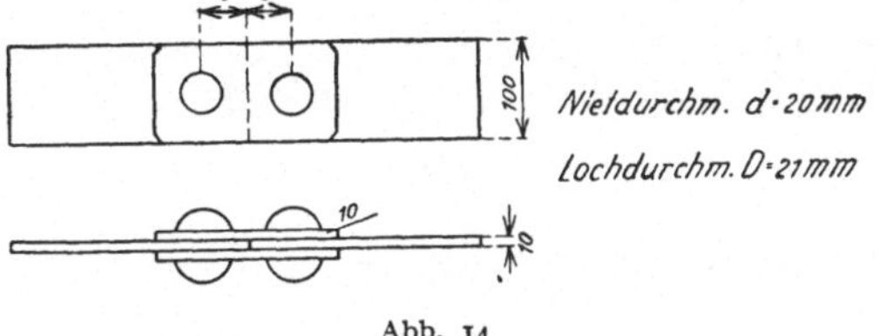


Abb. 14

Auf Grund dieser Versuche empfiehlt DÖRNEN:

bei einem Leibungsdruck $\sigma_l = 2\,\sigma$ eine Randentfernung $e = 2,5\,D$,
„  „  „  $\sigma_l = 3\,\sigma$ „  „  $e = 3,33\,D$.

*e) Die Versuche der deutschen Reichsbahngesellschaft.*

Die Hauptverwaltung der deutschen Reichsbahnen hat in der allerneuesten Zeit ebenfalls Versuche zur Feststellung des Lochleibungsdruckes durchführen lassen, deren Ergebnisse durch WEIDMANN in der „Bautechnik" 1927, Heft 46, veröffentlicht wurden.

Die Versuche wurden mit zweischnittigen Überlaschungen aus St. 48 und St. 37 durchgeführt.

Von diesen Ergebnissen haben wir in Tafel 12 diejenigen Gruppen-Mittelwerte zusammengefaßt, welche für die verschiedenen $\left(\dfrac{e}{D}\right)$ -Verhältniszahlen die entsprechenden $\left(\dfrac{\sigma_l}{\sigma}\right)$ -Werte liefern; wir haben bei der Bildung der Mittelwerte ausgeschlossen die Versuche der Gruppe „g", welche nicht durch Aufschlitzen, sondern durch Querbruch des Bleches gerissen sind.

Tafel 12

| Material | $\left(\dfrac{e}{D}\right)$ | Leibungsdruck kg/qcm | | Zugfestigkeit des Bleches | Zul. Inanspruchnahme im Blech | $\left(\dfrac{\sigma_{ls}}{\sigma_0}\right) = \alpha$ | $\left(\dfrac{\sigma_l}{\sigma_B}\right)$ |
|---|---|---|---|---|---|---|---|
| | | beim Fließen | beim Bruch | | | | |
| | | $\sigma_{ls}$ | $\sigma_l$ | $\sigma_B$ | $\sigma_0$ | | |
| Stahl 48 | 1,75 | 5700 | 9 760 | | | 3,13 | 1,83 |
| | 2,0 | 6180 | 11 750 | 5340 | 1820 | 3,40 | 2,20 |
| | 2,50 | 7640 | 13 200 | | | 4,20 | 2,48 |
| Stahl 37 | 2,50 | 6200 | 9 930 | 3760 | 1400 | 4,40 | 2,64 |

WEIDMANN befaßte sich besonders mit der Feststellung des Leibungsdruckes, welcher beim Beginn des Fließens entsteht und fand dessen Verhältnis zur zulässigen Zuginanspruchnahme $\alpha = \dfrac{\sigma_{ls}}{\sigma_{zul}}$ zwischen 3 ∿ 4.

Ferner wurde durch mikrometrische Messungen der erste Knickpunkt des Diagramms, welcher also der Elastizitätsgrenze entspricht, bei $\alpha = 1{,}5 \sim 2$ gefunden, welcher Wert in den Nieten einer Scherbeanspruchung von 900 bis 1200 kg/qcm entspricht.

Auf Grund dieser Ergebnisse fand WEIDMANN die Angabe der deutschen Vorschrift von $\sigma_l = 2{,}5 \cdot \sigma$ als gerechtfertigt.

Die Werte von Tafel 12 sind in Abb. 16 aufgetragen. Es zeigt sich, daß diese mit den Ergebnissen der Diósgyörer Versuche vollkommen in Einklang sind.

*f) Die neueren Diósgyörer Versuche (1927/28).*

Im Auftrage des Stahlausschusses hat Verfasser neuere Versuche ausgeführt, bei denen auch die Lochleibungsfestigkeit von zweiseitigen Laschenverbindungen untersucht wurde, und zwar aus Blechen von Flußeisen, Kohlenstoffstahl und Siliziumstahl. Die Endergebnisse sind in Tafel 13 und 14 zusammengefaßt (siehe auch Abb. 14).

**T a f e l  13**
**Versuche  mit  Flußeisenblechen**

| Anzahl der Versuche | $e$ mm | $\left(\dfrac{e}{D}\right)$ | Leibungsdruck | | Zug-festigkeit des Bleches | $\left(\dfrac{\sigma_l}{\sigma}\right)$ |
|---|---|---|---|---|---|---|
| | | | beim Fließen | beim Bruch | | |
| | | | $\sigma_{ls}$ | $\sigma_l$ | $\sigma$ kg/qcm | |
| 2 | 20,5 | 0,97 | | 4050 | | 1,05 |
| 3 | 30 | 1,43 | | 6670 | | 1,74 |
| 1 | 38 | 1,81 | | 7300 | 3840 | 1,90 |
| 4 | 40 | 1,90 | | 8450 | | 2,20 |
| 8 | 45 | 2,14 | 4530 | 9360 | | 2,44 |
| 2 | 50 | 2,38 | | 9950 | | 2,59 |

**T a f e l  14**
**Versuche  mit  Stahlblechen**

| Material | Anzahl der Versuchen | $e$ mm | $\left(\dfrac{e}{D}\right)$ | Leibungsdruck | | Zugfest. des Bleches | $\left(\dfrac{\sigma_l}{\sigma}\right)$ |
|---|---|---|---|---|---|---|---|
| | | | | beim Fließen | beim Bruch | | |
| | | | | $\sigma_{ls}$ | $\sigma_l$ kg/qcm | $\sigma$ | |
| Karbonstahl | 2 | 20 | 0,95 | | 5 455 | 5120 | 1,06 |
| | 8 | 30 | 1,43 | | 8 580 | 5160 | 1,66 |
| | 2 | 30 | 1,43 | | 9 025 | 5450 | 1,66 |
| | 2 | 38 | 1,81 | | 9 870 | 5160 | 1,91 |
| | 4 | 40 | 1,90 | | 10 930 | 5200 | 2,10 |
| | 2 | 40 | 1,90 | | 11 750 | 5450 | 2,16 |
| | 8 | 45 | 2,14 | 4910 | 11 730 | 5200 | 2,26 |
| | 2 | 50 | 2,38 | | 12 750 | 5200 | 2,45 |
| Si-Stahl | 4 | 30 | 1,43 | | 9 050 | 5270 | 1,72 |
| | 4 | 40 | 1,90 | | 11 600 | 5270 | 2,20 |
| | 2 | 45 | 2,14 | | 12 200 | 5270 | 2,32 |

Die Ergebnisse sind in Abb. 16 aufgetragen.

## 12. Zusammenhang zwischen dem Lochleibungsdruck und der Randentfernung der Niete

Auf Grund der im Punkt 9 unter a) bis d) und e) bis f) angeführten Versuchsergebnisse haben wir in Abb. 15 und 16 die dem Leibungsdruck entsprechenden Werte von $\dfrac{\sigma_l}{\sigma}$ als Funktion des Verhältnisses $\dfrac{e}{D}$ aufgetragen.

Nach dieser Darstellung bildet diese Funktion für die Werte von $\dfrac{e}{D} > 1$ eine Gerade, und zwar

nach Abb. 15 ist .............................. $\dfrac{e}{D} = \dfrac{\sigma_l}{\sigma}$

nach Abb. 16 ist .............................. $\dfrac{e}{D} = 0{,}93\left(\dfrac{\sigma_l}{\sigma}\right)$

bzw. im ungünstigsten Falle................. $0{,}97\left(\dfrac{\sigma_l}{\sigma}\right)$

Die Ergebnisse der älteren und neueren Versuche stimmen also sehr gut überein, und wenn wir uns noch versichern wollen, daß der Bruch nie durch Aufschlitzen,

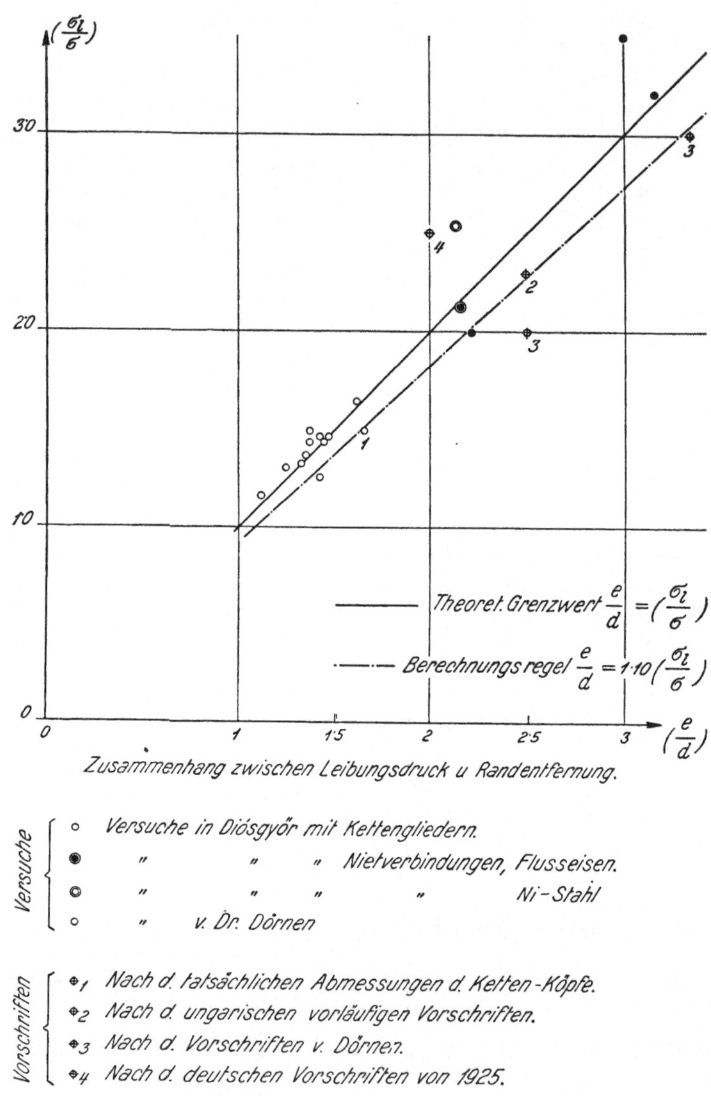



Abb. 15

sondern immer senkrecht zur Stabachse (Querbruch) entstehe, so können wir den Zusammenhang

$$\frac{e}{D} = 1{,}10\left(\frac{\sigma_l}{\sigma}\right)$$

als Berechnungsgrundlage annehmen.

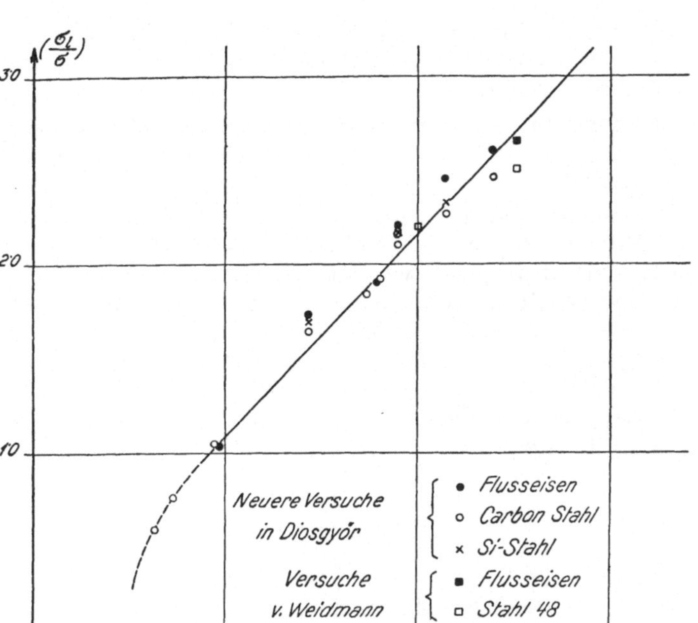


Abb. 16

## 13. Der obere Grenzwert des Lochleibungsdruckes

Alle vorgeführten Versuche — abgesehen von ein bis zwei Ausreißerwerten — bestätigten den Zusammenhang:

$$\frac{\sigma_l}{\sigma} = \frac{e}{D}.$$

Theoretisch könnte daher der Leibungsdruck $\sigma_l$ beliebig groß gewählt werden, wenn nur die Randentfernung „$e$" genug groß ist. (S. Abb. 17.)

In der Wirklichkeit hat jedoch der Leibungsdruck eine obere Grenze, nämlich dort, wo im Blech unter dem Flächendruck eine starke Stauchung auftritt. Wird der Druck weiter gesteigert, so findet ein Schrumpfen des Bleches und endlich ein Einreißen desselben statt. Wird jedoch die Stauchung behindert, dann — wie es die Versuche von ENGESSER zeigten — springen die Nietköpfe ab.

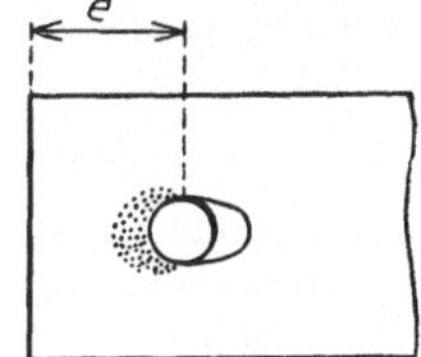


Nach ENGESSERS Versuchen mit verschraubten Verbindungen beginnt eine wahrnehmbare Stauchung des Bleches bereits bei einem Leibungsdruck $\sigma_l = 2{,}6 \cdot \sigma$, und bei $\sigma_l = 3{,}1\,\sigma$ erreicht die Stauchung bereits $50^0/_0$ der Blechstärke, und gleichzeitig dehnen sich auch die Löcher um $50^0/_0$, bei $\sigma_l = 4{,}8\,\sigma$ endlich springen die Nietköpfe ab.

Nach einer Bemerkung von Dr. BOHNY ist die Dehnung der Nietlöcher eine Folge der Stauchung der Bleche. Diese

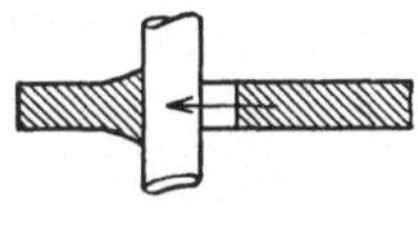

Abb. 17

Erklärung ist aber nur teilweise stichhaltig. So z. B. dehnen sich bei Zerreißproben mit Kettengliedern auch die Löcher um 30 bis $40^0/_0$ bereits bei einem sehr niedrigen $\sigma_l = (1{,}1 \sim 1{,}6) \cdot \sigma$ Leibungsdruck. Bei Zugversuchen mit gelochten Flacheisenproben sogar, wo ja überhaupt kein Leibungsdruck vorhanden ist, dehnen sich die Löcher auch um 30 bis 40⁰/₀, in diesem Falle ist die Dehnung des Loches also ausschließlich durch die örtliche Dehnung der neben dem Loche befindlichen gezogenen Fasern verursacht.

Die Lochdehnung in genieteten Verbindungen hat also zweierlei Ursachen, nämlich die Stauchung des Bleches und die örtliche Dehnung der Fasern im geschwächten Querschnitt.

Dr. DÖRNEN ist bei seinen Versuchen mit dem Leibungsdruck bis zur 3- bis 3,5 fachen Blechfestigkeit gegangen, er hat aber die erwähnten Begleiterscheinungen nicht untersucht, sondern begnügt sich mit der Festlegung der notwendigen Randentfernung „e" und stellte als zulässiges Maximum des Leibungsdruckes $\sigma_l = 3 \cdot \sigma$ fest. Hingegen geben ENGESSER und WEIDMANN als Grenze $\sigma_l = 2{,}5\,\sigma$ an.

Solange bezüglich wir großer Leibungsdrücke keine ausführlicheren Versuche vorliegen, halten auch wir $2{,}5 \cdot \sigma$ für den oberen Grenzwert. Als Berechnungsgrundlage schlagen wir vor einen Leibungsdruck $\sigma_l = 2{,}3\,\sigma$, wobei eine Randentfernung $e = 2{,}5\,D$ entspricht.

# Anhang

Auszug aus den vorläufigen Vorschriften für Brückenkonstruktionen aus Eisen und Stahl, nach den Vorschlägen des ungarischen Stahl-Ausschusses.

## A) Qualität der Eisen- und Stahlmaterialien

### Tafel 15

| | Flußeisen | Kohlenstoffstahl | Siliziumstahl | |
|---|---|---|---|---|
| **Konstruktions-Material** | | | | |
| Zugfestigkeit ............kg/qcm | 3600 bis 4500 | 4900 bis 5800 | 4900 bis 5800 | |
| Streckgrenze ............kg/qcm | 2400 | 2900 | 3400 | |
| Dehnung in der Längsrichtung ... | 27 bis 22⁰/₀ | 20 bis 18⁰/₀ | 21 bis 18⁰/₀ | |
| Dehnung in der Querrichtung .... | 25 bis 20⁰/₀ | 18 bis 16⁰/₀ | 19 bis 16⁰/₀ | |
| **Nietmaterial** | | | | |
| Zugfestigkeit ................. | 3500 bis 4000 | 4500 bis 5300 | 4500 bis 5300 | $l = 10 \cdot \sqrt{F}$ |
| Streckgrenze.................. | 2300 | 2700 | 3100 | |
| Dehnung...................... | 32 bis 26⁰/₀ | 25 bis 21⁰/₀ | 25 bis 21⁰/₀ | |
| Scherfestigkeit ............... | 2500 bis 3300 | 3300 bis 4300 | 3300 bis 4300 | |
| **Stahlguß** | | | | |
| Zugfestigkeit ................. | 5200 | | | |
| Streckgrenze.................. | 2700 | | | |
| Dehnung...................... | 12⁰/₀ | | | |
| **Gußeisen** | | | | |
| Zugfestigkeit ................. | 1200 | | | |
| Druckfestigkeit ............... | 6000 | | | |

Meßlänge $l = 10 \cdot \sqrt{F}$

## B) Zulässige Inanspruchnahme

*In gewalzten oder genieteten Konstruktionen*

Tafel 16

|  |  | Inanspruchnahme kg/qcm | | |
|---|---|---|---|---|
|  |  | Flußeisen | Kohlenstoffstahl | Siliziumstahl |
| 1. | Auf Zug oder Biegung.......... | 1400 | 1700 | 1900 |
| 2.<br>3. | Auf Druck, wenn der $\left(\lambda = \dfrac{l}{i}\right)$ Schlankheitsgrad $\begin{cases} \lambda < 100 \\ \text{oder} \\ \lambda > 100 \end{cases}$ | $1400 - 0{,}07\,\lambda^2$<br>$1400 - 7\,\lambda$<br>$\dfrac{7\,000\,000}{\lambda^2}$ | $1700 - 0{,}10\,\lambda^2$<br>$1700 - 10\,\lambda$<br>$\dfrac{7\,000\,000}{\lambda^2}$ | $1900 - 0{,}12\,\lambda^2$<br>$1900 - 12\,\lambda$<br>$\dfrac{7\,000\,000}{\lambda^2}$ |
| 4. | In Nieten auf Abscheren ....... | 1000 | 1300 | 1300 |
| 5. | In Nieten auf Leibungsdruck .... | 3200 | 3900 | 3900 |

*In Lagerkonstruktionen*

6. In geschmiedetem Stahl..................... 1700 kg/qcm
7. In Stahlguß ............................... 1500 kg/qcm
8. In Gußeisen, auf Druck..................... 1000 kg/qcm
9. „       „  „  auf Zug durch Biegung......... 300 kg/qcm

### Anmerkungen

1. Die angeführten Inanspruchnahmen beziehen sich auf die Hauptkräfte (ständige Last, die mit der Stoßzahl vermehrte Verkehrslast und Temperaturschwankung). Werden nebst den Hauptkräften der Winddruck und eventuell andere Zusatzkräfte (z. B. Bremskraft) berücksichtigt, so kann die Stoßzahl $\mu = 1$ gesetzt werden.

2. Die in einem Bestandteil durch den Winddruck allein hervorgerufenen Inanspruchnahmen können nicht mehr als $80^0/_0$ der oben angeführten Inanspruchnahmen betragen.

3. Bei der Berechnung der Anschlußniete der Längsträger müssen, falls die Berechnung mit Vernachlässigung der Einspannung erfolgte, die entsprechenden zulässigen Inanspruchnahmen bei Straßenbrücken um $20^0/_0$, bei Eisenbahnbrücken um $40^0/_0$ verringert werden.

4. Die Werte der Stoßzahl

bei Eisenbahnbrücken:

$$\text{gegenwärtig} \begin{cases} L < 20\,\text{m}, & \mu = 1{,}5 + \dfrac{(20 - L)^2}{1000} \\ L > 20\,\text{m}, & \mu = 1{,}5 \end{cases}$$

$$\text{der neue Vorschlag} \ldots \ldots \ \mu = 1{,}24 + \dfrac{9}{16 + L}$$

bei Straßenbrücken:

$$\text{gegenwärtig} \ldots \ldots \ldots \ldots \ \mu = 1{,}4$$

$$\text{vorgeschlagen} \ldots \ldots \ldots \ \mu = 1{,}20 + \dfrac{10}{30 + L}$$

5. Für die Druckbeanspruchung im unelastischen Bereich ($\lambda < 100$) hat die Kommission ursprünglich die parabolische Formel angenommen. Dagegen ließ sich

aber einwenden, daß nach der neueren Theorie ENGESSER-KÁRMÁN, und auch nach den neuesten Züricher Versuchen, die Knickfestigkeit bei einem Schlankheitsgrad $\lambda = 40$ die Streckgrenze erreicht, so daß bei größeren Gurtquerschnitten am häufigsten vorkommenden Schlankheitsgraden $\lambda = 45 — 50$ gegen Bruch nur eine Sicherheit $n = 1{,}90$ bestände, welche allmählich wachsend nur bei $\lambda = 100$ den Wert $n = 3{,}0$ erreicht.

Es ist also wünschenswert, daß bei dem erwähnten, praktisch wichtigsten Schlankheitsgrad gegen Bruch eine 2,5 fache, mindestens aber eine 2,3- bis 2,4 fache Sicherheit vorhanden sein soll. Dies läßt sich nur erreichen, wenn wir von der parabolischen Formel zur älteren, von TETMAJER herrührenden Geradelinienformel zurückkehren.

Aus diesem Grunde wird jetzt von der Kommission die Rückkehr zu dieser Formel erwogen.


# Diskussion

Dr.-Ing. A. DÖRNEN, Derne:

Herr Dr. FINDEISEN wertet in seinem Referate „Versuche über Lochleibungsdruck“ die Versuche aus, welche die Deutsche Reichsbahn-Gesellschaft in den Jahren 1926 und 1927 hat durchführen lassen, um festzustellen, ob das Verhältnis $a$ des zulässigen Lochleibungsdruckes zur zulässigen Normalspannung mit $a = 2{,}5$ zu hoch wäre.

Der von Herrn Geheimrat SCHAPER unter dem Vorsitze von Herrn Oberbaurat WEIDMANN berufene und mit der Durchführung der Versuche betraute Ausschuß ist bezüglich der Versuche aus dem Jahre 1926 mit St. 37 und St. 48 einmütig zu dem Ergebnis gekommen, daß gegen $a = 2{,}5$ Bedenken nicht erhoben werden können. Im Jahre 1927 wurden die Versuche des Jahres 1926 ergänzt und auf St. Si ausgedehnt. Auch hier ist der Versuchsausschuß bezüglich St. 37 und St. 48 zum gleichen Ergebnis gekommen; bezüglich St. Si hat indessen Übereinstimmung nicht erzielt werden können.

FINDEISEN folgert in seinem Referate: „Im allgemeinen konnte festgestellt werden, daß die Verschiebungen bei $a = 2{,}5$ bedenklich zu werden beginnen“ und schreibt weiter: „Das kritische $a$ wurde in der Regel an den Knickpunkten der Schaulinien abgelesen“. Ich darf wohl annehmen, daß er damit in erster Linie die Schaulinien seiner Abb. 9 meint, die die Verschiebungen zwischen den verbundenen Teilen in den untersuchten Versuchsstücken bei den verschiedenen Werten für $a$ darstellen. Meines Erachtens ist der Verlauf dieser Kurven durchweg mindestens bis $a = 3{,}5$ so, daß von einem Knick, der auf bedenkliche Verschiebungen schließen läßt, nicht gesprochen werden kann, um so weniger als auch für noch höhere Werte von $a$ die Schaulinien stetig und ziemlich steil verlaufen und damit auf große Reserve schließen lassen.

Bei der Beurteilung der Verschiebungen in Nietverbindungen ist zu unterscheiden, ob es sich um den Anschluß von Wechselstäben handelt oder um Stäbe, die nur aus einer Richtung beansprucht werden. Bei letzteren sind gewisse Verschiebungen ohne Bedeutung. Sie sind Voraussetzung dafür, daß sich die Nietschäfte satt gegen die Lochleibungen legen und sind umso größer, je weniger sorgfältig die Nietarbeit ist und je größere Kräfte von dem einzelnen Niet aufgenommen werden. Wir können noch so sorgfältig nieten, es wird kaum möglich sein, das Nietloch vollkommen mit ungeschwächtem Nietmaterial zu füllen. Schon durch den Temperaturunterschied zwischen Niet und Konstruktion bei Beendigung der Staucharbeit entsteht infolge der anschließenden stärkeren Abkühlung des Nietschaftes ein Zwischenraum zwischen ihm und der Lochleibung. Auch ist der äußerste Mantel des Nietschaftes rauh und nie mehr ganz vollwertig, wenn man auch noch so sorgfältig allen Zunder entfernt. Bis zur satten Anlage sind also gewisse Verschiebungen unvermeidlich. Anschließend wird an bestimmten Stellen der Nietlöcher nach Überwindung des Reibungswiderstandes schon bei niedrigen Beanspruchungen die Fließgrenze überschritten. Diese Überschreitungen treten aber nur örtlich auf und wirken sich hier anders aus wie beispielsweise dann, wenn sie sich schwächend über einen ganzen Stabquerschnitt erstrecken. Alle diese Verschiebungen tragen dagegen zu einer ausgleichenden Verteilung der Kraftanteile auf die einzelnen Niete bei und sind in gewissen Grenzen ohne Bedenken bei nur aus einer Richtung beanspruchten Stäben. Dies gilt auch für Wechselstäbe, bei denen das Verhältnis der Größtkräfte aus Haupt- und Gegenrichtung zahlenmäßig so ist, daß letztere die Reibung im Anschluß nicht überwindet. Bei Wechselstäben besteht sonst die Gefahr, daß sie sich loshämmern; sie ist umso größer, je mehr die Haupt- und Gegenkräfte einander gleich werden. Wechselstäbe müssen daher so angeschlossen werden, daß Gleitbewegungen in ihnen nur in einem Sinne, in der Hauptrichtung, eintreten und daß die Kraft aus der Gegenrichtung den verbleibenden Gleitwiderstand nicht zurücküberwindet. Dem ungünstig wirkenden Richtungswechsel der Stabkräfte etc. wird meistens dadurch Rechnung getragen, daß man von der Kraft aus der Gegenrichtung einen gewissen Prozentsatz der Hauptkraft zuschlägt; in den Vorschriften der Deutschen Reichsbahn-Gesellschaft 30 %. Dieser Zuschlag setzt den Wert $a$ im ungünstigsten und kaum vorkommenden Fall, daß nämlich die Größtkräfte aus beiden Richtungen gleich sind, auf $\left(\dfrac{2,5}{1,3} =\right) \sim 1{,}9$, in dem Fall, daß sie sich wie 2 : 1 verhalten, für die Gegenkraft auf $\left(\dfrac{2,5}{1,15} \cdot 0{,}5 =\right) \sim 1{,}1$ herab. Es bleibt zu erwägen, ob die Form eines festen prozentualen Zuschlages richtig ist. Zur Erläuterung ein Beispiel. Wechselstab: Größtkraft aus der Hauptrichtung = 1000 t und aus der Gegenrichtung = 100 t. Diese 100 t sind nicht in der Lage, die verbleibende Reibung im Nietanschluß zu überwinden. Es dürfte sich in diesem Falle erübrigen, den Anschluß für 1000 + 100 . . 0,3 = 1030 t zu bemessen.

Die meisten Bauvorschriften für Brücken berücksichtigen die dynamischen Wirkungen der Betriebslasten durch Einführung einer Stoßziffer $\varrho$. Stoßwirkungen verlieren sich aber um so mehr, je mehr elastische Konstruktionselemente sie durchlaufen müssen. Ich halte es für unwahrscheinlich, daß sie sich bis zur Beanspruchung der Lochwandungen in den Nietverbindungen durchfinden, weil ihnen hier der Reibungswiderstand als wirksamer Stoßdämpfer vorgeschaltet ist. Ist dem so, dann erhöht der Faktor $\varrho$ die rechnungsmäßige Sicherheit dieser Nietverbindungen mit seinem vollen Wert. Für den Wert $a$ ergibt dies bei einer mittleren Stoßziffer von 1,4 eine Verminderung auf $\left(\dfrac{2,5}{1,4} =\right) \sim 1{,}8$. Für den behandelten ungünstigsten Fall der Wechselstäbe bedeutet es eine weitere Herabsetzung auf $\left(\dfrac{2,5}{1,3 \cdot 1,4} =\right) \sim 1{,}4$; für den Fall, daß sich die Kräfte aus Haupt- und Gegenrichtung wie 2 : 1 verhalten, auf $\left(\dfrac{2,5}{1,15 \cdot 1,4} \cdot 0{,}5 =\right) \sim 0{,}8$.

GERBER und ENGESSER haben jahrzehntelang mit $a = 2{,}5$ gerechnet; die sich dabei ergebenden örtlichen Überschreitungen der Streckgrenzen sind ihnen kaum unbekannt geblieben. Sie haben aber die Selbsthilfe des Materials, die wir heute erkennen, intuitiv geahnt und in Ansatz gebracht. Die Darlegungen, die hier Professor MEIER-Leibnitz gebracht hat, zeigen, wie wunderbar weit diese Selbsthilfe gehen kann. Vorgänge wie in dem von ihm behandelten Balken auf 3 Stützen gehen analog in jedem Nietloch nach örtlicher Überschreitung der Fließgrenze vor sich.

Nach diesen Erwägungen können meines Erachtens Bedenken gegen einen Wert $a = 2,5$ nicht erhoben werden; die Sicherheit, die er läßt, genügt auch weitgehenden Ansprüchen. Es ist selbstverständlich, daß der höheren Beanspruchung eine gesteigert sorgfältige Arbeit am Zeichentisch, in der Werkstatt und auf der Baustelle entsprechen muß und daß die Ansprüche, die an diese Arbeit gestellt werden, recht hoch geschraubt werden müssen.

H. Frölich, Ingenieur der SBB. in Bern:

Der nachfolgende Bericht behandelt Zugversuche mit Nietverbindungen aus gewöhnlichem Flußeisen und aus Siliziumstahl, Versuche, welche in den Jahren 1927 und 1928 an der Eidg. Materialprüfungsanstalt in Zürich auf Veranlassung der Schweiz. Bundesbahnen und mit Unterstützung des Verbandes Schweiz. Brückenbauanstalten durchgeführt worden sind. Beim Siliziumstahl handelt es sich um Material aus dem Bosshardt-Ofen, das von der Aktiengesellschaft J. C. Freund in Charlottenburg zur Verfügung gestellt wurde; es ist in den Tafeln und Zusammenstellungen als St. F. bezeichnet. Das Flußeisen war von der Qualität St. 37.

## 1. Probestäbe und Versuchsanordnung

### Abbildung 18

Es sind zwei Reihen doppelseitiger Stoßverbindungen untersucht worden.

In Reihe I *verhältnismäßig dünne Breiteisenstäbe*, Stäbe und Laschen gleich stark und je 10 mm dick; Zugbelastung erfolgte auf einer Werderschen Zerreißmaschine (100 t Höchstbelastung).

In Reihe II *verhältnismäßig dicke Flacheisenstäbe* mit ebenfalls gleich starken Laschen, Dicke je 16 mm bei St. 37 bzw. 16,5 mm bei St. F., Belastung mit einer Zerreißmaschine Amsler-Laffon.

Von beiden Materialsorten sind die auf der Tafel aufgezeichneten Nietverbindungen in je zwei Probestäben angefertigt worden; im ganzen waren also je 12 Stäbe aus St. 37 und aus St. F. vorhanden. Die Nietung erfolgte mit Lufthammer bei St. 37 und von Hand bei St. F. Der Durchmesser der Rohnieten war 17, bzw. 22 mm und 1 mm kleiner als der Lochdurchmesser; die Bezugsquerschnitte sind auf den Durchmesser des Nietloches bezogen. Das Material hatte die auf der Tafel angegebenen Zugfestigkeiten.

An diesen Probestäben wurde nun mit in Stufen von 1 bis 5 t steigender Belastung die *Ausweitung der Stoßfuge* gemessen mit einem Martensschen Spiegelmeßgerät an jeder Stabkante, das auf 5 cm Meßlänge eingestellt war. Vom Beginn der größeren Bewegungen ab erfolgte die Messung mit Zirkel zwischen Körnern. Für eine Anzahl Laststufen ist durch Entlasten auch die *bleibende Fugenausweitung* bestimmt worden. Die Wiederbelastung und Entlastung ist auch mehrmals wiederholt worden, wobei meistens schon die erste Wiederholung nur noch eine vergleichsweise sehr geringe weitere Zunahme der bleibenden Ausweitung ergeben hat.

Zu dem Verfahren, das Verhalten der Nietverbindung aus der verhältnismäßig sehr einfach auszuführenden Beobachtung der Fugenausweitung festzustellen, sind noch einige Bemerkungen und Begründungen vorauszuschicken. In Anlehnung an den Längenausdehnungskoeffizienten des einachsigen Spannungszustandes

$$a = \frac{1}{E} = \frac{\varepsilon}{\sigma} = \text{Dehnung auf } 1 \text{ t/qcm, bzw. } 1000 \text{ kg/qcm wird der } \textit{Fugenausweitungs-}$$

*koeffizient* $2\,a$ eingeführt als Fugenausweitung, gemessen in Millimetern, für 1000 kg/qcm Nietscherbeanspruchung. Genauer gesprochen ist $2\,a$ zu vergleichen mit einer Längenänderung, d. h. mit dem Produkt $L \cdot \alpha = \Delta L = $ Längenänderung eines Zugstabes für 1000 kg/qcm Beanspruchung.

Der Faktor 2 wird allen Auswertungen der Fugenausweitung beigelegt, um zum Ausdruck zu bringen, daß die relativen Verschiebungen des links- und rechtsseitigen Nietanschlusses zusammen in der Beobachtungsgröße und den daraus abgeleiteten Zahlenwerten enthalten sind. Es ist nun von Interesse, die Stablängen $L$ von Zugstäben festzustellen, welche beispielsweise bei 1000 kg/qcm Zugbeanspruchung eine Längenänderung erfahren, welche äquivalent ist der Fugen-

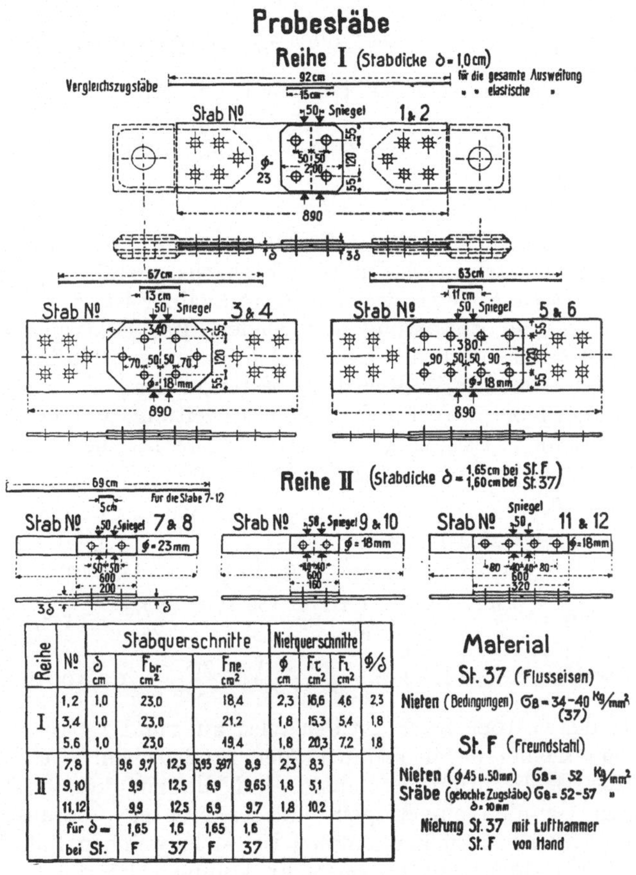



| Reihe | N⁰ | δ cm | F_br. cm² | | F_ne. cm² | | φ cm | F_τ cm² | F_l cm² | φ/δ |
|---|---|---|---|---|---|---|---|---|---|---|
| I | 1,2 | 1,0 | 23,0 | | 18,4 | | 2,3 | 16,6 | 4,6 | 2,3 |
| | 3,4 | 1,0 | 23,0 | | 21,2 | | 1,8 | 15,3 | 5,4 | 1,8 |
| | 5,6 | 1,0 | 23,0 | | 19,4 | | 1,8 | 20,3 | 7,2 | 1,8 |
| II | 7,8 | | 9,6  9,7 | 12,5 | 5,95  5,97 | 8,9 | 2,3 | 8,3 | | |
| | 9,10 | | 9,9 | 12,5 | 6,9 | 9,65 | 1,8 | 5,1 | | |
| | 11,12 | | 9,9 | 12,5 | 6,9 | 9,7 | 1,8 | 10,2 | | |
| | für δ = bei St. | 1,65 F | 1,6 37 | 1,65 F | 1,6 37 | | | | | |

Abb. 18

ausweitung unserer Nietverbindungen bei 1000 kg/qcm Nietscherbeanspruchung; es wird also eine Beziehung aufgestellt auf der Basis gleicher Zug- und Nietscherbeanspruchung. Wir gehen aus von den Koeffizienten $2\,\alpha$ der *gesamten Fugenausweitung* und entnehmen den Tafeln der Versuchsergebnisse folgende Werte, welchen die Länge $L$ der Vergleichszugstäbe beigestellt wird.

Mittel der Probestäbe Nr. 1 und 2    $2\,\alpha = 44/100$ mm hiezu $L = 920$ mm  
,,    ,,    ,,    ,, 3 ,, 4    $= 32/100$ mm ,, $L = 670$ mm  
,,    ,,    ,,    ,, 5 ,, 6    $= 30/100$ mm ,, $L = 630$ mm  
,,    ,,    ,,    ,, 7 bis 12    $= 33/100$ mm ,, $L = 690$ mm.

Diese Stablängen sind auf der Abb. 18 über den Nietbildern eingetragen und erreichen recht erhebliche Längenmaße. Dem gegenüber ist das mittlere Laschenstück, dessen Längenänderung zwischen den inneren Nietreihen in der Fugenausweitung fälschlicherweise mitgemessen wird, nur von geringer Ausdehnung. Um den Fehler der Messung bei angespannter Lasche infolge dieser Ursache festzustellen, ist das Produkt aus dem Verhältnis dieser beiden Längen noch multipliziert mit dem umgekehrten Verhältnis der maßgebenden Querschnitte, nämlich Nietscherquerschnitt dividiert durch Bruttoquerschnitt der Laschen, zu bilden. Dies ergibt nun die folgenden Beiträge aus der Laschendehnung allein: Im ungünstigsten Falle der Reihe I, bei den Probestäben:

$$\text{Nr. 5 und 6} \quad \frac{100}{630} \times \frac{20,3}{46,0} = 0,07 \text{ oder } 7\% \text{ der gesamten Ausweitung.}$$

Im ungünstigsten Falle der Reihe II, bei den Probestäben:

$$\text{Nr. 11 und 12, für St. 37} \quad \frac{80}{690} \times \frac{10,2}{25,0} = 0,05 \text{ oder } 5\%$$

$$\text{und ,, St. F.} \quad \frac{80}{690} \times \frac{10,2}{19,8} = 0,06 \text{ oder } 6\%.$$

Die unterhalb den Vergleichszugstäben für die gesamte Ausweitung eingetragenen viel kürzeren Strecken zeigen diejenigen Vergleichszugstäbe an, deren Längenänderung den *elastischen* Fugenausweitungen äquivalent ist, d. h. den Änderungen der Stoßfuge, wie sie bei Entlastung und wiederholter Belastung der Probestäbe auftraten. Hier ist der Einfluß der Laschendehnung nun allerdings ein verhältnismäßig viel bedeutenderer. Ein Maß wird am besten in der Form aufgestellt, daß der Koeffizient $2\,a_L$ angegeben wird für die Fugenausweitung, welche von der Laschendehnung allein herrührt. Es genügt, die Mittelwerte für die Reihen I und II zu bestimmen, und wir entnehmen der Abb. 18 hiefür

$$\begin{aligned}
F^{\text{br.}} \text{ der Laschen} &= 46,0 \text{ qcm bzw. } 25,0 \text{ qcm} \\
F\tau \text{ (Nietscherfläche)} &= 17,5 \text{ ,, \quad ,, } 7,5 \text{ ,,} \\
\text{und } \lambda \text{ der Lasche} &= 100 \text{ mm \quad ,, } 80 \text{ mm.}
\end{aligned}$$

$$\text{Hieraus } 2\,a_L = \frac{\lambda\,\sigma\,.\,(1000)}{E} \cdot \frac{F\tau}{F^{\text{br.}}} = \frac{100 \times 1}{2100} \cdot \frac{17,5}{46,0} = 1,8/100 \text{ mm} \qquad (I)$$

$$\text{bzw. für Reihe II } 2\,a_L = \frac{80 \times 1}{2100} \cdot \frac{7,5}{25,0} = 1,2/100 \text{ mm.}$$

Für die Reihe II der Gruppe St. F. ist der Wert auf rund 1,5/100 mm zu erhöhen, zufolge des etwas kleineren Querschnitts der Stoßlaschen. In den graphischen Auftragungen der Beobachtungsergebnisse sind die zu den vorstehenden $2\,a_L$-Werten gehörigen Geraden eingetragen, und es läßt sich daraus ohne weiteres erkennen — worauf noch zurückzukommen ist — in welchen Fällen allenfalls die Korrektur der Laschendehnung in Betracht kommen könnte. Wir haben von dieser Korrektur der Meßwerte jedoch grundsätzlich Umgang genommen, da von vorneherein an das Fugenausweitungsmeßverfahren nicht der Anspruch gestellt werden sollte, daraus die absolut genauen Werte der relativen Verschiebungen in den Nietverbindungen zu gewinnen. Der Zweck unserer Versuche lag vielmehr darin, mit verhältnismäßig einfachen Mitteln die charakteristischen Vorgänge im Verlaufe der Belastung einer Nietverbindung zum Ausdruck zu bringen und zeichnerisch zu veranschaulichen. Ein Umstand ist allerdings noch von wesentlicher Bedeutung. Die Laschen sollten verhältnismäßig sehr kräftig gewählt werden, nämlich so stark, daß ihre Materialstreckgrenze, oder besser noch die *E*-Grenze desselben nicht erreicht wird, damit der Störungseinfluß der Laschendehnung nicht aus dem Proportionalitätsbereich heraustritt.

## 2. Schaulinien der Fugenausweitung

### Abbildungen 19 bis 21

Für die Probestäbe aus St. 37 sind die Ergebnisse der Reihe I und II in zwei Tafeln getrennt aufgetragen.

a) *Abb. 19 für Reihe I aus St. 37.*

Auf der Abszissenachse sind die Fugenausweitungen $2\varDelta$ in Millimetern aufgetragen und als zugehörige Ordinaten die Nietscherspannungen $\tau$ gemäß dem

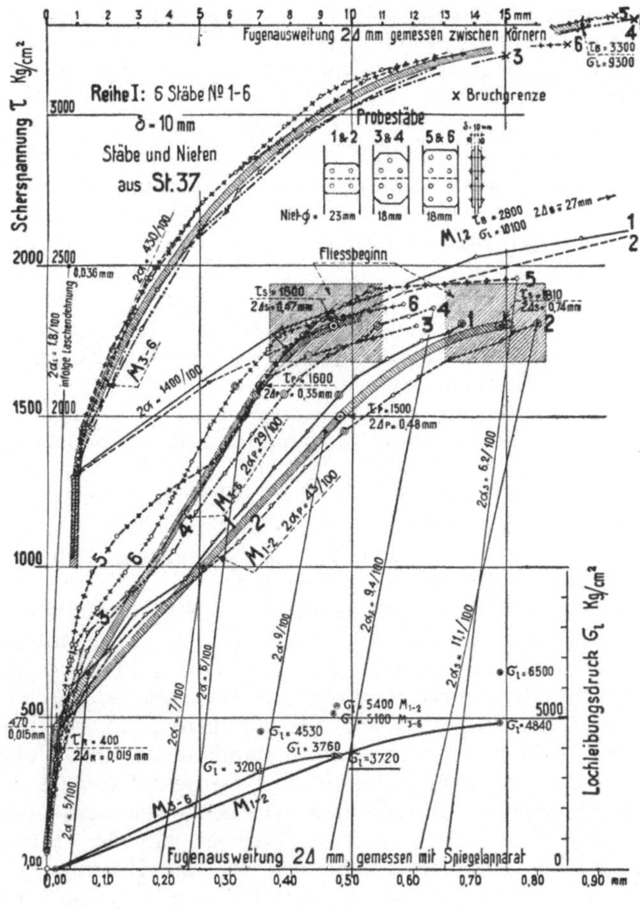

Abb. 19

großen Maßstab links, und in einer Nebenfigur unten der Lochleibungsdruck $\sigma_l$ in zehnmal kleinerem Ordinatenmaßstab. Der Verlauf der Schaulinien läßt deutlich vier Bereiche erkennen.

1. Einen kurzen, geradlinigen und sehr steilen Anfangsast, welcher dem Bereiche des *reinen Reibungswiderstandes* entspricht; wir haben die obere Grenze desselben, im Mittel für die sechs Probestäbe, bei etwa 400 kg/qcm Nietscherspannung aufgefunden.

2. Einen sehr ausgedehnten mittleren Bereich, welcher schematisiert durch die ausgemittelten Geraden $M$ 1 und 2 und $M$ 3 bis 6 gekennzeichnet ist; also auch hier

noch im wesentlichen mit der Belastung proportional wachsende Fugenausweitung mit den Fugenausweitungskoeffizienten $2\,\alpha = 43/100$ bzw. $29/100$. Die Kraftübertragung erfolgt durch das Anliegen des Nietschaftes an den Lochwandungen, die Nietverbindung ist in den Normalarbeitszustand eingetreten.

3. Von einer gewissen *Proportionalitätsgrenze* ab, welche im Mittel bei etwa 1500 bis 1600 kg/qcm gefunden worden ist, nimmt die Fugenausweitung wachsend rascher zu, die Spiegel des Meßgerätes stehen mit dem Erreichen einer Laststufe öfters noch nicht ganz still. An der Grenze, welche bei 1800 kg/qcm *mit Fließbeginn* bezeichnet wurde, ist die Zunahme der Bewegung eine verhältnismäßig außerordentliche. Die Spiegel kommen auch nach einigem Warten noch nicht vollständig zur Ruhe, oder sie sind, wie bei den Probestäben 1 und 2, so weit abgerückt, daß eine Ablesung überhaupt nicht mehr möglich ist. Die Spiegelmessung wird auf dieser Stufe abgebrochen.

4. Der Bereich der Auflockerung der Nietverbindung bis zum Bruch.

Die Fugenausweitung $2\,\varDelta$ ist zwischen Körnern gemessen worden und in einem zwanzigmal kleinerem Maßstabe aufgetragen. Schon am Beginn dieses letzten Bereiches ist der Fugenausweitungskoeffizient $2\,\alpha$ ein Vielfaches desjenigen im Normalarbeitszustand der Nietverbindung, die Auflockerung ist unverkennbar im Gange.

Die steile, nur wenig geneigte Gerade neben der Ordinatenachse gibt den Verlauf der Fugenausweitung infolge der Laschendehnung an, also den Fehler der Versuchsanordnung, auf welchen schon hingewiesen wurde. Eine Berücksichtigung kann in zwei Fällen in Betracht kommen:

Erstens müßten die $2\,\varDelta$-Beobachtungswerte der Fugenausweitung im Bereiche der reinen Reibungswirkung unbedingt um den Lascheneinfluß korrigiert werden, um die wirkliche Größe der relativen Verschiebungen zu erhalten, und sodann sind die $2\,\alpha$-Werte der steilen Geraden, welche den Vorgang der Entlastung und Wiederbelastung veranschaulichen, um den Wert $2\,\alpha_L = 1{,}8/100$ zu groß — wie übrigens auch die $2\,\alpha$-Werte der gesamten Ausweitung — bei denen aber der Abminderungsbetrag verhältnismäßig belanglos ist.

In dem technisch wichtigen Arbeitsgebiet der Nietverbindungen von 500 bis 1000 kg/qcm Nietscherbeanspruchung befinden sich die hier untersuchten Stäbe in einem Übergangsstadium, welches besonders bei der Probe 5 sehr ausgedehnt in Erscheinung tritt. Die Nietverbindung erscheint, sei es durch nachwirkende Reibungskräfte oder Unebenheiten am Nietschaft und an den Lochwandungen, noch gehindert, restlos in den Normalarbeitszustand einzutreten. Meistens geschieht dies dann mit einem plötzlichen, öfters deutlich vernehmbaren Ruck, indem etwa noch vorhandene Spielräume durchlaufen, Unebenheiten zerquetscht und wohl auch Reibungskräfte überwunden werden. Bezogen auf den Stand der Fugenausweitung im späteren Normalarbeitsbereich war die Hemmung ohne Gewinn; die Nietverbindung hätte ebenso gut an der Reibungsgrenze unvermittelt in den Normalarbeitszustand treten können, welcher durch die nach unten verlängerten Geraden schematisiert wird.

Für die Erkenntnis der Natur der Formänderungen sehr wesentlich ist der Vorgang der Entlastung und Wiederholung der Belastung. Die Fugenausweitung verläuft dabei, wenn von Zwischenlaststufen Umgang genommen wird, nach den steil gestellten Geraden, welche wir als Ausdruck der elastischen Arbeitsweise der Nietverbindung unterhalb einer einmal erreichten Höchstbelastung zu betrachten haben. Beiläufig sei bemerkt, daß die Neigung dieser Geraden, besonders anfangs, fast vollständig mit den geradlinigen Anfangsästen im Reibungsbereich übereinstimmt. Ist diese Auffassung von der elastischen Arbeitsweise aber richtig, so bedeutet dies, daß eine im Normalarbeitsbereich mit den Fugenausweitungskoeffizienten $2\,\alpha\,p = 29/100$ bzw. $43/100$ erstmals ansteigende Belastung im überwiegenden Maße bleibende relative Verschiebungen zur Folge hat, welche bis auf 80% zu bewerten sind. Die absolute Größe ist allerdings kaum bedenklich, handelt es sich doch, beispielsweise bei 1500 kg/qcm Nietscherbeanspruchung der ungünstigen Probestäbe 1 und 2, um höchstens $^1/_5$ mm, auf eine Anschlußseite bezogen. Die bleibenden Deformationen sind örtlicher Natur, insbesondere dürfte es sich um Quetschung der Lochränder infolge der Biegungsbeanspruchung der Nietschäfte handeln. Diese bleibenden relativen Verschiebungen dürften aber auch der Grund

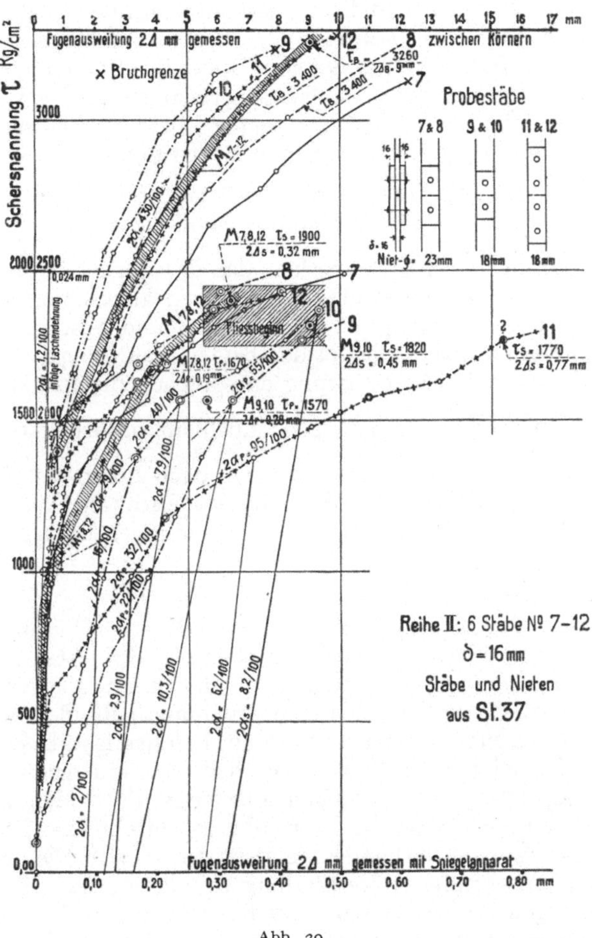

Abb. 20

für die sehr wertvolle Ausgleichsmöglichkeit der Beanspruchung auf die einzelnen Nieten sein, bevor die Nietverbindung als Ganzes in ein kritisches Stadium tritt.

Um nun noch kurz auf die Frage nach dem Einfluß des Lochleibungsdruckes einzugehen, ist in erster Linie auf das unterschiedliche Verhalten der Probestäbe 1 und 2 mit Nieten von 23 mm Durchmesser gegenüber den vier anderen Proben Nr. 3 bis 6 mit Nieten von 18 mm hinzuweisen. Die Proben Nr. 1 und 2 haben um rund 50% größere Fugenausweitungskoeffizienten sowohl für die gesamte als auch für die elastische Ausweitung. Daß die relativen Verschiebungen in sehr erheblichem, wahrscheinlich sogar überwiegendem Maße vom Lochleibungsdruck abhängig sind, geht nun besonders aus den unteren Schaulinien $M$ 1 und 2 und $M$ 3 bis 6 hervor. Hier sind die *Lochleibungsdrücke* als Ordinaten aufgetragen, und diese Linien sind einander viel näher gerückt, auch verhältnismäßig, als es oben mit den Nietscherspannungen als Ordinaten der Fall ist. Beiläufig sei noch bemerkt, daß für die Auftragung der beiden Schaulinien $M$ 1 und 2 und $M$ 3 bis 6 im Lochleibungsmaßstab die Belastung bis zur Reibungsgrenze in Abzug gebracht worden ist; die Lochleibungsdrücke ohne diesen Abzug sind an den höherliegenden Einzelpunkten für einige charakteristische Laststufen angeschrieben. Es kann nun die Frage gestellt werden, ob und an welcher Stelle, insbesondere auf den Schaulinien $M$ 1 und 2, sich Anhaltspunkte für einen *minimalen kritischen Lochleibungsdruck* vorfinden. Dies könnte nun der Fall sein für die vorzeitige Begrenzung des Normalarbeitsbereiches der Stäbe 1 und 2 bei einer Nietscherbeanspruchung von nur rund 1500 kg/qcm. Hiezu gehört als denkbar niedrigster Lochleibungsdruck, nämlich nach Abzug der von der Reibung aufgenommenen Belastung, der Wert

$$\sigma_l = 3720 \text{ kg/qcm oder rund } 3700 \text{ kg/qcm}$$
$$\text{bzw. ohne Abzug der Reibung rund } 5400 \quad \text{,,}$$

Hiezu ist indessen ausdrücklich zu bemerken, daß das Vorhandensein eines kritischen Lochleibungsdruckes nicht einwandfrei als erwiesen anzusehen ist.

Über den Zerstörungsvorgang bei den Stäben 1 und 2 ist zu berichten, daß am gebrochenen Stabteil die Stirnfläche vor den beiden Nietlöchern aufgespalten wurde. Der im Mittel erreichten Höchstbelastung entsprechen die folgenden Spannungen:

Nietscherbeanspruchung rund 2800; Lochleibungsdruck rund 10 100.

An den nicht gebrochenen Stabteilen ergab sich nach Lösen der Nieten eine größte Lochverlängerung bis 75% mit einer Wölbung der Stirnkante bis 9 mm. Als Mittel der *Nietscherfestigkeit* der zehn anderen Nietverbindungen ist *3280 kg/qcm* gefunden worden.

b) *Abb. 20 für Reihe II aus St. 37.*
Die Ergebnisse dieser mehrheitlich Einzelnietverbindungen umfallenden Reihe II sind unausgeglichener als bei der Reihe I. In erster Linie fällt auf die beträchtlich höhere *Reibungsgrenze*, welche für die drei Stäbe Nr. 7, 8 und 12 im Mittel bei rund *700 kg/qcm* Nietscherbeanspruchung gefunden worden ist. Dies steht in Übereinstimmung mit der bekannten Erfahrungstatsache, daß mit verhältnismäßig langen Nieten in dicken Blechen ein kräftigerer Reibungsschluß hervorgerufen werden kann. Dem stehen allerdings die beiden Probestäbe Nr. 9 und 10 gegenüber mit je einem Niet von 18 mm Durchmesser, bei welchem eine reine Reibungswirkung nicht vorhanden gewesen sein dürfte. Die Kraftübertragung scheint schon von Anfang an in Verbindung mit dem Anliegen des Nietschaftes an die Lochwandungen erfolgt zu sein. Auch unter diesen, im einzelnen sehr ungleichen Bedingungen ist kein wesentlicher Unterschied für den *Fließbeginn* festgestellt worden, welcher im Mittel bei rund *1850 kg/qcm* Nietscherbeanspruchung liegt. Eine ausgesprochene Ausreißerprobe liegt mit Nr. 11 vor, trotzdem steht ihre *Bruchgrenze* mit *3400 kg/qcm* Nietscherspannung an höchster Stelle, indem das *Mittel* aus allen sechs Proben nur *3260* beträgt.

c) *Abb. 21 für Reihe I und II aus St. F. zusammen.*
Die Reibungsgrenzen stimmen praktisch überein mit den bei St. 37 gefundenen Werten, rund 400 kg/qcm für die Reihe I und 700 bis 800 für die Reihe II. Wie zu erwarten war, reicht der Normalarbeitszustand der Nietverbindung zu bedeutend höheren Laststufen als bei St. 37, zu rund *2500 kg/qcm* Nietscherbeanspruchung,

soweit allerdings keine außerordentlichen Verhältnisse vorliegen. Letzteres ist der Fall bei den Stäben Nr. 1 und 2 mit Nieten von 23 mm Durchmesser in 10 mm dicken Blechen und bei den beiden Proben Nr. 7 und 8 ebenfalls mit 23 mm-Nieten, jedoch in 16,5 mm starken Stäben. Gegenüber dem *Fließbeginn* der anderen Stäbe, welcher als Mittel von acht Proben bei *2870 kg/qcm* gefunden wurde, beträgt er als Mittel der Stäbe Nr. 1 und 2 nur *2420 kg/qcm*. Der Stab Nr. 8 mit einem noch tieferen Werte ist eine ausgesprochene Ausreißerprobe; hingegen ist unerklärlich, warum beim Stab Nr. 7 die Auflockerung der Nietverbindung verhältnismäßig früh

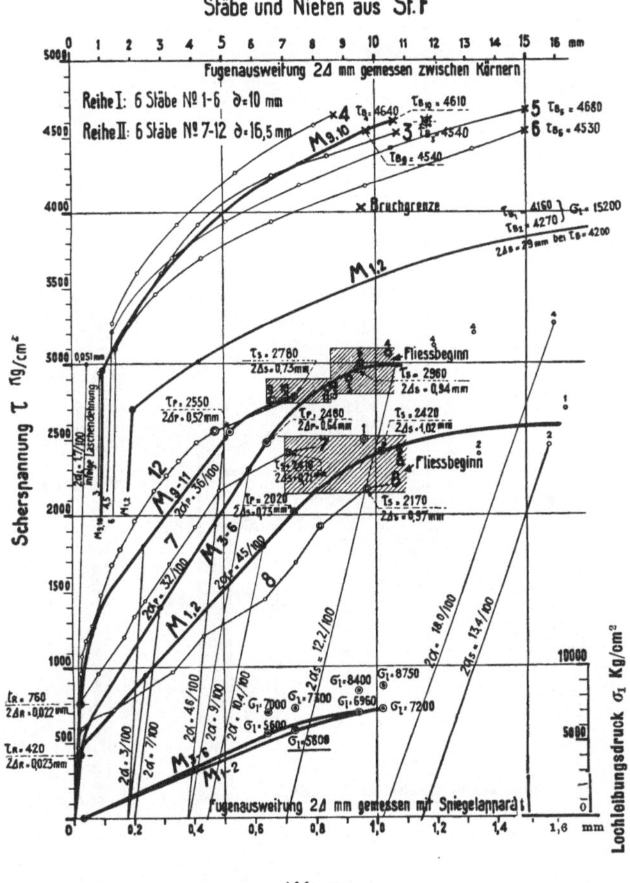

Abb. 21

und plötzlich eingetreten ist. Für das abweichende Verhalten der Stäbe Nr. 1 und 2 gilt zunächst das schon früher bei St. 37 über den Lochleibungsdruck Gesagte und auch zu den Lochleibungsdiagrammen am Fuße der Tafel ist nichts weiteres beizufügen. Als neue Erscheinung kommt nun aber in Betracht, daß der frühere Fließbeginn und die auf einer etwas tieferen Laststufe beginnende Einleitung in ausgesprochenerem Maße, als es bei St. 37 der Fall ist, auf einen kritischen Lochleibungsdruck zurückzuführen sind. Es darf deshalb auch mit mehr Bestimmtheit angenommen werden, daß mit der Einleitung zum Übergang in den Fließbeginn der *kleinste kritische Lochleibungsdruck* erreicht worden ist. Hiezu gehört ein Wert $\sigma_l = 5800$ kg/qcm mit Abzug des Lastanteils der Reibung, bzw. $\sigma_l = 7300$ kg/qcm ohne Abzug desselben, womit wiederum nur Grenzwerte genannt werden können, da bestimmte Angaben über die Größe der noch vorhandenen Reibung fehlen.

Der weitere Verlauf der Fugenausweitung bis zur Bruchgrenze ist im oberen Teil der Tafel in einem zehnmal kleineren Abszissenmaßstab aufgetragen. Als Mittel von sechs Probestäben, welche durch Abscheren der Nieten zerstört worden sind, ist eine *Bruchgrenze* von rund *4600 kg/qcm* gefunden worden. Hier muß beigefügt werden, daß vier Probestäbe der Reihe II, Nr. 7, 8, 11 und 12, an Stabbruch zugrunde gegangen sind. Auch bei den Stäben Nr. 1 und 2 ist das Lösen der Ver-

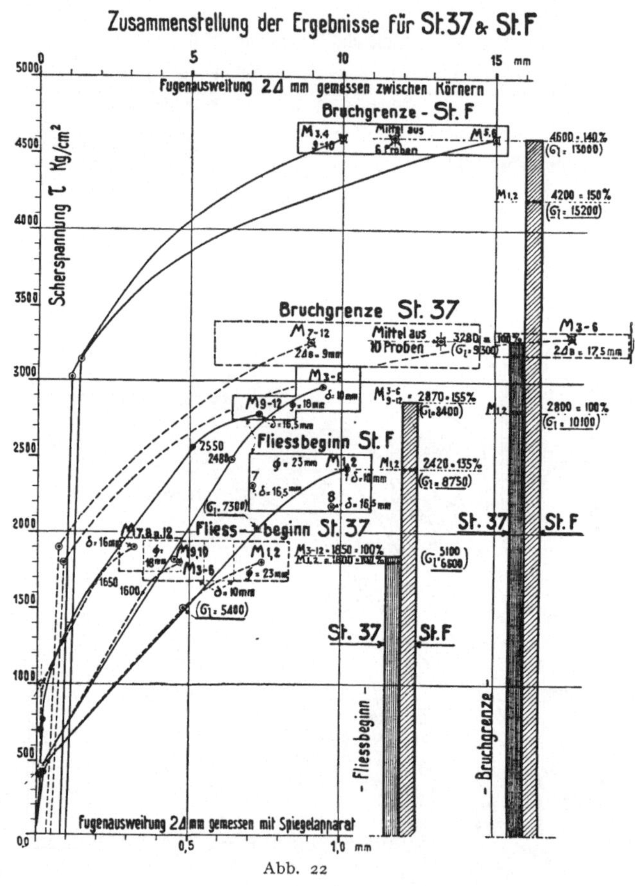


Abb. 22

bindung durch das Abscheren je eines Nietes herbeigeführt worden. Der im Mittel erreichten Höchstbelastung entsprechen die folgenden Spannungen:

Nietscherbeanspruchung rund 4200 kg/qcm
Lochleibungsdruck „ 15 200 „

Die Verlängerung des Nietloches betrug bis 50% mit einer Wölbung der Stirnkante des mittleren Bleches von 5 mm.

### 3. Zusammenfassung der Ergebnisse
#### Abbildung 22

Die Probestäbe gleicher Bauart zeigen für St. 37 und St. F. in bemerkenswertem Maße gleiche Eigenschaften, sowohl in bezug auf den anfänglichen Reibungsschluß, als auch in bezug auf bleibende relative Verschiebungen und elastische relative Verschiebungen im Innern der Nietverbindung. Die Höherwertigkeit des St. F. gegenüber St. 37 kommt zum Ausdruck in einer Hebung des Fließbeginns und der Bruchgrenze um rund 50, bzw. 40%. Auch die Laststufe, welche als die obere Begrenzung des Normalarbeitszustandes der Nietverbindung bezeichnet wurde, ist bei St. F. um mindestens 50% höher gefunden worden. Die Nietverbindungen aus St. F. besitzen also gerade auch in dem Bereiche, wo sich die praktischen Arbeitsvorgänge abspielen, eine der Hochwertigkeit des Materials entsprechendermaßen gesteigerte Aufnahmefähigkeit. Eine Ausnahme ist indessen in dem Falle festzustellen, wo der Lochleibungsdruck — wir bezeichnen ihn als den kritischen Lochleibungsdruck — für die Einleitung zum Beginn der Auflockerung entscheidend wird. Soweit die wenigen Probestäbe (es sind die Nummern 1 und 2 jeder Materialsorte), welche uns an Verbindungen solcher Bauart zur Verfügung standen, ein Urteil gestatten, ergibt sich das Verhältnis des kritischen Lochleibungsdruckes $\sigma_l$ zur Materialfestigkeit des Bleches $\sigma_B$ für St. F. zu $\sigma_l/\sigma_B = 1{,}0$ mit Abzug der Reibung, bzw. *1,3* ohne Abzug derselben, wobei letzteres für den Berechnungsvorgang maßgebend ist. Für St. 37 würden die Verhältniszahlen nicht wesentlich verschieden lauten, doch kann, wie schon darauf hingewiesen worden ist, das Vorhandensein eines kritischen Lochleibungsdruckes nicht als einwandfrei erwiesen angesehen werden.

Die charakteristischen Laststufen, als solche sind zu bezeichnen: Einleitung zum Beginn der Auflockerung ($\tau_p$), der eigentliche Fließbeginn ($\tau_s$) und die Bruchgrenze ($\tau_B$), stehen in einem ziemlich festen Verhältnis zu einander. Die Verhältniszahlen betragen:

$$\tau_p : \tau_s = 0{,}85 \text{ bis } 0{,}90 \text{ für St. 37 und St. F., und}$$
$$\tau_s : \tau_B = 0{,}55 \quad ,, \quad 0{,}58 \quad ,, \quad \text{St. 37, bzw.}$$
$$= 0{,}60 \quad ,, \quad 0{,}64 \quad ,, \quad \text{St. F.}$$

Das Verhältnis der Nietscherfestigkeit der Nietverbindung zur Materialzugfestigkeit der Nieten beträgt 0,85 bis 0,90 (kleinere Ziffer eher für St. 37, größere für St. F.).

## 4. Schlußfolgerungen

Nach Art der Durchführung handelt es sich im vorliegenden Falle um Versuche statischer Natur. Es gestattet dies eine Anwendung der Ergebnisse auf die *normalerweise im Hochbau bestehenden Verhältnisse*, soweit nicht ausnahmsweise ein stärkerer und rascher Wechsel der Belastung vorkommt. Heute dürfte allgemein im Hochbau eine etwa dreifache Sicherheit gegen Bruch als Regel zu betrachten sein. Dies ergibt eine rund zweifache Sicherheit gegen Erreichen der Streckgrenze. Mit der Beziehung

$$\tau_{\text{zul}} = 0{,}8 \; \sigma_{\text{zul}}$$

erreicht man für die Nietverbindung eine 1,8- bis 1,9fache Sicherheit gegen den Fließbeginn, wobei die untere Grenze eher für St. 37 und die obere für St. F. gültig ist. Diese geringe Abminderung gegenüber der Sicherheit im Stab gegen das Erreichen der Streckgrenze ist begründet, indem die Zusatzkräfte, welche bei der Bemessung des Stabquerschnittes von dem Rechnungsvorgang nicht erfaßt werden, für die Nietanschlüsse von geringerer Bedeutung sind. Auch ist das Konstruktionsmaterial durch die Bearbeitung in der Werkstätte einer gewissen Härtung unterworfen.

Bezogen auf die Laststufe, welche den Normalarbeitszustand nach oben begrenzt, d. h. als *Einleitung zum Beginn der Auflockerung* anzusehen ist, beträgt der Sicherheitsgrad rund 1,6. Es wird nun der Vorschlag gemacht, daß *derselbe Sicherheitsgrad* auch gegen das *Erreichen des kritischen Lochleibungsdruckes* vorhanden sein soll. Die Größe des zu wählenden zulässigen Lochleibungsdruckes zul $\sigma_l$ hängt nunmehr ab:

1. von dem Verhältnis des kritischen Lochleibungsdruckes $\sigma_l$ zur Materialfestigkeit $\sigma_B$;

vorläufige Feststellung $\sigma_l = 1{,}3\ \sigma_B$;

2. von der Sicherheit $n''$ gegen das Erreichen des kritischen Lochleibungsdruckes, Festsetzung $n'' = 1{,}6$;

3. von dem Verhältnis $n$ der Materialzugfestigkeit $\sigma_B$ zur zulässigen Anstrengung $\sigma_{zul}$, $n = \sigma_B : \sigma_{zul}$;

für St. 37 mit $\sigma_{zul} = 1300$   $n \geqq 3$;

„ St. F „  $\sigma_{zul} = 1950$   $n = 2{,}8$.

Der zulässige Lochleibungsdruck zul $\sigma_l$ berechnet sich demnach

$$\text{zul } \sigma_l = \frac{1{,}3 \times \sigma_B}{1{,}6} = \frac{1{,}3}{1{,}6} \times n \times \sigma_{zul} = 0{,}81\, n \times \sigma_{zul}$$

für St. 37 zul $\sigma_l \geqq 2{,}44\ \sigma_{zul} \backsimeq 2{,}5\ \sigma_{zul}$

für St. F. zul $\sigma_l = 2{,}3\ \sigma_{zul}$.

Zu demselben Ergebnis für zul $\sigma_l$ bei St. 37 gelangt man aus dem Mittelwert der Lochleibungsfestigkeit für die Versuchsgruppe $e = 2{,}5\ d$ der Deutschen Reichsbahn unter den folgenden Annahmen:

1. Verhältnis der Lochleibungsfestigkeit $\sigma_l$ zur Materialfestigkeit $\sigma_B$, $\sigma_l = 1{,}6 \times \sigma_B$  ($\sigma_l \backsimeq 6200$).

2. Sicherheit $n'$ gegen das Erreichen der Lochleibungsfestigkeit $n' = 1{,}9$.

3. $\sigma_B : \sigma_{zul} = n = 3$.

Hieraus

$$\text{zul } \sigma_l = \frac{1{,}6 \times \sigma_B}{1{,}9} = 0{,}84 \times n \times \sigma_{zul} = \underline{2{,}5\ \sigma_{zul}}$$

Derselbe Rechnungsgang, angewendet auf den Mittelwert der Lochleibungsfestigkeit der Nietverbindungen aus St. 48 der Deutschen Reichsbahn mit $\sigma_l = 1{,}4 \times \sigma_B$ ($\sigma_l \backsimeq 7600$). $n' = 1{,}9$ und $n = 3$, ergibt:

$$\text{zul } \sigma_l = \frac{1{,}4 \times \sigma_B}{1{,}9} = 0{,}74 \times n \times \sigma_{zul} = \underline{2{,}2\ \sigma_{zul}}$$

Wird auch für unsere Siliziumstahlversuche als maßgebende Größe die Lochleibungsfestigkeit (Fließbeginn) an Stelle des kritischen Lochleibungsdruckes in die Rechnung eingeführt, so ergibt sich, mit $\sigma_l = 1{,}6 \times \sigma_B$ ($\sigma_l = 8750$), $n' = 1{,}9$ und $n = 2{,}8$

$$\text{zul } \sigma_l = \frac{1{,}6 \times \sigma_B}{1{,}9} = 0{,}84 \times n \times \sigma_{zul} = \underline{2{,}35\ \sigma_{zul}}.$$

Der Beiwert 0,84 zum Faktor $n \times \sigma_{zul}$ ist für St. 37 und St. F. derselbe, der Lochleibungsdruck darf also im gleichen Verhältnis wie die Materialzugfestigkeit erhöht werden. Dies ist indessen für Nietverbindungen aus St. 48 nicht der Fall, die Lochleibungsfestigkeit nimmt in geringerem Maße zu als die Materialzugfestigkeit.

Sowohl die Nietscherspannung als auch der Lochleibungsdruck sind übernommene Spannungsbegriffe, welche den wirklichen Spannungszustand der belasteten Nietverbindung, der in sehr starkem Maße noch von Biegungsvorgängen abhängig ist, nur sehr unvollkommen erfassen. Immerhin ist der Aschervorgang die äußerlich sichtbare Begrenzung der Tragfähigkeit für die Mehrzahl der praktisch vorkommenden Nietverbindungen. Für dieselben ist auch der Fließbeginn, d. h. der Beginn der Auflockerung der Nietverbindung, wie die bisherigen Versuche erwiesen haben, eine verhältnismäßig sehr stabile Grenze, ausgedrückt als Nietscherspannung. Zu dieser Grenze, welche unmittelbar festzustellen ist, steht die technisch wichtige Laststufe der *Einleitung zum Beginn der Auflockerung* in einem festen

Verhältnis, das zu 0,85 bis 0,90 gefunden worden ist. Diesen Nietverbindungen, für welche der Nietscherspannungsbegriff allein als maßgebend in Betracht kommt, sind die Nietverbindungen gegenüberzustellen, welche durch den Begriff des Lochleibungsdruckes maßgebend beeinflußt werden. Der Fließbeginn (Lochleibungsfestigkeit in den Versuchsergebnissen der Deutschen Reichsbahn) ist veränderlich und insbesondere abhängig vom Randabstand der Nieten. Bei unseren Versuchen ist auch die Einleitung zum Beginn der Auflockerung festgestellt worden, und diese Laststufe wird als der *kritische Lochleibungsdruck* bezeichnet.

Die bisherigen Ergebnisse haben zu einer Festlegung der Festigkeitszahlen und insbesondere auch des Fließbeginns im *statischen Versuch* geführt, woraus für die normalen Verhältnisse im Hochbau Rückschlüsse in bezug auf Sicherheit und zulässige Beanspruchungen gefolgert werden dürfen. Noch unabgeklärt ist das Verhalten der Nietverbindungen gegenüber oftmals wechselnder Belastung, sowie dynamischen Einflüssen. Damit sei das weitere Versuchsprogramm nur angedeutet, welches noch seiner Durchführung harrt, bevor die Frage der Sicherheit und der zulässigen Beanspruchung auf breiter Grundlage zur Diskussion herangezogen werden kann.

Reichsbahnoberrat G. WEIDMANN, München:

Zu den Ausführungen des Herrn Dr. FINDEISEN ist zu bemerken:

Die von den drei Hochschulen München, Dresden und Karlsruhe ausgeführten Versuche über die Größe des zulässigen Lochleibungsdruckes von einnietigen Laschenverbindungen umfassen in ihrer zeichnerischen Darstellung die bei den einzelnen Laststufen gemessenen *Gesamtverschiebungen* des Mittelstabes gegenüber den Laschen. Diese Gesamtverschiebung setzt sich aber aus der elastischen und bleibenden Formänderung zusammen. Die bleibende Formänderung ist allein bei dem Lochleibungsproblem von Wichtigkeit. Bei den Münchner Versuchen betrug sie bei $a = 1,5$, $a = 2,0$ und $a = 2,5$ rd. $^3/_4$ der gemessenen und in den Diagrammen zusammengestellten *Gesamtverschiebung*. Die letztere bewegte sich bei 35 Probestäben bei $a = 2,5$ zwischen 0,10 und 0,56 mm und betrug im *Mittel 0,29 mm*.

Die größte Gesamtverschiebung tritt aber schon ein bei $a = 0,5$ bis $a = 1,5$, und zwar lediglich durch die *Überwindung des Gleitwiderstandes* zwischen den Blechen (BACHscher Gleitwiderstand) und beträgt hier 0,1 bis 0,2 mm.

Die Zunahme der Verschiebung nach 12maliger Belastung bei $a = 2,5$ beträgt 0,0 bis 0,05 mm, im Mittel 0,025 mm bei 35 *Versuchsstäben*. Dieser Wert ist gegenüber der ersten Verschiebung mit 0,1 bis 0,2 mm und gegenüber der Gesamtverschiebung mit 0,29 mm verschwindend klein. Es kann nicht als sicher angenommen werden, daß diese geringe Zunahme der Verschiebung um wenige Hundertstel Millimeter auf eine bleibende Verdrückung des Materials zurückzuführen ist. Es ist viel eher anzunehmen, daß diese Verschiebungen die letzten Ausklänge der Überwindung des Gleitwiderstandes sind (z. B. infolge Verdrückens des Zunders am Nietbolzen), denn die Kurve der Verschiebungen läuft fast steiler wie vor der Belastung mit $a = 2,5$ weiter und biegt erst bei Werten von $a = 3,1$ (bei Si Stahl) bis $a = 4,0$ (bei St. 37) stark um. Erst diese starke Umbiegung wird durch das starke Fließen hervorgerufen und ist für die Beurteilung des zulässigen Lochleibungsdruckes maßgebend.

Der von Herrn Dr. FINDEISEN angeführte Fall mit einem Versuchsstab aus Siliciumstahl (Si Ma), der eine besonders große Verschiebung aufweist, ist unter 36 Stäben der einzige geblieben. Die Gesamtverschiebung beträgt hier bei $a = 2,5$ etwa 1,5 mm. Schon bei der Besprechung über die Auswertung der Versuche ist er als Fehlversuch — sei es infolge mangelhafter Ausführung des Versuchsstabes oder Versagens der Meßinstrumente — erkannt und bezeichnet worden. Keinesfalls kann er zur Auswertung herangezogen werden.

Nach dem Kurvenverlauf können die bis $a = 2{,}5$ eingetretenen Verschiebungen in der Hauptsache auf die Überwindung des Gleitwiderstandes zurückgeführt werden. Die Verschiebungen infolge des Lochleibungsdruckes sind gegenüber ersteren nur sehr gering. Von einer Locherweiterung kann also kaum die Rede sein und eine vielleicht stattgehabte kleine örtliche Verdrückung würde bei dem Baustahl auch sofort eine Verfestigung des Materials hervorrufen, also für die folgenden Belastungen nur günstig wirken.

Die in der Abhandlung von Herrn Dr. FINDEISEN aufgetragenen Lastdehnungskurven (Abb. 8) beruhen ebenfalls lediglich auf der Überwindung des Gleitwiderstandes, da der horizontale Verlauf schon bei $a = 0{,}6$ bis $a = 1{,}0$ einsetzt. Herr Dr. FINDEISEN hat zur Aufzeichnung der Diagramme einen sehr großen Maßstab angewendet und die Messungen nach Überwindung des Gleitwiderstandes nicht mehr weiter fortgeführt. In München und Karlsruhe wurden diese Kurven bis zu hohen Laststufen ermittelt ($a = 3{,}5$) und zeigen infolge eines kleineren Maßstabes für die Dehnungen einen ganz anderen Verlauf. Der horizontale Verlauf der Dresdener Kurven zeigt bei München und Karlsruhe bei $a = 0{,}6$ bis $a = 1{,}5$ eine Unstetigkeit der Kurve.

Bezüglich der Versuche mit zylindrischen Bolzen ist zu bemerken, daß die Ergebnisse nur rein theoretische Bedeutung hatten, da die Bolzen nur lose, d. h. ohne Verschraubungen oder sonstige Befestigungen in die Versuchsstäbe eingesteckt waren. Die Versuchsergebnisse mit den konischen Bolzen verhielten sich besser, blieben aber auch nicht unwesentlich hinter den Nietverbindungen zurück.

Bei den von GERBER ausgeführten, im bayerischen Netz der Deutschen Reichsbahn-Gesellschaft noch in größerer Anzahl im Betriebe befindlichen Brücken ergibt die rechnerische Nachprüfung bei einzelnen Brücken sowohl in den Gelenkbolzen als auch bei den zum Anschluß in den Knotenpunkten dienenden, beiderseits mit Muttern versehenen Stahlbolzen Lochleibungsdrücke bis $a = 3{,}25$, ohne daß dies im Verlaufe von mehr als 50 Jahren zu Lockerungen der Konstruktionen geführt hätte.

Erst vom Jahre 1881 ab hat GERBER seinen Berechnungen den Lochleibungsdruck sowohl bei Nietungen als Bolzenverschraubungen mit $a = 2{,}5$ zugrunde gelegt und es sind von da ab im bayerischen Netze ausnahmslos alle Brücken so berechnet und ausgeführt worden.

Auf Grund der in München, Dresden und Karlsruhe durchgeführten Versuche und des einwandfreien Verhaltens aller mit dem Lochleibungsdruck von $a = 2{,}5$ im Betriebe befindlichen Brücken des bayerischen Netzes ist die Aufrechterhaltung eines zulässigen Lochleibungsdruckes von $a = 2{,}5$ bei Nietverbindungen vollauf berechtigt. Auch bei den mit Muttern befestigten konischen Bolzenverbindungen könnte auf Grund der praktischen Bewährung $a = 2{,}5$ unbedenklich zugelassen werden. Bei den Nietverbindungen aus Si-Stahl geht der Sicherheitsgrad in der Lochleibung gegenüber dem von St. 37 um etwa 20 % zurück. Der Sicherheitsgrad spielt aber hier nicht dieselbe wichtige Rolle wie im freien Stabe, da es sich hier nur um kleine örtliche *Verdrückungen* des äußeren Lochrandes handelt, die sich nur im geringen Maße in das Innere des Materials erstrecken und sich dort rasch verlieren. Der Sicherheitsgrad ist immer nach der Beanspruchungsart der einzelnen Konstruktionsglieder zu bewerten. (Wie dies im übrigen im Maschinenbau schon längst eingeführt ist, wo z. B. bei einem Lasthaken eines Hebezeuges für den Querschnitt in der Krümmung eine wesentlich geringere Beanspruchung als im geraden Schaft zugelassen wird.)

Nur auf diese Weise ist eine gute wirtschaftliche Ausnutzung der Materialeigenschaften eines Baustoffes gewährleistet.

Es wäre ein unverständlicher Krebsgang, wenn man nach den im fortschrittlichen Geiste erfolgten Erhöhungen der zulässigen Beanspruchungen des Baustoffes eine Änderung in dem Werte des zulässigen Lochleibungsdruckes vornähme.

Gegen die im praktischen Gebrauche des Gesamtnetzes der vormaligen bayerischen Staatseisenbahnen in mehr als fünf Jahrzehnten bestens bewährte Erfahrung $\sigma_e = 2{,}5 \cdot \sigma_{zul}$ müssen auch auf breiter Basis angelegte Laboratoriumsversuche zurückstehen.

Professor Dr.-Ing. W. GEHLER, Dresden:

Da ich 1925 die Anregung zu den von Herrn FINDEISEN erörterten Versuchen gegeben habe, fühle ich mich hier verpflichtet, die Grundgedanken darzulegen, die mich hierzu veranlaßt haben.

1. Die Nietverbindungen sind, wie aus meinen Darlegungen in der Aussprache zu meinem Referat $B_1$ hervorgeht, nicht ein statisches, sondern ein *plastisches Problem*. Leider sind nun proportionale Beziehungen bei diesen plastischen Erscheinungen nicht mehr vorhanden. Deshalb ist es m. E. auch nicht zulässig, in folgender Weise zu schließen: Weil für St. 37 der Lochleibungsdruck $\sigma_l = 2{,}5\,\sigma_{zul}$ sein darf, muß diese Beziehung auch für St. Si zutreffen, für den also $\sigma_l = 2{,}5 \cdot 2100 = 5250$ kg/qcm sein müßte. Vom praktischen Standpunkt aus betrachtet, besteht die Kernfrage darin, ob bei derartigen Beanspruchungen die Nietlöcher unrund und die Niete im Betrieb locker werden können, sodaß sie vorzeitig erneuert werden müßten.

2. Zwischen *Bolzen und Nieten* ist ein wesentlicher Unterschied. Der Schaft, der beiden gemeinsam ist, wird wie Abb. 23 zeigt, im plastischen Bereich verbogen. Aus Abb. 24 geht hervor, daß die Verbiegungen beim Niet infolge der sogenannten Klammerwirkung der Nietköpfe wesentlich kleiner als beim Bolzen sein müssen. Die Nietköpfe pressen sich nämlich in die äußeren Flächen der Laschen ein und bewirken somit eine Art Einspannung des Nietschaftes. Diese günstige Wirkung verleiht dem Niet eine etwa um 75 % höhere Tragfähigkeit, als sie der Bolzen hat. Die in Abb. 24 angedeutete wahrscheinliche Verteilung der Pressungsn ist eine Fortbildung der Gedanken von Dr. BLEICH in seinem bekannten Buch „Theorie und Berechnung der eisernen Brücken“, Berlin 1924, Verlag Julius Springer, Seite 318.

3. Benutzt man die Ergebnisse der *neueren Plastizitätsforschung* nach GIRTLER, MISES und SCHLEICHER, so erhält man eine Darstellung, in der als Ordinaten die Werte $y = \sigma_e = \sqrt{2 \cdot E\,A}$ und als Abszissen die Werte des hydrostatischen Druckes $p = {}^1/_3 \cdot (\sigma_x + \sigma_y + \sigma_z)$. [1]

Mit Hilfe dieser Darstellung (s. Abb. 25) ist es mir gelungen, die Ergebnisse unserer Nietversuche hinsichtlich des Beginns des Fließens vorauszusagen.

4. Unsere bisherigen Versuche haben jedenfalls schon das eine *Ergebnis* gezeigt, daß bei *Bolzen* und insbesodere auch bei *konischen Bolzen* erhöhte Vorsicht geboten ist. Hier sind die Bedenken, die ich in Übereinstimmung mit Dr. BLEICH erhoben habe, voll berechtigt. Für Bolzen darf m. E. als höchster vertretbarer Wert des Lochleibungsdruckes $\sigma_l = 1{,}5\,\sigma_{zul}$ angenommen werden.

5. Ferner ergibt sich aus unseren Nietversuchen die Mahnung, den *Endabstand der Niete* nicht zu klein zu wählen. Nach Abb. 26 und 27 bildet sich in der Druckzone ein scharf umrissenes Gebiet plastischer Verformung aus, das etwa von einer Ellipse begrenzt wird. Der äußerste Punkt, also der Ellipsenscheitel, liegt bei den hier untersuchten zweischnittigen Nietverbindungen im Stabe etwa um $1{,}5\,d$ von der Lochmitte entfernt. Somit ist als Randabstand $2{,}0 \cdot d$, besser $2{,}5 \cdot d$ dringend zu empfehlen. Abb. 27 zeigt die bemerkenswerten Fließfiguren bei starker plastischer Verformung.

---

[1] Siehe W. GEHLER, Taschenbuch für Bauingenieure, 5. Aufl., Kap. Festigkeitslehre, S. 251.

VR 4 vorne.

1.) Bolzen
Nach Bleich
ist
$\sigma_x = \sigma_{Navier} + \tfrac{2}{3} \cdot 1{,}27 \cdot p_m \cdot arctg\ 0{,}42 \tfrac{y}{s}$
$\sigma_y = 1{,}27 \cdot p_m$
wobei
$p_m$ = mittlerer Lochleibungsdruck
$\frac{S}{2}$
$y$
$0{,}19\,s$
$\frac{S}{2}$
$\frac{3}{2} p_m$
$p_m$
$\phi d$
$\frac{p_m}{2}$
$\frac{1}{6} s$
$4 p_m$
$0{,}06\,s$
$S$
$s$
$M = \frac{S}{2}(0{,}19_s + 0{,}06_s)$
$M = \frac{S}{2} \cdot 0{,}25_s = 0{,}125\,S\,s$
$M = \frac{1}{8} S_s = \frac{1}{8} p_m\,d\,s^2$

2.) Niet.
$\frac{S'}{2}$
$0{,}16\,s$
$\frac{3}{4} p'_m$
$\phi d$
$3 p'_m$
$p_m$
$3 p'_m$
$0{,}015\,s\ \ s$
$\frac{S}{2}$
$\frac{S'}{2}$
$S'$
$M = \frac{S'}{2} \cdot (0{,}125_s + 0{,}015_s)$
$M = \frac{S'}{2}\,0{,}140_s = 0{,}07 \cdot S'\,s$
$M = \frac{1}{14} S'\,s = \frac{1}{14} p'_m\,d\,s^2$

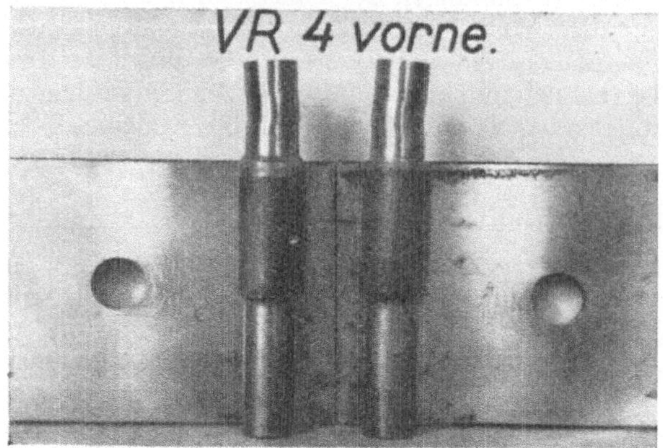

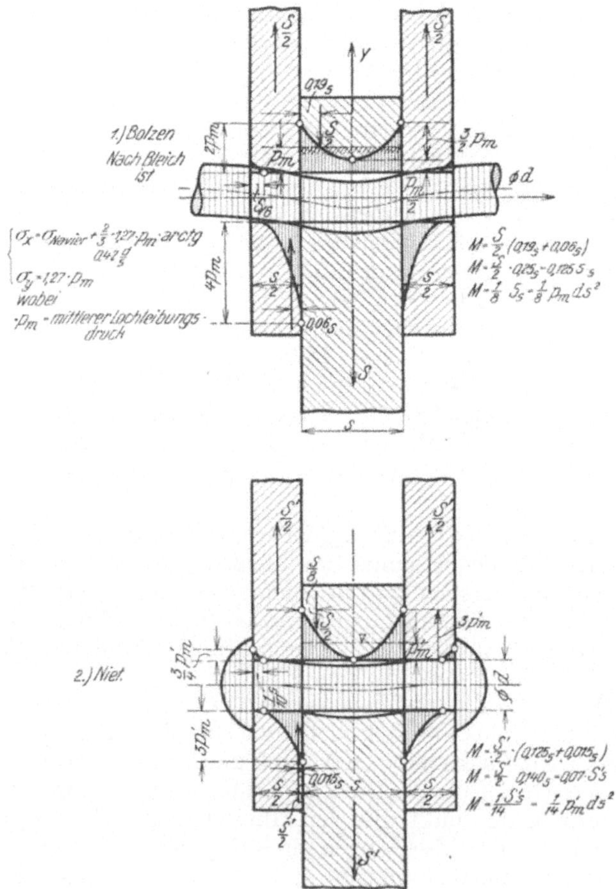

Abb. 24

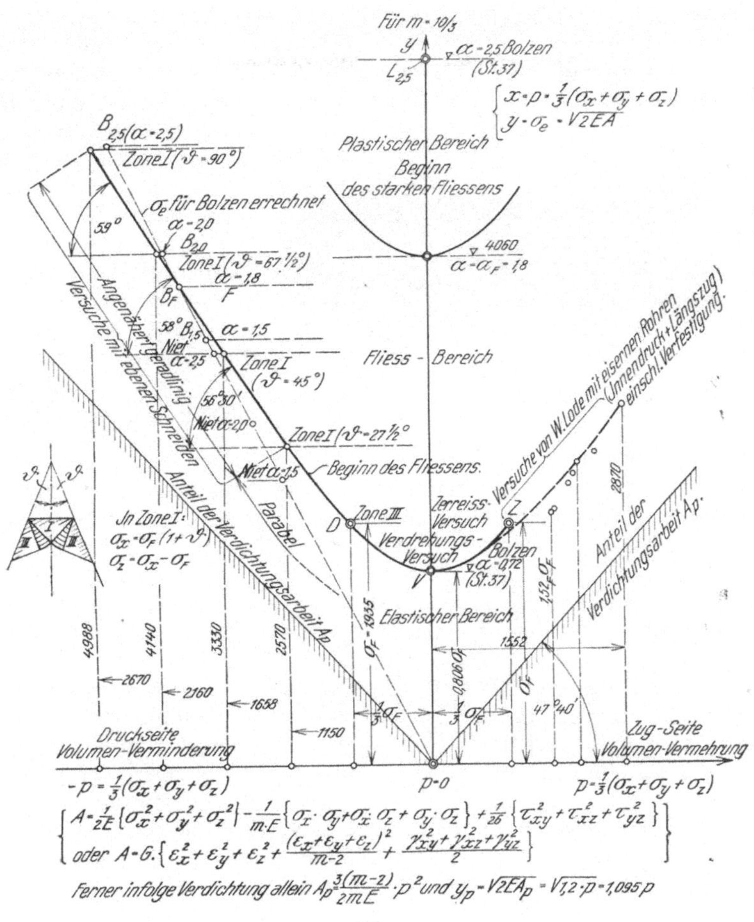

Abb. 25

Abb. 26

6. *Die Frage des zulässigen Lochleibungsdruckes der Niete* ist heute noch nicht entschieden. Es bleibt naturgemäß jedem überlassen, welche Folgerungen er aus dem von Herrn FINDEISEN zusammengestellten Versuchsergebnis ziehen will. Ich persönlich schließe z. B. aus Abb. 5 und 6 des Referates FINDEISEN, daß ich bis auf

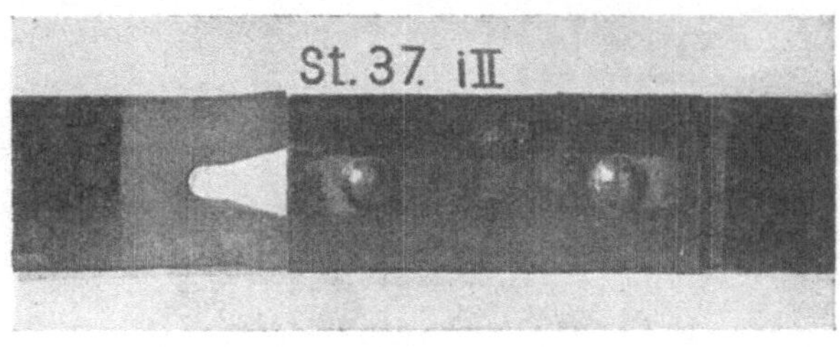


Abb. 27

weiteres keinen höheren zulässigen Lochleibungsdruck als $\sigma_l = 2{,}0\ \sigma_{zul}$, insbesondere für St. Si anwenden werde. Eine endgültige Entscheidung dieser Streitfrage kann erst dann erfolgen, wenn die Ergebnisse der in Stuttgart auf Anregung von Herrn SCHÄCHTERLE zur Zeit im Gange befindlichen Versuche vorliegen werden.

Professeur H. CAMPUS-LIÈGE:

Qu'il me soit permis d'ajouter quelques observations. Les exposés qui viennent de vous être présentés m'ont remis en mémoire ces paroles que l'honorable Président du Congrès, M. le Professeur Hartmann prononçait hier: « Le problème des rivets n'est pas encore résolu; peut-être ne le sera-t-il jamais. La soudure électrique peut nous réserver des surprises dans le domaine des charpentes métalliques. » Je souscrirais volontiers à cette dernière opinion. Des. études très approfondies ont été fait en Belgique, à l'Université de Bruxelles, sous la direction de mon collègue, M. le Professeur Dustin. L'intérêt de ces travaux ressort assez du fait qu'ils ont été couronnés par l'American Society of Mechanical Engineers du Prix Lincoln de 5000 dollars. Il eut été intéressant de confronter dans ce congrès les recherches sur les soudures et les recherches sur les rivures. Je devais vous présenter à ce sujet une étude de mon collègue M. Dustin, empêché de prendre part au Congrès. Mais par suite d'une erreur, l'annonce de la communication n'est pas arivée en temps utile pour pouvoir être encore reçue. Elle sera cependant publiée avec les conférences de section.[1]


FINDEISEN:

Ich habe die Aufgabe darin erblickt, diejenigen Beanspruchungen zu ermitteln, bei denen von dem Beginn einer Lockerung in der anfangs steifen Verbindung gesprochen werden kann. Es hat sich für mich nicht etwa darum gehandelt, welche Sicherheit gegen Bruch bei einer gewissen Spannung noch vorhanden wäre ohne Rücksicht auf die inzwischen eingetretenen Formänderungen. Die ersten Knickpunkte in den Schaulinien bildeten den Maßstab für meine Beurteilung der Ergebnisse. In Schaulinien ohne ausgeprägte Knickpunkte habe ich diese Anschauung sinngemäß übertragen. Ich erachte beispielsweise eine bleibende Verschiebung der drei Eisen gegeneinander oder eine Erweiterung des Bolzenloches von 0,25 mm, die schon durch eine einmalige Belastung entstanden ist, bereits für sehr bedenklich. Denn durch dieses Spiel besteht die Gefahr, daß die Nietlöcher bei wiederholter und insbesondere bei wechselnder stoßartiger Belastung ausgeschlagen werden können. Über die endgültige Festlegung des Wertes $\alpha$ habe ich deshalb keinen Vorschlag gemacht, weil die von mir besprochenen Versuche hierzu nicht ausreichen und erst noch die Ergebnisse der in Stuttgart im Gange befindlichen Untersuchungen abgewartet werden sollten.

---

[1] Regardez à la page 639.

# C₁

# Weitgespannte Wölbbrücken

Von Professor **Spangenberg**, München

## *1. Statistische Angaben*

Um den Begriff „Weitgespannte Wölbbrücken" festzulegen, muß man eine untere Grenze für die Spannweite annehmen. Wählt man hierfür, in willkürlicher aber zweckmäßiger Weise, das Maß von 80 m, so ergibt sich, daß zur Zeit etwa 35 solche Brücken auf der Erde vorhanden sind.[1] Hiervon besitzen Amerika, Frankreich und die Schweiz je eine größere Anzahl, während sich in anderen Ländern nur vereinzelte Beispiele finden. Die Leistung eines Landes im Bau weitgespannter Wölbbrücken ist bedingt durch den Stand seiner Ingenieurbaukunst, durch die Entwicklung seiner Materialtechnik und durch den Geist seiner staatlichen Berechnungsvorschriften. Sie hängt aber auch sehr wesentlich von den Möglichkeiten ab, die durch die Bodengestaltung des Landes, durch seinen Wohlstand und durch die Wettbewerbsverhältnisse zwischen Massivbau und Eisenbau gegeben sind.

Die bisherigen Höchstleistungen sind durch folgende sieben Brücken gekennzeichnet, deren Spannweite $l \geq 100$ m ist:

|  | Spannweite in m | Pfeilverhältnis |
|---|---|---|
| 1. Tiber-Brücke in Rom 1911 . . . . . . . . . . . . . . . . . . . . . . . . | 100,0 | 1 : 10,0 |
| 2. Talbrücke bei Langwies (Schweiz) 1914 . . . . . . . . . . . . . | 100,0 | 1 : 2,38 |
| 3. Cappelen-Brücke in Minneapolis 1923 . . . . . . . . . . . . . . | 121,9 | 1 : 4,45 |
| 4. Seine-Brücke bei St. Pierre-du-Vauvray 1923 . . . . . . . . | 131,8 | 1 : 5,27 |
| 5. Hundwilertobel-Brücke (Schweiz) 1925 . . . . . . . . . . . . . | 105,0 | 1 : 2,92 |
| 6. Tweed-Brücke bei Berwick (England) 1928 . . . . . . . . . | 110,0 | 1 : 7,92 |
| 7. Caille-Brücke bei Cruseilles (Hoch-Savoyen) 1928 . . . . | 139,8 | 1 : 5,2 |

Die beiden letztgenannten Brücken sind zur Zeit noch nicht ganz vollendet; außerdem wird jetzt eine gewaltige Brücke mit drei Öffnungen von 180 m Weite über den Elorn bei Brest gebaut, und eine Brücke von 167 m Spannweite über den Menai-Meeresarm in England steht unmittelbar vor der Ausführung.

Die überwiegende Mehrzahl aller weitgespannten Wölbbrücken dient dem Straßenverkehr; nur vier sind Eisenbahnbrücken (zwei Brücken der Chur-Arosa-Bahn, die Isonzo-Brücke bei Salcano und die Öre-Elv-Brücke in Schweden). Als Baustoff für große Gewölbe ist heute Eisenbeton die Regel, vereinzelt finden sich Gewölbe aus Stampfbeton ohne Bewehrung (zwei amerikanische Brücken, die Lot-Brücke bei Villeneuve und die Caille-Brücke bei Cruseilles). Gewölbe aus Mauerwerk, die bei drei Brücken (Syratal-Brücke in Plauen i. Sachsen, Valserine-Brücke

---

[1] Vergleiche Spangenberg „Die gewölbten Brücken über 80 m Spannweite" in „Beton und Eisen" 1928. S. 335, wo sich eine ausführliche statistische Zusammenstellung findet.

in Frankreich und Isonzo-Brücke bei Salcano) ausgeführt worden sind, werden in Zukunft der hohen Kosten wegen für große Spannweiten nicht mehr in Frage kommen.

Bei den meisten weitgespannten Wölbbrücken haben die Gewölbe ein Pfeilverhältnis $\frac{f}{l} \geq \frac{1}{7}$. Nur fünf von ihnen besitzen flachere Bogen (Tiber-Brücke Rom, Aare-Brücke Olten, Rhone-Brücke bei Yenne, Lechbrücke bei Augsburg und Tweed-Brücke bei Berwick). Bei steilen Gewölben wächst die Schwierigkeit der Ausführung sehr stark mit der Höhe des Gewölbescheitels über der Erdoberfläche. Für die Kühnheit flacher Bogen ist der Wert $\frac{l^2}{f}$ ein guter Maßstab; bis jetzt ist die Zahl $\frac{l^2}{f} = 1000$ m außer bei der Tiber-Brücke in Rom nur bei der 95 m weit gespannten Rhone-Brücke bei Yenne erreicht worden. Die große Mehrzahl der Gewölbe sind eingespannte Bogen, sechs sind als Dreigelenkbogen ausgebildet und bei zwei Brücken findet sich das System des Zweigelenkbogens mit aufgehobenem Horizontalschub.

Zur Ergänzung dieser statistischen Angaben wären in der Diskussion Mitteilungen darüber erwünscht, ob zur Zeit neue weitgespannte Wölbbrücken gebaut oder vorbereitet werden.

## 2. Statische Überlegungen

Über das zweckmäßigste statische System für weitgespannte Wölbbrücken herrscht in Deutschland die folgende Anschauung. Bei ganz zuverlässigem Baugrund ist der eingespannte Bogen für die steilen Gewölbe bis herab zu etwa $^1/_7$ Pfeilverhältnis zweckmäßig. Bei flacheren eingespannten Gewölben entstehen durch die Verkürzung des Bogens infolge der Wirkung der ständigen Lasten, durch Temperaturänderungen und durch das Schwinden des Betons so erhebliche Zugspannungen, daß nicht nur eine sehr starke und daher unwirtschaftliche Bewehrung erforderlich wird, sondern auch trotz der Bewehrung die Gefahr der Rißbildung vorhanden ist. Deshalb wählt man in Deutschland bei solchen Gewölben den Dreigelenkbogen, den man auch bei steileren Gewölben dann zur Anwendung bringt, wenn mit einer gewissen Nachgiebigkeit des Baugrundes, also mit kleinen Widerlagerbewegungen, zu rechnen ist. Eine Erweiterung des Anwendungsgebietes der eingespannten Bogen auf Gewölbe mit kleineren Pfeilverhältnissen ist möglich durch die Anordnung provisorischer Gelenke, die erst nach Beendigung des Baues geschlossen werden, sowie vor allem durch die Anwendung des Bauverfahrens mittels hydraulischer Pressen. Durch beide Maßnahmen können die Grenzwerte der Randspannungen sehr günstig beeinflußt werden; bis zu einem gewissen Grade ist dies übrigens auch durch eine entsprechende Formgebung der Bogenachse möglich.

Zu diesen Erwägungen sind folgende Fragen aufzuwerfen:

1. In welchem Maße wird in anderen Ländern der Einfluß von Temperaturänderungen und vom Schwinden des Betons bei der Spannungsberechnung von statisch unbestimmten Gewölben berücksichtigt?

2. Ist es gelungen, provisorische Gelenke nachträglich so zu schließen, daß auf die Dauer eine steife Verbindung an den Gelenkstellen gewährleistet ist?

3. Wie haben sich flache Gewölbe, die ohne das Hilfsmittel der provisorischen Gelenke und ohne das Verfahren mit hydraulischen Pressen gebaut worden sind, in bezug auf die Rißbildung verhalten (z. B. Tiber-Brücke Rom, Rhone-Brücke bei Yenne)?

Andere statische Systeme, wie der Eingelenk- und Zweigelenkbogen, scheinen nach den bisherigen Erfahrungen keine wirtschaftlichen oder statischen Vorteile für weitgespannte Gewölbe zu bieten. Der Zweigelenkbogen kommt bei ihnen bis jetzt nur in der Sonderform des Bogens mit aufgehobenem Horizontalschub in Frage.

Bei der Ermittlung der äußeren Kräfte ist zu beachten, daß mit Rücksicht auf den überwiegenden Einfluß der ständigen Lasten eine genaue Feststellung der Raumgewichte der Baustoffe unerläßlich ist, um sichere Rechnungsgrundlagen zu schaffen. Insbesondere ist bei stark bewehrten Bogen für das Raumgewicht des Eisenbetons der übliche Wert von 2,4 t/cbm nicht ausreichend, sondern es muß mit 2,5 bis 2,6 t/cbm gerechnet werden.

Hinsichtlich der Verkehrslasten besteht zwischen weitgespannten Eisenbahn- und Straßenbrücken insofern ein Unterschied, als bei jenen das Auftreten der rechnungsmäßigen Verkehrslast in vollem Umfange sehr wohl möglich, bei diesen dagegen meist sehr unwahrscheinlich ist. Hierin liegt eine Sicherheitsreserve für Straßenbrücken, die wohl bei der Festsetzung der zulässigen Beanspruchungen Berücksichtigung finden könnte.

Der Stoßzuschlag zu den Verkehrslasten kann bei gewölbten Brücken wegen ihres großen Eigengewichtes erheblich kleiner als bei eisernen Brücken gleicher Spannweite angenommen werden, bei sehr weitgespannten Gewölben wohl überhaupt unberücksichtigt bleiben. Beträgt doch das Verhältnis des Eigengewichtes zur Verkehrslast bei größeren Gewölben mindestens $4:1$. Allerdings darf nicht übersehen werden, daß ein Stoßzuschlag gleichzeitig auch eine gewisse Reserve für künftige Laststeigerungen bildet. Es wird von großem Interesse sein, die Anschauungen kennen zu lernen, die in den verschiedenen Ländern über die Frage des Stoßzuschlages bei weitgespannten Wölbbrücken herrschen.

Von Einfluß auf das Ergebnis der statischen Berechnung ist auch die Wahl der Zahl $n$; man sollte sie mit Rücksicht auf die gesteigerten Elastizitäts- und Festigkeitseigenschaften des für große Gewölbe verwendeten zementreichen Betons nicht zu hoch, etwa $n = 10$, annehmen.

Für die Lösung mancher statischen Sonderfragen, z. B. nach der versteifenden Wirkung der Aufbauten auf dem Gewölbe, erscheint der Modellversuch (Methode BEGGS) sehr zweckmäßig. Eine wichtige Rolle spielt die versteifende Wirkung des Überbaues für die Knicksicherheit der Bogen in vertikaler Richtung, die bei großen Spannweiten geprüft werden muß. Dabei ist hervorzuheben, daß bezüglich dieser Knicksicherheit der eingespannte Bogen gegenüber dem Zweigelenkbogen und noch mehr gegenüber dem Dreigelenkbogen im Vorteil ist. Bei Eisenbetonbogen mit angehängter Fahrbahn, bei denen die versteifende Wirkung auf den Bogen meist sehr gering sein wird, kann diese Knicksicherheit von erheblicher Bedeutung für die Konstruktion werden.

Eine besondere Beachtung verdient bei großen Gewölben die statische Berechnung der Widerlager; beruht doch auf der Zuverlässigkeit der Gründung in erster Linie die Sicherheit des ganzen Bauwerkes. Hier ist es vor allen Dingen die Frage der Gleitsicherheit bei verschiedenen Bodenarten, die noch der Klärung durch Reibungsversuche, womöglich in größerem Maßstabe, bedarf. Etwa zu erwartende geringe Widerlagerverschiebungen sind bei statisch unbestimmten Bogen für die Spannungsberechnung, bei allen Bogen für die richtige Bemessung der Überhöhung des Lehrgerüstes zu berücksichtigen.

### 3. Baustoffe und zulässige Beanspruchungen

Der gegebene Baustoff für große Gewölbe ist heute der Eisenbeton; bietet er doch ganz andere konstruktive Möglichkeiten als Mauerwerk und unbewehrter Beton. Die Eiseneinlagen erhöhen nicht nur in weitgehendem Maße die Sicherheit der Gewölbe gegenüber Zufälligkeiten bei der Ausführung und gegenüber künftigen

Laststeigerungen, sondern sie gestatten auch, die Bogen schlanker und leichter auszubilden, was große wirtschaftliche und konstruktive Vorteile bietet. Die leichtere Ausbildung der Bogen erhöht überdies die Sicherheit der Lehrgerüste und der Widerlager und vermindert deren Kosten.

Die künftige Entwicklung der weitgespannten Wölbbrücken ist in erster Linie von der Erhöhung der zulässigen Druckspannung des Betons abhängig. Deshalb sind die hochwertigen Zemente hiefür von größter Bedeutung. Mit ihnen läßt sich eine so weitgehende Steigerung der Druckfestigkeit des Betons erreichen, daß es für eine nahe Zukunft möglich erscheint, die zulässige Druckspannung in großen Gewölben unter Berücksichtigung aller Zusatzkräfte bis etwa 100 kg/qcm zu erhöhen, wobei man eine mindestens 3,5fache Sicherheit, gemessen an der Würfelfestigkeit im Alter von 28 Tagen, zugrunde legen sollte. Voraussetzung ist hiefür eine strenge Baukontrolle in bezug auf Kornzusammensetzung, Konsistenz und Festigkeit des Betons. Außerdem müssen vor Baubeginn systematische Versuche mit den zur Verfügung stehenden Betonmaterialien vorgenommen werden. Ferner ist es denkbar, daß sich mit Hilfe der hochwertigen Zemente vielleicht ein Leichtbeton von so großer Festigkeit herstellen läßt, daß er für weitgespannte Gewölbe verwendet werden kann und auf diesem Wege eine weitere Verminderung des Eigengewichtes zu erzielen ist.

Die starke Wärmeentwicklung der hochwertigen Zemente beim Abbinden spricht dafür, möglichst gegliederte Bogenquerschnitte anzuwenden. In besonderem Maße gilt dies vom Schmelzzement, mit dem allerdings in Deutschland noch keine Erfahrungen bei weitgespannten Gewölben vorliegen.

Auch die Steigerung der Zugfestigkeit des Betons ist für alle weitgespannten Gewölbe sehr wertvoll, bei denen größere Zugspannungen auftreten. Ist doch von ihr auch bei Anordnung einer Bewehrung die Rißsicherheit in erster Linie abhängig. Deshalb erscheint es auch ratsam, für die zulässige rechnungsmäßige Biegezugspannung $\sigma_{bz}$ einen Wert bei Gewölben vorzuschreiben, je nach der Betonqualität etwa 25 bis 35 kg/qcm. Besonders wichtig ist dies für die Gewölbe mit steifer Bewehrung und voller Anhängung der Schalung nach System MELAN, da hier in den Verbundquerschnitten die Grundspannungen aus dem Bogeneigengewicht fehlen und deshalb leicht größere Zugspannungen im Beton auftreten können.

Für die vorstehend erörterten Fragen ist es von hohem Interesse, welche Vorschriften und Anschauungen in den verschiedenen Ländern über die zulässigen Beanspruchungen des Gewölbebetons bei großen Spannweiten bestehen, sowie auch, welche praktischen Erfahrungen mit der Verwendung der hochwertigen Zemente im Gewölbebau gemacht worden sind.

Die Gütesteigerung des Stahles ist für die gewöhnlichen Eisenbetongewölbe ohne besondere Bedeutung. Dagegen ist eine weitgehende Ausnutzung des hochwertigen Stahles bei steifbewehrten Gewölben möglich, weil man hier die als Gitterträger ausgebildete Bewehrung durch Anhängung der Schalung mit dem Gewölbebeton belasten und dadurch eine Vorspannung erzielen kann. Die Höhe dieser Vorspannung ist in der Regel von der Knicksicherheit der eisernen Gitterbogen in vertikaler Richtung abhängig. Man wird allerdings hiebei den Sicherheitsgrad gegenüber dem sonst üblichen Wert etwas herabsetzen dürfen, da es sich nur um einen Bauzustand handelt. Einen besonders geeigneten Baustoff für die steife Bewehrung weitgespannter Gewölbe besitzen wir jetzt im Silicium-Baustahl mit seiner hohen Quetschgrenze und Bruchfestigkeit.

### 4. Konstruktive Fragen und Architektur

Für die Steigerung der Spannweiten ist die Verminderung des Eigengewichtes der gewölbten Brücken von ausschlaggebender Bedeutung. Daher ist die Ausbildung des Bogenquerschnittes die wichtigste konstruktive Aufgabe. Volle Tonnengewölbe kommen bei steilen Bogen bis etwa 100 m Weite noch in Betracht, weil sich bei diesen die Beanspruchungen noch in mäßigen Grenzen halten. Zumeist wird aber auch hier bei breiteren Brücken die Aufteilung wenigstens in zwei Gewölberinge zweckmäßig sein. Bei flacheren Bogen ist zur Verringerung des Eigengewichtes die Auflösung des Querschnittes in einzelne Rippen mit Querversteifungen notwendig. Dadurch wird bei städtischen Brücken auch die Durchführung der zahlreichen Leitungen in der Gegend des Bogenscheitels sehr erleichtert. Gegenüber den rechteckigen Rippen haben I-förmige Rippen ein größeres Widerstandsmoment, ihre Ausbildung ist in Eisenbeton einwandfrei möglich. Zuweilen sucht man durch Anordnung von Umschnürungen die Bruchsicherheit der Rippenquerschnitte zu erhöhen; nur ist es fraglich, ob nicht durch eine enge Umschnürung die Güte des Betons bei der Ausführung, namentlich in großen Querschnitten, beeinträchtigt wird. Das größte Widerstandsmoment und die beste Seitensteifigkeit erzielt man mit hohlen Eisenbetonrippen in Kastenform, wie sie bei der Seine-Brücke von St. Pierre—du Vauvray, bei der Berwick-Brücke über den Tweed und bei der Lech-Brücke Augsburg angewandt worden sind. Allerdings ist die Herstellung solcher Querschnitte weniger einfach und es würde von Interesse sein, Näheres über die Betonierungsverfahren für die hohlen Rippen bei den genannten Brücken zu hören. Die weitgehendste Verminderung des Eigengewichtes läßt sich bei steifbewehrten Rippenbogen nach System MELAN erreichen, weil durch die Vorspannung in der Bewehrung der Verbundquerschnitt entlastet wird. Gegen eine fachwerkartige Ausbildung von Eisenbetonbogen besteht in Deutschland Abneigung, da man die Nebenspannungen infolge der steifen Fachwerksknoten bei dem spröden Betonmaterial fürchtet.

Den Aufbau über den großen Gewölben wird man heute immer möglichst leicht in Eisenbetonkonstruktion ausführen, indem man Säulen oder Wände anordnet, welche die als Plattenbalkendecke ausgebildete Fahrbahn tragen. Bei steilen Gewölben kann man den durchbrochenen Aufbau auch nach außen zeigen, während es bei flachen Gewölben in der Regel architektonisch günstiger wirkt, wenn man geschlossene Stirnwände anordnet. Auskragungen für die Fußwege bieten stets wirtschaftliche Vorteile; eine gute architektonische Wirkung läßt sich damit aber nur bei Gewölben erzielen, die nicht zu flach sind und eine genügende Konstruktionshöhe im Scheitel besitzen. Eine nicht leichte Aufgabe ist bei geschlossenen Stirnwänden die einwandfreie Herstellung der großen zusammenhängenden Betonflächen und die geeignetste Art ihrer Bearbeitung. Hierzu wäre es erwünscht, die Erfahrungen mit dem Kontexverfahren kennen zu lernen. Eine Steinverkleidung der Sichtflächen ist nicht grundsätzlich abzulehnen, dagegen eine Nachahmung der Steinarchitektur, etwa durch Fugenschnitt im Beton.

Eisenbetonbogen mit angehängter Fahrbahn wird man nur anwenden, wenn eine geringe Bauhöhe zwischen Kämpfer und Fahrbahn dazu zwingt; sie sind in architektonischer und konstruktiver Hinsicht gegenüber den Bogen mit oben liegender Fahrbahn zweifellos im Nachteil.

Die besonderen konstruktiven Aufgaben beim Dreigelenkbogen sind heute, namentlich durch die Entwicklung in Deutschland, weitgehend gelöst. Als Gelenke kommen für große Gewölbe ausschließlich solche aus Stahlguß, entweder als Wälzgelenke mit Kupillensicherung oder als Bolzengelenke, in Frage. Herstellung und Versetzen dieser Gelenke bietet auch bei sehr großen Abmessungen keine Schwierigkeiten. Um die Gelenke ordnet man zweckmäßig gut zugängige Gelenkkammern an, die nach oben und unten durch Eisenbetonplatten und an den Stirnen durch Eisenbetonwände abgeschlossen werden. Die Kosten der Gelenke gleichen sich in der Regel mit den Kosten der stärkeren Bewehrung aus, die sonst in dem gelenklosen Bogen nötig sein würde. Auch für provisorische Gelenke wird man bei großen

Spannweiten zumeist Stahlgelenke anwenden; eine einfachere Ausführung durch Verkleinerung des Eisenbetonquerschnittes, also in Form von unvollkommenen Gelenken, findet sich z. B. bei der Vesubie-Brücke in Frankreich. Bei flachen Dreigelenkbogen lassen sich wirtschaftliche Vorteile erzielen, wenn man die Kämpfergelenke vor den Widerlagerfluchten vorkragt. Jedoch darf diese Maßnahme nicht zuweit getrieben werden, weil dabei die Pfeilhöhe der Bogen in stärkerem Maße als die Spannweite verkleinert wird.

Bei Strombrücken erscheint es als eine zu strenge Forderung, daß die Kämpfergelenke von dem höchsten Hochwasser nicht berührt werden sollen, namentlich wenn dieses selten auftritt und nur von kurzer Dauer ist. Es wird im allgemeinen genügen, wenn die Gelenke über den häufigen Hochwässern liegen.

### 5. Bauausführung, einschließlich Lehrgerüste

Die Bauausführung ist für die Sicherheit und für die Wirtschaftlchkeit weitgespannter Gewölbe außerordentlich wichtig. Die normale Ausführung mit hölzernen Lehrgerüsten erfordert nicht nur erhebliche Kosten, sondern schließt auch Gefahren und Unsicherheiten in sich, namentlich bei Strombrücken und hohen Talbrücken. Man wendet daher jetzt häufig, namentlich in Amerika, eiserne Lehrgerüste an, die allerdings in der Regel nur dann wirtschaftlich sein werden, wenn ihre mehrmalige Verwendung bei demselben Brückenbau möglich ist. Sonst erscheint es zweckmäßiger, die Eisenkonstruktion in den Bogen selbst zu legen und die Bogenschalung an sie anzuhängen (System MELAN). Die Gefahr der hölzernen Lehrgerüste beleuchtet die Tatsache, daß in den letzten sechs Jahren nicht weniger als fünf größere Brückenlehrgerüste in Europa eingestürzt sind; in Amerika ist im Jahre 1927 das Lehrgerüst eines 60 m weitgespannten Bogens durch Brand zerstört worden, wodurch ein Schaden von 75000 Dollar entstanden ist. Es ist ein Vorteil des hochwertigen Zementes, daß wegen seiner raschen Erhärtung die Ausrüstungsfrist und damit der gefährliche Bauzustand wesentlich abgekürzt werden kann. Zur Verminderung der Lehrgerüstabmessungen und -Kosten dient das neuerdings wieder aufgenommene Verfahren, die Gewölbe in übereinanderliegenden Ringen herzustellen (Seine-Brücke bei St. Pierre—du-Vauvray, Caille-Brücke bei Cruseilles, Entwurf für die Menai-Brücke). Dabei erhält das Lehrgerüst nur die Last des ersten Ringes, der dann als Träger für die weiteren Ringe dient. Gegen dieses Verfahren bestehen ja die bekannten statischen Bedenken, daß die Ringe ungleichmäßig beansprucht werden. Es wird von Interesse sein, zu erfahren, wie sich dieser Bauvorgang bewährt hat und ob man ihn etwa durch besondere Maßnahmen, z. B. entsprechende Wahl der Bogenachse, verbessern kann.

Am größten ist die Sicherheit während der Bauausführung zweifellos bei den steifbewehrten Gewölben nach System MELAN mit voller Anhängung der Bogenschalung, weil das Lehrgerüst bei ihnen in Wegfall kommt und nur Montagegerüste für die Aufstellung der als Bewehrung dienenden Eisenkonstruktion nötig sind. Es wird eine wichtige Aufgabe sein, die Wirtschaftlichkeit solcher Gewölbe für große Spannweiten zu untersuchen und womöglich zu steigern. Damit die steife Bewehrung nicht zu stark und daher unwirtschaftlich wird, ist auch hier schon die Ausführung der Bogen in übereinanderliegenden Ringen angewandt worden (Grandfey-Viadukt in der Schweiz). Ein weiterer Vorteil der steifbewehrten Bogen mit voller Anhängung der Schalung ist der Wegfall des normalen Ausrüstungsvorganges; die Kämpferdrücke aus Bogeneigengewicht kommen bei ihnen ganz allmählich auf die Pfeiler und Widerlager zur Wirkung. Bei teilweiser Anhängung der Bogenschalung vermindern sich wegen des dann wieder nötigen Lehrgerüstes die Vorteile für die Bauausführung, jedoch kann dabei durch Verringerung des Querschnittes der steifen Bewehrung unter Umständen die Wirtschaftlichkeit erhöht werden.

Bei weitgespannten Gewölben mit steifer Bewehrung muß auch dafür Sorge getragen werden, daß der Beton des Bogens vorspannungsfrei eingebracht wird. Die Gefahr einer unzulässigen Vorspannung im Beton ist besonders groß bei Verwendung des rasch erhärtenden hochwertigen Zementes und bei einer hohen Eisenvorspannung. Man erreicht die einwandfreie Herstellung des Gewölbebetons, indem man eine ihm gewichtsgleiche Vorbelastung aus Kiesmaterial auf die angehängte Schalung aufbringt und allmählich durch Beton ersetzt. Bei Rippenbogen kann man die Kiesauflast zwischen die Rippen lagern. Man gewinnt dann noch den Vorteil, daß man in den stark bewehrten Rippen selbst keine Lamellenschalung braucht, sondern in einem Zuge von den Kämpfern nach dem Scheitel hin betonieren kann, weil ja bei diesem Bauverfahren die Gesamtbelastung des Bogens konstant bleibt.

### 6. Schlußbetrachtung

Fortschritte im Bau weitgespannter Wölbbrücken werden sowohl durch Verbesserungen der Gewölbebaustoffe wie durch neue konstruktive Gedanken, namentlich für die Querschnittsausbildung, zu erwarten sein. Weitaus die wichtigste Aufgabe wird aber immer die Vervollkommnung der Baumethoden bleiben, um dadurch die Sicherheit bei der Bauausführung und die Wirtschaftlichkeit großer Wölbbrücken zu erhöhen. Die Steigerung der Spannweiten wird weniger durch das technische Können als durch den wirtschaftlichen Wettbewerb mit den eisernen Brücken bedingt sein. Die größere Lebensdauer und die geringeren Unterhaltungskosten der gewölbten Brücken müssen dabei natürlich entsprechend in Rechnung gestellt werden. Das Hauptgebiet der Entwicklung für große Wölbbrücken liegt zur Zeit bei den Spannweiten zwischen 80 und 150 m, und es wird die Aufgabe der nächsten Zukunft sein, für diese Abmessungen möglichst sichere und wirtschaftliche Ausführungsmethoden zu schaffen. Spannweiten über 150 m hinaus sind für größere Pfeilverhältnisse auch heute schon möglich und bereits in Angriff genommen. Sie werden jedoch bis auf weiteres wohl als sehr kühne und bewundernswerte Einzelleistungen anzusehen sein.

# Note sur les grands ponts en béton armé

Par **H. Lossier**, Argenteuil

Au cours de ces dernières années, la confiance grandissante dont jouit le béton armé, jointe à l'apparition des ciments à haute résistance et à durcissement rapide, ainsi qu'à la conception de méthodes d'exécution plus modernes, ont fait évoluer ce mode de construction dans le sens de l'adoption de portées de plus en plus grandes.

Parmi les ouvrages les plus caractéristiques à ce point de vue, on peut citer notamment:

Le pont en bow-string à une seule travée de 90 m de portée construit sur l'oued

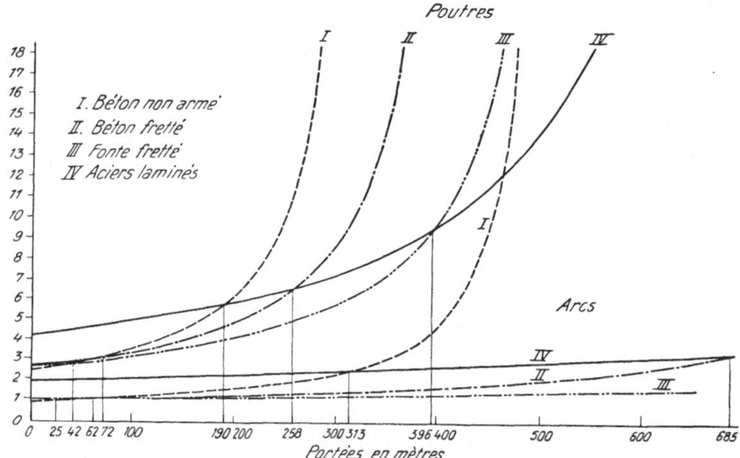


Mellègue en Tunisie, dont les arcs à treillis sont coulés avec du ciment fondu, les tendeurs et le tablier avec du superciment.

Le pont de Gmünden (Autriche) qui mesure 71 m de portée et dont les arcs, d'une grande légèreté, sont exécutés en béton armé de fonte et fretté.

Le viaduc de Plougastel sur l'Elorn, en France, actuellement en construction, qui comportera 3 travées de 180 m chacune et supportera une voie charretière supérieure et une voie ferrée inférieure. Les arcs de cet ouvrage sont prévus à section évidée en forme de caisson.

Comme nous le verrons par la suite, ces portées sont susceptibles d'être notablement dépassées dans l'avenir.

Deux questions se posent en effet au sujet de l'adoption d'ouvrages en béton armé de très grande portée.

1⁰ Les portées maxima qui peuvent être envisagées au point de vue de la résistance proprement dite;

2⁰ Les limites dans lesquelles le béton armé est susceptible d'être plus économique que le métal.

*Portées limites.*

Cette question dépend en premier lieu de la densité spécifique de la matière, c'est-à-dire du rapport de son poids spécifique à son taux de résistance pratique. Ce rapport représente le poids d'un prisme ayant l'unité de longueur et résistant à l'unité de charge. Plus ce rapport est faible, plus faible est également la part de résistance absorbée pour supporter le poids propre de l'élément, et plus grande est en conséquence la portée qui peut être réalisée.

Dans le tableau suivant, nous avons indiqué la densité spécifique à la compression des matériaux ci-après:

a) *Béton non armé*, de densité 2,2, présentant une résistance minimum de 300 kgs : cm² au bout de 90 jours, et pouvant résister normalement à 300 × 0,28 = = 84 kgs : cm², aux termes de l'article 4 de la Circulaire Ministérielle française du 20 Octobre 1906,

b) *Béton fretté* de même composition, de densité 2,5, pouvant résister normalement à 0,60 × 300 = 180 kgs : cm² d'après l'article 5 de la même circulaire.

c) *Béton fretté armé de fonte, ou fonte frettée*, dont le noyau en fonte représente 25 % de la section totale, dont la densité est égale à 3,6 et qui peut travailler normalement à 450 kgs : cm² en adoptant le taux de 0,28 de la résistance mesurée sur cubes après 90 jours de prise.

d) *Aciers laminés*, de densité 7,8, travaillant en moyenne à 10 kgs : mm² de section brute.[1]

| Matériaux | Poids spécifique en kgs par m³ | Résistance normale en t/m² (Compression) | Densité spécifique en kilogr. par tonne de résistance à la compression pour 1 mètre de longueur |
|---|---|---|---|
| Béton non armé..... | 2200 | 840 | $a = 2,62$ |
| Béton fretté ........ | 2500 | 1 800 | $a = 1,39$ |
| Fonte frettée........ | 3600 | 4 500 | $a = 0,80$ |
| Aciers laminés....... | 7800 | 10 000 | $a = 0,78$ |

En traction, et sans envisager le cas, qui n'est pas toujours réalisable, d'aciers enrobés après leur mise en traction préalable, on construit couramment des tendeurs armés au pourcentage de 20%, présentant une densité de 3,3 et une résistance moyenne à la traction (aciers seuls) de 240 kgs : cm², soit une densité spécifique:

$$a = \frac{3300}{2400} = 1,38,$$

c'est-à-dire dépassant de 77% celle de l'acier laminé.

On constate que la fonte frettée présente une densité spécifique sensiblement égale à celle de l'acier laminé, tandis que le béton fretté dépasse cette dernière de 78% et le béton armé de 236%.

Les portées maxima qui peuvent être atteintes avec un matériau déterminé dépendent naturellement du type de l'ouvrage. Envisageons, à titre d'exemple, les deux cas suivants:

1⁰ *Arc à trois articulations surbaissé au cinquième.*

---

[1] Nous laissons de côté les ponts suspendus à câbles, dont la comparaison avec les ponts métalliques ordinaires est connue.

**2⁰ *Poutre parabolique à treillis dont la hauteur est égale au $^1/_5$ de la portée, reposant librement sur les appuis.***

Il est évident à priori que la charge morte à supporter est plus élevée dans une poutre que dans un arc, dont l'une des composantes est équilibrée par les culées.

En écrivant que la résistance $D$ disponible pour supporter le poids propre du tablier et les surcharges est la différence entre le taux de travail normal $R$ de la matière et l'effort que subit la membrure comprimée sous l'action du poids des fermes principales, on obtient les expressions suivantes dans lesquelles $l$ désigne la portée de l'ouvrage:

| Type d'ouvrage | | Poutre<br>$D$ en t: m² | Arc<br>$D$ en t: m² |
|---|---|---|---|
| Membrures tendues et barres de treillis en béton armé | Béton non armé........ | $840 - 2,53\ l$ | $840 - 1,7\ l$ |
| | Béton fretté ........... | $1800 - 4,2\ l$ | $1800 - 1,9\ l$ |
| | Fonte frettée .......... | $4500 - 8,3\ l$ | $4500 - 2,8\ l$ |
| Aciers laminés (résistance brute) ..................... | | $10000 - 14,1\ l$ | $10000 - 6,3\ l$ |

En égalant à o la résistance disponible $D$, on obtient les limites à partir desquelles les fermes principales des types considérés, surbaissées au $^1/_5$, ne pourraient supporter d'autre charge que leur seul poids propre, chiffres constituant des limites théoriques extrêmes, qui ne peuvent évidemment pas être atteintes en pratique, et qui n'ont qu'une valeur de comparaison.

Ces portées limites $l_0$ seraient les suivantes:

| | | Poutre | Arc |
|---|---|---|---|
| Béton non armé ............. | | $l_0 = 332$ m | $l_0 = 495$ m |
| Béton fretté................. | | $l_0 = 430$ m | $l_0 = 950$ m |
| Fonte frettée ............... | | $l_0 = 540$ m | $l_0 = 1600$ m |
| Aciers laminés ............... | | $l_0 = 710$ m | $l_0 = 1600$ m |

Le coût spécifique des matériaux envisagés plus haut, c'est-à-dire la valeur d'un prisme d'un mètre de longueur résistant à une charge d'une tonne, peut être évalué approximativement et en moyenne, aux cours actuels de la construction des grands ouvrages, aux chiffres suivants, qui n'ont qu'une valeur comparative:

| | | |
|---|---|---|
| Compression { | Béton non armé. ........... | 0,72 frcs. |
| | Béton fretté à $4,5^0/_0$ ........ | 0,76 « |
| | Fonte frettée. .............. | 0,80 « |
| Compression et traction { | Aciers laminés .............. | 1,44 « |
| Traction: béton tendu armé à $20^0/_0$ ........ | | 1,29 « |

En divisant le prix aux mètre courant d'un mètre linéaire de ferme principale dont l'arc ou la membrure comprimée mesure 1 mètre carré de section, par la résistance disponible $D$, on obtient la valeur unitaire $\beta$ de cette dernière, soit en francs:

| | Poutre | Arc |
|---|---|---|
| Béton non armé ............. | $\dfrac{2050}{840 - 2,53\ l}$ | $\dfrac{720}{840 - 1,7\ l}$ |
| Béton fretté ............... | $\dfrac{4700}{1800 - 4,2\ l}$ | $\dfrac{1650}{1800 - 1,9\ l}$ |
| Fonte frettée ............... | $\dfrac{11600}{4500 - 8,3\ l}$ | $\dfrac{4000}{4500 - 2,8\ l}$ |
| Aciers laminés ............. | $\dfrac{41.800}{10000 - 14,1\ l}$ | $\dfrac{18800}{10000 - 6,3\ l}$ |

Fig. 1

En portant la valeur $\beta$ en ordonnée et la portée $l$ en abscisse, on obtient les tracés de la fig. 1 qui représentent la loi des variations du prix unitaire de la résistance disponible $D$ avec la portée $l$.

L'examen de ces tracés conduit aux constatations suivantes:

*Ponts en poutres.*

Au point de vue économique, l'avantage est en faveur:

a) Du béton non armé (membrures comprimées), pour les portées de 0 à 42 m;
b) De la fonte frettée, de 42 à 396 m;
c) Des aciers laminés, à partir de 396 m.

Comparativement avec l'acier laminé, l'avantage économique existe jusqu'à 190 m pour le béton non armé, 258 m pour le béton fretté, et 396 m pour la fonte frettée.

*Ponts en arc.*

L'avantage économique est constamment en faveur de la fonte frettée, sauf pour les petites portées où le béton non armé garde la priorité.

Comparativement avec l'acier laminé, cet avantage existe jusqu'à 313 m pour le béton non armé et 685 m pour le béton fretté.


Ces chiffres n'ont, comme il est dit plus haut, qu'une valeur comparative et approximative restreinte, les formules et prix de revient pris pour base pouvant varier très notablement suivant les types d'ouvrages, le mode d'exécution, le taux de la main d'œuvre et des matériaux, etc...

Les portées économiques que nous avons indiquées pourront être même dépassées pour certains types d'ouvrages spéciaux, autorisant notamment la mise en traction initiale des armatures avant leur enrobage, de manière à permettre l'emploi d'aciers à haute résistance sans risque de fissuration du béton, et par l'adoption de bétons légers, dont l'étude expérimentale se poursuit actuellement en vue d'en préciser les conditions d'application.

En principe, le fait de passer brusquement de dimensions actuellement normales à des dimensions beaucoup plus grandes, soulève avec raison de sérieuses objections dans des constructions soumises à des efforts très variables qui ne peuvent être déterminés que par l'expérimentation directe, comme c'est le cas, en particulier, pour les navires maritimes et aériens.

Mais il n'en est pas de même pour les grands ponts qui sont soumis à des surcharges et sollicitations nettement définies, dont l'action peut être actuellement déterminée avec une exactitude pratiquement suffisante (efforts principaux et secondaires, actions dynamiques, etc.).

Or, un ouvrage ne périt pas parce qu'il est grand ou petit, mais seulement parce que le taux de rupture de la matière est atteint en un point quelconque, pour une cause ou pour une autre. On peut donc aborder sans aucune appréhension des portées encore irréalisées, à condition que l'étude et l'exécution en soient effectuées avec toute la rigueur et les précautions nécessaires pour ne pas atteindre, soit en cours de montage, soit en cours de service, des taux de travail dangereux. S'il convient, en effet, d'encourager hautement la hardiesse des constructeurs dans l'adoption de grandes portées en poutres et en arcs, il importe avant tout d'éviter des ouvrages «risqués» qui n'empruntent leur résistance, parfois momentanée, qu'en empiétant dangereusement sur la marge de sécurité.

Comme il est dit au début de cette note, dans la plupart des grands arcs actuellement exécutés, on a remplacé les sections pleines massives des premiers ponts par des sections évidées en caissons qui permettent de réaliser le maximum de résistance avec le minimum de matière.

Certains constructeurs estiment toutefois que ce système présente les inconvénients suivants:

Sous l'action du retrait de prise du béton qui peut varier notablement avec la composition, l'âge et l'ensilage du ciment et même parfois d'une fourniture à l'autre d'un ciment de même marque, il se produit dans les cloisons pleines des caissons exécutées en plusieurs périodes, des efforts internes encore mal connus, mais qui peuvent atteindre une grande intensité, comme on a pu le constater par des traces de fatigue apparues de ce fait dans plusieurs cas.

Ces efforts sont particulièrement intenses avec l'emploi de certains ciments spéciaux dont la prise est accompagnée d'une forte élévation de température.

Pour parer à cet inconvénient, ces constructeurs exécutent leurs arcs à l'aide de sections à treillis, afin de ne pas dépasser certaines dimensions pour les divers éléments de l'ouvrage.

Dans ce cas toutefois, la question des efforts secondaires doit être l'objet d'une étude approfondie.

Ces efforts, qui sont dûs à la rigidité des attaches et à d'autres actions accessoires, ne sont pas envisagés, en général, dans le calcul des ouvrages métalliques. On admet, en effet, qu'ils n'entraînent qu'une majoration relativement faible du travail élastique, majoration dont il est implicitement tenu compte dans la marge de sécurité existant entre les taux prescrits et la limite d'élasticité du métal.

Ces efforts secondaires présentent toutefois plus de gravité dans les ouvrages en béton armé que dans les ouvrages métalliques.

En effet, le dépassement de la limite d'élasticité, qui se produit effectivement dans bien des ponts métalliques, ne présente pas d'inconvénients graves lorsqu'il n'est engendré que par un effort secondaire local dont l'accroissement est limité par la diminution du coefficient d'élasticité du métal qui en résulte.

Dans les ponts en béton armé, par contre, le dépassement de la limite d'élasticité de l'acier, de même que celui de la résistance de l'enveloppe du béton fretté, peut provoquer des avaries (larges fissures, éclatement du béton, etc.) susceptibles de nuire soit à l'aspect, soit à la conservation des ouvrages.

Il est prudent, pour cette raison, de s'assurer, dans l'étude des grandes constructions à treillis en béton armé, que les efforts secondaires ne conduisent nulle part à des taux de travail susceptibles de provoquer des avaries.

Les observations effectuées sur de grands ouvrages existants, et notamment sur le pont sur l'oued Mellègue, ont démontré que, par diverses mesures et notamment une réduction appropriée de l'épaisseur des barres de treillis, les efforts secondaires pouvaient être ramenés dans des limites assez faibles pour supprimer complètement toute trace de fatigue susceptible de nuire à la bonne conservation de l'ouvrage.

Le béton armé possède ses qualités propres. Aussi, ne saurait-il être une copie ni de la construction en pierre, ni de la construction métallique. C'est précisément dans la réalisation d'ouvrages à très grande portée où ses propriétés se manifestent avec le maximum d'intensité qu'il trouvera les formes les plus rationnelles qui seront celles de l'avenir.

# Diskussion

Oberbaurat Ing. Dr. e. h. F. EMPERGER, Wien:

Hinderlich für die Entwicklung des Bogenbrückenbaues sind die vielfachen Erschwernisse, mit welchen derselbe hierzulande zu rechnen hat und eine unzureichende Anerkennung der durch ihn geschaffenen Vorteile. In das erste Gebiet gehört die große Ängstlichkeit mit Bezug auf die Belastung eines Fundamentes, welches nicht auf Felsen steht und der Vermeidung von Bogenbrückenbauten, sofern nicht Gelenke ausgeführt werden. Wie häufig Gelenke ohne zureichenden Grund angeordnet werden, davon ist die Traunfallbrücke ein Beispiel. Die Zahl jener Bauten, welche durch diese und andere Erschwernisse verhindert wurden, läßt sich leider nicht feststellen. Wir müssen uns darauf beschränken aus einem Verzeichnis der bemerkenswertesten Betonbrücken, wie es sich z. B. im Handbuch für Eisenbetonbau, siebenter Band in der dritten Auflage auf Seite 615, vorfindet, aus der Zahl der dort angeführten 107 bemerkenswerten Eisenbetonbrücken festzustellen, daß sich darunter befinden,

|  | in Zentraleuropa | außerhalb Zentraleuropas | außereuropäisch |
|---|---|---|---|
| mit Gelenk .......... | 25 | 2 | 5 |
| eingespannt .......... | 29 | 16 | 31 |

Wir sehen demnach von den 32 mit Gelenk ausgeführten Brücken sich fast alle in Zentraleuropa befinden und daß in diesem Gebiete fast die gleiche Anzahl eingespannte Bögen ausgeführt wurden, während außerhalb desselben Gebrauch von Gelenken ein seltener Ausnahmsfall bleibt. Ein weiteres Erschwernis bedeutet die übliche Laststellung und Lastverteilung in der Bogenberechnung. Bezüglich der ersteren ist es allgemein üblich, sich die Nutzlast als eine gleichförmig auf die ganze Fläche verteilte Belastung vorzustellen und diese Ersatzlast je nach den ungünstigsten Lastscheiden, aufgebracht anzunehmen. Diese Annahme ist aber nur bei eingleisigen Eisenbahnbrücken zutreffend. Bereits bei einer zweigleisigen Eisenbahnbrücke setzt dies voraus, daß der Lastenzug einerseits bis zur Lastenscheide gefahren ist und daß der Gegenzug anderseits in demselben Moment mit seinem Ende die Lastenscheide passiert hat. Diese Annahme ist bereits von einer solchen Unwahrscheinlichkeit, daß sie sich wohl nie einstellen wird und somit einer normalen Berechnung nicht zugrunde gelegt werden sollte. Bei Straßenbrücken ist das Auffahren solcher Lastzüge, außer bei Proben, schwer denkbar. Es besteht immerhin die Möglichkeit, dies nach der einen Richtung hin zu erreichen. Es ist aber eine absolute Unmöglichkeit für die Gegenrichtung, so zwar, daß diese Annahme eine ganz unnütze Erschwernis beinhaltet. In der Rechnung sollte daher die einseitige Belastung nur nach der einen Richtung hin erwogen werden und in der anderen Richtung der ungünstigste Fall in einer Vollbelastung der Brücke gesucht werden.

Die Lastverteilung nimmt ferner auf den monolithischen Charakter des Bauwerkes viel zu wenig Rücksicht. Die heute selbst im Eisenbau als unrichtig bekämpften Methoden werden auf dem Eisenbetonbau übertragen. Dies gilt nicht nur mit Bezug auf die Fahrbahnplatte und die Fahrbahnträger, sondern es werden auch die Hauptträger so berechnet, als ob die Lasten sich auf feste Widerlager übertragen würden. Die Unrichtigkeit dieser Auffassung läßt sich im Versuchswege leicht nachweisen. Die Verbindung der Tragrippen ist eine dermaßen steife, daß diese zwangsläufig fast gleiche Durchbiegungen und Höhenänderungen erfahren, so zwar, daß selbst eine zentrische Belastung der einen Rippe nicht von dieser allein aufgenommen wird, weil sie bei ihrer Senkung alle Nachbarrippen mitnimmt. Es ergibt sich damit die Notwendigkeit, wenn wir, wie oben erwähnt, den einen Streifen der Brücke als voll belastet und den anderen Streifen halbseitig belastet, der Berechnung zugrunde legen, auch diese einseitige Belastung auf *alle* tragende Rippen entsprechend verteilt, voraussetzen. Bei ähnlichen Untersuchungen bei Deckenkonstruktionen ist eine weitgehende Mitwirkung der Nachbarrippen festgestellt worden. Diese Mitwirkung wird bei Deckenkonstruktionen durch die Einspannung der Nachbarrippen langsam aufgehoben. Die Durchbiegung erfolgt also ähnlich wie bei einer Matratze. Bei Brückenkonstruktionen aber, wo ein derartiger Widerstand nicht besteht, kommt man den tatsächlichen Verhältnissen am nächsten, wenn man das Bauwerk als Monolith ansieht und unabhängig von der Stellung der Last in der Querrrichtung, dieselbe auf alle Rippen als gleichmäßig verteilt als belastend annimmt. Gegenüber der üblichen Rechnung ergibt sich auf diese Weise eine Verminderung der Momente bis auf die Hälfte und eine dementsprechende kleinere Exzentrizität und Randspannung, so zwar, daß der Einfluß der Nutzlast ein wesentlich anderer wird, als man ihn zum Nachteil des Bogenbaues gemeinhin annimmt.

Von den zu wenig beachteten Vorteilen des Bogenbaues sei dessen großes Eigengewicht besonders hervorgehoben. Wenn auch der moderne Eisenbetonbau nicht mehr jene großen Eigengewichte besitzt, welche die alten Massivbauten besessen haben, welche durch ein mehr als vierfaches Eigengewicht, jede Änderung der Nutzlast als nebensächlich erscheinen ließen, so ist bei denselben doch ein beträchtlicher Vorsprung im Vergleich zu den eisernen Trägerbrücken vorhanden. Dieselben haben ein Eigengewicht, welches nicht viel größer wie die Nutzlast ist, welche sie tragen sollen. Während sich bisher häufig auch ein etwas größeres Eigengewicht ergeben hat, so wird bei den neuesten Stahlkonstruktionen und geringen Sicherheiten das Eigengewicht selbst unter die Größe der Nutzlast herabgedrückt und so der Einfluß der Nutzlast gesteigert. Bei der geringen Sicherheit der Eisenkonstruktion ergibt sich demnach durch eine Steigerung der Nutzlast oder durch die sich einstellende Verschlechterung der Konstruktion, die Möglichkeit eines Umbaues, was die Lebensdauer der Konstruktionen wesentlich einschränkt. Der Eisenbetonbogen hat aber selbst in seiner leichtesten Form immer das doppelte Eigengewicht der Nutzlast, ein Verhältnis, welches sich häufig bis auf das dreifache erhöht. Wenn wir daher nur eine 30%ige Erhöhung der Nutzlast ins Auge fassen, so entspricht dies einer Erhöhung der zulässigen Spannungen von 15% beim Eisenträger, während sie beim Eisenbetonbogen bei dem zwei-, drei- und vierfachen Eigengewicht nur 10 bzw. 7,5 und 6% ausmacht. Eine Erhöhung, welche mit der Verbesserung der Qualität des Betons Schritt hält und daher ohne weiteres hingenommen werden kann.

Die eingangs erwähnten Erschwernisse werden noch dadurch vermehrt, daß man neuerdings bestrebt ist, den Betonbrücken ähnliche Stoßzuschläge zuzumuten, wie sie im Eisenbau eingeführt worden sind, obwohl der Stoß sich auf die doppelte und mehrfache Masse verteilt. Alles dies wirkt sich in einer Verstärkung des Mittelteiles des Bogens aus, dessen vermehrtes Eigengewicht eine weitere Verstärkung zur Folge hat und so letzten Endes die Verwendung des Bogens für weitgespannte Brücken erschwert, wenn nicht unmöglich macht.

Das wichtigste Ziel unserer Bestrebungen ist darin zu suchen, das unnütze Eigengewicht des Bogens zu beseitigen. Ich werde an anderer Stelle Gelegenheit haben, in meinem Vortrage über die Bewehrung der Bogenquerschnitte auf diesen Teil der Frage ausführlicher zurückzukommen und kann mich daher auf diese kleinen Anregungen beschränken.

Ich stütze mich bei meinen Anschauungen auf die durch Versuche erwiesenen Tatsachen und glaube, daß dies der beste Weg ist, um eine Frage aus dem Streit der Meinungen tunlichst herauszuheben. Ich möchte daher auch zu der Frage der Vorspannung bei steifen Armaturen erst Stellung nehmen, wenn der Wert dieses Vorschlages durch Versuche dargelegt worden ist und bei einer Bogenbrücke von größerer Spannweite erprobt wurde. Erst dann läßt sich darüber sprechen, ob die damit verbundenen Kosten den erzielten Vorteil rechtfertigen. Vorerst glaube ich, daß die steife Armierung und die damit verbundenen Mehrkosten allein durch die einfachere Form der Gerüstausführung gerechtfertigt erscheinen, sowie durch die Rückversicherung, welche in der Eigenfestigkeit der zu einem selbständigen Bogen ausgebildeten Armatur liegt.

Ing. R. MAILLART, Genf:

Indem Professor SPANGENBERG sehr weitgespannte nichtarmierte Brücken als Ausnahmen bezeichnet, unterschätzt er die für solche Bauten im nichtarmierten Beton liegenden Möglichkeiten.

Da mit wachsender Spannweite die Nutzlast vor dem Eigengewicht zurücktritt, so werden die Abweichungen der Drucklinie von der Gewölbemittellinie relativ geringer, Zugspannungen also unwahrscheinlicher und der Nutzen von Längsarmierungen fraglicher. Die Knickgefahr, welche bei nichtarmierten Gewölben wohl größer ist, als bei armierten, ist bei einigermaßen versteifendem Aufbau ausgeschaltet.

Auch mit Betonblöcken, welche er nicht erwähnt, wohl weil er sie zu dem des Preises wegen nicht mehr in Betracht fallenden Mauerwerk rechnet, lassen sich unter Beobachtung gewisser Maßnahmen große Gewölbe wirtschaftlich bauen.

Eine solche Baumethode, welche wesentliche Ersparnisse an Gerüstkosten gestattet, jedoch bei armierten Gewölben schwer durchzuführen wäre, wurde von mir in den Jahren 1911 und 1912 beim Bau der Rheinbrücken in Laufenburg und Rheinfelden angewendet.

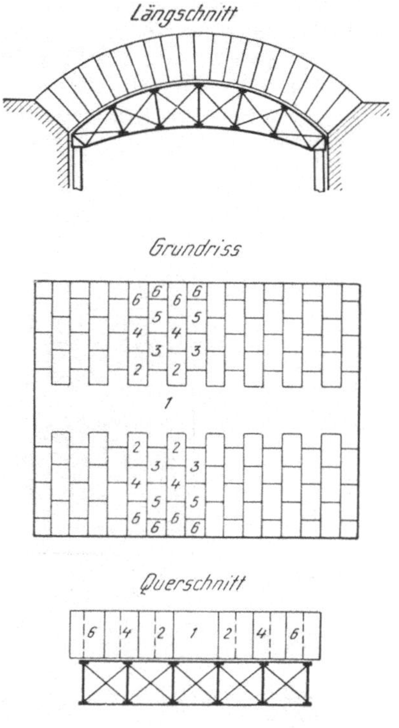

Mit der Mauerung wird in der Gewölbeachse auf die ganze Gewölbelänge begonnen und dann nach beiden Stirnen hin fortgefahren. Ist der mit seitlichen Verzahnungen versehene mittlere Gewölbestreifen 1 (Abb. 1) geschlossen, so kommt er beim Einfügen der Bauteile 2 und darausfolgender elastischer Einsenkung des Gerüstes sofort selbst zum Tragen. Wenn dann weiter die Bauteile 3, 4 und so fort angebaut werden, so nehmen die mittleren Gewölbeteile einen immer größeren Anteil an der Lastaufnahme und das Lehrgerüst ist entsprechend entlastet. Das Maß dieser Entlastung hängt vom Verhältnis der elastischen Einsenkungen von Gewölbe und Lehrgerüst ab. Je nachgiebiger das Lehrgerüst, um so mehr wird es entlastet, was für die Sicherheit einen ungemein günstigen Umstand bedeutet. Daß die mittleren Gewölbeteile durch dieses Verfahren zu Gunsten der Stirnen stärker belastet bleiben, ist ebenfalls höchst erwünscht, da letztge-

Abb. 1. Wölbverfahren Maillart

Abb. 2 Wölbverfahren Maillart bei der Rheinbrücke Laufenburg

nannte infolge meist stärkerer Stirnmauern, Brüstungen, Auskragungen sowie durch unsymmetrische Belastungen, Wind und ungleiche Temperatur stets stärker beansprucht werden als die Gewölbemitte.

Voraussetzung für die Zweckmäßigkeit des Verfahrens ist die Starrheit des Gerüstes in der Querrichtung, so daß die Lasten auf die ganze Breite gut verteilt

Abb. 3. Lehrgerust der Rheinbrücke Laufenburg

Abb. 4. Lehrgerust der Lorrainebrucke in Bern

Abb. 5. Wölbquader aus Beton mit Contexbehandlung fur die Lorrainebrucke in Bern

werden. Die gewöhnlichen, aus parallelen Bindern mit vielen Stützpunkten bestehenden Lehrgerüste entsprechen dieser Bedingung nicht.

Abb. 2 zeigt die im Bau begriffenen Gewölbe der Rheinbrücke in Laufenburg. Die sechs Binder und die Querverbände des auf 41,5 m freigespannten Lehrgerüstes (Abb. 3) bestehen aus Brettern von 24 mm Dicke. Die Gesamtsenkung des Gerüstes betrug nur 3 cm.

Bei der Rheinbrücke in Rheinfelden wurden keine Betonblöcke verwendet, sondern es wurde alles auf dem Gerüst in der vorbeschriebenen Reihenfolge nach Abb. 1 betoniert.

Bei der im Bau befindlichen Lorrainebrücke in Bern mit Hauptbogen von 82 m und 15,7 m Breite wird das Verfahren auch angewendet. Das Gerüst (Abb. 4) besitzt drei Fächer aus Böcken, welche auf drei Fundamentsockel-Paaren ruhen. Hieraus ergiebt sich nebst großer Seitensteifigkeit eine Übertragung der sukzessiven Belastungen auf dieselben Bauglieder. Dieses Gerüst erfordert trotz dreimal größerer Gewölbebreite einen geringeren Aufwand als das der Brücke in Luxemburg von ungefähr gleicher Form und Spannweite. Dabei ist die Nutzbreite der Lorrainebrücke noch etwas größer. Das Verfahren ist also dem System der Zwillingsbogen wirtschaftlich überlegen.

Abb. 5 zeigt einen nach dem Contexverfahren behandelten Gewölbequader für die Lorrainebrücke. Nach anfänglichen Schwierigkeiten bewährte sich hier das Verfahren durchaus und ergibt eine materialgerechte Sichtfläche, die in anderer Weise nicht erreicht werden kann.

Ing. F. Freyssinet, Paris:

Je renvoie à ma conférence de Section sur le Pont de Plougastel, reproduite en détail d'autre part[1], conférence qui conduit aux conclusions suivantes:

Ce qui vient d'être exposé prouve amplement que la réalisation de voûtes de plus de 180 m de portée, sur un bras de mer exposé à de violentes tempêtes et dans lequel on ne peut prendre aucun appui en dehors des ouvrages définitifs, a pu se faire sans tour de force, en imposant à la matière des contraintes maxima très inférieures à celles jugées admissibles par l'unanimité des constructeurs.

Il en résulte cette première conséquence que l'écart de prix important, que le concours a fait ressortir entre les voûtes en B. A. et les charpentes métalliques, aurait pu être beaucoup plus élevé, si à l'exemple des constructeurs en charpente, nous nous étions limités au tablier route et contentés d'un coefficient de sécurité moins élevé.

Dans quelles limites de portée le B. A. peut-il concurrencer les charpentes métalliques.

Si l'on fait varier l'échelle d'une construction sans modifier le projet, on fait croître les fatigues dues au poids propre dans le même rapport que les dimensions linéaires.

Les fatigues parasites dues aux variations linéaires, retrait et température, demeurent constantes.

Celles dues aux surcharges demeurent également constantes, si l'on maintient fixe la charge par mètre carré sur l'ouvrage.

Par conséquent, si nous doublons la portée des arcs de Plougastel, le calcul d'un tel arc nous donnera les contraintes ci-après:

Contrainte résultant du poids propre des arcs . . . . . . . . . . . . . . . . . . . . . . 64 K⁰/cm²
Contrainte résultant du poids du tablier environ . . . . . . . . . . . . . . . . . 16 K⁰/cm²
Contrainte résultant du poids des surcharges . . . . . . . . . . . . . . . . . . . . 20 K⁰/cm²
Contrainte résultant des variations linéaires . . . . . . . . . . . . . . . . . . . . 15 K⁰/cm²

Total . . . 115 K⁰/cm²

Or, d'après le règlement français, une contrainte de 115 K⁰ est licite pour des bétons résistant à 410 K⁰ à 90 jours. Cette résistance est très largement réalisée par

---

[1] Regardez à la page 669.

les bétons des arcs de l'ELORN, et il serait aisé de les améliorer encore très notablement.

Par ailleurs, les fatigues du cintre sous son poids propre n'atteindraient que 20 K⁰ par cm², et il suffirait de doubler la proportion de la section de bois par rapport à la section des rouleaux de béton à supporter pour maintenir constante la fatigue sous la surcharge du béton.

Il est donc évident que la méthode de l'ELORN peut être étendue sans changement notable, à des portées de l'ordre de 400 mètres.

Mais dans ce qui précède, nous n'avons utilisé que la résistance du béton dépourvu d'armatures de compression et de frettage. C'est logique, tant que la résistance qu'il procure est moins coûteuse que celle de l'acier. Mais son prix augmente avec la portée et à partir d'une certaine limite le métal fournit la résistance plus économiquement. Au dessus de cette limite, il est logique d'envisager des structures dans lesquelles l'acier joue le rôle principal.

Considérons une portée de 1800 mètres, et maintenons constant le rapport entre le poids propre des arcs, le poids du tablier et celui des surcharges; condition extrêmement dure et dont on s'affranchirait en pratique, le poids relatif des poutres principales augmentant toujours avec la portée.

Si la densité des arcs demeurait constante, le calcul conduirait dans ce cas à une contrainte unitaire de 635 K⁰ par cm². Si la densité de l'arc s'amplifiait dans un rapport R, la contrainte unitaire serait R × 635.

Il est aisé de réaliser des éléments en B. A. capables de subir des compressions égales à R × 635.

Considérons des membrures d'arc formées de barres carrées soudées électriquement bout à bout, séparées dans le sens vertical et horizontal par des barres transversales permettant tout d'abord un effet de frettage, puis la réalisation d'assemblages entre ces pièces et les autres éléments de la structure.

On peut réaliser parfaitement le remplissage des interstices entre les barres par vibrations de la masse, avec un mortier riche de sable fin et enrober le tout d'une enveloppe de même mortier bien accroché par les armatures transversales à l'ensemble.

On peut réaliser des dispositions dans lesquelles pour un volume total de 1 mètre cube on aurait

Pour les aciers longitudinaux (barres de 50 × 50 avec intervalles de 10 m/m ou de 100 × 100 aver intervalles de 20 m/m) ..... 70% du vol. total .... 5460 K⁰  
Pour les aciers transversaux.................. 3% du vol. total ....  250 K⁰  
Pour le béton............................... 27% du vol. total ....  600 K⁰  

6310 K⁰

Ce qui donne $R = 2,5$ environ

et $635 \times R = 1600$ K⁰ par cm²: soit pour l'acier longitudinal supposé travaillant seul 2300 K⁰ par cm²; le mortier de liaison étant soustrait par son retrait à toute participation importante aux fatigues permanentes.

C'est un taux élevé. Mais rien ne s'oppose à l'emploi dans de telles structures d'aciers durs à limite élastique très élevée; le métal n'ayant à subir aucune autre manipulation que des soudures électriques contrôlables une à une et n'étant soumis qu'à des compressions. On disposerait encore dans ces conditions de coefficients de sécurité largement supérieurs à ceux de tout autre système de construction. La réalisation de telles structures comportant des pièces à grande section résistant bien au flambement, est possible par des procédés offrant une étroite parenté avec ceux employés à PLOUGASTEL.

La conclusion qui s'impose est donc que les voûtes de PLOUGASTEL qui réalisent à l'heure actuelle le record mondial de portée des voûtes en B. A. ne sont en vérité que de bien petites voûtes au regard de celles qui seront construites dans un proche avenir; et que les voûtes en béton armé, réalisées avec les ciments portland ordinaires, constituent dès à présent, grâce à la simplicité de leur exécution et au prix de revient peu élevé de l'unité de résistance dans les constructions, un outil de choix pour la réalisation des portées exceptionnelles capables de concurrencer efficacement tous les autres systèmes sans excepter les ponts suspendus, jusqu'aux portées limites autorisées par l'état actuel de la métallurgie.

## Prof. Dr. M. RITTER, Zürich:

Der Vortragende hat in seinem Referate den versteifenden Einfluß der Aufbauten auf die Gewölbe erwähnt. Hiezu gestatte ich mir den Hinweis, daß dieser Einfluß gelegentlich statisch ungünstig wirkt. So werden die Nebenspannungen, die in den Gewölben von Viadukten durch die Elastizität der Pfeiler entstehen, durch den versteifenden Einfluß der Aufbauten stark vergrößert, weil das Verhältnis der Biegungssteifigkeit zwischen Gewölbe und Pfeiler sich in ungünstigem Sinne ändert.

## Professor SPANGENBERG:

Herr EMPERGER hat an Hand einiger statistischer Zahlen gezeigt, daß sich gewölbte Brücken mit Gelenken überwiegend in Zentraleuropa vorfinden. Eine richtige Beurteilung dieser Tatsache wäre aber erst dann möglich, wenn man auch die Pfeilverhältnisse der Brücken in die Statistik einbeziehen würde. Aus der Zusammenstellung der gewölbten Brücken über 80 m Spannweite, die ich in „Beton und Eisen", 1928, S. 235, gegeben habe, erkennt man nämlich, daß fast alle gelenklosen Bogen des Auslandes mit mehr als 80 m Spannweite größere Pfeilverhältnisse als 1 : 7 haben, wofür also auch nach deutscher Auffassung der eingespannte Bogen bei zuverlässigem Baugrund am Platze ist. Tatsächlich widersprechen in dieser Zusammenstellung nur zwei sehr flache Brücken ohne Gelenke den deutschen Grundsätzen, die Tiberbrücke in Rom und die Rhônebrücke La Balme. Auch kann man wohl kaum behaupten, daß die Forderung von Gelenken eine Erschwernis für den Bau weitgespannter Gewölbe bedeutet, denn die Mehrkosten der Gelenke gleichen sich in der Regel mit den andernfalls erforderlichen Aufwendungen für eine stärkere Bewehrung aus.

Die Anschauung des Herrn EMPERGER, daß die Belastungsvorschriften für Straßenbrücken in ihren Anforderungen sehr weitgehend sind und recht unwahrscheinliche Belastungsfälle einschließen, ist bereits in meinem Referat ausgesprochen worden. Während Herr EMPERGER eine Milderung dieser Vorschriften für geboten erachtet, habe ich eine Berücksichtigung der darin enthaltenen Sicherheitsreserve bei Festsetzung der zulässigen Beanspruchungen für gewölbte Straßenbrücken empfohlen. Beide Wege sind gangbar und führen zum gleichen Ziel.

Auch in der Bewertung des günstigen Verhältnisses zwischen Eigengewicht und Verkehrslast bei den gewölbten Brücken stimme ich mit Herrn EMPERGER überein. Nur befindet sich Herr EMPERGER in einem Irrtum, wenn er das gleiche Verhältnis auch zwischen den Spannungen aus Eigengewicht und aus Verkehrslast bei seinen weiteren Ausführungen voraussetzt. Während nämlich das Verhältnis der ständigen Lasten zu den Verkehrslasten bei weitgespannten Wölbbrücken meist über 4 : 1 liegt, betragen die Verkehrsspannungen nur selten weniger als 40% der Gesamtspannungen, weil eben bei den Verkehrsspannungen die ungünstigen Teilbelastungen von erheblichem Einfluß sind.

Die interessanten Ausführungen des Herrn MAILLART über sein Bauverfahren mit Hilfe von Betonsteinen sind ein Beweis für meine Behauptung, daß Fortschritte im Gewölbebau vor allem durch neue Baumethoden zu erwarten sind. Die Betonsteine haben den großen Vorzug, daß ein erheblicher Teil des Schwindens nicht im geschlossenen Gewölbe zur Wirkung kommt, auch sind sie zweifellos billiger als Natursteine. Nur der allgemeinen Anschauung des Herrn MAILLART über die Anwendung der unbewehrten Gewölbe für große Spannweiten vermag ich mich nicht anzuschließen. Gerade die neueren Arbeiten von HARTMANN, RITTER und KÖGLER über die günstige Beeinflussung der Randspannungen im eingespannten Gewölbe durch „Verlagerung" der Bogenachse zeigen doch sehr deutlich, wie empfindlich die Randspannungen in eingespannten Gewölben gegen kleine Veränderungen der Bogenachse sind. Allein diese Überlegungen sprechen meines Erachtens dafür, weitgespannte Gewölbe nicht ohne Bewehrung auszuführen. Tatsächlich finden sich unter den jetzt vorhandenen 35 gewölbten Brücken über 80 m Spannweite nur 4 aus unbewehrtem Beton, so daß man doch wohl die Ausführung in Eisenbeton als die Regel für solche Brücken bezeichnen darf.

Sehr beachtlich ist der Hinweis von Herrn RITTER, daß der versteifende Einfluß der Aufbauten bei Viadukten mit hohen Pfeilern sehr ungünstig auf die Nebenspannungen in den Gewölben wirkt. Als ein brauchbares konstruktives Hilfsmittel hingegen erscheint mir die Ausbildung von lotrechten Fugen in den Aufbauten, unter Umständen auch die Anordnung von Kämpfergelenken in den Gewölben solcher Viadukte. Zurzeit wird von der Deutschen Reichsbahngesellschaft in der Rheinpfalz ein größerer gewölbter Eisenbahnviadukt ausgeführt, dessen Gewölbe auf meinen Vorschlag hin zur Verminderung der Nebenspannungen als Zweigelenkbogen ausgebildet werden, wobei auch die Aufbauten durchgehende Fugen über den Gelenken erhalten.

Über die Zukunftsaussichten des Wölbbrückenbaues spricht sich Herr LOSSIER wesentlich optimistischer aus, als ich es in der Schlußbetrachtung meines Referates auf Grund der bisherigen Erfahrungen und unter Abschätzung der tatsächlichen Möglichkeiten getan habe. Wenn Herr LOSSIER den Ergebnissen seiner Berechnungen selbst auch nur bedingten Wert beimißt, so darf doch darauf hingewiesen werden, daß die von ihm angenommenen Spannungen für spiralbewehrten Beton und für umschnürtes Gußeisen meines Erachtens zu hoch sind, namentlich wenn man dabei berücksichtigt, daß ein erheblicher Teil der Spannungen von Biegungsmomenten herrührt. Der Anteil dieser Biegungsspannungen beträgt auch bei großen Wölbbrücken 30 bis 50% der Gesamtspannungen. Außerdem wird man die zulässige Spannung für eiserne Brücken bei den heutigen hochwertigen Baustählen wesentlich höher einsetzen müssen als mit 1000 kg/qcm, wie es Herr LOSSIER bei seinen Betrachtungen tut. Dann verschiebt sich der Vergleich der erreichbaren Spannweiten und der Wirtschaftlichkeit erheblich zugunsten der eisernen Brücken. Meine Anschauungen hierüber decken sich im wesentlichen mit den Ausführungen, die Herr JOSEF MELAN vor kurzem in der Zeitschrift des österreichischen Ingenieur- und Architektenvereines über „Die mit Beton- und Eisenbetonbrücken erreichbaren Spannweiten" gemacht hat. Insbesondere glaube ich, daß über 200 m Spannweite hinaus der Wettbewerb mit den eisernen Bogenbrücken sehr schwierig sein wird.

# C₂

# Die Schubfestigkeit des Betons

Von Prof. Dr. Ing. Mörsch

Bei den spröden Baustoffen, wie dem Beton, muß zwischen der Beanspruchung auf Schub und auf Abscheren unterschieden werden.

Auf Abscheren wird der Körper in Abb. 1 beansprucht, wo eine Verschiebung und Trennung der beiden Teile links und rechts von $a$—$a$ nach dieser Ebene statt-finden will. Hier ist theoretisch eine Querkraft nur im Querschnitt $a$—$a$ vorhanden. Indem man die Bruchlast gleichmäßig über den Querschnitt verteilt, erhält man die sogenannte Scherfestigkeit. Kennzeichnend für diese Art der Beanspruchung ist die Unstetigkeit, die in der Längsrichtung insbesondere neben den scherenden Kanten vorhanden ist.

Versuche haben die Scherfestigkeit des Betons etwa zu $t = \sqrt{k_b \cdot k_z}$ ergeben, wo $k_b$ und $k_z$ seine Prismen- bzw. Zugfestigkeit bedeuten; jedenfalls ist die Scher-festigkeit das Drei- bis Vierfache der Zugfestigkeit.

Die Scherfestigkeit kommt in der baulichen Anwendung höchst selten in Betracht, insbesondere kann sie nie als Maßstab für die Schubspannungen dienen, die in den Querschnitten eines Balkens oder sonstigen Tragwerks aus der Querkraft errechnet werden. Hier sucht zwar auch eine Querkraft die in einem Schnitt zusammenhängenden Teile gegeneinander zu verschieben; sie wirkt aber im allgemeinen nicht im Querschnitt selbst, sondern irgendwie parallel zu ihm, keinesfalls wird sie aber wie in Abb. 1 durch Schneiden auf den Balken übertragen. Sie wirkt nicht bloß in *einem* Schnitt, sondern auch noch auf die be-nachbarten, so daß sich ein stetiger Spannungsverlauf ergibt, der als kennzeichnender Unterschied gegenüber der Beanspruchung nach Abb. 1 anzusehen ist.

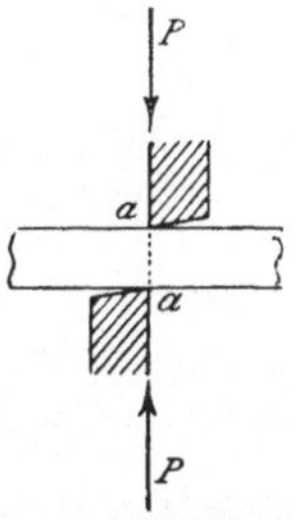

Abb. 1

Es ist bekannt, daß die gleichzeitig im Querschnitt wirkenden Normal- und Schubspannungen die Hauptspannungen in zwei zueinander senkrechten Richtungen zur Folge haben, die durch die sogenannten Spannungstrajektorien angegeben werden. Weil die Hauptspannungen senkrecht auf den von ihnen beanspruchten Flächenelementen stehen, so bilden sich in jedem beanspruchten Körper Zug- und Druckgewölbe aus, die aufeinander senkrecht stehen und sich im Gleichgewicht halten. Man hat die Hauptspannungen als die tatsächlichen Spannungen im Material zu betrachten und die Schubspannung ist nur der rechnerische Ausdruck dafür, daß die resultierende Spannung auf dem betreffenden Flächenelement nicht senkrecht steht.

An den Bauteilen aus Eisenbeton kommen die Spannungstrajektorien im Verlauf der Zugrisse um so deutlicher zum Vorschein, je zweckmäßiger die Eisen

angeordnet sind, um die schiefen Hauptspannungen aufzunehmen und die Druckgewölbe im Gleichgewicht zu erhalten. Dies zeigt sich besonders schön bei den auf

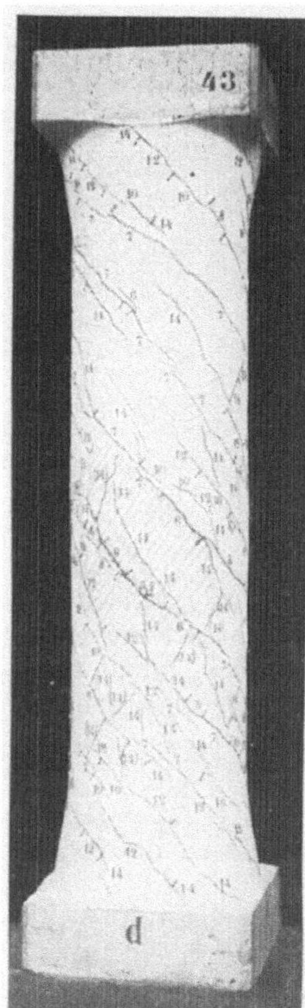

Torsion, also auf reinen Schub beanspruchten runden
Säulen, wenn diese mit Spiralen unter $45^0$ ansteigend bewehrt sind (Abb. 2). In Abb. 3 sind mit weißen Linien
die Spannungstrajektorien im Steg eines Eisenbetonbalkens
eingezeichnet, der durch aufgebogene Eisen voll auf Schub
gesichert ist. Man erkennt, wie hier die Zugrisse des Betons
einen ähnlichen Verlauf genommen haben.

Durch zahlreiche andere Beispiele läßt sich dasselbe
nachweisen. Es folgt daraus, daß es eine eigentliche
Schubfestigkeit des Betons nicht gibt, sondern daß an den
Rissen immer nur die Zugfestigkeit überwunden wird. Beim
richtig bewehrten Beton bildet sich nach dem Auftreten
der Zugrisse ein neuer Zustand des Gleichgewichts zwischen
dem Zug in den Eisen und dem Druck in den zwischen den
Rissen liegenden Betonstreifen. Eine Schub- oder Scherfestigkeit des Betons kommt auch weiterhin bis zum Bruch
nicht in Betracht.

Die schrägen Risse, die beim Bruchversuch an den
Stegen der Plattenbalken gegen die Auflager hin auftreten,
bezeichnet man als Schubrisse, weil an ihnen die Schubspannungen wesentlich beteiligt sind.

Allgemein setzt man den Beton des Balkens auf der
Zugseite als gerissen oder spannungslos voraus, gleichwohl
berechnet man aber für ihn die Schubspannungen aus dem
Unterschied der Druckkraft $D$ oder der Zugkraft $Z$ zwischen
zwei benachbarten Querschnitten und erhält damit die
bekannte Formel

$$\tau_0 = \frac{Q}{b_0 z}$$



Abb. 2. Auf Torsion bean-
spruchter, mit Spiralen bewehrter Betonzylinder

Es ist klar, daß man die so gerechnete Schubspannung
nicht als eine tatsächliche betrachten darf, sie dient aber
als rechnerisches Hilfsmittel zum Entwurf einer ausreichenden Schubsicherung.

Durch genaue Messungen der Längenänderungen der Fasern an Eisenbetonbalken auf Strecken mit konstantem Moment und bei gleichzeitig bekannter Elastizität des Betons war es möglich, die tatsächlichen Normalspannungen vor Eintritt

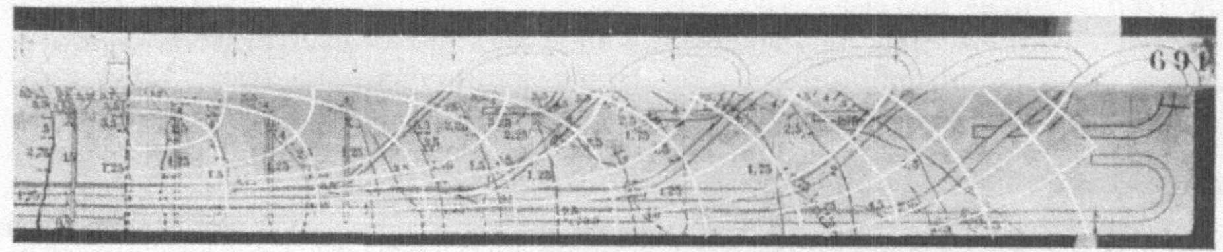

Abb. 3. Risse und Spannungstrajektorien beim Plattenbalken

der ersten Risse zu ermitteln. Da diese Messungen für stufenweise fortschreitende
Momente gemacht wurden, läßt sich mit den so ermittelten Normalspannungen
auch die tatsächliche Verteilung der vertikalen Schubspannung über den Querschnitt feststellen. Abb. 4 zeigt einen Balken aus Heft 38 des D.A.f.E., wo bei einer

Querkraft von 3480 kg in den angegebenen Querschnitten Momente von 2480, 2980 und 3480 mkg wirken, wofür die genauen Normalspannungen ermittelt wurden.

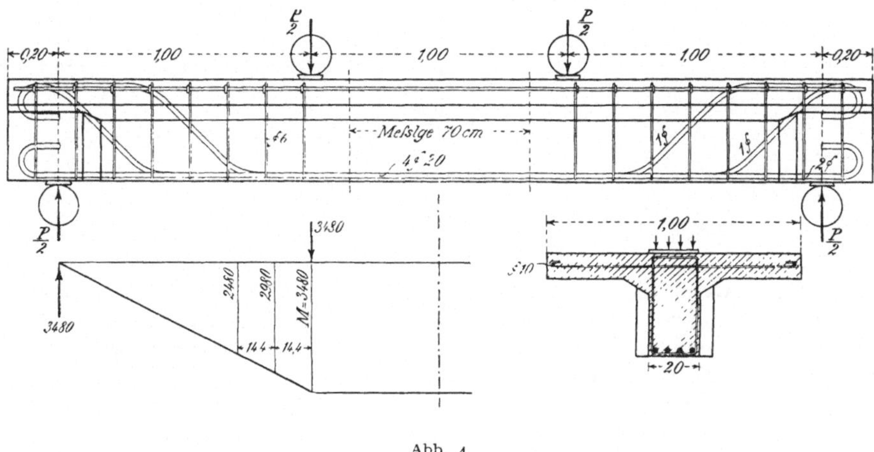

Abb. 4

Aus dem Unterschied der Normalspannungen links und rechts folgen die horizontalen Schubspannungen, denen die vertikalen gleich sind, auf die Länge von 14,4 cm. Abb. 5 zeigt die Verteilung der vertikalen tatsächlichen Schubspannungen über den Querschnitt. Die gestrichelte Linie bezieht sich auf die rechnungsmäßige Schubspannung nach Stadium II. Die tatsächliche Verteilung ändert sich mit der Höhe des Moments. Die größte Schubspannung tritt nicht in der Nullschichte auf, sondern da, wo die Linien der Normalspannungen der benachbarten Querschnitte sich durchschneiden. Kurz vor der Rißbildung übertrifft die maximale Schubspannung die gerechnete $\tau_0$ um 47 %.

In der Nullschicht des Balkens ist die Hauptzugspannung $\sigma_1 = \tau$ unter 45° gerichtet, und aus der hohen Schubspannung daselbst erklärt sich das rasche Hochsteigen der typischen Schub- oder Schrägrisse, bei denen auch zuweilen beobachtet wurde, daß sie oben unter der Platte entstanden sind und sich von da alsbald nach unten ausgedehnt haben. Unterhalb der Nullschicht setzen sich die kleineren Schubspannungen mit den Zugspannungen $\sigma$ zu den Hauptzugspannungen nach

der Formel $\sigma_1 = \dfrac{\sigma}{2} + \sqrt{\dfrac{\sigma^2}{4} + \tau^2}$ zusammen.

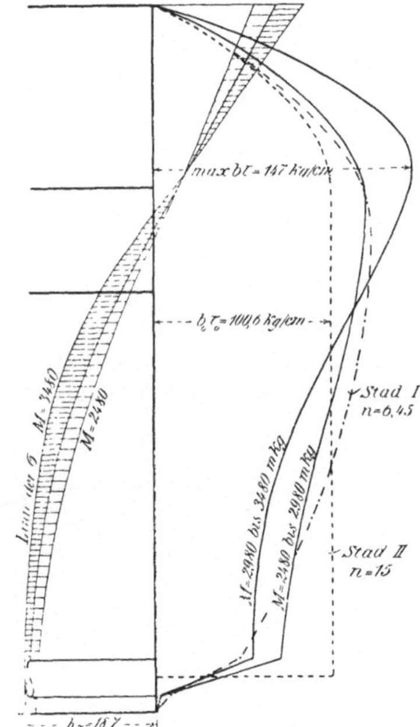

Abb. 5. Tatsächliche Verteilung der vertikalen Schubspannungen über den T-förmigen Querschnitt

Es ist bekannt, daß nur gerade Eisen beim Plattenbalken als Bewehrung nicht ausreichen, weil der Bruch infolge der Schubwirkung, d. h. der Schrägrisse in der Nähe des Auflagers erfolgen kann, bevor die Eisen an der Stelle des größten Moments ganz ausgenützt sind. Um einen solchen vorzeitigen Bruch zu verhindern, sind aufgebogene Eisen und Bügel anzuordnen, die man auch als Schubsicherung bezeichnet.

Die schädliche Wirkung des Schrägrisses bei mangelnder Schubsicherung besteht nach Abb. 6 im Herunterdrücken der untern Eisen durch die beim Öffnen des Risses einsetzende Drehung. Abb. 7 zeigt, wie dann die ganze Zugkraft auf die

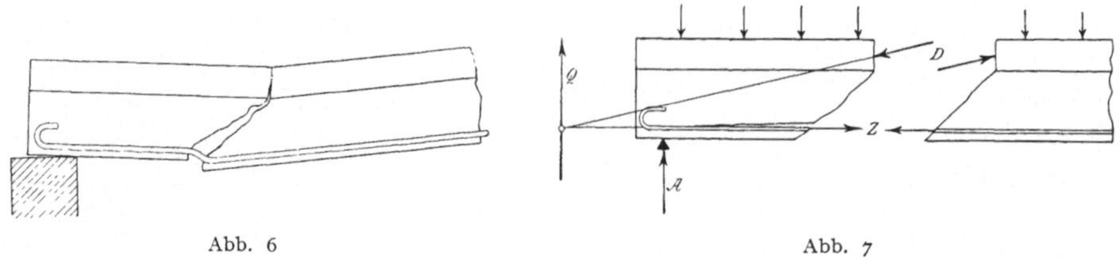

Abb. 6                                              Abb. 7

Haken kommt, wenn die Eisen aus ihrer Umhüllung gerissen sind, und wie die Druckkraft $D$ geneigt wirken muß. Der Bruch tritt dann ein, wenn die Haken nachgeben oder wenn der Beton durch die schiefe Kraft $D$ zerdrückt wird. Hier liegen besonders bei den Plattenbalken die Verhältnisse ungünstig, indem man in der Rechnung die Platte als Druckgurt mit einer gewissen nutzbaren Breite $b$ einführt und dabei voraussetzt, daß die auf sie wirkende Druckkraft wagrecht sei, also in die Plattenebene falle. *Die Platte selbst kann keinen nennenswerten Betrag der Querkraft aufnehmen,* also entfällt diese ganz auf die Druckzone des Stegs und kann hier zu einem vorzeitigen Bruch führen.

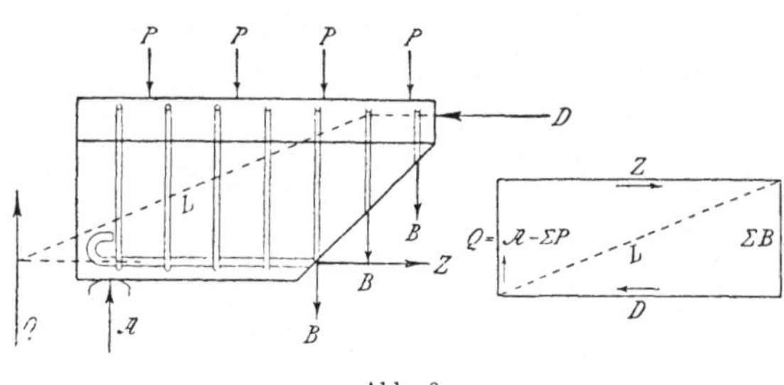

Abb. 8

Die Aufgabe der Schubsicherung besteht daher darin, das Herunterdrücken der Zugeisen und die Neigung von $D$ zu verhindern. Aus den Abb. 8 und 9 erkennt man, daß dieser Erfolg erreicht wird, d. h. daß $Z$ und $D$ wagrecht wirken, wenn die von einem Schrägriß getroffenen Bügel oder aufgebogenen Eisen die Querkraft aufnehmen. Die Bügel werden so in ihrer Wirkung mit den gezogenen Vertikalen eines Fachwerks verglichen, das nach der Mitte ansteigende Druckstreben enthält. Der Kräfteausgleich verlangt, daß die Bügel die Zugeisen umfassen (Abb. 10).

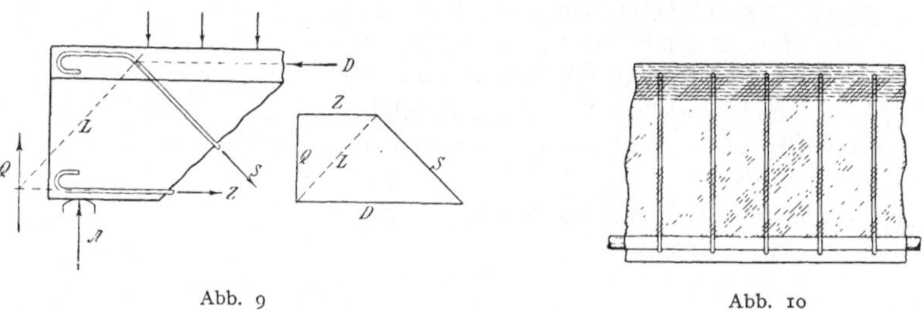

Abb. 9                                              Abb. 10

Selbstverständlich ist diese Wirkung nur vorhanden, wenn mehrere parallele oder scharenweise Schrägrisse eingetreten sind, was namentlich dann zutrifft, wenn die Bügel mit aufgebogenen Eisen verwendet werden, die gut ausgeteilt sind.

Mit aufgebogenen Eisen tritt eine fachwerkartige Wirkung ein und man unterscheidet das einfache, doppelte oder mehrfache Strebensystem (Abb. 11), wobei die Zug- und Druckstreben unter $45^0$ geneigt sind. Zu weit auseinanderliegende Aufbiegungen sind wirkungslos, weil dann Schrägrisse (unter $45^0$) möglich sind,

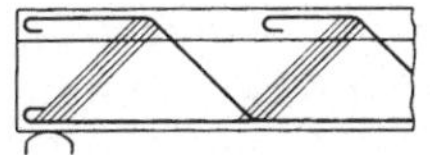 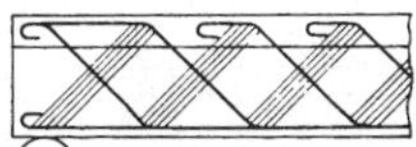 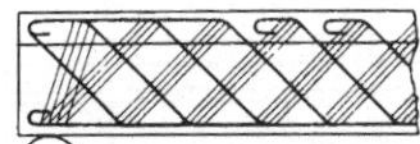

Einfaches Strebensystem  Doppeltes Strebensystem  Dreifaches Strebensystem

Abb. 11

die kein aufgebogenes Eisen kreuzen. Ebenso wirken sehr flache Aufbiegungen schlecht.

Es ist praktisch nicht möglich, die Aufbiegungen immer nach einem genauen Strebensystem anzuordnen, vielmehr ist es bequemer, die Schrägeisen an Hand des „Schubdiagramms" auszuteilen (Abb. 12). Man denkt sich dabei einen Verzahnungsschnitt in halber Höhe, dann stellt die schraffierte unter $45^0$ aufgezeichnete Fläche der Schubspannungen die Summe aller auf die gegen die Balkenmitte ansteigenden Flächenelemente wirkenden schiefen Zugspannungen dar, die gleich der Schubspannung $\tau_0$ sind. Zum Schubdiagramm kam man durch folgende Überlegung: Wenn durch die untern Zugeisen die normalen Biegezugspannungen des Betons aufgenommen sind, so bleiben im Beton des Stegs noch die den $\tau_0$ gleichen schiefen Druck- und Zug-

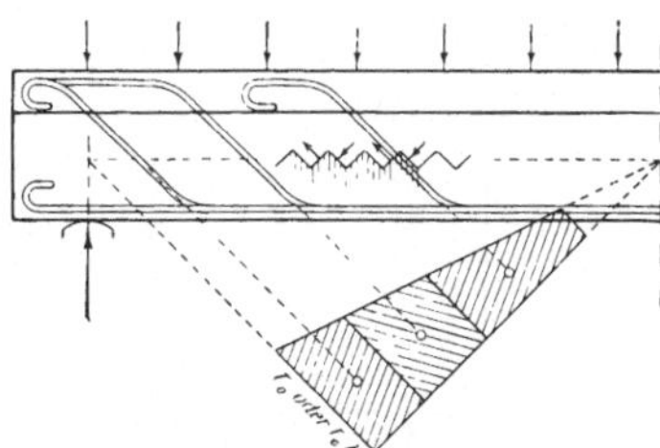

Abb. 12. Schubdiagramm

spannungen übrig. Gegen die letzten ist er durch besondere schräge Eisen ebenso zu schützen wie gegen die Biegezugspannungen durch die unteren Eisen.

Es ist leicht nachzuweisen, daß man die gleichen Kräfte in den Aufbiegungen erhält, wenn man sie nach dem Schubdiagramm oder nach der Fachwerkstheorie ermittelt.

Die vergleichenden Versuche des D.A.f.E. haben zudem gezeigt, daß es nicht nötig ist, die Aufbiegungen genau nach einem Strebensystem anzuordnen, wenn sie nur so eng liegen wie etwa beim doppelten System oder enger. Für den Konstrukteur bedeutet dies eine große Erleichterung.

Die Bügel und aufgebogenen Eisen werden immer zusammen als Schubsicherung verwendet, weil die Bügel meist vorgeschrieben sind. Man zieht dann vom Schubdiagramm einen Streifen gleich dem von den Bügeln aufgenommenen Teil der Schubspannung ab und hat nur noch den Rest den aufgebogenen Eisen zuzuweisen.

Obgleich zahlreiche Versuche über die Schubwirkung bei Plattenbalken bereits angestellt worden sind, so zeigen doch die früheren Versuche eine gewisse Einförmigkeit in der Form der Balken, die einen wenig ausgesprochenen T-förmigen Querschnitt zeigen, d. h. die Druckplatte war schmal im Verhältnis zur Stegbreite. Immerhin haben die in den Heften 10, 12 und 20 des D.A.f.E. beschriebenen Versuchsbalken zu wichtigen Ergebnissen geführt. Es handelte sich dabei um den Vergleich der Bügelbewehrung mit den aufgebogenen Eisen und um die beste Anordnung dieser.

Die Versuchsbalken von Heft 10 waren nur mit zwei geraden RE 40 mm bewehrt und enthielten vertikale Bügel in verschiedener Menge nach Abb. 13. Nach der heutigen Erkenntnis waren die Zugeisen zu wenig aufgeteilt, tatsächlich wurde bei fast allen Balken schließlich der Beton durch die Endhaken der dicken Eisen zersprengt. Die ersten Schrägrisse liefen auf die konzentrierten Lasten in den

Drittelspunkten zu. Nachdem sie aufgetreten waren, blieben die äußeren Balkenteile, abgesehen von den sogenannten Gleitrissen neben den Eisen, unversehrt, bis auf einer höheren Laststufe flachere Schrägrisse zum Teil scharenweise entstanden. Diese Beobachtung wurde später bei andern Balken, die nur mit geraden Eisen und Bügeln bewehrt waren, ebenfalls gemacht. Man hat also primäre und sekundäre Schrägrisse zu unterscheiden. Die Ursache dieser Erscheinung besteht in einer Umlagerung des inneren Spannungszustandes in den außerhalb des ersten Schrägrisses liegenden Balkenteilen.

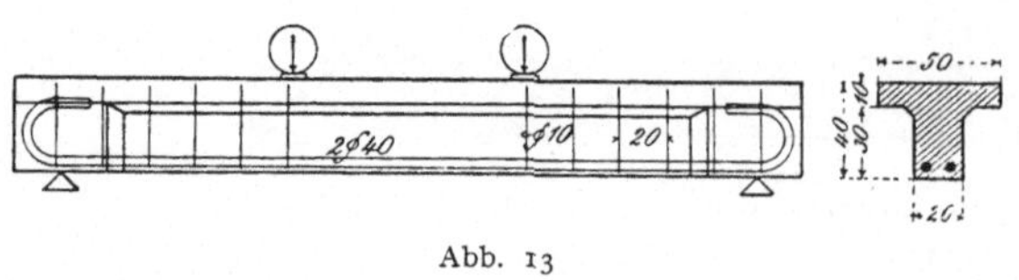

Abb. 13

In jedem Querschnitt $s$—$s$ muß nach Abb. 14 $A.c = Z.z'$ sein, woraus $z' = A.c/Z = M_c/Z$ folgt. Der Hebelarm $z'$ zwischen Zug und Druck im Querschnitt

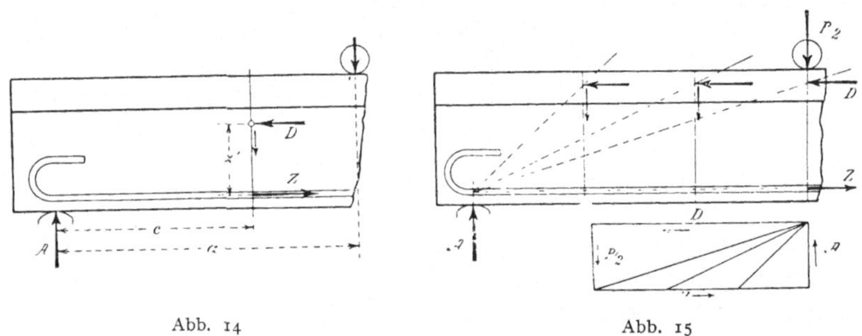

Abb. 14   Abb. 15

bleibt nur dann konstant und $z = h - x + y$, wenn die Zugkraft $Z$ nach dem Auflager hin proportional mit dem Moment abnimmt, d. h. sich von der Laststelle an gleichförmig auf Null bis zum Auflager vermindert, oder wenn bis zum Auflager die gleichförmigen Haftspannungen $\tau_1 = \dfrac{Q}{z \cdot U}$ wirken. Ermittelt man in Abb. 15 unter dieser Voraussetzung die resultierenden Druckkräfte auf verschiedene Schnitte, so fallen ihre Angriffspunkte alle in die gleiche Höhe wie im mittleren Balkenteil. Nur dann geraten also die Querschnitte zwischen Last und Auflager in solche Spannungszustände, daß weitere primäre Schrägrisse infolge der Schubspannungen $\tau_0$ zu erwarten sind.

Kann auf einer höheren Laststufe der Gleitwiderstand an den Zugeisen nicht im erforderlichen Betrag geleistet werden, so senkt sich die Druckkraft $D$ auf die äußeren Betonquerschnitte, so daß sie innerhalb des Kerns oder sogar unter dem Schwerpunkt angreift. Dann verschwinden die Zugspannungen im Steg und dieser hat normale Druckspannungen und vertikale Schubspannungen auszuhalten, die

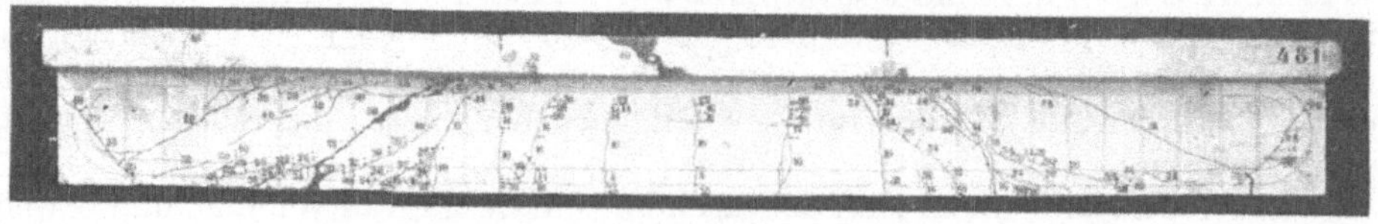

Abb. 16

schließlich zu neuen Rissen infolge der Hauptzugspannung führen können (Abb. 16). An den gemessenen Biegelinien solcher Balken ist das Sinken der Resultierenden auf den Betonquerschnitt unter dessen Schwerpunkt klar zu erkennen. In Abb. 17 wechselt die Krümmung der Biegelinie in der Nähe der Auflager.

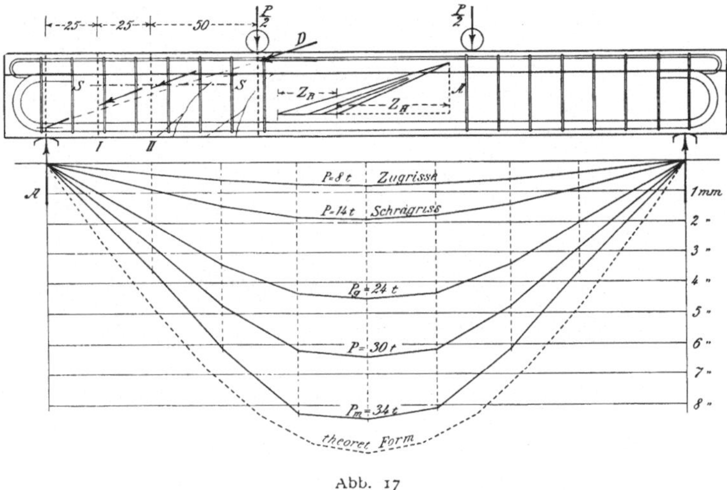

Abb. 17

Die sekundären Biegerisse sind auch bei gleichförmig belasteten Balken eingetreten, die nur mit geraden Eisen und Bügeln bewehrt waren (Abb. 18).

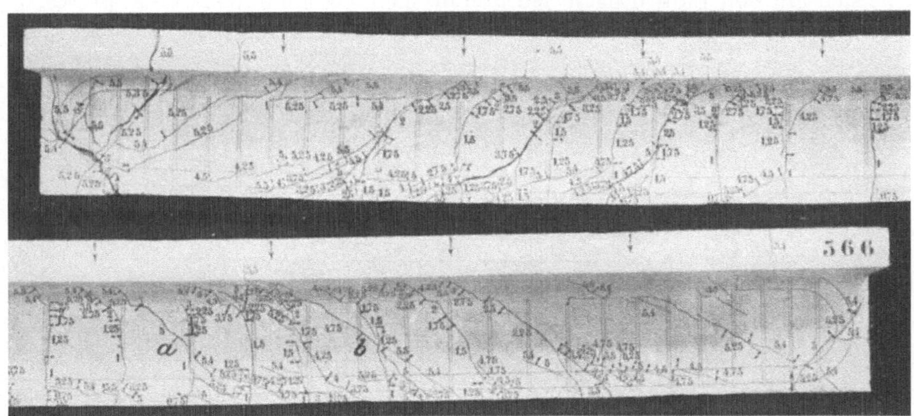

Abb. 18. Linke und rechte Balkenhalfte

Die Schubsicherung durch aufgebogene Eisen war bei den Balken in Heft 12 und 20 nach dem Schubdiagramm entworfen, also sogenannte volle Schubsicherung. Der Bruch der Balken wurde durch sie nach der Mitte verlegt. Als gleichwertig haben sich dabei die Aufbiegungen nach dem doppelten oder dreifachen Strebensystem erwiesen, wobei der Winkel 45° oder auch etwas flacher bis 35° sein konnte. Die Risse traten hierbei unter steigender Last fortschreitend nach dem Auflager zu auf, ähnlich dem Verlauf der Spannungstrajektorien. An den Biegelinien zeigte sich bis zum Schluß nur einerlei Krümmung.

Nachdem so über die Art der Schubsicherung Klarheit geschaffen und auch das gute Zusammenarbeiten von Bügeln und aufgebogenen Eisen nachgewiesen war,

mußte die Stärke der Schubsicherung variiert werden. Dies geschah an den Balken
des Heftes 48 des D.A.f.E. Diese Balken wurden, um den praktischen Verhältnissen näher zu kommen, in größeren Abmessungen hergestellt. Abb. 19 zeigt den

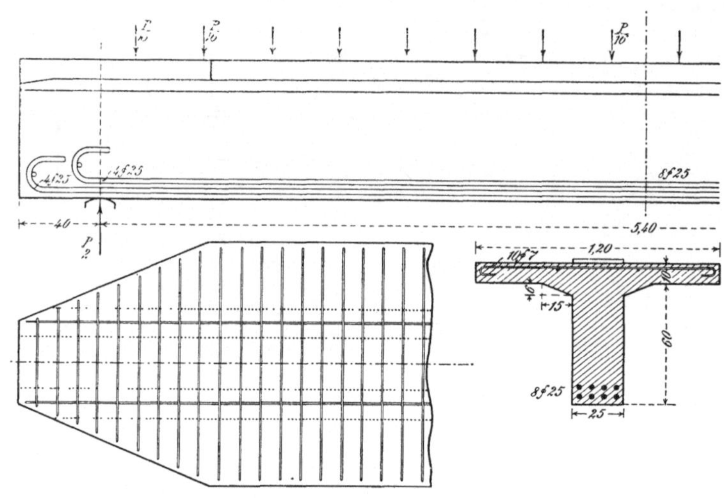

Abb. 19. Balken ohne Schubsicherung

Balken ohne Schubsicherung, Abb. 20 den mit voller Schubsicherung, Abb. 21
bezieht sich auf den Balken nach den preußischen Bestimmungen vom Jahre 1907,
wobei 4,5 kg/qcm Schubspannung dem Beton direkt zugewiesen werden konnte

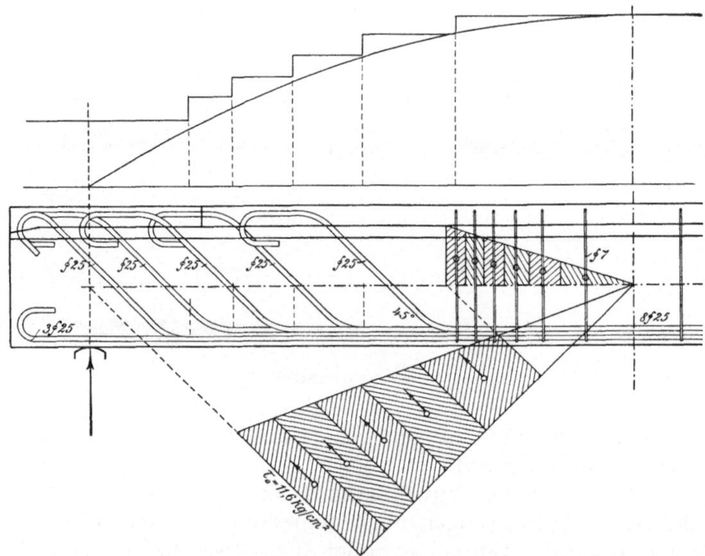

Abb. 20. Balken mit voller Schubsicherung

und nur der Rest des Schubdiagramms durch aufgebogene Eisen aufzunehmen war.
Außerdem wurden noch zwei Balken mit 50⁰/₀iger und 37⁰/₀iger Schubsicherung ausgeführt, wo die Aufbiegungen genau wie in Abb. 20 nur mit schwächeren Eisen,

angeordnet waren, der Gesamtquerschnitt der Zugeisen war aber derselbe bei allen Balken. Die Höchstlasten waren:

| Bauart des Balkens | Höchstlast | Gewicht der Eisen des Stegs |
|---|---|---|
| Ohne Schubsicherung .................... | 48,8 t | 193,1 kg |
| Mit voller Schubsicherung ................ | 119,0 t | 195,3 kg |
| Mit 50 % ,, ............... | 120,0 t | 194,8 kg |
| ,, 37 % ,, ............... | 96,0 t | 190,6 kg |
| Nach den früheren preuß. Best. ........... | 92,0 t | 202,1 kg |

Wenn man vom ersten Balken absieht, so hat sich der letzte am schlechtesten verhalten, denn neben der kleinsten Tragfähigkeit hat er den größten Eisenverbrauch.

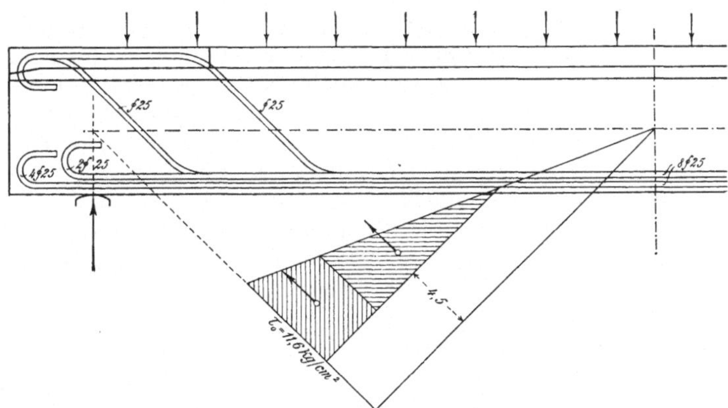

Abb. 21 Balken nach den früheren preußischen Bestimmungen vom Jahre 1907

Aus dem Rißbild der Abb. 22 erkennt man klar, daß durch Abschneiden des 4,5 kg/qcm breiten Streifens vom Schubdiagramm nicht nur zu schwache Aufbiegungen erhalten werden, sondern daß auch ein großes Gebiet des Balkenstegs im mittleren Teil ungedeckt bleibt, wo sich dann die Schrägrisse in einer den Verbund gefährdenden Weise ausbilden können. Hierzu sei bemerkt, daß ein ähnlich großes Balkenstück

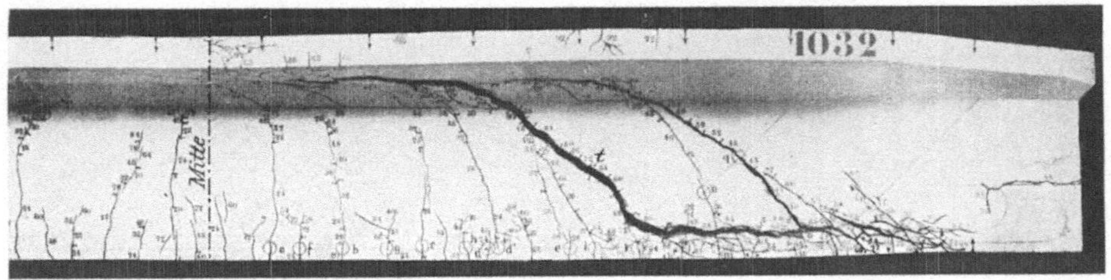


Abb. 22. Balken nach den fruheren preußischen Bestimmungen

ohne Schrägeisen erhalten wird, wenn man, wie es nach den deutschen Bestimmungen vom Jahre 1916 zulässig war, die Schubsicherung im mittleren Balkenteil unterläßt, wo die Schubspannung den Betrag von 4,5 kg/qcm nicht erreicht.

Am Balken mit voller Schubsicherung ist der Verbund im äußeren Teil tadellos erhalten geblieben (Abb. 23), aber auch bei der halben Schubsicherung ist noch der Bruch in Balkenmitte eingetreten, obgleich schon die Lösung des Verbunds durch Überanspruchung der Schrägeisen deutlich erkennbar war.

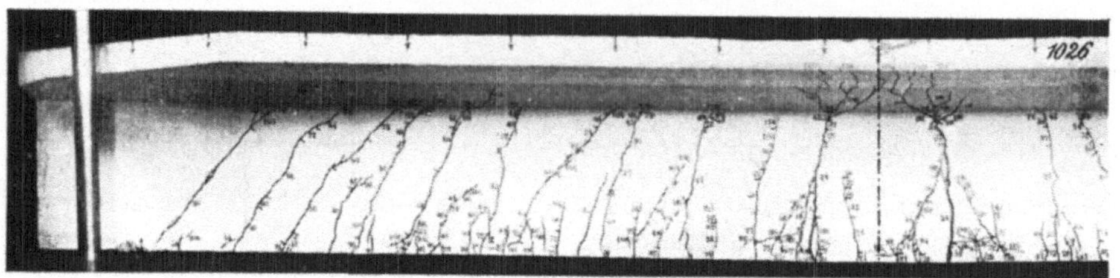

Abb. 23. Balken mit voller Schubsicherung

In Abb. 24 ist in Kräfteplänen das Gleichgewicht der Balkenteile außerhalb der Schrägrisse für die halbe Schubsicherung dargestellt. Da die Schrägeisen bis zur Streckgrenze beansprucht waren, so sind die Kräfte $S_I$ bzw. $S_{II}$ bekannt, mit $Q$ zusammen geben sie die Kraft $L$, durch deren Schnitt mit $Z$ die Druckkraft $D$ gehen muß. Das Gleichgewicht ist also dadurch zustande gekommen, daß $D$ sich schief gestellt hat. Die punktierte Lage von $D$ gilt dann , wenn die Haftung am untern Eisen zwischen den Schnitten I und II nicht mehr wirkt, was am rechten Balkenende der Fall war, wo sich auch die Krümmung der Biegelinie umgekehrt hat.

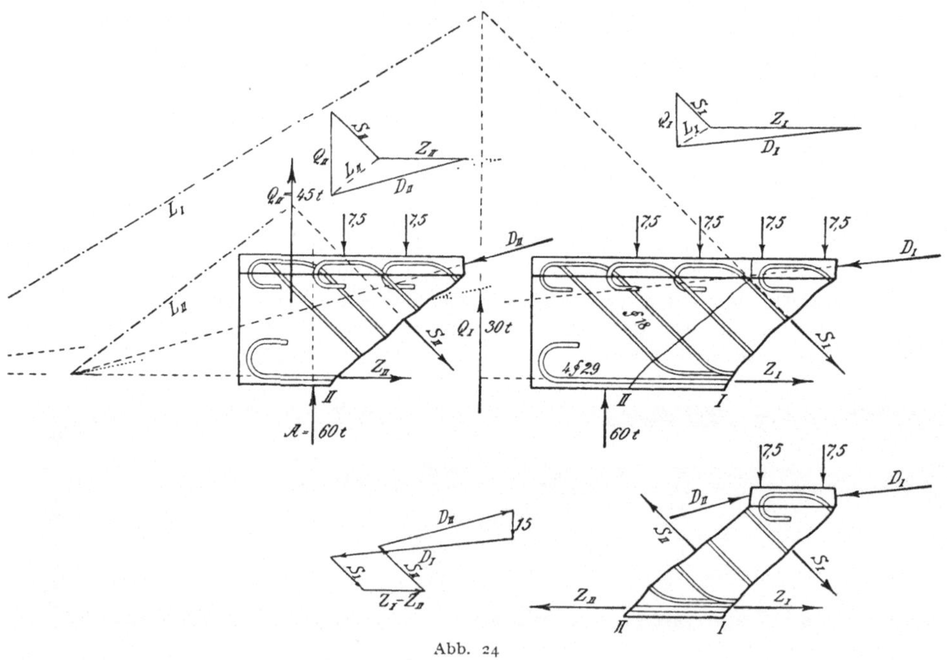

Abb. 24

Beachtenswert ist das Bruchbild auf der Oberseite der Platte vom Balken mit $37\,^0/_0$ Schubsicherung (Abb. 25). Hier war wegen der zu schwachen Aufbiegungen die Neigung der Kraft $D$ so stark, daß die Stegpartie der Druckzone die große Querkraft neben den Druckspannungen nicht mehr aushielt und zerdrückt wurde.

Man sieht deutlich, daß die ausladende Platte am Druck weniger teilgenommen hat.

Auf Grund dieser Versuche wurde die Frage viel erörtert, ob die volle Schubsicherung durchaus nötig sei. Für die Praxis ist dabei entscheidend, ob die nur halbe Schubsicherung, sofern ihr keine statischen Bedenken entgegenstünden, wirtschaftliche Vorteile bringt. Die letzte Frage ist bei den vorliegenden Balken zu verneinen, denn die Eisengewichte sind praktisch gleich. Die wichtigsten Fragen, die entstehen, sind die folgenden: Wird sich die halbe Schubsicherung auch bei einem weniger guten Beton als ausreichend erweisen? Denn der Beton der Balken des Heftes 48 hatte eine Festigkeit von 282 kg/qcm! Liegen beim durchlaufenden Balken bei den Mittelstützen ähnlich günstige Verhältnisse vor, wie beim Auflager des einfachen Balken? Beide Fragen sind

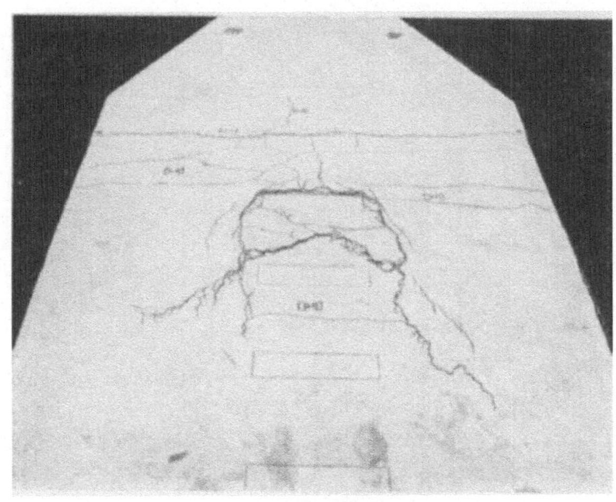

Abb. 25. Oberseite beim Balken mit 37$^0/_0$ Schubsicherung

durch die neuesten Versuche geklärt. Beim durchlaufenden Balken kann zum Voraus erwartet werden, daß in der Nähe der Mittelstützen die schiefe Richtung von $D$ in der untern Druckzone des Stegs weniger leicht möglich sein wird, weil dort diese Druckzone wegen der großen Momente schon äußerst ausgenützt sein wird, im Gegensatz zur Druckzone beim freien Endauflager, wo die positiven Momente schon klein geworden sind.

In dankenswerter Weise hat sich die Firma WAYSS & FREYTAG A. G. entschlossen, die Kosten für eine Anzahl weiterer Versuchsbalken zu übernehmen, die an der Materialprüfungsanstalt Stuttgart hergestellt und geprüft wurden.

Zunächst wurden die beiden Balken aus Heft 48 mit voller und halber Schubsicherung wiederholt, jedoch aus einem Beton hergestellt, der die in den deutschen

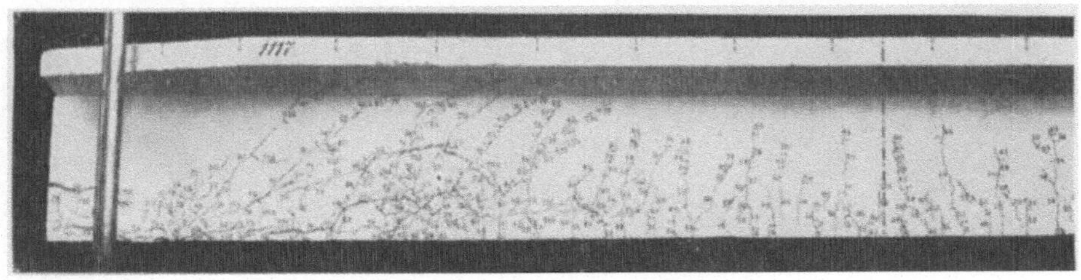

Abb. 26. Balken 1117 mit voller Schubsicherung

Bestimmungen geforderte Bauwerksfestigkeit nicht viel überschreiten sollte (100 kg/qcm).

*Balken 1117 mit voller Schubsicherung* nach Abb. 20. Kurze Zeit, nachdem die Last $P_m = 79{,}5$ t erreicht war, wurde der Stegbeton an der mittleren Aufbiegestelle seitlich abgesprengt, wodurch die Tragkraft erschöpft war (Abb. 26 und 27). Da die Festigkeit der zugehörigen Würfel nur 72 kg/qcm betrug, also beträchtlich unter dem beabsichtigten Wert blieb, so wurde nochmals der Balken 1131 mit derselben Bewehrung hergestellt. Bei ihm trat der Bruch in der Mitte infolge des Moments ein, indem die Streckgrenze der Zugeisen überschritten und schließlich

Abb. 27. Balken 1117

der Beton an der Oberseite der Platte zerdrückt wurde. Die zugehörige Würfelfestigkeit wurde bei diesem Balken zu 154 kg/qcm ermittelt, der Beton war also

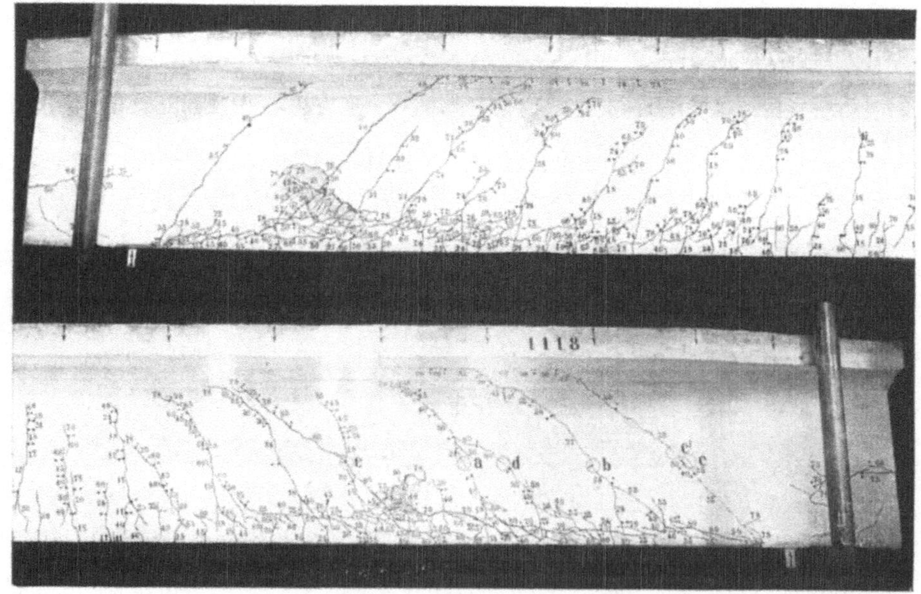

Abb. 28. Linke und rechte Hälfte des Balkens 1118 mit halber Schubsicherung

besser als beabsichtigt ausgefallen und hielt allen Pressungen an den Haken und Biegestellen stand.

*Balken* 1118 *mit halber Schubsicherung.* Bei diesem wurde die gewünschte Betonqualität mit 110 kg/qcm Würfelfestigkeit erreicht. Unter der Höchstlast $P_m = 78$ t wurde links an der vorletzten Aufbiegung der Beton seitlich abgesprengt, auch im rechten Balkenteil war die Zerstörung schon ziemlich weit vorgeschritten, wie aus Abb. 28 zu erkennen ist. Die aufgebogenen Eisen konnten offenbar die senkrecht zu dem sekundären Schrägriß wirksamen Zugkräfte nicht genügend aufnehmen, denn es erfolgte eine Drehung beider Balkenteile infolge des Klaffens dieses Risses, womit dann die geraden Eisen gegen das Auflager hin nach unten gedrückt wurden.

Obgleich es nicht gelungen war, die drei nach Heft 48 wiederholten Balken aus gleich festem Beton herzustellen, lassen sich doch wichtige Schlüsse ziehen: Nicht nur der minderwertige Beton von 72 kg/qcm, sondern auch der nach den deutschen Bestimmungen noch zulässige von 110 kg/qcm Würfelfestigkeit war außerstande, die örtlichen Pressungen an den gut ausgerundeten Biegestellen auszuhalten. Die Bewehrung dieser Balken konnte daher nicht ausgenützt werden. Dagegen reichte die Betonfestigkeit von 154 kg/qcm mit voller Schubsicherung aus, um den Bruch in der Mitte eintreten zu lassen. Da keine übermäßig dicken Eisen verwendet wurden, so zeigen diese Versuche deutlich, daß der Bauwerksbeton von nur 100 kg/qcm für die Rippen der Plattenbalken nicht genügt und daß der Verbund bei 150 kg/qcm durch die Schubbewehrung gesichert ist.

Das Abplatzen des Betons an der untern Biegestelle erfolgte bei der halben Schubsicherung unter fast derselben Last wie bei der vollen. Daraus kann geschlossen werden, daß auf das aufgebogene Eisen in beiden Fällen etwa die gleiche Kraft übertragen wurde. Am 18 mm-Eisen gab dies dann eine stärkere Pressung auf den Quadratzentimeter der ausgerundeten Biegestelle als bei den 25 mm Eisen, sodaß das Absprengen des festeren Betons etwa unter der gleichen Last $P$ erfolgte wie des schlechtern unter den entsprechend kleineren Pressungen des dickeren Eisens. Da die Betonfestigkeit für die Tragkraft maßgebend war, so darf die Höchstlast des Balkens 1117 im Verhältnis 110 : 72 vergrößert werden, um sie mit derjenigen des Balkens 1118 auf der Basis gleicher Betonfestigkeit vergleichen zu können. Damit kommt man auf das Verhältnis der Höchstlasten bei voller und halber Schubsicherung von 122 zu 78 t, womit die Überlegenheit der vollen Schubsicherung gegenüber der halben bei der Betonfestigkeit von 110 kg/qcm klar erwiesen ist. Abb. 29 zeigt die mutmaßliche Abhängigkeit der Höchstlast $P_m$ von der Betonfestigkeit $k_w$ bei halber und voller Schubsicherung bei der vorliegenden Bauart der Balken.

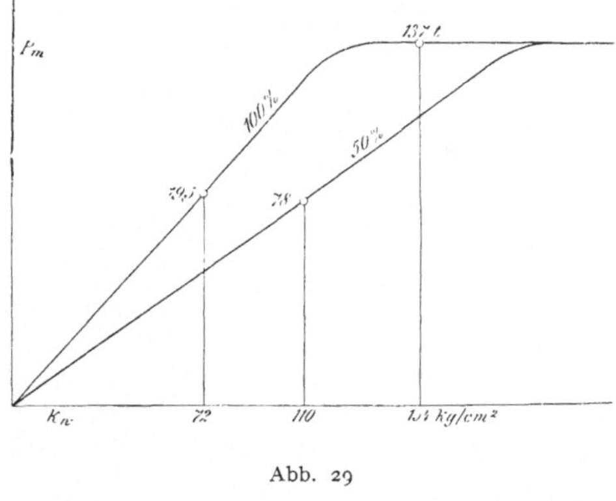

Abb. 29

Die Biegelinien beider Balken sind in Abb. 30 dargestellt. Dem bessern Beton entsprechend sind auf ein und derselben Laststufe die Einsenkungen beim Balken 1118 kleiner als bei 1117. Unter $P = 50$ t ist noch einerlei Krümmung vorhanden, dagegen ist unter $P = 70$ t die nach oben konvexe Krümmung an den Enden des Balkens mit halber Schubsicherung stark ausgeprägt, während die Biegelinie des Balkens mit voller Schubsicherung trotz des schlechteren Betons noch einerlei Krümmung aufweist und ganz ähnlich der theoretischen Linie des homogenen Balkens verläuft, die in beliebigem Maßstab gestrichelt eingezeichnet ist.

28*

Es ist noch die Frage zu beantworten, warum der Balken 1131 mit 154 kg/qcm
Betonfestigkeit $P_m = 137$ t getragen hat, während der gleich bewehrte in Heft 48

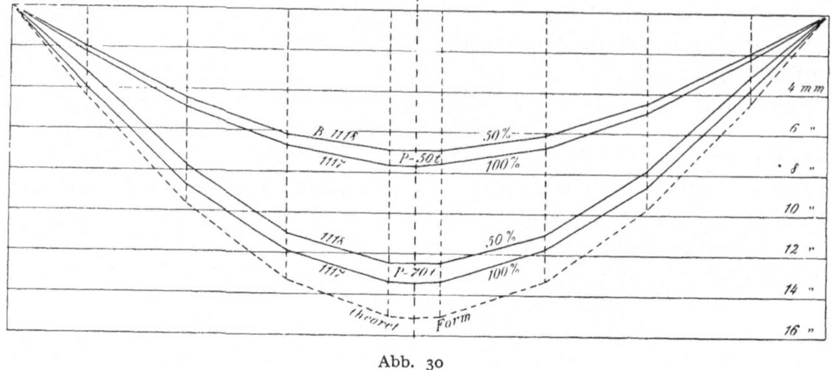

Abb. 30

es nur auf 119 t brachte. Bei diesem waren nämlich die Eisen vorher gestreckt
worden, um bei allen Stäben eine gleichmäßige Streckgrenze zu erreichen. Deshalb

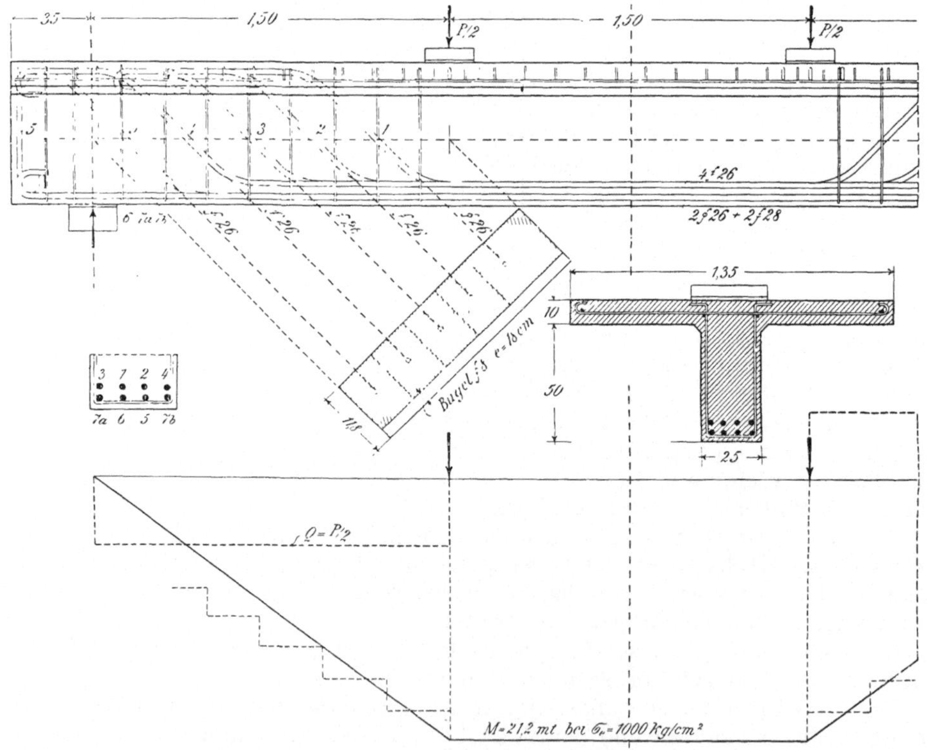

Abb. 31. Balken 1124 mit voller Schubsicherung

hatten sie eine Verringerung ihres Querschnittes erfahren und es betrug in Balkenmitte $F_e = 37{,}3$ qcm, während im wiederholten Balken $F_e = 40{,}5$ qcm vorhanden
war. Berücksichtigt man noch die kleine Verschiedenheit der Streckgrenze, so
kommt man durch Umrechnung der Höchstlast von 119 t auf die beim Balken 1131

vorliegenden Eisenverhältnisse auf $P_m = 133$ t, also nahezu auf die Höchstlast des wiederholten Balkens.

Aus ähnlichem Bauwerksbeton wurden noch die folgenden Balken hergestellt, die mit zwei konzentrierten Lasten in den Drittelspunkten belastet wurden:

a) Balken 1124 nach Abb. 31 mit voller Schubsicherung durch Bügel und aufgebogene Eisen.

b) Balken 1127 nach Abb. 32 mit halber Schubsicherung durch Bügel und aufgebogene Eisen. In Balkenmitte ist $F_e$ so groß wie bei a.

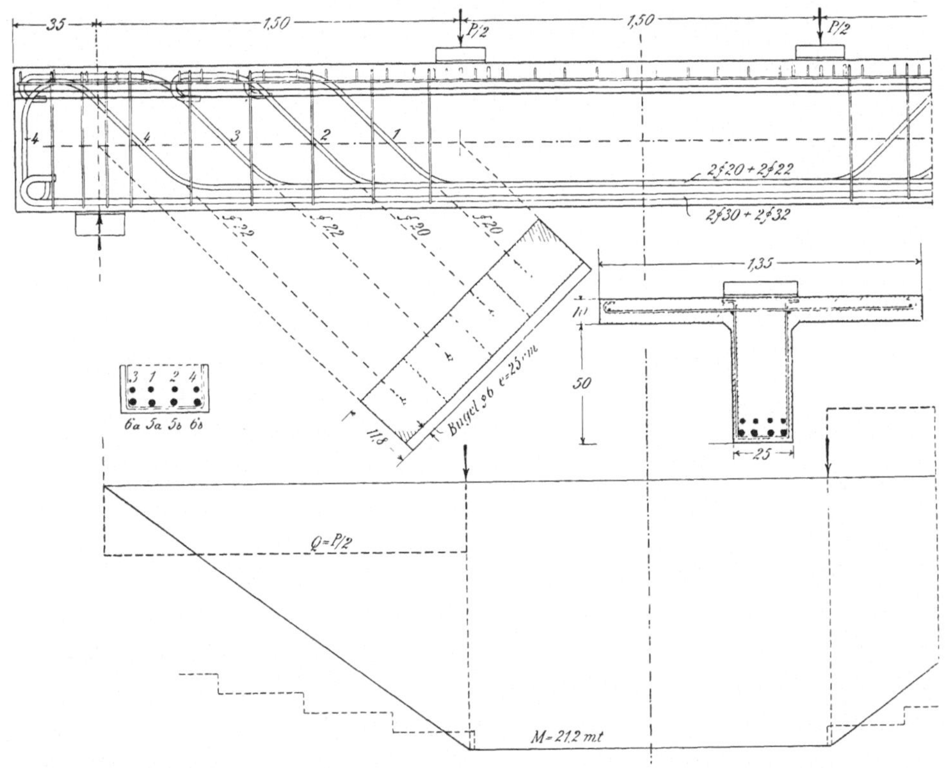

Abb. 32. Balken 1127 mit halber Schubsicherung

c) Balken 1129 nach Abb. 33 mit halber Schubsicherung; zwei der geraden Eisen sind entsprechend dem Momentenverlauf gekürzt.

d) Balken 1130 nach Abb. 34 mit voller Schubsicherung durch Bügel und schwimmende Schrägeisen, sonst genau wie a.

e) Balken 1132 nach Abb. 35 mit nur geraden Eisen und halber Schubsicherung durch Bügel.

f) Balken 1133 nach Abb. 36 mit teilweise gekürzten geraden Eisen und halber Schubsicherung durch Bügel.

Um das Mitwirken der Platte als Druckgurt zu sichern, ist sie bei allen Balken quer bewehrt worden durch acht RE 7 mm auf 1 m Länge, mit drei zugelegten RE 10 mm unter den konzentrierten Lasten.

Balken 1124 mit voller Schubsicherung nach Abb. 31 brach im mittleren Balkenteil durch Überschreiten der Streckgrenze der Zugeisen, die also trotz der geringen

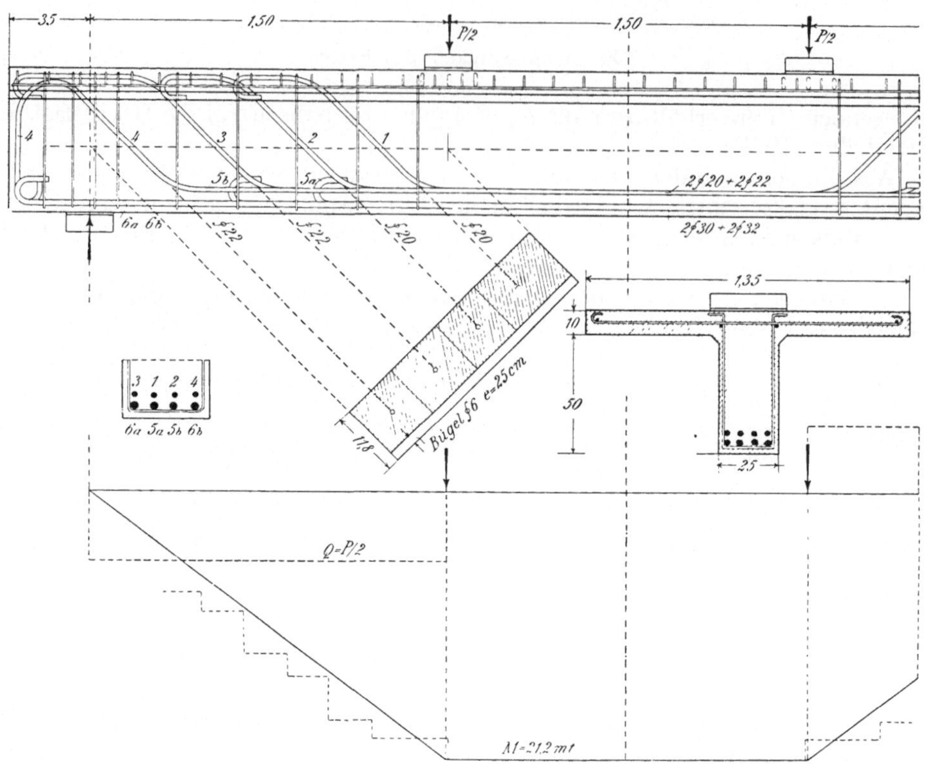

Abb. 33. Balken 1129 mit halber Schubsicherung und gekurzten Eisen

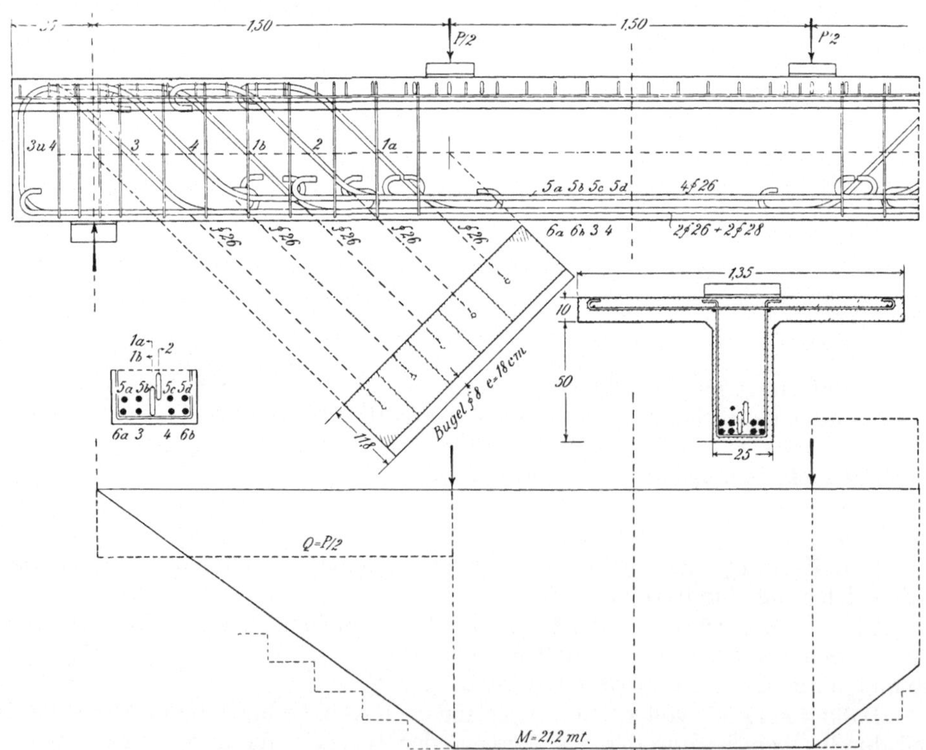

Abb. 34. Balken 1130. Volle Schubsicherung, schwimmende Schrägeisen

Betonfestigkeit von 117 kg/qcm hier ausgenützt werden konnten. Höchstlast $P_m = 73{,}5$ t.

Balken 1127 mit halber Schubsicherung nach Abb. 32 hatte die gleiche Betonfestigkeit, erreichte aber nur eine Höchstlast von $P_m = 51$ t, indem der Beton an

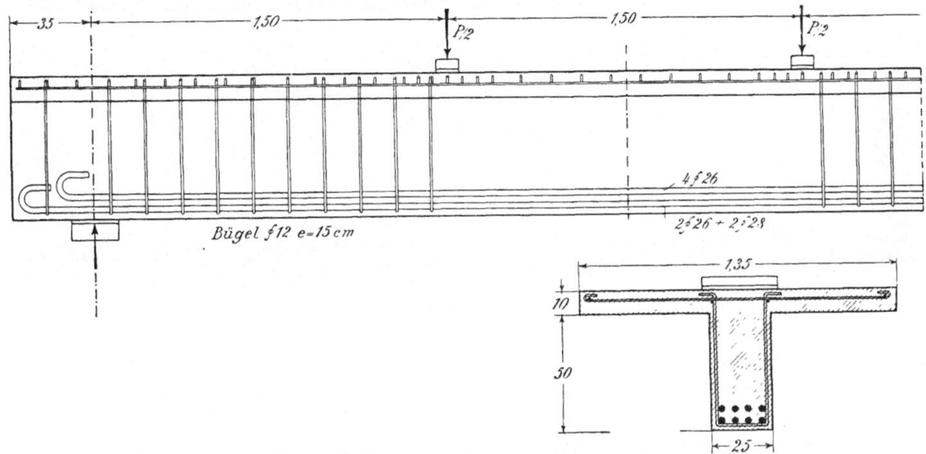

Abb. 35. Balken 1132 mit halber Schubsicherung durch Bügel

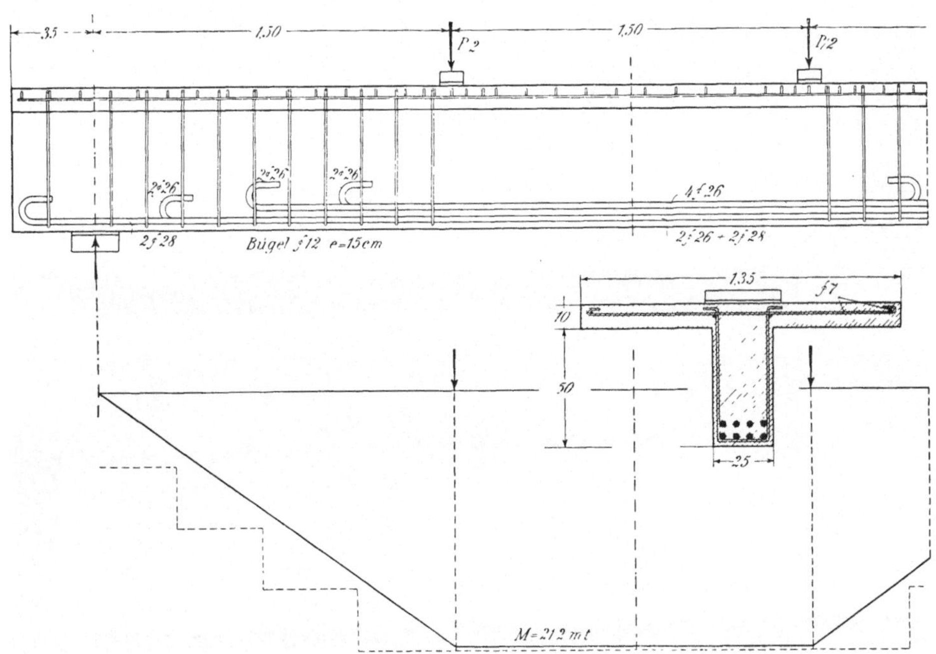

Abb. 36. Balken 1133 mit halber Schubsicherung durch Bügel und gekürzten Eisen

der Aufbiegestelle des Stabes 3 abgesprengt wurde. Aus dem Rißbild der Abb. 37 läßt sich erkennen, daß schon von $P = 45$ t an die geraden Eisen links vom Schrägriß $b$ nach unten gedrückt wurden; es waren also schon auf dieser Laststufe die aufgebogenen Eisen stark und nahe der Streckgrenze beansprucht.

Beim Balken 1129 nach Abb. 33 mit halber Schubsicherung und gekürzten Längseisen, dessen Betonfestigkeit 123 kg/qcm betrug, wurde unter $P_m = 52$ t der Beton rechts durch die Endhaken der durchgehenden Eisen zerstört. Die Haken

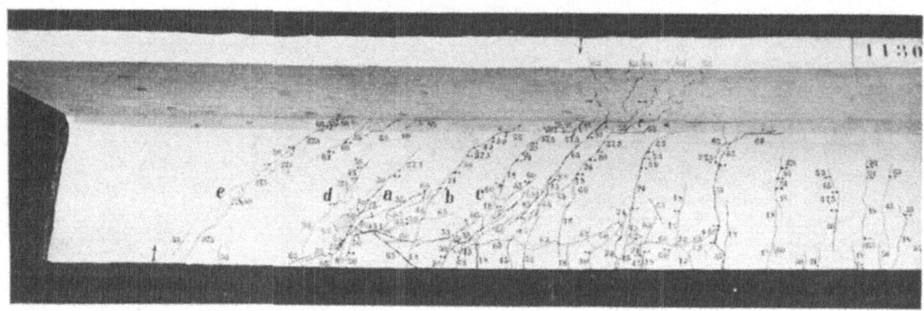

Abb. 37. Balken 1127 mit halber Schubsicherung. $P_m = 51$ t

der gekürzten Eisen ließen lange vorher kräftige Schrägrisse entstehen; so betrug die Breite des Risses a, der von den Haken 5 b ausgeht (Abb. 38) unter $P = 30$ t

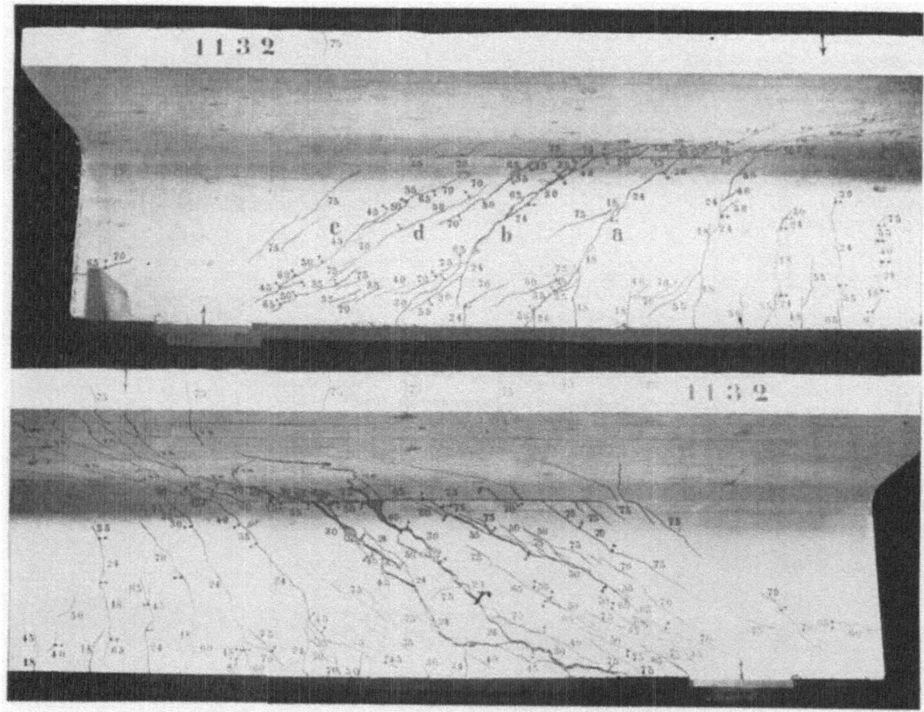

Abb. 38. Linkes und rechtes Ende vom Balken 1129. $P_m = 52$ t

bereits 0,6 mm und wuchs unter $P = 45$ t auf über 2 mm an! Trotz der gleichen Höchstlast muß die Bewehrung dieses Balkens gegenüber dem vorhergehenden wegen der frühzeitig klaffenden Schrägrisse als minderwertig bezeichnet werden.

Balken 1130 nach Abb. 34 mit voller Schubsicherung durch Bügel und schwimmende Schrägeisen erreichte eine Höchstlast $P_m = 63$ t, und zwar wurde der Beton links unterhalb der linken Last durch die Haken der schwimmenden Eisen zerdrückt (unter d und a in Abb. 39). Die Rißbildung war ganz ähnlich wie beim Balken 1124; offenbar konnten durch das Übergreifen der Haken gewisse Kräfte von den gekürzten geraden Eisen in die schwimmenden übertragen werden. Vermutlich hätten die zugelegten Schrägeisen weniger leisten können, wenn die geraden alle bis über das Auflager hinaus gegangen wären. Balken 1130 hatte zudem eine höhere Betonfestigkeit von 138 kg/qcm; deshalb darf man seine Höchstlast, um ihn mit Balken 1124 auf die Basis gleichen Betons zu bringen, im Verhältnis 117 : 138 vermindern und bekommt dann 53 t gegenüber 73,5 beim Balken 1124.

Der Balken 1132, nach Abb. 35 mit halber Schubsicherung nur durch Bügel, hat von allen sechs Vergleichsbalken am meisten getragen mit $P_m = 75$ t. Unter klaffenden Schrägrissen wurde der Beton des über dem Steg befindlichen Platten-

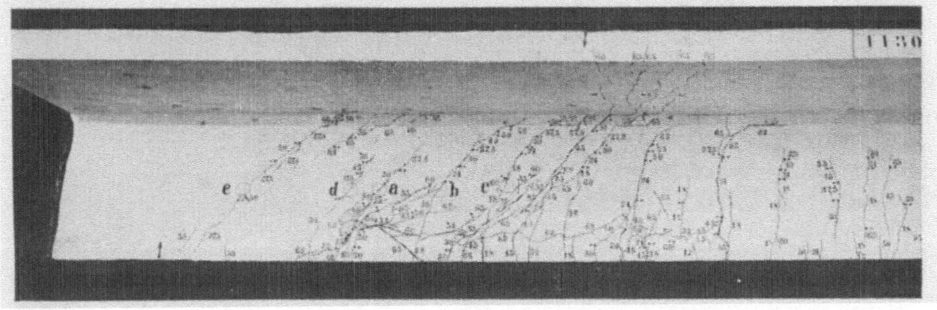

Abb. 39 Balken 1130 mit voller Schubsicherung durch Bügel und schwimmende Schrägeisen. $P_m = 63\,t$

teils zerdrückt, ähnlich wie es Abb. 25 zeigt. Es ist dies ein Beweis für die schiefe Richtung der Druckkraft $D$, deren vertikale Komponente nur von der in die Platte fallenden Stegpartie übertragen werden kann.

Wenn die Höchstlast diejenige des Balkens 1124 übertrifft, so rührt dies von der andern Streckgrenze der Zugeisen her, die beim Balken 1132 im Verhältnis 27:23 höher lag. Vergrößert man in diesem Verhältnis die Höchstlast von 73,5 t des Balkens 1124, so kommt man auf die Vergleichszahl $P_m = 86$ t, womit die Überlegenheit der vollen Schubsicherung des Balkens 1124 gegenüber der Bewehrung des Balkens 1132 klargelegt ist.

Die Zugeisen des Balkens 1132 waren in der Mitte noch nicht bis zu ihrer Streckgrenze beansprucht, dagegen fand sich beim Zertrümmern des Balkens an den Bügeln in der Gegend der klaffenden Schrägrisse loser Zunder, die Bügel waren also bis zur Streckgrenze beansprucht. Am Risseverlauf der Abb. 40 läßt sich gut der Unterschied zwischen den primären und sekundären Schrägrissen erkennen. Sowohl links wie rechts sind die primären Schubrisse unter $P = 24$ t mit 45° Neigung entstanden. Links traten dann sogenannte Gleitrisse bei 35 t neben den Zugeisen auf, aber erst unter 45 und 50 t traten in den bis dahin unversehrten Balkenteilen weitere Schrägrisse ein, deren Neigung mit etwa 30° beträchtlich flacher ist als die der ersten Schrägrisse. Es handelt sich also hier um die oben erwähnten sekundären Schrägrisse. Die gut aufgeteilten Zugeisen fanden auf den niedern Laststufen den nötigen Gleitwiderstand im Beton, deshalb war es nach dem bei Abb. 15 Gesagten möglich, daß unter der kritischen Schubspannung von 10,2 kg/qcm (Zugfestigkeit des Betons 7,8) mehrere erste Schubrisse unter $P = 24$ t eintraten. Außerhalb des letzten dieser Risse konnte der Gleitwiderstand offenbar nicht mehr in der Höhe

geleistet werden, um $Z$ auf den der gleichförmigen Abnahme entsprechenden Betrag
zu bringen, wobei man beachten muß, daß $Z$ am untern Ende eines Schrägrisses
sich immer größer ergibt, als aus dem Biegemoment an dieser Stelle folgen würde.
Zudem konnte wegen der unter $P = 35$ t einsetzenden Gleitrisse die Haftung nicht
mehr ausgenützt werden. Deshalb blieb $Z$ außerhalb des letzten primären Schrägrisses größer als es dem abnehmenden Moment entsprach, und somit mußte sich
dort die Druckkraft $D$ senken und es traten die bei Abb. 16 beschriebenen Spannungszustände ein, die zu den sekundären und flacher verlaufenden Schrägrissen
führten, von denen mehrere zugleich auftraten.

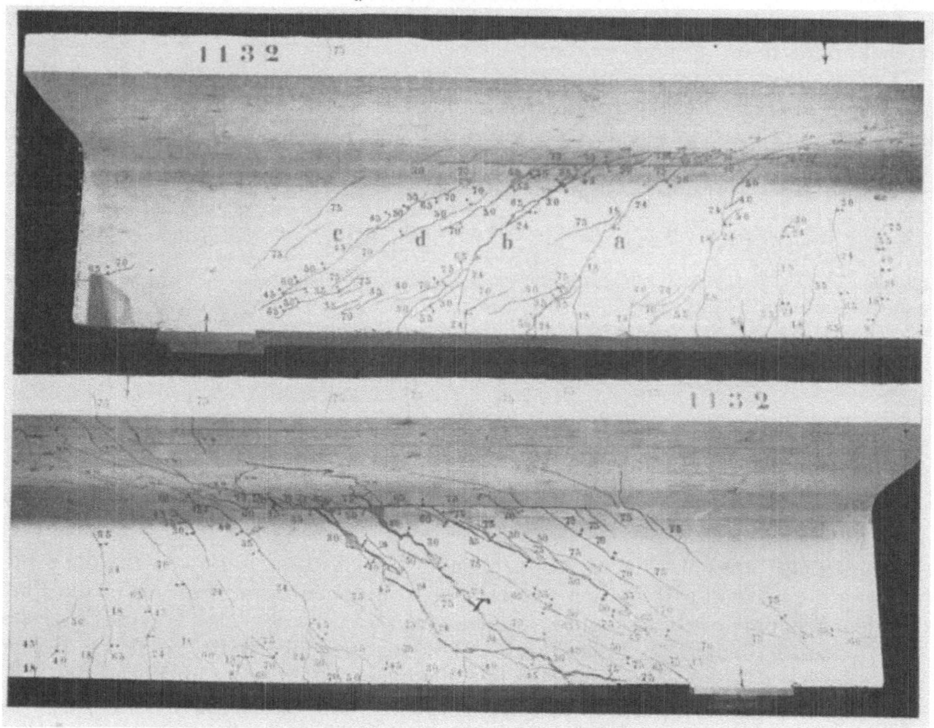

Abb. 40. Linkes und rechtes Ende vom Balken 1132, mit halber Schubsicherung durch Bügel. $P_m = 75\,t$

Die sekundären Schrägrisse bedeuten nicht notwendig das Ende der Tragfähigkeit. Mit ihnen ist der in Abb. 10 dargestellte fachwerkartige Kräfteverlauf sehr wohl
möglich, d. h. es ist kein anderer denkbar. Rechnet man die ganze Querkraft von
37,5 t auf die von einem sekundären unter $30^0$ verlaufenden Schrägriß getroffenen
Bügel, so bekommt man für diese eine Zugspannung von 2650 kg/qcm, die nahe an
ihre Streckgrenze von 2671 bis 2800 heranreicht.

Am Balken 1133 nach Abb. 36 mit Bügeln und gekürzten Zugeisen traten
unter 18 und 24 t links und rechts je drei gleiche Schrägrisse auf, die auf die Haken
der gekürzten Eisen zuliefen. Von $P = 40$ t an nahm die Breite der äußersten
schiefen Risse erheblich zu. Gleichzeitig verlängerten sich diese Risse am Anschluß
von Balken und Steg. Unter $P_{\prime\prime\prime} = 55$ t war die Tragkraft erschöpft infolge zahlreicher Risse in der Platte. Die Streckgrenze der Bügel war bei den Schrägrissen $b$
und $e$ (Abb. 41) überschritten.

Zu sekundären Schrägrissen ist es bei diesem Balken nicht gekommen. Es
rührt dies daher, daß die Kraft $Z$ des Zuggurts wegen der gekürzten Eisen abnehmen

*mußte*, wenn auch sprungweise. Somit brauchte der Abstand $z$ zwischen Zug und Druck im Querschnitt nicht abzunehmen.

Von den sechs verschiedenen Bewehrungen der Balken 1124 bis 1133 vermochte nur die volle Schubsicherung durch aufgebogene Eisen und Bügel den Bruch an die Stelle des größten Moments zu verlegen. Alle übrigen Bewehrungen erwiesen sich insofern als unzureichend, als sie den Bruch an den Stellen der größten Querkräfte nicht zu hindern vermochten. Ein Bild über den wirtschaftlichen Erfolg bekommt man durch den Vergleich der erreichten Höchstlasten mit den zur

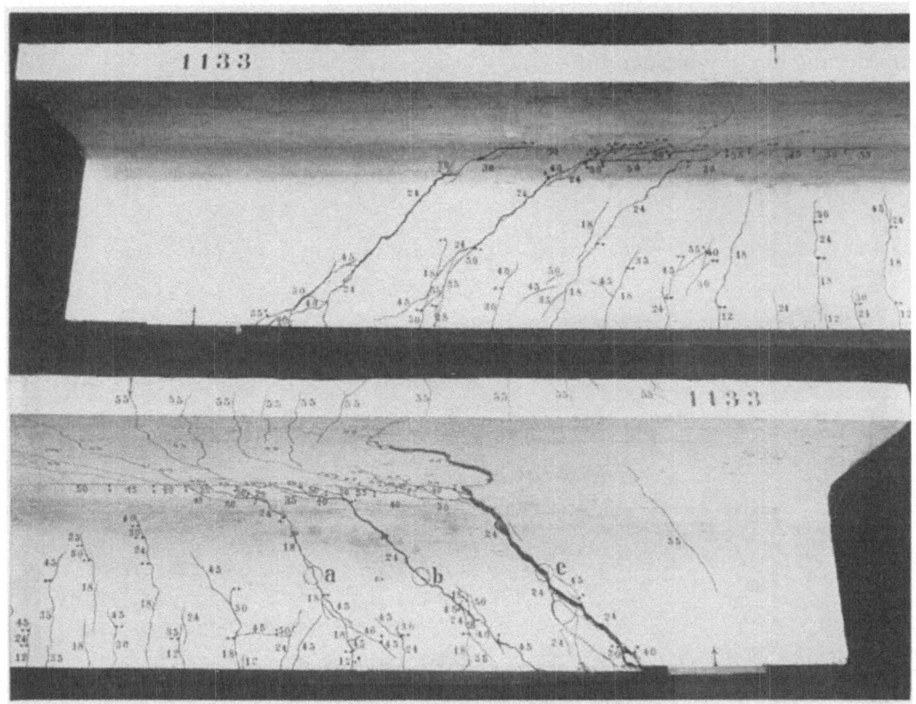


Abb. 41. Linkes und rechtes Ende vom Balken 1133, mit halber Schubsicherung durch Bügel und mit gekurzten Eisen. $P_m = 55\,t$

Stegbewehrung verbrauchten Eisengewichten. Den Quotienten $Pm:Ge$ kann man als Wirkungsgrad für solche Vergleichszwecke bezeichnen.

| Balken Nr. | Bewehrungsart | $P_m\,t$ | $G_e\,kg$ | $P_m:G_e$ |
|---|---|---|---|---|
| 1124 | Volle Schubs. aufgeb. Eisen und Bügel | 73,5 | 199,0 | 0,369 |
| 1127 | Halbe Schubs. aufgeb. Eisen und Bügel | 51,0 | 200,0 | 0,255 |
| 1129 | Wie 1127, aber mit gek. Eisen ...... | 52,0 | 175,5 | 0,296 |
| 1130 | Volle Schubs. schwimm. Eisen ....... | 63,0 | 230,9 | 0,272 |
| 1132 | Halbe Schubs. mit Bügeln .......... | 75,0 | 215,3 | 0,348 |
| 1133 | Wie 1132, aber mit gek. Eisen ...... | 55,0 | 171,4 | 0,321 |

Wegen der verschiedenen Betonfestigkeit und Streckgrenze ist der Wirkungsgrad beim Balken 1130 zum Vergleich mit 1124 auf 0,251 zu reduzieren und der Wirkungsgrad von 1124 zum Vergleich mit 1132 auf 0,432 zu erhöhen. Damit wird das Bild für die volle Schubsicherung des Balkens 1124 noch günstiger.

Bevor über die Versuche berichtet wird, die die Verhältnisse beim durchlaufenden Balken erklären sollen, sind zuvor die Versuche zu erwähnen, die über die Schubwirkung bei veränderlicher Balkenhöhe vorgenommen wurden.

Schon 1907 habe ich für den Fall der veränderlichen Balkenhöhe, wie er bei den Vouten oder Schrägen der durchlaufenden Balken am Anschluß an die Mittelstützen vorzuliegen pflegt, die Formel für die Schubspannung $\tau_0 = \dfrac{Q}{b_0 \cdot z} - \dfrac{M}{b_0 \cdot z^2} \cdot \dfrac{7}{8}\,\mathrm{tg}\,\alpha$ angegeben. Erst im Jahre 1920 ist es durch die von der Firma WAYSS & FREYTAG A. G. zur Verfügung gestellten Mittel gelungen, mit fünf Versuchsreihen den Nachweis zu führen, daß tatsächlich in den Vouten eine ähnliche Verminderung der Schubspannung eintritt, wie es die Formel zum Ausdruck bringt, daß ferner durch eingebaute Bügel die Tragkraft erhöht wird.

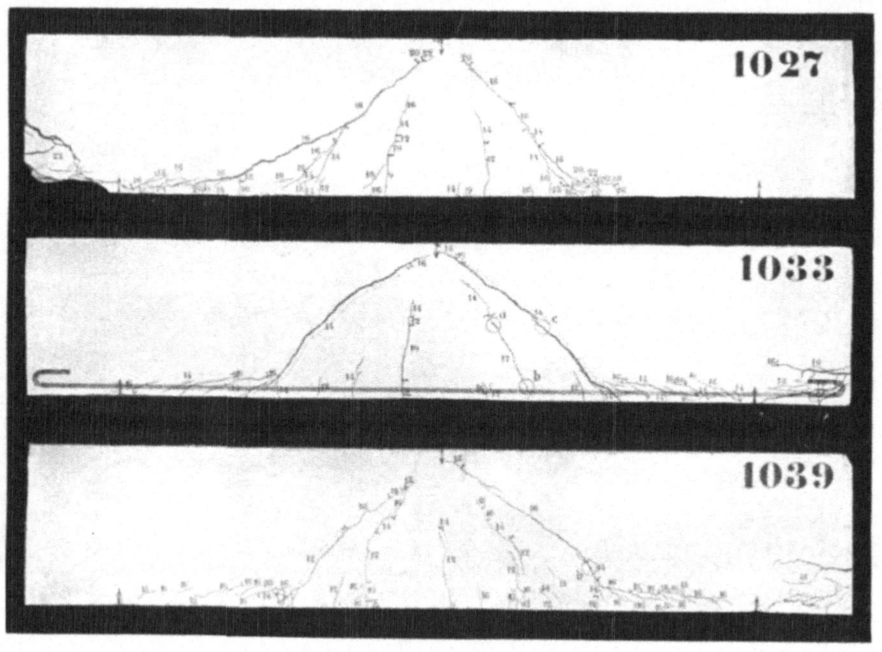


Abb. 42

Da diese Versuche sowohl in meinem Buch als auch in Beton und Eisen 1922 veröffentlicht sind, so beschränke ich mich hier auf die beiden Reihen, wo der günstige Einfluß der Schrägen am deutlichsten wird. Abb. 42 zeigt in umgekehrter Lage den Balken ohne Schrägen, also mit konstantem Querschnitt, die Schrägrisse traten bei 14 und 16 t auf, die Höchstlast war im Mittel der drei Balken 19,3 t.

Die Balken der Abb. 43 haben die gleiche Zugbewehrung wie die vorigen, die Balkenhöhe über der Mittelstütze war ebenfalls die gleiche, dagegen nahm von ihr aus die Höhe nach außen in Form von Schrägen ab von 50 auf 30 cm. In den äußeren niederen Teilen war eine Schubsicherung durch Bügel eingebaut, um hier einen vorzeitigen Bruch zu verhindern. Die Schubrisse in der Schräge sind erst bei 18 und 20 t aufgetreten und die Höchstlast stieg im Mittel auf 28,5 t! Beachtet man, daß die vermittelte rechnerische Schubspannung der Schräge zu derjenigen des vollen Querschnitts sich wie 6,1 : 7,8 verhält, so findet man dieses Verhältnis umgekehrt wieder in den Rißlasten der beiden Reihen. Damit ist der Beweis erbracht, daß die Formel die Abminderung der Schubspannung richtig zum Ausdruck bringt.

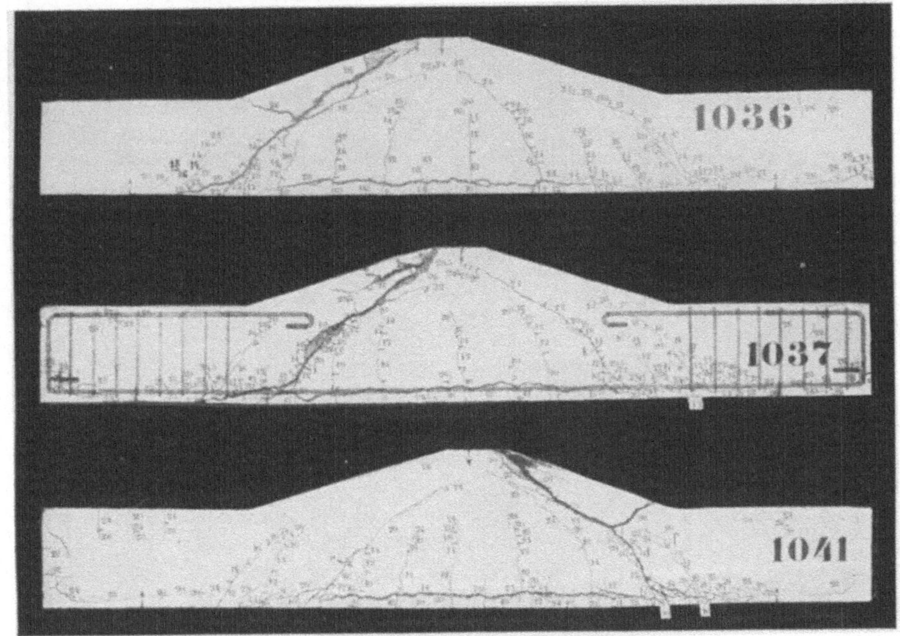


Abb. 43

Das Verhältnis der Bruchlasten von 19,3 : 28,5 ist für die Schräge noch günstiger; jedoch ist dabei nicht zu übersehen, daß die Balken der Abb. 43 im äußern Teil mit

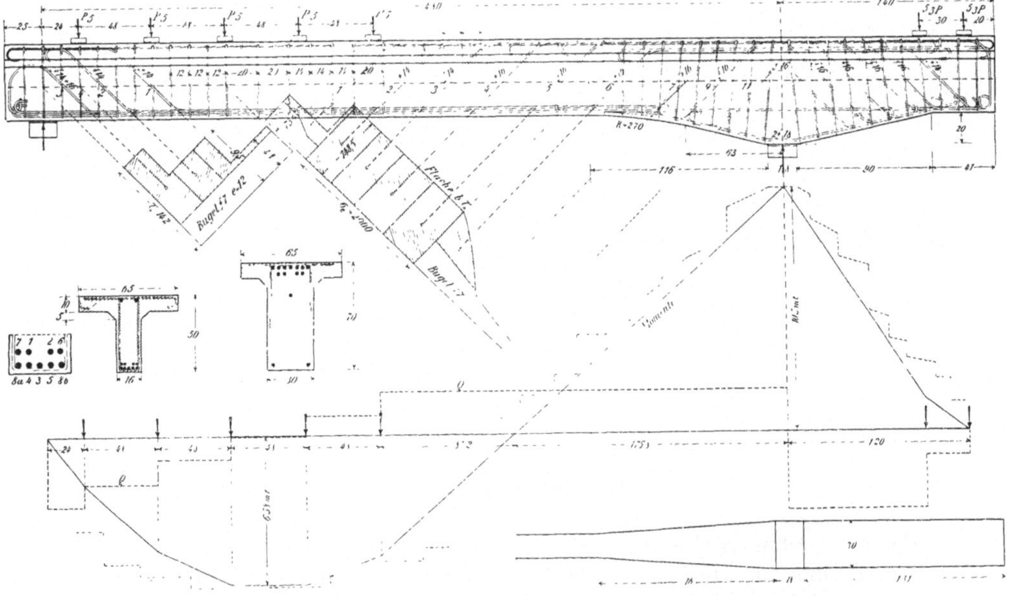

Abb. 44  Balken 1107 mit halber Schubsicherung auf der bügelfreien Strecke

Bügeln bewehrt waren, so daß dort die Eisen nicht heruntergedrückt werden konnten, nachdem die Schrägrisse sich im mittleren Teil gebildet hatten.

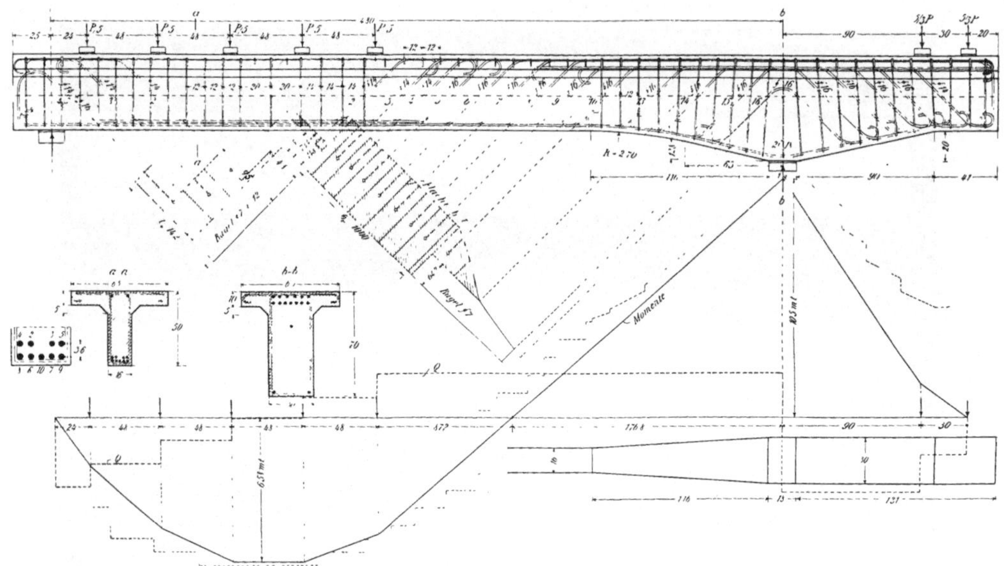

Abb. 45. Balken 1115 mit voller Schubsicherung

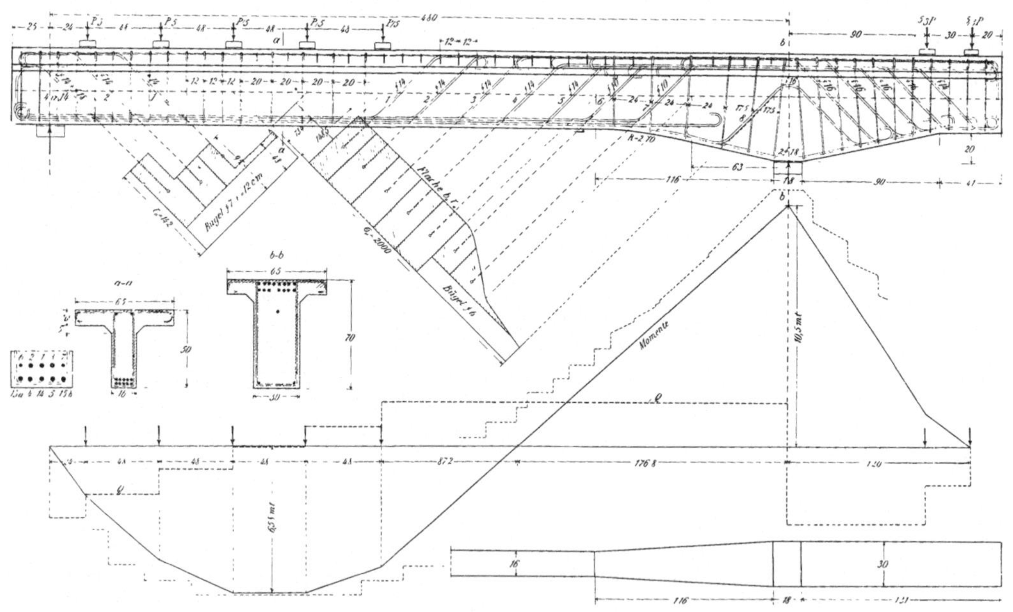

Abb. 46. Balken 1116 mit halber Schubsicherung auf der ganzen unbelasteten Feldseite

Versuche über die Schubwirkung beim durchlaufenden Balken enthält das kürzlich erschienene Heft 58 des D. A. f. E. Die Abmessungen, Bewehrung und Belastungsart sind aus den Abb. 44, 45 und 46 zu ersehen. Durch gleichzeitige Belastung des Konsolarms wurde innerhalb des Feldes zwischen den beiden Auflagern ein ähnlicher Verlauf der Momente und Querkräfte erzielt wie im Endfeld eines durchlaufenden Balkens, insbesondere befand sich die rechte Hälfte des Feldes unter denselben Bedingungen wie eine mittlere Öffnung. Im Gegensatz zum einfachen Balken fällt hier in den Schnitten neben einer Zwischenstütze das größte Moment mit einem Wert der Querkraft zusammen, der nur wenig unter $Q_{max}$ liegt. Auch beim Nullpunkt der Momente liegen die Verhältnisse anders, indem anscheinend die Druckkraft fehlt, durch deren Schiefstellen eine nicht ausreichende Schubsicherung entlastet werden könnte.

Balken 1107 nach Abb. 44 hatte eine Schubbewehrung, die in der Gegend des Nullpunkts der Momente so bemessen war, daß die Aufbiegungen 2 bis 5 rechnerisch mit 2000 kg/qcm beansprucht wurden, wenn die Zugeisen und die übrigen Schubsicherungen mit 1000 ausgenützt waren.

Balken 1115 nach Abb. 45 mit voller Schubsicherung über das ganze Feld.

Balken 1116 nach Abb. 46 mit halber Schubsicherung auf der ganzen unbelasteten Feldseite.

Die Vergleichswürfel zu diesen drei Balken hatten Festigkeiten von 243, 195 und 207 kg/qcm. Die Bruchbilder sind in den Abb. 47, 48 und 49 dargestellt.

Am Balken 1107 klafften unter $P_m = 42{,}5$ t über dem Riß $s_1$ zwei Risse und der Beton wurde unter dem Riß $s_1$ bei der Aufbiegung des Stabes 6 zerdrückt.

Der Balken 1115 mit voller Schubsicherung über das ganze Feld brach unter $P_m = 50$ t durch Erreichen der Streckgrenze der Zugeisen in der Gegend des größten positiven Feldmoments.

Beim Balken 1116 mit halber Schubsicherung auf der unbelasteten Feldseite öffnete sich Riß a in Abb. 49 unter $P = 42$ t auf 1,2 mm; unter der Höchstlast von $P_m = 47$ t wurde der Beton bei d am unteren Ende des Risses b zerdrückt. Beim Freilegen der Eisen zeigte sich an der Kreuzungsstelle mit dem Riß c, sowie am benachbarten Teil des Stabes 5 loser Zunder, d. h. die Streckgrenze war daselbst überschritten.

Die Überlegenheit der vollen Schubsicherung geht ganz klar aus den erreichten Höchstlasten hervor: Nur der Balken 1115 mit voller Schubsicherung ist an der Stelle des größten positiven Feldmoments gebrochen, während die übrigen mit nur halber Schubsicherung in der Gegend dieser ungenügenden Bewehrung zu Bruch gingen. Die nachstehende Tabelle gibt die Übersicht über die Höchstlasten, die Gewichte $G_e$ der ganzen Bewehrung und die Streckgrenzen der in Betracht kommenden Schrägeisen.

| Balken | Schubsicherung | $G_e$ | Höchstlast. | Streckgrenze |
|---|---|---|---|---|
| 1107 | 50% | 150,1 kg | 42,5 t | 2760 kg/qcm |
| 1115 | 100% | 146,8 kg | 50,0 t | 2787 kg/qcm |
| 1116 | 50% | 143,1 kg | 47,0 t | 3353 kg/qcm |

Beim letzten Balken liegt die Streckgrenze der an der Bruchstelle aufgebogenen Stäbe 5, 6, 7 wesentlich höher als bei den beiden andern. Wenn man ihn daher mit ihnen auf eine Vergleichsbasis bringen will, so muß seine Höchstlast im Verhältnis von 2760 zu 3353 reduziert werden und beträgt dann nur noch 38,7 t. Der Balken rückt damit, wie es gemäß der Bewehrung zu erwarten ist, *an die dritte Stelle*.

Nebenbei sei noch auf das Gewicht $G_e$ aufmerksam gemacht, das mit 146,8 kg bei voller Schubsicherung kleiner ist, als beim Balken 1107 mit teilweise nur halber Schubsicherung. Die Ersparnis, die beim Balken 1116 gegenüber 1115 am Eisengewicht mit 2,5% sich zeigt, kann kein Anlaß sein, die Höchstlast von 50 auf 38,7 t, also um 22,5% zu reduzieren!

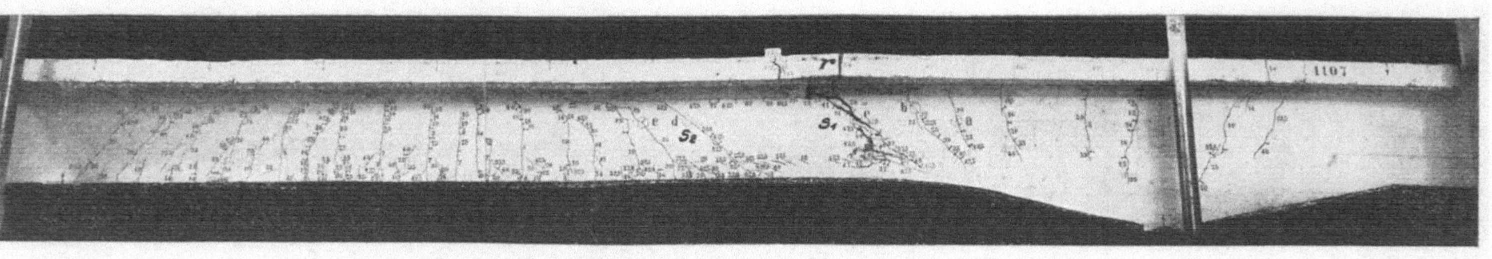

Abb. 47. Balken 1107 mit halber Schubsicherung zwischen Last und Voute. $P_m = 42,5$

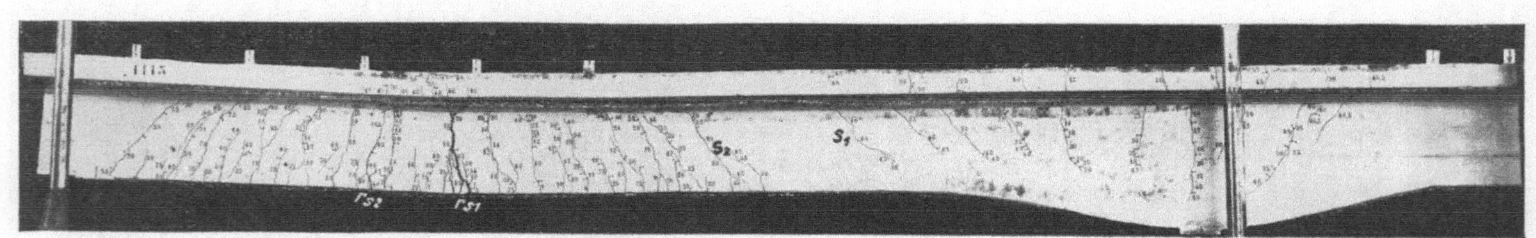

Abb. 48. Balken 1115 mit voller Schubsicherung. $P_m = 50\,t$

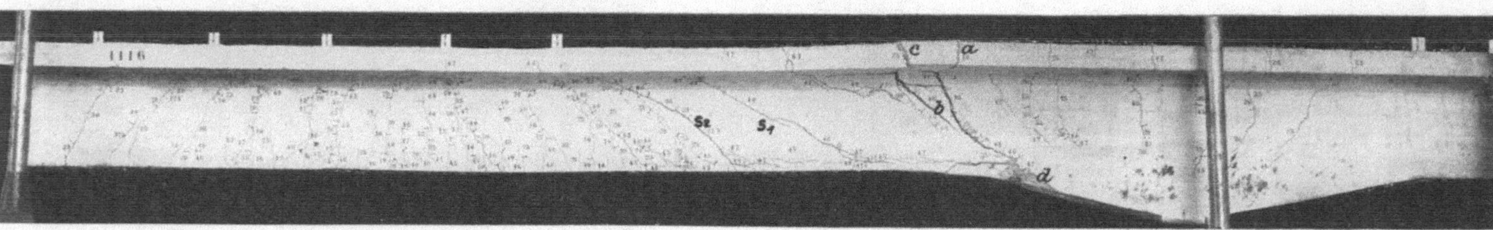

Abb. 49. Balken 1116 mit halber Schubsicherung auf der unbelasteten Feldseite. $P_m = 47,0\,t$

In den Abb. 50 und 51 ist für den Balken 1115 das Gleichgewicht der links vom Riß $s_1$ und $s_2$ angreifenden äußeren und inneren Kräfte dargestellt. Die äußeren Kräfte geben die Resultierende $Q$, die für die Höchstlast bekannt ist und durch den Nullpunkt der Momente hindurch geht. Die aufgebogenen Eisen sind bis zu ihrer

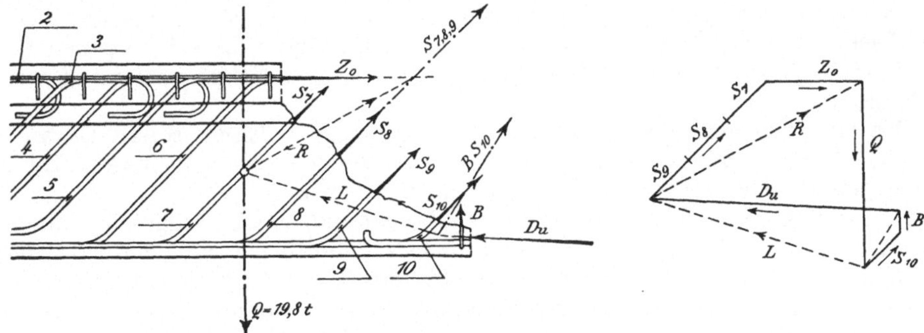

Abb. 50. Balken 1115, Riß $S_1$

Streckgrenze beansprucht vorausgesetzt. Da das Krafteck sich schließen muß, aber auch die Kräfte in der Ebene im Gleichgewicht sein müssen, so sind Variationen in den Kräften kaum in erheblichem Maß möglich, sodaß man die Kräftepläne als zutreffend ansehen darf. Man sieht, daß bei der vollen Schubsicherung $Z$ und $D$ wagrecht wirken und die Querkraft durch die vertikalen Komponenten der in den

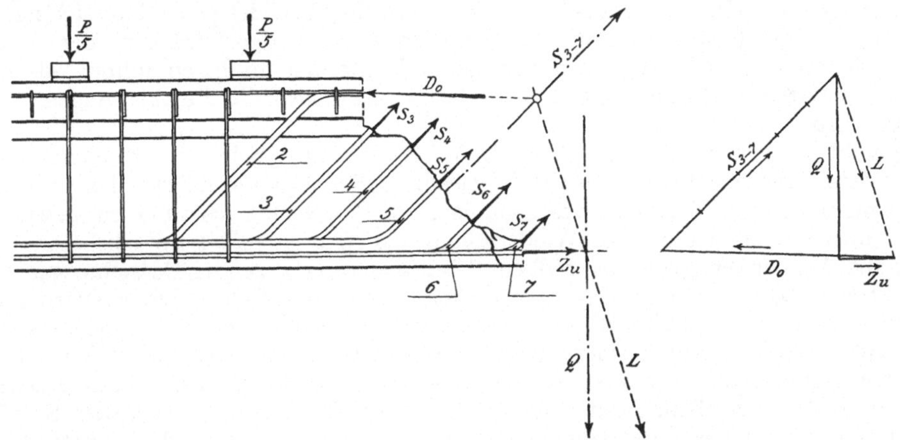

Abb. 51. Balken 1115, Riß $S_2$

Aufbiegungen wirkenden Kräfte $S$ aufgenommen wird. Solche Kräftepläne sind im Heft 58 auch für die Risse der beiden andern Balken gezeichnet, worauf hier verwiesen sei. Dort muß die Druckkraft $D$ meist geneigt angenommen werden, um das Gleichgewicht zu erhalten, sofern der Riß nicht flacher läuft als $45^0$ und dadurch mehr Aufbiegungen mitwirken, um die Querkraft zu übertragen.

Schlußfolgerungen

Wenn wir nicht nur die erreichten Höchstlasten, sondern auch die Gewichte der verschiedenen Bewehrungen in Vergleich ziehen, dann kommen wir zu folgenden Schlüssen:

*Bügel* müssen die Zugeisen umfassen; sie wirken als Schubsicherung, besonders wenn die Zugeisen gut aufgeteilt sind. Allein mit nur geraden Eisen sind sie unwirtschaftlich, außerdem tritt eine Umlagerung des innern Spannungszustandes ein, die zu sekundären Schrägrissen führen kann. Die Bügel treten dann an diesen Stellen auch in Aktion, sind aber günstiger beansprucht, weil die sekundären Schrägrisse flacher verlaufen als 45°. Mit den aufgebogenen Eisen wirken die senkrechten Bügel sehr gut zusammen; die Rißbildung wird dann durch die aufgebogenen Eisen beeinflußt, so daß alle Bügel mitwirken, um die schrägen Schubrisse am Öffnen zu verhindern.

Unter 45° geneigte Bügel wirken wie aufgebogene Eisen, sofern sie an die geraden Zugeisen angeschweißt sind, wie die Versuche von RICHART, Illinois, gezeigt haben. Diese Anordnung ist aber unwirtschaftlich.

Die *aufgebogenen Eisen* nach dem Schubdiagramm richtig aufgeteilt, mit oder ohne zugegebene Bügel sind die wirtschaftlichste Schubsicherung, denn es ist nicht nötig, das obere Ende einer Aufbiegung bis ans Balkenende hinauszuführen, es kann vielmehr im gedrückten Beton verankert werden, wodurch sogar an Gesamtlänge aller Eisen im Vergleich mit lauter gerade durchgehenden Stangen gespart wird.

Die sogenannten *schwimmenden Schrägeisen* sind nicht nur statisch schlecht, sondern auch durchaus unwirtschaftlich. Es scheint, daß die Klagen, die gegen die deutschen Bestimmungen vom Jahre 1925 immer wieder laut werden, entweder von solchen herrühren, die entweder überhaupt nicht zu konstruieren haben, oder von solchen, die mit zugelegten, d. h. schwimmenden Schrägeisen arbeiten, weil sie sich nicht die Mühe nehmen, eine bessere wirtschaftliche Bewehrung zu finden oder nicht wissen, wie eine solche aussehen soll. An zahlreichen Beispielen läßt sich nachweisen, daß die Bestimmungen vom Jahre 1925 wegen der Forderung der vollen Schubsicherung gerade zu einem geringeren Verbrauch an Eisen führen, als die alten preußischen Bestimmungen vom Jahre 1907 oder die Bestimmungen vom Jahre 1916.

Wohl hat sich nach Heft 48 des D. A. f. E. die halbe Schubsicherung mit aufgebogenen Eisen ebenso gut verhalten wie die volle. Der Grund lag aber im ausgezeichneten Beton, der bekanntlich Mängel der Bewehrung bis zu einem gewissen Grad überbrücken kann. Die Wiederholung der Balken mit Bauwerksbeton hat aber die Minderwertigkeit der halben Schubsicherung gezeigt. Dasselbe war bei den großen Balken mit zwei konzentrierten Lasten der Fall. Eine Ersparnis an Eisen wird durch die halbe Schubsicherung durch aufgebogene Eisen nicht erzielt. Von einer 75%igen Schubsicherung ist ebensowenig ein wirtschaftlicher Vorteil zu erhoffen. Immerhin mag aus den Versuchen des Heftes 48 der Schluß gezogen werden, daß es vor allem darauf ankommt, die Aufbiegungen gut nach dem Schubdiagramm aufzuteilen. Bei einem sehr guten Beton darf man dann wenigstens hoffen, daß die Sicherheit auch ausreichend ist, wenn das Schubdiagramm nicht ganz befriedigt ist.

Wenn man Bügel zu Hilfe nimmt, die ja vorgeschrieben sind, so bereitet es keine Schwierigkeit, beim Konstruieren die volle Schubsicherung durchzuführen, sogar wenn man die genaue maximale Querkraftslinie benützt, anstatt der für Vollbelastung aller Felder geltenden geraden Querkraftslinie. Indem man im Notfall die Bügel etwas vermehrt, erhält man eine wirtschaftlichere Lösung, als wenn man Eisen für die Aufbiegungen zulegt.

Die *günstige Wirkung der Vouten* beim kontinuierlichen Balken ist durch direkte Versuche nachgewiesen. Deshalb darf man von der hiefür geltenden Formel für die Schubspannung beim Aufzeichnen des Schubdiagramms Gebrauch machen. Dabei sind wegen des Höchstwertes der Schubspannung am Anfang und Ende der

Voute gewisse Regeln zu beachten, denn es dürfen nicht einfach die Größtwerte von $Q$ und $M$ in die Formel eingesetzt werden. Die Regeln sind in Beton und Eisen 1922 veröffentlicht, auch in meinem Buch über den Eisenbetonbau enthalten.

Beim *durchlaufenden Balken* ist die volle Schubsicherung durch die Versuche als notwendig nachgewiesen worden, sogar bei gutem Beton. Auch aus statisch-theoretischen Gründen ist sie hier nötig, weil die gemessenen Biegelinien zeigen, daß nur bei ihr die Beziehungen zwischen Moment und Drehwinkel benachbarter Querschnitte gelten, auf denen die Theorie des durchlaufenden Balkens aufgebaut ist (einerlei Krümmung der Biegelinie beim einfachen Balken).

Versuchsergebnisse von kleinen niedern rechteckigen oder rechteckähnlichen Balken dürfen nicht ohne weiteres auf große Balken, wie sie praktisch vorkommen, übertragen werden. Deshalb sind die Versuche mit den großen Balken, über die hier berichtet ist, angestellt worden. Insbesondere ist es beweiskräftiger, wenn Balken mit verschieden starker Bewehrung auf Schub geprüft werden, als wenn man aus der gemessenen Dehnung der Aufbiegungen auf die zulässige Beanspruchung derselben schließen wollte, in dem Sinne, daß aus einer kleineren Dehnung als der rechnungsmäßigen gefolgert würde, daß man entsprechend weniger aufgebogene Eisen nötig hätte. Abgesehen von der gewagten Übertragung auf größere Formate, ist noch zu beachten, daß solche Dehnungsmessungen, wie sie von RICHART angestellt wurden, nicht die volle Eisenspannung liefern können, weil die Dehnung des Eisens bekanntlich durch den Gleitwiderstand des umgebenden Betons vermindert wird, auch wenn er schon gerissen ist.

# Diskussion

Professor O. GRAF, Stuttgart:

Wir hörten die Forderung, daß Veranlassung gegeben ist, bei durchlaufenden Eisenbetonträgern die Bedingungen, welche als ·Grundlage des Eisenbetons anerkannt sind, voll gelten zu lassen: Der Beton nimmt Zugspannungen nicht auf, weil unter zulässigen Belastungen mit dem Vorhandensein von Rissen zu rechnen ist. Das Eisen überträgt also die Zugspannung. Die Bewehrung muß so angeordnet sein, daß sie überall da, wo Risse im Beton zu erwarten sind, das Klaffen der Risse hinreichend hindert bis zu Belastungen, mit denen volle Ausnützung des Eisens bis zur Streckgrenze erreicht ist. Im besonderen finden wir aus den neuen Versuchen zur letztgenannten Bedingung wertvolle Einzelheiten, weil die Verankerung der Bewehrung wiederholt maßgebend gewesen ist, in unmittelbarer Abhängigkeit von der Widerstandsfähigkeit des Betons etwa in dem Ausmaß, das frühere Versuche mit verschiedenen Haken erkennen ließen (vgl. Handbuch für Eisenbetonbau, 3. Auflage, Seite 155). Die lehrreichen Versuche geben also nicht bloß zum Thema an sich Aufschluß, sondern veranlassen uns weiterhin, die Konstruktionsregeln für die Verankerung der Eisen erneut zu verfolgen, u. a. derart, daß die Anwendung bestimmter Eisendurchmesser von der Güte des Betons abhängig gemacht werden. Daß der Ort der Verankerung der Eisen von erheblichem Einfluß sein kann, wird durch die soeben mitgeteilten Versuche besonders anschaulich dargelegt.

Professor Dr.-Ing. MAUTNER, Frankfurt (Aachen):

In den Jahren 1927/28 fand in deutschen Zeitschriften ein lebhafter Meinungsaustausch über die Frage der Schubbewehrung von Eisenbetonbalken statt. Der Meinungsaustausch ging davon aus, daß nach dem Heft 48 des Deutschen Ausschusses für Eisenbeton, der Balken 1025 mit 50%iger Schubsicherung 120 t Bruchlast aufwies, während der Balken 1026 mit voller Schubsicherung nur 119 t erreichte. Überdies war in diesem Versuchsbericht die für Balken 1025 angegebene Bewehrungsgewichtszahl etwa 6% geringer, als bei voller Schubsicherung. In dem genannten Meinungsstreit wurde die Rückkehr zu den deutschen Bestimmungen vom Jahre 1916 für die Schubbewehrung empfohlen und die volle Schubsicherung nach den Bestimmungen vom Jahre 1925 als unwirtschaftlich bekämpft.

Das kleinere Bewehrungsgewicht des halbschubgesicherten Balkens erwies sich als ein Irrtum der Versuchsanstalt, der von MÖRSCH in „Beton und Eisen" 1927 richtiggestellt wurde. Was die Frage der Sicherheit anbelangt, so wies MÖRSCH daraufhin, daß die Versuche des Heftes 48 nur eine scheinbare Gleichwertigkeit der halben und der vollen Schubsicherung ergeben hätten. Die Versuche sind bekanntlich mit vorzüglichem Laboratoriumsbeton mit $K_w = 282\,at$ durchgeführt worden. Die bei der halben Schubbewehrung schief gegen das Auflager gerichtete Gewölbedruckkraft konnte bei der vorzüglichen Betonbeschaffenheit von der Druckzone des Steges aufgenommen werden und führte hierdurch zu einer wesentlichen Entlastung der schwächeren Schrägeisen der halben Schubbewehrung; außerdem war durch die Fortführung der geraden Eisen bis zum Auflager eine reichlichere Momentendeckung im Vergleich zur vollen Schubsicherung vorhanden. MÖRSCH wies bereits nach dem Vorliegen der Ergebnisse des Heftes 48 darauf hin, daß die Verhältnisse nicht so günstig für die halbe Schubsicherung beim durchlaufenden Balken liegen würden, weil bei diesem Größtmoment und größte Querkraft zusammenfallen und daher der Stegbeton keine große Zusatzbelastung durch die schief gerichtete Gewölbedruckkraft aufnehmen kann. Das Heft 58 des Deutschen Ausschusses für Eisenbeton, welches die Verhältnisse des Endfeldes eines durchlaufenden Trägers wiedergibt, bestätigte die Richtigkeit dieser Voraussage. Bei diesen Versuchen hat sich bereits die Überlegenheit der vollen Schubsicherung bei Verwendung guten Laboratoriumbetons gezeigt. Wiewohl die Folgerungen MÖRSCHS aus den Versuchsberichten der Hefte 48 und 58 schon eindeutig die Überlegenheit der vollen Schubsicherung bewiesen, entschloß sich die WAYSS & FREYTAG A.-G. über Antrag von Professor Dr. MÖRSCH, weitere Versuche in der Materialprüfungsanstalt Stuttgart ausführen zu lassen, deren Ergebnisse MÖRSCH in seinem Referat gleichfalls vorgeführt hat. Die Versuche hatten zunächst den Zweck, die Wirkung der Schubsicherung an Eisenbetonbalken mit baumäßigem Beton, also mit $W_{b\,28} >$ $\geqq 100\,at$ zu zeigen, weiter sollten aber die Versuche die Unzweckmäßigkeit und Unverläßlichkeit jener Schubbewehrungen beweisen, die von verschiedenen an dem Meinungsstreit Beteiligten zur Herbeiführung „besserer Wirtschaftlichkeit" der Schubbewehrung erstattet wurden.

Was den ersten Zweck der Versuche anbelangt, so ist es schade, daß die Würfelfestigkeiten der geprüften Balken ziemlich stark voneinander abwichen (72, 110 und 150 at). Es ist schwer im Laboratorium einen so minderwertigen Beton herzustellen, wie er nach den deutschen Bestimmungen für Bauwerke noch zugelassen wird. Die Umrechnung der Höchstlasten im Verhältnis der Würfelfestigkeiten, wie sie von Mörsch vorgenommen wurde, ist aber zweifelsfrei. Hiebei zeigte sich die bedeutende Überlegenheit der vollen Schubsicherung. — Der Vergleich der Biegelinien zeigt, wie von Mörsch hervorgehoben, daß im Falle der halben Schubsicherung die Umkehrung der Krümmung in der Nähe der Auflager stattfindet, was der Beweis des Angriffes der Druckmittelkraft unter dem Schwerpunkt des Querschnittes ist.

Der zweite Teil der WAYSS & FREYTAGschen Versuche wäre eigentlich überflüssig gewesen. Mörsch hat in wiederholten Rechenbeispielen gezeigt, daß bei richtiger Ablösung der Zugeisen und ihrer Abbiegung in die Druckzone und bei geeigneter Wahl des Bügelabstandes für die volle Schubsicherung stets weniger

Eisen benötigt wird als für die halbe Schubsicherung. Die Reihenfolge der Eisenaufwandgröße nach den verschiedenen deutschen Bestimmungen ist:

Bewehrung nach den Bestimmungen 1907

„          „     „          „          1916

„          „     „          „          1925

derart, daß letztere den kleinsten Eisenaufwand mit sich bringt, wenn die Ablösung der Eisen wie vorbeschrieben geschieht. Der Grund hiefür ist leicht einzusehen, weil der Weg der schrägen Abbiegung der abgelösten Eisen und der Verankerung in der Druckzone kürzer ist, als die Fortführung bis zum Auflager. Die gegen diesen höchst einfachen Grundsatz angeführten Rechenbeispiele gehen alle von falschen Voraussetzungen aus. So z. B. ein Gegenvorschlag, der das 4 kg-Dreieck lediglich mit Bügeln deckt, was jedem Konstrukteur bei Betrachtung des Schubdiagramms unzweckmäßig erscheinen wird. Von anderer Seite kam der Einwand, daß die Schubdeckung bei Balken mit geringen Feldmomenten (Dachpfetten) nicht möglich sei, weil nicht genügend untere Eisen notwendig und daher vorhanden seien, um das Schubdiagramm durch Abbiegungen mit den Bügeln zu decken. Auch hiergegen hat MÖRSCH nachgewiesen, daß dieser Einwand für die Endfelder solcher Pfetten gar nicht zutrifft und für die Mittelfelder dadurch leicht behoben werden kann, daß ein oder zwei abgebogene Eisen über die Mittelstütze in die untere Druckzone abgebogen werden. Dies führt zu keinem nennenswerten Eisen-Mehrverbrauch.

Nachdem nun durch diese einfache Beweisführung die behauptete Unwirtschaftlichkeit der vollen Schubsicherung als unrichtig erwiesen war, kamen Vorschläge, die Zugeisen entsprechend dem Momentverlauf zu kürzen und in der Zugzone endigend oder, wie MÖRSCH sagte, „schwimmende Eisen" zuzulegen. Es wurden daher die WAYSS & FREYTAGschen Versuche auf diese, wie wir glauben jedem Konstrukteur zuwiderlaufende Schubsicherung und Eisenanordnung ausgedehnt. Die Versuche ergaben, wie vorauszusehen war, die Unterlegenheit dieser fehlerhaften Bewehrungen. — Da in dem Meinungsstreit die Wirtschaftlichkeitsfrage eine große Rolle spielt, so sei noch erwähnt, daß bei der WAYSS & FREYTAG A.-G., also einer der bedeutendsten Großbauunternehmungen, noch vor Herausgabe der Bestimmungen vom Jahre 1925 schon mehrere Jahre lang die volle Schubsicherung nach der vorbeschriebenen Art üblich war und in tausenden Fällen zur Durchführung gelangte. Es ist dabei niemals eine geringere Wirtschaftlichkeit der Bewehrung festgestellt worden. .

Prof. Ing. F. CAMPUS, Liége:

Le remarquable rapport du Prof. MÖRSCH confirme expérimentalement et théoriquement la supériorité et l'utilité de l'action combinée de barres relevées et d'étriers pour résister à la totalité des efforts tranchants dans les pièces fléchies. En faisant abstraction de la résistance propre du béton aux efforts rasants, on établit une concordance logique et conforme aux réalités avec le calcul des barres principales, effectué sans tenir compte de la résistance à la traction du béton. Car, en effet, toutes les armatures quelconques sont disposées pour supporter les effets des tensions principales de traction, agissant suivant les lignes isostatiques de la pièce fléchie.

L'importance des barres relevées et des étriers au point de vue de la résistance semble cependant être méconnue de beaucoup de praticiens; c'est pourquoi on les appelle souvent armatures secondaires. Comme les tensions secondaires, selon une définition donnée dans la revue ENGINEERING du 2 mars 1928 (Secondary stresses), les armatures secondaires sont celles que l'on ne calcule pas. Cela provient de ce que, dans l'état actuel de la question, le calcul de ces armatures est plus compliqué et exige plus de temps que celui des armatures principales, qui se fait au moyen de tables et d'abaques. Simplifions le calcul des barres relevées et des étriers, tout en le conservant pratiquement exact; il est possible qu'il en résulte un progrès dans l'application effective de ces éléments.

*    *    *

Le calcul des barres obliques et des étriers est basé sur la formule rappelée par le Prof. Mörsch: $\tau_0 = \dfrac{Q}{b\,z}$.

La section totale des barres obliques découle de la formule $\Omega_0\,\sigma_a = \displaystyle\int \dfrac{Q}{z}\cos\alpha\,dx$.

Si l'on emploie des étriers, leur section totale dérive de $\Omega_e\,\sigma_a = \displaystyle\int \dfrac{Q}{z}\,dx$.

Théoriquement, les deux genres d'armatures ont donc le même volume.

Leur position se détermine en subdivisant le diagramme des efforts tranchants en surfaces partielles d'aires égales à $\dfrac{\omega_0\,\sigma_a\,z}{\cos\alpha}$ ou $\omega_e\,\sigma_a\,z$, $\omega_0$ ou $\omega_e$ étant la section d'une barre relevée ou d'un étrier. La projection du centre de gravité de chaque aire partielle sur l'axe neutre détermine les alignements des armatures.

Le calcul exige donc le tracé du diagramme des efforts tranchants, la détermination de sa surface, sa subdivision en surfaces partielles et la recherche des centres de gravité de ces parties. En outre, il faut déterminer par le diagramme des moments fléchissants à partir de quels points les barres principales peuvent être relevées obliquement. La fig. 20 du rapport du Prof. Mörsch synthétise les opérations.

Il est possible d'obtenir un résultat équivalent, sinon meilleur, par le moyen du seul diagramme des moments, nécessaire en tout état de cause pour le calcul des armatures principales, et plus usuel que le diagramme des efforts tranchants. Il n'y a pas de surface à calculer, ni à subdiviser, non plus que de centres de gravité à déterminer. Il suffit d'observer que $Q = \dfrac{dM}{dx}$, d'où $\tau_0 = \dfrac{dM}{b\,z\,dx}$.

Dès lors $\Omega_0\,\sigma_a = \displaystyle\int \dfrac{dM\cos\alpha}{z} = \dfrac{\Delta M\cos\alpha}{z}$, et $\Omega_e\,\sigma_a = \dfrac{\Delta M}{z}$.

Considérons la courbe des $M$ correspondant à un ensemble de charges fixes (fig. 52). On trace une série de parallèles à l'axe des abscisses, distantes de cet axe et entre elles de $\dfrac{\omega_0\,\sigma_a\,z}{\cos\alpha}$ ou $\omega_e\,\sigma_a\,z$, suivant qu'il s'agit de barres obliques ou d'étriers. On projette sur l'axe des abscisses les points d'intersection de ces droites avec la courbe

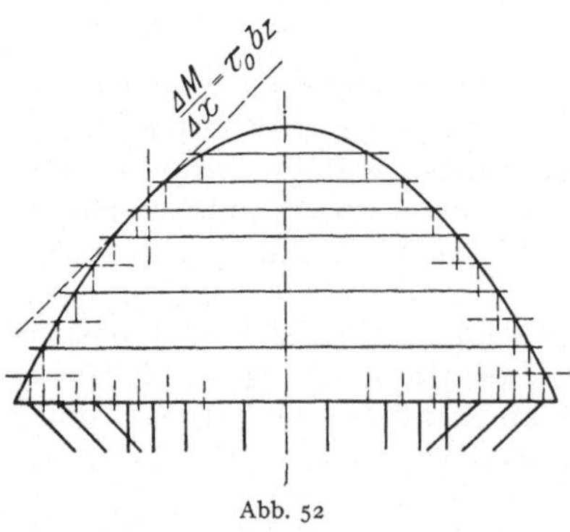


Abb. 52

des $M$. Les segments ainsi déterminés correspondent chacun à une armature. Comme point déterminatif de l'alignement, on choisit les milieux des segments ou, mieux, les projections sur l'axe des abscisses des points d'intersection de la courbe des moments aves les parallèles à l'axe des abscisses situées à mi-distance des précédentes. La différence pratique avec les alignements correspondant aux aires partielles du diagramme des efforts tranchants est insignifiante, surtout en regard de la précision de montage des armatures du béton armé.

Si l'on vèut déterminer à partir de quel point la tension tangentielle du béton est inférieure à $\tau_0$, par exemple pour délimiter les régions dévolues aux barres relevées et aux étriers, il suffit de chercher le point de contact de la tangente au diagramme des moments définie par $\dfrac{\Delta M}{\Delta x} = \tau_0\, b\, z$. Ce procédé est suffisamment précis, puisque la position exacte du point ne possède aucune signification capitale. On détermine sur le même diagramme les points à partir desquels les barres peuvent être relevées.

*Pour des charges fixes, la méthode simple précédente est rigoureuse,* abstraction faite de la petite imperfection théorique relative à la détermination des alignements des barres.

*     *     *

Dans le cas de charges mobiles, la rigueur mathématique disparaît, car la relation $Q = \dfrac{d M}{d x}$ ne s'applique pas à la courbe enveloppe des moments fléchissants. *Mais la méthode classique utilisant le diagramme enveloppe des efforts tranchants n'est pas non plus rigoureuse* et l'erreur commise est même supérieure à celle qui provient de l'emploi de la méthode des moments. Car, s'il est permis d'écrire $\tau_0 = \dfrac{Q}{b z}$ pour le diagramme enveloppe des efforts tranchants, par contre l'expression $\displaystyle\int \dfrac{Q}{z} \cos a\, d x$ n'a plus de sens. En effet, cette courbe représente un ensemble de valeurs maxima *non simultanées*, dont chaque point correspond à une courbe *instantanée* réelle des efforts tranchants, située à l'intérieur de l'enveloppe, et à laquelle s'applique la relation intégrale.

Donc, la surface du diagramme des efforts tranchants maxima donne des armatures obliques ou verticales trop fortes. La constatation saute aux yeux si nous examinons le cas d'une charge mobile unique circulant sur une poutre à deux appuis (fig. 53). L'ensemble des armatures correspond à la surface hachurée, tout à fait excessive si on se réfère à une courbe instantanée (en pointillé). La charge fixe equivalente se compose d'une charge uniformément répartie et d'une charge concentrée au milieu de la portée, toutes deux égales à la charge mobile.

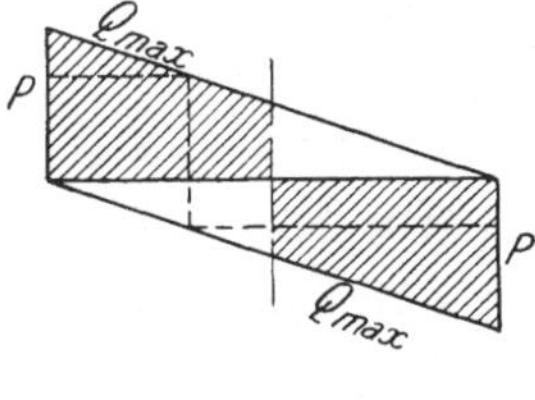


Abb. 53

Considérons ensuite le diagramme enveloppe des moments (fig. 54). Nous pouvons envisager qu'il correspond à une charge fixe fictive uniformément répartie, égale au double de la charge mobile lorsque celle-ci est unique. La courbe des efforts tranchants correspondants est la dérivée de la courbe des moments. En comparant un diagramme réel d'efforts tranchants aves le diagramme fictif, on voit que la concordance des aires est meilleure que par l'emploi du diagramme des efforts tranchants maxima; l'excès est moindre. Le cas envisagé d'une force unique agissant seule est le plus défavorable que l'on puisse considérer. La concordance s'améliore en faveur de la méthode des moments lorsque la charge mobile est divisée. Si l'on y joint l'effet des charges fixes, toujours important sinon prépondérant, on peut considérer que la méthode est d'une exactitude tout à fait satisfaisante pour la pratique.

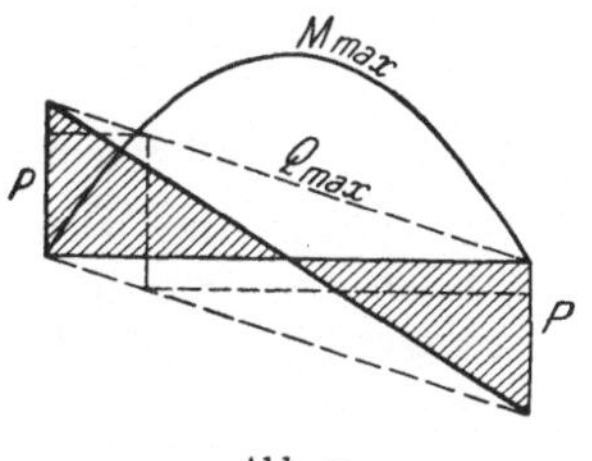


Abb. 54

Donc la méthode que j'ai décrite pour les charges fixes s'applique pratiquement au diagramme des moments maxima tenant compte de toutes les circonstances de sollicitation.

*     *     *

Les résultats de la méthode sont satisfaisants et diffèrent très peu d'ailleurs de ceux que l'on obtient par le calcul des efforts tranchants. Mais la simplification est notable et le gain de temps considérable (surtout dans le cas de pièces hyperstatiques), étant donné que le diagramme des moments maxima doit être tracé dans tous les cas pour le calcul des armatures principales. Pour des·calculs sommaires, on peut adopter une parabole.

Une réserve cependant. Lorsqu'il y a des charges mobiles, la tangente de coefficient angulaire $\dfrac{\varDelta M}{\varDelta x} = \tau_0\, b\, z$ ne définit plus le point en deça duquel la tension tangentielle du béton est inférieure à $\tau_0$. Pour une pièce sur deux appuis, le point exact est généralement un peu plus près du milieu de la poutre. La différence reste cependant dans des limites modérées et, en réalité, l'inconvénient n'est pas grand si ce point ne sert qu'à limiter les régions dévolues aux barres relevées et aux étriers. Le calculateur use toujours d'une certaine latitude pour la répartition de ces armatures et il n'en résulte, en l'occurence, aucun défaut caractérisé.

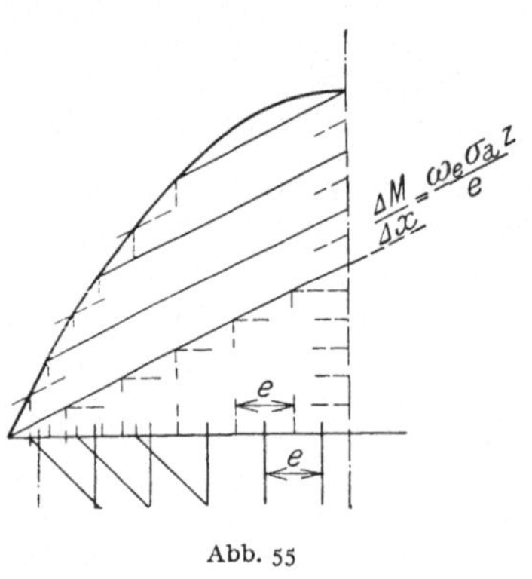


Abb. 55

La méthode permet aisément de combiner la résistance des barres obliques, des étriers et du béton, si l'on désirait tenir compte de cette dernière selon un usage périmé. Par exemple, si l'on s'impose de disposer des étriers de section $\omega_e$ écartés de $e$, les moments correspondants sont tels que $\dfrac{\varDelta M}{\varDelta x} = \dfrac{\omega_e \sigma_a z}{e}$. Il suffit de tracer à partir des extrémités du diagramme des moments fléchissants, des droites ayant le coefficient angulaire $\dfrac{\varDelta M}{\varDelta x}$ défini ci-dessus. Les lignes de division destinées à définir les barres obliques seront alors tracées parallèlement à ces droites au lieu d'être parallèles à l'axe des abscisses. La figure schématique 55 montre que le nombre et la disposition des barres obliques subissent de ce fait la modification attendue.

Si l'on voulait tenir compte de la résistance du béton, on tracerait les droites de division parallèlement à la droite dont le coefficient angulaire est $\dfrac{\varDelta M}{\varDelta x} = b\,\tau_0\,z$.

Bref, il n'est aucune disposition calculable par la méthode des efforts tranchants qui ne puisse l'être par celle des moments, et en outre plus simplement. Il s'agit d'ailleurs, en somme, d'une application de l'intégration graphique.

## Prof. E. Probst, Karlsruhe.:

Jedermann wird Herrn Prof. Mörsch zustimmen, wenn er verlangt, daß der Frage der Schubsicherung von Eisenbetonträgern die größte Aufmerksamkeit zugewendet wird. In den Zielen bestehen keine Meinungsverschiedenheiten, wohl aber in den Wegen, wie die günstigste Schubsicherung zu erreichen ist. Was Prof. Mörsch als Schubsicherung verlangt, geht meines Erachtens über das hinaus, was man auf Grund aller bisher durchgeführter Untersuchungen und Beobachtungen fordern kann. Allerdings darf man bei Laboratoriumsuntersuchungen nicht etwa den von Prof. Mautner in der Aussprache erwähnten „baumäßigen, besonders schlechten Beton" verwenden, der auf deutschen Baustellen als Ausnahme gelten dürfte. Man sollte vielmehr bestrebt sein, den Unterschied zwischen Laboratoriumsbeton und Baubeton möglichst klein zu halten, wenn man Folgerungen für die praktische Anwendung ziehen will.

Entgegen der Ansicht von Mörsch glaube ich nicht, daß Mängel in der Schubbewehrung durch guten Beton ausgeglichen werden können, ebensowenig wie Mängel des Betons durch eine stärkere Bewehrung wettgemacht werden können.

Die Auseinandersetzungen über die notwendigen Schubsicherungen begannen, als durch die deutschen Eisenbetonbestimmungen vom Jahre 1925 Forderungen erhoben wurden, die meines Erachtens konstruktiv und wirtschaftlich eine überflüssige Belastung bedeuten. Wenn Herr Mautner darauf hinweist, daß er als technischer Direktor eines Großunternehmens seit Jahren noch vor Erscheinen der neuen Eisenbetonbestimmungen immer so konstruieren ließ, wie es jetzt die Bestimmungen verlangen, und behauptet, daß ihm nicht eine Unwirtschaftlichkeit aufgefallen sei, so ist das eine Ansicht, die von mir mit vielen Anderen nicht geteilt wird. Ich will aber die Frage der Wirtschaftlichkeit aus der Diskussion ausschalten und mich darauf beschränken, zu zeigen, daß die von Mörsch verlangte sogenannte 100%ige Schubsicherung weder theoretisch noch konstruktiv gerechtfertigt ist.

Mörsch bezeichnet als 100%ige Schubsicherung diejenige, bei der die berechnete Eisenspannung gleich ist der berechneten Anstrengung der Längseisen infolge der größten Biegungsmomente.

Diese Berechnung gilt aber nur, solange keine Schrägrisse infolge von Hauptzugspannungen auftreten. Wie wenig sie den tatsächlichen Verhältnissen Rechnung trägt, ersieht man, wenn Mörsch in Heft 58 des D. A. f. E. die der Bruchlast entsprechenden Spannungen in den Schrägeisen und Bügeln mit 4000 bis 6900 kg/qcm und in den Längseisen mit etwa 2200 bis 3300 kg/qcm berechnet.

Wenn man die Schubbewehrung mit der Längsbewehrung vergleichen will, wird man zweckmäßiger den Querschnitt der ersteren in Hundertteilen der zur Aufnahme der größten Biegungsmomente erforderlichen Längseisen ausdrücken, wie dies auch früher geschehen ist.

Es ist erfreulich, daß Mörsch die Spannungstrajektorien im Zusammenhang mit der Rißbildung an Eisenbetonbalken zur Begründung für die notwendigen Schubbewehrungen heranzieht, wie dies schon früher geschehen ist. (Siehe Band I meiner „Vorlesungen". 1. Auflage 1917.) Der Verlauf der Rißbildungen gibt die beste Möglichkeit, die günstigste Lage der Eisen zu erkennen.

Ich halte es nicht für berechtigt, die Wirkung der Schrägbewehrung mit den Zugdiagonalen eines Fachwerkes zu vergleichen, bei dem die Aufgabe der Druckdiagonalen dem Beton zugewiesen wird. Ein Blick auf Abb. 56 zeigt, daß in jedem Querschnitt, in dem größere als zulässige Schubspannungen (bzw. Hauptzugspannungen) auftreten, eine Schubbewehrung notwendig ist. Daß Bügel ebenso wie Schrägeisen zur Vergrößerung des Schubwiderstandes herangezogen werden

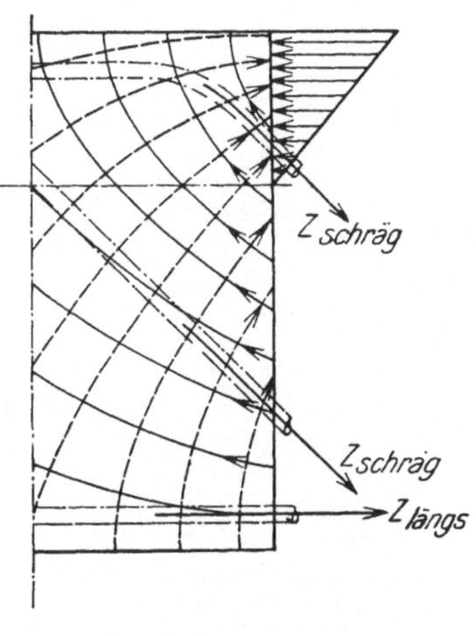


Abb. 56

können, ist seit langem bekannt. Vorzuziehen sind die konstruktiv einfacheren Schrägeisen.

Im allgemeinen halte ich es aus folgenden Gründen für zweckmäßiger, Bügel nur als Montageeisen und nur in Ausnahmefällen als Schubbewehrung zu verwenden: Wo die Querkräfte gegenüber den Biegungsmomenten zurücktreten, sollte man, um Rißsicherheit zu fördern, nur die unbedingt erforderlichen Bügel einlegen, da diese bekanntlich der Ausgangspunkt für Rißbildungen sind. Man betrachte in Abb. 57 Beispiele von zwei Eisenbetonträgern bei Balkenbrückenkonstruktionen mit 25 und 32 m Spannweiten. Man sieht den Beton vor lauter Bügeln nicht, und man darf sich nicht wundern, wenn an den Stellen der großen

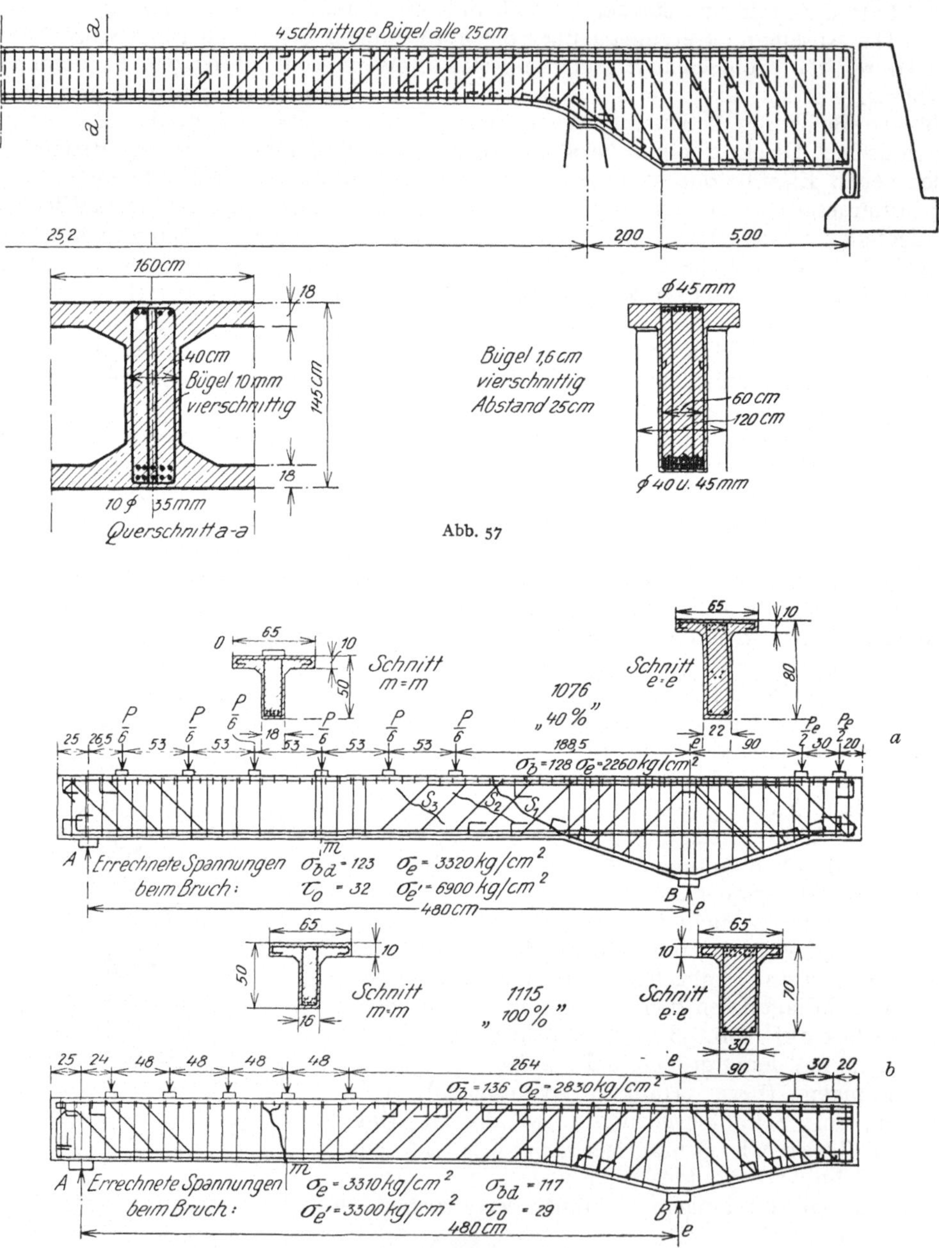



Abb. 57



Abb. 58a und 58b

Biegungsmomente mehr Risse entstehen, als wenn die Zahl der Bügel auf das für die Montage notwendige Mindestmaß eingeschränkt wäre.

Zu ungünstigen Wirkungen kann es führen, wenn man Schubsicherungen auch dort verlangt, wo die $\tau_o$-Spannungen die zulässige Spannung nicht erreichen.

Daß man mit Bügeln dieselbe Wirkung erzielen kann wie mit Schrägeisen, zeigen die beiden Balken 1124 und 1132 (in dem Bericht von Mörsch Fig. 31 und 35). So hat Balken 1124 mit einer sogenannten 50%igen Schubsicherung durch Bügel eine Bruchlast von 75 t gegenüber 73.5 t bei Balken 1132 mit Schrägeisen bei der sogenannten 100%igen Schubsicherung. Man sieht daraus, daß man mit Bügeln manchmal eine bessere Wirkung erzielen kann, da die 50%ige Schubsicherung in diesem Fall eine höhere Bruchlast ergab als die 100%ige. Mörsch erklärt dies damit, daß die Streckgrenze der Eiseneinlagen bei Balken 1124 niedriger war, und errechnet aus der Proportionalität zwischen Bruchlast und Streckgrenze eine höhere Bruchlast bei Annahme einer höheren Streckgrenze (wie bei Balken 1132). Ich halte dies für unzulässig, da man meines Erachtens Proportionalität zwischen Bruchlast und Streckgrenze der Eiseneinlagen, sofern man diese überhaupt genau festlegen kann, nicht annehmen darf. Insbesondere gilt dies hier, wo Balken 1124 in der Mitte (infolge der Biegungsmomente) und 1132 an einem Schrägriß (infolge der Querkräfte) brach. Wäre die Streckgrenze der Längseisen bei 1124 höher gewesen, so wäre der Bruch kaum in der Mitte erfolgt.

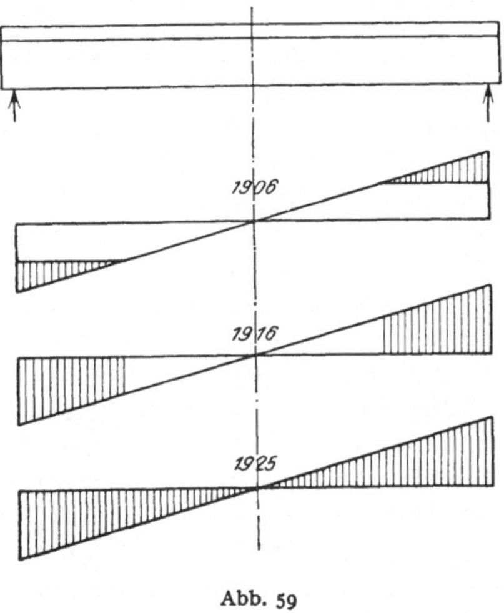



Abb. 59

Vergleicht man die Mörschschen Versuchsbalken 1076 mit 1115 (Abb. 58a und 58b) — ein Vergleich, den Mörsch in dem Schlußwort ablehnt — so sieht man, daß bei nicht ganz gleichen Laststellungen beide Träger die gleichen Bruchlasten hatten. Bei denselben Spannweiten hatte Balken 1076 einen schwächeren Steg über der Kragstütze und eine recht ungünstige, nach Mörsch nur eine 40%ige Schubsicherung.

Mörsch verlangt auf Grund seiner in Heft 58 des D. A. f. E. veröffentlichten Versuche, daß man Eisenbetonbalken so konstruieren müßte, daß sie durch die Biegungsmomnete und nicht durch die Querkräfte zerstört werden sollten.

Ich muß gestehen, daß es mir vollkommen gleichgültig ist, ob ein Eisenbetonträger an den Normalspannungen oder an den Hauptspannungen zugrunde geht. Das Ziel des Konstrukteurs sollte sein, das Verhältnis zwischen Bruchlast und Gebrauchslast so groß wie möglich zu gestalten. Wenn man aus den Versuchen die meines Erachtens nicht zulässige Folgerung zieht, daß Eisenbetonträger so konstruiert werden sollten, daß sie an den Biegungsmomenten zugrunde gehen müssen, so führt dies zu einer unwirtschaftlichen Überdimensionierung der Schubbewehrung.

Betrachtet man in Abb. 59 die schematische Darstellung der in den amtlichen Bestimmungen von den Jahren 1906, 1916 und 1925 geforderten Schubsicherungen, so folgt: In Übereinstimmung mit Mörsch lehne ich die Bestimmungen vom Jahre 1906 für die Schubbewehrungen ab. Vergleicht man aber die Bestimmungen von 1916 mit denjenigen von 1925, so sieht man an dem letzten Diagramm, daß auch diejenigen Spannungen, die kleiner als die zulässigen sind, durch Schrägeisen oder Bügel aufgenommen werden müssen.

Wir können auch nach den Bestimmungen vom Jahre 1916 die Schubbewehrung als vollkommen sicher ansehen mit dem Vorteil, daß Bügel und Schrägeisen nur dort untergebracht werden, wo die Schubspannungen größer als zulässig sind. Nach den neuen Bestimmungen von 1925 ist man gezwungen, Schrägeisen oder Bügel auch dort vorzusehen, wo $\tau_0$ kleiner als zulässig ist, also dort, wo sie nicht notwendig sind.

Aus den angeführten Gründen lehne ich die Forderungen für die Schubsicherung nach den neuen Bestimmungen ab.

Konstruiert man die Schubsicherung nach den Bestimmungen von 1916, und sorgt man für eine gute Verteilung der Schrägeisen oder Bügel derart, daß jeder Querschnitt, in dem $\tau_0$ größer als zulässig ist, von mindestens einem, besser von zwei Eisen nach Abb. 56 getroffen wird, so wird man sicher, einfach und wirtschaftlich konstruieren.

## Prof. Dr. Ing. Mörsch:

Zu den Ausführungen des Herrn Prof. Campus habe ich zu bemerken, daß man selbstverständlich die Schrägeisen auch an Hand der Momentenlinie austeilen kann. Was einfacher ist, läßt sich wohl nicht ohne weiteres entscheiden, da hier die Gewöhnung mitspricht. Ich halte die Ermittlung der Schubsicherung mit Hilfe der Momentenlinie nicht für so klar und übersichtlich wie das Schubdiagramm, das veränderliche Balkenhöhe und -breite sowie ungünstigste veränderliche Belastung auf einfachste Weise berücksichtigen läßt und deshalb eine geringere Fehlermöglichkeit in sich schließt.

Aus meiner langen Erfahrung in der Erziehung junger Ingenieure zu Konstrukteuren habe ich die Überzeugung gewonnen, daß die Arbeit mit dem Schubdiagramm sehr erzieherisch wirkt, weil dadurch der Blick geübt wird für eine zweckmäßige Führung der Schrägeisen und für ein passendes Verhältnis von Bügeln und aufgebogenen Eisen. Der Konstrukteur ist mit dem Schubdiagramm jedenfalls freier in der Wahl der zur Schubsicherung dienenden Eisen.

Daß die Arbeit mit dem Schubdiagramm viel Mühe mache, kann ich nicht zugeben. Es handelt sich dabei doch um einfachste Rechnungen, die mit dem Schieber erledigt werden können. Die Schwerpunkte der Einzeltrapeze wird doch niemand genau ermitteln; es genügt, die Mitte der einzelnen trapezförmigen Streifen zu nehmen.

Wenn an dem aus den maximalen Querkräften gezeichneten Schubdiagramm getadelt wird, daß es Spannungen enthalte, die niemals gleichzeitig vorhanden seien, so ist dem entgegenzuhalten, daß jede Aufbiegung imstande sein muß, zusammen mit den Bügeln der größten an der betreffenden Stelle möglichen Querkraft zu widerstehen. Die von mir gezeigte Rechnung ist also ebenso richtig, wie die Ermittlung der Diagonalen eines Parallelfachwerkes aus den größten Querkräften der entsprechenden Felder. Schließlich ist ja auch die Wirkung der Aufbiegungen eine den Fachwerkdiagonalen ähnliche.

Zu den Ausführungen des Herrn Prof. Dr. Ing. Probst muß ich feststellen, daß es irreführend ist, wenn er in seiner Kritik der Versuche des Heftes 58 des D. A. f. E. den Balken 1076 zum Vergleich mit den andern heranzieht. Denn die drei andern in meinem Bericht beschriebenen Balken sind durch fünf Lasten auf einer Länge von 2,16 m vom linken Auflager belastet, während beim Balken 1076 sechs Lasten auf 2,91 m wirkten. Es war also eine andere Verteilung der Momente und Querkräfte vorhanden, die einen direkten Vergleich zwischen den getragenen Höchstlasten ausschließt. Außerdem war die gesamte Balkenhöhe über dem rechten Auflager um 10 cm größer als bei den drei übrigen und die Schräge anders ausgebildet.

Die Schubbewehrung des Balkens 1076 erwies sich als ungenügend, denn der Bruch erfolgte wegen der klaffenden Schrägrisse am Übergang zur Schräge. Im übrigen verweise ich auf meine in Heft 58 gegebene Auswertung jener Balkenversuche, wo auch der Balken 1076 behandelt ist.

Es ist ein Irrtum, wenn Herr Probst behauptet, daß ich verlange, ein Balken müsse so konstruiert werden, daß er wegen der Momente und nicht wegen der Querkräfte breche. Mein Verlangen zielt auf gleiche Sicherheit gegen beide Bruchmöglichkeiten. Für die Anwendung ist es zwar erwünscht, wenn die Sicherheit gegen die Querkräfte etwas größer ist als gegen die Momente, weil bei einer Überlastung dann die Biegerisse als warnende Vorboten zu werten sind, während anderseits an den schrägen Schubrissen kein sicheres Urteil gewonnen werden kann, wie lange der Verbund noch standhält. Dieser Standpunkt ist in der Literatur schon lange mehrfach zum Ausdruck gekommen.

Was endlich die Gefahr der Bügel für die Zugrisse betrifft, so ist sie nicht befürchten, denn Zugrisse treten gerade bei den stark bewehrten Rippen doch auf. Bei fehlenden oder weit gestellten Bügeln ist es möglich, daß die Zugrisse dann in größeren Abständen auftreten, dafür aber um so dicker ausfallen.

# C₃

## Baukontrolle des Betons

unter besonderer Berücksichtigung des hochwertigen Betons

Von Professor Dr.-Ing. A. Kleinlogel, Darmstadt

### I. Geschichtliche Entwicklung der Baukontrolle und allgemeine Bemerkungen

Bekanntlich entsteht ein Beton- oder Eisenbetonbau, abgesehen von den sogenannten Fertigkonstruktionen, im Gegensatz zu Bauten aus Eisen, *erst auf der Baustelle* und es ist somit das Gelingen der Arbeit von der Witterung sowie von der Vorbildung, von der Erfahrung und der Zuverlässigkeit der bauleitenden Ingenieure und der Poliere unmittelbar abhängig. Die Ausarbeitung von noch so gründlichen und vorzüglichen statischen Berechnungen und Ausführungszeichnungen kann somit allein nicht genügen. Mit vollem Recht machen daher alle berufenen und um die Sicherheit unserer Bauten besorgten Fachleute darauf aufmerksam, daß wir z. B. alle möglichen komplizierten Bauteile, wie Pilzdecken und andere mehrfach statisch unbestimmte Konstruktionen, zu berechnen verstehen, während im großen und ganzen die Kenntnis der Materialeigenschaften sowie deren wirtschaftliche und konstruktive Auswertung vielfach noch im Argen liegt.

Wir müssen also sorgen, daß ausreichende Gewähr dafür vorhanden ist, die Voraussetzungen der Rechnung auf der Baustelle auch tatsächlich zu erfüllen.

Die *Bauunfallstatistik* aller Länder lehrt uns aber eindringlich, daß die erwähnten Vorbedingungen nicht immer und nicht überall erfüllt werden und somit die Befürchtung berechtigt ist, daß der weitere Fortschritt ernstlich gefährdet sein dürfte, wenn nicht in weitesten Kreisen die Bereitschaft geweckt wird, von der bisherigen Gleichgültigkeit gegenüber den Forderungen der Wissenschaft abzugehen und den neueren Ergebnissen der Materialkunde diejenige Beachtung zuteil werden zu lassen, die sie unbedingt verdienen. Es ergibt sich somit die *Notwendigkeit* hierin Wandel zu schaffen und für die Gewährleistung der Güte der Ausführung bessere Grundlagen bereitzustellen. Es zeigte sich, nachdem der Eisenbeton in unbestreitbarem Siegeszug das gesamte Bauwesen revolutioniert hatte, daß die äußere Entwicklung des Eisenbetons der Materialkenntnis weit vorausgeeilt, daß also die letztere zurückgeblieben war hinter den theoretischen und versuchstechnischen Errungenschaften und daß die Jagd nach immer größeren Spannweiten, Belastungen und nach immer mächtigeren Bauwerken — also eine gewisse Rekordsucht — der Förderung der Erkenntnis der Materialeigenschaften nicht dienlich gewesen war. Man glaubte, gegenüber der quantitativen Ausdehnung der Bauweise die materialtechnischen Belange als gering veranschlagen, bzw. sie vernachlässigen zu dürfen.

Dieser Mangel trat mit der Zeit in Gestalt der *Bauunfälle* immer mehr in Erscheinung. Jeder Sachverständige, der mit diesen Vorkommnissen zu tun hat, weiß ein Lied zu singen von den Versäumnissen und von der oft groben Unkenntnis auf dem Gebiet der Materialkunde, ganz abgesehen von Fehlern in der Berechnung und Konstruktion. Die Bestrebungen, die Verhältnisse durch Einführung einer gewissenhaften und doch in vernünftigen Grenzen bleibenden *Baukontrolle* zu bessern, sind also nicht einem Selbstzweck oder der Freude an Belästigungen und Belastungen der Betonindustrie entsprungen — sie sind vielmehr die *Früchte der Erkenntnis*, daß der Beton- und Eisenbetonbau am Anfang einer ganz neuen *Höherentwicklung* steht, *sofern* die bisher offenkundig gewordenen Mängel und Unterlassungen nach Möglichkeit ausgeschaltet werden. Daß die Einführung und Durchführung einer zielbewußten Baustellenkontrolle des Betons eine unbedingte Notwendigkeit und als solche allseitig erkannt und anerkannt wird, beweisen u. a. am besten die in der Zeitschrift „Beton und Eisen" 1928 in den Heften 6 und 8 veröffentlichten Äußerungen von 25 deutschen Baupolizeiämtern, aus welchen Mitteilungen klar hervorgeht, wieviel auf diesem Gebiet noch zu tun ist, bis die *Einstellung der Unternehmerschaft* eine andere geworden ist.[1] Dieser letztere Umstand ist in dieser ganzen Sache von besonderer Bedeutung, da es bis jetzt an gesetzlichen Mitteln fehlt, einen entsprechenden Zwang auszuüben. Und doch ist die Sicherheit unserer Bauten und die Güte der Ausführung eine *Angelegenheit des öffentlichen Interesses*, welch letzteres sofort dann in Erscheinung tritt, wenn ein Bauunfall die Aufmerksamkeit weiterer Kreise oder gar der Staatsanwaltschaft in Anspruch nimmt.

Mit dem Aufkommen und mit der immer größeren Verbreitung des hochwertigen Zements und damit des hochwertigen Betons ist ein weiteres Gefahrmoment in die Erscheinung getreten, das nicht unterschätzt werden darf. In Deutschland (und auch in anderen Ländern) räumen die neueren Bestimmungen über die Ausführung von Beton- und Eisenbetonbauten dem hochwertigen Zement, bzw. dem hochwertigen Beton, eine Vorzugsstellung ein, d. h. es werden höhere Beanspruchungen zugelassen. Um so größer ist auch die Verantwortung des Unternehmers, der sich um so mehr davon überzeugen muß, daß er in der Ausführung die an die höher zulässige Spannung geknüpfte Voraussetzung erfüllt.

In diesem Zusammenhang ist der Umstand zu bedauern, daß — um nur *ein* naheliegendes Beispiel zu nennen — in Deutschland die einschlägige Unternehmerschaft dem Deutschen Beton-Verein (E. V.) zum weitaus größeren Teil fernsteht und sich somit einer Beeinflussung in der gewollten Richtung völlig entzieht. Der Deutsche Beton-Verein hat erst neuerdings besondere „Vorläufige Leitsätze für die Baukontrolle im Eisenbeton" aufgestellt und hat seine Mitglieder zur strengen Befolgung dieser Leitsätze verpflichtet.

Im Sinne der vorstehend erörterten Bestrebungen können diese Leitsätze natürlich nur teilweise eine Wirkung ausüben, weil eine viel größere Anzahl von Unternehmern dieser Verpflichtung nicht unterliegt und somit freie Hand hat in der Beachtung oder Nichtbeachtung dessen, was not tut.

Was nützen auch alle einschlägigen Anstrengungen, eine gewisse Besserung in der Güte der Ausführung zu erzielen, wenn das *Submissionsunwesen* dem Pfuschertum Tür und Tor öffnet, d. h. wenn die Auftraggeber, und hier namentlich die Behörden, keinerlei Rücksicht auf die Qualität des Bewerbers nehmen, sondern in den weitaus meisten Fällen einfach dem billigsten Angebot stattgeben, ja mitunter zu der Verwendung von ungeeigneten Baustoffen deshalb verleiten, weil die letzteren aus irgend welchen Gründen bauseitig zur Verfügung stehen. Die „Billigkeit"

---

[1] „Die bisherigen Erfahrungen mit der Baukontrolle." — Ergebnis einer Rundfrage bei den bedeutendsten Baupolizeiämtern Deutschlands. — „Beton und Eisen" 1928, H. 6 und 8.

solcher Angebote ist schon oft teuer genug bezahlt worden! Mit Recht wäre also vor allem auch eine *Auslese der Unternehmer* zu fordern, besonders bei öffentlichen Wettbewerben.

Auf dem Gebiet der Erforschung der Materialeigenschaften haben sich in den letzten ˌbeiden Jahrzehnten grundlegende Fortschritte ergeben. Während man sich früher, zum Teil in groß angelegten Versuchsreihen, damit begnügte, z. B. die Druckfestigkeiten von gewissen Raum-Mischungsverhältnissen (1 : 4, 1 : 5, 1 : 10 usw.) mit Materialien aus verschiedenen Gegenden zu untersuchen, zeigten erst die auf systematisch durchgeführten Arbeiten beruhenden Forschungsergebnisse eines ABRAMS, GRAF u. a., daß es vor allem die *Kornzusammensetzung* ist, welche die maßgebende Grundlage für die wichtigste Mörtel- und Betoneigenschaft bildet. Ferner wurde es innerhalb der geschichtlichen Entwicklung der einschlägigen Versuche immer klarer, daß der *Wasserzementfaktor* ebenfalls eine ausschlaggebende Rolle spielt. Erst nachdem es möglich wurde, aus den Versuchsergebnissen allmählich ganz bestimmte Erkenntnisse und Regeln abzuleiten, war die Basis für eine zweckmäßige Baukontrolle geschaffen. Auf diesem Gebiet hat sich einschließlich der bereits Genannten eine Reihe von Forschern große Verdienste erworben. Ohne Anspruch auf Vollständigkeit zu erheben, seien nachstehend (in alphabetischer Reihenfolge) die Namen derjenigen wiedergegeben, welche nennenswerte versuchsmäßige Beiträge zu der heutigen Kenntnis der Materialeigenschaft geliefert haben:
ABRAMS — BOLOMEY — BURCHARTZ — FÉRET — FOSS — FREY — FULLER — GARY — GRAF — KORTLANG — MAIER — NITZSCHE — PROBST — ROŠ — SCHÜLE — STADELMANN — SUENSON — TALBOT — THOMPSON — VIESER — WIG — WILLIAMS — GATES — YOUNG.
Was die Nutzanwendungen der verschiedentlichen Forschungsergebnisse anbetrifft, so ist, abgesehen von Amerika, innerhalb Europa namentlich *Österreich*, dank der erfolgreichen Bemühungen des Herrn Oberbaurats Dr. Ing. v. EMPERGER, wegbereitend vorangegangen und hat zuerst eigene Vorschriften für Baukontrolle aufgestellt, die bekanntlich von Herrn v. EMPERGER in ‚Beton und Eisen' 1925 einer allgemeinen Besprechung unterzogen wurden und so gewissermaßen der Ausgangspunkt der ganzen Bewegung geworden sind.

## II. Das Wesen der Baukontrolle

Während der Baustoff *Eisen* in allen Ländern ganz bestimmte, durch streng überwachten Erzeugungsprozeß gewährleistete Materialeigenschaften besitzt, ist der Baustoff *Beton* aus den verschiedensten Komponenten zusammengesetzt, die je nach Land und Gegend wechseln und auch innerhalb dieser letzteren nicht gleichartig sind. Sowohl die in großer Zahl auf dem Markte befindlichen Zemente, als namentlich auch die Sand-, Kies- und Schottermaterialien sind so unterschiedlich in ihrer Beschaffenheit und Eigenart, daß Beton und Beton schon bei den einzelnen Unternehmungen durchaus zweierlei sein kann. Bereits GARY hat bekanntlich gesagt: „Mehr Kenntnis der Baustoffe" und zwar hat er dies schon zu einer Zeit geäußert, als das, was wir heute unter Baukontrolle verstehen, noch lange nicht greifbar in Erscheinung getreten war. Es stellte sich aber dann bald heraus, daß nur bei genauer Kenntnis der jeweiligen Materialeigenschaften ein Beton erzeugt werden kann, der den berechtigten Anforderungen der Bautechnik gewachsen ist und man hat auch bald gelernt, sich darüber klar zu werden, daß die zu erwartenden Betoneigenschaften verschieden beurteilt werden müssen, je nachdem es sich um Druckfestigkeit, um Zugfestigkeit, oder um Dichtheit, bzw. um mehrere dieser Eigenschaften gleichzeitig handelt.

Das *Wesen der Baukontrolle* besteht also in der Hauptsache einerseits darin, durch Auswahl geeigneter Bindemittel und Zuschlagstoffe, durch vorherige Ermittlung der jeweils zweckmäßigen Kornzusammensetzung und des zugehörigen Wasserzementfaktors, für einen bestimmten Verwendungszweck einen Beton mit ganz bestimmten Eigenschaften zu erzeugen — und anderseits darin, die Richtigkeit und Zulässigkeit der getroffenen Maßnahmen durch fortlaufende Prüfungen des erzeugten Betons am Bau selbst zu kontrollieren. Insbesondere gelten diese Darlegungen für die Verwendung von hochwertigem Zement, bzw. mit diesem erzeugten hochwertigen Beton.

Eine der wirtschaftlich günstigen Folgen der sinngemäßen Durchführung derartiger Maßnahmen ist dabei auch die Ermöglichung einer Typisierung, Normalisierung und Mechanisierung der gesamten Betonerzeugung mit dem Endzweck der Erreichung einer möglichst gleichbleibenden Güte des Betons für sämtliche gleichartigen Bauteile, vor allem auch im Sinne der Ausschaltung aller Zufälligkeiten und Willkürlichkeiten, deren nachteilige Auswirkung zur Genüge bekannt ist.

### III. Die Mindestforderungen der Baukontrolle

Es sollen nachstehend diejenigen Maßnahmen und Vorrichtungen besprochen werden, welche zwecks Durchführung der Baukontrolle *mindestens* verlangt werden müssen, und zwar sollen diese Mindestforderungen einen Maßstab dafür geben, was von dem Unternehmer heutzutage wenigstens erwartet werden muß, wenn er Anspruch darauf machen will, daß seine Ausführungen als vollwertig angesehen werden.

*1. Bauwasser.*

Obgleich ABRAMS durch Prüfung von 68 verschiedenen Wässern festgestellt hat, daß, entgegen der allgemeinen Ansicht, die meisten verunreinigten Anmachewässer für den Beton nicht ausgesprochen nachteilig sind, so darf dies nicht dazu verleiten, nunmehr leichtsinnig jedes beliebige Wasser zur Betonbereitung zu verwenden. Es ist daher in zweifelhaften Fällen stets eine ordnungsgemäße Untersuchung durch ein chemisches Laboratorium zu empfehlen.

Ob Bauwasser gewisse Säuren enthält, kann qualitativ dadurch festgestellt werden, daß Lackmuspapier eingetaucht wird, dessen Rotfärbung auf Säuregehalt des Wassers und damit auf eine gewisse Schädlichkeit desselben schließen läßt.

Ein etwaiger Sulfatgehalt dagegen, welcher bekanntlich besonders gefährlich ist, wird an einer, wenn notwendig klar zu filtrierenden Probe mittels Bariumchlorid festgestellt; bei vorhandenem Sulfatgehalt bildet sich bei Zugabe von Bariumchloridlösung stets ein weißer Bariumsulfatniederschlag.

*2. Zement.*

Wenn auch berücksichtigt wird, daß die Zemente einerseits laufend in den Laboratorien der erzeugenden Werke, anderseits durch die Vereinslaboratorien stichprobenweise geprüft werden, so ist es dennoch zu empfehlen und auch von verschiedenen Zementverbänden vorgeschrieben, daß die Verbraucher den Zement vor der Verarbeitung ebenfalls einer Untersuchung unterziehen. Es ist bekannt, daß dasselbe Lieferwerk nicht immer gleichartigen Zement liefert und daß außerdem sämtliche Bindemittel durch Lagerung mit der Zeit an Güte mehr oder weniger verlieren.

*a) Prüfung der Bindezeit* durch Vornahme der Abbindeprobe mit dem Normalnadelapparat (Vicatnadel!).

Für die Baustelle interessiert vor allem der Beginn der Erhärtung des Zements. Die Ermittlung der Abbindezeit durch Eindrücken des Fingernagels in den Zementkuchen dürfte nicht als ausreichend erachtet werden und kann nur als Notbehelf gelten.

Dabei muß sich der Unternehmer bewußt sein, daß hochwertiger Zement nicht rascher abbindet als normaler Portlandzement.

*b) Prüfung auf Raumbeständigkeit.* Sofern Zeit dazu vorhanden ist: Einlagerung von Zementkuchen in Wasser und Feststellung nach 28 Tagen, ob sich keinerlei Kantenrisse, Netzrisse oder Verkrümmungen zeigen.

Meist kann aber mit der Verwendung des angelieferten Zementes nicht so lange gewartet werden: Dann Vornahme einer sogenannten beschleunigten Raumbeständigkeitsprobe (in Deutschland z. B. die MICHAELISsche Kochprobe oder die HEINTZELsche Kugelprobe).

*c) Festigkeitsprüfung.* Derartige Prüfungen können auf der Baustelle selbst in den meisten Fällen nicht ohne weiteres vorgenommen werden, da die Einrichtungen hierzu immerhin nicht so einfach sind. Es soll jedoch verlangt werden, daß der Unternehmer gleich von der ersten Waggonlieferung Zement in der nächstgelegenen Materialprüfungsanstalt oder in einer sonst geeigneten Prüfungsstelle eine *normengemäße Festigkeitsprüfung* vornehmen läßt. Dasselbe sollte sich mindestens bei jedem fünften Waggon wiederholen.

Daneben aber bestehen schon recht brauchbare Vorschläge, wie die Eignung des Zements durch Prüfung von Purprismen oder von Mörtelbälkchen ermittelt werden kann. Hierzu bedarf es keiner umständlichen und teuren Vorrichtungen und wenn auch dabei mancher Fehler mit unterläuft, so wird diese Prüfung dem Unternehmer doch einen Anhaltspunkt für die Brauchbarkeit, bzw. für die Festigkeitseigenschaften, des betreffenden Zements geben.

Die Zugabe des Zements nach Gewicht ist deshalb von Wichtigkeit, einerseits weil dadurch jede Ungenauigkeit in der räumlichen Zumessung vermieden wird, und weil anderseits zu beachten ist, daß z. B. der hochwertige Zement im allgemeinen ein geringeres Raumgewicht hat als der normale Portlandzement. Dieser letztere Umstand hat schon öfters dazu geführt, daß bei der Bemessung nach Raummaß bei Verwendung von hochwertigen Zement weniger Zement in die Masse kommt als beabsichtigt ist.

*3. Prüfung der Zuschlagsstoffe.*

Zunächst sind Sand und Kies auf Reinheit, d. h. auf etwaige Verunreinigungen durch Lehm und Ton zu prüfen.

Der Lehmgehalt ist leicht durch einen Abschlämmversuch zu ermitteln.

Organische Verunreinigungen des Sandes sind mittels des Verfahrens ABRAMSHARDER festzustellen.

Von ausschlaggebender Wichtigkeit ist die Ermittlung der jeweils zweckmäßigen *Kornzusammensetzung* als wichtigste Eigenschaft der Zuschlagstoffe, die vor allem auch für die Festigkeitsentwicklung maßgebend ist. Die Betonfestigkeit wird nach GRAF in erster Linie durch die Mörtelfestigkeit bestimmt.

Benutzung und Auswertung der Siebregel von GRAF durch Vornahme von Siebversuchen und Feststellung des Gehaltes des Mörtels an den verschiedenen Korngrößen, bzw. Feststellung der hauptsächlichsten Abweichungen von der Idealsiebkurve.

Möglichste Annäherung des Mörtelgemisches an die Idealsiebkurve. In vielen Fällen genügt es, das fehlende Korn zu beschaffen und zuzusetzen. Nicht wirtschaftlich dürfte die Entfernung der nicht erwünschten Bestandteile durch Aussieben oder die Verwendung einer größeren Menge Zement sein.

Ebenso wichtig wie die Kornzusammensetzung ist die Ermittlung und Festsetzung des *Wasserzementfaktors* nach den Angaben und Kurven von ABRAMS, GRAF oder anderen.

Nach der Bestimmung der zweckmäßigen Kornzusammensetzung und des Wasserzementfaktors *Vorausbestimmung der Festigkeit* des Betons unter Benützung einer der hierfür angegebenen Formeln.

Laufende Prüfung der Konsistenz des Betons durch die Setzprobe oder durch die auch von Amerika übernommene Ausbreitprobe, bzw. durch den von GRAF empfohlenen Rütteltisch.

Anfertigung von Betonwürfeln oder Prüfzylindern zur Feststellung der Druckfestigkeit des Betons.

Anfertigung von Kontrollbalken zwecks Feststellung der Biegefestigkeit des Betons und des Erhärtungsfortschritts.

Herr Oberbaurat Dr. v. EMPERGER, der als Referent des Österreichischen Eisenbeton-Ausschusses im Verein mit diesem in sehr verdienstvoller Weise die Österreichischen Eisenbetonvorlagen ausgearbeitet und der außerdem das wirklich vorteilhaft anzuwendende „Kontrollbalkensystem" zusammengestellt hat, bespricht in seiner bereits erwähnten interessanten Abhandlung „Die Baukontrolle des Betons", „Beton und Eisen" 1925, Heft 13, S. 209, die Minimal-Geräteeinrichtung, welche zur Durchführung einer vernünftigen Baukontrolle bei jeder Bauleitung vorhanden sein sollte. Sie besteht nach seinen Angaben in einem Apparatkasten, welcher es dem Bauleiter ermöglicht, die notwendigen Güteproben selbst durchzuführen. Der Apparatkasten soll umfassen:

„1. 6 Proberöhren mit Ständer und Flaschen mit Bariumchlorid, Salzsäure und Lackmuspapier;

2. Wage mit Hornschalen für 200 g und Gewichtssatz;

3. 6 Blechdosen zum Aufbewahren von je 5 kg Zement;

4. Normal-Vicat-Nadelapparat, komplett, Emailbecher mit Handgriff, Spritzflasche mit gebogenem Spritzrohr von 750 g Inhalt, Meßzylinder 200 ccm Inhalt;

5. 12 Glasplatten 15/15, Zinkkasten 45/12 bis 45 lang. Deckel mit Filz ausgelegt;

6. Biegeapparat für Zementbalken 3/2 bis 25 cm lang, 6 Formen und einen Sack mit 5 kg Normalsand;

7. Dezimalwaage mit 50 kg und Gewichtssatz;

8. 2 geeichte Gefäße von 1 l mit Abstreicher und je 1 von 5 und 10 l Inhalt;

9. Siebe, 25 cm im Geviert, im Holzrahmen, und Blechsiebe, 50 cm im Geviert, für 0, 24, 1, 3, 7 und 25 mm Korngröße;

10. 2 Becher für Setzproben;

11. Thermometer mit Glasarmatur zum Versenken ins Mischgut;

12. Kontrollapparat für Betonbalken nach EMPERGER, nach der österreichischen Vorschrift. Dort, wo ein Festigkeitslaboratorium leicht erreichbar ist, außerdem 6 eiserne 20-cm-Würfelformen."

### 4. Prüfung der Eiseneinlagen.

Die Eisen an sich brauchen im allgemeinen nicht geprüft zu werden. Dagegen ist die genaue zeichnungsmäßige Lage der Bewehrung von Seiten des bauleitenden Ingenieurs oder eines Baupolizeibeamten zu kontrollieren.

### 5. Führung eines Bautagebuches.

In dem *Bautagebuch*, in welchem ohnedies bei jedem Bau die hauptsächlichsten Vorgänge eingetragen werden sollen, müssen auch die Ergebnisse der auf der Baustelle durchgeführten Baukontrollversuche festgehalten werden.

Zu diesem ganzen Abschnitt ist grundsätzlich Folgendes zu bemerken:

Für jede Stadt oder Gegend sind jeweils ganz bestimmte Sand-, Kies- oder Schotterarten charakteristisch und werden ganz allgemein zu den Bauten verwendet. Viele Unternehmungen besitzen auch eigene Kiesgruben oder Baggereibetriebe. Da liegt es doch sehr nahe, daß sich die in den betreffenden Städten oder Landesteilen ansässigen Unternehmer dazu entschließen, diese gängigen Materialien für ihren Zweck ein für allemal, bzw. von Zeit zu Zeit, auf allgemeine Brauchbarkeit, Kornzusammensetzung, Abhängigkeit der Druckfestigkeitsentwicklung im Hinblick auf den Wasserzementfaktor usw., untersuchen zu lassen, um daraus die notwendigen konstruktiven und wirtschaftlichen Schlüsse zu ziehen. Die Unternehmerschaft hat im allgemeinen eine merkwürdige Scheu vor solchen Untersuchungen und vor den etwaigen Kosten. Bezüglich der letzteren ist es gar nicht zur Genüge bekannt, daß, wenigstens für deutsche Verhältnisse, schon mit etwa 300 RM viel Nützliches erreicht werden kann. Vollends für 500 RM wird sich bereits ein ausreichendes Bild von der Eigenart der jeweils in Betracht kommenden Baustoffe ergeben. Wenn man bedenkt, daß diese Beträge im Vergleich zu den gesamten Baukosten und im Vergleich zu dem mit jedem Bau verbundenen Risiko *sehr gering* sind, so kann man nicht verstehen, daß die Unternehmerschaft nicht viel freudiger auf alle diese Anregungen eingeht.

In diesem Zusammenhang muß noch ein anderer Umstand erwähnt werden, welcher ebenfalls von Wichtigkeit ist. Wenn es erreicht werden könnte, daß die Sand- und Kieslieferanten, je nach Landesteilen und Vorkommen, ganz bestimmte Korngrößen (die von maßgebender Stelle vorgeschrieben werden könnten) bereithalten würden, so wäre damit schon viel gewonnen. Denn es würde dadurch nicht nur das Interesse der Abnehmer dieser ausgesonderten Materialien erweckt, es würden auch bald die Behörden und sonstigen Auftraggeber dazu übergehen, die Verwendung derartig vorbereiteter Baustoffe zu verlangen. In Verbindung damit würde es im Interesse jedes Sand- und Kieslieferanten liegen, wenn über die Eignung und über die Zweckmäßigkeit der Zusammensetzungen der verschiedenen Korngrößen, innerhalb gewisser Mischungsverhältnisse, amtliche Prüfungszeugnisse vorliegen würden.

Der Deutsche Beton-Verein z. B. hat sich in dieser Richtung verschiedentlich bemüht — bis jetzt leider ohne Erfolg. Während einzelne Kieslieferanten betonen, daß bei ihnen schon heute, allerdings gegen einen ziemlich beträchtlichen Preis, Zuschlagstoffe nach Korngrößen erhältlich sind, so steht doch noch die Mehrheit der betreffenden Unternehmer solcher Forderung ablehnend gegenüber.

Erst wenn auch in dieser Hinsicht, etwa durch Vorschrift, eine gewisse Grundlage geschaffen ist — vielleicht derart, daß die sogenannten natürlichen Kies-Sandgemische, sofern sie nicht durch Siebanalysen charakterisiert sind, einfach verboten werden, und nur die Verwendung von getrennten Korngrößen zugelassen wird, kann eine zweckmäßige Zusammensetzung der Zuschlagstoffe erreicht werden. Wird dann dadurch die Nachfrage an gesonderten Zuschlagstoffen eine rege, so kann der Verkaufspreis auch ohne weiteres erheblich gesenkt werden. Wenn sich z. B. die Unternehmer zu Gruppen zusammenschließen würden, so könnte schon manches erreicht werden.

Was den *Wasserzusatz* anbetrifft, so ist hierzu noch ein besonderes Wort zu sagen! Bekanntlich hat sich der Gußbeton mit Recht ein großes Anwendungsgebiet erobert. Die Erfahrungen des Berichterstatters gehen aber dahin, daß gerade der Gußbeton in manchen Fällen zu einer gewissen Gefahr für den Eisenbeton zu werden droht, indem von manchen Ingenieuren und namentlich von den Baustellenpolieren unter dem Aushängeschild „Gußbeton" manches getan wird, was nicht gebilligt werden kann. Gewiß erfordert das Einbringen des Betons bei Eisenbetonarbeiten, namentlich bei engliegender Bewehrung, eine größere Weichheit, ja mitunter sogar eine gewisse Flüssigkeit des Betongemisches, aber das in Zeitschriften und Büchern dem Gußbeton an sich mit Recht gespendete Lob verleitet manchen dazu, nun eine ausgesprochene „Wassersuppe" zu machen und auf Vorhalt mit der Entschuldigung zu antworten, daß hier eben „Gußbeton" gemacht würde und daß dies doch eine vorzügliche Sache sei. Um so mehr gewinnt die Einhaltung des im voraus zu bestimmenden Wasserzementfaktors an Bedeutung, denn dann kann jeder Versuch, bewußt oder unbewußt mehr Wasser beizugeben, mit Erfolg unterbunden werden.

Die Erfahrung hat gezeigt, daß die bauleitenden Ingenieure und Poliere, welche einmal begonnen haben sich mit der Baukontrolle zu befassen, an dieser immer mehr Freude haben und alles daran setzen, immer bessere Ergebnisse mit den Würfeln und Kontrollbalken zu erreichen. Es sind diesbezüglich schon sehr anerkennenswerte Fälle bekannt geworden, in welchen die Baukontrolle in geradezu mustergültiger Weise durchgeführt wurde.

Über die vorstehend gekennzeichneten Mindestforderungen hinaus gibt es natürlich noch eine Menge Wünsche, welche im Interesse einer besseren Gewährleistung der Güte der Ausführung geltend gemacht werden dürften. Viele dieser Wünsche werden heute schon bei größeren Ausführungen durch solche Firmen erfüllt, welche sich ihrer Verantwortung voll bewußt sind und gegebenenfalls auf der Baustelle ein vollständiges und tadellos ausgestattetes Laboratorium einrichten, in welchem auch die hauptsächlichsten Prüfungsmaschinen vertreten sind. Das sind natürlich Ausnahmen, die sich wirtschaftlich nur dann rechtfertigen, wenn die Größe des Bauwerkes und der voraussichtliche Verdienst dies zuläßt.

An weitergehenden besonderen Wünschen wären folgende zu erwähnen:

1. Chemische Untersuchung des Baugrundes auf etwaige Betonschädlichkeit.

2. Beschaffung von Apparaten, welche die immer gleichbleibende genaue Zumessung der Wassermenge zum Beton gewährleisten.

3. Häufigere Bestimmung des eigenen Feuchtigkeitsgehaltes der Zuschlagstoffe.

4. Aufstellung von Mustersiebkurven und regelmäßige Durchführung von Siebanalysen.

## IV. Die bisherigen Erfahrungen mit der Baukontrolle

Der Unterzeichnete hat als Schriftleiter der Zeitschrift „Beton und Eisen" im Herbst 1927 an eine Reihe von deutschen Baupolizeiämtern eine Rundfrage über die bisherigen Erfahrungen mit der Baukontrolle ergehen lassen. Die Antworten von 25 Behörden sind, wie gesagt, in den Heften 6 und 8 des Jahrganges 1928 der genannten Zeitschrift veröffentlicht. Diese Antworten beziehen sich somit ausschließlich auf *Deutschland* — sie sind aber sehr interessant, denn sie geben hinreichende Auskunft über das, was bisher auf diesem Gebiet erreicht bzw. *nicht* erreicht wurde.

Die Städtische Baupolizei Berlin, z. B., ist der Auffassung, daß eine zuverlässige Firma nur tüchtigen, gewissenhaften Leuten verantwortliche Aufgaben übertragen wird, wodurch die Hauptvoraussetzung für eine gute Ausführung gegeben ist. Die bestehenden und die vom Deutschen Beton-Verein beabsichtigten Prüfungsvorschriften würden den Bauleitenden zuviel Arbeit machen und dieselben zu sehr ablenken. Im übrigen ist Berlin für die Festigkeitsprüfung mit Prüfzylindern.

Einzelne Baupolizeiämter — wie z. B. Barmen, Bonn, Frankfurt a. Main, Frankfurt a. d. Oder, München, Regensburg, Stettin —haben bisher von einer nennenswerten Durchführung der Baukontrolle innerhalb ihres Amtsbereiches *nichts* gehört oder gesehen.

Andere Baupolizeiämter, wie z. B. Bremen und München, verlangen neuerdings die Durchführung der Baukontrolle nach den vorläufigen „Leitsätzen" des Deutschen Beton-Vereines. Die Vornahme von Würfelproben wird nur von wenigen Baupolizeiämtern ausdrücklich verlangt und meist nur in besonderen Fällen — so z. B. von Düsseldorf, Hamburg, Hannover, Mannheim, Nürnberg und Saarbrücken.

Eine mehr oder weniger schärfere Baukontrolle (bezüglich Verlegens der Eiseneinlagen, Verwendung des Zements, Prüfung der Zuschlagstoffe, Entnahme von Stichproben während des Betonierens) wird nur von einigen wenigen Baupolizeiämtern durchgeführt und meist auch hier nicht vollkommen — so z. B. von Breslau, Essen, Hamburg, Hannover, Karlsruhe, Leipzig, Mainz, Nürnberg und Saarbrücken.

Die Baupolizeiverwaltung Köln beklagt sich darüber, daß die Baukontrolle bei den ausführenden Firmen noch sehr im Argen liege und noch recht viel zu wünschen übrig lasse. Die meisten Baugeschäfte, auch größere Firmen und Mitglieder des Deutschen Beton-Vereines, würden so gut wie gar keine gründliche Betonkontrolle ausüben. Es sei unverständlich, wieviel Unkenntnis über das Wesen des Eisenbetons und wieviel Sorglosigkeit unter den Unternehmern herrsche. Es müsse dafür gesorgt werden, daß die „Leitsätze" des Deutschen Beton-Vereins nicht nur auf dem Papier stehen bleiben.

Die Baupolizeiverwaltung Saarbrücken stellte als Erste die Forderung nach Lieferung von Zuschlagstoffen in einzelnen Korngrößen auf, konnte jedoch infolge Schwierigkeiten von seiten der betreffenden Kreise nicht durchdringen. Auch der Oberbürgermeister der Stadt Hagen (Westf.) und das Baupolizeiamt Kiel betonen die Notwendigkeit der Verwendung von Zuschlagstoffen in bestimmter Korngröße. (Siehe hierzu Abschnitt III, Schlußteil.)

Das Baupolizeiamt Stuttgart ist wohl für ein Auswahl- und Listensystem der Betonunternehmer eingenommen, behauptet jedoch, daß ein solches Verfahren nach den deutschen Gesetzen nicht zulässig sei.

Im übrigen darf auf die einzelnen ausführlichen Antworten an genannter Stelle hingewiesen werden.

Die bisherigen „Erfahrungen mit der Baukontrolle" sind darnach, wenigstens in Deutschland, *noch recht nahe beieinander*, d. h. die Durchführung der Baukontrolle beginnt erst ganz langsam auf Verständnis und Gefolgschaft zu stoßen. So gut wie alle Baupolizeiämter betonen die Notwendigkeit einer zielbewußten und scharfen Durchführung der Baukontrolle.

Der Gesamteindruck der Antworten der Baupolizeiämter ist der, daß in dieser Angelegenheit noch sehr viel zu tun ist und daß es noch Jahre dauern wird, bis die Einstellung der Unternehmerschaft diesen Fragen gegenüber eine andere geworden ist. Um so notwendiger ist es daher, daß die fachliche Allgemeinheit von berufener Stelle aus immer und immer wieder auf die Wichtigkeit der Baukontrolle hingewiesen und zur Anwendung derselben ermahnt wird.

## V. Wirtschaftliche Vorteile der Baukontrolle für den Unternehmer

1. Wie schon in Abschnitt I dargelegt wurde, ist die ganze Frage der Baukontrolle aus dem Bestreben heraus entstanden, einerseits die Bauunfälle nach Zahl und Ausmaß möglichst zu verringern, bzw. ganz zu unterbinden und anderseits den Sicherheitsgrad unserer Bauten zu erhöhen. Es kann gar kein Zweifel darüber bestehen, daß bei gewissenhafter und sorgfältiger Durchführung dessen, was wir unter Baukontrolle des Betons verstehen wollen, *der Unternehmer in erster Linie am besten fährt*, denn er verschafft sich dadurch selbst eine ausreichende Gewähr gegen nachteilige Vorkommnisse aller Art, gegen Beanstandungen und Beschwerden

seitens des Auftraggebers und vor allem gegen das Auftreten von Bauunfällen. Es wird wohl nicht leicht eine Firma geben, bei welcher sich noch keinerlei unangenehme Ereignisse eingestellt haben, wobei zu berücksichtigen ist, daß das, was sozusagen „offiziell" bekannt ist, nur ein Bruchteil dessen ist, was sich da und dort, ohne weiteres Aufsehen zu verursachen, ereignet. Es braucht nicht immer gleich ein ausgesprochener Bauunfall zu entstehen — es gibt Vorfälle genug, die ebenfalls als warnendes Beispiel dem Unternehmer die Augen öffnen sollten.

Was ist also billiger und vorteilhafter für den Unternehmer: wenn er sich andauernd infolge Unkenntnis der Materialeigenschaften und bewußter oder unbewußter Ablehnung der Baukontrolle in Unsicherheit über den Erfolg seiner Arbeit befindet — oder wenn er das, was für ihn von der Wissenschaft und von der Erfahrung in greifbarer Form bereitgestellt ist, *benützt* und innerhalb seines Arbeitsgebietes *auswertet*.

2. Bei Durchführung der Baukontrolle können die einzelnen Bauteile auf Grund der Ergebnisse mit Kontrollbalken früher ausgeschalt werden, sofern dem nicht die derzeitige Fassung der jeweiligen Landesbestimmungen entgegensteht. Mindestens besteht über den Erhärtungsgrad des Betons eine ungleich größere Sicherheit, als dies bisher mit der Methode der äußerlichen Beklopfung von ausgeschalten Bauteilen möglich war. Dies gilt namentlich auch für die Verwendung von hochwertigem Zement, dem bekanntlich in den amtlichen Bestimmungen eine Vorzugsstellung eingeräumt ist.

3. Die bis jetzt vorliegenden, durch die verschiedenen Forscher bereitgestellten Erkenntnisse ermöglichen es dem Unternehmer, z. B. mit weniger Zement eine bestimmte Festigkeit zu erreichen, bzw. mit einer vorgeschriebenen Menge Zement höhere Festigkeit und damit eine bessere Ausnützung der Materialeigenschaften zu erzielen. Wenn allmählich die Auswahl und Bereitstellung der Baustoffe sowie deren Verarbeitung in dem hier besprochenen Sinne Allgemeingut geworden ist — oder wenn wenigstens ein gewisser Teil der Unternehmerschaft nach diesen Grundsätzen handelt — so ist es eine selbstverständliche Forderung, daß diesen Unternehmern eine größere Freiheit in der Bemessung der Zementmenge und in der Verwendung der Baustoffe zugestanden wird, sofern durch amtliche Versuchsergebnisse die nötigen Belege beigebracht werden und *Gewähr* dafür vorhanden ist, *daß auch am Bau eine entsprechende Durchführung erfolgt*. Anderseits könnte in Erwägung gezogen werden, unter Beibehaltung der Vorschrift einer gewissen Mindestmenge an Zement, bei der Verwendung von „Edelbeton" höhere Beanspruchungen zuzulassen. Es ist wirtschaftlich verständlich, daß der Unternehmer erwartet, daß seine Aufwendungen in Richtung der Erzeugung eines hochwertigen Betons auch entsprechend anerkannt, d. h., durch gewisse Erleichterungen in der Handhabung bzw. Fassung der maßgebenden amtlichen Vorschriften belohnt werden. Denn andernfalls ist er gegenüber dem Pfuschertum immer im Nachteil — allerdings im letzteren Falle nur solange, als nicht auch bei den Bauherren und Architekten genügendes Verständnis für Qualitätsleistung vorhanden ist.

4. Mit der fortschreitenden Erkenntnis und der Beherrschung des Wesens der Materialeigenschaften ergibt sich ganz von selbst die Möglichkeit, gewisse Bauvorgänge zu normalisieren und zu typisieren. Der Amerikaner hat längst erkannt, daß mit jeder Normalisierung und Typisierung sowie Mechanisierung des Bauvorganges große wirtschaftliche Vorteile verbunden sind.

Es darf hier, wenn auch nicht in unmittelbarem Zusammenhang, das Beispiel des großes Fortschrittes in den Baustelleneinrichtungen angeführt werden. Noch vor etwa 10 Jahren war die Einrichtung der Baustellen bei vielen Firmen ein Stiefkind, dem nur wenig Beobachtung geschenkt wurde. Allmählich aber reift überall die Erkenntnis, daß die Einrichtung von Baustellen nicht mehr dem Zufall oder der

Gelegenheit überlassen werden darf, daß es vielmehr notwendig ist, gerade hierauf den größten Wert zu legen, um von vornherein eine rationelle Abwicklung des ganzen Baues zu gewährleisten. Innerhalb dieses Gebietes sind dann auch mit der Zeit viele brauchbare Maschinen und Hilfsgeräte entstanden, die jetzt gar nicht mehr entbehrt werden können und die zum selbstverständlichen Rüstzeug des Unternehmers gehören. Es hat sich also hier auf Grund eigener Erfahrung eine ganz entschiedene Besserung eingestellt, indem die Unternehmerschaft schon sehr bald *selbst* erkannt hat, welche Vorteile mit einer rationellen Baueinteilung und -durchführung verbunden ist.

In diesem Zusammenhang ist auch wesentlich zu erwähnen, daß in Amerika auf die *Vorbereitung* eines Baues viel mehr Zeit verwendet wird als in Deutschland und daß drüben nach Möglichkeit von vornherein alles ausgeschaltet wird, was später Überraschungen und Enttäuschungen bringen könnte. Daraus erklärt sich zum Teil auch die ungeheuer rasche Abwicklung von wichtigen Bauten in den Vereinigten Staaten.

*Nichts anderes* bezweckt die Durchführung einer vernünftigen Baukontrolle. In den Vereinigten Staaten ist es heutzutage ganz allgemein üblich und jeder Unternehmer würde als rückständig angesehen werden, wenn er nicht mit den in Aussicht genommenen Bindemitteln und Baustoffen *vorher*, d. h. vor Beginn des Baues, die Kornzusammensetzung, den Wasserzementfaktor und die Konsistenz für die jeweils zur Verwendung gelangende Betonmischung festlegen und darnach den gesamten Beton herstellen würde. Es gibt in den Vereinigten Staaten bereits eine ganze Anzahl von Vorrichtungen, mit Hilfe deren die genaue Einhaltung der vorher festgelegten Mischungsverhältnisse, Wasserzementfaktoren usw., gewährleistet wird. Es wird auf diese Weise nicht nur eine *große Gleichmäßigkeit* des Betongefüges erzielt, es wird auch alles ausgeschaltet, was irgendwie den bekannten Willkürlichkeiten auf den Baustellen Vorschub leisten könnte.

Der Berichterstatter kann aus eigener Erfahrung mitteilen, *welche Freude* es den mit der Durchführung von Kontrollbalkenversuchen usw. beauftragten Polieren macht, wenn sie allmählich auf Grund der Versuchsergebnisse erkennen, wie die Festigkeit, Dichte und sonstige Güte des Betons durch ganz einfache Maßnahmen verbessert und erhöht werden kann. Dadurch verschafft sich auch der einfache Mann allmählich immer bessere Kenntnisse von denjenigen Maßnahmen und Einflüssen, welche für die Erzeugnisse eines hochwertigen Betons maßgebend sind. Der Unternehmer gewinnt dadurch mit der Zeit einen Stamm von, auch in dieser Beziehung eingearbeiteten Leuten, denen er einen wichtigeren Bau sicher lieber anvertrauen wird als solchen Polieren, welche der Baukontrolle ablehnend gegenüberstehen.

## VI. Baukontrolle und Baupolizei

Bei aller Wertschätzung der mit der Baukontrolle verbundenen Vorteile steht natürlich die zuverlässige *Durchführung* derselben mit im Vordergrund. In Anbetracht der heute noch vorhandenen, im allgemeinen ablehnenden Einstellung der Unternehmerschaft gegenüber der Baukontrolle kann — abgesehen von rühmlichen Ausnahmen — nicht damit gerechnet werden, daß die Durchführung der verschiedenen Maßnahmen und Verfahren auf selbstverständliches und freiwilliges Entgegenkommen stößt, sondern daß es im Gegenteil noch mehrere Jahre hindurch notwendig sein wird, die vorhandenen Widerstände, einerseits durch verständnisvolle Belehrung in Zeitschriften und Vorträgen, anderseits durch eine systematische Überwachung der Vorgänge auf den Baustellen, zu brechen. Die Mitglieder des Deutschen Beton-Vereines sind bereits durch die bekannten, vom Verein herausgegebenen „Leitsätze" auf die Durchführung der Baukontrolle verpflichtet, es handelt sich aber in der Hauptsache darum, die große Masse der abseits stehenden Unternehmer mit der Baukontrolle bekannt zu machen und diese dort *einzuführen.*

Die mit in erster Linie hierzu berufenen Organe dürften die *Baupolizeiämter* in den einzelnen Städten sein und es ist mit Freude und Genugtuung festzustellen, daß das Verständnis und die Bereitschaft für die sich hier ergebenden Aufgaben bei den meisten Baupolizeiämtern in ausreichendem Maße vorhanden ist. In dieser Hinsicht darf auf die bereits in den Abschnitten I und IV erwähnten Äußerungen von 25 deutschen Baupolizeiämtern Bezug genommen werden. Die aufmerksame Durchsicht dieser Mitteilungen zeigt einerseits, daß sich die Baupolizeiorgane in der Hauptsache der Notwendigkeit und der Schwierigkeit der Durchführung der Baukontrolle bewußt sind, anderseits, daß hier noch ein reiches Feld der Betätigung vorhanden ist.

Nun ist es aber eine bekannte Tatsache, daß die Baupolizeiämter aus Ersparnisgründen meistens nicht mit genügend Personal versehen sind, um allen Anforderungen gerecht werden zu können. Aus diesem Grunde läßt oft schon die Überprüfung und Genehmigung von Baugesuchen und statischen Berechnungen übermäßig lange Zeit auf sich warten. Bei der Handhabung der Baukontrolle aber ist die häufige Anwesenheit eines Beamten auf einer und derselben Baustelle sehr notwendig, namentlich bei solchen Unternehmern, welche sich den diesbezüglichen Erfordernissen nur unwillig unterziehen. Bestehen nun schon innerhalb der Städte und deren näheren Umgebungen zahlreiche kontrollbedürftige Baustellen, so reicht der Arm der Baupolizei bekanntlich fast gar nicht auf das flache Land hinaus, wo im allgemeinen mehr die mittleren und kleineren Unternehmer tätig sind und oft jede diesbezügliche Kontrolle fehlt.

Man hat sich leider daran gewöhnt, die Durchführung der Baukontrolle nur bei den sogenannten wichtigeren Bauten zu verlangen, während in dieser Hinsicht jeder Kubikmeter Beton auch bei kleinen Bauten ebenso wichtig ist wie bei den größeren Ausführungen. Das alles wird anders werden, sowie die Kenntnisse von den Materialeigenschaften auch der breiten Masse der Unternehmerschaft in Fleisch und Blut übergegangen sind, weil dann auch „auf dem Lande" ebenso nach denselben Grundsätzen gearbeitet wird, wie „in der Stadt".

Solange aber dieser Zustand nicht erreicht ist, müßte auf *Vermehrung der Baupolizeiorgane* gedrungen werden, und zwar müßten bei jedem Baupolizeiamt zwei oder drei besondere Beamte angestellt werden, die hauptsächlich in Richtung „Baukontrolle" tätig sind. Und wenn es zunächst auch nur möglich ist, in Form von einzelnen Stichproben Einblick in die Tätigkeit auf den Baustellen zu gewinnen, so würde doch dadurch mindestens erreicht, daß die sogenannten unsicheren Kantonisten keinen Tag sicher sind, wann der betreffende Beamte eintrifft.

In den Vereinigten Staaten sorgen die meisten Unternehmer schon ganz *von selbst* für strenge Durchführung der Baukontrolle. Jedem wichtigeren Bau wird ein besonderer Angestellter zugeordnet, der nichts anderes zu tun hat, als die Herstellung des Betons und dessen Prüfung zu überwachen. Die amerikanischen Unternehmer sind sich bewußt, daß sich die Ausgabe für solche Beauftragte entschieden *lohnt.*

Bekanntlich ist das Baugewerbe z. B. in Deutschland das drittgrößte Schlüsselgewerbe, das nach der neuesten Berufszählung mit 3,86 Millionen Berufszugehörigen 6,2 % der Gesamtbevölkerung umfaßt.

Die Notwendigkeit einer besseren Fortentwicklung im Bauwesen beschränkt sich nicht nur auf die Umbildung der Organisationsformen in Richtung auf den mechanisierten Großbetrieb, sondern erstreckt sich auch auf die Ausbildung der, wenn man so sagen darf, inneren Wertigkeit des Bauvorganges. Wenn behauptet wird, daß das Baugewerbe heute dringender als je die Tatkraft und schöpferische Intelligenz führender Unternehmerköpfe braucht, so muß es die Beton- und Eisenbetonindustrie als besondere Pflicht erkennen, in erster Linie die *Grundlagen* jeder Ausführung, d. h. die Erzeugung eines möglichst hochwertigen Betons von gleichbleibender Güte, sicherzustellen. In diesem Sinne mitzuhelfen, sind die *Organe der Baupolizei* ganz besonders berufen, denn als Vertreter der Allgemeinheit muß gerade ihnen die Zuverlässigkeit der Ausführung am Herzen liegen. Bei verständnisvoller, duldsamer, aber systematischer Belehrung, nötigenfalls mit Strenge vermischt, bei entsprechender Zusammenarbeit mit den Vertretern der maßgebenden Fachvereine — wird und muß es gelingen, auch die Arbeit der Baupolizeiorgane für die Besserung der Verhältnisse auf den Baustellen mehr als bisher nutzbar zu machen.

## VII. Baukontrolle und Ausbildung der Ingenieure, Techniker und Poliere

Es sollte auf den Hochschulen, Baugewerkschulen und Ingenieurakademien dahin gestrebt werden, daß dem angehenden Ingenieur nicht nur statische Kenntnisse im Beton- und Eisenbetonbau vermittelt werden, sondern daß der fachliche Nachwuchs von vornherein auch auf die Wichtigkeit der Materialkunde und der Baukontrolle hingewiesen wird.

Es sollten besondere Kurse eingerichtet werden, in welchen den Bauingenieuren nach entsprechenden Vorträgen an Hand praktischer Übungen gezeigt wird, wie die verschiedenen Verfahren und Vorrichtungen zur Erzielung einer zweckmäßigen Kornzusammensetzung und eines vorteilhaften Wasserzementfaktors gehandhabt werden und welches die verschiedenen guten und schlechten Ergebnisse sind, je nachdem der eine oder andere Gesichtspunkt außer Acht gelassen wird.

Das gleiche gilt für solche Ingenieure, welche bereits in der Praxis stehen und zur Zeit ihres Hochschulbesuches früher keine Gelegenheit hatten, die Ergebnisse der neuen wissenschaftlichen Forschungen und Verfahren kennen zu lernen.

Ebenso wäre es wünschenswert, besondere Kurse für Poliere und Vorarbeiter einzurichten, denn gerade auch bei diesen Organen ist es von großer Wichtigkeit, die Kenntnisse und das Interesse für die Baukontrolle zu wecken und für die Bauausführung nutzbar zu machen.

An einigen technischen Hochschulen sowie in einigen Ländern, wie z. B. in Österreich (EMPERGER—RINAGL), sind derartige Bestrebungen schon mit vollem Erfolg verwirklicht worden; es muß hierin aber noch viel mehr als bisher geschehen, damit die Baukontrolle allen Beteiligten in Fleisch und Blut übergeht und die Anwendung der einschlägigen Methoden allmählich als eine *Selbstverständlichkeit* angesehen wird.

## VIII. Schlußwort

Die bisherigen Erfahrungen mit der Einführung und Durchführung der Baukontrolle müssen zunächst unter dem Gesichtspunkt beurteilt werden, daß das Schlagwort „Baukontrolle" für die Mehrheit der Unternehmerschaft vorläufig noch einen Begriff darstellt, der im großen und ganzen gleichbedeutend ist mit „Belästigung" und „Belastung" und daß deshalb meistens ein offener oder versteckter Widerstand vorhanden ist, welcher bis jetzt einer freiwilligen und flotten Anerkennung der Baukontrolle entgegensteht. Der Unternehmer will sich schwer davon überzeugen lassen, daß die mit dem Begriff „Baukontrolle" verbundenen Bestrebungen in erster Linie *zu seinem eigenen Vorteil* ins Leben gerufen werden.

Die Baukontrolle ist letzten Endes nichts anderes als eine Rationalisierung des Baubetriebes im besten Sinne.

Hierin sollte das amerikanische Beispiel entschieden fördernd wirken, denn in den Vereinigten Staaten hat die Unternehmerschaft das anfänglich ebenfalls vorhandene Mißtrauen längst abgelegt und hat erkannt, welche große wirtschaftliche Vorteile damit verbunden sind.

Die Verbesserungen in der Herstellung des Betons und in der Überwachung der Ausführung müssen gleichen Schritt halten mit den im Eisenbeton bereits erzielten großen Fortschritten in der theoretischen Erkenntnis sowie in der Benutzung und Ausnutzung der Maschinen.

Daß die Einführung und Durchführung einer sachgemäßen, sich jedoch in vernünftigen Grenzen haltenden Baukontrolle eine im Interesse der gesamten Industrie liegende *Notwendigkeit* ist, wird *allseitig* anerkannt. Die Anerkennung darf sich aber seitens der Unternehmerschaft nicht nur in Worten ausdrücken, es müssen bald auch entsprechende Taten folgen.

*Je mehr der hochwertige Zement und damit der hochwertige Beton Verwendung finden, je mehr also mit höherer Beanspruchung und mit kürzerer Ausschalungsfrist gearbeitet wird, um so dringender erheben sich die Forderungen nach Durchführung der Baukontrolle.*

*Wenn sich die Unternehmerschaft der Baukontrolle und der damit zusammenhängenden Vorteile nicht bedient, so wird der Eisenbetonbau auf die Dauer gegenüber anderen Bauweisen nicht wettbewerbsfähig bleiben.*

# Diskussion

Professor Dr. R. Bortsch, Graz:

Nachdem die Notwendigkeit einer durchgreifenden Baukontrolle des Betons wohl allgemein anerkannt ist, und auch in der Art ihrer technischen Durchführung allzugroße Meinungsverschiedenheiten nicht bestehen, möchte ich mich ausschließlich mit der brennenden Frage befassen, auf welchem Wege die Baukontrolle am leichtesten eingebürgert werden kann.

In den diesbezüglichen Ausführungen des Herrn Referenten heißt es: „Die mit in erster Linie hiezu berufenen Organe dürften die Baupolizeiämter in den einzelnen Städten sein, und es ist mit Freude und Genugtuung festzustellen, daß das Verständnis und die Bereitschaft für die sich hier ergebenden Aufgaben bei den meisten Polizeiämtern in ausreichendem Maße vorhanden ist."

Meiner Ansicht nach dürfte es schwer gelingen, besonders in mittleren und kleinen Städten oder gar auf dem flachen Lande, auf diesem Wege einen durchgreifenden Erfolg zu erzielen. Nach den Veröffentlichungen der letzten Jahre scheinen die Baupolizeiämter der Städte Köln und Nürnberg am weitesten gekommen zu sein, woselbst die Unternehmer, welche für die Ausführung von Eisenbetonarbeiten qualifiziert sind, in drei Listen aufgenommen wurden, während die übrigen, nicht qualifizierten, vom Eisenbetonbaue ferngehalten werden.

In Österreich und auch in der Tschechoslowakei ist leider eine solch gründliche Lösung dieser Frage nicht möglich, weil gesetzliche Bestimmungen hiedurch verletzt würden und auch für Deutschland trifft dies, nach den Äußerungen des Stuttgarter Stadtbaurates Dr.-Ing. Schnidtmann, zu. Im alten Österreich fiel die Erlassung von Baugesetzen in die Kompetenz der Länder, welche die unterschiedlichen Bauordnungen herausgaben, während die ministeriellen Vorschriften über die Herstellung von Eisenbetontragwerken für Privatbauten unmittelbar keine Gültigkeit besaßen, obwohl sie häufig bei den autonomen Behörden, insbesondere bei der Handhabung der Baupolizei, Anwendung fanden. Diese Verhältnisse haben sich auch heute in Österreich und der Tschechoslowakei nicht geändert. In letzterem Staate wurden im Jahre 1922 „Bestimmungen über die Durchführung und Abrechnung von Eisenbetonarbeiten" herausgegeben, u. z. von den Ministerien für Öffentliche Arbeiten, im Einvernehmen mit dem Eisenbahnministerium und jenen für Post und Telegraphen, für Landwirtschaft und nationale Verteidigung. In diesen Bestimmungen sind verschiedene Prüfungen am Bauplatze vorgeschrieben, z. B. mit Emperger-Probebalken. Sie gelten nur für Bauten der genannten Ministerien und können erst durch einen Beschluß einer autonomen Behörde, eventuell zweckentsprechend abgeändert, bei derselben Eingang finden.. — Ein jeder Baumeister ist heute nach dem Gesetze betreffend die konzessionierten Baugewerbe vom Jahre 1893 berechtigt, Eisenbetonbauten jeden Umfanges im Hochbaue auszuführen, und keine Behörde ist berechtigt, ihn hievon auszuschließen, selbst wenn er vom Eisenbeton blutwenig versteht. In der Tschechoslowakei bemüht sich die dort sehr einflußreiche Ingenieurkammer seit Jahren, diesem unmöglichen Zustande ein Ende zu machen und eine Abänderung des veralteten Gesetzes zu erzielen, doch werden alle Anstrengungen von den mächtigen Baumeister-Organisationen vereitelt.

Unter diesen Umständen kann die Baupolizei wohl nur wenig zur Einführung der Baukontrolle bei Privatbauten beitragen.

Ich hege auch begründete Zweifel, daß es gelingen wird, den Großteil der Bauunternehmer aus sich selbst heraus zu einer regelmäßigen Baukontrolle zu bewegen. Die Prüfungen kosten Geld, das Personal wird von anderen dringenden Arbeiten am Baue abgehalten, etwaige Mängel des Betons sollen lieber nicht bekannt werden, jede Einmischung der Baupolizei ist unerwünscht und schließlich, urteilt der Durchschnittsunternehmer, ist es auch ohne Kontrolle bei schon vielen Bauten gut ausgegangen. Ob der Deutsche Betonverein mit seinen begrüßenswerten Bestrebungen Erfolg haben wird, muß abgewartet werden, doch halte ich den Hinweis auf den Erfolg der Zementverbände nicht für stichhaltig, weil immer neue, zahlreiche, kleine Unternehmer für Eisenbetonbau auftreten, auf welche der Betonverein keinen Einfluß hat.

Meine Vorschläge, um wenigstens in absehbarer Zeit zu einer allgemein geübten Baukontrolle zu kommen, sind folgende:

1. Wie schon von mehreren Seiten, ich glaube zuerst von Herrn Oberbaurat EMPERGER, angeregt wurde, wären an allen technischen Hochschulen obligate, praktische Übungen einzuführen, in welchen die Hörer die Normenprüfungen des Zementes, die Prüfung der Zuschlagstoffe, insbesondere hinsichtlich der Körnung, die Herstellung von Probewürfeln und Kontrollbalken und deren Prüfung, Konsistenzprüfungen, Dichtigkeitsproben usw. zu üben hätten. Kennt der junge Ingenieur diese Prüfungen gründlich, wird er in vielen Fällen mit Erfolg auf die Durchführung einer regelmäßigen Baukontrolle drängen.

2. Bei allen Behörden, welche Bauämter besitzen, wie Staat, Land, Gemeinden, Bahnverwaltungen, ist für eigene Bauten derselben die allgemeine Einführung der Betonkontrolle am leichtesten möglich, selbst dann, wenn diese noch nicht in die Bauvorschriften aufgenommen wurde. Bei einem größeren Bau ist der Projektant in der Lage, in den Voranschlag die Anschaffung eines Kontrollbalkenbockes sowie die Herstellung und das Brechen einer größeren Zahl von Probebalken aufzunehmen und gegenüber seinen Vorgesetzten zu vertreten. Wenn der Unternehmer die Baukontrolle bezahlt erhält, macht er keine Schwierigkeiten bei der Durchführung derselben. Dieser Vorgang ist zweckmäßiger, als die Baukontrolle in die Baubedingnisse aufzunehmen, weil der Unternehmer, obwohl er die Kosten der Kontrolle in die Einheitspreise einkalkulieren könnte, doch immer das unbehagliche Gefühl hat, daß er etwas umsonst machen muß.

3. Im Kostenanschlag eines großen Baues lassen sich wiederum die Anschaffungskosten jener Apparate unterbringen, welche für die Normenprüfung des Zementes, für Siebproben, Konsistenzmessungen usw. erforderlich sind. Die Durchführung dieser Proben wäre aber nicht Aufgabe des Unternehmungsingenieurs, sondern der amtlichen Bauleitung, so daß auch hieraus dem Unternehmer keine Kosten erwachsen

würden. Wenn ein Bauamt einmal die notwendige Apparatur zur Durchführung der Baukontrolle besitzt, und einige Ingenieure in ihrer Handhabung bewandert sind, wird dieselbe auch bei späteren Bauten verwendet.

Für solide Baufirmen liegt in dieser Art der Baukontrolle die Möglichkeit einer Reklame. Die beim Baue durch die Probebalken nachgewiesenen Festigkeiten können von der Bauleitung in Form eines Zeugnisses bestätigt werden und die Firma wäre dann in der Lage, in ihren Attesten und Ankündigungen· dasselbe zu verwerten. Es steht zu hoffen, daß alsdann ein ähnlicher Wettlauf um die Erreichung der höchsten Betonfestigkeiten einsetzt, wie wir ihn gegenwärtig hinsichtlich der Druckfestigkeiten der Zemente erleben.

4. Es wird weiters eine schöne Aufgabe der Fachvereine sein, bei allen Behörden, welche eigene Bauten auszuführen haben, auf die Aufnahme der Baukontrolle des Betons in den Bauvorschriften zu drängen, wobei es von großer Wichtigkeit ist, daß auch die Bauämter mittlerer Städte hiefür gewonnen werden. Dieser Weg wird um so eher zum Ziele führen, wenn einzelne Bauleiter dieser Behörden bei öffentlichen Bauten die Baukontrolle bereits vorher via facti eingeführt haben.

5. Bei solchen Privatbauten, welche durch einen Architekten oder Zivilingenieur überwacht werden, läßt sich ebenfalls die regelmäßige Baukontrolle, anfänglich wenigstens mit Probebalken, erzielen, falls letztere dem Unternehmer bezahlt werden. Nach meinen eigenen Erfahrungen als Zivilingenieur trägt der Bauherr gerne die geringfügigen Kosten, wenn durch die Ergebnisse der Bruchversuche seine Besorgnisse, daß nicht genügend solid gearbeitet wird, zerstreut werden. Bei großen Bauten kann übrigens der bauüberwachende Zivilingenieur von den offerierenden Firmen verlangen, daß sie im Besitze der Prüfungsapparate sind, wie sie etwa die österreichische Baukontrolle vorschreibt.

Die Verbesserung des Kiessandes kann der bauleitende Ingenieur ebenfalls leicht erzielen. Bei einem großen Industriebau schrieb ich im Kostenanschlage vor, daß dem mir als zu sandreich bekannten Kiessande $^1/_3$ Kalksteinsplitt beizugeben ist, was von dem Unternehmer, ohne merkbare Mehrkosten, anstandslos durchgeführt wurde. In die Baubedingnisse soll man derartige Dinge nicht aufnehmen, weil in denselben soviele Bestimmungen, auch unmoralische, enthalten sind, daß der Unternehmer von Haus aus damit rechnet, daß er sie nicht wörtlich einzuhalten braucht.

6. Wenn einmal der geschilderte Zustand erreicht ist, daß bei den meisten öffentlichen und den wichtigeren Privatbauten die Baukontrolle eingebürgert ist, wird es unschwer möglich sein, auch die restlichen Bauten zu erfassen. Der private Bauherr sieht, daß der Beton fast überall geprüft wird, keine Baufirma kann zurückbleiben, wenn die andern prüfen und jetzt wird auch die gesetzliche Einführung der baupolizeilichen Überprüfung möglich werden. Hiebei kann es nicht die Aufgabe der Baupolizei sein, dem privaten Bauherrn eine kostenlose Bauüberwachung zu stellen, sondern sie hat sich lediglich durch Stichproben die Überzeugung zu verschaffen, daß die vorgeschriebenen Prüfungen auch tatsächlich und richtig durchgeführt werden.

Der geschilderte Weg zur allgemeinen Baukontrolle ist vielleicht kein geradliniger, aber ist gangbar und verspricht zum Ziele zu führen. Unternehmer und Bauherr werden sich einer amtlichen Baukontrolle um so eher fügen, wenn sie das gute Beispiel der Behörden bei deren eigenen Bauten sehen.


Professor Dr.-Ing. A. GESSNER, Prag:

Zur Einbürgerung der Baukontrolle erscheint es notwendig, diese von allen Untersuchungen und Prüfungen zu entlasten, die in der überwiegenden Zahl negative Ergebnisse zeitigen werden und dadurch ermüdend wirken müssen; daher kann die

Prüfung des Anmachwassers entfallen und die Untersuchung des Zementes auf jene
Fälle beschränkt bleiben, in denen begründeter Verdacht auf Minderwertigkeit
besteht. Das Hauptgewicht am Bauplatz ist auf die Festlegung des richtigen Mischungsverhältnisses, der geeigneten Körnung der Zuschlagstoffe und der Einhaltung des
festgelegten Wasserzusatzes zu legen. Die vorgeschlagene Versuchseinrichtung wäre
zu diesem Zweck durch einfache Geräte für die Ermittlung des Einstampfbeiwertes
und des Porenwassers der Zuschlagstoffe durch deren Trocknung zu ergänzen; ferner
sollten Siebkurven für Eisenbeton und Stampfbeton normalisiert und übersichtliche
Formblätter zur Eintragung der Prüfungsergebnisse ausgearbeitet werden. Baupolizeiliche Maßnahmen können die Ausbreitung der Baukontrolle zwar fördern,
die Hauptsache bleibt aber die Verbreitung der Erkenntnis in Unternehmerkreisen,
daß die Kosten einer gewissenhaften Kontrolle durch die dann möglichen Ersparnisse
mehrfach aufgewogen werden. Beobachtungen im Betonstraßenbau haben gezeigt,
daß die größeren Unternehmungen über die Maßnahmen zur Erzielung eines festen,
dichten Betons gut unterrichtet sind und die Baukontrolle im Straßenbau unter
dem Zwang ihrer Garantie für die Haltbarkeit der Decke auch anwenden, während
sie im Hochbau weit weniger sorgfältig arbeiten. Es besteht daher die Hoffnung,
daß der Straßenbau in dieser Richtung auf die übrigen Zweige des Betonbaues günstig
einwirken wird.

Dr.-Ing. W. Petry, Oberkassel:

Sicher sind es die besten Absichten und Beweggründe, die Herrn Professor
Dr. Kleinlogel veranlassen, in Wort und Schrift für die Einführung der Bau-
kontrolle im Eisenbetonbau einzutreten. Zu bedauern wäre es aber, wenn seine
Darlegungen zu der Auffassung führten, als ob die Ausführung von Beton- und
Eisenbetonbauten ganz allgemein so im Argen läge, daß nur die Baukontrolle des
Betons als etwas ganz Neues und nie Dagewesenes Abhilfe schaffen könnte. Herr
Professor Kleinlogel hat meiner Empfindung nach etwas zu stark das Negative
und zu wenig das Positive betont. Es gibt sicher eine große Anzahl von gewissenhaften
Betonbauunternehmungen, die auch seither schon, ohne daß eine Baukontrolle offiziell
eingeführt war, auf ihren Baustellen eine strenge Selbstkontrolle übten und einwand-
freie, mustergültige Bauausführungen zustande brachten. Andernfalls wäre es ja
gar nicht möglich, daß wir eine so große Anzahl hervorragender Beton- und Eisenbetonbauten vorzeigen könnten. Es geht meines Erachtens zu weit, daß man der
Unternehmerschaft zum größten Teil Gleichgültigkeit oder gar Abneigung oder
Voreingenommenheit gegen die Baustellenkontrolle vorwirft. Jede einigermaßen
wissenschaftlich geleitete Bauunternehmung hat bereits seit vielen Jahren diejenigen
Versuche und Baustoffproben durchgeführt, die zur guten Betonbereitung nötig
sind. Viele dieser Firmen haben seit Jahren eigene, gut eingerichtete Prüfungs-
laboratorien, die dauernd benutzt werden. Wir sehen hier[1] Bilder aus
einem solchen Laboratorium einer Baufirma, wie wir es auch bei vielen anderen
Firmen finden. In der folgenden Abb. sehen wir die Baukontrollgeräte einer anderen
Firma, den Zementabbindeapparat von Puls und Bauer, der den Vorteil hat, daß
er nach dem Ansetzen des Zementbreies durch sein Uhrwerk abläuft und ein dauern-
des Beobachten überflüssig macht, Rütteltisch, Setztrichter, Meßgefäße, Balken-
biegepresse, Zementkuchen, Wage, Siebe und einen Siebwagen, der zwecks Arbeits-
verringerung beim Sieben gebaut wurde.

Es muß auch darauf hingewiesen werden, daß alle bisherigen amtlichen Bestimmungen, die im Interesse der Sicherheit unserer Eisenbetonbauten gesetzlich

---

[1] Die Bilder wurden vorgeführt, werden aber nicht abgedruckt.

erlassen wurden, auch hinsichtlich der Ausführung eingehende Vorschriften enthalten, an die jeder, auch der kleinste Unternehmer, gebunden ist.

Ich bitte, mich nicht mißzuverstehen. Ich bin der Ansicht, daß die Baukontrolle nötig und begrüßenswert ist und daß ihre Durchführung im Interesse der Eisenbetonbauweise gefördert werden muß. Ich betrachte die Baukontrolle aber mehr als ein Mittel zur Selbstkontrolle der Unternehmer und zur Selbsterziehung ihrer Organe als eine Angelegenheit baupolizeilichen Zwanges. Für die Baupolizei gelten die baupolizeilichen Bestimmungen. Erst dann, wenn die Baukontrolle in ihrer jetzigen weitgehenden Form Gegenstand solcher Bestimmungen geworden ist, wird die Baupolizei diese weitgehenden Baukontrollforderungen stellen können. Für unsere deutschen Verhältnisse scheint es mir richtig, daß zunächst einmal die Vereinigung von Bauunternehmungen im Deutschen Beton-Verein vorläufige Baukontroll-Leitsätze herausgab, die ohne baupolizeilichen Zwang in der Praxis erprobt werden müssen und Allgemeingut werden sollen. Um die Fachwelt allgemein auf die Wichtigkeit der Materialkunde und der Baukontrolle hinzuweisen, scheinen mir die Wege richtig zu sein, die Herr Professor Dr. KLEINLOGEL angegeben hat, also Unterricht an den technischen Hoch- und Mittelschulen. Darüber hinaus halte ich Fachvorträge über Baukontrolle, wie es auch hier in Österreich gemacht worden ist, für segensreich, und wir haben in Deutschland die Absicht, in dieser Beziehung noch mehr zu tun, als seither geschehen ist, nachdem wir nunmehr über umfangreiche Baukontrollerfahrungen verfügen. Das Verständnis für die Baukontrolle und ihre Notwendigkeit muß in der Bauindustrie selbst geweckt werden. Daher ist die Erziehung der Bauführer, Poliere und der Facharbeiter wesentlich. Insofern hängt die ganze Frage auch sehr eng mit der Lehrlingsausbildung im Betonbau zusammen, die in Deutschland durch den Reichsverband Industrieller Bauunternehmungen wirksam gefördert wird.

Der deutsche Reichsverkehrsminister hat bereits am 28. Dezember 1927 einen Erlaß herausgegeben, durch den die Anwendung der Baukontroll-Leitsätze des Deutschen Beton-Vereins angeordnet bzw. empfohlen wird. Eine ähnliche Verfügung hat der preußische Minister für Volkswohlfahrt am 28. Januar 1928 erlassen. Die deutsche Reichsbahn steht im Begriff, die Baukontrolle im Eisenbetonbau auf der Grundlage unserer Baukontroll-Leitsätze allgemein einzuführen. Der Deutsche Ausschuß für Eisenbeton trägt sich mit dem Gedanken, die Baukontrolle zu einem Bestandteil der neuen Eisenbetonbestimmungen zu machen, und die Vereinigung der höheren technischen Baupolizeibeamten hat auf ihrer Hauptversammlung am 14. September 1928 in Dresden beschlossen, gemeinsam mit dem Deutschen Beton-Verein Richtlinien für die Baukontrolle auf Grund unserer Leitsätze aufzustellen und ihre allgemeine Einführung zu beantragen.

In voller Übereinstimmung befinde ich mich mit Herrn Professor KLEINLOGEL bei seiner Kritik des Verfahrens bei der Vergebung von Eisenbetonarbeiten. Baupolizeiliche Bestimmungen und Baukontroll-Leitsätze haben wirklich keinen Zweck, wenn bei der Vergebung von Eisenbetonbauten, wie es leider häufig der Fall ist, nur das billigste Angebot gilt. Das billigste ist in der Regel auch das schlechteste, und es ist kein Wunder, daß bei zu niedrigen Preisen die Baukontrolle vernachlässigt wird. Die durch die Baukontrolle erzielte Qualität muß vom Bauherrn endlich einmal anerkannt werden. Wenn man die Entwicklung in den letzten Jahren aufmerksam verfolgt hat, so mußte man die betrübliche Wahrnehmung machen, daß entgegen den Bestrebungen der Wissenschaft und der gewissenhaften Bauunternehmungen und Ingenieure, die Güte der Bauwerke unter Berücksichtigung der neuen Forschungen zu verbessern, bei den Bauherren die Absicht vorherrscht, ausschließlich dem billigsten Angebot den Vorzug zu geben ohne Rücksicht auf die Qualität und ohne Rücksicht darauf, ob für den angebotenen Preis auch nur annähernd eine brauchbare Arbeit geliefert werden kann. Solange dieses Grundübel nicht beseitigt wird, haben alle Bestrebungen zur Verbesserung der Qualität keine Aussicht auf Erfolg in der allgemeinen Art. Man wird mit der Forderung auf Hebung der Qualität des Betonbaues allgemein nur Erfolge erzielen, wenn bei allen Bauherren, vor allem auch bei den Behörden, dem Grundsatz zum Durchbruch verholfen wird, daß Qualitätsarbeit auch entsprechend bewertet und bezahlt werden muß und daß dementsprechend auch die Auswahl der Bauunternehmungen zu erfolgen hat.

Herr Professor Dr. KLEINLOGEL will auf der Baustelle bei der Abbindeprobe des Zements allgemein die Vicatnadel einführen. Dies geht wohl, besonders bei kleinen Ausführungen, zu weit. In solchen Fällen genügt meines Erachtens das Ritzen des Zementkuchens mit dem Fingernagel oder einem Instrument. Die Vicatnadel ist eigentlich kein Apparat für die Baustelle, und wieviel solcher Apparate müßte eine Bauunternehmung, die in guten Zeiten doch eine ganze Reihe von Baustellen zu gleicher Zeit hat, haben. Der Beginn des Abbindens und die fortschreitende Erhärtung des Zements läßt sich auf der Baustelle meist genau genug auch ohne Vicatnadel feststellen, denn es kommt dabei auf einige Minuten nicht an.

Eine laufende Festigkeitsprüfung des Zementes auf der Baustelle läßt sich praktisch kaum durchführen. Wir müssen außerdem aber von der Zementindustrie verlangen, daß sie normengemäßen Zement liefert und dafür garantiert. Es geht zu weit, daß dem Unternehmer durch amtliche Vorschriften aufgegeben wird, daß er den Zement vor der Verwendung regelmäßig auch auf Festigkeit prüft.

Die Forderung, daß sich das verwandte Mörtelgemisch an die Idealsiebkurve von Professor GRAF oder eine andere möglichst annähern soll, ist häufig undurchführbar. Es gibt Gegenden in Deutschland, wo das Material eben ganz anders aussieht, und man kann dieses Material von der Verwendung nicht einfach ausschließen. Der Unternehmer wird danach trachten müssen, das Material so zu verbessern, wie es für ihn am wirtschaftlichsten ist. Maßgebend bleibt, daß die verlangte Festigkeit und die erforderliche Dichtigkeit des Betons erreicht werden und immer vorhanden sind. Ist dies der Fall, so muß das Betongemisch nicht unbedingt der Kornzusammensetzung einer Idealkurve nahekommen.

Mit dem Wasserzementfaktor läßt sich nach meiner Auffassung auf der Baustelle praktisch nicht viel anfangen. Er kann wohl am Anfang einmal bestimmt, aber unmöglich dauernd genau eingehalten werden. Für die Beurteilung von Versuchsergebnissen in Prüfungsanstalten hat er gewiß einen hohen Wert, aber auf die Baustelle paßt er nicht. Dort kann er sich von Tag zu Tag, ja von Stunde zu Stunde ändern. Auch die Vorausberechnung der zu erwartenden Würfelfestigkeit aus dem Wasserzementfaktor nach Formeln scheint mir für die Baustelle überflüssig. Die Formeln geben Mindestwerte, die oft weit hinter dem zurückbleiben, was wirklich erreicht werden kann. Ein viel zuverlässigeres Bild geben Würfel- oder Balkenversuche mit der gewählten Kornzusammensetzung und dem richtig bemessenen Wasser- und Zementgehalt des Betongemenges.

Die Setz- und Ausbreitprobe zur Bestimmung und Nachprüfung der Konsistenz des Betons stellt wohl noch nicht das Ende der Forschung dar. Bei erdfeuchtem Beton versagt die Setzprobe meist ganz und auch die Ausbreitprobe häufig. Auch bei verhältnismäßig magerem und steinreichem Beton hat die Ausbreitprobe oft nicht den gewünschten Erfolg. Sie ist aber ein guter Maßstab dafür, ob ein Beton in der Maschine gründlich durchgemischt ist. Bei nicht gut durchgemischtem Gußbeton versagt die Ausbreitprobe. Es müssen meines Erachtens Mittel und Wege gefunden werden, um eine bessere Methode zur Prüfung der Konsistenz des Betons zu finden, und da scheint es mir vor allem auch wichtig, daß die Wasserzumeßvorrichtungen der Mischmaschinen so konstruiert werden, daß sie während einer bestimmten genau festgelegten Mischdauer tatsächlich auch immer genau die gleiche vorher ermittelte

Wassermenge zugeben. Dies ist heute bei den wenigsten Mischmaschinen der Fall. Wenn dies aber in Zukunft erreicht wird, dann wird auch — wenigstens bei gleichbleibendem Wetter und gleichem Wassergehalt der Zuschlagstoffe — bei jeder Mischung die gleiche Konsistenz des Betons herauskommen müssen. Die Versuche, die der Deutsche Beton-Verein zur Zeit zusammen mit dem Mischmaschinenverband in Berlin durchführen läßt, um die Leistungsfähigkeit der Mischmaschinen zu ermitteln, werden in dieser Hinsicht wohl weitere wertvolle Aufschlüsse bringen.

Herr Professor Dr. KLEINLOGEL hat angeregt, daß die Bauunternehmungen in ihren Bezirken die gebräuchlichsten Kiessande auf Kornzusammensetzung und Brauchbarkeit untersuchen lassen, um auf diese Weise zu gewissen „Edelkiesen" zu kommen. Ich glaube nicht, daß dies Sache der Bauunternehmungen sein kann. Das Ergebnis solcher Prüfungen wird doch keine Sicherheit für die richtige Kornzusammensetzung bei einer bestimmten Bauausführung geben, und es müssen daher solche Untersuchungen von Fall zu Fall vorgenommen werden. Ich halte es auch praktisch für kaum möglich, daß die Sand- und Kieslieferanten je nach Landesteilen und Vorkommen bestimmte Korngrößen, die von maßgebender Stelle vorgeschrieben werden könnten, bereit halten, um hierdurch das Interesse der Abnehmer für diese ausgesonderten Baustoffe zu wecken.

Der Deutsche Beton-Verein hat schon vor längerer Zeit beim Deutschen Ausschuß für Eisenbeton den Antrag gestellt, und in der letzten Sitzung des Arbeitsausschusses I im Sommer dieses Jahres in Dresden ist auch beschlossen worden, daß Kiessanduntersuchungen durchgeführt werden sollen. Es handelt sich um die Trennung und Ergänzung von Kiessanden, die wegen ihrer Kornzusammensetzung zu Eisenbeton nicht unmittelbar verwendet werden sollten. Es ist festzustellen, ob die betreffenden Kiessande für Eisenbeton mit 300 kg in 1 cbm fertig bearbeitetem Beton hinreichend sind, und wenn sie unzureichende Festigkciten liefern, welche Erhöhung des Zementgehaltes oder welche Verringerung des Sandgehaltes oder welche Beimengungen anderer Herkunft aus der betreffenden Gegend (Kies, gebrochener Kies, Splitt) nötig sind, um die erforderliche Mindestfestigkeit zu liefern. Weiter sollen dabei die Gewichte des Betons, die Biegezugfestigkeit des unbewehrten Betons, die Biegedruckfestigkeit des bewehrten Betons und der Widerstand gegen Abschleifen festgestellt werden. Der Beton soll dabei stets mit drei Wasserzusätzen hergestellt werden und zwar einmal so wenig weich, daß er noch für Eisenbeton mit wenig Eiseneinlagen in Frage kommt, sodann eben noch gießfähig durch die Rinne und schließlich flüssig entsprechend dem Höchstmaß bei ordentlicher Arbeit.

Erst auf Grund solcher Versuchsergebnisse wird meines Erachtens mit den Sand- und Kieslieferanten bzw. mit ihrem Verband mit Erfolg verhandelt werden können. Es wäre gewiß wünschenswert, wenn man Sand und Kies getrennt nach bestimmten Korngrößen beziehen könnte, wie es bei Grus und Splitt, also bei gebrochenem Material, möglich ist. Es geht aber nicht an, daß man den Bezug von Kiessand in natürlicher Mischung allgemein verbietet, sofern festgestellt ist, daß solche Kiessandmischungen, wenn sie an sich nicht genügen, durch Zugabe von Splitt, Kies oder dgl. oder durch höheren Zementzusatz so verbessert werden können, daß sie brauchbar werden. Bei allen diesen Dingen spielt die Kostenfrage eine wesentliche Rolle, und auch hierüber sollen die beabsichtigten Versuche Aufschluß geben.

Die Bauenden sind sich darüber klar, daß das Verlangen nach „Edelkies" kaum zu erfüllen ist, anderseits aber zu Forderungen führen kann, die den Unternehmern die größten Schwierigkeiten bereiten werden, und man soll die Bewegungsfreiheit der Bauunternehmungen, die die Verantwortung für ihre Bauausführungen tragen müssen, nicht allzusehr einengen. Unsere heutigen deutschen Eisenbetonbestimmungen gestatten es, bei Nachweis einer bestimmten hohen Würfelfestigkeit höhere zulässige Spannungen anzunehmen, als bei gewöhnlichem Beton. Diese Bestimmung bedeutet eine Belohnung für gute Materialauswahl und gute Arbeit. An diesem Grundsatz sollten wir festhalten.

Wie der verantwortungsbewußte Unternehmer besten Beton erreicht, soll seine Sache sein.

Herr Professor KLEINLOGEL schließt seine Ausführung mit dem Satz:

„Wenn sich die Unternehmerschaft der Baukontrolle und der damit zusammenhängenden Vorteile nicht bedient, so wird der Eisenbetonbau auf die Dauer gegenüber anderen Bauweisen nicht wettbewerbsfähig bleiben."

Ich meine: Der Eisenbetonbau ist in allen Ländern groß geworden und konnte sich im Wettbewerb mit anderen guten Bauweisen behaupten dank den Forschungsarbeiten der Wissenschaft, dank den mustergültigen Ausführungen sachverständiger Bauunternehmungen und dem verständnisvollen Zusammenarbeiten dieser mit behördlichen und anderen Bauherren, und das alles in einer Zeit, in der von Baukontrolle in der Öffentlichkeit nicht so viel die Rede war wie heute, im stillen aber eine Baukontrolle geübt wurde. Daran konnten auch minderwertige Ausführungen, die bei allen Bauweisen vorkommen, nichts ändern, und das wird auch in Zukunft nicht anders sein, auch nicht im Zeitalter der hochwertigen Zemente, mit denen nach unseren Erfahrungen viel mehr gute als schlechte Ergebnisse erzielt worden sind.

Ich stimme aber mit Herrn Professor Dr. KLEINLOGEL darin vollkommen überein, daß die Baukontrolle für die Poliere der Bauunternehmungen einen hohen erzieherischen Wert hat. Dies wird auch in den Baukontroll-Leitsätzen des Deutschen Beton-Vereines zum Ausdruck gebracht, wo gesagt ist:

„Die für sachgemäße und gute Bauausführung verantwortlichen Bauführer und Poliere werden durch die Baukontrolle in den Stand gesetzt, die Güte des Betons dauernd zahlenmäßig zu verfolgen. Sie sollen durch die Baustellenversuche zu gesteigerter persönlicher Anteilnahme an der Erhöhung der Güte des Betons und der Festigkeitszahlen angespornt werden.

Der Deutsche Beton-Verein hat es von jeher als eine seiner vornehmsten Aufgaben betrachtet, dahin zu wirken, daß die Güte der Bauausführung gesteigert wird. Er wird auch in Zukunft auf diesem Wege unbeirrt fortschreiten.

Dr.-Ing. L. BENDEL, Zürich:

Vielfach ist noch umstritten, daß eine ständige Kontrolle bei der Betonherstellung notwendig ist. Aber eine bekannte Tatsache ist, daß die Differenzen zwischen besten und schlechtesten Betonfestigkeiten oft sehr groß sind. Z. B. am Grandfey Viadukt waren die besten Resultate 78 % über dem arithmetischen Mittel und die schlechtesten 46 % darunter. Daher ist im folgenden versucht, auf theoretischem Wege ein Bild zu geben, welches die Einflüsse auf die Streuungen sind und überhaupt, wie vielerlei Einflüssen die Betonfestigkeiten unterworfen sind.

Allgemein ist die Betonfestigkeit $\sigma_b$ eine Funktion von

$$\sigma_b = F\,(W,\ Z,\ K,\ S,\ M)\ (Tr,\ Ver,\ Wi,\ P,\ N)\ \ldots\ldots\ (1)$$

Es bedeutet: $W$ = Wasser, $Z$ = Zement, $K$ = Kies, $S$ = Sand, $M$ = Mischen, $Tr$ = Transporte, $Ver$ = Verarbeiten, $Wi$ = Witterung, $N$ = Nachbehandlung, $P$ = Probekörper.

Wasser, Zement usw. sind wieder ihrerseits abhängig von einer großen Anzahl Einflüssen.

Z. B. Zement: $Z = f\,(c,\ a,\ b,\ m,\ ab,\ er,\ ra)$ . . . . . . . . . . . (2)

Es bedeutet: $c$ = chemische Zusammensetzung, $a$ = Rohstoffverarbeitung, $b$ = Brennen, $m$ = Mahlen, $ab$ = Abbinden, $er$ = Erhärtung, $ra$ = Raumbeständigkeit.

Man setze wiederum: z. B. $c =$ chemische Beschaffenheit als Funktion einer Reihe von Einflüssen:

$$\text{z. B. } c = f(\alpha, \beta) \ldots \ldots \ldots \ldots \ldots \ldots (3)$$

worin bedeutet: $\alpha =$ Basen
$\beta =$ Hydraulefaktoren

Setzt man die niederen Funktionen stets in die nächst höhere ein, so bekommt man schließlich eine Funktionengleichung mit allen denkbaren Einflüssen. Nimmt man alle möglichen Variationen, Kombinationen, Mutationen vor, so kommt man zum Schluße, daß $\sigma_b$ von mehr als 10 000 verschiedenen Zufallsmöglichkeiten abhängig ist. Natürlich sind einzelne von großer Bedeutung, andere von kleiner Wichtigkeit.

Die Betonkontrolle, wie sie der Vortragende, der Deutsche Beton-Verein, die Deutsche Reichsbahn usw. wollen, bezwecken im Grunde genommen nichts anderes, als daß bei den „wandelnden Betonfabriken" (auf den Baustellen) die allerwichtigsten Einflüsse festgestellt und die nötigen Maßnahmen getroffen werden, um eine gleichmäßig hohe Betonfestigkeit zu erreichen.

Um dem Ziele, einen möglichst gleichmäßig beschaffenen Beton zu erhalten, näher zu kommen, ist hier noch auf einige Faktoren besonders aufmerksam gemacht, weil diese bis jetzt nur wenig oder gar nicht erwähnt wurden:

### 1. *Mischmaschinensystem*

Es wird unterschieden in sogenannte Freifall- und Zwangsmischer. Bei den Freifallmischern ist wiederholt festgestellt worden, daß sie das Kiessandmaterial immer an der Peripherie sehnengleich bewegen. Mit Korallenrot kann nachgewiesen werden, daß in der Richtung der Mischtrommelachse nicht durcheinander gemischt wird. Bei solchen Maschinen werden daher, falls mit dem ganzen Mischmaschinentrommelinhalt Probekörper hergestellt werden, unglaubliche Differenzen erhalten. Also liegt beim Mischmaschinensystem eine viel größere Fehlerquelle vor, als allgemein angenommen wird. Zwangsmischer geben gleichmäßigere Resultate, brauchen aber mehr Kraft und unterliegen größerer Abnützung. Das Ideal scheint dort zu liegen, wo sehnengleiche Peripheriemischung mit Achsialdurchmischung stattfindet.

### 2. *Ausbildungsfragen*

Es genügt nicht, wenn die Aufsichtsbeamten durchgebildet sind. Viel wichtiger ist es, daß die Organe der Unternehmung — denn schließlich stellen diese den Beton her — über die Bedeutung und Wert laufender Betonkontrolle unterrichtet sind.

Schon bei der Lehrlingsausbildung muß auf psycho-technischem Wege festgestellt werden, *wer* sich für den Beruf eignet. In zwei- bis dreiwöchigen Anlernkursen ist dem Lehrling systematisch zusammenfassend darzustellen, was er vorher auf der Baustelle nur brockenweise und lückenhaft lernte. Auch lasse man nicht einen beliebigen Facharbeiter zum Polier vorrücken, sondern führe diese auch in kurzen Winterkursen in ihre Aufgaben ein (vielleicht Polierexamen).

## Ing. K. Brausewetter, Prag:

Immer mehr und mehr bricht sich die Erkenntnis von der unbedingten Wichtigkeit der Bauversuche im Beton- und Eisenbetonbau Bahn. Ich möchte Ihnen nun gern als Beispiel den Weg, der von einer Unternehmung in dieser Hinsicht beschritten wurde, kurz beschreiben. Zunächst mußten die im Bereiche des Unternehmens zur Verwendung gelangenden Zemente untersucht werden. Zu diesem Zweck wurden Würfel und Empergerbalken in verschiedenen Mischungsverhältnissen angefertigt und gleichzeitig immer Zementnormenproben gemacht. Bei jedem dieser Versuche wurden genau festgestellt:

Die Luftwärme.

Das Mischungsverhältnis in Gewichtsteilen.

Die Raumgewichte der einzelnen Zuschlagstoffe.

Der Porenwassergehalt der Zuschlagstoffe.

Der Wasserzusatz.

Der Einstampfungsbeiwert.

Die Siebkurve.

Das Raumgewicht des Zementes.

Art und Dauer der Mischung.

Die Verarbeitbarkeit, gekennzeichnet durch die Setz- und die Ausbreitprobe mit dem Rütteltisch nach GRAF.

Das Gesamtwasser = Porenwasser + Wasserzusatz.

Der Wasserzementfaktor.

Auf Grund dieser Vorproben konnte festgestellt werden:

1. Die Betonfestigkeit bei Verwendung eines bestimmten Zementes ist abhängig vom Wasserzementfaktor und unabhängig von der Körnung. Sie kann genügend genau dargestellt werden durch die Formel nach GRAF: Betonfestigkeit = Zementnormenfestigkeit, gebrochen durch einen Beiwert $x$ mal dem Wasserzementfaktor im Quadrat.

$$K_{28} = \frac{Kn}{x \cdot w^2}\ .$$

Der Beiwert $x$ ist für jede Zementmarke, auch bei verschiedenen Zuschlagstoffen ziemlich unveränderlich, bei den verschiedenen Zementmarken jedoch verschieden. Die Zementnormenprobe kann also nicht ohne weiteres zur Beurteilung der erzielbaren Festigkeit herangezogen werden. Erst wenn die Zuschlagstoffe so schlecht gekörnt sind, daß nach dem Einstampfen Lufthohlräume bleiben, nähert sich die Festigkeit mehr der Formel von FERET. Solche Gemische brauchen aber gar nicht untersucht werden, da sie so unwirtschaftlich sind, daß sie für eine Verwendung gar nicht in Betracht kommen.

2. Die Körnung hat einen sehr großen Einfluß auf die zur Verarbeitbarkeit des Betons notwendige Wassermenge und dadurch mittelbar auch auf die Betonfestigkeit. Körnungen, die die geringste Wassermenge verlangen und die beste Festigkeit ergeben (also nach der Fullerkurve) sind für die Verarbeitung zu grob. Es wurde eine Siebkurve festgestellt, die bei guter Verarbeitbarkeit gute Festigkeiten liefert und diese Kurve wurde den Baustellen als einzuhaltende vorgeschrieben.

3. Die Zementnormenproben liefern ein Bild von der Regelmäßigkeit der Lieferungen der einzelnen Werke. Nur Zemente, die mit ziemlich gleichbleibenden Eigenschaften geliefert werden, können einer zuverlässigen Vorausbestimmung der zu erreichenden Betonfestigkeit zu Grunde gelegt werden.

4. Nach den durchgeführten Versuchen lassen sich die Festigkeiten nach 42 Tagen mit genügender Genauigkeit aus den 7-Tagefestigkeiten errechnen, wenn die verwendete Zementmarke genau bekannt ist. Die Vorversuche am Bau können also mit hinreichender Raschheit erledigt werden.

Bei Baubeginn wird zuerst die richtige Zusammensetzung der Zuschlagstoffe nach der vorgeschriebenen Siebkurve ermittelt. Zur Feststellung der für diesen Bau gültigen Festigkeitsformel wird dann eine Vorprobe gemacht. Alle Mischungseinzelheiten werden genau festgestellt. Mit der bestimmten Mischung wird ein mehr erdfeuchter Beton erzeugt und drei Würfel und drei Balken gemacht. Zur selben Mischung wird dann Wasser zugesetzt, bis sie weich ist und dann weiter, bis sie zähflüssig ist und wieder je drei Würfel und drei Balken gemacht. Nach sieben Tagen werden Würfel und Balken erprobt. Bei der Betonierung und bei der Erprobung müssen Polier, Maschinenführer sowie sämtliche Betonierer zugegen sein. Nur auf diese Weise ist es möglich, die Leute von der Wichtigkeit des Wasserzusatzes zu überzeugen und zu erreichen, daß der angeordnete Wasserzusatz wirklich eingehalten und nicht von den Leuten eigenmächtig überschritten wird.

Nun können die Mischungsverhältnisse für die einzelnen Tragwerksteile bestimmt werden. Kies wird genau mit Meßkiste zugegeben, deren Grundriß $70 \times 71\,^1/_2$ cm $= \,^1/_2$ qm ist und von der 2 cm Höhe 10 l Kies entsprechen. Zement wird sackweise zugegeben, ein Rest, der weniger als ein Sack ist, mit einer Meßkiste, deren Grundriß $3,16 \times 3,16$ dm $= 10$ qdm ist, und von der 1 cm Höhe 1 l Zement entspricht. Die Kisten werden in verschiedenen Höhen hergestellt, so daß eine Kiste gestrichen voll immer einer Mische entspricht. Das Porenwasser wird durch Trocknen der Zuschlagstoffe ständig überprüft und der Wasserzusatz danach geregelt. Ist keine Vorrichtung zur genauen Wasserzuteilung auf der Baustelle, wird durch Zuschütten mit einem geaichten Gefäß der Inhalt des Wasserkastens der Mischmaschine festgestellt und auf einem Zählpegel festgehalten. Als Beispiel habe ich Ihnen einen Zählpegel mitgebracht, der von einem unserer Betonierer selbständig hergestellt wurde. *Die Erziehung der Arbeiter zu Genauigkeit und Verständnis ist mit einer der wichtigsten Punkte der Betonüberprüfung.*

Das Hauptgewicht wird auf Einhaltung des Wasserzementfaktors gelegt. Wird mit dem Wasserzusatz nicht ausgelangt, muß mehr Zement zugegeben werden. Ein Nichtauslangen hat meist seinen Grund darin, daß die Körnung zu fein wurde, weil der Kies unregelmäßig geliefert wurde. Mehr Zement aber kostet Geld und deshalb wird sich der Bauleiter schon um die Ursache des Mehrverbrauchs kümmern.

Nach Festlegung des Kiesgemisches sind also gar nicht viele weitere Siebproben notwendig; denn der Bauleiter wird zwangsläufig darauf geführt, wenn die Körnung sich verändert.

Das mutmaßliche Ergebnis der Vorprobe kann nach früheren Proben berechnet werden; bleibt es darunter, ist dies ein Fingerzeig, daß das Wasser oder der Kies schädliche Beimengungen enthält. Dann ist es, nach diesem Verfahren, also erst notwendig, Wasser und Kies gesondert zu untersuchen.

Selbstverständlich müssen vom Bauwerksbeton laufend immer Überprüfungsproben gemacht werden, also Würfel und Empergerbalken.

Die Versuche haben die unbedingte Notwendigkeit einer ständigen Bauprüfung gezeigt, wenn ein Unternehmen gediegene Arbeit leisten will, und darüber hinaus dargetan, daß nur auf ihrer Grundlage — neben der Gewährung der Güte — auch wirtschaftlich gebaut werden kann.

Magistratsbaurat Dr.-Ing. Sachs, Dortmund:

Meine Herren, gestatten Sie mir, zu den angeregten Fragen einige Worte von meinem baupolizeilichen Standpunkte aus zu sagen. Baukontrollen sind notwendig. Es ist jedoch für die Öffentlichkeit gleichgültig, von welcher Seite die Baukontrollen erfolgen. Sie müssen nur zuverlässig sein. Von anerkannten Fachleuten geleitete Firmen werden die sichere Verbindung zwischen Entwurf und Baustelle aus eigenem Verantwortlichkeitsgefühl herzustellen wissen. Sie werden sich gut und sicher selbst kontrollieren. Sie bedürfen daher im allgemeinen einer so eingehenden Baukontrolle seitens der statischen Ämter nicht, wie andere Firmen. Nach deutschen Verhältnissen ist auch eine eingehende baupolizeiliche Kontrolle zur Zeit nicht durchführbar. Denn das Verständnis für den Personalbedarf, für Zahl und gute Kenntnisse solchen Personals, ist bei den deutschen Personalämtern nicht immer in den Maße vorhanden, wie wünschenswert. Daß wir deutsche Baupolizeibeamte uns eingehend mit diesen Fragen und der Organisation der Baukontrolle beschäftigen, zuletzt noch auf unserer Dresdener Tagung, in engem Zusammenarbeiten mit den Fachvereinen, hat Ihnen Herr Dr. PETRY auseinandergesetzt.

Professor N. M. BELAJEFF, Leningrad:

1. Professor A. KLEINLOGEL hat in seinem Vortrag richtig die Notwendigkeit und sogleich auch die Schwierigkeit der Einführung der Baukontrolle des Betons an den Baustellen vermerkt.

Die Notwendigkeit dieser Baukontrolle wird durch die Anwendung von Beton verschiedener Konsistenz (plastischer und Gußbeton) in der Baupraxis hervorgerufen, was mit der Möglichkeit weiter Schwankungen in der granulometrischen Zusammensetzung der Zuschlagstoffe und in der Größe des Wasserzementfaktors verbunden ist; beides aber beeinflußt unmittelbar die Festigkeit des zukünftigen Betons.

2. Die Baukontrolle des Betons muß einschließen:

a) eine Normalprüfung des Zementes;

b) eine Ermittlung der Kornzusammensetzung der Zuschlagstoffe (Siebkurve, Feinheitsmodul);

c) eine Ätznatronprobe zur Feststellung organischer Verunreinigungen der Zuschlagstoffe; ·

d) eine vorläufige Bestimmung der Zusammensetzung von Beton gegebener Konsistenz und Festigkeit, bestehend aus der Bestimmung der Größe des Wasserzementfaktors und des Mischungsverhältnisses;

e) eine Kontrolle der Kornzusammensetzung, der Größe des Wasserzementfaktors, der Konsistenz (slump test, Slumpkegel) und des Mischungsverhältnisses an der Baustelle.

f) Herstellung und Prüfung von Probewürfeln und Probeträgern.

3. Im Mechanischen Laboratorium des Instituts für Verkehrsingenieure zu Leningrad ist unter meiner Leitung eine Reihe von Versuchen durchgeführt worden, welche es erlauben, die obenerwähnte Baukontrolle in vollem Umfange durchzuführen.

Für die Ermittlung des Feinheitsmoduls ist vom Laboratorium ein Siebsatz mit rechtwinkligem Drahtgewebe angenommen; die lichte lineare Maschenweite ist in Tafel 1 angegeben:

Tafel 1

| Sieb Nr. | 1 | 2 | 3 | 4 | 5 | 6 | 7 | 8 | 9 | 10 |
|---|---|---|---|---|---|---|---|---|---|---|
| Lichte lineare Maschenweite mm.. | 80 | 40 | 20 | 10 | 5 | 3 | 1,3 | 0,53 | 0,30 | 0,17 |

Für die Ermittlung der Konsistenz (slump test) verwendet das Laboratorium einen Kegel von normalen Abmessungen: Höhe = 30 cm, unterer Durchmesser = 20 cm, oberer Durchmesser = 10 cm.

Bei Verwendung von Schotter bis zu $7 \div 8$ cm Korngröße wird ein Kegel größerer Abmessungen, Höhe 45 cm, unterer und oberer Durchmesser 30 bzw. 15 cm, angewendet. Es sind drei normale Konsistenzen angenommen; das ihnen entsprechende Setzmaß ist in Tafel 2 angegeben.

Tafel 2

| Konsistenz | $S_1$ cm | $S_2$ cm | $S_3$ cm |
|---|---|---|---|
| Setzmaß des normalen Kegels | $1 \div 2,5$ | $7,5 \div 10$ | $15 \div 18$ |
| Setzmaß des großen Kegels | $2 \div 3$ | $7 \div 12$ | $15 \div 20$ |

Was die Druckfestigkeit $R$ des Betons betrifft (Probekörperwürfel $30 \times 30 \times 30$ cm), haben unsere Versuche die Abhängigkeit des $R$ nur vom Wasserzementfaktor $\frac{W}{C}$, bei gegebenem Zement und einer und derselben Art der Zuschlagstoffe, festgestellt. Diese Beziehung kann für verschiedene Alter des Betons durch eine Reihe hyperbelartiger Kurven ausgedrückt werden.

Die Konsistenz (Setzmaß) hängt von der Größe des $\frac{W}{C}$, auch aber vom nominalen Mischungsverhältnis des Betons $1 : m$ und vom Feinheitsmodul des Gemisches der Zuschlagstoffe ab.

Hier ist $m$ das Verhältnis der Summe der nach dem normalen Verfahren einzeln eingerüttelten Volumen der Zuschlagstoffe (Sand und Schotter) zu dem Volumen des Zementes.

In Abb. 1 stellt der obere Teil die Abhängigkeit des $R$ im Alter von 7, 28 und 42 Tagen vom $\frac{W}{C}$ für Beton aus gewöhnlichem Portland-Zement (Normenfestigkeit = 240 kg/qcm), der untere Teil die Abhängigkeit des Setzmaßes (der Konsistenz) vom $\frac{W}{C}$, vom nominalen Mischungsverhältnis und Feinheitsmodul des Gemisches der Zuschlagstoffe (Sand und Schotter) bei dem gleichen Zemente dar.

In Abb. 2 ist für diesen Zement dieselbe Abhängigkeit bei Zuschlagstoffen anderer Art — Sand und Kies — gegeben. Bei Verwendung von Kies verläuft die Grundkurve $R = f\left(\frac{W}{C}\right)$ etwas niedriger, dafür ist aber zur Erreichung derselben Konsistenz weniger Wasser nötig, als bei Verwendung von Schotter.

In Abb. 3 sind dieselben Abhängigkeiten für hochwertigen (Normenfestigkeit = 360 kg/qcm) Zement gegeben.

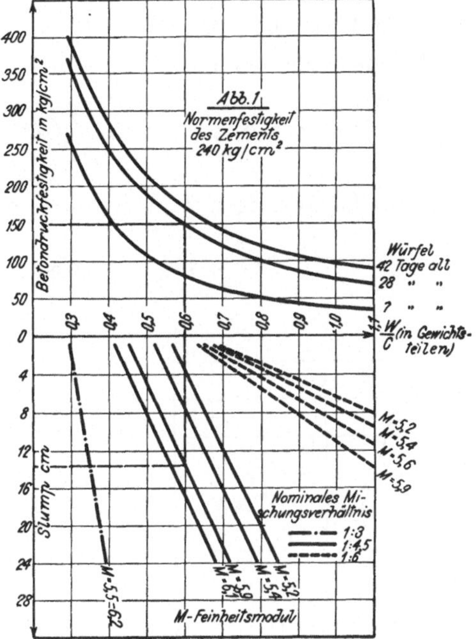



Abb. 1

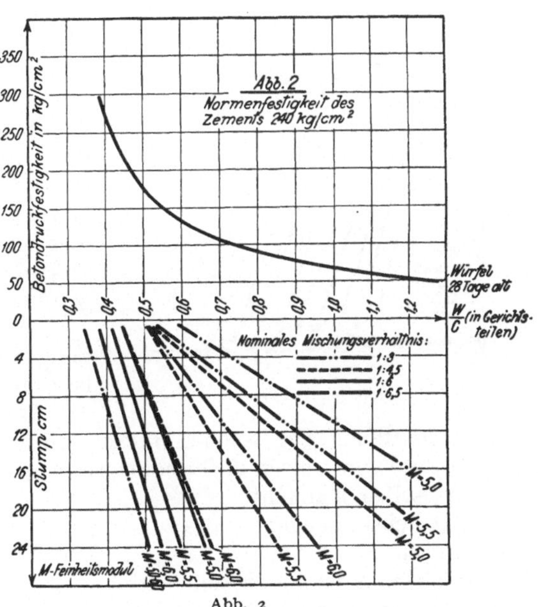



Abb. 2

Die Beziehung zwischen $R_7$, $R_{28}$ und $R_{42}$ für gewöhnliche Zemente wird durch die Formel (1) gegeben:

$$\left.\begin{array}{l} R_{28} = R_7 + 7\sqrt{R_7} \text{ kg/qcm} \\ R_{42} = R_7 + 9{,}7\sqrt{R_7} \text{ kg/qcm} \end{array}\right\} \quad \ldots \ldots \ldots \quad (1)$$

Die Gleichung der Grundkurve $R = f\left(\dfrac{W}{C}\right)$ für gewöhnlichen Zement (Normenfestigkeit $= 240$ kg/qcm) kann durch Formel (2) ausgedrückt werden:

$$(2) \quad \dots \dots \dots \dots \quad R_{\mathrm{Bet}} = \frac{R_{\mathrm{zem}}}{3{,}2\left(\dfrac{W}{C}\right)^{1{,}3}}$$

und für hochwertigen Zement durch Formel (3):

$$(3) \quad \dots \dots \dots \dots \quad R_{\mathrm{Bet}} = \frac{R_{\mathrm{zem}}}{3{,}5\left(\dfrac{W}{C}\right)^{1{,}5}}$$

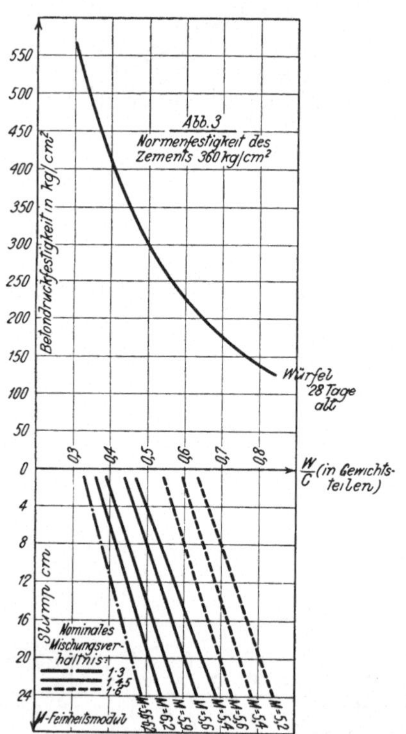


Abb. 3

Aus dem Vergleich mit der Formel von Professor GRAF

$$R = \frac{R_n}{8\left(\dfrac{W}{C}\right)^{2}}$$

ist zu sehen, daß die russischen Zemente mit $R_{Norm} = 240 - 250$ kg/qcm den deutschen Zementen mit $R_{Norm} = 350 - 600$ kg/qcm entsprechen, was durch den Unterschied in den Prüfungsmethoden erklärt werden kann.

4. Die in unserem Laboratorium ermittelten Kurven sind in die offiziellen Regierungsnormen für die Baukontrolle an den Baustellen eingeführt worden.

Zurzeit ist das Laboratorium mit der Ermittlung ähnlicher Kurven für russische Zemente verschiedener Normenfestigkeit beschäftigt.

Bei kleinen und mittelgroßen Bauten in der Union S. S. R. werden zurzeit gewöhnlich an der Baustelle Probewürfel hergestellt, seltener das Verfahren „Slump test" mit Wassermessung und Ermittlung der granulometrischen Zusammensetzung der Zuschlagstoffe durchgeführt.

Die vorläufige Prüfung des Zementes ist obligatorisch und wird in einem der Prüfungslaboratoriums der Union vorgenommen.

Die vorläufige Bestimmung der Betonzusammensetzung für solche Bauten wird, obgleich auch nicht in allen Fällen, entweder von unserem Laboratorium oder nach unseren Kurven von den Baustellen selbst gemacht.

Dabei sind gegeben: die zukünftige Betondruckfestigkeit im Alter von 28 Tagen, die durch die Arbeitsverhältnisse geforderte Konsistenz, in Kegelsetzmaß $S$ ausgedrückt und der Festigkeitsmodul $M$ des Gemisches der Zuschlagstoffe. Der letztere wird entsprechend der Siebanalyse gewählt, und zwar so, daß das Gemisch „workable" sei (innerhalb der Grenzen von 4,5 bis 6,0).

In Abb. 2 ist punktiert der Bestimmungsvorgang gezeigt: das verlangte $R_{28}$ bestimmt die Größe von $\dfrac{W}{C}$ (nach Gewicht), indem die gewählten $S$ und $M$ auf dem unteren Teil des Graphikons das notwendige Mischungsverhältnis $1 : m$ ergeben.

Nach den bekannten Feinheitsmoduli von Sand und Schotter, sowie auch ihres Gemisches (das obenerwähnte $M$) wird das Verhältnis von feinem und grobem Zuschlagstoff im eingerüttelten Standard-Zustande (konstantes Raumgewicht) bestimmt.

Durch Versuch an der Baustelle und im Laboratorium werden die von Feuchtigkeitsgehalt und Kornform abhängenden Übergangskoeffizienten für den Übergang vom Volumen im eingerüttelten Standard-Zustande zum Volumen im natürlichen Zustande ermittelt, was das Arbeitsmischungsverhältnis zu geben ermöglicht, d. h. das Verhältnis der Volumina von Zement und Sand und Schotter in lockerem Zustande.

An der Baustelle überwacht man die Größe des Wasserzementfaktors, indem das Wasser mit Hilfe einer Wasseruhr und der Zement nach Gewicht abgemessen wird, unmittelbar und mit Hilfe von „slump test", sowie auch die Veränderung der granulometrischen Zusammensetzung und der Größe der Übergangskoeffizienten, das Arbeitsmischungsverhältnis auf solche Weise verändernd, daß das Nominalmischungsverhältnis konstant bleibt.

Während des Arbeitsfortschrittes werden Kontrollwürfel hergestellt, die zur Prüfung in Laboratorien befördert werden.

In der Tafel 3 sind die Prüfungsergebnisse von Kontrollprobewürfeln mehrerer Baustellen, welche unsere Methodik der Bestimmung und Baukontrolle des Betons in vollem Umfange angewendet haben, angeführt:

Tafel 3

| Nr. der Baustellen | Vorläufige Bestimmung | | | Kontrolle | | | Alter der Probewürfel Tage |
|---|---|---|---|---|---|---|---|
| | Mischungsverhältnis | $\dfrac{W}{C}\,°/_0$ nach Volumen | $R_{28}$ kg/qcm | Arbeitsmischungsverhältnis an der Baustelle | $\dfrac{W}{C}\,°/_0$ nach Volumen | $R_{28}$ kg/qcm | |
| 1. | 1:2, 4:3,8 | 66 °/₀ $s = 3{-}4$ cm | 160 | 1:2, 4:3,8 | plastisch | 142 / 101 / 170 } 156 | 28 |
| 2. | 1:1, 6:3,3 | 65 °/₀ $s = 18$ cm | 110 | 1:1, 6:3,3 | 64 | 102 / 116 / 102 / 105 } 110 | 28 |
| 3. | 1:1, 6:3,0 | 60 °/₀ $s = 18$ cm | 130 | 1:1, 6:3,0 | 60 | 116 / 109 / 122 } 119 | 28 |
| 4. | 1:1, 6:3,0 | 60 °/₀ $s = 18$ cm | 130 | 1:1, 6:3,0 | 60 | 116 / 122 } 119 | 28 |
| 5. | 1:1, 8:3,3 | 70 °/₀ $s = 1{-}2,5$ cm | 180 | 1:1, 8:3,3 | plastisch | 202 / 176 } 189 | 28 |
| 6. | 1:1, 8:3,3 | 70 °/₀ $s = 1{-}2,5$ cm | 180 / $R_{42} = 200$ | 1:1, 8:3,3 | ,, | 204 / 184 } 194 | 42 |
| 7. | 1:1, 8:3,3 | 70 °/₀ $s = 1{-}2,5$ cm | 180 / $R_{42} = 200$ | 1:1, 8:3,3 | ,, | 193 / 218 } 205 | 42 |

Ausschließlich große Baustellen, wie z. B. „Dnieprostroy", richten am Bauplatz ein spezielles Laboratorium ein, in welchem, in Übereinstimmung mit der von uns ausgearbeiteten Methodik, die vorläufige Prüfung der Materialien für die Bestimmung der Zusammensetzung des Betons durchgeführt wird. Während des Arbeitsvorganges hat das örtliche Laboratorium das Recht der Kontrolle über der Betonherstellungsfabrik und macht alle Angaben hinsichtlich der Zusammensetzung des Betons.

## Professor KLEINLOGEL:

Als ich seinerzeit in der Zeitschrift „Beton und Eisen" 1926, H. 3, die bekannte Abhandlung „Die Gewährleistung der Güte der Ausführung" veröffentlichte, ist dieselbe zum Teil mit recht gemischten Gefühlen aufgenommen worden. Daß es aber durchaus notwendig war, den Finger auf einen offensichtlichen Mangel zu legen, ist seither durchaus bestätigt worden. Inzwischen hat der Deutsche Beton-Verein seine „Vorläufigen Leitsätze für die Baukontrolle im Eisenbetonbau" erlassen und vor wenigen Tagen ist die in vieler Hinsicht hochinteressante „Anweisung von Mörtel und Beton" der Deutschen Reichsbahn[1] erschienen, welche Schrift meinen Anregungen und Bestrebungen in weitgehendstem Maße gerecht wird. Daß auf diesem Gebiet noch reichlich viel zu tun ist, hat u. a. auch das in „Beton und Eisen" 1928, H. 6 u. 8, veröffentlichte Ergebnis einer Rundfrage bei den bedeutendsten Baupolizeiämtern Deutschlands über die bisherigen Erfahrungen mit der Baukontrolle ergeben. Immerhin ist die bisherige Entwicklung in jeder Beziehung erfreulich und die entstandene Bewegung verspricht, sich entschieden zum Segen der Eisenbetonbauweise auszubreiten.

Die Ansicht von Herrn Dr. GESSNER-Prag, daß man den Zement auf der Baustelle nicht noch einmal untersuchen soll, kann ich nicht teilen. Die Zementwerke verlangen dies ja selbst (Mängelrüge) und außerdem lehrt die Erfahrung, daß die Beschaffenheit der Zemente auch bei Lieferungen von demselben Werk mitunter eine schwankende ist. Außerdem ist die Untersuchung des Zements verhältnismäßig einfach und da von der Güte des Bindemittels doch alles weitere abhängt, so sollte man dies nicht als nebensächlich hinstellen.

Was die Äußerung des Herrn BORTSCH-Graz anbetrifft, so wäre zu empfehlen, daß die Baupolizeiämter mit besonderen Beamten ausgerüstet werden, welche insbesondere die Durchführung der Baukontrolle beaufsichtigten und auch selbst auf diesem Gebiet ausgebildet werden. Es ist ganz richtig, daß bei manchen Unternehmern noch eine ausgesprochene Gegnerschaft gegen die Baukontrolle besteht, die aber durch geeignete Kurse und Ausbildung der Ingenieure und Techniker, nicht zuletzt aber auch der Poliere, überwunden werden muß.

An dem Beispiel der Firma Pittel & Brausewetter sieht man mit Befriedigung, wie sehr sich diese Firma der Baukontrolle schon angenommen hat und namentlich ist wichtig zu hören, daß die Firma dadurch auch ausgesprochene wirtschaftliche Vorteile erzielt hat.

Wie sehr übrigens die Herstellung eines guten Betons wirtschaftlich belohnt wird, ergibt sich mit am besten aus dem soeben erschienenen ausgezeichneten Buche von Dr.-Ing. OLSEN „Die wirtschaftliche und konstruktive Bedeutung höher zulässiger Spannungen im Eisenbetonbau" (Verlag Wilh. Ernst & Sohn, Berlin) — ein Buch, das für die Durchführung der Baukontrolle einen neuen Ansporn gibt.

Was ich mit dem „Edelkies" meinte, ist vielleicht nicht ganz richtig verstanden worden. Auf Grund der heute vorliegenden Erkenntnisse der Eigenart der Zuschlagstoffe dürfte es nicht schwer halten, für jede Gegend bzw. für jedes Vorkommen die für bestimmte Zwecke geeignetste Kornzusammensetzung festzustellen und die

---

[1] Verlag Wilhelm Ernst & Sohn, Berlin 1928.

Kieslieferanten zu veranlassen, diesen „Edelkies" bereitzuhalten. So gut Zement, Eisen und Holz in, im großen und ganzen gleichbleibender Beschaffenheit geliefert wird, ebenso gut dürfte es möglich sein, die Zuschlagstoffe in anerkannt guter und zweckmäßiger Kornzusammensetzung vorrätig zu halten. Man muß nur dabei grundsätzlich bedenken, daß es sich hier um die Ausschaltung eines ganz großen Unsicherheitsfaktors handelt, und daß die Herstellung eines guten Betons bei Verwendung von Edelkies viel eher gewährleistet erscheint. Es bleibt dann natürlich noch genug übrig, um trotzdem einen schlechten Beton zu erzeugen (Wasserzusatz, Nachbehandlung, Mischmaschine), jedoch wäre auf diese Weise ein weiterer erheblicher Fortschritt in der Gewährleistung der Güte der Ausführung erzielt. Man soll nicht einwenden, daß etwas derartiges nicht für alle Teile eines Landes durchführbar ist. Es ist nicht logisch, daß gewisse Gegenden auf etwas Besseres verzichten sollen, weil in anderen Teilen die Durchführung dieses Besseren nicht ohne weiteres möglich ist.

Alles in allem genommen, sind doch jetzt schon überall recht erfreuliche Anläufe und Fortschritte zu erkennen, die um so notwendiger erscheinen, als in jeder Beziehung die Ansprüche an Material und Konstruktion immer höher geschraubt werden. Ich darf daher zu meiner Befriedigung feststellen: *Die Baukontrolle marschiert!*

# C₄

## Die Rissebildung bei Beton- und Eisenbetonkonstruktionen unter besonderer Berücksichtigung des Einflusses wiederholter Belastungen

### Von E. Probst, Karlsruhe i. B.

Wenn man von Rissebildung bei Beton- und Eisenbetonbauwerken spricht, so denkt man in erster Linie an diejenigen Risse, die unter Umständen den Ausgangspunkt für Rostbildungen an den Eiseneinlagen mit den unerwünschten Folgeerscheinungen bilden können.

Bei unbewehrten Betonbalken, die durch Biegungsmomente beansprucht werden, wird nach Überschreiten der Spannungsgrenze für Biegungszug das Gefüge im stärkst beanspruchten Querschnitte vollständig getrennt. Rißbildung ist hier gleichbedeutend mit Bruch.

Wird der Balken in der Zugzone durch Eiseneinlagen bewehrt, so entsteht im gefährlichen Querschnitt in der Nähe der Bruchlast des unbewehrten Balkens eine Trennung des Gefüges in denjenigen Fasern, die die Spannungsgrenze erreicht haben, also am Rande des auf Zug beanspruchten Betonquerschnittes. Die Eiseneinlagen verhindern die Erweiterung und Verlängerung der Risse um so erfolgreicher, je besser sie über den Zugquerschnitt verteilt sind.

Es gab eine Zeit, wo man sich scheute, von Rissen bei Eisenbetonträgern zu sprechen, wo man Risse infolge von irgendwelchen Kraftwirkungen als Haarrisse bezeichnete, die sie gar nicht waren.

Eine größere Zahl von Untersuchungen beschäftigte sich daher mit der Entstehung und dem Verlauf von Rissen unter der Wirkung einer *einmalig* oder *wenig oft* aufgebrachten *Belastung*. Ich verweise auf die Arbeiten von BACH, KLEINLOGEL, SCHÜLE und meine eigenen Arbeiten, die sich zugleich mit Riß- und Rostbildung befaßten. (Siehe den I. Band meiner „Vorlesungen über Eisenbeton".)

Auf Grund dieser Untersuchungen mit *einfachen* Belastungen darf angenommen werden, daß in gut durchgebildeten Eisenbetonkonstruktionen die bei Beanspruchung durch Biegungsmomente auftretenden Risse unter folgenden Voraussetzungen Rostangriffe auf die Eiseneinlagen *nicht* erwarten lassen:

a) Die Zugspannungen in den Eiseneinlagen müssen unterhalb der Elastizitätsgrenze und die bleibenden Verkürzungen in dem auf Druck beanspruchten Beton verschwindend klein sein. Diese Forderung wird erfüllt, wenn die heute allgemein üblichen zulässigen Spannungen von 1200 kg/qcm für Eisen und 40 bis 60 kg/qcm für Beton auf Druck nicht überschritten werden. Die auftretenden Risse sind in diesem Falle sehr fein und kurz und schließen sich beim Entlasten nahezu vollkommen.

b) Der auf Zug beanspruchte Beton muß möglichst dicht sein und die Eiseneinlagen gut umhüllen, deren Einbettungstiefe nicht zu klein sein soll.

c) Da die Anschlußstellen der Bügel an die Längseisen Rißbildung fördern, sollen möglichst wenig Bügel an denjenigen Querschnitten vorgesehen werden, die vorwiegend durch Biegungsmomente beansprucht werden.

Bei Bauwerken, wie z. B. Eisenbahntragwerken, die *häufig wiederholten Belastungen* und Stoßkräften ausgesetzt sind, hat man geglaubt, durch eine starke Herabsetzung der zulässigen Eisenspannungen die Rißbildungen im Betonzugteil günstig beeinflussen und damit die Sicherheit gegen ein eventuelles Rosten der Eiseneinlagen vergrößern zu können. Diese Annahme kann nicht befriedigen und kann nur solange als Notbehelf gelten, als man über die plastischen Deformationen, wie sie bei Eisenbeton auftreten, nicht mehr weiß als bisher.

Schon vor zwanzig Jahren wurde bei der Berliner Eisenbahndirektion zum ersten Male versucht, die Wirkung wiederholter Belastung auf die Riß- und Rostbildung bei Eisenbetonträgern zu klären. Die Beanspruchung der im Beton nur 6 mm tief eingebetteten Eiseneinlagen bis an die Elastizitätsgrenze allein machte weitergehende Schlußfolgerungen unmöglich.

Versuche des Deutschen Ausschusses für Eisenbeton in Dresden (1914 bis 1920) waren dazu bestimmt, das Verhalten von Eisenbetonbalken unter häufig wiederholten Belastungen zu beobachten. Gleichzeitig wurden Rostbildungen an Eisenbetonbalken studiert, die Wasser- und Rauchangriffen ausgesetzt waren. Die erste Serie wurde aus erdfeuchtem Beton, die zweite Serie aus plastischem Beton hergestellt. Erstere wurde abgebrochen, da sich das Material allzusehr von dem in der Praxis verwendeten unterschied. Der zweite Teil konnte nicht im erwünschten Maße zur Klärung des Problems verwertet werden, da die Wirkung der verschiedenen Einflüsse nicht streng getrennt war. Zudem waren Feinmessungen nicht vorgesehen, wie sie zur Beurteilung des elastischen Verhaltens unbedingt erforderlich sind.

Die Fragen, die ich den in meinem Institut im Jahre 1920 eingeleiteten Untersuchungen über den Einfluß häufig wiederholter Belastungen und Entlastungen auf die Sicherheit von Eisenbetonkonstruktionen vorausschickte, lauten folgendermaßen:

Wie ändern sich die elastischen Eigenschaften eines Eisenbetonbalkens bei häufig wiederholten Belastungen und Entlastungen? Welche plastischen Deformationen treten ein, und wie ändert sich die Spannungsverteilung und die Rissebildung?

Zur Beantwortung dieser Fragen war es notwendig, schrittweise vorzugehen. Handelte es sich doch im Gegensatz zu Eisenkonstruktionen um die Beantwortung von folgenden drei Teilfragen, die das Ergebnis beeinflussen:

1. Wie verhält sich der auf *Druck* beanspruchte Betonquerschnitt bei häufig wiederholten Belastungen?

2. Welche Veränderungen treten bei dem auf *Biegungszug* beanspruchten Querschnittsteil auf?

3. Wie äußern sich die Formänderungen der Eiseneinlagen bei der *Rißbildung*?

Da es sich um grundsätzliche Beobachtungen handelte, wurden bei allen Untersuchungen die gleichen Voraussetzungen geschaffen.

Der Beton wurde bei allen Reihen in einer Zusammensetzung, wie sie bei schwachen Eisenbetonquerschnitten angenommen werden muß, hergestellt. Seine Zusammensetzung war rund 37 v. H. Sand und 63 v. H. Kies bis zu einem größten Korn von 25 mm mit etwa 300 kg Zement auf 1 cbm Beton bei einem Wasserzementfaktor von rund 0,6, der einer plastischen Verarbeitung entspricht. Der Eisengehalt der Eisenbetonbalken betrug 0,8% (siehe Abb. 1).

In keinem Falle wurden die Spannungen nach irgendwelchen Berechnungsmethoden ermittelt; sie wurden direkt aus den Feinmessungen abgeleitet.

Der *erste Teil* der Untersuchungen wurde von meinem früheren Assistenten Dr. MEHMEL[1] bearbeitet und veröffentlicht. Die wesentlichsten Ergebnisse lassen sich in folgenden Sätzen zusammenfassen:

Die *Arbeitsfestigkeit* beträgt etwa 0,5 der Prismendruckfestigkeit. Unterhalb der Arbeitsfestigkeit tritt Beharrung ein, erst der federnden, dann der bleibenden Längenänderungen. Der Elastizitätsmodul, sonst mit der Spannung veränderlich, wird bis zu einer Spannung, die höher liegt als die, mit der wiederholt belastet wurde, konstant. Oberhalb der Arbeitsfestigkeit treten starke plastische Deformationen auf, bis schließlich der Bruch erfolgt.

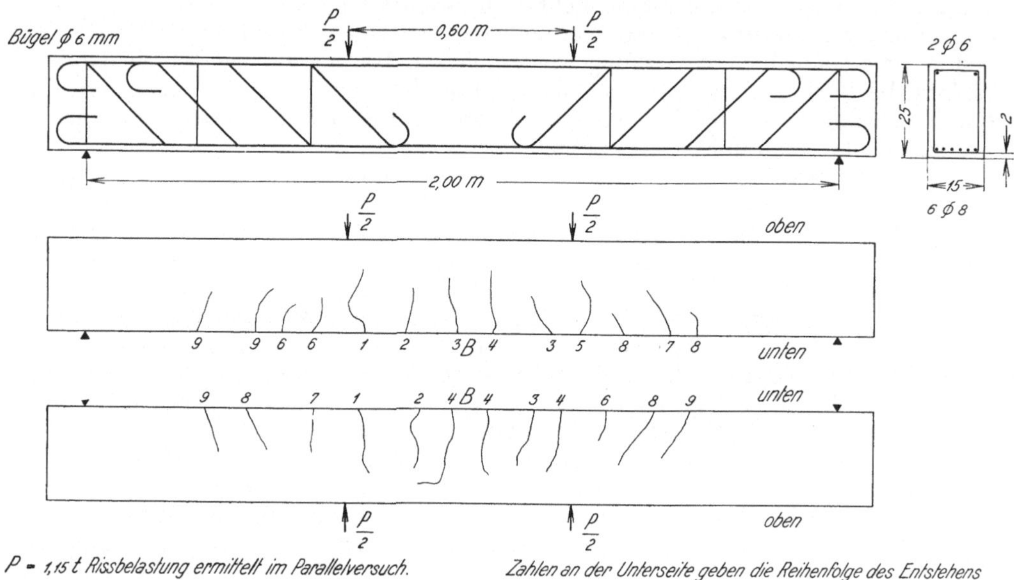


Abb. 1

Dieser Teil der Untersuchungen wurde auf einer für den besonderen Zweck konstruierten 10-t-Maschine durchgeführt. Die dabei gesammelten Betriebserfahrungen wurden beim Bau der 50-t-Maschine verwertet, die neben der 10-t-Maschine für die weiteren Untersuchungen gebaut wurde.

Die Hubhöhe wurde von 1 mm bei der 10-t-Maschine auf 5 mm bei der 50-t-Maschine erhöht und der Bereich der Hubzahlen wurde auf 20 bis 180 in der Minute ausgedehnt. Das erforderliche stoßfreie Arbeiten sowie die Parallelverschiebung des Biegetisches wurden in höherem Maße gesichert.

(Nähere Angaben über die Konstruktion der beiden Maschinen sind in meinen bisherigen Veröffentlichungen über das ganze Problem enthalten.)

Der *zweite* und der *dritte* Teil des Problems wurde zusammengefaßt, da sie eng miteinander verquickt sind.

---

[1] MEHMEL: Untersuchungen über den Einfluß häufig wiederholter Druckbeanspruchungen auf Druckelastizität und Druckfestigkeit von Beton. Mitteilungen des Instituts für Beton und Eisenbeton a. d. Techn. Hochschule Karlsruhe. Berlin: J. Springer. 1926.

Während die von MEHMEL untersuchten Prismen einen Querschnitt von 7 × 7 cm aufweisen und in einem Alter von über sechs Monaten geprüft wurden, konnten bei dem zweiten Teil der Untersuchungen infolge der gesteigerten Höchstlast der Maschine Betonprismen von größeren Querschnittsabmessungen 20 × 20 cm untersucht werden. Damit sollte neben der Ermittlung der $\sigma$—$\varepsilon$-Kurve für Druck gleichzeitig eine Nachprüfung des ersten Teiles der Untersuchungen an einem jüngeren Beton verbunden werden. Das Alter wurde unter Anpassung an die Bedürfnisse der Praxis auf 60 Tage festgelegt.

An *unbewehrten* Balken der gleichen Art wie die Eisenbetonbalken wurden Biegungszugspannungen und -festigkeit ermittelt.

Die Bedeutung der Volumenänderungen des Betons beim Erhärten für die Rißbildung führte zu Paralleluntersuchungen, die zur Feststellung der durch Schwinden entstehenden Spannungen dienen sollten.

Auf die Einzelheiten der durchgeführten Messungen und Beobachtungen einzugehen, würde den Rahmen dieses Vortrages überschreiten. Ich verweise diesbezüglich auf die nunmehr fertiggestellte Arbeit meines Assistenten, Herrn Dipl. Ing. HEIM, deren Veröffentlichung vorbereitet wird.

Es sei nur darauf hingewiesen, daß der größte Wert auf die Beobachtung der *Entstehung* und des *Verlaufes* der *Risse* unter häufig wiederholten Lastwechseln gelegt wurde. Die Vorrichtungen, die zum Messen der Risse dienten, waren neben den für die Messung der Längenänderungen ausgewählten Spiegelapparaten eine für den Zweck besonders gebaute *Statiflupe*, da sich die Unbrauchbarkeit von Mikrometermessungen ergeben hatte. Die Schwindmessungen erfolgten mit Hilfe von Tensometern, die nach verschiedenen Voruntersuchungen als brauchbar befunden wurden.

Die *Untersuchungen* an den *Eisenbetonbalken* erstreckten sich über verschiedene Stadien:

*Unterhalb* der *ersten Risse*, deren Entstehen durch besondere Voruntersuchungen ermittelt wurde, wurden zwei Belastungsstadien gewählt, die halbe und dreiviertel der statischen Rißlast, um möglichst nahe an die Rißbelastung zu gelangen.

Das *zweite* Stadium nach dem Auftreten der ersten Risse entsprach Druckspannungen im Beton von rund 40 kg/qcm und den Zugspannungen im Eisen von 1200 kg/qcm.

Das *dritte* Stadium entsprach einem Belastungszustand, bei dem die Zugspannungen im Eisen nahezu 2000 kg/qcm waren. Die Rißbildung war bereits erheblich vorgeschritten, sowohl in der *Weite* als auch in der *Länge*, deren Veränderungen auf das Genaueste beobachtet wurden.

Die Anzahl der Lastwechsel wurde auf eine Million für jedes Stadium begrenzt.

Die Ergebnisse der Untersuchungen von *Betonprismen* unter zentrischem Druck bestätigen die MEHMELschen Ergebnisse insoweit, als das jüngere Alter des Betons nicht ein anderes Verhalten erwarten ließ. Während die federnden Längenänderungen bald einen Beharrungszustand erreichen, haben die *bleibenden* bis zu einer Million Belastung dauernd *zugenommen* sowohl bei Dauerbetrieb wie bei Eintritt von Pausen. Bei hohen Belastungen scheint sich ein Beharrungszustand anzubahnen. Eine weitere Aufklärung dieser Frage wird durch Wiederholung der jetzigen Untersuchungen in einem späteren Alter angestrebt.

Die Ergebnisse der Untersuchungen auf Biegung an *reinen Beton*balken lehren, daß eine Arbeitsfestigkeit bei etwa 0,40 der Biegungszugfestigkeit angenommen werden kann. Zu beachten ist, daß kein wesentlicher Unterschied in der Biegungszugfestigkeit festzustellen war bei Belastungen durch eine Last in der Mitte oder bei zwei Lasten symmetrisch zur Mitte. Es scheint, daß hier keine plastischen Deformationen in dem Maße wie in der Druckzone auftreten. Während die Biegungszugfestigkeit bei der statischen Untersuchung rund 38 kg/qcm betrug, trat der Bruch des unbewehrten Balkens nach 280000 bis 500000 Lastwechseln bei einer Biegungszugfestigkeit ein, die mit 16,4 kg ermittelt wurde.

Die bisherigen Ergebnisse der Untersuchungen an *Eisenbetonbalken* können folgendermaßen zusammengefaßt werden:

Schon bei der halben Höhe der statischen Rißbelastung traten bei häufig wiederholten Belastungen innerhalb der Strecke der größten Biegungsmomente in einem Falle Risse auf. Bei dreiviertel der statischen Belastung führten die wiederholten Belastungen immer neue Risse herbei, die sich bis zu einem gewissen Beharrungszustand änderten, wie dies in Abb. 1 zu ersehen ist.

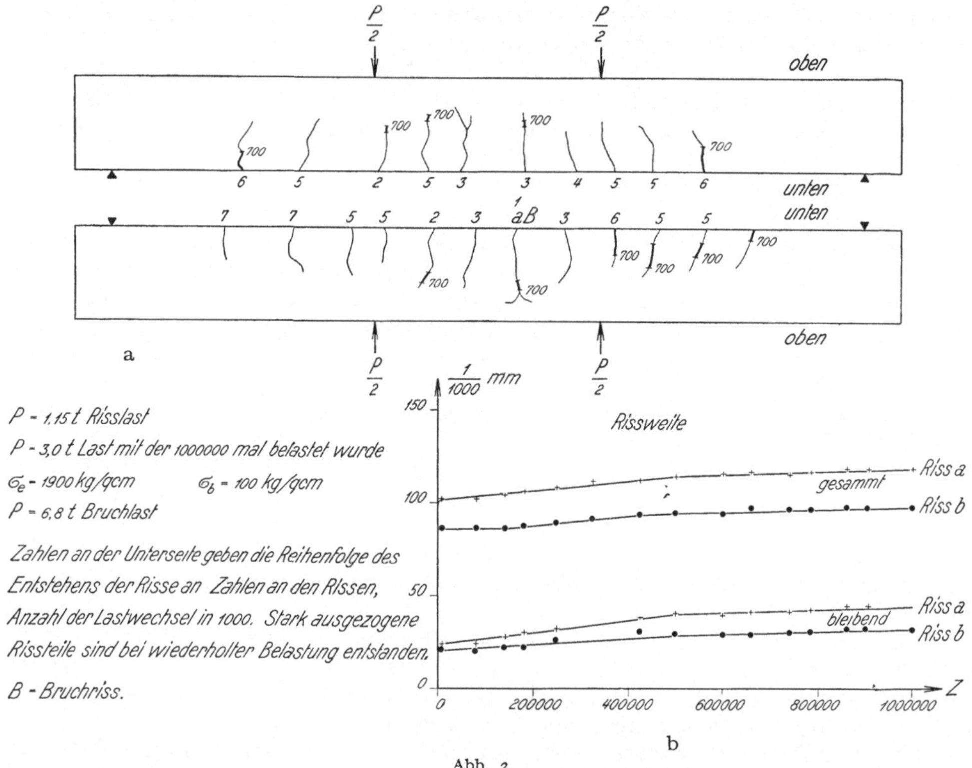


Abb. 2

*Oberhalb* der *Rißbelastung* bei einer Spannung im Eisen von rund 1220 kg/qcm, der eine Biegungsdruckspannung im Beton von 45 kg/qcm entsprach, trat in der *Rißweite* bald Beharrung ein. Die sehr kleinen Änderungen der Rißweiten erklären sich aus der plastischen Deformation in der Druckzone.

Bei einer Belastung, der eine Spannung im Eisen von 1900 kg/qcm und ein $\sigma_{bd}$ von 105 kg/qcm entspricht, erreichen die Risse schließlich auch einen Beharrungszustand. (Siehe Abb. 2a.)

Abb. 2b zeigt, daß die Linie der Rißweiten nach mehreren 100000 Hüben einen Knick aufweist, und daß von da ab die bleibenden Rißweiten kaum zunehmen. Die *Zunahme* sowohl der totalen wie der bleibenden *Rißweiten* ist aus der Schaulinie zu erkennen. Die gesamte Breite des größten Risses beträgt 0,12 mm, davon 0,04 mm bleibend, so daß die *federnde* Breite nach einer Million Hüben nach Eintritt eines Beharrungszustandes 0,08 mm beträgt.

Nach einer Million Lastwechsel kehren die Risse wieder in ihren Anfangszustand zurück, sie *atmen*. Allerdings ist das Verhältnis der bleibenden zur gesamten Rißweite etwas ungünstiger geworden.

Von Interesse ist ein Vergleich der aus den Messungen direkt ermittelten Spannungen im Beton und im Eisen mit denjenigen nach den üblichen Berechnungsmethoden.

Bei einem Belastungszustand von $P = 1150$ kg betrug die aus den Messungen sich ergebende Zugspannung im Beton $\sigma_{bz} = 24{,}5$ kg/qcm, die nach der Berechnung mit 16,4 kg ermittelt wurde.

Bei einem Belastungszustand von $P = 1800$ kg, dem aus der Messung $\sigma_{bd}/\sigma_e =$ $= 45/1220$ kg/qcm entsprachen, ergab die Rechnung 61/1160 (mit $n = 10$) und 54/1180 (mit $n = 15$).

Für $P = 3000$ kg ergab sich aus den Messungen $\sigma_{bd}/\sigma_e = 105/1900$. Die berechneten Werte waren 99/1860 bei $n = 10$ und 87/1910 bei $n = 15$.

Die *gemessenen* höheren Spannungen im Eisen berücksichtigen die durch das Schwinden des Betons hervorgerufenen Anfangsspannungen.

Die *Biegungsdruck*spannungen beim Bruch, die direkt aus den Untersuchungen abgeleitet wurden, ergaben sich mit rund 200 kg/qcm, weit unterhalb der Biegungsdruckfestigkeit des Betons, was auch beabsichtigt war. Der Bruch sollte an der Überwindung der Streckgrenze der Eiseneinlage erfolgen, wie dies auch in allen Fällen eingetreten ist.

Die bisherigen Untersuchungen, die fortgesetzt werden, zeigen als *wesentliches Ergebnis*, daß durch die *häufig wiederholten Lastwechsel in keinem Falle die Bruchlast verändert* wurde. Sie ist in allen Fällen gleichgeblieben.

Unter dem Einflusse von Biegungsmomenten entstehen schon bei sehr niedrigen Spannungen im Eisen bei Eisenbetonträgern Risse.

Der *Verlauf* der *Rißbildung* lehrt, daß unterhalb der Elastizitätsgrenze des Eisens die Rißweiten nur sehr klein sind. Bis zu Spannungen $\sigma_{bd}/\sigma_e = 100/2000$ trat in den *bleibenden Rißweiten* nach der Entlastung ein *Beharrungszustand* noch vor Abschluß der mit einer Million begrenzten Belastungen ein. Die vorhandenen Risse *atmeten* selbst nach einer Million Belastung noch, d. h. sie schlossen sich nach der Entlastung fast vollständig.

## Diskussion

Dozent Ing. Dr. S. Heidinger, Graz:

Zahlreich sind die Versuche mit Eisenbetonbalken zur Klärung des inneren Kräftespieles, deren Auswertung durch Professor Mörsch[1] zu dem Ergebnis führt, daß die Biegezugspannung nach Stadium I mit $n = 15$ berechnet, uns ein Bild von der Rißgefahr im Vergleich mit der Biegezugfestigkeit des unbewehrten Betonbalkens bietet. Außer der Biegezugspannung $\sigma_{bz}$ ermittelt aus den Schnittkräften, ergibt sich noch ein Beitrag $^s\sigma_{bz}$ aus dem Schwinden, deren Größe nach Mörsch[2] sich abschätzen läßt. Die Summe beider ist für die Rissegefahr entscheidend.

Da heute allgemein mit gerissener Zugzone dimensioniert wird, ist die Größe der Biegezugspannung für zusammengehörende Werte $\sigma_b$ und $\sigma_e$, die der Dimensionierung zu Grunde gelegt werden, von Interesse. Die beiden Tafeln I und II geben darüber Aufschluß für Rechteckbalken[3].

Aus der errechneten Biegezugspannung, wobei für Schwinden $\varepsilon = 0{,}15 \cdot 10^{-3}$ angenommen wurde, können folgende Schlüsse gezogen werden:

---

[1] „Der Eisenbetonbau". I/1. 5. Aufl., S. 362 u. ff., S. 466 u. ff.

[2] A. a. O. S. 375 u. ff.

[3] Für Biegung hat Mörsch die Berechnung von $\sigma_{bz}$ gezeigt; a. a. O. S. 311 u. ff. Für Biegung und Achsialdruck habe ich die Beziehungen aufgestellt.

1. Die Rißgefahr ist um so größer, je höher der Prozentsatz der Eisen bezogen auf den Gesamtquerschnitt ist.

2. Bei gleichbleibendem $\sigma_e$ steigt mit zunehmendem $\sigma_b$ die Rißgefahr.

3. Bei gleichbleibendem $\sigma_b$ sinkt die Rißgefahr mit zunehmendem $\sigma_e$.

4. Bei gleichbleibendem Verhältnis $\sigma_e/\sigma_b$ steigt mit zunehmendem $\sigma_e$ die Rißgefahr.

5. Auf gleichen Spannungsstufen ist die Rißgefahr bei Biegung mit Achsialdruck geringer als bei reiner Biegung, um so mehr, je kleiner der Abstand der Druckkraft vom Zugeisen ist.

6. Die Rißsicherheit erfordert einen Beton, der hochwertiger ist, als er nur im Hinblick auf die Standsicherheit der Bauwerke nötig wäre.

Für die Planung der Bauwerke ergeben sich daraus folgende Leitsätze:

1. Gedrückte Konstruktionshöhen sind zu vermeiden. Sie sind die Ursache von hohem Prozentgehalt an Eisen. Sind sie durch die Verhältnisse nicht zu vermeiden, dann entlaste man die gefährdeten Stellen durch die Wahl des statisch unbestimmten Systems und der Querschnittsverhältnisse. Konstruktionen, deren Achsbild wenig von der Drucklinie abweicht, sind am günstigsten.

2. Druckbewehrung und höhere Eisenzugspannung werden bei gedrückten Konstruktionshöhen vielfach zweckmäßiger sein, wie Erhöhung von $\sigma_b$ und Herabsetzung von $\sigma_e$. Die Biegezugspannungen aus den Schnittkräften und Schwinden werden dadurch kleiner.

3. Hohe Eisen- und kleine Betondruckspannungen sind für die Rißsicherheit günstig.

4. Wirken auf Plattenbalken negative Momente, ist also die Platte auf der Zugseite, dann sind im allgemeinen auch höhere Betondruckspannungen zulässig.[1]

5. Die Zugeisen sind entsprechend weit zu verlegen.

6. Zur Nutzhöhe des Querschnittes ist für eine ausreichende Deckung der Zugeisen ein entsprechender Zuschlag empfehlenswert.

7. Das Bauwerk zergliedere man so, daß eine möglichst zutreffende Berechnung der Schnittkräfte möglichst ist.

Bei der Bauausführung sind nachstehende Gesichtspunkte einzuhalten:

1. Die notwendige Betonfestigkeit ist durch geeignete Wahl der Zuschlagstoffe und des Wasserzusatzes und nicht durch reichliche Verwendung von Zement anzustreben.

2. Man verwende Beton mit geringem Schwindmaß.

3. Das Ausschalen ist nicht früher vorzunehmen als der Beton die nötige Festigkeit hat, um Eigenlast und sofort auftretende Nutzlasten rissesicher zu tragen. Wichtig sind die Notsteifen unter den Rippen von Plattenbalken.

4. Der Beton ist lange Zeit feucht zu halten.

5. Die Nutzlast soll erst dann aufgebracht werden, wenn der Beton die nötige Festigkeit erreicht hat. Statt übermäßiger Probebelastungen besser Baukontrolle.

Von großem Einfluß auf die Rissesicherheit ist sicher das Verhältnis der größten zur dauernden Betonzugspannung, wodurch der Begriff der Arbeitsfestigkeit an Bedeutung gewinnt. Die von Prof. PROBST in seinem Referat angegebene Verhältniszahl von 0,4 zwischen Biegezugfestigkeit und Arbeitsfestigkeit ist für Eisenbetonbauten im allgemeinen wohl zu ungünstig, da er sie bei einem Verhältnis $\frac{\max M}{\min M} = 5{,}5$ gefunden hat, während bei Eisenbetonbauten das Verhältnis wohl meist günstiger ist. Es wäre zu wünschen, daß die Versuche nach der Richtung kleinerer Verhältniszahlen ausgedehnt würden.

---

[1] D. A. f. E. Heft 38. MÖRSCH, a. a. O. S. 368.

Tafel I

| $\sigma_b$ kg/qcm | $\sigma_e$ kg/qcm | $r = \dfrac{h}{\sqrt{\dfrac{M}{b}}}$ | $\mu = \dfrac{F_e}{b.d}$ | $\sigma_{bz}$ kg/qcm | $^s\sigma_{bz}$ | $\Sigma\,\sigma_{bz}$ | $h$ |
|---|---|---|---|---|---|---|---|
| 40 | 1500 | 0,44 | 0,00342 | 22,1 | 3,1 | 25,2 | 0,9 $d$ |
| 50 | | 0,367 | 0,005 | 30,0 | 4,4 | 34,4 | |
| 60 | | 0,319 | 0,00674 | 37,6 | 5,6 | 43,2 | |
| 70 | | 0,284 | 0,00861 | 44,8 | 6,7 | 51,5 | |
| 40 | 1200 | 0,411 | 0,005 | 24,0 | 4,4 | 28,4 | |
| 50 | | 0,345 | 0,00722 | 31,5 | 5,9 | 37,4 | |
| 60 | | 0,301 | 0,00965 | 38,8 | 7,3 | 46,1 | |
| 70 | | 0,269 | 0,0122 | 45,2 | 8,5 | 53,7 | |
| 35 | 1000 | 0,433 | 0,00542 | 21,2 | 4,7 | 25,9 | |
| 40 | | 0,390 | 0,00674 | 25,1 | 5,6 | 30,7 | |
| 45 | | 0,357 | 0,00816 | 28,9 | 6,4 | 35,3 | |
| 40 | 800 | 0,369 | 0,00965 | 25,9 | 7,3 | 33,2 | |
| 43 | 1000 | 0,369 | 0,0076 | 27,4 | 6,1 | 33,5 | |
| 46 | 1200 | 0,368 | 0,0063 | 28,7 | 5,3 | 34,0 | |
| 40 | 1200 | | 0,00526 | 25,3 | 4,8 | 30,1 | 0,95 $d$ |
| 50 | | | 0,00762 | 33,1 | 6,4 | 39,5 | |
| 60 | | | 0,0102 | 39,8 | 7,8 | 47,6 | |
| 70 | | | 0,0129 | 45,6 | 9,0 | 54,6 | |
| 40 | 1000 | | 0,00715 | 26,2 | 6,1 | 32,3 | |
| 40 | 800 | | 0,0102 | 26,5 | 7,8 | 34,3 | |

Tafel II

| $\sigma_b$ | $\sigma_e$ | $\dfrac{M_e}{N}$ | $\mu$ | $\sigma_{bz}$ | $^s\sigma_{bz}$ | $\Sigma\sigma_{bz}$ | $h$ |
|---|---|---|---|---|---|---|---|
| 50 | 1200 | 5 $d$ | 0,00608 | 29,1 | 5,2 | 34,3 | 0,9 $d$ |
| | | 10 $d$ | 0,00665 | 30,4 | 5,6 | 36,0 | |
| 70 | 1200 | 5 $d$ | 0,01039 | 42,2 | 7,7 | 49,9 | |
| | | 10 $d$ | 0,0113 | 43,9 | 8,1 | 52,0 | |

Da die Rissesicherheit der Eisenbetonbauten, zweckentsprechende Planung vorausgesetzt, in erster Linie eine Materialfrage ist, so ist diesem Umstande besonders Rechnung zu tragen. Die Richtlinien für die Baustoffeigenschaften des

Betons sind durch zahlreiche Versuche geklärt. Dabei hat sich ergeben, daß die Zementmarke und Zuschlagstoffe großen Einfluß auf die zahlenmäßigen Ergebnisse haben. Es wäre daher im Interesse des Betonbaues dringendst zu wünschen, daß durch Versuche für örtlich zusammenhängende Baugebiete die entsprechenden Zahlenwerte ermittelt würden.

Da Risse in den Rippen von Plattenbalken mit Sicherheit nicht zu vermeiden sind, wären sie in besonders gefährdeten Fällen mit einem elastischen Schutzanstrich zu versehen, dessen Vervollkommnung eine schöne Aufgabe für die Baustoffindustrie wäre.

## Dozent Ing. Dr. J. KREBITZ, Graz:

Die Forschungsergebnisse über den Einfluß der wiederholten Belastungen auf die Rißbildung werden bei entsprechender Berücksichtigung des Verhältnisses von Dauer- und vorübergehender Last, sowie der durch letztere wegen der Stoßwirkung hervorgerufenen Mehrbeanspruchung dem entwerfenden Ingenieur die Mittel an die Hand geben, ein Eisenbeton-Tragwerk so zu gestalten und zu bewehren, daß für den Bestand gefährliche, durch die Belastung allein verursachte Risse vermieden werden. Risse in ausgeführten Bauwerken sind aber nicht nur auf die Belastung einschließlich des Wärme- und Schwindeinflusses zurückzuführen, sondern zumeist auf das Zusammenwirken der durch die Belastung hervorgerufenen Beanspruchungen mit Vorspannungen, die durch die Art der Herstellung bedingt sind, wenn nicht auf letztere allein. Solche Vorspannungen entstehen durch verschiedenartiges Schwinden zeitlich getrennt hergestellter Teile eines einheitlich gestalteten Bauwerkes oder auch durch die Formänderung der Schalungsgerüste. Die Folgen beider Ursachen kommen gar nicht in Frage, wenn es sich um kleinere Tragwerke oder in sich geschlossene Tragwerksteile handelt, die leicht in einem Zuge und in so kurzer Zeit hergestellt werden können, daß der erstverwendete Beton noch plastisch ist, wenn der letzte eingebracht wird, sie können bei größeren Abmessungen vermieden werden, wenn das im fertigen Zustande in sich geschlossene Tragwerk für die Ausführung durch nur gedrückte Schnitte sich so unterteilen läßt, daß eine getrennte Herstellung der Teilstücke möglich ist, ohne daß Vorspannungen verursacht werden. Bei vielen, namentlich den vorwiegend auf Biegung beanspruchten Tragwerksformen ist eine solche Trennung gar nicht oder nur beschränkt möglich. Sollen solche Tragformen auch bei größeren Abmessungen ohne rissegefährliche Vorspannungen ausgeführt werden, so muß der Vorgang bei der Herstellung schon im Entwurfe sorgfältig überdacht und in der zeitlichen Aufeinanderfolge so festgelegt werden, daß schon erhärtender Beton keine durch Schwinden oder durch Setzungen der Gerüste bedingten nachteiligen Formänderungen mehr erfährt. Grundlegend ist hiebei die richtige Erfassung der Zeitdauer, nach welcher eingebrachter Beton die durch den Arbeitsvorgang notwendigen Dehnungen noch plastisch mitmachen kann. Hierüber geeignete Untersuchungen anzustellen, erscheint dringend notwendig und soll hiemit angeregt werden. Zu einer weiteren Erörterung der mit dem eigentlichen Verhandlungsgegenstand nur mittelbar zusammenhängenden Frage fehlt die Zeit und sei nur noch an einem Beispiele gezeigt, welche Vorgänge vorstehend gemeint sind und welchen Einfluß der Arbeitsvorgang auf eine rissefreie Ausführung haben kann.

Bei frei aufliegenden Plattenbalken mit höheren Rippen werden in der Regel zuerst die Rippen, von der Feldmitte gegen die Auflager vorgehend, betoniert, dann die Platteneisen verlegt und in gleicher Aufeinanderfolge die Platte selbst hergestellt. Bei diesem Arbeitsvorgang gelingt fast immer Rissefreiheit, da die Formänderungen des Schalungsgerüstes mit der fortschreitenden Arbeit abnehmen und der ersteingebrachte, durch die Formänderung des Gerüstes und infolge des Schwindens zur Dehnung gezwungene Beton durch das von oben nachsinkende Wasser gut feucht gehalten wird und länger plastisch bleibt. Der rascher trocknende Beton an der Oberfläche erfährt nur Pressungen, die dem Schwinden entgegenwirken.

Bei einem sonst gleichen, aber über eine Stütze durchlaufenden Plattenbalken werden gleichfalls zuerst die Rippen, und zwar zur Vereinfachung und wegen der Vouten über der Stütze beginnend, und danach in gleicher Folge die Platte hergestellt. Die stärksten Setzungen der Schalungsgerüste erfolgen daher nicht zu allem Anfang, sondern dann, wenn in den Feldmitten eingebracht wird; der über der Stütze liegende Beton ist der jeweils älteste und hat sich einer nach oben gerichteten Spitze der Biegungslinie anzupassen, was eine verhältnismäßig starke örtliche Dehnung der rasch trocknenden Oberfläche notwendig macht, die plastisch zumeist nicht mehr möglich ist. Geht man bei der Betonierung von den Feldmitten gegen die Widerlager, bzw. gegen die Stütze vor, so ist der Rippenbeton über der Stütze noch weich, wenn die erste, am ungünstigsten wirkende Plattenlast in den Feldmitten aufgebracht wird. Die Wahrscheinlichkeit, daß er sich der, mit fortschreitender Arbeit immer weniger ändernden Form des Schalgerüstes plastisch anschmiegt, ist eine wesentlich größere, und die hiebei notwendige Beschleunigung der Arbeit leichter zu erzielen. Ist bei der zu gewärtigenden Baueinrichtung mit einer entsprechend raschen Erzeugung des erforderlichen Betons nicht zu rechnen, so ist es besser, durch statische Unterteilung des Tragwerkes die jeweils erforderliche Betonmenge zu verringern.

Ähnliche Überlegungen ermöglichen in den meisten Fällen vorspannungs- oder wenigstens rissefreie Ausführung, wenn Dauer und Ausmaß der plastischen Dehnungsfähigkeit des Betons richtig erfaßt werden.

## Professor Ing. Dr. Rinagl, Wien:

Zum Problem der Rissebildung bei Eisenbetonkonstruktionen soll über einige Beobachtungen berichtet werden, die ich bei Dauerbiegeversuchen mit Eisenbetonbalken gemacht habe.

Diese Versuche führte die Technische Versuchsanstalt der Wiener Technischen Hochschule im Auftrage des Österreichischen Eisenbetonausschusses nach einem Programm des Herrn Professors Dr. SALIGER aus, der hierüber in den Mitteilungen des Eisenbetonausschusses noch berichten wird.

Herr Professor Dr. PROBST führt in seinem Referat an, daß bei einfachen[1] Belastungen durch Biegemomente und gut durchgebildeten Eisenbetonkonstruktionen bei der üblichen zulässigen Eisenspannung von 1200 kg/qcm und einer größten Druckinanspruchnahme des Betons von 40 bis 60 kg/qcm die auftretenden Zugrisse im Beton sehr fein und kurz sind.

Bei den von uns ausgeführten Dauerversuchen mit Plattenbalken[2] mit $\mu =0{,}53$ bis $1{,}68\%$ traten bei 170 Lastwechsel in der Minute nach kurzer Zeit Risse im Beton schon bei einer Eisenspannung von 200 bis 400 kg/qcm auf, die bei einer Eisenspannung von 1200 kg/qcm ausnahmslos den ganzen Balken durchsetzten und bis zur Platte gingen, also keineswegs mehr kurz waren. Die rechnungsmäßige Druckspannung des Betons überschritt hiebei nur bei den stark bewehrten Balken den angegebenen Wert von 60 kg/qcm.

---

[1] Unter „einfach" wurde ein klarer, nicht komplizierter Belastungsfall verstanden. PROBST erklärte im Schlußwort, daß dieser Ausdruck der Kürze wegen für „einmalig oder wenig oft wiederholte" Belastung gewählt wurde.

[2] Vergl. Referat SALIGER, Tafel I, S. 157.

Zur Feststellung der ersten Anrisse sind Tensometer mit 20 mm Meßlänge besonders geeignet. Werden diese freihändig an verschiedenen Stellen der Betonoberfläche angedrückt, so treten im selben Takt wie die Belastungswechsel kleine Ausschläge auf, entsprechend der geringen Betondehnung. Kommt man allmählich, den Balken entlang fortschreitend, mit der Meßstrecke über eine Rißstelle, so zeigt das Tensometer sprunghaft Ausschläge von 2 bis 5 Teilstrichen, d. i. 0,002 bis 0,005 mm an, um welchen Betrag sich der Riß öffnet und schließt. In der Nähe der Rißstelle schlägt nun das Tensometer gar nicht aus, der Beton ist von Zugspannungen entlastet.

Mit Hilfe des Tensometers konnten feine Risse festgestellt und eingezeichnet werden, die mit dem Mikroskop bei 50facher Vergrößerung an der bekannten Stelle nicht wieder gefunden werden konnten. Erst bei stärkerem Klaffen der Risse konnte der Rißverlauf mit dem Mikroskop bestätigt werden. Das Rissesuchen mit dem Tensometer ist besonders bei ausgeführten Bauwerken empfehlenswert. Vorbedingung ist nur, daß die Belastung wechselt, damit die Risse sich öffnen und schließen.

Die ersten Risse traten bei den stark bewehrten Balken bei geringeren Eisenspannungen auf, als bei den schwach bewehrten. Das ist nur dadurch zu erklären, daß durch die Eiseneinlagen das Schwinden des Betons während der Erhärtung gehindert wird, wodurch im Eisen Druck-, im Beton aber Zugspannungen auftreten.

Schwindversuche mit dem verwendeten Beton wurden leider nicht ausgeführt. Nach den Angaben von Ing. L. HERZKA wurden die in unseren Versuchsbalken durch das Schwinden allein auftretenden Betonzugspannungen berechnet und folgende Werte gefunden:

Bei 0,5% Bewehrung 23,1 kg/qcm Betonzugspannung
    1,1%    ,,     36,6    ,,        ,,
    1,7%    ,,     46,6    ,,        ,,

Dies wären sehr hohe Vorspannungen, wenn man bedenkt, daß die Biegezugfestigkeit des Betons nur 40 bis 50 kg/qcm betrug.

Die bei den Dauerversuchen schon unterhalb der zulässigen Eisenspannung aufgetretenen Risse, die bei jedem Belastungswechsel atmen, also geradezu Feuchtigkeit einsaugen, halte ich wegen der Rostgefahr nicht für unbedenklich. So lange sie fein sind, ist die Eisenangriffsfläche klein und wird man sich auch durch Tränkung der Risse mit wasserabweisenden Mitteln helfen können.

Professor Dr.-Ing. St. v. KUNICKI, Warschau:

Professor PROBST hat uns durch seine Laboratoriums-Versuche gezeigt, daß die Risse im Beton sich bilden, aber wenn der Beton und die Spannung in der Bewehrung einigen Bedingungen entsprechen, so sind diese Risse nicht gefährlich. Der Beton atmet, aber die Risse schließen sich selbst nach sehr vielen Anstrengungen der Bewehrung. Diese Tatsache ist erfreulich und beruhigend über die Sicherheit der Eisenbetonkonstruktionen.

In meiner Rede will ich aber eine andere Seite derselben Frage berühren, nämlich ich will über Tatsachen sprechen, welche das Verhalten der Risse in unbedeckten Eisenbetonkonstruktionen (wie Brücken) und unter schweren klimatischen Verhältnissen betreffen.

Das Bilden der Risse wurde ja selbst im Laboratorium konstatiert, so würde es nach meiner Meinung für die Praxis sehr wichtig sein, das Verhalten der konstatierten Risse in Objekten, welche starken Regen und starkem und andauerndem Frost ausgesetzt sind, zu studieren.

Die schweren klimatischen Verhältnisse Rußlands, wo ich viele Jahre gearbeitet habe, sowie dieselben der benachbarten Länder, gaben zu solchen Beobachtungen gute Gelegenheit.

Aber da ich ein polnischer und zugleich auch ein französischer Ingenieur bin, so bitte ich um die Erlaubnis, meine Mitteilung in der französischen Sprache fortzusetzen.

En parlant des fissures qui se forment dans le béton armé il faut envisager encore une question, laquelle, à ce qu'il paraît, n'était pas mentionnée dans le rapport du Prof. PROBST.

Quoique le ciment armé, à cause de sa résistance à la flexion, a reçu un très large domaine d'applications et quoique ce matériau est maintenant recommandé par d'éminents ingénieurs pour les constructions les plus hardis, mais les faits montrent qu'il y a quelques restrictions à faire dans les cas des constructions (telles que les ponts) sujettes à l'action directe de l'humidite atmosphérique et de la gelée, surtout dans les régions aux froids intenses et continus.

On connaît bien la loi de la nature d'après laquelle le béton, en séchant à l'air, diminue en volume. Or c'est la cause de la formation des fissures à la surface d'abord imperceptibles, mais lesquelles avec le temps, sous l'action de l'humidité atmosphérique et de la gelée s'élargissent progressivement et deviennent plus profondes pour pénétrer après quelques années jusqu'au fer de l'armature. Ce fer de l'ossature métallique est ensuite attaqué par la rouille, en augmentant, à cause de l'action chimique, de volume en raison 1,2 : 1, ce qui produit l'enflement du fer et la dèstruction de la mince couche extérieure du ciment qui couvre le fer. Le ciment repoussé par le fer enflé de la rouille se détache à l'extérieur par minces tranches et finalement le fer se découvre.

Des faits pareils ont été observés au chemin de fer de l'Est-Chinois (en Mandchourie) par l'ingénieur des voies de communication Mr. ST. OFFENBERG, au chemin de fer de Wladicaucase par le Prof. ST. BELZECKI et le rapporteur et en Silésie sur les lignes de la Direction Katowice et Breslau par l'ingénieur PERKHUN (voir son article dans la „Zeitschrift für Bauwesen" 1916).

Pour parer quoique de quelque manière à ces effets destructifs il faudrait augmenter le diamètre des tiges en fer, en leur donnant ainsi une certaine provision contre la rouillure possible, et augmenter en même temps l'épaisseur de la couche extérieure du ciment, ainsi que rendre, par des procédés convenables, la surface du ciment plus imperméable à l'infiltration de l'eau.

En tout cas le domaine indiscutable du ciment armé présentent les constructions couvertes (sous-toit).

Dans d'autres cas il faudrait prendre en considération les conditions climatiques de la localité.

La question se présente sous tout un autre aspect si les constructions découvertes (telles que les ponts) en béton ou en ciment armé se trouvent dans un pays au climat doux ou tempéré, comme celui de la France ou de l'Italie.

En vue des faits mentionnés ci-dessus il faut envisager la propagande de l'emploi du ciment armé dans tous les cas, sans restrictions, comme une certaine exaltation.


Professor Ing. A. LOLEIT, Moskau:

Zu den hochinteressanten Ausführungen des geehrten Berichterstatters möchte ich mir erlauben, folgendes zu bemerken.

Dr. PROBST ließ seinen Untersuchungen an Eisenbetonbalken besondere Vorversuche vorangehen, um die Spannungsgrenze des Betons bei *Biegungszug* zu ermitteln. Er bediente sich dabei *unbewehrter* Balken der gleichen Art wie die Eisenbetonbalken, ausgehend von der Voraussetzung, die Risse in der Zugzone der

Eisenbetonbalken müßten in der Nähe der Bruchlast des unbewehrten Balkens entstehen.

Inwiefern ist aber eine solche Voraussetzung gerechtfertigt?

Es wird allgemein angenommen, das Verhältnis $k = \sigma_{bz} : \sigma_z$ sei konstant und rund gleich 2,2. Anläßlich der zahlenmäßigen Auswertung von Versuchsergebnissen, die im Jahrgange 1904 des B. u. E. von R. IOHANNSEN (Moskau) veröffentlicht wurden, habe ich nämlich gefunden, daß dies nicht der Fall sei: vielmehr ist $k$ abhängig von der Höhe $h$ des auf Biegung beanspruchten unbewehrten Betonbalkens.

Wenn man annimmt, daß die Wirkung der höher liegenden, von der gezogenen Unterkante weiter entfernten Fasern auf die stärker beanspruchten etwa dieselbe sein müsse, wie die unterstützende Wirkung der Eiseneinlagen im gezogenen Eisenbetonquerschnitt nach der CONSIDÈREschen Hypothese, so läßt sich beweisen, daß

$$k = 1 + 2\,m$$

ist, unter $m = \dfrac{c}{h}$ das Verhältnis zur totalen Balkenhöhe $h$ desjenigen Teiles $c$ verstanden, auf den sich, von Balkenunterkante gemessen, die Zone der großen Deformationen erstreckt. Im Bereich dieser Zone kann die Spannung naturgemäß die Größe $K_1$ der Zugfestigkeit des auf reinen Zug beanspruchten Betons nicht überschreiten, die Dehnungen sind jedoch verschieden und von der Entfernung der entsprechenden Fasern von der Nullinie abhängig. Das Material befindet sich hier also im sogenannten *kritischen* (TIMOSCHENKO) Zustande: die Dehnungen verändern sich bei konstanter Spannung $K_1$ — das Material fließt.

Für den untersuchten Beton ergab sich $K_1 = 15$ kg/qcm und $c$ konstant und gleich $c = 6$ cm.

Es sei weiterhin $i_1$ die größte Dehnung an Balkenunterkante und $i_0 = \dfrac{K_1}{E_b} =$ $= 15 : 262\,500 = 0{,}000057$, rund 0,06 mm pro Meter, die Bruchdehnung des auf Zug beanspruchten Betons.

Unter den oben erwähnten Voraussetzungen erhalten wir für $k_0 = i_1 : i_0$ den Ausdruck

$$k_0 = \frac{1 + m^2}{(1 - m)^2}$$

und demnach für verschiedene Querschnittshöhen $h$

| $h =$ | 10 | 15 | 20 | 30 | 40 | 50 | 75 | 100 cm |
|---|---|---|---|---|---|---|---|---|
| $k =$ | 2,20 | 1,80 | 1,60 | 1,40 | 1,30 | 1,24 | 1,16 | 1,12 |
| $k_0 =$ | 8,50 | 3,22 | 2,22 | 1,62 | 1,42 | 1,31 | 1,19 | 1,09 |

Die Querschnittshöhe des Versuchskörpers ist also bei Beanspruchung auf Biegung von ausschlaggebender Bedeutung sowohl für die anscheinende Festigkeitserhöhung des Betons, wie auch für sein Dehnungsvermögen. Die Meinungsverschiedenheit, ob es ein erhöhtes Dehnungsvermögen gibt, wie es für Eisenbetonkörper von CONSIDÈRE gefunden wurde, beruht meines Erachtens darauf, daß diesem Umstande nicht genügend Rechnung getragen wurde.

Dr. PROBST hat gewiß recht, wenn er betont, daß die Herabsetzung der zulässigen Eisenspannungen als Mittel zur günstigen Beeinflussung von Rißbildungen nur als Notbehelf dienen könne solange, „als man über die plastischen Deformationen, wie sie bei Eisenbeton auftreten, nicht mehr weiß als bisher".

Mir scheint aber, daß wir uns freiwillig den Weg zur Lösung dieses Problems abschneiden, wenn wir die CONSIDÈREsche Hypothese für experimentell widerlegt ansehen und dem Beton die Möglichkeit eines erhöhten Dehnungsvermögens unter bestimmten Umständen einfach absprechen.

Prof. PROBST:

Nachdem ich mir erlaubt habe, in Ergänzung zu meinem Referate in einem Film das Atmen der Risse in vergrößertem Maßstabe zu zeigen, kann ich mich bei meinem Schlußwort kurz fassen.

Selbstverständlich wurden die Schwindspannungen nicht übersehen, was ich auf eine Äußerung in der Aussprache erwidern möchte.

Was Herr von KUNICKI, Warschau, über den Unterschied zwischen Eisenbetonkonstruktionen in offenem und abgedecktem Raum sagt, ist bei uns wiederholt erörtert worden. Man wird bei Konstruktionen, die Wind und Wetter, Rauchgasen oder chemischen Einflüssen im Freien besonders ausgesetzt sind, andere Konstruktionsgrundsätze zu beachten haben, als bei Eisenbetonkonstruktionen in gedeckten Räumen. Der Zweck der Untersuchungen, über die ich berichtet habe, ist, die Zusammenhänge zwischen Längenänderungen und Spannungen insbesondere unter dem Einfluß wiederholter Belastungen in systematischer Form zu verfolgen.

Im Rahmen des für mein Referat mir zur Verfügung gestellten Umfanges habe ich Wert darauf gelegt, neuere Untersuchungen vorzuführen. Ich habe deshalb darauf verzichtet, die in der Literatur bereits besprochenen Fragen theoretischer und konstruktiver Natur zu wiederholen.

Die Kürze des Berichtes macht es auch erklärlich, wenn da und dort etwa Mißverständnisse aufgetaucht sind. So auch, wenn Herr Kollege RINAGL davon spricht, daß im Gegensatz zu den Untersuchungen in meinem Institut bei den Untersuchungen an der Wiener Technischen Hochschule Risse schon bei 400 kg/qcm im Eisen aufgetreten seien.

An keiner Stelle des Berichtes wird gesagt, daß die Risse erst bei $\sigma_e = 1200$ und bei $\sigma_{bd} = 40$ kg aufgetreten seien. Ganz im Gegenteil wird hervorgehoben, daß bei *wiederholten* Belastungen schon bei viel niedrigeren Spannungen (auch Betonzugspannungen) Risse aufgetreten seien als bei *ruhenden* Belastungen. Herr RINAGL scheint meine Äußerungen zu dem Verhalten von Eisenbetonkonstruktionen bei *ruhender* Belastung gemeint zu haben. Da bin ich nun allerdings der Meinung, daß die Risse, die unterhalb der Spannungen von 1200 kg im Eisen und 40 kg im Beton auftreten, unschädlich sind.

Eine Bemerkung noch über die Größe der beim Auftreten von Rissen *berechneten* Biegungszugspannungen. Die in der Diskussion zu dem Vortrage über die Zugfestigkeit von Beton erwähnten Biegungszugfestigkeiten bei Untersuchungen an Eisenbetonbalken mit hochwertigem Zement scheinen mir zu groß. Wenn so hohe Biegungszugfestigkeiten errechnet wurden, so läßt sich dies nur damit erklären, daß die ersten Risse übersehen wurden. Aus diesem Grunde lege ich Wert darauf, bei Laboratoriumsuntersuchungen niemals ein Berechnungsverfahren zur Ermittlung der Spannungen heranzuziehen, sondern die charakteristischen Längenänderungen und Spannungen direkt aus den Messungen abzuleiten.

Im übrigen erlaube ich mir darauf hinzuweisen, daß es nicht möglich ist, im Rahmen eines Referates über langjährige Beobachtungen erschöpfend zu berichten. Ich verweise im einzelnen auf die Veröffentlichungen und bezüglich des Einflusses häufig wiederholter Belastungen auf Eisenbetonbalken auf die demnächst von meinem früheren Assistenten HEIM erscheinende Veröffentlichung.

# C₅

# Seitensteifigkeit von Eisenbetonbogenbrücken

Von Professor Dr. Ing. **Alfred Hawranek**, deutsche technische Hochschule, Brünn

Das Problem der Seitensteifigkeit von Eisenbetonbogenbrücken ist derzeit nicht *vollständig* gelöst. Es sind dabei viele Umstände zu berücksichtigen, die sich nicht leicht in Formeln kleiden lassen, so daß man alle bisherigen Versuche der Lösung als Näherungen ansehen muß, wenn auch diese vom praktischen Gesichtspunkte als ausreichend betrachtet werden, rein theoretisch genommen aber noch nicht ganz befriedigen können.

Das Bestreben nach einer einwandfreien Lösung der Aufgabe ist aber in letzter Zeit sowohl für Eisenbeton-, sowie für Eisenbogenbrücken deshalb dringender geworden, weil einmal derzeit die Anwendung hochwertiger Baustoffe (hochwertige Zemente, Baustahl St-48 und Si-Stahl) in den Vordergrund getreten ist und damit schlankere Abmessungen der Druckglieder erzielt werden können, andererseits, weil bei der immerwährend im Vordergrunde stehenden Steigerung der Spannweite die auftretenden Querlasten größere Bedeutung gewinnen und schließlich besondere Ausführungsysteme, sei es bei der wiederholt empfohlenen teilweise steifen Bewehrung von Eisenbetonbogen (System MELAN) und der Anwendung von Gußeisen als Druckbewehrung (System EMPERGER), besonders für große Spannweiten, die Schlankheitsgrade größer geworden sind.

Nicht zuletzt beeinflussen auch die allgemein eingeführten höheren zulässigen Inanspruchnahmen der Baustoffe, auch die gesteigerten zufälligen Lasten und ihre seitlichen Stoßwirkungen die Quersteifigkeit der Brücken in nicht geringem Maße.

Um einen klaglosen Fortschritt der Bauweisen in den geschilderten Belangen zu ermöglichen und zu sichern, muß die Theorie weitere Wege weisen.

Nach unserer Ansicht müssen vor allem bei den einschlägigen Untersuchungen, die die Wissenschaft bisher zur Verfügung gestellt hat, die *Voraussetzungen* und *Annahmen* für die rechnerischen Entwicklungen überprüft werden. Es muß festgestellt werden, welche dieser Voraussetzungen bei den nunmehr vorliegenden Verhältnissen beibehalten und welche abgeändert werden müssen. Die neuen Lösungen werden hiebei wohl nicht einfacher sein.

Das Problem der Quersteifigkeit der Bogenbrücken setzt sich eigentlich aus mehreren Einzelaufgaben zusammen, und zwar, die Knicksicherheit des Bogens in der Tragwandebene vorausgesetzt, aus

1. der Festigkeit gegen das Ausknicken aus der Tragwandebene,
2. der Beanspruchung des Bogens bei seitlichen Kräften,
3. der Wirkung der Querriegel und Querverbände,
4. der Wahl der Elastizitätsziffer.

Zu diesen Fragen treten noch andere, die zum Schlusse gestreift werden sollen.

Im folgenden sollen vor allem solche Brücken behandelt werden, welche *keine oberen* Querverbindungen aufweisen. Die für die Berechnung der Seitensteifigkeit später erörterten Rechnungsverfahren gelten sowohl für *Eisen-, wie Eisenbetonbrücken*; wo diese Verfahren infolge des Baustoffs abweichen, werden sich einschlägige Erörterungen anschließen.

Die nachstehenden Ausführungen gliedern sich in folgende Hauptabschnitte:

A. Näherungsverfahren für das Knicken aus der Tragwandebene.

B. Genaue Verfahren zur Bestimmung der Seitensteifigkeit.

C. Berechnung der Momente im Bogen quer zur Tragwandebene, bei Eigengewicht und Nutzlast.

D. Elastizitätsziffer für Eisenbetonbogenbrücken bei Beanspruchung auf Knickung.

E. Wirkung oberer Querverbindungen.

Auf die Berechnung der Knicksicherheit von Bogenbrücken *in der* Tragwandebene soll hier nur der Übersicht halber eingegangen werden.

## Die Knicksicherheit von Bogenbrücken in der Tragwandebene

ist bei dem derzeitigen Stand der konstruktiven Ausbildung für die normalen Belastungen reichlich vorhanden. Die einschlägigen theoretischen Erwägungen für Bogen aller Art finden sich bei ENGESSER[1] und BLEICH[2] sowie in dem Buche Doktor R. MAYERs[3] für Bogen von kleinem Pfeilverhältnis. Wird beispielsweise für eine Eisenbetonbogenbrücke von 52,8 m Stützweite und 9,6 m Pfeil, einem eingespannten Bogen mit aufgehängter Fahrbahn für Eigengewicht und Nutzlast bei E = 210 000 kg/ccm die Knicksicherheit unter Annahme eines mittleren Bogenquerschnittes nachgerechnet, so ergibt sich eine 52fache Sicherheit gegen das Ausknicken in der Tragwandebene (Knickkraft 29 600 t, Kämpferkraft 567,8 t), dabei ist die freie Knicklänge $l_k = 19,3\,\mathrm{m} = \dfrac{1}{2,74}\,l$; für einen Zweigelenkbogen ergäbe sich eine Knicksicherheit von 22,6 (Knickkraft 12 830 t).

Bezeichnet $b$ die Bogenlänge, $i_x$ den kleinsten Trägheitshalbmesser des mittleren Bogenquerschnittes für die Biegung *in der* Tragwandebene, $i_y$ für Biegung quer zur Tragwand, so ist in dem vorliegenden Beispiele der Bogenschlankheitsgrad $\lambda_x$ bei $b = 57.18\,\mathrm{m}$, $i_x = 56,3$ cm, $\lambda_x = \dfrac{b}{i_x} = 101,5$

Für eine Anzahl von ausgeführten Eisenbetonbogenbrücken mit aufgehängter Fahrbahn sind die $I_x\,I_y\,i_x\,i_y$ für die jeweiligen mittleren Querschnitte ermittelt worden und auch die Schlankheitsgrade $\dfrac{b}{i_x}$, $\dfrac{b}{i_y}$; auch für zwei EMPERGER-Brücken sind die Rechnungen durchgeführt worden.

In der nebenstehenden Tafel I sind diese Werte angeführt.

Wenn man von der an zweiter Stelle stehenden Brücke bei Pettoncourt absieht, welche im Bogen flachliegende Querschnitte aufweist und für die $\lambda_x = 195$, sind fast alle Werte $\lambda_x$ unter 100 und nehmen mit steigender Spannweite bis etwa $\lambda_x = 50$ ab. In Verbindung mit $I_x$ läßt sich durchwegs ein großer Sicherheitsgrad für das Knicken in der Tragwandebene nachweisen. Er ist so groß, daß wahrscheinlich auch Ausführungen mit hochwertigem Zement und Eisen diese ausreichende Sicherheit aufweisen werden.

---

[1] ENGESSER, Knickfestigkeit des Dreigelenkbogens, Eisenbau 1913, S. 425.

[2] Dr. BLEICH, Theorie und Berechnung eiserner Brücken. Berlin 1924.

[3] Dr. R. MAYER, Die Knickfestigkeit, 1921, S. 139 bis 148 und Eisenbau, 1913, S. 425.

## Tafel 1

### Abmessungen und Schlankheitsgrade von Eisenbetonbogenbrücken mit untenliegender Fahrbahn

| | | Stützweite $l$ m | Pfeilhöhe $f$ m | Abstand der Hängesäulen $a$ m | Mittlerer Bogen- querschnitt $F$ | $m^4$ $I_x$ in der Tragwand | $m^4$ $I_y$ quer zur Tragwand | $m$ $i_x$ in der Tragwand | $m$ $i_y$ quer zur Tragwand | $\dfrac{b}{i_x}$ | $\dfrac{b}{i_y}$ | Bogenlänge $m$ | Zahl der Querriegel | Quelle |
|---|---|---|---|---|---|---|---|---|---|---|---|---|---|---|
| 1 | Rosenfelderbrücke Raisdorf.. | 17,80 | 3,75 | 2,225 | 0,272 | 0,00769 | 0,00469 | 0,1682 | 0,1315 | 118 | 151 | 19,9 | 0 | Handbuch f. Eisen- betonbau, S. 381 |
| 2 | Brücke Pettoncourt ........ | 20,0 | 2,675 | 1,755 | 0,335 | 0,00380 | 0,00744 | 0,1065 | 0,1490 | 197 | 140 | 20,95 | 0 | |
| 3 | Kristiansstadt ............ | 20,0 | 4,50 | 1,70 | 0,453 | 0,02318 | 0,00993 | 0,2265 | 0,148 | 100,2 | 153,4 | 22,70 | 0 | Beton und Eisen Jg. 1916, S. 6 |
| 4 | Obrabrücke b. Kosten ...... | 23,20 | 5,40 | 2,32 | 0,693 | 0,05655 | 0,02223 | 0,286 | 0,179 | 46,4 | 74,1 | 26,55 | 1 | B. u. E. 1913, S. 428 |
| 5 | Jaispitzbrücke, Durchlaß.... | 24,0 | 5,00 | 3,00 | 0,627 | 0,04884 | 0,01273 | 0,279 | 0,143 | 48,0 | 93,7 | 26,77 | 1 | B. u. E. 1912, S. 39 |
| 6 | Elsterbrücke, Dölau ........ | 29,30 | 5,30 | 2,93 | 0,731 | 0,05871 | 0,01973 | 0,284 | 0,164 | 45,6 | 78,7 | 31,86 | 3 | B. u. E. 1915, S. 125 |
| 7 | Regenbrücke, Altenstadt.... | 36,25 | 3,85 | 3,00 | 0,397 | 0,02888 | 0,00522 | 0,270 | 0,115 | 52,1 | 122,0 | 37,34 | 4 | B. u. E. 1912, S. 384 |
| 8 | Hauptbahnhof Trier........ | 38,0 | 8,75 | 2,15 | 1,0476 | 0,20728 | 0,03697 | 0,445 | 0,188 | 41,5 | 98,2 | 43,38 | 3 | B. u. E. 1926, S. 269 |
| 9 | Biegener Brücke .......... | 45,0 | 7,50 | 3,50 | 0,941 | 0,12280 | 0,03853 | 0,362 | 0,202 | 52,2 | 93,5 | 48,32 | 3 | B. u. E. 1914, S. 275 |
| 10 | Niedernholzerbrücke ........ | 47,9 | 8,02 | 3,50 | 1,225 | 0,19525 | 0,06871 | 0,399 | 0,237 | 51,2 | 86,2 | 51,46 | 3 | B. u. E. 1913, S. 126 |
| | Empergerbrücken | | | | | | | | | | | | | |
| 11 | Aspachbrücke Burgstall .... | 34,7 | 5,30 | 3,15 | 0,307 | 0,0243 | 0,00387 | 0,282 | 0,105 | 131,0 | 353 | 36,86 | | B. u. E. 1928 |
| 12 | Almbrücke Scharnstein ..... | 60,30 | 11,50 | | 0,840 | 0,137 | 0,0252 | 0,404 | 0,173 | 164,0 | 382 | 66,14 | 2 | B. u. E. 1928 |

Nur die EMPERGER-Brücken haben einen Schlankheitsgrad von 131 bzw. 164. Die Knicksicherheit dieser Bogen konnte wegen in der Literatur fehlenden genauen Angaben noch nicht festgestellt werden.

Die Mitwirkung der Fahrbahntafel und auch der Hängesäulen erhöht die Sicherheit und ganz besonders ist dies bei Brücken mit Zugband und betonierten Hängesäulen der Fall. Für den Einfluß der Fahrbahntafel auf die Knicksicherheit der Bogen in der Tragwandebene ist derzeit in der Literatur noch kein Berechnungsverfahren angegeben.

Bei wachsenden Spannweiten wird man genötigt sein, den Bogenquerschnitt hochzustellen und für ihn entsprechend kleinere Breiten zu wählen, damit nicht unnütz Nutzbreite der Brücke verloren geht und so dürfte auch in diesem Falle die Knicksicherheit in der Tragwandebene ausreichend erhalten werden. Jedenfalls ist aber eine Nachprüfung nötig.

## Das Knicken von Bogenbrücken aus der Tragwandebene

*A. Näherungsverfahren für das Knicken aus der Tragwandebene.*

Wichtig für dieses Knickproblem ist die Bestimmung der Form der Biegelinie des Gurtes vor dem Ausknicken. Sie ist erschwert durch die Mannigfaltigkeit der konstruktiven Ausbildungen der Brücken, die Veränderlichkeit der Querschnitte, der Trägerhöhen und die Verschiedenheit der Stabanschlüsse und Einspannungen. Der rein theoretische Fall einer regelmäßigen Sinuslinie wie beim geraden Stab ist hier ausgeschlossen und so muß man sich entschließen, sich mit Annäherungen zu begnügen, welche den gerade vorliegenden Verhältnissen entsprechen.

Schon bei *Balkenbrücken* werden nach der Berechnung ENGESSERs und auf Grund seiner Vorversuche (Zentralbl. der Bauverwaltung 1909, S. 179) auch in Wirklichkeit die Wellenlängen beim Ausknicken gegen das Brückenende *kleiner*.

Bei *Bogenbrücken* wird dies in um so höherem Maße der Fall sein, als der Bogen an den Enden eingespannt, oder mit einem Zugband an einer, oft mit sehr großem Querschnitt versehenen Anschlußstelle verbunden ist. Selbst bei einem Zweigelenkbogen wird bei einer immer im Kämpfer angeordneten Querverbindung für die Knicklinie kein Gelenkpunkt angenommen werden können, wie dies ENGESSER beim Obergurtende tut. Die Halbrahmensteifigkeit nimmt gegen die Enden zu. Außerdem nimmt aber, wenigstens bei eingespannten und beim Eingelenkbogen der Querschnitt gegen den Kämpfer zu, und zwar in höherem Maße als es der Bogenkraft entspricht, weil die Einspannungsmomente dort oft den größeren Anteil an der Querschnittsvergrößerung haben. Außerdem durchschneiden oft Bogen mit niedriger liegenden Kämpfern die Fahrbahn, wo sie neuerlich Verbindungsmöglichkeit mit letzterer haben (wenn man nicht auf sie verzichtet), so daß diese Anordnung selbst bei Zweigelenkbogen gegen seitliches Knicken eine teilweise Einspannung ergibt, die mitunter recht groß werden kann, besonders wenn unter der Fahrbahn zwischen den Bogen noch weiter Querverbindungen vorliegen.

Werden Rippen von Zweigelenkbogen etwa durch eine weiter reichende Querplatte in der Nähe der Kämpfer verbunden, wie dies EMPERGER bei der Traunfallbrücke ausführte, so liegt eine ähnliche teilweise Einspannung in besonderem Maße vor.

Alle diese Umstände führen, was das Knickproblem betrifft, zu einem im allgemeinen günstigeren Verhalten als dies bei offenen Balkenbrücken der Fall ist. Leider sind bisher für offene Eisenbetonbogenbrücken noch keine *Bruchversuche* durchgeführt worden, die bei systematischer Durchführung wohl sehr zur Klärung der Frage beitragen würden.

Die nun unter A zu erörternden und kritisch zu besprechenden Näherungswege geben geschlossene Formeln für die Knicklast, die Wellenlänge und die Knicksicherheit unter verschiedenen vereinfachenden Voraussetzungen, so daß sie den Konstrukteur die erforderlichen Abmessungen ermitteln lassen, während die unter B angegebenen Verfahren eine Nachprüfung der Knicksicherheit unter weitergehender Berücksichtigung der gegebenen Verhältnisse allerdings auf einem umständlichen Wege ermöglichen.

Die Näherungsformeln haben sich lange im Eisenbau bewährt, so daß ihre Anwendung auch im Eisenbetonbau mit entsprechenden Abänderungen, die unter D gegeben werden, gerechtfertigt erscheint.

1. Prof. Dr. Fr. ENGESSER[4] ermittelt in seinem bekannten Verfahren die Knickkraft der Gurtung und setzte eine über die ganze Gurtung wirksame *konstante Gurtkraft* voraus, ebenso das Trägheitsmoment. Bedeuten $I$ das Trägheitsmoment der Gurtung, $c$ die Feldlänge, $A$ die Rahmensteifigkeit, das ist die Gegenkraft des Rahmens bei einer seitlichen Ausbiegung $\delta = 1$, dann ist die Knickkraft

$$P = 2 \sqrt{\frac{E I A}{c}}, \text{ die Wellenlänge} = \pi \sqrt[4]{\frac{E I c}{A}}.$$ Beides sind Näherungswerte.

Veränderliche Gurtkräfte und Steifigkeiten will ENGESSER durch angemessene „bezogene" Mittelwerte von $I$ und $A$ berücksichtigen.

Die Formel für $P$ gilt solange, als die Knickspannung $\frac{P}{F}$ innerhalb der Elastizitätsgrenze bleibt. Wird diese überschritten, dann ersetzt bekanntlich ENGESSER $E$ durch den Knickmodul $T$.

Endlich gibt ENGESSER Gleichungen für die Knickkraft (siehe unten angegebene Quelle) zwischen welchen in praktischen Fällen die maßgebende Knicklast liegt. Im übrigen sind die ENGESSERschen Formeln für den frei aufliegenden Träger (Parallelträger) entwickelt, bei dem die Gurtkräfte gegen die Enden abnehmen; er schließt dadurch auf einen Überschuß an Sicherheit gegenüber den Formelwerten, besonders wenn es sich um vieleckige Gurtungen handelt.

Bei Bogenträgern nehmen aber die Bogenkräfte gegen die Lager hin zu; es wird also der Sicherheitsgrad bei sonst gleichen konstruktiven Bedingungen, wenn man nach ENGESSER rechnen wollte, abnehmen, dagegen erhöht wiederum die größere Seitensteifigkeit der nahe den Brückenenden liegenden niedrigen Halbrahmen den Sicherheitswert. Um wieviel, ist nach ENGESSER unmöglich festzustellen, da die Ableitung obiger Formeln für konstante $A$-Werte erfolgt.

2. KAYSER.

Prof. H. KAYSER[5] sucht in seiner Abhandlung jene Wellenlängen $\lambda$, bei denen die geringste Biegungsarbeit geleistet wird und ermittelt den Sicherheitsgrad $n$ der Gurtung gegen Knicken. Dabei geht er von den Gleichungen für die Formänderungsarbeit aus, schließt sich im wesentlichen an den Entwicklungsgang ENGESSERs an, und rechnet bei Vernachlässigung der Durchbiegung der Querträger die Wellenlänge

$$\lambda = \sqrt[4]{\frac{100\, c\, h^3\, J_1}{3\, J_2}}$$

($h$-Querrahmenhöhe, $J_1 =$ Trägheitsmoment des Gurtes, $J_2$ des Pfostens).

---

[4] Zentralbl. d. Bauv. 1909, S. 179.

[5] H. KAYSER, Die Knicksicherheit der Druckgurte offener Brücken. Zentralblatt d. Bauverwaltung 1909, S. 45, 349, 611. — F. ENGESSER, Zentralblatt d. Bauverwaltung 1909, S. 178. — E. ELWITZ, Zentralblatt d. Bauverwaltung 1909, S. 563.

Mit Berücksichtigung der Durchbiegung des Querträgers ist

$$\lambda = \sqrt[4]{100\, c\, E\, J_1 \left( \frac{h^3}{3\, E\, J_2} + \frac{h^2\, b}{3\, E\, J_3} \right)}$$

($b$ = Hauptträgerabstand, $J_3$ = Trägheitsmoment des Querträgers).

Als Sicherheitsgrad der Konstruktion definiert KAYSER das Verhältnis der gedachten Biegungsarbeit für die Welle kleinsten Widerstandes zur inneren Druckarbeit

$$n = \frac{A_i}{P\, \varDelta\, \lambda}$$

$P$ ist hier die vorhandene Gurtkraft bei Einhaltung der zulässigen Inanspruchnahme des Baustoffs. KAYSER begibt sich also *nicht* in den Bereich plastischer Formänderungen, was eigentlich erforderlich wäre. Auch diese Ableitungen gelten für Balkenträger.

Dabei darf nicht vergessen werden, daß bei dem eingeschlagenen Rechnungsgang nicht ein mittlerer Wellenberg, wenn er auch größer ist als die seitlich anschließenden, herausgegriffen werden darf, wenn die kleinste Biegungsarbeit gerechnet wird, sondern die Gesamtarbeit aller Wellen in die Rechnung einbezogen werden müßte. Wie man aus der Abb. 2c der Abhandlung KAYSERs entnehmen kann, sind gerade die Formänderungs-Arbeiten der Endwellen großen Schwankungen bei selbst kleinen Änderungen der Mittelwellenlänge im schrittweisen Verfahren unterworfen, so daß sie das gesamte Arbeitsminimum stark beeinflussen, außer in dem Sonderfall, wenn alle Wendepunkte der Wellen in der ursprünglichen Haupttragwand liegen.

KAYSER gibt ein graphisches Näherungsverfahren für Bogenträger an. Es wird schrittweise jene mittlere Wellenlänge für veränderliche Halbrahmenwiderstände gesucht, welche die geringste Arbeitsleistung aufweist. Dabei wird die Mittelkraft aller Kräfte in einem Schnitte nahe dem Scheitel eingeführt und außerdem angenommen, daß bei dem 71,00 m weitgespannten Sichelfachwerkbogen (Röntgen-Brücke, Berlin), die für die Knickung maßgebende Bogenachse mit der Mittellinie der Bogengurtungen zusammenfalle, was allerdings nicht immer zutrifft.

Hiebei erhält KAYSER eine Wellenlänge $\lambda = 32,40$ m bzw. 30,30 m, je nachdem die Durchbiegung des Querträgers berücksichtigt wird oder nicht, das ist $\frac{1}{2,2}$ bzw. $\frac{1}{2,34}$ der Stützweite oder nahezu 6,5 Feldweiten. Die Knickkraft beträgt 5020 t.

Wird dieser Fall nach ENGESSER gerechnet, so ergibt sich 4840 t als Knicklast. Der Unterschied ist also nicht groß. Die größere Sicherheit liegt auf der Seite der ENGESSERschen Formel. Das kann auch ein Zufall sein, es wäre deshalb die Knicksicherheit von offenen Bogenbrücken nach den verschiedenen Formeln zu rechnen.

Es unterliegt keiner Schwierigkeit, dieses Näherungsverfahren auch auf Eisenbetonbogen anzuwenden. In Wirklichkeit wird, wegen der viel größeren Steifigkeit der seitlichen Brückenteile, die mittlere Wellenlänge kürzer sein; um wieviel, kann auch hier nicht genau gesagt werden. Jedenfalls hat die KAYSERsche *Knicksicherheit* unter dem Einfluß der Nutzlast einen ebenso ideellen Wert wie die *Sicherheit gegen Knicken* ENGESSERs bei Anwendung von $E$ in dessen Formeln.

## 3. BRISKE.

R. BRISKE[6] untersucht den Fall mittels der Arbeitsgleichung und nimmt an, daß die Ausknickung nach einer Aneinanderreihung eines Wellenberges und zweier

---

[6] Knicksicherheit der Druckgurte offener Brücken. Zentralblatt d. Bauverwaltung 1910, S. 53.

benachbarten halben Wellentälern erfolgt, an welche sich gerade Stücke, einer Endeinspannung entsprechend anschließen. Die Ausbiegungen werden parabolisch angenommen.

Er enthält die Knickkraft $P = 3.4 \sqrt{\dfrac{E J_1}{\delta c}}$

die Wellenlänge $\lambda = 4.85 \sqrt[4]{E J_1 \delta c}$
(volle Welle)

Der Wert für $P$ ist um $70^0/_0$ größer als nach ENGESSER.

Bei einer geänderten Annahme des Verlaufs der Ausbiegung beim Knicken, wonach diese bei einer vollen Länge der Welle $\lambda$, der mittlere Wellenberg $m \cdot \lambda$ lang, angenommen wird und $m$ einen echten Bruch bedeutet, erhält Briske bei konstanter Quersteifigkeit der Rahmen mit $m = 0.38$

$$P = 3.3 \sqrt{\dfrac{E J_1}{\delta c}}$$

$$\lambda = 5.07 \sqrt[4]{E J_1 \delta c}$$

Das gibt also praktisch geringe Unterschiede. — Auch hier handelt es sich um eine Ableitung im $E$-Bereich.

Diese letzteren Formeln geben kleinere Sicherheiten gegen Knicken als man nach einem genauen Verfahren von MÜLLER — Breslau erhält, von welchem Verfahren noch die Rede sein wird.

Sehr lehrreich sind die nachgerechneten Knicksicherheiten der Havel-Brücke im Zuge der *Döberitzer Heerstraße* mit einer Stützweite von 63 m. Nach obigen Formeln ergibt sich eine Sicherheit $n$ gegen Knicken:

Nach BRISKE 11,5, nach ENGESSER 7,0, nach MÜLLER — Breslau *genau* 13.

Eine Wiederholung der Rechnung mit den vierfachen Werten $\delta_a$ ergab nach BRISKE eine Sicherheit von 5,9, nach MÜLLER - Breslau von 8. Jedenfalls sieht man, bei den ziemlich auseinanderliegenden Werten von $n$, daß man nach ENGESSER bei Bogenbrücken sicherer rechnet als nach BRISKE, anderseits die starken Einspannungsverhältnisse an den Bogenenden die tatsächliche Sicherheit der Bogenbrücken gegen Knicken wesentlich erhöhen, nach den vorliegenden Rechnungen fast um das Doppelte.

Schon hier soll auf den großen Einfluß der Berücksichtigung der Bogenkrümmung durch die $\varepsilon$-Werte MÜLLER - Breslaus nach der Seite der größeren Sicherheit hingewiesen werden.

Wichtig ist ferner die Feststellung, daß nach der BRISKEschen Formel in dem vorerwähnten Beispiel die Länge $\lambda = 38.9$ m, das ist $\dfrac{1}{1,62}$ der Spannweite beträgt. Auch ergibt diese Formel bei weniger steifen konstruierten Querrahmen einen größeren Abfall der Sicherheit gegen die genaue Berechnung, als bei sehr steifen Halbrahmen. In letzterem Falle nähert sich das Ergebnis der BRISKEschen Formel dem genauen Werte.

### 4. TIMOSCHENKO.

Auf die sehr eingehenden Untersuchungen TIMOSCHENKOS[7] über die Knicksicherheit sei hier besonders hingewiesen, wobei dieser auch die Steifigkeit der Schrägstäbe, nach einem linearen Gesetz von der Mitte gegen die Enden zunehmend, berücksichtigt und Formeln mit Zuziehung von Tabellen angibt.

---

[7] Annales des ponts et chaussées 1913. Fasc. III, IV, V.

**5. Dr. Bleich.**

In seiner außerordentlich lehrreichen Abhandlung über die Knickfestigkeit elastischer Stabverbindungen[8] gibt Dr. Bleich 1919 eine Formel für die Knicksicherheit von Druckgurten.

Er setzt eine konstante Druckkraft, unveränderliches Trägheitsmoment, gleiche Feldlängen und überall gleiche Rahmenwiderstände voraus. Außerdem werden die Brückenenden durch Portalrahmen unverschieblich aber *drehbar* festgehalten.

Durch sehr geschickte Umformung der Momentengleichungen und Übergang zu Differenzengleichungen erhält er durch Zerfall drei Knickbedingungen und schließlich kommt er zu dem Ausdruck für den spezifischen Widerstand $A$, das ist jene Kraft, die die wagrechte Querverschiebung *Eins* der Stütze hervorruft

$$A = \frac{2\,\psi\,S}{l} \cdot \frac{\left(1 - \cos v\,\frac{\pi}{n}\right) a - b}{1 - \dfrac{b}{1 - \cos v\,\dfrac{\pi}{n}}} \qquad v = 1, 2 \ldots\ldots n - 1$$

$$a = \frac{\varphi}{\varphi - \sin\varphi} \qquad b = 3 - \left(\frac{\varphi}{\pi}\right)^2$$

$$\varphi = l\sqrt{\frac{\psi\,S}{E\,J\,\tau}} = l\sqrt{\frac{\psi\,S}{J\,T}}$$

Darin bedeuten:

$\psi$ = Sicherheitsgrad,

$n$ = Felderzahl,

$S$ = Druckkraft,

$\tau$ = Knickzahl = $\dfrac{T}{E}$,

$T$ = Knickmodul (Engesser).

Bei wachsenden $n$ nähert sich der Wert $A$ einem Maximum, welchen Wert Bleich für die Bemessung vorschlägt, ($n = \infty$) und erhält das nötige $A$, das dem Sicherheitsgrad $\psi$ entspricht.

$$A = \frac{2\,\psi\,S}{l}\left[3 - \left(\frac{\varphi}{\pi}\right)^2\right] \cdot \frac{\sqrt{\varphi} - \sqrt{\sin\varphi}}{\sqrt{\varphi} + \sqrt{\sin\varphi}} = \frac{2\,\psi\,S}{l} \cdot \Phi$$

Durch die Einführung des Knickmoduls ist die Formel auch für den plastischen Bereich anwendbar.

Über den bei Eisenbetonbrücken einzuführenden Wert $T$ finden sich in Abschnitt D nähere Angaben.

Von den bisher hier angeführten Näherungsformeln, die alle von gleichen Vereinfachungen ausgehen, ist die oben angegebene von Dr. Bleich die genaueste. Nachprüfungen haben gezeigt, daß sie *kleinere* Sicherheitsgrade gibt als die Engesserschen Formeln, wiewohl, wenigstens bei Eisenbrücken, die Engessersche Formel noch ausreichende, wenn auch kleine Sicherheiten, gibt.

Auch die Formel von Briske gibt zu große Sicherheiten.

Es empfiehlt sich demnach nach Bleich zu rechnen, so lange die etwas anders liegenden Verhältnisse bei Eisenbetonbrücken nicht durch Versuche mit Brücken genügend geklärt sind.

---

[8] Eisenbau 1919, S. 27, 120. Eisenbau 1922, S. 34. Dr. Bleich F., Theorie und Berechnung eiserner Brücken. Berlin 1924. Verlag Springer, S. 198.

## B. *Genaue Verfahren zur Bestimmung der Seitensteifigkeit.*

Die bisherigen Formeln gaben geschlossene Näherungsausdrücke für eine rasche Berechnung der Knicklast und der Wellenlänge der Gurten offener Brücken, die unter vereinfachenden Annahmen, die im vorstehenden Abschnitt angegeben sind, entwickelt wurden.

Nun sollen die genauen Rechnungsmethoden angegeben und kritisch beleuchtet werden.

1. ENGESSER[9] hat 1892 als erster dieses Problem zu lösen versucht, indem er sich die einzelnen Gurtstäbe mit Kugelgelenken angeschlossen denkt. Hier muß aber dieses Verfahren ausgeschieden werden, da es sowohl für Brücken in Eisen, wie in Eisenbeton wegen der durchlaufenden Gurten nicht gut angewendet werden kann und die tatsächliche Sicherheit der Gurte gegen Knicken sicher viel größer sein wird, als sich nach diesem ENGESSERschen Verfahren ergibt. Eine kurze Angabe des Rechnungsweges findet sich später.

Ebenso gibt ein zweites Verfahren ENGESSERs, das einen durchgehenden Gurt mit unendlich großem Trägheitsmoment voraussetzt, keine Anwendungsmöglichkeit für Bogenbrücken. Beide Verfahren geben höchstens untere bzw. obere Grenzwerte der Knicksicherheit.

Dagegen ist aber schon in dieser Abhandlung das *wesentliche* Kriterium für den Knickfall gegeben; daß die *Nennerdeterminante* einer Reihe von Gleichungen, die zur Ermittlung der Knotenpunktsverschiebungen dient, Null werden muß. Dabei müssen soviel Gleichungen angeschrieben werden, als Felder im Tragwerk vorliegen.

2. MÜLLER-Breslau[10] baut 1908 auf der ENGESSERschen Ableitung auf. Voraussetzungen sind: Form und Belastung der Brücke sind symmetrisch, es wirken nur lotrechte Lasten, die Eigengewichtslasten in den oberen Gurtknotenpunkten werden vernachlässigt, ebenso die wagrechten Querverschiebungen der Untergurtknoten. Auch von der Verwindung der Gurte und Füllungsstäbe wird abgesehen. Es wird eine Ausbiegung der oberen Gurtung in der Querrichtung angenommen. Die Ausbiegungen in den Knotenpunkten wären $\delta_m$, dabei entstehen in den Knotenpunkten $m$ Seitendrücke $X_m$. Diese lassen sich durch drei aufeinanderfolgende $\delta_{m-1}$, $\delta_m$, $\delta_{m+1}$ ausdrücken. Mit Hilfe der Querverschiebung $\delta'_m$, die das obere Ende des Halbrahmens für $X_m = \Phi$ erfährt und dem Verschiebungswert des freien Halbrahmens infolge $X_m = 1$ ist es möglich, $X_m$ zu eliminieren und eine Gleichung zwischen $\delta$ und $\delta'$ aufzustellen.

Man kann soviel Gleichungen mit je 3 aufeinander folgenden $\delta$ aufstellen als unbekannte Verschiebungen vorhanden sind, und dann die Nennerdeterminante berechnen.

Diese wird bei richtig konstruierten Brücken für die gegebenen Nutzlasten natürlich nicht Null sein. Deshalb wird eine $\varrho$-fache Belastung angenommen und hiefür der Determinantenwert bestimmt. Je größer das $\varrho$, desto kleiner die Nennerdeterminante $\Delta$, bis bei einem bestimmten $\varrho_0$ die Größe $\Delta$ negativ wird, also durch Null hindurchgegangen ist. Dieser Wert gibt also den Sicherheitsgrad an, ein konstantes $E$ vorausgesetzt. Über die Bedeutung der Sicherheit soll später noch Näheres gesagt werden. Diese Methode gilt für Gurtungen mit gedachten Kugelgelenken.

Bei der *gelenklosen* durch *Halbrahmen gestützten Gurtung* ist noch die Biegungssteifigkeit der Gurten zu berücksichtigen, so daß die Gleichung für $X_m$ noch die Gurtmomente in der Querrichtung enthält. Durch Elimination des $X_m$, was in ähnlicher Weise wie oben geschieht, erhält man wieder eine Gleichung mit drei aufeinanderfolgenden $\delta$ und drei Momenten. Da noch $n-1$ Gleichungen fehlen,

[9] Nebenspannungen S. 142, 148, und Zentralblatt d. Bauverwaltung 1892, S. 349.
[10] Statik d. Baukonstruktionen, I. Bd. 2. Abt. S. 309, 326.

müssen sie aus der Kontinuität der Gurtungen an den Knotenpunkten abgeleitet werden, so daß dann $2n$ Gleichungen mit je fünf Unbekannten vorliegen, deren Nennerdeterminante für den Knickfall Null sein muß.

Zu dem Ausfall einer Unbekannten aus den Knickgleichungen gelangt MÜLLER-Breslau durch Gleichsetzung zweier Beiwerte, was somit eine Näherung gibt.

3. OSTENFELD[11] gibt ein genaues und ein Näherungsverfahren; auf diese Verfahren wird hier nicht eingegangen, da ein eigenes Referat darüber vorliegt.

4. ZIMMERMANN.

Da die früher angeführten Verfahren von ENGESSER und MÜLLER-Breslau sich auf Fachwerkbrücken beziehen, sei im folgenden das eigentliche Knickproblem von *Bogenbrücken* nach den klassischen Entwicklungen ZIMMERMANNs[12], die dieser für das Stabeck auf elastischen Zwischenstutzen gegeben hat, in der Fassung und mit den Zusätzen des Verfassers[13] gekürzt behandelt. Näheres ist aus dem Buche des Verfassers „Nebenspannungen" zu entnehmen. Es wird die *Knickbedingung* entwickelt. Vernachlässigt ist hier bloß die Verdrehung der Gurte, was bei den kleinen

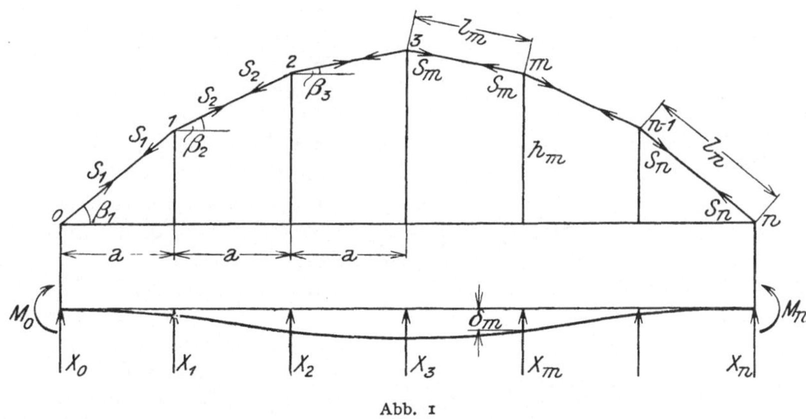

Abb. 1

Querausbiegungen zulässig ist. Ihre Berücksichtigung würde $n$ unbekannte Verdrehungsmomente, deren Vektor in die Bogenachse fällt und $(n-2)$ Verdrehungsmomente der Hängesäulen zur Folge haben, die die Zahl der Gleichungen um $2n-2$ vermehren, was die Auswertung der Determinante wesentlich erschweren würde. Die rechnerische Arbeit bei der Auswertung der Nennerdeterminante ist nicht so groß wie sie aussieht. Abgesehen davon, daß die Symmetrie der Anlage wesentliche Vereinfachungen bringt und eine Rechenmaschine selbst bei größerer Zahl der Hängestangen die Arbeit bald bewältigt.

*Entwicklung der Knickbedingungen.*

Es bezeichnen:

$S_1, S_2, \ldots\ldots S_n$ Die durch die Brückenbelastung in dem Bogen erzeugten Achsialkräfte,

---

[11] Die Seitensteifigkeit offener Brücken. Beton und Eisen 1916.

[12] Dr. ZIMMERMANN H., Das Stabeck auf elastischen Einzelstützen mit Belastung durch längsgerichtete Kräfte. Sitzungsberichte der kgl. preuß. Akad. d. Wissenschaften 1907. Phys. math. Abt.

[13] Dr. A. HAWRANEK, Nebenspannungen von Eisenbetonbogenbrücken. Berlin 1919. W. Ernst & Sohn, S. 114.

$T_1, T_2, \ldots\ldots T_n$ ihre wagrechten Projektionen,

$X_0, X_1, \ldots\ldots X_n$ die in den Bogenknoten entstehenden elastischen Stützkräfte senkrecht zur Trägerebene,

$M_0, M_n$ die Einspannungsmomente an den Trägerenden,

$J_1, J_2, \ldots\ldots J_n$ die Trägheitsmomente der Bogengurtquerschnitte in Bezug auf ihre in der Tragwandebene gelegenen Achse,

$l_1, l_2, \ldots\ldots l_n$ die Gurtstablängen,

$\beta_1, \beta_2, \ldots\ldots \beta_n$ die Neigungswinkel der Gurtstäbe gegen die Wagrechte.

Alle Zeiger von Größen, die sich auf eine Feldweite beziehen, erhalten die Ordnungsziffer jenes Knotenpunktes, der sich auf der rechten Seite des Feldes in Abb. 1 vorfindet. Die Momente $M_0$, $M_n$ wirken auf die Endstäbe in Ebenen, die senkrecht zur Tragwandebene durch die Stabachsen hindurchgelegt werden.

Infolge der verschieden großen Verbiegungen der Hängesäulenköpfe wird der Hauptträger aus der Tragwandebene herausgebogen. Jeder Knoten verschiebt sich wagrecht um $\delta_m$, so daß wir es mit einem durchgehenden Träger auf elastisch senkbaren Stützen zu tun haben. Ein Stab $(m-1)$, $m$ werde zwischen den Knotenpunkten herausgeschnitten und in Abb. 2 in einer Ebene dargestellt, die durch den betreffenden Stab hindurchgeht und senkrecht zur Tragwandebene steht; er gelangt nach der Formänderung nach $(m-1)'$, $m'$.

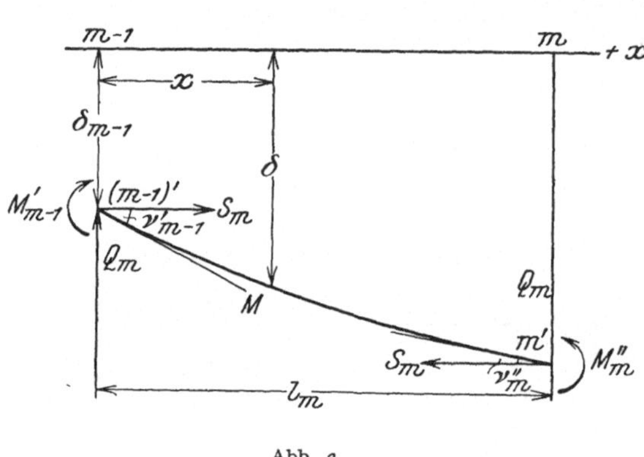

Abb. 2

$M'_{m-1}$ sei das Moment am linken Stabende,

$M''_m$ das Moment am rechten Stabende,

$v'_{m-1}$, $v''_m$ sind die Tangentenwinkel an den Stabenden. Hierbei deutet der Zeiger die Ordnungsziffer des Knotenpunktes an, während die nähere Bezeichnung des linken bzw. rechten Stabendes durch ′ bzw. ″ erfolgt.

Die Gleichung der elastischen Linie lautet

$$M = -EJ_m \cdot \frac{d^2\delta}{dx^2}$$ worin das Moment $M$ an der Stelle $x$ mit

(1) $\ldots\ldots\ldots M = S_m\,\delta + Q_m\,x + M'_{m-1} - S_m\,\delta_{m-1}$

einzuführen ist. Die Lösung der Differenzialgleichung

$$\frac{d^2\delta}{dx^2} + \frac{S_m\,\delta}{EJ_m} = -\frac{S_m}{EJ_m}\left[\frac{Q_m\,x}{S_m} + \left(\frac{M'_{m-1}}{S_m} - \delta_{m-1}\right)\right]$$

lautet unter Heranziehung der Hilfswerte:

(2) $\ldots\ldots$
$$\begin{cases} k_m{}^2 = \dfrac{S_m}{EJ_m}, & \lambda_m = k_m\,l_m = l_m\sqrt{\dfrac{S_m}{EJ_m}} \\[2mm] C = -\dfrac{Q_m}{S_m}, & D = -\left(\dfrac{M'_{m-1}}{S_m} - \delta_{m-1}\right) \end{cases}$$

(3) $\ldots\ldots\ldots \delta = A\sin k_m\,x + B\cos k_m\,x + Cx + D$

Die erste Ableitung nach $x$ ergibt:

(4) $\ldots\ldots\ldots \dfrac{d\delta}{dx} = k_m\,A\cos k_m\,x - k_m\,B\sin k_m\,x + C$

Aus den Bedingungen für die Stabenden, wonach für $x = 0$, $\delta = \delta_{m-1}$, für $x = l_m$, $\delta = \delta_m$ berechnen sich die Beiwerte $A$ und $B$:

$$A = \frac{M''_m}{S_m \sin \lambda_m} - \frac{M'_{m-1}}{S_m \,\mathrm{tg}\, \lambda_m}, \qquad B = \frac{M'_{m-1}}{S_m} \quad \ldots \ldots (5)$$

Damit sind alle Faktoren der Differentialgleichung ermittelt.

Nun können die Tangentenwinkel $v'_{m-1}$, $v''_m$ an den Stabenden $m-1$ und $m$ aus Gleichung 4 bestimmt werden, indem einmal $x = 0$, dann $x = l_m$ eingesetzt wird. Vorerst bezeichnen wir zur Vereinfachung:

$$\left(1 - \frac{\lambda_m}{\mathrm{tg}\,\lambda_m}\right)\frac{1}{l_m S_m} = m_m \cos^2 \beta_m \, ; \qquad \left(1 - \frac{\lambda_m}{\sin \lambda_m}\right)\frac{1}{l_m S_m} = m'_m \cos^2 \beta_m \quad . \ (6)$$

und erhalten:

$$v'_{m-1} = -\frac{\delta_{m-1} - \delta_m}{l_m} + (M'_{m-1} m_m - M''_m m'_m) \cos^2 \beta_m \left.\right\}$$
$$v''_m = -\frac{\delta_{m-1} - \delta_m}{l_m} + (M'_{m-1} m'_m - M''_m m_m) \cos^2 \beta_m \left.\right\} \quad \ldots \ldots (7)$$

In den bisher angeschriebenen Gleichungen sind $M'_{m-1}$, $M''_m$, $\delta_{m-1}$, $\delta_m$, $Q_m$ unbekannt.

Denkt man sich nun einen Knotenpunkt abgetrennt, indem man die beiden anschließenden Gurtstäbe und die Hängesäule durchschneidet, so muß zwischen den Kräften und Momenten Gleichgewicht bestehen. In der Querrahmenebene wirkt am Kopf der Hängesäule das Moment $Y_m$. Die Momente, welche in den durch die Stäbe senkrecht zur Tragwand gelegten Ebenen wirken, sind in Abb. 3 in vektorieller Darstellung eingezeichnet und werden in wagrechter und lotrechter Richtung zerlegt. Gegen den zweispitzigen Pfeil gesehen, sind rechtsdrehende Momente positiv angenommen. Unter

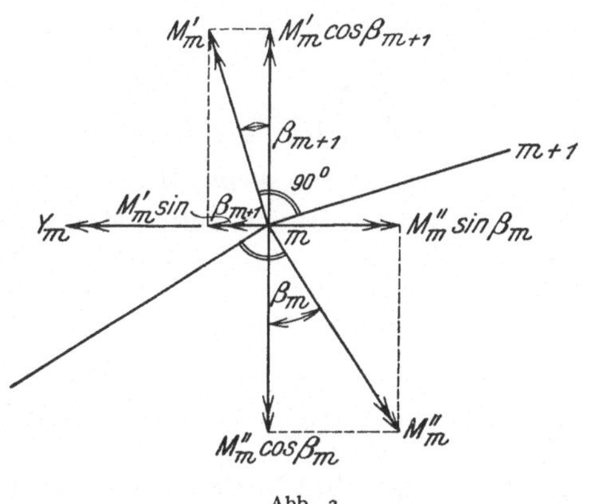


Abb. 3

Vernachlässigung der Verdrehungen von Gurten und Pfosten ergeben sich die Gleichgewichtsbedingungen:

$$M''_m \cos \beta_m = M'_m \cos \beta_{m+1} = M_m \left.\right\}$$
$$Y_m = M''_m \sin \beta_m - M'_m \sin \beta_{m+1} = M_m (\mathrm{tg}\,\beta_m - \mathrm{tg}\,\beta_{m+1}) = M_m \tau_m \left.\right\} \quad . \ (8)$$

wobei

$$\tau_m = \mathrm{tg}\,\beta_m - \mathrm{tg}\,\beta_{m+1} \quad \ldots \ldots \ldots \ldots (9)$$

Damit sind die Momente $M'_m$, $M''_m$ durch das neu eingeführte Moment $M_m$, das in einer wagrechten Ebene wirksam gedacht ist, ausgedrückt.

Jetzt können die Stetigkeitsbedingungen eingeführt werden, denen zufolge die Tangentenwinkel links und rechts jedes Knotens wegen der Stetigkeit der Gurte gleich groß sind, und zwar soll hier nach ZIMMERMANN angenommen werden, daß diese Stetigkeit der Gurte sich auch im Grundriß erweisen muß, somit die Projektionen der anschließenden Winkelgrößen auch im Grundriß gleiche Größe haben.

Die wagrechten Projektionen der Stablängen und Stabkräfte haben die Werte:

$$a = l_m \cos \beta_m, \qquad T_m = S_m \cos \beta_m, \qquad l_m S_m = \frac{a\,T_m}{\cos^2 \beta_m} \quad \ldots \ldots (10)$$

Die wagrechten Projektionen der Winkelgrößen $v$ erhält man, indem man die in Gleichung 7 angegebenen Werte durch $\cos \beta_m$ dividiert. Führt man für die zwei im Punkte $M$ anstoßenden Winkel $v''_m$ und $v'_m$ diese Teilung durch $\cos \beta_m$ und $\cos \beta_{m+1}$ durch und setzt die erhaltenen Werte gleich, so erhält man eine *Stetigkeitsbedingung*. Unter Beachtung der Gleichung 8 entsteht:

$$(11) \quad \begin{cases} -\dfrac{\delta_{m-1} - \delta_m}{a} + M_{m-1} m'_m - M_m m_m \\[2ex] = -\dfrac{\delta_m - \delta_{m+1}}{a} + M_m m_{m+1} - M_{m+1} m'_{m+1} \end{cases}$$

Nach Einführung der Bezeichnung:

$$(12) \quad v_m = -\frac{\delta_{m-1} - \delta_m}{a}$$

und Zusammenfassung gleicher $M_m$-Werte ergibt sich nachstehendes Gleichungssystem, das im allgemeinen soviel Gleichungen enthält, als Knotenpunkte vorliegen. Nach unserer Bezeichnung in Abb. 1 sind dies $n + 1$ Gleichungen, die nach ZIMMER-MANN die Stetigkeitsbedingungen heißen mögen.

$$(I) \quad \begin{cases} m_1 M_0 + m'_1 M_1 = -v_1 \\[1ex] m'_1 M_0 + (m_1 + m_2) M_1 + m'_2 M_2 = v_1 - v_2 \\[1ex] m'_2 M_1 + (m_2 + m_3) M_2 + m'_3 M_3 = v_2 - v_3 \\[1ex] \cdots \cdots \cdots \cdots \cdots \cdots \cdots \cdots \cdots \cdots \cdots \\[1ex] m'_{n-1} M_{n-2} + (m_{n-1} + m_n) M_{n-1} + m'_n M_n = v_{n-1} - v_n \\[1ex] m' M_{n-1} + m_n M_n = v_n \end{cases}$$

Darin sind die $n + 1$ Größen $M$ und $n$ Werte $v$ unbekannt; es fehlen demnach noch $n$ Gleichungen, die aus den wagrechten Verschiebungen der Hängesäulenköpfe in den Halbrahmen gewonnen werden.

Die wagrechte Verschiebung der Knotenpunkte läßt sich ausdrücken durch

$$(13) \quad \delta_m = \zeta_m + \xi_m X_m + \eta_m Y_m$$

$\zeta_m$ ist die wagrechte Verschiebung des Hängesäulenkopfes infolge der Belastung des Querträgers,

$\xi_m$ ist die wagrechte Verschiebung des Hängesäulenkopfes infolge der Kraft $X_m = 1$,

$\eta_m$ ist die wagrechte Verschiebung des Hängesäulenkopfes infolge des Momentes $Y_m = 1$.

Diese Verschiebungen sind für jeden Halbrahmen bestimmbar; die Momente $Y_m$ können nach Gleichung 8 und 9 durch $M_m$ ausgedrückt werden.

Aus der Gleichgewichtsbedingung der Momente in Bezug auf den Punkt $m'$ in Abb. 2

$$Q_m l_m + M'_{m-1} - M''_m + S_m (\delta_m - \delta_{m-1}) = 0$$

folgen die Querkräfte

$$Q_m = \frac{S_m (\delta_{m-1} - \delta_m)}{l_m} - \frac{M'_{m-1} - M''_m}{l_m}$$

oder nach Einführung von Gleichung 10 und 12

$$(14) \quad Q_m = T_m \frac{\delta_{m-1} - \delta_m}{a} - \frac{M_{m-1} - M_m}{a} = -T_m v_m - \frac{M_{m-1} - M_m}{a}$$

woraus sich

$$(15) \quad \begin{cases} X_m = Q_{m+1} - Q_m \\[1ex] X_0 = Q_1 \\[1ex] X_n = -Q_n \end{cases}$$

ergeben.

Nun sind die Verschiebungen $\delta_m$ nach Gleichung 13 durch die bekannten Größen $T_m$ und die unbekannten Momente $M_m$ bestimmbar, es wird allgemein:

$$\delta_m = \zeta_m + \xi_m \left[ T_m v_m - T_{m+1} v_{m+1} + \frac{1}{a} (M_{m-1} - 2M_m + M_{m+1}) \right] + \left.\begin{array}{l} \\ + \eta_m \tau_m M_m \end{array}\right\} \quad (16)$$

Solcher Gleichungen gibt es im allgemeinen $n + 1$; bei eingespannten Bogenenden, wobei $\delta_o = \delta_n = 0$ wird, sind $n - 1$ Gleichungen für ebensoviel unbekannte $\delta$ zur Verfügung.

Schreibt man die Gleichung 16 für jeden Knoten der Reihe nach an, zieht die erste von der zweiten Gleichung ab, dann die zweite von der dritten und so fort und teilt jedesmal durch $a$, so erhält man die in Gleichung 12 angegebenen $v$-Werte. Es entstehen auf diese Weise im allgemeinen Fall $n$ Gleichungen, bei fester Einspannung der Bogenenden $n - 2$ Gleichungen nachstehender Bauart:

$$a v_m - \beta v_{m+1} + \gamma v_{m+2} = - c M_{m-1} + d M_m - e M_{m+1} + f M_{m+2} + g \quad \ldots \text{ II}$$

$a$, $\beta$, $\gamma$, $c$, $d$, $e$, $f$, $g$ sind durch gegebene Größen ausdrückbare Faktoren. Diese Gleichungen sollen die *Lagerbedingungen* heißen. Müller-Breslau erzielt beim Aufbau ähnlicher Gleichungen eine Vereinfachung, indem er für die Größen $m_m$ und $m'_m$ in Gleichung 6 einen für den ganzen Träger konstanten Mittelwert annimmt.

Die Gleichungsgruppen I und II, deren Lösung allerdings umständlich ist, geben die gesuchten Momente und Verschiebungen, solange nicht die Nennerdeterminante $\Delta$ der $M$ und $v$ Null wird.

Tritt letzteres ein, so knickt der Gurt aus, weil dann die Ausbiegungen unendlich groß werden. Hiebei wird vorausgesetzt, daß bei der Laststeigerung bis zum Bruch die Elastizitätsgrenze nicht überschritten wird, worüber später näheres folgt.

Um also die Sicherheit $n$ gegen Knicken zu rechnen, die ein bemessener Gurt erfährt, wird man in die abgeleiteten Gleichungen bzw. in die Nennerdeterminante $\Delta$ sowohl für die Belastungen der Querträger wie für die Stabkräfte $S_m$ die $n$-fachen Werte einführen und $\Delta$ ziffernmäßig für einige Werte $n = 3$, $4$, $5$, $6$ usf. rechnen, solange bis $\Delta$ das Vorzeichen wechselt. Dann gibt jener Wert $n$, bei dem dieser Wechsel eintritt, die Sicherheit gegen Ausknicken an. Unter der Sicherheit $n$ ist hier das Verhältnis der Knickbelastung bei konstant vorausgesetzter Elastizitätsziffer zur größten vorhandenen Stabkraft verstanden.

Handelt es sich um einen symmetrisch gebauten Träger und eine symmetrische Belastung, so wird die Nennerdeterminante $\Delta$ bezüglich beider Diagonalen eine symmetrische Bauart haben, somit ihr Wert rascher zu berechnen sein. Hierbei leistet die Zimmermannsche Beziehung, daß $\Delta$ sich dann als Produkt zweier Determinanten darstellen läßt, gute Dienste.

Wollte man noch die Windwirkung, also eine stetige Last auf den Bogen berücksichtigen, so kämen an den Knotenpunkten neue Momente hiezu, aber keine neuen Unbekannten; dagegen werden beide Hauptträger verschieden beansprucht und die Symmetrie der Formänderungen der Brücken geht verloren. Bei oben offenen Brücken ist aber die Spannweite nicht groß und damit auch der Wind gegenüber der Knicklast vernachlässigbar.

## C) *Berechnung der Momente im Bogen quer zur Tragwandebene.*

Für die Bemessung von oben offenen Eisenbeton-Bogenbrücken ist es notwendig, die Momente des Bogens quer zur Tragwandebene für Eigengewicht und Nutzlast zu kennen; aber auch für die Belastung der Brücke mit einem Vielfachen der Nutzlast, wie dies bei der Bestimmung des Sicherheitsgrades gegen Knicken der Fall ist, wird es wertvoll sein zu wissen, wie groß die Spannungen infolge der Querwirkung der Halbrahmen sind.

Verfasser[14] hat zwei Wege angegeben, einmal für die Berechnung der Momente, und dann für die Berechnung der Verschiebungen in den Gurtknotenpunkten. Hier soll nur die Ermittlung der Momente gegeben werden. Wegen Berechnung der Verschiebungen sei auf die untenstehende Quelle verwiesen.

*Berechnung der Momente mittels Fünf-Momentengleichungen.* Vorausgesetzt wird eine konstante Feldweite $a$ und außerdem, daß die wagrechte Projektion der Bogenstabkräfte konstant und gleich dem Horizontalschube $H$ sei.

Mit den Bezeichnungen der Abb. 1 und jenen im vorigen Abschnitt ist

$$(17) \ldots \ldots \ldots \ldots T_m = S_m \cos\beta_m = T_{m+1} = H$$

Wir ziehen Gleichung I und 16 heran, setzen die Werte der Gleichung 17 in Gleichung 16 ein und dividieren durch $H\,\xi_m$.

Es entsteht:

$$(18) \ldots m'_m M_{m-1} + (m_m + m_{m+1}) M_m + m'_{m+1} M_{m+1} = v_m - v_{m+1}$$

$$\frac{1}{Ha} M_{m-1} + \frac{1}{Ha}\left(\frac{a\,\eta_m\,\tau_m}{\xi_m} - 2\right) M_m + \frac{1}{Ha} M_{m+1} +$$

$$(19) \ldots \ldots \ldots \ldots + \frac{\zeta_m}{H\xi_m} - \frac{\delta_m}{H\xi_m} = -(v_m - v_{m+1})$$

Durch Summierung dieser beiden Gleichungen verschwinden die rechten Seiten und man erhält:

$$\frac{\delta_m}{H\xi_m} = M_{m-1}\left(m'_m + \frac{1}{Ha}\right) + M_m\left(m_m + m_{m+1} - \frac{2}{Ha} + \frac{\eta_m\,\tau_m}{H\xi_m}\right) +$$

$$(20) \ldots \ldots \ldots \ldots + M_{m+1}\left(m'_{m+1} + \frac{1}{Ha}\right) + \frac{\zeta_m}{H\xi_m}$$

Nun ist aus Gleichung 6

$$m'_m + \frac{1}{Ha} = \frac{1}{Ha}\left(2 - \frac{\lambda_m}{\sin\lambda_m}\right)$$

$$m_m + m_{m+1} - \frac{2}{Ha} = -\frac{1}{Ha}\left(\frac{\lambda_m}{\operatorname{tg}\lambda_m} + \frac{\lambda_{m+1}}{\operatorname{tg}\lambda_{m+1}}\right)$$

$$m'_{m+1} + \frac{1}{Ha} = \frac{1}{Ha}\left(2 - \frac{\lambda_{m+1}}{\sin\lambda_{m+1}}\right)$$

Setzt man zur Vereinfachung der Ausdrücke

$$(21) \ldots \ldots \ldots \begin{cases} A_m = \xi_m\left(2 - \dfrac{\lambda_m}{\sin\lambda_m}\right) \\[2mm] B_m = \xi_m\left(\dfrac{a\,\eta_m\,\tau_m}{\xi_m} - \dfrac{\lambda_m}{\operatorname{tg}\lambda_m} - \dfrac{\lambda_{m+1}}{\operatorname{tg}\lambda_{m+1}}\right) \\[2mm] C_m = \xi_m\left(2 - \dfrac{\lambda_{m+1}}{\sin\lambda_{m+1}}\right) \end{cases}$$

so läßt sich Gleichung 20, nachdem man sie wieder mit $H\,\xi_m$ multipliziert hat, schreiben:

$$(22) \ldots \ldots \ldots \delta_m = \zeta_m + \frac{1}{a}\left(M_{m-1} A_m + M_m B_m + M_{m+1} C_m\right)$$

Es ist somit jede Verschiebung $\delta_m$ durch drei aufeinanderfolgende Momente ausgedrückt. Ähnliche Gleichungen lassen sich für jeden Knotenpunkt anschreiben.

---

[14] Dr. Ing. HAWRANEK, Nebenspannungen von Eisenbetonbogenbrücken. Berlin 1919. Verlag Wilh. Ernst & Sohn. S. 121, 123.

Diese Gleichungen kann man nun in Gleichung 18 einführen, nachdem man darin entsprechend Gleichung 12

$$v_m - v_{m+1} = -\frac{1}{a}\left(\delta_{m-1} - 2\,\delta_m + \delta_{m+1}\right)$$

gleichgesetzt hat und erhält eine *Fünf-Momentengleichung* nachstehender Form:

$$K_{m-2}\,M_{m-2} + K_{m-1}\,M_{m-1} + K_m\,M_m + K_{m+1}\,M_{m+1} + K_{m+2}\,M_{m+2} = L_m \qquad (23)$$

oder

$$\sum_{v=m-2}^{v=m+2} K_v\,M_v = L_m \quad \ldots\ldots\ldots\ldots\ldots \text{(III)}$$

worin bedeuten:

$$\left.\begin{aligned}
K_{m-2} &= A_{m-1} \\
K_{m-1} &= B_{m-1} - 2\,A_m + a^2\,m'_m \\
K_m &= C_{m-1} - 2\,B_m + A_{m+1} + a^2\,(m_m + m_{m+1}) \\
K_{m+1} &= -2\,C_m + B_{m+1} + a^2\,m'_{m+1} \\
K_{m+2} &= C_{m+1} \\
L_m &= -a\,(\zeta_{m-1} - 2\,\zeta_m + \zeta_{m+1})
\end{aligned}\right\} \quad \ldots (24)$$

Solche Gleichungen III lassen sich soviele anschreiben, als unbekannte Momente vorhanden sind. Die allgemeine Gleichung enthält fünf Momente, ausgedrückt durch die infolge der Brückenbelastungen am Halbrahmenkopfende entstehenden seitlichen Verschiebungen $\zeta_m$.

Die erste und letzte Gleichung dieser Gruppe enthält nur drei Momente, die zweite und vorletzte nur vier. Mittels Determinanten lassen sich nun die $M_m$ rechnen; dann sind mit Hilfe der Gleichung 8 $M'_m\,M''_m$ bestimmbar. Symmetrische Anordnungen der Brücke und Belastungen vereinfachen die Rechnung und vermindern die Zahl der Gleichungen auf $\frac{n}{2}+1$ bei geraden $n$, auf $\frac{n+1}{2}$ bei ungeraden.

Aus den Momenten können unmittelbar die Spannungen gerechnet werden.

Bei stetiger Querträgerbelastung $p$ auf den laufenden Meter und wenn $h'_m$ die Höhe der Gurtachse über der unteren Eckversteifung der Hängesäule bedeutet, wird die Ausbiegung $\delta_m$

$$\delta_m = \frac{1}{24}\,\frac{p\,b_1^3\,h_m}{E\,J_q} + \frac{X_m\,h'^3_m}{3\,E\,J_h} + \frac{Y_m\,h^2_m}{2\,E\,J_h} \quad \ldots\ldots\ldots (25)$$

$J_q$ = Trägheitsmoment des Querträgers.
$J_h$ = Trägheitsmoment der Hängesäule.
$h_m$ = Theoretischer Gurtabstand von der Querträgerachse.
$b_1$ = Hauptträgerabstand.
$X_m$ und $Y_m$ ergeben sich aus dem früheren Abschnitt.

Eine Lösung des Gleichungssystems III mit der Differenzenrechnung wird anderwärts gegeben.

### D. Elastizitätsziffer für Eisenbetonbogenbrücken bei Beanspruchung auf Knickung.

Wenn Formeln für die Berechnung auf Knicken, die sich im Eisenbau bewährt haben, auf Eisenbetonbrücken angewendet werden sollen, so ist zunächst die Einführung des Wertes für die Elastizitätsziffer $E$ in diese Formeln zu beachten.

Unter den gleichen Voraussetzungen, wie $E$ bei Eisenbrücken verwendet wird, wäre auch für Eisenbetonbrücken ein Festwert anzunehmen, wenn auch $E$ schon bei kleinen Beanspruchungen des Betons starken Veränderungen unterworfen ist. Da aber die Sicherheit $n$ gegen Knicken eben wegen der Ungültigkeit einer Konstanten im plastischen Bereich, für den Eisenbau eine ideelle Wertziffer bedeutet, so wird dies beim Eisenbetonbau, allerdings in noch höherem Maße der Fall sein.

Wenn man sich entschließt einen konstanten $E$-Wert für diese Zwecke bei Eisenbetonbrücken einzuführen, so wäre dieser nicht für das Ausschalungsstadium der Brücke zu wählen, sondern jener Wert, den der Beton im Augenblicke der Belastungsprobe der Brücke aufweist. Bezüglich der Wahl der Elastizitätsziffer sind aber noch einige Erwägungen nötig.

Für die zur Betonbereitung üblichen Zemente sind bei Brückenbelastungsversuchen in der Literatur wiederholt Angaben über die Elastizitätsziffer des Bauwerks gemacht worden. Die Elastizitätsziffern, die aus den Formänderungen bei Biegung und Druckbeanspruchungen folgen, bewegen sich zwischen 300000 und 350000 kg/qcm. Für Bauten aus Sonderzementen mit höherer Festigkeit sind, wenigstens in der Literatur, soweit bekannt, noch keine aus Belastungsversuchen hervorgehende Elastizitätsziffern zu finden, auch nicht für besondere Ausführungsweisen, wie etwa Gußeisenbeton.

Ob für $E$ beim Knickproblem obige Werte eingeführt werden können, ist noch fraglich. Aber Vorsicht ist schon deshalb am Platze, weil, wenigstens nach der EULER-Formel, die Knicklast proportional dem $E$ ist und damit auch die Sicherheit, und nach der ENGESSERschen Formel für die Seitensteifigkeit sich die Knicklast proportional der $\sqrt{E}$ ergibt. Diese Vorsicht ist deshalb wegen der oft großen Schwankungen der Elastizitätsziffer nötig, die bei verschiedenem Mischungsverhältnis und selbst bei gleichem Mischungsverhältnis mit dem Alter und der Beanspruchung auftreten. Um diese Frage zu klären, sollen, da keine Versuche mit Eisenbetonbrücken der hier in Frage stehenden Art vorliegen, Säulenknickversuche herangezogen werden.

MÖRSCH führt in seinem Buche „Der Eisenbeton", I. Bd., I. Hälfte, 5. Aufl., S. 244, Säulenknickversuche an, die an der Materialprüfungsanstalt in Stuttgart[15] ausgeführt worden sind. Es seien die Säulen Nr. 2 und Nr. 3 herausgegriffen. Sie sind beide mit einem quadratischen Querschnitt von 32 cm Seitenlänge ausgeführt. Säule 2 im Mischungsverhältnis 1 : 4 (Sand) mit 4 $\Phi$ 20 mm Bewehrung, Säule 3, 1 : 2 : 2 (Sand, Kies) mit 4 $\Phi$ 30 mm und Spiralwicklung von 5 mm mit 45 mm Ganghöhe. Alter 45 Tage, 9,3% Wasser, also nahezu Gußbeton.

*Säulenknickversuche*

|  | | Säule 2 | Säule 3 |
|---|---|---|---|
| 9 m lang bewehrt .............. | Höchstlast | 270 t | 232,833 t |
| 1,2 m lang bewehrt ............ | ,, | 370 t | 310,667 t |
| 1,2 m lang unbewehrt .......... | ,, | 339,667 t | 233,167 t |
| Prismenfestigkeit $k_b$ ...................... | | 330 kg/qcm | 227 kg/qcm |
| Würfelfestigkeit $k_w$ ...................... | | 376 kg/qcm | 283 kg/qcm |
| EULER-Last (gerechnet mit $E_m$) ........... | | 278,2 t | 241,6 t |
| In die Rechnung eingeführtes $E_m$ ......... | | 217,750 kg/qcm | 132,500 kg/qcm |
| Elastizitätsziffer im Knickstadium $E_1$ .... | | 150,000 kg/qcm | 55,000 kg/qcm |
| Elastizitätsmaß bei Druckabnahme $E_2$ ..... | | 281,500 kg/qcm | 150,000 kg/qcm |

Die zuletzt angegebenen EULER-Knicklasten werden aus einem Mittelwert $E_m = \dfrac{E_1 + E_2}{2}$ aus den bezüglichen Elastizitätsziffern für zu- und abnehmende Druckspannungen an gegenüberliegenden Querschnittsrändern gerechnet und dazu die Spannungsdehnungskurven herangezogen.

---

[15] BACH, Zeitschrift des Vereines deutscher Ingenieure 1913, S. 1969.

Bei der Einführung dieser Mittelwerte $E_m$ erhielt MÖRSCH eine gute Über-einstimmung der nach EULER gerechneten Knicklasten für die 9 m langen Säulen und den tatsächlichen, die bloß um $3^0/_0$ bzw. $3,7^0/_0$ abweichen, wie man aus obiger Tabelle entnehmen kann. (MÖRSCH führt allerdings als freie Knicklänge die Säulen-höhe $h = 9,0$ m ein, während sie eigentlich infolge der Kugellager in der Maschine zirka 9,8 m ist.) Man sieht wenigstens aus diesen zwei Versuchsreihen (es waren Mittelwerte von je drei Säulen), daß die Elastizitätsziffer $E_1$ die für das Knickstadium aus dem Spannungsdehnungsdiagramm entnommen werden kann, für die Berech-nung auf Knicken nach EULER *nicht maßgebend* ist, sondern einen erheblich größeren Wert, der bei Säule 2 um $45^0/_0$, bei Säule 3 um $141^0/_0$ größer war.

Andererseits sind für die an sich außerordentlich geringen Unterschiede im Mischungsverhältnisse sehr verschiedene $E_m$-Werte maßgebend gewesen: 217,750 kg/qcm bzw. 132,500 kg/qcm (BACH ermittelte 199,300 kg/qcm bzw. 131,400 kg/qcm, gemessen aus der gesamten Zusammendrückung vor der Rißbildung).

Beim *Knickproblem des Bogens* wird sich wohl gegenüber dieser Erscheinung bei Säulen gewiß kein prinzipieller Unterschied ergeben, solange man mit Formeln operiert, die auf der EULER-Gleichung aufgebaut sind.

Man kann deshalb heute keinen ,,Festwert" $E$ von allgemeiner Gültigkeit für das Knickproblem bei Eisenbetonbrücken angeben. Hier müssen also systematische Versuche mit Bogen bei völligem Einblick in die Elastizitätsverhältnisse des ver-wendeten Betons einsetzen. Natürlich wäre auch dieser ,,Festwert" mit dem Mischungsverhältnis und dem Alter des Betons abzustufen.

Wollte man schon jetzt einen $E$-Wert für das Knicken festlegen, so könnte man für Brückenbogen bei dem Mischungsverhältnis $1 : 4$ $E = 200,000$ kg/qcm bzw. $1 : 5$ $E = 140,000$ kg/qcm zur Zeit der Belastungsprobe einführen, also sechs Wochen nach beendeter Betonierung. Für höhere Werte kann man sich erst nach neuen Versuchen, wenn sie erfolgreich sind, einsetzen.

Es fragt sich nur, ob im Eisenbeton nicht vielleicht ein *Knickmodul $T$* an Stelle von $E$ eingeführt werden kann. Dies wäre auf folgende Weise möglich:

Die Druckspannung unmittelbar vor dem Ausknicken errechnet sich mit

$$\sigma_k = \frac{1,25\,k_b}{1 + \varkappa\left(\frac{l}{i}\right)^2}$$

anderseits ist bei Einführung des Knickmoduls $T$: $\sigma_k = \pi^2\,T\left(\frac{i}{l}\right)^2$

Werden die Ausdrücke für $\sigma_k$ gleichgesetzt, so ergibt sich:

$$T = \frac{1,25\,k_b\left(\frac{l}{i}\right)^2}{\pi^2\left[1 + \varkappa\left(\frac{l}{i}\right)^2\right]}$$

wobei $k_b$ die Prismenfestigkeit des Betons, $k_w$ die Würfelfestigkeit, $k_w = 1,25\,k_b$ bedeuten.

$\varkappa$ ist ein Wert, der allgemein mit $0,0001$ angenommen wird. Nach BACH genügt (Zeitschr. V. D. I. 1913, S. 1972) aber $\varkappa = 0,00005$, wie sich aus seinen Säulenver-suchen ergibt.

Werden für die früheren zwei Säulen die Werte $T$ nach obiger Formel gerechnet, so ergibt sich bei

$$\varkappa = 0,0001 \quad \text{für Säule} \quad 2 : T = 173,500 \text{ kg/qcm}$$
$$,, \qquad ,, \quad 3 : T = 124,500 \text{ kg/qcm}$$
$$\varkappa = 0,00005 \,,, \qquad ,, \quad 2 : T = 219,000 \text{ kg/qcm}$$
$$,, \qquad ,, \quad 3 : T = 158,800 \text{ kg/qcm}$$

Wie man nach Vergleich mit den früheren $E_m$-Werten ersieht, ist der Knickmodul $T$ bei Säule 2 mit $\varkappa = 0{,}00005$ mit $E_m$ übereinstimmend, bei Säule 3 liegt der $T$-Wert für $\varkappa = 0{,}0001$ dem bezüglichen $E_m$ näher.

Die Mittelwerte von $T$ stimmen nahezu mit den früher angegebenen $E$-Werten überein. Man kann mit diesen T-Werten nach obiger Formel rechnen, da sie aus der jeweiligen Würfelfestigkeit ableitbar sind, somit dem jeweilig verwendeten Beton und auch der Erhärtungszeit angepaßt werden können. Der Beiwert $\varkappa$ wäre, solange keine weiteren Versuche vorliegen, mit $\varkappa = 0{,}00008$ einzuführen.

Der Einfluß der Eisenbewehrung des Betons braucht bei der Festlegung von $E$ für das Knickproblem nicht berücksichtigt zu werden, da *vor* dem Ausknicken die Quetschgrenze des Eisens erschöpft ist und das weitere Verhalten des Stabes bis zur Knickung von den Eigenschaften des Betons anhängt.

Zu erwägen wäre noch, ob für den Bogen einerseits sowie für die Fahrbahnquerträger und die Hängesäulen andererseits, die gleiche Elastizitätsziffer $E$ angewendet werden soll. Mit Bezug auf die eingangs hervorgehobenen Erscheinungen bei den Säulenknickversuchen wäre es richtiger für den Bogen einen kleineren $E$-Wert einzuführen, etwa den vorgeschlagenen, während man für die Halbrahmen einen größeren ansetzen kann, da vor der Ausknickung der Gurte die Formänderungen der Halbrahmen für diese, da sie auf Biegung beansprucht werden, weniger gefährlich sind. Auch die Einführung des Trägheitsmomentes für die Querträger ist bei der üblichen Ausführung von Eisenbetonbrücken nicht so eindeutig wie im Eisenbau, da die Fahrbahnplatte mit den Querträgern steif verbunden ist. Genaues über den Grad der Mitwirkung der Fahrbahnplatte mit dem Querträger läßt sich derzeit nicht angeben.

Sind keine Fahrbahnlängsträger vorhanden, so kann man für die Berechnung des Trägheitsmomentes des Querträgers die Fahrbahnplatte zwischen den dem Querträger benachbarten Wendepunkten der Biegelinie für Vollast einbeziehen, so daß etwa als mitwirkende Plattenbreite die halbe Feldweite (beiderseits des Querträgers je $^1/_4$ der Feldweite) genommen werden kann.

Ist dagegen eine Anordnung von Längsträgern vorgesehen, so könnte die mitwirkende Plattenbreite etwas größer angenommen werden, vielleicht beiderseits des Querträgers noch je $^1/_3$ der Feldweite.

Diese beiden Angaben ließen sich, wenigstens für die gewöhnliche Nutzlast, aus genauen Versuchen bei ausgeführten Brücken überprüfen.

### E. Wirkung oberer Querverbindungen bei Bogenbrücken.

Die räumliche Beanspruchung, besonders die der Querbelastung von Bogenbrücken mit aufgehängter Fahrbahn ohne obere Querverbindungen, wurde in dem Buche des Verfassers[16] eingehend behandelt und durch Beispiele belegt. Auch für die Berechnung von Bogenrippen mit *einem* und mit *zwei* Querriegeln (S. 84) für Querbelastung sind die nötigen Gleichungen angegeben.

Da in letzter Zeit schon sehr große Spannweiten mit Fahrbahn unten ausgeführt wurden, wie die Seinebrücke bei St. Pierre du Vauvray, $l = 131{,}8$ m, mit bloß zwei Querriegeln und noch größere zu erwarten sind, wurde vom Verfasser[17] eine allgemeine Theorie der Verbindung von zwei Bogenrippen mit mehreren Querriegeln gegeben und auf dem 2. internationalen Kongreß für technische Mechanik Zürich 1926 vorgetragen.

---

[16] Dr. HAWRANEK, Nebenspannungen von Eisenbetonbogenbrücken. Berlin 1919. Verlag Ernst & Sohn.

[17] Dr. HAWRANEK, Allgemeine Theorie der Wirkung von Querriegeln bei zweirippigen Bogenbrücken. Verhandlungen des 2. internationalen Kongresses für techn. Mechanik Zürich 1926.

Ohne auf die Ausführungen dieser Abhandlung näher einzugehen (es sei deshalb auf die untenstehende Quelle verwiesen), sei, um bloß die ganz allgemeine Gültigkeit der Entwicklung zu zeigen, erwähnt, daß alle Riegel in ihrer Mitte durchschnitten wurden. In den Schnittstellen wurden nach den drei zueinander senkrecht stehenden Hauptrichtungen je eine Schnittkraft und je ein Moment angebracht, also sechs Unbekannte an jeder Schnittstelle.

Für alle bei Brücken möglichen Belastungen sind die Gleichungssysteme aufgestellt und lassen sich nach Auflösung derselben alle Beanspruchungen des Bogens, der Querriegel und Hängestangen rechnen.

Auch das Knickproblem ist durch Nullsetzen der Nennerdeterminante gelöst.

Nachdem einige Beispiele völlig durchgerechnet worden sind und namentlich ein Bild über die Wirkung von Querriegeln auf die Bogenbeanspruchung gewonnen wurde, kann als weiteres Ergebnis dieser Arbeit der Schluß gezogen werden, daß man tunlichst wenig Querriegel verwenden soll, etwa in den $^1/_4$ Punkten. Riegel im Scheitel entlasten die Bogen weniger. Auch bezüglich der Wahl von rechteckig geformten Riegelquerschnitten hat sich die Anordnung von größerer Breite als Höhe zweckmäßiger erwiesen.

Starke Riegel erhöhen die Steifigkeit des Bogens, erfordern aber eine starke Zusatzbewehrung des Bogens und der Riegel. Im übrigen sei auf zwei Modellversuche mit solchen Brücken verwiesen, welche Dr. Rudolf Mayer durchführte, welche ebenfalls in den Verhandlungen des Züricher Mechanik-Kongresses 1926 veröffentlicht sind.

*Schlußbemerkungen.*

In vorliegender Abhandlung wurde versucht, einen Überblick über den gegenwärtigen Stand der Seitensteifigkeit offener und geschlossener Bogenbrücken zu geben.

Es ist klar, daß die errechnete Knicksicherheit eine ideelle Ziffer darstellt, da für das Knickstadium die Elastizitätsziffern sowohl des Eisens wie des Betons eine Änderung gegenüber dem Anfangszustand der Nutzbelastung erfahren. Nur dann, wenn es gelingen wird, geeignete, durch Versuche zu ermittelnde Knickmodule einzuführen, wird man sich der wirklichen Knicksicherheit nähern. Solange darin keine Klarheit besteht, soll man keinen zu kleinen Sicherheitsgrad zulassen. Nach Engesser mindestens eine sechsfache, nach Bleich ein drei- bis vierfache.

Wie man sieht, kann die endgültige Klarheit in diesen Fragen der Seitensteifigkeit von Bogenbrücken und ihrer Knicksicherheit nur auf zwei Wegen erhalten werden.

1. Durch systematische *Bruchversuche* mit Bogenbrücken in Verbindung mit sehr vielen Spannungs- und Formänderungsmessungen in allen Phasen der Belastung und entsprechende Auswertung der Ergebnisse.

2. Indem man für viele Brücken die Rechnung nach dem angegebenen genauen Verfahren für Nutzlasten und ihre Vielfache durchführt, die Spannungen für alle Stadien sucht, die Ausbiegungen rechnet, um für verschiedene Anordnungen von Brücken ein Bild zu gewinnen, wann der Übergang in den plastischen Bereich bei Eisen erfolgt, wie sich die Betonbrücken in dieser Beziehung verhalten und wie groß der Sicherheitsgrad in dem Augenblick ist, wenn die Elastizität beim Eisen überschritten wird oder die Betonspannungen schon gefährliche Werte erreichen. Diese mühsame Arbeit muß unbedingt in Kauf genommen werden.

Vorschläge zur Erreichung dieses Ziels werden anläßlich des Kongresses gemacht werden.

# Die Seitensteifigkeit offener Betonbrücken

Von **A.** Ostenfeld, Kopenhagen

Die Frage der Seitensteifigkeit offener *Eisen*brücken ist schon alt und auch schon zu einem *vorläufigen* Abschluß gebracht. Nachdem ENGESSER im Jahre 1884 seine einfache Annäherungsformel aufstellte, ist der Gegenstand von verschiedenen Autoren (YASSINSKI, TIMOCHENKO, KAYSER, KEELHOFF, BLEICH u. a.) behandelt worden, und schließlich haben MÜLLER-BRESLAU und ZIMMERMANN die Abhängigkeit der Frage von zwei Gleichungssystemen (mit den Ausbiegungen und den Gurt-Knotenmomenten als Unbekannten) gezeigt. Noch später hat der Verfasser dieses Referates die beiden Gleichungssysteme durch ein einzelnes, unmittelbar hergeleitetes fünfgliedriges System ersetzt und außerdem die Stetigkeitsbedingung für gebrochene Gurtungen, die bisher in nicht einwandfreier Form benutzt war, richtig gestellt.

Obwohl die rein theoretische Lösung der Aufgabe somit jetzt nicht viel zu wünschen übrig läßt, ist bekanntlich die praktische Handhabung noch höchst unvollkommen. Für den praktischen Gebrauch fehlt es noch immer an einer für alle Werte gültigen, expliziten Relation zwischen den bestimmenden Größen:

Gurtkraft $O$, Gurtstablänge $o$, Gurtsteifigkeit $EJ_o$,

Halbrahmensteifigkeit $k$ (t/m; reziproker Wert der Ausbiegung der Rahmen-
köpfe für die Kraft $1$),

erwünschter Sicherheitsgrad $n$.

Mit den Bezeichnungen: $s = \dfrac{O}{o}$ und $n_E = \dfrac{\pi^2\, E\, J_o}{Oo^2}$ ließe sich eine solche Relation durch eine Kurve mit $\dfrac{n}{n_E}$ als Abszissen und $\dfrac{k}{s}$ als Ordinaten darstellen.

Für den Bereich

$$0 < \frac{n}{n_E} < \frac{1}{4}$$

ist die ENGESSER-Formel, durch eine Gerade durch den Anfangspunkt dargestellt, gültig und vielleicht genau genug, für

$$\frac{1}{4} < \frac{n}{n_E} < 1$$

hat der Verfasser dieses Referates andere Annäherungsformeln gegeben. Indessen fehlt es für das ganze Gebiet noch an *Versuchen, die allein die genügende Richtigstellung der theoretischen Ableitungen vermitteln können.* Versuche sind hier genau ebenso notwendig wie für den einfachen Fall der zentrischen Knickfestigkeit, und solche Versuche (als Modellversuche gedacht) dürften nicht als unausführbar anzusehen sein.

Hiezu kommt noch, daß sich die theoretischen Untersuchungen gewöhnlich mit Angabe der „Knickbedingung" (Determinante gleich Null) begnügt haben, während eine wirkliche Ausknickung normalerweise durch eine Überschreitung der Bruch- (Fließ-) Grenze des Materials hervorgerufen werden wird; nur bei den allerschlanksten Konstruktionen wird von einer ganz elastischen Knickung die Rede sein. Dies wird wahrscheinlich durch eine „praktische" Knickkurve zum Ausdruck kommen, die etwas niedriger liegt als die oben erwähnte rein theoretische Kurve. Es wird Aufgabe der künftigen, rechnungs- und versuchsmäßigen Forschung sein, diese praktische Knickkurve zu bestimmen.

Wenden wir uns jetzt den offenen *Beton*brücken zu. Es sind hier vornehmlich *Bogen*brücken mit angehängter Fahrbahn, für welche die Frage der Seitensteifigkeit von Bedeutung werden kann, und es ist verständlich, daß die Beantwortung nicht in demselben Maße vorgeschritten ist wie in bezug auf die Eisenbrücken. Erst die während der letzten Jahre erreichten größeren Spannweiten und die durch Anwendung von hochwertigem Beton, Umschnürung, Gußeisenbewehrung u. dgl. oder durch Übergang zu „schlaffen" Bögen (mit unten angehängten Versteifungsträgern) resultierenden schlankeren Abmessungen haben überhaupt dazu geführt, daß eine Ausknickung befürchtet zu werden braucht. Der erste Fall, in welchem die Frage auftauchte und ernstlich in Erwägung gezogen werden mußte, war wohl die *Hindenburgbrücke* in Breslau (1915/16, Dr. Ing. EMPERGER).

Aber auch verschiedene *inneren* Ursachen können zur Erklärung des weniger vorgeschrittenen Standes der Frage in bezug auf Betonbrücken angeführt werden, Ursachen, die eine wenigstens teilweise geänderte und schwierigere Untersuchungsweise zur Folge haben. Die wichtigsten dieser Ursachen sind die folgenden:

1. In den hier in Frage kommenden Bögen treten außer Normalkräften auch *Biegungsmomente* auf, vorzugsweise natürlich in der Bogenebene, aber auch (von der Windbelastung, der Halbrahmensteifigkeit usw. herrührend) quer zu dieser Ebene. Diese Biegungsmomente haben wohl gewöhnlich keinen Einfluß auf die rein theoretische Knickbedingung, die durch Nullsetzung einer Determinante gewonnen wird, dagegen selbstverständlich auf die kritischen Höchstspannungen, die in den meisten Fällen für die wirkliche Ausknickung maßgebend sind.

2. Weiter hat man hier mit einem *Verwindungswiderstand* des Bogens zu rechnen, der von nicht unerheblicher Bedeutung für die wirkliche Ausknickung sein kann, während er bei Eisenbrücken gewöhnlich vernachlässigt werden kann und bisher immer vernachlässigt wurde. Wie oben hat der Torsionswiderstand keinen oder doch keinen großen Einfluß auf die rein theoretische Knickbedingung, wohl aber auf die Spannungsgrößen.

3. Die Belastung kann hier mittels schlaffer, nicht eingegossener eiserner Hängestäbe auf den Bogen übergeleitet werden, so daß der Bogen auf seiner ganzen Länge ohne Unterstützung (durch Halbrahmen o. dgl.) bleibt, oder jedenfalls nur durch die Horizontalkomponenten der Hängestangenkräfte gegen Ausknickung unterstützt wird. Indessen kommen auch hier, genau wie bei Eisenbrücken, steife Halbrahmen vor.

Trotz dieser Verschiedenheiten ist natürlich die Möglichkeit vorhanden, die oben erwähnte, für Eisenbrücken zugeschnittene Theorie als erste Annäherung zu versuchen, wie dies Prof. HAWRANEK in seinem bekannten Werke über „Nebenspannungen von Eisenbetonbrücken" (Berlin 1919) getan hat. Nur mag darauf hingewiesen werden, daß dann die Stetigkeitsbedingung in den Gurtknoten sich kaum mit hinreichender Genauigkeit durch stetigen Verlauf der Biegungslinie im Grundriß ausdrücken läßt, indem man ja bei den Bogenbrücken hier immer mit einer „gebrochenen" Gurtung zu tun hat. Wie aus dem in „Beton und Eisen", 1916, S. 127—28, durchgerechneten Zahlenbeispiel hervorgeht, können die hiedurch verursachten Abweichungen nicht unbedeutend werden.

Wünscht man indessen diese „Eisenbrückentheorie" durch Mitberücksichtigung der Biegungs- und Drehmomente zu verbessern, so wird die Untersuchung dermaßen erschwert, daß die Durchführung der genauen Berechnung, mit Einführung der einzelnen Knotenmomente, Drehmomente und Ausbiegungen als ziemlich aussichtslos angesehen werden muß. Es sind daher womöglich neue Wege, die auch zu der gewöhnlich kontinuierlichen Krümmung des Bogens besser passen, einzuschlagen.

Einen solchen Weg hat der Verfasser dieses Referates in einer in „Ingeniören" (Kopenhagen) 1918, S. 543 und 577, und in der Schweiz. Bauzeitung, Bd. 77 (1921), Nr. 15/16, veröffentlichten Arbeit einzuschlagen versucht. Das angewandte Verfahren, das auch den Verwindungswiderstand berücksichtigt, ist prinzipiell dasjenige, das zuerst von ENGESSER und VIANELLO zur annähernden Behandlung zentrisch beanspruchter Säulen angegeben wurde. Die zu verwendenden Gleichungen sind zwar ganz allgemein aufgeschrieben; um indessen die Berechnungen so weit als möglich durchführen zu können, sind am Ende eine parabolische Bogenform und stetig sich nach einfachem Gesetze ändernde Hauptträgheitsmomente $J_1$ und $J_2$ vorausgesetzt, und schließlich sind noch die Steifigkeitsbeiwerte für Querbiegung $(EJ_2)$ und Drehung $(GJ_d)$ gleich gesetzt, was für rechteckigen Querschnitt mit $\frac{b}{h} = \frac{1}{2}$ bis $\frac{3}{4}$ beinahe zutrifft. Durch diese Vereinfachungen ist es gelungen, für die rein theoretischen Knickbedingungen (Determinante gleich Null) geschlossene Formeln aufzustellen und auch die von den belasteten Halbrahmen auf den Bogen ausgeübte Querbelastung zu berücksichtigen.

Bei der künftigen Forschung auf diesem Gebiete sollte mehr wie bisher Gewicht darauf gelegt werden, die durch die n-fache Belastung hervorgerufenen Spannungen zu ermitteln; wenn diese Spannungen, unter Berücksichtigung der Formänderungen des Bogens berechnet, den Bruchwert erreichen, tritt der kritische Zustand, die Ausknickung, ein. Nur bei den allerschlanksten Konstruktionen hat die rein theoretische Knickbedingung noch Bedeutung. Sich hiemit auch für die schwereren Konstruktionen zu begnügen, selbst wenn hier schätzungsweise eine höhere Sicherheit verlangt wird, kann nur in solchen Fällen befriedigen, in welchen ohnedies eine dermaßen überschüssige Sicherheit vorhanden ist, daß eigentlich für eine Berechnung gar keine Notwendigkeit vorliegt.

Hier im Falle schwererer Konstruktionen an der theoretischen Knickbedingung festzuhalten, entspricht vollständig dem früher nicht ungewöhnlichen Stehenbleiben bei der Euler-Formel für zentrisch beanspruchte kurze Säulen.

Für die künftigen Untersuchungen scheint dem Referenten ein Verfahren ähnlich dem in der Schweiz.-Bauzeitung angewandten, jedoch vielleicht in Übereinstimmung mit den bekannten Anwendungen TIMOCHENKOS von trigonometrischen Reihen weiter entwickelt, am aussichtsreichsten zu sein.

Außerdem *wären aber*, wie schon oben gesagt und hier nochmals ausdrücklich wiederholt, *Modellversuche zur weiteren Klärung der Frage sehr erwünscht.*


## Diskussion

Dozent Dr. Ing. E. CHWALLA, Wien.

1. Prof OSTENFELD weist in seinem Referate darauf hin, daß „eine wirkliche Ausknickung normalerweise durch eine Überschreitung der Bruch- bzw. Fließgrenze des Materials hervorgerufen wird" und verlangt dementsprechend im Rahmen des „Knickproblems" den Nachweis der unter der $n$-fachen Baulast auftretenden Spannungen. Einer derartigen Auffassung eines Stabilitätsproblems vermag ich mich

nicht anzuschließen. Wohl kann bei Druckgliedern aus Werkstoffen, die nur beschränkt dem HOOKEschen Gesetze folgen, eine Gruppe von Knickerscheinungen existieren, die durch das Nullsetzen einer Nennerdeterminante nicht zu erfassen sind und in großem Maße durch zusätzliche Spannungen ungünstig beeinflußt werden können; für derartige Knickerscheinungen ist aber grundsätzlich nicht die *Größe* der Spannung, sondern einzig und allein der erzielte *Verlauf* des Spannungsbildes im Stabe, also das Formänderungsgesetz des Werkstoffes, das Entscheidende, und ungeachtet der im Referat als maßgebend bezeichneten „Fließgrenze" können z. B. exzentrisch gedrückte Eisenstäbe theoretisch und experimentell nachweisbar dieser Knickung unterliegen, auch wenn die exakt nachgewiesene größte Randspannung noch *unter* derFließgrenze gelegen ist.

2. Dr. SCHWEDA hat im „Bauingenieur" 1925 auf einen Irrtum aufmerksam gemacht, der bei der Anwendung der ENGESSERschen Formel bezüglich des Knickmoduls unterläuft und hat anschließend nachgewiesen, daß sich die einwandfrei berechneten Werte dieser Formel mit den strengen, die Einzelstützung in Rücksicht ziehenden Lösungen Dr. BLEICHs wegen der immer vorhandenen großen Gurtsteifigkeit praktisch *schlechtweg decken.* Diese wichtige, im Referat übrigens nicht berücksichtigte Feststellung läßt es nun aussichtsreich erscheinen, der Untersuchung der Seitensteifigkeit offener Bogenbrücken das „Kipp-Problem" eines elastisch gleichmäßig quergestützten Bogens zugrunde zu legen. Ich habe diesen Fall für den Kreisbogen mit unveränderlicher Achsialkraft, also gleichmäßig verteilter Radiallast, in einer unveröffentlichten Arbeit mit Schärfe behandelt und nach einem etwas verwickelteren Rechnungsgang einfache, geschlossene Formeln erhalten, die ich mir mitzuteilen erlaube (vgl. auch NICOLAI, Z. f. ang. M. u. Mech. 1923). Diese Formeln rangieren trotz ihrer Einfachheit als Näherungsformeln an erster Stelle; sie berücksichtigen streng die bei den üblichen Pfeilverhältnissen nicht unbedeutende Achsenkrümmung und den nicht unbedeutenden Torsionswiderstand. Die Referatsbemerkung, daß die Verdrillung wegen der Kleinheit der betrachteten Ausbiegung vernachlässigt werden könne, ist ungerechtfertigt, da diese Verdrillung ebenso wie alle übrigen Wirkungsgrößen des Knickzustandes von der Größenordnung der Verformung ist. Die von den Formeln verlangte konstante Achsialkraft ist praktisch angenähert vorhanden und die vorausgesetzte Aufteilung der Rahmenwiderstände längs des biegesteifen Gurtes beeinflußt das Endergebnis nach den einleitenden Bemerkungen nicht wesentlich. Die Ausgangsgleichung des Problems ist eine Differentialgleichung sechster Ordnung für die seitliche Ausbiegung der Achspunkte. Ihre Lösung hat die sechs Randbedingungen etwa einer „radialen Walzenlagerung" zu befriedigen, wobei einer teilweisen Einspannung an den Kämpfern durch eine geringe Höherlegung dieses „Randes" Rechnung getragen werden kann; sie führt einerseits zur räumlichen Biegelinie und damit auf die Zusatzspannung im Bogen als Folge der Querträgerdurchbiegung, und anderseits nach Streichung der Lastglieder auf die Knickbedingung. Nun ist bei einer allgemeinen Behandlung des Bogen-Kippproblems, also auch bei den strengen Lösungen des Referates *(und überhaupt bei allen insbesonders räumlichen Stabilitätsuntersuchungen)* grundsätzlich die Unterscheidung mehrerer Fälle erforderlich, die auf verschiedene Koeffizienten der Ausgangsgleichung und damit auf wesentlich verschiedene Knicklasten führen. In einem Fall I kann beispielsweise angenommen werden, daß die den achsialen Druck erzeugenden Radialbelastungen (in praxi also die resultierenden Kräfte der Füllungsstäbe oder die Hängestangenkräfte) während des Ausknickens ständig in der Trägheitshauptachse des Bogenquerschnittes wirksam bleiben; in einem Fall II sei etwa angenommen, daß diese Radiallast auch während des Ausknickens gegen den Kreismittelpunkt gerichtet bleibt und schließlich kann in einem Fall III vorausgesetzt werden, daß diese Bogenlasten ihre ursprünglich vertikale Richtung auch

im infinitesimal verformten Zustand beibehalten. Welcher von diesen Fällen den
Verhältnissen der Brücke am besten entspricht, ist nicht ohneweiters feststellbar;
der letzte Fall ist jedenfalls der ungünstigste und kann aus diesem Grunde als maßgebend angesehen werden. Die erwähnten Formeln für die kritischen Achsialkräfte des Bogens, die natürlich auch die mehrfachen und komplexen Wurzeln
umfassen, sind nun die folgenden:

Fall I.

$$P_K = \frac{E' \cdot J}{s^2} \cdot \left(n^2\,\pi^2 - \frac{s^2}{r^2}\right) + \frac{W}{a} \cdot s^2 \cdot \frac{1 + \lambda \cdot \dfrac{s^2}{n^2\,\pi^2\,r^2}}{n^2\,\pi^2 - \dfrac{s^2}{r^2}} =$$

$$= \text{Min. in ,,}(n =: 1, 2, 3\ldots)\text{``};$$

Fall II.

$$P_K = \frac{E' \cdot J}{s^2} \cdot \frac{n^2\,\pi^2 - \dfrac{s^2}{r^2}}{1 + \lambda \cdot \dfrac{s^2}{n^2\,\pi^2\,r^2}} + \frac{W}{a} \cdot s^2 \cdot \frac{1}{n^2\,\pi^2 - \dfrac{s^2}{r^2}} =$$

$$= \text{Min in ,,}(n = 1, 2, 3\ldots)\text{``};$$

Fall III.

$$P_K = \frac{E' \cdot J}{s^2} \cdot \frac{\left(n^2\,\pi^2 - \dfrac{s^2}{r^2}\right)^2}{n^2\,\pi^2 + \lambda \cdot \dfrac{s^2}{r^2}} + \frac{W}{a} \cdot \frac{s^2}{n^2\,\pi^2} = \text{Min. in ,,}(n = 1, 2, 3\ldots)\text{``}.$$

Hiebei bedeutet: „$P_K$“ die kritische Achsialkraft im Bogen, „$E'$“ den der kritischen Spannung zugeordneten Knickmodul des Werkstoffes, „$J$“ das seitliche
Trägheitsmoment des Bogens, „$s$“ die Bogenlänge und „$r$“ den Bogenradius; „$\dfrac{W}{a}$“
ist die Bettungsziffer, die hier ungeachtet einer noch möglichen Verfeinerung
einfach als der auf die Feldweite „$a$“ aufgeteilte mittlere Rahmenwiderstand „$W$“
festgelegt wurde und „$\lambda$“ stellt das nach Voraussetzung endlich große Verhältnis
der seitlichen Biegesteifigkeit zur Drillungssteifigkeit im kritischen Zustand vor.
Dieses „$\lambda$“ kann insbesondere bei den offenen Kastenprofilen eiserner Brücken
überraschend groß werden.

Je flacher der Bogen ist, um so geringer werden die Unterschiede dieser drei
Formelwerte und im Grenzfall des geraden Gurtes erhält man mit $r \to \infty$ und der
Bezeichnung „$\dot{s} = l$“ aus allen drei Beziehungen die exakte Lösung ENGESSERS:

$$P_K = \frac{n^2 \cdot \pi^2 \cdot E' \cdot J}{l^2} + \frac{W}{a} \cdot \frac{l^2}{n^2\,\pi^2} = \text{Min. in ,,}(n = 1, 2, 3\ldots)\text{``} \sim 2 \cdot \sqrt{\frac{W \cdot E' J}{a}},$$

deren praktische Übereinstimmung mit der vorhandenen strengen Lösung für Einzelstützung nachgewiesen ist. Sind die Hängestangen schlaff oder sind die Halbrahmen
konstruktiv nicht betont, so ist $W = 0$ und die Knickformeln bestehen nur aus
den ersten Summanden. Denkt man sich weiters diesen nicht quergestützten Bogen
zum vollen Kreisring geschlossen, so wird die Minimalbedingung erstmalig für
$n = 4$ erfüllt und man erhält in den Fällen I bis III der Reihe nach die kritischen
Achsialkräfte

$$\text{I. } P_K = \frac{3 \cdot E' \cdot J}{r^2}, \quad \text{II. } P_K = \frac{E' \cdot J}{r^2} \cdot \frac{12}{4 + \lambda} \quad \text{und} \quad \text{III. } P_K = \frac{E' \cdot J}{r^2} \cdot \frac{9}{4 + \lambda}.$$

Diese Sonderfälle des bettungsfreien Ringes wurden für sich schon behandelt,
und zwar hat die erste Beziehung FEDERHOFER („Der Eisenbau“ 1921), die zweite
HENCKY („Z. f. ang. Math. u. Mech.“ 1921) und die dritte NICOLAI (Z. c.)
hergeleitet.

Prof. H. Kayser, Darmstadt:

Ich konnte leider durch meine Teilnahme bei der Sitzung der Sektion Eisenbau die Ausführungen der Herren Vorredner nicht vollständig anhören. Trotzdem möchte ich zur Ergänzung der Diskussion über das Thema der Querversteifung offener Brücken folgende Ausführungen machen. In schwierigen Fällen, besonders bei Brücken mit gekrümmten Gurtungen, versagen die analytischen Verfahren mehr oder weniger. Sie führen zu komplizierten und unübersichtlichen Formeln und erschweren das Anschauungsvermögen. In allen solchen Fällen möchte ich das zeichnerische Verfahren empfehlen, wie es von mir erstmalig im Zentralblatt der Bauverwaltung 1909 entwickelt wurde.[1] Die damalige Veröffentlichung bezieht sich zwar nur auf Eisenbauten, sie läßt sich aber in gleicher Weise für Eisenbetonbauten anwenden.

Ich gehe davon aus, daß im Falle der Knickung die virtuelle Druckarbeit des Gurtes der Brücke gleich ist der virtuellen Biegearbeit des Gurtes und der Querrahmen. Dabei ist es nötig, eine kleine Gesamtausbiegung des ganzen Gurtes in mehreren Wellen ins Auge zu fassen, auch wenn im Falle der Ausbiegung nur der mittlere Teil tatsächlich knickt (vgl. die Abb. 4 u. 5). Die mittlere Welle ist bei nicht gleichzeitigem Knicken durch die seitlichen Wellen mehr oder weniger eingespannt. Die genaueren Untersuchungen zeigen aber, daß die Einspannung verhältnismäßig klein ist und daß es daher praktisch zulässig ist, die

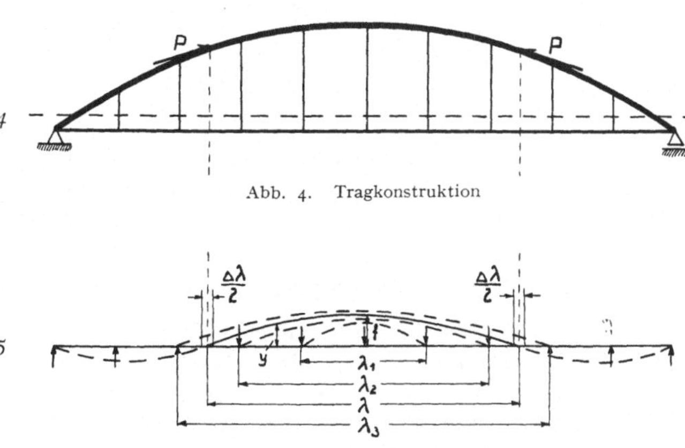

Abb. 4. Tragkonstruktion

Abb. 5. Knicklinien des Gurtes

mittlere Welle, welche zuerst in den labilen Gleichgewichtszustand gelangt, für sich zu betrachten.

Das *zeichnerische Verfahren* geht davon aus, daß man nacheinander mehrere beliebige Wellen $\lambda$ in der Mitte des Gurtes annimmt und für die verschiedenen Wellenlängen die Druckarbeit der Gurtkräfte bei beliebiger Verkürzung $\Delta \lambda$ berechnet und mit der Biegearbeit vergleicht. Für die Knickung kommt diejenige Wellenlänge in Betracht, bei der die Biegearbeit aus Gurtung und Rahmen einen Kleinstwert aufweist.

Bezeichnet man mit $P \cdot \Delta \lambda$ die Druckarbeit des Gurtes, wobei $P$ ein Mittelwert sein kann, und mit $A_B$ die Biegearbeit des Gurtes und der Querrahmen, so muß im Falle der Stabilität $P \cdot \Delta \lambda \leq A_B$ sein. Für flache Kurven ist $\Delta \lambda = \dfrac{\pi^2 \cdot f^2}{4 \lambda}$. Man rechnet die Biegearbeit des Gurtes aus $A = R \cdot \Delta \lambda$, wobei $R = \dfrac{\pi^2 \cdot E J^1}{\lambda^2}$ ist und die Biegearbeit der Querrahmen aus $A = \frac{1}{2} \Sigma X \cdot y$, wobei $X$ diejenige Querbelastung ist, welche am Querrahmen die Ausbiegung 1 erzeugt und $y$ die betreffende Ordinate der Biegelinie darstellt (vgl. Abb. 6). Die Arbeiten für verschiedene Wellenlängen lassen sich zeichnerisch auftragen (vgl. Abb. 7) und ergeben ein aus-

---

[1] Kayser, Die Knicksicherheit der Druckgurte offener Brücken.

gesprochenes Minimum für diejenige Welle $\lambda$, bei der die gesamte Arbeit einen Kleinstwert aufweist. Es ist diejenige Welle in der das Ausknicken erfolgen muß. Der Sicherheitsgrad gegen Knicken läßt sich ausdrücken durch $n = \dfrac{A_B}{P.\varDelta\lambda} = \dfrac{Ag + Ap}{P.\varDelta\lambda}$. Er sollte mindestens 2,0 betragen.

Das erwähnte zeichnerische Verfahren hat den großen Vorzug der Übersichtlichkeit. Es lassen sich Fehler leicht ausschalten. Dabei ist die Genauigkeit auch für den Eisenbetonbau vollständig ausreichend.

Bei der Berechnung der Steifigkeit der Quer=
rahmen empfehle ich, nur die Pfosten und die

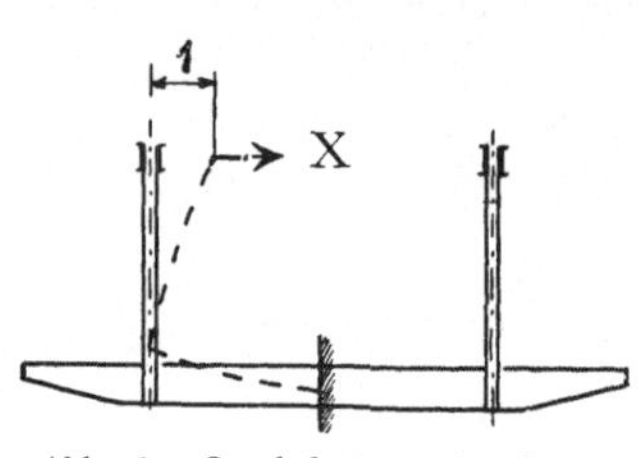


Abb. 6.   Querbelastung des Gurtes

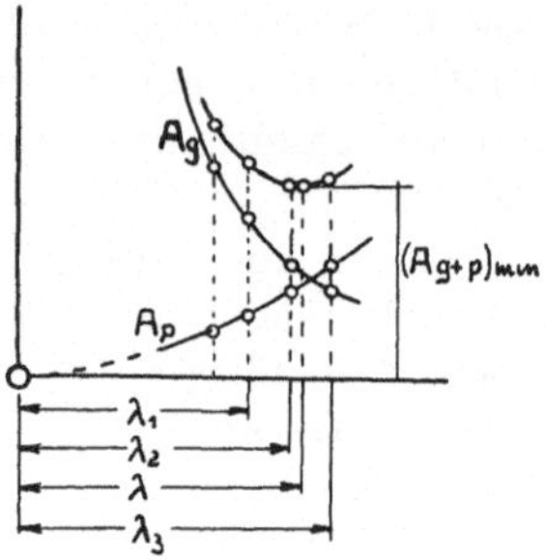


Abb. 7.   Arbeitskurven

Querträger zu berücksichtigen, dagegen die Fahrbahndecke unbeachtet zu lassen. Bei mittleren und größeren Brücken ist der Einfluß der Fahrbahndecke sicher sehr gering.

## Dozent Dr. Ing. R. Mayer, Stuttgart:

a) *Ausknicken in der Tragwandebene:* Aus dem Referat Hawranek könnte man den Eindruck gewinnen, als ob bei Eisenbetonbogenbrücken die Knicksicherheit in der Tragwandebene durchwegs sehr reichlich sei; für die als Beispiel angeführte Straßenbrücke von 52,8 m Stützweite und 9,6 m Pfeilhöhe soll die Sicherheit sogar 52fach sein. In Wirklichkeit ist diese mit $E = 210\,000$ errechnete Sicherheit nicht entfernt vorhanden, denn wenn man für diesen Bogenträger die Spannung aus der reinen Normalkraft auch nur zu 10 kg/cm² schätzt, so wäre bei 52facher Knicksicherheit die zugehörige Knickspannung 520 kg/cm² schon etwa doppelt so groß als die Würfeldruckfestigkeit eines normalen Gewölbebetons, der in die Rechnung einzuführende Knickmodul $T$ also recht klein und jedenfalls ganz erheblich kleiner als der Elastizitätsmodul $E$. Bei Einführung des richtigen Knickmoduls würde sich daher für diese Brücke eine Sicherheitzahl ergeben, die etwa von der Größenordnung jener Sicherheiten ist, welche Eisenbetonsäulen aufweisen. Dies ergibt sich auch aus der von Hawranek mitgeteilten Tabelle, laut welcher fast alle angeführten Bogenbrücken so schlank sind, daß nach den früheren für Säulen gültigen deutschen Eisenbetonbestimmungen eine 10fache Sicherheit nach der Eulerformel mit $E = 140\,000$ für sie zu erbringen gewesen wäre. Die Vorliebe für kühne Bogen von großer Spannweite und flachem Stich hat in den letzten Jahren ebenso stark zugenommen wie das Bestreben, durch Verwendung von hochwertigen Baustoffen die zulässigen Beanspruchungen zu steigern. Da die in Anwendung gekommenen hochwertigen Baustoffe bisher nur durch eine Erhöhung der Festigkeitsziffern ausgezeichnet waren, während ihre Elastizitätsmoduli unverändert blieben, hatte die angedeutete Entwicklung einen Rückgang der Knicksicherheit unserer Bogenbrücken zur notwendigen Folge, die nach meinen Erfahrungen bei neueren Ausführungen selbst ohne Berücksichtigung des bei Bögen exzentrischen Kraftangriffes vielfach kleiner ist als bei den im Hochbau üblichen Säulen. Aus diesem Grunde möchte ich nachdrücklich davor warnen, die Knicksicherheit von Bogenbrücken in der Tragwandebene ungeprüft als genügend vorauszusetzen.

b) *Versteifung durch die Fahrbahntafel:* Eine genaue Untersuchung des Einflusses der Fahrbahntafel auf das Ausknicken in der Tragwandebene liegt nicht vor. Zur Abschätzung dieses Einflusses habe ich empfohlen[1], die Knickkraft des Bogens im Verhältnis $(J_T + J_F) : J_T$ zu erhöhen ($J_T$ und $J_F$ = Trägheitsmomente von Tragwand bzw. durchgehenden Teilen der Fahrbahn je für deren Schwerachsen). Hierbei ist Voraussetzung, daß die Fahrbahn höchstens unter den Inflexionspunkten des knickenden Bogens durch Dehnungsfugen unterbrochen wird, da andernfalls ihre aussteifende Wirkung zu einem guten Teil oder gänzlich unterbunden wird. Die Versteifung durch die Fahrbahntafel dürfte selten von praktischer Bedeutung sein, weil kleine Bogenbrücken im allgemeinen auch ohne die Heranziehung der Fahrbahn knicksicher sind, während bei großen Bogenbrücken auf eine Mitwirkung der Fahrbahn nicht gerechnet werden kann, da diese durch Dehnungsfugen unterbrochen ist.

c) *Der Bogenträger mit Zugband* führt ebenso wie der Stabbogen mit Versteifungsträger (LANGERscher Balken) zu einem besonderen Knickproblem. Diese Systeme sind ebenso wie die ihnen verwandte Hängebrücke mit aufgehobenem Horizontalzug dadurch ausgezeichnet, daß die Druckkette durch Hängesäulen mit einer „gleichwertigen" (d. h. gleich großen Horizontalzug aufweisenden) Zugkette gekoppelt ist. Nach der von F. ENGESSER hierfür aufgestellten Theorie[2] befindet sich die Druckkette, selbst wenn man an jeder Hängesäule Gelenke anordnet, im indifferenten Gleichgewicht, falls sie schwächer geneigt ist als die Zugkette (Hängebrücke mit aufgehobenem Horizontalzug); ist jedoch die Druckkette stärker geneigt als die Zugkette (Bogen mit Zugband und LANGERscher Balken), so ist das Gleichgewicht der Druckkette bei Einschaltung von Gelenken an jeder Hängesäule labil und die Druckkette muß dann, um nicht innerhalb der Tragwand auszuknicken, eine gewisse Mindeststeifigkeit besitzen. Hierzu genügt[3] ein Trägheitsmoment $J = J_0 \cdot sin^2\varphi_m$ der Druckkette, wo $J_0$ das Trägheitsmoment des gleich knicksicheren Bogenträgers ohne Zugband und $\varphi_m$ den Neigungswinkel der Bogentangente im Viertelspunkt gegen die Horizontale bedeutet.

d) *Ausknicken aus der Tragwandebene*: Bei Bogenbrücken ohne oberen Querverband erfordert die Anwendung der „Theorie der Seitensteifigkeit offener Brücken", gleichviel, ob man dabei dem Rechnungsgange ENGESSERs oder anderen Methoden folgt, stets eine besondere Vorsicht. Das bekannte Problem der offenen Brücke, dessen Lösung man F. ENGESSER verdankt, setzt strenge genommen Fachwerkbalkenbrücken voraus, bei welchen dem gegen seitliches Ausknicken zu sichernden Druckgurt eine Zuggurtung gegenübersteht, welche die unteren Ecken der elastischen Halbrahmen in der Tragwandebene festhält. Bei Bogenbrücken fehlt eine solche Festhaltung der elastischen Halbrahmen stets, wenn nicht ein Zugband vorhanden ist, und selbst bei Anordnung eines Zugbandes vermeidet man im Eisenbetonbau nach Möglichkeit dessen Anschluß an die Querrahmen. Überdies verliert die Stützung des Bogens durch die Halbrahmen die Wirksamkeit bei großen Bogenbrücken — und gerade bei diesen ist die Frage der Seitensteifigkeit bedeutsam — wegen der Notwendigkeit, die Fahrbahn durch Dehnungsfugen zu unterbrechen. In den seltenen Fällen, wo demnach die Theorie der offenen Brücken auf Eisenbetonbogenbrücken anwendbar erscheint, erfordert dann aber die Anwendung der ENGESSERschen Formeln keinen Überschuß an Sicherheit über das normale Maß hinaus, da diese Formeln bei richtiger Wahl von $T$ zu praktisch genau denselben Ergebnissen

---

[1] Die Knickfestigkeit, Berlin 1920.

[2] Der Eisenbau, 1914.

[3] Die Knickfestigkeit, S. 113.

führen, wie die Formel von BLEICH, und der Mißkredit, in welchen die ENGESSER-Formel unverdientermaßen gekommen ist, nur auf deren unsachgemäßen Anwendung in BLEICHS „Theorie und Berechnung der eisernen Brücken" beruht, wo die ENGESSER-Formel im unelastischen Bereich mit dem Modul $E$ statt $T$ verknüpft erscheint. Bei allen Knickproblemen des Eisenbetonbaues ist unsere Unkenntnis bezüglich des zu wählenden Knickmoduls ganz besonders störend. Solange die hier bestehende Lücke nicht geschlossen ist, scheint mir die Berechnung des Knickmoduls aus der RITTERschen Knickformel, wie sie HAWRANEK vorschlägt, immer noch als der beste, wenn auch keineswegs als befriedigender Ausweg. Bei der Bedeutung, welche neuerdings den Knickproblemen im Massivbrückenbau zukommt, halte ich jedoch die Anstellung von Säulenversuchen für dringend erforderlich, um hierauf die Knicktheorie unserer Bogenkonstruktionen aufbauen zu können.

Wegen der oben angedeuteten Schwierigkeiten, eine Bogenbrücke gegen seitliches Ausknicken durch elastische Halbrahmen zu sichern, gewinnt im Massivbrückenbau die seitliche Sicherung durch einen oberen Querverband eine ganz besondere Bedeutung; hiebei entsteht aus den Zwillingsbögen und den biegungssteif an sie angeschlossenen Querriegeln ein räumlich gekrümmter Rahmenstab, der nur als Ganzes seitlich ausknicken kann, wobei die Bögen nicht nur verbogen, sondern auch verdreht werden, während bei den Querriegeln eine entsprechende S-förmige Verbiegung tangential und normal zum Bogen eintritt. Eine einfache und praktisch genügende Lösung des hiebei auftretenden Knickproblems habe ich[1] aus der elastischen Arbeit des Systems hergeleitet. Herr CHWALLA, der dieses Problem seither als Kipp-Problem eines Kreisbogens behandelt hat, scheint mir den Einfluß der Bogenverwindung auf die

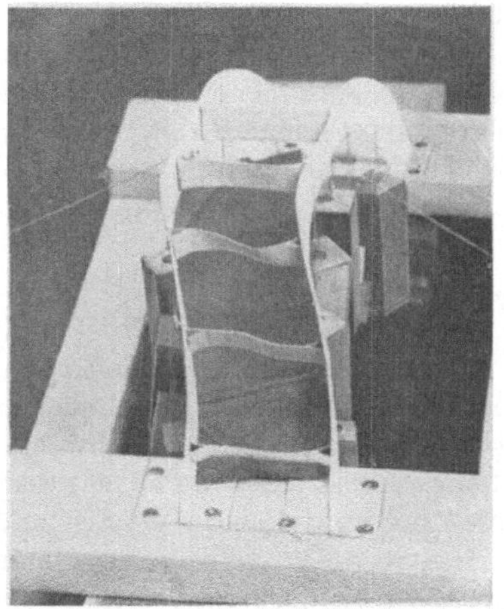
Abb. 8.  Knicken infolge Verbiegung

Abb. 9. Knicken infolge Verwindung

Kippgrenze zu überschätzen; er mag bei stark gekrümmten Kreisbögen und bei großer Verschiedenheit von Höhe und Breite des Bogenquerschnittes erheblich sein, ist aber bei den gebräuchlichen Formen unserer Bogenbrücken so wenig wesentlich, daß er, zumal bei flachem Pfeilverhältnis, in erster Näherung überhaupt vernachlässigt werden kann. Bei den nebenstehenden Lichtbildern von Pappmodellen zeigt sich der Einfluß von Biegung bzw. Verwindung der Bögen beim Knicken ganz besonders deutlich; zu dem Ende sind in beiden Modellen die Querriegel je um 90⁰ verdreht, so daß das eine Modell (Abb. 8) wesent-

---

[1] Verhandlungen des 2. Internationalen Kongresses für technische Mechanik, Zürich 1926.

lich unter Verbiegung der Bögen, das andere (Abb. 9) wesentlich unter Verwindung der Bögen ausknickt. Diese Pappmodelle haben nur didaktischen Wert. Es dürfte jedoch von Interesse sein, daß ein Versuch an einer im Maßstab 1 : 40 aus Zementmörtel mit Drahteinlagen hergestellten Modellbrücke eine Knickbelastung ergab, die mit der aus meiner Theorie errechneten Knicklast bis auf etwa 10% übereinstimmte; hiebei waren die Elastizitätsmoduli des Modells an Probekörpern aus demselben Mörtel in Abhängigkeit von der Spannung festgestellt worden und so wurde bei der Berechnung der Knicklast die Verschiedenheit des Moduls im Zug- und Druckgurt des Rahmenstabes in derselben Weise berücksichtigt, wie dies Mörsch bei Auswertung seiner bekannten Säulenversuche getan hat. Wie ich nachgewiesen habe (a. a. O.), knickt ein dem Bauwerk geometrisch ähnliches Modell bei derselben Knickspannung wie das Bauwerk, wenn Modell und Bauwerk aus dem gleichen Baustoff bestehen; bestehen sie aus verschiedenen Baustoffen, so verhalten sich ihre Knickspannungen ceteris paribus wie die Knickmoduli der Baustoffe. Hieraus ergibt sich die Möglichkeit, die verhältnismäßig verwickelten Knickprobleme, welche der Bogenbrückenbau stellt, statt auf dem Wege der Rechnung durch einen einfachen Modellversuch sicher und zuverlässig zu entscheiden.

Dr.-Ing. Alfred Hawranek:

Zu den Ausführungen des Herrn Privatdozenten Dr. R. Mayer sei erwähnt, daß die für eine Bogenbrücke im Referate angegebene Sicherheit von 52 nach den Formeln Dr. Mayers für die Knicksicherheit des Bogens *in* der Tragwandebene gerechnet wurde und natürlich den *ideellen* Wert darstellt, den Sicherheiten, die für einen konstanten Formänderungsmodul ermittelt werden, haben; der wirkliche Grad der Sicherheit ist natürlich geringer. Es fehlen aber dafür die Anhaltspunkte, das richtige $E$, bzw. $T$ einzuführen, was Versuchen vorbehalten werden muß. Wenn erwähnt wird, daß diesem hohen Sicherheitsgrade eine Beanspruchung des Querschnitts im Bogen von zirka 500 kg/qm entsprechen müßte, so sei betont, daß es sich um eine Ausführung in hochwertigem Beton handelt, dessen Würfelproben eine Festigkeit von 550 kg/qm tatsächlich hatten, wenn auch dieser Umstand für das *Stabilitätsproblem* nicht von ausschlaggebender Bedeutung ist.

Was die empfohlene Formel von Dr. Bleich anbelangt, so ist sie viel allgemeiner als die von Engesser. Die Bleichsche Formel gibt auf Grund ihrer Ableitung die *Gesamtheit aller möglichen labilen Gleichgewichtszustände*, was bei Engesser nicht der Fall ist und erst der Grenzwert für $n = \infty$ ($n =$ Felderzahl) gibt den Engesserschen Wert. Weil also die Bleichsche Lösung allgemeiner gehalten ist und sich den verschiedenen in der Praxis auftauchenden Fällen besser anpaßt, wurde diese Formel vom Referenten in den Vordergrund geschoben, was natürlich die hohen Verdienste Engessers bei diesem Problem durchaus nicht schmälern soll.

Diese Empfehlung der Bleichschen Formel geschah auch wegen der nach ihr errechneten kleineren Sicherheit als bei Engesser, da dem Referenten gerade bei Anwendung der Knickformeln im Eisenbetonbau ein sichereres Rechnen angebracht schien.

Was die Mitwirkung der Konstruktion der Fahrbahn bei Bogenbrücken mit aufgehängter Fahrbahn betrifft, die keine oberen Querverbindungen aufweisen, läßt sich derzeit keine genaue Angabe über die Größe des einzusetzenden Trägheitsmomentes der Querträger wegen des monolithischen Charakters der ganzen Fahrbahnkonstruktion machen; es sind hier nur Vorschläge gemacht worden, die natürlich durch den Versuch überprüft werden müssen.

Noch schwieriger ist die Aufgabe bei weit gespannten und flachen Bogenbrücken, die eine Dilatation, also eine Durchtrennung der Fahrbahnkonstruktion aufweisen. Im Bereiche zwischen zwei Durchtrennungen der Fahrbahn ist selbst bei Anordnung von oberen Querverbindungen eine Strecke verminderter elastischer Einspannung des Bogens vorhanden, deren Grad durch eine genaue Untersuchung nach dem vom Verfasser auf Seite 518—521 des Referates $C_5$ gegebenen Verfahren ermittelt werden kann.

Der Anregung des Herrn Professor Dr. E. SPANGENBERG bezüglich Vornahme weiterer Knick-Versuche mit Eisenbetonsäulen, schließe ich mich an.

Was das Knickproblem der Bogen und seine versuchstechnische Verfolgung betrifft, so wäre die Durchführung von *Modell*versuchen ausreichend, wenn ein entsprechend großer Maßstab. etwa $^1/_3$ bis $^1/_5$ der Naturgröße, gewählt werden würde und hiebei auch die Güte der Ausführung wie bei Originalbauten erreichbar wäre. Stünde einmal eine Brücke selbst für solche Versuche zur Verfügung, um so besser.

## Prof. A. OSTENFELD:

Anläßlich der Ausführungen des Herrn CHWALLA (unter Nr. 1) möchte ich folgendes bemerken. Niemand wird wohl jetzt leugnen, daß die Ausknickung einer zentrisch beanspruchten, *idealen* Säule ein Stabilitätsproblem darstellt; ebensowenig wird man wohl aber behaupten, daß die Untersuchung einer mit den in der Praxis unvermeidlichen Fehlern behafteten Säule nicht als ein Festigkeitsproblem behandelt werden konnte. Im Falle exzentrisch beanspruchter Stäbe trifft dies noch mehr zu, und nur um solche handelt es sich, wenn von der Sicherheit offener Brücken gegen seitliches Ausknicken die Rede ist.

Ob man die eine oder die andere Ausdrucksweise vorzieht, — ob man von der Neigung der Arbeitslinie ausgeht und von einem Stabilitätsproblem spricht, oder ob man mit den Ordinaten der Arbeitslinie wie bei einer Festigkeitsuntersuchung rechnet, — ist meiner Meinung nach mehr oder weniger Geschmacksache; glücklicherweise kommt man in praktischen Fällen zu annähernd denselben Endergebnissen, falls nur die Hauptwirkung durch Normalkräfte in Betracht zu ziehen ist. Die Herabsetzung der Sicherheit durch zusätzliche Kraftwirkungen ist indessen nur durch die Betrachtung als Festigkeitsproblem zu erfassen, und darin liegt ein nicht zu unterschätzender Vorteil des letztgenannten Verfahrens.

Auf die prinzipielle Frage beabsichtige ich übrigens in einer zukünftigen Mitteilung über Versuche mit exzentrisch beanspruchten *eisernen* Säulen aus dem hiesigen Baustatik-Laboratorium zurückzukommen.

# Vorträge der Sektion für Eisenbau
# Lectures of the Section for Steel Constructions
# Conférences de Section pour les Constructions en Fer

Direktor HANS SCHMUCKLER, Berlin:

## Stahlskelettbauten für Wohnungs- und Hochbauzwecke[1]

Zunächst wird die Frage der Wirtschaftlichkeit und Zweckmäßigkeit des Stahlskelettbaues allgemein erörtert und seine Vorzüge betont. Es wird auch dargelegt, daß der seit Jahrhunderten vorherrschende Ziegelmassivbau nicht mehr als rationell angesehen werden kann, und daß die Rationalisierung, die heute auf allen Gebieten technischer Betätigung Programm ist, auch in den Wohnungsbau eingeführt werden muß. Es wird betont, daß beim Wohnungsbau der größte Teil der Arbeiten von der Baustelle weg in rationalisierte Betriebe verlegt werden kann, so daß auf der Baustelle nur noch Montagearbeiten zu leisten sind. Es wird ferner auf den großen Vorteil des Stahlskelettbaues hingewiesen, nach Herstellung der Fundamente das ganze Stahlgerüst aufzustellen, dann zunächst das Dach aufzubringen und unter seinem Schutz alle anderen Arbeiten auszuführen. Auf diese Weise ergibt sich fast völlige Unabhängigkeit vom Wetter, Verminderung der Bauzeit auf etwa die Hälfte, Gewinn an Nutzraum infolge der dünneren Wände mit besseren Baustoffen und Verringerung der Baumassen auf etwa die Hälfte.

An einer Reihe von Lichtbildern ausgeführter Stahlskelett-Wohnungsbauten wird dann gezeigt, wie ein solcher Stahlskelettbau errichtet wird und es wird an Hand ausgeführter und zum Teil seit Jahren bereits bewohnter Stahlskelettbauwohnungen der Nachweis geführt, daß sich diese zumindest ebensogut bewährt haben wie der Ziegelbau.

Mit Rücksicht darauf, daß in Deutschland für Stahlskeletthäuser bereits genormte „Gütevorschriften" bestehen, ergibt sich auch die Möglichkeit, Stahlskelettwohnbauten in gleicher Weise zu beleihen wie Ziegelbau.

An Hand von Lichtbildern und Proben werden auch die neuen Wandfüllbaustoffe, wie Bimsbeton, Zellenbeton und Gasbeton, erläutert und auf ihre Vorzüge hingewiesen, schließlich auch neue Deckenkonstruktionen gezeigt, die dem Prinzip des Trockenbaues in weitgehendster Weise entgegenkommen.

Zusammenfassend kann gesagt werden, daß mit der Einführung des Stahlskelettbaues in das Wohnungsbauwesen ein großer Schritt vorwärts getan wurde, um dem großen Wohnungselend in Mitteleuropa zu steuern.

---

[1] Der vollständige Vortrag ist in „Stein, Holz und Eisen" 1929, Nr. 9, veröffentlicht.

Ingenieur P. Joosting, Chef der Brückenbauabteilung der Niederländischen Eisenbahnen, Utrecht:

## Die Eisenbahnhubbrücke über den Koningshaven in Rotterdam[1]

Die 1927 dem Verkehr übergebene Hubbrücke in Rotterdam ersetzt eine
zwischen zwei festen Brücken liegende zweigleisige, 56 m lange Drehbrücke. Die
lichte Höhe unter der gehobenen Brücke beträgt bei Hochwasser 45 m, kann aber
durch Aufbau weiterer zwei Felder auf jeden Turm auf 60 m gebracht werden.
Das Gewicht der rund 600 t schweren Hubbrücke wird durch zwei Gegengewichte,
mit denen die Brücke durch 48 Stahldrahtseile von 40 mm Stärke verbunden ist,
ausgeglichen. Für die Bewegungsvorrichtung ist von der üblichen (amerikanischen)
Anordnung, bei der die Kabine mit dem Bewegungsmechanismus auf den beweglichen Brückenteil aufgestellt ist, aus wirtschaftlichen und Schönheitsgründen

Abb. 1.

Abstand genommen, indem die Bewegungsvorrichtung in einer fest in einen der
Türme eingebauten Kabine angeordnet ist. Zwei Seiltrommeln winden bei Drehung
in einer Richtung die vier 26 mm starken Hubseile, bei Drehung in entgegengesetzter
Richtung die vier ebenfalls 26 mm starken Senkseile auf. Vier feste Stahldrahtseile
von 26 mm Stärke halten die Brücke während der Bewegung in wagrechter Lage.
Ein Gleichstrommotor (200 P. S.), der von einem Leonardumformer gespeist wird,
versetzt die Seiltrommeln in Drehung und kann die Brücke in einer Minute heben

---

[1] Ein ausführlicher Bericht ist im „Organ für die Fortschritte des Eisenbahnwesens",
Heft 4, 1929, erschienen.

bzw. senken. Der Drehstrommotor des Umformers ist an das städtische 5000 Volt-Netz angeschlossen. Ein Reservegleichstrommotor von 32 PS, der seinen Strom unmittelbar vom städtischen 440 Volt-Netz erhält, kann im Fall einer Störung des Hochspannungsnetzes die Hebung bzw. Senkung in acht Minuten besorgen. Eine Sicherheitsluftdruckbremse, Sicherheitsschalter usw. verhüten eine zu große Geschwindigkeit und besorgen ein rechtzeitiges stoßfreies Anhalten der Brücke in den Endstellungen, auch wenn der Brückenwärter die nötigen Handgriffe versäumen würde.

Ministerialrat Ing. FRANZ ZELISKO, Wien:

### Tragwerke und Hochbauten bei den österreichischen Seilschwebebahnen

Im Zuge der Ausgestaltung der Verkehrsmittel zur Aufschließung seiner unvergleichlichen Naturschönheiten hat Österreich in den letzten drei Jahren zehn Personenseilschwebebahnen gebaut.

Viele der herrlichen Wunder der Bergwelt sind dadurch für jedermann in unglaublich kurzer Zeit mühelos und sicher zu erreichen. Die Fahrt zur Höhe, bei der jede Minute neue, oft überwältigende Überraschungen bringt, wird jedem Naturfreund ein unvergeßliches Erlebnis bleiben.

Warum baut man in Österreich Seilschwebebahnen und keine Zahnrad- oder Standseilbahnen?

Die Führung grundfester Gleise im Gebirge würde unter den bei den Schwebebahnen gegebenen Verhältnissen, selbst wenn solche Anlagen technisch möglich wären, so hohe Bau- und Betriebskosten verursachen, daß von vorneherein eine Rentabilität der Bahn ausgeschlossen wäre.

Bei den Personenseilschwebebahnen steht jedoch die Verkehrsleistung zum Bau- und Betriebsaufwand im günstigen Verhältnisse.

Überdies weisen die Schwebebahnen gegenüber anderen Bergbahnen noch den schwerwiegenden Vorteil auf, daß sie immer, also auch in schneereicher Jahreszeit, in der sich der Wintersport auf den Höhen entfaltet, sicher und ohne Störung benützt werden können; auch sind sie vermöge der in den letzten Jahren gemachten Vervollkommnung der technischen Einrichtungen und deren

Abb. 1. Mariazell—Bürgeralpe

strengen und sorgsamen Überwachung beim Bau- und Betrieb vollkommen betriebssicher.

Die Schwebebahnen (s. Abb. 2) sind in der Mehrzahl zweigleisig gebaut; die beiden Tragseile liegen in einer Entfernung von 4 bis 8 m nebeneinander und erlauben die gleichzeitige Berg- und Talfahrt je eines Fahrzeuges (Pendelbetrieb).

Jedes Tragseil ist in der Regel in der oberen „Bergstation" verankert, liegt in der Strecke auf Stützen auf und wird durch ein Spanngewicht, das in der „Talstation" in einem Betonschachte schwebt, gespannt. Hiedurch ist eine gleichmäßige Inanspruchnahme des Seiles unabhängig von der Größe der Verkehrslast, der Bremskräfte, der Temperaturunterschiede und von der Belastung durch Schnee, Eis und Wind gewährleistet. Da das Tragseil zu steif ist, um über eine Rolle von verhältnismäßig geringem Durchmesser in die lotrechte Lage gebracht zu werden, ist ein eigenes biegsames Seil, das sogenannte Spannseil eingeschaltet.

Die Bewegung der Fahrzeuge erfolgt durch ein Zugseil, das aus zwei Teilen, dem oberen und unteren Zugseil, besteht. Jedes dieser Zugseile ist an den Enden mit beiden Kabinen gelenkig befestigt.

Der Antrieb des Zugseiles erfolgt in der Regel von der Bergstation aus, wo die Motoren untergebracht sind.

In der Talstation läuft das Zugseil um eine Scheibe, die auf einem Schlitten montiert ist. Die notwendige Regulierung der Spannung im Zugseil wird wieder durch ein an den Schlitten angehängtes Spanngewicht bewirkt, das in dem schon erwähnten Schachte schwebt.

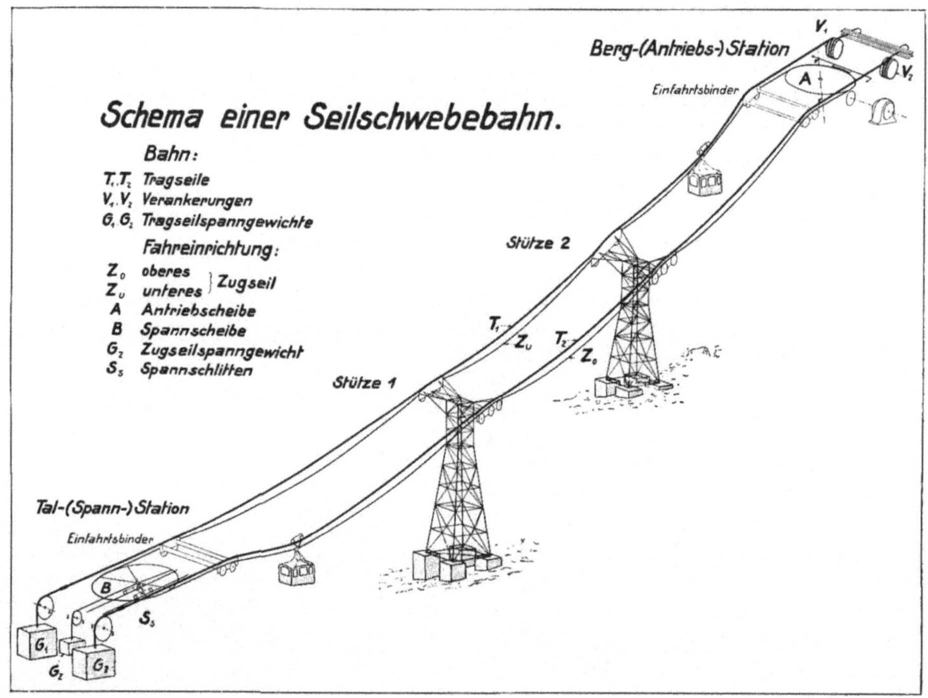


Abb. 2

Hinsichtlich der Linienführung sei vor allem erwähnt, daß die Bahntrasse in der Regel geradlinig angeordnet ist.

Von den zehn im Betriebe befindlichen Schwebebahnen sind neun geradlinig, nur die letztgebaute Nordkettenbahn auf das Hafelekar bei Innsbruck hat eine gebrochene Trasse, was durch besondere Verhältnisse bedingt war. In dem Winkelpunkte ist eine Zwischenstation eingebaut; der Verkehr erfolgt daher in zwei getrennten Sektionen.

· Die Seile der Bahn, dann deren Stützpunkte und die Stationen müssen unbedingt außer dem Bereiche von Lawinengängen und Steinschlagrinnen liegen. Wo die Bahn im Waldbereiche liegt, müssen Seile und Stützen durch Ausholzen vor Beschädigungen infolge Windbruch bewahrt werden. Ein Abstand der Seile vom Terrain unter 6 m ist wegen der Gefahr des Streifens der Kabinen insbesondere bei Schneeanhäufungen nicht zulässig.

Die Trasse einer Schwebebahn sollte vom Standpunkte der billigsten und besten Betriebsweise eine konstante Steigung aufweisen, das ist aber nicht erreichbar. Sehr von Vorteil ist es, wenn die Ausfahrt aus der Bergstation unter einem entsprechend steileren Winkel erfolgt, als aus der Talstation. Dann kann am Beginn der Fahrt die talfahrende Kabine die erforderliche Beschleunigungsarbeit für die bergfahrende Kabine abgeben. Anderseits wird dadurch auch die Bewegung der auf dem Berge anlangenden Kabine und gleichzeitig jene der im Tal anlangenden Kabine am Ende der Fahrt verzögert, was erwünscht ist.

Exzessiver Steigungswechsel an den Stützen ist wegen zeitweiliger Mehranstrengung der Motoren und wegen ungünstiger Rückwirkung auf die Ausbildung der Stützen zu vermeiden.

Die Seile müssen selbst unter den ungünstigsten Bedingungen einen genügenden Auflagerdruck aufweisen, wenn, wie in Österreich, Niederhaltschuhe nicht verwendet

Abb. 3. Zwischenstation „Seegrube" der Innsbrucker Nordkettenbahn. Oben am Kamm „Bergstation Hafelekar"

werden. Die Größe des noch zulässigen minimalen Auflagerdruckes hängt von den anschließenden Spannweiten der Seile, von der Größe der Reibungen auf den Nachbarstützen und von der Form der Auflagerschuhe ab. Bei mittleren Verhältnissen ist ein geringerer Stützendruck des Tragseiles als tausend Kilogramm kaum zulässig.

Das Auffinden der Trasse, die den eben aufgestellten Forderungen nahekommt, ist oft schwierig. Unter Umständen bringt selbst eine namhafte Erhöhung einer Stütze keine wesentliche Erhöhung des Auflagerdruckes mit sich. Jede Veränderung der Auflagerverhältnisse auf einer Stütze beeinflußt diejenigen der benachbarten Stützen.

Die Festlegung der Trasse einer Schwebebahn und die Austeilung der Stützen ist daher oft schwierig und vor allem eine *statische Aufgabe*.

Die nachstehende Zusammenstellung bringt bemerkenswerte Angaben über die Anlageverhältnisse bei den österreichischen Seilschwebebahnen (siehe S. 542).

Die auf Tiroler Boden fast bis zum höchsten Gipfel des wilden Wettersteingebirges, die Zugspitze, den höchsten Berg Deutschlands, führende Schwebebahn weist unter allen die größte wagrechte Entfernung der Tragseilendauflagerungen auf und überwindet auch in einem Zuge den größten Höhenunterschied. Sie ist, was Kühnheit in der Anlage anbelangt, kaum mit einer anderen Bergbahn der Erde zu vergleichen; ihre Ausführung muß als Höchstleistung im Baue von Hochgebirgsbahnen gewertet werden.

| Bahnlinie | Wagrechte Entfernung | Höhenunterschied | Absolute Höhe des Tragseiles in der Bergstation | Größte lineare Neigung der Bahn | | Größte Differenz zwischen dem sinus der Vollseilneigungen unterhalb und oberhalb der Stutze | Größte Spannweite der Seile wagrecht gemessen in m | Größte Stützenhöhe in m |
|---|---|---|---|---|---|---|---|---|
| | der Tragseilendauflagerungerungen in m | | | $a$ | $^0/_J$ | | | |
| Hirschwang-Raxalpe .... | 1895 | 1009 | 1545 | 33⁰ 8′ | 65 | 0,254 | 718 | 28,5 |
| Ehrwald-Zugspitze ...... | 2962 | 1569 | 2805 | 32⁰ 31′ | 64 | 0,296 | 996 | 31,5 |
| Ebensee-Feuerkogel ..... | 2684 | 1105 | 1580 | 27⁰ 47′ | 53 | 0,379 | 1286 | 34,0 |
| Bregenz-Pfänder ........ | 1962 | 603 | 1028 | 21⁰ 57′ | 40 | 0,226 | 1066 | 27,0 |
| Annenheim-Kanzel ...... | 1660 | 941 | 1471 | 31⁰ 44′ | 62 | 0,242 | 684 | 39,0 |
| Zell a. S.-Schmittenhöhe . | 2576 | 1013 | 1956 | 25⁰ 55′ | 49 | 0,379 | 820 | 28,3 |
| Mariazell-Bürgeralpe..... | 1367 | 360 | 1254 | 25⁰ 55′ | 49 | 0,340 | 379 | 16,5 |
| Kitzbühel-Hahnenkamm . | 2220 | 869 | 1644 | 34⁰ 36′ | 69 | 0,265 | 496 | 18,0 |
| Igls-Patscherkofel ....... | 1846+ 1678 | 232+ 776 | 1951 | 27⁰ 24′ | 52 | 0,306 | 674 | 34,0 |
| Hungerburg-Innsbrucker Nordkette........... | 2677+ 663 | 1043+ 355 | 2264 | 25⁰ 6′ | 47 | 0,354 | 972 | 26,0 |

Die Werte $a$ geben die jeweils größte lineare Steigung der angeführten Seilbahnen an. Die wirklich vorhandenen größten Steigungen des Tragseiles unterhalb der Stützen sind bedeutend größer und erreichen 87%.

Bei der Talfahrt der vollbelasteten Kabinen über die Stützen wird wegen der raschen Änderung der Seilneigung die Geschwindigkeit des Fahrzeuges erhöht. Sie wird bewirkt durch die Kraft $G$ (sin $v_u$ — sin $v_o$).

Hiebei ist $G$ das Gewicht der Kabine; $v_u$ und $v_o$ sind die Neigungswinkel der Tangenten an das ablaufende vollbelastete Tragseil unter und ober der Stütze.

sin$_u$ — sin $v_o$ soll, wie die Erfahrung lehrt, den Wert von 0,35 nicht wesentlich überschreiten, da sonst bei den fahrenden Personen das Gefühl des Fallens empfunden wird.

Die die Beschleunigung des Wagens bei der Fahrt über die Stütze hervorrufende Kraft bewirkt ein Zerren am Zugseil, das dadurch aus der oberen Stützweite nachgeholt und in vertikale Schwingungen versetzt wird, deren Größe bei sonst gleichen Verhältnissen mit der erwähnten Sinusdifferenz zunimmt.

Die Auflagerung des Tragseiles auf den Stützen vermittelt der Tragseilschuh. Sein Krümmungshalbmesser darf nicht kleiner sein als der hinsichtlich der Biegung des Seiles zulässige.

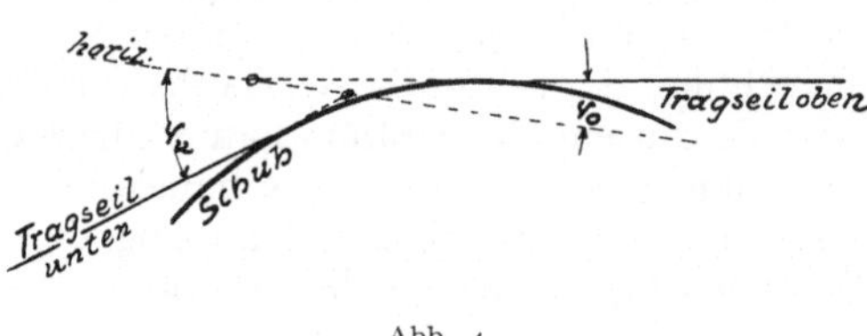


Abb. 4

Er entspricht jener Krümmung, die das Tragseil örtlich unter dem Laufwerk der vollbelasteten Kabine erleidet.

Bei den Bahnen nach Bauart BLEICHERT-ZUEGG beträgt der Krümmungsradius 14 m, bei der Bürgeralpebahn, Bauart FABBAG, 15 m, bei der Hahnenkammbahn, Bauart VISNITZKA, 15 und 20 m. Der Seildruck auf das laufende Zentimeter des Schuhes schwankt zwischen 20 und 30 kg.

Der Schuh muß eine solche Länge haben, daß das Seil frei, also selbst bei der ungünstigsten Belastung ohne Knick abläuft. Die Ablaufwinkel sind naturgemäß je nach der Stellung der Kabine und dem Reibungswiderstande am Schuh verschieden. Sie werden berechnet und an Ort und Stelle nachgeprüft.

Würde trotz aller Sorgfalt in der Seilübertragung doch das Zugseil reißen, dann fällt von selbst die Fallbremse ein. Auch der Wagenführer kann diese Bremse vom Wagen aus jederzeit leicht betätigen.

Das Bremsen erfolgt beim System BLEICHERT-ZUEGG und beim System VISNITZKA am Tragseil; beim System FABBAG wird an einem eigenen Bremsseil gebremst. Wird am Tragseil gebremst, so muß der Tragseilschuh eine Form haben, die das Anpressen der Bremsbacken am Tragseil auch dort zuläßt, wo es auf dem Schuhe liegt.

Zur Verminderung der Scheuerung zwischen Tragseil und Schuh ist letzterer in der Regel mit einem Bronzefutter versehen, das im Laufe der Zeit verschleißt und auswechselbar ist.

Das Gewicht der Tragseile, deren Reibung auf den Schuhen der Stützen, die von den Kabinen herrührende Teilkraft, der Wind auf die Seile, die Bremskraft, die an den Tragseilen ausgeübt wird, sind jene Kräfte, die durch den Auflagerschuh auf den Stützenkopf übertragen werden. Bei der Berechnung der Stützen sind außerdem noch die Auflagerdrücke des Zugseiles auf die Führungsrollen, das Eigengewicht der Stütze und der Winddruck auf die Stützen zu berücksichtigen.

Was die Reibung des Tragseiles auf dem Schuhe anbelangt, so werden zwei Reibungsbeiwerte berücksichtigt: jener des unbelasteten Seiles mit 0,20, jener des belasteten Tragseiles mit 0,35.

Die Windwirkung wird horizontal und senkrecht zur Trasse angenommen.

Abb. 5. Lagerung der Seile auf Stützenkopf (System Bleichert-Zuegg)

Die Stützen werden für einen Winddruck auf die Seile, die Wagen und die Stützen selbst von 125 kg per qm berechnet, obwohl bereits bei einem Winddruck von zirka 40 kg/qm der Betrieb eingestellt wird, was durch an den Stützen angebrachte automatische Windmesser ermöglicht wird. Wegen des kreisförmigen Seilquerschnittes wird für die Angriffsfläche ein Reduktionsfaktor von 0,7 zugelassen.

Zur Sicherung des Bestandes der Bahn bei ungewöhnlich heftigen Orkanen werden die Stützen überdies noch für den Winddruck von 250 kg/qm auf die Seile und die Stützen berechnet. Die Standsicherheit muß auch dann noch 1,2 sein.

Von vorneherein kann die maßgebende Zusammensetzung dieser Kräfte nicht erkannt werden. Es müssen sämtliche Kombinationen aufgestellt und hieraus die für jeden Konstruktionsteil ungünstigsten Einwirkungen festgestellt werden. Die Stützen werden außer auf Biegung auch auf Verdrehung beansprucht. Bei großem Abstande der Tragseile erleiden die Schuhenden dadurch seitliche Verschiebungen. Die Divergenz der Richtungen des Tragseiles und des verdrehten Schuhes darf die Führung des Tragseiles im Schuh nicht gefährden. Andernfalls muß die Verdrehung der Stütze durch Vergrößerung der Querschnitte der Füllungsstäbe auf das noch zulässige Maß verringert werden. Die Standberechnung der Stützen ist daher sehr zeitraubend.

Wie bereits erwähnt, wird bei zwei Systemen am Tragseil, beim dritten auf einem Bremsseil gebremst. Bei den ersteren ist es nötig, daß die Schuhform das Ein-

Belastung der Stützen durch die Seildrücke.
Tragseil unbelastet.
Tragseil belastet.
Wagen unterhalb.
Wagen oberhalb.
Seilreibung abwärts
Seilreibung aufwärts
Seilreibung abwärts
Seilreibung aufwärts
Seilreibung abwärts
Seilreibung aufwärts

Abb. 6

Belastung der Stützen durch Wind.
Stützenkopf-Grundriß.
Windangriff bei unbelasteten Seilen.
Querschnittsformen der Tragseilschuhe.
A. Bleichert u. Co.
Windangriff - Wagen unterhalb.
Alpenländische Seilbahnbau Ges.
Windangriff - Wagen oberhalb.
„Fabbag".
Wₛₒ · Winddruck auf die Seile oberhalb d. Stütze.
Wₛᵤ · „ „ „ „ unterhalb „ „
Wᵥᵥ · „ „ „ den Wagen.

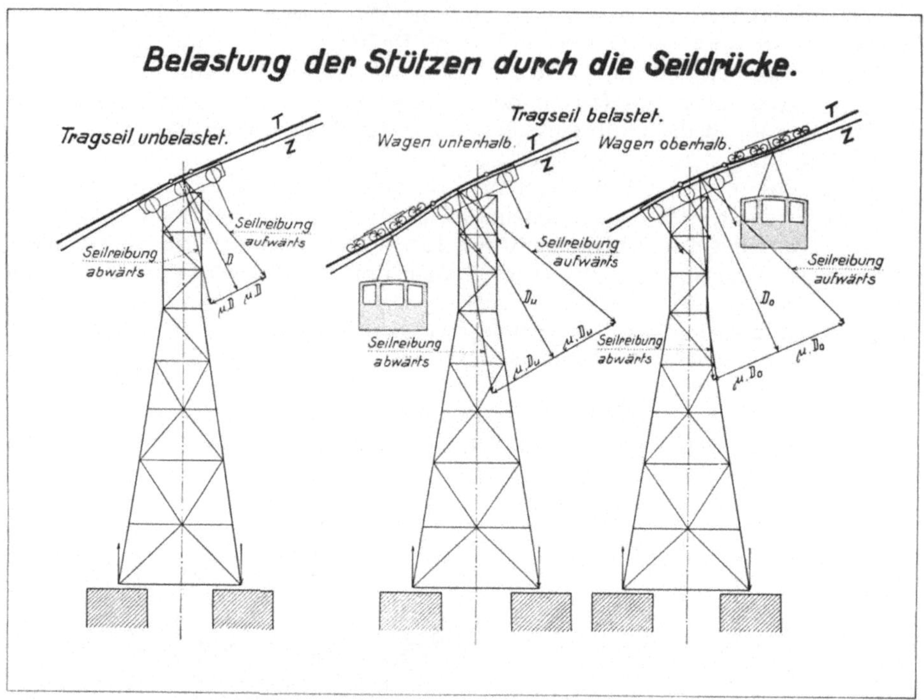

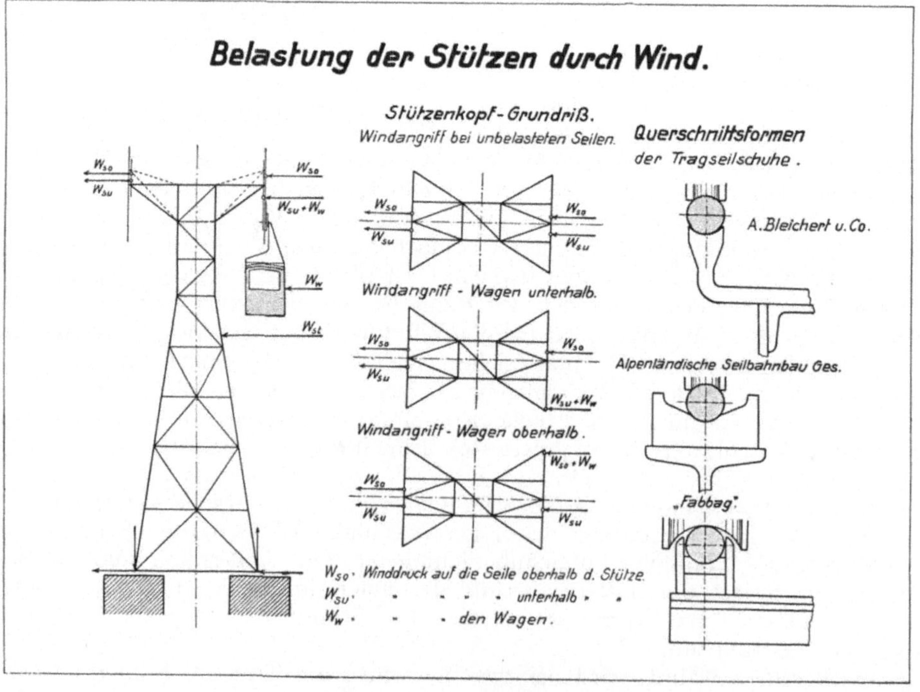

Abb. 7

fallen der Bremse nicht behindert (s. Abb. 7). Die Form des Schuhs muß aber auch ein seitliches Abtreiben des Tragseils durch den Wind unter Bedachtnahme auf die Verdrehung der Stützen verhüten.

Die Stützen sind in überwiegender Zahl aus Stahl, bei einer Seilbahn auch aus armiertem Beton hergestellt. Die Stützen haben zumeist T-Form, der untere Teil hat die Form eines Pyramidenstumpfes, der obere Halsteil prismatische Gestalt. In diesem sind die Querträger eingebaut, die selbst wieder die Stützen für die Tragseilschuhträger abgeben. Die Einschnürung am Halsteil ist durch die Notwendigkeit der ungehinderten Vorbeifahrt der Kabinen an den Stützen bedingt. Um bei seitlichen Schwankungen der Kabinen ein Anschlagen an die Stützen hintanzuhalten, werden federnde Führungen von elliptischer Form an den Halsteilen angebracht.

Abb. 8. Bregenz—Pfänder, Stütze mit Stufenfundament    Abb. 9.  39 m hohe Stütze der Kanzelbahn am Ossiachersee

Die Höhe der eisernen Turmstützen schwankt bei den bisher gebauten Bahnen zwischen 7,5 m und 39 m.

Jede Stütze ist mit Leitern versehen. In Höhenabschnitten von 6 bis 10 m befinden sich kleine Ruhestellen mit Holzbelag.

Die Eisenkonstruktion ist in allen Teilen, also auch an den Stoßstellen der Ständer vernietet.

Wenn diese behördliche Forderung auch eine Erschwernis beim Bau der Stützen bedingt, so ist sie doch begründet, da an so exponierten Bauwerken die Revision schwierig ist und daher allfällige Lockerungen der Schrauben nicht rechtzeitig wahrgenommen werden könnten.

Bei Stützen von geringer Höhe ist zuweilen auch die Portalform gewählt worden.

Eine Kombination beider Formen wurde bei der untersten Stütze der Zugspitzbahn ausgeführt.

Der Bemessung der Fundamente aller Stützen und auch der Seilverankerungen ist bei belastetem Tragseil ein Winddruck von 125 kg/qm zugrunde gelegt. Hiebei muß gegen das Abheben eine mindestens zweifache Sicherheit nachgewiesen werden. Bei unbelasteten Tragseilen ist mit einem Winddruck von 250 kg/qm zu rechnen und mindestens eine 1,2 fache Sicherheit nachzuweisen. Hiedurch ist das notwendige Ausmaß der Fundamentkörper gegeben. Damit das zur Verankerung notwendige Mauerwerk, das ausnahmslos Beton ist, auch sicher zur Wirksamkeit kommt, ist dieses durch Eisenroste (Walzträger, Schienen) mit den Verankerungsgliedern in Verbindung gebracht.

Die Fundierung der Stützen im Gebirge war oftmals mit großen Schwierigkeiten verbunden. Der Baugrund wird bei jedem einzelnen Fundamente auf seine Tragfähigkeit untersucht. Mit dem Betonieren darf erst dann begonnen werden, wenn das Bundesministerium für Handel und Verkehr als Eisenbahnaufsichtsbehörde nach Besichtigung der aufgeschlossenen Baugruben durch seinen Vertreter die Zustimmung erteilt.

Die Materialien für die Betonierung — Schotter, Sand, und Wasser — müssen an der Baustelle bereitgestellt sein. Die Zufuhr dieser Materialien, da sie selten an Ort und Stelle vorhanden sind, erfolgt mit einer Material-Hilfsseilbahn, die eigentlich als erste Anlage beim Baubeginne der Personenbahn hergestellt sein muß. Selbstverständlich muß auch vor dem Betonieren noch der Nachweis erbracht werden, daß der Beton aus den zur Verwendung beabsichtigten Materialien die genügenden Festigkeitseigenschaften hat.

Ich übergehe die oft kostspieligen Vorkehrungen, die zum Schutze gegen Frost beim Betonieren und Abbinden im Hochgebige getroffen werden müssen.

Abb. 10. Zell a. S.—Schmittenhöhe. Stützenkopf mit Kranaufbau und Plattform

Besondere bauliche Maßnahmen waren dann erforderlich, wenn Lehnen angeschnitten wurden und hiedurch die Gefahr der Bewegung derselben gegeben war. In diesen Fällen mußten Stütz- und Futtermauern ausgeführt, brüchiger Fels durch Ausmauern gesichert werden, da eine Gefährdung der Eisenkonstruktionen durch abstürzende Felstrümmer vermieden werden muß.

Die Verankerung der Stützenfüße erfolgte bei den ersten Seilbahnen mit Ankerschrauben. Sie haben den Nachteil, daß sie genau abgelängt sein müssen und daß sich eine Verbindung derselben mit dem Eisenroste der Fundamentklötze nicht befriedigend herstellen läßt.

Die Beanspruchung der Gewinde der Ankerschrauben auf Abscheren, dann die exponierte Lage der Stützen, die ein Lösen der Muttern durch fremde Hand doch nicht ausschließt, war Grund genug, eine Lösung zu suchen, die einwandfreier und konstruktiv richtiger ist.

Bei der überwiegenden Zahl der Stützenverankerungen wurde statt der Schrauben ein starkes Flachband, das unten gelenkig an die Rostkonstruktion angeschlossen und oben zwischen die U-Eisen des Ständerfußes eingefädelt ist, angewendet.

Abb. 11. Raxbahn. Portalstütze

Abb. 12. Ehrwald—Zugspitze. Stütze mit Pyramidenrumpf und Portalkopf

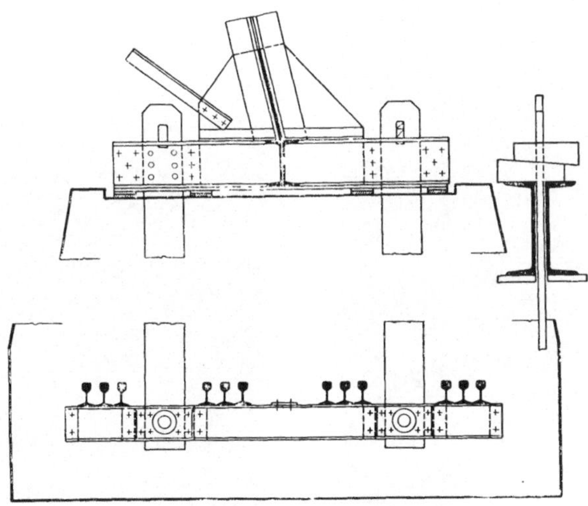

Abb. 13. Fundamentanker

Das Spannen der Bänder erfolgte durch flache Keile, die auf den U-Eisen liegen und durch eine Ausnehmung im Ankerband hindurchgehen.

Die Ankerbänder sind in zwei senkrecht zueinander liegenden Richtungen beweglich; in der einen Richtung vermöge des Gelenkes, in der anderen vermöge

Abb. 14. Bandverankerung der Antennenmaste in Aspern

Abb. 15. Ebensee—Feuerkogel. Betonstutze

Abb. 16. Ebensee—Feuerkogel. Betonstutze im Bau

der Federung des Bandes. Diese Beweglichkeit erscheint vor der endgültigen Fest-
machung der Stützen mit den Fundamentklötzen notwendig.

Obgleich die Absteckung der Trasse im Terrain mit aller Sorgfalt erfolgt,
kommt es doch vor, daß bei der Montage der Eisenkonstruktion deren Achslage
nicht der Tragseillage entspricht. Die Anker sind daher anfangs in wenn auch
engen Schächten vermöge der oben geschilderten Einrichtung genügend beweglich.

Ist die Stütze ausgerichtet, werden die Keile fest angezogen und erst jetzt
erfolgt das Verbohren der Bänder mit den U-Eisen und die Vernietung.

Bei den Verankerungen muß auch an die möglichen Auswirkungen ihrer elastischen Dehnung gedacht werden. Angenommen, ein Anker von 6 m Länge wäre
nur mit 700 kg/qcm beansprucht. Die Längenänderung der Anker ist dann zirka
2 mm, ein unzulässiger Wert, da die Lager der Stützenfüße schlagen könnten.

Die Ankerschlitze sind demnach so
bald als möglich mit Beton auszufüllen.
Lange Anker sind zu vermeiden; muß tief
fundiert werden, dann sind die Ankerbänder stärker auszubilden, um die Dehnung
klein zu erhalten. Bei der Verankerung
mit Bändern ist dies leicht möglich, bei
Ankerschrauben, die bei der üblichen Beanspruchung schon große Durchmesser
aufweisen, begegnen Querschnittsvergröße-
rungen aus technologischen Gründen
Schwierigkeiten.

Das österreichische Bundesministerium für Handel und Verkehr hat im
Jahre 1928 eine moderne Sendeanlage
für den Flugdienst in Aspern errichtet.

Die Türme sind 85 m hoch und
isoliert auf den Fundamenten aufgestellt;
auch hiebei hat sich die Bandverankerung
gut bewährt.

Die Stützenfüße sind mit gekreuzten
Streben verbunden. Diese Einrichtung
verbürgt die Erhaltung der plangemäßen
gegenseitigen Lage der Fußpunkte während der Montage und Ausrichtung der
Stütze. Kreuzverbände im Innern der

Abb. 17. Spannschlitten des Zugseiles

Stütze müssen in Abständen von etwa 8 bis 10 m vorgesehen werden. Sie dienen
zur Erhaltung der Form der Stütze während des Baues und des Betriebes, bei dem,
wie schon erwähnt, Torsionswirkungen auftreten.

Bei einer unserer Seilbahnen (Ebensee—Feuerkogel) wurden versuchsweise
auch zwei Stützen in Eisenbeton — Höhe 12 und 15 m — hergestellt.

Sie haben kein ungefälliges Aussehen. Der Querschnitt ist ringförmig, seine
Dicke beträgt unten 30 cm, oben 15 cm.

Betonstützen müssen unbedingt in günstigster Jahreszeit gebaut werden,
was oft schwer möglich ist. Tritt Frost ein, so sind kostspielige Schutzvorkehrungen
nötig.

Auch muß die Abbindezeit nutzlos verstreichen, wodurch der flotte Fortgang
der gesamten Arbeiten behindert wird, denn das Auflegen der Seile kann erst
erfolgen, wenn die Stützen ihre volle Tragfähigkeit erlangt haben. Aus dem Bilde
der im Bau befindlichen Betonstütze kann auf das freundliche Bauwetter geschlossen

werden. Der um den Bau errichtete Holzkasten mußte ausgeheizt und die Baumaterialien vorgewärmt werden.

Die Hochbauten der Berg-, Tal- eventuell Mittelstation zeigen besondere
Eigenheiten.

In der Talstation werden in der Regel sämtliche Seile durch Gewichte in die
notwendige Spannung versetzt.

Die Spanngewichte sind armierte Betonkästen, die mit abgewogenen Betonwürfeln oder Gußeisenstücken entsprechend gefüllt werden. Sie hängen in der Spann-
gewichtsgrube, einem bis 10 m tiefen Schacht, dessen Wandungen in Eisenbeton
hergestellt sind und besitzen an den in den Schachtwänden befestigten Eisen-
schienen eine Führung. Eine wesentliche Bedingung für die Betriebssicherheit
einer Seilbahnanlage ist die Freihaltung dieser Grube von Wasser.

Spanngewichtsgruben, in die Wasser, wenn auch in geringen Mengen, zusitzt,
sind daher mit Pumpen ausgerüstet, die automatisch die Grube entleeren, wenn
der Wasserstand eine bestimmte Höhe erreicht hat. Eine Auftriebswirkung an den
Spanngewichten muß unter allen Umständen vermieden werden.

Abb. 18. Bregenz—Pfander. Talstation

Das Gewicht des Tragseilspanngewichtes beträgt zirka 35 Tonnen, jenes des
Zugseilspanngewichtes zirka 7 Tonnen, beides entsprechend den erforderlichen Seil-
spannungen.

In der Talstation ist die erste Unterstützung des Tragseiles angeordnet, der
bezügliche Tragseilschuh ruht entweder auf einem besonderen Tragwerk, dem
Einfahrtsbinder, oder auf Betonkonsolen. Dort befindet sich auch die Eisenkonstruktion zur Führung des Spannschlittens des Zugseiles.

Da Talstationen immer gegen den Berg zu offene Hallen besitzen, deren Seitenwände beträchtliche Höhen aufweisen und nur in Dachhöhe gegeneinander abgesteift
werden können, darf die Einwirkung des Windes auf die seitlichen Hallenwände
nicht außer acht gelassen werden. Die Anordnung von Strebepfeilern, die auch
architektonisch gut wirken, ist mehrmals anzutreffen.

Die Dachkonstruktion kann vom Wind abgehoben werden, wenn sie nicht
ausreichend verankert ist.

In der Bergstation ist in der Regel der Antrieb der Bahn untergebracht; dort
sind auch die Tragseile verankert.

Sie laufen hoch im Gebäude an und werden auf Betontrommeln, die mit Holz belegt sind, aufgewickelt. Einige Windungen genügen, um den Seilzug durch Reibung auf die Trommel zu übertragen.

Die Trommeln sind durch Träger und Rundeisen mit der Betonmauer verbunden. Da der Seilzug 50 bis 60 Tonnen, der Hebelarm bezüglich der Fundamentsohle etwa 10 m beträgt, so ist bei der Ausführung dieser stark armierten Betonmauern

Abb. 19. Kitzbühel—Hahnenkamm. Bergstation. Seillagerung auf besonderen Portalen

Abb. 20. Raxbahn. Bergstation

mit verhältnismäßig großen Kippwirkungen zu rechnen. Dies fällt umsomehr ins Gewicht, als die Seilzüge talwärts wirken, was bei der Fundierung immerhin Schwierigkeiten bietet. Um die Mittelkraft der auf die Seitenmauern wirkenden Kräfte mehr lotrecht zu erhalten, wurde bei der Kanzelbahn an die Verankerungstrommeln ein Ballastgewicht angehängt, das auf einer schiefen Ebene gleiten kann.

Bei zwei Seilbahnen wurde nur ein Tragseil aufgelegt. Die Bahn auf den Patscherkofel hat eine Mittel-, zugleich Umsteigstation. Von der Talstation bis zur Mittelstation ist das Tragseil links, von hier zur Bergstation rechts der Bahnachse angeordnet. Während eine Kabine von der Tal- zur Mittelstation fährt, bewegt sich die andere zwangläufig von der Berg- zur Mittelstation. Diese Lösung, die ein Tragseil erspart, wurde von Professor FINDEIS der Technischen Hochschule in Wien angeregt.

Bei der Innsbrucker Nordkettenbahn ist die erste Sektion zweigleisig, die zweite eingleisig. Jede Sektion hat getrennten Antrieb, der von der Zwischenstation aus erfolgte.

Aus meinen kurzen Ausführungen kann entnommen werden, daß bei dem Bau der Schwebebahnen den Ingenieuren schwierige Aufgaben entgegentreten, Aufgaben, die Bau- und Maschinentechniker Hand in Hand lösen müssen. Nur so ist der Erfolg verbürgt, der den österreichischen Schwebebahnen, deren gesamte Länge (horizontal gemessen) heute schon 24,2 km beträgt, beschieden war.

Ich erwähne zum Schlusse, ob der hervorragenden Leistungen, die Firma A. BLEICHERT & Co. in Leipzig, die die überwiegende Mehrzahl der Bahnen ausgeführt hat und die Förderanlagen-Bau- und Betriebs A. G. in Wien, die die Bahn auf die Bürgeralpe bei Mariazell gebaut hat.

Die Eisenkonstruktionen haben die Firmen I. GRIDL, Simmeringer Waggonbau A. G., WAAGNER-BIRO A. G., sämtliche in Wien, allen Anforderungen voll entsprechend geliefert.

Österreich ist auf dem Gebiete der Personenseilschwebebahnen in der Welt führend und hofft es dank seinen Anstrengungen und Erfahrungen auch zu bleiben.

Dr. Ing. e. h. J. MELAN, Prag:

### Die neue Straßenbrücke über die Elbe in Aussig[1]

Der Vortragende bespricht seinen zur Ausführung bestimmten, in werkstattreifen Plänen vorliegenden Entwurf für eine Straßenbrücke über die Elbe in Aussig. Die einerseits durch die Durchfahrt unter der bestehenden Staatsbahn, anderseits durch die hohe Hochwasserkote der Elbe und die Anforderungen der Schiffahrt bedingte Höhenlage der Straßennivellette nötigte zu einer Auffahrtsrampe, die sich mit 1:15 Steigung noch 10 m weit in die Hauptöffnung erstreckt. — Das Tragwerk der Brücke besteht aus einem die Mittelöffnung überspannenden, vollwandigen Bogen mit Zugband von 123,6 m Stützweite, der in die 30 m weiten Seitenöffnungen je 12 m lange Kragarme ausstreckt, auf welche die den Anschluß an die Landwiderlagen vermittelnden Koppelträger, d. s. 18,4 m lange Blechbalken gelagert sind. Die Hauptträger liegen in einem Achsabstand von 12 m und tragen zwischen sich eine rund 10 m breite Fahrbahn mit zwei Straßenbahngleisen und außerhalb liegende je 2,5 m breite Gehsteige.

Als Baustoff ist Flußstahl von mindestens 3000 kg/qcm Streckgrenze (Baustahl St. 48) in Aussicht genommen und wurde als Beanspruchung

für die Hauptträger der Mittelöffnung .................. 1500 kg/qcm  
für die Hauptträger der Seitenöffnungen ............... 1200 ,,  
für die Fahrbahnträger ............................... 1105 ,,  
für die Nieten auf Abscherung ........................ 1000 ,,  
für die Nieten auf Lochleibungsdruck ................. 2100 ,,  

zugrunde gelegt.

Die Fahrbahn erhält in der Hauptöffnung Holzstöckelpflaster, auf den beiderseitigen Rampenstrecken Kleinpflaster auf einer 15 cm starken Eisenbetonplatte. Die an die Hängestangen angeschlossenen Querträger liegen in 5,15 m Abstand, in den Kragarmen und Koppelträgern ist der Querträgerabstand 3,0 m. Bei ihrer Dimensionierung wurde auf die durch die Hängestangen übertragenen wagrechten

---

[1] Der vollständige Vortrag ist in der „Bautechnik", 1929, Heft 15, erschienen.

Kräfte infolge der seitlichen Knicktendenz des Bogens und infolge des Winddruckes Rücksicht genommen.

Das Zugband geht durch Aussparungen in den Hängestangen und ist ohne jede Verbindung mit der Fahrbahn. Nur die auf den Bogen treffenden Querträger o und I sind an ihn fest angeschlossen, es ist aber durch längsverschieblichen Anschluß der Fahrbahnlängsträger an den Querträger I die Eintragung der Zugbandkräfte in die Fahrbahn verhindert.

Die Bogen mit einer parabelförmigen Achse von 15,5 m Pfeilhöhe haben kastenförmigen, unten offenen Querschnitt, dessen Höhe im Scheitel 2,10 m, in den Kämpfern 4,0 m beträgt. Er wird durch 20 mm starke, durch Beibleche verstärkte Stegbleche, sechs Winkeleisenpaare, 1250 mm breite, obere Gurtplatten und 350 mm breite, untere Gurtplatten gebildet. An jedem Anschlußpunkte der Hängestangen ist ein durchgehender Montagestoß.

Das Zugband besteht aus zwei aus je fünf Blechen und Winkeleisen zusammengesetzten Hälften, die im Anschluß an den Bogen 90 cm Abstand haben, in der Trägermitte, um die Durchbrechungen der mittleren hohen Hängestangen schmäler halten zu können, auf 40 cm zusammengezogen sind.

Der Querverband besteht aus oberen Querriegeln, welche die beiden Bogen an jeder zweiten Hängestange verbinden und aus einer unter der Fahrbahn gelegenen Windverstrebung. In der Mittelöffnung sind die Windstreben nur an die Zugbänder angeschlossen; die Querträger stützen sich gegen die Windknotenbleche.

Die Sicherheit des Bogens gegen seitliches Ausknicken wurde nach den Formeln von BLEICH untersucht und bei der vorhandenen Steifigkeit der Querrahmen eine mehr als vierfache Sicherheit nachgewiesen. Außerdem wurden aber die Hängestangen und Querrahmen auf eine vom Winddruck und aus der Knicktendenz des Bogens herrührende wagrechte Seitenkraft gerechnet. Für letztere gilt nach der tschechoslowakischen Brückenverordnung und nach einer auch in Deutschland in Anwendung stehenden Regel, daß sie in den Knotenpunkten des Druckgurtes einer offenen Brücke mit ein Hundertstel der Gurtkraft anzunehmen sei. Nach Ansicht des Vortragenden ist diese Regel richtig dahin zu interpretieren, daß mit dieser Kraft nicht an jedem Knotenpunkte, sondern in einer Länge zu rechnen ist, für welche der Gurt selbst noch eine n-fache Sicherheit gegen seitliches Ausknicken besitzt. Bei dem auch wagrecht sehr steifen Bogen ergab sich hernach bei vierfacher Sicherheit eine Verteilung der Kraft $1/_{100}$ H auf fünf Hängestangen.

Die Brücke enthält rund 2000 t Baustahl, 40 t Stahlguß. Das gesamte Eigengewicht beträgt pro Meter Tragwand in der Hauptöffnung 10,9 bis 11,6 t, in den Kragarmen 8,2 t, im Koppelträger 7,6 t.

FÜCHSEL, Reichsbahnoberrat, Berlin:

### Schweißen im Eisenbau

Bei Übernahme des Auftrags, im Rahmen der 2. Internationalen Tagung für Brücken- und Hochbau Mitteilungen über die Anwendung der Schweißtechnik im Eisenbau zu geben, war ich mir bald darüber klar, daß es zweckmäßig sei, hier vorwiegend diejenigen Gesichtspunkte, welche der entwerfende Ingenieur und der Betriebsleiter der Eisenbauanstalt beherrschen muß, zu behandeln, und die Technik des Arbeitsverfahrens im allgemeinen als bekannt vorauszusetzen und sie nur da zu streifen, wo sie besonderen Einfluß auf die Gestaltung des Bauwerks ausübt.

Von den drei bekannten Schweißverfahren, dem mit der Azetylen-Sauerstoff-Flamme, dem mit dem elektrischen Lichtbogen und dem elektrischen Widerstandsschweißverfahren, kommt im Eisenbau vorwiegend das Schmelzschweißverfahren mit dem elektrischen Lichtbogen in Frage, weil seine Wärmewirkung auf die an die

Schweißnaht angrenzenden Werkstoffzonen verhältnismäßig eng begrenzt ist und daher im allgemeinen erträgliche Wärmespannungen hervorruft. Das Gasschmelzschweißverfahren bringt eine viel größere Erwärmung der Zonen an der Schweißnaht mit sich und ist für Montagearbeit auch weniger bequem als das Arbeiten mit dem elektrischen Lichtbogen. Außerdem ist es für stärkere Querschnitte teurer. Trotzdem ist seine Anwendung in manchen Fällen, wo an die Biegsamkeit der Verbindung besondere Ansprüche gestellt werden, und für dünne Querschnitte begründet, z. B. in Bauwerken, die aus Rohren geringer Wandstärke gefertigt werden sollen. Die elektrische Widerstandsschweißung, welcher die höchsten mechanischen Gütewerte zukommen, läßt sich nur für stumpfen Stoß, an dem beide zu verbindenden Teile sich mit gleicher Berührungsfläche gegenüberstehen, anwenden. Der Querschnitt der Schweißstelle kann voll oder röhrenförmig sein, die vorhandenen Maschinen reichen aus bis zu 20000 mm² und sind sehr leistungsfähig. Es werden z. B. für Verbindungen von 6000 mm² (Schienenquerschnitt) nur 4 Minuten Schweißzeit benötigt. Die Gütewerte der Verbindung und der beim Schweißen überhitzten angrenzenden Zonen lassen sich durch Wärmebehandlung in eigens geformten Heizkörpern (Muffeln), Normalglühen im Sinne der Din 1606, leicht steigern und auf annähernd 100% der Festigkeit und Zähigkeit des ungeschweißten Werkstoffs bringen. Die Anwendung der elektrischen

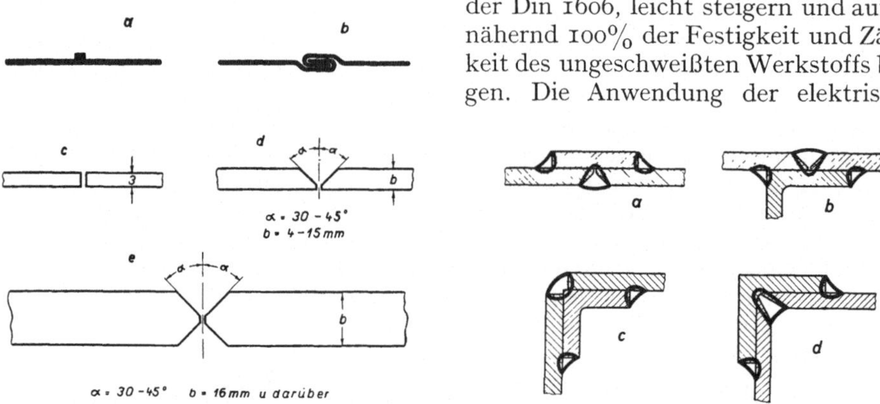



Abb. 1. Vorkommende Blechstärken und Vorbereitung für stumpfen Stoß      Abb. 2. Anordnungen von Kehlnahten bei Blechen und Profileisen

Widerstandsschweißung, und zwar nach dem Abschmelzverfahren, ist daher überall da anzustreben, wo die vorerwähnten Voraussetzungen vorliegen. Zur Zeit ist ihr Arbeitsfeld noch gering; je mehr sich aber die Wahl rohrartiger Profile neben den Blechen und Formeisen einbürgert, wird sicherlich auch die elektrische Widerstandsschweißung sich im Eisenbau ein gebührendes Feld erobern. In meinen Beispielen, die ich Ihnen vorführe, sind die Schweißnähte mit dem elektrischen Lichtbogenverfahren gefertigt, wo nicht ausdrücklich anderes vermerkt ist.

Im Gegensatz zum Nieten, das nur überlappte Verbindungen oder Stoßverbindungen mit Verlaschung ermöglicht, stellt die Schweißtechnik beide Verbindungsarten, sowohl den glatten, stumpfen Stoß als auch Überlappungen und Verlaschungen, je nach der Art und Größe der zu übertragenden Kräfte, zur Anwendung bereit.

Abb. 1 behandelt den stumpfen Stoß für die zumeist vorkommenden Blechdicken von der Art a, c, d und e in den Grenzen von etwa 3 bis 25 mm Dicke. Die von der Überhitzung beim Schweißen betroffenen Zonen zu beiden Seiten der Naht haben eine Breite von etwa doppelter Blechdicke. Die hierdurch geminderte Zähigkeit kann bei Baustählen mit Kohlenstoffgehalt von der Art der Sorte St. 37 für die Belange des Eisenbaues in Kauf genommen werden. Sache des schweißkundigen

Betriebsingenieurs ist es, die Arbeitsausführung so zu leiten, daß die von der Schweißhitze hervorgerufenen Werkstoffspannungen des Bauteils in erträglichen Grenzen bleiben.

Abb. 2 zeigt die Verwendung überlappter Verbindungen durch Kehlnähte. Die angrenzenden Zonen, durch starke Linien angedeutet, geben an, wie weit der Lichtbogen „einbrennt", d. h. wie tief eine Mischung des angeschmolzenen Werkstoffs des Baueisens und des Zusatzstoffs von der verwendeten Elektrode unter dem Einfluß der Hitze des elektrischen Lichtbogens vor sich geht — etwa 1,5 bis 2 mm. Die weiter angrenzenden Überhitzungszonen haben das gleiche Ausmaß und gleiche Bedeutung wie in Abb. 1.

Abb. 3 bringt Beispiele für den Vergleich der Anordnung von genieteten und geschweißten Verbindungen. Die verwendeten Kehlnähte sind je nach

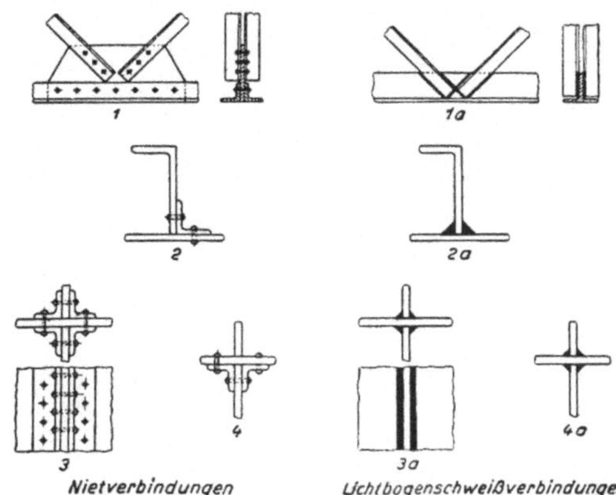


Abb. 3. Elemente von genieteten und geschweißten Verbindungen. Unterbrochene Kehlnaht

Abb. 4. Knotenpunkte und Anschlusse .n genieteter und geschweißter Anordnung

Bedarf durchlaufend oder unterbrochen. Wasser- oder dampfdichte Verbindungen erhalten durchlaufende Naht.

Abb. 4 und 5 erweitern die Beispiele der genieteten und geschweißten Knotenpunkte, wobei die Absicht, beim Schweißen ohne Knotenblech zu arbeiten, erkennbar ist. In Abb. 5c sind nur I-Profile verwendet, und zwar in der richtigen Wahl kleinerer Profile für die Diagonalen und Vertikale als für den Untergurt.

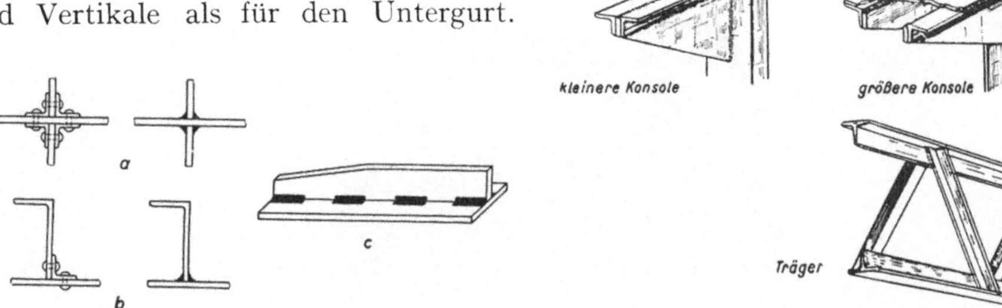


Abb. 5. Knotenpunkte geschweißt, ohne Knotenblech

Abb. 6. Profilauswahl für Konsolen und Gitterträger

Hierbei bleibt Gelegenheit, auf den oberen Flansch des Untergurts noch eine Kehlnaht längs der aufstoßenden Diagonalen anzulegen. Am Steg des Untergurts sind unter den Mitten der Anschlußdiagonalen Versteifungsbleche angeschweißt.

Abb. 6 zeigt die Anordnung von Konsolen und ein Beispiel der Profilauswahl für Gitterträger.

Abb. 7 vergleicht Eckverbindungen in genieteter und geschweißter Ausführung unter Verwendung von Kehlnaht und Stumpfstoß.

Konstrukteur wie Besteller eines Eisenbauwerks stellen nun die Frage, wie prüft man geschweißte Verbindungen der geschilderten Art. Beide werden zunächst beruhigt sein, wenn nachgewiesen wird, daß bei gleicher Beanspruchung die geschweißte besser abschneidet als die genietete. Dies ist im allgemeinen der Fall, wie die folgenden Abbildungen belegen.

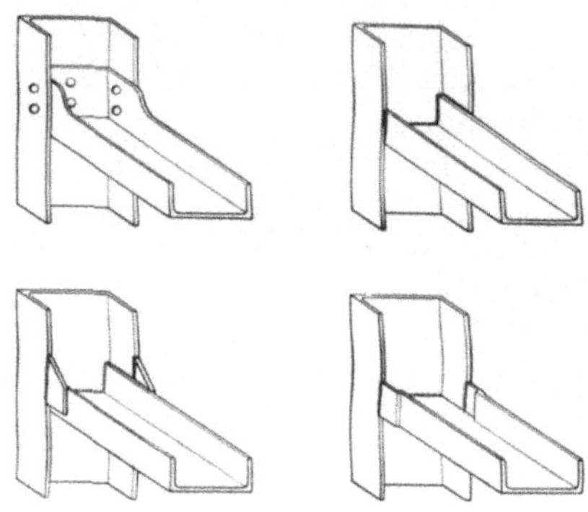

Abb. 7. Eckverbindungen für ⌊⌋ Eisen

Abb. 8. Geschweißte und genietete Verbindungen nach dem Biegeversuch, links nach dem Zugversuch

Abb. 9. Geschweißte Eisenkonstruktion nach dem Biegeversuch, ohne Anriß in den Schweißnähten

Abb. 8 zeigt Proben für den Biegeversuch in geschweißter und genieteter Ausführung nach der Prüfung und damit die Überlegenheit der geschweißten Verbindung. In der Abbildung links sind Probenreste nach Anstellung eines Zugversuchs, bei dem der Bruch neben der Schweißstelle eingetreten ist, erkennbar.

Abb. 9 bringt ein Beispiel, wie geschweißte Einzelkonstruktionen einer Systemprüfung durch den Biegeversuch unterzogen werden sollten. Der statische Versuch ist das Mindeste, was verlangt werden kann. Wenn irgend möglich, sollte, sofern als Betriebsbeanspruchung Stöße auftreten, auch dynamische Versuchsanordnung gewählt werden. Der Weg, die zumeist vorkommenden Einzelteile von Eisenbauwerken einer Belastungs- und Zerstörungsprüfung zu unterziehen, liefert wohl wertvolle Unterlagen für die Berechnung geschweißter Verbindungen. Doch genügt er nicht, die Sicherheit des gesamten Bauwerks zu beurteilen. Hierzu sind Untersuchungen über das Verhalten ganzer Konstruktionseinheiten durch Belastungsversuche innerhalb des Bereichs elastischer und plastischer Verformung erforderlich. Selten ist bei dem hohen Kostenaufwand für die Prüfungen der Unternehmer allein in der Lage, eine durchgreifende Konstruktionsprüfung anzustellen. Mitbeteiligung des Auftraggebers ist angemessenes Verfahren, solange die Fachlehrstühle an unseren Hochschulen noch nicht die benötigten Aufschlüsse zur Verfügung stellen. Es ist als ein großes Verdienst des Großverbrauchers an Eisenkonstruktionen in Deutschland, der Deutschen Reichsbahn, anzusprechen, in eine Arbeitsgemeinschaft mit dem Organ der Eisenbauanstalten, dem Deutschen Stahl-

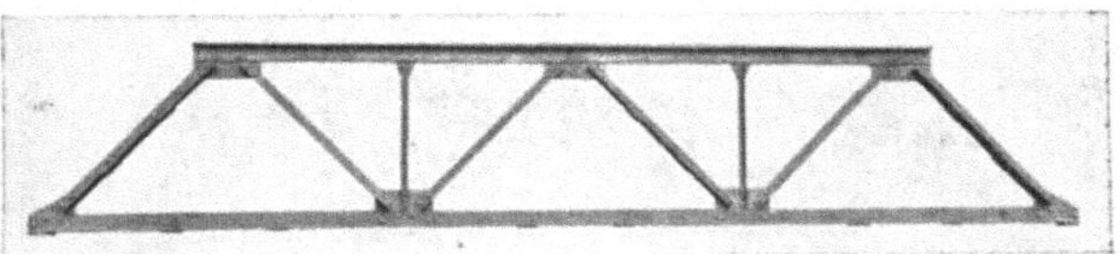

Abb. 10. Genieteter Brückenträger von 10 m Spannweite für 40 Tonnen Last

Abb. 11. Genieteter Knotenpunkt aus Abb. 10

Abb. 12. Knotenpunkt des halb genieteten, halb geschweißten Brückenträgers

bauverband, einzutreten, um an Hand von praktischen Ausführungen und Prüfungen geschweißter Konstruktionen erprobte Berechnungsunterlagen für das Entwerfen ähnlicher Bauwerke zu gewinnen. Es wurde vereinbart, einen Gitterträger von 10 m Spannweite für 40 t Einzellast in Mitte Träger in verschiedenen Profilen, teils genietet, teils geschweißt, anzufertigen und genauen Belastungsversuchen an der Technischen Hochschule Dresden im Institut des Herrn Professor Gehler zu unterziehen. Die nächsten Bilder geben Einblick in den Versuchsplan und seine Durchführung.

Abb. 10 stellt den Brückenträger in genieteter Ausführung dar.

Abb. 11 stellt einen Knotenpunkt des genieteten Trägers dar.

Abb. 12 zeigt einen Knotenpunkt der für Studienzwecke gewählten Anordnung des Brückenträgers halb genietet, halb geschweißt.

Abb. 13 und 14 zeigen andere Profilwahl, $\bot$ für die Gurte, $\top$ für die Diagonalen, die an ihren Enden aufgeschlitzt werden, um einfache Verbindungsmöglichkeit mit dem Gurtprofil durch Kehlnähte zu gewinnen. Diese Abbildungen geben einen Knotenpunkt im Untergurt, von zwei verschiedenen Richtungen aus gesehen, wieder.

Die Diagonalen sind soweit aufgeschlitzt, daß sie nicht nur über den senkrechten
Schenkel des ⌐ Eisens übergezogen werden können, sondern auch noch ein Blechstück durchgeschoben und durch Kehlnähte mit den Diagonalen verschweißt
werden kann. Der Steg der Diagonalen ist am oberen Schlitzende abgebohrt, damit
sauberer Lochrand vorhanden ist, Haarrisse, die zu Anrissen Veranlassung geben
könnten, ausgeschaltet werden. Das Blechstück ist aus Breiteisen oder einer Blech-
tafel so ausgeschnitten, daß seine Faserrichtung der Vertikalen gleich läuft,
also die um 20% höhere Zugfestigkeit in Richtung der Faser ausgenützt wird.
Blechstück und Steg des Untergurts werden nicht miteinander verschweißt. Die
erste Schweißarbeit ist das Verbinden der Diagonalen mit dem Untergurt durch

Abb. 13. Knotenpunkt mit geschlitzten Diagonalen

Abb. 14. Andere Sehrichtung des Knotenpunktes Abb. 13

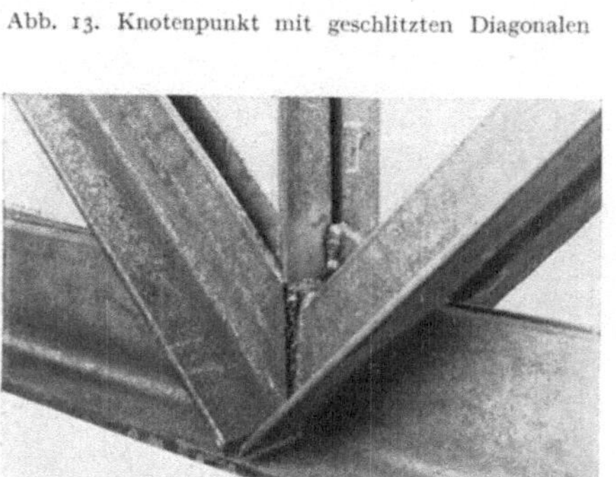

Abb. 15. Ungunstig geschweißter Knotenpunkt

Abb. 16. Knotenpunkt eines aus ⌶ Profilen geschweißten Tragers

Kehlnähte an allen Kanten, wo Zugänglichkeit für das Anhalten einer Elektrode
vorhanden ist, vorzugsweise auf Seite des stumpfen Winkels zwischen Gurt und
Diagonalen und zwischen wagerechten Schenkeln des Untergurts und Außenflansch
der Diagonalen. Die in Abb. 13 sichtbare Ausklinkung des Endes der linken
Diagonale ist versehentlich bewirkt worden, die richtige Vorbereitung ist Zuschnei-
den der Diagonalenden auf senkrechten Stumpfstoß. Die nächsten Kehlnähte
werden an die Stoßstellen des Blechstücks und der Stege der Diagonalen angelegt
und zuletzt die Vertikale an das Blechstück angeschweißt. Entsprechend verläuft
die Kraftübertragung. Wie auch in den anderen Abbildungen sind die Kehlnähte
nur in solchen Längen geschweißt worden, wie sie rechnerisch benötigt werden.
Für praktische Ausführung wird man eine Zugabe, die die Minderung der Güte-

werte jeder Schweißraupe an ihren Enden berücksichtigt, machen und im Bedarfsfalle unterbrochene Nähte anordnen.

Abb. 15 zeigt eine ungewöhnliche Schweißung an den Knotenpunkten, gefertigt für Studienzwecke. Die Vertikalen sind an Knotenblechen angeschweißt, die ihrerseits mit den Winkeleisen der Gurtung verschweißt sind. Sie läßt erkennen, daß hier eine große Anhäufung von Schweißhitze an der Vereinigungsstelle stattfindet und die Zähigkeitswerte des Knotenpunktes infolge der Anhäufung überhitzter Zonen zu ungunsten der Sicherheit herabgesetzt werden.

Abb. 16 stellt einen Knotenpunkt vom Untergurt eines Gitterträgers, gefertigt ausschließlich aus ⊥-Profilen, dar. Die Versteifungen sind zweckentsprechend angeordnet, dagegen fehlt der Platz für eine Kehlnaht auf dem oberen Flansch des Untergurteisens, wie sie in Abb. 5c richtig vorgeführt wurde. Man hätte für die Diagonalen ein Profil mit etwas geringerer Steghöhe als die Flanschbreite des Untergurts ist, wählen sollen.

Abb. 17 zeigt eine ähnliche Lösung für den Fall, daß im Untergurt nur Zugbeanspruchung auftritt. Sie ist einer amerikanischen Veröffentlichung entnommen. Die wagrechte Lage des Stegs vom Untergurt ermöglicht leichtes Anschweißen der ⌊⌋-Diagonalen an die Außenflansche des Untergurts und bequemes Einsetzen der Vertikalen zwischen die Innenflansche, wie dies die Abbildung erkennen läßt. Die Abbildung zeigt weiter den Anschluß des Windverbandes.

Bereits vor 6 Jahren wurde im Versuchsfeld der Gute-Hoffnungs-Hütte in Oberhausen eine größere Schweißung für Zwecke des Eisenbaus gefertigt und von dem damaligen Leiter des Versuchsfelds, Dr. Ing. NEESE, jetzt Dozent an der Technischen Hochschule Braunschweig, auch geprüft. Der Bericht ist wie mehrere der behandelten Versuchsergebnisse der Technisch-Wissenschaftlichen Lehrmittelzentralstelle (T W L) zur Verfügung gestellt worden. Der Träger hatte die gleiche Spannweite von 10 m wie der in Abb. 10 und war als Doppelträger gefertigt. Er ist bei 54,5 t Belastung ohne Anriß in den Schweißstellen eingeknickt, hat 3,12-fache Überlastung ausgehalten.

Abb. 17.[1] Knotenpunkt eines Trägers mit wagerecht liegendem ⊥ Profil als Untergurt und Anschluß des Windverbandes

Die nächsten Bilder habe ich amerikanischen Veröffentlichungen entnommen, um zu zeigen, daß man auch dort in der Ausbildung der Einzelkonstruktionen gleiche Wege wie bei uns geht, in der Anordnung der Montagearbeit aber offenbar uns voraus ist.

Abb. 18 zeigt eine fertiggeschweißte Halle im Rohbau.

<hr>

[1] Die Abbildungen 17 bis 20. amerikanische Schweißarbeiten darstellend, wurden von Herrn Dipl.-Ing. BONDI freundlichst zur Verfügung gestellt.

Abb. 19 zeigt Eckverbindungen und die Befestigung der Kranlaufbahn.

Wie schon früher betont, ist es eine der vornehmsten Aufgaben der künftigen Konstrukteure geschweißter Eisenbauten, die für die Eigenart des Arbeitsverfahrens zweckmäßigsten Profilarten zu untersuchen und festzulegen. Bei der Jahresversammlung des Deutschen Eisenbauverbandes in Danzig 1927 wurde in dem Vortrag über Schweißen vorzugsweise die Verwendung von Blechen für zusammengesetzte Trägerprofile behandelt, die von rohrartigen Profilen bereits erwähnt. Im vergangenen Jahr hat sich die Erkenntnis von der Eignung rohrartiger Querschnitte für Verwendung im geschweißten Eisenbau, nicht zuletzt wegen ihrer Festigkeitsvorzüge bei Biegungsbeanspruchungen, derart verbreitet, daß diesem Vorgang nicht nur die Konstrukteure, sondern auch die Erzeugerkreise, die Rohrindustrie, Beachtung schenken müssen. Auch der Eisenhandel wird bald die kommende Umwälzung in der Lagerhaltung verspüren können.

Abb. 19. Befestigung der Kranlaufbahn aus Abb. 18         Abb. 20. Spannungsfreies Schweißen beim Aufbau der Halle
nach Abb. 18

Die ersten Ausführungen mit Verwendung rohrartiger Profile sind seit etwa 8 Jahren im Flugzeugbau entwickelt worden, und zwar wegen der benötigten geringen Wandstärken unter Inanspruchnahme der Azetylen-Gasschmelzschweißung. Für die großen Wandstärken des Eisenbaus ist das elektrische Lichtbogenschweißverfahren das geeignetere.

Abb. 21 erläutert die erforderlichen Vorbereitungen für die Herstellung von Knotenpunkten, z. B. das Aufschlitzen der Rohre oder das Ausschneiden und Ausklinken von Blechen, Formgebung von Blechen, die zwischen zwei Rohre angeschweißt werden sollen. Diese Verfahren, um deren Veröffentlichung Professor Hilpert, Leiter des Versuchsfelds für Schweißtechnik an der Technischen Hochschule Berlin, sich verdient gemacht hat, sind längst schon öffentlicher Besitz durch ihre Aufnahme bei der T W L.

Abb. 22 zeigt die nach dem in Abb. 21 dargestellten Verfahren ausgeführten Schweißungen.

Abb. 23 veranschaulicht die Fertigung von Endstücken mit Ösen zur Aufnahme von Bolzen, die die weitere Kraftübertragung zu übernehmen haben. Auch hier findet zunächst Aufschlitzen des Rohrendes statt, ein keilförmiges Schmiedestück mit Gabelenden wird eingesetzt, die Rohrenden werden angedrückt und Kehlnähte mit dem Schweißstab nach dem Gas- oder Lichtbogenschweißverfahren angelegt.

## Rechnungsgrundlagen

Die vorgeführten Bilder von Anwendungen der Schweißtechnik im Eisenbau mögen bei manchem Teilnehmer den Eindruck erweckt haben, daß den geschweißten Verbindungen ein gewisses Vertrauen entgegengebracht wird. Der Konstrukteur bedarf indes mehr als Bilder. Er muß den Sicherheitsgrad und die

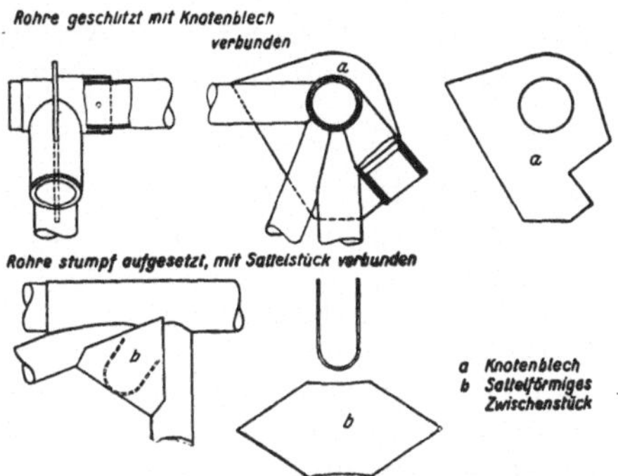


Abb. 21. Vorbereitungen für das Schweißen von Rohren zur Entwicklung eines Knotenpunktes

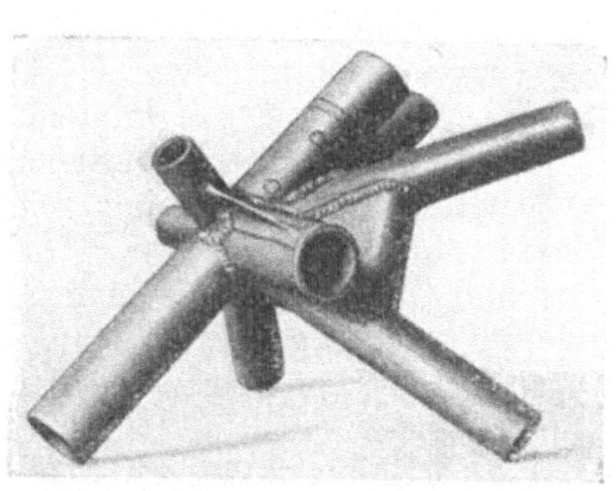

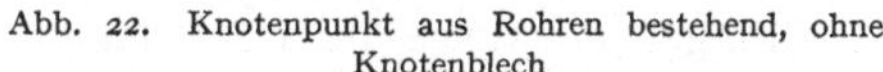

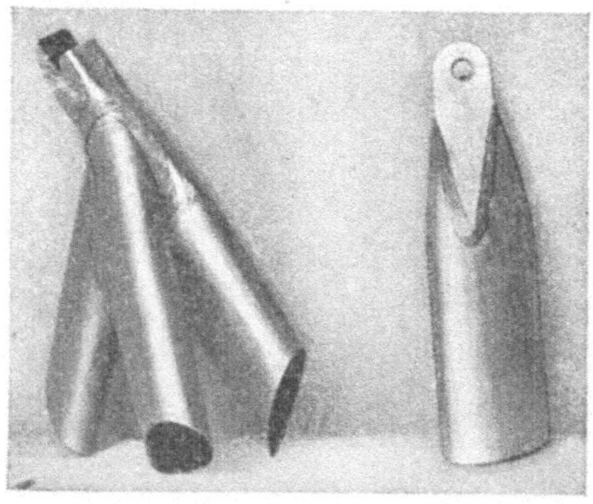

Abb. 22. Knotenpunkt aus Rohren bestehend, ohne Knotenblech

Abb. 23. Geschweißte Rohrenden für Gelenkverbindungen

Kosten kennen. Es seien darum die nötigsten Unterlagen für die Berechnung geschweißter Bauwerke angefügt.

Die Zugfestigkeit einer nach dem elektrischen Lichtbogenverfahren hergestellten Schweiße ist $= 80\%$ der des ungeschweißten Eisens zu setzen, z. B. wäre für St 37 $\sigma_B = 0.8 \times 37 = \sim 30$ kg/mm². Die Zähigkeit, gemessen am Biegewinkel beim Faltversuch nach Din 1605, würde als genügend anzusprechen sein, wenn ein Biegewinkel von wenigstens 90° erreicht wird. Über die Ermüdungsfestigkeit liegen bisher nur vereinzelte Untersuchungen vor. Vorsichtig gerechnet, kann sie mit 50% der Streckgrenze des ungeschweißten Werkstoffs, d. h. mit etwa 11 kg/mm² für St. 37 angesetzt werden.

Die Dichtheit der Schweiße hängt von guter Ausführung ab. Ein geübter Schweißer kann 100% für Gas- und auch Lichtbogenschweißung erreichen. Um zu errechnen, welche Kraft eine Schweißnaht von bestimmter Länge übertragen kann, muß man wissen, welche Abmessungen ihr Querschnitt hat. Für die zunächst vorkommenden Blech- und Profildicken von $d = 3$ bis 10 mm wird ein Schweißdraht von 4 mm Durchmesser verwendet. Da auch die Arbeitsgeschwindigkeit für die gebräuchlichen Schweißmaschinen eine gegebene ist, hat die Schweißraupe in einer Kehlnaht etwa den dreieckförmigen Querschnitt wie in nebenstehender Abb. 24, Kantenlänge $= 5$ mm, Abstand Scheitel von Mitte etwas gewölbter Hypothenuse $s = 3{,}5$ mm. Wenn $l$ die Länge der Naht in mm, $s$ die für die Zugbeanspruchung maßgebende Breite ist, kann die Naht die Kraft $P = s . l . \sigma_B$ übertragen, z. B. für St. 37 bei fünffacher Sicherheit $P = \dfrac{3{,}5 . l}{5} . 30 = 21 . l\ \mathrm{kg}.$

Für zwei Flankennähte von der Länge $l$ (vgl. Abb. 25) beträgt die Scherkraft $Q = 3/4\,P = 1{,}5\,s . l . \sigma_B$ z. B. für St 37 bei fünffacher Sicherheit $Q =$
$$= \frac{1{,}5 . 3{,}5 . l\ 30}{5} = 31{,}5 . l\ \mathrm{kg}.$$

Das Maß $s$ der Schweißraupe hängt von der Größe des Schweißdrahtes ab. Es wird 4 bis 5 mm betragen, wenn mit dickeren Drähten stärkere Raupen gezogen werden sollen.

Die Eigenschaft, im elektrischen Lichtbogen sich verschweißen zu lassen, besitzen alle genormten Stähle mit Kohlenstoffgehalt unter 0,2% bei Verwendung gewöhnlichen Schweißdrahtes für Verbindungsschweißungen. Sonderstähle wie St Si und die neueren hochwertigen Stahlsorten von der Art des Chrom-Kupfer-Stahls der Dortmunder Union lassen sich nur mit Sonderelektroden, die auszubilden sich einige Edelstahlwerke angelegen sein lassen, verschweißen. Es mag auch erwähnt sein, daß die Bemühungen, Elektroden so zu legieren, daß die im elektrischen Lichtbogen gezogene Schweiße schmiedbar wird, im Laufe dieses Jahres erfolgreich waren. Als erstes Lieferwerk trat das Stahlwerk Böhler & Co. mit einer Elektrode, der planmäßig eine Art Schlackenseele verliehen war, auf den Plan. Am gleichen Ort gab Oberingenieur Fuchs-Kapfenberg in einem Vortrag im Februar 1928 den Fachleuten Deutschlands und Österreichs, die eine gemeinsame Tagung hier abhielten, die Ergebnisse der Arbeiten von Böhler bekannt und in Kapfenberg Gelegenheit zur Nachprüfung der Gütewerte.

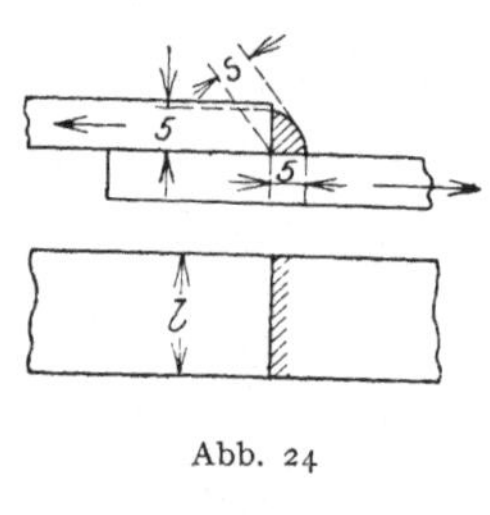

Abb. 24

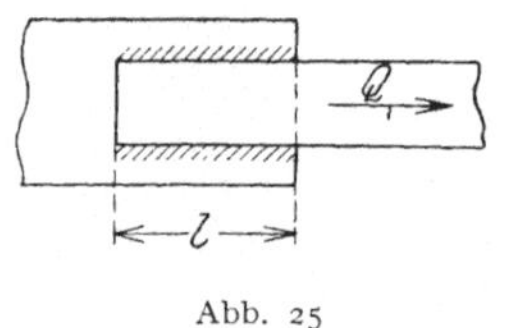

Abb. 25

Über die Wirtschaftlichkeit der Schweißung im Eisenbau im Vergleich zur genieteten Ausführung liegen mehrfache eingehende Untersuchungen an ausgeführten Anlagen vor. Kurz gesagt, beträgt die Ersparnis an eingebautem Stahl und an den Lohnkosten zusammen etwa 15 bis 20% gegenüber der Nietung.

Es ist angezeigt, noch mit einigen Worten die Lage des Unternehmers gegenüber einem Auftraggeber, der geschweißte Ausführung wünscht, zu beleuchten. Aus meinen Erfahrungen, d. h. soweit sie bei der Deutschen Reichsbahn und beim Verein deutscher Ingenieure zusammenlaufen, darf ich sagen, daß es im allgemeinen nicht an fachkundigen Handwerkern und Meistern fehlt, um die beabsichtigten Schweißarbeiten auszuführen. Eine Reihe von Stellen im Reich haben es sich angelegen sein lassen, Ausbildungsgelegenheiten für das handwerksmäßige Arbeitsverfahren einzurichten oder zu fördern. Hierunter sind für die Reichsbahn die schweißtechnische Versuchsabteilung beim Reichsbahn-Ausbesserungswerk in Wittenberge, für das Handwerk und die Industrie der Verband für autogene Metallbearbeitung, eine Reihe staatlicher Maschinenbau- und Industrieschulen und städtischer Gewerbeförderungsinstitute zu nennen. Es ist weiter auf die wirksame Betreuung dieser Veranstaltungen durch die zuständigen Ministerien für Handel und Industrie der deutschen Länder hinzuweisen. Auf die Frage, wie es mit der Ausbildung der akademischen Jugend in der Schweißtechnik und ihrer Anwendung in den gestaltenden Fachgebieten, von denen uns hier besonders der Eisenbau interessiert, bestellt ist, muß leider gesagt werden, daß die technischen Hochschulen mit der Gewährung des benötigten Fachunterrichts sowohl beim Lehrstuhl für mechanische Technologie als auch in den Fachabteilungen: Eisenbau, Fahrzeugbau, Schiffbau, Dampfkesselbau u. a. arg in Rückstand gegenüber den Anforderungen der Eisen verarbeitenden Industrie und der Tatkraft der technischen Mittelschulen aller Grade gekommen sind. Wohl haben einzelne Dozenten an technischen Hochschulen wie Aachen, Berlin und Braunschweig die Einrichtung schweißtechnischen Unterrichts mit dankenswerter Energie durchgesetzt, zu einer planmäßigen Einreihung in den zuständigen Lehrstuhl ist es aber noch nicht gekommen und bei den Fachabteilungen fehlen Sondervorlesungen über die Anwendung des Schweißens in ihrem Fachgebiet noch gänzlich. Der Unternehmer kommt durch den Mangel an ausgebildeten Konstruktionsingenieuren in eine mißliche Lage. Seine Betriebsleiter, die für die sachgemäße Ausführung verantwortlich sind, leiden nicht selten unter dem untragbaren Zustand, daß sie die Richtigkeit der Arbeitsausführung ihrer Untergebenen nicht hinreichend beurteilen können, bisweilen gar von ihnen abhängig sind. Der Verein Deutscher Ingenieure hat in den Fachtagungen für Schweißtechnik gelegentlich seiner Hauptversammlungen der Jahre 1926 und 1928 auf die bedenkliche Lücke im Lehrplan der technischen Hochschulen hingewiesen und bereitet für diesen Winter eine neue verschärfte Kundgebung vor. Trotzdem ist es wünschenswert, daß ein Unternehmer, der vor die Aufgabe gestellt wird, ein geschweißtes Bauwerk zu entwerfen und auszuführen, schon jetzt mutig an sie herangeht. Auch in der Übergangszeit wird es ihm gelingen, die Hilfe eines fachkundigen Beraters heranzuziehen. Vor allem ist es unerläßlich, in seinem Betrieb eigene Erfahrungen zu sammeln, das eigene Personal an der Ausführung kleinerer Teilaufgaben zu schulen und bei ihm Vertrauen auf die eigene Kraft wachsen zu lassen. Recht beachtenswert erscheint das Vorgehen geschlossener Unternehmerverbände wie das des Deutschen Eisenbauverbandes, in gemeinsamer Arbeit mit ihrem Großkunden, der Deutschen Reichsbahn, praktische Studien zu betreiben, und die gewonnenen Ergebnisse seinen angeschlossenen Mitgliedern nutzbar zu machen. Mir ist bekannt, daß auch das Ausland ähnlichen Weg geht.

Professor Dr. Ing. ALFRED HAWRANEK, Brünn:

### Probleme des Großbrückenbaues

Infolge der Anwendung neuer hochwertiger Baustoffe wie Stahl 48 und Si-Stahl hat der Großbrückenbau in letzter Zeit einen neuen Vorstoß zur Bewältigung großer Spannweiten erhalten. Auch im Eisenbetonbrückenbau liegen ähnliche Bestrebungen vor, doch soll hier nur vom Stahlbrückenbau die Rede sein.

Mit den großen Spannweiten treten aber neue Probleme sowohl in konstruktiver, wie in statischer Hinsicht auf, die bei kleineren Spannweiten nicht so sehr ausschlaggebend sind und für die ausreichende Erfahrungen in baulicher Hinsicht vorliegen, die den bisherigen Erfolg auf diesem Gebiete gesichert haben.

Das Bestreben, auch bei großen Brücken wirtschaftlich und ausreichend sicher zu bauen, setzt aber voraus, Fragen sowohl theoretisch wie konstruktiv zu studieren. Sie hängen einmal mit der zweckmäßigen Wahl der nun großen Stabquerschnitte zusammen, die natürlich auch ausführbar sein müssen, so daß die Güte der Arbeit gewährleistet werden kann. Die Knicksicherheit der Stehbleche hoher Blechbogen-

564 Alfred Hawranek

träger, die oft ein oder zwei Längsnähte bekommen müssen, sowie auch die Knicksicherheit der Bogen in der Querrichtung soll vorhanden sein. Dann müssen durchlaufende Träger oder Gelenkträger mit Rücksicht auf den freien Vorbau bei der
Aufstellung der Brücken zweckmäßige Tragwerkformen erhalten, welche etwaige
Verstärkungen von Einzelstäben unnötig machen oder doch auf einen Kleinstwert
beschränken und das Gesamtgewicht so klein als möglich halten.

Bei der Montierung von Zweigelenkbogenbrücken wird oft für das Eigengewicht
ein Gelenk im Scheitel angeordnet, das dann für die zufälligen Lasten ausgeschaltet
wird. Die zweckmäßige Lage eines solchen Scheitelgelenkes ist wichtig.

Weiter ist eine richtige Annahme für die Verteilung des Eigengewichtes der
Hauptträger für die Spannungsberechnung notwendig, und zwar tunlichst gleich
bei der ersten Berechnung; eine ebenso wichtige Rolle spielt die Konstruktionsziffer. Auch die richtige Wahl der Querschnittsverhältnisse für Bogenträger bei
Berechnung des Horizontalschubes ist erforderlich. Die Wahl der Belastungen und
der Stoßbeiwerte für kombinierte Straßen- und Eisenbahnbrücken gehört auch
hieher. Damit ist aber die Aufzählung nicht erschöpft.

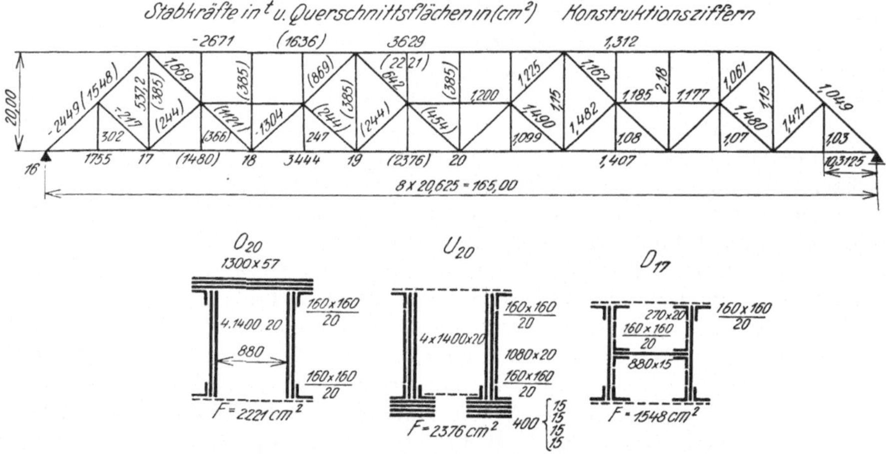



Abb. 1. Konstruktionsbeiwerte eines Paralleltragers bei Ausfuhrung in Si-Stahl

Diese und ähnliche Fragen, die vor allem den Entwurf einer großen Brücke
beeinflussen, den Statiker und Konstrukteur sowie den Montierungleiter beschäftigen,
spielen also neben der ebenso wichtigen Entscheidung, in welchem Baustoff angeboten werden soll, um einen Entwurf wirtschaftlich zu gestalten, eine große
Rolle.

Der große Vorteil, den die Anwendung hochwertigen Stahls infolge einer Gewichtsersparnis von 20 bis $30^0/_0$ bei großen Brücken bringt, bietet ja auch sonst
die Möglichkeit, solche Bauwerke bei freiem Vorbau leichter zu montieren, da die
einzubauenden Stücke leichter sind, die Vorbaukräne leichter gehalten werden
können, die Rückverankerungen und Gerüste billiger werden, und daß man an
Transportkosten, Zoll, an Arbeitszeit, an Werkstattarbeit und auch an Nietarbeit
auf der Baustelle sparen kann.

Diese Tatsachen ebnen dem Bestreben nach Überbrückung größerer Spannweiten den Weg und machen Brückenprojekte ausführbar, die bisher zurückgestellt
werden mußten. Viele der folgenden Untersuchungen mußten vom Verfasser
anläßlich der Projektierung einer Anzahl größerer Brücken angestellt werden;
die Ergebnisse seien, soweit sie allgemeiner Art sind, mitgeteilt.

### 1. *Wahl der Konstruktionsziffer für Fachwerkträger.*

Die Ausführungsbeiwerte, die für Brücken in St-37 bekannt sind, verlieren natürlich für Ausführungen in St-48 und Si-Stahl ihre Geltung. Neue Erfahrungszahlen müssen für diese Baustoffe gesammelt werden.

Die Konstruktionsziffer ist abhängig von der Art und Weise der baulichen Durchbildung aller Einzelheiten und wird in dieser Hinsicht kleinen Schwankungen unterliegen. Mit der Zeit haben sich aber für die einzelnen Stabgattungen bei richtiger Ausbildung was Stöße, Deckungen, Aussteifungen, Auskreuzungen betrifft, Regeln herausgebildet, so daß über die Konstruktionsziffer einige Angaben gemacht werden können, welche auf Grund völlig durchgezeichneter Pläne gefunden worden sind.

So wurden für eine zweigeleisige Eisenbahnbrücke von 165 m Stützweite in Si-Stahl, Parallelträger mit Hilfstäben von 20 m Höhe (Abb. 1), nachstehende Werte gefunden. Die Konstruktionsziffer $a$, d. i. das Verhältnis des wirklichen Gewichtes zum theoretischen (Stabgewicht pro Einheit mal Netzlänge), beträgt:

| | | |
|---|---|---|
| für die Obergurtstäbe im Mittel $a = 1{,}312$ | für die Vertikalen im Mittel $a = 1{,}66$ |
| „ „ Untergurtstäbe „ „ $a = 1{,}407$ | „ „ Hilfsdiagonalen „ „ $a = 1{,}481$ |
| „ „ Diagonalen „ „ $a = 1{,}124$ | „ „ Hilfsvertikalen „ „ $a = 1{,}07$ |

für den ganzen Hauptträger $a = 1{,}28$ ohne Nieten
„ „ „ „ $a = 1{,}31$ mit Nieten.

Hiebei ist für die Nieten ebenfalls Si-Stahl angenommen.

Bei Ausführung des Systems *ohne* Hilfsstäbe, also für die Hauptstäbe allein, ergibt sich ohne Nieten ein $a = 1{,}293$, also höher als beim Tragwerk mit Hilfsstäben. Dabei sind alle Hauptstreben wegen der großen Länge in der Mitte gestoßen, die Gurtstäbe hingegen bei jedem Knotenpunkt, also alle 10,313 m.

In der Abbildung sind auch die für jeden Stab gesondert ermittelten Bauziffern $a$ angegeben. Bei den Schrägstäben sieht man deutlich die Zunahme dieser Werte gegen die Mitte zu.

Auch die Querschnittsformen, es handelt sich um Gurtstehblechhöhen von 1400 mm, sind für die stärkst beanspruchten Stäbe angegeben, ebenso die Ebenen der Gurtauskreuzungen. Für diese Auskreuzungen, eine beim Obergurt und zwei beim Untergurt, ergibt sich zusammen der Beiwert mit 1,025.

Für eine andere kombinierte zweigeleisige Eisenbahnbrücke und eine darüberliegende Straße von 92 m Stützweite (Einhängträger einer Gerberbrücke) wurde bei einer Ausführung der Fachwerkparallelträger von 18 m Höhe in St-48 ohne Hilfsstäbe gefunden.

| | | |
|---|---|---|
| Für Obergurt $a = 1{,}293$ | für Diagonale $a = 1{,}130$ |
| „ Untergurt $a = 1{,}418$ | „ Vertikale $a = 1{,}130$ |

für den Hauptträger $a = 1{,}242$ ohne Nieten
„ „ „ $a = 1{,}272$ mit Nieten.

Diese Werte sind also etwas kleiner als im früher besprochenen Fall einer Ausführung in Si-Stahl.

Die Gurte waren in jedem Knoten (alle 11,50 m) gestoßen, während die Füllungsstäbe in Stabmitte einen Stoß erhielten. Die Gurtstäbe hatten eine Stehblechhöhe von 900 mm und waren natürlich doppelstegig.

Man sieht demnach, wenn auch hier keine allgemeine Gültigkeit ausgesprochen werden soll, daß man etwa mit $a = 1{,}27$ bis $1{,}31$ einschließlich der Nieten für den neuen Baustoff bei größeren Spannweiten rechnen kann. Entfallen durchgehende Stöße in den Füllungsstäben, so kann der Konstruktionsbeiwert kleiner gehalten werden, etwa 1,26 bis 1,28.

Diese Bauziffern geben die Möglichkeit, das Hauptträgergewicht zu bestimmen, wenn die Stäbe alle bereits bemessen sind. Soll aber das tatsächliche Gewicht für Si-Stahl aus Formeln bestimmt werden, welche direkt von den auftretenden Spannungen ausgehen, so ist eine andere Ziffer $a_0$ maßgebend.

Man bekommt das Hauptträgergewicht $H$ aus[1]

$$H = a_0\gamma\ \frac{\Sigma S_f s + \beta\,\Sigma S_v\,.\,s}{\sigma - \dfrac{a_0\gamma}{F}\Sigma S_f\,.\,s}$$

$S_f$ = Stabspannung infolge Fahrbahngewichtes, $S_v$ = Stabspannung infolge zufälliger Last, $F$ = Eigengewicht der Fahrbahn, der Windverbände, Gehstege, für einen Hauptträger; $s$ = Stablänge; $\beta$ = Stoßziffer; $\gamma = 7{,}85$; $\sigma$ = zulässige Inanspruchnahme; $H$ = gesamtes Eigengewicht *eines* Hauptträgers.

Bei $\sigma = 1700$ kg/qcm ist nach Kontrollrechnungen die Bauziffer $a_0 = 1{,}63$ einzusetzen.

Bei $\sigma = 2100$ kg/qcm hingegen $a_0 = 1{,}70$ bis $1{,}72$.

Eingehende Untersuchungen über die Konstruktionsziffern von Blechträgern und von Fahrbahnkonstruktionen für Ausführungen in verschiedenen hochwertigen Stahlsorten finden sich in einem Aufsatze des Verfassers.[2]

## 2. *Wahl der Querschnittsverhältnisse für Bogenträger.*

Bei großen Bogenbrücken ist die richtige Wahl der Querschnittsverhältnisse für die Berechnung des Horizontalschubes von besonderem Einfluß. Das Querschnittsverhältnis $\dfrac{F_m}{F_c}$, wobei $F_m$ eine beliebige Querschnittsfläche eines Stabes bedeutet und $F_c$ die Fläche eines Vergleichsquerschnittes, wird vielfach für die erste Annahme gleich 1 gesetzt. Diese Annahme gibt Abweichungen in der Horizontalschublinie, welche bis $4^0/_0$ der Einflußfläche ausmachen, was aber zur Folge hat, daß sich bei Stabspannungen namentlich in der Nähe des Scheitels große Unterschiede gegenüber den wirklich auftretenden ergeben.

So zeigt sich beispielsweise für eine Brücke von 188 m Spannweite (Rheinbrücke Düsseldorf) bei genauer Berechnung im mittleren Untergurtstab eine Gesamtspannung für Eigengewicht und zuf. Last von $-400$ t, während aus der Horizontalschublinie die für $\dfrac{F_m}{F_c} = 1$ ermittelt wurde, diese Spannung sich mit nur $-255{,}4$ t ergibt. Es ist daher bei diesem Stab eine absolute Differenz von $154{,}6$ t vorhanden, was $36{,}2^0/_0$ Unterschied ausmacht. Im Obergurtstab wiederum ergibt sich beim genauen Verfahren eine Stabkraft von $-1078$ t, während nach genähertem Verfahren eine Spannung von $-1215$ t resultiert. Der Unterschied beträgt also 137 t, das sind $12{,}7^0/_0$. Die Unterschiede für das reine Eigengewicht sind noch größer. Die an den Scheitel weiter anschließenden Stäbe zeigen ebenfalls noch starke Unterschiede bei diesen verschiedenen Verfahren, wenn sie auch geringer als im Scheitel selbst sind.

Wenn auch für solche große Brücken eine zweimalige Anwendung eines Rechnungsverfahrens Platz greifen wird, welches sich den tatsächlichen Querschnittsverhältnissen anpaßt, so ist doch das Bestreben, schon bei der ersten Wahl richtige Annahmen für die Stabquerschnitte zu treffen, gerechtfertigt. Zu diesem Zwecke

---

[1] Böhrig, Zentralbl. d. Bauverwaltung 1912, S. 318. — Dr. Ing. e. h. Schaper, Eiserne Brücken. 5. Aufl., S. 113.

[2] Dr. Ing. Hawranek, Der Siliziumbaustahl und seine Anwendung im Brücken- und Eisenhochbau. Der Siliziumstahl der Witkowitzer Eisenwerke. Wissensch. u. Wirtsch., Bd. 5, 1928, Verlag: Hauptverein deutscher Ingenieure in der tschechoslowakischen Republik, Brünn.

wurde (vom Verfasser) ein Verfahren ausgearbeitet, welches den *Vergleichsquerschnitt* $F_c$ nicht beliebig wählt. Als Vergleichsquerschnitt wird beim Bogen mit Zugband der Zugbandquerschnitt herangezogen, bei anderen Bogen der erste Untergurtstab am Kämpfer. Für diese zwei Stäbe lassen sich an der Hand von Näherungsformeln für den Horizontalschub, die tatsächlichen Spannungen rasch ausrechnen und damit die wirkliche Querschnittsgröße. Diese Werte ermöglichen auch

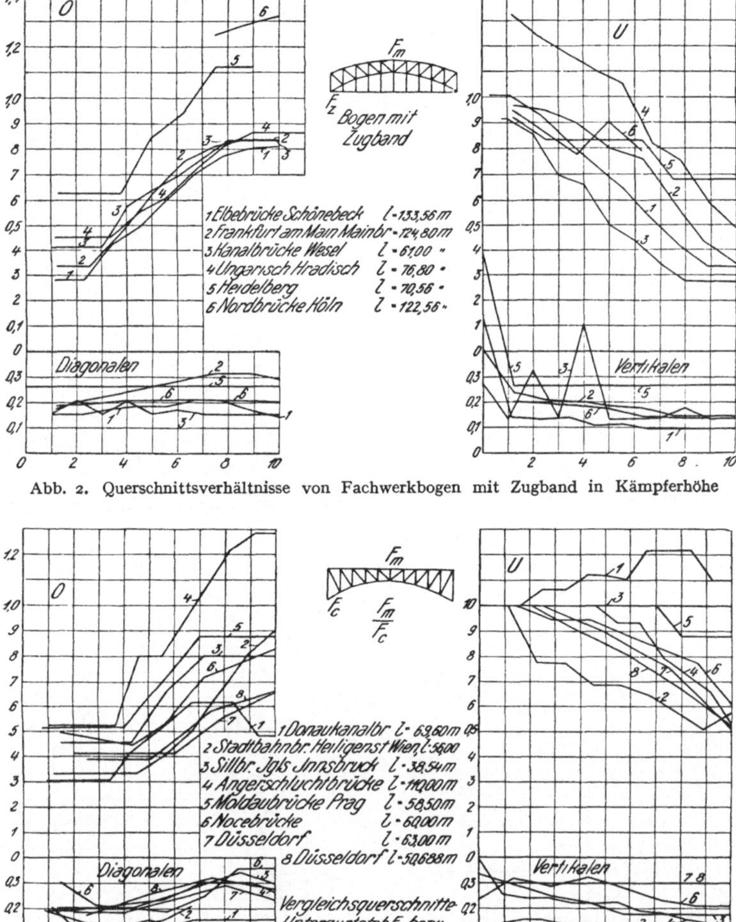

Abb. 2. Querschnittsverhältnisse von Fachwerkbogen mit Zugband in Kämpferhöhe

Abb. 3. Querschnittsverhältnisse von Bogenfachwerkträgern mit geradem Obergurt

eine genaue Bestimmung des Horizontalschubes für Wärmewirkung, da im Zählerausdruck für $H_t$ diese Vergleichsquerschnittfläche erscheint. Man kann daher schon mit genaueren Werten arbeiten.

Werden die wirklichen Querschnittsverhältnisse für ausgeführte Brücken näher untersucht, so findet man eine starke Abweichung von dem Querschnittsverhältnis $\frac{F_m}{F_c} = 1$. In den nachstehenden Abbildungen sind für eine Reihe von Bogenformen sowohl für Zweigelenkbogen als auch für eingespannte Bogen Querschnittsverhältnisse nach ausgeführten Objekten eingetragen worden.

Behandelt wurden:

1. Der Bogen mit Zugband in Kämpferhöhe (Abb. 2).
2. Fachwerkbogen mit geradem Obergurt und Stützung im Untergurt (Abb. 3).
3. Der Bogen mit höher angeschlossenem Zugband (Abb. 4).
4. Der Bogenträger mit Kragarmen (Abb. 5).
5. Der eingespannte Bogen (Abb. 6).

Auch für andere Bogenformen ist der Verlauf der Querschnittsverhältnisse studiert worden; doch wird von einer Wiedergabe hier vorläufig abgesehen.

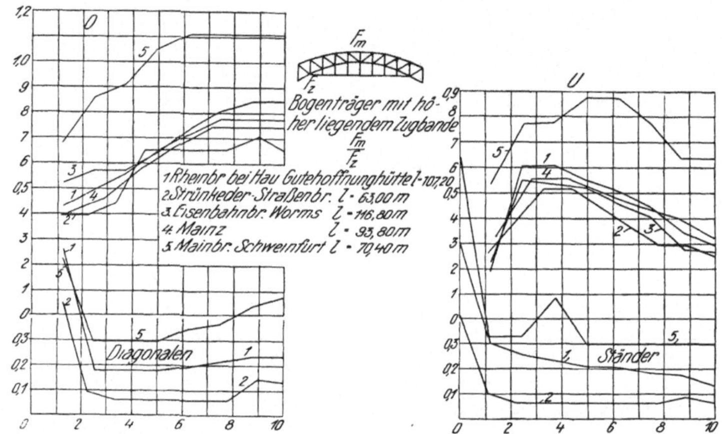


Abb. 4. Querschnittsverhältnisse von Bogenfachwerkträgern mit Zugband oberhalb der Kämpfer

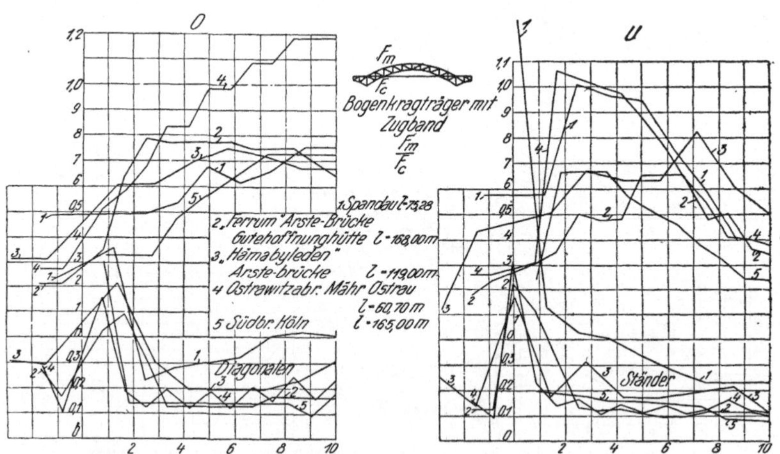


Abb. 5. Querschnittsverhältnisse von Bogenkragträgern mit Zugband

Die verschiedenen Querschnittsverhältnisse wurden in den Abbildungen derart eingetragen, daß auf einer Abzissenachse, auf welcher die halbe Bogenlänge abgeschnitten ist, Querschnittsverhältnisse $\frac{F_m}{F_c}$ als Ordinaten erscheinen, indem die halbe Stützweite (hier eine Konstante) in soviel Teile geteilt wurde, als Felder in der halben Stützweite vorhanden sind.

Diese Querschnittsverhältnisse wurden sowohl für Obergurt, Untergurt, Schrägstäbe und Ständer ermittelt. Aus dem Verlauf dieser Kurven ist zu entnehmen, daß sie für jede der genannten Brückentypen einen nicht so großen, aber charakteristischen Bereich einnehmen, aus welchem die bezüglichen Angaben für neu zu projektierende Brücken entnommen werden können. Durch Angabe der Objekte und deren Stützweite und sonstigen Abmessungen ist es möglich, bei einer neu zu berechnenden Brücke viele dieser Linien heranzuziehen.

Um die Abbildungen nicht undeutlich zu machen, sind darin die Querschnitts-Verhältniskurven nur für einige Brücken eingetragen, da der Verlauf für viele andere untersuchte Brücken nahezu der gleiche ist. Untersucht wurden mehr als 60 Brücken.

Jedenfalls ist aus diesen Kurven ganz deutlich ersichtlich, daß die Querschnitts-verhältnisse für die Gurte weit vom Werte $\frac{F_m}{F_c} = 1$ abweichen.

### 3. Günstigste Trägerhöhe bei Blechbogenträgern.

Die Blechbogenträger werden in jüngster Zeit auch für sehr große Spannweiten angewendet, entweder als Bogen mit nahezu konstanter Trägerhöhe oder in Sichel-form mit mehr oder weniger großer Zunahme der Trägerhöhe gegen den Bogen-

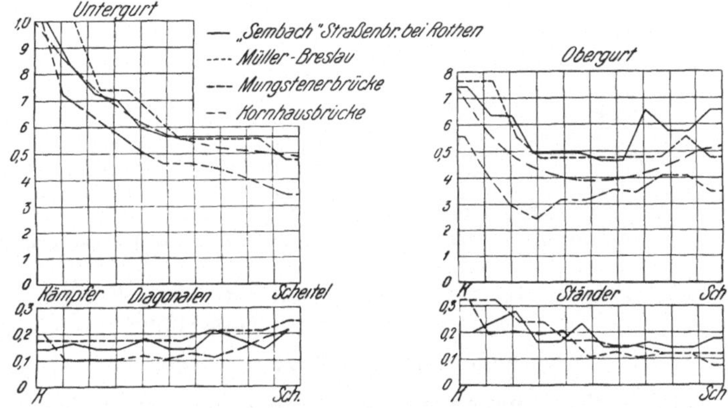


Abb. 6. Querschnittsverhältnisse von eingespannten Fachwerkbogen

scheitel hin. Letztere Form empfiehlt sich bei besonders hohem Pfeil, während bei flacheren Bogen wohl der parallelgurtige Träger oder der mit mäßiger Zunahme der Trägerhöhe vielfach geeigneter sein dürfte. Es soll von jenen abnormalen Formen abgesehen werden, welche bei beschränkter Bauhöhe angewendet worden sind, wie etwa bei der Neckarbrücke in Mannheim.

Es fragt sich nun, welche Scheitelstehblechhöhe ist die günstigste, also wirt-schaftlichste.

Die größte bisher vorgeschlagene Stützweite von Blechbogen ist jene anläßlich des Wettbewerbes für die Rheinbrücke Köln-Mühlheim (KRUPP) mit $l = 333,2$ m und $h = 6,5$ m Bogenhöhe im Scheitel, das ist $h = \frac{1}{51} l$; der Vosssche Entwurf anläßlich des Arstabucht-Wettbewerbes hatte bei $l = 194,0$ m, $h = 4,0$ m, d. i. $h = \frac{1}{48,4} l$. Sonst gibt es Ausführungen von Blechbogen, deren Trägerhöhe von $\frac{1}{35} l$ bis $\frac{1}{65} l$ schwankt.

Für eine Bogenbrücke (Dnjeprbrücke bei Alexandrowsk) in Si-Stahl von 224 m Stützweite, 29,46 m Pfeilhöhe und einem Pfeilverhältnis $f = \frac{1}{7,6} l$, wurde die günstigste Stehblechhöhe gesucht (Abb. 7); der Bogenquerschnitt ist doppelwandig, geschlossen. Die Bogenform zeigt einen nahezu gleichhohen Träger, deshalb wurden die Momente und Normalkräfte im Scheitel zur Untersuchung herangezogen. Für eine Normalkraft $N = 3522$ t und das zugehörige Moment $M = + 5240$ tm und $N = 3595$ t und das zugehörige Moment $M = - 3700$ tm wurde die Bemessung für $s = 2100$ kg/qcm für verschiedene Stehblechhöhen durchgeführt, und zwar für $h = 3,0$ m, $3,5$ m, $4,0$ m, $4,5$ m, $5,0$ m. Der lichte Abstand der 30 mm starken Stehbleche beträgt 800 mm, sonst waren noch 800 mm hohe Beibleche von 16 mm Dicke beiderseits zwischen den Gurtwinkeln 200/200/16 oben und unten angeordnet (Abb. 7). Die Gewichte der Bogenquerschnitte pro 1 m finden sich in der Abbildung. Werden diese in einem Achssystem als Ordinaten zur

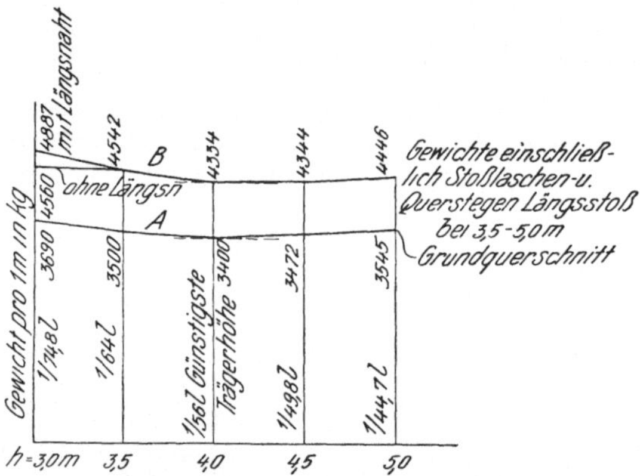


Abb. 7. Eigengewichte von Blechbogenträgern für verschiedene Stegblechhöhen. Ermittlung der günstigsten Trägerhöhe

betreffenden Trägerhöhe aufgetragen, so ergibt die diese Punkte verbindende Kurve $A$ ein Minimum, welches bei einer Trägerhöhe von 4,0 m liegt, d. i. $h = \dfrac{1}{56} l$, welche Trägerhöhe auch beibehalten wurde.

Dieser günstigste Wert ändert sich nicht, wenn auch die Gewichte der Stoßlaschen der Stehbleche, der Kopfplatten, der Längsnähte der Stehbleche und ihrer Deckungen, die Querstege, sowie die Längsstege berücksichtigt werden. Diese Einheitsgewichte sind aus der Kurve $B$ zu entnehmen. Man sieht auch wegen des mäßigen Ansteigens der Kurve $B$ über $h = 4,0$ m, daß bei Wahl einer etwas größeren Trägerhöhe als der günstigsten entspricht, die Gewichte nur mäßig zunehmen.

Man kann also für Blechbogenträger großer Spannweite in hochwertigem Stahl die Stegblechhöhe $h = \dfrac{1}{56} l$ als günstigste annehmen, wenn die gleichen Voraussetzungen vorhanden sind. Die Pfeilhöhe des Bogens beeinflußt dieses Ergebnis wenig.

### 4. *Verteilung des Eigengewichtes von Hauptträgern.*

Bei neuen Entwürfen von Brücken mit größeren Spannweiten wird erstens die richtige Wahl des Eigengewichtes der Hauptträger erschwert sein, weil gewöhnlich nicht ausreichende Anhaltspunkte oder Formeln vorliegen, die wohl für kleinere Spannweiten noch zuverlässige Ergebnisse geben, aber für größere Stützweiten und für die neuen Baustoffe nicht gelten, anderseits ist die Kenntnis der richtigen Verteilung des Gesamtgewichtes der Hauptträger auf die einzelnen Knotenpunkte für die Spannungsberechnung notwendig, denn eine gleichmäßige Verteilung des Eigengewichtes eines Hauptträgers ist schon bei *kleinen* Spannweiten nicht vorhanden; rechnet man aber schon bei diesen kleineren Brücken mit einem gleichmäßig verteilten Eigengewicht, so ist der Fehler dann nicht groß.

Anders ist dies jedoch bei *großen* Spannweiten. Hier wirkt sich die Berücksichtigung einer *genauen* Verteilung des Eigengewichtes auf die einzelnen Knotenpunkte einmal als *Ersparnis* gegenüber einer über die ganze Länge gleichmäßigen Verteilung aus (bei durchlaufenden Trägern, Gelenkträgern und Bogenträgern), die absolut genommen doch viel ausmachen kann. Anderseits ist die Berücksichtigung der genauen Gewichtsverteilung anläßlich der Ermittlung der *Montagespannungen* unbedingt nötig. Unterlassungen in dieser Hinsicht können sich ja rächen (Einsturz der Quebecbrücke).

Der übliche Weg bei der Berechnung großer Brücken ist, eine erste Annahme für das Eigengewicht der Hauptträger zu machen und hiebei bekannte Formeln, Erfahrungen oder dem Falle angepaßte Formeln zu benutzen, dann die Stabspannungen der Hauptträger zu bestimmen und nach der Stabbemessung eine Kontrolle oder eine zweite Berechnung mit verbesserten Eigengewichten durchzuführen, ja es kann eine dritte Berechnung notwendig werden, etwa bei durchgehenden Trägern auf mehr als vier Stützen mit gegen die Mitte wachsenden Stützweiten für die Kragträger, wo es sich um unregelmäßige und unsymmetrische Anordnungen handelt.

Die Rechenarbeit wird kürzer und genauer, wenn schon bei der ersten Annahme das Richtige getroffen wurde. Der Fehler bei nicht ganz passender Eigengewichtsannahme wird natürlich klein oder groß werden, je nachdem das Verhältnis der zufälligen Last zum Eigengewicht groß oder klein ist. Der Fehler ist also bei großen Spannweiten gewiß groß. Es sollen nun einige diesbezügliche Daten angegeben werden.

### a) *Durchlaufende Gelenkträger.*

So beträgt die Stabkraft für das reine Hauptträgergewicht in den stärkst beanspruchten Obergurtstäben einer vom Verfasser entworfenen Brücke über den Kleinen Belt, einer Gerberbrücke von $247,5 + 330 + 247,5$ m (Abb. 9), im Einhängträger $30,9^0/_0$ der gesamten Stabkräfte, im Kragträger $30,6^0/_0$; das Verhältnis der Spannungen infolge des Eigengewichtes der Brücke beträgt $51,2^0/_0$ der Gesamtspannungen (Eigengewicht $+$ zufällige Lasten). Diese Werte schwanken bei den anderen Stäben wenig (siehe beiliegenden ziffernmäßigen Nachweis).

*Zweigeleisige Eisenbahnbrücke mit einer Straße kombiniert*

Breite der Straße $+$ Gehweg $= 16,4$ m; eingehängter Träger, $l = 165$ m

Obergurtstabspannungen $o_{20}$

| | | | |
|---|---|---|---|
| 1. *Ständige Last:* | Fahrbahn ............................................... | $-$ 751 t | $20,6^0/_0$ |
| | Hauptträger ............................................ | $-$ 1121 t | $30,9^0/_0$ |
| | Ständige Last ...................................... | $-$ 1872 t | $51,5^0/_0$ |
| 2. *Verkehrslast:* | Zweigeleisige Bahn mit Stoßziffer ................ | $-$ 1687 t | $46,5^0/_0$ |
| | Straße $+$ Gehwege ............................... | $-$ 70,1 t | $2,0^0/_0$ |
| | | 3629,1 t | $100,0^0/_0$ |

*Kragträger* $l = 247,5$ m, Obergurtstabspannungen $o_{12}$

| | | | |
|---|---|---|---|
| 1. *Ständige Last:* | Fahrbahn ..................................... | $+$ 1284,6 t | $22,2^0/_0$ |
| | Hauptträger ................................... | $+$ 1769 t | $30,6^0/_0$ |
| | Ständige Last ................................ | $+$ 3053,6 t | |
| 2. *Verkehrslast:* | Zweigeleisige Bahn mit Stoßziffer ................ | $+$ 2620 t | $45,4^0/_0$ |
| | Straße $+$ Gehwege ............................... | $+$ 113,9 t | $1,8^0/_0$ |
| | | $+$ 5787,5 t | $100,0^0/_0$ |

Das Verhältnis des Eigengewichtes zur Nutzlast für durchlaufende Gelenkträger beträgt bei:

| | | | |
|---|---|---|---|
| Projekt Beltbrücke (3 Öffnungen) .. | 1,05 | Quebecbrücke...................... | 2,00 |
| Monongahela-Brücke, Pittsburg ..... | 1,00 | Sewickleybrücke, Ohio............... | 2,20 |
| Rheinbrücke, Ruhrort.............. | 1,25 | Queensboroughbrücke, New York ..... | 3,20 |
| Mississippibrücke, Memphis ......... | 1,75 | Firth of Forth-Brücke............... | 4,70 |
| Beaverbrücke, Ohio............... | 1,81 | Hellgatebrücke, New York ........... | 1,40 |

Wie man sieht, schwankt also dieses Verhältnis des Eigengewichtes zur Nutzlast bei großen Brücken etwa von 1,0 bis 4,7, und schon bei diesem Kleinstwert 1,0

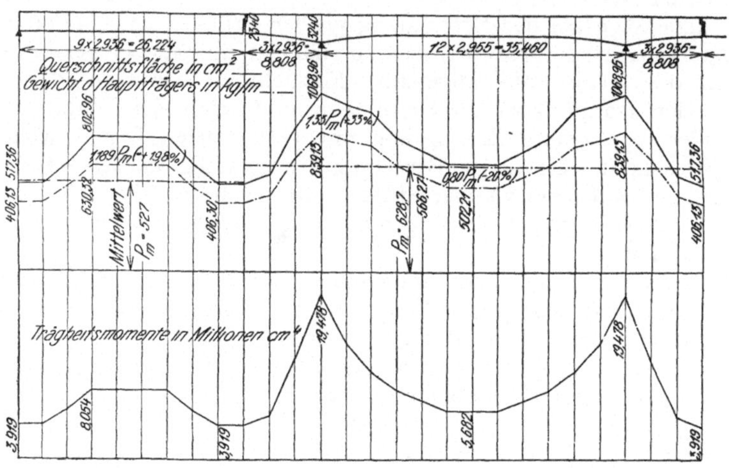

Abb. 8. Verteilung des Eigengewichtes eines vollwandigen Gerberträgers

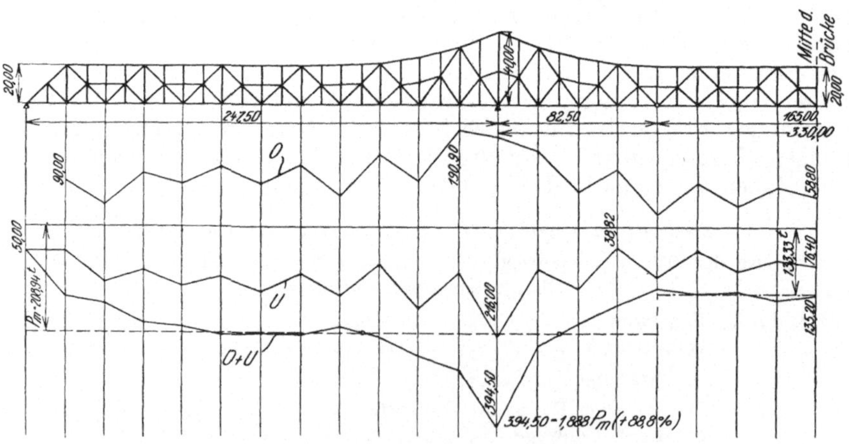

Abb. 9. Verteilung des Eigengewichtes eines durchlaufenden Gelenkträgers auf 4 Stützen. Projekt Beltbrücke. Knotenlasten in $t$, $Pm$ = mittlere Knotenlast

ist der Anteil des reinen Hauptträgergewichtes zirka 30⁰/₀ der Gesamtspannungen.

Aber schon bei kleineren Gelenkträgerbrücken ist die Eigengewichtsverteilung der Hauptträger nicht gleichmäßig; man kann also wenigstens beim Kragträger bei genauer Rechnung sparen.

Nur zum Vergleich sei in Abb. 8 die genaue Gewichtsverteilung des Hauptträgers für die Inundationsbrücke der Floridsdorfer Donaubrücke gezeigt, die im

Kragträger über den Stützen 33⁰/₀ Mehrgewicht als im Durchschnitt aufweist, während in der Mitte 20⁰/₀ Mindergewicht vorliegt; beim Einhängträger ist der Fall umgekehrt, man wird dort bei Berücksichtigung der genauen Gewichtsverteilung ein etwas größeres Gewicht erhalten. Im ganzen wird aber der Träger bei genauer Rechnung leichter sein. Diese Mehr- und Mindergewichte werden allerdings durch die Fahrbahnlasten etwas ausgeglichen.

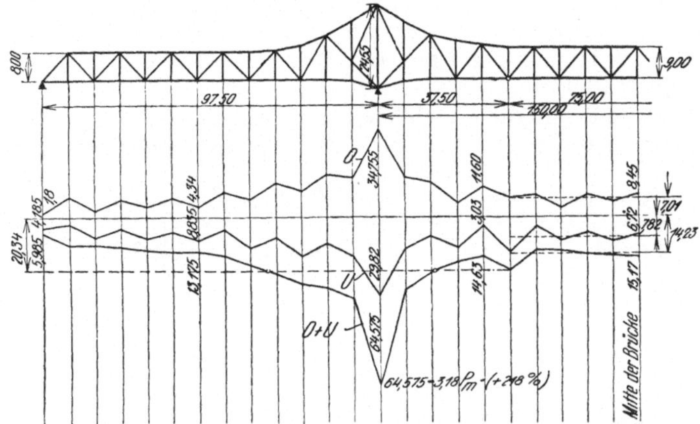

Abb. 10. Verteilung des Eigengewichtes eines durchlaufenden Gelenkträgers auf 4 Stützen. Rheinbrücke bei Wesel

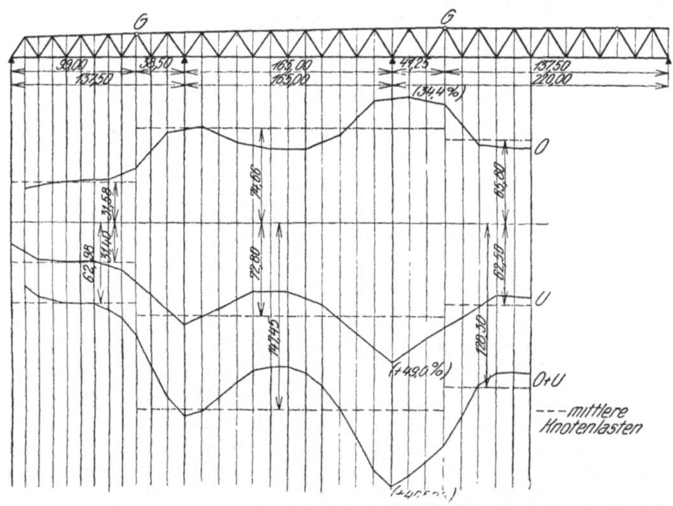

Abb. 11. Verteilung des Eigengewichtes eines durchlaufenden Gelenkträgers auf 6 Stützen. Ausführungsentwurf der Brucke uber den kleinen Belt

Wie liegt nun der Fall bei *großen* Brücken. Zur Untersuchung der Frage ist eine Reihe durchlaufender Gelenkträger unter Beachtung der Ausführungsgewichte herangezogen worden. Es sind die Knotenlasten für Ober- und Untergurtpunkte ermittelt worden, aufgetragen und die Linie der Gesamtknotenlasten verzeichnet (Abb. 9 bis 12).

Diese Darstellungen beziehen sich auf:

1. Rheinbrücke bei Wesel (Abb. 10),   } Brücken mit 3 Öffnungen;
2. Beltbrücke (Projekt mit 3 Öffnungen) (Abb. 9),   }

3. Beltbrücke, gerader Obergurt (Abb. 11),   } Brücken mit 5 Öffnungen.
4. Beltbrücke, geschweifter Obergurt (Abb. 12),   }

Rein rechnerisch-theoretische Lösungen über die günstigste Lage von Gelenkstellen von Durchlaufträgern können leider nicht immer maßgebend sein.

Prof. Dr. Bayer[1] kommt 1908 in seiner verdienstvollen Arbeit für die wirtschaftlichste Anordnung eines Auslegerträgers mit drei Öffnungen zum Ergebnis, daß die Stützweite des Kragträgers $n = 0,3\,L$ die Länge des Auslegers $m = 0,12\,L$, und $n = 5\,(H - h_0)$ oder $H - h_0 = 0,2\,n$ betrage. Die Stützweite des Schwebeträgers ist dann $l = L - 2\,(m + n) = 0,16\,L$, $l_1 = 0,4\,L$.

$H$ = Höhe des Trägers über der Mittelstütze,

$h_0$ = Höhe des Trägers am Ende der Brücke = Höhe des Schwebeträgers,

$L$ = Gesamtstützweite.

In einer Tabelle I. sind die verschiedenen wichtigsten Abmessungen von Gerberträgern und ihre Verhältniswerte in bezug auf die Gesamtlänge der Brücke angegeben.

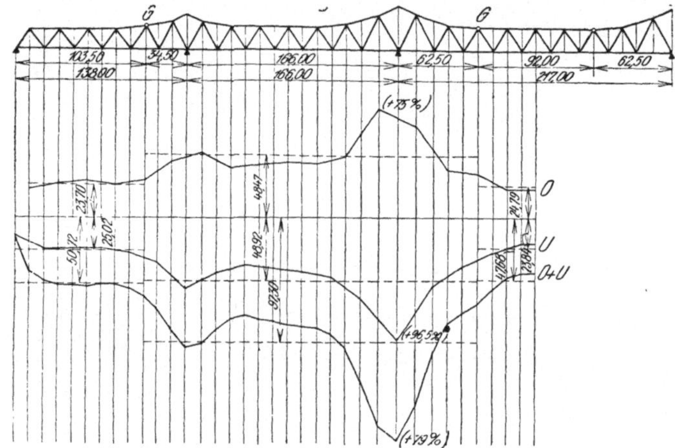

Abb. 12. Verteilung des Eigengewichtes eines durchlaufenden Gelenkträgers auf 6 Stützen. Vorentwurf Beltbrücke

Tabelle I. *Abmessungen von Auslegerträgern*

|  | $L$ | Kragträger $n$ |
|---|---|---|
| Rheinbrücke, Wesel .................... | 345,0   m | 97,5   m $= 0,281\,L$ |
| Hoangho-Brücke ...................... | 420,9   ,, | 128,1   ,, $= 0,304$ ,, |
| Beltbrücke (Entwurf des Verfassers) ........ | 825,0   ,, | 247,5   ,, $= 0,300$ ,, |
| Sewickleybrücke ...................... | 411,474 ,, | 91,438 ,, $= 0,222$ ,, |
| Beaverbrücke ........................ | 429,44  ,, | 97,53  ,, $= 0,227$ ,, |
| Quebecbrücke ........................ | 863,2   ,, | 157,1   ,, $= 0,182$ ,, |
| Donaubrücke, Novisad ................. | 303,54 ,, | 86,73  ,, $= 0,286$ ,, |

|  | Kragarm $m$ | Schwebeträger $l$ | Mittelöffnung $l_1$ |
|---|---|---|---|
| Rheinbrücke, Wesel.... | 37,5   m $= 0,1085\,L$ | 75,0   m $= 0,218\,L$ | 150,0   m $= 0,435\,L$ |
| Hoangho-Brücke....... | 27,45  ,, $= 0,0655$ ,, | 109,8  ,, $= 0,261$ ,, | 164,7  ,, $= 0,391$ ,, |
| Beltbrücke (Entwurf des Verfassers) ........ | 82,5   ,, $= 0,100$ ,, | 165,0  ,, $= 0,200$ ,, | 330,0  ,, $= 0,400$ ,, |
| Sewickleybrücke ...... | 60,959 ,, $= 0,148$ ,, | 106,68 ,, $= 0,250$ ,, | 228,598 ,, $= 0,556$ ,, |
| Beaverbrücke ........ | 73,76  ,, $= 0,172$ ,, | 86,86  ,, $= 0,202$ ,, | 234,38  ,, $= 0,547$ ,, |
| Quebecbrücke ........ | 176,9   ,, $= 0,205$ ,, | 195,2  ,, $= 0,226$ ,, | 549,0   ,, $= 0,631$ ,, |
| Donaubrücke, Novisad.. | 26,016 ,, $= 0,0858$ ,, | 78,05  ,, $= 0,258$ ,, | 130,08  ,, $= 0,428$ ,, |

[1] Bayer, Eigengewichte, günstigste Grundmasse und geschichtliche Entwicklung des Auslegträgers. Fortschr. d. Ingen.-Wissensch., Leipzig 1908.

Tabelle II. *Verhältniswerte von Auslegerträgern*
$L$ = Gesamtlänge der Brücke

|  | nach BAYER | nach STEINMANN | nach MARBURG |
|---|---|---|---|
| Stützweite des Kragträgers $n$ ...... | 0,3 $L$ | 0,222 $L$ | 0,213 $L$ |
| Kragarmlänge $m$ ............... | 0,12 ,, | 0,111 ,, | 0,092 ,, |
| Stützweite des Schwebeträgers $l$ ... | 0,16 ,, | 0,333 ,, | 0,391 ,, |
| Stützweite der Mittelöffnung $l_1$ .... | 0,40 ,, | 0,555 ,, | 0,575 ,, |

Man sieht, daß sich bei den europäischen Brücken die Endstützweite und die Kragträgerlänge $m$ den BAYERschen Zahlen sehr anpassen, daß aber bei amerikanischen Ausführungen die Endstützweite kleiner und die Kragarmlängen wesentlich größer sind als nach BAYER, die Schwebeträger aber durchwegs länger sind.

D. B. STEINMAN[2] gelangt in seiner Untersuchung über durchlaufende Gelenkträger zum Minimum des Gesamtgewichtes, wenn die Einzellängen der Krag- und Einhängträger derart gewählt werden, daß das Einheitsgewicht für alle diese Teile der Brücke gleich wird, und findet hiebei für: die Mittelöffnung $l_1 = 0{,}555\ L$, den Kragarm $m = 0{,}111\ L$, die Endöffnung $n = 0{,}222\ L$, den Schwebeträger $l = 0{,}333 L$

Die Gesamtmomentenflächen werden nach MARBURG ein Minimum für: die Mittelöffnung $l_1 = 0{,}575\ L$, der Kragarm $m = 0{,}092\ L$, die Endöffnung $n = 0{,}213 L$, der Schwebeträger $l = 0{,}391\ L$.

Wie sieht es nun mit dem Einheitsgewicht aus. Die europäischen Brücken haben durchwegs für den Schwebeträger kleinere Einheitsgewichte als für den Kragträger, man kann sich der Minimumforderung nach STEINMAN nur nähern, indem man die Seitenöffnung kleiner hält als üblich, was die Amerikaner machen. Dafür muß man aber eine Verankerung der Endfelder vornehmen, deren Gewicht bei den Berechnungen STEINMANs berücksichtigt ist, während man bei uns eine Konstruktion ohne Verankerung vorzieht.

Welche Vorteile bietet nun die kleinere Seitenöffnung noch? Sie ermöglicht einmal die leichtere und schnellere Aufstellung der Endöffnung, weil die Gerüste leichter werden, dort meist die Wassertiefe geringer ist und der freie Vorbau dann in der Mittelöffnung, wo größere Wassertiefen vorliegen und der Schiffsverkehr nicht gestört werden soll, ungehindert vor sich gehen kann. Aber auch da sind Grenzen gezogen, weil man schließlich den freien Vorbau ohne Zwischenunterstützung nur bei besonderen Maßnahmen leisten kann, die auf die Formgebung des gesamten Tragwerkes von Einfluß sind, wie bei der Firth of Forth-Brücke, wo die Trägerhöhen über den Stützen besonders groß gewählt worden sind.

Kann man den Schwebeträger einschwimmen oder bei hochgelegener Fahrbahn hochziehen (Quebecbrücke, Carquinezbrücke), so ist dies günstiger, da dann im allgemeinen keine Stabverstärkungen notwendig werden, gegenüber dem freien Vorbau bis zur Mitte.

Nun sind aber auch bei den amerikanischen Brücken die Einheitsgewichte aller Teile des Hauptträgers nicht gleich, die Schwebeträger haben kleinere Gewichte, weil ihre Stützweite wenigstens bei den zwei hier angeführten bedeutendsten Brücken nicht 0,333 bis 0,391 $L$ sind, sondern bloß 0,202 bis 0,252 $L$ betragen.

Für die *Einhängträger* wird man die Gewichte leichter bestimmen können, und wie man aus den Mittelwerten für europäische Brücken sieht, weichen die tatsächlichen Gewichtsverteilungen wenig von einer gleichmäßig verteilten Annahme ab.

---

[2] STEINMAN, Suspension Bridges and Cantilevers. New York 1913.

Im *Kragträger* ist selbst bei Hochführung der Mittelstütze stets ein Gewichts-
anstieg gegen den Pfeiler gegenüber dem Gewichtsmittelwert zu sehen. Er beträgt
bei der Rheinbrücke bei Wesel 218%, bei der Beltbrücke 88%. Diese Gewichts-
erhöhung an den Stützen wird kleiner, wie man aus den Kurven für die Brücken
mit fünf Öffnungen sehen kann, wenn man sehr hohe Träger mit parallelen Gurten
wählt.

Man kann aber für die eben behandelten zwei Trägerformen ein Hilfsmittel
ableiten, um das Einheitsgewicht für die Kragträger annähernd, aber doch zutreffend, zu ermitteln.

Die Schnittpunkte $a$ und $b$ der tatsächlichen Gewichtskurven mit den geraden
Mittelwerten liegen ungefähr an derselben Stelle. In der Seitenöffnung liegt der
Punkt $a$ bei der Weselbrücke in einer Entfernung von 0,31 $n$ von der Mittelstütze,
bei der Beltbrücke in 0,325 $n$, im Kragarm sind die bezüglichen Abstände der
Punkte $b$ von der Mittelstütze 0,415 m bzw. 0,374 m. Man kann also für diese
Stelle $a$ und $b$ bei Annahme eines gleichmäßig verteilten Eigengewichtes die Be-
rechnung der Stabkräfte für die daselbst gelegenen Stäbe durchführen, die Be-
messung vornehmen und das angenommene Gewicht nun kontrollieren und die
Werte vergleichen.

Dann kann man die Stäbe über den Stützen für das errechnete Gewicht bemessen und daraus den Zuschlag bestimmen, der für die Spitzen der Gewichtslinie
über den Stützen gilt.

Bei weiterer Kontrolle eines Punktes, etwa in einem Viertel der Endstützweite,
ergibt bereits einen sehr gut genäherten Verlauf der Knotengewichtslinie, mit der
die eigentliche Stabkraftbestimmung durchgeführt werden kann. Auf diese Weise
wurden für mehrere Brücken gute Ergebnisse erzielt, soweit sie den europäischen
Abmessungsverhältnissen entsprechen.

Im übrigen können auch die Kurven der vorliegenden Brücken berücksichtigt
werden (Abb. 9 und 10).

Was die *amerikanischen Brücken* betrifft, so sind auch bei diesen die Punkte
$a$ und $b$ in ähnlichen Entfernungen von der Mittelstütze gelegen. Bei der Sewickley-
Brücke ist $a = 0,32\ n$, $b = 0,428$ m, also von den früher angegebenen Werten
wenig verschieden, wiewohl dort die Obergurte über den Mittelstützen sehr hochgezogen und straffer geformt und außerdem die Endspannweiten relativ kürzer
sind als bei den europäischen Brücken. Ebenso läßt sich bei Einführung einer ausgleichenden Mittellinie für die Summenknotengewichte der Beaverbrücke das
gleiche Ergebnis feststellen. (Die bezüglichen Abbildungen mußten wegen des
knappen zur Verfügung stehenden Raumes entfallen.)

Ein strenges Aufsuchen der Entfernungen der Schnittpunkte $a$ und $b$ der tatsächlichen Knotengewichtslinie und der verglichenen ist sehr umständlich. Es
genügt aber für praktische Fälle, von diesem einfachen Hilfsmittel Gebrauch zu
machen. Eine annähernde Berechnung der Entfernungen der Punkte $a$ und $b$ von
der Mittelstütze wird an anderer Stelle nachgetragen.

Nur nebenbei sei bemerkt, daß in letzter Zeit auch in Amerika Gerberträger
mit Abmessungsverhältnissen, wie sie in Europa üblich, gebaut wurden.

Noch komplizierter ist der Fall bei fünf Öffnungen. Hier läßt sich eine Gesetzmäßigkeit viel schwerer aufstellen (Abb. 11, 12). Man wird sich deshalb für die erste
Berechnung an ähnliche Ausführungen unter Beachtung der dort vorhandenen Verteilung der Eigengewichtsknotenlasten halten. Die Abbildungen für zwei Brücken
fast gleicher Spannweite, einmal mit einem nahezu parallelen Obergurt, dann für
hochgezogenen Obergurt über der Stütze, geben die Unterschiede der Gewichtsverteilung an der Hand vom Verfasser vollkommen durchdimensionierter Hauptträger wieder.

b) *Bogenträger*.

Auch bei *Zweigelenkbogen* in Vollwandkonstruktion von großer Spannweite läßt sich bei richtig angenommener Gewichtsverteilung sparen, da das Bogengewicht in den $^1/_4$-Punkten größer ist, etwa um $10^0/_0$, gegenüber dem Durchschnittsgewicht und nahe beim Scheitel ein Mindergewicht von zirka $14^0/_0$ eintritt (Abb. 13). Man erhält dadurch einen kleineren Horizontalschub. Ob auch die lotrechten Stützendrücke kleiner werden, hängt vom Verlaufe der Gewichtskurve ab.

Bei einem Bogen von 224 m Stützweite und 29,6 m Pfeil $(f = \dfrac{1}{7,6} \, l)$ werden dann die Gesamtlasten der Fahrbahnständer gegen die Bogenmitte um $9^0/_0$ kleiner, was nicht nur Ersparnisse bringt, denn die Ständergewichte fallen nahezu nicht in die Wagschale, sondern auch richtigere Spannungen bei der Berechnung ergibt.

5. *Wirtschaftlichkeit des Zweigelenk- bzw. Dreigelenkbogens. Lage des Gelenkes.*

Bei sonst gleichen Voraussetzungen hat sich ergeben (es wurde ein Bogen von 248 m [Nuslebrücke, Prag] herangezogen mit $f = 23,70$ m, $f = \dfrac{1}{10,5} \, l$), daß sowohl die $+$- wie die $—$-Maximalmomente für den Dreigelenkbogen größere Werte ergeben

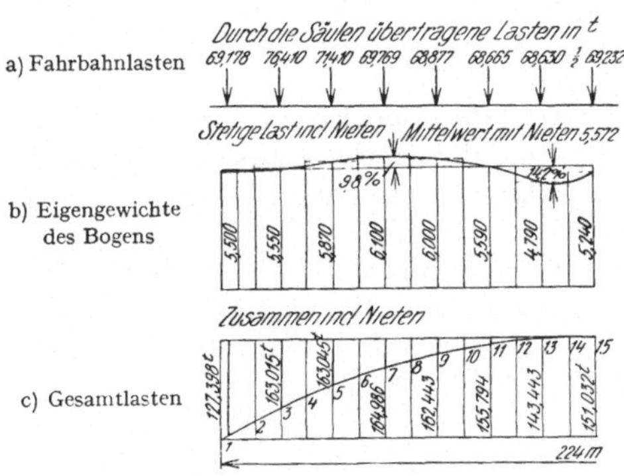

Abb. 13. Verteilung des Eigengewichtes eines Blechbogenträgers von 224 m Stützweite

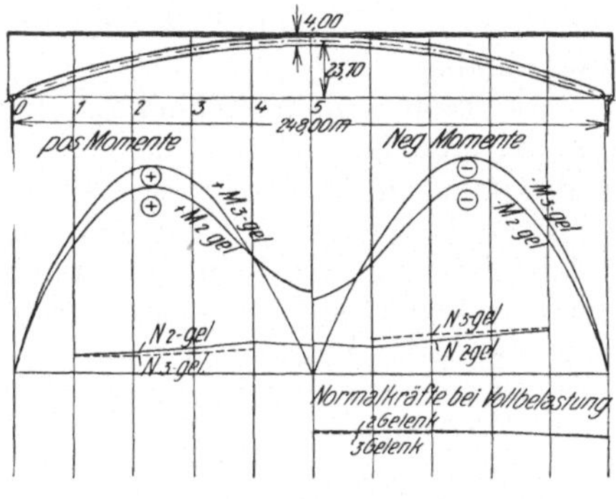

Abb. 14. Vergleich der Max.-Momente und Normalkrafte eines Zwei- und Dreigelenkbogens

haben als für den Zweigelenkbogen. Daß die max. Momente beim Dreigelenkbogen im Scheitel bis auf Null abnehmen, ist von geringem Einfluß auf die Schlußfolgerung, da die Querschnitte bis nahe zum Gelenk ohnehin durchgeführt werden müssen. Die bezüglichen Normalkräfte waren für die $+$-Momente beim Zweigelenkbogen etwas größer, für die negativen etwas kleiner als beim Dreigelenkbogen. Die Normalkräfte bei Vollbelastung stimmten nahezu überein (Abb. 14).

Nur die Wärmespannungen beim Zweigelenkbogen gleichen diesen Unterschied an Baustoffgewicht etwas aus. Das Gesamtergebnis ist jedoch für den Zweigelenkbogen wenigstens für diesen Fall günstiger.

Wenn aus anderen Gründen beim Bogen im Scheitel ein Gelenk ausgebildet werden muß, als aus rein wirtschaftlichen, sei es, daß man Setzungen der Widerlager befürchtet, oder sei es, daß man den Bogen bei Freimontage für die Eigengewichtswirkung als Dreigelenkbogen wirken lassen will, so fallen damit die eingangs erwähnten Vorteile weg.

Was die zu wählende Lage des Gelenkes gegenüber der Bogenachse betrifft, so wird es wohl meist in halber Querschnittshöhe angenommen, wenn es als definitives Gelenk gedacht ist, oder in der Bogenachse.

Anders jedoch bei der Freimontage von Bogenbrücken. Hier begegnet man verschiedenen Ausführungen. Der vorübergehende Einbau des Scheitelgelenkes ist entweder in der Mitte (Bellow-Falls-Brücke) oder er liegt etwas über der Mitte (Entwurf Baurat Voss „Platbage" Arstabucht-Wettbewerb) oder in $^1/_5\,h$ vom oberen Trägerrand (Entwurf „Colonia magna" Kölner Rheinbrücke, HEIN, LEHMANN & Co.). Es liegen aber auch Fälle mit Gelenkstellen *unter* der theoretischen Bogenachse vor.

Die Gründe für die Verschiedenheit in der Ausführung können unterschiedliche sein. Wird verlangt, daß der Bogen mit Gelenk anläßlich der Montage den gleichen Horizontalschub verursache, wie der Zweigelenkbogen, und zwar mit Rücksicht auf die Widerlager, so hat das Gelenk *über* der Mitte zu liegen und ist der Ort rechnungsmäßig aus der Formel für $H$ sofort zu ermitteln.

Im anderen Falle, wo wirtschaftliche Momente eine Rolle spielen, wird für die Gelenklage das vorliegende Verhältnis zwischen Eigengewichtslast im Zustande des Bogenschlusses bei der Montage zur sonstigen Beanspruchung des Bogens nach Schluß des Bogenscheitels zum Zweigelenkbogen maßgebend sein.

Will man die endgültige Lage der Stützlinie des Zweigelenkbogens nahe der Höhenmitte im Scheitel haben, was zu symmetrisch ausgebildeten Querschnitten führt (gleiche Zahl der Kopfplatten oben und unten), so ist es zweckmäßig, das vorübergehende Scheitelgelenk unterhalb der Höhenmitte zu wählen. Um wieviel, hängt von dem Verhältnis der zufälligen Lasten und Wärmewirkungen zum Eigengewicht ab.

Am besten, man rechnet die Lage der Stützlinie der Bogen für beide Fälle aus und teilt die Abstände derselben im Verhältnis der stetigen Last zur Nutzlast, so daß man eine Resultierende erhält, die ungefähr in Höhenmitte fällt. Für die Wärmewirkungen kann man dann korrigieren.

Es ist aber dabei zu beachten, daß erfahrungsgemäß die Bogenenden etwa von den Viertelpunkten etwas straffer zu den Kämpfergelenken geführt werden sollen, weil die Stützlinien nahe dem Kämpfer gewöhnlich unterhalb der Bogenachse liegen, wenn kreisförmige Bogenformen gewählt werden.


6. *Wahl der Tragsysteme.*

Der Entwurf der meisten großen Brücken ist in erster Linie eine Montierungsangelegenheit, besonders bei großen Wassertiefen oder wenn solche Brücken über Täler führen. Im allgemeinen wird bald entschieden sein, ob eine durchlaufende Tragkonstruktion angewendet werden soll oder ein Bogenträger in Frage kommt.

1. Wenn es sich um *durchlaufende Träger* handelt, so ist für die Formgebung der gewählte Montierungsvorgang maßgebend. Wird bis zur Mitte der Mittelöffnung frei vorgebaut, so können die Montierungsspannungen derart groß werden, daß man genötigt ist, entweder einige Stäbe zu verstärken oder die Trägerhöhe über den Stützen sehr hoch zu wählen. Die amerikanischen Ausführungen mit den besonders kurzen Endöffnungen zeigen deshalb auch in den Endfeldern große Trägerhöhe. Will man die Forderung erfüllen, tunlichst ein gleiches Durchschnittsgewicht für Kragträger und eingehängte Öffnung im Interesse eines Gewichtskleinstwertes zu erhalten, so muß die Obergurtlinie stark gekrümmte Formen annehmen. Man sieht dies deutlich bei der Rheinbrücke bei Wesel, bei welcher ebenso eine starke Krümmung und ein starkes Hochführen über den Stützen durchgeführt worden ist (Abb. 10). Die Spannungen in den Kragträgerstäben werden günstiger, wenn die Mittelöffnung bei der Montage hochgezogen wird.

2. Bei sehr großen Brücken können Ersparnisse erzielt werden, wenn man sie für das Eigengewicht als durchlaufenden Gelenkträger ausbildet und montiert und

nachträglich für die zufällige Last die Gelenkstellen ausschaltet und das Tragwerk in einen durchgehenden Träger verwandelt. Diese Anordnung ist bei großen Brücken sicherlich von großem Vorteil, weil die durch die bedeutenden Eigengewichtslasten etwa zu erwartenden Pfeilersetzungen bereits vollzogen sind und für das Tragwerk infolge der Gelenke ohne Schaden erfolgen. Für die zufälligen Lasten kommt der Vorteil des durchlaufenden Trägers zur Geltung. Die lange Zeit hindurch vorhandene Scheu vor der Anwendung durchlaufender Träger ist glücklicherweise überwunden, wie der Bau der Sciotovillebrücke Lindenthals beweist.

3. *Bogenträger.* Der freie Vorbau des Bogenträgers hat sich bei großen Brücken wiederholt bewährt und sind die Arbeitsmethoden dabei bis auf Einzelheiten die gleichen geblieben. Dies betrifft sowohl die Fachwerk- als auch die Blechbogen. Bei der Steigerung der Spannweite ist jedoch auch das Bestreben verständlich, die Gewichte der frei einzubauenden Teile so klein als möglich zu halten. *Eine* Handhabe hiezu geben die hochwertigen Baustoffe, eine andere das *Tragwerk selbst.* Wird ein *Bogen mit einem Versteifungsträger* verbunden, ob derselbe oberhalb oder unterhalb des Bogens liegt, ist gleichgültig, so ist man in der Lage, das Gewicht des eigentlich frei vorzubauenden Bogens zu ermäßigen. Beispielsweise konnten auf

Abb. 15. Entwurf einer kombinierten Eisenbahn- und Straßenbrucke uber den alten Dnjepr bei Alexandrowsk (Sowjet-Union). Stutzweite 224 m. Verfasser Prof. Dr.-Ing. A. Hawranek

diese Art für den Entwurf der Dnjeprbrücke Alexandrowsk (Abb. 15) dem Versteifungsträger etwa 25% der Gesamtmomente zugewiesen werden, so daß der eigentlich tragende Bogen nur 75% der Momente aufzunehmen hatte. Infolgedessen ist er leichter geworden und der freie Vorbau ist durch diese Maßnahme begünstigt. Man gewinnt auf diese Weise einen baldigen Bogenschluß und damit die Möglichkeit, alle anderen Konstruktionsteile, wie Ständer, Versteifungsträger, die Fahrbahn nachträglich einzubauen. Ist der Versteifungsträger unterhalb des Bogens gelegen, so ist es möglich, beide Ausführungsweisen anzuwenden, entweder den Bogen mit Rückverankerung vorzubauen und nachträglich den Versteifungsträger und die Fahrbahn einzufügen; oder es ist, wie vom Verfasser vorgeschlagen, möglich, den leichten Versteifungsträger vorzubauen, wenn geeignete Zwischenstützungen in der Nähe der Widerlager möglich sind und dann den Bogen von dem geschlossenen Versteifungsträger aus, der nun als Gerüst benutzt werden kann, nachträglich aufzusetzen. Dieser Vorgang wurde für eine 135 m weite Brücke vorgeschlagen, bei welcher zufällig in der Nähe der Widerlager noch Pfeilereinbauten von früheren Objekten verfügbar waren.

Bei *mehrfach statisch unbestimmten* Systemen hat man es überhaupt mehr in der Hand, Montagevorteile zu erzielen, wenn man zweckmäßig mit vorübergehenden Unterstützungen oder künstlichen Belastungen rechnet (künstliche Belastung mit

Anwendung ungleicharmiger Hebel oder Verwendung von Pressen). Ist ein tiefes Tal zu überbrücken und ist die Lösung mit drei Öffnungen verlangt oder möglich, so muß man vom Standpunkt des Gewichtsminimums die Seitenöffnungen kleiner halten als die halbe Mittelöffnung, etwa 0,18 bis 0,20 der Gesamtlänge.

Das harmonische Bild eines gefälligen Spannweiteverhältnisses 1 : 2 : 1 geht dabei verloren. Wenn es eingehalten werden soll, muß man mit einer Kostenerhöhung rechnen. In einem Falle (Entwurf des Verfassers für die Überbrückung des Nusletales 124 + 248 + 124 m; Abb. 16) war dieses Verhältnis beibehalten

Abb. 16. Entwurf einer Stadtbrucke uber das Nusletal in Prag. Variante Blechbogen. Stutzweiten 124 + 248 + 124 m. Verfasser Prof. Dr.-Ing. A. Hawranek

worden, weil für die freie Montierung der Mittelöffnung ein Gegengewichtsballast erforderlich war, den die auf diese Weise schwere Seitenöffnung leicht gegeben hat, ohne daß diese Seitenöffnung rückverankert worden wäre.

*Schluß.*

Soweit dies in einem Vortrag möglich ist, wurden wenigstens einzelne Probleme, die beim Entwurf und beim Bau großer Brücken eine Rolle spielen, gestreift und die zugehörigen statischen Entwicklungen fortgelassen, die Ergebnisse dieser wissenschaftlichen Untersuchungen an der Hand von Beispielen aber gezeigt. Diese Untersuchungen sollen an anderer Stelle gebracht werden.

Eine Reihe anderer Fragen, wie die der anzunehmenden Stoßziffern für Brücken, die sowohl dem Eisenbahn- wie dem Straßenverkehr dienen, die hiebei zu wählenden Kombinationen der Belastungen und zulässigen Inanspruchnahmen hätten einer Klärung bedurft, da in letzter Zeit mehrere solcher Brücken zu entwerfen waren.

Auch die wichtige Frage der Knicksicherheit von Stehblechen hoher Blechbogenträger bzw. ihrer Aussteifung gehört hieher.

Die Montierung der Brücken stellt heute ganz andere Anforderungen an die Verwendung der Krane, Derricks, Rückverankerungen, Pressen usw., deren kritische Beleuchtung erforderlich gewesen wäre. Die Kürze der zur Verfügung stehenden Zeit machte eine eingehende Besprechung leider unmöglich. Ganz ausgeschaltet wurden die Hängebrücken.

Zivilingenieur Baurat Dr. Ing. e. h. KARL BERNHARD, Berlin:

**Vollwand- oder Fachwerkfüllung eiserner Tragwerke vom künstlerischen, konstruktiven und wirtschaftlichen Standpunkt aus**

I

Eigentlich wollte ich auf die Anfrage des Kongreßausschusses im Februar dieses Jahres hier nur die Anregung geben, die Vor- und Nachteile in der Ausbildung der Füllung eiserner Tragwerke zu erörtern, einmal wie sie als *Vollwand* in neuester Zeit besonders bei uns in Deutschland im Vordergrunde steht oder wie sie als *Fachwerk* in der wissenschaftlichen Entwicklung des Eisenbaues sich ergeben und bewährt hat. Darauf ist mir dann die Aufgabe in den Schoß gefallen, die Frage selbst in einem Referat zu behandeln, das natürlich nur sehr kurz sein und die Sachlage ganz allgemein und skizzenhaft darlegen soll. Ich will mich dieser Aufgabe nicht entziehen und glaube, gegenüber einem auserlesenen Fachauditorium auf jegliches Abbildungsmaterial dabei verzichten zu können.

Allen Fachgenossen ist bekannt, daß der Vollwandbalken zuerst da war. 1844 bis 1850 baute STEPHENSON die Britannia-Brücke mit vier Öffnungen von je 140 m Spannweite, bei der das gesamte eiserne Tragwerk das Eisenbahnprofil tunnelartig umschloß. Gleichzeitig und bald darnach entstanden Riesen-*Vollwandbrücken*, wie die Conway-Brücke in England und die Viktoria-Brücke über den Lorenzstrom in Kanada. In den Vereinigten Staaten entwickelten LONG und HOWE dagegen das erste *Fachwerk in Holz* und auf dem europäischen Festland entstanden *eiserne Gitter- und Fachwerkträger* wie bei Dirschau und Marienburg usw. Die wissenschaftliche Erkenntnis, die Stabkräfte nach ihrer Beanspruchung auf Druck oder Zug zu bemessen und ihre Verbindung in den Knoten durch Gelenkbolzen, in Europa der größeren Steifigkeit wegen durch Nietverbindungen, den angreifenden Kräften entsprechend, auszubilden, förderte die Entwicklung des Fachwerks bis zu der heutigen, in der ganzen Welt anerkannten Bauart großer eiserner Tragwerke. Nur bei kleineren Spannweiten, neuerdings bis 25 und 30 m, erhielt sich die Vollwand-Balkenbrücke — in England noch bei etwas größeren — wogegen bei Bogenbrücken auch für größere Spannweiten die vollwandige Bauart unter der Fahrbahn verwendet wurde. Heute sehen wir jedoch die Blechwandfüllung in erhöhtem Maße an die Stelle des Fachwerkes treten, wozu, wie ich vorweg betonen möchte, die Entwicklung der hochwertigen Stahlarten mit beigetragen hat. Geschichtlich hat dies aber einen anderen Hintergrund.

II

Viele von Ihnen werden es miterlebt haben, wie schon *vor* der Jahrhundertwende eine Bewegung einsetzte, welche die eisernen Fachwerkbrücken aus künstlerischen Gründen in Mißkredit brachte. Das als großmaschiges Stabnetz aufgelöste Tragwerk von Brücken und Hallenbindern veranlaßte die Kunstkritik dem wissenschaftlich begründeten und ingenieurtechnisch vertretbaren Materialminimum gegenüber zu der Phrase, der Brückenbau sei im XIX. Jahrhundert durch das Eisen *„entmaterialisiert"*. Gleichzeitig entwickelte sich nun der Eisenbetonbau und die Baukünstler befreundeten sich schnell mit dieser Bauart, weil in der massigen Erscheinung, die den statischen Inhalt umkleidete, sie künstlerisch leichter zu verdauen erschien als das eiserne Stabwerk. Die Gewöhnung durch den Steinbau macht das verständlich. So sind unter diesem Druck auf den Bauingenieur Bögen und Balken für Brücken und Hallenbinder aus Eisenbeton mit reichlicher Masse entstanden. Die schmalen, schlanken und durchsichtigen eisernen Fachwerkskonstruktionen kamen wohl auch aus verschiedenen anderen Gründen noch ins Hintertreffen. Wohl tauchten auch die Vierendelträger im Eisenbau dort auf, wo es darauf ankam, die mißliebigen Diagonalen im Fachwerk zu vermeiden. Aber der Schrei nach Masse fand schließlich doch seine einfachste Befriedigung in der Vollwandfüllung sowohl im Brücken- wie im Hallenbau, und zwar nicht bloß bei kleineren und mittleren Spannweiten, sondern auch bei den allergrößten, wie z. B. bei dem preisgekrönten Entwurf des letzten Kölner Brückenwettbewerbs von Erlinghagen, wo Bögen von über 300 m Weite mit 6,5 m hohen Blechwänden aus der Fahrbahn emporwachsen sollten.

Wer diese Auffassung von der Entwicklung *altmodisch* findet, gibt logischerweise zu, daß die Vollwand im Eisenbau eine *Mode* ist. Eine schärfere Abwehr gegen diese Mode gab auch Herr Prof. HARTMANN in seinem schönen Vortrag über „Ästhetik im Brückenbau". Er sagte, die Vollwand wirke „*öde, plump und monströs*". Ich füge noch hinzu, die Riesenkästen, welche die schon bei mittleren Spannweiten nötigen Doppelwände bilden, sind *hohl* und rufen bei den Durchschnittsmenschen den falschen Eindruck hervor, die Entmaterialisierung sei hierdurch überwunden, die Masse sei nun da, folglich auch die Schönheit. Viele, wozu ich selbst gehöre, haben schon solche neugebauten eisernen Brücken von ferne für Eisenbetonbrücken gehalten und allenthalben predigen die Ästhetiker jenseits des Eisenbaues doch *Materialechtheit* und sie sind befriedigt durch solchen Schein, der selbst Fachleute trügt.

Nun, in gewissen Fällen ist die Vollwand trotzdem ästhetisch gerechtfertigt.

Wenn nämlich die Tragwerke unter Geländerhöhe einer Brücke liegen, wie z. B. bei der neuen schönen Mannheimer Friedrich-Ebert-Brücke, so liegt ein ganz anderer Maßstab vor, da die Vollwand nur aus weiterer Entfernung in der Gesamtansicht zu übersehen ist. Auch wenn vollwandige Bögen *über* die Fahrbahn sich erheben und bei 50 bis 60 m Spannweite im Scheitel nur wenig über ein Meter hoch sind und sich nach den Kämpfern sichelförmig verjüngen, kann schönheitlich nur wenig entgegengehalten werden. Die Ausbildung der Blechwand darf jedoch dann nicht ganz glatt sein, sondern muß als Eisenbau durch Versteifungen, Winkeleisen und dergleichen scharf aufgeteilt und gekennzeichnet werden.

Aber wenn sie sich in ihren Bauteilen so dem Beschauer darbietet, daß er die Wände in mehr als zwei Meter Höhe unmittelbar beim Passieren der Brücken streifen muß — was namentlich bei Bögen von mehr als 50 m Spannweite *über* der Fahrbahn einer Straßenbrücke der Fall ist, die im Scheitel niedriger als im Kämpfer sind — so wirkt die hohe Blechwand wirklich plump. Besonders ist das der Fall mit der Luft im Hintergrund im Gegensatz zur durchsichtigen Fachwerkfüllung. Die hohe Blechfüllung bedrückt Auge und Sinne des Beschauers derart, daß er die schöne Linienführung der Gurte als Umriß des Tragwerkes erst in zweiter Linie wahrnimmt. Gerade aber die Linienführung der Gurte bildet den Kern der technischen Schönheit einer großen Eisenkonstruktion. Gleichviel, ob wir beim Betreten einer Straßenbrücke die Bogengurte in starker Verkürzung oder vom Ufer oder Wasser aus in breiterer Ansicht vor uns haben, immer bleibt die Gurtlinie die Dominante des ganzen Bauwerkes. Beim zweigurtigen Bogen mit kurzstäbigem Fachwerk jeder Art, ja selbst bei Überschneidung zweier solcher Fachwerkbögen, treten die unregelmäßig erschienenen Füllungsstäbe völlig zurück gegen die Linien der Gurte. Bei zwei Bogen erscheinen die Linien des hinteren Bogens durch das Fachwerk des vorderen in ihrem weiteren Verlauf hindurch, was den ästhetischen und ruhigen Genuß der perspektivischen Linienführung beider Bogen erhöht und nicht verringert. Die Fachwerkfüllung solcher Bogen wirkt dabei von jedem Standpunkte gleichsam wie eine durchsichtige Schraffur und wird noch zu einem Schönheitseffekt in zweiter Linie gegenüber der aufdringlichen Massenwirkung der vollwandigen Füllung über der Fahrbahn, wo sie den Vordergrund durchschneidet und in *erster* Linie wirkt, eine Rolle, die ihr nie und nimmer zukommen darf. Mir fehlt für hohe Blechfüllungen

— und anderen geht es auch so — eben der Sinn für die viel gepriesene Ruhe und für den dadurch erzeugten ästhetischen Genuß beim Anblick eines hohen eisernen Kastens von primitiver Gestalt in der freien Luft.

Sind die Abmessungen mäßig oder ist der Hintergrund wie bei Hallenbauten eine undurchsichtige Dachhaut, so wird die Gurtlinie nicht mehr im Vordergrund stehen und durch andere Dominanten im Bauwerk ersetzt. Deshalb sind vollwandige Binder von mäßiger Stärke vor undurchsichtiger Dachhaut gut erträglich, namentlich wenn sie in ihrem ganzen Verlauf nur als kräftige Linien wirken.

Man übersehe doch nicht, daß Fachwerk und Knotenpunkte an sich zugleich mit konstruktiver und ästhetischer Sorgfalt auch vom Standpunkte der Überschneidung durchgebildet werden können und unter dieser Voraussetzung, wozu allerdings entsprechend vorgebildete Eisenbauingenieure gehören, wird man *dem hohen Werte des Stahlmaterials echter und besser gerecht* als auf jedem anderen Wege. Das aber ist die höchste Sachlichkeit, — übrigens ein Schlagwort, mit dem vor den Augen und mit den Mitteln des Ingenieurs nie mehr Schwindel getrieben worden ist, als heute in der Zeit der „neuen Sachlichkeit" in der Baukunst.

## III

Auf die Sachlichkeit, d. h. die konstruktive und wirtschaftliche Seite möge aber nun auch noch kurz eingegangen werden. Schon bei Spannweiten nicht viel über 30 m ergibt sich die Notwendigkeit des *zweiteiligen* Querschnittes. Zwischen den beiden Stehblechwänden der vollwandigen Bauart muß genügend Platz sein, damit ein Mann bequem und sicher wegen der Nietung, des Anstriches und der Überwachung und Prüfung ins Innere des Hohlraumes gelangen kann, sofern die Höhe mehr als 90 cm beträgt. Daher sind 50 bis 60 cm Abstand zwischen den beiden Blechen notwendig. Das ergibt sich bei größeren Spannweiten aus statischen Gründen von selbst. Bei zweispurigen Straßenbrücken selbst bis 100 m Spannweite ist das nicht der Fall, wodurch, falls bei Vollwandbogen diese die Fahrbahn durchdringen, sie übermäßig breit, fast 1 m, werden, eine Breite, welche an der Nutzbreite der Brückenfahrbahn verloren geht. Bei Fachwerkfüllung fällt die Rücksicht auf die innere Zugänglichkeit bei zweiteiligen Querschnitten weg, da alle Teile von außen erreicht werden können. Hier kann man auf das statisch zulässige, niedrigste Maß heruntergehen, sodaß der Breitenverlust geringer wird und mit ihm infolge Verringerung des Hauptträgerabstandes die Länge der Pfeiler. Das beträgt etwa 5% Ersparnis am ganzen Brückenbau.

Wie ferner große Brücken mit hohlen, oben ganz geschlossenen Kasten dauernd von der dazu verpflichteten Verwaltung revidiert und selbst, wenn innere elektrische Beleuchtung vorgesehen ist, unterhalten werden sollen, bleibt ein fraglicher Punkt, den erst die Erfahrung klären kann. Jedenfalls werden sich also dickbäuchige Revisoren auf die Berichte schlankerer Gehilfen und Akrobaten verlassen müssen.

Weiter entsteht die Frage, daß die zellenartige Aussteifung großer Blechwände, deren statische Erfordernisse und Durchbildung noch nicht ganz geregelt sind, den Materialbedarf steigert und die Zugänglichkeit erschwert. Zugunsten der Vollwand in statischer Hinsicht spricht andererseits der Umstand, daß die Knickberechnung gedrückter Fachwerkstäbe zu Querschnitten und Anordnungen führt, denen gegenüber die gutausgesteifte Vollwand mit ihrer Druckverteilungsmöglichkeit in Vorteil kommen kann.

Schließlich möge noch darauf hingewiesen werden, daß bei Vollwandkonstruktionen in Kastenform, deren untere Seite der Regel nach offen, während die obere vollgeschlossen ist, eine Ansammlung von schädlichen Gasen des Eisenbahn- und Straßenverkehrs stattfinden kann. Wenn man, was ja nicht unmöglich erscheint, nicht für Durchlüftung sorgt, kann das zu Beschädigungen des Anstriches und

Verrostung führen und jedenfalls die Kosten der Unterhaltung vollwandiger Konstruktionen nicht vermindern. Dabei ist noch zu berücksichtigen, daß das Anstreichen im Innern des Hohlraumes erheblich teurer ist als bei geschlossen konstruierten Fachwerkstäben, wenn auch der äußere Anstrich vielleicht billiger zu stehen kommt.

Zugegeben bleibt, daß sich Vollwandkonstruktionen gegenüber den dynamischen Beanspruchungen bei kleineren Brücken besser bewähren als Fachwerk. Bei großen Spannweiten ist das aber nicht der Fall, da hier der dynamische Einfluß keine so große Rolle spielt.

IV

Schließlich noch ein Wort zu den *Herstellungskosten* selbst. Vollwandige Träger sind schwerer als Fachwerkträger. Für eine einfache Straßenbrücke erforderten die Halbparabelträger von 36 m Stützweite 30 t schwere Blechträger gegenüber 18,3 t schweren Fachwerkträgern; bei 25,6 m Stützweite verhalten sich die Gewichte 8,62 t zu 5,7 t und selbst bei 20 m ist der Blechträger noch 59% schwerer. Das Gleiche ergibt sich bei Eisenbahnbrücken aus Si-Stahl bei 29 m mit 70% Mehrgewicht, bei vollwandigen Bogenbindern beträgt in einem Sonderfall für einen Lokomotivschuppen das Mehrgewicht 40% gegenüber einfachen Fachwerkbindern.

Im Straßenbrückenbau namentlich bei Zweigelenkbögen ohne Zugband für etwa 50 m Weite stellen sich die Kosten gleich, darüber hinaus wird an Material bei Fachwerk mehr gespart als durch das Steigen des Einheitspreises für Fachwerk infolge der Verschiedenartigkeit der einzelnen Teile Zusatzkosten entstehen. Auch hier ist das Fachwerk billiger als Vollwandfüllung, und zwar bis 20% der Hauptträger.

V

Im allgemeinen kann man also die Rückkehr zur Vollwandfüllung, wie sie bei den ersten großen eisernen Brücken ausgeführt worden ist, sowohl ästhetisch, konstruktiv als auch wirtschaftlich für größere Konstruktionen nicht als ratsam und begründet erachten. Nur in besonderen Fällen können sie ästhetisch zugelassen werden, wenn, was heute wohl selten der Fall ist, Bau- und Unterhaltungskosten in den Hintergrund treten. Ob danach das völlige Verdrängen des Fachwerks durch die Vollwand in der weiteren Entwicklung des Eisenbaues unvermeidlich ist und darin sogar ein Fortschritt gesehen werden muß, überlasse ich meine Herren, nunmehr Ihrer weiteren Kritik.

Georges Seckler, Ingénieur Principal des Chemins de fer A. L., Strasbourg:

## Couvertures des ponts métalliques sous rails et dispositions spéciales pour ponts biais[1]

Les tabliers avec ballast continu présentent aux points de vue construction et entretien et même au point de vue financier des avantages incontestables sur les tabliers sans ballast. Le ballast formant un matelas élastique entre la voie et le tablier atténue les effets dynamiques des charges roulantes tout en les répartissant sur une plus grande surface. D'autres avantages sont l'étanchéité absolue des tabliers, leur insonorité et leur indépendance de la voie. En cas de déraillement, les conséquences sont moins graves. D'autre part, pour les portées jusqu'à environ 20 m, les tabliers avec ballast continu calculés d'après le Règlement français de 1927 sont moins chers que les tabliers sans ballast. Cette différence dans le prix de revient est en partie la conséquence des bases de calculs imposées par le règlement. Le coefficient de choc à introduire dans les calculs est plus petit pour les tabliers lourds à ballast et permet ainsi de construire ceux-ci, jusqu'à une certaine portée, plus légèrement

---

[1] Regardez aussi à la page 638.

que les tabliers sans ballast. Leur exécution paraît encore justifiée pour des portées de 30 m et dans des circonstances exceptionnelles pour des portées jusqu'à 40 m et plus. Il existe en effet des tabliers à ballast continu dont la portée dépasse 90 m.

En ce qui concerne la couverture des tabliers métalliques, on a employé jusqu'à présent différents systèmes: des couvertures en bois, des fers Zorès, en tôles embouties ou bombées, des voûtins en briques, en béton et en béton armé et enfin des

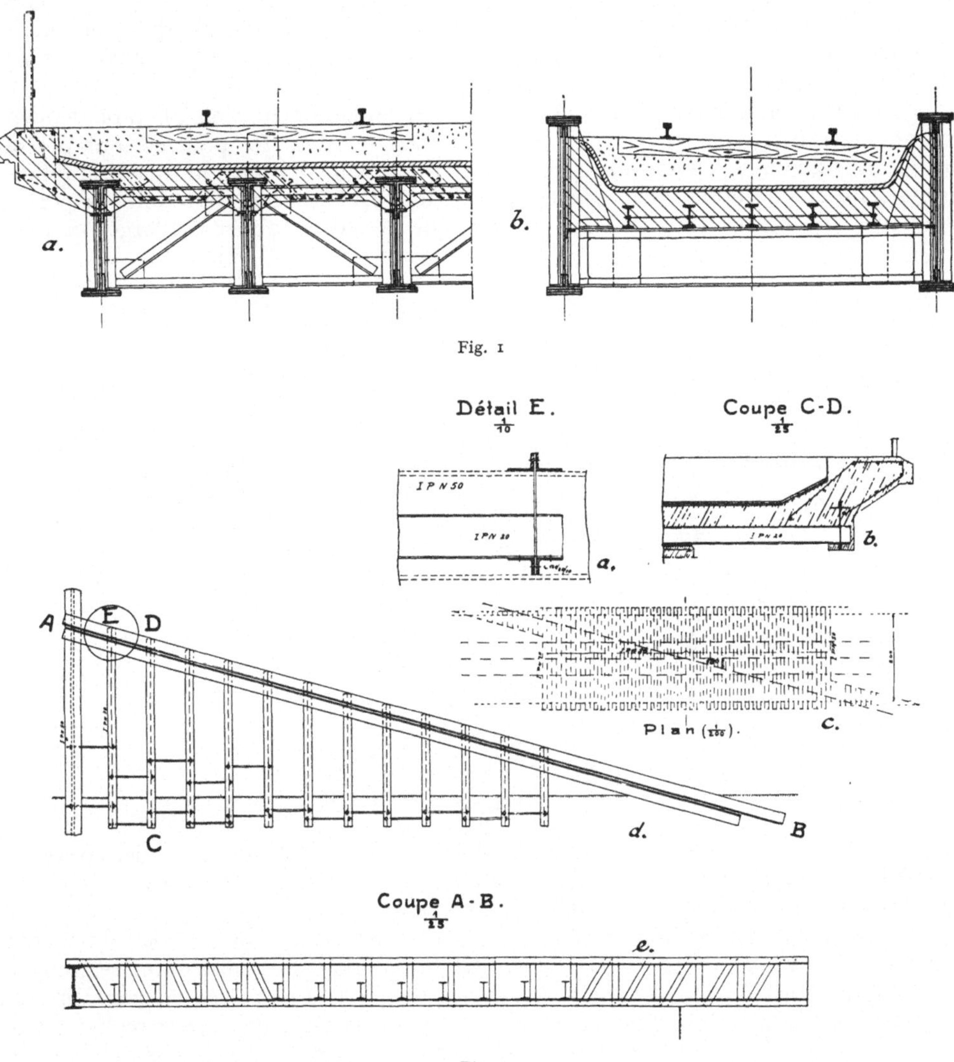

Fig. 1

Fig. 2

dalles en béton armé ou à poutrelles enrobées. Les couvertures en bois et fers Zorès n'ont pas donné satisfaction; on a abandonné depuis longtemps ces systèmes et on a eu recours aux autres systèmes plus modernes. Les couvertures en tôles embouties ou bombées se sont, en général, bien comportées. Leurs avantages sont la simplicité, le poids relativement faible et la rigidité. Mais elles ont l'inconvénient d'être dispendieuses, de s'oxyder facilement et de rendre nécessaire tout un système de longerons et de pièces de pont. Pour ces raisons on a parfois donné la préférence aux

voûtins en briques, en béton ou en béton armé. Cette construction plus économique
que les tôles, quoique un peu plus lourde, résiste bien aux actions de la fumée des
locomotives et se recommande par l'absence d'entretien et sa grande rigidité; mais
elle a le grave inconvénient que la poussée des voûtes demande des dispositifs
spéciaux (tirants entre les pièces de pont). Pour obvier à cet inconvénient on remplace
avantageusement les voûtes par des dalles en béton armé ou à poutrelles enrobées.
Les couvertures ainsi constituées (voir fig. 1) sont très robustes et résistent, en raison
de leur poids, particulièrement bien aux effets dynamiques des charges roulantes.
Elles renforcent en outre plus ou moins efficacement les poutres principales et les
pièces de pont.

Les couvertures en béton armé se prêtent particulièrement bien à l'établissement
des ouvrages biais. Les tabliers à poutrelles enrobées dont les poutres sont posées
dans le sens du biais peuvent être exécutés dans les mêmes conditions que les tabliers
droits. Le biais ne donne lieu à aucune difficulté. Dans le but de réduire la portée
des poutrelles, on les pose souvent, notamment quand le tablier est large, perpen-

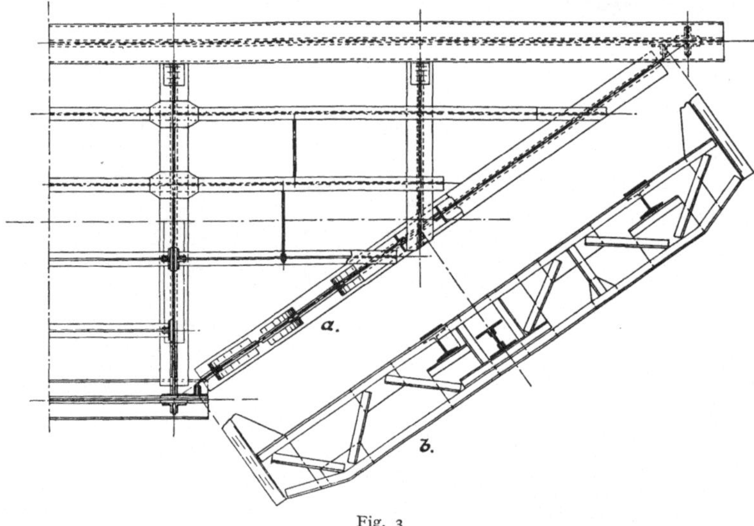

Fig. 3

diculairement aux culées. On construit dans ce cas les extrémités du tablier en forme
de triangle. Pour éviter les attaches biaises, les poutres de rive sont constituées
par des poutres à treillis (voir fig. 2).

La figure 3 montre la disposition de la couverture à adopter pour des ponts
biais de plus grandes portées. L'épaisseur disponible pour le tablier étant restreinte,
les poutrelles ont été noyées entre les pièces de pont. Les pièces de pont biaises
sont des poutres à treillis. Leurs attaches aux poutres principales sont réalisées par
des cornières droites. Il n'y a que les goussets qui soient courbés. Les évidements
entre les barres de treillis permettent d'aménager un appui convenable aux différentes poutres en évitant ainsi les difficultés que présentent les attaches aux pièces
de pont extrêmes en raison de l'obliquité. L'enrobement de ces pièces avec du béton
leur donne une grande rigidité dont profite toute la construction. Nous avons pu
constater en effet, lors des épreuves des ponts de ce type, une forte réduction des
vibrations.

L'emploi du béton armé au lieu de poutrelles enrobées permet de réaliser les
attaches aux pièces de pont biaises d'une façon encore plus simple.

La figure 4 qui représente un pont biais à deux voies, met en évidence la manière dont on procède, si, en raison de la portée, l'emploi de ballast continu ne paraît plus économique. On prolonge dans ce cas le ballast jusqu'à la deuxième pièce de pont qui est ainsi appelée à jouer le rôle de murette garde-grève. Cette disposition

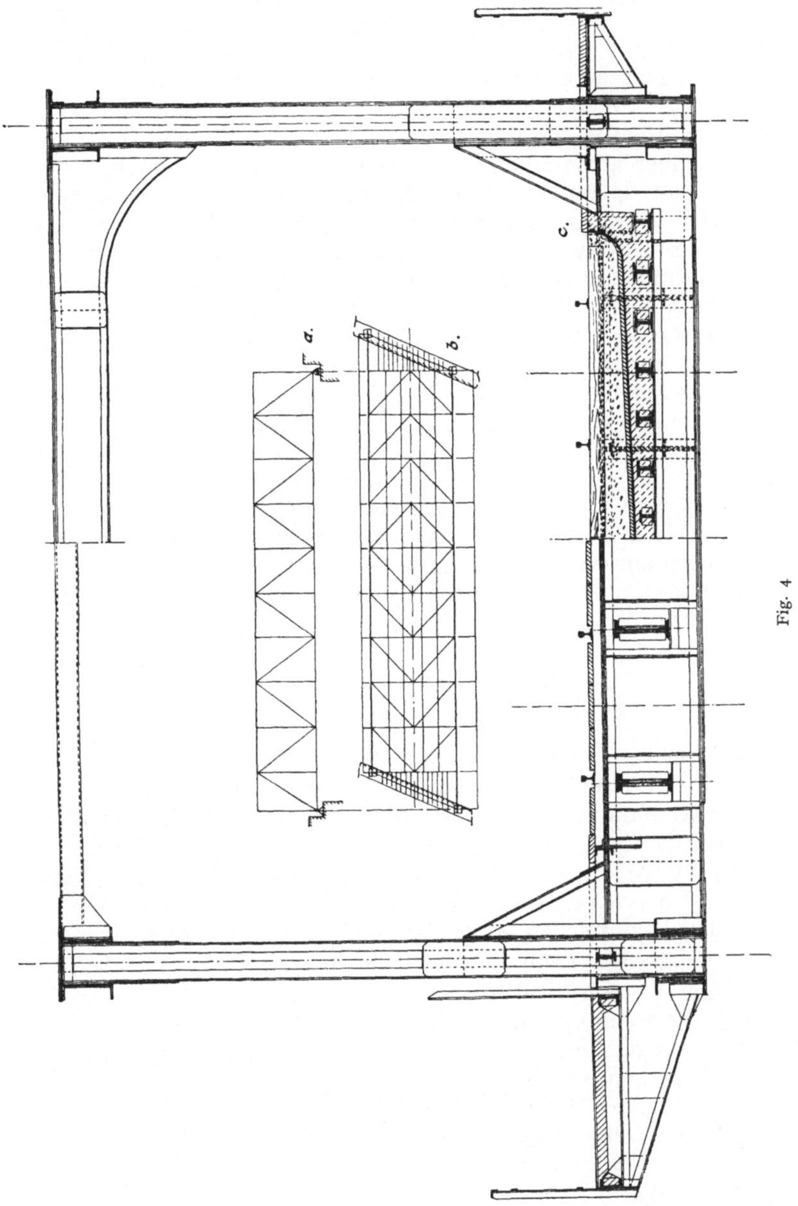



permet de construire les extrémités du tablier comme pour les ponts avec ballast continu. La pièce de pont biaise est abaissée pour pouvoir servir d'appui aux poutrelles enrobées de la couverture. Par ce moyen simple on évite les attaches obliques. Une telle construction est toujours réalisable sans qu'il soit nécessaire de relever la voie. Elle permet en outre la pose normale de toutes les traverses et atténue l'effet des chocs qui, d'après l'expérience, sont particulièrement grands au droit des appuis. D'autre part, elle raidit suffisamment les extrémités du tablier pour pouvoir se passer de tout dispositif de freinage.

En raison des sujétions que présentent les ponts biais, notamment pour l'exécution de leurs extrémités, on les a souvent remplacés par des ponts droits. Ces sujétions ne subsistant pas pour les couvertures en béton armé ou à poutrelles enrobées il n'y a plus aucun motif pour éviter les ponts biais.

Les couvertures des ponts sans ballast sont appelées platelages. On a exécuté des platelages en tôle, en bois et en béton armé. Les platelages métalliques ont l'avantage de donner aux tabliers une grande rigidité transversale, de remplacer le contreventement et de renforcer les membrures se trouvant dans le même plan. Mais ce dispositif a l'inconvénient d'être fort coûteux, de s'oxyder facilement, de faire beaucoup de bruit au passage des trains et d'être glissant en hiver. Les platelages en bois sont moins chers, mais leur entretien est onéreux et le danger d'incendie est grand, surtout si le bois est injecté. Il est donc préférable de les remplacer par des platelages en béton armé dont le prix est sensiblement le même et qui ont l'avantage d'être incombustibles et d'une longue durée. Leur coût d'entretien est très faible. Il existe des platelages en béton armé sur le réseau A. L. qui datent de 20 ans et qui sont encore en excellent état d'entretien. Chaque dalle du platelage est fixée à ses deux extrémités sur les traverses par un tirefond à tête noyée. L'épaisseur des dalles varie de 45 à 50 mm. Dans les derniers temps on l'a même réduite jusqu'à 40 mm afin de rendre les platelages à la fois plus légers et plus souples. Un trou oblong sert à faciliter l'enlèvement du platelage au moment des révisions.

Les considérations exposées ci-dessus ont conduit le Réseau A. L. à employer exclusivement le béton armé tant pour les couvertures que pour les platelages des tabliers métalliques.

Dr. Ing. ALBERT DÖRNEN, Derne:

### Verbesserung der Nietverbindungen

Aus der bisherigen Behandlung des Nietproblems haben sich zwei wichtige Kennzeichen einer guten Nietverbindung herausgeschält:

1. Größter Reibungswiderstand zwischen den zu verbindenden Eisen — besonders wichtig bei Wechselstäben.

2. Kleinste Gleitbewegung bis zur satten Anlage zwischen Nietschaft und Lochleibung; d. h. vollgestauchte Löcher.

Diese beiden Kennzeichen geben die Richtlinien für Verbesserungen der Nietverbindungen. Verbesserungen sind möglich:

    I. bei dem Entwurf der Nietverbindungen,

    II. durch Verwendung eines Sonderstahles für die Nieten,

    III. durch sachgemäße, schonende Behandlung der Nieten bei der Herstellung und Verarbeitung,

    IV. durch sauberes Herrichten der Nietlöcher,

    V. durch den Gebrauch geeigneter Nietwerkzeuge.

## I

Der Entwurf muß von den Nietverbindungen alles fernhalten, was ihrem Wesen widerspricht; hierzu gehören achsiale Beanspruchungen der Nieten durch äußere Kräfte, die den Reibungswiderstand mindern, z. B. bei den Anschlüssen der Längsträger an die Querträger. Diese Anschlüsse sind besonders schwierig bei Eisenbahnbrücken, weil sie den Stößen der Verkehrslast ziemlich unmittelbar ausgesetzt, auf der Baustelle herzustellen und schwer zugänglich sind. Wenn irgend möglich, verbinden wir oben die Längsträger mit Kontinuitätsplatten, durch die Querträger durch oder über die Querträger weg. Sie sollen die Zugspannungen, welche hier — die Längsträger als durchgehend aufgefaßt — infoge der negativen Stützenmomente entstehen, zur Entlastung des Längsträgeranschlusses auffangen. Den negativen Stützenmomenten entsprechen bei bestimmten Lastenstellungen positive Stützenmomente. Folgerichtig sollte man, wenn irgend möglich, die Längsträger auch unten, durch den Querträger durch oder unter dem Querträger weg, mit Kontinuitätsplatten verbinden (Abb. 1). Eine nicht immer einfache Arbeit, deren Ausführung aber die Gewißheit gibt, daß in den Nieten des Längsträgeranschlusses nur Scherkräfte zu übertragen sind. Gleichzeitig schafft man so klare statische Verhältnisse für die Berechnung der Kontinuitätsplatten.

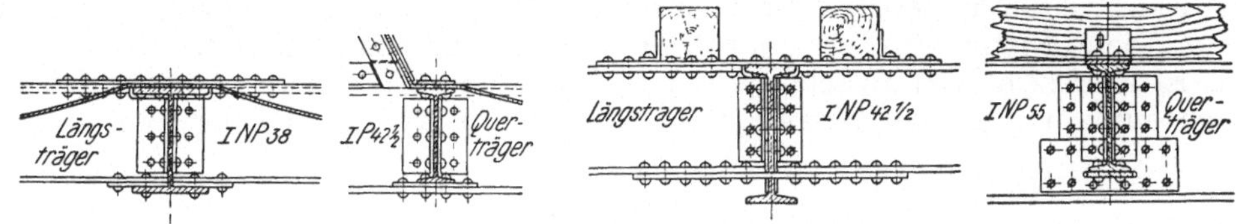


Abb. 1

Die Nietbilder sind möglichst klein zu halten. Je größer sie sind, um so weiter werden die zu übertragenden Kräfte auseinandergeleitet, um so ungleichmäßiger sind die einzelnen Niete an der Kraftübertragung beteiligt und um so größer sind infolgedessen die für die Aufnahme der Höchstkraft eintretenden Gleitungen. Man muß mit möglichst wenig, aber starken Nieten auskommen, ohne indessen die Konstruktionsglieder durch zu diesem Zwecke vergrößerte Nietdurchmesser weiter zu schwächen. Die Tragkraft des einzelnen Nietes ist, ausgehend von den zu verbindenden Konstruktionen, durch die in Betracht kommende Leibungsfläche gegeben. Diese ist also mit kleinstem Scherquerschnitt auf Leibungsdruck auszunutzen. Es liegt nahe, durch Wahl eines entsprechenden Nietstahles die Scherquerschnitte spezifisch möglichst stark zu machen; d. h. für die Niete einen besonders geeigneten Sonderstahl mit entsprechenden Festigkeitseigenschaften zu verwenden.

## II

Der Brückenbau verwendet neuerdings immer höherwertige Baustähle als Konstruktionsmaterial und nimmt fast durchweg jeweils die gleichen Stähle auch für die Niete. Auffallenderweise; denn der gleiche Stahl wird dabei für zwei verschiedene Zwecke verwandt, verschieden beansprucht und verschieden bearbeitet.

Beanspruchung: Als Konstruktionsmaterial in der Hauptsache längs der Walzfaser, als Nietmaterial im wesentlichen quer zur Walzfaser.

Verarbeitung: Als Stabmaterial durchweg kalt. Er wird gebohrt, gehobelt, gefräst. Arbeitsvorgänge, bei denen in kaltem Zustande Späne abgehoben werden, ohne daß in dem verbleibenden Stoffgefüge Verschiebungen eintreten.

Als Nietmaterial hauptsächlich warm. Er muß zweimal auf mindestens Rotwärme gebracht werden und wird in diesem Zustande beim Herstellen und beim Verarbeiten des Nietes von Grund auf umgeformt.

Beim Schlagen des Nietes muß sich diese umformende Behandlung — und das ist besonders erschwerend — sogar von Rotwärme bis fast zur Erkaltung ausdehnen. Je höherwertiger ein Material aber ist und je höher es dementsprechend beansprucht werden soll, um so schwieriger ist es, alle Eigenschaften in ihm zu vereinigen, die es für diese verschiedenen Beanspruchungen und diese verschiedene Behandlung in gleichem Maße geeignet machen. Es ist leichter und besser, für beide Zwecke nicht das gleiche Material zu nehmen, sondern Konstruktions- wie Nietmaterial jedes für sich für seine Sonderzwecke fortzuentwickeln. Diese Stähle zu schaffen, ist Sache des Hüttenmannes. Sache des Eisenbauers ist es, die Eigenschaften aufzustellen, die sie haben müssen. Für den Nietstahl ist zu fordern, daß er vor allen Dingen weitestgehend unempfindlich ist gegen die doppelte Wärmebehandlung bei der Herstellung und der Verarbeitung der Niete. Er muß Stauchen durch Einzelschläge bei allen Temperaturen zwischen $200^0$ und $1100^0$ vertragen können und im fertig geschlossenen Niet die von ihm verlangten physikalischen Eigenschaften haben; er muß ferner über ein großes Arbeitsvermögen verfügen und gegen Abscheren so fest sein, daß für die Berechnung der Nietverbindungen der Lochleibungsdruck des Konstruktionsmaterials mit kleinstem Scherquerschnitt ausgenutzt werden kann. Dieses Nietmaterial wird natürlich teurer sein als das Konstruktionsmaterial. Das ist aber nicht von ausschlaggebender Bedeutung, wenn man bedenkt, daß in Eisenbauten nur 5% des Gesamtgewichtes im Mittel an Nieten nötig sind.

## III

Gegen die schonende Behandlung des Nietmaterials wird besonders beim Erwärmen desselben verstoßen. Die zurzeit als Nietmaterial üblichen Stähle sind aber bei hoher Temperatur sehr empfindlich. Es ist also beim Erwärmen, solange wir keinen weniger empfindlichen Sonderstahl für Nieten haben, besonders schonende Behandlung am Platze, bei der alle Einflüsse auszuschalten sind, die die Eigenschaften des Stahles ändern. Es ist immer daran zu denken, daß das geschlagene Niet die verlangten Festigkeits- usw. Eigenschaften haben muß. Abgesehen von der Erwärmung durch den elektrischen Nieterhitzer, worüber gleich noch zu sprechen ist, werden die Niete bei der Herstellung und bei der Verarbeitung zurzeit meistens in Kohlen- und Koksfeuern erwärmt, in denen das Material mit der Flamme in unmittelbare Berührung kommt. Hiebei ist die Gefahr, daß sich der Stahl in seinen Eigenschaften ändert, besonders groß. Besser sind Feuerungen, bei denen dieser Übelstand vermieden wird. An erster Stelle kommen Öfen mit Öl- oder Gasfeuerung in Frage. Aber auch in diesen Öfen muß es nach Möglichkeit vermieden werden, die Niete wegen des Zunderns unnötig lange auf hoher Temperatur zu halten.

Bei der Herstellung der Niete ist dies verhältnismäßig einfach. Es werden im allgemeinen von den einzelnen Nietsorten jedesmal bedeutendere Mengen angefertigt, und wenn die Größe des Ofens dem Arbeitsgang angepaßt ist, bleiben die Stifte nur so lange im Ofen, wie zu ihrer hinreichenden Erwärmung nötig ist. Schwieriger ist es bei der Erwärmung der Niete zum Schlagen. Beim Nieten werden meistens mehrere Nietsorten durcheinander gebraucht, treten Stockungen im Nietbetrieb ein, wobei die Nietkolonne manchmal längere Zeit keine warmen Niete benötigt. Es kommt also darauf an, einerseits die angeforderten Niete der einzelnen Sorten über die ganze Länge warm und gar laufend abgeben zu können und anderseits die Nieten nicht zu lange auf hoher Temperatur zu halten. Diese Erfordernisse zu vereinigen, ist nicht einfach. Ich habe eine ganze Anzahl Öfen durchversucht, muß aber sagen, daß ich einen befriedigenden Ofen bis jetzt nicht gefunden habe. Ich bin dazu übergegangen, mir einen Ofen mit Öl- bzw. Gasfeuerung bauen zu lassen, der zwei Wärmkammern hat. Zunächst kommen die Nieten der verschiedenen Sorten auf Vorrat entsprechend dem Bedarf in eine große Kammer und werden hier durch die Abhitze des Ofens bis auf etwa $500^0$ erwärmt. Bei dieser Temperatur ist das Nietmaterial noch verhältnismäßig unempfindlich gegen schädigende Einflüsse. Es schadet den Nieten also wenig, wenn sie längere Zeit in dieser Kammer bleiben.

Unmittelbar vor der Verarbeitung werden die einzelnen Niete in Anpassung an die Nietarbeit rechtzeitig aus dieser großen Vorratskammer in eine kleine Kammer gebracht und in kürzester Zeit auf 1000⁰ bis 1100⁰ erhitzt. Sie sind also dieser hohen Temperatur, bei der sie für Einwirkungen durch die erhitzenden Gase besonders empfindlich sind und bei der auch das lästige Zundern stattfindet, nicht lange ausgesetzt. Der Betrieb des Ofens ist mit Gas und Öl möglich. Ob er sich dauernd bewährt, bleibt abzuwarten, darf aber nach den bis jetzt gemachten Erfahrungen angenommen werden.

Und nun über das Maß der Erwärmung. Um ein gut gestauchtes und gut sitzendes einwandfreies Niet zu bekommen, ist es nötig, daß es vor dem Schlagen in seinen einzelnen Teilen auf die richtige Temperatur gebracht wird. Man kann sehr häufig beobachten, daß vor dem Schlagen die Niete zwar über ihre ganze Länge erwärmt werden, daß aber der Setzkopf dunkler ist als das Stauchende. Ein solches Niet kann nicht voll in das Nietloch gestaucht werden, denn das hellrote, weiche Stauchende kann die Stauchschläge auf den dunkelroten und infolgedessen weniger weichen Schaft am Setzkopf nicht in wirksamer Weise übertragen; es staucht sich nur das Stauchende, und das Material, das eigentlich zum Füllen des Nietloches bestimmt ist, bildet einen Bart am Schließkopf (Abb. 2).

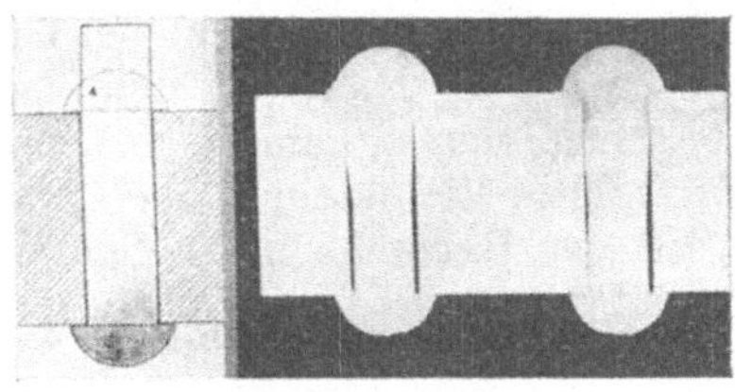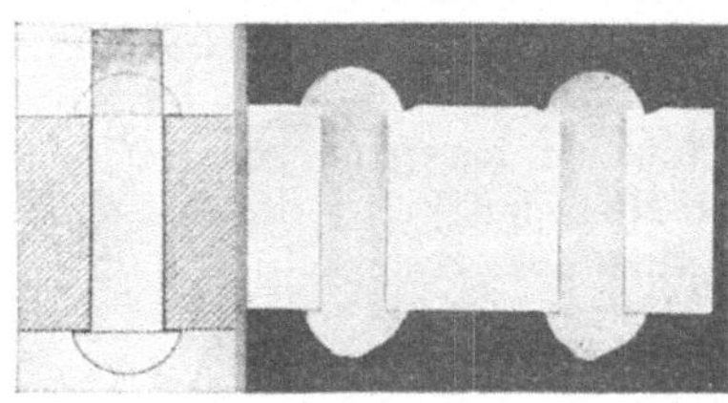

Abb. 2      Abb. 3

Auf dem Lichtbild sind in ein Vierkanteisen Löcher von 21 mm Durchmesser gebohrt worden. In diese Löcher wurden Niete von 19,5 mm Durchmesser (vor dem Erwärmen) geschlagen. Der Unterschied von $1\frac{1}{2}$ mm zwischen Loch- und Schaftdurchmesser wurde hergestellt, weil er durch die Toleranzen in den DI-Normen für Nieten möglich ist. Die Eisenstärke beträgt rund das dreifache des Lochdurchmessers, ist also durchaus normal, und doch sehen wir, daß das Stauchen sich noch nicht bis auf die Hälfte der Eisenstärke erstreckt hat und daß der Nietschaft das Loch nur sehr mangelhaft ausfüllt. In Abb. 3 sind die Nietlöcher bis zum Setzkopf gefüllt. Diese beiden Niete waren erwärmt: Setzkopf hellrot und Stauchende dunkelrot. Das dunkelrote und darum weniger weiche Stauchende hat die Stauchschläge zum Setzkopf hin weitergeleitet, dort das hellrote und weiche Material bis zum Füllen des Nietloches gestaucht und dann erst sich selbst stauchen und zum Schließkopf ausschlagen lassen. Für beide Nietpaare waren Loch- und Schaftdurchmesser gleich. Die Nietlängen waren nach den Gebrauchsregeln bestimmt, und wir sehen, daß bei dem zweiten Nietpaar die Schäfte hätten länger angenommen werden müssen, wenn die Einkerbungen in das Eisen am Schließkopf hätten vermieden werden sollen.

Es genügt nicht, die Nieten über die ganze Länge gleichmäßig zu erwärmen; der Setzkopf muß wärmer sein als das Stauchende. Außerdem ist die Abkühlung im Nietloch stärker als draußen; dorthin fließt Wärme aus dem stärker erhitzten Setzkopf zum Ausgleich ab.

Wenn man sich nun vorstellt, daß in einer Verbindung Nieten von so verschiedener Beschaffenheit aufeinander folgen, so sieht man ohneweiters ein, daß diese

Niete nach Überwindung des Reibungswiderstandes zunächst nur sehr ungleichmäßig tragen können und daß sehr große Verschiebungen nötig sind, um in den
schlecht gestauchten Nieten Nietschaft und Lochleibung  zur Anlage zu bringen
und daß vorher die gut gestauchten Niete hoch überbeansprucht werden, bis der
Ausgleich stattfindet.

Die richtige Erwärmung der Niete — Setzkopf hellrot, Stauchende dunkelrot
— läßt sich auf elektrischen Nieterhitzern kaum erreichen. Hier bleiben die Setz-
köpfe meistens dunkler als das Stauchende. Aus diesem Grunde sind elektrische
Nieterhitzer, so sauber und bequem ihre Benutzung auch ist, für unsere Zwecke
weniger geeignet.

IV

Beim Herrichten der Nietlöcher ist darauf zu achten, daß der Unterschied
zwischen dem aufgeriebenen Loch und dem Nietschaft nicht zu groß wird.  Je größer
der Unterschied ist, um so mehr Material muß von dem Stauchende her in das
Nietloch hineingeschafft werden, um so schwieriger ist das Stauchen und um so
unvollkommener wird das Nietloch gefüllt.

Nach den Di-Normen kann es vorkommen, daß der Unterschied zwischen Loch
und Nietschaft fast $1\frac{1}{2}$ mm beträgt. Dieser Unterschied ist für gute Nietarbeit
reichlich groß und auch nicht nötig. Die Kesselfirmen kommen mit kleineren Unterschieden aus. Ich bin in meinem Betriebe, in dem ich die Niete für den eigenen
Bedarf selbst herstelle, so weit, daß ein Unterschied von 0,7 mm zwischen dem
kalten Nietschaft und dem Lochdurchmesser genügt. Viel kleiner aber darf er
namentlich mit Rücksicht auf die Nietarbeit auf der Baustelle nicht genommen
werden. Um damit auskommen zu können, sind glatte Löcher Voraussetzung.
Beim Aufreiben muß viel Öl verwendet werden, und das Nietloch ist vor dem Nieten
sauber durchzuputzen, damit auch kleinste Späne sorgfältig entfernt werden. Die
warmen Niete sind restlos zu entzundern, zunächst um das Einführen zu erleichtern
und dann um zu vermeiden, daß wegen des Zunders sich das Nietloch nicht vollständig stauchen läßt.

Zum Aufreiben werden vielfach zu schwache und zu langsam laufende Maschinen
benutzt. Diese Maschinen haken häufig fest, kommen ins Schleudern und die Folge
ist, daß die Nietlöcher nicht mit dem richtigen Durchmesser zylindrisch, sondern
oben und unten konisch, manchmal sehr stark erweitert werden. Besonders nachteilig ist dies am Setzkopf, weil hier ein Vollstauchen des Nietloches am schwersten
ist. Es empfiehlt sich die Anwendung von starken Aufreibemaschinen, die etwa
300 bis 400 Touren machen. Sie ziehen glatt durch und laufen ruhig. Auch habe
ich gefunden, daß mit diesen schnell laufenden Maschinen, wenn sie auch schwerer
sind, die Leistungen der Aufreibekolonnen steigen.

Nach dem Aufreiben müssen, was häufig unterbleibt,  die Löcher oben  und
unten etwas versenkt werden. Es bildet sich durch das Aufreiben oben und unten
ein Grat, der am Setzkopf dessen satte Anlage vereitelt und am Stauchende dem in das
Nietloch hineinwandernden Material mit seinen scharfen Kanten den Weg erschwert.

Man kann Nietlöcher noch so sauber bohren und noch so sauber aufreiben,
es läßt sich nicht verhindern, daß durch kleine Sprünge in den Reibahlen und dergleichen feine Riefen in der Lochleibung entstehen. Es ist sehr schwer, die Nietschäfte in diese Riefen hineinzustauchen. Die Folge davon ist, daß die Gleitbewegungen bis zur satten Anlage zwischen Nietschaft und Lochleibung größer
werden als bei vollkommen glatten Löchern. Es empfiehlt sich aber, diese kleinen
Unebenheiten zu verteilen und das Loch glattzumachen, indem man einen Putz-
dorn durchtreibt. Dies erfordert wenig Arbeit und ist wohl das einfachste Mittel,
glatte Löcher zu erhalten.

## V

Die am besten sitzenden Niete erzielt man mit der Nietpresse, solange man nicht mit zu hohen Schließdrücken arbeitet. Die wichtigsten Niete aber, die in den Anschlüssen, sind meistens auf der Baustelle zu schlagen, wo man nur selten mit der Nietpresse arbeiten kann, und können auch meistens mit der Nietpresse nicht erreicht werden. Man ist hier also auf die Arbeit mit Preßlufthämmern angewiesen. Die Preßlufthämmer müssen möglichst schwere Schlagkolben und möglichst leichte Döpper haben, damit die Schläge im Interesse einer guten Staucharbeit gut durchziehen. Häufig wird mit zu leichten Hämmern auf zu große Döpper gearbeitet. Hiermit kann man wohl einen Kopf bilden, aber nicht ein Nietloch vollstauchen. Zu beachten ist auch, daß der Luftdruck im Werkzeug genügend groß ist. In den wenigsten Fällen kann man mit dem Druck rechnen, der im Luftkessel ist. Durch lange und meistens zu dünne, häufig auch undichte Rohr- und Schlauchleitungen hat man bis zum Werkzeug oft einen Abfall von mehreren Atmosphären. Mangelhafte Niete sind die Folge. Daß die Konstruktionsteile gut und bis zum festen Anliegen zu verschrauben sind, ist selbstverständlich. Die Nietarbeit muß bis zum Erkalten des Nietes fortgesetzt werden, damit nicht die noch warmen Nietschäfte durch auseinanderstrebende Konstruktionen nachträglich gelängt und die Niete lose werden. Hierauf ist besonders zu achten, denn unsere Nietwerkzeuge sind heute so vervollkommnet, daß für die Dauer der Nietarbeit auch bei Nieten aus Siliziumstahl nicht die Zeit maßgebend ist, die man für das Stauchen und die Kopfbildung benötigt, sondern die Zeit bis zum Erkalten des Nietes. Wenn in dem Buche „Amerikanischer Eisenbau in Büro und Werkstatt" von Dencer in der deutschen Übersetzung von Mitzkat auf S. 254 gesagt wird, daß eine Nietmaschine beim Nieten normaler Konstruktionsteile in einer Zehnstundenschicht 4000 Niete schlägt, so lassen sich dabei kaum vollwertige Niete erreichen, denn bei 4000 Nieten in 10 Stunden kommen auf das Niet 9 Sekunden. In dieser Zeit erkaltet aber ein Niet nicht.

Am Schluß meiner Ausführungen möchte ich einen Vorschlag für die Verbesserung der Nietarbeit vorbringen, den ich seit längerer Zeit erprobt habe. Er läuft darauf hinaus, daß man die Niete in kaltem Zustande dornartig mit Kraftanstrengung bis an den Setzkopf in die Nietlöcher hineintreibt, so daß sie bereits kalt das Nietloch schließend füllen. .Jetzt werden die Niete elektrisch erwärmt und geschlossen. Die Herstellung derartiger Versuchsstücke hat keine Schwierigkeiten gemacht. Die Zerreißergebnisse waren sehr befriedigend. Immerhin dürften sich der Einführung dieses Verfahrens in größerem Umfange Schwierigkeiten entgegenstellen, weil die elektrische Erhitzung dieser Niete, z. B. in großen, schwer zugänglichen Knotenpunkten, nicht ganz leicht ist und weil bei größeren Nietbildern und rascher Reihenfolge im Nieten vielleicht zu viel Wärme in die Konstruktion ausstrahlt. Immerhin wird eine derartige Nietung den beiden Grundbedingungen für gute Nietarbeit — großer Reibungswiderstand zwischen den Konstruktionsteilen und vollständige Füllung des Nietloches — so weitgehend gerecht, daß man sie vielleicht weiter verfolgt.

Man sieht, es läßt sich noch mancherlei bei Herstellung der Nietverbindungen verbessern. Meine Anregungen sind mit geringem Aufwand an Material und Löhnen durchzuführen, verteuern also die Bauwerke nur wenig, machen sie aber viel besser, leichter zu unterhalten und damit wirtschaftlicher. Ihre Durchführung trägt dazu bei, unsere Eisenbauweise als die einwandfreieste und zuverlässigste zu empfehlen.

Reichsbahnrat Dr. Ing. RUDOLF BERNHARD, Berlin:

## Neuere Messungen dynamischer Brückenbeanspruchungen[1]

### *I. Allgemeine Problemstellung*

Das wachsende Bedürfnis, die nur durch Rechnung gewonnenen Ergebnisse der z. B. in unseren Brückenbauwerken auftretenden Spannungen auch praktisch durch örtliche *Messungen* nachzuprüfen, hat in den letzten Jahren zu zahlreichen Versuchen geführt, die auch heute noch keineswegs als abgeschlossen zu betrachten sind. Bei Berücksichtigung der dynamischen Beanspruchungen, also der Untersuchung des Zustandes während der Überfahrt von Fahrzeugen, gestalten sich die Vorgänge jedoch derartig verwickelt, daß bisher keine einwandfreien Lösungen gefunden werden konnten.

Die große *wirtschaftliche Bedeutung* dieser Versuche liegt bekanntlich darin, daß durch experimentellen Nachweis die wirklich auftretenden Stoßzahlen sich genauer erfassen lassen, und daher die zulässigen Spannungen vielleicht etwas erhöht werden können. Die Ergebnisse werden dann möglicherweise eine wirtschaftlichere Ausbildung zulassen.

Die *Anforderungen an statische und dynamische Brückenspannungsmesser* müssen bekanntlich sehr weit gestellt werden, weil die auftretenden Dehnungen nicht bloß außerordentlich klein sind, also erhebliche Vergrößerungen verlangen, sondern sich anderseits auch auf einen verhältnismäßig großen Meßbereich erstrecken. Außerdem sind die Apparate sehr raschen Dehnungsschwankungen ausgesetzt, die sie gleichzeitig selbst aufzeichnen müssen.

Dazu kommt, daß man auf einer im Betriebe befindlichen Brücke aus naheliegenden Gründen keine empfindlichen Laboratoriumsgeräte verwenden kann und daß anderseits an die Genauigkeit sowie Empfindlichkeit Anforderungen gestellt werden müssen, wie sie in dieser ungünstigen Zusammenstellung wohl bei kaum einem der bisher bestehenden Meßgeräte auch auf anderen Gebieten gefordert werden. Der eigentliche Dehnungsmesser, der handfest ausgebildet werden muß, ist zweckmäßig von der Schreibvorrichtung zu trennen. Der empfindliche, registrierende Teil braucht dann nicht mehr auf der Brücke aufgestellt zu werden, was u. a. auch aus rein dynamischen Gründen zweckmäßig erscheint, da die Masse des Schreibwerkes die Aufzeichnungen stets störend beeinflussen wird. Die beiden Teile werden dann am einfachsten elektrisch verbunden. Der Bauingenieur, der hier das ihm fernerliegende Gebiet der Feinmeßtechnik beschreiten muß, kann nicht erwarten, mit den altgewohnten Mitteln einwandfreie Ergebnisse zu erzielen, sondern wird die Verfahren aus den Grenzgebieten, z. B. der Elektrotechnik zu Hilfe holen müssen, wo Schwingungsuntersuchungen mit noch weit höheren Anforderungen bereits gelöst worden sind.

Die Deutsche Reichsbahn-Gesellschaft hat, wie bekannt, bereits im Jahre 1925 ein *Preisausschreiben* zur Erlangung eines Spannungs- und Schwingungsmessers für die dynamischen Beanspruchungen eiserner Brücken veranstaltet.

Nachdem das anläßlich dieses Wettbewerbs eingesetzte Preisgericht zu dem Ergebnis gekommen ist, daß die bisherigen sowie die zum Wettbewerb eingereichten Brückenspannungsmesser noch keineswegs den an sie zu stellenden Anforderungen genügen, sind zur Schaffung geeigneter Apparate zwei grundsätzlich verschiedene Wege weiter beschritten worden.

Der eine Weg behandelt in erster Linie die Verbesserung der vorhandenen *mechanischen Geräte.*

---

[1] Eine ausführliche Wiedergabe des Referates ist im Stahlbau (Beilage zur Zeitschrift „Die Bautechnik") als Sonderdruck erschienen (Heft 13 vom 21. September 1928).

Der zweite Weg, der aus obigen Gründen *elektrische Meßverfahren* benützt, ist inzwischen ebenfalls, und zwar vom Reichsbahnzentralamt in Berlin weiter ausgebaut worden, worüber hier vor allem berichtet werden soll. Vorausgeschickt sei, daß sich beide Verfahren keineswegs ausschließen, nur wird das erste wohl stets auf einfachere Brückenmessungen, unter Verzicht der Aufnahme sehr rascher Spannungsschwankungen bei erheblichen Vergrößerungen beschränkt bleiben.

## II. Eichfragen

Die *Eichfrage* spielt nicht bloß bei allen dynamischen Spannungsmessern, sondern auch für die rein statischen Apparate eine so wichtige Rolle, daß hierauf ausführlicher eingegangen werden soll.

Man muß scharf zwischen einer statischen und einer dynamischen Eichung unterscheiden. Die dynamischen Apparate werden naturgemäß beiden Prüfungen unterworfen.

1. Zunächst sei die *statische Eichung*, d. h. die genaue Bestimmung des jeweiligen *Vergrößerungsmaßstabes* der statischen und selbstverständlich auch dynamischen Spannungsmesser, innerhalb ihres gesamten Meßbereiches behandelt.

Bei einer normalen Meßlänge von 20 cm muß, wenn z. B. die *sehr weitgehende* Forderung des Preisausschreibens der Deutschen Reichsbahn-Gesellschaft beibehalten werden soll, der Nachweis von Spannungsschwankungen von 5 kg/qcm gefordert, d. h. Dehnungsänderungen ($\Delta l$) von 0,5 $\mu$ gemessen werden können. Es ist nämlich $\Delta l = \dfrac{20 \cdot 5}{2\,100\,000} \approx \dfrac{1}{20\,000}$ cm $= 0{,}5\,\mu$. Nimmt man dann an, daß bei normaler Diagrammstrichstärke noch ein halbes Millimeter genügend genau abgelesen werden kann, so bedingt dies eine Vergrößerung von mindestens eintausend $\left( n = \dfrac{0{,}5\;\text{mm}}{0{,}5\,\mu} = 1000 \right)$.

Der Nachweis derartig kleiner Längenänderungen verbunden mit einer 1000-fachen Vergrößerung erklärt die Schwierigkeit, mit mechanischen Geräten diese beiden Bedingungen, auch schon für rein statische Messungen, zu erfüllen.

Will man also in Zukunft derartige Eichungen unter 0,5 $\mu$ der vorher errechneten Genauigkeitsgrenze ausführen, so müssen andere Wege eingeschlagen werden.

Erst wenn es also möglich ist, derartig kleine, *ursächliche* Bewegungen im Bereich von 0,5 $\mu$ den Meßgeräten einerseits aufzuzwingen und auf irgend eine Weise, z. B. auf optischem Wege, durch Meßmikroskope, wenn man von Interferenzkomparatoren absehen will, anderseits nachzumessen, lassen sich Eichkurven der Meßgeräte für die in der Brückenmeßtechnik nun leider erforderlichen Genauigkeiten einwandfrei aufstellen.

Dasselbe Eichverfahren muß sinngemäß auch für alle dynamischen Spannungsmesser verwendet werden, um zunächst die absolute Vergrößerung der statischen Grundspannung nachweisen zu können.

2. Die *dynamische Eichung* besteht *erstens* in der Feststellung der *Eigenschwingungszahl* der Apparate. Bei Frequenzen über 500 Hertz kann diese kaum noch mit Hilfe eines Schütteltisches, wie weiter unten ausgeführt, der für so hohe Frequenzen schwerlich gebaut werden kann, sondern nur durch *Anstoßversuche* nachgewiesen werden. Unter Anstoßversuchen wird hier die künstliche Erregung der Meßgeräte durch einen einmaligen Impuls verstanden.

*Zweitens* muß jedoch dann noch der endgültige Beweis geführt werden, daß innerhalb des Bereiches der auftretenden Brückenschwingungen, für die zur praktischen Auswertung im Höchstfalle etwa 300 Hertz in Frage kommen, die Apparate auch absolut richtige, d. h. *unverzerrte Amplituden* aufzeichnen.

Dies läßt sich aber exakt wiederum nur mit Hilfe eines *Schütteltisches* nachweisen.

Die bisherigen Versuche, sowohl mit mechanischen wie auch elektrischen
Spannungsmessern haben gezeigt, daß jeder beim Befahren der Brücke entstehende
Schwingungsvorgang (Erregerfrequenz), sobald er mit einer Eigenschwingung der
Meßgeräte übereinstimmt, eine erhebliche Verzerrung der Aufzeichnungen verursacht, selbst wenn die erregenden Amplituden so klein sind, daß sie auf die Brückenspannungen keinerlei nennenswerten Einfluß ausüben. Die Resonanzwellen über-
lagern die Aufzeichnungen vielfach derartig, daß eine Auswertung der Diagramme
praktisch unmöglich wird, da eine Aufschauklung zu großen Ausschlägen auch bei
verhältnismäßig hohen Apparateigenschwingungen nicht zu vermeiden ist.

## III. Elektrische Meßverfahren

Auf die Versuche und Ergebnisse mit vorwiegend *mechanischen Meßgeräten*
soll hier nicht weiter eingegangen werden, da hierüber bereits ausreichend Literatur
in den letzten Jahren erschienen ist. Ebenso seien *Schwingungsmesser* zunächst
nicht weiter behandelt, weil den Brückenbauer ja in erster Linie die Auswirkungen
der Schwingungen in Form von Spannungsänderungen interessieren.

Die Hauptschwierigkeit bei sämtlichen mechanischen Apparaten besteht vor
allem *erstens* in der Erreichung der erforderlichen hohen *Eigenschwingungszahl*,
um innerhalb ihres Meßbereiches maßstabgetreue Aufzeichnungen zu erhalten und
*zweitens* der gleichzeitig zur einwandfreien Auswertung erforderlichen erheblichen
Vergrößerung, da mit wachsender Vergrößerung die Eigenschwingungszahl ganz
bedeutend fällt.

Es ergibt sich aus den *Resonanzkurven*, daß die wichtige Forderung, mindestens
ein Vierfaches der höchsten zu messenden Schwingungen als Apparateigenschwingung
zu verlangen, doch unbedingt empfehlenswert erscheint, um unter allen Umständen
im unverzerrten Bereich zu bleiben. Unter *Resonanzkurven* versteht man diejenigen
Kurven, welche entstehen, wenn z. B. auf der $X$-Achse die dem Meßsystem aufge-
drückte Frequenz und auf der $Y$-Achse die Amplitude, d. h. die vom Meßsystem
aufgezeichnete Wellenhöhe aufgetragen wird.

Mit Meßgeräten, die auf elektrischer Übertragung beruhen, gelingt es ohne
weiteres, diese Schwierigkeit zu überwinden, und zwar sowohl eine ausreichend
rasche Apparateigenschwingung zu erreichen, als auch die Frage der Eichfähigkeit,
wie weiter unten ausgeführt, ebenfalls einwandfrei zu lösen.

Die im folgenden geschilderten Versuche hatten ausschließlich den Zweck,
ein *elektrisches Meßverfahren* so zu vervollkommnen, daß es für die Praxis des
Brückeningenieurs ohne besondere Bedienungsschwierigkeiten verwendbar wird.

Man muß, wie bereits erwähnt, zunächst zwischen dem eigentlichen Schreib-
gerät und dem Dehnungsmesser unterscheiden.

1. Ein vorzügliches *Registriergerät*, das u. a. die erforderlichen hohen Eigen-
schwingungszahlen aufweist, ist durch den Oszillographen gegeben, mit dem in
der Elektrotechnik schon lange sämtliche Schwingungserscheinungen untersucht
werden.

Der Oszillograph kann daher, von dem Nachteil der photographischen Entwicklung abgesehen, infolge der Verwendung des masselosen Lichtstrahls, was bei
dynamischen Messungen im Bereich höherer Frequenzen unvermeidlich erscheint,
für Registrierzwecke von Schwingungs- und Spannungsvorgängen jeglicher Art als
hervorragendes Meßgerät angesehen werden.

2. Weit schwieriger ist die eigentliche Dehnungsmessung und die *Umsetzung* der
*Dehnung* in Gleichstrom zwecks Registrierung durch den Oszillographen.

Zur Dehnungsmessung sind daher zunächst *Kohlendehnungsmesser* weiter entwickelt worden, die die obigen Nachteile vermeiden. In einem Gehäuse enthalten
sie zwei Säulen, die aus aufeinandergeschichteten Kohlenscheibchen bestehen.

Zwischen diesen Säulen befindet sich ein elastisch eingespannter Stab, dessen Bewegung gegen das Gehäuse durch Aufsetzen seines freien Endes auf das sich dehnende Brückenglied in der einen Kohlensäule Zug, in der andern Druck erzeugt; der elektrische Berührungswiderstand der Kohlenscheibchen wird dadurch verändert. Fügt man die beiden Kohlensäulen so in die bekannte WHEATSTONESche Brückenschaltung ein, daß in Normallage kein Strom durch die Brücke fließt, so ergibt jede Dehnungsänderung und mithin Druck- oder Widerstandsänderung einen positiven, bzw. negativen Gleichstrom in der WHEATSTONESchen Brücke. Die Zug- und Druckversuche haben bewiesen, daß es durch die obenerwähnte Schaltung und die Wahl einer geeigneten mechanischen Vorspannung von *zwei* Kohlensäulen möglich ist, innerhalb des erforderlichen Meßbereiches von etwa $\pm$ 1000 kg/qcm, praktisch linear mit jeder Spannungsschwankung veränderliche Ausschläge am Milliamperemeter bzw. der Meßschleife zu erhalten.

Durch Anschlagen der Apparate, sowohl in aufgespanntem wie nicht aufgespanntem Zustande sind die Eigenschwingungskurven aufgenommen worden, die sich zu 2000 bis zu 4000 Hertz, je nach der gewählten mechanischen Vorspannung der Kohlensäulen ergeben haben. Dies von den Amerikanern zuerst im Jahre 1923 verwendete Prinzip (Electrical Telemeter von O. S. PETERS, U. S. Bureau of Standards, Washington, D. C.) ist in Deutschland von Dr. SIEMANN, Bremen, im Jahre 1925 zur Aufzeichnung langsamer Spannungsänderungen bei Untersuchungen von Schiffen auf See in etwas veränderter Form wieder benutzt worden.

## IV. *Besondere Aufgaben aus der Brückenmeßtechnik und Wege zu ihrer Lösung*

In beliebiger Entfernung von der Brücke steht ein Meßwagen, der den Oszillographen und das Schaltpult aufnimmt, welches lediglich zum Abgleichen der Widerstände in den einzelnen Zweigen der WHEATSTONESchen Brückenschaltung dient.

Die Eichung der Oszillogramme wurde mit Hilfe von HUGGENBERGER-Spannungsmessern von 10 cm Meßlänge, durch wiederholtes Auffahren der Belastungslokomotive auf die Brücke in die jeweils ungünstigste Stellung, vorgenommen. Aus dem Mittelwert der Ablesungen dieser Dehnungsmesser konnte dann die statische Spannung errechnet werden. Der infolge der entsprechenden statischen Belastung erzeugte Schleifenausschlag des Oszillographen vor und nach der Aufnahme der eigentlichen Oszillogramme wurde dann der Auswertung der dynamischen Aufzeichnungen zugrunde gelegt.

*Endgültige Folgerungen* können aus den bisher durchgeführten wenigen Versuchen jetzt noch nicht gezogen werden. Einige bemerkenswerte Ergebnisse seien jedoch, vorbehaltlich der Bestätigung durch weitere Messungen auch an anderen Brücken, kurz gestreift.

Erkennbar ist zunächst jedenfalls, daß die durch die *Einrüttelfahrten* erzwungene, absolute Konstanz der Null-Linie eine gute Bestätigung für das richtige Arbeiten der gesamten Apparatur darstellt. Die systematischen Einrüttelfahrten, die bei mechanischen Geräten und auch rein statischen Messungen unbedingt erforderlich sind, haben jedenfalls zum Erfolg sehr wesentlich beigetragen.

Auf die außerordentliche Bedeutung der *absoluten Gleichzeitigkeit* mehrerer Diagramme, die bei mechanischen Einzelapparaten wohl niemals so genau zu erzielen sein wird, sei nochmals hingewiesen. Man kann auf diese Weise durch Anbringen einer größeren Zahl von Apparaten die räumliche Verformungslinie eines ganzen Stabes oder Fachwerkträgers usw., also die Schwingungsform (Grundton oder 1., 2. usw. Oberton) festlegen.

Der *Charakter der Schwingungserscheinungen* in einem Untergurtstab und somit auch der Stoßkoeffizient läßt sich vorläufig wie folgt auswerten:

1. Bei den *Fahrten mit* 10 km/Std. Geschwindigkeit ergab sich eine deutliche,

bisher bei so geringer Geschwindigkeit wohl kaum beobachtete Schwingung von 30 bis 50 Hertz, was lediglich infolge der erheblichen Vergrößerung und des raschen Papiervortriebes erst erkennbar wurde. Es errechnet sich daraus bereits für 10 km/Std ein Stoßkoeffizient von 1,06 ($\sigma_{max} = 1,06\ \sigma_{mittel}$).

2. Bei den *Fahrten von* 40 km/Std. sind drei völlig voneinander verschiedene Schwingungen deutlich zu erkennen, und zwar: $n_1 = 4$ bis 6 Hertz, $n_2 = 42$ bis 44 Hertz und $n_3 = 300$ bis 600 Hertz. Vergleicht man diese drei Schwingungen mit den von Prof. HORT[1] errechneten Werten, so kann man vermutlich die langsame Schwingung als den Triebrad- und Timoshenkoeffekt, und die mittlere als Stoßeffekt ansprechen, während die dritte, rasche Schwingung möglicherweise als ein Oberton der Eigenschwingung des Stabes anzusehen ist.

3. Die *Eigenschwingungszahl bzw. deren Obertöne eines Obergurtes* und eines *Pfostens* im belasteten und unbelasteten Zustande sind auch experimentell, und zwar auf folgende Weise bestimmt worden: Die Stäbe wurden durch Anschlagen mit Vorschlaghämmern in Richtung der $X$- sowie $Y$-Achse unmittelbar neben den Dehnungsmessern erregt; sie erhielten dadurch eine Beanspruchung, der mechanische Geräte wohl kaum gewachsen sind.

Die Übereinstimmung der auftretenden Schwingungen bei einer gewöhnlichen Belastungsfahrt mit den Anstoß-Eigenschwingungen der Einzelstäbe, sowohl für die $X$- wie auch für die $Y$-Achse, die im Bereich von 50 bis 600 Hertz liegen, erlaubt wohl den Schluß zu ziehen, daß nicht bloß Längsschwingungen (Longitudinalwellen), wie später ausgeführt wird, sondern in ausgeprägter Weise auch Querschwingungen (Transversalschwingungen oder Biegungswellen) unsere Brückenspannungen beeinflussen.

4. Die *Amplitudenhöhe der einzelnen Schwingungen*, auf den Stoßkoeffizienten umgerechnet, ergibt für $n_1$ rd. 0,08 (nach HORT bei 65 km/Std. als Triebradeffekt bei Resonanz und Timoshenkoeffekt zusammen mit 0,20 errechnet), für $n_2$ rd. 0,15 (nach HORT als Stoßeffekt ebenfalls mit 0,15 errechnet) und für $n_3$ rd. 0,02 (voraussichtlich Eigenschwingungsoberton des Fachwerkstabes). Daß diese hohen Obertöne keine praktische Bedeutung in bezug auf die Stoßzahl haben, war vorauszusehen; der Zweck der Versuche ist auch keineswegs in der Aufnahme so rascher Schwingungen zu suchen.

5. Um die *Eigenschwingung der Brücken* genauer bestimmen zu können, aus deren Veränderung nach längerem Betriebe möglicherweise sich Rückschlüsse auf ihren Zustand ziehen lassen, sind Versuche mit einem Erschütterungswagen angestellt worden. Der *Erschütterungswagen* soll den Brücken sinusförmige Schwingungen aufdrücken, und zwar mit Hilfe von sogenannten Unbalanzen, d. h. exzentrisch angebrachten Schwungrädern, die verschieden gerichtete Stöße in beliebiger Reihenfolge und Stärke auf die Brücken ausüben können. Über weitere im Gang befindliche Untersuchungen mit dem Erschütterungswagen kann zurzeit noch nicht berichtet werden.[2]

6. Schließlich werden aber auch Schwingungserscheinungen bereits durch *rein statische* Wirkungen, und zwar die besonders beim Längs- und Querträger auftretenden starken Spitzen der bisher wohl allgemein zu sehr vernachlässigten *Wirkungsflächen* hervorgerufen.

Unter *Wirkungsflächen*, also den *theoretischen Diagrammen* oder *Summeneinflußlinien*, wie man sie sonst auch nicht ganz zutreffend nennt, wird hier die Summe der

---

[1] W. HORT: Stoßbeanspruchungen und Schwingungen der Hauptträger statisch bestimmter Eisenbahnbrücken. „Die Bautechnik", 1928, Heft 3 und 4.

[2] R. BERNHARD und W. SPÄTH: Reindynamische Verfahren zur Untersuchung der Beanspruchung von Bauwerken. „Der Stahlbau", 1929, Heft 6.

mit den entsprechenden Raddrücken multiplizierten Einflußlinien verstanden, die zu einer bestimmten wandernden Lastgruppe (z. B. einer Belastungslokomotive) und nicht einer Last „eins", wie bei einer gewöhnlichen Einflußlinie, gehören. Die rasche Aufeinanderfolge ihrer Spitzen, die leicht mit anderen Schwingungen verwechselt werden kann, ist nur von der Geschwindigkeit der Belastungslokomotive abhängig. Bei 40 km/Std. ergibt sich z. B. für den Längsträger und für den Querträger der untersuchten Brücke eine scheinbare Frequenz von etwa 4 Hertz. Zur Bestimmung der Stoßzahl von Schrägen, Pfosten und vor allem von Quer- und Längsträgern ist es daher unbedingt erforderlich, diese Wirkungsflächen einzuzeichnen, um richtige Werte zu erhalten.

## V. Zusammenfassung

Einige *Hauptbedingungen*, die an einen guten, registrierenden Spannungsmesser zur Untersuchung statischer und dynamischer Beanspruchungen eiserner Brücken gestellt werden müssen, sind demnach kurz zusammengefaßt zurzeit etwa folgende:

1. *Apparateigenschwingungszahl*: Größer oder gleich 1200 Hertz, damit maßstabgetreue Anzeige von Frequenzen bis zu 300 Hertz sichergestellt ist.
2. *Empfindlichkeit*: Anzeige der Spannungsänderungen von etwa 5 kg/qcm.
3. *Genauigkeit*: Bei über 1000facher Vergrößerung $\pm$ 2,5%.
4. *Zeitliche Übereinstimmung*: Anzeigen von mehreren Meßstellen auf einem Diagramm.
5. *Diagrammvortrieb*: Zur Aufnahme kurzer Vorgänge Papiergeschwindigkeit bis 4 m/Sek. regelbar.
6. Einfache *Eichmöglichkeit*.
7. Leichte *Bedienbarkeit*.

Diese Grundlagen stimmen im wesentlichen mit den bisherigen Forderungen des Preisausschreibens der Deutschen Reichsbahn-Gesellschaft überein. Ob sie überhaupt alle durch einen einzigen Apparat erfüllt werden können, bleibt noch dahingestellt. Mit den elektrischen Verfahren kann jedenfalls der größte Teil davon erreicht werden. Die Notwendigkeit, auch andere als vorwiegend mechanische Geräte auszubilden, hat sich gerade als Folge des obigen Preisausschreibens erst herausgestellt und war wohl früher nicht mit Bestimmtheit vorauszusehen.

Die *Nachteile* des elektrischen Verfahrens liegen zweifellos in der nicht leichten Bedienung des Oszillographen, wobei freilich zu bemerken ist, daß auch sämtliche, selbst die einfachsten mechanischen, rein statischen Dehnungsmesser unbedingt eingearbeitete Hilfskräfte erfordern.

Die *Vorteile* des elektrischen Meßverfahrens sind dagegen in erster Linie die praktisch unbegrenzte, hohe Apparateigenschwingung und Vergrößerungsmöglichkeit, geringe Aufspannzeit, Bedienung vieler Dehnungsmesser gleichzeitig von einer Zentralstelle aus, also Ersparnis an Arbeitskräften, absolute Koinzidenz der verschiedensten Vorgänge auf einem Streifen, sowie Verringerung der Diagrammzahl durch Wiedergabe auf einem Papierstreifen von fast beliebig raschem Vortrieb, der damit verbundene Zeitgewinn und schließlich die insgesamt geringeren Kosten.

Herr Oberbaurat Prof. Dr. SKUTSCH, Herr dipl. Ing. CURTIUS, Herr Dipl. Ing. KAMMERER und Herr Reichsbahnoberinspektor MORGENROTH haben wesentlich zum Gelingen der Versuche beigetragen. Es ist dem Berichterstatter eine angenehme Pflicht, seinen Dank auch an dieser Stelle zum Ausdruck zu bringen.

# Diskussion

ALFRED MEYER, II. Sektionschef bei der Generaldirektion der Schweizer Bundesbahnen, Bern:

Als Erbauer eines mechanisch registrierenden Dehnungsmessers möchte ich einige Bemerkungen zu den Ausführungen von Herrn Dr. BERNHARD anbringen.

Herr Dr. BERNHARD stellt in erster Linie die Forderung auf, daß die sekundliche Eigenschwingungszahl, die sogenannte Resonanz eines Dehnungsmessers, nicht unter 1200 Hertz liegen müsse, damit der Dehnungsmesser mit Sicherheit den vierten Teil, d. h. 300 Hertz, unverzerrt aufzeichne. Diese Forderung mag für den Kohlenplättchen-Dehnungsmesser zutreffen. Bei einem mehrhebligen, mechanisch-registrierenden Meßgerät liegt der Fall insofern anders, als die Resonanzkurve nicht eine einfache mathematische Funktion ist, wie sie gewöhnlich dargestellt wird, weil bei hohen Schwingungszahlen eine natürliche Dämpfung in Form von vermehrter Reibung und vermehrtem Luftwiderstand durch die Hebel eintritt. Dadurch liefert der Dehnungsmesser weit über den vierten Teil der Resonanz hinaus unverzerrte Diagramme, wie Versuche auf dem elektrischen Schütteltisch der Firma TRÜB, TÄUBER & Co. in Zürich mit meinem Dehnungsmesser gezeigt haben. Diese Versuche sind noch im Gang und erlauben daher noch kein abschließendes Urteil.

Eine Gefahr, daß die an einer Brücke auftretenden 300 sekundlichen Dehnungsschwingungen von einem mechanisch-registrierenden Dehnungsmesser verzerrt aufgezeichnet würden, wenn dieser beispielsweise eine Eigenfrequenz von nur 400 Hertz besitzt, ist ausgeschlossen. Die Amplitude so hoher Schwingungen ist gering, schätzungsweise im Maximum 30 kg/qcm, so daß diese den Dehnungsmesser kaum zu erregen vermögen, und von ihm entweder gar nicht oder aber zu klein aufgezeichnet werden. Was bedeutet aber die Unterdrückung von einigen kg/qcm, wenn in Betracht gezogen wird, daß der mechanisch-registrierende Dehnungsmesser dem elektrisch-optischen in der praktischen Handhabung überlegen ist? Auch in bezug auf die Kosten stellt sich der mechanisch-registrierende günstiger, und zwar sowohl bezüglich der Anschaffungs- als auch der Betriebskosten. Außerdem fehlt heute noch die Erfahrung darüber, wie rasch der Verschleiß der Kohlenplättchen bei den heftigen Brückenerschütterungen sich gestaltet. Beispielsweise verändern Kohlenmikrophone manchmal verhältnismäßig rasch ihre Leitfähigkeit, wodurch sie unbrauchbar werden. Es ist daher nicht ausgeschlossen, daß infolge Veränderungen der Berührungsflächen der Kohlenplättchen der elektrische Widerstand sich ändert, wodurch der Kohlenplättchen-Dehnungsmesser unrichtige Angaben macht.

Betreffend die im Vortrage besonders hervorgehobene Trennung der eigentlichen Meßapparate vom Oszillographen möchte ich noch kurz folgendes erwähnen:

Wer schon Messungen an Brücken ausgeführt hat, weiß, wie wichtig es ist, daß alle Beteiligten möglichst gut erreichbar sind. Durch die Aufstellung des Oszillographen im weit entfernten Brückenmeßwagen wird die Messung eher umständlicher. Außerdem besteht beim Versagen der Bremsen des Belastungszuges die Gefahr, daß die Beobachter des Meßwagens und dieser selbst Schaden leiden. Auch im Hinblick auf eine rasche Räumung des Geleises für einen fahrplanmäßigen Zug ist die Belassung des Meßwagens auf offener Strecke nicht zu empfehlen. Es wird daher in bestimmten Fällen die Aufstellung des Oszillographen samt der Akkumulatorenbatterie in der Nähe der Brücke nicht immer zu umgehen sein. Solche Maßnahmen würden naturgemäß den Betrieb weiter erheblich verteuern und umständlicher machen.

Reichsbahnrat Dr.-Ing. BERNHARD:

1. Die aufgestellte Forderung, eine Apparate-Eigenschwingungszahl nicht unter 1200 Hertz anzustreben, um durch die auftretenden Spannungsschwankungen von etwa 300 Hertz in den Brückenstäben *keine Störungen und falsche Anzeigen* zu erhalten, ist in der Form der *für jedes Schwingungssystem ganz allgemein gültigen Resonanzkurve* begründet. Nur bei halbaperiodischer Dämpfung, gleichgültig aus welcher Ursache, z. B. Luftwiderstand oder sonstige Reibungen, wird man bis zu einem Viertel der Apparate-Eigenschwingungszahl unverzerrte Anzeigen erhalten. In allen anderen Fällen, also sowohl geringerer wie auch größerer Dämpfung, *ganz unabhängig, ob ein mechanisches, optisches oder elektrisches System zugrunde* liegt, werden sich falsche, d. h. Über- bzw. Unteranzeigen ergeben.

2. Die raschen, aber absolut genommen sehr kleinen Spannungsschwankungen, die Herr MEYER auf etwa 30 kg/qcm schätzt, machen immerhin rund $10^0/_0$ *der überhaupt mit den Meßgeräten erfaßbaren Spannungen aus.* Normalerweise betragen diese Beanspruchungen infolge Verkehrslast etwa 300 kg/qcm; der Rest von 900 kg/qcm (1200—300 kg/qcm) bildet den Eigengewichtsanteil.

In dem jetzt erschienenen, außerordentlich gründlichen Bericht des englischen Ausschusses für Brückenmeßtechnik (London 1929) wird von ganz unabhängiger Seite erneut festgestellt, daß *mechanisch aufzeichnende Meßgeräte* durch rasche Erregerschwingungen, *mögen sie noch so gering sein,* zu erheblichen Fehlanzeigen, und zwar insbesondere störenden *Überanzeigen,* angeregt werden.

Das *Aneinanderreihen verschiedener Hebel,* wie es zur Erzielung der notwendigen Vergrößerung bei mechanischen Geräten nun einmal erforderlich ist, bildet u. a. eine Ursache von Ungenauigkeiten, die bei *statischen* Messungen, wie es z. B. jeder Versuch auf einer Eichbank zeigt, leicht zu erheblichen Hysteresiserscheinungen und bei *dynamischen Versuchen,* z. B. durch Nachweis auf dem Schütteltisch leicht zu Schüttelschwingungen führen kann. Die *einwandfreie Bedienung* dieser verschiedenen, durch Gelenke stets mit geringem Spiel verbundenen Hebel, erscheint deshalb *keineswegs so ganz einfach.*

3. Die Anschaffung einer größeren Anzahl der im Handel befindlichen mechanischen Brückenspannungsmesser ist zur Zeit noch teurer als die gleiche Anzahl Kohlendehnungsmesser in Verbindung mit einem Oszillographen; insbesondere wenn man berücksichtigt, daß der Kohlendehnungsmesser fast ohne Mehrkosten *gleichzeitig als Schwingungs-, Beschleunigungs- und auch dynamischer Durchbiegungsmesser* verwendet werden kann.

4. Der Vorteil, alle Meßstellen von einer Zentralstelle aus bedienen zu können, ergibt meines Erachtens eine wesentliche *Vereinfachung des Meßvorganges* und verlangt keine weitere Verständigung der nun überhaupt nicht mehr erforderlichen Einzelbeobachter, was auch als wirtschaftlicher Vorteil in einer *Herabsetzung der Betriebskosten* zur Auswirkung kommt.

Außerdem ist die *gleichzeitige Aufzeichnung* derartiger Vorgänge, die sich in Bruchteilen von Sekunden abspielen, nur bei Registrierung auf einem *einzigen Papierstreifen* gewährleistet. Die Synchronisierung des Vortriebes der verschiedenen Meßstreifen bei einzelnen Meßgeräten ist auch bei elektrischer Kupplung nicht mit der genügenden Genauigkeit durchführbar.

5. Eine *Veränderung der Leitfähigkeit der Kohlenplättchen* ist trotz fast zweijähriger Versuche nicht beobachtet worden; jedenfalls wird innerhalb der Überfahrt eines Zuges, die nur wenige Sekunden dauert, bestimmt keine störende Veränderung eintreten, was sich durch einfache Eichung vor und nach der Meßfahrt stets leicht kontrollieren läßt.

6. Während der Fahrt des Belastungszuges über die Brücke muß die Strecke

ohnehin gesperrt werden. Besondere *betriebliche Störungen* durch Aufstellung des Meßwagens entstehen dadurch also nicht; falls ein Versagen der Bremsen des Belastungszuges und mithin eine Gefährdung des Meßwagens auf eingleisigen Strecken befürchtet wird, werden Schnellfahrten mit der Anfahrstrecke vom Meßwagen ausgehend zur Brücke hin vorgenommen.

Zum Schluß sei ausdrücklich noch einmal darauf hingewiesen, daß es vielleicht möglich sein wird, durch Vergleich mit einem genauen, elektrisch-optischen und daher *masselosen* Meßverfahren, die Fehler der mechanischen Dehnungsmesser durch ihre stets *mit Masse behafteten Teile*, zu erkennen, um sie für *einfache Messungen* trotzdem verwenden zu können.

Ministerialrat a. D. Ing. J. BEKE, Budapest:

## Neuartige Verwendung des versteiften Stabbogens bei der Straßenbrücke in Györ in Ungarn[1]

Die kön. Freistadt *Györ* hat im Jahre 1926 einen öffentlichen Wettbewerb für den Bau der Straßenbrücke über einen Nebenarm der Donau ausgeschrieben. System, Form, Material der Brücke konnten die Bewerber nach eigenem Ermessen wählen. Die gesamte *freie* Öffnung von 120 m war in eine Mittelöffnung von 88 m

Abb. 1

und zwei Uferüberbrückungen von je 16 m zu teilen. Die Bauhöhe war mit ungefähr 1,0 m festgesetzt, so daß nur eine Brücke mit untenliegender Fahrbahn in Frage kommen konnte. Die Brückenbreite war mit 10,9 m vorgeschrieben, hievon entfallen 6,9 m auf den Fahrweg zwischen den Hauptträgern und je 2,0 m auf die beiderseitigen äußeren Gehwege.

Eingereicht wurden elf Offerte mit mehr als 30 Varianten. Der Bauauftrag wurde für den Überbau der WAGGON- U. MASCHINENFABRIK A. G. *in Györ* auf Grund der vom Vortragenden entworfenen Brückenkonstruktion mit Langer-Trägern erteilt; die Unterbauten wurden von den Baufirmen ZSIGMONDY (Budapest) und HLATKY-SCHLICHTER (Györ) hergestellt.

Der Stabbogen in der Mittelöffnung hat 90,5 m Spannweite und ist mit einem parallelgurtigen Strebenfachwerk versteift. Die Pfeilhöhe des Bogens ist vom *Untergurte* des Versteifungsträgers gemessen rund 15,8 m, d. i. etwas mehr als ein Sechstel der Spannweite. Die Höhe des Versteifungsträgers ist 2,40 m, der Obergurt ist ungefähr in Geländerhöhe. Eine Besonderheit der Konstruktion ist, daß die Versteifungsträger konsolartig in die Seitenöffnungen hineinragen und daselbst

---

[1] Der vollständige Vortrag wird im „Bauingenieur" erscheinen.

freischwebend, ohne Stützung an den Widerlagern, die Hauptträger der Uferüberbrückungen bilden.

Das gewählte Trägersystem, dessen vorteilhafte, ästhetische Wirkung allgemein
anerkannt wird,[1] und das trotzdem bis jetzt nur sehr selten zur Verwendung gelangte,
konnte hier sehr gut den besonderen Öffnungsverhältnissen angepaßt werden und
kommt im Stadtbilde sehr günstig zur Erscheinung (s. Abb. 1, 2, 3).

Abb. 2

Die Anordnung ist nicht nur in ästhetischer Beziehung befriedigend, sondern
hat auch gewisse konstruktive und wirtschaftliche Vorteile. Die Konstruktion ist
nur einfach statisch unbestimmt, und infolge der konsolartigen Vorkragung vermindern sich die Bogenkräfte etwas und ist auch im Gewichte des Versteifungsträgers eine Ersparnis zu verzeichnen.

Abb. 3

Der Vortragende hat in Lichtbildern außer den Bildern der fertigen Brücke
auch einige Konstruktionsdetails, so unter anderen die Verbindung des Bogens mit
beiden Gurten des Versteifungsträgers, sowie den Vorgang der Montierung kurz
vorgeführt.

Damit bei Durchbiegung oder Erhebung des Konsolendes die Bildung einer

---

[1] Siehe auch den Kongreßbericht des Herrn Prof. Dr. F. Hartmann über „Ästhetik
im Brückenbau".

Stufe zwischen Brückenfahrbahn und Widerlager vermieden werde, ist am Brückenende kein Querträger angeordnet, sondern die letzten, ungefähr 6,0 m langen Längsträger sind gelenkig am Querträger des vorletzten Knotenpunktes und mittels kleinen Kipplagers an den Widerlagern gestützt.

Das Material der Brücke ist im allgemeinen St. 48, die Nieten wurden aus St. Si hergestellt.

Das Gewicht der Stahlkonstruktion beträgt — ohne Hinzurechnung der Einlagen der Eisenbeton-Fahrbahnplatten — 359 Tonnen. Demgegenüber ergab sich in einer Vergleichsrechnung des Vortragenden das Gewicht einer Fachwerk-Bogenbrücke mit Zugband zu 365 Tonnen und dasjenige einer Konstruktion mit Ausleger-Balkenträger zu 356 Tonnen. Wenn man noch die vom Vortragenden besonders betonten Vorteile der erleichterten Werkstattarbeit berücksichtigt, erweist sich dieses System nicht nur in ästhetischer, sondern auch in wirtschaftlicher Beziehung konkurrenzfähig.

Bei der Probebelastung war die *größte* Durchbiegung in der Mittelöffnung, bei Belastung einer Brückenhälfte, 64 mm, d. i. $^1/_{1400}$ der Spannweite. Bei Vollbelastung der Mittelöffnung war die Durchbiegung nur 45 mm. Die freischwebenden Konsolen verursachten in der Brückenfahrbahn keine ungünstigen Bewegungen.

Der Vortragende schloß mit dem Ausdruck seiner Überzeugung, daß dieses durch viele Jahrzehnte vernachlässigte System einer Weiterentwicklung fähig ist, und gab der Hoffnung Ausdruck, daß der Vortrag zur Heranziehung des genannten Systems bei verschiedenartigen Aufgaben des Brückenbaues eine gewisse Anregung bieten werde.

Dr. Ing. PAUL EBERSPÄCHER, Esslingen:

### Glasdächer und Korrosion

Die bekannten Mängel der verkitteten Glasdächer führten schon vor mehreren Jahrzehnten zur *kittlosen* Verglasung; ursprünglich vielerlei Systeme, aus denen die unerbittlichste Prüfung, die Bewährung in der Praxis, eine kleine Anzahl ausgesiebt hat.

Wenn kittlose Glasdächer noch heute manchen Gegner finden, so ist diese Abneigung letzten Endes immer auf dieselbe alte Wahrheit zurückzuführen, nämlich darauf, *daß Eisen rostet.* Schützt man ein Glasdach nicht vor Rost, so muß es, ob verkittet oder kittlos, früher oder später zugrunde gehen. Für die Glasdachindustrie steht somit als wichtigste Frage im Vordergrund: Wie ist es zu erreichen, daß die Glasdächer der Korrosion länger widerstehen als bisher, oder mit anderen Worten: Wie kann die Lebensdauer der Glasdächer in Einklang gebracht werden mit der Lebensdauer der übrigen Konstruktionsteile eines Gebäudes?

Diese Frage interessiert den Hochbauer ebensosehr wie den Erzeuger des Glasdaches, und ich glaube daher, in diesem Kreise gerne Gehör zu finden, wenn ich zeige, wie und mit welchem Erfolg daran gearbeitet wird.

An jedem Glasdach kann man drei Bauelemente unterscheiden: 1. *das Glas* (meistens mit Drahteinlage), dessen Aufgabe es ist, die schützende und gleichzeitig lichtdurchlässige Dachhaut zu bilden; 2. *die Dichtungsbleche,* die zwischen den einzelnen Glastafeln, zwischen dem Glas und der undurchsichtigen Dachhaut an der Traufe, am First und an den Seiten den dichtenden Übergang bilden; 3. *die sogenannten Sprossen,* das sind die Teile der Dachkonstruktion, auf denen das Glas sein tragendes Auflager findet. Die einzelnen, etwa 70 cm breiten Glastafeln werden über den Sprossen stumpf gestoßen, somit fällt den Sprossen außer der tragenden Funktion noch die Aufgabe zu, das Wasser von der Stoßstelle der Glastafeln nach außen abzuleiten. Der Baustoff der Sprossen ist heute meist gewalzter Baustahl.

Diese drei Bauelemente sind der Korrosion in besonders hohem Maße ausgesetzt, *weit mehr*, als die andern Teile des Baues. Man denke an die Witterungseinflüsse, denen das Glasdach vollständig preisgegeben ist; im Sommer wird es von der glühenden Sonne erhitzt; dann wieder wird es durch Regen abgekühlt und durchnäßt; im Winter muß es Schnee und Frost standhalten. Ist der Raum geheizt, so bildet sich Kondenswasser. Hinzu kommen nun die schlimmsten Feinde: die säurehaltigen Rauch- und Abgase von Industrie- und Hausbrand. Die nassen Ablagerungen und die auf den genannten Bauelementen fast stets vorhandene Feuchtigkeit werden angesäuert, so daß diese Elemente, soweit sie aus Eisen sind, in erschreckendem Maße korrodieren.

Die Tatsache, daß gerade die in den Industrieabgasen wirksamen *geringen* Säurekonzentrationsgrade entgegen der gefühlsmäßigen Annahme einen viel größeren Zerstörungseinfluß haben als die konzentrierten Säuren, wird zu wenig beachtet. Vor wenigen Jahren noch war man über das Versuchsergebnis, daß z. B. konzentrierte Schwefelsäure auf Eisen weit weniger wirkt als verdünnte, wässerige schweflige Säure, sehr erstaunt. Wenn man berücksichtigt, daß nach einem Versuche der Technischen Hochschule Stuttgart gewöhnlicher Baustahl durch verdünnte wässrige, schweflige Säure siebzehnmal rascher in Lösung geht, als durch konzentrierte Schwefelsäure, dann lernt man die tatsächliche Bedeutung der Abgaseanalysen industrieller Betriebe richtig abschätzen. Die Analyse des Lokomotivrauches ergibt z. B. in 100 Liter 60 bis 70 mg Schwefelsäure, 5 bis 6 mg Salpetersäure und 5 bis 6 mg Salzsäure. Diese Tatsache erklärt die kurze Lebensdauer der vielen Bahnsteigdächer aus verzinktem Eisenblech.

Merkwürdigerweise ist man in vielen Kreisen der Bautechnik bis vor kurzer Zeit zum Schaden der Bauherren fast achtlos hieran vorübergegangen. Man übersah, daß die Bauelemente des Glasdaches, soweit sie aus Eisen sind, besonders gefährdet sind und begnügte sich damit, z. B. die Sprossen lediglich mit einem Anstrich zu versehen, so wie es auch bei den übrigen eisernen Konstruktionsteilen eines Baues geschah. Gerade bei den Sprossen erscheint dies schwer verständlich: wie schon vorhin gesagt, dienen sie u. a. dem Ableiten von Wasser. Sie sind somit als wasserführende Rinnen zu betrachten. Kein Baumeister würde es sich aber einfallen lassen, z. B. eine Dachrinne oder ein Regenrohr aus Schwarzblech anzufertigen und lediglich mit Farbe anzustreichen. Und dabei soll die Glasdachsprosse auch noch eine tragende Funktion erfüllen!

In seltenen Fällen hat man sich dann auch dazu verstanden, die Sprossen zu verzinken, womit man freilich in Industriegegenden dem Übel auch nicht wirksam begegnen konnte.

Wird einer technisch richtigen Ausführung des Glasdaches nicht genügender Wert beigemessen, so sind vorzeitige Korrosionsschäden an allen Teilen die Folge; die Dächer bekommen Leckstellen, weil sich die Gläser auf den geschwächten Sprosseneisen zu stark durchbiegen und zerspringen. Ist es aber einmal so weit, dann wird man sich notgedrungen zu teuren Reparaturen entschließen müssen, um die noch teureren Betriebsstörungen und die Schäden an Waren zu vermeiden.

Heute beginnt man, die Folgen einer Vernachlässigung des Glasdaches zu erkennen und ist deshalb auch zu höheren Anschaffungspreisen bereit. Unter dieser Voraussetzung bietet der heutige Glasdachbau mancherlei Verbesserungen, die im folgenden kritisch besprochen werden mögen.

Einer dieser *Verbesserungsvorschläge* geht ganz allgemein dahin, die Glasdächer *den Einflüssen* der schädlichen *Rauchgase* ganz zu *entziehen*. Mehrere Neubauten der deutschen Reichsbahn zeigen dieses Bestreben. An den Glasdächern auf den Bahnhöfen Köln a. Rh., Hamburg, Frankfurt a. M. hat man gelernt, wie man *nicht* bauen soll; denn dort wird durch die nicht ganz zweckmäßig angebrachte Lüftung der Lokomotivrauch an Glas und Eisenträger geradezu herangesaugt. Anders bei den neueren Hallen in Darmstadt, Stuttgart, Frankfurt a. d. O., Bahnhof Börse und Lehrter Bahnhof in Berlin, wo man durch Schlote und Schürzen vom Dach bis zur Lokomotive den Rauch unmittelbar ins Freie abziehen läßt. Glasdächer und Eisenkonstruktion sind dadurch weitgehendst geschützt. Was für Bahnhöfe gilt, gilt natürlich ganz allgemein für andere rauchende Industriebetriebe, z. B. Schmieden und Gießereien. Ich könnte mir denken, daß bei richtiger Zusammenarbeit von Bau- und Betriebsingenieur auch für solche Betriebe rauchfreie Hallen geschaffen werden können.

Mit diesen vorbeugenden Maßnahmen sollte Hand in Hand gehen der *Schutz* der einzelnen vorerwähnten *Bauelemente* der Glasdächer.

Bei dem ersten Bauelement, dem *Drahtglas*, bestehen die Korrosionserscheinungen darin, daß an den Schnittkanten, wo die Drahtenden freiliegen, der Draht zu rosten beginnt. Das Volumen des Drahtes wird bei dem Oxydationsprozeß größer und beginnt, das Glas von den Rändern her zu sprengen. Zur Abhilfe streicht man über die Schnittkanten mit Farbe. Das beste Mittel, freilich auch das teuerste, ist Glas mit drahtfreien Rändern. Das Drahtnetz ist hier vollständig rostsicher ins Glas eingebettet.

Für das zweite Bauelement, die *Dichtungsbleche*, ist bisher Zinkblech oder verzinktes Eisenblech am gebräuchlichsten. Beide Materialien können nicht als korrosionssicher bezeichnet werden, da Zinkblech durch schwefelsaure Rauchgase zerstört wird. Wo also mit derartigen Gasen zu rechnen ist, muß an Stelle von Zink das so ziemlich unverwüstliche Kupfer treten, das dann allerdings auch für alle anderen Blechteile auf demselben Dach verwendet werden sollte; es besteht sonst die Gefahr, daß sich zwischen den verschiedenen Metallen eine galvanische Kette bildet, was bekanntlich zur beschleunigten Zerstörung dieser Baustoffe führt.

Ein idealer Baustoff für diese Dichtungsbleche wäre zweifellos Kruppsches nicht rostendes Blech. Es ist jedoch leider heute noch viel zu teuer.

Auch Aluminiumbleche hat man schon verwenden wollen. Die Erfahrungen des Flugzeugbaues mit der Widerstandsfähigkeit dieses Materials gegen Korrosionen sind aber nicht besonders ermutigend.

Mit gutem Erfolg hat man ferner bei gewissen Bauteilen des Glasdaches, wie z. B. bei den Deckschienen und Firstkappen, das Blech ganz durch Drahtglasstreifen ersetzt. Solche Deckschienen sind absolut korrosionssicher und genügen in bezug auf die Festigkeit vollkommen.

Die mannigfaltigsten Verbesserungsvorschläge und Neuerungen finden wir beim dritten Bauelement, den *Sprossen*.

Hieher gehören die Versuche, an Stelle des gewalzten Baustahles ein anderes Material zu setzen, wie z. B. Holz. Die im Vergleich zu Stahl geringere Festigkeit dieses Baustoffes zwingt zu großen lichtraubenden Querschnitten. Holzsprossen neigen auch bei Feuchtigkeit trotz aller Imprägnierung zur Fäulnis und werfen sich, wodurch die Gläser zerbrechen.

Auch aus Eisenbeton hat man Glasdachsprossen schon konstruiert. Auf den ersten Blick scheint dieses Material sehr verlockend, aber auch hiefür gilt das schon von den Holzsprossen Gesagte: die Querschnitte werden zu massig. Es können sich Haarrisse bilden, die zur Zerstörung der nur wenig gedeckten Eiseneinlagen führen, hier besonders gefährlich, da der Grad der Zerstörung nicht ohne weiteres feststellen ist. Außerdem ist feuchter Beton nicht widerstandsfähig gegen Säure.

Gegen Aluminium sprechen der teure Preis und die unsicheren Festigkeitszahlen; kein Aluminiumwalzwerk gab bisher genügende Gewährzahlen auf Jahre hinaus. Ebensowenig wollen die Metallwerke für die sonst angepriesenen *Speziallegierungen* mit Kupfer, Nickel usw. längere Zeit Gewähr übernehmen.

Meine Erfahrungen mit *gekupfertem Stahl* seit drei Jahren waren nicht günstig; die Versuchsstücke rosteten praktisch fast ebenso stark wie gewöhnlicher Baustahl.

Sprossen aus Kupferblech sind schon verwendet worden; sie sind jedoch zu weich und zu nachgiebig.

Am besten und zweckmäßigsten wäre auch hier Kruppscher, nicht rostender Stahl, der eine ideale Glasdachsprosse ergeben würde. Bedenkt man aber, daß eine Sprosse z. B. aus V2a mindestens M 16,— pro lfdm allein für das Material kosten würde, so ist die Unmöglichkeit der Verwendung leicht einzusehen.

Eine weitere Versuchsgruppe geht dahin, den billigen Baustahl mit seiner hohen Festigkeit beizubehalten, dagegen die Querschnittsform so zu gestalten, daß die Sprossen ohne Abheben der Gläser periodisch neu angestrichen werden können. Dieser Gedanke erscheint zunächst aussichtsreich. Es bestehen aber zwei grundsätzliche Bedenken: 1. Da das Glas auf den Sprossen aufliegt, ist es unmöglich, gerade dieses gefährdete Auflager ohne Abheben der Gläser zu entrosten und es neu anzustreichen; 2. das Nachstreichen der Sprossen ist immer schwierig, zeitraubend, teuer und lästig, da Gerüste notwendig sind. Man denke an den herunterfallenden Schmutz und Rost in empfindlichen Betrieben, wie z. B. einer Spinnweberei, Papierfabrik, Kabelfabrik oder in einer elektrischen Ankerwickelei. Meines Erachtens kommt man mit solchen nachstreichbaren Profilen nicht weit.

Die letzte Gruppe von Versuchen, die wohl den größten Erfolg verspricht, erstreckt sich darauf, den Baustahl als Material und das bewährte Rinnenprofil als Sprossenquerschnitt beizubehalten, aber durch hochwertigen Überzug der Sprossen dafür zu sorgen, daß sie nicht rosten. Freilich muß man dann den zu wählenden Überzug den zu erwartenden Angriffen anpassen. Ein Zinküberzug wird sich gut bewähren, wenn die Sprosse nur in Wind und Wetter liegt, nicht aber, wenn sie sauren Rauchgasen ausgesetzt wird. Auch Kadmium wird in bezug auf chemische Widerstandsfähigkeit nicht viel mehr leisten können, als Zink. Chrom würde, weil sehr hart und chemisch schwer löslich, zweifellos einen sehr guten Rostschutz bilden, doch ist die Verchromung heute noch nicht weit genug entwickelt, sie ist auf bestimmte Spezialgebiete beschränkt.

(Für Schutzüberzüge aus Kupfer, Zinn, Nickel und Kobalt, die wie alle Metalle, die edler sind als Eisen, dieses nur bei porenfreiem Überzug schützen können, fehlen infolge verschiedener galvanotechnischer Schwierigkeiten praktisch anwendbare und zuverlässige Verfahren.)

Auch Blei ist edler als Eisen, weshalb Feuerverbleiung versagen muß; denn der Bleiüberzug, dessen Stärke man beim Eintauchen in flüssiges Blei nicht regulieren kann, ist zu dünn und infolgedessen porös. An den porösen Stellen bildet sich zwischen Eisen und Blei eine galvanische Kette und das Eisen geht in Lösung, d. h. es rostet schnell; feuerverbleite Eisenstücke rosten in feuchtem Sand viel rascher als solche mit Farbanstrich.

Sehr gut bewährt hat sich dagegen die in den letzten Jahren eingeführte porenfreie galvanische Verbleiung. Dieser Bleiüberzug widersteht den chemischen Angriffen mit Ausnahme jener von Salpetersäuren ganz ausgezeichnet.

Den beachtenswertesten Fortschritt im Glasdachbau stellt es aber zweifellos dar, daß es in den letzten Jahren nach mancherlei Rückschlägen gelungen ist, die Sprossen zu erschwinglichen Preisen mit einem *Emailleüberzug* zu versehen. Emaille ist ja im Grunde Glas und somit sehr widerstandsfähig gegen Säuren aller Art. Es ist weiterhin elektrischer Isolator, im Hinblick auf die öfters erwähnte galvanische Kette ein nicht zu unterschätzender Vorteil. Das vielfach gefürchtete Abspringen des Emailles tritt, wie Versuche zeigen, nicht ein, bevor das Eisen seine Streckgrenze erreicht hat; es ist also praktisch nicht zu erwarten. Auch die Schlagfestigkeit des

Emailleüberzuges konnte so weit erhöht werden, daß er den unvermeidbaren Stößen bei der Montierung und beim Transport gewachsen ist.

Damit komme ich zum Schluß!

Im Kampf gegen den Rost gilt für den Glasdachbau in erhöhtem Maße das, was allgemein in der Bautechnik Gültigkeit hat: Wir sind einige große Schritte vorwärtsgekommen; doch müssen wir aus Praxis und Wissenschaft noch weiterhin neue Lehren ziehen, prüfen, verbessern und das Beste behalten!

Doz. Dr. Ing. E. CHWALLA, Wien:

## Die Stabilität zentrisch und exzentrisch gedrückter Stäbe aus Baustahl

Meine Herren! Die frühzeitig gewonnene Erkenntnis der Ungültigkeit der klassischen Eulerformel im Falle kleiner Stabschlankheiten wies schon in den ersten Entwicklungsjahren des Eisenbaues auf den entscheidend großen Einfluß, der dem *Formänderungsgesetz* eines Werkstoffes im Komplex der Knickerscheinungen zuzuschreiben ist. Da sich die Theorie von damals einer Erfassung des Problems noch nicht gewachsen zeigte, war man auch im einfachen Falle des rein zentrischen Kraftangriffes auf Formeln angewiesen, die ausschließlich der Versuchserfahrung entsprangen, bis es vor etwa zwei Jahrzehnten TH. V. KÁRMÁN in Anknüpfung an die Gedankengänge ENGESSERS gelang, zielbewußt die Gesetzmäßigkeit der zentrischen Knickfestigkeit aus dem Verhalten des Baustoffes unter reinem Druck, also aus dem Formänderungsgesetz, abzuleiten und die erhaltenen Ergebnisse durch sorgfältig durchgeführte Versuche zu bestätigen. KÁRMÁN entwickelte in seiner Abhandlung auch eine (wenn man von den verwendeten Spannungsbildern absieht) einwandfreie Methode zur Ermittlung der kritischen Achsiallasten bei *exzentrischen* Angriffen, hatte jedoch bei diesen Untersuchungen einzig die Erkenntnis des Einflusses sehr kleiner, sogenannter „unvermeidlicher" Angriffsexzentrizitäten zum Ziele. Erst in den letzten Jahren erschienen zwei breiter angelegte Arbeiten, die auch die sog. „Knickfestigkeit" beliebig exzentrisch gedrückter Baustahlstäbe behandeln und Prof. KROHN bzw. ROŠ-BRUNNER zum Verfasser haben. Die in der „Bautechnik 1923" erschienene Abhandlung KROHNS beinhaltet den Versuch einer rein *analytischen* Erfassung des Problems, die begreiflichen Schwierigkeiten begegnet und zu vereinfachenden Annahmen wie auch zur Festsetzung der Sinuslinie als Gleichgewichtsform zwingt. Das erstrebenswerte Ziel, das Problem bis zu einem der Praxis unmittelbar zugänglichen Resultat zu verfolgen, hat nur die Arbeit ROŠ-BRUNNERS erreicht, deren praktisch bedeutungsvolle Ergebnisse Sie im Referate finden. Auch bei diesen Untersuchungen sind die Gleichgewichtsformen willkürlich angenommen, und zwar wurden der Einfachheit halber auch bei beliebig *exzentrischen* Kraftangriffen *ganze* Halbwellen der Sinuslinie gewählt (die z. B. an den beiden Stabenden zu dem Widerspruche führen, daß dem oft beträchtlichen Angriffsmoment der Achsialkraft eine Achsenkrümmung Null gegenübersteht). Dem exzentrischen „Knickproblem" wurden ferner Spannungsbilder zugrunde gelegt, die im unelastischen Bereich ungeachtet des *gemeinsamen* Anwachsens von Grund- und Biegespannung eine Entlastungsgerade auf der Biegezugseite aufweisen, wodurch ein Teil der ermittelten Knicklasten zu groß erhalten wird. Wie ich schon im Rahmen der Diskussionen erwähnte, habe ich, insbesonders um die willkürliche Annahme der Deformationsfiguren auf ihre *praktische* Zulässigkeit zu prüfen, das Stabilitätsproblem eines zentrisch oder beliebig exzentrisch gedrückten Baustahlstabes mit Schärfe behandelt und in den „Sitzungsberichten der Akad. d. Wiss. in Wien 1928 (Abt. IIa, S. 469)" das graphisch-analytische Verfahren zur Festlegung der ersten kritischen Achsiallasten für einen beiderseits gelenkig gelagerten Stab von Rechteckquerschnitt entwickelt. Die Abweichungen der erhaltenen Ergebnisse von den Diagrammwerten Roš-Brunners, denen das gleiche Formänderungsgesetz zugrunde liegt, erweisen sich auch tief im elastischen Bereiche, in dem die Annahme einer Sinuslinie noch am ehesten gerechtfertigt erscheinen muß, zum Teil als erheblich. Bei nur 1000 kg/qcm mittlerer Druckspannung resultierten die kritischen Stabschlankheiten z. B. bei einem exzentrischen Angriff in der dreifachen Kernweite um etwa 46% größer. Ohne auf irgendwelche Herleitungen einzugehen, möchte ich nur kurz bemerken, daß ich auch die Schubverzerrung und Nullinienverschiebung in Rücksicht gezogen habe, was jedoch ausschließlich theoretisches Interesse beansprucht. Die Differentialbeziehung kann graphisch exakt festgelegt und ihre Lösung in bekannter Weise auf Quadraturen zurückgeführt werden; es resultiert dann für jeden vorgegebenen Wert der mittleren Druckspannung „$P/F$" eine Gruppe von Gleichgewichtslagen, also eine Schar jener Kurven, die die ursprünglich gerade Stabachse bei verschiedenen Werten der Scheitelausbiegung unter der unveränderlichen Last „$P$" annimmt. Die Länge dieser Kurven innerhalb der beiden Integrationsgrenzen, also vom Lager bis zum

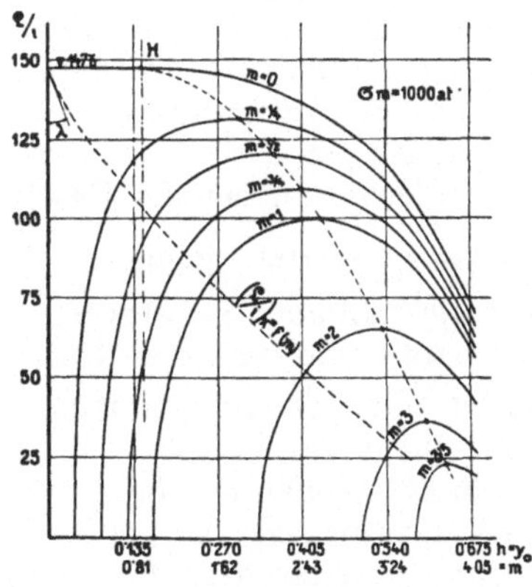

Abb. 1

Scheitelpunkt gemessen, führt dann auf die sogenannten „Gleichgewichtsschlankheiten", d. s. die Schlankheiten jener Stäbe, die allein bei der vorgegebenen Scheitelauslenkung und vorgegebenen Achsialkraft ein Gleichgewicht ermöglichen. Im rechten Diagramm der Abbildung 1 ist der Verlauf dieser Gleichgewichtsschlankheiten zu erkennen, wie er sich im Zuge wachsender Scheitelausbiegung für einen Stab aus Baustahl von Durchschnittsqualität unter einer mittleren Druckspannung von $P/F = 1000$ kg/qcm, also im sogenannten „elastischen" Bereich ergibt. Die den einzelnen Kurven beigeschriebenen „$m$"-Werte bedeuten die Verhältniszahlen der Angriffsexzentrizität zur Kernweite des Querschnittes; die Kurve „$m = 2$" bezieht sich sonach auf einen beiderseits gelenkig gelagerten Baustahlstab von Rechteckquerschnitt, dessen Achsiallast in der zweifachen Kernweite angreift und gleich ist der Querschnittsfläche mal 1000 kg/qcm. Auf der Abszissenachse sind die gesamten Scheitelauslenkungen aufgetragen, d. s. die jeweiligen Angriffsexzentrizitäten plus den eigentlichen Biegepfeilen der verformten Stabachse; hat also der eben erwähnte Stab z. B. die Schlankheit $L/i = 50$, so beträgt diese Gesamtauslenkung, wie man der „$m = 2$"-Kurve entnehmen kann, ungefähr die 0,4fache Querschnittshöhe „$h$". Die Kurve „$m = 0$", die sinngemäß dem Fall eines rein zentrischen Kraftangriffes entspricht, besitzt in Form der Ordinatenachse einen unbeschränkten zweiten Ast und trifft diesen an der Stelle $\frac{L}{i} = 147{,}6$, welcher Wert identisch ist mit der nach EULER-KÁRMÁN berechneten Knickschlankheit für 1000 kg/qcm Druckspannung. Mit Beziehung auf die später erfolgenden Gleichgewichtsprüfungen sei hier noch vermerkt, daß der eingetragene Kurvenverlauf im Sinne seiner Herleitung nur für zunehmende, jedoch nicht allgemein auch für abnehmende Scheitelausbiegungen Geltung besitzt, da diesfalls die Spannungsbilder durch das Entlastungsgesetz Veränderungen erfahren und unter Voraussetzung ebenbleibender Querschnitte eigenartige Gleichgewichtsformen liefern, die noch der genaueren Untersuchung bedürfen.

Bevor wir auf den Kurvenverlauf des näheren eingehen und aus ihm Schlüsse ziehen, wollen wir kurz das *linke* Diagramm betrachten. Es zeigt die gleichen Koordinaten wie das rechte, gilt ebenfalls für $P/F = 1000$ und unterscheidet sich einzig in der Voraussetzung, die bezüglich des *Materialverhaltens* getroffen wurde. Das linke Graphikon bezieht sich allgemein auf einen Druckstab aus einem *ideellen* Werkstoff, der *unbeschränkt dem HOOKEschen Gesetze* folgt und ausreichend bruchsicher ist, während das rechte für den *Baustahl*, also ein „*elastisch-plastisches*" Material mit ausgesprochener Fließgrenze ermittelt wurde. Das linke Diagramm vertritt die Stabilitätsprobleme unserer Elastizitätstheorie, die ja alle, auch bei Zuziehung der sogenannten „Knickmoduli", die Geradlinigkeit der Spannungsverteilung schlechtweg voraussetzen, und das rechte Diagramm repräsentiert die Stabilitätsprobleme für elastisch-plastische Werkstoffe, also die des *praktischen Eisenbaues*. Das Wort „Bau" gewährleistet hiebei die Beschränkung auf Stabschlankheiten, die kleiner sind als etwa $\frac{L}{i} = 200$; denn eine dünne Blattfeder von der Schlankheit „2000" verläßt naturgemäß auch bei starken Verbiegungen nicht den HOOKEschen Bereich und gehört damit praktisch dem *linken* Graphikon zu, wiewohl sie aus „Stahl" ist.

Beachten Sie, verehrte Herren, den *grundverschiedenen Verlauf* der Kurvenscharen in beiden Diagrammen, berücksichtigen Sie hiebei, daß die Scheitelausbiegungen links *vierzigmal* größer aufgetragen wurden als rechts, und Sie werden die Verwirrung ermessen, die bei Stabilitätsuntersuchungen eine nicht *ausreichend scharfe Trennung* nach dem Formänderungsgesetz zur Folge haben muß. Beide Diagramme stimmen nur in einem *einzigen* Punkte überein, das ist der kritische Schlankheitswert im Falle zentrischer Knickung; hier handelt es sich um den Grenzfall einer unendlich kleinen Verformung, der auch im unelastischen Bereich eine geradlinige Spannungsverteilung im Sinne des KÁRMÁNschen Knickspannungsbildes zuläßt. Wenn ich nun noch vorgreifend darauf verweise, daß die Maxima des Kurvenverlaufes, wie Sie solche im rechten Graphikon bei allen „$m > 0$"-Kurven finden, kritische Gleichgewichtszustände bedeuten, so können wir den Schluß wagen, daß alle Stabilitätsuntersuchungen unserer Elastizitätstheorie (vertreten durch das linke Bild) dem *Eisenbau* (vertreten durch das rechte Bild) nicht mehr geben können als *einen Teil* seiner kritischen *Belastungswerte*, während eine Gruppe *gänzlich neuer*, baupraktisch bedeutungsvoller kritischer Zustände, wie hier die des exzentrischen Druckes (und damit wahrscheinlich auch neue kritische Laststellungen z. B. bei eisernen Bogenträgern), und auch das Verhalten in *qualitativer* Hinsicht dem *Formänderungsgesetz des Baustahls* entspringt. Ich habe es mir zum Ziele meiner Ausführungen gesetzt, diese Tatsache besonders zu unterstreichen und dürfte damit auch ausreichend betont haben, daß der Eisenbau ungeachtet der Fülle vorhandener Literatur noch immer der Lösung vieler seiner Gleichgewichtsprobleme harrt.

Ich will nun noch zusammenfassend vom Standpunkt des so bedeutungsvollen Formänderungsgesetzes die Stabilitätsverhältnisse achsial gedrückter, gerader Stäbe an Hand der beiden Diagramme kurz skizzieren und möchte vorher noch bemerken, daß der Kurvenverlauf in seinem Wesen der gleiche bleibt, auch wenn Sie sich (gerade umgekehrt, als es hier der Fall ist) die *Stabschlankheit* unveränderlich gegeben denken und dafür die *Achsiallasten* dieses betrachteten Stabes als Variable auf der Ordinatenachse auftragen.

Das linke Graphikon gilt, wie wir schon festgestellt haben, für einen ursprünglich geraden Stab aus einem Werkstoff, der nach Voraussetzung unbeschränkt dem HOOKEschen Gesetze folgt und ausreichend bruchsicher ist. Die drei eingetragenen Kurven, die sich auf einen Lastangriff im Schwerpunkt, in der zweifachen und in der 8,5fachen Kernweite beziehen, sind nach der *genauen* Theorie berechnet, die auf den exakten analytischen Ausdruck für die Achsenkrümmung Rücksicht nimmt. Würde man, wie es bei der elementaren Herleitung der Eulerwerte gerechtfertigt ist, nur die Näherungsbeziehung: „Krümmung gleich der zweiten Ableitung der Ausbiegung" in Rechnung stellen, so würden die gestrichelt eingetragenen Linien resultieren; bei zentrischem Kraftangriff wäre dann die Gleichgewichtsschlankheit unter der Wirkung der Eulerlast falscherweise *unabhängig* von der Ausbiegung, und bei exzentrischen Angriffen würde man unter dieser Eulerlast ungeachtet der endlichen Stablänge eine *unendlich große* Scheitelausbiegung „$y_0$" erhalten. Dieses fälschliche Unendlichwerden der Stabausbiegung wird nicht selten als Kriterium eines „Stabilitätswechsels" angesehen und führt dann zu dem immer wiederkehrenden Irrtum, daß ein gerader, exzentrisch gedrückter, unbeschränkt „elastischer" Stab unter der Eulerlast der Knickung unterliegt; wie Sie dem Graphikon entnehmen, besteht auch unter dem Eulerwert und auch unbeschränkt darüber hinaus *immer nur ein einziger*, ganz bestimmter, endlich großer Wert für die Scheitelausbiegung. Bei *zentrischem* Kraftangriff „$m = 0$" schneidet eine horizontale Gerade „$\frac{L}{i} =$ konstant, jedoch kleiner als 147,6" einzig die Ordinatenachse, so daß ausschließlich die biegungsfreie Gleichgewichtsform möglich ist. Wird „$\frac{L}{i}$" größer als 147,6, so gibt es, wenn von der Erzwingung höherer Knickformen abgesehen wird, zwei Schnittpunkte dieser Horizontalen mit der gesamten Diagrammkurve, so daß neben der gestreckten noch eine *ausgebogene* Gleichgewichtslage besteht. Das Gleichgewichtsproblem ist somit (entgegen den Verhältnissen im rechten Diagramm) unterhalb der kritischen Belastung grundsätzlich *eindeutig* und oberhalb grundsätzlich *mehrdeutig*; im ersten Fall ist der Zustand stabil, da ein positiver Arbeitsaufwand für jede unendlich kleine Ausbiegung erforderlich ist, und zwar können wir ihn „*unbeschränkt stabil*" nennen, da in wachsendem Maße auch zu jeder *endlich* großen gewaltsamen Scheitelausbiegung „$y_0$" nach dem Graphikon eine *größere* Gleichgewichtsschlankheit gehört, als der Stab tatsächlich besitzt. Mit derselben Überlegung ergibt sich ferner, daß oberhalb des kritischen Zustandes die gestreckte Form labil und die ausgebogene stabil ist. Besitzt der untersuchte Stab die Euler-schlankheit „147,6", die der zugrunde gelegten Druckspannung von 1000 kg/qcm zugehört, so wird unsere Schnittgerade zur *Tangente* und innerhalb der beiden unendlich nahe benachbarten Gleichgewichtsformen besteht ein Indifferentismus.

Gehen wir nunmehr zum *rechten* Diagramm, also zur Gleichgewichtsprüfung bei „elastisch-plastischem" Materialverhalten über und betrachten wir wieder vorerst den Fall eines *exzentrischen* Kraftangriffes, etwa in der doppelten Kernweite; eine horizontale Gerade „$\frac{L}{i} =$ konstant, jedoch kleiner als 65" schneidet die Kurve „$m = 2$" in *zwei* Punkten, so daß *zwei* Gleichgewichtsformen existieren, deren verschieden große Scheitelausbiegungen $(y_0)_I$ und $(y_0)_{II}$ jeweils dem Diagramm zu entnehmen sind. Die erste, weniger ausgebogene Form ist gemäß dem Arbeitserfordernis für unendlich kleine Störungen stabil, die zweite, stärker ausgebogene, labil. Wir wollen nun wieder *endlich große* störende Ausbiegungen, und zwar Ausbiegungsvergrößerungen, in Rücksicht ziehen und das Ergebnis dieser *baupraktisch* erweiterten Gleichgewichtsprüfung hier durch ein „Anführungszeichen" kennzeichnen; endlich große Ausbiegungs*verkleinerungen*, wie sie beim exzentrischen Druck denkbar wären, wollen wir außer acht lassen, da der dargestellte Kurvenverlauf wegen des Entlastungsgesetzes hiefür nicht allgemein gilt, und weiters müssen wir aus dem gleichen Grunde darauf verzichten, daß gestörte „stabile" Formen *genau* in die störungsfreie Lage zurückfedern. In diesem Sinne ist dann die weniger ausgebogene Gleichgewichtsform bezüglich einer Vergrößerung der Ausbiegung als „*beschränkt stabil*" zu bezeichnen, da der Stab seine ursprüngliche Form nicht mehr anstrebt, wenn die störende Ausbiegung den Wert $(y_0)_{II}$ (es handelt sich hiebei, wie man dem Graphikon entnehmen kann, nur um Bruchteile der Querschnittshöhe) erreicht. Das Verhalten der ersten Form ist somit bei Baustahlstäben an einen kritischen Wert transversaler Störung, an ein „*Stabilitätsmaß*", wie wir es nennen wollen, gebunden; als derartiges „Stabilitätsmaß" vermag die Ausbiegungsvergrößerung $(y_0)_{II} - (y_0)_I$, die nicht überschritten werden darf, oder auch die Arbeitsmenge zu dienen, die zu dieser störenden Verbiegung aufgewendet werden muß und für deren Verlauf der Flächeninhalt des Kurvensegmentes oberhalb der horizontalen Schnittgeraden angenähert ein Bild zu liefern vermag. Die zweite, stärker ausgebogene Gleichgewichtsform ist bezüglich einer Vergrößerung der Ausbiegung im gleichen Sinne „unbeschränkt labil", da zu jedem „$y_0 > (y_0)_{II}$" immer *kleinere* Gleichgewichtsschlankheiten gehören als tatsächlich vorhanden sind, so daß der vorhandene Stab in immer höherem Maße zu schlaff erscheint und seine Ausbiegung *immer rascher* zunehmen muß, bis er biegezugseitig bricht oder eine äußere Stützung findet. Wir können diesen Zustand ständig wachsender Unterlegenheit des inneren Widerstandes gegenüber dem äußeren Angriff etwa mit „*Erschlaffung*" bezeichnen. Da sich das erwähnte „Stabilitätsmaß" unmittelbar auf den Beginn dieses Erschlaffungszustandes bezieht, erhält es seine besondere Bedeutung und stellt *allgemein* einen wichtigen Faktor im baupraktischen Begriff der „Knicksicherheit" eines gedrückten Baustahlstabes vor, um so mehr als die kritischen Ausbiegungsvergrößerungen, wie Sie dem Diagramm entnehmen können, relativ kleine Werte (etwa von der Größe des Trägheitshalbmessers) sind und durch unberücksichtigte Einflüsse (Schwingungen, Nebenspannungen u. a.) zum Teil zur Ausbildung gelangen können.

Wird die Schlankheit des betrachteten Stabes *größer* gewählt, so liegt die horizontale Schnittgerade höher; die beiden Gleichgewichtslagen, die stabile und die labile rücken dann näher aneinander und das sie trennende Stabilitätsmaß wird kleiner. Den *größtmöglichen* Schlankheitsgrad, der überhaupt noch ein Gleichgewicht zuläßt, liefert die horizontale *Tangente* an die Diagrammkurve; hier sind beide Gleichgewichtsformen unendlich nahe benachbart und das sie trennende Stabilitätsmaß ist Null, so daß ein Indifferentismus gegen unendlich kleine Verformung und Einleitung der „Erschlaffung" besteht. Dieser Zustand wird mit Beziehung auf die äußere Erscheinung „*Knickzustand*" des exzentrisch gedrückten Baustahlstabes, die erhaltene Schlankheit die „*Knickschlankheit*" und die zugrundeliegende mittlere Druckspannung von 1000 kg/qcm die „*Knickspannung*" genannt. Bedeutungsvoll erscheint hiebei, daß im Rahmen unseres Beispiels, also bei 1000 kg/qcm mittlerer Druckspannung, in den Fällen „$m < 1$" dieser Knickzustand schon bei Scheitelausbiegungen von weniger als der 0,4fachen Querschnittshöhe erreicht wird, denn zu derartig kleinen Ausbiegungen der Gleichgewichtslage gehören Spannungsbilder, bei denen die größte auftretende *Randpressung noch nicht die Quetschgrenze erreicht*. Man ersieht daraus, daß durch eine exakt nachgewiesene

Unterschreitung der Quetschgrenze im Stabe nicht auch im gleichen Maße diese *Knickgefahr* gebannt sein braucht. Ist die vorhandene Stabschlankheit größer als der kritische Wert, so existiert *überhaupt kein* Gleichgewicht zwischen dem äußeren Angriff und dem inneren Widerstand; der Stab biegt sich unter der Belastung vorerst immer weniger und dann, nach Überschreitung des Kurvenmaximums, immer stärker beschleunigt durch, bis er bricht oder eine äußere Stützung findet (Schleifenformen berücksichtigen wir nicht).

Für den Fall eines rein *zentrischen* Angriffes „$m = 0$" bestehen ganz analoge Verhältnisse. Unterhalb des kritischen Zustandes gibt es grundsätzlich *mehrere* Gleichgewichtsformen, eine gestreckte und (mindestens) eine ausgebogene mit einer Scheitelausbiegung „$(y_0)_{II}$". Die gestreckte Form ist im dargelegten erweiterten Sinne „beschränkt stabil" mit dem Stabilitätsmaß „$(y_0)_{II}$" (bzw. der erforderlichen Störungsarbeit) und die ausgebogene Gleichgewichtsform ist bezüglich einer Vergrößerung der Ausbiegung wieder „unbeschränkt labil" und führt auf den Zustand ständiger Unterlegenheit des inneren Widerstandes, auf den „Erschlaffungszustand". Die allgemeine Bedeutung des „Stabilitätsmaßes" für die Knicksicherheit eiserner Bauwerkstäbe wurde schon unterstrichen; als Beispiel eines gefährlich erscheinenden Verstoßes gegen diesen Begriff sei etwa die Verwendung systemgedrückter Fachwerkständer als Halbrahmenstiele offener Brücken erwähnt. Oberhalb des kritischen Zustandes existiert hier einzig die labile, gestreckte Lage; einen *ausgebogenen* Gleichgewichtszustand *gibt es nicht*. Der kritische Zustand begrenzt also schlechtweg die Tragfähigkeit und wird durch die EULER-KÁRMÁN-Formel *einwandfrei*[1] erfaßt.

Bei Ausbiegungen innerhalb der vertikalen Geraden „$H$" wird im Stab der HOOKEsche Bereich, also die Proportionalitätsgrenze nicht überschritten, würden somit die Verhältnisse des *linken* Diagrammes Geltung besitzen. Wie man aber aus dem Diagramm ersieht, ist dieser Bereich hier auf Scheitelausbiegungen unterhalb der 0,14fachen Querschnittshöhe, d. i. weniger als ein Dreihundertstel der Stablänge beschränkt, so daß der im linken Graphikon ersichtliche Kurvenanstieg nicht einmal mit *ein Tausendstel Prozent* zur Geltung kommen würde. Es ist demnach eine Berücksichtigung des *exakten* analytischen Ausdruckes für die Achsenkrümmung bei Baustahlstäben *nicht erforderlich*, da auch bei den größten praktisch vorkommenden Schlankheitsgraden der Einfluß des Formänderungsgesetzes ganz wesentlich überwiegt. Die Übertragung der „$m = 2$"-Kurve vom rechten in das linke Diagramm würde die kaum merkbare gestrichelte Linie ergeben.

Im rechten Graphikon ist strich-punktiert auch der Verlauf der kritischen Schlankheitswerte als Funktion des Exzentrizitätsmaßes „$m$" (hiezu der untere Abszissenmaßstab) aufgetragen und läßt den starken Abfall der „Knickschlankheiten" bei wachsender Angriffsexzentrizität erkennen. Die reziproken Werte des Anlaufwinkels „$\lambda$" dieser Diagrammkurve vermögen im Rahmen des *zentrischen* Knickproblems als Maße der „Empfindlichkeit bezüglich unvermeidlicher Angriffsexzentrizitäten" zu dienen und nehmen mit wachsender mittlerer Druckspannung stark zu, um dann im „unelastischen" Bereiche eine auch empirisch auffallende Größe zu erreichen.

---

[1] Den im Rahmen der Diskussionen von Prof. BROSZKO, Warschau, diesbezüglich vorgebrachten Darlegungen (Compt. rend. d. s. de l'Acad. d. sciences, t. 186, p. 1041) kann ich mich nicht anschließen, da auch bei infinitesimalen Ausbiegungen Verformung, Biegespannung und Moment von der gleichen Größenordnung sind und somit der unveränderliche Modul des Entlastungsgesetzes wie auch das Tangentengesetz auf der Biegedruckseite niemals, *auch im Grenzfall nicht*, durch die Dehnungszahl „$\sigma/\varepsilon$", der Grundspannung ersetzbar ist.

Bezüglich einer *näherungsweisen* Berechnung außermittig gedrückter Baustahlstäbe möchte ich noch bemerken, daß der Nachweis effektiver Randpressungen die gewünschten Sicherheitsgrade in befriedigender Annäherung nicht gewährleistet. Meines Erachtens vermag im praktischen Schlankheitsbereich eine Beziehung von der Form $(\sigma_K)_{\text{exz}} = \dfrac{1}{1 + a \cdot \dfrac{p}{i}} \cdot (\sigma_K)_{\text{zent}}$

die theoretischen und auch die vorhandenen (Züricher) Versuchsergebnisse zutreffend zu umschreiben; sie ist für den praktischen Gebrauch recht geeignet, da die vorhandenen Knickzahlen des zentrischen Angriffes einfach mit dem Beiwert $\left(1 + a \cdot \dfrac{p}{i}\right)$ zu multiplizieren sind (hiebei bedeutet „$p$" den Hebelarm des Angriffes, „$i$" den Trägheitshalbmesser in Richtung von „$p$" und für den Beiwert „$a$" kann bei gewöhnlichem Material etwa $^3/_2$ gesetzt werden).

# Diskussion

### J. RATZERSDORFER, Breslau:

Ich möchte feststellen, daß man nach den Darlegungen von Herrn E. CHWALLA das Knicken erst neu definieren müßte. Es ist aber aus leicht zu ersehenden Gründen erforderlich, bei einer Definition unabhängig vom Material des Baustoffes zu sein. Und also dabei zu bleiben, daß der *reelle* Verzweigungspunkt des Gleichgewichtes oder der Beginn der Ausbiegung das Knicken vorstellt und nicht ein Verzweigungspunkt, der komplex ist. Eine „exzentrische Knickung" gibt es dann natürlich nicht.

### Dr. E. CHWALLA:

Ich bestehe durchaus nicht darauf, das Verhalten eines Baustahlstabes unter seiner kritischen exzentrischen Last als „Knickung" zu bezeichnen; dieses Wort wurde von KROHN, ROŠ u. a. gebraucht und sollte vor allem die *äußere Erscheinung* kennzeichnen. Zusätzlich liegt hier, wie ich dargelegt habe, im Gegensatz zu den Verhältnissen beim HOOKEschen Idealmaterial tatsächlich ein (durch das eigenartige Formänderungsgesetz des Baustahls bedingtes) *Stabilitätsproblem* vor und überdies gilt auch das analytische Kriterium der unendlich nahe benachbarten Gleichgewichtsformen und des Indifferentismus innerhalb dieser. Vom Standpunkt des *Mathematikers*, der dem Begriff „Knickung" im Rahmen der Elastizitätstheorie seine klar umschriebene Definition gab (der Übergang von Biegefreiheit zur Biegung ist, wie die reine Fachwerksknickung zeigt, nicht grundsätzlich erforderlich), ist es sicherlich gerechtfertigt zu verlangen, das *Wort* „exzentrische Knickung" hier durch ein anderes zu ersetzen; an der Erscheinung selbst, auf die es ja schließlich ankommt, und an den Stabilitätsverhältnissen, wie ich sie geschildert habe, wird damit natürlich nichts geändert.

### Oberinspektor Ing. JULIUS BRUMMER, Resita:

#### Neue Methode der Aufstellung hoher Eisenfachwerksäulen und Maste mittels Doppelhebel

Die Aufstellung hoher Eisenfachwerksäulen und Maste, wie sie für Funkstationen, manchmal auch für Seilbahnen und elektrische Hochspannungsleitungen verwendet werden, hat heute, durch die ständig wachsende Anzahl derartiger Anlagen, eine wenn auch bescheidene, immerhin keineswegs zu vernachlässigende wirtschaftliche Bedeutung erlangt. Eine verbesserte neue Montierungsmethode, die die Kosten und Aufstellzeit der heute üblichen Verfahren verringert, hingegen die Sicherheit der Montierungsmannschaft vergrößert, ist demnach geeignet, ins Gewicht fallende wirtschaftliche und Arbeiterschutzvorteile zu bringen.

In Abb. 1 und 2 ist eine derartige hohe Fachwerksäule dargestellt, welche aus vier Gurten besteht, die in vier Seiten durch Riegel und Schrägstabfüllungen verbunden erscheinen. Die Montierung derartiger Türme beruht auf dem Grundsatz, daß der bereits fertig montierte Teil des Gerüstes als Plattform für die Montierung der unmittelbar folgenden Teile zu dienen hat; es muß daher ein höherer Stützpunkt über dieser Plattform geschaffen werden, von welchem aus die nächstfolgenden Konstruktionsteile in die Höhe gezogen und versetzt werden können. Die bestbekannten Montierungsleitungen benutzen zu diesem Zweck einen Hebebaum, der fix oder schwenkbar in die Eisenkonstruktion verankert wird, am oberen Ende mit Rolle armiert, die Führung des Aufzugseiles vermittelt; nach Montierung einer unter dieser Rolle befindlichen Partie muß der Hebebaum weiter in die Höhe befördert werden, um den Aufbau einer neuen Partie zu ermöglichen, und dieses Verfahren wird fortgesetzt, bis die Spitze des Turmes erreicht wird.

Diese heute übliche Montierungsmethode hat sich für Türme bis zirka 40 bis 50 m ganz gut bewährt; ihre Anwendung aber in Höhen bis 150 m ist offenbar nur dem Umstande zuzuschreiben, daß bisher nichts Besseres gefunden wurde; es liegt aber auf der Hand, daß die Handhabung dieses Hebebaumes in den großen Höhen auf immer kleiner werdenden Plattformflächenraum nicht nur ungewöhnlich zeitraubend wird, sondern auch zur Vermeidung von Unfällen eine ausgezeichnet geschulte und eingearbeitete Mannschaft erfordert.

Die Montierungsarbeit spielt sich hiebei fast ausschließlich in den betreffenden Höhenplattformen ab.

Zur Behebung der geschilderten Unzukömmlichkeiten wird das verbesserte Montierungsverfahren vorgeschlagen. Die Anfertigung der Säule in der Werkstätte erfolgt aus dem Gesichtspunkte, daß die Säule aus zwei Wänden $a$ und $b$ senkrecht zur Zeichenfläche aus je zwei Gurtungen mit zwischenliegender Füllung besteht, während die Seiten $c$ und $d$ parallel zur Zeichenfläche Füllungsstäbe besitzen, welche die Gurte der Wände $a$ und $b$ verbinden. Die Wände $a$ und $b$ werden in Wandelemente $W$ (Abb. 3) zerlegt und vollständig vernietet hergestellt, mit Gurtlaschen verbunden, während die Füllungsstäbe $c$ und $d$ an sie mit Schrauben angehängt erscheinen. Statt nun wie bisher die Gurtstöße der gegenüberliegenden Wandelemente in gleiches

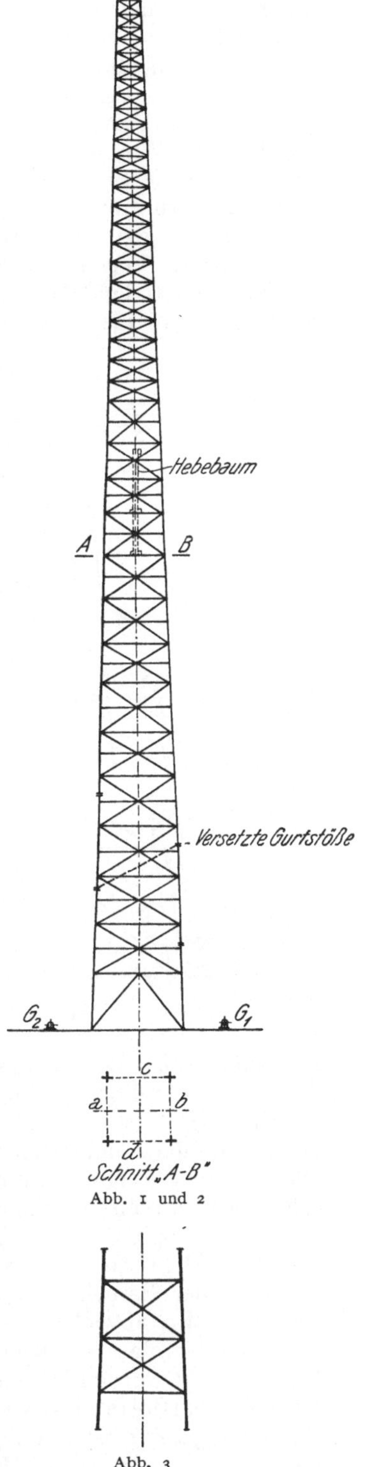


Schnitt „A-B"
Abb. 1 und 2

Abb. 3

Niveau zu bringen, werden für das neue Verfahren diese Stöße schräg versetzt hergestellt.

Es beginnt die Montierung des Säulenfußes bis zu einer gewissen Höhe, die der Höhe des zur Verfügung stehenden Hebebaumes entspricht, mit dem Schwenkhebebaum; in Fortsetzung der Montierung werden die Vorteile der versetzten Stöße ausgenutzt. Wie wir aus Abb. 4 ersehen, ist in dem betreffenden Zustande der Montierung die Spitze des Wandelementes $W_{b1}$ höher als die übrige bereits montierte Konstruktion. Wir haben demnach den höheren Stützpunkt zur Fortsetzung der Montierung zur Verfügung, ohne die mühsame Handhabung des aufzuziehenden Hebebaumes. Von diesem Standpunkt aus soll die Montierung durch Aufziehen des gegenüberliegenden Wandelementes $W_{a1}$ fortgesetzt werden und da zeigt es sich allerdings, daß dieser Stützpunkt viel zu weit von der Lotrechten durch das zu hebende Wandelement $W_{a1}$. Es ist demnach eine Übersetzung des Stützpunktes über $W_{a1}$ nötig, und dies besorgt der gleicharmige

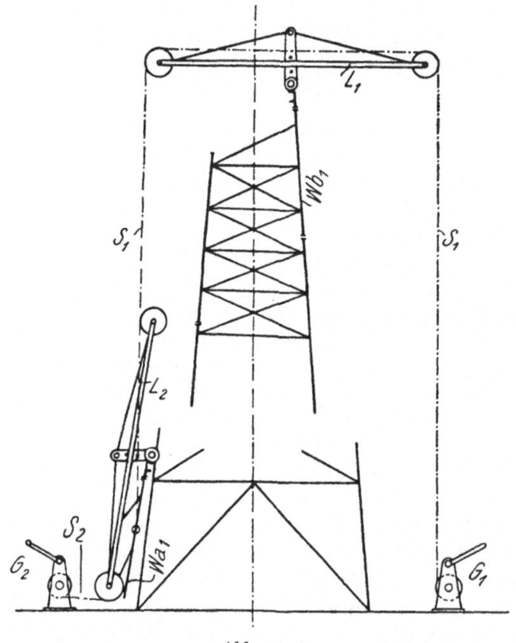

Abb. 4

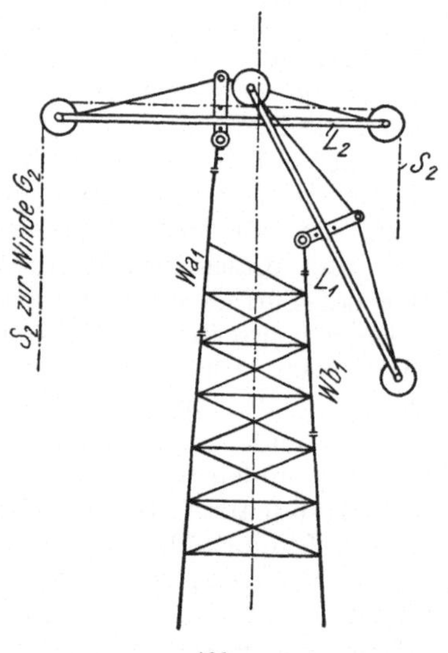

Abb. 5

Doppelhebel $L_1$, der mittels einer die Wandgurte überbrückenden Traverse $T$ in der Mitte drehbar gelagert ist, an den Hebelenden aber mit Seilrollen armiert ist, die das Hubseil von der am Boden befindlichen, von Hand oder maschinell angetriebenen Bauwinde zur Lotrechten über $W_{a1}$ führen. Dieses Hubseil endet in einem Haken, welcher in der Mitte des am Säulenfuß vorbereiteten, vollständig ausgerüsteten Wandelementes $W_{a1}$ eingreift, das an der Spitze mit aufmontiertem Doppelhebel $L_2$ versehen ist, welcher mit Hebel $L_1$ identisch ist. Der Hebel $L_2$ führt das Hubseil $S_2$, dessen Ende auf die Trommel der Bauwinde $G_2$ aufgewickelt ist und sich beim Aufziehen des Wandelementes $W_{a1}$ abwickelt — an dessen oberen Ende der Haken sitzt.

Nachdem das Wandelement $W_{a1}$ aufgezogen und in seine richtige Montierungslage gebracht worden ist, besorgen ein oder zwei Arbeiter auf der aus Brettern gebildeten Plattform das Verschrauben der Gurtlaschen sowie der Füllungsstäbe. Wie Abb. 5 zeigt, ist nunmehr die obere Spitze des Wandelementes $W_{a1}$ höher gelegen und man kann die Montierung fortsetzen, indem das am Säulenfuß vorbereitete Wandelement $W_{b2}$ mittels des Hebels $L_2$ in die Höhe gezogen wird. Zu diesem Behufe muß das Hakenende des Seiles $S_2$ heruntergelassen werden; der an der Spitze des Wandelementes $W_{b1}$ befindliche Hebel $L_1$ wird bei dieser Gelegenheit abmontiert und vom Haken des Seiles $L_2$ gefaßt heruntergelassen, sowie an die Spitze des Wandelementes $W_{b2}$ aufmontiert, wenn nicht vorgezogen wird, zur Ersparung von Zeit einen dritten Hebel $L_3$ einzuführen.

Das beschriebene Montierungsverfahren wird nun abwechslungsweise fortgesetzt, indem immer von der höheren Spitze des zuletzt montierten Wandelementes das Wandelement der entgegengesetzten Wand aufgezogen und in seiner Lage befestigt wird. Die Handhabung der Doppelhebel wird durch deren statische Eigenschaft erleichtert, indem sie sich stets senkrecht zu der Resultierenden der Seilzüge an den Hebelenden einstellen, also durch Änderung der Seilrichtung durch den an der Arbeitsplattform befindlichen Arbeiter leicht regulierbar sind. Sowohl die Hebel als auch die nachstellbar hergestellten Verbindungslagertraversen können in Anbetracht der verhältnismäßig geringen Lasten leicht gehalten werden.

Aus der Beschreibung des neuen Verfahrens ist zu ersehen, daß der überwiegende Teil der Montierungsarbeit am Boden durchgeführt wird, während in den höheren Plattformen ein oder zwei Arbeiter hauptsächlich Verschraubungen auszuführen haben. Die zeitraubende und gefährliche Handhabung des Hebebaumes ist ausgeschaltet, wodurch ein stark beschleunigter und billiger Montierungsfortschritt gewährleistet erscheint. Die Kosten der Montierungswerkzeuge, die für mehrere Türme verwendet werden können, sind gering.

Prof. G. G. KRIVOCHÉINE, Prague:

## La théorie exacte des ponts suspendus à trois travées

### Chapitre I.

1. *Introduction.* Le plus grand pont suspendu de tout l'univers fut construit en 1926 aux États-Unis de l'Amérique du Nord sur la Delaware entre les deux villes de Philadelphie et de Camden. M. RALPH MODJESKI, l'auteur du projet de ce pont grandiose, et son collaborateur M. LÉON MOISSEIFF ont adopté pour le calcul de ce pont une théorie qui est exposée dans l'œuvre connue du professeur J. MELAN[1]. Cette théorie, nommée par M. L. MOISSEIFF « Deflection Theory »[2], donne une économie du métal pour la poutre de rigidité de 42 % avec une réduction des moments fléchissants maxima de 38 %. Ce résultat frappant nous a forcé d'étudier cette théorie pour expliquer la possibilité d'obtenir une économie aussi anormale.

M. le professor H. MÜLLER-Breslau[3], M. F. BLEICH[4] et M. le professeur W. SCHACHENMEIER[5] donnent des indications qui contredisent la possibilité d'atteindre une économie considérable. Ainsi M. H. MÜLLER-Breslau croit, que les moments fléchissants de la poutre de rigidité pour le pont suspendu *à une travée unique* peuvent être de 10 à 14 % moindres que pourrait donner la méthode ordinaire d'après la théorie d'élasticité; M. F. BLEICH précise cette différence aussi pour un pont à une travée entre 6 et 11 %; M. W. SCHACHENMEIER fait valoir cette différence jusqu'à 12 %.

---

[1] Handbuch der Ing.-Wissenschaften, Brückenbau, II. Band, 5. Abt.

[2] a) Journal of the Franklin Institute, October 1925, N. 4.

    b) The bridge over the Delaware River, Final report, 1st June 1927.

[3] H. MÜLLER-Breslau, Graphische Statik, Bd. II, 2.

[4] F. BLEICH, Theorie und Berechnung der Eisernen Brücken, 1924, Berlin, JULIUS SPRINGER, p. 457.

[5] Die Bautechnik, le 17 décembre 1926.

La théorie exacte des ponts suspendus *à trois travées* n'est décrite ni par M. Müller-Breslau, ni par M. Bleich. Elle n'est exposée que dans l'œuvre de M. le professeur J. Melan et dans le rapport final sur le pont de la Delaware (par M. L. Moisseiff); pour former les équations fondamentales M. L. Moisseiff a accepté comme règle de sa théorie, que la chaîne déformée prend sa forme parabolique *quelle que soit la surcharge*[1]. Tandis que la différence entre les ordonnées de la chaîne déformée et de la parabole atteint dans le pont sur la Delaware jusqu'à 11 %.

Comme nous ne pouvons pas accepter cette supposition, assez arbitraire, nous préférons choisir une autre méthode de composition des équations fondamentales, indiquées par M. Müller-Breslau, mais nous devons les transformer de telle manière qu'elles puissent prendre la forme extérieure donnée par M. F. Bleich pour le pont suspendu à une travée unique.

Le problème de composition des équations fondamentales dans le cas du pont sur la Delaware est plus compliqué parce que les pylônes de ce pont sont encastrés à leurs extrémités, et par conséquence les tensions horizontales dans les chaînes

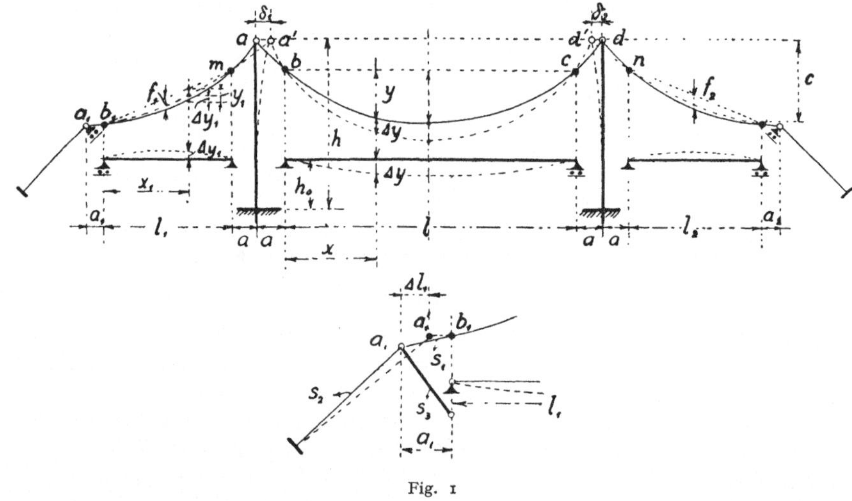

Fig. 1

des travées latérales ne doivent pas être égales à la tension horizontale de la chaîne dans la travée centrale. Ces conditions exigent la composition de trois équations fondamentales avec trois inconnues.

Malgré la différence entre deux méthodes les résultats de nos recherches coïncident presque avec ceux du calcul admis par M. Léon Moisseiff pour le projet du pont sur la Delaware.

Pour expliquer cette théorie exacte nous avons composé trois équations fondamentales et calculé les valeurs des moments fléchissants seulement pour quelques cas principaux de la surcharge du pont sur la Delaware:

1. quand la surcharge est uniformément répartie sur toute la longueur de la travée centrale avec l'effet d'accroissement positif de la température,

2. quand la surcharge est répartie sur une moitié de la travée centrale avec l'effet d'accroissement positif de la température, et

3. quand la surcharge est répartie sur toute la longueur d'une travée latérale avec l'effet d'accroissement positif de la température.

---

[1] L'équation (30), p. 99, Final report.

Il faut noter que les règles de superposition et la méthode des lignes d'influence ne sont pas applicables à nos recherches.

2. *Règles de la théorie exacte.* Nous envisageons un pont suspendu à trois travées qui est composé, Fig. 1, d'un câble, attaché par les tiges de suspension à trois poutres rigides, posées par leurs extrémités sur des appuis simples et soumises à une surcharge quelconque uniformément répartie.

Les câbles, la fibre moyenne des poutres de rigidité et les pylônes encastrés à leurs bases sont marqués par les lignes continues avant la déformation et en pointillé après la déformation.

Les tiges de suspension, dans un pont suspendu, travaillent toujours à une faible tension et leurs allongements sont négligeables. Il en résulte que partout où règnent les tiges, l'abaissement positif ou négatif $\Delta y$ d'un point de la fibre moyenne de la poutre est égale à celui du point correspondant du câble.

Un pont suspendu à trois travées avec les pylônes encastrés dans les piles est triplement statiquement indéterminé. Ses valeurs inconnues sont les tensions horizontales du câble dans les trois travées: $H$, $H_1$ et $H_2$.

La différence des tensions horizontales $\Delta H_1 = H - H_1$ ou $\Delta H_2 = H - H_2$, appliquées aux sommets des pylônes, nous permettra de déterminer les valeurs des composantes horizontales des déplacements pour les sommets des pylônes $\delta_1$ et $\delta_2$; les déplacements $\Delta l_1$ et $\Delta l_2$ des bouts des câbles $a_1$ pour les travées latérales, Fig. 1, peuvent être déterminés selon les déformations des câbles en retenue comme la fonction de la tension horizontale $H_1$ pour la travée latérale gauche et de $H_2$ pour la travée droite. Si la surcharge est symétrique $H_1$ sera égal à $H_2$, $\Delta H_1 = \Delta H_2$, $\delta_1 = \delta_2$ et $\Delta l_1 = \Delta l_2$.

Pour déterminer les inconnues $H$, $H_1$ et $H_2$ nous pouvons citer les équations d'élasticité suivantes:

1. la somme des projections horizontales des déplacements des éléments du câble pour la travée centrale est égale à $[-(\delta_1 + \delta_2)]$; la partie gauche de l'équation contient l'inconnue $H_1$, mais $\delta_1$ et $\delta_2$ peuvent être écrites comme une fonction de $\Delta H_1 = (H - H_1)$ et respectivement $\Delta H_2 = (H - H_2)$;

2. la somme des projections horizontales des déplacements des éléments du câble pour chaque travée latérale est égale à $[\delta_1 - \Delta l_1]$ et $[\delta_2 - \Delta l_2]$; les parties gauches de ces équations contiennent l'inconnue $H_1$ ou $H_2$, mais $\Delta l_1$ peut être écrite comme une fonction de $H_1$ et $\Delta l_2$— comme une fonction de $H_2$. De plus, les équations des déformations pour chaque pylône, soumis à la force $\Delta H_1 = H - H_1$ ou $\Delta H_2 = H - H_2$, nous donneront les déplacements des sommets $\delta_1$ et $\delta_2$.

Nous n'essayerons pas de résoudre ces trois équations ensemble parce qu'elles prennent la forme transcendante, mais nous voulons indiquer que nous avons employé ici une méthode de détermination des inconnues à l'aide de l'interpolation d'espace.

3. *La travée centrale.* Supposons que le câble avant sa suspension est pris effectivement un peu plus court que cela n'est exigé par le projet, pour que le câble, après le montage du pont, supportant la charge permanente (le poids du pont) puisse prendre la forme que le projet exige, c'est-à-dire, celle avec les flèches $f$, $f_1$ et $f_2$.

Désignons la tension horizontale du câble par $H_g{}^0 = \dfrac{gl^2}{8f} = \dfrac{g_1 l_1{}^2}{8 f_1} = \dfrac{g_2 l_2{}^2}{8 f_2} -$
due à la surcharge permanente après le montage du pont, c'est-à-dire, *avant la déformation* du câble due à la surchage et aux effets de température,

$H_g$ — due à la charge permanente *après la déformation* qui est produite par l'action de la surcharge et de l'effet de température; dans ce cas la forme du câble ne peut pas être parabolique,

$\Delta H_g = H_g{}^0 - H_g -$ la différence, qui est produite par cette circonstance que la tension du câble due à l'action de la charge permanente change après la déformation due à l'action de la surcharge et d'un changement de température, parce que la flèche du câble change sa valeur,

$H_p$ — due à la surcharge,

$H_t$ — due à l'action d'un changement de température,

$H_q = H_g + H_p + H_t$ — la tension totale du câble.

Nous pouvons écrire

$$H_q = H_g{}^0 - \Delta H_g + H_p + H_t = H_g{}^0 + H_x,$$

où $H_x = H_p - \Delta H_g + H_t$ — représente la valeur de la tension horizontale, qui est la tension supplémentaire pour la tension horizontale $H_g{}^0$ du câble due à la charge permanente unique avant l'action de la surcharge et de l'effet d'un changement de température. $H_x$ est la tension inconnue à déterminer. Il faut faire attention que la valeur $H_x$ dépend non seulement de l'influence de la surcharge et d'un changement de température, mais contient aussi l'influence de la charge permanente due au changement de la forme du câble.

a) *La déformation de la poutre de rigidité.* Si nous voulons prendre en considération la déformation du câble, qui est assez grande dans les ponts suspendus, alors le moment fléchissant est égal à

$$M = M_0 - (H_p - \Delta H_g + H_t)\ (y + \Delta y) - H_g{}^0 \Delta y \quad \ldots \ldots \quad (1)$$

ou

$$M = M_0 - H_q\ (y + \Delta y) + H_g{}^0\ y \quad \ldots \ldots \ldots \ldots \ldots \quad (2)$$

où $\Delta y$ est un changement de l'ordonnée d'un point du câble répondant à l'abscisse $x$, ou un abaissement de la poutre dû à l'action de la surcharge et de la température.

L'équation de la ligne élastique de la poutre est

$$E J \frac{d^2 \Delta y}{d x^2} = - M = - M_0 + H_q\ (y + \Delta y) - H_g{}^0\ y$$

ou

$$\frac{d^2 \Delta y}{d x^2} - a^2 \Delta y + \left( \frac{H_g{}^0}{EJ} - a^2 \right) y + \frac{M_0}{EJ} = 0,$$

où

$$a = \sqrt{\frac{H_q}{E J}}.$$

L'intégrale générale de cette équation, quand la chaîne avant la déformation a la forme parabolique, est

$$\Delta y = C_1 \sin h\, a\, x + C_2 \cos h\, a\, x + \left( \frac{H_g{}^0}{E J a^2} - 1 \right) \left( y - \frac{8f}{(al)^2} \right) + \frac{1}{E J a^2} \left( M_0 - \frac{p}{a^2} \right) \quad (3)$$

La seconde dérivée de cette expression nous fournit

$$M = - H_q\, (C_1 \sin h\, a\, x + C_2 \cos h\, a\, x) - (H_q - H_g{}^0) \frac{8f}{(al)^2} + \frac{p}{a^2} \quad \cdot \quad (4)$$

et enfin, la troisième dérivée $\dfrac{d^3 \Delta y}{d x^3}$ ou la première $\dfrac{d M}{d x}$ donnera la valeur de l'effort tranchant:

$$Q = - (a\, l) \frac{H_q}{l} (C_1 \cos h\, a\, x + C_2 \sin h\, a\, x) \quad \ldots \ldots \quad (5)$$

où $p$ — est la surcharge continue.

b) *Détermination de la tension horizontale totale du câble.* Quand nous avons déterminé la ligne élastique de la poutre de rigidité, nous avons suivi la méthode commune qui est exposée par MM. J. MELAN, H. MÜLLER-Breslau, L. MOISSEIFF et F. BLEICH, mais nous avons préféré de choisir une forme extérieure des formules que donne M. F. BLEICH. Même dans le cas où nous voulons déterminer la tension horizontale totale du câble $H_q$ nous devons refuser d'adopter les méthodes de MM. MOISSEIFF et F. BLEICH, parce que celles-ci ne sont pas libres de certaines thèses mathématiques, qui ne sont pas très exactes.

*Remarque.* Ainsi, quand M. L. MOISSEIFF[1] détermine la tension horizontale du câble, il écrit l'expression du travail des tensions dans les tiges de suspension d'après la formule:

$$A_a = q \int \Delta y \, d x,$$

où $q$—est la tension des tiges de suspension

$$q = \frac{8 f}{l^2} \left( H_g^0 + \frac{1}{2} H_p \right),$$

c'est-à-dire, il prend le câble déformé pour *la parabole ordinaire*. Et voilà une circonstance qui nous oblige d'être fort réservé pour approuver cette thèse. Cette supposition est, peut-être, admissible pour la méthode approximative, mais nous ne pouvons pas l'admettre pour la méthode exacte, parce que la fibre moyenne de la poutre courbée n'est pas une parabole et par conséquent, le câble déformé diffère assez considérablement de la parabole, surtout, si la poutre subit la surcharge non symétrique, qui produit des fléchissements aussi bien positifs que négatifs. Ensuite nous donnerons un exemple du pont sur la Delaware, qui nous montrera que les tensions de tiges de suspension peuvent avoir une différence entre elles jusqu'à 5%, si la surcharge couvre toute la longueur de la travée centrale, et jusqu'à 11%, si celle-ci ne couvre que la moitié de cette travée. Sans doute, nous n'avons pas le droit d'admettre que les tensions des tiges de suspensions soient égales pour toute la longueur de la travée.

Pour corriger l'expression du travail des tensions dans les tiges de suspension, composée par M. L. MOISSEIFF,[2] il faudrait écrire cette expression sous cette forme:

$$A_a = \int q \, \Delta y \, d x,$$

$$q = - \left( H_g^0 + \frac{H_p}{2} \right) \frac{d^2 \left( y + \dfrac{\Delta y}{2} \right)}{d x^2},$$

où le coefficient $\frac{1}{2}$ est introduit avant le terme $\Delta y$, parce que nous devons supposer quelque position du câble moyenne intermédiaire. D'où nous avons

$$A_a = \left( H_g^0 + \frac{H_p}{2} \right) \frac{8 f}{l^2} \int \Delta y \, d x - \frac{1}{2} \left( H_g^0 + \frac{H_p}{2} \right) \int \Delta y \, \frac{d^2 \Delta y}{d x^2} \, d x.$$

Ainsi le travail des tensions dans les tiges de suspension d'après M. L. MOISSEIFF est exagéré par le second terme de la dernière expression.

M. F. BLEICH dans son investigation, où il détermine la tension horizontale du câble d'un pont à une travée unique, fait deux simplifications. Premièrement, il suppose qu'un angle de rotation d'un élément du câble est égal à

$$\Delta \varphi = \frac{d \Delta y}{d s} \cos \varphi \, (p \, . \, 460),$$

tandis que cet angle doit être égal à

$$\Delta \varphi = \frac{d \Delta y}{d s} \cos \varphi - \frac{d \Delta x}{d s} \sin \varphi.$$

Nous préférons ne pas négliger l'influence de ce terme.

---

[1] The Bridge over the Delaware River. Final report (p. 99, formules 29 et 30).

[2] M. J. MELAN admet aussi $A_a = q \int \Delta y \, d x$ au lieu de $A_a = \int q \, \Delta y \, d x$.

Dans la seconde simplification M. F. Bleich prend la valeur approximative $tg\,\varphi\,(1 - tg^2\varphi)$ au lieu de l'expression $\cos\varphi\sin\varphi = \dfrac{tg\,\varphi}{1 + tg^2\,\varphi}$ et remplace $(1 - tg^2\,\varphi)$ par la valeur moyenne

$$\mu = \frac{1}{l}\int\limits_{x=0}^{x=l}(1 - tg^2\,\varphi)\,d\,x.$$

Nous préférons de nous passer de ces simplifications.

Dans notre recherche nous voulons admettre la méthode exposée par M. H. Müller-Breslau.

Nous avons pour un élément du câble

$$d\,(\varDelta x) = d\,(\varDelta s)\,\frac{d\,s}{d\,x} - d\,(\varDelta y)\,\frac{d\,y}{d\,x}.$$

L'allongement d'un élément du câble est

$$d\,(\varDelta s) = \frac{S_x\,d\,s}{E_k\,F_k} \pm \varepsilon t\,d\,s.$$

Le déplacement horizontal réciproque des sommets des pylônes est égal à

$$- (\delta_1 + \delta_2) = \int\limits_{x=0}^{x=l} d\,(\varDelta s)\,\frac{d\,s}{d\,x} + 2\,\frac{H_x\,a}{E_k\,F_k\cos^3\varphi_0} \pm 2\,\varepsilon t\,\frac{a}{\cos^2\varphi_0} - \int\limits_{x=0}^{x=l} d\,(\varDelta y)\,\frac{d\,y}{d\,x}.$$

Enfin, l'équation fondamentale nécessaire pour la détermination de la tension horizontale du câble prend la forme

$$\boxed{\frac{H_x\,L}{E_k\,F_k} \pm \varepsilon t\,L_t - \frac{8\,f}{l^2}\int\limits_{x=0}^{x=l} \varDelta y\,d\,x + (\delta_1 + \delta_2) = 0} \quad\dots\dots\dots \text{(I)}$$

où $L = L_0 + 2\,\dfrac{a}{\cos^3\varphi_0}$, $L_t = L_{0t} \pm 2\,\varepsilon t\,\dfrac{a}{\cos^2\varphi_0}$;[1] l'intégrale dans cette expression (I) doit être déterminée toutes les fois séparément en dépendance de la surcharge donnée.

4. *La travée latérale.* Les lettres de la même valeur dans les travées latérales sont marquées par indices (1) pour la travée gauche et (2) pour celle de droite.

$$\varDelta y_1 = C_1'\sin h\,a_1\,x_1 + C_2'\cos h\,a_1\,x_1 + \left(\frac{H_g^0}{EJ_1\,a_1^2} - 1\right)\left(y_1 - \frac{8\,f_1}{(a_1\,l_1)^2}\right) +$$
$$+ \frac{1}{EJ_1\,a_1^2}\left(M_0' - \frac{p_1}{a_1^2}\right) \quad\quad (6)$$

$$M_1 = H_q'\,(C_1'\sin h\,a_1\,x_1 + C_2'\cos h\,a_1\,x_1) - (H_q' - H_g^0)\,\frac{8\,f_1}{(a_1\,l_1)^2} + \frac{p_1}{a_1^2} \quad (7)$$

$$Q_1 = - (a_1\,l_1)\,\frac{H_q'}{l_1}\,(C_1\cos h\,a_1\,x_1 + C_2'\sin h\,a_1\,x_1) \quad\quad (8)$$

Si la surcharge est absente sur la travée latérale, il y aura $p_1 = 0$ et $M_0' = 0$. Le déplacement horizontal réciproque des deux points du câble de la travée latérale $a_1$ et $a$ est $(\delta_1 - \varDelta l_1)$.

---

[1] $L_0 = \displaystyle\int\limits_0^l \frac{d\,x}{\cos^3\varphi} = l\left\{\left(\frac{5}{8} + 4\,\frac{f^2}{l^2}\right)\sqrt{1 + 16\,\frac{f^2}{l^2}} + \frac{3}{64}\,\frac{l}{f}\,lg\,\mathrm{nat}\,\dfrac{\sqrt{1 + 16\,\dfrac{f^2}{l^2} + 4\,\dfrac{f}{l}}}{\sqrt{1 + 16\,\dfrac{f^2}{l^2} - 4\,\dfrac{f}{l}}}\right\},$

$L_{0t} = \displaystyle\int\limits_0^l \frac{d\,x}{\cos^2\varphi} = l\left(1 + \frac{16}{3}\,\frac{f^2}{l^2}\right).$

Analogiquement nous pouvons écrire à la fois l'équation fondamentale pour la travée latérale gauche[1]:

$$\frac{H_x' L_1}{E_k F_k} \pm \varepsilon t\, L_{1t} - \frac{8 f_1}{l_1^2} \int_{x_1 = 0}^{x_1 = l_1} \Delta\, y_1\, d\, x_1 - \delta_1 + \Delta\, l_1 = 0 \qquad \ldots \ldots \quad \text{(II)}$$

Nous pouvons écrire la même équation (II) pour la travée latérale droite, mais il faut seulement y remplacer les indices (1) par ceux (2).

5. *Détermination de* $\Delta\, l_1$. Cette valeur peut être facilement déterminée en fonction de la tension horizontale $H_x'$ du câble de la travée latérale, par exemple à l'aide du principe des déplacements virtuels:

$$\overline{1}\,.\,\Delta\, l_1 = (\Sigma\, \overline{S}\,.\,\Delta\, s)\cos \alpha_1 \ \ldots \ldots \ldots \ldots \quad \text{(9)}$$

Exemple. Nous trouvons pour le pont sur la Delaware:

$$\Delta\, l_1 = \frac{5584}{10^{12}}\, H_x' \pm 121{,}92\, \varepsilon t \ \text{(pieds anglais)} \ \ldots \ldots \ldots \quad \text{(10)}$$

6. *Détermination de la déformation du sommet du pylône* $\delta$. Le déplacement horizontal du sommet du pylône $\delta$ peut être déterminé, par exemple, à l'aide de la règle des déplacements virtuels:

$$\overline{1}\,.\,\delta = \int_0^h \overline{M}\,\frac{M}{EJ}\, d\, x + \int_0^h \overline{N}\,\frac{N}{EF}\, d\, x \pm \varepsilon t\, \overline{N}\, s \ \ldots \ldots \ldots \quad \text{(11)}$$

Exemple. Nous trouvons pour le pont sur la Delaware:

$$\delta = \frac{4682}{10^9}\, \Delta\, H_x + \frac{126}{10^9}\, (A - B_1),$$

où $A$ et $B_1$ sont les réactions des appuis de la poutre de rigidité.

## Chapitre II.

*Surcharge couvrant toute la longueur de la travée centrale avec effet d'accroissement positif de la température.*

7. *Formules fondamentales.* Les constantes d'intégration $C_1$ et $C_2$ peuvent être déterminées à condition que les déformations $\Delta\, y = 0$ pour les appuis $x = 0$ et $x = l$, où il y a aussi $y = 0$.

---

[1] $L_1 = \int_0^{l_1} \dfrac{d\, x_1}{\cos^3 \varphi} + \dfrac{a_1}{\cos^3 \varphi_1} + \dfrac{a}{\cos^3 \varphi_0}$ et $\int_0^{l_1} \dfrac{d\, x_1}{\cos^3 \varphi} = l_1 \left\{ \left( \dfrac{1}{16} + \dfrac{c}{64 f_1} \right) \left( 2\, m^2 + 3 \right) m + \right.$

$$+ \left( \frac{1}{16} - \frac{c}{64 f_1} \right) \left( 2\, n^2 + 3 \right) n + \frac{3}{64}\frac{l_1}{f_1}\, lg\, \text{nat}\, \frac{n + 4\dfrac{f_1}{l_1} - \dfrac{c}{l_1}}{m - 4\dfrac{f_1}{l_1} - \dfrac{c}{l_1}} \left. \right\},$$

$$\text{où} \qquad m = \sqrt{1 + 16\frac{f_1^2}{l_1^2} + 8\frac{f_1}{l_1} \cdot \frac{c}{l_1} + \frac{c^2}{l_1^2}},$$

$$n = \sqrt{1 + \frac{16 f_1^2}{l_1^2} - 8\frac{f_1}{l_1} \cdot \frac{c}{l_1} + \frac{c^2}{l_1^2}}.$$

$$L_{1t} = \int_0^{l_1} \frac{d\, x_1}{\cos^2 \varphi} + \frac{a_1}{\cos^2 \varphi_1} + \frac{a}{\cos^2 \varphi_0} \ \text{et} \int_0^{l_1} \frac{d\, x_1}{\cos^2 \varphi} = \frac{l_1}{3} \left[ \left( \frac{1}{2} + \frac{c}{8 f_1} \right) m^2 + \left( \frac{1}{2} - \frac{c}{8 f_1} \right) n^2 + 2 \right].$$

Nous avons $M_0 = \dfrac{p}{2}\,x\,(l-x)$.

On peut alors écrire les formules (3), (4) et (5) dans la forme suivante:

$$\Delta y = \frac{1}{(a\,l)^2}\left(\frac{p\,l^4 + 8H_g{}^0 f\,l^2}{E\,J\,(a\,l)^2} - 8\,f\right)\left[\frac{\sin h\,a\,x + \sin h\,a\,(l-x)}{\sin h\,a\,l} + \frac{(a\,l)^2}{2}\cdot\frac{x}{l}\left(1-\frac{x}{l}\right)-1\right]\quad(13)$$

$$M = \frac{1}{(a\,l)^2}\left[p\,l^2 - 8f\,(H_q - H_g{}^0)\right]\left[1 - \frac{\sin h\,a\,x + \sin h\,a\,(l-x)}{\sin h\,a\,l}\right]\quad\ldots\ (14)$$

$$Q = -\frac{1}{(a\,l)}\left[p\,l - \frac{8f}{l}\,(H_q - H_g{}^0)\right]\left[\frac{\cos h\,a\,x - \cos h\,a\,(l-x)}{\sin h\,a\,l}\right]\quad\ldots\ (15)$$

Les formules fondamentales prendront la forme suivante:

$$\frac{8f}{l}\left(\frac{p\,l^4 + 8H_g{}^0 f\,l^2}{EJ\,(a\,l)^2} - 8f\right)\left[\frac{1}{(a\,l)^2} - \frac{2}{(a\,l)^3}\,tg\,h\,\frac{a\,l}{2} - \frac{1}{12}\right] + (a\,l)^2\,\frac{EJL}{E_k F_k l^2} -$$

$$-\frac{H_g{}^0 L}{E_k F_k} + \varepsilon\,t\,L_t + 2\,\delta_1 = 0\ \ldots\ldots\ldots\ldots\quad(16)$$

$$\frac{8f_1}{l_1}\left(\frac{8H_g{}^0 f_1 l_1{}^2}{EJ_1(a_1 l_1)^2} - 8f_1\right)\left[\frac{1}{(a_1 l_1)^2} - \frac{2}{(a_1 l_1)^3}\,tg\,h\,\frac{a_1 l_1}{2} - \frac{1}{12}\right] + (a_1 l_1)^2\,\frac{EJ_1 L_1}{E_k F_k l_1{}^2} -$$

$$-\frac{H_g{}^0 L_1}{E_k F_k} + \varepsilon\,t\,L_{1t} - \delta_1 + \Delta l_1 = 0\ \ldots\ldots\ldots\quad(17)$$

En remplaçant dans cette formule $\delta_1$ et $\Delta l_1$ et les exprimant en fonction de $a\,l$ et $a_1 l_1$, nous obtenons deux équations, que nous pouvons résoudre d'abord approximativement par voie d'essais, et puis à l'aide de l'interpolation nous trouvons les valeurs $(a\,l)$ et $(a_1 l_1)$ exactes. Les valeurs des tensions horizontales des câbles des travées centrale et latérale seront déterminées à l'aide des formules:

$$H_q = E\,J\,a^2 \text{ et } H_q{}' = E\,J_1\,a_1{}^2.$$

Exemple. Nous avons les données suivantes pour le pont sur la Delaware: a) $l = 1722'$, $f = 193{,}70'$, $a = 14'$, $g = 13\,000\ lb/p$ — la charge permanente, $p = 6000\ lb/p$, la surcharge, $s_0 = 15{,}352'$, $E = 29\,500\,000 \times 144\ lb/p^2$ — le coefficient d'élasticité pour la poutre $E_k = 27\,000\,000 \times 144\ lb/p^2$ — pour le câble, $J = 1002\ p^4$, $F_k = 562 \times \dfrac{1}{144}\ p^2$, $\varepsilon = 0{,}0000066$, $t = +55^0 F.$, $L = 1938{,}39'$. b) $l_1 = 702{,}67'$, $f_1 = 33{,}68'$, $a_1 = 35'$, $p_1 = 0$, $J_1 = 1{,}24\,J$, $c = 240{,}6'$, $L_1 = 1056{,}38$

$\Delta l_1 = 0{,}05969\ (a_1 l_1)^2 - 0{,}0947$

$2\,\delta_1 = 13{,}4410\ (a\,l)^2 - 100,\ 1002\ (a_1 l_1)^2 + 0{,}5996$.

La théorie d'élasticité donne les valeurs approximatives $a\,l = 4{,}96$ et $a_1 l_1 = 1{,}805$. D'après quelques essais nous pouvons prendre les valeurs plus petites et résoudre le problème finalement à l'aide d'interpolation de surface.

L'interpolation graphique donne $a\,l = 4{,}8830$ et $a_1 l_1 = 1{,}7819$.

| | | D'après la théorie d'élasticité | D'après la théorie exacte | Déduction en % |
|---|---|---|---|---|
| Tension horizontale du câble ... | $Hq =$ | 35 325 300 $l.$ | 34 226 000 $l.$ | 3% |
| ,,    ,,    ,,    ,, ... | $H_x = H_p + H_t =$ | 10 488 300 ,, | 9 349 000 ,, | 11% |
| ,,    ,,    ,,    ,, ... | $\Delta H_x$ | 359 500 ,, | 284 000 ,, | 21% |
| Moment fléchissant ............ | $M_{l/2} =$ | 200 127 000 $l.\,p.$ | 114 820 000 $l.p.$ | 43% |
| ,,    ,, ............ | $M_{l/4} =$ | 150 095 000 $l.\,p.$ | 94 458 000 $l.p.$ | 37% |
| Déformation (max)............ | $\Delta y =$ | 13,17 $p.$ | 8,72 $p.$ | 33% |

Cette table nous donne les résultats du calcul d'après deux méthodes, qui sont très remarquables, surtout la réduction de la déformation de $33\,^0/_0$.

| $\dfrac{x}{l}$ | Déformations (en pieds) | Déviations de la parabole (Fig. 2) |
|---|---|---|
| 0,1 | 2,50 | $11\%$ |
| 0,2 | 4,86 | $13\%$ |
| 0,3 | 7,14 | $3\%$ |
| 0,4 | 8,32 | $3\%$ |
| 0,5 | 8,72 | — |

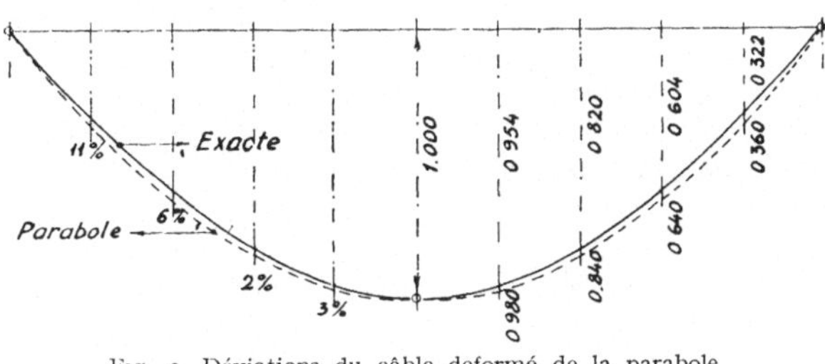

Fig. 2. Déviations du câble deformé de la parabole

Cette table indique que la forme exacte du câble déformé due à la surcharge répartie sur toute la longueur de la travée centrale diffère très considérablement de la parabole ordinaire, Fig. 2.

8. *Tensions dans les tiges de suspension.* Elles peuvent être déterminées à l'aide de l'équation de la chaîne:

$$q = -H_q \frac{d^2\,(y + \varDelta\,y)}{d\,x^2}$$

ou

$$q = +\frac{8\,f}{l^2}\,H_q + \left[p - \frac{8\,f}{l^2}\left(H_q - H_g{}^0\right)\right]\left[\frac{1 - \sin h\,a\,x + \sin h\,a\,(l - x)}{\sin h\,a\,l}\right] \qquad (18)$$

Cette formule indique que la courbe des tensions dans les tiges de suspension diffère de la parabole par la valeur du deuxième terme.

Exemple. Nous avons pour le pont sur la Delaware:

La théorie d'élasticité donne $q = 18\,460\ lb.$

Cette table indique que la différence dans les tensions des tiges de suspension est assez considérable.

| $m$ | $q\ (lb)$ | Différence |
|---|---|---|
| 0 | 17 886 | 0 |
| 1 | 18 308 | $2\%$ |
| 2 | 18 561 | $4\%$ |
| 3 | 18 708 | $5\%$ |
| 4 | 18 784 | $5\%$ |
| 5 | 18 807 | $5\%$ |

## Chapitre III.

*Surcharge couvrant la moitié gauche de la travée centrale avec effet d'accroissement positif de la température.*

9. *Formules fondamentales.* Si la surcharge sur la travée centrale est non symétrique, les deux moitiés du câble auront la forme non symétrique. Quand la surcharge couvre la moitié gauche de la travée centrale, la partie gauche du câble s'abaisse, celle de droite monte.

Moments fléchissants pour la poutre simple de la travée centrale sont:

$$M_0 = \frac{p}{2}\,x\left(\frac{3}{4}\,l - x\right) \ \ldots\ldots\ \text{pour } x < \frac{l}{2},$$

$$M_0 = \frac{p}{8}\,l\,(l - x) \ \ldots\ldots\ \text{pour } x > \frac{l}{2}.$$

Les constantes d'intégration peuvent être déterminées par les conditions suivantes:

$$y = 0,\ \varDelta\,y = 0,\ \varDelta\,y' = 0 \text{ pour } x = 0 \text{ et } x = l,$$

$$\varDelta\,y = \varDelta\,y',\ \frac{d\,\varDelta\,y}{d\,x} = \frac{d\,\varDelta\,y'}{d\,x} \text{ pour } x = \frac{l}{2}.$$

Nous pouvons obtenir:
a) pour la moitié gauche:

$$\varDelta\, y = \frac{\mathrm{I}}{(a\,l)^2}\left(\frac{8\,H_g^0\,f\,l^2}{E\,J\,(a\,l)^2} - 8\,f\right)\left[\frac{\sin h\,a\,x + \sin h\,a\,(l-x)}{\sin h\,a\,l} - \mathrm{I}\right] +$$

$$+ \frac{p\,l^4}{E\,J\,(a\,l)^4}\left[\frac{\sin h\,a\,(l-x)}{\sin h\,a\,l} + \frac{\sin h\,a\,x}{2\sin h\,\dfrac{a\,l}{2}} - \mathrm{I}\right] + \left(\frac{H_g^0}{E\,J\,a^2} - \mathrm{I}\right)y + \frac{\mathrm{I}}{E\,J\,a^2}\,\frac{p}{2}\,x\left(\frac{3}{4}\,l - x\right) \quad (19)$$

$$M = \frac{8\,f}{(a\,l)^2}\,(H_q - H_g^0)\left[\frac{\sin h\,a\,x + \sin h\,a\,(l-x)}{\sin h\,a\,l} - \mathrm{I}\right] -$$

$$- \frac{p\,l^2}{(a\,l)^2}\left[\frac{\sin h\,a\,(l-x)}{\sin h\,a\,l} + \frac{\sin h\,a\,x}{2\sin h\,\dfrac{a\,l}{2}} - \mathrm{I}\right] \quad\dots\dots\quad (20)$$

$$Q = \frac{\mathrm{I}}{(a\,l)}\cdot\frac{8\,f}{l}\,(H_q - H_g^0)\left[\frac{\cos h\,a\,x - \cos h\,a\,(l-x)}{\sin h\,a\,l}\right] + \frac{p\,l}{(a\,l)}\left[\frac{\cos h\,a\,(l-x)}{\sin h\,a\,l} - \frac{\cos h\,a\,x}{2\sin h\,\dfrac{a\,l}{2}}\right] \quad (21)$$

b) pour la moitié droite:

$$\varDelta\, y' = \frac{\mathrm{I}}{(a\,l)^2}\left(\frac{8\,H_g^0\,f\,l^2}{E\,J\,(a\,l)^2} - 8\,f\right)\left[\frac{\sin h\,a\,x + \sin h\,a\,(l-x)}{\sin h\,a\,l} - \mathrm{I}\right] +$$

$$+ \frac{p\,l^4}{E\,J\,(a\,l)^4}\left(\mathrm{I} - \cos h\,\frac{a\,l}{2}\right)\frac{\sin h\,a\,(l-x)}{\sin h\,a\,l} + \left(\frac{H_g^0}{E\,J\,a^2} - \mathrm{I}\right)y + \frac{\mathrm{I}}{E\,J\,a^2}\,\frac{p}{8}\,l\,(l-x) \quad (22)$$

$$M' = \frac{8\,f}{(a\,l)^2}\,(H_q - H_g^0)\left[\frac{\sin h\,a\,x + \sin h\,a\,(l-x)}{\sin h\,a\,l} - \mathrm{I}\right] +$$

$$+ \frac{p\,l^2}{(a\,l)^2}\left(\cos h\,\frac{a\,l}{2} - \mathrm{I}\right)\frac{\sin h\,a\,(l-x)}{\sin h\,a\,l} \quad\dots\dots\dots\quad (23)$$

$$Q' = \frac{\mathrm{I}}{(a\,l)}\,\frac{8\,f}{l}\,(H_q - H_g^0)\left[\frac{\cos h\,a\,x - \cos h\,a\,(l-x)}{\sin h\,a\,l}\right] - \frac{p\,l}{(a\,l)}\left(\cos h\,\frac{a\,l}{2} - \mathrm{I}\right)\frac{\cos h\,a\,(l-x)}{\sin h\,a\,l} \quad (24)$$

Pour les travées latérales $M_0 = o$ et $p = o$.

Nous pouvons obtenir les équations fondamentales (I) et (II) — (avec l'effet d'accroissement positif de la température)[1]
pour la travée centrale:

$$\frac{8\,f}{l}\left[\frac{\mathrm{I}}{(a\,l)^2}\left\{\left[-\frac{p\,l^4 + 16\,H_g^0\,f\,l^2}{E\,J\,(a\,l)^3} + \frac{16\,f}{(a\,l)}\right]tg\,h\,\frac{a\,l}{2} + \frac{p\,l^4}{2\,E\,J\,(a\,l)^2} - 8\,f\left(\mathrm{I} - \frac{H_g^0\,l^2}{E\,J\,(a\,l)^2}\right)\right\} +\right.$$

$$+ \left(\mathrm{I} - \frac{H_g^0\,l^2}{E\,J\,(a\,l)^2}\right)\frac{2}{3}\,f - \frac{\mathrm{I}}{24}\,\frac{p\,l^4}{E\,J\,(a\,l)^2}\bigg] + \frac{E\,J\,L\,(a\,l)^2}{E_k\,F_k\,l^2} - \frac{H_g^0\,L}{E_k\,F_k} +$$

$$+ \varepsilon\,t\,L_t + (\delta_1 + \delta_2) = o \quad\dots\dots\dots\dots\quad (\mathrm{I}')$$

pour la travée latérale gauche:

$$\frac{8\,f_1}{l_1}\left[\frac{\mathrm{I}}{(a_1\,l_1)^2}\left\{\left[-\frac{16\,H_g^0\,f_1\,l_1^2}{E\,J_1\,(a_1\,l_1)^3} + \frac{16\,f_1}{(a_1\,l_1)}\right]tg\,h\,\frac{a_1\,l_1}{2} - 8\,f_1\left(\mathrm{I} - \frac{H_g^0\,l_1^2}{E\,J\,(a_1\,l_1)^2}\right)\right\} +\right.$$

$$+ \left(\mathrm{I} - \frac{H_g^0\,l_1^2}{E\,J_1\,(a_1\,l_1)^2}\right)\frac{2}{3}\,f_1\bigg] + \frac{E\,J_1\,L_1\,(a_1\,l_1)^2}{E_k\,F_k\,l_1^2} - \frac{H_g^0\,L_1}{E_k\,F_k} + \varepsilon\,t\,L_{1t} - \delta_1 + \varDelta\,l_1 = o \quad (\mathrm{II}')$$

La même équation sera obtenu pour la travée latérale droite, mais il faut remplacer les indices (1) par les indices (2).

---

[1] Ces formules diffèrent un peu de celles de M. BLEICH.

En remplaçant ici les valeurs $\delta_1$, $\delta_2$, et $\Delta l_1$, $\Delta l_2$ et en exprimant en fonction de $(al)$, $(a_1 l_1)$ et $(a_2 l_2)$ nous pouvons obtenir *trois équations transcendantes avec trois inconnues* $(al)$, $(a_1 l_1)$ et $(a_2 l_2)$. En les résolvant par essais nous pouvons trouver leurs valeurs exactes à l'aide de l'interpolation d'espace[1].

*Exemple.* Nous pouvons trouver pour le pont sur la Delaware à l'aide de l'interpolation d'espace

$$al = 4{,}5120, \qquad a_1 l_1 = 1{,}6475, \qquad a_2 l_2 = 1{,}6455.$$

| Travée | | Valeurs d'après la théorie d'élasticité | Valeurs exactes | Différence |
|---|---|---|---|---|
| | | *I. Tension horizontale* (lb.) | | |
| Centrale | $H_q =$ | 30 104 800 | 29 223 000 | 3% |
| Latérale gauche | $H_q' =$ | 29 855 250 | 29 015 000 | |
| Latérale droite | $H_q'' =$ | | 28 944 000 | |
| Centrale | $H_x =$ | | 4 346 000 | |
| Latérale gauche | $H_x' =$ | | 4 138 000 | |
| Latérale droite | $H_x'' =$ | | 4 067 000 | |
| | $\Delta H_1 =$ | $\left.\right\}\Delta H = 249\,550$ | 208 000 | |
| | $\Delta H_2 =$ | | 279 000 | |
| | | *II. Moments* (lb. p.) | | |
| Centrale | $M_{l/4} =$ | $\left\{ \begin{array}{l} +359\,000\,000 = \\ = -\dfrac{1}{50}\, p\, l^2 \end{array} \right.$ | $\begin{array}{l} +249\,548\,000 = \\ = \dfrac{1}{71}\, p\, l^2 \end{array}$ | $31\%^2$ |
| Centrale | $M_{l/2} =$ | $+109\,041\,000$ | $+ 84\,160\,000$ | |
| Centrale | $M_{3/4\,l} =$ | $-196\,215\,000$ | $-112\,306\,000$ | |
| | | *III. Effort tranchant* (lb.) | | |
| Centrale | $A = Q_o =$ | $+1\,544\,490$ | $+1\,200\,000$ | 22% |

| | Déformations (pieds) | La tension dans les tiges de suspension (lb./p.) | |
|---|---|---|---|
| | $\Delta y$ | $q$ | Différence |
| 0 | | 15 271 | — |
| 0,10 | $+ 4{,}15$ | 16 330 | $+ 7\%$ |
| 0,20 | $+ 7{,}02$ | 16 887 | $+ 11\%$ |
| 0,25 | $+ 7{,}91$ | 16 984 | $+ 11\%$ |
| 0,30 | $+ 8{,}38$ | 16 981 | $+ 11\%$ |
| 0,40 | $+ 8{,}05$ | 16 647 | $+ 9\%$ |
| 0,50 | $+ 6{,}88$ | 15 849 | $+ 4\%$ |
| 0,60 | $+ 4{,}09$ | 14 999 | $- 2\%$ |
| 0,70 | $+ 2{,}05$ | 14 583 | $- 5\%$ |
| 0,75 | $+ 1{,}26$ | 14 498 | $- 5\%$ |
| 0,80 | $+ 0{,}70$ | 14 471 | $- 5\%$ |
| 0,90 | $+ 0{,}19$ | 14 684 | $- 4\%$ |
| 1,00 | | 15 271 | — |

---

[1] Pour adapter la méthode de l'interpolation d'espace il faut choisir 4 points dans l'espace avec les axes des coordonnées $(al)$, $(a_1 l_1)$ et $(a_2 l_2)$. Ces 4 points doivent former un tétraèdre sans angles aigus, Fig. 3a. Nous pouvons faire l'interpolation graphiquement à l'aide de la

Ces tables indiquent que les déformations du câble ont la différence maximum de 5% et que les tensions dans les tiges de suspension diffèrent entre elles de (— 5%) jusqu'à (+ 11%) par rapport à la valeur moyenne.

## Chapitre IV.

*Surcharge couvrant la travée latérale gauche avec effet d'accroissement positif de la température.*

Les formules (16) et (17) sont les mêmes; il faut prendre pour les travées centrale et latérale droite $p = o$, parce que la surcharge est absente sur ces travées, et remplacer dans la formule (17) pour la travée droite les indices (1) par les indices (2).

*Exemple.* Nous avons trouvé pour le pont sur la Delaware à l'aide de l'interpolation d'espace:

$$a\,l = 4{,}1470, \qquad a_1\,l_1 = 1{,}5204, \qquad a_2\,l_2 = 1{,}5176.$$

| | | Valeurs d'après la théorie d'élasticité | Valeurs exactes | Différence |
|---|---|---|---|---|
| Tension horizontale (lb.) .......... | $H_q' =$ | 24 839 000 | 24 711 000 | |
| ,, ,, ,, .......... | $H_x' =$ | — 37 961 | — 166 000 | |
| Moment (lb. p.).................. | $M_{l_2} =$ | + 371 584 000 | + 302 615 000 | 19%[3] |
| Effort tranchant (lb.) ............ | $Q_0 =$ | + 2 115 000 | + 1 788 000 | 16%[3] |

## Résumé.

Il résulte de tout ce qui précède que la réduction du moment fléchissant maximum de 38 % dans la travée centrale, prévue par l'auteur du calcul du pont sur la Delaware, est confirmée casuellement par notre recherche exacte; nous avons reçu pour la travée latérale une réduction du moment fléchissant de 19 % au lieu de 26¹/₂ (ce qui était fait par l'auteur du pont sur la Delaware).

Géométrie descriptive, Fig. 3b. Nous prenons 4 points $C$, $E$, $F$, $K$. qui forment le tétraèdre, Fig. 3a et b, et puis à l'aide de l'interpolation nous trouvons pour trois points de chaque face du tétraèdre les lignes d'interpolation, au travers de chaque paire desquelles nous traçons les

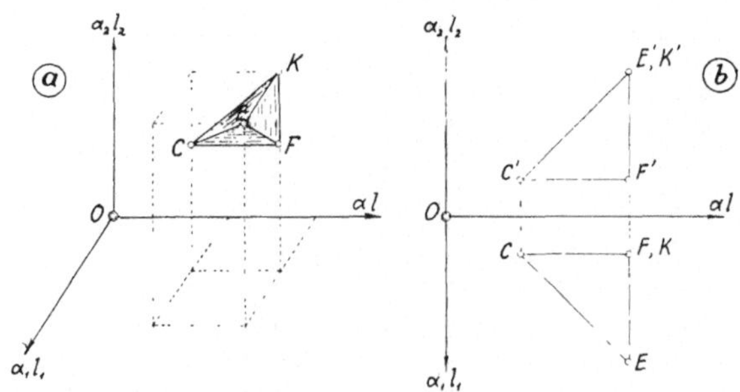


Fig. 3. a) Le tétraèdre. b) La méthode de la Géometrie descriptive

surfaces planes; l'intersection de deux surfaces planes donne une ligne droite, qui croise la troisième surface au point cherché avec les coordonnées cherchées.

[2] M. L. MOISSEIFF donne la valeur approximative + 324 000 000 l. p. et la valeur exacte + 200 500 000 l. p. avec la différence de 38%.

[3] M. L. MOISSEIFF donne $M = + 272 000 000$ lb. p. avec la différence de 26¹/₂% et $Q_0 = + 1 682 000$ lb. avec la différence de 20¹/₂%.

Mais, ce qui est important pour un pont suspendu, c'est que la théorie exacte donne la déformation maximal du pont moindre (de 33 %); c'est tout à fait clair puisque la déformation d'un pont suspendu dépend principalement de la dilatation du câble. Si l'accroissement de la flèche du câble diminue sa tension, due à la charge permanente, nous avons le droit d'attendre encore une réduction générale de la flèche du câble.

Toutefois, la théorie exacte du pont suspendu à trois travées a une importance très essentielle pour obtenir une économie considérable dans la poutre de rigidité (jusqu'à 42 % de poids, comme disent les calculations des auteurs du pont sur la Delaware) et pour recevoir une réduction de 33 % des déformations du pont. Cette dernière circonstance a une grande signification pour les ponts suspendus, puisqu'elle peut facilement écarter les attaques contre la rigidité insuffisante des ponts suspendus.

Nous pouvons en tirer la conclusion que les susdites considérations ont aussi de l'importance surtout quand il y a concurrence entre les ponts suspendus et les ponts à consoles; une économie obtenue par l'application de la théorie exacte dans les ponts suspendus doit leur donner la préférence.

Prague, le 3 Novembre 1926.

*Littérature.*

Prof. J. Melan, Handbuch d. Ing.-Wissenschaften. Brückenbau, II. Band, 5. Abt., 1925. — Prof. G. Mehrtens, Eisenbrückenbau, III. Band, 1923. — Prof. H. Müller-Breslau, Die Graphische Statik, II. Band, 2. Abt., 1925. — G. Pigeaud, Nouvelles recherches sur le calcul des ponts suspendus et de leurs poutres de rigidité, Le Génie Civil, 2 et 9 juillet 1927. — The theory of the stiffened suspension bridge, Engineering, April 29, 1927. — The stiffening girder with variable moment of inertia, Engineering, January 6, 1928. — Steifigkeit von Hängebrücken, von S. Timoshenko in Pittsburgh, ins Deutsche übertragen von J. Malkin in Berlin. Zeitschrift für angewandte Mathematik und Mechanik, Band 8, Februar 1928, Heft 1. — Jean Karpinski, Le calcul des ponts suspendus à poutre de rigidité. Annales des Travaux Publics de Belgique, Juin 1928.

# Diskussion

Prof. Grüning, Hannover:

Im Zusammenhang mit den beachtenswerten Ausführungen des Herrn Kriwoschein über die *exakte Berechnung der Hängebrücke* darf wohl das Ergebnis meiner Untersuchung des gleichen Problems mitgeteilt werden.

Ich habe die Bauart „Kette in drei Öffnungen mit durchlaufendem Versteifungsbalken" nach zwei Verfahren behandelt. Das eine setzt in jeder Öffnung unveränderliches Trägheitsmoment voraus und benutzt Differenzengleichungen, das zweite gilt für den allgemeinen Fall beliebiger Trägheitsmomente. Der Horizontalzug muß durch Approximation, aber mit großer Genauigkeit berechnet werden. Zwei Rechnungsgänge reichen trotzdem immer aus. Die Rechnung zeigt, daß unter sonst gleichen Verhältnissen das Moment im Versteifungsbalken durch das Trägheitsmoment der Mittelöffnung wesentlich beeinflußt wird. Je kleiner das Trägheitsmoment, desto kleiner das Moment im Versteifungsbalken, desto größer die Abweichung von dem gleichen Wert der Elastizitätstheorie. Das für den Querschnitt des Versteifungsbalkens maßgebende Moment in etwa $^1/_4$ der Spannweite kann man nicht nur auf 62%, wie im Falle der Delaware-Brücke, sondern auf 50, ja 40% des Wertes der Elastizitätstheorie herabdrücken.

Folgendes Verfahren ist allgemein anwendbar. Man setzt die Höhe $h$ des Versteifungsträgers

$$h = \frac{2J}{W} = \frac{J}{M}\alpha$$

$a = 2\,\sigma_{zul}\dfrac{W_n}{W} = \text{constans}$. Indem man für einige — etwa drei — beliebig gewählte Werte $J$ die Momente berechnet, kann man so

$$h = f\,(J)$$

darstellen. Aus dieser Kurve ist zu jedem Wert $h$, den man wählen will, der zugehörige Wert $J$ und das erforderliche $W_n$ zu entnehmen. Man erkennt, daß fast beliebig kleine Trägerhöhen möglich und wirtschaftlich ausführbar sind. Man kann die Kurve auch benutzen, um die Höhe des *kleinsten* Querschnittes zu ermitteln. Natürlich nimmt mit abnehmendem $h$ die Durchbiegung zu. Im allgemeinen wird das größte Maß der Durchbiegung, das man für zulässig hält, für die Wahl von $h$ maßgebend sein müssen. Die Durchbiegung ist indessen ebenfalls kleiner — unter Umständen beträchtlich — als die Elastizitätstheorie ergibt.

Nachstehend einige Zahlen, die ich für ein Beispiel von den Verhältnissen der Wettbewerbsentwürfe für die Rheinbrücke Köln—Mülheim erhalten habe. In der Mittelöffnung ist $l = 330$ m, $f = 36,7$ m, Eigenlast $g = 18$ t/m, Verkehrslast $p = 8,0$ t/m für einen Hauptträger. Laststellung von o bis 0,45 $l$ und rechte Seitenöffnung voll.

| $J$<br>$m^4$ | Momente in $\dfrac{l}{4}$<br>t . m | | $\dfrac{b}{a}$ | Durchbiegung in $\dfrac{l}{4}$<br>m | | Tragerhöhe<br>m |
|---|---|---|---|---|---|---|
| | $a$ | $b$ | | $a$ | $b$ | |
| 1,31 | 8718 | 6400 | 73⁰/₀ | 0,786 | 0,602 | 5,92 |
| 0,855 | 8374 | 5413 | 65⁰/₀ | 1,170 | 0.743 | 4.57 |
| 0,584 | 8162 | 4528 | 55⁰/₀ | 1,494 | 0.883 | 3,73 |
| 0,260 | 7876 | 2779 | 36⁰/₀ | 2.988 | 1,201 | 2.71 |

Die Spalten $a$ geben Momente und Durchbiegung nach der Elastizitätstheorie, $b$ nach der exakten Theorie an. Die Trägerhöhe ist für $\sigma_{zul} = 1,82$ t/cm² und $\dfrac{W_n}{W} = 0,875$ berechnet. Der kleinste Querschnitt des Versteifungsbalkens liegt noch unter $h = 3,0$ m.

Bemerkenswert ist noch, daß auch die Beanspruchung des Versteifungsbalkens infolge Nachgebens der Widerlager, in denen die Kette verankert ist, nicht so erheblich ist wie nach Ausweis der Elastizitätstheorie. Auf Grund meiner Rechnungen muß ich der von den Konstrukteuren der Delaware-Brücke im Journal of the Franklin-Institut ausgesprochenen Ansicht zustimmen, daß die Elastizitätstheorie für die Berechnung einer Hängebrücke im allgemeinen unbrauchbar ist.

Professor Dr. Ing. Hugo Kulka, Hannover:

## Angreifende Kräfte im Eisenwasserbau [1]

In den letzten Jahrzehnten hat sich ein Sondergebiet des Eisenbaues, der Eisenwasserbau, zu großer technischer und wirtschaftlicher Bedeutung entwickelt. Die Eigenheiten dieses Gebietes und seine Unterschiede gegenüber dem Brückenbau sind sowohl theoretischer als auch konstruktiver Art und sind wesentlich hervorgerufen durch die Eigenart der angreifenden Kräfte. Ähnlich wie im Brückenbau spielen neben der statischen Belastung auch dynamische Probleme eine Rolle, nur daß hier den dynamischen Erscheinungen häufig die Hauptrolle zukommt.

---

[1] Vergl. Kulka: „Der Eisenwasserbau I", Ernst u. Sohn, Berlin 1928.

Das Grundproblem der angreifenden Kräfte im Eisenwasserbau, zugleich aber auch eines der wichtigsten Probleme der praktischen Hydraulik ist die Bestimmung des Druckes des ruhenden und bewegten Wassers auf eine Zylinderwand.

Die statische Aufgabe der Druckbestimmung des ruhenden Wassers gestaltet sich verhältnismäßig einfach und kann letzten Endes als eine rein geometrische Aufgabe behandelt werden. Die Eigenschaft des Wassers, daß an einer Stelle der Druck nach allen Richtungen des Raumes gleich groß ist, bewirkt eine so vollständige Übereinstimmung zwischen Theorie und Erfahrung, wie sie sonst wohl selten in einem technischen Gebiete zutrifft.

Dagegen wird die Druckbestimmung wesentlich verwickelter und gestaltet sich zu einem schwierigen physikalischen Problem, wenn die Flüssigkeit in Bewegung ist. Man kann hier zwischen zwei Sonderfällen unterscheiden. Der erste Fall, der der einfachere ist, behandelt jene Aufgaben, bei welchen die Voraussetzung des Wassers als reibungslose Flüssigkeit durch die Erfahrung bestätigt wird, jedenfalls die Unterschiede zwischen Rechnung und Versuch durch die Zähigkeit als Ursache der Reibung nur wenig beeinflußt werden. Der zweite Fall ist von dem Einflusse der Zähigkeit des Wassers so weitgehend beherrscht, daß eine Vernachlässigung der Reibungen zu großen Unterschieden zwischen Theorie und Erfahrung führen würde.

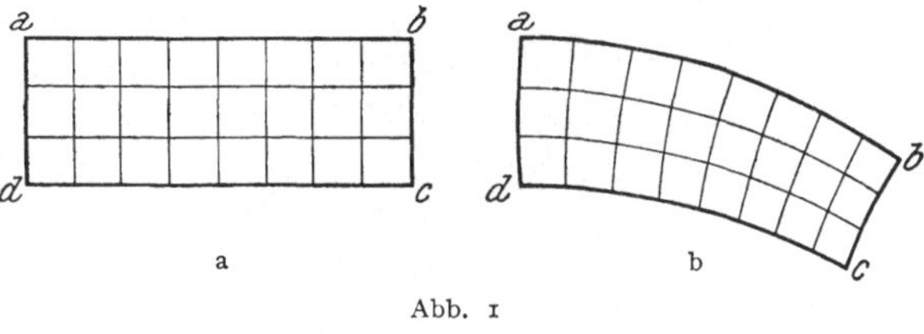



Abb. 1

Der erste Fall kommt im Eisenwasserbau, besonders im Wehrbau, sehr häufig vor und ist eigentlich derjenige, den man bei der Formgebung unserer Staukörper anstreben soll. Auch dieser Fall gestaltet sich nach Voraussetzung einer reibungslosen Flüssigkeit und nach Annahme der Eigenschaft der Kontinuität zu einem rein mathematischen Problem. Die Kontinuität ist durch die Eigenschaft des Wassers definiert, daß eine Ansammlung von Masse ebenso wie die Bildung von masselosen Hohlräumen ausgeschlossen sein soll. Die mathematische Formulierung

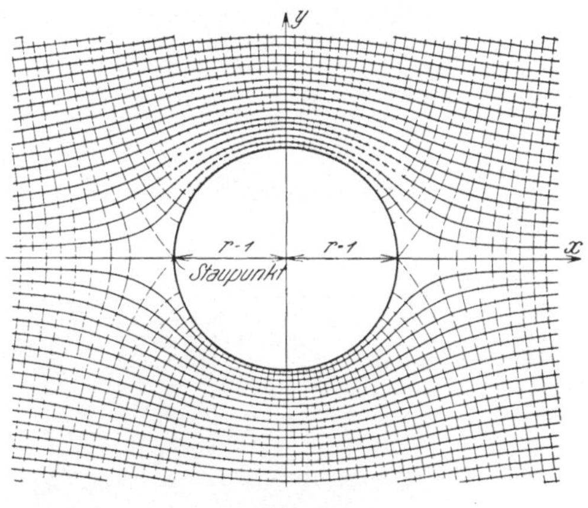



Abb. 2.

dieser grundsätzlichen Voraussetzungen in der Theorie der reibungslosen Flüssigkeiten führt zu dem Anschlusse dieser Theorie an die Theorie der analytischen Funktionen, deren Methoden, insbesondere die der konformen Abbildungen zu einer sehr geschickten theoretischen Behandlung der vorliegenden Probleme führt. Diese Methode läuft im wesentlichen darauf hinaus, das Koordinatensystem für die mathematische Behandlung dem Sonderproblem anzupassen. Stellte z. B. in Abb. 1a $a\,b$ und $d\,c$ die Seitenwände eines Gerinnes dar, das vom Wasser parallel zu diesen Kanten durchströmt wird, so werden die Bewegungen dieser Flüssigkeit am bequemsten durch Festlegung auf ein Koordinatensystem bezogen, dessen Achsen parallel sind zu den Kanten $a\,b$, bzw. $c\,d$. Bedenkt man, daß infolge der Reibungslosigkeit und Kontinuität die Flüssigkeitsteilchen sich in Bahnen bewegen, deren Richtung durch die zu $a\,b$ parallelen Seiten der Quadratchen gegeben sind, während die Flüssigkeitsmenge, welche in der Zeiteinheit durch die anderen Seiten der Quadratchen fließen, wegen der Kontinuität konstant sein muß, so liegt es nahe, auch bei der Strömung zwischen den Wänden $a\,b$, $d\,c$ in Abb. 1b von dieser Eigenschaft der wirbellosen und kontinuierlichen Strömung bei Wahl des Koordinatensystems Gebrauch zu machen, wodurch die Koordinatenteilung laut Abb. 1b folgt. Auch hier entsteht zur Festlegung der Bewegung der Flüssigkeitsteilchen ein Quadratnetz, das jedoch im Durchflusse von $a\,d$ nach $b\,c$ sich der veränderlichen Geschwindig-

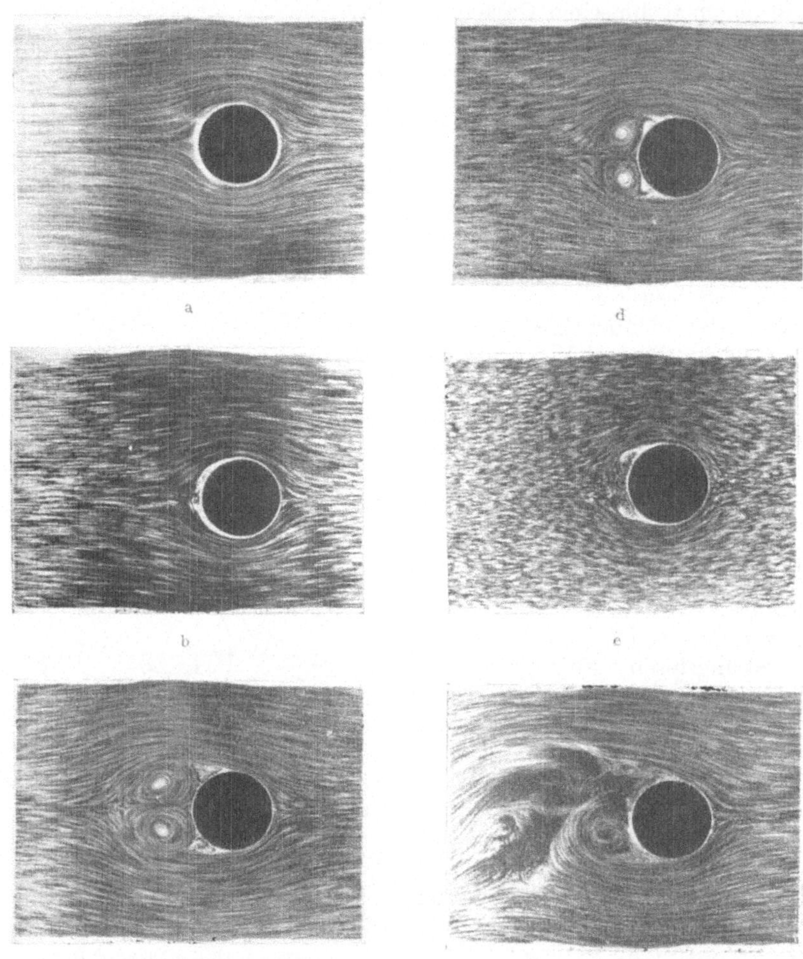



Abb. 3

keit so anpaßt, daß die Größe der Quadratteilchen im umgekehrten Verhältnis steht zu der Größe der Geschwindigkeit. Diese wertvolle Erkenntnis für die Festlegung der Bewegung des Wassers wird umso bedeutungsvoller, als in der Funktionentheorie bewiesen wird, daß bei gegebenen Rändern $a\,b$, $d\,c$ eine eindeutige Teilung in Quadratchen folgt. Die Quadratseitchen in Richtung $a\,b$, bzw. $d\,c$ geben die sogenannten Stromlinien, die senkrecht darauf stehenden Trajektorien die Linien gleicher Geschwindigkeitspotentials an. Durch Ausnutzung der Methoden der konformen Abbildungen, deren Endzweck die Teilung einer gegebenen Figur in genügend kleine solcher Quadrate ist, kann auf rein mathematischem Wege die Aufgabe der Geschwindigkeitsverteilung der reibungslosen Flüssigkeit in einem ebenen Gerinne gelöst werden. Bei Kenntnis der Geschwindigkeit an irgend einer Stelle des Gerinnes folgen die Geschwindigkeiten an einer beliebigen Stelle aus dem umgekehrten Verhältnis der Quadratseitchen der Netzteilung an den betreffenden Stellen. Da nun mit $v = \sqrt{2\,g\,h}$ und $h = \dfrac{v^2}{2\,g}$ sich aus der Geschwindigkeit und der Erdbeschleunigung $g$ die sogenannte Geschwindigkeitshöhe, d. h. die zur Erzeugung von Geschwindigkeit verzehrte Druckhöhe des verfügbaren Flüssigkeitsdruckes $H$ an der betreffenden Stelle ergibt, so ist der noch vorhandene Druck durch die bekannte Beziehung $p = H - \dfrac{v^2}{2\,g}$ gegeben. Damit wäre die Druckbestimmung für die Zylinderwand gelöst. Abb. 2 zeigt die Netzteilung für den Fall eines in eine Flüssigkeit getauchten Kreiszylinders. Abb. 3a ist eine photographische Wiedergabe eines solchen Strömungsbildes ersichtlich.

Eine ganze Reihe von Strömungserscheinungen, namentlich solche, die im Wehrbau vorkommen, erfüllen die Voraussetzungen der hier angewandten Theorie, die man auch Theorie der Potentialströmungen nennt, in sehr befriedigendem Maße. Dies gilt insbesondere von Überfallsproblemen mit sogenannten freien Oberflächen, d. h. mit Begrenzung des Flüssigkeitsstrahles durch die Luft, wo also Reibungen an Gefäßwänden teilweise ausgeschlossen sind. In Abb. 4 ist eine solche Strömung über einen Zylinder dargestellt. Es ist daraus die obere Strahlengrenze

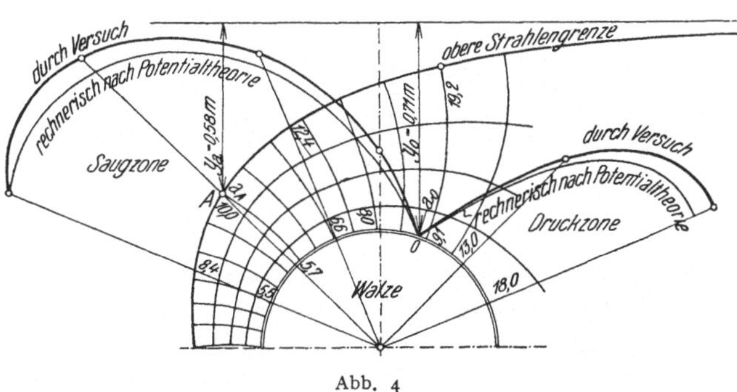


Abb. 4

als freie Oberfläche ersichtlich, ferner die durch konforme Abbildung erhaltene Netzteilung und die Diagramme der Druckverteilung auf die Zylinderwand.

Für die spezifischen Drücke, welche stets senkrecht zur Wand aufgetragen sind, ist sowohl der nach der Potentialtheorie errechnete Druck als auch der gemessene eingetragen. Es ergibt sich eine verhältnismäßig gute Übereinstimmung.

Leider liegen die Verhältnisse nicht immer so, daß die Zähigkeit der Flüssigkeit wie im vorhergehenden Beispiele vernachlässigt werden kann. Vielmehr würde die Vernachlässigung manchmal zu ganz falschen Ergebnissen führen.

Die Berücksichtigung der Reibung, bzw. der Zähigkeit in den Grundgleichungen der Flüssigkeitsbewegungen geschah bereits in den sogenannten NAVIER-STOKESschen Gleichungen für die Flüssigkeitsbewegungen. Da aber die Anwendung dieser Differentialgleichungen im Sonderfalle zu großen Schwierigkeiten führte, wurden dieselben von STOKES in vereinfachter Form auf Strömungsaufgaben verwendet, ohne aber eine Übereinstimmung zwischen Berechnung und Erfahrung zu erreichen.

Erst die neuere Forschung brachte hierin befriedigende Erklärung. Während die Göttinger Schule unter Führung von L. PRANDTL die Erklärung der Erscheinungen der zähen Flüssigkeiten vom physikalischen Standpunkte bringt, sucht die schwedische Schule unter Führung von C. W. OSEEN in Upsala durch Integration der exakten NAVIER-STOKESschen Gleichungen das Problem auf mathematischem Wege als Randwertaufgabe zu meistern.

Die sogenannte Grenzschichttheorie von PRANDTL geht davon aus, daß

ohne Zuhilfenahme der Reibung eine Wirbelbildung in einer Flüssigkeit unmöglich
ist. Selbst bei außerordentlich kleiner Zähigkeit wirkt die Reibung an der Oberfläche
des umströmten Körpers so verzögernd auf die vorbeiströmenden Flüssigkeitsteilchen, daß die Geschwindigkeit an der Körperoberfläche Null wird.

Der Geschwindigkeitsverlauf von der Oberfläche des Körpers zu den Zonen
der durch Reibung ungestörten Strömung bei $B$ ist durch Abb. 5 gekennzeichnet.
Die Übergangszone von $A$ bis $B$ mit der Stärke $\delta$ heißt die „Grenzschicht". Ihre
Dicke ist beim sehr wenig zähen Wasser sehr gering. Die Bildung dieser Grenzschicht
bildet den Ausgangspunkt für die Erklärung der Strömungserscheinungen der
zähen Flüssigkeitsteilchen. Der Geschwindigkeitsabfall von $B$ nach $A$ kann auf
verschiedene Weise erfolgen. In Abb. 6 sind drei typische Fälle skizziert. Der Pfeil
gibt die Strömungsrichtung an. Während im Falle $a$ und $b$ die Geschwindigkeit
in der Grenzschicht positive Werte zeigt, kehrt sich im Falle $c$ der Bewegungssinn
der Strömung teilweise um, d. h. es strömen Flüssigkeitsteilchen in der Grenzschicht der allgemeinen Bewegungsrichtung entgegen. Diese Flüssigkeitsteilchen

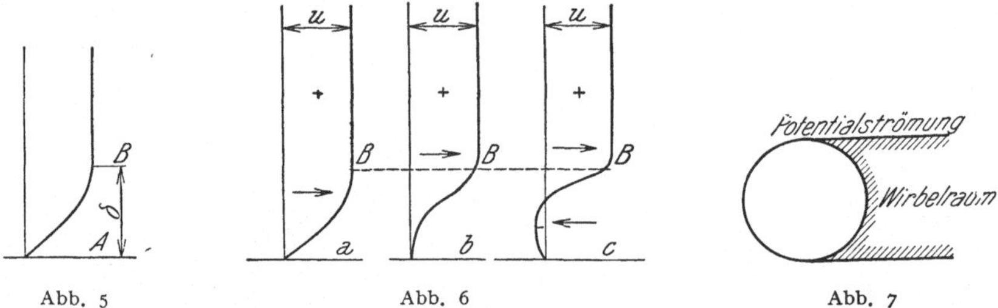


Abb. 5Abb. 6Abb. 7

sammeln sich und bilden einen Wirbelraum, dessen Wirbel ab und zu von der strömenden Flüssigkeit erfaßt und abgeführt werden. Die Ursache dieser geschilderten
Rückströmung läßt sich aus der Abb. 2, die den umströmten Zylinder darstellt,
leicht erklären. Der in dieser Abbildung dargestellte vollkommen symmetrische
Zustand kann selbst bei kleinster Zähigkeit nicht bestehen, da auf dem Wege der
Strömung den Flüssigkeitsteilchen etwas Energie durch die Reibung genommen
wird. Der geringste Verlust an Energie genügt aber schon, daß die Flüssigkeitsteilchen hinter dem Zylinder nicht mehr an die zur angeströmten Vorderseite symmetrische Stelle des betreffenden Stromfadens, vielmehr zum Stillstande
gelangen und dann infolge der Druckverhältnisse sich der Strömung entgegen
bewegen.

Wie sich diese Wirbelbildung vollzieht, geht aus den sechs Lichtbildern Abb.
3 a—f hervor, welche bei einem Zylinder bei gleichbleibender Relativgeschwindig-
keit zwischen Zylinder und Wasser nacheinander aufgenommen wurden. (Die Bilder
wurden mir von Herrn Prof. L. PRANDTL in Göttingen zur Verfügung gestellt.)
Durch die Grenzschichttheorie kommt man zu befriedigender Erklärung einer
Reihe von Erscheinungen, die durch Integration der vereinfachten STOKESschen
Gleichungen nicht erklärbar sind.

Die Schule OSEENS sucht die Lösung auf rein mathematischem Weg, indem die
Integration der vollständigen NAVIER-STOKESschen Differentialgleichungen zunächst
bei endlicher Zähigkeit versucht wird unter der auch in der PRANDTLschen Theorie
gemachten Annahme, daß die Geschwindigkeit an der Körperoberfläche durch die
Zähigkeit einen konstanten Wert (in der Grenzschichttheorie = Null) annimmt.
Durch nachträglichen Grenzübergang zu unendlich kleiner Zähigkeit erhält OSEEN
Resultate, die zwar der Theorie der idealen Flüssigkeiten (Potentialtheorie) wider-
sprechen, aber mit der Wirklichkeit in Einklang stehen. Nach OSEEN beruht der

Fehler der STOKESschen Annäherung in der unzulässigen Vernachlässigung der Trägheitsglieder gegen die Zähigkeitsglieder. Selbst bei kleinsten Geschwindigkeiten, wo die Bewegung in so hohem Maße, wie überhaupt möglich, von der Reibung beeinflußt sind, wird durch die Trägheit eine Unsymmetrie erzeugt, noch mehr aber dann, wenn die Geschwindigkeiten groß sind.

Das Bild, das sich aus der OSEENschen Theorie ergibt, ist in Abb. 7 skizziert. An der Vorderseite der eingetauchten Fläche gehorcht die Strömung den Gesetzen der idealen Flüssigkeit hinter der Fläche, also innerhalb des Zylinders, der in der Figur durch Schraffen hervorgehoben ist, wird eine Wirbelbewegung über die wirbellose gelagert.

Mit der Bestimmung der Geschwindigkeiten ist nach Obigem die Frage der Druckbestimmung gelöst.

Wie wichtig im Sonderfalle die richtige dynamische Behandlung des Problemes der Druckbestimmung ist, zeigt die Abb. 8, wo der Druck des unter einem Zylinder (Walze) strömenden Wassers gegen den Zylinder dargestellt

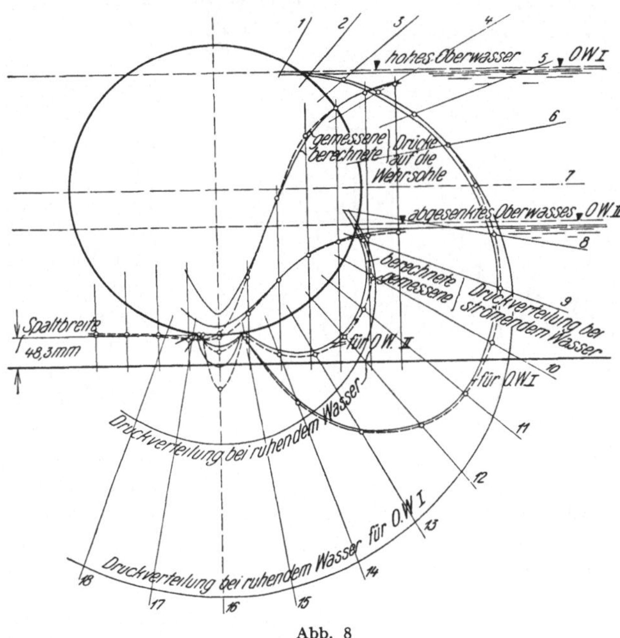

Abb. 8

ist. (Nach Versuchen des Verfassers.) Vor noch nicht zu langer Zeit wurden solche Aufgaben rein statisch betrachtet mit dem in der Abb. 8 eingetragenen Ergebnis (Druckverteilung bei ruhendem Wasser), das selbstredend falsch ist. In der Abbildung sind die Druckverteilungen (gemessen und berechnet) für „Oberwasserstände" (I und II) eingetragen. Es ist zu ersehen, daß an der Stelle, wo statisch der größte Druck vorhanden wäre, sogar ein negativer Druck, also eine Saugwirkung eintritt (unterster Walzenteil).

Stadtbaurat Ing. Dr. RUDOLF SCHUHMANN, Wien:

### Erfahrungen bei der Erhaltung von Straßenbrücken[1]

Nachfolgende Erfahrungen bei der Erhaltung von Straßenbrücken bezwecken, die Erhaltungskosten auf das geringste Maß herabzudrücken. Soweit dies im beschränkten Rahmen möglich ist, sollen Einzelheiten von Fahrbahn- und Gehwegkonstruktionen städtischer Straßenbrücken beschrieben werden.

#### 1. Gehwege der Fahr- und Fußgängerbrücken

Da Gehwege der Fahr- und Fußgängerbrücken seltener aus Holzkonstruktion (Bohlen auf Trämen), Holzlatten mit Asphaltbelag, Trägerwellblechen mit Beton

---

[1] Der vollständige Vortrag ist in der Zeitschrift des Österr- Ingenieur- und Architekten-Vereins, H. 37/38, Jahrg. 1928, erschienen.

und Asphaltbelag hergestellt werden, werden diese Konstruktionseinzelheiten nicht weiter beschrieben. Die häufigste und bestbewährte Konstruktion sind Eisenbetonplatten mit Asphaltbelag. Der Asphalt wird in einer Stärke von 2½ bis 3 cm bei einer Querneigung von 2 bis 2½% gegen die Fahrbahn aufgebracht. Die Abgrenzung gegen die Fahrbahn soll durch Granitrandsteine und nicht durch Eisenkonstruktionsteile erfolgen.

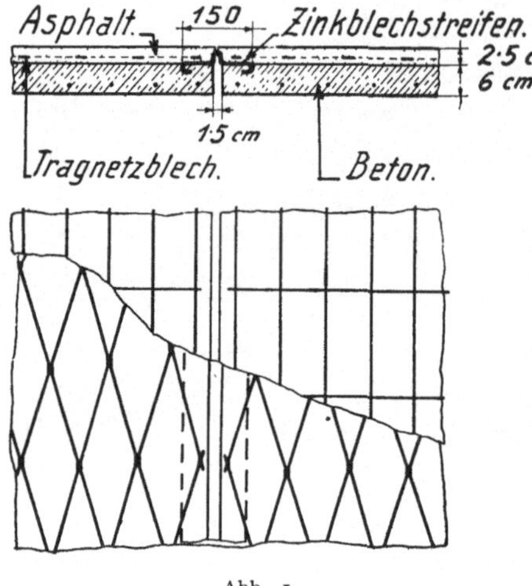


Abb. 1

Zur Verminderung der Rißbildung ist die Anordnung von Querfugen im Asphalt in Abständen von ungefähr 3 m notwendig. Leider werden die Fugen im Sommer, wenn der Asphalt weich wird, durch den Fußgängerverkehr geschlossen und es bilden sich wilde Risse neben den Arbeitsfugen, welche dem Wasser Eintritt gewähren. Da dieselben vermutlich in den Querschnitten geringster Widerstandskraft entstehen, wurde versucht, durch Anordnung eines Zinkbleches mit einer vertikalen, nach aufwärts stehenden 2 cm hohen Falte, welche den sonst 3 cm starken Asphaltbelag auf 5 mm verringert, die neuerliche Rißbildung immer wieder an der selben Stelle über der Zinkblechfalte zu erzwingen. Auch wurden in den Dilatationsblechen Falten angeordnet, in welchen mit Bitumen getränkte Filzstreifen

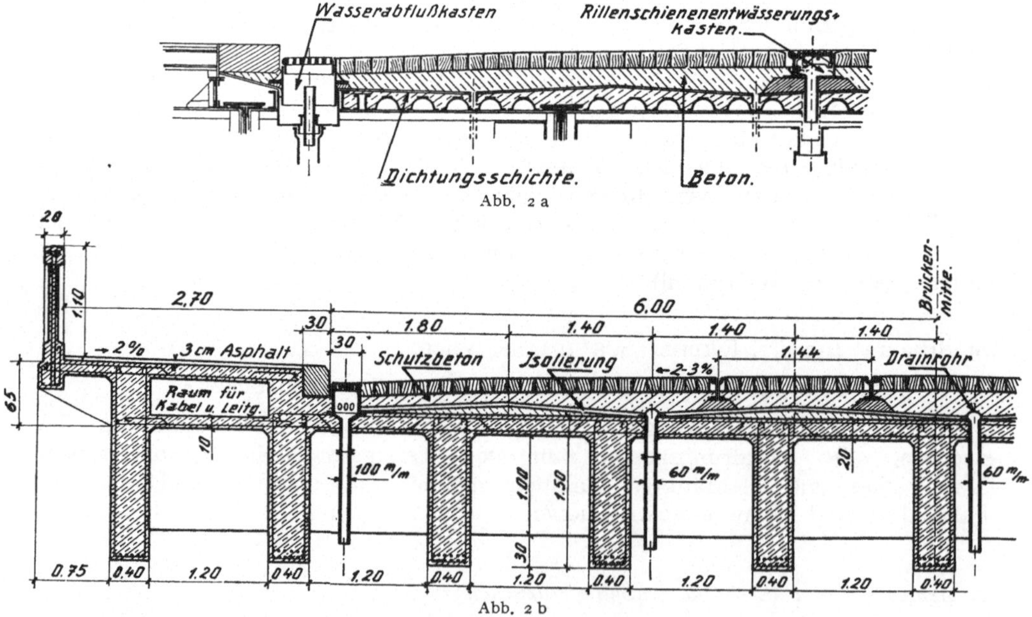


bis zur Oberkante des Asphaltbelages reichend, eingelegt sind. Diese Anordnung soll die Längenänderungen des Asphaltbelages durch die elastischen Eigenschaften des Filzstreifens aufnehmen. Große Temperaturänderungen machen jedoch eine Armierung des Asphaltes mit Rabitznetzen nötig.

### 2. Fahrbahnen

1. Hölzerne Bruckstreu auf eisernen Längsträgern. Dieselbe ist gewöhnlich zum Schutz gegen Fäulnis mit Teeröl (90 kg für 1 m³) getränkt. Über der Bruckstreu wird eine Abdichtungsschicht angeordnet, oder es wird die Bruckstreu kalfatert, d. h. die Fugen werden mit in Bitumen getränkten Hanfstricken ausgestopft. Die Abdichtungsschicht muß mit einer Schutzbetonschicht versehen werden.

2. Zoreseisen auf eisernen Längsträgern. Über den Zoreseisen, welche auf eisernen Längsträgern lagern, ist Schotter oder Beton angeordnet. Die Verwendung von Zoreseisen ist unzweckmäßig, weil die Füße derselben auf ihre ganze Länge anrosten, wenn sich Schäden in der Abdichtungsschicht zeigen.

3. Hängebleche oder hängende Buckelplatten auf eisernen Längsträgern. Diese Konstruktionsart ist für neue Brücken anzuempfehlen. Da die Hängebleche im Gefälle liegen, kann bei Schäden in der Abdichtung Sickerwasser sich an den tiefsten Stellen sammeln, fließt dann längs der untersten Erzeugenden ab und wird durch ein Abfallrohr weitergeleitet.

4. Eisenbetonplatten auf Längsträgern. Diese Konstruktionsart ist günstig, weil zufolge des Fortfalles der Eisenkonstruktion die Rostgefahr entfällt. Bei Überführung von Straßenbahngeleisen ist eine Ersparnis von Beton möglich, wenn die Eisenbetonplatten schalenartig, ähnlich wie Hängebleche, angeordnet werden. Das Eigengewicht der Eisenbetonplatten ist jedoch höher als das der Hänge-bleche.

### 3. Abdichtung der Fahrbahn

Die richtig angeordnete Dichtungsschichte soll ein Quer- und ein Längsgefälle von 1,5 bis 2% aufweisen und im Querprofil mehrere Tiefpunkte besitzen, an welchen das Sickerwasser durch Abflußrohre abgeleitet wird (Abb. 2 a und 2 b). Wichtig ist, wenn Geleise überführt werden, daß sich diese Tiefpunkte in der Nähe der Straßenbahnschienen befinden, weil neben den Geleisen das meiste Niederschlagswasser eindringt, welches auf kürzestem Wege abgeführt werden soll. An den Fahrbahnrändern soll die Dichtungsschicht dermaßen unter den Randstein geführt werden, daß zwischen Randstein und Fahrbahn eindringendes Wasser mit Sicherheit längs der Dichtungsschicht fließt und sich nicht außerhalb einen Weg zur Fahrbahnkonstruktion bahnt. Um ein gutes Einbinden der Abflußrohre in die Dichtungsschicht zu ermöglichen, werden Zinkblechtassen mit anschließenden kurzen Zinkblechstutzen zwischen je zwei Lagen der Dichtungsschicht eingeklebt, da sich bei vielen Ausführungen erwiesen hat, daß die Bitumenkitte sehr gut an Zink- oder Kupfer-blech haften. Über den Zinkblechstutzen werden dann die Abfallrohre aufgeschoben und angeschraubt und können jederzeit ausgewechselt werden.

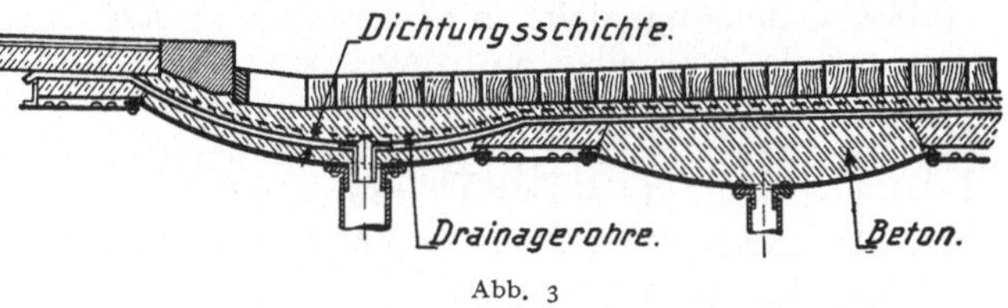


Abb. 3

Eine besondere Abdichtung wurde bei der Friedensbrücke über den Donaukanal in Wien angewendet (Abb. 3). An den Hängeblechen wurden mit Bleiplatteneinlagen Ablaufstutzen dicht angenietet. In die obere Öffnung der Ablaufstutzen reichten mit kleineren Durchmessern konstruierte Zinkblechstutzen. Diese teleskopartige Ineinanderschiebung der Stutzen hat den Zweck, falls die Dichtungsschichte schadhaft wird, das Sickerwasser innerhalb der Hängebleche zum Abflusse zu bringen, von wo das Wasser durch den Zwischenraum zwischen beiden Stutzen in das weitere Rinnensystem gelangt.

Unter den Schienenfüßen ist eine 15 bis 20 cm starke Betonunterlage (Abb. 4) nötig, welche die Dichtungsschicht vor der Zerstörung schützen soll.

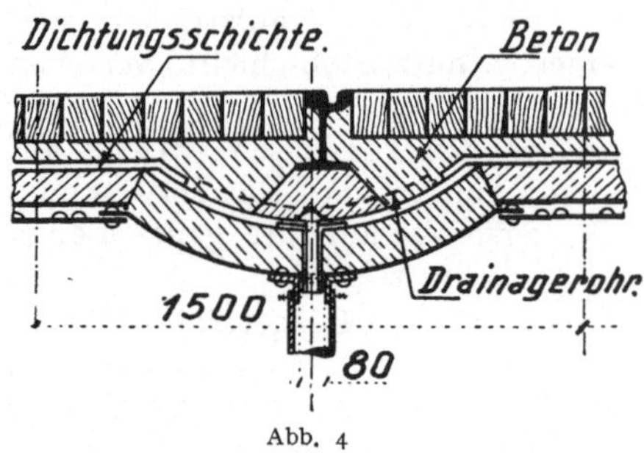


Abb. 4

Als Abdichtungsschicht hat sich Asphalt nicht bewährt, weil er bei Kälte spröde wird und auch die Schwingungen der Brücke schlecht verträgt. Am besten eignen sich ein bis drei Teerpappen-, Ruberoid-, Asphaltfilzlagen, welche zwischen den Lagen und an den Ober- und Unterflächen mit Dichtungsanstrichen versehen sind. Diese Anstriche werden heiß oder kalt aufgebracht.

Die heißen Anstriche bestehen aus Teerpech, Bitumen oder einem Gemisch von beiden oder aus Bitumen allein. Sie haben jedoch die Eigenschaft, daß sie bei Kälte leicht spröde werden und bei Hitze abrinnen. Besser würden sich daher die kalten Anstriche eignen, welche gegen Temperatureinwirkungen unempfindlich sind und auch sonst ihre Elastizität behalten. Sie sind ausländischer und inländischer Herkunft und unter dem Namen Arco, Masticon, Conco, Xerothon, Everseal, Asbestogum usw. im Handel bekannt.

Im Falle, als der Deckbeton über die Dichtungsschicht die Stärke von 5 cm übersteigt, ist es zweckmäßig, Dränagerohre in den Deckbeton einzubauen. Diese liegen auf der Abdichtungsschicht auf, bestehen aus Halbrohren aus Eternit oder Ton und werden stellenweise mit Portlandzementmörtel auf die Dichtungsschicht befestigt. Besonders wichtig ist, daß das ganze System von Entwässerungsrinnen und Entwässerungskanälen frei zugänglich ist und jederzeit durch Revisionsstege oder Einsteigschächte gereinigt werden kann.

M. CHAUDY, Ingénieur Principal au Chemin de fer du Nord, Paris': 

*Observation présentée à la suite de la communication de M. Seckler*[1]

M. CHAUDY fait observer que, pour les tabliers constitués par des poutrelles en acier enrobées de béton, on obtient l'économie la plus grande en armant le béton comprimé au moyen d'une crémaillère de son système comme le montrent les figures ci-après:

Ce frettage a pour but d'empêcher la couche de béton supérieure de se détacher par flambage sous l'action de la compression. Quand il n'existe pas et que, traitant le tablier comme une dalle en béton armé, on fait travailler au maximum les fibres inférieures des poutrelles, on trouve, pour le travail du béton comprimé, un chiffre

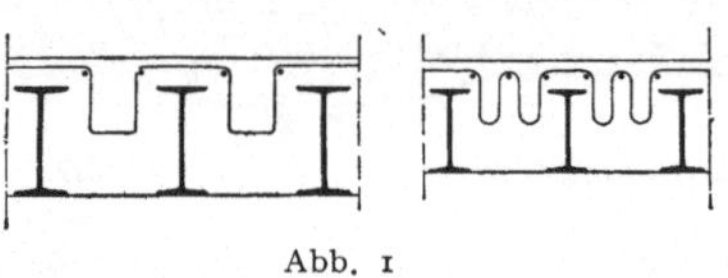

Abb. 1

trop élevé. On est donc conduit à diminuer le travail des poutrelles en employant des profils plus forts, ce qui n'est pas économique. Avec l'armature en crémaillère du béton comprimé, il n'en va pas de même et il devient possible de faire travailler les poutrelles à la traction au taux pratique le plus élevé sans que pour cela le travail du béton comprimé cesse d'être admissible.

M. CAMBOURNAC, Ingénieur en Chef au Chemin de fer du Nord français, a fait effectuer des expériences qui ont montré le bien fondé de l'emploi des crémaillères

---

[1] Regardez à la page 584.

dans les ouvrages de l'espèce. Il semble, d'après ces expériences, que le calcul des tabliers à poutrelles enrobées de béton peut s'effectuer conformément aux principes admis pour le calcul du béton armé ordinaire en prenant pour valeur du rapport m des coefficients d'élasticité de l'acier et du béton:

m = 9, dans le cas où il n'y a pas de crémaillères de frettage;

m = 14, lorsque le béton est fretté.

## Prof. H. Dustin, Bruxelles:

### Note sur les Charpentes soudées — Calcul des assemblages

*Conclusions des essais faits par l'auteur au Laboratoire de l'Université de Bruxelles 1926/1928*

(Communication présentée par Mr. le Prof. F. Campus de l'Université de Liége)

Cette note constitue l'aboutissement logique et la conclusion de deux autres communications: le mémoire publié en décembre 1926 par la Revue Universelle des Mines, et le Mémoire présenté en septembre 1927 au Congrès International des Matériaux à Amsterdam; le premier avait trait à l'étude de la soudure par arc,

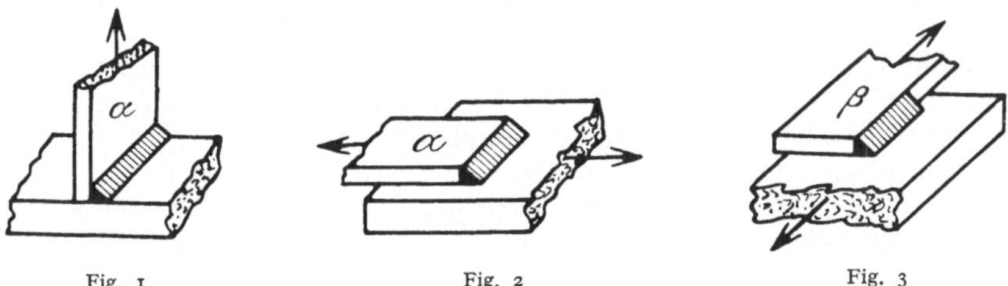

Fig. 1          Fig. 2          Fig. 3

considérée en tant que matériau; le second relatait les résultats de nos essais sur les assemblages élémentaires.

Quelle que soit la variété des assemblages qui se rencontrent en charpente, tous peuvent se réaliser au moyen de deux éléments seulement:

$1^0$ des soudures bout à bout;

$2^0$ des cordons de soudure déposés dans l'angle dièdre formé par les pièces à assembler.

Les soudures bout à bout ont été complètement étudiées en chaudronnerie; nous savons qu'il est aisé de leur donner une résistance égale à celle des pièces assemblées.

Il ne nous reste donc à étudier que les soudures en cordons.

En analysant les situations que peuvent occuper dans un assemblage les cordons élémentaires, on constate que malgré la variété apparente des assemblages, ces éléments ne peuvent occuper que deux positions de sollicitation différentes.

a) la position frontale définie par les fig. 1 et 2;

b) la position latérale définie par la fig. 3.

On peut imaginer une position intermédiaire; il est impossible d'en imaginer d'autres.

La résistance des cordons frontaux et latéraux a fait l'objet d'études dès 1922, notamment par Humphreys aux États-Unis et Hoehn en Suisse.

Les conclusions de ces auteurs, basées sur des essais, en nombre relativement restreint, sont parfois un peu inattendues. Elles demandaient à être vérifiées.

C'est ce que nous nous sommes efforcés de faire en 1926/1927 et cela par deux moyens:

1⁰ Par l'étude attentive du mode de sollicitation des cordons — notamment par l'observation d'éprouvettes transparantes en lumière polarisée; de leur déformation et de leur mode de rupture.

2⁰ Par des essais systématiques, exécutés en grand nombre — plus des 200 essais — dans des conditions strictement contrôlées.

Ces essais ont mis en évidence les points suivants:

1⁰ Une fort bonne régularité.

2⁰ La quasi disparition du facteur personnel dans les travaux exécutés d'une manière systématique.

3⁰ L'existence pour les cordons de soudure d'un « profil naturel » ou « profil normal » vers lequel tend rapidement l'ouvrier soudeur engagé dans un travail systématique.

4⁰ La différence de comportement des cordons frontaux et latéraux vis-à-vis des efforts dynamiques; tandis que les premiers sont statiquement bien plus résistante que les seconds, leur résistance dynamique est faible, car ils rompent sans déformation sensible; les cordons latéraux, au contraire, qui se déforment considérablement avant rupture, ont fait preuve d'une résistance dynamique remarquable.

De plus, ces essais ont permis la détermination du type d'électrode le plus convenable pour réunir les tôles et profilés du commerce; donc pour les travaux de charpente.

Au point de vue du *Calcul des charpentes soudées* qui était le but final de notre étude, ils nous ont permis de formuler au Congrès d'Amsterdam, en septembre 1927, des règles précises et d'une grande simplicité.

Rappelons-les, pour la bonne intelligence de ce qui va suivre:

1⁰ Les cordons de soudure seront exécutés au moyen d'électrodes qui, outre les qualités habituelles à exiger d'une bonne électrode, auront les caractéristiques suivantes:

a) le métal déposé sera de l'acier doux ayant une charge de rupture de 38/40 Kgs par mm² avec un allongement de 15/20%;

b) le profil « naturel » ou « normal » du cordon déposé sera plan ou légèrement convexe, jamais franchement concave.

2⁰ Cela étant, on peut tabler avec sécurité pour les cordons *frontaux* sur une charge de rupture de 2,6 t. par cm² de la section de la pièce directement en contact avec la soudure. Pour les aciers doux de construction courants ayant une charge de rupture voisine de 40 Kgs par mm², nous pouvons dire qu'une soudure frontale équivaut en résistance à 65% ou 2/3 de la section de pièce directement en contact avec elle.

3⁰ Cela étant, on peut tabler avec sécurité, pour les cordons *latéraux* sur une charge de rupture variant de 2 t. à 1,6 t. par cm² de la section de la pièce directement en contact avec la soudure suivant l'épaisseur de celle-ci. Pour les aciers doux de construction courants, ayant une charge de rupture voisine de 40 Kgs mm², nous pouvons dire qu'une soudure latérale équivaut à une fraction de résistance variant de 50% à 40% de celle de la section de métal directement en contact avec elle.

4⁰ Quand on visera en ordre principal la résistance aux charges statiques, on développera tout d'abord les cordons frontaux qui sont plus avantageux. Quand au contraire on aura en vue la résistance aux actions dynamiques, on donnera la préférence aux cordons latéraux.

Pour l'interprétation du 2⁰ voir fig. 2 la « pièce » étant $\alpha$; pour celle du 3⁰ voir fig. 3 la pièce étant $\beta$; le cordon de la fig. 1 aura même résistance que celui de la fig. 2 s'il a les mêmes dimensions.

Dans le 3⁰ on pourra prendre 50% pour les pièces ne dépassant pas 6 mm. d'épaisseur et descendre à 40% pour 15 mm. ou plus.

On voit par le 1⁰ que nous avons assemblé les tôles et profilés du commerce à l'aide d'un métal d'apport très analogue à leur propre métal.

Nos essais nous ont montré qu'au point de vue économique, il était généralement peu intéressant d'adopter une soudure plus résistante, donnant par exemple une charge de rupture de 50 Kgs par mm². Au point de vue de la sécurité, ce supplément de résistance est illusoire. Nous devons tenir compte en effet de ce que les profilés du commerce n'ont qu'une très médiocre résistance vis-à-vis des efforts de cisaillement longitudinaux. Au moment de sa rupture un cordon latéral en soudure à 40 Kgs sollicite le métal adjacent du profilé presqu'à rupture; une soudure de même résistance totale, mais légèrement plus courte (il suffit de 15%) entraîne régulièrement la rupture par glissement dans le métal du profilé.

L'application des règles précédentes aux charpentes, soulève une question préliminaire: Quand ou réunit par des rivets, deux profilés ayant chacun une résistance $R$, l'ensemble a seulement une résistance $R' < R$.

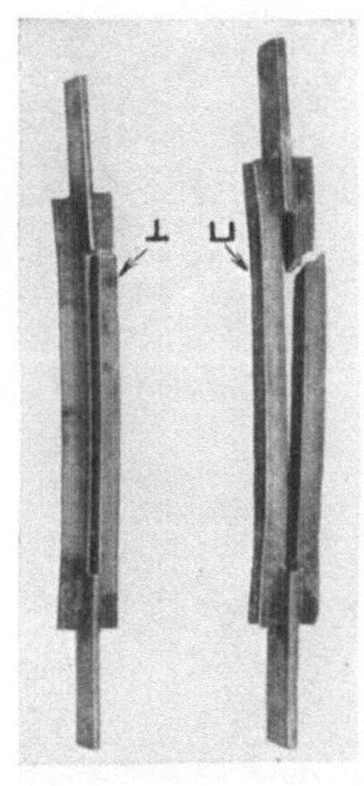

Fig. 4

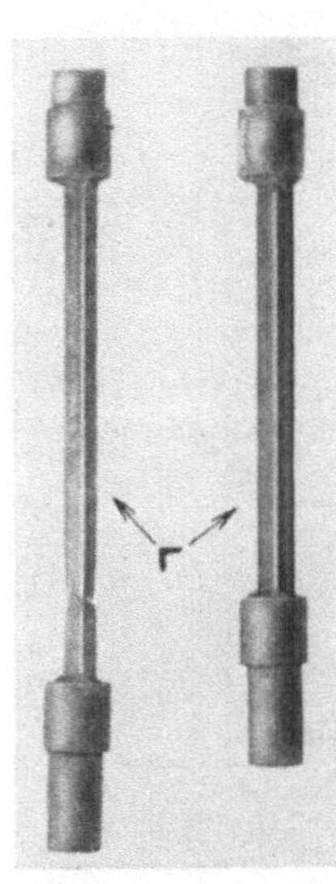

Fig. 5

Le déchet provient de 2 causes: la perte de section due aux trous de rivets — l'excentricité souvent inévitable de l'assemblage.

En soudure, la seconde cause de faiblesse subsiste, tout au moins dans les assemblages par recouvrement ou sur goussets qui sont encore les plus fréquents actuellement; il convient de déterminer expérimentalement ce déchet.

A cet effet, nous avons choisi une série de profilés normaux ($L$, $T$, $U$) et avons procédé comme suit:

Nous avons pris des tronçons de 1 m. environ et les avons réunis par paires en les soudant sur fort gousset pour former des éprouvettes telles que celles de la fig. 4. La symétrie de ces éprouvettes devait écarter les effets de flexion. Les soudures avaient un volume volontairement excessif.

Pour comparer la résistance ainsi obtenue à celle du profilé considéré isolément, nous avons mesuré cette dernière, soit en découpant des bandelettes dans la masse du métal, soit en soudant le profilé en bout sur des cylindres d'acier doux au moyen de cordons frontaux entourant toute la section, assemblage beaucoup plus résistant que le profilé. — Voir fig. 5.

Les résultats de ces essais sont justifiés dans le tableau A. Ils montrent que la résistance des profilés soudés sur goussets est remarquablement bien utilisée. Pour les profilés trapus comme les *U* et les *T* l'effet de l'excentricité est pratiquement négligeable; pour les *L* la perte de résistance est encore inférieure à 10%.

La courbure des profilés rompus montre cependant que les fibres intérieures paraissent travailler plus que les fibres extérieures (fig. 4).

Ceci entraîne comme conséquence pratique que *nos assemblages soudés devront être calculés pour une résistance égale a celle de la pleine section des profilés.*

*Tableau A — Profilés L, T et* ⌷<br>Charge de rupture en Kg./mm²

| Profil | | 2 pièces soudées au gousset | Soudé aux bouts ronds | Bandes découpées dans le profilé | |
|---|---|---|---|---|---|
| L 30/30/4 | I | 38 | 40,3 | — | |
| | 2 | 36,4 | 40,6 | — | |
| L 50/50/5,1 | I | 39 | 40,9 | — | Point faible: déformation locale du L |
| | 2 | 35,2*) | 40,9 | — | |
| L 70/70/7.5 | I | 40 | — | 42,2 | |
| | 2 | 39,25 | — | 42,6 | |
| ⊥ 53/28/6,6 | I | 38,1 | 38,4 | 40 | |
| | 2 | 37,6 | 37,8 | 37,9 | |
| ⊥ 50/50/6,6 | I | 37,2 | 37,8 | 38.1 | |
| | 2 | 37,4 | 37,8 | 38,3 | |
| ⌷ 80-44 normal | I | 37,3 | — | 37,4 | |
| | 2 | 37,3 | — | 36,8 | |

Juillet-Août 1927.

Ceci étant posé, il nous restait à vérifier si nos règles de résistance établies pour des assemblages élémentaires, pouvaient s'appliquer sans correction aux profilés utilisés dans les charpentes.

A cet effet nous avons refait les mêmes éprouvettes, mais cette fois nous avons dimensionné les soudures en vue d'une résistance *inférieure* de 15% à celle des profilés.

Les règles d'assemblage que nous avons énoncées montrent que l'assemblage de profilés sur gousset ayant une résistance de 100 — 15 = 85% de celle des profilés pourra se faire:

a) Par des cordons latéraux d'épaisseur et de longueur appropriées;

b) par un cordon frontal combiné avec des cordons latéraux. Il ne pourra pas se faire au moyen d'un cordon frontal seul, car nous ne pouvons donner à celui-ci ni la hauteur ni le développement nécessaires.

Les deux méthodes a) et b) ont été employées.

Les profilés ont été assemblés par paires sur une forte tôle formant gousset comme dans les essais précédents et pour les mêmes raisons.

Avec les profils dissymétriques, comme les cornières nous avons employé des cordons latéraux de sections inégales, mais de même longueur de façon à faire coïncider au mieux le centre de gravité de la section de l'ensemble des soudures avec le centre de gravité de la paire des profilés.

Dans nos assemblages élémentaires, la forme même choisie pour l'éprouvette délimitait automatiquement les dimensions exactes du cordon de soudure. Comment faire avec profilés pour qu'il en soit de même et par conséquent que la résistance des soudures soit exactement calculable?

Déposer du métal en suivant un tracé précis est une opération incommode, c'est un mode de travail qui ne s'emploie pas en pratique. En pratique, l'ouvrier dépose 1,2 ou 3 couches de métal superposées, à l'aide d'une électrode de calibre convenablement choisi en vue de réaliser à peu près le volume total de soudure qu'il juge nécessaire.

En travaillant avec une électrode en fil de 4 mm, nous avons contrôlé que le cordon déposé dans l'angle de deux pièces et formé de 1,2 et 3 couches superposées, produit assez correctement le profil « naturel » ou « normal » des soudures de 5,10 et 15 mm. utilisées dans nos essais précédents.

C'est ce mode opératoire très simple que nous avons adopté.

Les résultats de ces essais sont condensés dans les tableaux B et C; les soudures frontales du tableau C couvrent toute la section de l'aile du profilé en contact avec le gousset.

*Tableau B — Profilés L, T et* ⊔ *soudés au gousset*

Soudure latérale seule

Dimensions des cordons. — Comparaisons entre les valeurs des efforts calculés et observés

| Profil | | Electrode n° 8 | | Effort en T | | |
|---|---|---|---|---|---|---|
| | | Longueur du cordon | Nombre de cordons déposés | Calc. | Obs. | |
| L 30/30/4 | 1 | 30 mm. | 2+1 | 15,2 | 15,3 | |
| | 2 | | | | 15,3 | |
| L 50/50/5,5 | 1 | 60 | 3+1 | 38,4 | 38,2 | |
| | 2 | | | | 38,3 | |
| L 70/70/7,5 | 1 | 120 | 3+1 | 80 | 80,5 | |
| | 2 | | | | 80,3 | |
| ⊥ 3/28/6 | 1 | 90 | 1+1 | 36 | 30,3 | Point faible |
| | 2 | | | | 30,3 | dans un té |
| ⊥ 50/50/6 | 1 | 130 | 1+1 | 50,4 | 45 | |
| | 2 | | | | 45 | |
| ⊔ 80/44 normal | 1 | 120 | 2+2 | 88 | 86,3 | |
| | 2 | | | | 86,5 | |
| | 3 | 90 | 3+3 | | 87,5 | |

Août 1927.

Le tableau B montre, pour les assemblages réalisés au moyen de cordons latéraux employés seuls, une concordance remarquable entre la résistance calculée et la résistance observée.

Pour les assemblages du tableau C, réalisés au moyen de cordons frontaux et latéraux combinés, la concordance est beaucoup moins satisfaisante.

Nous trouvons partout une résistance réelle inférieure à la résistance calculée. Mais la différence est très variable: insignifiante pour les $U$, elle atteint 10% pour les petites $L$ et va à 20% pour les $T$.

Pourquoi cette différence? Comment la faire disparaître?

La cause de faiblesse est ici double: à côté d'une répartition défavorable des

*Tableau C — Profilés L, T et* ⌐ *soudés aux goussets*
Soudure frontale et latérale
Dimension des Cordons. — Les efforts calculés et observés

| Profil | | Electr. n° 8 | | Effort en T | | |
| --- | --- | --- | --- | --- | --- | --- |
| | | Soudure frontale. Nombre de cordons déposés | Soudure latérale Longueur et nombre de cordons déposés | Calc. | Obs. | |
| **L** 30/30/4 | 1 | 1 | 20 2+1 | 17 | 17,6 | Rupture dans le **L** |
| | 2 | | | | — | |
| **L** 50/50/5,5 | 1 | | | | 31,4 | |
| | 2 | 1 | 30 3+1 | 33,8 | 30,7 | |
| | 3 | | | | 31,7 | |
| | 4 | | | . | 31,9 | |
| **L** 70/70/7,5 | 1 | 1 | 60 3+1 | 65,4 | 63,5 | |
| | 2 | | | | 63 | |
| **⊥** 52/28/6 | 1 | | | | 24,8 | |
| | 2 | 1 | 35 1+1 | 30,4 | 24,5 | |
| | 3 | | | | 26,1 | |
| | 4 | | | | 25,6 | |
| **⊥** 50/50/5 | 1 | 1 | 50 1+1 | 33 | 26 | Fig. I |
| | 2 | | | | 25 | |
| **⌐** 48×4 / 80×5 | 1 | 1 | 65 2+2 | 70 | 67,5 | |
| | 2 | | | | 69 | Fig. II |
| **⊥** 50/50/5,5 | 1 | fig. I | 55 1+1 | 41,5 | 39,5 | |
| | 2 | fig. II | 50 1+1 | 30 | 28,6 | |

tensions (notamment pour les $T$), il y a l'union dans un même assemblage d'éléments de liaison aussi dissemblables qu'un cordon frontal et un cordon latéral.

Si nous observons le mode de rupture de ces assemblages, nous constatons que la déchirure s'amorce toujours dans la soudure frontale qui est cependant l'élément le plus résistant de l'ensemble. Pourquoi?

Le cordon frontal, ne peut se déformer sensiblement avant la rupture et dans la période élastique ces déformations sont inappréciables; au contraire, les cordons latéraux ont une grande ductilité, prennent avant la rupture des déformations qui frappent l'observateur le moins attentif et manifestent des allongements élastiques qui peuvent être mis en évidence par les appareils relativement grossiers.

De là, il résulte que, lorsqu'on charge progressivement un assemblage mixte, la sollicitation des cordons, tout d'abord conforme aux calculs, s'en écarte à mesure que leur charge augmente: les cordons frontaux travaillent de plus en plus fort et soulagent d'autant les cordons latéraux.

Le remède pratique consiste évidemment à renforcer les cordons, mais lesquelles faut-il renforcer?

C'est une question d'espèce. Sur les petites cornières on ne trouvera pas le plus souvent la place nécessaire pour accrocher un renforcement frontal et on devra forcément allonger un peu les cordons latéraux. Sur les $T$ et les cornières plus importantes on pourra faire le renforcement frontal représenté au croquis n° 2 du tableau; enfin, quand on a un peu de place disponible sur le gousset la soudure frontale des *T* pourra être renforcée comme il est indiqué au croquis n⁰ 1 du tableau.

On peut adopter encore bien d'autres solutions: celles-ci ne sont indiquées que comme exemple.

Il sera donc toujours possible, par des moyens fort simples de donner très exactement à nos assemblages, quels qu'ils soient, une résistance que nous serons fixés à l'avance.

Si on examine les dimensions des cordons de soudure portés à nos tableaux et si on se rappelle que leur résistance représente environ 85% de celle qui correspond à des sections pleines de profilés on ne pourra manquer d'être frappé par leur petitesse.

Les assemblages égaux en résistance aux profilés eux-mêmes seront à peine plus gros: la soudure conduit à des nœuds de charpente remarquablement réduits et compacts, si on les compare aux nœuds rivés. La tendance actuelle, en charpente soudée est d'ailleurs de supprimer radicalement les goussets et toutes les pièces d'assemblages intermédiaires.

Nous avons maintenant en mains tous les éléments nécessaires pour dessiner et calculer les nœuds de charpentes soudées, soumises à des charges statiques.

Il reste à voir comment ces assemblages vont se comporter vis-à-vis des *charges dynamiques* et des *sollicitations répétées* et quelles retouches il y aura lieu, éventuellement, de leur faire subir.

Enfin, nous aurons à examiner comment se présentent les nœuds soudés au point de vue de *l'encastrement plus ou moins complet des barres comprimées* et des *tensions secondaires.*

Ces 4 points ont déjà été l'objet de pas mal de déclarations aventurées; il se professe couramment à leur sujet quelques jugements « a priori » dictés par le sentiment bien plus que par le raisonnement. Il est nécessaire de les envisager à la lumière d'expériences et de constatations positives.

*Résistance aux sollicitations dynamiques*

Il a été dit à plusieurs reprises que, puisque, le métal de soudure se comporte médiocrement à l'essai de Charpy, il est dangereux d'introduire la soudure dans des constructions exposées à des chocs. Un tel raisonnement suppose que l'on puisse établir une certaine relation — qui n'a d'ailleurs jamais été définie — entre l'essai si spécial de Charpy et les densions dynamiques pouvant naître dans un nœud de charpente.(¹)

Déjà en 1926 (voir R. U. M. de déc. 1926) nos longs essais sur le métal d'apport considéré en lui-même, nous avaient amenés à conclure formellement: « l'essai de Charpy est absolument insuffisant pour décider de la fragilité ou de la non-fragilité des soudures. Il est indispensable de procéder à des essais, se rapprochant autant que possible, des conditions de sollicitation en service. »

En conséquence, nous avons essayées dans un appareil de choc, des éprouvettes toutes semblables à celles employées dans nos essais statiques. (Fig. 6.)

Il nous est apparu tout de suite qu'avec la puissance que nous pourrions correctement développer et mesurer avec les machines de notre laboratoire (Mouton universel Amsler de 200 Kgms), nous ne pouvions rompre que des soudures fort modestes.

Si nous considérons la plus petite éprouvette utilisée dans nos essais statiques, nous voyons qu'elle est formée de deux plats de 50 sur 5 mm. en acier doux réunis aux pièces d'attache par 4 petits cordons latéraux de $5 \times 20$ mm.

---

(¹) Nous devons constater que depuis nos premiers essais de Charpy sur soudures (1925) de grands progrès ont été réalisés.

La rupture par choc d'une telle éprouvette a donné comme travail absorbé dans une série de trois essais:

$$54,3 - 45 - 49,5 \text{ Kgms (moyenne 50).}$$

En faisant varier les longueurs des cordons, nous avons constaté que la puissance nécessaire à la rupture augmentait beaucoup plus vite que cette longueur:

Fig. 6

c'est ainsi que pourune longueur de 35 mm. seulement, il faut déjà plus de 150 Kgms.

La résistance vive des cordons latéraux paraît donc augmenter comme le carré de leur longueur.[1]

Pour se représenter exactement la valeur de ces chiffres, il faut les comparer à ce que donnent les rivets.

Si nous réunissons nos plats de 50 × 5 mm. par un bon rivet de 12 mm., nous constatons que celui-ci cède régulièrement sous 50 Kgms comme nos petits cordons de 5 × 20 mm. (6 essais).[2]

Au point de vue statique, les deux modes d'assemblage étaient aussi à peu près équivalents, ayant donné comme charge de rupture 7,75 t (3 essais) pour la soudure et 8, 15 (3 essais) pour le rivet.

On voit combien sont minuscules les soudures *latérales* pouvant remplacer statiquement et *dynamiquement* un bon rivet.

Au point de vue spécial des charpentes, l'enseignement à tirer de ces essais est le suivant: les soudures latérales, *dynamiquement* équivalentes à un plat en acier doux sont très *courtes*, beaucoup trop courtes pour avoir la même résistance statique que ce plat.[3] Inversement, quand un plat est fixé par une soudure ayant même résistance statique que lui (ce que nous nous sommes fixés comme règle dans nos assemblages), la résistance dynamique de l'assemblage est beaucoup plus grande que celle de la pièce assemblée.[4]

Passons aux profilés. Il faudrait examiner comme ci-dessus, chaque profil et chaque mode d'assemblage, comme nous avons fait pour le plat; nous ne referons pas ici cet examen.

Nous dirons seulement: comparons les chiffres ci-dessus à ceux du tableau B de tantôt, donnant les dimensions de cordons latéraux ayant seulement 85% de la résistance *statique* des profilés normaux qu'ils assemblent. — Nous voyons immédiatement que de tels cordons doivent avoir une résistance dynamique énorme.

En un mot, d'une manière très générale, pour les soudures de profilés par cordons latéraux, la question de la résistance dynamique ne se pose pas.

Et pour les soudures frontales? Comme elles ne se déforment pas sensiblement

---

[1] Les plats en acier doux s'étant rompus sous 100 Kgs environ, ces dernières éprouvettes ont été faites en acier demi dur — bien entendu avec la même soudure que les précédentes.

[2] Ici aussi, il a fallu prendre des plats en acier demi dur, car avec l'acier deux les résultats sont faussés par la déchirure partielle des plats.

[3] Les plats utilisés dans ces éprouvettes, ont une charge de rupture d'environ 20 tonnes; les cordons ayant même résistance dynamique (100 Kgms) ont environ 30 mm. de long et une charge de rupture statique de 12 tonnes seulement.

[4] Nous ne tenons pas compte ici du fait que nous avons opéré avec des pièces *très* courtes: le travail de déformation d'une pièce longue, avant rupture réduira considérablement la fatigue du joint.

avant rupture, leur résistance vive est faible-elles ne pourront donc être employées dans les constructions soumises à des chocs que si on peut les dimensionner assez largement pour que les tensions qui s'y développent doient suffisamment réduites — dans la position de la fig. 2 il sera généralement impossible de donner aux cordons frontaux un développement suffisant = mais dans ce cas on est bien placé pour faire des soudures latérales; dans la position de la fig. 1 au contraire, cela fort aisé.[1]

*Conclusion*: Il n'y a aucune difficulté à donner à un nœud soudé une résistance dynamique égale ou supérieure à celle des profilés qui s'y rencontrent. — Dans la plupart des cas, les soudures statiquement suffisantes seront dynamiquement excessives.

### Résistance aux sollicitations répétées

Nos essais de 1926 sur le métal d'apport, jugés par nous insuffisants, avaient toutefois donné des renseignements précieux, ils ont été repris en 1927 [2] Ils l'ont été avec une technique améliorée et en utilisant des éprouvettes analogues à celles recommandées par le Lloyd. Ils se sont déroulés cette fois avec grande régularité et nous ont permis de conclure:

*Tableau D — Essais de fatigue. — 1927*

Electrode T employée dans nos essais systématiques

| Effort à la fibre extérieure Kg/mm² | Nombre de tours avant la rupture | Observation |
|---|---|---|
| 20 | 360.000 | |
| Id. | 160.800 | |
| Id. | 422.000 | |
| 18 | 668.000 | |
| Id. | 1,120.000 | |
| Id. | 715.000 | |
| 16 | 2,344.600 | |
| 16 | 2,344.600 | |
| Id. | 2,312.500 | |
| Id. | 8,243.000 | |
| 15 | ∞ | 6 éprouvettes non cassées après 10,000.000 à 15,000.000 tours |

Les soudures, faites au moyen de bonnes électrodes enrobées, ont une limite d'endurance qui n'est pas très élevée mais qui est bien nette.

« Pas très élevée » signifie queles valeurs trouvées sont inférieures de quelque 10% à celles données par les essais américains pour les bons aciers coulés. Voir Bulletin de l'Université d'Illinois.[3]

---

[1] La position 1 devient de plus en plus fréquente à mesure que se développent les assemblages sans pièces intermédiaires, qui sont ceux de l'avenir.

[2] Nous avons opéré par flexion rotative et tracé par points la courbe de Wöhler, méthode longue et demandant beaucoup de soins, mais qui a l'avantage de mettre en jeu des efforts exactement connus et mesurables; ce qui n'est pas le cas pour des méthodes plus expéditives.

[3] On sait que depuis 1921, aux E. U. se poursuivent sous la Direction techn. de l'Université d'Illinois, des essais d'endurance systématiques, entrepris avec des grands moyens. — Les résultats, très importants de ces essais, ont été publiés dans une série de bulletins qui s'échelonnent depuis 1922.

« Bien nette » signifie qu'il existe une tension alternative qu'il suffit de réduire un peu — disons de 1 Kg. par mm² — pour que les éprouvettes qui rompaient régulièrement atteignent une résistance pratiquement indéfinie.

Donnons à titre d'exemple, le tableau des essais de fatigue auxquels nous avons soumis l'électrode qui nous a servi en 1927 pour nos recherches sur les assemblages (tableau D).

Pour ces soudures qui représentent un type très recommandable pour les travaux de charpente, la limite d'endurance aux efforts alternatifs traction-compression est de 15 *Kgs* par *mm²*.

Nous avons par les lois le Wöhler, très exactement confirmées par les essais d'Illinois, que pour des efforts variant de 0 à un maximum cette limite peut être prise de 15 Kgs × 150% = 22½ Kgs par mm².

Nous n'avons pas fait d'essais d'endurance au glissement, mais nous savons de façon précise, aussi par les récents essais américains que les limites d'endurance au glissement sont, pour les aciers analogues à nos soudures, égales à la moitié des limites précédentes.

Soit 7½ Kgs par mm² pour des efforts alternés et 11¼ Kgs pour des efforts variant entre 0 et un maximum.

Appliquons ces chiffres à l'assemblage des profilés et considérons successivement une soudure frontale et latérale ayant même résistance statique que les pièces soudées, ce qui est la règle d'assemblage que nous nous sommes imposée.

Lorsque la section dangereuse de la soudure frontale sera soumise à des tensions normales de 15 à 22,5 kgs par mm², nous savons par nos essais sur assemblages élémentaires (I) que le métal voisin du profilé sera soumis à des tensions normales qui seront sensiblement $\dfrac{\sqrt{2}}{2}$ fois moins fortes, soit 10,6 ou 15,9 kgs par mm².

Ce sont là des formes de travail qu'on n'admet pas en général, pour des pièces de charpentes soumises à des efforts fréquemment répétés, du moins avec les aciers courants du commerce.

En ce qui concerne les soudures latérales on verrait par le même raisonnement que leur section dangereuse, sollicitée au glissement vaut suivant leur grosseur — de $\sqrt{2}$ fois à 1,25 $\sqrt{2}$ fois la section normale du profilé assemblé. Comme les limites d'endurance au glissement sont faibles (moitié des précédents), elles vont cette fois être atteintes pour des taux de travail du profilé toujours inférieurs à 8 kgs par mm², c'est-à-dire pour des taux qui se rencontreront normalement en pratique.

Les joints latéraux qui résistaient si remarquablement aux charges dynamiques, sont relativement faibles vis-à-vis des charges répétées et bien moins intéressants que les joints frontaux.

Pour assembler des pièces soumises à des efforts répétés, nous devrons donc donner la préférence aux soudures frontales.

Sera-t-il toujours possible de leur faire la part assez large pour que l'assemblage, pris dans son ensemble, et calculé statiquement comme plus haut résiste à la fatigue aussi bien que les profilés eux-mêmes ? Une réponse de principe est impossible, mais si on compare les charges et dimensions portées aux tableaux B et C contrairement à nos éprouvettes et si on tient compte que les charpentes réelles offrent de bonnes opportunités pour développer des cordons frontaux suivant le type de la figure 2, on doit en arriver à cette conclusion qu'un dessinateur adroit sera rarement embarrassé.

*Conclusion:* Il sera généralement possible de dessiner les assemblages d'une charpente soudée de façon que leur résistance aux efforts répétés soit égale ou supérieure à celle des profilés, sans qu'il soit nécessaire pour cela d'exagérer leur résistance statique.

*Encastrement des barres comprimées*

Pour les charpentes rivées, les travaux les plus récents ont montré que[2] :

Les barres comprimées, d'élancement normal, doivent être calculées comme si elles avaient leurs extrémités pivotées; le calcul doit se faire en prenant leur longueur réelle et non pas 80% de celle-ci comme il est autorisé par certains règlements.

Ces conclusions doivent-elles être appliquées aux charpentes soudées? D'une part il y a augmentation de la rigidité des nœuds par suppression du jeu aux rivets, d'autre part comme les dits nœuds seront notablement plus petits et plus légers il y aura augmentation des flexions élastiques.

Pour éclaircir la question, nous nous sommes proposés de rechercher *expérimentalement* et en procédant de proche en proche, comment il fallait fixer par soudure l'extrémité d'un profilé pour obtenir avec quelque certitude un degré d'encastrement plus ou moins important.

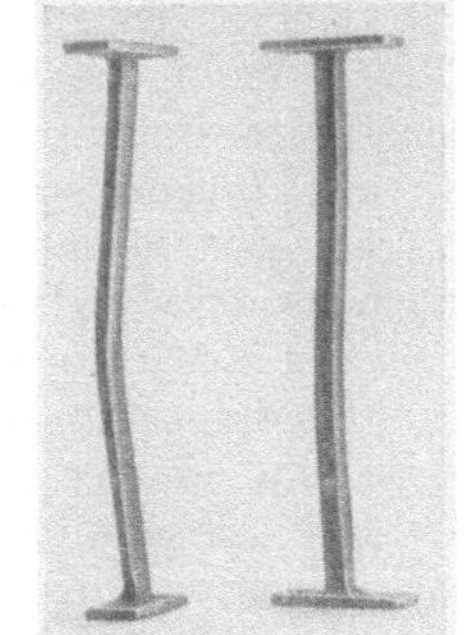

Fig. 7

Nous avons commencé nos essais avec des éprouvettes comme celles de la fig. 7. Les tronçons de profilés de 1 m. étaient pris dans les barres ayant servi à nos essais précédents, de façon à opérer sur des matériaux bien connus; ils étaient fixés aux blocs d'appui par un fort cordon de soudure entourant tout le profilé et ayant un moment d'inertie bien plus grand que celui du profilé; toutes précautions utiles ont été prises pour l'équerrage des abouts, le dressage des plaques d'appui, le bon centrage et un guidage rigide: en bonne logique nous devions avoir réalisé les conditions d'un encastrement parfait. Or, sur une première série de 8 pièces ainsi traitées, 4 ont flambé en *S* comme des pièces bien encastrées, les 4 autres flambant en *C*, comme des pièces mal encastrées.

Pour ces huit pièces, nous avons calculé, par la formule de Tetmayer[3], la «longueur de flambage» c'est-à-dire la longueur que devrait avoir une pièce de même profil mais à extrémités pivotées pour flamber sous la charge observée. Pour les 4 premières nous avons trouvé $0,25 + 0,01$, ce qui indique un encastrement parfait et pour les 4 autres des valeurs allant de $0,357$ m. à $0,650$ m., ce qui est le signe d'un très mauvais encastrement.

Les essais et vérifications que nous avons faits à la suite de cette constatation, en vue de déterminer l'origine du flambage prématuré, nous ont amenés à la conviction que cette origine devait être recherchée *dans le profilé lui-même.*

L'amorce de flambage peut être constituée, soit par une zône faible, soit par une zône surtendue.

Une zône faible, dans profilés du commerce est un défaut, qui d'après notre propre expérience est assez fréquent; une zône de surtension provenant soit du laminage, soit du refroidissement inégal après laminage est aussi un défaut fréquent;

---

[1] La soudure a alors la même charge de rupture statique que le profilé auquel nous supposons une résistance de 40 Kgs mm². 

[2] Nous visons en ordre principal les recherches expérimentales de la « Technische Kommission des Verbandes Schweizer Brücken- und Eisenhochbau-Fabriken» (1922) et les travaux analytiques du Prof. Ros de Zurich (1926).

[3] Elles sont trop courtes pour être traitées par la formule d'Euler.

enfin, on ne peut écarter à priori la possibilité de surtensions créée par la soudure elle-même et localisée dans son voisinage immédiat.

Les petits profilés, qui sont les plus employés en charpentes soudées, sont nécessairement plus sensibles à ces causes de faiblesse que les gros.

Dans ces conditions, il nous paraîtrait fort imprudent d'appliquer au calcul des charpentes soudées des prescriptions moins rigides que celles recommandées par la Commission suisse de 1922, et nous dirons donc:

*Conclusion* = dans les charpentes soudées, le calcul des pièces comprimées se fera comme il est prescrit pour les charpentes rivées.

### Tensions secondaires au voisinage des nœuds

Cette question est étroitement liée à la précédente; la commission suisse déjà citée étudiant des charpentes rivées, est arrivée à des conclusions précises sur ce point.

Notons parmi ces conclusions:

a) Les goussets et autres pièces d'assemblage sont le siège de déformations élastiques évidentes.

b) Pour des structures correctement dessinées et des barres d'élancement moyen, les tensions secondaires au voisinage des nœuds ne dépassent pas 15 à 20% des tensions de sécurité admissibles.(¹)

Ces conclusions sont directement applicables aux charpentes soudées.

La déformation élastique du a) remplace l'articulation réelle qui devrait théoriquement exister au nœud; plus les goussets seront petits et légers — et avec la soudure on peut fréquemment les supprimer tout à fait — plus on se rapprochera des conditions du nœud théorique exempt de tensions secondaires. A ce point de vue l'avantage du nœud soudé est évident.

En ce qui concerne le b) nous savons que les tensions secondaires dans les barres sont d'autant moindres que leur élancement relatif est plus grand; à ce point de vue, la soudure procure aussi un léger avantage: les barres tendues, non déforcées par les trous de rivet, auront à résistance égale une moindre section et un plus grand élancement; les barres comprimées, dimensionnées en vue du flambage devront conserver le même profil.

Dans une charpente soudée il paraît donc logique d'admettre que les tensions secondaires aux nœuds auront donc des valeurs moindres que dans la charpente rivée de même forme et dimensions; comme déjà, dans les charpentes rivées correctement dessinées, ces tensions n'atteignent que des valeurs faibles, nous pouvons dire:

*Conclusion*: Dans les charpentes soudées, correctement dessinées on pourra, d'une manière générale, négliger les tensions secondaires au voisinage des nœuds.

Une telle conclusion n'a encore qu'une valeur théorique; mais actuellement plusieurs laboratoires ont entrepris l'étude élastique de poutres en treillis soudés de type courant; nous-mêmes avons entrepris celle d'une poutre de type spécial. Dans peu de mois donc nous posséderons sur ce point spécial la documentation expérimentale qui nous manque encore.

### Conclusions générales

De ce que nous venons de dire, il résulte que, par l'emploi de la soudure électrique:

1⁰ Il est aisé d'assembler les profilés du commerce entre eux ou sur gousset de façon à utiliser sans déchet la pleine résistance du métal.

2⁰ Il est aisé de réaliser des assemblages dont la résistance aux charges statiques est égale à celle des profilés eux-mêmes.

---

(¹) Ceci confirme le faible degré d'encastrement des barres au nœuds.

3⁰ De tels assemblages auront vis-à-vis des charges dynamiques une résistance considérable(¹); vis-à-vis des efforts répétés il sera en général facile résistance égale à celle des profilés eux-mêmes.

4⁰ Parmi toutes les charpentes ayant même forme et dimensions et calculées avec un même facteur de sécurité, la charpente soudée établie suivant les recommandations qui précèdent, sera celle où la résistance du métal sera utilisée le plus complètement possible — ce sera donc la plus économique possible.

Pour finir, montrons quelques exemples tout récents de constructions exécutées conformément aux principes exposés.

### 1⁰ — *Charpentes légères*

a) Nouveaux halls de la Centrale Electrique de Langerbrugge (Belgique). Cette centrale ultra-moderne a été décrite dans la plupart des revues techniques. C'est une des toutes premières où on ait appliqué avec succès les très hautes pressions (45 atmosphères) et les très hautes surchauffes.

b) Construction de fermes par soudure à l'arc à proximité du chantier. Les fers, coupés à dimension viennent directement de l'Usine; au lieu du montage ils sont couchés sur un gabarit et soudés.

c) Un des deux grands pylônes (hauteur 80 m.) de la station d'émission de la Société belge Radioélectrique. — La base.

d) Le même — vue de bas en haut.

### 2⁰ — *Charpentes moyennes*

Détails d'un pont-route de 27 m. de portée — largeur: 10 m. 320.

L'ouvrage a été commandé par le Ministère des Travaux publics polonais pour Lowitz à 50 Kms de Varsovie. Il a été établi en collaboration par le prof. BYRLA — ingénieur — professeur à l'École Polytechnique de Lodz et la Sté. Ame. S. E. A. de Bruxelles. Il ne contient pas un seul rivet. Le montage sur place lui-même se fait par soudure. Il a été expédié sous forme de profilés et de tôles séparées, simplement découpés à dimensions. En ce moment une équipe de soudeurs belges travaille à les assembler. Le poids de cet ouvrage ne sera que de 55 tonnes au lieu de 70 tonnes pour le projet primitif étudié suivant les règles ordinaires du rivetage. Le travail sera entièrement terminé dans 3 mois, sauf imprévu.

### 3⁰ — *Charpentes extra-lourdes*

a) Renforcement des semelles de poutrelles profil Differdange n⁰ 90 et 70 (900 et 700 mm. de hauteur).

Ces poutrelles constituent les 5 travées d'un ouvrage de plus de 100 m. de portée totale formant passage supérieur au dessus des voies de la gare de Neuchâtel. Le travail est exécuté par les Chemins de fer fédéraux Suisses. Les poutrelles ont dû être renforcées par des semelles de 15 mm. d'épaisseur qu'il était pratiquement impossible de fixer par rivetage à cause du trop grand déforcement des ailes des poutrelles par les trous de rivets.

Des essais préalables avaient montré la parfaite tenue de la liaison obtenue par soudure entre le profilé et les semelles.

b) Colonne portant 120 tonnes.

Elle fait partie d'un bâtiment actuellement en construction au Vieux-Marché aux Grains à Bruxelles.

---

(¹) Ici, une comparaison directe avec la résistance des pièces assemblées est difficile = les tensions que fait naître dans un assemblage donné un effort dynamique donné varient avec la longueur des pièces assemblées. Le plus souvent les profilés seront rompus avant que l'assemblage ne soit menacé.

Il a été construit 2 colonnes de ce type, devant supporter chacune 120 tonnes. Pour des raisons d'encombrement, la base n'était que difficilement réalisable par rivure et la tête ne l'était pas du tout. Les colonnes ont été calculées par Monsieur L. Vanderperre assistant à l'U. L. B. L'architecte est E. Dhuicque, chargé du cours d'Architecture L. B.

Ing. Leoš Kopeček, Pilsen:

### Wettbewerb um den Entwurf der Nusler Tal-Brücke in Prag.

Unter den bautechnischen Aufgaben, die Prag als Hauptstadt des tschechoslovakischen Staates zu lösen hat, sind das *Verkehrsproblem* und der *Ausbau* der rasch aufblühenden Stadt die wichtigsten und dringendsten. In diesen Rahmen gehört auch die Überbrückung des Nusler Tales, welches das Zentrum der Stadt — die City — von dem Hochplateau des südlich gelegenen Pankrác-Viertels trennt und ein schweres Hindernis der Stadterweiterung in dieser Richtung bildet. Die zirka 300 m breite Talsohle ist größtenteils verbaut und die ostwestlichen Verkehrsadern der Talstadt führen westlich an die innere Hauptstraße, entlang der Vltava und östlich gegen Vinohrady und auf Umwegen gegen Pankrác. Die beiden Tal-

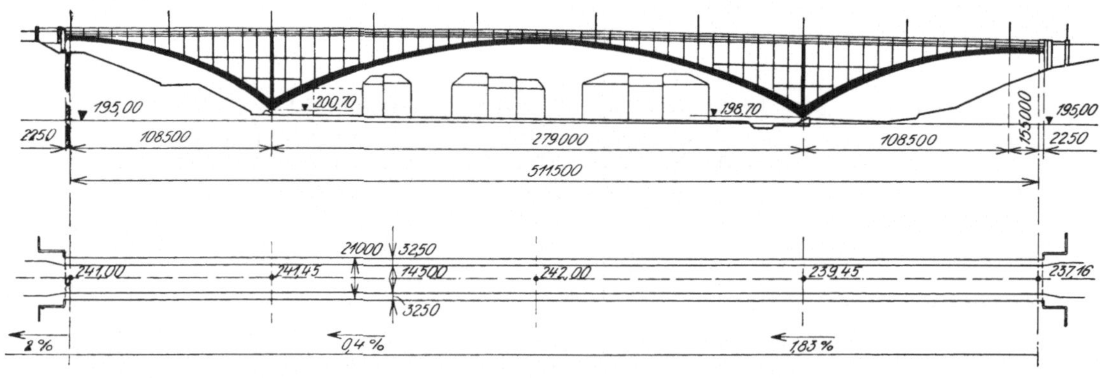

Abb. 1

abhänge sollen künftig als Parkanlagen hergerichtet werden. Der Zweck der projektierten Brücke ist in erster Reihe ein weites bebauungsfähiges und günstig gelegenes Gelände zu erschließen und zweitens eine erstklassige Ausfallstraße gegen den Süden zu bilden. Bezüglich des notwendigen — nicht unerheblichen — Baukapitales denkt man an die Ausnutzung der Aufwertung der ansehnlichen Grundstücke, ferner an die Anteilnahme des Landes und des Staates.

Um die endgültige Lösung vorzubereiten, hat die Stadt anfangs September 1926 einen Ideenwettbewerb ausgeschrieben. Die Bedingungen ließen dem Projektanten recht weit freie Hand. Mit Rücksicht auf den Gesamtplan der Stadt und die verkehrstechnischen Forderungen war bloß die Achse der Brücke in der Verlängerung der Sokolstraße festgelegt, ferner die Breite der Brücke 3,25 + 14,5 + + 3,25 = 21,00 m und das freie Profil der erweiterten Eisenbahn Prag—Pilsen vorgeschrieben. Die Nivelette der Brücke schließt beiderseits verhältnismäßig einfach an das bestehende und künftige Terrain und liegt etwa 45 m über der Talsohle.

Der Wettbewerb war den Bedingungen gemäß am 15. April 1927 geschlossen; es liefen insgesamt 29 Entwürfe ein, wovon 13 Eisen- und 16 Eisenbetonbrücken betrafen. Die große Anzahl hat allgemein überrascht; desgleichen auch die reiche Fülle von Gedanken und Anregungen.

Vom Standpunkte eines Städtebauers betrachtet, kann man die dem Preis-
gerichte vorgelegten Projekte in drei Gruppen einteilen:

I. Entwürfe, welche das Tal wesentlich nicht berühren und die Talstadt als eine
nicht zu störende Einheit auffassen. Dieser großzügige Grundsatz führt natürlich zu großen Spannweiten (Eisen 236 bis 310 m, Eisenbeton 260 m).

II. Entwürfe, welche teilweise oder völlig die Häuserblöcke abbrechen, um für
mehrere Zwischenstützen Platz zu finden; sonst aber bleibt die Brücke ein
Objekt für sich. Die Stützweiten der Hauptöffnungen reichen bis zu 160 m
in Eisen, bis 140 m in Eisenbeton.

III. Entwürfe, welche die eigentliche Brücke mehr oder weniger mit Gebäuden
kombinieren. Die radikalste Lösung dieser Type stellt in das Tal neun Wolkenkratzer, zwischen welchen ganz
kleine Balken gespannt werden.

Es liegt in der Natur der gewählten
Baustoffe, daß in der ersten Gruppe
Eisenbrücken dominieren, während in
der zweiten Type sowohl Eisenbeton, als
auch Eisen vertreten sind. Die dritte
Gruppe gehört fast ausschließlich dem
Eisenbeton. Den neuzeitlichen Bestrebungen und dem Zwecke des Ideen-
wettbewerbes entsprechend, traten ganz
besonders die ästhetischen und städte-
baulichen Richtlinien in den Vordergrund,
wobei natürlich die konstruktiven und
wirtschaftlichen Rücksichten ihre Bedeutung im vollen Maße beibehalten
haben.

Abb. 2

Es ist wohl zu begreifen, daß die
Ansichten der Entwurfverfasser recht verschieden waren und auch das Preisgericht keine einheitlichen, endgültigen Grundsätze geschaffen hat. Trotzdem
kann behauptet werden, daß sich die Mehrheit der Verfasser, besonders aber
die Eisenbauer und die mitwirkenden Architekten, zu den Prinzipien der *heutigen
Formenempfindung* bekennt.

Nachstehend sollen einige Wettbewerbsentwürfe von eisernen Brücken ganz
kurz beschrieben werden:

1. *Entwurf*: 5 X : 279. (I. Preis.) — Verfasser: Brückenbau-Skodawerke Pilsen,
Architekt Vlast. Hofman, Prag.

Vollwandiger, kontinuierlicher Bogen auf vier festen Stützen, Fahrbahn oben. —
Stützweiten zirka 108,5 + 279 + 124,0 m, Pfeilhöhe der Hauptöffnung 1 : 7,2,
schlanke Bögen (im Scheitel der Mittelöffnung 1 : 70), Material St 48 und St 36. —
Gewicht der Eisenkonstruktion 9800 t (0,9 t/qm) (Abb. 1 u. 2). — Alternative:
Stützweiten 118 + 236 + 118 m. — Gewicht der Eisenkonstruktion 8050 t
(0,81 t/qm).

2. *Entwurf*: „Volny rozhled" (Freie Aussicht). (III. Preis.) — Verfasser: Prof.
Dr. Ing. Zdenek Bažant, Brückenbau-Skodawerke Pilsen, Architekt Jos.
Chochol, Prag.

Kontinuierlicher *Fachwerkbogen* auf vier Stützen, innere tiefliegende Stützen
fest, äußere beweglich, Fahrbahn oben, zwei Hauptträger, Stützweiten 120 + 240 +

 Leoš Kopeček

Abb. 3

Abb. 4

Abb. 5

Abb. 6

+ 120 m. — Material St Si 48 und St 36. — Gewicht der Eisenkonstruktion 8750 t (0,87 t/qm) (Abb. 3).

3. *Entwurf*: „N. M.". (Ehrende Anerkennung.) — Verfasser: Witkowitzer Eisenwerke — Brückenbau, Prof. Dr. Ing. A. HAWRANEK, Architekt KORNER.

Vollwandiger, kontinuierlicher Bogenträger auf vier Stützen, äußere Auflager beweglich, innere *hochliegende* Stützen fest, Fahrbahn oben, *vier* Hauptträger, Stützweiten 124 + 248 + 124 m, Stich der Hauptöffnung zirka 1 : 10; die Konstruktion liegt oberhalb der Häuser (zwecks Erzielung guter Übersicht der ganzen Brücke). Material St Si 48; Gewicht 12 100 t (1,17 t/qm). — Alternative: Fachwerkträger, sonst wie vor. Gewicht 12 600 t (1,21 t/qm).[1]

4. *Entwurf*: „OCEL" (Stahl). (Angekauft.) — Verfasser: Českomoravská - Kolben, Abteilung Brückenbau Prag, Architekt HÜBSCHMANN.

Drei vollwandige, ganz oberhalb der Häuser liegende Zweigelenkbögen, gestützt auf hohen *Eisenbetonportalen*, acht Hauptträger, Stützweiten 129 + 147 + 129 m, Pfeil 9,45 m, 12,27 m, 9,45 m, also 1 : 13 bzw. 1 : 12, Höhe der Bögen konstant $v = 2,30$ m. Gewicht der Eisenkonstruktion 5340 t (0,52 t/qm; jedoch *ausschließlich* der Armatur der Portale).

5. *Entwurf*: „Černý terč" (Schwarze Scheibe). — Verfasser: Skodawerke-Brückenbau, Pilsen, Ing. HOLLMANN, Architekt PEŠÁNEK, Prag.

Abb. 7

Vollwandiger Zweigelenkbogen von 310 m Stützweite, hochsteigend über die zwei Fahrbahnen, von denen die obere für Fußgänger und Wagenverkehr, die untere für *Untergrundbahn* und Garagenverkehr bestimmt sind. Seitenöffnungen Vollwandbalken auf Pendelstützen. Über den Stützen des mächtigen Bogens *Garagenbauten*. Material derselben: Eisen und Glas. — Material der Brücke: St Si 48, St 36. — Gewicht der Brückenkonstruktion 10 760 t (rund 1,0 t/qm); Garagenbauten rund 6 000 t (Abb. 4).

6. *Entwurf*: „Neporušené údolí". (Preisgekrönt.) — Verfasser: Skodawerke-Brückenbau, Pilsen, Architekt CHOCHOL, Prag.

Hängebrücke (Kette oder Seil) auf eisernen vollwandigen Pylonen, Versteifungsträger ebenfalls vollwandig. Stützweiten: 112 + 280 + 112 m = 504 m (1 : 2,5 : 1). Pfeil der Mittelöffnung zirka 1 : 9,5. Material: Kette St 60 kg/qmm, Pylonen St Si 48. Gewicht 10 750 t (1,0 t/qm) (Abb. 5).

---

[1] Eine Abbildung des Hawranek'schen Projektes ist auf Seite 580 dieses Buches zu finden.

7. *Entwurf*: ,,Jednoduché řešení". (Angekauft.) — Verfasser: Skodawerke-Brückenbau, Pilsen, Architekt BR. F. a V. KERHARTOVÉ, Prag.

Vollwandige Gelenkträger auf eisernen Pendelstützen, Fahrbahn oben, fünf Hauptträger, Stützweiten $71{,}25 + 85 + 114 + 85 + 71{,}25 = 427{,}5$ m. Brückenanschluß an der Neustädter Seite aus Eisenbeton mit *vertikaler Kommunikation*. Gewicht 6300 t (0,7 t/qm) (Abb. 6).

8. *Entwurf*: ,,Horizontála". (Ehrende Anerkennung.) — Verfasser: Dr. Ing. J. SEKLA, Ing. MACHAN, Architekt Ing. TKALCŮ, Architekt Ing. FIKR.

Vollwandige, durchgehende, 5,8 m hohe Balkenträger auf gemauerten Pfeilern mit tragendem Kern und Geschäftsräumen (Ausnutzung der Pfeiler als Wolkenkratzer). *Vertikale Kommunikation*. Betont wagrechte und lotrechte Linien. Gewicht 6300 t (0,7 t/qm) (Abb. 7).

*Schlußbemerkung*: Fast alle Projekte des Wettbewerbes zeigen die Mitwirkung des Architekten; der rechnende Verstand stützt sich auf die formschöpferische Empfindung. Die Formen des Bauwerkes entspringen aus *Material, Zweck* und *Konstruktion*. Sein ästhetischer Wert wird in gutem Einpassen der Brücke in das Stadtbild, in *großen, einfachen Linien* und *richtigen Proportionen* gesucht[1].

---

[1] Diskussionsbeitrag siehe im Nachtrag.

# Vorträge der Sektion für Eisenbetonbau
# Lectures of the Section for Reinforced Concrete Constructions
# Conférences de Section pour les Constructions en Béton Armé

Professor SPANGENBERG, München:

## Die Lechbrücke bei Augsburg

Die neue Straßenbrücke über den Lech bei Augsburg übertrifft nicht nur durch ihre Lichtweite von 84,4 m alle deutschen Eisenbetonbrücken, sondern sie ist mit ihrem Dreigelenkbogen von rd. $^1/_{12}$ Stich auch die flachste unter den bis jetzt ausgeführten Wölbbrücken großer Spannweite. Die Breite der Brücke beträgt 17,0 m, davon entfallen 11,0 m auf die Fahrbahn und je 3,0 m auf die beiden Fußwege. Die Gelenke, die als Stahlguß-Wälzgelenke ausgebildet sind, liegen an den Kämpfern auf 3,8 m langen Kragarmen der Widerlager, sodaß die Stützweite des Dreigelenkbogens auf 76,8 m eingeschränkt ist. Die Pfeilhöhe ist 6,45 m, womit sich das Pfeilverhältnis $\frac{f}{l} = \frac{1}{11,9}$ und der Wert $\frac{l^2}{f} = 915$ m ergibt. Das Neuartige an der Brücke ist die Auflösung des Bogenquerschnittes in vier hohle, rechteckige Eisenbetonrippen. Dieselbe Querschnittsform ist gleichzeitig, ganz unabhängig von dieser Ausführung, auch für die weitestgespannte Eisenbetonbrücke Englands, die Tweed-Brücke bei Berwick, angewandt worden.

Die neue Lechbrücke wurde wie zahlreiche andere bemerkenswerte Brückenbauten im Rahmen des Straßenbauprogramms erbaut, das die Bayerische Staatsbauverwaltung unter der tatkräftigen Leitung von Ministerialrat VILBIG zurzeit durchführt; bauleitende Behörde war das Bayerische Straßen- und Flußbauamt Augsburg. Das Bauwerk wurde von der Firma WAYSS & FREYTAG A.-G. unter Leitung von Direktor MUY entworfen, als Mitarbeiter war besonders Oberingenieur DEININGER tätig, der auch die nicht einfache und in jeder Beziehung mustergültige Bauausführung überwachte. Der Verfasser war für diesen Brückenbau sachverständiger Berater der Bauherrschaft und der Unternehmung, er hatte die statischen Berechnungen zu prüfen und konnte eine Reihe grundsätzlicher Fragen der Konstruktion mit entscheiden helfen.

Zur Erlangung von Vorentwürfen für den Brückenbau wurde im Frühjahr 1927 ein Wettbewerb veranstaltet, bei dem 20 Entwürfe in Eisenkonstruktion und 21 Entwürfe in Eisenbeton eingingen. Über das Ergebnis dieses Wettbewerbes ist in der Zeitschrift „Die Bautechnik" 1927, Heft 36, von Oberbauamtmann KNAB und Regierungsbaumeister HUBINGER berichtet worden. Da keiner der Entwürfe eine völlig befriedigende Lösung ergab, mußte noch eine engere Ausschreibung veranstaltet werden, für die auf Grund der beim Wettbewerb gewonnenen Erfahrungen sehr genaue technische Richtlinien vorgeschrieben wurden, sodaß ein einwandfreier Vergleich der Entwürfe, besonders auch in wirtschaftlicher Beziehung, möglich war.

Die neue Brücke bildet den Ersatz einer im Jahre 1891 erbauten eisernen Fachwerkbrücke, die in ihren Abmessungen und in ihrer Tragfähigkeit den heutigen Verkehrsansprüchen nicht mehr genügte. Bei der Gestaltung der neuen Brückenkonstruktion durfte nicht außer acht gelassen werden, daß in einem Abstand von nur 200 m flußaufwärts eine Eisenbahnbrücke über den Lech führt, die als eiserne Bogenbrücke mit Zugband ausgebildet ist. Die nahe Nachbarschaft dieses Bauwerkes mit seinen hoch über das Gelände sich erhebenden schweren Fachwerk-Bogenträgern ließ es aus ästhetischen Gründen geboten erscheinen, für die neue Straßenbrücke eine Konstruktion mit obenliegender Fahrbahn zu wählen, wobei eine Hebung der Straßenplanie bis zu 2 m als zulässig erachtet wurde. Bei dem zur

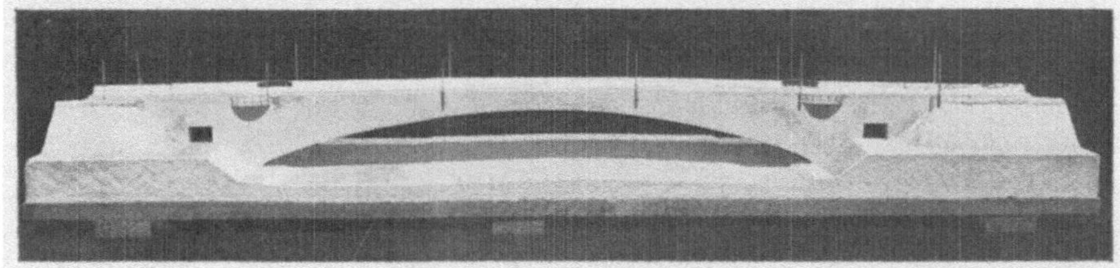

Abb. 1. Modell des Ausfuhrungsentwurfes

Ausführung gewählten Entwurf der Firma WAYSS & FREYTAG, dessen Modell Abb. 1 zeigt, beträgt diese Hebung nur 1,5 m im Scheitel, unter Einhaltung eines Längsgefälles der Fahrbahn von $2^0/_0$ nach beiden Ufern.

Die Architektur dieses Entwurfes stammt von Prof. BONATZ in Stuttgart. Um eine möglichst ruhige, geschlossene Wirkung zu erzielen, sind die Stirnwände und Brüstungen mit den Stirnflächen des Bogens in eine Ebene gelegt. Auch die Vorderflächen der Widerlager und Flügelmauern liegen in derselben Ebene, wodurch der Gesamteindruck des langgestreckten kühnen Bauwerkes noch gesteigert wird. Jedwede Gliederung der Flächen ist vermieden, nur über den Kämpfern sind Kanzeln mit durchbrochenen, eisernen Geländern ausgekragt, um auf diese Weise die Höhenlage der Fahrbahn in der Brückenansicht zu betonen und zugleich einen Maßstab für die Größenverhältnisse des Bauwerkes zu geben. Sämtliche Betonsichtflächen sind einheitlich mit dem Krönel steinmetzmäßig bearbeitet. Die Durchgangsöffnungen in den Widerlagern sind übrigens bei der Ausführung noch etwas vergrößert worden, was der architektonischen Erscheinung der Brücke zugute kommt.

Im engsten Wettbewerb mit diesem Entwurf stand eine eiserne Balkenbrücke von 83,4 m Stützweite mit fünf vollwandigen Hauptträgern aus Siliziumstahl. Wie sich besonders an Hand eines Modelles feststellen ließ, versprach jedoch die Blechbalkenbrücke hier keine günstige architektonische Wirkung, weil die rd. 5 m hohe Tragkonstruktion sehr nahe über dem Wasserspiegel zu liegen gekommen wäre. Außerdem war diese Brücke 10000 Mk. teurer angeboten als der Entwurf von WAYSS & FREYTAG A.-G., dessen Längsschnitt und Grundriß Abb. 2a und 2b zeigt.

Gegründet ist das Bauwerk auf den sogenannten Flinzletten, der in rd. 10 m Tiefe unter der Flußsohle ansteht und den Charakter eines festen, nur mit dem Pickel zu gewinnenden Mergelbodens hat. Es ist üblich, diesen Flinzboden bei gleichmäßiger guter Beschaffenheit mit 5 kg/qcm zu beanspruchen, wie es auch hier geschehen ist. Für die Gleitsicherheit des Widerlagers wurde vorgeschrieben, daß der Neigungswinkel der Endresultierenden zur Lotrechten, unter Berücksichtigung des Auftriebes, höchstens 20° betragen durfte. Aus diesen Forderungen ergaben sich trotz der möglichst leicht gehaltenen und stark aufgelösten Konstruktion des Bogens die mächtigen Widerlager von 20,6 m Länge und 17,5 m Breite. Derartige Widerlager sind typisch für die zahlreichen flachen Wölbbrücken über die Flüsse der schwäbisch-bayerischen Hochebene, bei denen die Gründung nicht auf Felsboden erfolgen kann. Man kommt dabei zu Widerlagerlängen von ungefähr ein Viertel der Stützweite, wie es auch z. B. die bekannten Münchner Isarbrücken zeigen.

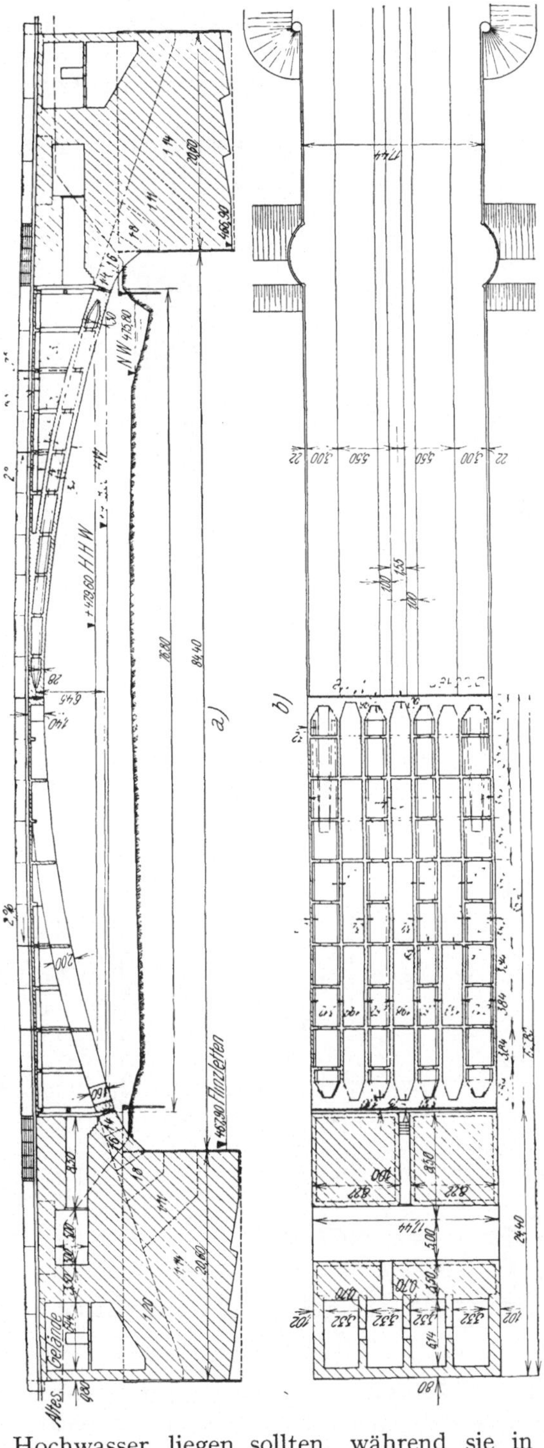

Bei der Übertragung der großen Horizontalkräfte auf den Baugrund — es handelt sich hier um einen Horizontalschub von 5900 t oder 338 t auf 1 m Widerlagerbreite — muß man im Flinzboden immerhin mit der Möglichkeit kleiner Widerlagerverschiebungen rechnen, weshalb bei der engeren Ausschreibung der statisch bestimmte Dreigelenkbogen für gewölbte Brücken vorgeschrieben wurde. Die Messungen der Widerlagerbewegungen beim Ausrüsten haben gezeigt, wie richtig diese Bestimmung bei dem sehr flachen Bogen war, denn es sind Verschiebungen von 7 bzw. 8 mm an den beiden Widerlagern beobachtet worden. Um die Ausführung des Dreigelenkbogens zu erleichtern, war nur die Forderung gestellt, daß die Kämpfergelenke über dem *gewöhnlichen* Hochwasser liegen sollten, während sie in das sehr seltene höchste Hochwasser eintauchen durften. Die Form des Dreigelenk-

Abb. 2. Längsschnitt und Grundriß

bogens geht aus dem Längsschnitt Abb. 2a hervor, wobei rechts der Schnitt durch eine Kastenrippe dargestellt ist, während links die Querverbände zwischen zwei solchen Rippen geschnitten sind. Die Bogenstärke beträgt 1,40 m im Scheitel, 2,0 m in der Bruchfuge und 1,6 m am Kämpfer. Die Kastenrippen selbst sind in Abständen von 3,5 m durch 25 cm starke Querschotten ausgesteift, welche Mannlöcher besitzen, um die Entfernung der Innenschalung der Kästen und eine spätere Revision zu ermöglichen. In das Innere der Kästen gelangt man durch Einsteigöffnungen, die ungefähr in der Mitte zwischen Scheitel und Kämpfer in den oberen Druckplatten der hohlen Rippen vorgesehen sind. Jede zweite Schotte läuft auf die ganze Brückenbreite, gleichfalls in 25 cm Stärke, als Querversteifung der vier Kastenrippen durch, um eine gemeinsame Lastübertragung durch die Rippen zu gewährleisten. Der Aufbau auf den Bogenrippen bietet nichts Besonderes, die Fahrbahntafel ist als kreuzweis bewehrte Platte von 18,5 cm Stärke zwischen Längs- und Querträgern ausgebildet und wird von Eisenbetonsäulen getragen, die über den Querwänden der Kastenrippen stehen.

Die weitgehende Auflösung der Gewölbekonstruktion läßt bereits der Grundriß (Abb. 2b) erkennen. Deutlicher noch ergibt sich das Wesen der Konstruktion aus den Brückenquerschnitten, Abb. 3a bis d. Bei dem Wettbewerb war von der Firma WAYSS & FREYTAG A.-G. ein auf die ganze Breite durchgehender Zellenquerschnitt mit einer leichten Auskragung der Fußwege vorgeschlagen worden.[1] Da bei der engeren Ausschreibung mit Rücksicht auf die äußere Erscheinung der Brücke auskragende Fußwege nicht gestattet waren, hätte sich der Zellenquerschnitt, auf die ganze Brückenbreite erstreckt, nicht genügend ausnutzen lassen.

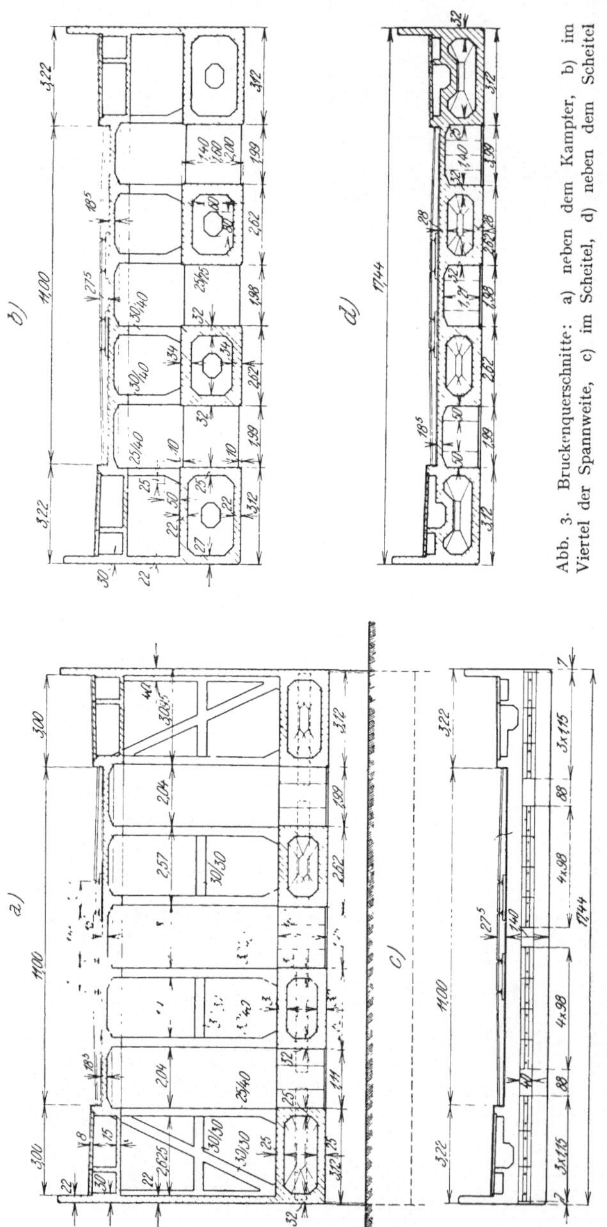

Abb. 3. Brückenquerschnitte: a) neben dem Kämpfer, b) im Viertel der Spannweite, c) im Scheitel, d) neben dem Scheitel.

----

[1] Vgl. die Abb. 13 in der Zeitschrift „Der Bauingenieur" 1928, S. 684.

Es wurde daher eine weitergehende Gliederung des Querschnittes, zum Teil auch mit doppel-T-förmigen Rippen, versucht und schließlich kam man auf Vorschlag des Verfassers zu den vier Kastenrippen, die in Abb. 3a bis d in verschiedenen Brückenquerschnitten dargestellt sind. Die Breite der einzelnen Kästen beträgt 2,62 m unter der Fahrbahn und 3,12 m unter den Fußwegen. Um die zulässige Beanspruchung möglichst gleichmäßig auszunutzen, sind die Wandstärken der Fußwegrippen etwas schwächer als diejenigen der Fahrbahnrippen, auch wechselt die Wandstärke der einzelnen Kastenrippen etwas in der Längsrichtung der Brücke. Im ganzen schwanken diese Stärken zwischen 22 und 34 cm.

Am Scheitel und am Kämpfer sind die vier Hohlquerschnitte durch kräftige horizontale und vertikale Vouten in massive Querhäupter übergeführt, welche die ganze Brückenbreite einnehmen und die Stahlgelenke tragen (vgl. Abb. 2a und 2b). Die Gelenke erstrecken sich auf eine größere Breite als die Kastenrippen, wodurch es ermöglicht wurde, mit der geringen Gelenkhöhe von 40 cm auszukommen. Dafür mußten die Gelenkträger sehr kräftig ausgebildet und entsprechend reichlich armiert werden. Die Konstruktion der Wälzgelenke ist die übliche, die Sicherung gegen die Querkräfte erfolgt durch Kupillen; das Versetzen der einzelnen Gelenkstücke geschah in bekannter Weise mit Hilfe von Stellschrauben und Winkeleisen. Den normalen Querschnitt, etwa im Viertel der

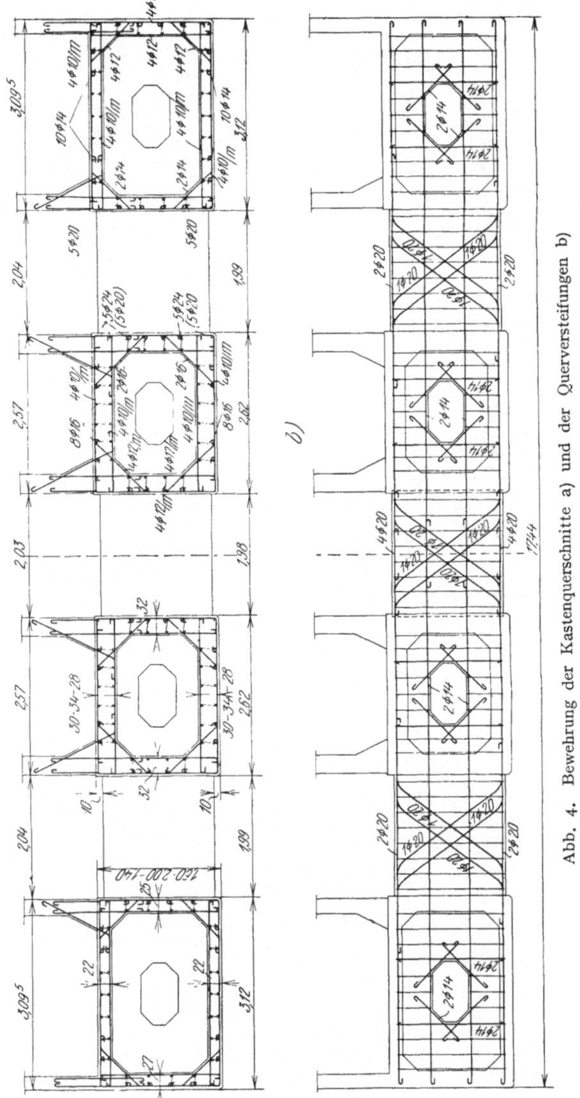

Abb. 4. Bewehrung der Kastenquerschnitte a) und der Querversteifungen b)

Spannweite, zeigt Abb. 3a, am Kämpfer sind die hohen Säulen durch Querriegel und Schrägstreben versteift (Abb. 3b), in der Scheitelgegend fällt die Fahrbahnkonstruktion mit den oberen Druckplatten der Kastenrippen bzw. mit dem Druckhaupt selbst zusammen (Abb. 3c) Die Versorgungsleitungen liegen unter den beiden Gehwegen; ihre Durchführung wird am Scheitel durch das durchgehende Druckhaupt erschwert. Es mußten deshalb Ausklinkungen an dem Druckhaupt und Auskröpfungen an den anschließenden Teilen der beiden Gehweg-Kastenträger in Kauf genommen werden, wie die Abb. 3c und 3d zeigen.

Die Abb. 4a und 4b lassen die wohl durchdachte und sehr gut durchgearbeitete Bewehrung für die Bogenkonstruktion erkennen. Die Längsarmierung der Kastenrippen (Abb. 4a) beträgt rd. 0,5% des Querschnittes; in den Ecken sind

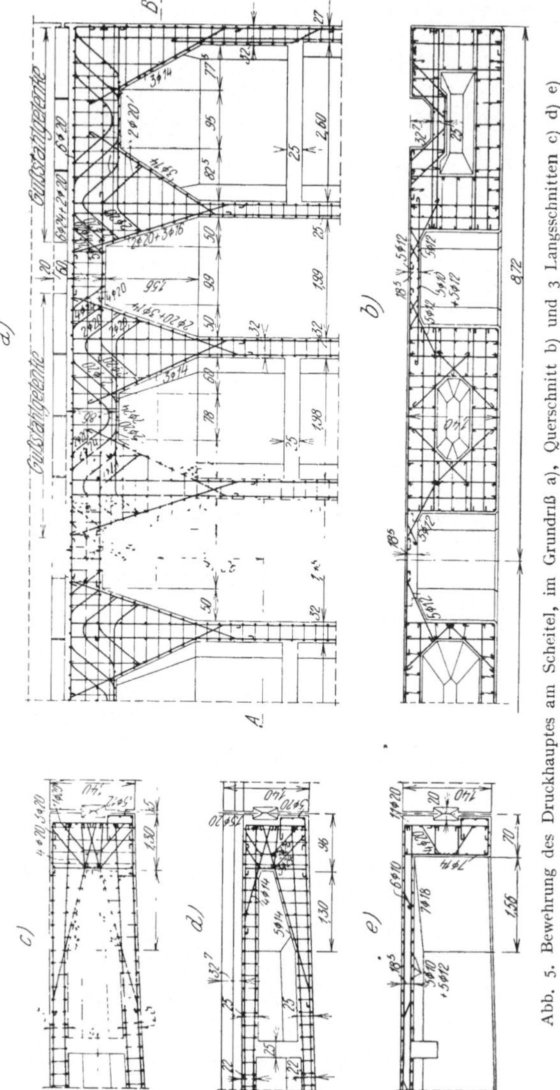

Abb. 5. Bewehrung des Druckhauptes am Scheitel, im Grundriß a), Querschnitt b) und 3 Langsschnitten c) d) e)

stärkere Eisen von 20 bzw. 24 mm Durchmesser angeordnet, während die Längsarmierung in den Wänden und Druckplatten aus Rundeisen von 14 bzw. 16 mm Stärke besteht. Diese Eisen sind sehr reichlich durch Schleifenbügel miteinander verbunden, außerdem ist der ganze Querschnitt durch eine kräftige Umfangsbewehrung von 10 bis 12 mm Stärke in Abständen von 20 bis 25 cm zusammengefaßt. Die Eiseneinlagen in den Querschotten der Kästen und in den Querversteifungen zwischen den hohlen Rippen sind in Abb. 4b dargestellt. Besondere Sorgfalt ist auf die Armierung der Querhäupter verwandt worden. Abb. 5 zeigt für den Scheitel im Grundriß, Querschnitt und in drei Längsschnitten die Anordnung der Eiseneinlagen dieses wichtigen Konstruktionsgliedes, das die Kräfte von den Stahlgelenken in die Kastenquerschnitte überzuleiten hat. Eine Aufnahme der fertig geflochtenen Bewehrung für das Druckhaupt am Kämpfer gibt die Abb. 6, die auch die Kämpfergelenke erkennen läßt.

Wie der Bewehrung so wurde auch dem Betonmaterial für die Bogenkonstruktion besondere Sorgfalt gewidmet. Das Mischungsverhältnis für die Kastenrippen beträgt 1 : 5, für die Druckhäupter 1 : 4. Verwendet wurde Dyckerhoff-Doppelzement und natürliches Kiessandmaterial aus dem Lech, das in einem benachbarten Kieswerk gewonnen, gewaschen und sortiert wurde. Es war nur nötig, noch etwas Quetschsand zuzusetzen, weil der Natursand nicht in ausreichender Menge anfiel. Bereits im Frühjahr 1927 wurden vom Verfasser systematische Untersuchungen des Kiessandmaterials im Bautechnischen Laboratorium der Technischen Hochschule München vorgenommen, um Aufschluß über die günstigste Kornzusammensetzung und über die zu erreichenden Druckfestigkeiten zu gewinnen. Alle Vergleichsproben wurden mit derselben Konsistenz der Betonmasse durchgeführt, und zwar wurde der Durchmesser des Kuchens bei der Rüttelprobe zu 47 cm gewählt, was eine weiche und für die stark gegliederte Eisenkonstruktion gut geeignete Konsistenz ergab. Probewürfel, die unter teilweiser Verwendung von gebrochenem Kiesmaterial hergestellt wurden, ergaben dabei niedere Festigkeiten, als diejenigen, bei denen nur das natürliche Material verwendet wurde. Es ist dies dadurch zu erklären, daß der Zusatz von gebrochenem Material einen höheren Wasserzusatz erfordert, um dieselbe Konsistenz zu erreichen. Die Druckfestigkeiten der verschiedenen Proben im Alter von 28 Tagen lagen zwischen 335 und 407 kg/qcm, erreichten also sehr hohe Werte für weich angemachten Beton. Das für die Ausführung gewählte Material bestand aus 40⁰/₀ Sand und 60⁰/₀ Kies. Der Sand wurde im Kieswerk hälftig aus Natursand und Quetschsand zusammengesetzt, ebenso

Abb. 6. Bewehrung des Druckhauptes am Kämpfer

wurde der Kies je zur Hälfte aus der Körnung 10 bis 15 mm und 15 bis 25 mm bereits im Werk gemischt. Die beiden so erhaltenen Materialien Sand und Kies wurden getrennt an die Baustelle angeliefert. Die Konsistenz der Betonmasse wurde laufend am Bau durch die Setz- und Rüttelprobe kontrolliert, ebenso wurde jeder Waggon Zement geprüft und dauernd Festigkeitsproben des Betons vorgenommen. Diese strenge Baukontrolle war bereits bei der Ausschreibung vorgesehen und es war verlangt, daß die Würfelfestigkeit des Gewölbebetons im Alter von 28 Tagen ($W_{b28}$) das Vierfache der größten Druckspannung betragen mußte. Mit Rücksicht auf das vorzügliche Betonmaterial wurde dabei auf Vorschlag des Verfassers als Höchstwert für die Druckbeanspruchung 80 kg/qcm zugelassen, während ja nach den „Bestimmungen des deutschen Ausschusses für Eisenbeton" bis jetzt für Eisenbetonbogen nur 70 kg/qcm als Grenzwert festgesetzt ist.

Bei dem ausgeführten Entwurf wurde die rechnungsmäßige größte Druckbeanspruchung des Betons in den Kastenrippen zu 75 kg/qcm gewählt, um noch eine Reserve für Nebenspannungen zu haben. Unmittelbar hinter den Gelenken, wo es sich um eine Streifenbelastung handelt, beträgt die Druckspannung im Beton 100 kg/qcm. Die Verkehrslasten entsprechen den deutschen Normen für Straßenbrücken erster Klasse; eine lastverteilende Wirkung der Querversteifungen ist bei der Berechnung der Kastenrippen nicht angenommen worden, es wurde aber auch kein Stoßzuschlag für die Haupttragkonstruktion gerechnet. Ist doch selbst bei dieser stark gegliederten Eisenbetonbogenbrücke das Verhältnis der Verkehrslast zur ständigen Last $1:6$, während es bei der eingangs erwähnten eisernen Balkenbrücke $1:2,5$ betragen hätte. In den Kastenrippen treten ausschließlich Druckspannungen auf; von der Gesamtspannung in Höhe von 75 kg/qcm entfallen im Mittel 45 kg/qcm auf die Eigengewichtsspannungen und 30 kg/qcm auf die Spannungen aus Verkehr. Die Bogenachse der beiden mittleren Rippen ist nach dem bekannten Verfahren von MÖRSCH so gewählt worden, daß die größten Randspannungen in den einzelnen Querschnitten gleich groß werden. Damit liegt die Bogenachse ein wenig unter der Stützlinie für Eigengewicht. Bei den beiden Randrippen war dieser Ausgleich nicht möglich, da sie anders belastet sind als die Mittelrippen und doch die gleiche Bogenform erhalten sollten.

Von der Bauausführung interessiert in erster Linie die Herstellung der Kastenrippen, die übrigen Bauarbeiten sollen nur kurz besprochen werden. Die neue Brücke liegt an der Stelle der alten eisernen Brücke, so daß vor Beginn des Baues die Errichtung einer hölzernen Notbrücke nötig wurde, auf deren Jocheinteilung bei der Konstruktion des Lehrgerüstes Rücksicht zu nehmen war. Die eigentlichen Bauarbeiten begannen im September 1927 und mußten einschließlich des Abbruches der eisernen Brücke so beschleunigt werden, daß spätestens Ende Mai 1928 das Lehrgerüst abgelassen werden konnte, ehe gefährliche Hochwasser des Lech zu erwarten waren. Der schwierigste Teil der Bauausführung war die Gründung der Widerlager, die in offener Baugrube zwischen eisernen Larssenspundwänden erfolgte. Die Absteifung der Baugruben von 20,6 m Länge, 17,5 m Breite und 10,0 m Tiefe war eine hervorragende tiefbautechnische Leistung. In sehr geschickter Weise wurden dabei in der Längsachse jeder Baugrube drei starke eiserne Kastenträger schon vor Beginn des Erdaushubs gerammt, die als lotrechte Zwischenstützen für die Absteifung dienten. Diese war in mehreren Stockwerken übereinander angeordnet, welche für sich ein- und ausgebaut werden konnten, sodaß zu unterst immer ein freier Arbeitsraum für den Aushub und später für das Betonieren vorhanden war. Erst Ende März 1928 waren beide Widerlager einschließlich der Kragarme vollendet. Es verblieben daher nur zwei Monate Bauzeit für die Herstellung und Ausrüstung des Bogens.

Das Lehrgerüst, Abb. 7a und 7b, war schon vorher errichtet worden. Es weicht nicht von den üblichen Konstruktionen ab, nur konnte wegen des geringen Gewichtes der Kastenrippen der Binderabstand zu 2,10 bis 2,70 m, also ungewöhnlich groß, angenommen werden. Mit Rücksicht auf die große Breite der Brücke erfolgte die Ausführung der Bogenkonstruktion in zwei Hälften und demgemäß wurden zwischen den beiden mittleren Kastenrippen die Druckhäupter, die Fahrbahnplatte im Scheitel und die Querversteifungen erst nach Absenkung des Lehrgerüstes betoniert. Deshalb besteht auch das Lehrgerüst im Querschnitt (Abb. 7b) aus zwei in sich versteiften Teilen, die miteinander nur durch die Schalung und die Hauptquerzangen verbunden sind. Die Überhöhung des Lehrgerüstes wurde zu 21 cm bemessen, als Ausrüstungsvorrichtung dienten Sandtöpfe.

Für die Kastenrippen war von vornherein die Betonierung in Lamellen vorgesehen, wie sie aus dem Längsschnitt (Abb. 7a) zu erkennen ist. Fraglich war nur die Herstellung der einzelnen Lamellenstücke selbst und man entschloß sich auf Vorschlag des Verfassers, die zweckmäßigste Ausführungsweise an einem, auf dem Werkplatz aufgebauten Modellstück in natürlicher Größe zu studieren, was sich als sehr nützlich erwiesen hat. An sich wäre es erwünscht gewesen, nach Einbringung der Innenschalung und der vollständigen Armierung den ganzen Eisenbetonkasten einer Lamelle zusammenhängend in einem Zuge zu betonieren. Dann hätte man aber den Beton nicht in weicher Konsistenz, wie vorhergesehen, sondern nur stark flüssig einbringen können,

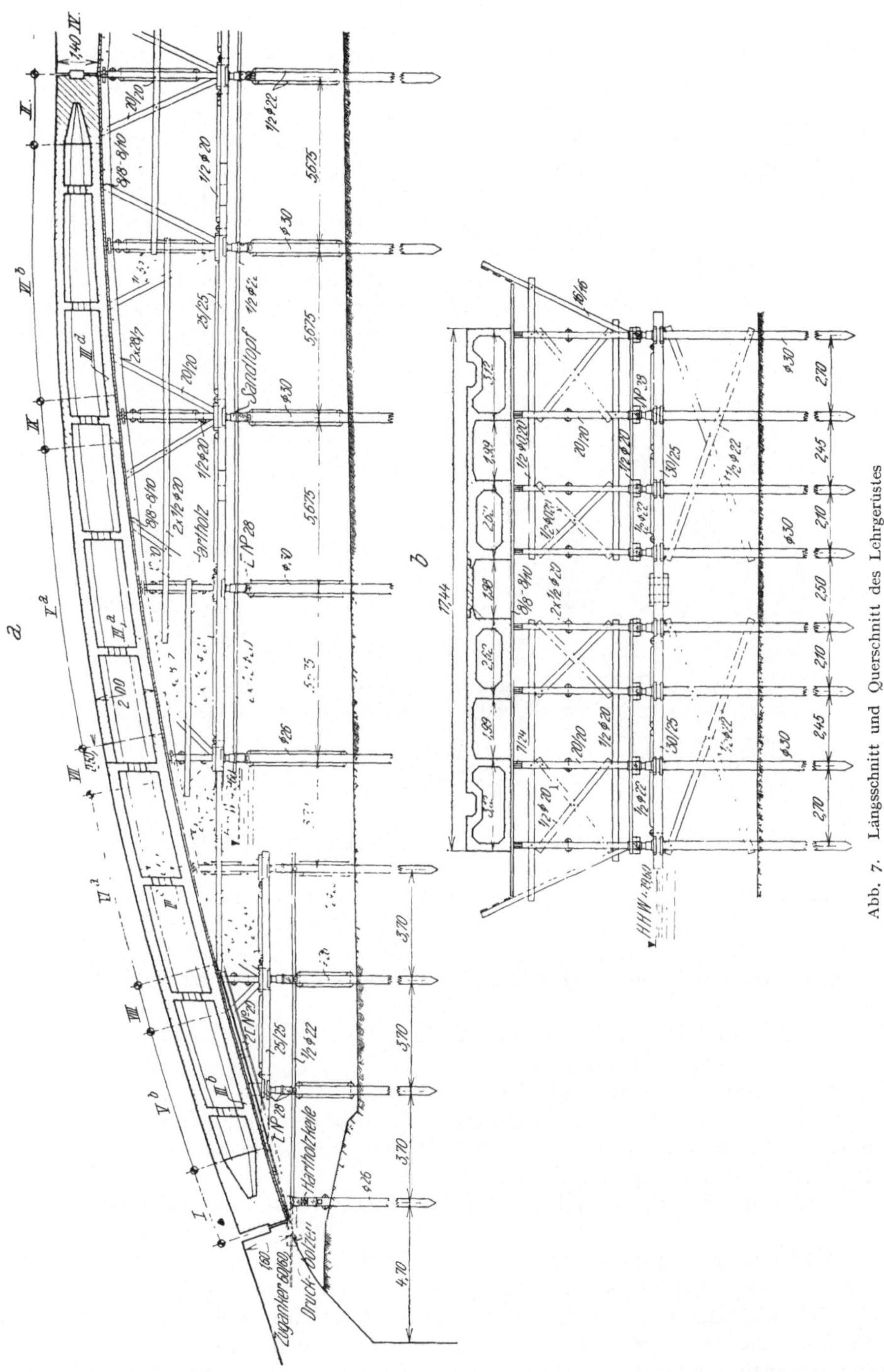

Abb. 7. Längsschnitt und Querschnitt des Lehrgerüstes

um ein sattes Ausfüllen der ziemlich breiten unteren Tragplatte mit Beton zu erreichen, mindestens an den schwächer geneigten Stellen des Gewölbes. Bei einem
solchen Beton mit hohem Wasserzusatz hätte man aber eine erhebliche Einbuße

an Druckfestigkeit in Kauf nehmen müssen. Man entschied sich daher, den Beton
weicher Konsistenz beizubehalten (Kuchendurchmesser bei der Rüttelprobe 45 bis
50 cm) und jedes kastenförmige Lamellenstück in zwei Teilen zu betonieren. Nach
Armierung des unteren Querschnittsteiles wurde zunächst nur die Bodenplatte
hergestellt und erst nach ihrer Erhärtung die Innenschalung eingesetzt. Dann
konnte die Armierung der Seitenwände und der Deckenplatten eingebracht und
schließlich dieser zweite Querschnittsteil betoniert werden. Der Zusammenhang
der beiden Teile ist durch die reichliche Bewehrung der Vouten und der Wände
gewährleistet, außerdem erhielten die Anschlußflächen noch eine Verzahnung,
indem durch Eindrücken eines Kantholzes Vertiefungen in den frischen Beton der
Bodenplatte hergestellt wurden. Nur die Druckhäupter am Scheitel und am
Kämpfer nebst einem kurzen anschließenden Stück der Kastenrippen sind jeweils

Abb. 8. Einbringen der Bewehrung in die Schalung der Kastenrippen

auf die halbe Brückenbreite in einem Guß betoniert worden. Damit ergab sich
der im Längenschnitt der Gerüstzeichnung Abb. 7a eingeschriebene Betonierungsvorgang.

Von den beiden Kastenrippen der einen Brückenhälfte wurden der Reihe nach
betoniert:

    1. die Druckhäupter an den beiden Kämpfern,

    2. das eine Scheiteldruckhaupt,

    3. die Bodenplatten aller großen Lamellen,

    4. nach Versetzen der Scheitelgelenke das andere Scheiteldruckhaupt,

und — nach einer Pause für das Einbringen der inneren Kastenschalungen und
für die Vervollständigung der Armierung —

    5. und 6. die Wände und Deckenplatten der großen Lamellen.

Dieser Vorgang wiederholte sich dann für die beiden Kastenrippen der anderen
Brückenhälfte und schließlich wurden in allen vier Kastenrippen die Schlußlamellen
7 bis 9 betoniert. Die Herstellung der Kastenrippen nahm die Zeit vom 24. April
bis 15. Mai, also 22 Tage in Anspruch. Das Betonieren selbst erforderte jedoch
nur 14 Tage, die übrige Zeit wurde für das Einbringen der Innenschalung und der
oberen Armierung gebraucht. Die Entfernung der Innenschalung erfolgte durch
die Mannlöcher, was ohne besondere Schwierigkeiten, aber nur unter großem
Holzverlust möglich war.

Von diesem Bauvorgang geben die Abb. 8 bis 11 eine anschauliche Darstellung.

In Abb. 8 ist die Gewölbeschalung und die äußere Schalung für die Wände der Kastenrippen fertiggestellt und man ist damit beschäftigt, die Eiseneinlagen für die Wände zu verlegen.

Abb. 9. Wandarmierung einer Kastenrippe. Bodenplatte teilweise betoniert

Abb. 10. Schalkasten fur die Innenschalung der Kastenrippen

Abb. 9 zeigt ein Stück einer Bodenplatte fertig betoniert. Ferner sind hier die reichliche Eckarmierung und die eingedrückten Vertiefungen für den Anschluß der Wände an die Bodenplatte deutlich zu erkennen.

Einen Schalungskasten für die Innenschalung stellt Abb. 10 dar; diese Kästen wurden auf dem Werkplatz hergestellt und dann im ganzen versetzt.

Auf Abb. 11 sind die Druckhäupter am Kämpfer fertig betoniert, die Innenschalung der anschließenden Lamellen ist eingesetzt und die Armierung der Wände und Deckenplatten größtenteils vollendet. Das Bild zeigt also den Zustand kurz vor dem Betonieren der Wände und Deckenplatten für die großen Lamellen.

Um eine Gefährdung der Bogenkonstruktion durch etwaige Hochwasserschäden am Lehrgerüst auszuschalten, wurde die Ausrüstung schon zehn Tage nach Schluß der Kastenrippen vorgenommen, was mit Rücksicht auf den verwendeten hochwertigen Zement zulässig erschien, zumal Probewürfel aus der Betonmasse für die Schlußstücke bereits 231 kg/qcm im Alter von acht Tagen ergaben. Im Mittel hatte der Beton des Bogens beim Ausrüsten ein Alter von zwanzig Tagen. Die Absenkung wurde in der üblichen Weise vom Scheitel ausgehend vorgenommen, und zwar gleichzeitig bei beiden Brückenhälften, also auf die ganze Brückenbreite, um einseitige Beanspruchungen der Widerlager zu vermeiden. Die Scheitelsenkung bei der Ausrüstung betrug 110 mm. Wie schon erwähnt, wurde dabei auch ein Ausweichen der Widerlager von 15,1 mm festgestellt. Dieses allein bewirkt bei dem kleinen Pfeilverhältnis von rd. 1 : 12 schon eine Scheitelsenkung von 45 mm. Weitere 50 mm Senkung sind auf die Eigengewichtsspannungen in den Kastenrippen zurückzuführen. Dieser Wert ist nach dem Prinzip der virtuellen Geschwindigkeiten unter Annahme eines Elastizitätsmaßes $E = 210\,000$ kg/qcm berechnet worden, was für den hochwertigen Beton im mittleren Alter von zwanzig Tagen zutreffend sein dürfte. Der von dem Gesamtmaß von 110 mm noch verbleibende Rest von 15 mm ist wohl durch das Schwinden in der Zeit vom Bogenschluß bis zum Ausrüsten zu erklären, das sich erst nach Absenken des Lehrgerüstes in einer entsprechenden Verkürzung der Bogenschenkel auswirken kann. Nach gleichlaufenden Schwindversuchen des Verfassers im Bautechnischen Laboratorium der Techn. Hochschule München mit Prismen aus dem Beton der Kastenrippen kann für diese Zeitspanne mit einer Schwindung entsprechend etwa 6° Temperaturabnahme gerechnet werden, was eine Scheitelsenkung von 14 mm ergeben würde. Die gesamte beobachtete Scheitelsenkung stimmt also mit den theoretisch ermittelten Werten gut überein.

Abb. 11.  Druckhaupt am Kämpfer und Bewehrung für die Deckenplatten der Kastenrippen

Die weitere Bauausführung nach der Ausrüstung des Bogens bot nichts Besonderes mehr. Der Überbau, die Fahrbahn und die Brüstungen konnten in rascher Folge hergestellt werden. Zurzeit sind alle Arbeiten beendet und die Brücke wird Ende Oktober dem Verkehr übergeben werden. Wegen der hölzernen Notbrücke ist es jetzt noch nicht möglich, eine gute Gesamtaufnahme des Bauwerkes zu machen. Eine Untersicht der Brücke gibt Abb. 12, in der die charakteristische Aufteilung des Bogenquerschnittes in vier Kastenrippen gut zur Erscheinung kommt.

Als allgemein interessierendes Ergebnis kann zum Schluß festgestellt werden, daß sich die Eisenbetonkastenquerschnitte durchaus einwandfrei und sachgemäß haben ausführen lassen. Die Firma Wayss & Freytag A.-G. hat allerdings auch große Umsicht und Sorgfalt aufgewendet, um das Gelingen dieser für Deutschland neuartigen Konstruktion zu sichern. Die Herstellung der Schalungen und das Einbringen der Armierung ging glatt von statten, das Betonieren selbst konnte sogar überraschend schnell durchgeführt werden. Kompliziert war nur die Armierung der Querhäupter und sehr mühsam das Aufstellen und Entfernen der Zwischen-schalungen an den Lamellen-grenzen. Irgendwelche Mißstände oder Mängel haben sich weder während der Herstellung noch nachher an den Kastenrippen gezeigt. Bei Anwendung solcher hohler Eisenbetonrippen für größere Spannweiten wachsen auch die Abmessungen und Wandstärken der Querschnitte, wodurch ihre Ausführung noch erleichtert werden wird. Für den flachen Bogen der Lech-brücke wären ja an sich noch andere Querschnittsformen denk-bar gewesen und es hat sich

Abb. 12. Untersicht der Brucke

auch bei der Ausschreibung gezeigt, daß schlaff- oder steifbewehrte Rippen-querschnitte hier wohl ebenso wirtschaftlich gewesen wären, wie die Kastenquer-schnitte. Diese haben aber vor den anderen Lösungen den Vorteil einer größeren Steifigkeit in vertikaler und horizontaler Richtung, sowie einer besonders zweck-mäßigen Ausbildung der Randträger an den Brückenstirnen.

Für den Fortschritt im Wölbbrückenbau ist es zu begrüßen, daß diese erst-malige Ausführung des Kastenquerschnittes in Deutschland erfolgreich durch-geführt worden ist und damit wohl auch bei uns seiner künftigen Verwendung für größere Spannweiten den Weg bereitet hat.

## Ing. F. Freyssinet, Paris:

### Les arcs du Pont des Plougastel. Les expériences et l'exécution de l'ouvrage

Je me propose de donner quelques indications sur l'exécution actuellement en cours d'un pont en B. A. à Plougastel, sur l'Elorn, au point où cette rivière débouche dans la rade de Brest. Elle offre en cet endroit une largeur de 650 mètres au niveau des pleines mers.

Les circonstances imposent une portée minima de 172 mètres, avec un tirant d'air de 36 mètres, au dessus d'un chenal dans lequel aucun appui, même provisoire, ne peut être trouvé.

L'amplitude des marées atteint 8 mètres et la houle est parfois très forte à l'emplacement même de l'ouvrage.

Le projet exécuté a été choisi après concours pour ses qualités d'économie et de résistance.

Quoique beaucoup meilleur marché qu'aucun des projets concurrents, il permet le passage simultané d'une route et d'une voie ferrée normale, alors que les autres projets permettaient le passage de la route seulement.

Une grande voûte étant indispensable pour le franchissement du chenal, j'ai jugé économique d'avoir recours pour le surplus de la traversée à deux arches identiques, en raison du réemploi du cintre.

L'ouvrage comprend donc trois voûtes en B. A. de cent quatre-vingt-six mètres cinquante d'axe en axe des piles. Elles supportent un tablier à deux étages, dont le plus bas reçoit une voie ferrée normale à voie unique et le plus élevé une route de 8 mètres de largeur (Fig. 1).

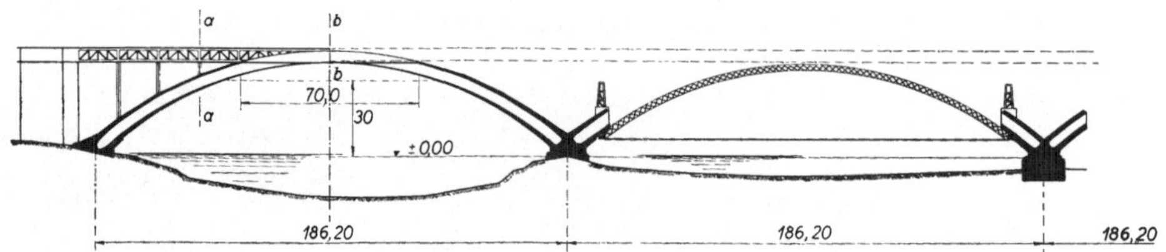

Fig. 1a.  Elévation et coupe longitudinale de l'arc et du cintre

Actuellement les fondations sont terminées, y compris les retombées des voûtes jusqu'à 13 mètres en dessus des pleines mers; une des voûtes est achevée et décintrée; la seconde très avancée. On prévoit la mise en service au cours de 1929.

Je décrirai au cours d'une séance de la 2ème commission les outillages employés; me bornant ici à des indications sur les ouvrages eux-mêmes.

*Appui des voûtes et fondations*

Les voûtes reposent sur deux culées et deux piles culées de très faible hauteur.

Pour ces éléments l'exemple d'ouvrages récents donnait de très fortes raisons de redouter la décomposition des ciments par l'eau de la mer.

Pour ce motif, dans toute la hauteur accessible aux marées, les ouvrages ont été exécutés en béton de ciment alumineux dit fondu. Le dosage choisi comporte 400 K⁰ par mètre cube en œuvre, l'agrégat étant formé de 750 litres d'une quartzite concassée, trouvée sur place, très dure, 200 litres de sable constitué par le résidu du concassage des quartzites et 300 litres de sable de dune.

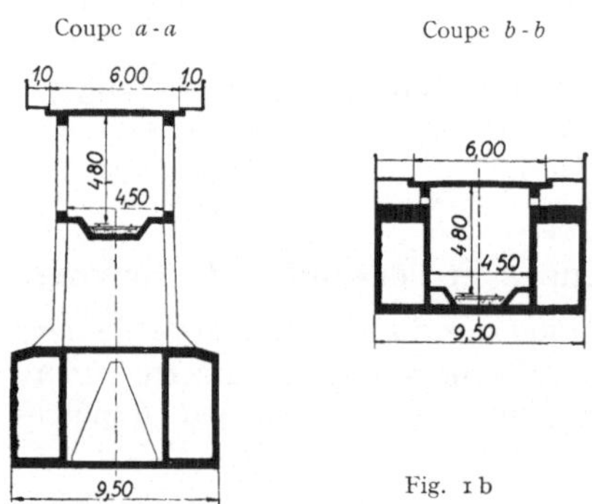

Pour réduire la dépense de ciment alumineux et pour diminuer l'échauffement des massifs pendant le durcissement, on a incorporé aux bétons environ 50% de moellons de quartzite.

Les fondations des culées ont été faites par épuisement à 12 m sous les hautes mers, à l'abri de batardeaux circulaires en béton armé, de 30 mètres de diamètre et 30 c/m d'épaisseur seulement.

Les piles fondées à 18 mètres sous les hautes mers ont été exécutées, jusqu'au niveau des basses mers avec un caisson flottant unique en B. A. utilisé pour l'une comme caisson cloche et pour l'autre comme caisson perdu (Fig. 2).

Ce caisson qui avait reçu la forme exacte des massifs à réaliser, a été arrêté à une cote fixée d'avance; le terrain solide a été atteint en augmentant la hauteur de la chambre de travail par des reprises en sous-œuvre successives en béton armé, conduites de manière à élargir progressivement la surface d'appui du caisson sur le sol, au fur et à mesure de la descente, de manière à réduire les efforts unitaires imposés au sol et à permettre l'arrêt de la fondation à une profondeur modérée quelque fût la nature du rocher rencontré.

### Voûtes

Les voûtes très largement évidées ont 9 m 50 de largeur et une hauteur variable voisine de 5 m sur leur plus grande longueur. Elles sont formées de 4 cloisons verticales reliant deux hourdis d'intrados et d'extrados. Les épaisseurs de ces éléments augmentent vers les appuis, jusqu'à avoir près d'un mètre. Dans la partie centrale, la section totale du béton est d'environ le quart de l'aire comprise dans le contour extérieur de l'arc.

L'alvéole central est privé au voisinage de la clef de son hourdis d'extrados pour permettre le passage de la voie ferrée entre les alvéoles latéraux.

La forme de la fibre moyenne de la voûte est exactement celle d'un funiculaire de poids permanents.

Pour des raisons d'aspect et d'économie, on a espacé de 16 m d'axe en axe les appuis du tablier et le funiculaire a une forme nettement polygonale. Pour conserver un bon aspect, j'ai fait varier la loi des hauteurs de l'arc de manière à obtenir un intrados continu; l'extrados polygonal se raccorde par des surfaces gauches à une courbe continue sur les faces vues.

Les calculs sont ceux d'un arc encastré de 180 m de portée et de 33,60 de flèche à section variable.

On s'est attaché à déterminer du mieux possible les actions secondaires ou locales dues aux formes des évidements et à assurer une répartition effective des charges entre les différents éléments de l'arc.

Fig. 2. Caisson à air comprimé prêt à être mis à l'eau

L'armature n'est utile qu'au point de vue des actions secondaires. La proportion d'acier employée est très faible, environ 23 K⁰ par mètre cube.

Postérieurement au décintrement, un réglage des tensions internes dans l'arc sera réalisé selon la méthode que j'ai décrite dans le Génie Civil des 30 juillet — 6 et 13 août 1921.

A cet effet, les arcs sont coupés dans le plan de clef par un joint sans épaisseur; à cheval sur ce joint, des niches sont ménagées pour 28 vérins qui permettront d'allonger la fibre moyenne de l'arc et de compenser les raccourcissements élastiques et permanents de la fibre moyenne.

Pour faire cette opération, nous attendons les résultats d'expériences que nous avons instituées pour déterminer les valeurs de ces raccourcissements.

Je donnerai en conférence de section quelques détails sur ces expériences qui ne sont pas terminées.

Les voûtes sont partout comprimées dans le sens longitudinal.

La contrainte maxima due à leur poids propre atteint 32 K⁰/cm².

Celle due au poids du tablier atteint 10 K⁰/cm².

Celle due aux surcharges des règlements français des routes, et des chemins de fer ne dépasse nulle part 20 K⁰/cm². 

Les fatigues parasites dues aux variations linéaires sont limitées par l'opération de réglage des voûtes à moins de 15 K⁰ par cm².

La fatigue maximum totale est inférieure à 75 K⁰ par cm².

Or, les bétons employés pour les arcs dosés en moyenne à 425 K⁰ par mc de béton en œuvre, de ciment portland ordinaire de la marque « Demarle-Lonquéty » (Sté. des ciments français) avec un agrégat formé de 4 parties de quartzite concassée, une de sable résidu et une de sable de dune, donnent des résistances qui, d'après de très nombreux essais, atteindront largement 600 K⁰ par cm², à la mise en service de l'ouvrage.

Il y aura donc un rapport d'environ 8 entre la contrainte de rupture du béton et celles auxquelles il sera soumis dans l'ouvrage. C'est un taux de sécurité exceptionnellement élevé et qui est loin d'être atteint dans les ouvrages métalliques du même ordre.

La variation du retrait du béton en fonction du dosage, des circonstances atmosphériques et de l'état mécanique n'a fait l'objet d'aucune recherche que nous ayons pu utiliser pour la définition précise des conditions du réglage des voûtes en vue de la suppression des contraintes parasites.

Nous avons donc institué des expériences dans lesquelles des dosages très divers ont

Fig. 3

été abandonnés en plein air aux influences climatiques sous diverses conditions de fatigue. (Fig. 3.)

Les éprouvettes servant à ces essais sont constituées par deux planches en béton de 0,05 × 0,10 × 1,80 armées sur une seule face de trois aciers ronds de 10 mm. Elles sont dressées verticalement, et scellées dans un massif de béton à 0,10 l'une de l'autre, s'opposant par leurs faces armées. Les compressions sont créées par des moments constants résultant de l'accrochage de poids à des consoles supérieures fixées à chaque élément. On mesure la variation des distances des extrémités supérieures qui est égale, d'après les calculs de déformation au retrait d'un élément de 80 mètres de longueur; les mesures sont donc faciles et peuvent être fréquemment répétées.

Nos réflexions nous avaient conduit à admettre un rôle important des contraintes mécaniques dans les phénomènes de retrait, mais dans nos premières expériences qui embrassaient aussi la variation du dosage, nous n'avons comparé que des bétons en repos élastiques et des bétons comprimés à 60 K⁰.

Nous venons récemment de reprendre ces expériences avec des gammes de surcharge variant régulièrement de 0 à 90 K⁰ par cm² et appliquées à des bétons d'âges divers, et des bétons déchargés après avoir été chargés pendant 20 mois. Ces expériences n'apportent encore aucune précision nouvelle et ne font que confirmer en gros les premiers résultats obtenus.

Ceux-ci sont intéressants à faire connaître dès à présent car ils ouvrent un jour, qui pour beaucoup, paraîtra nouveau, sur les phénomènes de déformation des bétons.

Le retrait du béton varie continuellement avec les conditions hygrométriques de l'atmosphère; la rapidité de ces variations est presque du même ordre que celle des variations de la température intérieure des massifs. Le dosage en ciment entre 200 et 900 K⁰ pour un même volume du même agrégat 800—200—200 n'a pas eu d'influence importante, ni sur la vitesse des variations, ni sur la grandeur des retraits obtenus; mais, tandis que toutes les éprouvettes non chargées ont subi des retraits assez faibles s'annulant en période pluvieuse pour présenter des maxima de deux à trois dix millièmes en période chaude et sèche et oscillent autour d'une valeur très faible qui ne paraît plus augmenter (il ne faut pas perdre de vue que même en été le climat de BREST est extrêmement humide) les retraits sous charge de 60 K⁰ par cm² oscillent après deux ans entre *6 et 8 dix millièmes*; autour d'une valeur moyenne voisine de *7 dix millièmes* qui ne paraît pas avoir encore atteint sa valeur maxima. Les variations d'état hygrométrique de l'air soumettent donc le béton à des alternatives de retrait et de gonflement; mais il ne s'agit pas de phénomènes entièrement reversibles. Les phénomènes de retrait sont facilités et les phénomènes de gonflement gênés par les compressions permanentes; au contraire, les gonflements paraissent être favorisés et les retraits gênés par des tensions mêmes minimes.

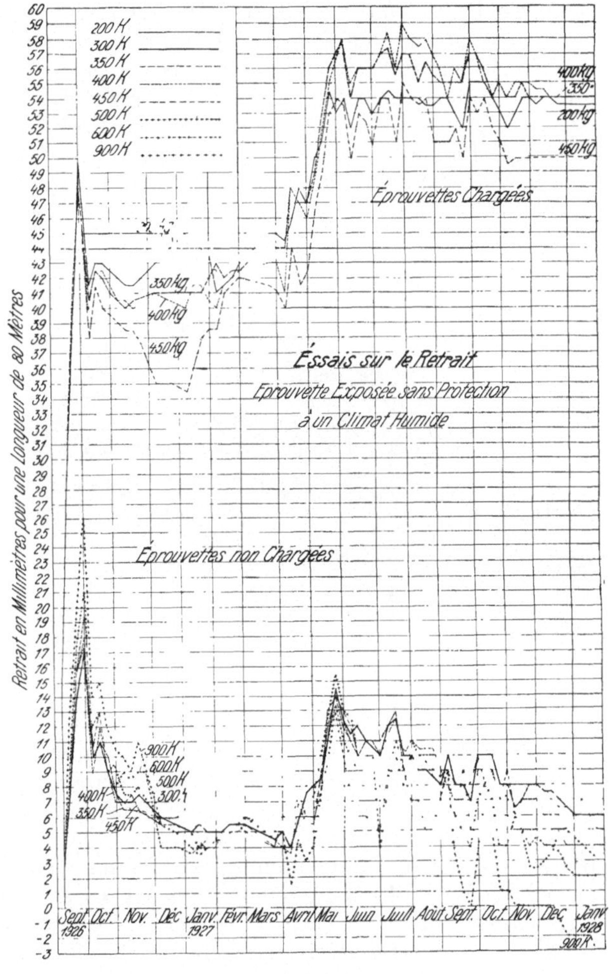


Fig. 4

Dans un sens ou dans l'autre, sous l'action de périodes alternatives de sécheresse et d'humidité, les bétons paraissent susceptibles de déformations très étendues qu'ils n'auraient pu prendre sans rupture sous l'action d'une charge instantanée.

Ces constatations sont très importantes car on peut en déduire que les fatigues parasites déterminées dans les arcs par le retrait sont très loin d'avoir l'importance indiquée par les calculs élastiques; puisque les compressions dues aux déformations s'atténuent considérablement par exagération du retrait sous l'action des compressions mêmes. Les choses se passent comme si le module d'Young variait inversement aux déformations jusqu'à des valeurs très petites, en ce qui concerne les phénomènes de flexion lente entraînées par le retrait.

Le béton réagit et s'adapte aux réformations comme un être vivant. Il se raccourcit localement pour se soustraire à des efforts excessifs et les reporter sur les zones moins fatiguées.

Dans un arc exécuté par rouleaux successifs, les premiers rouleaux prenant des retraits plus importants que les derniers, les inégalités de pression entre les divers rouleaux tendent à la longue à s'atténuer considérablement.

Ces résultats sont importants pour la construction des grands arcs en béton et il est souhaitable que ces expériences soient reprises et développées sous d'autres climats, avec d'autres ciments et d'autres dosages.

Je donne des photographies représentant les essais en cours, et les courbes obtenues (Fig. 4).

Je vais donner à présent quelque indications sur les moyens d'approche des matériaux employés à Brest. C'était, et c'est souvent un problème très difficile

Fig. 5. Construction du cintre

dans les ponts sur les estuaires, car l'état des berges découvrant à mer basse, l'ampleur des marées et les fréquents mauvais temps rendaient difficile et onéreuse l'utilisation d'engins flottants. Nous avons eu recours à un transporteur à cable, capable de décharger les bateaux ancrés dans le chenal, d'une part, et d'autre part de faire sur l'ouvrage l'approche et la manipulation des coffrages, des armatures et des bétons. Les circonstances imposaient pour ce transporteur une portée d'environ 700 mètres.

En général, dans ces transporteurs, les mouvements sont commandés de l'une des extrémités par une série de câbles actionnés par des treuils fixes. Dans l'exécution de plusieurs grands ouvrages, nous avions pu nous rendre compte que le rendement de ces appareils appliqués à l'exécution d'un pont en B. A. est très mauvais et décroît rapidement quand la distance entre le poste de commande et les points d'utilisation augmente, en raison de la variété des services demandés à l'appareil dans un travail de ce genre. De plus, en cas de grand vent, les nombreux câbles s'embrouillent facilement et le fonctionnement devient très aléatoire.

Or, l'ouvrage de Brest étant situé exactement en face du goulet de la rade, les coups de vent y arrivent sans obstacles et les vitesses de vent dépassant 30 mètres par seconde ne sont pas rares.

Nous avons donc établi un programme imposant les conditions suivantes: Deux appareils distants de 7,50; nombre maximum de câbles par appareil égal à deux. Chariot mobile comportant une cabine de laquelle un homme placé à bonne distance du crochet de levage exécuterait à grande vitesse toutes les manœuvre, sous le contrôle de la vue et de la voix.

De nombreux spécialistes Allemands, Italiens, et Français ont été unanimes à déclarer que le problème ainsi posé ne pouvait être résolu et nous ont proposé les systèmes que nous jugions condamnés par nos essais antérieurs.

La carence des spécialistes nous a contraints à construire nous-mêmes nos appareils.

Chacun se compose d'un câble porteur de 690 mètres de portée entre ses mâts, du poids de 12 K⁰ au mètre, résistant à la rupture à 210 tonnes et tendu sous une tension constante d'environ 60 tonnes réglable par contre-poids, à 76 mètres au dessus des basses mers.

Sur ce câble, roule un chariot supporté par de nombreux galets. Ce chariot se meut par touage sur un second câble de 13 mm à âme en cuivre. Il porte une cabine de manœuvre et un treuil de levage de 1 tonne pouvant agir sur un moufle à 2, 3 ou 6 brins à volonté. On peut donc lever 4 tonnes au maximum. Le courant électrique est amené à 240 volts par le câble porteur qui est isolé, le retour se faisant par le câble toueur; les câbles toueurs des deux appareils sont reliés et forment câble sans fin, permettant en cas de pannes de ramener les appareils à la berge.

Un même moteur de 15 chevaux actionne par un embrayage à frein le toueur ou le treuil.

Ces appareils roulent sans arrêt depuis près de trois années à une vitesse de 20 à 30 km à l'heure, sans incident.

Ils ont transporté à l'heure actuelle plus de 20 000 mètres cubes de béton, réalisé sans difficulté toutes les manipulations d'armatures et de coffrages dont on a eu besoin.

Ils manœuvrent aisément même par forte tempête et permettent une vitesse et

Fig. 6. Cintre prêt à être transporté

une précision de manœuvre dont aucun autre système ne peut approcher.

Il me reste à dire quelques mots du cintre employé pour les arcs.

C'est une voûte en bois, comprenant un extrados et un intrados distants de 2 m 50 environ, reliés par des treillis constitués par de simples planches (Fig. 5).

Les madriers d'extrados sont jointifs et forment une voûte de bois continue de 10 m de largeur et 0,21 d'épaisseur; à l'intrados, il y a 16 groupes de 2 madriers groupés eux-mêmes 2 par 2 et correspondant à 8 fermes distinctes.

Les abouts des madriers successifs d'une même pile sont arrêtés à 4 ou 5 cent. l'un de l'autre, l'intervalle est rempli en mortier riche de ciment. On réalise ainsi un joint incompressible et rigoureusement ajusté.

L'indéformabilité de l'extrados aux efforts de cisaillement engendrés par le vent est réalisée par le clouage de deux couchis continus en planches de 18 mm d'épaisseur établis suivant les deux systèmes de parallèles faisant un angle de 45⁰ avec l'axe.

Un contreventement de même système, mais à claire voie assemble les 8 fermes à l'intrados.

L'ensemble forme un tube fermé extrêmement rigide en tous sens, notamment à la torsion.

Il n'existe dans ce cintre aucun assemblage de charpente ni aucun boulon; le travail se réduit à des traits de scie pour lesquels aucune précision n'est exigée, et à des clouages. Les pointes employés sont du modèle ordinaire, sauf des broches sans tête de 10 mm de diamètre et 35 cm de longueur. On en a employé 8 tonnes.

Cette charpente a pu être exécutée en majeure partie par une main d'œuvre non qualifiée.

Ce cintre a été construit à terre, en profitant d'une forme favorable de la berge.

On a formé des pièces continues de l'épaisseur de deux madriers ayant toute la longueur du cintre et on les a posées sur des chevalets haubanés dressés à la hauteur voulue. Sous leur poids les longues pièces ont pris sensiblement la forme de l'arc et il a été très facile de les régler aux formes exactes à réaliser.

Le cintre terminé a été transporté à sa position de travail pour la première arche (Fig. 6).

A cet effet, on a exécuté en porte à faux, des amorces d'arcs s'étendant à 16 m de l'axe des appuis, ces éléments ont été exécutés par tranches successives à l'aide de coffrages suspendus aux tranches précédemment exécutées (Fig. 7).

Je ne puis entrer dans le détail des dispositions prises pour régulariser les efforts dans ces consoles et y éviter la formation de fissures ou de fatigues ultérieurement gênantes dans les arcs; d'une manière générale on a eu recours à la mise en charge artificielle et préalable d'éléments provisoires convenablement disposés.

Sur les consoles ainsi créées, on a établi un système de vérins hydrauliques capables par un jeu de cales d'agir sur une traverse en B. A. de laquelle pend une élingue formée de groupes de fils de 13 mm.

Ces élingues se terminent à leur partie inférieure par un bloc de béton fortement armé de $50 \times 55 \times 0,80$ dont la surface inférieure forme un point d'appui pour la suspension du cintre.

Fig. 7. Pile Nr. 2

Les élingues traversent l'arc de haut en bas dans des puits ménagés dans les amorces. Il y en a deux par retombée. D'autre part, le cintre est terminé à ses extrémités par une structure en B. A. fortement armé laquelle peut être accrochée aux élingues par un verrou constitué par deux pièces superposées en cœur de chêne ayant chacune $0,50 \times 50$ de section, soit au total 1 m de hauteur.

J'ai préféré le bois au métal par économie et aussi parce qu'il est plus déformable; un tel matelas de bois peut sans rompre subir des déformations de 0,20 et plus.

Sur la structure armée sont fixés des vérins horizontaux agissant sur des câbles horizontaux, qui équilibrent la poussée du cintre pendant le transport et le levage.

Les choses ainsi préparées, on amène les bateaux sous les appuis du cintre; on les échoue sur des tins préparés à marée basse; on tend les câbles horizontaux, on cale ce cintre sur les bateaux, en le soulevant avec des vérins auxiliaires; puis on démolit les appuis de construction du cintre.

A marée haute, on fait flotter les bateaux; des treuils placés sur ceux-ci agissant sur des amorces fixées à des ancrages établis en divers points de la rivière permettent d'amener le cintre en place; on descend les élingues dans les puits, on met les verrous, on agit sur les vérins; le cintre soulevé vient se coller contre l'intrados des amorces des arcs.

Il reste à le régler, pour corriger l'effet:

Iº D'une différence possible entre la situation et la dimension réelle des éléments par rapport aux cotes théoriques.

2º Des déformations à prévoir sous les charges.

Pour cela, le cintre amené en contact est bien appuyé contre les amorces d'arc par une tension supplémentaire des alingues de suspension; on relève sa cote de clef; et on la compare à la cote théorique majorée de la flèche élastique calculée du cintre considéré comme arc à deux articulations.

Si l'on trouve une différence en moins par exemple, l'on raccourcit le cintre en tendant les câbles horizontaux ce qui augmente sa flèche d'une part et permet de relever ses appuis d'autre part Fig. 8 .

Ce réglage fait et le contact du cintre avec le bord de l'intrados des amorces bien assuré par une surtension de 80 tonnes donnée à chaque

Fig. 8. Cintre mis en place pour le coulage du premier arc

élingue en plus du poids du cintre, et par un coulis en ciment, on soumet le cintre à des moments aux appuis, égaux et de sens inverse à ceux d'un arc encastré soumis aux surcharges qui seront appliquées au cintre.

Ceci est réalisé automatiquement par la suppression de la tension des câbles horizontaux, la position des points de contact de l'arc avec le cintre a été réglée pour que le résultat soit ainsi obtenu.

On coule ensuite du béton entre le corbeau ménagé sur les amorces de l'arc et l'about en béton du cintre. Le bloc en béton ainsi coulé est divisé en éléments par des cloisons parallèles au plan de symétrie de

Fig. 9. Transport du cintre du premier au second arc

l'arc, dont un certain nombre sont frettés fortement en vue du décintrement.

Deux jours après la fin du coulage, on procède au décintrement, ce délai suffit pour que la résistance des derniers bétons coulés atteigne 150 Kº au cm².

L'enlèvement du cintre s'obtient en démolissant les bétons coulés entre le cintre et les ressauts des piles.

On enlève d'abord les éléments non frettés; puis on ruine partiellement les poteaux frettés. En déserrant et en resserrant les élingues, on provoque de très petits mouvements du cintre qui en amènent le décollement progressif, accompagné d'un écrasement lent des appuis en béton fretté qui dissipe l'énergie de déformation emmagasinée dans le cintre  Fig. 9 .

Cette énergie est loin d'être négligeable, elle est de l'ordre de 300 tonnes mètres, et le décintrement est une des phases les plus délicates des opérations, bien qu'il ne présente absolument aucun risque grâce aux précautions prises. Aussitôt le décintrement fait, ce qui exige une journée, le cintre est nettoyé et remis en place (Fig. 10). Le coulage de la première voûte étant terminé le 3 août, le décintrement s'est fait le 5 août et la mise en place de la première voûte le 7 août.

Il s'est écoulé quatre mois entre le 1er et le 2ème transport du cintre.

Le cube de bois employé au cintre, est de 600 mètres cubes, soit 10% du cube total du béton qu'il sert à mettre en œuvre; la fatigue sous le poids propre du cintre est de 10 K⁰ par cm²; avec le

Fig. 10. Mise en place du cintre pour le coulage du 2me arc

poids du I⁰ rouleaux elle atteint 70 K⁰/cm² et 110 K⁰ sous la charge totale de l'arc.

Les flèches mesurées de cette voûte de bois ont été trouvées égales aux résultats du calcul en supposant $E = 7,10^8$ soit 265 m/m.

Aucune déformation permanente n'a pu être décelée.

La seconde mise en place du cintre a été faite malgré un très fort vent, sans la moindre difficulté, en moins de 3 heures.

Prof. Eugenio Ribera, Madrid:

### Fondations par caissons en béton armé

Un des procédés de fondation le plus couramment employé en Espagne aujourd'hui, est celui de l'emploi des caissons en béton armé, soit pour la pénétration dans le terrain par havage, soit pour les fondations par air comprimé.

Déjà en 1909, nous employâmes, dans de nombreux ponts, des caissons du type représenté par la fig. 1.

L'on commençait les excavations à l'air libre, dans l'intérieur; le poids du caisson et au besoin des contre-poids, suffisaient pour l'enfoncer dans le terrain et nous épuisions l'eau qui se présentait, au moyen de pompes.

Lorsque l'épuisement n'était pas possible, l'on continuait l'excavation par des dragues ou cuillères et une fois le niveau de la fondation atteint, nous remplissions l'intérieur du caisson par du béton immergé, ou à sec, lorsque les filtrations étaient dominées.

Dans le béton de remplissage, composé en général de 150 kg de Portland, 0,800 m³ de gravier et 0,400 m³ de sable, nous ajoutons de gros blocs de pierre enveloppés toujours dans du béton, pour en diminuer ainsi le prix.

Quant à la chemise extérieure en béton armé, nous employons un dosage de ciment de 300 kg. Les parois extérieures s'enduisent avec du mortier de Portland de 1 × 3, pour obtenir l'imperméabilité et faciliter le fonçage. Lorsque le terrain est très adhérent, nous donnons un fruit de $^1/_{20}$ à $^1/_{50}$ aux parois extérieures du caisson.

Il convient de construire les caissons *in situ* et nous l'obtenons jusqu'à des hauteurs d'eau de 2,50 m.

Pour cela, nous construisons un remblai dans le lit de la rivière jusqu'à un niveau de 0,20 m au-dessus de l'étiage (fig. 2). Sur ce remblai, qu'il faut quelquefois défendre contre les érosions du courant, avec une enceinte de palplanches ou avec des blocs de pierre, nous construisons le caisson en béton, que nous laissons durcir pendant une vingtaine de jours.

Évidemment, dans ce cas, l'on augmente le fonçage du caisson de toute la hauteur du remblai; mais comme celui-ci est constitué avec des terres et des graviers

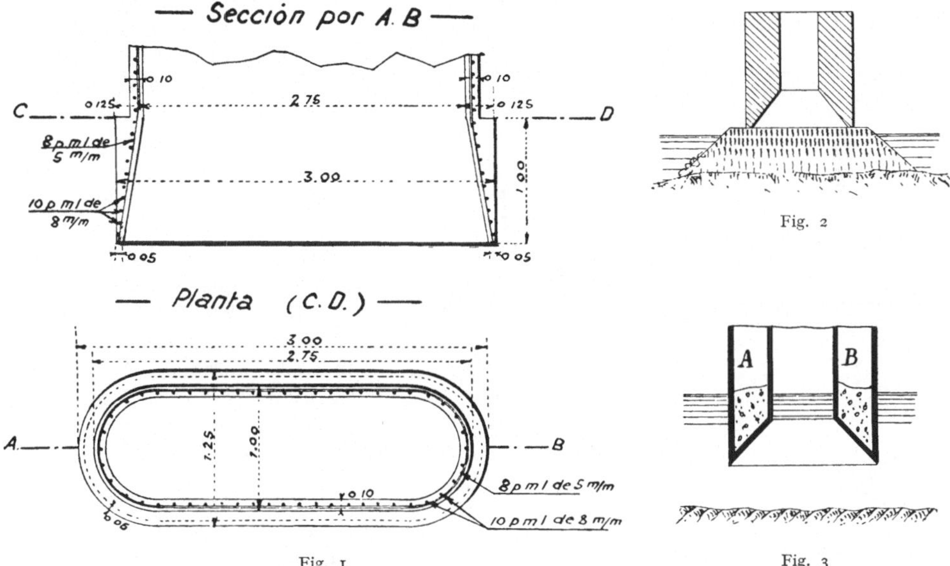



de faible consistance, la petite dépense de cette excavation supplémentaire est compensée par les avantages de la construction des caissons *in situ*.

Lorsque la hauteur d'eau est supérieure à 3 m, il convient de construire des caissons en béton armé sur un plan incliné, construit au bord de la rivière, avec une disposition à double parvis (fig. 3) que l'on lance à l'eau comme un bateau.

Une fois le caisson transporté au lieu d'emploi, l'on remplit avec du béton maigre les creux « *A* » et « *B* » jusqu'à ce que le caisson s'appuie sur le terrain et l'on procède alors à son fonçage, comme pour les caissons construits *in situ*.

*Nous avons employé les mêmes principes pour les caisons foncés par l'air comprimé.*

Nous connaissons tous le procédé des caissons avec voûtes en maçonnerie employé, nous semble-t-il, la première fois, par Mr. SEJOURNÉ, au pont de Marmande, l'année 1883.

Il y a 30 ans que j'emploie des caissons analogues, mais avec des perfectionnements sensibles, en substituant le rouet métallique constitué par des tôles et des consoles en cornières, qui sont d'un prix assez élevé, par de simples armatures en fer rond qui transforment les voûtes de maçonnerie en un caisson en béton armé. Nous avons réalisé par ce procédé plus de 60 fondations et entre autres, j'en citerai deux:

La fig. 4 représente le caisson que nous avons employé l'année 1918 pour la fondation d'une culée du pont d'Amposta, sur l'Ebre, qui devait atteindre une profondeur de 30 m à travers différentes couches de sables plus ou moins vaseux.

L'armature des parois se prolonge sur toute la hauteur des caissons, pour obtenir ainsi la solidarité et le monolithisme de l'ensemble et empêcher que les 4 étages de 7,50 m de hauteur, que nous avons employé pour atteindre la hauteur totale du caisson de 29,50 m, puissent se décoller les uns des autres; il faut en effet tenir compte que l'adhérence latérale dans un terrain de cette espèce, peut être considérable et les décollements des différents tronçons de caisson peuvent occasionner de graves accidents.

Comme la longueur de la chambre de travail était de 15 m, nous avons entretoisé les deux plus longues parois par 2 poutrelles horizontales en béton armé; mais elles nous gênèrent pendant le fonçage et nous les avons supprimées sans inconvénient.

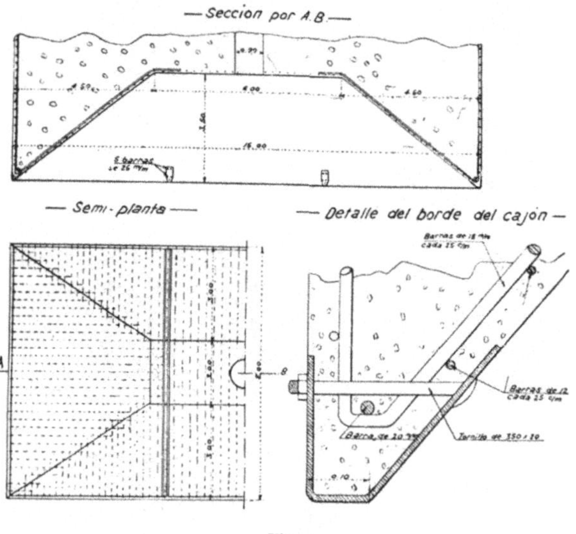


Fig. 4

Il n'y eut ni fugue d'air, ni filtration d'eau ni fissures, ni renversements; le fonçage fut normal et régulier.

Les dosages du béton furent de béton de 300 kg par mètre cube pour le couteau et les plafonds et 200 kg pour le reste, avec blocs intercalés.

Dans des caissons postérieurement exécutés et même pour des terrains de gravier, nous avons supprimé l'enveloppe en tôle qui constituait le couteau du caisson d'Amposta, qui n'est pas nécessaire.

Lorsque le terrain est très dur, et que nous soupçonnons de fortes secousses dans la descente, nous renforçons les armatures. Ces caissons doivent être exécutés à sec et c'est ainsi que nous en avons construit plusieurs pour le pont de Mora sur l'Ebre, au moyen de remblais de 2,50 m de hauteur, établis comme nous l'avons expliqué antérieurement.

Mais comme nous avons dit, les caissons en béton armé peuvent s'employer même pour de plus grandes hauteurs d'eau, comme dans le pont de San Telmo à Séville, avec un niveau d'eau en étiage de 7,50 dont le projet a été publié dans le Béton et Eisen du 26 mai 1922.

Nous avons foncé 8 caissons de 14,60 × 8,30 (fig. 5 et 6).

Pour en faciliter la construction et la flottaison, les parois ont été prévues avec le moindre poids compatible avec la rigidité indispensable.

A cet effet, la chambre de travail est recouverte par une double coupole dont les clefs correspondent aux cheminées des écluses. Les parois du caisson sont entretoisées comme un navire.

Malgré cela, chaque caisson avec les 2 écluses montées et le moule extérieur en bois, qui prolonge les parois en béton armé, pèse 60 tonnes et son centre de gravité se trouve à 2,40 m sur le bord du couteau et cale 4,30 m.

Mais ce tirant d'eau *peut être diminué à volonté* (et c'est une des originalités de cette disposition) en injectant l'air comprimé dans les chambres de travail. Il est vrai qu'à mesure que le niveau d'eau baisse dans cette chambre, la surface de flottaison interne augmente, la hauteur métacentrique diminue et le métacentre s'abaisse par dessous le centre de gravité; mais le caisson ne coule pas, car lorsqu'il s'incline, l'air s'échappe de la chambre par dessous le bord le plus élevé, bien avant

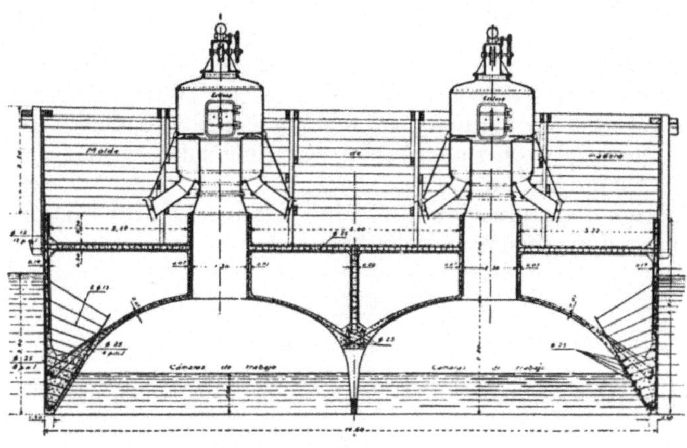

Fig. 5

que l'eau puisse s'embarquer par le bord opposé supérieur et automatiquement le caisson reprend une position stable.

Nous avons construit ce caisson sur le rivage et nous l'avons foncé dans le chantier jusqu'à 1 m par dessous la basse mer.

Nous avons dragué le fond de la rivière par le côté du caisson coïncidant avec le rivage, pour que l'eau entoure le caisson et nous l'avons fait flotter en injectant de

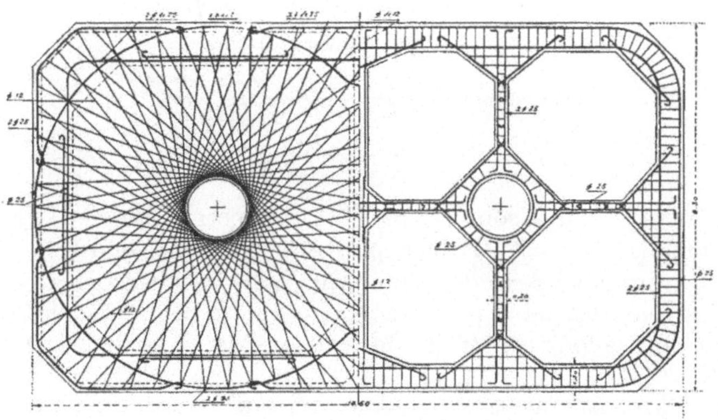

Fig. 6

l'air comprimé dans les coupoles, de façon à pouvoir le décoller à la pleine mer, en le manœuvrant alors comme un bateau quelconque et en le transportant sur place pour l'appuyer sur le terrain.

Nous n'avons pas eu le moindre mécompte pendant la construction des huit caissons, dont le fonçage s'est réalisé très régulièrement, en élevant à mesure de leur enfoncement les parois latérales et en soulevant les écluses pour chacun des 3 étages de caissons, pour atteindre des profondeurs de 13 à 14 m sous les basses eaux.

Nous avons ainsi démontré la facilité pratique des caissons en béton armé pour exécuter des fondations à l'air comprimé à n'importe quelle profondeur d'eau.

Il n'existe plus aucune raison pour employer des caissons métalliques et enfouir dans le sol ces énormes masses de métal, car les armatures pour un caisson de ce genre sont de l'ordre *d'un vingtième au quarantième* du poids d'un caisson métallique ordinaire.

Le béton armé de 300 à 350 kg de Portland que l'on doit employer pour les parois et la coupole, collera parfaitement bien au béton maigre de 200 kg de remplissage, même en incorporant à celui-ci un grand volume de blocs de pierre. Les parois verticales de béton riche, constituent une solide armature, une véritable cuirasse de toute la fondation.

Ce procédé sera donc plus solide et plus durable que les caissons métalliques, avec une dépense supplémentaire moindre.

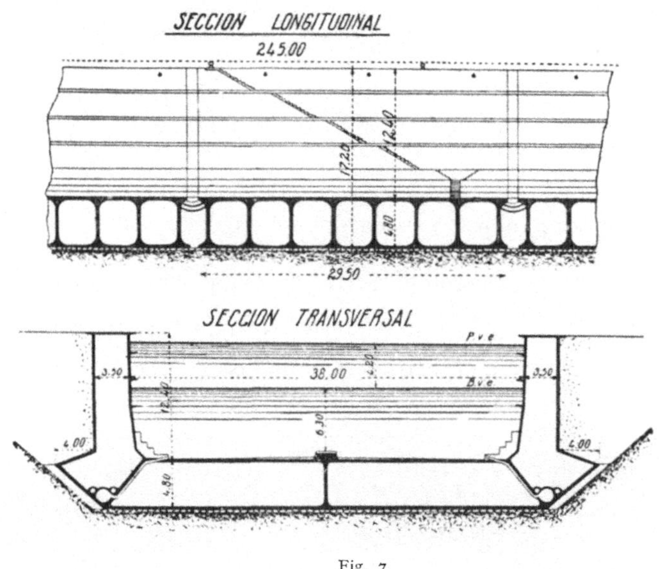


Fig. 7

Notre expérience et nos convictions nous ont permis même d'aborder la construction de caissons flottables de bien plus grandes dimensions.

Ainsi, pour un grand bassin de radoub que nous construisons à CADIX, capable de recevoir des navires de $235 \times 32 \times 9{,}30$ m, nous n'avons pas hésité à les employer et nous allons construire des caissons de 53 m de largeur par 29,50 m en plan (voir fig. 7).

Le bassin sera constitué par 8 caissons qui ont la forme en « U » de tous les bassins creux intérieurement, pour permettre sa flottaison; ils seront construits dans un bassin flottant.

Les parois intérieures et armatures de chaque caisson, sont divisées par des parois transversales d'entretoisement à 4 m de distance, qui constituent, avec les parois, de fortes poutres en double « T ».

Pour réduire le poids de la structure de ce caisson et par conséquent obtenir ainsi un moindre tirant d'eau qui permette un plus facile lancement, nous emploierons le ciment fondu; nous aurons ainsi un plus rapide durcissement, mais encore nous pourrons soumettre le béton à un travail de 100 kg par mètre carré pour un dosage de 300 kg de ciment mélangé avec la composition granulométrique de sable et gravier la plus favorable.

Comme il est presque impossible de déterminer l'importance des sous-pressions, qu'il faut *supprimer* ou auxquelles il faut *résister*, nous avons calculé le radier pour la sous-pression totale, ce qui assure le bassin contre toute flexion ou fissure du radier.[1]

Les caissons vont se construire dans un grand bassin flottant que nous avons acheté à Lübeck, de 2000 tonnes de force et, au moyen de ce bassin, seront mis à flot puis remorqués à leur emplacement, préalablement dragué.

Nous araserons le fond avec des sacs de sable et nous unirons les caissons par leurs joints, en remplissant les creux de béton immergé et en consolidant l'ensemble par des injections de ciment.

Les cellules du radier seront remplies de béton; les cellules des parois latérales se rempliront de sable.

Nous croyons que ces caissons en béton armé, sont les plus grands que l'on ait construits jusqu'à ce jour; ils seront évidemment beaucoup plus économiques que les caissons totalement en acier, comme on les a employés dans d'autres bassins de radoub.

Et surtout, les structures de béton armé avec ciment fondu, offrent un autre avantage; qu'ils ne pourront être détruits par l'eau de mer par suite de la décomposition du ciment Portland ordinaire, qui aujourd'hui préoccupe les Ingénieurs maritimes, car notre structure cuirasse, pour ainsi dire, le monolithe qui constitue le bassin, qui au besoin pourrait se compléter en substituant au sable des parois latérales avec du béton maigre ou une maçonnerie de remplissage quelconque.

Eduardo Torroja, Madrid:

### L'emploi des câbles d'acier dans les constructions en béton armé

Les câbles en acier se sont employés depuis quelques temps dans les constructions espagnoles en béton armé, mais en général on n'a pas encore bien fixé l'attention aux avantages de leur emploi et aux prescriptions qu'on doit accomplir pour en profiter.

On croit d'habitude, que la grande déformation que ces câbles subissent lors de leur mise en tension rend tout à fait impossible leur emploi avec le béton, mais on peut voir pratiquement, d'un côté, que dans beaucoup de cas il n'est pas difficile de mettre en tension les câbles avant le bétonnage, et d'autre côté que les déformations diminuent fortement lorsque le câble est emboîté dans le béton, ce qui empêche le mouvement relatif des fils, de même qu'il empêche l'élargissement d'un fer rond mal dressé dans le béton.

Une preuve des avantages qui rapporte l'emploi des câbles en acier préalablement mis en tension dans les constructions en béton armé, et que ces câbles se comportent aussi bien que les armatures courantes, c'est la description de l'Aqueduc de «Saint-Patrice» qui vient d'être construit en Andalousie, et des essais sur lui, avec le but d'étudier, justement, comment ils se comportent.

L'Aqueduc en question a une longueur totale de 280 m. composée pour onze travées de 20 m. et une de 57 m. type «cantilever». Cette travée est constituée par une poutre de 17 m. appuyée sur les bouts de deux «cantilevers», chacun desquels est formé par deux poutres de 20 m. appuyées par ses bouts en contact sur la pile

---

[1] Les calculs de ces caissons ont été faits par l'Ingénieur Monsieur Eduardo Torroja et la construction du bassin de radonte de Cadix et dirigée par l'Ingenieur Monsieur Jose Entrecanales, tous deux membres du Congrès de Vienne.

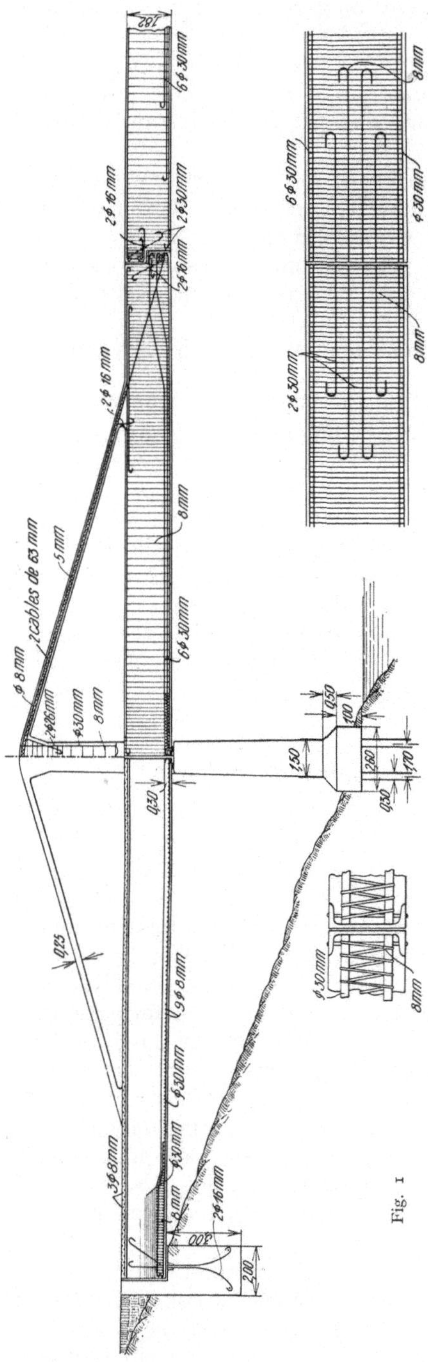

Fig. 1

et soutenus aux autres bouts par des câbles qui reposent sur la même pile à une hauteur de 5,80 m. sur la base d'appuis des poutres.

La section transversale de l'Aqueduc est une boîte en béton de 1,50 m. d'hauteur et 1,20 m. de largeur avec parois de 0,15 m. dans laquelle sont placés les tuyauteries en fonte, qui sont ainsi protégées contre les gelées, et on peut facilement les faire réviser. Cette poutre est armée suffisamment pour supporter son poid mort plus la surcharge, appuyant simplement par ses extrémités, sans autre particularité que d'avoir supprimé les barres inclinées, ayant laissé seulement des étriers verticaux contre l'effort transversal, avec le but de faciliter le bétonnage de ces minces parois.

Les appuis de la poutre centrale sur les extrémités des poutres consoles ont des plaques en plomb pour permettre les dilatations thermiques, et on peut voir tous ses détails sur les figures adjointes.

Les deux poutres de chaque côté forment la semelle comprimée du cantilever, dont la semelle tendue est le câble.

Étant donné que les poutres sont indépendantes, et qu'elles sont articulées sur le pilier, on a supprimé complètement les efforts dues aux changements de température et aux allongements élastiques du câble.

L'articulation de ces poutres s'obtient simplement à l'aide de plaques en plomb d'appui sur les piles, et plaçant une autre plaque verticale de 2 cm. d'épaisseur entre les dalles inférieures de deux poutres. Avec ce dispositif l'effort total de compression se transmet d'une poutre à l'autre sur l'articulation par ces dalles dont l'épaisseur ici est de 30 cm. et la largeur de 1,60 m.

Pour que les charges de compression qui se concentrent sur cette articulation soient mieux résistées, le béton des dalles est fretté dans la partie centrale avec trois séries de spires de 25 mm. de diamètre.

Pour équilibrer les consoles, on dispose dans ses bouts extérieures des blocks en béton pour le contrepoids; ces bouts sont attachés aux appuis au moyen de câbles qui, sans empêcher le mouvement horizontal due aux changements de température, augmentent la stabilité contre le renversement.

Pour résister l'effort transversal due au vent, on a supposé nulle la rigidité transversale des poutres articulées, et que tout l'effort est résisté par les câbles seulement. Ces câbles sont quatre par chaque cantilever de 63 mm. de diamètre, en acier semi-doux, formés par sept torons de 37 fils de 3 mm. chacun, fournis par l'Usine espagnole de «Forjas de Buelna».

Les câbles sont de 55 mètres de longueur et se courbent aux bouts entourant la boîte-poutre qui est très renforcée ici, et reste pour ainsi dire embrassée par les câbles.

Le poid total de l'Aqueduc avec surcharge étant de 3000 kg. par mètre, la tension aux câbles est de 196 tonnes, ce qui représente une tension unitaire de 27 kg/mm² de section utile. (Pour obtenir ces chiffres, on n'a qu'à établir l'écuation d'équilibre de moments au tour de l'articulation.)

On voit donc, que d'avoir utilisé des fers ronds en acier courant, on aurait eu besoin de monter 24 ronds de 30 mm. de plus de 40 m. de longueur, dont la manipulation aurait été bien difficile, et le prix total beaucoup plus élevé.

La difficulté fondamentale était la mise en tension préliminaire des câbles, mais nous pûmes la surmonter facilement à l'aide du dispositif suivant:

La partie supérieure de la pile fut bétonnée séparément, en vue de pouvoir la faire monter ou

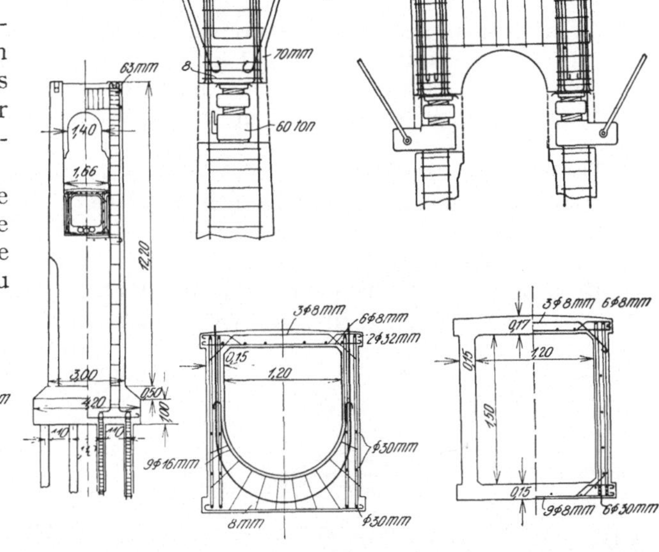

Fig. 2                     Fig. 3

descendre à volonté. Les armatures verticales de la pile restaient libres à l'intérieur des tuyaux préparés d'avance dans cette tête de pile, et les câbles appuyaient sur des planches en fer encaissées sur elle.

Après avoir bien ligné (autant que possible) les câbles, les faisant reposer sur échafaudages, les poutres furent bétonnées avec les extrémités des câbles.

Après un mois de bétonnage les têtes des piles furent élevées à l'aide de crics de 60 tonnes, tensant ainsi les câbles jusqu'à faire les poutres de séparer du cintre.

Des références étaient fixées sur les bouts des poutres-consoles en vue d'observer, non seulement les déplacements verticaux, mais aussi les horizontaux et ceux de torsion que les poutres pouvaient subir à cause de la tension inégale des câbles, car notre crainte était la possible inégalité élastique entre eux.

Étant donné que la séparation des câbles était plus grande sur la pile qu'aux bouts, où ils rejoignent les poutres, ils avaient tendance à centrer la tête du pilier et lorsque les câbles d'un côté étaient plus tenses, la tête automatiquement marchait de l'autre côté, montrant l'inégalité de tension, ce qui était corrigé faisant monter le cric de ce côté.

Les déplacements horizontaux qu'au commencement atteignirent jusqu'à 5 cm. furent en diminution au fur et à mesure que la charge était augmentée, et à la fin ne dépassait pas 2 cm. avec déplacements verticaux égaux de deux côtés, ce qui prouve évidemment la grande uniformité au point de vue élastique du matériel.

Les câbles furent tensés jusqu'au moment où les bouts des cantilevers montèrent 5 cm. décollant de la cintre. Alors la tête de la pile était élevé 60 cm.

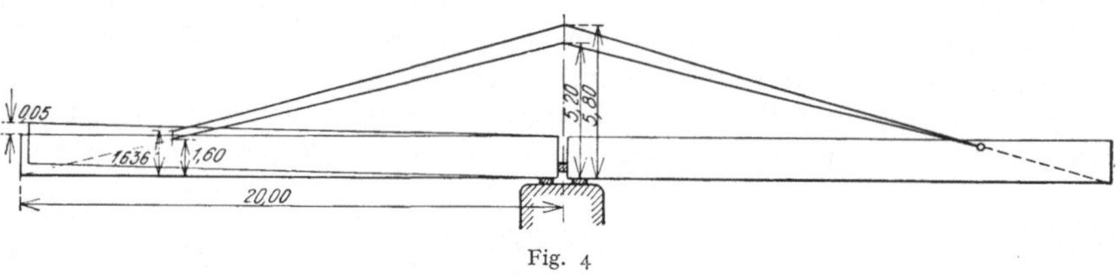

Fig. 4

Avec ces deux numéros nous pouvons calculer l'allongement du câble; quoique nous aurons une petite difficulté. Pendant que cela fut effectué, la plus part du câble était libre, mais à peu près un quart de sa longueur était encastrée dans le béton de la poutre, et ici nous ne connaissons pas exactement la déformation atteinte.

Des crevasses sur la partie supérieure de la poutre ont paru jusqu'à 15 cm. de profondeur, montrant le décollement du câble du béton, mais plus loin de 40 ou 60 cm. de l'entrée du câble, mesurés sur sa direction, nous n'avons pas constaté aucune déformation.

Bref, nous admettons que le câble fut dilaté librement jusqu'à 75 cm. de profondeur dans le béton, et qu'il n'a pas eu changement de longueur plus loin d'ici.

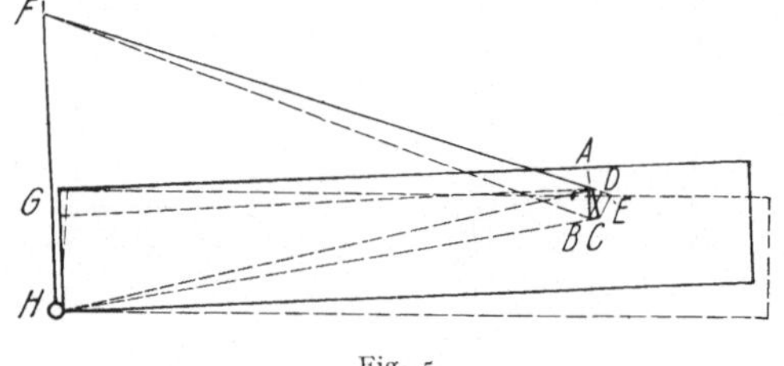

Admettant cette hypothèse, les longueurs du câble libre, avant et après d'être tensé étaient:

$$l = \overline{14{,}50^2 + 3{,}60^2} = 14{,}94 \text{ m.}$$

$$L = \overline{14{,}50^2 + 4{,}164^2} = 15{,}09 \text{ m.}$$

Allongement total $= 0{,}15$ m.

Fig. 5

On voit donc, que l'allongement fut seulement d'un pour cent, assez petit si l'on compte que le câble était difficilement ligué et sans une préalable tension.

Puisque le poid mort de la travée est de 2400 kg. par mètre, la tension des câbles à ce moment était de 157 tonnes et sa tension unitaire égale à 21,6 kg/mm². 

Tout de suite, la travée fut surchargée de 600 kg. par mètre; pourtant la tension des câbles fut augmentée à 27 kg/mm² et les bouts des poutres consoles descendirent 2 cm.

Sur la figure ci-dessous nous avons: Le point $A$ descend 0,02 m. et prend la position $C$ lorsque la poutre tourne autour de la rotule $H$.

L'allongement du câble est donc de:

$$L = AD + DE$$

mais

$$\frac{(AB = 0{,}02)}{AD} = \frac{(AF = 15{,}10)}{(FG = 4{,}17)}$$

donc:                                $$AD = 0{,}055 \text{ m.}$$

et:
$$DE = BC \, \frac{GA}{FA}$$

$$\frac{BC}{(AB = 0,02)} = \frac{(AI = 1,63)}{(HI = 14,50)}$$

et:
$$DE = 0,0022 \, \frac{14,50}{15,10} = 0,002 \, \text{m.}$$

et pourtant:
$$= AD + DE = 0,077 \, \text{m.}$$

et l'allongement unitaire:

$$\frac{0,077}{2 \times 15,10} = 0,000255$$

(puisqu'on doit partir de la longueur libre totale du câble).

Le coefficient d'élasticité est donc:

$$\frac{2,700 - 2,160}{0,000255} \, 2,120,000 \, \text{kg/cm}^2$$

sensiblement égal à celui de l'acier.

La travée a resté chargée et en observation pendant vingt jours, et au commencement on a remarqué d'allongements des câbles qui ont finit au bout de dix jours et qui, en total, ont atteint 0,08%.

Après vingt jours, on bétonnait les câbles dans une section rectangulaire de 20 × 30 cm., et pour éviter que la flexion due à son poid augmente excessivement la tension du câble, nous avons fait le bétonnage dans un coffrage suspendu du câble. Quoique extérieurement la poutre est droite, à l'intérieur le câble suit la courbe «catenarie» correspondant au poid total.

La section du béton est calculée pour supporter à compression la différence de tension du câble avec surcharge et sans elle; le bétonnage étant fait avec la travée totalement surchargée. Nous avons vu que cette différence des tensions est de 39 tonnes, et la compression résultante sur le béton est de 32 kg/cm².

Fig. 6

Nous pouvons remarquer que le béton ainsi coulé n'a jamais à supporter des tensions, et les câbles sont parfaitement défendues de l'intempérie sans aucun danger de crevasses dans le béton.

Naturellement, il n'y a pas de difficulté à ce que la pièce soit très svelte, car quoique le béton soit comprimé, l'ensemble est en tension, et il n'y a pas de danger de flambage. D'autre part, la courbe du câble a une très petite flèche et son excentricité dans la section du béton n'a pas d'importance.

En résumé, tous les travaux de la construction, ainsi que le décintrement furent faits tout facilement grâce aux dispositifs employés.

L'allongement plastique fut de 1% dans le premier moment et il atteignit jusqu'à 1,08% en dix jours. Après cela pas d'augmentation.

Les allongements postérieures produits par la surcharge étaient élastiques et correspondaient à un cœfficient d'élasticité de 2 120 000 kg/cm².

La partie du câble bétonnée, avant d'être tensé, fut décollée du béton dans les premiers 50 à 60 cm.; dans le reste l'adhérence semble parfaite et sans produire aucune crevasse dans le béton.

Nous croyons donc, que la crainte aux allongements inélastiques des câbles est exagérée et que «l'emploi des câbles d'acier, au lieu des ronds rigides, peut être avantageux dans les constructions à grandes portées, pourvu qu'on prend les précautions nécessaires pour sa mise en tension avant le bétonnage, et que les sections du béton aient été calculées pour supporter les réactions qui se dérivent de cette mise en tension».

Oberbaurat Ing. Dr. techn. e. h. FRITZ EMPERGER, Wien:

## Die Verbreiterung von Straßenbrücken

Im Eisenbahnbau ist die Erweiterungsfähigkeit jeder Anlage ein notwendiger Bestandteil jedes Projektes. Der Eisenbahnbauer ist immer auf die Entwicklung seines Verkehres bedacht und ist es ein Zeichen von Rückständigkeit, daß diese Frage beim Straßenbau und seinen Brücken bisher so wenig Beachtung gefunden hat. Alle Beispiele einer Vorsorge dieser Art finden sich bei Eisenbahnbrücken vor, wo man wiederholt den Unterbau mit Rücksicht auf ein späteres zweites Gleis im voraus in doppelter Breite ausgeführt hat. Bei Straßenbrücken dagegen finden wir immer wieder die Auffassung, als ob die einmal angenommene Breite als etwas für alle Ewigkeit Feststehendes hingenommen werden muß. Diese falsche Auffassung

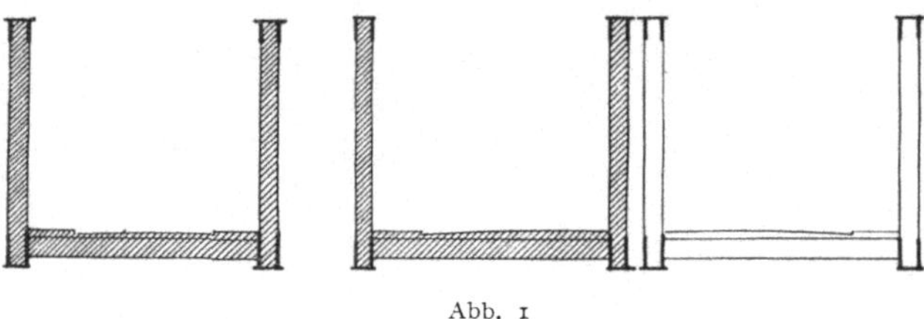

Abb. 1

macht sich überall bei Stadtregulierungen geltend, und hat sich im Straßenbau erst jüngst durch die Einführung des Automobils eine Änderung vollzogen, welche zu einem völligen Umsturz der Straßenabmessungen geführt hat. Wenn man sich auf den Straßen mit einer größeren Geschwindigkeit bewegen will, so sind selbst für denselben Verkehr die alten Breiteabmessungen ungenügend. Zu alledem kommt aber noch ein allgemeines Anwachsen des Verkehrs, als dessen Träger die Straße und die Straßenbrücke nunmehr hauptsächlich berufen ist. Wir finden daher, daß die neuen Straßenprofile durchwegs breiter geworden sind, wobei deren Einführung auf verhältnismäßig geringe Schwierigkeiten stößt. Das größte Hindernis sind die schmalen Brücken, welche den Verkehr drosseln. Es beweist, daß wir nicht nur breiterer Brücken bedürfen, sondern auch fordern müssen, daß jetzt hergestellte Brücken für die Zukunft verbreiterungsfähig ausgeführt werden. Es muß die Möglichkeit bestehen, Straße und Brücke in dem Maße zu verbreitern, wie der Verkehr anwächst. Es ergibt sich daher zu den alten großen Problemen des Brückenbaues mit Bezug auf Baustoff, auf Spannweite und auf die Entwicklung der Verkehrslasten eine neue Frage, welche dringend Berücksichtigung heischt, *unsere Brücken von vornherein so herzustellen, daß sie späterhin leicht verbreitert werden können.*

Nachdem wir heute, im Zeitalter einer großen Geldknappheit, unsere Brücken nie breiter herstellen wollen, als sie unbedingt nötig sind, und nicht in der Lage sind, durch eine Überbreite für die Forderungen der Zukunft zu sorgen, so wird diese

Forderung ganz allgemein einzuhalten sein. Wir sind nicht in der Lage, vorauszusagen, ob der Verkehr die einmal ihm gegebenen Bahnen einhalten, und in welchem
Maße er sich entwickeln läßt. Wir können daher auch nicht Ausgaben rechtfertigen
und Interkalarzinsen auf uns nehmen, welche auf Rechnung einer zukünftigen
Anlage kommen. Wir müssen vielmehr trachten, unsere Brücken so herzustellen,
daß dieselben beiderseitig oder wenigstens einseitig leicht verbreitert werden können.

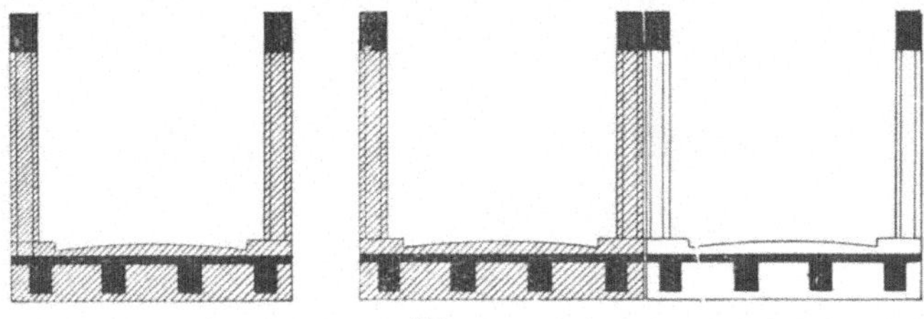

Abb. 2

Dies setzt voraus, daß der Entwurf in allen Einzelheiten auf die Erweiterungsfähigkeit Bedacht nimmt und Lage und Anordnung der späteren Verbreiterung
gleich beim ersten Projekt vorgesehen wurden.

Ein Überblick der vorhandenen Brückentypen ergibt einen Unterschied, je
nachdem das Tragwerk der Brücke unter oder über der Fahrbahn angeordnet
wurde. Bei Brücken mit Tragwerk über der Fahrbahn ergibt sich die Verbreiterung

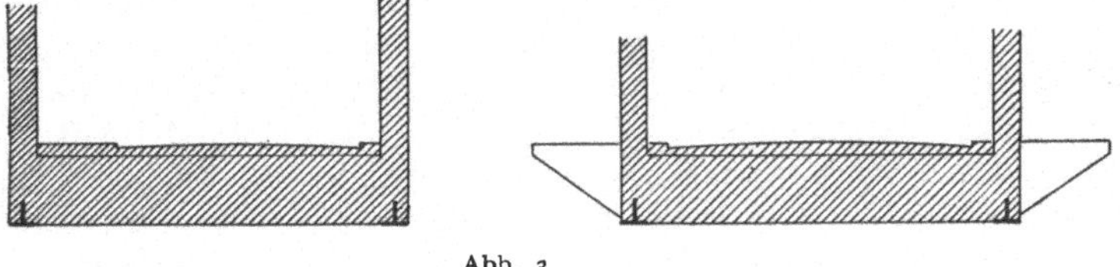

Abb. 3

durch Nebeneinanderlegen der ursprünglich alten und einer neuen Konstruktion.
Die Abb. 1 und 2 zeigen uns die beiden üblichen Lösungen. Bei diesem Vorgang
ergibt sich keine nennenswerte Mehrausgabe. Sie verlangt nur eine Bedachtnahme
für die notwendigen lichten Räume bei den Straßenanschlüssen. Die Abb. 3 zeigt
eine kürzlich bei dem Wettbewerb der Rheinbrücke in Speyer vorgesehene Anordnung. Bei derselben werden die ursprünglich zwischen dem Tragwerk ange-

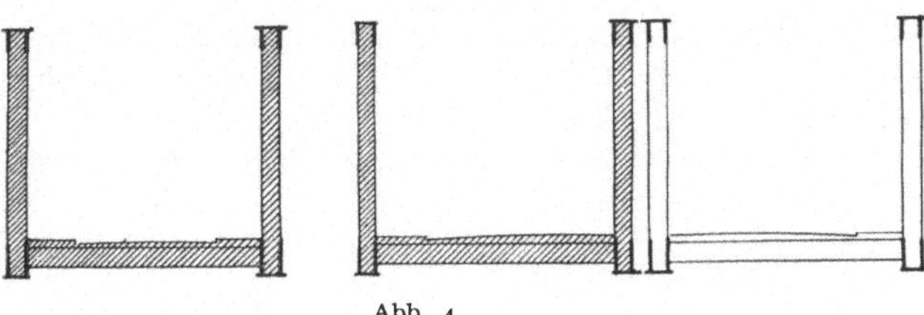

Abb. 4

ordneten Fußsteige nach außen verlegt. Es verlangt dies, daß die Tragfähigkeit
der Konstruktion so bemessen werde, daß die Änderung nachträglich durchführbar
erscheint. Sie bedeutet eine bedeutende Mehrausgabe von vornherein und erlaubt
nur eine beschränkte Änderung der Breite. Eine weitere Lösung zeigt Abb. 4,
bei welcher nur eine der beiden Tragwerke entweder von vornherein stärker hergestellt werden kann, oder aber so ausgebildet wird, daß eine Verstärkung auf
Zwillingsträger möglich erscheint.

Die Verhältnisse liegen besser beim Tragwerk unterhalb der Fahrbahn. Will man vollständig unabhängig bleiben, so kann dies wie in Abb. 5 durch ein Gewölbe oder Abb. 6 durch eine Trägerbrücke geschehen. Bei dieser Anordnung bleibt die Größe, Lage und Angliederung der Verbreiterung vollständig dem späteren Ermessen anheimgestellt. Anders liegen die Verhältnisse bei Rippenträgern oder Rippengewölben. Bei denselben wird man aus wirtschaftlichen Gründen geneigt sein, die Tragkonstruktion auf zwei Hauptträger zu vereinigen. Dadurch entstehen aber ähnliche Schwierigkeiten wie beim Tragwerk oberhalb der Fahrbahn,

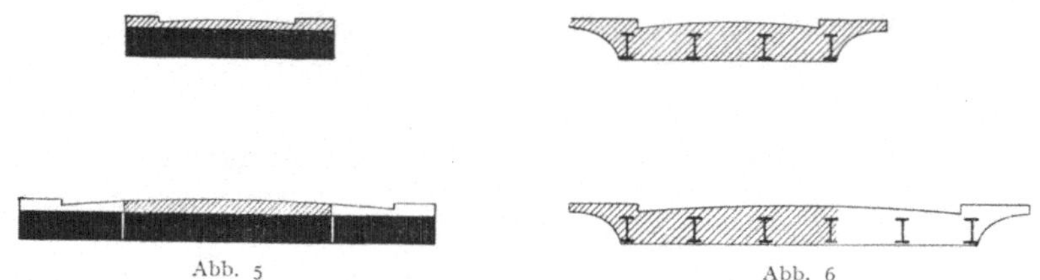

Abb. 5                                      Abb. 6

und zeigt uns die Abb. 7 eine Anordnung, welche ebenfalls bei der erwähnten Brücke in Speyer vorgesehen war. Will man daher in der Verbreiterung unabhängig bleiben, so ergibt sich die Notwendigkeit, auf diese Art der wirtschaftlichen Ausbildung zu verzichten und entweder ein durchgehendes Gewölbe oder eine entsprechend große Zahl von Tragrippen anzuordnen.

In den modernen Brückenbauten ergibt sich immer die Notwendigkeit der Unterbringung einer großen Anzahl von Kanälen und Leitungen und verlangt diese Frage eine damit zusammenhängende Berücksichtigung. Zu ihrer Kennzeichnung dienen die beiden Abb. 8 und 9, welche aus Projekten entnommen worden sind, welche der Schreiber dieses im Verein mit der Firma GRÜN und BILFINGER im Wettbewerb für die Moselbrücke in Koblenz entworfen hat. Dieselbe ist auch ein ungemein bezeichnendes Beispiel für eine richtige Voraussicht in allen den damit zusammenhängenden Fragen. Bei dieser Ausschreibung wurde eine Ver-

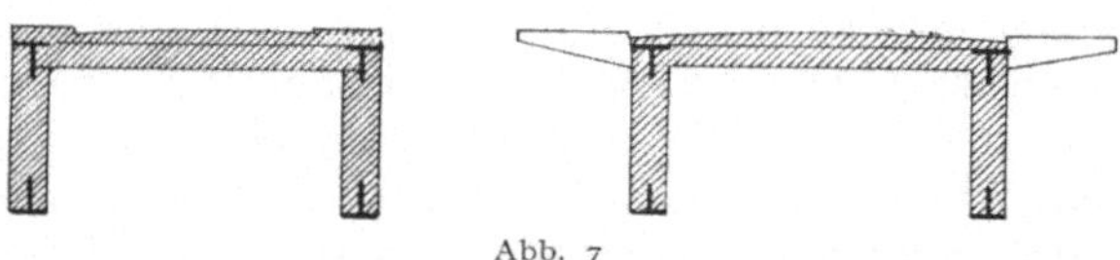

Abb. 7

breiterung der Fahrbahn von ursprünglich 12 m auf 18 m vorgesehen und die Anordnungen so getroffen, daß auch eine größere Verbreiterung ohne eine Störung der vorhandenen Leitungskanäle durchgeführt werden konnte.

Der Zusammenhang zwischen Straße und Brücke ergibt einen engen Verband in bezug auf Breite. Dies gilt insbesondere, wo sich an den Brückenbau Wohnbauten anschließen und Baulinien hiefür zu bestimmen sind. Dort kann durch die Anordnung von Vorgärten für die Verbreiterung Sorge getragen werden. Wie notwendig das ist, zeigt der Umstand, daß sonst die Kosten der Straßenregulierung so bedeutende werden, daß der Neubau der Brücke unmöglich gemacht und eine Verkehrsmisere in Permanenz erhalten werden kann. Ich habe bereits darauf hingewiesen, welche große volkswirtschaftliche Bedeutung diese Frage hat. Sie soll uns ermöglichen, schmale Brücken herzustellen, wie sie unserem heutigen Verkehr und finanziellen Verhältnissen entsprechen. Wir dürfen jedoch bei der kommenden Generation nicht den Eindruck erwecken, als ob wir der Not des Augenblickes so untertan gewesen sind, daß wir nicht gewußt haben, was wir einer zukünftigen

Entwicklung des Verkehres schulden. Es ist ein kleinlicher Gesichtspunkt, diese Frage bedenkenlos der Zukunft zu überlassen, um so mehr, als alles dafür spricht, daß sich in der nächsten Zeit eine riesige Entwicklung des Verkehrs auf den Straßen vollziehen wird. Wir müssen uns die unangenehmen Erfahrungen vor Augen halten, welche wir mit einer ähnlichen Auffassung bei fast allen Brücken gemacht haben, welche im vorigen Jahrhundert gebaut worden sind. Die meisten davon sind nur deshalb abbruchreif, weil man bei ihrer Herstellung auf die Erhöhung der Gewichte der Fahrbetriebsmittel nicht genügend Rücksicht genommen hat.

Aus der Zahl der abschreckenden Beispiele, wo man eine zu schmale Brücke hergestellt hat und heute bereits nicht in der Lage ist, dieselbe zu verbreitern, möchte ich einen uns hier in Wien naheliegenden Fall herausgreifen. Die Fachleute, welche 1872, also vor einem halben Jahrhundert die Reichsbrücke über die Donau entworfen haben, haben für dieselbe eine Breite von 11,4 m gefordert. Der Finanzausschuß des damaligen Abgeordnetenhauses hat im

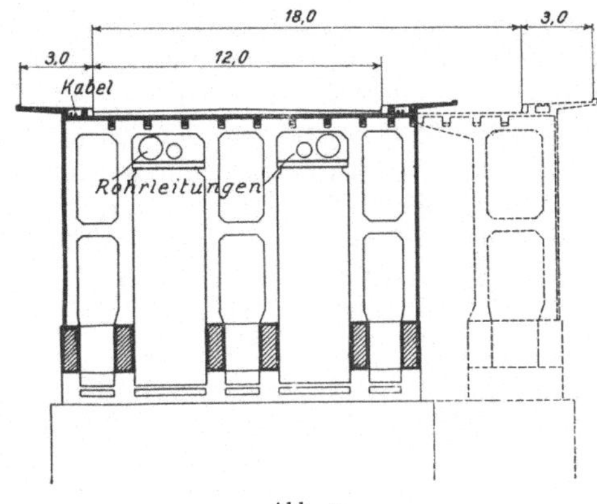


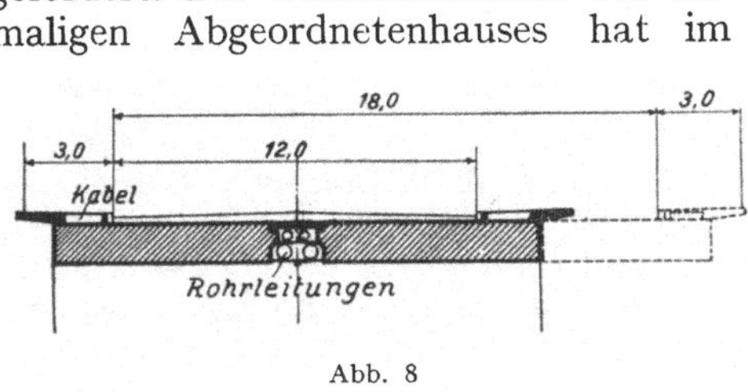


Abb. 8        Abb. 9

Wege des Abstriches der Kosten ihre Breite auf 7,6 m herabgesetzt. Der damalige Bericht sagt:

„Nachdem der Personen- und Frachtenverkehr nach Wien ohnedies durch drei Eisenbahnbrücken, im Vergleich mit früher, vermindert worden ist und an Stelle einer einzigen Straßenbrücke nunmehr zwei über die Donau hergestellt werden, so wird für dieselbe auch eine Breite von 7,6 m genügen." Wie kurzsichtig diese Behauptung war, ergibt sich aus der heute aufgestellten Forderung nach einer Breite von 29 m oder der vierfachen, was man damals für genügend ansah, im Falle eines Neubaues derselben Brücke. Der Fehlgriff, welcher damals gemacht wurde, wäre ganz nebensächlich gewesen, wenn man die Brücke schmal, aber verbreiterungsfähig gemacht hätte, und diesen Fehlgriff müssen wir in Zukunft vermeiden. Ohne mich auf weitere Beispiele einzulassen, will ich noch hervorheben, daß diese Forderung sich im steigenden Maße bei den in neuerer Zeit aufgestellten Programmen und Neubauten durchzusetzen beginnt, wie das angeführte Beispiel der Brücke über die Mosel bei Koblenz dartut. Die Vermehrung der Verkehrslasten scheint vorläufig auf einem Höhepunkt der Entwicklung angelangt zu sein; das Problem unserer Tage besteht in der Verbreiterung der Brücken und schiene es mir daher zweckmäßig, die Aufmerksamkeit der Fachwelt auf dasselbe zu lenken.

Oberbaurat Ing. M. SPINDEL, Innsbruck:

## Hochwertiger Beton unter Berücksichtigung der Darstellung im Vierstoffparallelogramm

Unter hochwertigem Beton möchten wir hier vorerst einen solchen verstehen, der die vom Beton allgemein verlangten Güteeigenschaften in hohem Maße aufweist, d. i. höchste Festigkeit und dies schon nach kürzester Erhärtungsdauer, also eigentlich *frühhochfester* Beton. Seit der Einführung des frühhochfesten Zementes und Betons durch das Materialprüfungslaboratorium der Österr. Bundesbahnen in Innsbruck sind nicht bloß die Festigkeitsziffern, insbesondere die Druckfestigkeiten von Zement und Beton wesentlich gestiegen, sondern es wurden auch die Anforderungen bezüglich der raschen Erhärtung von hochwertigem Mörtel und Beton ungewöhnlich gesteigert. Wenn wir in den Jahren 1914 bis 1916 noch mit besonderem Stolze darauf hinweisen konnten, vollkommen tragfähigen Beton nach bloß zwei- bis dreitägiger Erhärtung erhalten zu haben, so hat die Praxis kaum ein Dutzend Jahre später die Forderung gestellt, solchen zuverlässig tragfähigen Beton schon nach etwa sechsstündiger Erhärtung zu bekommen, welche Aufgabe von dem vorgenannten Materialprüfungslaboratorium der Österr. Bundesbahnen *vorläufig* dahin gelöst wurde, daß es einen Beton im Mischungsverhältnis von 1 : 2 : 3 (1 Raumteil Zement, 2 Raumteile Sand, 3 Raumteile Schotter) mit über 250 kg/qcm Druckfestigkeit nach bloß sechsstündiger Erhärtung hergestellt hat. Mit diesem Ergebnis wäre eigentlich meine bei der Schaffung des hochwertigen Zementes und Betons vertretene Ansicht, daß es gelingen müßte, das *Warten* auf die Erhärtung von Mörtel und Beton gänzlich auszuschalten und somit ein Betonguß, ebenso wie ein Eisenguß nach dem Erstarren und Abkühlen auch tragfähig zu sein hätte, grundsätzlich gelöst, wenn auch die letztangeführte, außergewöhnlich energische Erhärtung noch einiger weiterer Studien und Vervollkommnungen bedarf, um allgemeine praktische Einführung zu finden.

Bevor ich darauf und auf die schon allgemein bekannten Mittel und Wege zur Herstellung eines hochfesten Mörtels und Betons nach bloß ein- bis zweitägiger Erhärtung näher eingehe, möchte ich gerade hier auf die Tatsache hinweisen, daß im Hochbau noch ein Mörtel zur Anwendung kommt, der vor vielen Monaten überhaupt keine nennenswerte Festigkeit erhält und dem man deswegen als seine größte Tugend nachrühmt, daß er manchmal nach Jahrzehnten und Jahrhunderten höchste Festigkeiten zu erreichen vermag. Und gerade mit einem solchen Mörtel werden heute ebenso wie es noch in der Bibel steht, verhältnismäßig winzige Bauelemente, wie es die Mauerziegel sind, mit sehr umständlicher und mühseliger Maurerarbeit langsam zu einem Ziegelmauerwerk vereinigt, das den Anforderungen hinsichtlich Tragfähigkeit und Wetterschutz nur dann voll entspricht, wenn es auch in den von altersher gewohnten ungewöhnlichen Mauerstärken ausgeführt wird und dabei langsam und ausreichend erhärten und austrocknen kann. Diese auch den fortschrittlichsten Ingenieuren aufgezwungene Rückständigkeit bildet ein ernstliches Hemmnis für die neuzeitliche Hochbautätigkeit, was meines Erachtens den Internationalen Kongreß für Brückenbau und Hochbau veranlassen sollte, eine eigene Kommission mit der Aufgabe zu betrauen, die Fortschritte der neuzeitlichen Bindemittel- und Mörteltechnik auch den Hochbauten restlos zugänglich zu machen. Es müßte vorerst für eine ganz bedeutende *Vergrößerung des Formates* der Bausteine gesorgt werden, gleichgültig, ob diese aus gebranntem Lehm, aus Kalksandstein oder aus Beton welcher Art immer hergestellt werden. Weiters müßten diese Bausteine eine Fugenausbildung erhalten, die eine weitaus raschere Vermauerung und dabei einen zuverlässigeren Verband mit Bezug auf Tragfähigkeit, Isolierung gegen Witterungseinflüsse, Ersparnis an Mauerstärken und Kosten, Raschheit der Herstellung und Inbenutzungnahme usw. erhalten. Ich war seit Jahren bemüht, sowohl diesen vorgenannten Anforderungen zu entsprechen, als auch der bekannt unangenehmen Eigenschaft des Betons, im Vollmauerwerk durch das Schwinden Risse zu erhalten, in der Weise zu begegnen, daß ich einen Betonhohlstein mit einer neuartigen Fugenausbildung ersonnen habe, welche mit gleich gutem Erfolg auch bei Vollsteinen sowohl bei großen Sperrmauern (z. B. Spullerseewasserkraftanlage der Österr- Bundesbahnen in Vorarlberg) als auch bei zahlreichen Hochbauten in den größten und kleinsten Mauerwerkstärken bis zu 15 cm herab zur Anwendung kam. Gerade dieser Betonbaustein könnte auch der Ziegelindustrie als Wegweiser für die Modernisierung und Rationalisierung der Ziegelbauweise dienen, damit wir in absehbarer Zeit auch im Hochbau Arbeitsweisen verlassen, deren sich noch die Assyrer und Babyloner bedienten, die sicherlich auch ganz anders gebaut hätten, wenn ihnen damals die heutigen Hilfsmittel und insbesondere frühhochfester Zement und Beton zur Verfügung gestanden wären.

Für den frühhochfesten Beton gehören frühhochfeste Zemente, geeignete Zuschlagsstoffe, ein richtiger Wasserzusatz und nicht zuletzt eine richtige Verarbeitung und Behandlung. Auf unserem ersten Kongresse in Zürich habe ich bereits berichtet, welchen Anteil das Materialprüfungslaboratorium der Österr. Bundesbahnen an der Schaffung und Einführung des frühhochfesten Zementes und Betons seit dem Jahre 1913 genommen hat und welche Mittel und Wege seither dazugekommen sind. Mit den frühhochfesten Portlandzementen und noch mehr mit den von Frankreich eingeführten Tonerdeschmelzzementen kann man schon nach bloß ein- bis zweitägiger Erhärtung ganz namhafte Betonfestigkeiten erreichen, so daß z. B. Herr Prof. RITTER, Zürich, die aus letztgenanntem Zement hergestellten Betonpfähle schon nach eintägiger Erhärtung einrammen konnte.[1] Die von mir erwähnten hohen Festigkeiten nach bloß sechsstündiger Erhärtung konnten nicht einmal mit den besten Schmelzzementen erhalten werden, sondern es bedurfte erst besonderer alkalischer Zusatzmittel zum Zement, welche dessen Erhärtungsenergie derart *angespornt* haben, daß der Zement, welcher ohne diese Zusätze nach sechsstündiger Erhärtung noch fast gar keine Festigkeiten aufwies, mit diesen Zusätzen nach sechs Stunden hochfesten Mörtel und Beton ergab. Allerdings muß ich noch ganz besonders hervorheben, daß alle Schmelzzemente nicht bloß als Zementhaut (Verputz), sondern auch als Mörtel und Beton bei der Erhärtung an der Luft die sehr unangenehme Eigenschaft haben, an der Oberfläche bis auf einige Millimeter Tiefe abzusanden, weswegen ich zusammen mit einem der bedeutendsten Zementchemiker nach Mitteln zur Hintanhaltung dieser Absandungen suche. — Diese Eigenschaft der Schmelzzemente erschwert auch dessen laboratoriumsmäßige Erprobung und Beurteilung ungemein, so daß weitere Mitteilungen über diese Zusammenhänge einem späteren Zeitpunkte vorbehalten werden müssen, um Mißverständnissen vorzubeugen.

Schon in Zürich habe ich darauf hingewiesen, daß mannigfaltige neue Wege zur Herstellung der frühhochfesten Portlandzemente erfolgreich beschritten worden sind, von welchen das Verfahren von Prof. Dr. KÜHL, Berlin, wiederum besonders hervorgehoben werden soll, da der Genannte mit verhältnismäßig kleinen Zusätzen von Bauxit die Festigkeiten des weitaus teureren Tonerdezementes zu erreichen sucht und so ohne jede Erhöhung der Erzeugungskosten sehr wesentliche Verbesserungen der frühhochfesten Portlandzemente erzielt, während ein anderes, hauptsächlich auf einem besonders hohen Kieselsäuregehalt fußendes Verfahren zur Herstellung des sogenannten Velozementes wegen dessen Geheimhaltung noch nicht sicher beurteilt werden kann.

In Zürich habe ich weiters darauf hingewiesen, daß das Studium und die Beurteilung der verschiedenartigen Zemente sich weniger in der bis dahin üblich gewesenen Darstellung der Hauptbestandteile im Dreieck bewirken läßt, als vielmehr in dem von mir damals angekündigten Vierstoffparallelogramm für die Darstellung von chemischen Verbindungen, Legierungen, Mischungen usw., die aus vier Hauptstoffen zusammengesetzt sind. Das Vierstoffparallelogramm, welches ich zuerst selbst

---

[1] Ob ein Beton ausreichend tragfähig ist, muß nach ein- oder zweitägiger Erhärtung ebenso nachgeprüft werden wie nach vier- oder sechswöchiger Erhärtung.

noch für eine Darstellung in der Ebene hielt, hat sich bei meinen weiteren Studien als die beste Projektion des Vierstoffsystems im Raume ergeben, welche Darstellung im Raume schon seit Jahrzehnten von den verschiedenartigsten Gelehrten, insbesondere von den Metallurgen gesucht wurde und bisher nur zu sehr unübersichtlichen Projektionen geführt hat. In diesem Vierstoffparallelogramm, das während meines Vortrages in Zürich noch ein Embryo war, habe ich ein Jahr später schon die Zemente des größten Japanischen Zementkonzerns dargestellt gesehen. Heute arbeiten auch erste deutsche Zementtechniker mit diesem Vierstoffparallelogramm als dem tauglichsten wissenschaftlichen und praktischen Mittel, was ich Ihnen, meine hochverehrten Anwesenden, nur deswegen so ausführlich mitteile, weil es auch das kleine und große Abc für die Beurteilung der Betonzusammensetzung und für die Klärung aller Zusammenhänge zwischen Zementzuschlagsstoffen, Wasserzusatz, Verarbeitung und Festigkeit des Betons und somit auch das geeignetste Mittel zur Herstellung eines hochwertigen Betons bildet. Trotz des kurzen Alters von nur zwei Jahren kann ich in der kurzen Zeit unmöglich alle die wichtigen Erkenntnisse und Zusammenhänge aufzeigen, die ich mit Hilfe dieses Vierstoffparallelogramms gewonnen habe und verweise daher auf meine diesbezüglichen Veröffentlichungen der letzten zwei Jahre in der Tonindustriezeitung in Berlin und in Beton und Eisen.[1] Hier sollen hierüber nur die allernötigsten Mitteilungen gemacht werden.[2]

Prof. Dr. M. RITTER, Zürich:

## Die Anwendung der Theorie elastischer Platten auf den Eisenbeton

Bei der statischen Untersuchung von kreuzweise armierten Eisenbetonplatten hat man neuerdings neben den üblichen rohen Näherungsmethoden mehrfach die Ergebnisse der Elastizitätstheorie zu Rate gezogen. Die klassische Theorie der elastischen Platten, wie sie durch LAGRANGE und NAVIER begründet und später durch zahlreiche Forscher weiter ausgebaut wurde, bezieht sich indessen ausschließlich auf die homogenen Platten von konstanter Biegungssteifigkeit, beruht also auf Voraussetzungen, die beim Eisenbeton nicht zutreffen. Zur Anwendung der Plattentheorie auf den Eisenbeton erscheint eine Abänderung der Rechnungsgrundlagen im Sinne einer besseren Anpassung an das elastische Verhalten dieses Baustoffes notwendig.

*1. Grundlagen der Plattentheorie.*

Die Theorie der homogenen Platte gestattet, die Krümmungen der elastischen Fläche nach zwei zueinander senkrechten Richtungen durch die entsprechenden Biegungsmomente auszudrücken. Bezeichnet man mit $z$ die Einsenkung an irgend einer Stelle mit den rechtwinkligen Grundrißkoordinaten $x$ und $y$, so ergeben sich für die Krümmungen unter Annahme der üblichen Voraussetzungen die bekannten Ausdrücke

$$\left.\begin{aligned}\frac{\partial^2 z}{\partial x^2} &= -\frac{1}{EJ}\left(M_1 - \frac{M_2}{m}\right)\\[1ex]\frac{\partial^2 z}{\partial y^2} &= -\frac{1}{EJ}\left(M_2 - \frac{M_1}{m}\right)\end{aligned}\right\} \qquad\qquad (1)$$

worin $M_1$ und $M_2$ die Biegungsmomente bezeichnen, die in den Richtungen der Koordinaten auf die Einheit der Breite wirken. $E$ ist der Elastizitätsmodul des Materials und $J$ das konstante Trägheitsmoment des Querschnittes auf die Einheit

---

[1] Vergl. Spindel, Tonindustrie-Zeitung 1926, Jubiläumsnummer, und Jg. 1927, Heft 70 und 73, ferner in Beton und Eisen, Jg. 1927, Heft 1, und Jg. 1928, Heft 1 und 2.

[2] Wegen Raummangel wird diesbezüglich auf die unter Anmerkung 1 angeführten Veröffentlichungen verwiesen.

der Breite; $EJ$ heißt die Biegungssteifigkeit der Platte. Durch die Poissonzahl $m$ kommt der Einfluß der Querdehnung auf die Krümmungen zum Ausdruck. Aus den Gleichungen (1) berechnen sich die Biegungsmomente zu

$$M_1 = -\frac{EJ}{1-\dfrac{1}{m^2}}\left(\frac{\partial^2 z}{\partial x^2} + \frac{1}{m}\frac{\partial^2 z}{\partial y^2}\right) \Bigg\rbrace$$

$$M_2 = -\frac{EJ}{1-\dfrac{1}{m^2}}\left(\frac{\partial^2 z}{\partial y^2} + \frac{1}{m}\frac{\partial^2 z}{\partial x^2}\right) \Bigg\rbrace \quad \cdots \cdots \cdots (2)$$

Eine einfache Betrachtung liefert auch noch einen Ausdruck für die sogenannte Verdrillung der Querschnitte, die durch die wagrechten Schubspannungen zustande kommt, welche in den lotrechten Schnitten wirken und auf die Einheit der Breite das Drillungsmoment

$$M_3 = -\frac{EJ}{1+\dfrac{1}{m}}\cdot\frac{\partial^2 z}{\partial x\,\partial y} \quad \cdots \cdots (3)$$

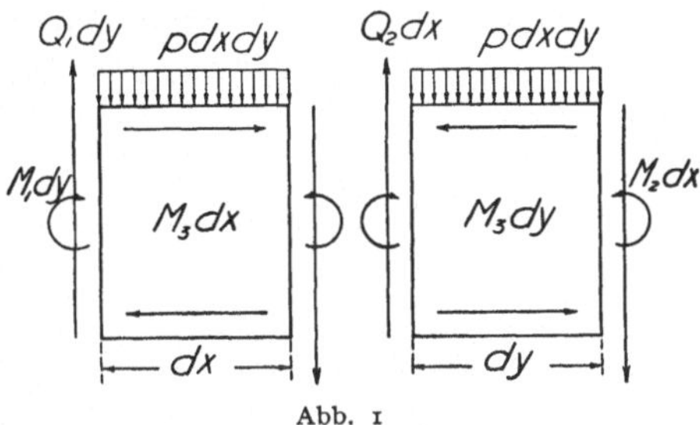


Abb. 1

liefern. Denkt man sich weiter nach Abb. 1 ein Plattenelement vom Grundrisse $dx\,.\,dy$ abgegrenzt, so folgt aus den drei Gleichgewichtsbedingungen die sogenannte Grundgleichung der Plattentheorie

$$\frac{\partial^2 M_1}{\partial x^2} + 2\frac{\partial^2 M_3}{\partial x\,\partial y} + \frac{\partial^2 M_2}{\partial y^2} = -p \quad \cdots \cdots \cdots (4)$$

wo $p$ die im allgemeinen veränderliche spezifische Belastung der Platte darstellt. Setzt man darin für die Momente die Ausdrücke (2) und (3) ein, so erhält man die bekannte Differentialgleichung der elastischen Fläche

$$\frac{\partial^4 z}{\partial x^4} + 2\frac{\partial^4 z}{\partial x^2\,\partial y^2} + \frac{\partial^4 z}{\partial y^4} = \frac{p}{EJ}\left(1-\frac{1}{m^2}\right) \quad \cdots \cdots \cdots (5)$$

deren Integration mit Berücksichtigung der Randbedingungen die Gestalt der elastischen Fläche liefert, aus der schließlich die Momente und Querkräfte an jeder Stelle der Platte leicht zu berechnen sind.

Die Gleichungen (1) und (2) beruhen auf der Voraussetzung des HOOKEschen Gesetzes und den bekannten Annahmen von NAVIER. Indessen können diese Beziehungen auch für unhomogenes Material in gleicher Form angeschrieben werden, wobei dann $EJ$ und $m$ veränderliche Koeffizienten darstellen, die experimentell bestimmt werden können. Auch die Grundgleichung der Plattentheorie, Gl. (4), ist nicht auf die homogene Platte beschränkt. Dagegen gilt die Differentialgleichung (5) nur für die homogene Platte; sie verliert ihre einfache Gestalt, wenn man bei ihrer Ableitung $EJ$ und $m$ als Veränderliche behandelt.

## 2. Die Biegungssteifigkeit.

Die Biegungssteifigkeit $EJ$ einer Eisenbetonplatte läßt sich durch direkte Messung des Formänderungswinkels finden. Solche Messungen sind u. a. in den Materialprüfungsanstalten Stuttgart und Zürich durchgeführt worden; in Abb. 2 sind einige Messungsergebnisse und die daraus nach der Formel

$$EJ = M\,.\,\frac{\Delta s}{\Delta \varphi} \quad \cdots \cdots \cdots \cdots \cdots (6)$$

berechneten Biegungssteifigkeiten dargestellt (Messungen an Balken 20 . 30 cm,

Meßstrecke $\Delta s = 30$ cm). Man erkennt, wie mit zunehmendem Moment die Biegungssteifigkeit $EJ$ namentlich bei den niedrigen Armierungen derart abnimmt, daß die Voraussetzung einer konstanten Biegungssteifigkeit auch in erster Annäherung nicht berechtigt erscheint. Die beträchtliche Abnahme von $EJ$ mit wachsender Belastung rührt in der Hauptsache von der Rissebildung des Betons in der Zugzone her, die indessen nach den Versuchen frühzeitig einsetzt. Für sehr

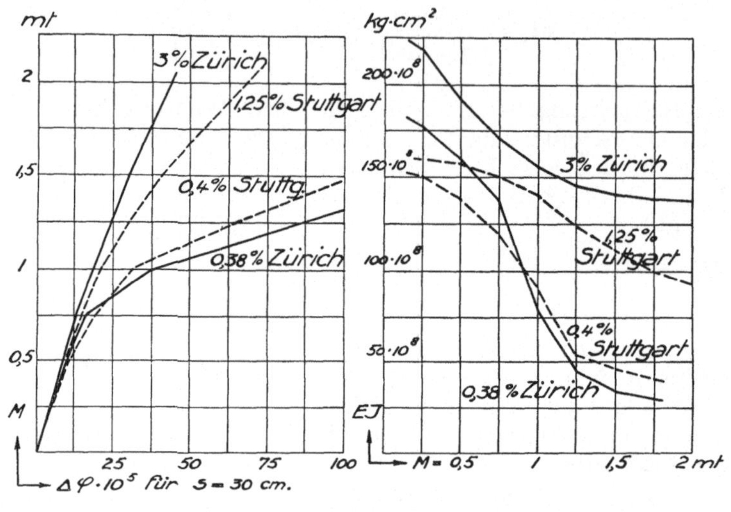


Abb. 2

geringe Belastungen (unterhalb jeder Rissebildung) erscheint vielleicht die Annahme einer konstanten Biegungssteifigkeit zulässig, doch liegt dieser Zustand weit unterhalb der zulässigen Spannungen und hat für den Ingenieur, der den Sicherheitsgrad zu beurteilen hat, nur ein beschränktes Interesse.

### 3. *Einfluß der Querdehnung.*

Die Poissonzahl $m$ beträgt nach neueren Versuchen für Beton zirka $m = 6$ und ist wenig veränderlich, so daß bei der Anwendung auf den Eisenbeton dieser Koeffizient konstant gesetzt werden kann. Indessen ist zu beachten, daß bei der Eisenbetonplatte im Stadium der Rissebildung der Einfluß der Querdehnung auf die Krümmung nicht durch $1/m$ zum Ausdrucke kommt, wie bei der homogenen Platte nach Gleichung (1), sondern in stark vermindertem Maße, da nach Eintritt der Rissebildung lediglich die Druckzone eine Querdehnung erleidet.

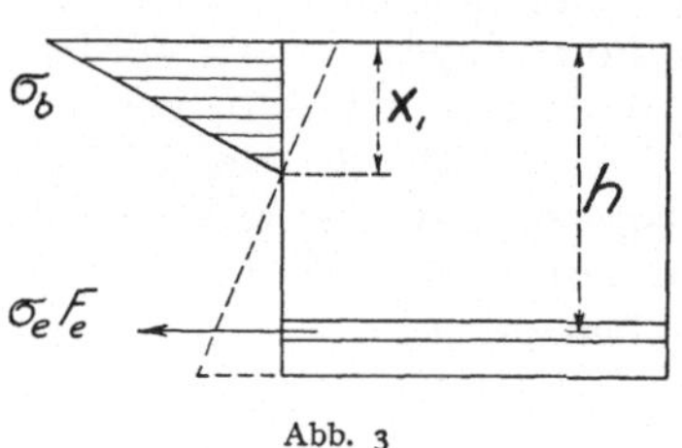


Abb. 3

Um den Einfluß der Querdehnung auf die Krümmung und die Gestalt der elastischen Fläche einer Eisenbetonplatte zu berechnen, werde der Einfachheit halber eine Stelle betrachtet, wo die Biegungsmomente $M_1$ und $M_2$ einander gleich sind. In Abb. 3 ist ein Querschnitt an dieser Stelle im Rissestadium dargestellt. Setzt man den Elastizitätsmodul $E_b$ des Betons in der Druckzone als konstant voraus, was zulässig erscheint, so berechnet sich der Abstand $x_1$ der neutralen Achse vom oberen Rand aus der Gleichgewichtsbedingung

$$\sigma_b \cdot \frac{b\,x_1}{2} = \sigma_e \cdot F_e,$$

worin $\sigma_b$ die Druckspannung im Beton am oberen Rande und $\sigma_e$ die Zugspannung im Eisenquerschnitt $F_e$ (für die Breite $b$) bezeichnen. Die Bedingung für das Ebenbleiben des Querschnittes ergibt, da die obere Randdehnung gleich $\frac{\sigma_b}{E_b}\left(1 - \frac{1}{m}\right)$ zu setzen ist,

$$\frac{\sigma_b\left(1 - \frac{1}{m}\right)}{E_b \cdot x_1} = \frac{\sigma_e}{E_e(h - x_1)}.$$

Durch Division der beiden Beziehungen folgt für den Abstand der neutralen Achse die quadratische Gleichung

$$\frac{b\,x_1^2}{2} = \frac{E_e}{E_b}\left(1 - \frac{1}{m}\right)F_e\,(h - x_1).$$

Setzt man zur Abkürzung noch $n = \frac{E_e}{E_b}$ und $n_1 = n\left(1 - \frac{1}{m}\right)$, so lautet die gültige Wurzel

$$x_1 = \frac{n_1 F_e}{b}\left(\sqrt{1 + \frac{2\,b\,h}{n_1 F_e}} - 1\right) \quad \dots \dots \dots \dots \dots \quad (7)$$

Für die Druckspannung $\sigma_b$ erhält man

$$\sigma_b = \frac{2\,M_1}{b\,x_1\left(h - \frac{x_1}{3}\right)} = M_1 \cdot \frac{x_1}{J_1},$$

worin zur Abkürzung $J_1 = \frac{b\,x_1^3}{3} + n_1 F_e\,(h - x_1)^2$ gesetzt ist. $J_1$ kann als ideelles Trägheitsmoment bezeichnet werden, bei dessen Bildung jedoch zum Unterschied vom ebenen Spannungszustand der Eisenquerschnitt mit $n_1$ zu multiplizieren ist.

Für den Formänderungswinkel bzw. die Krümmung ergibt sich jetzt

$$-\frac{\partial^2 z}{\partial x^2} = \frac{\sigma_b\left(1 - \frac{1}{m}\right)}{E_b \cdot x_1} = \frac{M_1}{E_b J_1}\left(1 - \frac{1}{m}\right).$$

Man erkennt, daß der Einfluß der Querdehnung hier nicht mehr durch $\frac{1}{m}$ zum Ausdrucke kommt, wie bei der homogenen Platte, weil jetzt $J_1$ ebenfalls von $m$ abhängig ist. Bezeichnet man mit $J$ das ideelle Trägheitsmoment für den ebenen Spannungszustand, so läßt sich der obige Ausdruck wie folgt schreiben:

$$\frac{M_1}{E_b J_1}\left(1 - \frac{1}{m}\right) = \frac{M_1}{E_b J}\cdot\frac{J}{J_1}\left(1 - \frac{1}{m}\right) = \frac{M_1}{E_b J}\left(1 - \frac{1}{m_1}\right);$$

darin ist $m_1$ ein Koeffizient, der an Stelle der Poissonzahl $m$ den Einfluß der Querdehnung darstellt. Man findet aus obiger Gleichung

$$m_1 = \frac{m}{m - \frac{J}{J_1}(m - 1)} \quad \dots \dots \dots \dots \dots \dots \quad (8)$$

Die Rechnung liefert für verschiedene Werte von $m$ und für verschiedene Armierungsgehalte folgende Werte $m_1$:

|  | $m =$ | 3 | 4 | 5 | 6 |
|---|---|---|---|---|---|
| $0,50\%$: | $m_1 =$ | 12 | 16 | 19 | 24 |
| $0,75\%$: | $m_1 =$ | 10 | 13 | 17 | 21 |
| $1,00\%$: | $m_1 =$ | 9 | 12 | 15 | 18 |

Der Einfluß der Querdehnung ist darnach bedeutend geringer, als bei der homogenen Platte. Man wird nur einen geringen Fehler begehen, wenn man bei der Eisenbetonplatte mit $m_1 = \infty$ rechnet, was eine wesentliche Vereinfachung der Theorie zur Folge hat.

### 4. *Die Platte als Balkenrost.*

Bei einer Eisenbetonplatte, die lediglich kreuzweise nach den Richtungen $x$ und $y$ armiert ist, können im Stadium der Rissebildung die Drillungsmomente $M_3$ (Gleichung 3) nicht übertragen werden, da die Eiseneinlagen allein wagrechte Schubkräfte nicht aufnehmen können. Der Drillungswiderstand der Eisenbetonplatte wird bei niedriger Belastung relativ am größten sein und mit zunehmender Belastung und Rissebildung abnehmen; Hand in Hand damit wachsen die Einsenkungen nach der Rissebildung bedeutend rascher als die Belastungen. Durch geeignete Zusatzarmierungen wird es zwar (nach H. LEITZ) möglich sein, die Übertragung der Drillungsmomente auch bei höheren Belastungen in gewissem Umfange sicherzustellen; doch sind solche Zusatzarmierungen in der Praxis nicht üblich und keineswegs notwendig, da die Eisenbetonplatte auch ohne Drillungswiderstand tragfähig bleibt.

Die Platte ohne Drillungswiderstand wirkt wie ein Rost sich kreuzender Balken. Man gewinnt die Differentialgleichung der elastischen Fläche analog Gleichung (4), indem man bei der Ableitung die Drillungsmomente unberücksichtigt läßt. Ersetzt man die Poissonzahl $m$ durch $m_1$, so erhält man bei Annahme konstanter Biegungssteifigkeit

$$\frac{\partial^4 z}{\partial x^4} + \frac{2}{m_1}\frac{\partial^4 z}{\partial x^2 \partial y^2} + \frac{\partial^4 z}{\partial y^4} = \frac{p}{EJ}\left(1 - \frac{1}{m_1^2}\right).$$

Da indessen die Biegungssteifigkeit stark vom Moment abhängt, erscheint es zweckmäßig, bei der Ableitung von vornherein in den Richtungen $x$ und $y$ verschiedene Biegungssteifigkeiten $E_1 J_1$ und $E_2 J_2$ einzuführen (analog der Behandlung der orthotropen Platten nach T. HUBER). Alsdann lautet die Differentialgleichung der elastischen Fläche

$$E_1 J_1 \frac{\partial^4 z}{\partial x^4} + \frac{E_1 J_1 + E_2 J_2}{m_1}\frac{\partial^4 z}{\partial x^2 \partial y^2} + E_2 J_2 \frac{\partial^4 z}{\partial y^4} = p\left(1 - \frac{1}{m_1^2}\right),$$

und für $m_1 = \infty$

$$E_1 J_1 \frac{\partial^4 z}{\partial x^4} + E_2 J_2 \frac{\partial^4 z}{\partial y^4} = p. \qquad \dots \dots \dots \dots (9)$$

Bei der Anwendung dieser Gleichungen ist jedoch zu beachten, daß sich $E_1 J_1$ und $E_2 J_2$ in der Platte von Punkt zu Punkt ändern. Näherungsweise kann man diesen Umstand berücksichtigen, indem man die Platte gemäß Abb. 4 in Maschen einteilt und annimmt, daß die Biegungssteifigkeiten innerhalb jeder Masche konstant sind, sich also von Masche zu Masche sprungweise ändern. Gleichung (9) gilt dann innerhalb jeder Masche. Die elastische Fläche läßt sich in der Form darstellen

$$z = \Sigma\, c\,.\,F_1\,(x)\,.\,F_2\,(y). \qquad \dots \dots \dots (10)$$

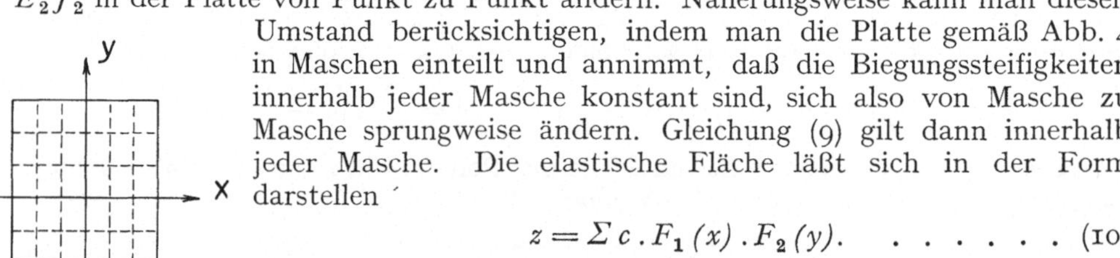


Abb. 4

wo $F_1(x)$ und $F_2(y)$ Funktionen von $x$ bzw. $y$ allein sind, die den Randbedingungen der Platte genügen. Bei zweckmäßiger Wahl dieser Funktionen kann man $z$ mit genügender Genauigkeit durch so viele Summanden darstellen, als die Anzahl der Maschen beträgt. Die Bestimmung der Koeffizienten $c$ erfolgt dann sehr einfach, indem man den Ausdruck (10) in Gleichung (9) einsetzt und letztere für die Mitte jeder Masche anschreibt; man erhält auf diese Weise ein lineares Gleichungssystem, aus dem sich die Werte $c$ eindeutig berechnen lassen. Für eine erste Rechnung müssen allerdings vorläufige Annahmen über die Biegungsfähigkeiten $E_1 J_1$ und $E_2 J_2$ in den einzelnen Maschen getroffen werden; die Wiederholung der Rechnung gestattet, diese Größen entsprechend den Biegungsmomenten zu korrigieren. Das Verfahren ist umso genauer, je enger die Maschenteilung gewählt wird, doch zeigen die Zahlenrechnungen, daß schon eine grobe Maschenteilung genügt.

## 5. *Anwendung auf die quadratische Platte.*

Die Platte liege allseitig frei auf und trage die hügelförmig verteilte Belastung $p$ pro Flächeneinheit. Die Eiseneinlagen seien in beiden Richtungen gleich. Man wird hier keinen großen Fehler begehen, wenn man in diesem Falle $E_1 J_1 = E_2 J_2$ setzt. Alsdann kann in erster Annäherung die Rechnung wie folgt durchgeführt werden.

Die Gleichung der elastischen Fläche läßt sich mit Bezugnahme auf Abb. 5 zu

$$z = \frac{z_0}{1 + 2c} \left[ \cos \frac{\pi x}{l} \cos \frac{\pi y}{l} + \right.$$

$$\left. c + \left( \cos \frac{\pi x}{l} \cos \frac{3\pi y}{l} + \cos \frac{3\pi x}{l} \cos \frac{\pi y}{l} \right) \right]$$

anschreiben. Darin bezeichnet $z_0$ die Einsenkung in Plattenmitte und $c$ ist ein Koeffizient, der von der Verteilung der Belastung, aber auch von der Änderung der Biegungssteifigkeit innerhalb der Platte abhängt. Zur obigen elastischen Fläche gehört nach Gleichung (9) mit $E_1 J_1 = E_2 J_2 = EJ$ die Belastung

$$\frac{p}{EJ} = \frac{\delta^4 z}{\delta x^4} + \frac{\delta^4 z}{\delta y^4} =$$

$$= \frac{2 z_0}{1 + 2c} \cdot \frac{\pi^4}{l^4} \left[ \cos \frac{\pi x}{l} \cos \frac{\pi y}{l} + 41\,c \left( \cos \frac{\pi x}{l} \cos \frac{3\pi y}{l} + \right. \right.$$

$$\left. \left. + \cos \frac{3\pi x}{l} \cos \frac{\pi y}{l} \right) \right].$$

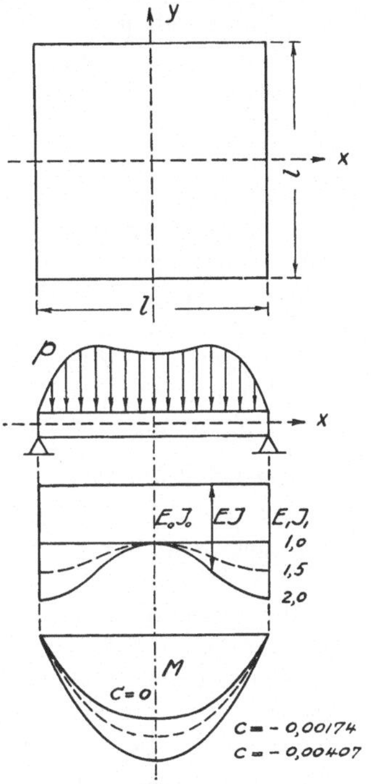

Für die Plattenmitte lautet dieser Ausdruck mit $p = p_0$ und $EJ = E_0 J_0$

$$\frac{p_0}{E_0 J_0} = \frac{2 z_0}{1 + 2c} \cdot \frac{\pi^4}{l^4} (1 + 82\,c),$$

woraus durch Division

$$\frac{p}{p_0} = \frac{EJ}{E_0 J_0} \cdot \frac{\cos \frac{\pi x}{l} \cos \frac{\pi y}{l} + 41\,c \left( \cos \frac{\pi x}{l} \cos \frac{3\pi y}{l} + \cos \frac{3\pi x}{l} \cos \frac{\pi y}{l} \right)}{1 + 82\,c} \qquad . \quad . \quad (10)$$

Für das Biegungsmoment in Plattenmitte ergibt sich mit $m_1 = \infty$

$$M_0 = - E_0 J_0 \left[ \frac{\partial^2 z}{\partial x^2} \right]_{x=0} = \frac{p_0 l^2}{2\pi^2} \frac{1 + 10\,c}{1 + 82\,c} \qquad . \quad . \quad . \quad . \quad . \quad . \quad . \quad (11)$$

Die Biegungssteifigkeit wird naturgemäß von der Plattenmitte gegen die Ränder zunehmen. Setzt man für die Mitte der Plattenränder ($x = \frac{l}{2}$, $y = 0$ und $x = 0$, $y = \frac{l}{2}$) $p = p_1$ und $EJ = E_1 J_1$ und bezeichnet den Koeffizienten $c$ für den Sonderfall konstanter Biegungssteifigkeit ($E_1 J_1 = E_0 J_0$) mit $c_0$, so folgt aus Gleichung (10) die Beziehung

$$\frac{E_1 J_1}{E_0 J_0} = \frac{(1 - 82\,c_0)(1 + 82\,c)}{(1 + 82\,c_0)(1 - 82\,c)} \qquad . \quad . \quad . \quad . \quad . \quad . \quad . \quad . \quad . \quad (12)$$

die gestattet, den Koeffizienten $c$ für bekannte oder angenommene Werte von $c_0$ und $E_1 J_1 / E_0 J_0$ zu berechnen.

Wählt man die hügelförmige Belastung derart, daß in den Punkten $x = y = = \pm \frac{l}{4}$ $p = p_0$ wird, so erhält man aus Gleichung (10) für konstante Biegungssteifigkeit $c_0 = -0{,}00407$ und darnach für das Moment in Plattenmitte nach Gleichung (11)

$$M_0 = \frac{p_0\,l^2}{13{,}7}.$$

Dieser Wert entspricht, wie bekannt, auch dem Fall der gleichmäßig verteilten Belastung in der homogenen Platte ohne Drillungswiderstand. Aus Gleichung (12) berechnet sich jetzt $c$ für veränderliche Biegungssteifigkeit, und zwar für

$$\frac{E_1 J_1}{E_0 J_0} = 1{,}5 \qquad c = -0{,}00174 \qquad M_0 = \frac{p_0\,l^2}{17{,}3}$$

$$\frac{E_1 J_1}{E_0 J_0} = 2{,}0 \qquad c = 0 \qquad M_0 = \frac{p_0\,l^2}{2\,\pi^2}$$

Man erkennt den großen und günstigen Einfluß, den die Veränderlichkeit der Biegungssteifigkeit auf das Maximalmoment ausübt. Diese Veränderlichkeit wird bei Belastungen, die an der zulässigen Grenze oder darüber liegen, in Wirklichkeit immer vorhanden sein.

Durch Einteilung der Platte in Maschen und Anwendung des unter 4 geschilderten Verfahrens kann die obige Näherungsrechnung leicht genauer durchgeführt werden; die Ergebnisse ändern sich jedoch auch bei enger Maschenteilung und Anpassung der Biegungssteifigkeiten an die Momente nur unwesentlich.

### 6. *Schlußfolgerungen.*

Aus den vorstehenden Darlegungen und einer Reihe durchgerechneter Zahlenbeispiele geht hervor, daß die klassische Theorie der homogenen Platten mit konstanter Biegungssteifigkeit zur Berechnung kreuzweise armierter Eisenbetonplatten nicht anwendbar ist. Diese Theorie überschätzt den Drillungswiderstand und nimmt keine Rücksicht auf die wesentliche Entlastung, die an den gefährdeten Stellen infolge der Abminderung der Biegungssteifigkeit eintritt. Wenn, wie üblich, besondere Zulageeisen zur Übertragung der Drillungsmomente fehlen, so erfolgt die statische Berechnung der kreuzweise armierten Eisenbetonplatten zweckmäßig nach der Theorie des Balkenrostes, wobei der Einfluß der Querdehnung zu vernachlässigen, der Einfluß der Veränderlichkeit der Biegungssteifigkeit jedoch in geeigneter Weise zu berücksichtigen ist.

# Diskussion

Prof. Dr. H. Leitz, Graz:

Meine Herren! Die Ausführungen von Herrn Prof. Dr. Ritter zeigen, daß die Biegungsmomente der Platte gegen den Bruch zu infolge Weicherwerdens der hochbeanspruchten Stellen sich gleichmäßiger über den Querschnitt verteilen und die Maxima geringer ausfallen als es sich nach der Balkenrostrechnung ergibt. Diese Selbsthilfe des Materials läßt sich also unter Verwendung von Differenzenrechnung und Berücksichtigung der mit zunehmenden Momenten abnehmenden Biegungssteifigkeit berechnen. Es dürfte dies jedoch nur dann der Fall sein, wenn die Bewehrung gleichmäßig über den Schnitt verteilt ist, und nicht wenn die Bewehrung dem Momentenquerschnitt des Balkenrostes genau angepaßt ist. Das Biegungsmoment beim Bruch folgt der Verteilung der Widerstandsfähigkeit, wie sie durch die Bewehrung gegeben ist. Wenn letztere auf einem statisch vollständigen Momentensystem beruht, so stellt sich dieses mit zunehmender Beanspruchung mehr und mehr her. Es dürfte wohl zu weitgehend sein, die Veränderlichkeit der Steifigkeit mit zunehmender Beanspruchung in die praktische Rechnung einzuführen; man hat z. B. auch bei der Berechnung der Rahmen davon abgesehen und rechnet konsequent mit den ursprünglichen Trägheitsmomenten. Um so mehr muß jedoch darauf geachtet werden, daß auch alle vorausgesetzten Kraftäußerungen, insbesondere bei der Berechnung nach der Elastizitätstheorie die Drillungsmomente durch die Bewehrung aufgenommen werden können.

## M. T. Huber, Warschau:

Ich kann mich kurz fassen, da meine Ansichten über die Schlußfolgerungen aus der Theorie orthotroper Platten, welche sich auf eine richtige praktische Berechnung und Bewehrung der Eisenbetonplatten beziehen, sich fast vollständig mit denjenigen decken, welche mein Vorredner (Herr Prof. Dr. H. Leitz, Graz) bereits dargelegt hat. Nur bezüglich der Rolle der Drillungsmomente im Stadium II bin ich einer etwas abweichenden Meinung und möchte vorläufig nicht auf eine merkliche Drillungssteifigkeit der kreuzweise bewehrten Eisenbetonplatten auch in diesem Stadium verzichten. Eine endgültige Entscheidung dieser wichtigen Teilfrage ist aber meines Erachtens erst von Versuchen zu erwarten, welche von theoretischen Gesichtspunkten geleitet werden sollen. Ich hoffe, daß die in Dresden geplanten Versuche dazu Wesentliches beitragen werden.

Ich habe seinerzeit die Theorie orthotroper Platten mit den Ergebnissen der Stuttgarter Plattenversuche verglichen[1] und für das Stadium I eine vollständig befriedigende Übereinstimmung gefunden. Besonders auffallend ist die Proportionalität der Durchbiegungen zu den Belastungen bis zu dem Auftreten der Risse in der Zugzone. Wir haben hier dasselbe auf den vom Herrn Vortragenden gezeigten Schaubildern sehr gut beobachten können. Man sah deutlich eine Gerade, welche vom Koordinatenanfang ausgeht. Dieser schloß sich im Stadium II eine zweite anders geneigte Gerade an. Dies entspricht in der Theorie der starken Verminderung der Plattensteifigkeitszahlen, welche mit der Erschöpfung der Betonfestigkeit in der Zugzone eintritt.

Der aussichtsreiche Versuch des Herrn Prof. Dr. M. Ritter, in das Stadium II an Hand der allgemeinen Theorie orthotroper Platten einzudringen, ist meines Erachtens zu begrüßen. Da meine Arbeiten dabei erwähnt worden sind, so möchte ich noch daran erinnern, daß Herr Prof. Dr. H. Leitz kurz nach meinen ersten Veröffentlichungen auf diesem Gebiete auf einem anderen Wege dieselben Grundgleichungen der Biegungstheorie der kreuzweise bewehrten Eisenbetonplatten abgeleitet hat und in einigen klaren und interessanten Aufsätzen in der Bautechnik und in der Zeitschr. f. ang. Math. u. Mechanik die Unzulänglichkeit der von anderen Verfassern vorgeschlagenen Ansätze für eine strenge Theorie der Eisenbetonplatten nachwies.

## Prof. Dr. R. Bortsch, Graz:

Die kreuzweis bewehrte Platte stellt im Falle des Auftretens von Rissen ein Zwischenglied dar, zwischen homogener Platte und Balkenrost, und es ist die Frage, welchem Idealfall sie näher liegt. Herr Prof. Ritter vertritt die Anschauung, sie ähnle mehr dem Balkenroste, und das zweite Glied der Lagrangeschen Differentialgleichung, welches den entlastenden Einfluß der Drillungsmomente darstellt, sinke zur Bedeutunglosigkeit herab.

Ich kann diese Auffassung nicht ganz teilen und stelle mir vor, daß trotz der Risse Drillungsmomente weiter tätig sind, nachdem die, durch unebene Risse voneinander getrennten, Querschnitte noch immer durch Schubspannungen aufeinander einwirken können, ähnlich wie dies bei verzahnten Trägern der Fall ist. Es müssen

---

[1] M. T. Huber, „Vereinfachte strenge Lösung der Biegungsaufgabe einer rechteckigen Eisenbetonplatte...", Bauingenieur 1926, H. 7, 8 u. 9.

noch Drillungsmomente in der von Rissen durchzogenen Platte sein, sonst könnten diese bei Versuchen nicht höhere Bruchlasten aufweisen, wie gleichartig konstruierte Balken.

Bezüglich der rechnungsmäßigen Behandlung der Aufgabe würde ich es für zweckmäßig halten, die LAGRANGEsche Differentialgleichung in eine Differenzengleichung umzuwandeln. Es würde dies den Vorteil mit sich bringen, den verschwommenen Verlauf der Trägheitsmomente, wie er sich bei der Darstellung durch eine stetige Funktion ergibt, den bei Platten vorhandenen besser anzupassen, welche meist sprunghafte Änderungen der Höhe aufweisen. Ferner läßt sich die tatsächliche Auflast, insbesondere beim Auftreten von Einzelkräften, durch die Differenzenrechnung schärfer fassen, als durch eine aus einer Reihenentwicklung hervorgegangenen, Funktion.

Hofrat Ing. LEOPOLD HERZKA, Wien:

## Über Riß-, insbesondere Schwindrißerscheinungen an Bauwerken aus Beton und Eisenbeton

Der seit langem geübten optischen Beobachtung, gleichsam der Diagnostik von Bauschäden aus der oft zeitveränderlichen Physiognomik der Bauwerke kommt in Verbindung mit theoretischem Wissen und praktischem Können große Bedeutung zu; sie bietet ohne Zweifel dem Ingenieur ein brauchbares Mittel, um ihn mit dem Wesen und der Wirkungsweise eines Bauwerkes, mit der Eignung der verwendeten Materialien zu einem bestimmten Zweck besser vertraut zu machen und seine Aufmerksamkeit auf theoretische und konstruktive Unzulänglichkeiten zu lenken.

Die aus Beobachtungen gewonnenen Erkenntnisse sind stets das Ergebnis persönlicher Veranlagung und Einfühlung und langjähriger Erfahrung; sie sind aber einer zahlenmäßigen Verarbeitung kaum oder nur schwer zugänglich. Doch kann nicht geleugnet werden, daß einer systematischen Zusammenfassung und Bearbeitung solcher Ergebnisse ein großer erzieherischer Wert innewohnt und daß dieser Zusammenfassung für den meiner Ansicht nach notwendigen Ausbau *der Lehre einer Bauschadendiagnostik* grundlegende Bedeutung zukommt.

Ich möchte aus dem großen Betätigungsfelde der ingenieurmäßigen Beobachtungen die der *Rißbeobachtung* herausgreifen; sie ist so alt wie das Bauen und jeder erfahrene und statisch geschulte Bautechniker vermag gewisse Bauschäden richtig zu beurteilen, einzuschätzen und zu deuten; er wird Setzungs-, Momenten- und Scherrisse an ihrem charakteristischen Verlaufe leicht erkennen und aus den festgestellten Ursachen geeignete Maßnahmen ableiten, um unliebsame Wiederholungen zu vermeiden.

Eine große Rolle spielt z. B. die Rißdiagnostik bei bergbaulichen oder durch andere örtliche Bodenbewegungen nachteilig beeinflußten Bauwerken, weil festzustellen sein wird, ob und inwieweit die Schäden auf solche Ursachen oder auf ungenügende Bemessung, unsachgemäße Ausführung usf. zurückzuführen sind.

Die Schwierigkeit der Beantwortung solcher Fragen liegt unter anderem darin, daß, wie GOLDREICH in seinem Buche „Die Bodenbewegungen im Kohlenrevier und deren Einfluß auf die Tagesoberfläche" an einzelnen charakteristischen Rißbildern zeigt, gewisse gemeinsame Merkmale zwischen den vorgenannten und den durch die Bergschäden hervorgerufenen Rißformen bestehen.

Es ist dann Sache der Sachverständigen, durch differentialdiagnostische Zergliederung der Rißerscheinungen eine Trennung nach den möglichen Ursachen anzustreben.

Erdbebenschäden sollen hier nur der Vollständigkeit wegen Erwähnung finden und angemerkt werden, daß das Studium von Lage und Verlauf der Erdbebenrisse wertvolle Anregungen über zweckdienliche Anordnungen bei künftigen Bauwerken in erdbebengefährdeten Gegenden geben kann.

Dem Beton und dem Eisenbeton haften trotz der hervorragenden Eigenschaften, die maßgebend für die rasche Einbürgerung dieser Baustoffe waren, gewisse, nicht zu leugnende Mängel an. Ich meine vor allem die Neigung zu Rißbildungen.

Die Hauptursache für das Entstehen der meisten Risse liegt in der Eigenschaft des Zementes, bei Erhärtung an der Luft zu schwinden; diese Tatsache wird besonders im Verbundbau von Bedeutung, da das eingebettete starre Eisen dem Bestreben des Betons, zu schwinden, einen je nach dem Zement- und Wassergehalt, der Beschaffenheit der Zuschlagstoffe, der Art ihrer Einbringung, Lage und Menge der Eisen verschiedenen Widerstand entgegensetzt und die hiedurch geweckten Schwindspannungen bei einer gewissen Größe unmittelbaren Anlaß zu Rißbildungen geben.

Im *reinen Betonbau* zählen die durch die Schwindspannungen ausgelösten „wilden Risse" zu den täglich beobachteten Erscheinungen. Sie sind im Wesen z. B. den Gußspannungen gleichzuhalten und unter anderem dadurch zu erklären, daß — trotz aller prophylaktischen Maßnahmen gegen das vorzeitige Schwinden— die Erhärtung des Betons nicht gleichmäßig oder gleichzeitig in der ganzen Querschnittdicke erfolgen kann und daher das Aufreißen von *außen* einsetzt und nach *innen* weitergreift.

Beim Verbundbau hingegen beginnt, wie ich in meinem Buche „Schwindspannungen in Trägern aus Eisenbeton" nachgewiesen habe, die Rißbildung meist *nächst* den Eiseneinlagen als den Stellen der größten Schwindspannungen und setzt sich von da aus nach der Oberfläche fort.

Mit polarisiertem Lichte durchgeführte Versuche an einem Rundstab aus Verbundglas, dessen achsrechte Bewehrung aus einem härteren Glaskern bestand, haben die Richtigkeit dieser von mir rechnerisch nachgewiesenen Erscheinung vollauf bestätigt.

Trotz aller dieser vielfach schon bekannten Erscheinungen vermeinte man im Eisenbeton jenen idealen Baustoff gefunden zu haben, der gefahrlos die Ausführung großer monolithischer Bauwerke zuläßt.

Erst die immer wieder auftretenden Bauschäden in Form von klaffenden Dehn- und Schwindrissen, also gleichsam die vom Material erzwungene automatische Einschaltung von Gelenken nach dem variierten Dichterwort: Wo Gelenke fehlen, stellt der Riß zur rechten Zeit sich ein! — führte zur Unterteilung der Bauwerke durch Fugen und Gelenke, also zur Ausführung von Tragsystemen von geringerer statischen Unbestimmtheit.

Ist diese Erkenntnis für den Verbundbau bereits Gemeingut aller Konstrukteure, so begegnet man im reinen Betonbau vielfach noch Fehlausführungen. Ein Beispiel: Bei zahlreichen in Wien in den letzten Jahren ausgeführten Hochbauten, deren bis zum Erdgeschoß reichender Teil der Fassade aus einem Zementmörtelanwurf besteht, bemerkt man, daß von den Ecken der Keller oder Erdgeschoßfenster klaffende Risse ausstrahlen. Sie verlaufen vielfach senkrecht, meist aber unter 30 bis 40⁰ und setzen sich zu den nächstgelegenen Ecken der darüber oder darunter befindlichen Öffnungen fort.

Ich bemerke ausdrücklich, daß an den benachbarten Gebäuden, deren untere Verkleidung aus Naturstein oder aus Kalkmörtelanwurf besteht, diese Erscheinung nur vereinzelt beobachtet werden konnte, so daß z. B. Setzungen als rißbildende Ursachen nicht in Frage kommen, sondern lediglich die Eigenschaft des Zementmörtels zu schwinden. — Die Fensteröffnungen stellen gleichsam eine *unvollkommene*, das Mauerwerk nicht nach der ganzen Höhe trennende *Schwindfuge* dar. Der Zementmörtelanwurf kann sich darum an den Zwischenpfeilern ungehindert zusammenziehen, findet jedoch an dem durchgehenden Sockel und der Fensterüberlage einen Widerstand und muß daher in der Ecke, als der statisch schwächsten Stelle, aufreißen. Die Risse gehen tief, vielfach durchsetzen sie das ganze Mauerwerk. Sie sind für den Bestand des Bauwerkes nicht immer nachteilig, wirken aber nicht gerade beruhigend.

Verstärkt wird die rißbildende Tendenz noch dadurch, daß ein Teil des Sockels ständig in der Erde steckt und daher feucht bleibt, demnach nicht schwindet, sondern möglicherweise sein Volumen vergrößert (quillt) und die obertags liegenden Teile weiter auseinander treibt.

Das mehrfach beobachtete naiv-anspruchslose Verfahren, die Risse *sofort* nach ihrem Auftreten, während also der Beton noch *arbeitet*, zu verschmieren, zeugt von einer mißverständlichen Deutung der Rißursache.

Wir dürfen daher folgern: Zementmörtelanwürfe können durch Einschaltung von Schwind- oder Arbeitsfugen und bei Verwendung magerer Mischungen rißfrei erhalten bleiben.

Bevor auf einige charakteristische Rißbeispiele aus dem Eisenbeton eingegangen wird, sollen die zum besseren Verständnis notwendigen Versuchsergebnisse aus den Schwindversuchen des österreichischen Eisenbetonausschusses und von SCHÜLE vorausgeschickt werden.[1]

Vor allem: Jeder unsymmetrisch oder einseitig bewehrte Balken *wirft* sich infolge des Schwindens des Betons. Der Krümmungsmittelpunkt liegt auf der Seite der schwächeren Bewehrung. Der Werfungspfeil ist ziemlich bedeutend. SCHÜLE hat bei seinen 294 m langen, einseitig bewehrten Balken bei 2,84 m freier Länge folgende Pfeile nach einem halben Jahre festgestellt:

Bei Lagerung an trockener Luft zwischen 2,4 bis 4,9 mm, bei freier Luftlagerung zwischen 1,68 bis 3,04 mm, wobei das Verhältnis von Pfeilhöhe und Stützweite in den Grenzen von $\frac{1}{1600}$ bis $\frac{1}{580}$ schwankt und die größeren Werte der stärkeren Bewehrung entsprechen.

Die österreichischen Versuche ergaben ähnlich große Werte. Eine Umrechnung auf eine ungleichmäßige Durchwärmung lieferte bei den letztgenannten Versuchen, je nach dem Alter und der Bewehrung, einen dem Werfungspfeil gleichzuwertenden Wärmeunterschied von etwa $14^0$ nach 4 Wochen bis etwa $64^0$ nach 12 Monaten bei flüssig angemachtem Beton, bei weichem Beton etwa $4^0$ bis $56^0$. Bei den SCHÜLEschen Versuchen wurden nach 6 Monaten je nach Bewehrung und Lagerung Wärmeunterschiede von $21^0$ bis $72^0$ errechnet.

Die von mir aus den Versuchen bestimmte Zahl $n = \dfrac{Ee}{Eb}$ liegt sehr hoch, im Mittel etwa bei 40, welchen Wert auch SALIGER unabhängig von mir gefunden hat. Wie man sieht, tragen selbst die neuesten Eisenbetonvorschriften diesen Tatsachen in keiner Weise Rechnung. Sie schreiben einfach vor, daß unabhängig von der Art der Bewehrung und dem Mischungsverhältnis mit einem gleichmäßigen Temperaturabfall von $15^0$ und mit $n = 10$ zu rechnen ist.

Die Vorschrift diktiert daher in vielen Fällen unrichtige Konstruktionen und deren Anwendung verschleiert das Bild des Kräftespiels. Z. B. fällt der einerseits fest eingespannte, andererseits freibewegliche Träger nicht unter die Vorschrift. Da er sich jedoch bei unsymmetrischer Bewehrung wirft, entstehen an der Einspannstelle zusätzliche Einspannungsmomente, die zumindest eine Verlängerung, fallweise sogar eine Vermehrung der Eisenbewehrung erfordern. Hingegen erfahren

---

[1] Ing. L. HERZKA: „Schwindspannungen aus Trägern in Eisenbeton". ALFRED KRÖNER Verlag Leipzig, 1925.

die Feldmomente eine Entlastung. Unzureichende Deckung der Momente führt daher zur Auslösung von Schwindrissen, die dann als Biegungszugrisse nächst der durch Eisen nicht genügend gedeckten Stelle einsetzen.

Man erkennt an diesem einfachsten Beispiel, daß die Vorschrift zur Deutung dieser Risse keinerlei Handhabe liefert.

Noch eindringlicher mahnt folgendes Beispiel zu einer Revision der Vorschriften: Ein für vertikale Lasten berechneter Zweigelenkrahmen mit horizontalem Riegel stehe unter Schwindeinfluß. Die stärkere Bewehrung des Riegels liegt demnach auf der Innenseite. *Nach Freimachung des Systems durch Beseitigung eines Fußgelenkes streben die Rahmenfüße infolge Werfens des Riegels auseinander, wogegen sie durch die Vorschrift unbedingt verurteilt sind, sich zu nähern.* Der Horizontalschub wirkt gemäß der Vorschrift nach *außen*, in Wirklichkeit nach *innen*.

Die Anwendung der Schwindvorschriften bedingt daher eine Vergrößerung der Riegelzugspannungen und möglicherweise eine zusätzliche Eisenbewehrung an der Riegelzugseite, wogegen die negativen Eckmomente aus Belastung und Eigengewicht eine Verminderung erfahren; *das richtige Erfassen des Schwindproblems kehrt das Spannungsbild völlig um.* Die *primären*, also die im statisch bestimmten System auftretenden Betonschwindspannungen im Riegel werden durch die als Folge des nach innen wirkenden Horizontalschubes hinzutretenden, nunmehr entgegengesetzt wirkenden *sekundären* Schwindspannungen (diese Bezeichnung rührt von HABERKALT her), deren Größe uns aber nicht interessiert, vermindert; es tritt eine Art *Spannungsausgleich*, eine *Selbstheilung* ein. Die Eckmomente erfahren hingegen eine Erhöhung und erfordern zumindest die Vorkehrung einer *schwindgemäßen* Anordnung von *Eiseneinlagen*. Je empfindlicher nun das Tragwerk auf die gültigen Schwindvorschriften reagiert und je gründlicher diesen entsprochen wird, desto sicherer ist mit dem Auftreten von Schwindrissen zu rechnen; denn jede durch die Vorschrift diktierte Vermehrung der Riegelzugeisen wirkt in gleichem Sinne vermehrend auf den Werfungspfeil und den diesem zugeordneten, nach *innen* wirkenden Horizontalschub und schließlich auf die Vergrößerung der Eckmomente, für deren Deckung durch Eiseneinlagen eine theoretische Voraussetzung *nicht* besteht.

Hingegen führt die Berücksichtigung der durch das Schwinden erzeugten Formänderungen zu einer Entlastung des Tragwerkes und könnte man sogar den gefürchteten Schwindvorgang als erwünschtes Entlastungsmoment ansprechen.

Einen beweiskräftigen Beleg liefert folgender der Praxis entnommene Fall: Bei einer eingeschoßigen, zweischiffigen Eisenbetonhalle wiesen die mit Anlauf ausgebildeten Riegel kurze Zeit nach Fertigstellung nächst dem Anlaufbeginn (Momentennullpunkt) *von oben nach unten sich verjüngende*, fast senkrecht zur Trägerachse verlaufende Risse auf. Die Rißstellen lagen ausnahmslos zu beiden Seiten des mittleren Ständers. — Die Rißursache war festzustellen. Die statische Untersuchung ergab, daß die Belastung (Eigenlast und Schnee) allein das Auftreten der Risse trotz bestehender Mängel (zu geringe Übergrifflänge der für die Aufnahme der negativen Stützmomente erforderlichen Eisen) nicht zu rechtfertigen vermochte. Hingegen lieferte die Berücksichtigung einer ungleichmäßigen Durchwärmung, — entsprechend dem bei der vorhandenen Riegelbewehrung wahrscheinlichen Werfungspfeil als Folge des Schwindens des Betons — ausreichenden Anhalt für das Entstehen von Rissen, dies um so mehr, als die Riegelmitten auf ziemliche Längen nur einseitig bewehrt waren. — Im übrigen sei auch auf den, einen ähnlichen Fall behandelnden Artikel von TH. JANSSEN „Schwindrisse im Eisenbeton", Zentralblatt der Bauverwaltung, Heft Nr. 100, 1917, hingewiesen.

Aus vorstehenden Ausführungen lassen sich folgende Anregungen herausschälen:

I. Die an Bauwerken, gleichgültig aus welcher Ursache festgestellten Rißbilder wären zu sammeln und einer besonderen Stelle zur systematischen Sichtung und wissenschaftlichen Verarbeitung zu übergeben, um die Ergebnisse als Grundlage für eine zu schaffende Bauschadendiagnostik verwerten zu können; in diesem Sinne würde ein solches Material eine wertvolle Ergänzung für die aus Messungen an Bauwerken abgeleiteten Ergebnisse bilden.

II. Die Bestimmungen der bestehenden Vorschriften über die Berücksichtigung des Schwindens müssen ehestens abgeändert werden, da sie nur in vereinzelten Fällen ihrem Zweck entsprechen. Die erforderlichen Versuche zur brauchbaren Neufassung der Bestimmungen sind ehestens durchzuführen.

Anregungen über die Anordnung dieser Versuche sind bereits in meinem Buche enthalten.

* * *

In der Aussprache, an der sich unter anderen die Prof. LOLEIT (Moskau) und MÖRSCH beteiligten, bestritt letzterer die Notwendigkeit, die Größe der durch das Schwinden hervorgerufenen Verformung des Verbundträgers, namentlich wegen der zu beachtenden Wirkung des Trägereinlaufes (Voute) rechnerisch zu berücksichtigen.

Demgegenüber konnte der Vortragende in seinem Schlußworte auf die Ergebnisse der im Sinne der von ihm gemachten Vorschläge durchgerechneten Beispiele hinweisen, die ganz ausgeprägt den bedeutenden Einfluß des Werfungspfeiles auf die statisch unbestimmten Größen erkennen lassen.

Dr. Ing. HERMANN CRAEMER, Hochbauamt, Frankfurt a. M.:

## Spannungen in hohen, wandartigen Trägern unter besonderer Berücksichtigung des Eisenbeton-Bunkerbaues

Die Monolithät des Eisenbetons ist schon zu verschiedenen Malen Wegweiser gewesen bei der Einführung neuer Konstruktionselemente, so beim Plattenbalken, beim Rahmenbau und zuletzt bei der Ausbildung der Schalendächer (s. Vortrag FINSTERWALDER auf der Tagung des Deutschen Betonvereins 1928). Die statische Wirkungsweise dieser Konstruktionselemente besteht, ohne daß wir darum zu wissen brauchen, so z. B. gab es von jeher zahlreiche Dachkonstruktionen mit Schalenwirkung; eine systematische Anwendung und dadurch wirtschaftliche Vorteile aber sind erst möglich durch klare Erkenntnis ihrer Eigenart. Ähnliche Verhältnisse begegnen uns im Bunkerbau.

Die Abb. $1b$ und $2b$ zeigen die wohl häufigste Ausbildung von Großraumbunkern; die am unteren Rand der Längswand befindlichen Balken werden dabei für die anteilige Bodenlast, Wandreibung, Wandgewicht usw. auf Biegung berechnet. Die hiezu gehörige *Einsenkung des Balkens kann aber nicht erfolgen, da die Wand ihn daran hindert.* Zieht man hieraus die Konsequenz, den Balken fortzulassen und nach Abb. $1a$ die Wand als Träger heranzuziehen, so erhebt sich die Frage nach den Spannungen. Bei der im Vergleich zur Höhe kleinen Spannweite ist die Lehre von NAVIER nicht mehr brauchbar, da nämlich die Differential-Bausteine nach der Formänderung nicht mehr ineinanderpassen.

Bei Trägern über mehrere Stützen entstehen bekanntlich die größten Biegungsspannungen bei Belastung abwechselnd mit $g$, $g + p$, $g$, $g + p$ usw. oder, was auf dasselbe herauskommt, mit einer durchgehenden Last $g + p/2$ und einer Wechsellast $+ p/2$, $- p/2$, $+ p/2$ usw. Der letztere Fall soll hier näher betrachtet werden. Die Stützendrücke sind für diese Belastung Null, das Gleichgewicht jeden Feldes wird durch die im Querschnitt über der Stütze wirkenden Schubspannungen hergestellt. Den Fall eines über seine ganze Länge gleichmäßig belasteten, durch Schubspannungen an den Schmalseiten gestützten Balkens hat bekanntlich bereits DE St. VENANT behandelt.

Er stellt die für gedrungene Balkenformen bei Rechnung nach NAVIER nicht mehr vorhandene Verträglichkeit der Formänderungen dadurch wieder her, daß er an den Schmalseiten wagrechte Normalspannungen anbringt, die so verteilt sind, daß das aus ihnen sich ergebende Moment und die Normalkraft Null sind. Für die Feldmitten von Balken einiger Schlankheit, etwa bei Höhe: Spannweite = $h : l = 1 : 3$, ist der Einfluß der an der Schmalseite angebrachten Korrekturspannungen sehr gering, die Abweichung der ST. VENANTschen Lösung von derjenigen NAVIERS wird also belanglos. An der Schmalseite selbst und in ihrer Nähe ist aber die ST. VENANTsche Lösung deswegen nicht brauchbar, weil die von ihr dort angebrachten Spannungen in Wirklichkeit nicht vorhanden sind. Bei mehreren durchgehenden Feldern mit Wechsellast $\pm p/2$ sind nämlich die Biegungsspannungen über der Stütze aus

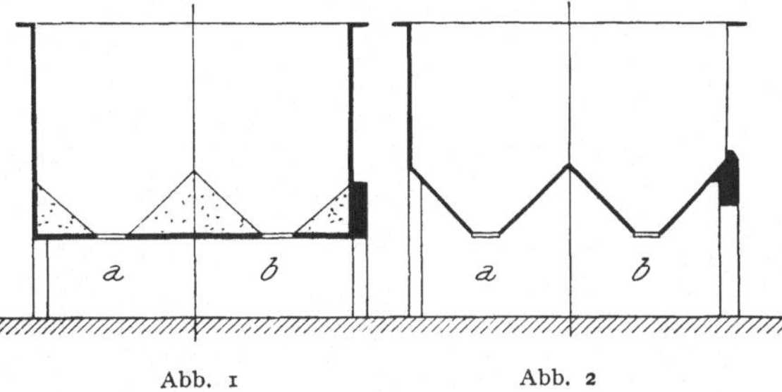

Abb. 1        Abb. 2

Periodizitätsgründen Null; wenn sie dies nicht wären, so würde bei Überlagerung von 2 um die halbe Periode, $l$, verschobenen Belastungen $+ p/2$, $- p/2$ usw. einerseits und $- p/2$, $+ p/2$ usw. andererseits, die zusammen die Last Null ergeben, diese Spannungen nicht, wie zu erwarten, verschwinden. Handelt es sich dagegen um nur ein Feld, das durch Schubspannungen, etwa durch Einhängen in einen Querträger, gestützt ist, so sind Biegungsspannungen an den Schmalseiten ebenso wenig vorhanden. Der Einfluß dieser Abweichung von der Wirklichkeit an der Schmalseite erstreckt sich aber für gedrungene Balkenformen bis nahe zur Balkenmitte. *Die St. Venantsche Lösung ist daher für schlankere Balken in der Mitte gegenstandslos und an den Enden unbrauchbar, für gedrungene Balken dagegen überhaupt unbrauchbar.* Übrigens haben bereits A. und L. FÖPPL an dieser Lösung Kritik geübt.

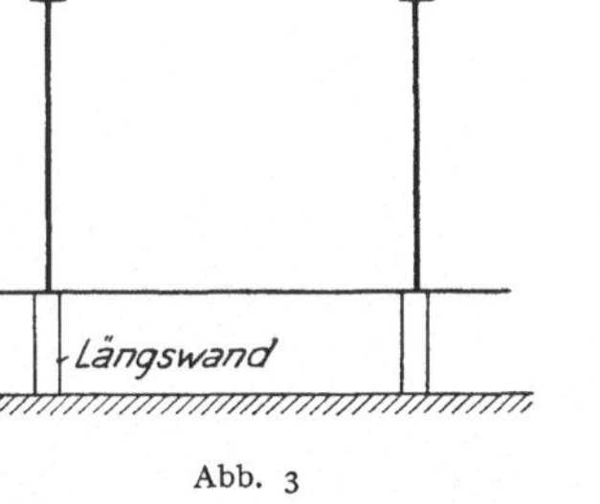


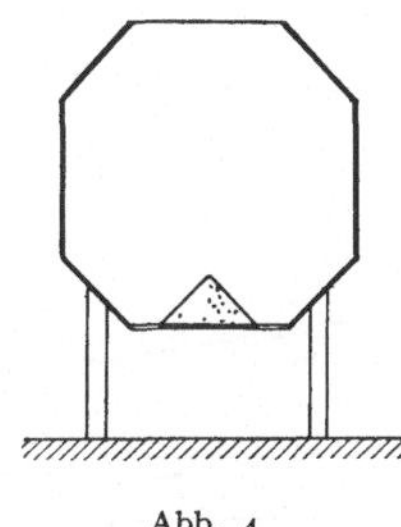

Abb. 3        Abb. 4

Aus Gründen der Periodizität müssen über der Stütze auch die lotrechten Normalspannungen verschwinden; dasselbe ist annähernd der Fall, wenn ein einziges Feld, z. B. Bunkerquerwand, von zwei Längswänden getragen wird, die gegen lotrechte Zusammenpressung genügend Widerstand leisten. Auch diese Bedingung ist bei ST. VENANT nicht erfüllt. Mit den vorstehend klargelegten Randbedingungen wurde nun der in Rede stehende Lastfall vom Verfasser nach der strengen Elastizitätslehre allgemein berechnet; die Ergebnisse sind für das für Großraumbunker charakteristische Verhältnis: $h : l = 1$ in Abb. 5 aufgetragen und zwar für an der unteren Wandbegrenzung angreifende Belastung, etwa Bodenlast nach Abb. 1a, die jetzt mit $p$, statt $p/2$ bezeichnet ist.

Auffällig ist zunächst die unsymmetrische Verteilung der $\tau$ über den Stützen und ihre starke Konzentration nach unten zu, Linie 5. Dies wird aber sofort verstanden, wenn man sich die Scheibe nach Abb. 6 in mehrere übereinanderliegende, durch Normal- und Schubspannungen verbundene Schichtbalken zerlegt denkt. Über der

45*

Stütze erfahren die Schichtmittellinien keine Senkung; in Feldmitte dagegen, wo infolge des von unten her eingetragenen Zuges eine Dehnung in lotrechter Richtung eintritt, entfernen sich diese Mittellinien voneinander, d. h. die Biegungspfeile der einzelnen Schichten wachsen nach unten zu. Zum größeren Biegungspfeil und der größeren Krümmung gehört aber das größere Biegungsmoment und die größere Querkraft; daher die unsymmetrische Verteilung von $\tau$. Aber auch, wenn man, des theoretischen Interesses halber, $p$ je zur Hälfte unten als Zug und oben als Druck in die Scheibe leitet, ergibt sich eine zwar unsymmetrische, aber von der NAVIERschen Parabel (4) stark abweichende $\tau$-Linie (6). Auch ST. VENANT nimmt diese Parabel (4) ohne Beweis ihrer Existenz einfach an, anstatt die Verteilung der $\tau$ aus den Randbedingungen zu ermitteln; daher ist es bei seiner Lösung auch völlig gleichgültig, ob die Last oben oder unten oder irgendwie verteilt eingetragen wird, was aber gerade von ausschlaggebendem Einfluß ist. Aus den gleichen Gründen ergibt sich auch eine Konzentration der Biegungsspannungen (3) am unteren Rande; die Null-Linie ist

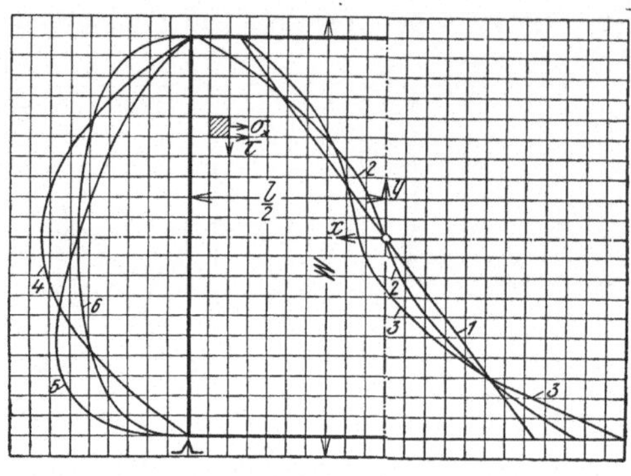

Abb. 5

*nicht* in der Mitte. Linie 2 gilt, wie (6), bei Eintragung von $p$ je zur Hälfte am oberen Rand als Druck und unten als Zug; (1) ist die NAVIERsche Gerade.

Vorstehende Mitteilungen sollen nur einen Ausschnitt aus den bei Verwendung von Scheiben als Konstruktionselement im Eisenbetonbau entstehenden statischen Problemen geben. Weitere Lastfälle[1] sind vom Verfasser teils nach der strengen Theorie behandelt und sollen gelegentlich veröffentlicht werden, teils können sie durch ein von ihm entwickeltes Näherungsverfahren erfaßt werden. Dieses Näherungsverfahren gestattet auch die Behandlung wechselnder Scheibenstärke und wechselnden Elastizitätsmoduls und anderer, streng kaum lösbarer Aufgaben.

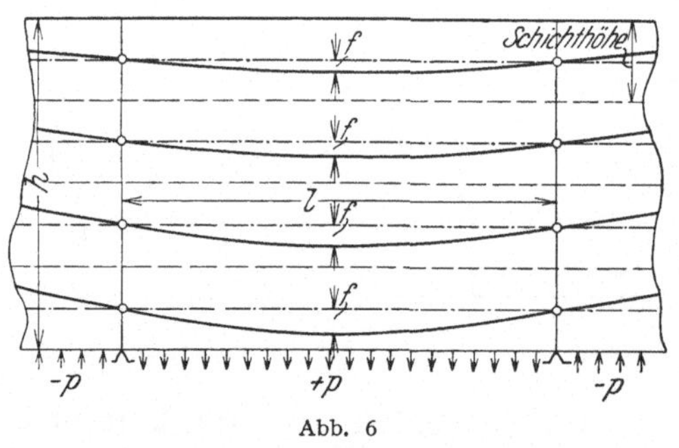


Abb. 6

Häufiger als nach Abb. 1 sind die Ausführungen nach Abb. 2; hier werden aus Gründen der Monolithät auch *die Schrägflächen gezwungen, an der Formänderung der Wände teilzunehmen.* Noch weitergehend wird diese gegenseitige Beeinflussung bei Hinzutreten oberer Schrägflächen nach Abb. 4. Die Rechnungsverfahren be-

---

[1] Wie mir leider erst nach meinem Vortrag bekannt wurde, hat Herr Prof. Dr. BORTSCH in der Melanfestschrift „Die Spannungen in Silowänden infolge der lotrecht wirkenden äußeren Krätte", behandelt und zwar je eine Wand von 6,0 m und 18,0 m Höhe und 4 m Stütz- bei *Vollbelastung* aller Zellen, also eine andere Belastung als die hier als Beispiel herausgegriffene. Verfasser hat in einer bisher nicht veröffentlichten Arbeit diesen Lastfall nach der strengen Theorie untersucht und ist zu teilweise etwas anderen Ergebnissen gekommen; da der Lastfall nicht zum engeren Thema dieser Arbeit gehört, möge bei anderer Gelegenheit darauf zurückgekommen werden.

dürfen dann einer Erweiterung; Verfasser hat ein Näherungsverfahren ausgearbeitet, das — in den Genauigkeitsgrenzen des Eisenbetons bei weitem ausreichend — diese Wirkungen erfaßt. Gerade bei Querschnitten nach Abb. 2a oder 4 zeigen sich erst richtig die enormen Vorteile der Scheibenwirkung; Nachprüfung bestehender Großbauten zeigte, daß die *Verschwendung infolge zuviel verbauter Massen oft hoch in die Zehntausende*, ja über 100000,— RM geht.

Ich habe mich vorstehend auf den Bunkerbau bezogen, weil dort die Vorteile der Scheibenwirkung und der daraus folgenden Konstruktionsgrundsätze besonders überzeugend zutage treten. Geht man aber der Sache weiter nach, so findet man, daß ihre Anwendung auch bei Dachbauten, besonders bei weitgespannten Hallen, Flugzeugschuppen, Bahnsteigdächern, und selbst bei scheinbar ganz fernliegenden Bauwerksgattungen, wie größeren Eisenbetonstützmauern, Brücken usw. zu neuen, wirtschaftlicheren Formen führt.

Vorstehendes möge einen neuen Beweis dafür liefern, daß die Beschäftigung mit der höheren Elastostatik, die von manchen immer noch als eine müßige Spielerei angesehen wird, ihre sehr ernsthaften wirtschaftlichen Konsequenzen nach sich zieht, wenn man aus der Rechnung die nötigen Folgerungen für die Konstruktion ableitet.

## Diskussion

Prof. Dr. BORTSCH, Graz:

Zum Vortrage des Herrn Dr. Ing. CRAEMER gestatte ich mir einige Bedenken zu äußern, und zwar sowohl den Gang der Rechnung betreffend, als auch deren Resultate.

Der Versuch, einen hohen Träger durch Zerlegen in mehrere niedrige Träger, bei Berücksichtigung der Querdehnung derselben, zu rechnen, erscheint mir unzweckmäßig und dürfte kaum zum Ziele führen. Hingegen gelingt die Rechnung verhältnismäßig einfach, wenn der Träger als ebene Scheibe aufgefaßt wird, auf welche am Rande Kräfte wirken, die in die Mittelebene derselben fallen. Diese Aufgabe für eine unendlich ausgedehnte Scheibe erscheint in den Werken von FÖPPL, LORENTZ und LOVE gelöst, und es ist nur nötig, den Übergang zur Scheibe endlicher Höhe durch Erfüllung der Randbedingungen zu finden. Ich habe diese Aufgabe in der MELAN-Festschrift im Jahre 1923 behandelt und hiebei als Rechenbeispiel die Wand eines Zellensilos von 18 m Höhe und 4 m Pfeilerentfernung gewählt. Die Bilder der Schnittkräfte ergeben sich aber grundverschieden von jenen, welche Herr Ing. CRAEMER skizziert hat. Mir erscheint insbesondere bedenklich, daß die Spannungsbilder des hohen Trägers, welcher nur auf der Unterseite belastet und gestützt ist, annähernd in der Mitte eine Null-Linie aufweisen und in der oberen und unteren Trägerhälfte Ordinaten von derselben Größenordnung haben. Nach meinen Untersuchungen vollzieht sich das gesamte Kräftespiel in dem hohen Träger, auf den nur auf der Unterseite Kräfte wirken, lediglich in jenen Trägerpartien, welche den äußeren Kräften benachbart sind, während die entfernteren Teile fast spannungslos bleiben. Die Spannungsbilder in Querschnitten haben dann keine entfernte Ähnlichkeit mit jenen, welche in niedrigen Trägern auftreten. Im übrigen verweise ich auf meine oben genannte Abhandlung.

Auf die Anfrage des Herrn Prof. MOERSCH, wie hoch die Trichtereisen in die Silowand zu führen seien, erlaube ich mir zu bemerken, daß jene Zone der Wand, in der lotrechte Zugspannungen infolge der Trichterlasten auftreten, sich annähernd durch zwei schräge Linien begrenzen läßt, welche von den durch Säulen und Wand gebildeten Ecken unter einem Winkel von 40° gegen die Wagrechte gezogen werden. Die Trichtereisen müssen daher, wenigstens ein Teil derselben, bis zu diesen Linien reichen, wobei sie aber naturgemäß nicht kürzer ausfallen dürfen, als ihre Haftlänge beträgt.

**Dr. Ing. Craemer:**

Die Bedenken von Herrn Prof. Bortsch erklären sich zum größten Teil durch Mißverständnisse, die auf die gedrängte Fassung des mündlichen Vortrags und die kurze dafür zur Verfügung stehende Zeit zurückzuführen und durch Vergleich mit dem vorliegenden Text ohne weiteres als solche erkennbar sind.

Ich bemerke im einzelnen nach Einsichtnahme in die Abhandlung von Prof. Bortsch:

1. Die Lösung des Verfassers ist *keine* Näherung, sondern auf Grund der strengen Elastostatik unter Anwendung der Airyschen Spannungsfunktion abgeleitet. Sie gilt für beliebige Verhältnisse $h:l$. Abb. 6 dient nur zur Veranschaulichung sowie als Grundlage für ein *außerdem* vom Verfasser ausgearbeitetes Näherungsverfahren.

2. Die angezogene Arbeit von Herrn Prof. Bortsch behandelt *Vollast* sämtlicher Felder, während meine Arbeit, von der Abb. 5 einige Ergebnisse zeigt, *Wechsellast* behandelt.

3. Die von Herrn Prof. Bortsch für Vollast ausgewerteten Spannungsbilder beziehen sich auf ein Schlankheitsverhältnis $l : h = 4 : 18$, meine Abb. 5 dagegen auf Wechsellast bei $h : l = 1 : 1$; mein Verfahren gilt für beliebige Verhältnisse $h : l$ und gibt bei stark gedrungenen Scheiben, etwa bei $h > 2l$ die auch von Herrn Prof. Bortsch gefundene starke Konzentration der Biegungsspannungen am belasteten Rande bei fast verschwindenden Biegungsspannungen nahe dem unbelasteten Rande.

Louis Baes, Ingénieur, Professeur à l'Université de Bruxelles

## Un Vérin à Sable de 700 Tonnes pour Décintrement de Ponts en Arcs
### *(Application au Viaduc de Renory en construction près de Liége)*

### $1^0$ *Description sommaire du viaduc*

Un grand viaduc pour chemin de fer à double voie est en construction à Renory, en amont de Liége, il franchit toute la largeur de la vallée de la Meuse, il a une longueur totale de culeé à culeé de 712 m. et comprend dix arches dont neuf identiques de 61,40 m. de portée et une dixième de 34 m. de portée; trois des arches de 61,40 m. franchissent le fleuve proprement dit.

Le rail est à 17,30 m. au-dessus de la route de Liége à Ougrée, la largeur du tablier, comptée entre garde-corps, est de 9,20 m.

Les arcs sont à trois rotules, les rotules sont du type ordinaire comprenant l'axe en acier battu et deux sommiers en acier coulé; à la clef et aux naissances il y a une file de dix rotules alignées.

Les arcs sont en béton de ciment non armé, ils sont bétonnés par claveaux indépendants réservant entre eux des joints de 6 cm. de largeur bourrés après coup. Les piles sont en béton armé et sont complétées par des parties en pierre appareillées.

### $2^0$ *Description sommaire des cintres*

Pour la petite travée de 34 m. le cintre est en bois.

Pour les neuf grandes travées les cintres sont métalliques.

Il y a un jeu de trois cintres complets, qui resservent donc trois fois.

Les cintres comprennent quatre fermes du type à trois rotules.

Les rotules de pied des cintres sont matérialisées par des surfaces courbes à grand rayon, elles posent sur des dés-butées spéciales en béton armé, solidaires des piles et qui devront être enlevées après coup. Les photographies montrent très bien ces détails.

Ces dés sont fortement chargés, ils sont exécutés en béton fretté, la photographie prise de l'intérieur d'une pile montre l'armature frettante de ces dés.

*La rotule de clef des cintres est matérialisée par le vérin à sable dont il va être question.*

Les rotules de pied des cintres transmettent environ 650 tonnes, le vérin à sable transmet environ 500 tonnes, mais pourrait sans danger transmettre 700 tonnes.

Pour certaines arches, il a fallu monter les cintres par tronçons sur une charpente provisoire en bois.

Pour les autres arches, on a pu monter les cintres en faisant pivoter chaque demi-cintre autour de sa rotule de pied.

### 3⁰ *Méthode de réglage des cintres et de décintrement*

L'une et l'autre de ces opérations se font à l'aide du vérin à sable placé à la clef, donc en soutirant du sable, ce qui permet le mouvement horizontal du piston du vérin dans le cylindre; un certain mouvement angulaire est en outre possible comme le montre la coupe du vérin.

Quant à l'enlèvement du cintre, il se fait en principe par pivotement de chaque demi-cintre autour de sa rotule de pied, tout en le soutenant par des mouflages passant dans les trous réservés à cet effet dans la voûte en béton.

### 4⁰ *Description du vérin à sable de 500/700 tonnes*

Le cahier des charges de l'entreprise prévoyait l'emploi de vérins hydrauliques; par raison de facilité et surtout d'économie, l'entrepreneur proposa à l'Administration des Chemins de fer de substituer aux vérins hydrauliques des vérins à sable.

Mais jamais l'expérience n'avait été faite de vérins à sable aussi puissants; il importait de démontrer qu'aucun inconvénient ne pouvait résulter d'utiliser des vérins chargeant *le sable à 150 à 200 kilogs par cm²*, alors que l'expérience n'avait guère dépassé jusqu'ici 50 à 70 kilogs par cm².

Il fallait en effet prévoir des pressions l'ordre de 150 kilogs par cm² sous peine d'arriver à des diamètres de cylindres inadmissibles et peu maniables.

Le constructeur voulut bien me demander de procéder à des essais sur modèle réduit.

Ces essais eurent lieu au laboratoire de l'Université de Bruxelles en présence des ingénieurs de l'Administration et du constructeur.

Les essais furent effectués au moyen d'un fort cylindre en acier dont le diamètre intérieur est de 133,3 mm. ce qui donne une section transversale d'environ 140 cm².

Le piston en acier avait à la tête, sur 20 mm. de longueur, un diamètre de 131,8 mm., ce qui correspond à un jeu de 1,5 mm. sur le diamètre.

Le guidage du piston était assuré.

Le joint à la tête du piston était fait au moyen d'un cuir replié vers le fond du cylindre et fixé au piston au moyen d'un anneau en cuivre.

Le sable utilisé était du sable blanc très fin de Moll en Campine, ce sable est tout à fait pur, constitué exclusivement de grains de quartz.

La composition granulométrique de ce sable est celle indiquée à la seconde colonne du tableau du § 8.

### 5⁰ *Résultats des essais*

La boîte à sable fut essayée dans une machine verticale d'Amsler d'une force maximum de 100 tonnes, montée pour la compression.

*Un premier essai* a été conduit jusque 33 tonnes, ce qui correspond à une pression moyenne de 246 kilogs par cm².

Sous cette charge, la couche de sable, qui avait 120 mm. de hauteur, a subi un tassement de 5,8 mm.

Les trous d'extraction du sable ont été débouchés, au moment du débouchage le sable n'a pas été expulsé, le sable s'est simplement établi suivant un talus naturel dans l'épaisseur de la paroi du cylindre.

La charge de 33 tonnes s'est ainsi maintenue à une tonne près, les deux trous étant ouverts. On a pu revisser sans difficulté les bouchons des trous.

L'extraction du sable s'est faite par grattage, sans à coup, sans difficulté aucune.

Le sable n'avait pas changé d'aspect ni de composition granulométrique.

*Un second essai*, d'ailleurs refait plusieurs fois, a été conduit jusque 66 tonnes, soit 468 kilogs par cm².

Sous cette charge la couche de sable de 120 mm. de hauteur a subi un tassement total de 13,7 mm.

Ici encore, ayant enlevé les bouchons des trous la charge s'est maintenue, trous ouverts, jusqu'à ce que l'on ait commencé à extraire le sable par grattage.

Mais le sable extrait était *réduit en fine poussière*, chaque grain ayant été fragmenté. La finesse est telle que si on laisse couler le sable de 50 cm. de hauteur, un léger nuage blanc s'élève, ce qui ne se produisait pas avec le sable avant l'essai.

Le joint de cuir a bien fonctionné.

*Troisième essai*: Le troisième essai a porté la charge à 98 200 kilogs ce qui correspond à 700 kilogs par cm².

La couche de sable qui avait 150 mm. de hauteur a subi un tassement total de 19,5 mm.

Les trous du cylindre étant débouchés, la charge a tenu jusqu'au moment où l'on a commencé le grattage du sable.

Le sable était complètement fragmenté, réduit en poussière très très fine, chaque grain étant fragmenté.

Le cuir a très bien fonctionné mais a montré cependant une légère coupure.

Le sable ne présente pas la moindre trace de coagulation, même près du cuir qui était légèrement gras.

### 6° *Conclusions techniques de ces essais*

Jusque vers 250 kilogs par cm², le sable blanc fin de Moll employé ne se fragmente guère; au delà de cette pression le sable se transforme successivement en une fine farine.

Même dans cet état il reste parfaitement pulvérulent.

Mais sous ces fortes pressions, le sable subit un tassement appréciable, déjà sous 250 kilogs par cm² le tassement est de l'ordre de 5%, soit 15 mm. pour une couche de 300 mm. de hauteur.

Ce tassement est terminé au bout de quelques instants.

Le sable s'extrait sans aucune difficulté.

Au moment de l'ouverture des trous, l'expulsion du sable ne se produit pas d'elle-même tout au moins dans les conditions de l'essai.

Il a été décidé, à la suite de ces essais:

1° Qu'il n'était pas désirable d'atteindre la pression à partir de laquelle les grains se fragmentent, on a admis que l'on pouvait atteindre 185 *kilogs par cm²*.

2° Que si l'on réalisait des vérins à sable donnant de telles pressions, il fallait, pour éviter tout mouvement du cintre en cours de bétonnage des claveaux, *mettre les vérins remplis de sable en charge à l'usine avant leur montage* et les maintenir sous charge en réunissant le piston et le cylindre par quatre tendeurs à vis bloqués au moment où la charge est atteinte.

3° Que pour éviter la coupure du cuir, il fallait tracer le détail de la tête du piston de telle manière que le coude du cuir embouti soit soutenu.

4⁰ Que pour toute précaution il fallait permettre de rendre le vérin bien étanche, de manière à empêcher toute pénétration d'eau qui pourrait être un facteur de coagulation du sable.

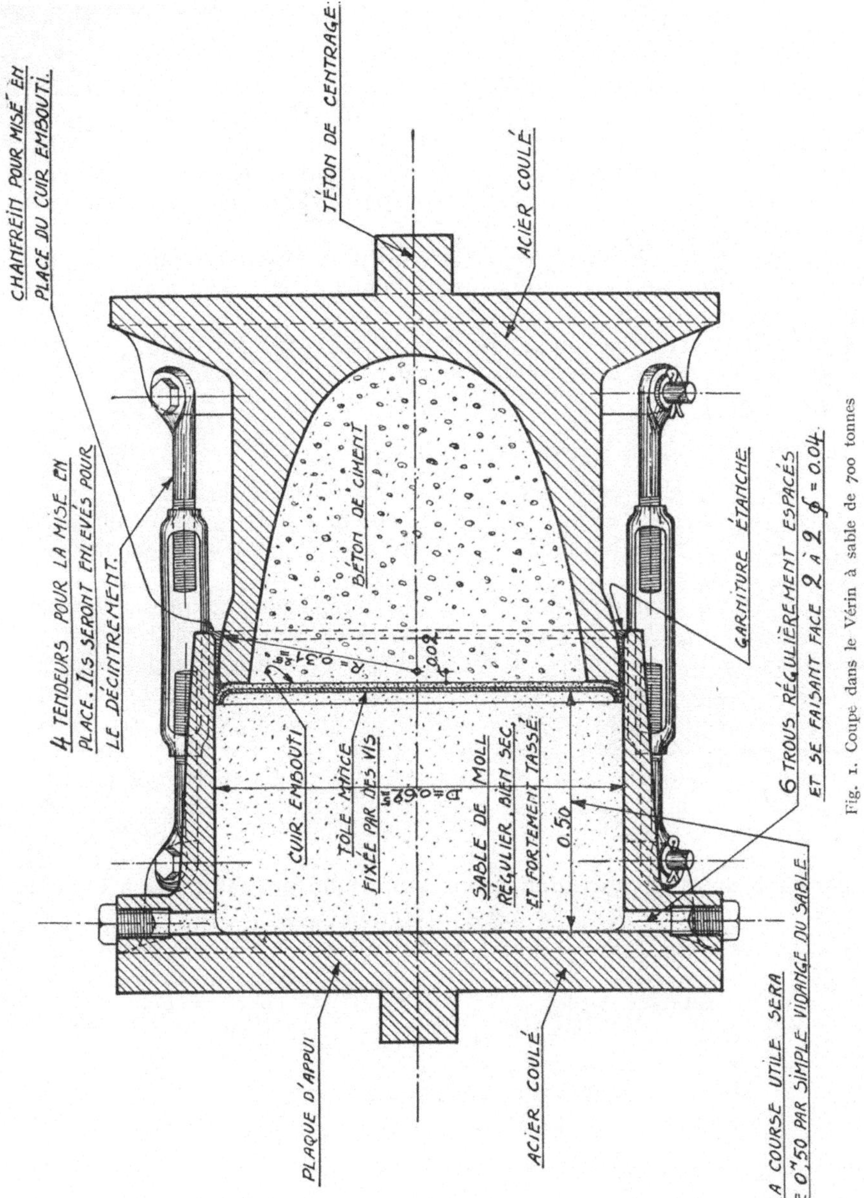


Fig. 1. Coupe dans le Vérin à sable de 700 tonnes

### 7⁰ *Réalisation*

Les vérins à sable pour 500/700 tonnes ont été construits sur les bases suivantes:
Le cylindre et le piston sont en acier coulé.
Le diamètre intérieur du cylindre a 625 mm.
La pression sur le sable est donc de 163 kilogs par cm² sous 500 tonnes, et de 229 kilogs par cm² sous 700 tonnes.

La course maximum permise au piston est de 500 mm.

Le diamètre extérieur des embases du cylindre et du piston est de 1,20 m., ces embases présentent un téton de centrage.

Le cylindre présente six trous de vidange de 4 cm. de diamètre, fermés par des bouchons filetés.

Le bouchon du trou qui se présente vers le bas est percé d'un trou de 10 mm. de diamètre obturé par une broche en bois bloquée par un couvercle de graisseur Stauffer.

Quatre tendeurs à vis permettent de bloquer le vérin sous charge.

La mise en charge préalable au montage du vérin se fait à l'usine qui a construit les vérins, à l'aide d'une presse de 1500 tonnes; chaque vérin est comprimé à 650 à 850 tonnes, les tendeurs à vis bloquant le piston pendant que le vérin se trouve sous la presse.

Avant l'acceptation définitive du dispositif, un essai fut fait aux Ateliers de la Meuse à Sclessin, au moyen d'un vérin complet qui a été chargé verticalement jusque 1200 tonnes.

Au cours de cet essai, au moment de l'ouverture des trous, une très petite partie du sable était expulsée, néanmoins il n'y avait aucune difficulté à replacer les bouchons filetés.

### 8⁰ *Constatations faites en service au viaduc de Renory*

A l'heure actuelle quatre arches du viaduc ont été décintrées. Les vérins à sable placés à la clef des fermes des cintres ont fonctionné sans aucun incident.

Le réglage des cintres à l'aide de ces boîtes s'est fait extrêmement facilement et avec une très grande finesse.

La course horizontale du piston utilisée pour le réglage du cintre est d'environ 23 cm.

Le nombre de godets de sable de 300 cm³ à extraire des vérins pour ce réglage est de 290, ce qui montre toute la finesse de l'opération et la grande facilité d'assurer le synchronisme du réglage des quatre fermes métalliques constituant un cintre complet.

La course horizontale du piston nécessaire pour assurer le décintrement est d'environ 5,5 cm.; pour cette opération il faut extraire environ 70 godets de sable de chaque vérin, ce qui montre que l'extraction d'un godet de sable correspond en moyenne à une course horizontale du piston de 0,8 mm. environ.

La descente de la voûte pendant le décintrement est de l'ordre de 8 mm.

## Comparaison de la composition granulométrique du sable qui a effectivement servi à Renory

| Nombre de mailles du tamis par cm² | Sable n'ayant pas servi Résidu retenu | Sable retiré des boîtes lors du décintrement Résidu retenu |
|---|---|---|
| 64 | 0,6 % | 0,2 % |
| 144 | 2,0 % | 0,4 % |
| 200 | 6,0 % | 0,6 % |
| 484 | 34,2 % | 6,8 % |
| 760 | 61,4 % | 10,2 % |
| 900 | 62,8 % | 10,6 % |
| 3 900 | 99,2 % | 89,6 % |
| 4 900 | | 93,2 % |
| 6 400 | | 95,2 % |
| 10 000 | | 97,2 % |

Fig. 2. Le pied d'une arche décintrée, cintre enlevé, montrant la rotule ordinaire

Fig. 3. Le pied de deux arches contiguës, cintres enlevés

Fig. 4. Premier étape après construction de la pile, mise en place et fixation des rotules de pied des arches (vue de face et de haut). On voit les sommiers en béton pour l'appui des cintres

Sommiers en béton pour appui des cintres

Fig. 5. (vue de profil)

Fig. 6. Le pied du cintre et la rotule de pied de la voûte

45a*

Fig. 7. Montage du cintre par fragments sur charpente en bois, pour certaines
arches qui passent au-dessus des routes; l'appui du cintre se fait par une
surface à grand rayon. Il y a quatre fermes de cintre, I, II, III, IV

Frettes des sommiers d'appui des cintres

Fig. 8. Détail de l'armaturage d'un des côtés d'une pile. Les armatures en
cylindre sont les frettes des appuis des cintres (vue prise de l'intérieur de la pile)

Fig. 9. Les cintres et le coffrage de deux arches contiguës. On voit que la
rotule de tête des cintres est constituée par le vérin à sable

Fig. 10. Une ferme de cintre montée. La boîte en place. En B on voit un
vérin à sable sur chariot

Fig. 11. Ensemble de la première arche. Cintre en place,
voûte terminée, décintrée depuis quelques instants

Fig. 12. Vue de la partie centrale d'un cintre. Le vérin
à sable en place à la clef. On voit l'échaffaudage qui
donne accès aux vérins à sable

Fig. 13. Démontage du cintre, par pivotement des 1/2 fermes
soutenues par des mouflages traversant des trous réservés
dans la voûte. Il y a déjà deux fermes descendues. Il reste
deux fermes encore montées

On voit par ce tableau qu'en fait, le sable a déjà subi une fragmentation dans les boîtes utilisées à Renory, malgré que la pression moyenne n'a guère dépassé 200 kilogs par cm²; cependant le fonctionnement de ces boîtes a été parfait.

Certains cintres sont restés montés en plein hiver. — L'expérience indique qu'il n'y avait aucun intérêt à garnir le joint du piston d'un enduit quelconque.

## 9⁰ *Conclusion*

L'initiative de l'entrepreneur a été heureuse; l'expérience a démontré la possibilité d'étendre le procédé très économique des vérins à sable bien au delà des circonstances dans lesquelles ils avaient fait leur preuve jusqu'ici.

L'emploi des vérins à sable de 500 à 700 tonnes est de pleine sécurité avec un sable très fin, et la précision du réglage des cintres et de l'opération du décintrement est remarquablement assurée ([1]).

Prof. ANKER ENGELUND, Brückeningenieur der dän. Staatsbahnen:

## Eisenbahn- und Straßenbrücke über Alssund (Dänemark) mit besonderer Berücksichtigung der Herstellung der Pfeiler.

Die Dänische Staatsbahn baut z. Z. eine Straßen- und Eisenbahnbrücke über den Alsensund bei Sonderburg.

Indem ich mich auf eine kurze Übersicht über die Hauptanordnung der Brücke (Abb. 1) beschränken werde, will ich im übrigen hauptsächlich über Konstruktion und Ausführung der Strompfeiler berichten. Zu beiden Seiten des Sundes befinden

Abb. 1

sich eine Reihe Anschlußbrücken, teils für die Straße, teils für eine Hafenbahn, welche die Kaianlagen der Ostseite mit der Staatsbahnstation auf der Westseite verbinden soll. Diese Anschlußbrücken sind als Portalträger in Eisenbeton ausgeführt. Die Eisenbetonträger erstrecken sich durchgehends über je drei Felder,

---

([1]) La construction du viaduc de Renory a été entreprise par la *Société d'Entreprise Générale de Travaux «Engetra» el Léon Monnoyer el Fils, de Bruxelles* pour le compte de la Société des Chemins de fer belges. Je remercie vivement la firme Monnoyer de l'obligeance qu'elle a mise à me donner tous les éléments de l'étude des vérins à sable, à me permettre d'assister aux opérations de décintrement et à m'autoriser à publier la présente note. La construction du viaduc de Renory a comporté bien d'autres initiatives intéressantes, mais la présente note doit se limiter au problème du vérin à sable.

sind mit den Mittelpfeilern  steif verbunden und haben bewegliche Lager an den
Endpfeilern.  Die Spannweiten betragen bis zu 13 m.

Die Hauptbrücke selbst besteht aus drei Brückenfeldern.  Am westlichen Ende
befindet sich eine Klappbrücke von 30 m freier Durchfahrt.  Die Klappbrücke ist
zweiflügelig, mit zwei als Blechträger ausgebildeten Hauptträgern, deren Gegengewichte in entsprechenden Aussparungen (Kellern) in den Pfeilern Platz finden.
Demnächst folgt ein Überbau von 75 m Spannweite, dessen Hauptträger zwei durch
Blechträger versteifte Stabbogen sind, und endlich kommt eine kleinere Öffnung,

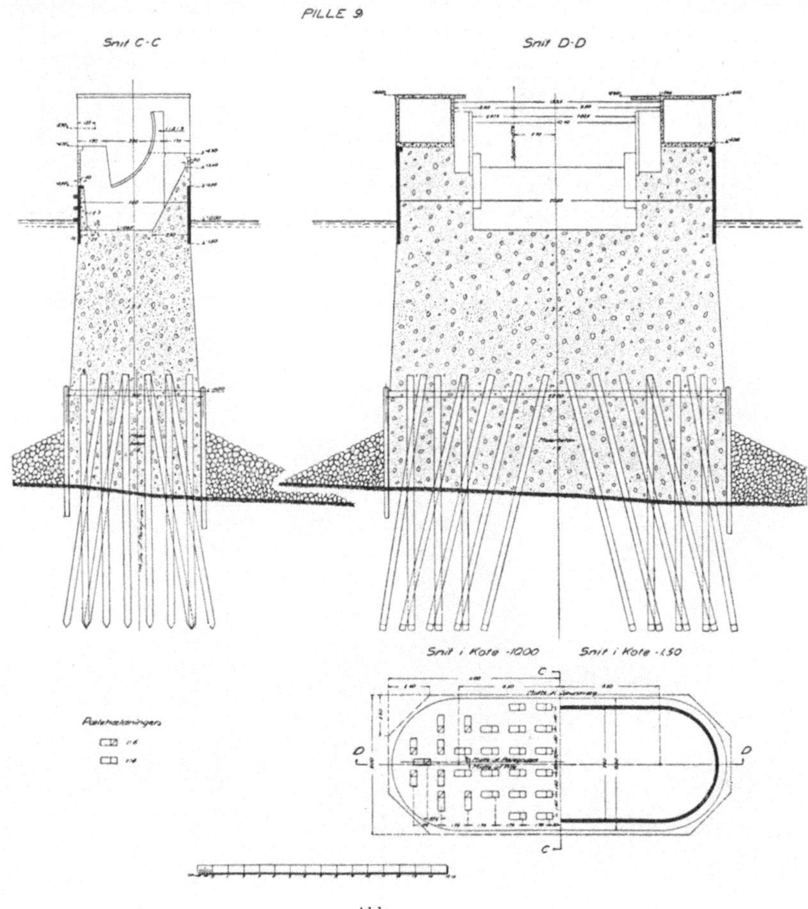


Abb. 2

welche mit zwei von einander unabhängigen Brücken-Überbauten überbrückt
wird; der eine für die Straße und der andere für die Bahn.  Die Spannweiten betragen
etwa 33 m. Jeder der beiden Brücken-Überbauten hat zwei, als Blechträger ausgeführte Hauptträger.  Der durchgehende Streifen der Blechträger ist 2,2 m hoch.
Sowohl die Fahrstraße als auch das Gleis liegen etwa 8 m über dem Wasserspiegel.
Die längs der Südseite gelegene Fahrstraße hat eine Breite von 5,6 m und darüber
hinaus eine 2 m breite Auskragung für den Bürgersteig.

Die Wassertiefen im Alsensund sind ziemlich bedeutend und betragen in der
Mitte des Sundes 20 m.  Der Meeresboden hat als obere Lage Kies und darunter
eine dicke Schicht Lehm, stark gemischt mit außerordentlich feinem Sande.  Diese

Schicht wurde jedoch nicht als tragfähig für unmittelbare Gründung befunden. Die tieferliegenden Schichten weisen fetteren Lehm und gröberen Kies auf. Die Schichten sind überhaupt sehr unregelmäßig.

Außer den Bohrungen wurden als Grundlage für die Projektierung einige Probepfähle eingerammt; es zeigte sich dabei, daß man bei Pfahlgründung mit einem Einrammen der Pfähle bis zu 24 bis 26 m unter dem Wasserspiegel rechnen müsse.

Für die drei Strompfeiler arbeitete die Staatsbahn drei verschiedene Vorschläge aus, auf welche bei einer im März 1927 stattgefundenen Lizitation Angebote ein-

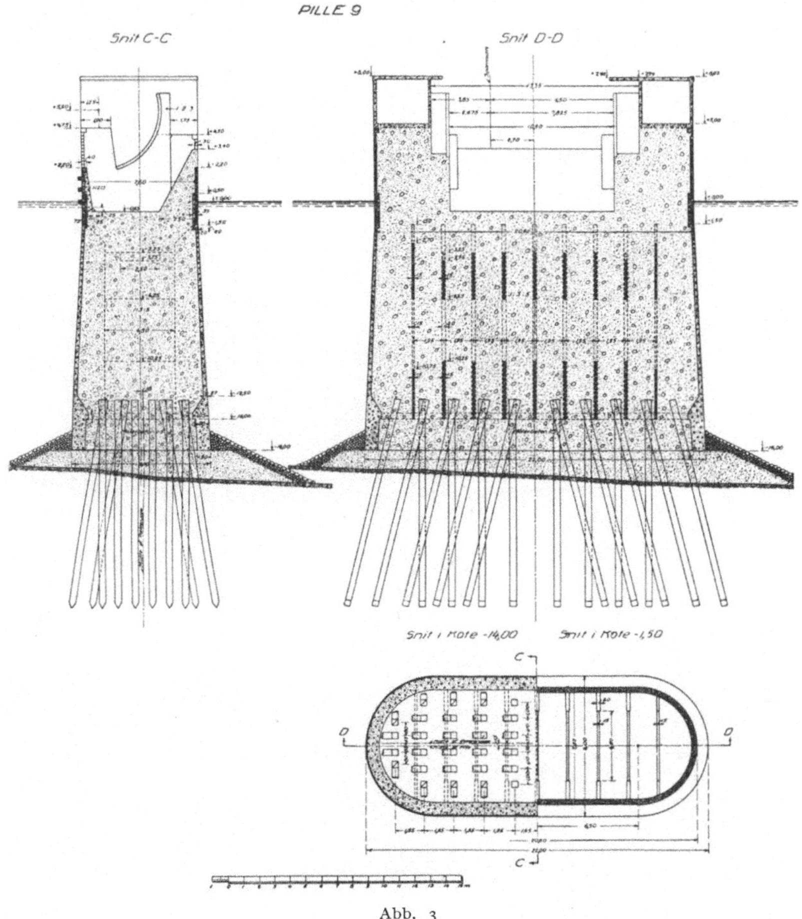

Abb. 3

geholt wurden, indem jedoch die bietenden Firmen ersucht worden waren, alternative Vorschläge vorzubringen. Bei allen von der Staatsbahn aufgestellten Vorschlägen war Gründung auf Eisenbetonpfählen vorgesehen.

Bei dem ersten Vorschlag (Abb. 2) wird ein Pfahlfundament von 42 × 42 cm Eisenbetonpfählen hergestellt, und darnach um das Pfahlfundament herum eine eiserne Spundwand eingerammt, die über dem Wasserspiegel emporragt und unten mit einer Steinschüttung umgeben wird. Innerhalb dieser Spundwand wird nun das Betongießen vorgenommen, und zwar wird der Beton durch Trichter und in reichlicher Stärke gegossen, um einen sicheren Bodenfangdamm zu bilden. Die

Pfähle sind bei diesem Vorschlag so lang, daß sie den Bodenbeton noch überragen. Nach Erhärten des Bodenbetons wird die Baugrube trockengelegt und der Rest des Pfeilers in freier Luft innerhalb der Spundwände hochgeführt.

Beim zweiten Vorschlag (Abb. 3) wird eine Kiesbankette ausgeführt und mit einer Steinschüttung verkleidet, und auf diese abgerichtete Bankette wird ein Senkkasten aus Eisenbeton herabgesenkt. Dieser Kasten ist während des Schwimmens mit einem Holzboden versehen, der nach dem Versenken des Kastens entfernt wird. Die Unterkante des Kastens, mit der er auf der Bankette ruht, ist fußähnlich verbreitert. Jetzt werden durch den wassergefüllten Kasten ein System

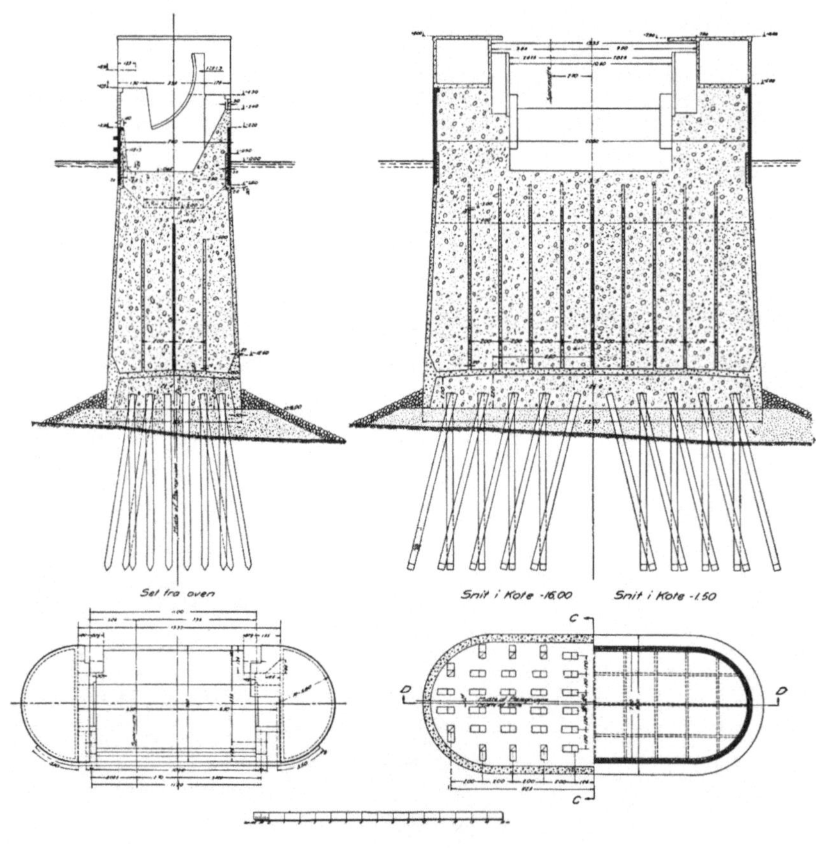


Abb. 4

Eisenbetonpfähle gerammt, deren obere Enden nach dem Rammen in den unteren Teil des Kastens hineinragen. Dieser untere Teil wird vermittels Trichter mit Beton ausgegossen. Nach Erhärtung des Bodenbetons entleert man den Kasten von Wasser und füllt ihn mit Beton aus.

Beim dritten Vorschlag (Abb. 4) war das Verfahren folgendes: Der Platz für die Pfeiler wird von den fleckenweise vorkommenden weichen Lagen gesäubert, und darnach wird eine von einer Steinschüttung geschützte Kiesbankette ausgelegt. Die Oberfläche der Bankette wird für die drei Pfeiler in bzw. 10,00 16,00 und 14,50 m unter dem Wasserspiegel abgerichtet.

Darauf wird ein System von schweren Eisenbetonpfählen von 42 × 42 cm Querschnitt eingerammt. Das Rammen der Pfähle sollte womöglich von unter Wasser arbeitenden Rammen bewerkstelligt werden, und die Länge der Pfähle sollte so abgepaßt sein, daß sie nach dem Rammen nur höchstens 2 m über die Bankette emporragten. Nach Beendigung des Pfählerammens und nachdem die Pfähle, falls erforderlich, so abgekappt werden, daß sie nicht zu hoch emporragen, wird ein Senkkasten aus Eisenbeton über den Pfeilerplatz geschleppt, und so versenkt, daß er mit seiner Unterkante auf der Bankette zu liegen kommt, während die Pfähle in eine unten im Senkkasten vorhandene „Arbeitskammer" hineinragen. Wenn diese Arbeitskammer nach passender Ballastierung des Senkkastens durch Druckluft trockengelegt und mit Beton ausgegossen wird, erreicht man eine solide Verbindung zwischen Pfeiler und Pfählfundament. Die weitere Hochführung des Pfeilers ist von keinem besonderen Interesse.

Bei der im März 1927 stattgefundenen Lizitation kamen Angebote auf alle drei Ausführungsarten ein, jedoch vorzugsweise auf die Vorschläge 1 und 3.

Die Preise waren wenig verschieden von einander. Alternative Vorschläge setzten ebenfalls Pfahlgründung voraus. Angebote auf massive, durch Druckluft gegründete Pfeiler kamen dagegen nicht ein. Die Staatsbahn hat jedoch untersucht, wie sich die Preise für massive Pfeiler stellen, und es zeigte sich, daß diese mindestens 30 v. H. höher waren.

Hierauf wurde beschlossen, das Angebot der Firma Monberg & Thorsen auf Ausführung der Brückenpfeiler nach Vorschlag 3 der Staatsbahn anzunehmen.

Die Vorteile dieses Vorschlages im Vergleich zu den Vorschlägen 2 und 1 sind, daß dabei vermieden wird, Beton unter Wasser gießen zu müssen, und daß man im Gegensatz zu Vorschlag 1 die Pfähle in der günstigsten Weise anbringen kann, während man bei Vorschlag 1, bei dem die Pfähle erst nach Placierung des Senkkastens eingerammt werden, wegen der unvermeidlichen Längs- und Querwände im Senkkasten verhindert wird, die günstigste Pfahlanordnung zu erhalten.

Vorschlag 3 hat außerdem den Vorzug, daß der Beton in der Arbeitskammer fest auf den Boden gestampft werden kann. Der Pfeiler wird auf diese Weise sowohl am Untergrund als auch an den Pfählen unterstützt. Bei der statischen Berechnung kommen natürlich nur die Pfähle in Betracht. Der Pfahlquerschnitt beträgt 42 × 42 cm, die Längsarmierung besteht aus 8 Ø 25, die Querarmierung aus einem doppelten Satz geschlossener Augenbügel.

Sämtliche Pfahlspannungen sind für drei Belastungsfälle berechnet.

1. Senkrechte Belastung (ruhende und bewegliche) allein; zulässige Druckspannung in allen Pfählen 50 kg/cm².

2. Senkrechte Belastung (ruhende und bewegliche) plus Winddruck 150 kg/m² sowie Eis und Stromdruck entsprechend 2,5 t/m der Brückenöffnungen; zulässige Druckspannung in den Pfählen 60 kg/cm².

3. Senkrechte Belastung (ruhende) plus Winddruck 250 kg/m² sowie Eis und Stromdruck entsprechend 10 t/m der Brückenöffnungen, zulässige Druckspannung in den Pfählen 80 kg/cm². Die Würfelfestigkeit des Betons durfte nicht geringer als 250 kg/cm² sein. Die Proben ergaben etwa 300 kg/cm².

Bei keinem der genannten Belastungsfälle treten nennenswerte Zugspannungen in den Pfählen auf. Der Pfeiler erhält eine ganz bedeutende Sicherheit gegen Kippen, da er durch die Pfähle im Boden verankert ist. Da die Pfähle nicht in fließendem Wasser stehen, so wird die Strömung keinerlei mechanischen Verschleiß derselben hervorbringen können.

Die Arbeit begann mit der Herstellung des niedrigsten Strompfeilers (westlicher Klapp-Pfeiler). Die Bankette liegt bei diesem Pfeiler 10 m unter dem täglichen

Wasserspiegel und besteht, wie erwähnt, aus einem Kieskern innerhalb eines schweren Steinwalles.

Die Pfähle wurden von einem zu diesem Zwecke hergestellten Eisenbeton-Prahm eingerammt. Auf diesem Prahm befand sich ein Rammbockstativ aus Eisen, welches einen 23 m langen verschiebbaren Mäkler trägt. Am Kopfe dieses Mäklers ist eine Rillenscheibe nebst Seil zum Heben der Pfähle angebracht, deren Länge bis zu 16 m beträgt. Auf dem Mäkler, und von demselben gesteuert, gleitet ein amerikanischer Pfahlhammer Bauart MAC KIERNAN TERRY Nr. 10 B$_2$. Dieser Hammer ist innen als Dampfzylinder ausgebildet, in welchem ein als Kolben tätiger Rammklotz sich auf und ab bewegt. Der Hammer kann auch unter Wasser arbeiten. Das Gewicht des bewegten Teiles beträgt 1100 kg, die Fallhöhe 50 cm. Der Hammer wird durch Heißdampf von 8 Atm. getrieben, der von einem auf dem Prahm stehenden Kessel dem Zylinder durch biegsame Metallröhren zugeführt wird. Mit dem Hammer können bis zu 115 Schläge in der Minute ausgeführt werden. Die Ramme wirkt nicht nur durch Gewicht und Fallhöhe, sondern auch durch die Geschwindigkeit, welche der Dampfdruck dem Rammklotz erteilt.

Abb. 5

Nachdem der Mäkler gehoben und der Pfahlhammer am oberen Ende desselben angebracht ist (Abb. 5), kann der Pfahl, dessen Gewicht etwa 7 Tonnen beträgt, so gehoben werden, daß er längs des Mäklers zu liegen kommt. Darnach werden Pfahl und Mäkler so gesenkt, daß zuerst der Pfahl und dann der Mäkler den Boden berühren. Der Mäkler kann mit Hilfe von Schraubenspindeln am Rammbockstativ so eingestellt werden, daß die Pfähle die richtige Neigung erhalten. Die größte Neigung beträgt 1 : 4,8. Wenn der Pfahl sich dem Boden nähert, richtet man dessen Lage genau ein und hilft eventuell durch die Verankerungen des Prahms nach. Hat der Pfahl den Boden erreicht, so wird seine Stellung nochmals überprüft. Nun wird der Pfahlhammer (Gewicht etwa 5 t) am Mäkler herabgelassen, so daß er auf dem Pfahlkopf anliegt. Der Pfahlhammer wird nicht am Pfahlkopf festgespannt, sondern umgreift denselben mit vier Hörnern. Als Zwischenlage zwischen Pfahlhammer und Pfahlkopf, wird eine doppelte Lage, mit Bandeisen umwickelter Bretter aus Eschenholz benutzt.

Die Pfähle wurden recht schnell eingerammt, es zeigte sich aber bald, daß die Betonpfähle nicht so tief, wie angenommen, eingerammt werden konnten. An dem westlichen Strompfeiler ging man deshalb dazu über, das Rammen durch Spülung zu fordern, wodurch die Betonpfähle ungefähr in die gewünschte Tiefe kamen. Man beobachtete jedoch gleichzeitig, daß es möglich war, Holzpfähle ohne Spülung bis zu derselben Tiefe und noch größerer Tiefe einzurammen.

Bei den beiden anderen Strompfeilern war es beinahe, auf Grund stärkeren Lehmgehalt des Bodens, unmöglich, Spülung anzuwenden. Hier mußte man deshalb entweder mit einer etwa 2,5 m geringeren Gründungstiefe vorlieb nehmen, oder Holzpfähle benutzen. Ein Versuch mit dünneren Betonpfählen, von denen man hoffte, daß sie wegen der geringeren Masse tiefer eindringen würden, schlug fehl.

Betonpfähle, welche dieselbe Konizität wie die Holzpfähle hatten, ließen sich auch nicht tiefer rammen als die ursprünglichen Betonpfähle. Es wurde nunmehr ein Vorschlag betreffend Verwendung von Holzpfählen ausgearbeitet, dem Bahnchef vorgelegt und von ihm genehmigt. Es kamen bis zu 18 m lange Stämme aus dänischem Fichtenholz von im Mittel 45 cm Ø zur Verwendung. Das Rammen verlief. darnach anstandslos. Das Abschneiden der Pfähle wurde von einem Taucher besorgt.

Beim mittleren Strompfeiler wurden anstatt 56 Stk. 42 × 42 cm Betonpfähle 114 Stück Holzpfähle von durchschnittlich 42 cm Ø verwendet. Beim östlichen Strompfeiler waren die entsprechenden Zahlen 40 Stück bzw. 95 Stück.

Die Eisenbetonsenkkästen (Abb. 6) wurden, einer nach dem anderen, auf einer zu diesem Zwecke errichteten Helling in der Nähe der Brücke gegossen. Das Gewicht eines Senkkastens beträgt etwa 800 Tonnen. Die Helling, die doppelt war, führte mit einer Neigung von 1 : 10 am Bauplatz des Kastens durch einen schwach gekrümmten Kreisbogen (Halbmesser 630 m) bis zu einer Tiefe von 1,7 m unter der Wasseroberfläche im Wasser hinaus. Vor dem Ablauf wurde der Kasten oben mit einem Bohlendeck abgedeckt. Die verschiedenen Stellungen während des Ablaufes waren im voraus berechnet worden, und die Berechnungen entsprachen den späteren Beobachtungen, die u. a. aus einer kinematographischen Aufnahme bestanden. Der Senkkasten für den westlichsten (niedrigsten) Strompfeiler konnte sofort mit der richtigen Höhe von 10,5 m gebaut werden, während den beiden anderen Senkkästen erst im Wasser die vorgeschriebenen Höhen gegeben werden konnten.

Abb. 6

Das Absenken der Kästen an die Pfahlfundamente ging ohne Schwierigkeiten von statten, hauptsächlich durch Einpumpen von Wasser in die Zellen der Kästen. Jeder Kasten ruhte nach dem Absenken auf vier genau abgeschnittenen senkrechten Holzpfählen. Vor dem Absenken wurden die kombinierte Person- und Materialschleuse und das Schleusenrohr so angebracht, daß man, nachdem die genaue Stellung des Kastens festgestellt und genehmigt war, mit der Trockenlegung der Arbeitskammer durch Einpumpen von Druckluft beginnen konnte. Von den Wänden der Arbeitskammer ragten starke Rundeisen in die Kammer herein, wodurch eine innige Verbindung zwischen Wand und Beton in der Arbeitskammer erzielt wurde. Die Eisenbetonpfähle waren so abgekappt, daß sie 1,5 m in die Arbeitskammer hinaufreichten. In einem Abstande von 1 m von oben waren die Pfahleisen entblößt. Das Kappen geschah sofort nach der Beendigung des Rammens, und zwar dadurch, daß eine Dynamitladung um den Eisenbetonpfahl herum gelegt wurde; eine einzige Sprengung genügte. Eine Arbeitskammer hat einen Rauminhalt von etwa 300 m³ und wird im Laufe von fünf bis sechs Tagen (der Tag zu 16 Arbeitsstunden) ausgegossen.

Nach dem Ausgießen der Arbeitskammer werden die Zellen über derselben mit Beton gefüllt, indem sie eine nach der anderen von Wasser entleert werden.

Die Pfeiler sind von 1,5 m unter Wasser bis 2,3 m über Wasser mit Granitparement in Läuferschichten verkleidet. Die Höhe und Dicke der Steine betragen 20 cm, die Länge wechselt zwischen 40 und 60 cm.

Die Pfeiler sind nun fertig gestellt, und die Lagersteine angebracht. Die Montierung des Überbaues wird vermutlich innerhalb einiger Monate beginnen, und die Brücke im Laufe des nächsten Jahres vollendet werden.

Ing. PAUL TANTÓ, Baurat im königl. ung. Handelsministerium in Budapest:

## Über die Wiederherstellung der gesprengten Eisenbetonbrücke bei Böcs.

Der Eisenbeton als Konstruktionsmaterial besitzt viele Vorteile, aber auch gewisse Nachteile gegenüber anderen Baustoffen. So z. B. bilden im allgemeinen bei Stein-, Holz- oder Eisenkonstruktionen der Ersatz beschädigter Teile, die Verstärkung für größere Belastungen oder nachträgliche Erweiterungen keine nennenswerten Hindernisse, hingegen widerspricht bei Eisenbetonbauten jede nachträgliche Arbeit der Grundnatur dieses Baustoffes.

Um zu zeigen, daß im Notfall tragende Elemente der Eisenbetonkonstruktionen ersetzt, oder im Falle der Beschädigung wiederhergestellt werden können, beehre ich mich, im folgenden die Wiederherstellung einer gesprengten Eisenbetonbrücke vorzuführen.

Abb. 1

Die betreffende Brücke liegt in Ungarn, im Borsoder Komitat auf der Kommunal Straße Sajólád-Hernádnémeti und überbrückt den Hernádfluß.

Die vier Hauptträger der Brücke sind durchlaufende Balkenträger auf vier Stützen, mit 25 + 23 + 23 cm freien Öffnungen. Die Brücke ist 6,0 m breit.

Die Hauptträger ruhen mittels eisernen Gleitblechen auf den aus Beton gebauten Brückenköpfen und Pfeilern auf.

Die Brücke wurde im Jahre 1911 gebaut und entsprach ihrem Zweck anstandslos bis zum 19. Mai 1919, als die rechte, 25 m lange Öffnung durch rumänische Truppen gesprengt wurde.

Infolge der Sprengung entstand eine durch den vollen Querschnitt hindurchgehende, 1,7 bis 1,9 m breite Lücke; die Sprengung riß aber nur den Beton heraus, die Längsbewehrungseisen blieben unbeschädigt.

Infolge der Lücke verlor der beiläufig 20 m lange, gegenüber dem rechten Brückenkopf liegende Teil seine Stabilität und kam in Bewegung.

Die Bahn dieser Bewegung war dadurch gegeben, daß der sich bewegende Teil an dem einen Ende mit dem übrigen Teil der Brücke durch die biegsamen Bewehrungseisen in Verbindung blieb, am anderen Ende hingegen auf dem Brückenkopf verschiebbar gelagert war. Infolgedessen entstand bei der Sprengungslücke eine abwärts gerichtete Kreisbewegung und bei dem Brückenkopf eine wagerechte Verschiebung. Durch die wagerechte Bewegung entstanden bei dem Auflager derart große Reibungskräfte, daß der Brückenkopf entzweibrach.

Als die Spitze des in Bewegung geratenen Brückenteiles den tiefsten Punkt der Kreisbahn erreichte, kam die Bewegung zum Stillstand. Dadurch hörten auch die bei dem Auflager aufgetretenen Kräfte auf zu wirken, und der entzweigebrochene Brückenkopf blieb, um die Bruchkante sich drehend, mit beiläufig 30⁰ vorwärtsgeneigt stehen.

Die Durchführung der Sprengung geschah höchstwahrscheinlich auf die Weise, daß die Seitenwände, dann der untere Teil der Träger und die Fahrbahntafel mit einem stark brisanten Sprengstoff umhüllt wurden. Nach den zurückgebliebenen Anzeichen wurde der obere Teil der Fahrbahn mit Sprengstoff nicht belegt.

Die Anbohrung der Konstruktion könnte als ausgeschlossen betrachtet werden, da Spuren einer Bohrung nicht zurückblieben. Das Anbohren der Eisenbetonkonstruktion wäre im übrigen wegen den Eiseneinlagen auf große Schwierigkeiten gestoßen.

Im Laufe der weiteren Kämpfe wurde der abgesprengte Teil der Brücke vor der Lücke mit 6 Stück 16/16 cm starken Pfosten unterstützt und die Lücke selbst mit einer Holzkonstruktion überbrückt.

Die Wiederherstellung beruhte nicht auf fachgemäßer Überlegung. Bei der Sprengungslücke war die Lage nicht einmal so gefährlich, da in den 36 bis 40 mm starken Rundeisen die durchschnittliche Inanspruchnahme nur 270 kg/cm² betrug, und wenn einige Eiseneinlagen auch stärker in Anspruch genommen waren, so wurde doch höchstwahrscheinlich nirgends die Fließgrenze erreicht.

Abb 2

Zur Sicherung des Brückenkopfes wurde nichts getan, obzwar hier die Lage die gefährlichste war. Infolge der Kantenpressung war hier der Beton zersplittert und der Brückenkopf befand sich in einem derart labilen Zustand, daß der völlige Einsturz sehr leicht eintreten konnte.

Als die rumänische Besatzung Ungarns die freie Bewegung der Fachleute und die Aufnahme der notwendigsten öffentlichen Arbeiten gestattete, wurde die Wiederherstellung der Brücke angeordnet. In der damaligen Lage Ungarns konnte die Herstellung nur eine provisorische sein. Infolge des Weltkrieges und der Revolutionen war das Land an Baustoffen vollkommen erschöpft. Das Land stand unter einer wirtschaftlichen Blockade und die Anschaffung des zur provisorischen Herstellung notwendigen Holzmaterials stieß ebenfalls auf die größten Schwierigkeiten.

Die provisorische Herstellung geschah auf folgende Weise: Die gesprengte Öffnung wurde mit Hilfe eines später abgetragenen Holzjoches in die ursprüngliche Höhe gehoben, in die ursprüngliche Lage zurückgeschoben und mittels zwei für je 100 t Belastung berechneten Holzjochen unterstützt. Die Sprengungslücke wurde mit Holz überbrückt, der Brückenkopf in die ursprüngliche Lage zurückgezogen, durch Drahtseile verankert und der auf dem Brückenkopf wirkende Erddruck durch eine Spundwand aufgehoben. Die in der Sprengungslücke sich befindenden 36 bis 40 mm starken Längsbewehrungen hinderten die Durchführung der Arbeiten. Die Bewehrung mußte daher durchgeschnitten werden, obzwar vorauszusehen war, daß sie bei der endgültigen Wiederherstellung gut verwendbar gewesen wären.

Als es die Verhältnisse erlaubten, wurde die endgültige Herstellung der Brücke begonnen. Dies erfolgte am 21. November 1921.

Die Herstellung konnte auf zweierlei Art durchgeführt werden. Entweder konnte man den unterstützten Teil der Brücke völlig abtragen und neu herstellen oder die Sprengungslücke mit Eisenbeton ausfüllen und zwischen den beiden Teilen den Zusammenhang herstellen. Die letztere Lösung bot zwar bedeutende Arbeits- und Materialersparnisse, bedeutete aber auch ein großes Wagnis. Hätte man nämlich den Zusammenhang zwischen den alten und neuen Eisenbetonteilen nicht so herstellen können, wie dies zur Übertragung der Biegungskräfte erforderlich ist, so wäre bei der ersten Herstellungsweise in der einen Seitenöffnung nur ein Gelenk entstanden; die Konstruktion wäre also auch in diesem ungünstigen Falle noch immer stabil geblieben. Bei der zweiten Herstellungsweise aber wären  im erwähnten ungünstigen Falle in einer Seitenöffnung zwei Gelenke entstanden und es hätte infolgedessen die Stabilität der Konstruktion aufgehört.

Bei der Wahl der Herstellungsweise war also die Frage maßgebend, ob man zwischen den alten und neuen Eisenbetonteilen einen biegungsfesten Zusammenhang herstellen konnte. Theoretisch ist es nicht unmöglich und diesbezüglich hatten wir auch schon gewisse Erfahrungen bei der Wiederherstellung einer anderen beschädigten Brücke gesammelt, nämlich bei der im Inundationsgebiet des Theiß- flusses bei Záhony liegenden Eisenbetonbrücke, welche durch ein Geschoß beim Widerlager beschädigt worden war. Diese Beschädigung war nicht so bedeutend, die Konstruktion verlor auch nicht ihre Stabilität. Die Erfahrungen bei der Wieder- herstellung dieser Brücke zeigten, daß mit der nötigen Sorgfalt ein biegungsfester Zusammenhang zwischen den alten und neuen Eisenbetonteilen herzustellen mög- lich ist.

Auf Grund dieser Erfahrung wurde der Entschluß gefaßt, die in Frage stehende Brücke nach der erwähnten zweiten Art wiederherzustellen und es wurden auch die Pläne in der Brückenabteilung des königl. ung. Handelsministeriums dement- sprechend verfertigt.

Um die Kräfteübertragung zwischen den Längseiseneinlagen zu erlangen, schien es am zweckmäßigsten, die neuen Eiseneinlagen mit der nötigen Übergreifung neben die alten Eiseneinlagen zu legen. Um die nötige Übergreifungslänge zu er- reichen, mußte die fast mit vertikalen Wänden begrenzte Sprengungslücke er- weitert werden.

Um zu erreichen, daß die inneren Kräfte die Begrenzungsflächen der neuen und der alten Betonkonstruktion gegeneinander drücken, wäre es notwendig ge- wesen, die erweiterte Sprengungslücke mit solchen Flächen zu begrenzen, welche auf die Hauptdruckkraftlinien senkrecht stehen.

Da hier die Druckkraftlinien gegen den Pfeiler gehend abwärts fallen, hätte man die beiden Flächen gegen den Pfeiler gehend aufwärts steigend herstellen sollen. Vor dem Pfeiler stieß dies auf keine Schwierigkeiten, doch auf der anderen Seite mußte man diesen theoretischen Standpunkt aus praktischen Erwägungen opfern.

Es war nämlich möglich, den neuen Beton vor dem Pfeiler auf die alte Fläche von oben so zu stampfen, daß dadurch die zwei Flächen sich gegenseitig drückten, bevor noch die inneren Kräfte auftreten. Auf der anderen Seite hingegen sollte man den Beton unter der alten Betonfläche stampfen und so hätte hier die neue Betonmasse mit ihrem Gewicht nicht auf die alte Fläche, sondern auf die Schalung gedrückt. Es war aber zu befürchten, daß in diesem Falle zwischen den Betonflächen eine dünne Lücke entstehen würde, bevor noch die inneren Kräfte auftreten. Infolgedessen schien es zweckmäßiger, hier die Fläche so auszubilden, daß der neue Beton mit seinem Gewicht auf der alten Fläche aufliegt. Dadurch hätte der neu herzustellende Eisenbetonteil eine trapezförmige Gestalt erhalten.

Im übrigen war der Grundgedanke des Entwurfes der, daß in jedem Querschnitt wenigstens ein so großer, wirkungsfähiger Eisenquerschnitt vorhanden sein soll wie vor der Sprengung. Dadurch ist der Entwurf eine rein konstruktive Aufgabe geworden.

Die neuen Eiseneinlagen haben eine Übergreifungslänge erhalten, welche wenigstens dem 50fachen Durchmesser entspricht; außerdem waren sie mit den üblichen Haken versehen.

Auf Grund des so verfertigten Planes wurden die Arbeiten in folgender Reihenfolge durchgeführt:

Abb. 3

a) Das vor der Sprengungslücke stehende Joch hätte die Durchführung der Arbeiten gehindert; man mußte daher statt dessen 4,0 m weit davon ein neues bauen.

b) Die auf den Jochen liegende Konstruktion wurde genau in die ursprüngliche Lage gebracht.

c) Der beschädigte Brückenkopf wurde bis zur Bruchfläche abgetragen und aus Beton neu hergestellt.

d) Die Sprengungslücke wurde planmäßig erweitert, die Eiseneinlagen wurden eingelegt und die Schalung aufgestellt.

e) Als der neu betonierte Teil des Brückenkopfes abgebunden hatte, wurde die Konstruktion auf diesen gesenkt und das vor dem Brückenkopf stehende Joch abgetragen. Das andere Joch trug die Konstruktion bis zur Probebelastung.

Abb. 4

f) Die alten Betonflächen wurden sorgfältig gereinigt, mit Wasser reichlich begossen und die Lücke ausbetoniert. Der Beton besaß 400 kg normalen Portlandzement pro Kubikmeter.

Nach der Ausschaltung des Betons und nach dem Niederlassen der Konstruktion vom zweiten Joch wurde festgestellt, daß der neue Beton, nach dem äußeren Aussehen zu schließen, zu den alten Teilen gut zugebunden hatte und daß auch keine Risse bemerkbar waren.

Nach dem Abbinden des Betons wurde die Brücke dem leichten Verkehr übergeben, aber schwere Fuhrwerke verkehrten bis zur Probebelastung nicht.

Die Probebelastung wurde mit einer 20 t schweren Dampfpfluglokomotive durchgeführt.

Während der Belastung der wiederhergestellten Öffnung entstanden in sämtlichen Öffnungen jene Durchbiegungen, welche sich nach der Theorie der durchlaufenden Träger ergeben.

Während und nach der Probebelastung wurden bei dem Anschluß der alten und der neuen Betonflächen keine Risse wahrgenommen und da nach der Probebelastung sämtliche Flächen der Brücke einen Zementanstrich erhielten, konnten Nichtfachleute nicht wahrnehmen, bei welchen Teilen die Herstellung erfolgte.

Abb. 5

Die Brücke ist schon seit sieben Jahren im Gebrauch und seit dieser Zeit waren keine gefährlichen Anzeichen zu bemerken.

Die Ergebnisse der Probebelastung und der siebenjährige Verkehr auf der Brücke beweisen, daß die Wiederherstellung vollen Erfolg hatte.

Die Wiederherstellungsarbeiten wurden durch das zuständige Staatsbauamt in eigener Verwaltung durchgeführt.

Die Arbeiten leitete nach meinem Entwurf ein tüchtiger Ingenieur des betreffenden Staatsbauamtes mit vielem Eifer und mit vollem Erfolg.

F. CAMPUS, Ingénieur des constructions civiles et électricien, Professeur à l'Université de Liége:

### Ponts en béton ou en maçonnerie à anneaux multiples.

M. SÉJOURNÉ, l'éminent constructeur du Pont Adolphe à Luxembourg, a exposé dans le fascicule d'octobre 1904 de la « Revue générale des chemins de fer » les principes des larges ponts en maçonnerie à deux anneaux de voûtes en berceau, dont il fut l'inventeur. Ce dispositif a reçu depuis de multiples applications, non seulement en France, mais ailleurs en Europe et en Amérique. Un pont de ce type est en construction sur la Meuse à Liége. Il comporte six arches à deux anneaux de 4,00 m, de largeur, laissant entre eux un vide de 6,50 m, couvert par un tablier en béton armé. Il a une largeur totale de 18,00 m entre garde-corps; les trottoirs sont partiellement en encorbellement. Les arcs sont à trois articulations, parce que l'on peut craindre des mouvements du sol par suite des exploitations minières. La plus grande ouverture est de 44 m.

Le projet primé au concours pour le pont sur la Moselle à Coblence comporte trois grandes arches à deux anneaux, d'une ouverture de 114,50 m. (Voir Beton und Eisen, nos. II et suivants de 1928.) Le vide intermédiaire n'a que 1,66 m de largeur. Les arcs sont triplement articulés et ont reçu une faible armature destinée à augmenter la résistance du béton à la compression. Mais ils sont conçus comme des voûtes en maçonnerie, c'est à dire que la ligne des pressions reste en toutes circonstances dans l'intérieur de la région centrale.

Il semble que pour les ponts de moyenne portée ou dont le tablier est peu élevé au dessus de la voie à franchir, les arcs en béton non armé ou en maçonnerie peuvent encore donner satisfaction aux points de vue de l'économie[1] et de l'aspect. La triple articulation en rend le calcul très sûr et peut permettre d'assez grandes portées (pont précité de Coblence). Elle garantit contre les conséquences possibles de certains mouvements du sol. C'est pour cette raison qu'on y a eu recours pour deux ponts en construction sur la Meuse près de Liége; le pont-route précité et un viaduc de chemin de fer à Renory, à 9 arches des 61,40 m d'ouverture maximum, établi au dessus des exploitations houillères souterraines. Des procédés de construction adéquats: articulations provisoires, décintrement par soulèvement au dessus du cintre, selon le systéme de M. FREYSSINET, avec ou sans articulations de naissances, etc., peuvent également convenir pour réduire les incertitudes du calcul des arcs en maçonnerie par les méthodes de l'élasticité.

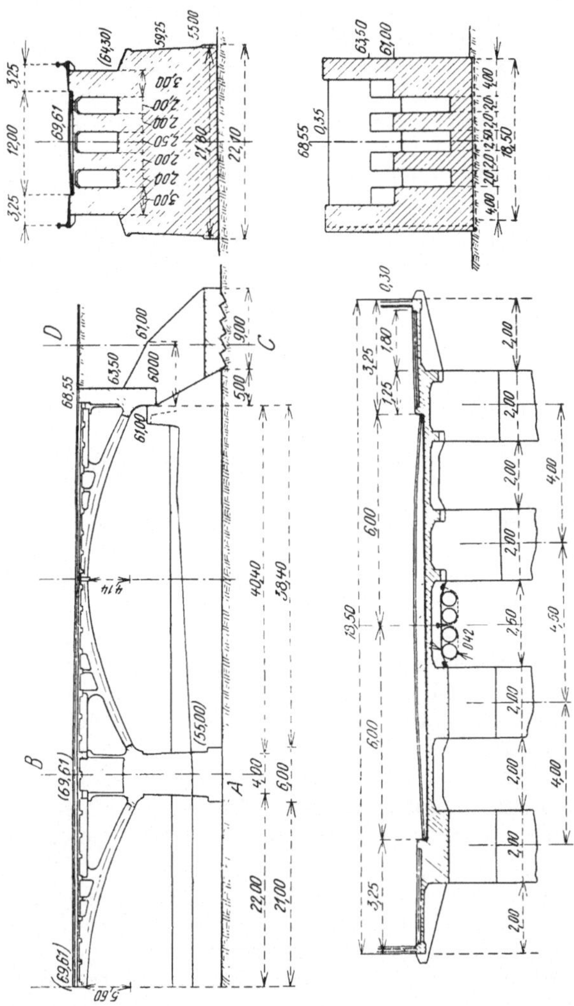

La largeur toujours croissante des ponts dans les grandes villes, exigée par les besoins de la circulation et qui dépasse 30 m, dans certains ouvrages (Memorial Bridge à Washington) ne s'accommode pas, d'une manière satisfaisante, de la division de la voûte en deux anneaux. Déjà dans les anciens ouvrages de ce système, les portées des hourdis entre les arcs atteignent:

5,92 m au Pont Adolphe à Luxembourg (largeur 16 m);

10 m au Pont des Amidonniers à Toulouse (largeur 22 m);

10,80 m au Pont Wilson à Lyon (largeur 20 m).

Nous n'exposerons pas les inconvénients de ces grandes ouvertures; ils ressortiront par antithèse de l'énoncé des avantages des ponts à plus de deux anneaux. Remarquons que le principe de la multiplicité des arcs a été appliqué au pont de

Fig. 1

---

[1] Telle est notamment la conclusion du rapport de M, H. Lossier.

la Tournelle à Paris, récemment achevé. Il comporte trois anneaux larges, creux et cloisonnés, en béton armé. Le second projet primé pour le pont de Coblence prévoyait quatre anneaux creux en béton armé. Mais nous n'avons pas connaissance que la disposition ait été employée pour des ponts en béton ou en maçonnerie.

Nous avons eu l'occasion, en 1926, d'étudier un tel dispositif comme variante pour un projet de pont à plusieurs arches à deux anneaux de 4,00 m de largeur, séparés par un intervalle de 6,50 m. Il comportait des arches à quatre anneaux de 2,00 m de largeur, séparés par des intervalles de 2,00, 2,50 et 2,00 m. La portée maximum était de 44 m; le rapport de la largeur des arcs à l'ouverture était donc: I/22, alors qu'au pont Adolphe, il est I/14 (Voir M. SÉJOURNÉ, op. cité) et I/32 au pont de Villeneuve-sur-Lot (constructeur M. FREYSSINET). Nous avons donc considéré que pour un surbaissement de I/8ᵉ, ces dimensions étaient admissibles sans crainte de flambage. Un tel danger était d'autant moins à envisager que le pont devait être construit en deux parties, composées chacune de deux anneaux et du tablier intermédiaire de 2,00 m. Mais si les circonstances y avaient incité, on aurait pu construire les divers anneaux séparément, comme au pont de la Tournelle.

Les avantages du dispositif, ressortant de l'étude, sont:

Iᵒ un allègement important du tablier en béton armé et une économie correspondante,

2ᵒ une répartition parfaite des charges, tant fixes que mobiles. Grâce aux trottoirs en encorbellement, chaque anneau était identiquement chargé dans le projet étudié.

3ᵒ Par suite de cette excellente répartition, de la symétrie, de la disposition et de la faible largeur des anneaux, la distribution interne des tensions doit être très uniforme, sans les flexions transversales secondaires qui peuvent se produire dans les anneaux larges, et donner lieu à des tensions locales supérieures aux moyennes calculées. Donc les fatigues secondaires, que l'on ne peut déterminer mais qui peuvent être importantes, sont réduites. Il en est de même probablement des effets du retrait et des variations de la température. Le taux de travail maximum des arcs atteignait 45 kg/cm² dans le projet étudié.

4ᵒ La rigidité du tablier est plus grande dans le sens vertical. Sous le tablier, aux reins, les anneaux peuvent être entretoisés par quelques traverses, mais il n'a pas paru utile d'en prévoir.

5ᵒ La pose de canalisations sous le tablier est aisée. Grâce à la faible épaisseur du hourdis, on peut les suspendre en dessous sans qu'elles soient apparentes. Dans le projet à deux anneaux, pour obtenir le même résultat, les conduites devaient traverser, en les déforçant, les entretoises de grande hauteur du tablier en béton armé.

6ᵒ En cas d'urgence, on peut mettre en service la première moitié du pont dès son achèvement (2 anneaux, largeur du tablier provisoire 8 m).

7ᵒ On peut établir des tabliers de toutes largeurs et on peut concevoir l'élargissement éventuel par addition d'anneaux, sans arrêt de trafic sur le pont primitif.

8ᵒ Les culées peuvent recevoir des dispositions très favorables. Dans le projet, elles sont formées de massifs établis dans le prolongement des anneaux, de même largeur que ceux-ci et s'épanouissant vers l'assise de fondation. Ces contreforts s'appuient sur une épaisse semelle commune, établie sur le bon terrain ou sur pieux en cas de besoin. Les massifs extrêmes, éventuellement plus épais, forment les murs de tête des culées. Un masque vertical, d'épaisseur convenable pour résister à la poussée des terres et contribuer au redressement des réactions des arcs, réunit les massifs au dessus du niveau du sol et tient lieu de piédroit. Ce dispositif a été reconnu très satisfaisant. La stabilité élastique des culées était excellente sous l'effet des poussées maxima et en supposant les terres enlevées, hypothèse très défavorable et, en, fait, irréalisable. Le poids des terres, dont il n'avait pas été tenu compte, donnait encore un supplément de stabilité, puisque le poids total était presque le même que celui d'une culée massive. La résistance était aussi satisfaisante lorsque, tenant compte des poids et de la poussée des terres, on envisageait les réactions minima des arcs. Dans l'ensemble, l'économie réalisée par ce dispositif en comparaison des culées pleines du projet à deux anneaux, était très considérable et voisine de 30%.

9⁰ Les piles aussi peuvent recevoir des formes favorables, notamment par piliers séparés. Dans le projet envisagé, la disposition consistait en un soubassement massif jusqu'au niveau des naissances, supportant des piliers correspondant aux anneaux. Les vides étaient recouverts par des éléments de tablier en béton armé. Cette disposition s'accordait avec l'ensemble de l'ouvrage, eu égard à l'aspect recherché, et paraissait suffisamment économique

10⁰ Les avantages d'exécution sont certains. Les facilités de circulation entre les anneaux favorisent la manutention. Le bétonnage est facilité, notamment par la réduction de largeur des anneaux, qui permet de mouler de plus grands claveaux en un poste. L'emploi de blocs moulés d'avance est possible. Les divers anneaux peuvent être éventuellement construits sur un seul cintre mobile, comme au pont de la Tournelle, ce qui réduit sensiblement les dépenses de cintrage. Le décintrement des anneaux minces par le moyen de vérins est facilité par la division de la poussée.

En résumé, la variante étudiée d'après les dispositions décrites réalisait, outre de nombreux avantages techniques, une diminution du cube de béton voisine de 15%. Son principe améliore donc beaucoup l'économie des ponts en béton ou maçonnerie à large tablier. Il procède directement des nombreux travaux dont M. Séjourné fut le précurseur. Il en atténue le caractère mixte et donne aux ponts en béton des structures analogues à celles des ouvrages en béton armé.

La non réalisation du projet étudié en 1926—27 a été due à des circonstances n'ayant aucune signification technique et qui ne peuvent être invoquées contre lui.

Le système peut convenir aux ponts-routes, aux ponts-rails et aux ponts-canaux, mais surtout aux premiers. Pour les ponts de chemin de fer, les tabliers séparés, selon le système employé par M. Freyssinet à Landelies (Belgique) pour le pont Candelier, paraissent préférables.

*  *  *

Il y a peut-être quelque intérêt à décrire une disposition spéciale du projet étudié, qui ne se rattache pas nécessairement au principe des anneaux multiples, mais n'est guère possible qu'en association avec celui-ci et a été suggéré par son étude. Les arcs étant triplement articulés, les tabliers devaient avoir au moins trois joints. Au lieu de les établir sur les arcatelles habituelles, assez lourdes et coûteuses, le projet prévoyait des tabliers en béton armé recouvrant l'espace entre les piles et les reins des arcs, sans appuis intermédiaires. Chacun comportait huit poutres principales en béton armé, de dimensions appropriées, correspondant aux anneaux par groupes de deux. Elles prenaient appui sur les arcs, près de leurs faces latérales, par des semi-articulations Mesnager et sur les piles ou culées par des balanciers en béton armé du système de M. H. Lossier ou par des rouleaux. Entre ces poutres, le hourdis en béton armé était constitué comme entre les anneaux.

La raison d'être du dispositif était un allègement très notable, une bonne jonction du tablier avec la voie sur les appuis et enfin la recherche d'un aspect léger, à grands élégissements, ayant quelqu'analogie avec ceux du pont des Amidonniers à Toulouse ou davantage encore avec ceux de certains ouvrages suisses en béton armé. (Par exemple, l'ancien pont de Tavanasa.)

L'inconvénient de la subdivision supplémentaire du tablier n'est guère à retenir car, pour un arc triplement articulé, l'appoint de la rigidité des arcatelles dans la région des naissances ne peut être qu'insignifiant. Les anneaux restent solidarisés par le tablier entre la clef et les reins, ce qui est l'essentiel. Le système est isostatique, les fatigues secondaires non calculées sont réduites. Les lignes d'influence des fatigues des fibres extrêmes sont modifiées dans l'étendue de ces tabliers de jonction, dans un sens plutôt favorable à la sollicitation des arcs. Seulement, ceux-ci reçoivent aux reins les charges concentrées des appuis des tabliers de jonction, ce qui produit un léger jarret dans la ligne des pressions. Les axes des arcs ont été établis d'après le funiculaire des poids morts et de telle sorte que les effets de flexion des charges mobiles fussent minima. Il a été possible, malgré la discontinuité précitée, de réaliser un axe satisfaisant, formé d'un arc central de courbe du 4e degré, se raccordant tangentiellement, au droit des appuis des tabliers de jonction, à deux arcs extrêmes de paraboles du second degré. Il y avait donc là une très faible discontinuité de courbure. Mais, grâce à la variation modérée d'épaisseur des anneaux, l'aspect obtenu était très satisfaisant.

M. DE BOULONGNE, Ingénieur en Chef des Ponts et Chaussées, Ingénieur en Chef des Constructions métalliques à la Cie P. L. M.:

## La Réparation et le Renforcement du Viaduc en Fonte sur le Rhône à La Voulte au moyen d'Éléments Métalliques et de Béton Armé [1]

Le Pont en arcs en fonte sur le Rhône près de La VOULTE, de 5 arches de 55 mètres d'ouverture chacune à une voie, a été renforcé en 1923 par addition de gros ronds en acier placés de part et d'autre de la semelle d'intrades des arcs fortement fixés sur cette semelle et noyés dans une dalle en béton armé réunissant toutes les semelles inférieures des arcs et contribuant elle-même dans une très large mesure au renforcement:

une seconde dalle en béton armé a été établie à l'extrados vers les retombées sur une longueur de 6 m environ;

une troisième dalle en béton armé renforcée par des nervures transversales a été établie sous le ballast qui porte la voie.

Les calculs du renforcement ont été faits avec beaucoup de soin et le bon résultat du travail a été constaté par des vérifications expérimentales faites avec des appareils Manet-Rabut en 1924 et 1928.

On a obtenu trois résultats très intéressants:

1. Au point de vue technique, l'ouvrage qui ne pouvait supporter que le passage des locomotives les plus légères du Réseau supporte maintenant sans fatigue et sans trépidation les machines les plus lourdes.

2. Le renforcement a coûté moins de 50% de la dépense qu'aurait entraîné le remplacement.

3. L'aspect de l'ouvrage n'a pas été alourdi et reste aussi satisfaisant qu'avant le travail de renforcement.

Sur le même réseau P. L. M. M. de BOULONGNE a fait exécuter plusieurs autres renforcements du même genre de ponts en arcs aussi intéressants:

Pont sur le Rhône à CHASSE ..... 5 arches de 40 m d'ouverture à 2 voies
Pont sur le Rhône à LYON ....... 5 arches de 40 m d'ouverture à 2 voies
Pont biais sur l'ISÈRE à Montmélian
     près de CHAMBÉRY........... 4 arches de 35 m d'ouverture à 2 voies

---

[1] Une description sommaire de ce renforcement se trouve dans „Zeitschrift des Österr. Ingenieur- und Architekten-Vereines", No. 37/38, du 21 septembre 1928; la description la plus complète de ce renforcement se trouve dans les annales des ponts et chaussées (1924 — V, septembre-octobre).

Ce dernier renforcement est en cours d'exécution en 1928.[1]

Les économies réalisées grâce à ces renforcements par rapport aux remplacements sont en nombre rond:

Pour le Viaduc de La VOULTE . . . . . . . . . . . . . . . . . . . . . 2 millions ½ frs.
Pour le Viaduc de CHASSE . . . . . . . . . . . . . . . . . . . . . . . 3 millions ½ frs.
Pour le Viaduc sur le RHÔNE . . . . . . . . . . . . . . . . . . . . . 4 millions de frs.
Pour le Viaduc sur l'ISÈRE . . . . . . . . . . . . . . . . . . . . . . . 3 millions de frs.

Économie Totale actuelle . . . 13 millions de frs.

D'autres études de renforcement sont en cours sur le Réseau P. L. M.

Plusieurs autres études de renforcements analogues ont été faites récemment en dehors du Réseau P. L. M. par la Société d'Études pour la construction et la réparation des ouvrages métalliques „Secrom" dont M. de BOULONGNE est Ingénieur Conseil.

Un renforcement étudié par cette Société pour un pont route de 45 mètres d'ouverture vient d'être exécuté en Angleterre.

Un autre renforcement est en exécution près de PARIS pour un pont route sur la Seine, à SAINT-OUEN, qui comporte un ouvrage à 4 arches de 31 mètres d'ouverture chacune et un ouvrage à 2 arches de 32,50 m d'ouverture chacune.

M. de BOULONGNE signale, dans les notes descriptives qu'il a écrites au sujet de ces renforcements, que les études de renforcement de ce genre exigent une grande expérience et un grand soin pour le choix de tous les détails des dispositions et que l'exécution doit être aussi très soignée.

Oberbaurat Dr. techn. e. h. FRITZ EMPERGER, Wien:

### Armierungen von Bogenrippen aus Eisenbeton[2]

Die „aufgelöste" Bauweise, von Gewölben in der Form von Längsrippen, ermöglicht eine Verringerung des Eigengewichtes der Konstruktion, wie sie bei großen Spannweiten erforderlich ist, und verlangt eine Armierung dieser Rippen mit der Aufgabe, bei den Formänderungen des Beton ausgleichend mitzuwirken und auch die Festigkeit zu erhöhen. Um sich über die Mitwirkung dieser Eisen klar zu werden, wurden Versuche mit Bogenquerschnitten in einem Drittel der Naturgröße ausgeführter Bogenbrücken in Angriff genommen, welche gezeigt haben, daß bei schlaffen Rundeisenbewehrungen zwei zusammenhängende Erscheinungen auftreten. Es werden einerseits die Rundeisen unter Druck in den Beton hinein ausweichen und so nur unvollkommen mitwirken, anderseits ergibt sich die Gefahr, daß der Beton durch diese Ausweichung gesprengt wird.

Der österr. Eisenbetonausschuß hat die damit zusammenhängenden Fragen zu untersuchen unternommen. Der erste Schritt galt der Wirkung der Umschnürung (Heft XI der Berichte 1927). Als zweiter Schritt wurde die Wirkung des Bügelabstandes untersucht und gefunden, daß selbst bei ganz dichten Bügeln und sogar bei Umschnürungen die schlaffen Druckarmierungen seitlich ausweichen und daher nicht voll ausnutzbar sind (siehe Bauingenieur 1928, Heft 27). In Fortsetzung dieser Arbeiten wurde die Mitwirkung der Schale beim umschnürten Querschnitt untersucht und festgestellt, daß die Umschnürung, welche die Querdehnung des

---

[1] Depuis septembre 1928 la Cie. P. L. M. a terminé le renforcement du Viaduc sur l'ISÈRE à Montmélian et elle procède en ce moment anrenforcement du Viaduc sur le RHÔNE à Saint-Rambert d'Albon, qui comporte 5 arches de 50 m d'ouverture à 1 voie.

Les travaux sont commencés depuis Juillet 1929. (Annotation de septembre 1929.)

[2] Der vollständige Vortrag erschien in der Zeitschrift „Beton und Eisen", H. 3 v. 1929.

Querschnittes vermindert zur Folge hat, daß die Schale später abspringt als beim nicht umschnürten Querschnitt. Während nun bei einer Säule nach Abfallen der Schale mittelst starken Umschnürungen eine weitere Erhöhung der Festigkeit erreichbar ist und man dies deshalb in Kauf nimmt, so kommt dies beim Bogenquerschnitt nicht in Frage, weil mit Abfallen der Schale am gedruckten Rand (Abb. 1) eine solche Verminderung

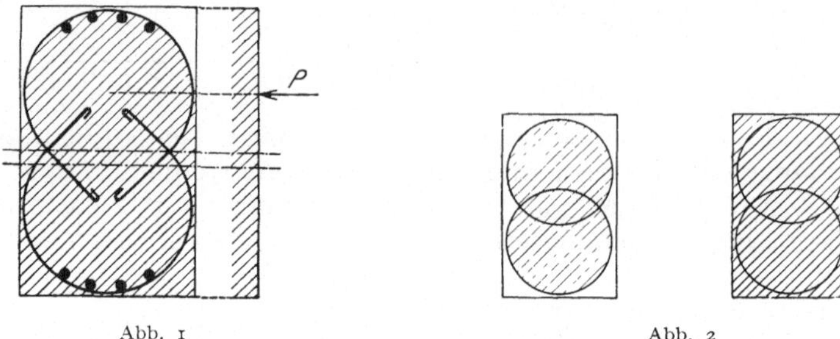

Abb. 1                           Abb. 2

des Trägheitsmomentes eintritt, daß die Festigkeit des Bogens in Frage gestellt wird. Es kommen daher im Bogenbau nur leichte Umschnürungen der Bogenquerschnitte in Frage, welche nicht zur Erhöhung der Gesamtfestigkeit dienen, sondern nur zur Sicherstellung des Zusammenhanges des gesamten Querschnittes. Diese Frage wurde zunächst in der Weise behandelt, daß man umschnürte Querschnitte ohne Längsarmierung (Abb. 2) untersucht hat und bei einer steigenden Betonfestigkeit jene Umschnürung ermittelt hat, welche den Zusammenhalt des ganzen Querschnittes bis zum Bruch zur Folge hat.

    Es ergab sich die weitere Aufgabe, jene Form der beiden Armaturen zu ermitteln, durch welche

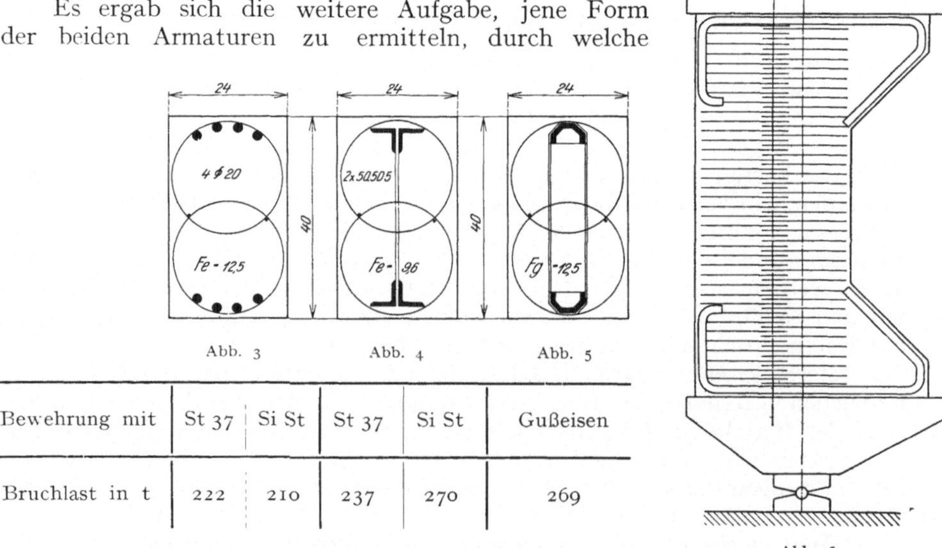

Abb. 3            Abb. 4            Abb. 5

Abb. 6

| Bewehrung mit | St 37 | Si St | St 37 | Si St | Gußeisen |
|---|---|---|---|---|---|
| Bruchlast in t | 222 | 210 | 237 | 270 | 269 |

auch die Mitwirkung der Längseisen sichergestellt erscheint. Dies geschah durch die in den Abb. 3 bis 5 dargestellten Versuche, bei denen man von der gewöhnlichen Verbügelung als dazu untauglich abgesehen und nunmehr Umschnürungen angewendet hat. Die Versuche wurden mit Längseisen von zweierlei Stahl ausgeführt, um zu ermitteln, ob sich der Unterschied in der Stahlqualität in der Bruchlast Geltung verschafft. Nachdem die Abmessungen soweit gleiche sind, so geben die unter den Abb. 3 bis 5 angeschriebenen Bruchlasten bereits eine Übersicht über das erzielte Ergebnis. Wir sehen, daß bei der Rundeisenarmierung mit St. 37 (Fließgrenze bei 2100 kg/qcm) die Bruchlast 222 t, bei St. 48 (Fließgrenze bei 3000 kg/qcm) aber 210 t betragen hat, so zwar, daß das bessere Eisen eine geringe Bruchlast ergab. Es ist dies ein Beweis der Unzuverläßlichkeit der Rundeisenarmierung, welche selbst durch die Umschnürung nicht ganz aufgehoben wird, weil die Rundeisen längst der Umschnürung ausweichen. Bei den Versuchen mit knicksteifen Querschnitten (Abb. 4), die etwas kleiner waren wie die Rundeisen, erhalten wir mit St. 37 eine Bruchlast von 237 t und mit St. 48 eine solche von 270 t. Der Zuwachs an Festigkeit entspricht hinreichend genau dem Qualitätsunterschied im Stahl. Die Abb. 5 zeigt auch einen Versuch mit Gußeisen und 269 t Bruchlast.

Die Versuche mit exzentrischen Lasten haben die Ergebnisse mit zentrischen Lasten bestätigt, wobei sich bekanntlich die Randspannung auf Biegung des Betons erhöht, abhängig von der Form des Querschnittes und der Größe der Exzentrizität. Um diese Variation auszuscheiden, wurden alle Versuche mit der gleichen Exzentrizität von 8 cm ausgeführt (Abb. 6), entsprechend der maximalen Ausweichung beim Bogen. Zur Kennzeichnung der Steigerung der Biegungsspannung auf Druck

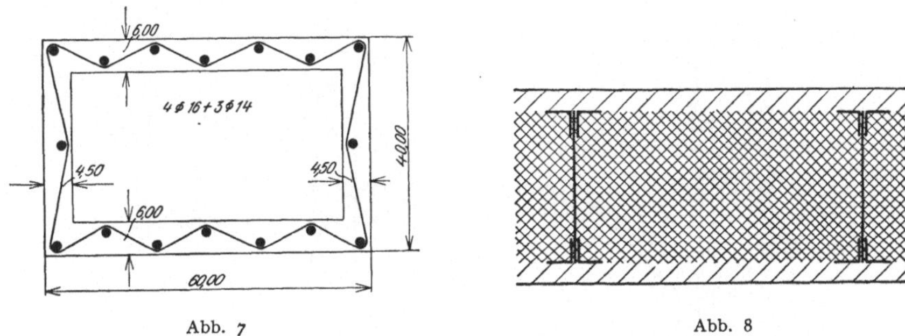

Abb. 7         Abb. 8

dienen die folgenden Zahlen. Wenn wir annehmen, daß die Druckfestigkeit am Rande des Betons gleich seiner zentrischen Eigenfestigkeit wäre, so müßte durch diese Exzentrizität von 8 cm bereits ein Abfall von 1/2,2 = 0,48 eintreten. Wenn wir weiterhin annehmen, daß beim Bruch die Schale abfällt, so müßte dieser Abfall sich auf 1/2,74 = 0,37, also auf $^3/_4$ wie vorangehend erniedrigen. Bei unseren Versuchen mit gewöhnlichem Beton ergab sich aber anstatt der erwarteten Verminderung von 93 t zentrisch auf 45 t exzentrisch eine Bruchlast von 74 t, eine Erhöhung von 64%. Bei Versuchen mit umschnürtem Körper ohne Längsarmierung hätte also noch ein größerer Abfall wegen des Abbrechens der Schalen stattfinden sollen. Dagegen ergab sich anstatt dem rechnungsmäßigen Abfall von 118 t auf 54 t eine Erhöhung der Bruchlast auf 110 t, also eine noch viel größere Erhöhung von 104%, also um 40% mehr anstatt um 23% weniger als ohne Umschnürung. Unsere Anschauungen verlangen also noch eine Richtigstellung über die Wirkung der Umschnürung bei exzentrischem Druck. Ähnliche Ergebnisse zeigten die exzentrischen Versuche mit Längsarmierung. Obwohl der Umfang der Versuche ein für die Größe der Aufgabe kleiner genannt werden muß, so lassen sich doch bereits einige Gesichtspunkte als hinreichend geklärt bezeichnen.

1. Eine leichte Umschnürung der Bogenrippen erlaubt ihre Tragkraft soweit sicherzustellen, daß wir der Rechnung den gesamten Betonquerschnitt mit der Schale zugrunde legen können.

2. Die Umschnürung ermöglicht eine volle Ausnutzung der Tragkraft steifer Profile als Längseisen.

3. Es erscheint insbesondere möglich, auf diese Weise die Druckfestigkeit vom hochwertigen Stahl auszunützen.

Durch diese Regel wird ein Bindeglied zwischen dem reinen Eisenbau und dem gewöhnlichen Eisenbeton geschaffen, und kommt insbesondere bei weiten Spannweiten der Gebrauch von steifen Armierungen in Frage, welche auch zur Ersparung der Rüstungen herangezogen werden können.

Bei den neueren Bogenbrücken wurden zwei Wege eingeschlagen, um einen tragfähigen Querschnitt bei weiterer Verminderung des Eigengewichtes der Bogenrippen zu erzielen. Die eine besonders in Frankreich ausgebildete Form bestand in einer Ausdehnung in der Mitte des Bogenquerschnittes, sei es als Kastenform oder Fachwerk. Seine leichte Armatur spielt bei der Beurteilung der Tragfähigkeit dieser Bögen keine Rolle, es wäre denn, daß sie durch eine vorzeitige Sprengung die Wirkung des Querschnittes herabmindert. Einen Parallelversuch dieser Art zu Abb. 3 zeigt Abb. 7. Mangels ausführlicher Versuche auf diesem Gebiete sei erwähnt, daß manche dieser Kastenwände zu schlank dimensioniert sind, um eine verläßliche statische Mitarbeit erwarten zu lassen. Der andere eingeschlagene Weg bedient sich einer kräftigen Längsarmierung. Um ihre Zusammenarbeit mit der Betonhülle sicherzustellen, genügt der gewöhnliche Eisenbeton nicht. Ein im

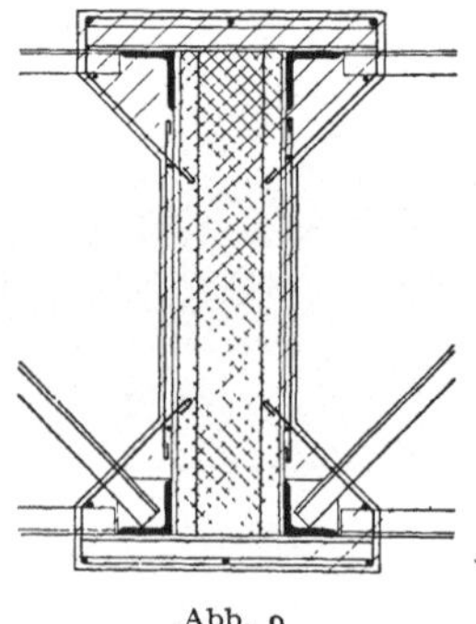
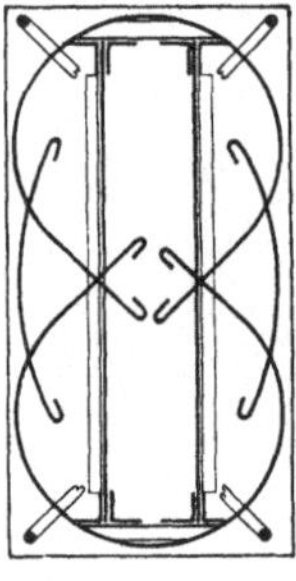

Abb. 9                                    Abb. 10

Heft III der Berichte des österr. Eisenbetonausschusses ausgeführter Versuch zeigt, daß eine Gußeisensäule von 209 t Tragfähigkeit durch eine Umschnürung auf 267 bzw. 233 t erhöht werden kann, daß aber eine Ummantelung in Eisenbeton bei Gußeisen sogar einen Verlust an Tragfähigkeit bis 143 t bedeutet. Bei dieser Last wird der Zusammenhang der beiden Baustoffe gestört, die Last plötzlich auf das Gußeisen übertragen und so vorzeitig zum Bruch gebracht, wie dies bei dem spröden Baustoff verständlich ist, der durch die Umschnürung ebenso wie der Beton die Sprödigkeit verliert. An der Hand dieser Versuche wird an ausgeführten Verstärkungen von Gußeisenbrücken gezeigt, wie man diesbezüglich vorgehen soll und welche Fehler gemacht wurden. Doch selbst wenn eine solche Verminderung nicht eintritt, so ist zu bedenken, daß die rechnerische Einbeziehung von Eisenbetonhüllen aus gewöhnlichem Eisenbeton etwas sehr Fragwürdiges ist. Es scheint dies insbesondere, wenn diese Methode bei Neubauten angewendet wird, wobei man sich der unberechtigten Bezeichnung bedient, diese Anwendung als System „Melan" anzusprechen. Die von Prof. MELAN vorgeschlagene Anwendung zeigt Abb. 8. Der zwischen den Flanschen eines $\mathbf{I}$-Trägers eingeschlossene Betonbogen zeigt eine hinreichende Zusammenarbeit bis zum Bruch. Ganz anders liegen die Verhältnisse bei den Abwendungen in Abb. 9, bei welchen höchstens der zwischen den Eisenträgern eingeschlossene Teil des Betons dauernd als mittragend anzunehmen ist. Vorsichtigerweise sollte man für die Bruchlast nur die Tragfähigkeit der Eisenträger allein in Betracht ziehen. Beim Versagen des Betons und bei den heute üblichen geringen Sicherheiten ergibt sich da ein bedenklicher Festigkeitsabfall. Zur Bestimmung der Sicherheit sollte man die zulässig erklärte Last bezogen auf die ganze Betonhülle mit der Bruchlast vergleichen, bei welcher die Betonhülle nicht mitwirkt.

Um die Mitwirkung der schweren Eisenquerschnitte zu sichern, bedarf es einer Umschnürung, mittels welcher der Beton in verläßlicher Weise (Abb. 10) an die Eisenträger befestigt ist, durch welche die Querverbundung des Betons vermindert und die Ausquickung der Eisen hintangehalten erscheint. Diese Zusammenarbeit zwischen Eisentragwerk und Betonquerschnitt wurde durch eine große Anzahl von zentrischen und exzentrischen Versuchen ermittelt. Die Umschnürung hat dabei keinesfalls die im Säulenbau übliche Aufgabe, die Festigkeit des Betons zu erhöhen, sie soll einerseits die Tragkraft und Rißfreiheit des Betons, anderseits die Mitarbeit der Längseisen aus hochwertigem Stahl gewährleisten. Es erscheint damit der Weg angegeben, wie man in verläßlicher Weise die Zusammenarbeit der beiden Bogenbaustoffe, Stahl und Beton, bis zum Bruch bei voller Ausnutzung ihrer Druckfestigkeiten erreichen kann.

Dr. Ing. FRANZ VISINTINI, Wien:

### Neuere Ausführungen im Eisenbetonfachwerk „System Visintini"

Der Vortragende führte eine größere Anzahl Bilder von Brücken vor, die nach seinem System gebaut sind. In seinen einleitenden Worten sprach er davon, daß gerade der deutsche Techniker in der Nachkriegszeit bestrebt sein mußte, möglichst wirtschaftlich zu arbeiten. Obwohl bereits das Fachwerk den Mindestaufwand an Material gewährleistet, habe er die gezogenen Füllstäbe und besonders die Zuggurtungen noch schlanker als üblich gehalten, um an Masse und damit an Eigengewicht zu sparen. Freilich mußten dafür eine erhöhte Betonzugspannung und für das bewaffnete Auge wahrnehmbare Risse in Kauf genommen werden. Letzterem Nachteil werde aber nach völligem Erhärten des Betons und nach stattgehabter Belastungsprobe wirksam durch Verkieselung der Betonoberfläche entgegengetreten.

Dr. VISINTINI führte weiter aus, daß sich bei Brücken größerer Spannweite als günstigste Hauptträgerform beim Eisenbetonfachwerk der Parabelträger erwiesen habe. Für die Parabel habe er nach vergleichsweiser Untersuchung mehrerer hundert Parabelträgerformen die wirtschaftlichste theoretische Höhe errechnet, welche sich als Funktion der Spannweite ergibt, vermehrt um eine Konstante, die jeweilig gleich der Querträgerhöhe ist. Die Formel für flach verlaufende Parabeln lautet $h = 0{,}15\, l + h$ und für steilere $0{,}16\, l + h$.

Der Vortragende zog in seinen weiteren Ausführungen einen Vergleich zwischen dem Eisenbetontragwerk und dem eisernen Tragwerk. Ersteres überrage, abgesehen von allzugroßen Spannweiten, bei Brücken in bezug auf Seitensteifigkeit, geringere Durchbiegung und absolute Tragfähigkeit. Besonders die absolute Tragfähigkeit werde immer zu wenig berücksichtigt. Ein Tragwerk soll theoretisch bis zum Bruch $3\,g + 4\,p$, d. i. 3faches Eigengewicht $+$ 4fache Nutzlast tragen, wobei meistens zu ungunsten des Eisenbetons vergessen werde, daß der erste Summand bei Eisenbeton je nach Spannweite und Breite des Brückenobjektes, gegenüber einem eisernen Tragwerk gleicher Hauptabmessungen, ein bedeutend größerer ist.

Ausführungen nach System VISINTINI[1] finden sich außer in Österreich auch in Deutschland, Amerika und Rußland; vor dem Kriege wurden solche Brücken auch von der Kolonialregierung in Deutsch-Ostafrika mit Erfolg eingeführt.

---

[1] Abbildungen mehrerer dieser Ausführungen (Straßenbrücken) finden sich in einem in „Bauingenieur", H. 9/10 d. J. erschienenen Aufsatze.

Der Vortragende wies auf die Schwierigkeiten hin, welchen die Einführung des Eisenbetontragwerkes begegnete, und zitierte schließlich das folgende Urteil Prof. Dr. SALIGERS: „Für den Eisenbeton hielt man das Fachwerk lange Zeit als ungeeignet und nahm sich auch nicht die Mühe, seine Anwendung zu versuchen. Der Grund hiefür liegt, wie die großartigen Erfolge beweisen, nicht in der Untauglichkeit des steinähnlichen Materials für gegliederte Konstruktionen, sondern in der durch die massiven Steinkonstruktionen beeinflußten Psychologie des menschlichen Geistes, welchem die Verfeinerung eines solchen Baustoffes zu Gitterstäben widerstrebte. Dem mutigen Gedanken des Ingenieurs VISINTINI und seiner bewunderungswürdigen zähen Ausdauer in der Durchsetzung seiner gesunden Idee verdankt die Fachwelt den Bruch des alten Vorurteils und die Schaffung des Fachwerkträgers aus Eisenbeton."

Prof. Dr. Ing. FRITSCHE, Prag:

### Zur Frage der teilweisen Anhängung bei steif bewehrten Gewölben[1]

Nach einem Hinweis auf die Wichtigkeit dieser Frage bei der Bauweise MELAN und einer Skizzierung des derzeitigen Standes derselben wird ein Verfahren zur Erzielung einer teilweisen Anhängung besprochen, das der Vortragende gelegentlich der Verfassung eines Wettbewerbsentwurfes für die Überbrückung des Nuslertales in Prag ausgearbeitet hat. Es besteht im wesentlichen in der Benützung eines hölzernen Entlastungsbogens, der mit den steifen Bewehrungsbögen zur gemeinsamen Verformung gebracht wird und der durch geeignete Maßnahmen, die eine gewisse Ähnlichkeit mit dem Gewölbe-Expansionsverfahren von FÄRBER-FREYSSINET haben, zum Tragen eines bestimmten Teiles des Wölbgewichtes herangezogen werden soll; durch das Ausrüsten wird dieser Teil in den fertigen Eisenbetonbogen geleitet und so durch das Eintragen der großen Längskraft in diesem das Auftreten sonst unvermeidlicher größerer Biegungszugspannungen verhindert.

Professor Dr. Ing. R. SALIGER, Wien:

### Versuche mit umschnürten Gußeisenbetonsäulen, ausgeführt durch die Technische Versuchsanstalt der Technischen Hochschule in Wien

*a) Versuchsprogramm*

Umschnürte Gußeisenbetonsäulen sind bisher nach verschiedenen Bauarten ausgeführt worden. Gemeinsam ist ihnen die Anordnung eines Kerns aus Gußeisen, der mit einer in Beton eingebetteten Umschnürung ummantelt ist. Die ursprüngliche Form des Gußeisenkerns, die sich aus dem erstmaligen Zweck ergab, ist die Gußeisensäule mit kreisringförmigem Querschnitt. Aus baulichen Gründen ist diese Form ersetzt worden durch einzelne voneinander unabhängige Stäbe aus Gußeisen, die an der Baustelle verlegt und umschnürt wurden. Einen erheblichen Fortschritt hinsichtlich der Zuverlässigkeit des Gußeisenkerns und der Umschnürung stellt eine von Dr. BRUNO BAUER herrührende Gestaltung dar, welche einen aus einem Gußeisengerippe bestehenden Kern verwendet, der vor dem Einbau maschinell umschnürt wird. Diese umschnürten Gußeisenkerne werden auf der Baustelle einbetoniert und gewährleisten nicht nur eine größere Genauigkeit der Herstellung, sondern auch wirtschaftliche Vorteile.

Um die Tragkraft so hergestellter Druckkörper, die sowohl im Hochbau wie im Bogenbrückenbau Anwendung finden, zu erforschen, hat der Berichterstatter

---

[1] Der vollständige Vortrag ist in der Zeitschrift „Der Bauingenieur", H. 2, Jahrg. 1929, erschienen.

unter Benützung des von Dr. FRITZ EMPERGER gesammelten Versuchsmaterials ein Versuchsprogramm aufgestellt, das die einschlägigen Fragen zur Beantwortung bringen soll.

Das Versuchsprogramm umfaßte 44 Säulen, darunter 4 Betonsäulen ohne Bewehrung und 4 Säulen aus umschnürtem Beton zu Vergleichszwecken. Außerdem wurden 4 Säulen (Nr. 7c, d und Nr. 9c, d) an der tschechischen Technischen Hochschule in Prag betoniert und geprüft.

Die Versuche sollten dartun, welchen Einfluß der quadratische und der Kreisquerschnitt auf die Tragfähigkeit der Säulen besitzen, ferner wie weit die Festigkeiten des Gußeisens und des Betons ausnützbar sind und welche Wirkung verschieden starke Umwehrungen besitzen. Es sind immer je zwei gleiche Säulen her-

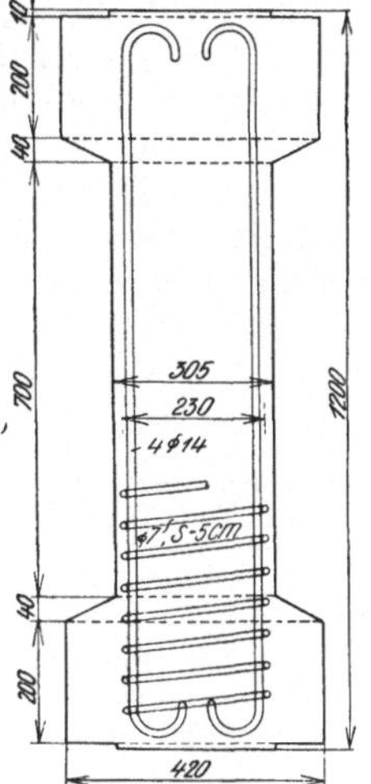

Abb. 3. Bewehrung der Säulen Nr. 3

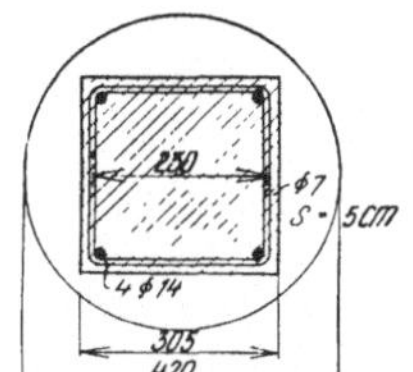

Abb. 1. Querschnitt der Säulen Nr. 3

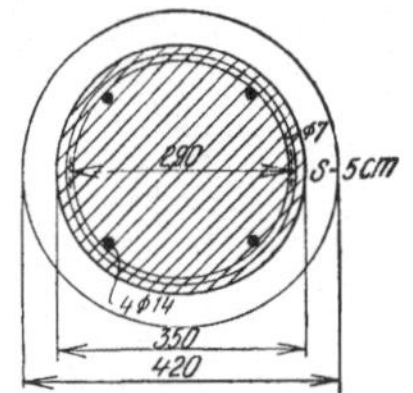

Abb. 2. Querschnitt der Säulen Nr. 4

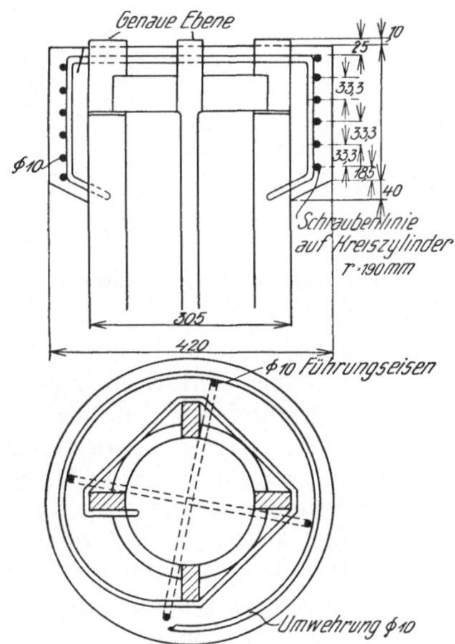

Abb. 4. Ausbildung der Säulenköpfe

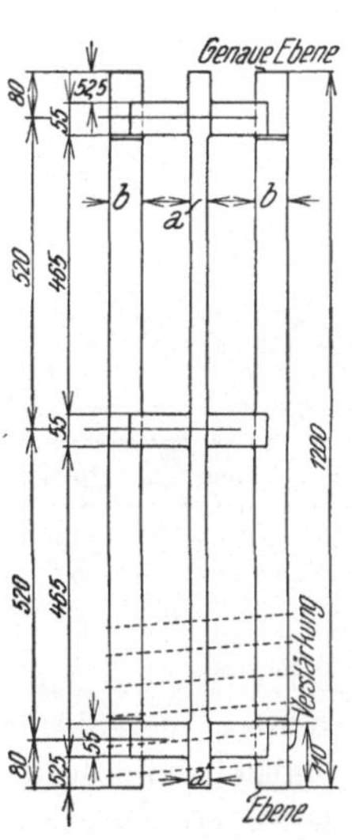

Abb. 5. Gußeisenkern

gestellt worden und zur Erprobung gelangt. Von den 36 umschnürten Gußeisenbetonsäulen hatten 18 Säulen Geviertquerschnitt mit 30 cm Kantenlänge und 18 Säulen Kreisquerschnitt (in der Ausführung 24eckig) von 35 cm Durchmesser. Die Säulenlänge betrug bei 30 Säulen 120 cm, bei 6 Säulen 276 cm. Die große Säulenlänge bezweckte die Erforschung des Abfalls der Tragkraft mit wachsender Höhe. Die Köpfe aller Säulen einschließlich jener aus Beton und umschnürtem Beton wurden mit einem Eisengerippe bewehrt und besaßen einen um 12 cm größeren Durchmesser als die Schäfte. Die Höhe der Säulenköpfe betrug 25 cm, so daß die reine Schaftlänge bei den kurzen Säulen noch 70 cm betrug. Diese Anordnung hat sich bei allen Säulen bewährt, da der Bruch überall im Schaft eingetreten ist. Die Lastübertragung erfolgte bei den Säulen aus Beton und umschnürtem Beton in einer Fläche, welche dem Schaftquerschnitt gleich ist, bei den umschnürten Gußeisensäulen durch unmittelbare Belastung der an den Köpfen verstärkten Gußeisenlamellen mittels besonders harter Stahlplatten.

*Abmessungen zur Abb. 6*

| Form | $a_{\text{mm}}$ | $b_{\text{mm}}$ | $d_{\text{mm}}$ | $L_{\text{mm}}$ |
|------|------|------|------|------|
| $A$ | 14—16 | 55—57 | 300—308 | 1200 |
| $B$ | 26—32 | 55—65 | 300—308 | 1200 |
| $B'$ | 26—32 | 55—65 | 300—308 | 2760 |
| $C$ | 37—49 | 54—62 | 300—308 | 1200 |
| $C'$ | 37—49 | 54—62 | 300—308 | 2760 |

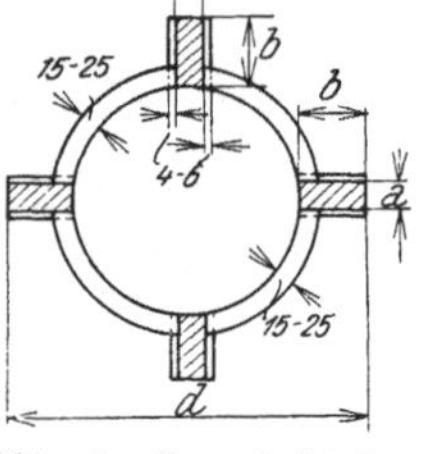

Abb. 6. Querschnitt des Gußeisenkerns nach Abb. 5

Abb. 7. Gußeisenkern der Säulen Nr. 21 und 22

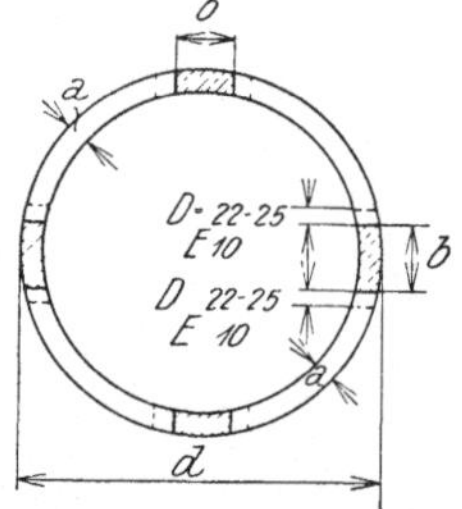

Abb. 8. Querschnitt der Gußeisenkerne nach Abb. 7

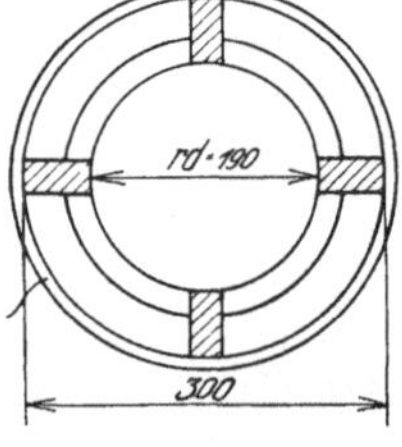

Abb. 9. Geviertumschnürung der Gußeisenkerne

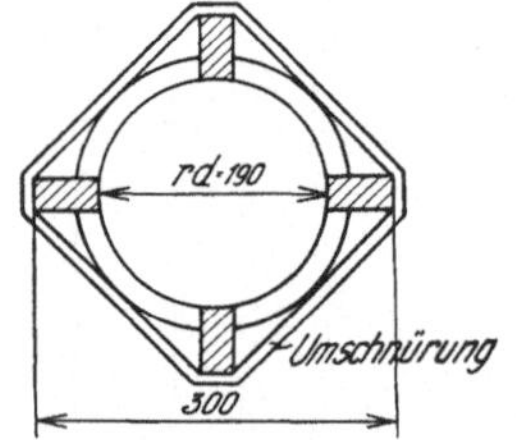

Abb. 10. Kreisumschnürung

*Abmessungen zur Abb. 8*

| Form | $a_{\text{mm}}$ | $b_{\text{mm}}$ | $d_{\text{mm}}$ | $L_{\text{mm}}$ |
|------|------|------|------|------|
| $D$ | 12—15 | 57—60 | 300 | 1200 |
| $E$ | 25—30 | 58—61 | 300 | 1200 |

Alle Gußeisenkerne bestanden aus 4 Lamellen, die durch Gußeisenringe in 52 cm Abstand miteinander verbunden waren und ein einheitliches Gußeisengerüst bildeten.

Zur Erforschung der Ausnützbarkeit der Gußeisenfestigkeit wurden drei verschiedene Querschnittstärken in Aussicht genommen, und zwar mit 28,6 qcm, 57,2 qcm und 85,8 qcm Querschnitt. Die tatsächlichen Querschnitte sind aus der Tafel I ersichtlich. Sie sind als Mittelwert aus 20 Messungen an jeder Säule festgestellt. Sie waren durchwegs größer als die geplanten Querschnitte, und zwar bei den schwachen Gußeisenlamellen bis 20%, bei den mittelstarken bis 18% und bei den starken bis 17%. Der tatsächliche Gußeisenbewehrungsanteil an dem durch die Umschnürung umgrenzten Kernquerschnitt beträgt 4,6 bis 15,3%. Die Anordnung der Lamellen erfolgte bei der Mehrzahl der Säulen radial, so daß die kleinere Abmessung der Gußeisenlamelle am Umfang der Umschnürung lag. Bei vier Säulen wurden die Lamellen tangential angeordnet.

## Tafel I
## Tatsächliche Abmessungen der Versuchssäulen

| Nr. | Stoff | Länge in cm | Äußerer Querschnitt cm | Kernquerschnitt $F_k$ qcm | Längsbewehrung | | | Umschnürung | | | | |
|---|---|---|---|---|---|---|---|---|---|---|---|---|
| | | | | | Form | $F_e$ bezw. $F_g$ qcm | $\mu = \dfrac{F_g}{F_k}$ in % | Dicke mm | Ganghöhe $s$ cm | Länge einer Windung $u$ cm | $F_s = \dfrac{F_1 \cdot u}{s}$ qcm | $\mu_s = \dfrac{F_s}{F_k}$ in % |
| 1 | Gußbeton | 120 | Geviert 30,5 . 30,5 | — | — | — | — | — | — | — | — | — |
| 2 | Gußbeton | 120 | Rund 35 | — | — | — | — | — | — | — | — | — |
| 3 | Umschnürter Beton | 120 | Geviert 30,5 . 30,5 | $23^2 = 529$ | — | $414 = 6,16$ | 1,2 | 7,0 | 5,0 | 92,0 | 7,0 | 1,3 |
| 4 | Umschnürter Beton | 120 | Rund 35 | $\dfrac{\pi \cdot 29^2}{4} = 660$ | — | $414 = 6,16$ | 0,9 | 7,0 | 5,0 | 91,0 | 6,9 | 1,1 |
| 5 | Umschnürter Gußeisenbeton | 120 | Geviert 30,5 . 30,5 | $23^2 = 529$ | A | 33,7 | 6,7 | 6,8 | 4,7 | 92,0 | 7,1 | 1,3 |
| 6 | Umschnürter Gußeisenbeton | 120 | Rund 35 | $\dfrac{\pi \cdot 30,9^2}{4} = 750$ | A | 34,4 | 4,6 | 6,8 | 4,7 | 97,0 | 7,5 | 1,0 |
| 7 | Umschnürter Gußeisenbeton | 120 | Geviert 30,5 . 30,5 | $23,9^2 = 572$ | B | 65,7 | 11,5 | 5,0 | 4,8 | 95,6 | 4,0 | 0,7 |
| 8 | Umschnürter Gußeisenbeton | 120 | Rund 35 | $\dfrac{\pi \cdot 31,1^2}{4} = 760$ | B | 66,7 | 8,8 | 5,0 | 4,8 | 97,7 | 4,1 | 0,5 |
| 9 | Umschnürter Gußeisenbeton | 120 | Geviert 30,5 . 30,5 | $24,0^2 = 576$ | B | 67,6 | 11,7 | 6,8 | 4,8 | 96,0 | 7,3 | 1,3 |
| 10 | Umschnürter Gußeisenbeton | 120 | Rund 35 | $\dfrac{\pi \cdot 31,1^2}{4} = 760$ | B | 66,3 | 8,7 | 6,8 | 4,8 | 97,7 | 7,4 | 1,0 |
| 11 | Umschnürter Gußeisenbeton | 120 | — | — | B | 66,2 | — | 6,8 | 10,0 | 96,0 | 3,4 | — |
| 12 | Umschnürter Gußeisenbeton | 120 | Geviert 30,5 . 30,5 | $24,0^2 = 576$ | B | 67,5 | 11,7 | 6,8 | 2,5 | 96,0 | 14,0 | 2,4 |
| 13 | Umschnürter Gußeisenbeton | 276 | Geviert 30.5 . 30,5 | $24,0^2 = 576$ | B' | 63,2 | 11,0 | 6,8 | 2,3 | 96.0 | 15,2 | 2,6 |
| 14 | Umschnürter Gußeisenbeton | 120 | Rund 35 | $\dfrac{\pi \cdot 31,3^2}{4} = 770$ | B | 66,4 | 8,6 | 6,8 | 2,5 | 98,4 | 14,3 | 1,9 |
| 15 | Umschnürter Gußeisenbeton | 120 | Geviert 30,5 . 30,5 | $24,6^2 = 605$ | B | 65,2 | 10,8 | 10,0 | 2,6 | 98.4 | 29,9 | 4,9 |
| 16 | Umschnürter Gußeisenbeton | 276 | Geviert 30,5 . 30,5 | $24,3^2 = 590$ | B' | 64,5 | 10,9 | 10,0 | 2,6 | 97,2 | 29,6 | 5,0 |
| 17 | Umschnürter Gußeisenbeton | 120 | Rund 35 | $\dfrac{\pi \cdot 31,6^2}{4} = 785$ | B | 67,5 | 8,6 | 10,0 | 2,5 | 99,2 | 31,4 | 4,0 |
| 18 | Umschnürter Gußeisenbeton | 120 | Geviert 30,5 . 30.5 | $25,6^2 = 655$ | C | 100,2 | 15,3 | 10,0 | 4,8 | 102,4 | 16,8 | 2,6 |
| 19 | Umschnürter Gußeisenbeton | 276 | Geviert 30,5 . 30.5 | $25,2^2 = 635$ | C' | 94,5 | 14,9 | 10,0 | 4,9 | 100,8 | 16,3 | 2,6 |
| 20 | Umschnürter Gußeisenbeton | 120 | Rund 35 | $\dfrac{\pi \cdot 31,6^2}{4} = 785$ | C | 98,9 | 12,6 | 10,0 | 4,9 | 99,2 | 16,0 | 2,0 |
| 21 | Umschnürter Gußeisenbeton | 120 | Rund 35 | $\dfrac{\pi \cdot 30,7^2}{4} = 740$ | D | 31,3 | 4,2 | 6,8 | 5,0 | 96,5 | 7,0 | 0,9 |
| 22 | Umschnürter Gußeisenbeton | 120 | Rund 35 | $\dfrac{\pi \cdot 30,7^2}{4} = 740$ | E | 63,1 | 8,5 | 6,8 | 2,5 | 96,5 | 14,1 | 1,9 |

Die Umschnürung war bei einem Teil der Säulen quadratisch, beim anderen kreisförmig, in allen Fällen eine fortlaufende Schraubenlinie über die ganze Länge des Gußeisenkerns. Die Ganghöhe der Umschnürung betrug 5 cm und 2,5 cm, die Umschnürungsstärke war 5, 7 und 10 mm. Die Unterschiede der Ausführung gegen die Planung sind aus der Tafel I erkennbar. Der Umschnürungsanteil schwankte von 0,5 bis 5%. Bei dem Säulenpaar 11 a, b war eine Verbindung der quadratischen und kreisförmigen Umwehrung mit einem Wellblechmantel in Aussicht genommen, doch wurden diese Säulen wegen Schwierigkeiten in der Herstellung aus dem Versuchsprogramm vorläufig ausgeschieden.

Die Einzelheiten der Abmessungen der Gußeisenkerne und der Umschnürungen sowie die Ausbildung der Köpfe sind aus den Abb. 1 bis 10 ersichtlich. Die Gußeisenkörper einschließlich der maschinell aufgewickelten Umschnürung sind von der Tannwalder Maschinenfabrik in Tannwald in Böhmen geliefert.

### b) Herstellung der Säulen

Die zur Betonierung gelangten 42 Säulen wurden in zwei Reihen a und b von je 21 Stück am 6. März, bzw. 16. März 1928 von der Betonbauunternehmung PITTEL & BRAUSEWETTER im Versuchsraum der Technischen Hochschule ausgeführt. Da der Versuchszweck nur gelingen konnte, wenn bei allen Säulen möglichst übereinstimmende Betonfestigkeit erreicht wird, wurde auf die Gleichmäßigkeit des Zuschlagmaterials und die Höhe des Wasserzusatzes größtes Gewicht gelegt. Letzterer wurde mit dem in Aussicht genommenen Zuschlagmaterial und Zement durch Setzproben vorher bestimmt und bei allen Säulen eingehalten, soweit nicht Änderungen im Feuchtigkeitsgehalt des Sandkieses kleine Abweichungen notwendig machten.

Aus dem angelieferten Donausandbaggerungsmaterial wurden drei Körnungen ausgesiebt, 0 bis 3 mm, 3 bis 10 mm und 10 bis 25 mm, deren Zusammenfügung so gewählt wurde, daß ein dichter Beton zu erwarten war. Damit ergab sich die Mischung 1 Raumteil 0 bis 3 mm, 1,8 Raumteile 3 bis 10 mm und 1 Raumteil 10 bis 25 mm Korngröße. Diese 3,8 Raumteile ergaben einzeln gemessen zusammen 100 l. Eine Füllung der Mischmaschine bestand demnach aus 26,1 l Feinsand, 47,8 l Mittelsand und 26,1 l groben Sandkies, wozu 30 kg Portlandzement und 15,7 l Wasser kamen.

Die Mischung der Korngrößen ergab eine Raumabnahme von 17,3 % und beim Festrütteln eine Raumverminderung von 24%. Beim fortschreitenden Austrocknen des Sandkieses mußte die Wassermenge von 15,7 auf 15,9 l je Mische vermehrt werden.

Zu den beiden Reihen a und b und den zugehörigen Probewürfeln und Probebalken wurden 82 Mischungen mit zusammen 8,2 cbm Sandkies und 2460 kg Zement verwendet, die 6,37 cbm Beton ergaben. Hieraus berechnet sich eine Ausbeute von 0,62; 1 cbm Beton enthält 390 kg Zement.

Während der Herstellung der Versuchsreihe a betrug die Luftfeuchtigkeit 45 bis 41%, die Temperatur des Raumes in 1,2 m Höhe über dem Boden 15 bis 16°. Bei der Herstellung der Versuchsreihe b betrug die Feuchtigkeit 45 bis 47% und die Temperatur der Luft 23°. Jede der beiden Säulenreihen wurde innerhalb 7 Stunden ausgeführt. Alle Schalungen bestanden aus gehobelten Holzbohlen und wurden auf kräftige Fußplatten aufgestellt.

Gleichzeitig mit den Säulen wurden bei jeder Versuchsreihe, gleichmäßig verteilt auf die ganze Herstellungszeit, 32 Würfel mit 20 cm Kantenlänge und 25 nicht bewehrte Biegebalken mit 6.6 cm Querschnitt und 50 cm Länge hergestellt. Ein Teil dieser Probekörper diente zur Feststellung des Fortschreitens der Betonfestigkeit, um jenen Zeitpunkt für die Versuchsdurchführung wählen zu können, in dem die Würfelfestigkeit etwa 200 kg/qcm betragen wird. Der restliche Teil dieser Probekörper wurde gleichzeitig mit der Säulenprüfung gebrochen.

Ein bis zwei Tage nach der Betonierung erfolgte die Entschalung der Probewürfel und Biegebalken, drei bis vier Tage nach der Säulenbetonierung deren Entschalung und nach weiteren zwei Tagen die Abnahme der Säulen von den Schalungsgrundplatten.

*c) Durchführung der Versuche*

Die Erprobung des Gußeisens erfolgte teils an Probestäben, die von der Gießerei gleichzeitig mit den Gußeisengerippen hergestellt worden waren, teils an Probestücken, die aus den Säulen nach deren Bruchbelastung herausgeschnitten sind. An den erstgenannten vier Proben ergaben sich Druckfestigkeiten von 78 bis 81 kg/qmm, im Mittel 80,0 kg/qmm. Die Zugfestigkeit wurde mit 12,8 bis 16,3, im Mittel zu 14,5 kg/qmm festgestellt. Die Biegefestigkeit ergab sich zu 32,7 bis 34,1, im Mittel zu 33,4 kg/qmm. Aus den bis zum Bruch belastet gewesenen Säulen 7 a und b, 18 a und 11 a und b wurden Zylinder von 25 mm Dicke herausgeschnitten und deren Festigkeit mit 65 bis 85, im Mittel 75,6 kg/qmm ermittelt. Die Gußeisenkerne der Säulen waren in der Gießerei im laufenden Betrieb und ohne eine andere Sorgfalt, als die übliche hergestellt. Bei der Erprobung der Säulen hat sich gezeigt, daß einzelne fehlerhafte Stellen mit Schlackeneinschlüssen vorhanden waren, an denen der Bruch der Lamellen erfolgt ist. Die zwei quadratisch umschnürten Gußkörper, welche für die Säulen 11 a und b bestimmt waren, aber aus den früher genannten Gründen nicht einbetoniert wurden, gelangten zur Erprobung und ergaben Bruchlasten von 198 und 203 t. Dies entspricht einer Druckfestigkeit des Gußeisengerippes von 30,3 kg/qmm im Mittel.

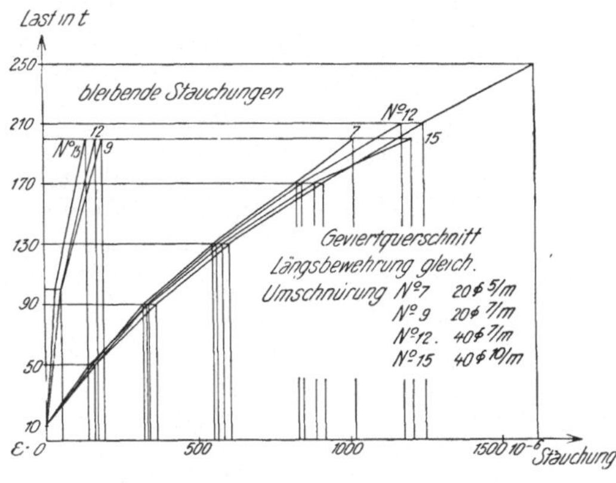

Abb. 11. Stauchung der Säulen Nr. 7, 9, 12 und 15

Die Erprobung des Umschnürungseisens von 5, 7 und 10 mm Stärke erwies Streckgrenzen von 25,7 bis 32,5, im Mittel 29,5 km/qmm, Zugfestigkeiten von 37,4 bis 43,4, im Mittel 41,4 kg/qmm. Die Bruchdehnung auf eine Meßlänge, die gleich ist der zehnfachen Eisendicke, sch wankte von 20,0 bis 31,5% und betrug im Mittel 25,2%. Die Einschnürung war 66 bis 71, im Mittel 68,3%.

Von den in jeder der Versuchsreihen a und b hergestellten Würfel- und Biegebalken wurden mehrere Probekörper acht Tage nach der Herstellung geprüft. Die Würfelfestigkeit hatte sich in der Reihe a mit 164 kg/qcm, in der Reihe b mit 155 kg/qcm ergeben. Die Hauptproben erfolgten zu gleicher Zeit mit den Säulenversuchen, 14 bis 16 Tage nach der Herstellung. Sie erwiesen in der Versuchsreihe a im Mittel aus 29 Würfeln 208 kg/qcm mit Schwankungen der Einzelwerte von — 11 bis + 14%. Die Biegebalken dieser Versuchsreihe zeigten eine Biegezugfestigkeit von 28,7 kg/qcm aus 23 Versuchen bei Schwankungen von — 11 bis + 7%. In der Versuchsreihe b standen 26 Würfel zur Verfügung, die gleichzeitig mit den Säulen gedrückt wurden. Die Würfelfestigkeit betrug 202 kg/qcm mit Schwankungen der

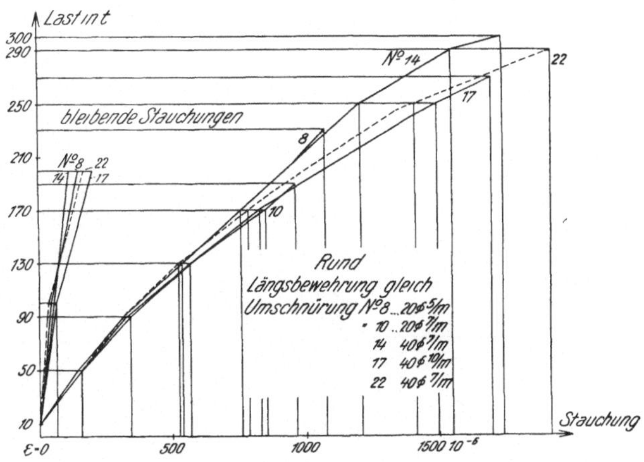

Abb. 12. Stauchung der Säulen Nr. 8, 10, 14, 17 und 22

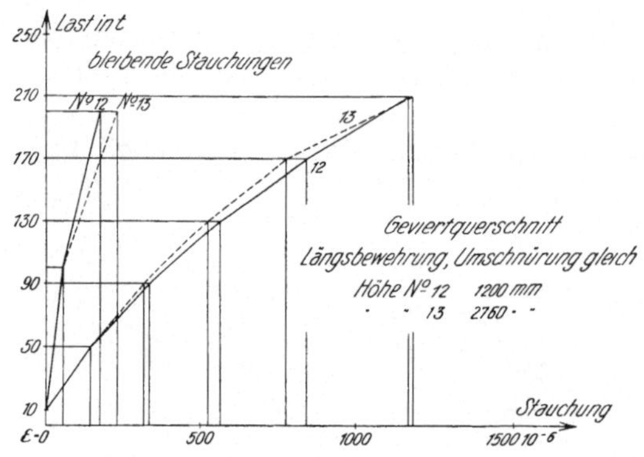

Abb. 13. Stauchung der Saulen Nr. 12 und 13

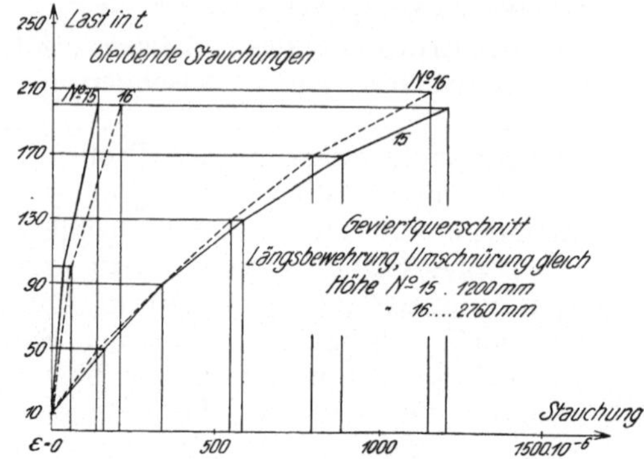

Abb. 14. Stauchung der Saulen Nr. 15 und 16

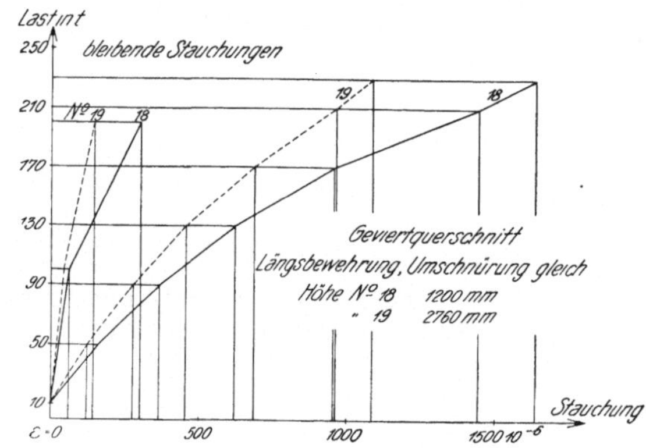

Abb. 15. Stauchung der Saulen Nr. 18 und 19

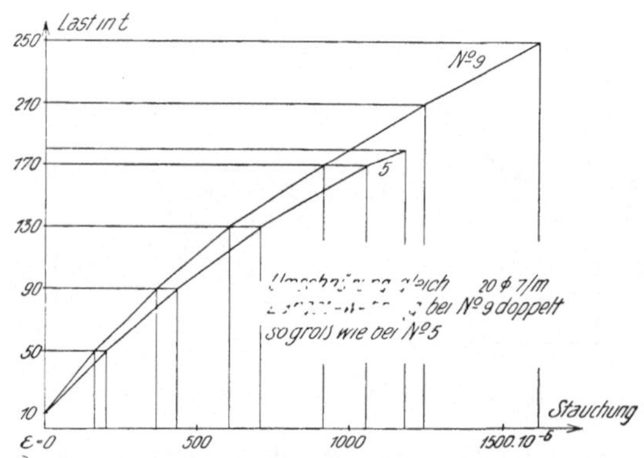

Abb. 16. Stauchung der Saulen Nr. 5 und 9

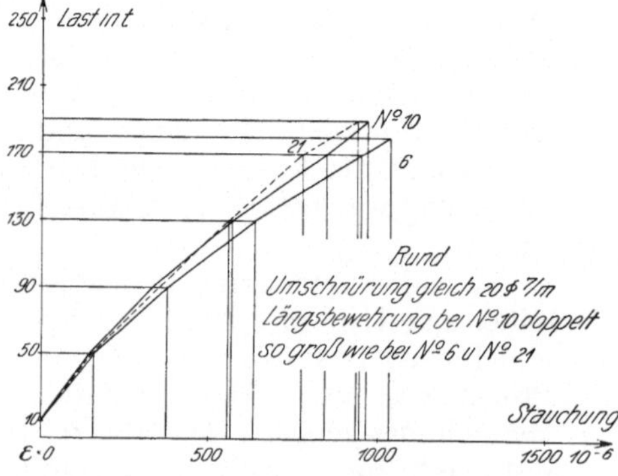

Abb. 17. Stauchung der Saulen Nr. 6 und 10

Einzelwerte von — 12 bis + 10%. Aus 23 Biegebalken ergab sich eine Biegezugfestigkeit von 28,8 kg/qcm mit Schwankungen der Einzelwerte von —— 5 bis + 14%. Im Mittel aus allen 55 Würfelversuchen ergab sich eine Druckfestigkeit des Betons von 205 kg/qcm und aus den Biegebalken eine Biegezugfestigkeit von 28,8 kg/qcm. Das Verhältnis der Würfelfestigkeit zur Biegezugfestigkeit beträgt sonach 7,1.

Die aus der Erprobung der Säulen ohne Gußeisenbewehrung festgestellte Prismenfestigkeit des Betons schwankte von 129 bis 156 kg/qcm und betrug im Mittel 142 kg. Das Verhältnis der Prismenfestigkeit zur Würfelfestigkeit beträgt daher in vorliegendem Falle 0,70.

Die Erprobung der Säulen wurde in der 800 t-Presse der Technischen Hochschule vorgenommen. Die Bruchlasten schwankten von 105 bis 638 t. Beobachtet wurden die Stauchungen, die Querdehnungen, die ersten Risse und die höchsten Lasten. Die Stauchungen wurden an vier einander paarweise gegenüberliegenden Stellen des Schaftes mit 400 mm Meßlänge festgestellt, so daß die nicht ganz vermeidbaren Ausmitten des Kraftangriffes ohne nennenswerten Einfluß auf die gesamte Verkürzung der Säulen blieben. Die Messung der Querdehnungen, die ebenso wie jene der Längsverkürzungen an der

Abb. 18

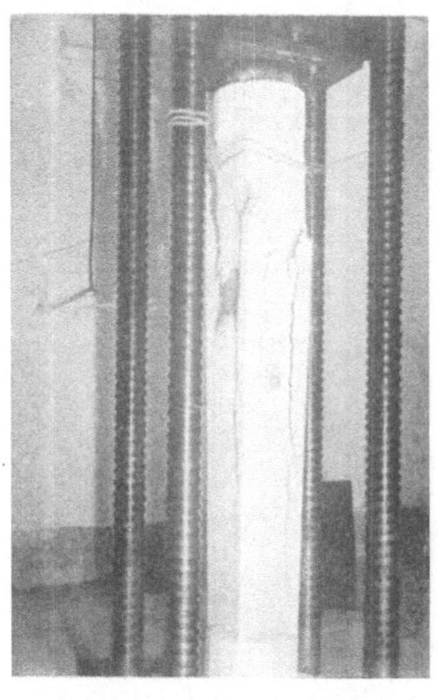

Abb. 20

Abb. 19

Oberfläche des Schaftes erfolgt sind, zeigte so geringe und größtenteils auch unzuverlässige Werte, daß diese Beobachtungen nur bei den ersten Säulen durchgeführt wurden.

Die Laststeigerung geschah in Stufen von 10 zu 10 t, bei denen auch die Stauchungsmessungen vorgenommen sind. In den Abb. 11 bis 17 sind die Stauchungen bei Laststufen von 40 t dargestellt. Die Entlastung erfolgte in Stufen von 50 bis 100 t, bei denen die bleibenden Formänderungen gemessen sind.

Die Brucherscheinungen aller gußeisenumschnürten Betonsäulen sind im wesentlichen die gleichen. Sie beginnen mit der Bildung feiner Risse in der Schale, die schließlich zum vollständigen Abfallen des außerhalb der Umschnürung liegenden Betonmantels führt. Je stärker die Gußeisenbewehrung ist, desto früher beginnen diese äußeren Zerstörungserscheinungen, teilweise schon bei der halben Bruchlast. Der Bruch selbst erfolgte beinahe in allen Säulen durch Zerstörung der Gußeisenlamellen, die einknickten und in vielen Fällen als Folgeerscheinung die Umschnürung zerrissen (Abb. 18 bis 20).

Die langen Säulen erwiesen gegenüber den kurzen Säulen mit gleichem Querschnitt und gleicher Bewehrung einen Abfall an Festigkeit.

## Tafel 2
### Riß- und Höchstlasten der Säulen

| | Säule | Rißlast einzeln in t | Höchstlasten | | | Bruchursache | Berechnete Bruchlast | | Anmerkung |
| | | | einzeln in t | Mittel in t | Schwankung in % | | in t | Abweichung d. Versuchsmittelwertes in % | |
|---|---|---|---|---|---|---|---|---|---|
| Über- bewehrt | 1 ab | 90,120 | 105,130 | — | — | — | — | — | $\sigma_p = 142\,\mathrm{kg/qcm}$ i. M. |
| | 2 ab | 124,000 | 124,150 | 137,0 | ± 9,5 | — | — | — | |
| Um- schnürg. | 3 ab | 140,140 | 149,140 | 144,5 | ± 3,1 | — | — | — | — |
| | 4 ab | 140,140 | 140,163 | 151,5 | ± 7,6 | — | — | — | — |
| Geviertquerschnitt | 5 a b | 190,180 | 238,258 | 248,0 | ± 4,0 | Lamelle gebrochen | 257 | + 3,8 | — |
| | 7 a b | 200,180 | 405,403 | 404,0 | ± 0,2 | Lamelle gebrochen<br>a Gußfehler<br>b Umschnürg. zerrissen | 402 | — 0,4 | — |
| | 9 a b | 210,200 | 408,426 | 417,0 | ± 2,2 | Lamelle gebrochen | 422 | + 1,3 | — |
| | 12 a b | 200,190 | 425,454 | 439,5 | ± 3,3 | Lamelle gebrochen | 445 | + 1,4 | — |
| | 13 a b | 220,240 | 380,358 | 369,0 | ± 3,0 | Lamelle gebrochen und Ausknickung | 429 | + 14,1 | Abminderung infolge großer Höhe |
| | 15 a b | 230,240 | 490,514 | 502,0 | ± 2,4 | Lamelle gebrochen | 497 | — 1,0 | — |
| | 16 a b | 270,210 | 400,417 | 408,5 | ± 2,1 | Ausknickung | 490 | + 16,7 | Abminderung infolge großer Höhe |
| | 18 a b | 270,230 | 526,574 | 550,0 | ± 4,4 | Lamelle gebrochen a Ring gebrochen b Umschnürg. zerrissen | 550 | ± 0,0 | berechnet mit $\sigma_g = 4100\,\mathrm{kg/qcm}$ |
| | 19 a b | 250,250 | 426,455 | 440,5 | ± 3,2 | Ausknickung | 522 | + 15,7 | Abminderung infolge großer Höhe f. $\sigma_g = 4100\,\mathrm{kg/qcm}$ |
| Kreisquerschnitt | 6 a b | 230,000 | 290,291 | 290,5 | ± 0,2 | Lamelle gebrochen | 307 | + 5,5 | — |
| | 8 a b | 270,240 | 348,422 | 435,0 | ± 3,0 | Lamelle gebrochen a Gußfehler | 440 | + 1,3 | — |
| | 10 a b | 200,210 | 422,442 | 432,0 | ± 2,3 | Lamelle gebrochen | 455 | + 5,1 | — |
| | 14 a b | 200,210 | 486,522 | 504,0 | ± 3,6 | Lamelle gebrochen | 495 | — 1,8 | — |
| | 17 a b | 270,300 | 605,610 | 607,5 | ± 0,4 | Lamelle gebrochen | 595 | — 2,1 | — |
| | 20 a b | 300,320 | 625,638 | 631,5 | ± 1,0 | Lamelle gebrochen | 628 | — 0,6 | berechnet mit $\sigma_g = 4500\,\mathrm{kg/qcm}$ |
| | 21 a b | 200,190 | 254,252 | 253,0 | ± 0,4 | Lamelle gebrochen a Gußfehler b Umschnürg. zerrissen | 253 | ± 0,0 | berechnet mit $\sigma_g = 3700\,\mathrm{kg/qcm}$ |
| | 22 a b | 200,230 | 512,448 | 480,0 | ± 6,7 | Lamelle gebrochen a Umschnürg. zerrissen | 475 | — 1,1 | — |

## d) Die Ergebnisse

Aus den Bruchlasten der unbewehrten Säulen Nr. 1 b, 2 a, 2 b, ergeben sich die Prismenfestigkeiten 140, 129 und 156 kg/qcm, im Mittel 142 kg mit Schwankungen von — 9,2 bis + 9,8%. Zur Bestimmung der Ausnützung der *Druckfestigkeit des Gußeisens* werden die Bruchlasten jener Säulen verglichen, welche gleich starke Umschnürungen besitzen, das sind die Geviertsäulen Nr. 3 und 5, 5 und 9, 12 und 18, sowie die Rundsäulen Nr. 4 und 6, 6 und 10, 14 und 20. Die Tragkraft des quadratischen Kerns der Säule Nr. 3 ohne Berücksichtigung der Längsbewehrung wird nach der Formel

$$N_k = (F_k + 15\,F_s)\,\sigma_b$$
$$= (529 + 15\,.\,7,0)\,.\,142$$
$$= 90\ \text{t}$$

eingeschätzt. Die umschnürte Gußeisenbetonsäule Nr. 5 erwies eine Höchstbelastung von 248 t im Mittel. Der Unterschied ist

$$\Delta N = 248 - 90 = 158\ \text{t}.$$

Der Gußeisenquerschnitt beträgt

$$F_g = 33,7\ \text{qcm};$$

daher ist die Gußeisenpressung

$$\sigma_g = \frac{158000}{33,7} = 4700\ \text{kg/qcm}.$$

Die Tragkraft des Rundkerns der umschnürten Betonsäule Nr. 4 ohne Berücksichtigung der Längsbewehrung ist mit

$$N_k = (F_k + 30\,F_s)\,.\,\sigma_b$$
$$(660 + 30\,.\,6,9)\,.\,142 = 122,5\ \text{t eingeschätzt.}$$

Die rund umschnürte Gußeisenbetonsäule Nr. 6 hat 290,5 t getragen. Der Unterschied der Höchstlasten beträgt also

$$290,5 - 122,5 = 168\ \text{t}.$$

Der Gußeisenquerschnitt beträgt 34,4 qcm, woraus sich die Gußeisenspannung mit

$$\sigma_g = \frac{168000}{34,4} = 4900\ \text{kg/qcm}$$

ergibt.

Die Geviertsäule Nr. 5 mit einer Bruchlast von 248 t im Mittel besitzt einen Gußeisenquerschnitt von 33,7 qcm.

Die Säule Nr. 9 erwies eine Bruchlast von 417 t im Mittel und besaß einen Gußeisenquerschnitt von 67,6 qcm. Der Unterschied der Höchstlasten ist

$$\Delta N = 417 - 248 = 169\ \text{t},$$

der Unterschied der Gußeisenquerschnitte ist

$$\Delta F_g = 67,6 - 33,7 = 33,9\ \text{qcm}.$$

Hieraus ergibt sich eine mittlere Pressung des Gußeisens von

$$\sigma_g = \frac{169000}{33,9} = 4980\ \text{kg/qcm}.$$

Die runde Säule Nr. 6 erwies eine Bruchlast von 290,5 t im Mittel und hatte 34,4 qcm Gußeisenquerschnitt. Die Säule Nr. 10 zeigte eine Bruchlast von 432 t im Mittel bei einem Gußeisenquerschnitt von 66,3 qcm. Der Unterschied in den Höchstlasten beträgt

$$\Delta N = 432 - 290,5 = 141,5\ \text{t}.$$

Der Unterschied in den Gußeisenquerschnitten ist

$$\Delta F_g = 66{,}3 - 34{,}4 = 31{,}9 \text{ qcm.}$$

Die mittlere Pressung des Gußeisens ist also

$$\sigma_g = \frac{141500}{31{,}9} = 4450 \text{ kg/qcm.}$$

In ähnlicher Weise ergibt sich aus dem Vergleich der Geviertsäulen Nr. 12 und 18 eine Gußeisenbeanspruchung von

$$4300 \text{ kg/qcm}$$

und aus dem Vergleich der Rundsäulen Nr. 14 und 20 die Gußeisenspannung von

$$4400 \text{ kg/qcm.}$$

Aus dieser Darlegung ergibt sich eine ausnützbare Festigkeit des Gußeisens von rund

$$5000 \text{ bis } 4300 \text{ kg/qcm.}$$

Die Gußeisenspannung ist kleiner, wenn der Querschnitt des Gußeisens wächst. Im Mittel aus den berechneten Werten kann man als erreichbare Gußeisenspannung

$$4800 \text{ kg/qcm}$$

annehmen.

Die *Wirkung der Umschnürung* ist aus jenen Säulen zu ermitteln, welche die gleiche Gußeisenbewehrung, aber verschieden starke Umwehrungen besitzen. Bei den Geviertsäulen eignen sich hiefür die Säulen Nr. 7, 9, 12 und 15. Bei den Rundsäulen kommen Nr. 8, 10, 14 und 17 in Betracht.

Die Geviertsäule Nr. 7 hatte eine Bruchlast von 404 t im Mittel, Nr. 9 eine Bruchlast von 417 t. Der Unterschied der Bruchlasten ist $\Delta N = 417 - 404 = 13$ t, der Unterschied der Umschnürungen ist $\Delta F_s = 7{,}3 - 4{,}0 = 3{,}3$ qcm. Der Unterschied in den Höchstlasten ist also durch

$$3940 \cdot \Delta F_s$$

gegeben.

Die Säule Nr. 12 mit der Höchstlast von 439,5 t und dem Umschnürungsquerschnitt $F_s = 14{,}0$ qcm ergibt gegen die Säule Nr. 7 einen Unterschied der Tragkraft

$$\Delta N = 439{,}5 - 404 = 35{,}5 \text{ t}$$

und einen Unterschied in der Umschnürung

$$\Delta F_s = 14{,}0 - 4{,}0 = 10{,}0 \text{ qcm.}$$

Hieraus ergibt sich die Wirkung der Umschnürung mit

$$3550 \, \Delta F_s.$$

In gleicher Weise ergibt sich aus der Tragkraft der Säulen Nr. 15 und 7 die Wirkung der Umschnürung mit

$$3780 \, \Delta F_s.$$

Im Mittel aus diesen Werten kann die Umschnürung mit

$$3600 \, F_s$$

eingeschätzt werden.

Aus dem Vergleich der Säulen mit Rundquerschnitten Nr. 8, 14 und 17 ergibt sich die Wirkung der Umschnürung mit

$$6780 \, F_s \text{ und } 6300 \, F_s.$$

Bei der Auswertung ist jedoch mit dem kleineren Wert

$$5400 \, F_s$$

gerechnet, da diese Beziehung eine bessere Annäherung an die Gesamtheit der Versuchsergebnisse liefert.

Die *Bruchlast der umschnürten Gußeisensäulen* kann also nach der Beziehung berechnet werden

$$N = F_k \, \sigma_b + F_g \, \sigma_g + n_s \, F_s.$$

Die Prismenfestigkeit des Betons ist in den vorliegenden Versuchssäulen

$$\sigma_b = 142 \text{ kg/qcm},$$

die Druckfestigkeit des Gußeisens

$$\sigma_g = 4800 \text{ kg/qcm},$$
$$n_s = 3600 \text{ für Geviertsäulen und}$$
$$n_s = 5400 \text{ für Rundumschnürung}.$$

Die Höchstlasten der Säulen sind also gegeben durch

$$N = 142 \, F_k + 4800 \, F_g + 3600 \, F_s \text{ für Geviertsäulen bzw.}$$
$$+ 5400 \, F_s \quad ,, \quad \text{Rundsäulen.}$$

Das Verhältnis der erreichten Gußeisenspannung zur Druckfestigkeit des Gußeisens ist

$$\frac{4800}{7560} = 0{,}63,$$

d. h. die Gußeisenfestigkeit wird mit 63% ausgenützt. Die Druckfestigkeit des umschnürten Gußeisenkerns ohne Beton ist kaum mit 40% ausgenützt, woraus sich der hohe Wert der Einbetonierung ergibt. Der Prozentsatz wäre wahrscheinlich bei Gußeisenkernen ohne Umschnürung noch wesentlich kleiner.

Die Schwankungen der einzelnen Versuchswerte sind bei den umschnürten Gußeisenbetonsäulen verhältnismäßig sehr gering, denn sie betragen bei den 17 Doppelsäulen in 11 Fällen unter 3%, in 4 Fällen bis 4%, in einem Fall 4,4% und in einem Falle 6,7%.

Die Schwankungen der Rechnungswerte gegenüber den mittleren Höchstlasten der Versuche betragen — 2,1 bis 5,5%, darunter in 10 Fällen weniger als 2%. Von diesen Ergebnissen weichen nur die Säulen mit den ganz starken Gußeisenbewehrungen ab, deren ausgenützte Gußeisenspannung nur 4500 und 4100 kg/qcm beträgt. Weiter folgen dem obigen Gesetze nicht die Gußeisensäulen mit tangential gestellten dünnen Lamellen, deren Gußeisenpressung nur 3700 kg bei der Höchstbelastung ist. Die langen Säulen mit dem Verhältnis der Säulenlänge zum Kerndurchmesser von 11 bis 11,5 zeigen einen Abfall der Festigkeit von 14,1 bis 16,7% gegenüber den Werten nach obiger Rechnung.

Das Ergebnis der Versuche über die Tragkraft von Gußeisenbetonsäulen kann wie folgt zusammengesetzt werden:

Wenn der Gußeisenanteil am Kernquerschnitt des Betons weniger als 12% beträgt, ist die ausnützbare Druckfestigkeit 4800 kg/qcm. Tangential gestellte Lamellen zeigen dann einen Abfall an Festigkeit, wenn die Lamellendicke sehr gering ist. Die Wirkung der Umschnürung ist bei den quadratischen Säulen durch $3600 \, F_s$, bei den Rundsäulen durch $5400 \, F_s$ gegeben.

Von Bedeutung für die praktische Verwendung von Gußeisenbetonsäulen sind auch die Rißbildungslasten. Sie betragen bei den Geviertsäulen mit schwachen Gußeisenquerschnitten 180 bis 200 t, bei den starken Gußeisenbewehrungen bis 270 t, bei den Rundsäulen mit schwachen Gußeisen 200 bis 270, mit starken Gußeisenquerschnitt bis 300 t; bei den starken Umschnürungen sind die Rißlasten im allgemeinen etwas höher als bei den schwachen Umschnürungen. Zusammenfassend ergibt sich aus den Versuchen, daß bei den schwachen Gußeisenbewehrungen die Rißlast 75 bis 79, im Mittel 77% der Höchstlast beträgt. Bei den mittleren (8,6 bis

11,7%) und starken Gußeisenbewehrungen beginnt die Rißbildung bei Belastungen, die 41 bis 58%, im Mittel 50% der Höchstlast betragen. Diese ziemlich ungünstigen Verhältnisse hinsichtlich der Rißbildung sind offenbar eine Folge des Umstandes, daß die Deckschichte außerhalb der Umschnürung bei den untersuchten Säulen 3 bis 3,2 cm dick war. Es ist zu erwarten, daß bei Säulen, deren Betonmantel außerhalb der Umschnürung nur das notwendige Maß von 1 bis 1½ cm dick ist, die Rißlasten im Verhältnis zu den Höchstlasten höher liegen.

Alle diese Beziehungen sind aus den festgestellten Bruchlasten und den tatsächlich vorhandenen Querschnitten festgestellt, die nach dem Bruch durch genaue Nachmessungen erhoben wurden.

EMPERGER gibt als Mittelwert der erreichbaren Gußeisenspannung 6000 kg/qcm an, während er die Wirkung der Umschnürung mit $4000\,F_s$ ermittelt hat. Nach den vorliegenden Versuchen scheint demnach eine Überschätzung des Gußeisenwiderstandes vorzuliegen, die, abgesehen von der Ungleichmäßigkeit der älteren Versuchsergebnisse, möglicherweise darin begründet ist, daß nicht die wirklichen, sondern die geplanten kleineren Gußeisenquerschnitte der Auswertung zugrunde gelegt worden sind. Die Wirkung der Umschnürung hat sich bei den vorliegenden Versuchen als wesentlich höher erwiesen, offenbar veranlaßt durch die maschinelle Umwicklung in der Fabrik und durch das hiedurch veranlaßte bessere Anliegen der Umschnürung an den Gußeisenlamellen.

Die zulässige Belastung kann mit dem erforderlichen Sicherheitsgrad, der infolge der großen Gleichmäßigkeit der Versuchsergebnisse für Hochbauten mit 2½, für Brückenbauten entsprechend höher anzunehmen ist, so weit das Gußeisen und die Umschnürung in Betracht kommen, während für die Betonpressung die vorgeschriebenen zulässigen Beanspruchungen einzuführen sind, mit dem Wert

$$N_{zul} = 35 \text{ bis } 45\,F_k + 2000\,F_g + 1300\,F_s \text{ für quadratische Säulen, bzw.}$$
$$+ 2000\,F_s \text{ für runde Säulen,}$$

angenommen werden. Die Beziehung ist gültig für Gußeisenbewehrungen bis 12%, für Umschnürungen aus weichem Flußeisen von 0,5 bis 5% und für Säulen, deren Länge kleiner als die zehnfache Kerndicke ist.

Die *Formänderungen* sind aus den Abb. 11 bis 17 ersichtlich. Aus ihnen ergeben sich die Zusammenhänge zwischen den Stauchungen der Säulen mit verschieden starken Längsbewehrungen, Umschnürungen und Höhen in den einzelnen Belastungsstufen. Die Stärke der Umwehrung übt weder bei den Geviertsäulen, noch bei den Säulen mit rundem Querschnitt einen regelmäßig aufscheinenden nennenswerten Einfluß aus. Je stärker die Längsbewehrung ist, desto geringer sind die Stauchungen. Die Säulen mit größeren Höhen erwiesen kleinere Formänderungen, bezogen auf die Längeneinheit, als die kurzen Säulen. Die bleibenden Formänderungen nahmen mit der steigenden Belastung zu und betrugen am Ende der Messung 16 bis 20% der gesamten Stauchungen.


# Diskussion

Prof. Ing. A. LOLEIT, Moskau:

Es wird die Mitglieder des Kongresses vielleicht interessieren zu hören, daß der Ausdruck „umschnürter Beton" bei uns in der Union der Sozialistischen Sowjetrepubliken nur noch zur Bezeichnung der CONSIDÈREschen Erfindung, d. h. des spiralbewehrten Betons gebraucht wird. Auch diese Art von Bewehrung wird nur als Sonderfall der sogenannten indirekten Armierung angesehen. Unter letzterer verstehen wir eine Bewehrung mit quer zur Druckrichtung verlegten Eiseneinlagen von solcher Beschaffenheit, daß sie imstande sind, sich dem Querdehnungsbestreben des gestauchten Betons zweckmäßig zu widersetzen.

Auf Grund der Voraussetzungen, die ich die Ehre hatte bei Diskussion der Frage $C_4$ hier kurz anzudeuten, läßt sich für den Druckwiderstand des querbewehrten Betons folgende Beziehung aufstellen:

$$K_x = \frac{K_2}{1 - (2c - 1)\,\gamma} \quad \dots \dots \dots \dots \dots \quad (A)$$

Hier bedeuten

$K_x$ — den Druckwiderstand des in der Richtung der $x$-Achse gedrückten indirekt bewehrten Betons,

$K_2$ — den Druckwiderstand des nicht bewehrten Betons,

$c = K_2 : K_1$ — das Verhältnis zwischen Druck- und Zugfestigkeit des in Frage kommenden Betons, rund $= 10$,

$\gamma = \dfrac{\alpha_0 \cdot \sigma \cdot m}{2 + \alpha_0\,(1 - \sigma)\,m}$ — einen Zahlenwert, der sich ergibt, wenn für $\alpha_0$, $\sigma$, $m$ folgende Größen eingesetzt werden:

$\alpha_0 = V_0 : V_b$ — das Verhältnis der Eisenmenge der Querbewehrung zu dem entsprechenden Betoninhalt,

$\sigma = 0{,}3$ — die Poissonsche Zahl,

$m = E_e : E_b = 8$ — das Verhältnis der Elastizitätszahlen des Eisens, respektive Betons.

Für jeden Beton von einer bestimmten Festigkeit $K_2$ gibt es ein Höchstmaß der Querarmierung, welches durch die Beziehung

$$\alpha_o \leq \frac{1050 - m\,\sigma\,K_2}{525\,m\,(2\,c\,\sigma - 1)} \quad \dots \dots \dots \dots \dots \quad (B)$$

festgelegt ist.

Stärkere Querbewehrungen sind unwirtschaftlich, wie aus Beziehung

$$K_x = 87{,}5\,(5 + 14\,\alpha_0) \quad \dots \dots \dots \dots \dots \quad (C)$$

hervorgeht.

Diese Beziehung dient zur Ermittlung der Bruchdruckfestigkeit des querbewehrten Betons, wenn $\alpha_0$ der Beziehung $(B)$ nicht genügt.

Wie aus dem Vorstehenden zu ersehen ist, hängt die Druckfestigkeit des querbewehrten Betons aber in jedem Falle lediglich von $\alpha_0$, d. i. dem Querbewehrungskoeffizienten ab. Die Form der Bewehrung (Spirale, Quergewebe oder dgl.) hat nur insofern eine Bedeutung, als sie so beschaffen sein muß, daß der gestauchte Stab in einen nach drei Richtungen gedrückten Körper verwandelt wird. Das kann aber auf mancherlei Weise erreicht werden. So hat sich z. B. die in Abb. 1 dargestellte Querarmierung sehr gut bewährt. Das Geflecht stellt einen ununterbrochenen Linienzug vor und könnte auf den ersten Blick etwas kompliziert und für den Betonierungsvorgang hinderlich erscheinen. Es läßt sich jedoch auf einem geeigneten Arbeitstisch leicht und mit großer Genauigkeit herstellen. Das Betonieren erfolgt auch ohne Schwierigkeiten: zuerst

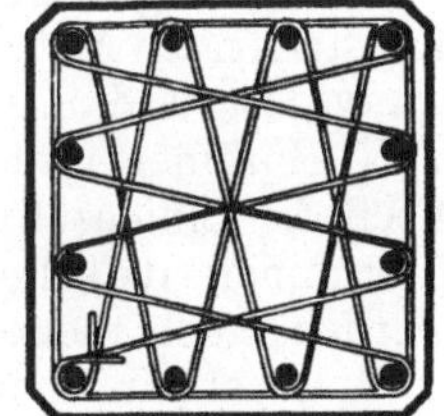

Abb. 1

werden die Geflechte in entsprechender Zahl in der Säulenform übereinander gelegt, dann die Längsstäbe in den entsprechenden Maschen aufgestellt, die Geflechte hochgehoben und endlich einzelweise, nach Betonieren jeder Betonschicht, in die für sie bestimmte Lage gebracht. Diese Armierung ist besonders für rechteckige Querschnitte brauchbar. Als gutes Beispiel solch einer Anordnung kann der Bau der Textilfabrik in Leninakan (in Transkaukasien, Armenien, Lenins Stadt, vormals Alexandropel) angeführt werden. Die

Säulen haben bei einer Höhe von 5 m einen Querschnitt von 200 . 280 mm; sie tragen eine balkenlose Decke (Pilzdecke) von 36 . 106 m im Grundriß und haben dem Erdbeben standgehalten, das 1926 zwei Drittel der Stadt im Laufe weniger Minuten in Trümmer verwandelt hat.

Ing. KARL BRAUSEWETTER, Prag:

Meine Herren! Im Berichte des Herrn Vortragenden sowie in der Wechselrede wurde auch die Frage der Ausführung und Betonierung von Säulen mit starker Bewehrung angeschnitten. Auch an unser Unternehmen trat diese Frage heran. Die Verwendung von flüssigem Beton haben wir untersagt, da sich mit einem solchen Beton niemals die vorgeschriebenen Würfelfestigkeiten erreichen lassen. Dichte Bewehrung und starke Verbügelung muß angeordnet werden, wenn die Wirtschaftsüberlegungen eine solche Ausführung für vorteilhaft erweisen oder wenn die Bauherrschaft nur einen beschränkten Säulenquerschnitt zuläßt. Solche Säulen lassen sich mit plastischem Beton nicht betonieren, wenn sie fertig geflochten verlegt sind. Es wurde daher so vorgegangen, daß die Längseisen der Säulen in der richtigen Lage festgehalten wurden, jeweils eine entsprechende geringe Schicht von Beton eingeworfen und gestampft und hierauf ein Bügel über die Säuleneisen gelegt und in seine vorgeschriebene Lage heruntergedrückt wurde. Dann kommt wieder eine Schicht Beton und ein Bügel. Die Ausführung dieser Arbeit muß von einem verläßlichen Eisenbieger oder Vorarbeiter überwacht werden. Es ist also möglich, auch stark verbügelte Säulen richtig zu bewehren und zu betonieren. Um nicht mißverstanden zu werden, sei noch ausdrücklich bemerkt, daß diese Art der Säulenherstellung natürlich nur eine Ausnahme ist und nur dann angewendet wird, wenn die Bügel dicht sind und den Säulenquerschnitt unterschneiden.

Dr. Ing. EUGENIO MIOZZI, Straßenamtschef für die Provinzen von Bolzano, Trento und Belluno:

### Die rationelle Bestimmung der Stützlinie bei Gewölben

Schon von alters her hat das Studium der entwerfenden Ingenieure stets der Linienführung der mittleren Stützlinie der Gewölbe gegolten. Abgesehen von vielen genauen und komplizierten Arten, den Verlauf der Stützlinie durch Kreisbögen mit mehreren Mittelpunkten, durch erhöhte oder gedrückte oder sonst deformierte Ellipsen, Korbbögen oder Zykloiden zu erhalten, Systeme, welche, wie DEGRAND sagte, mehr eine geometrische Spielerei vorstellen, als sie der wirklichen konstruktiven Notwendigkeit entsprechen, sind nach Studien von IVAN VILLARCEAU, CARVALLO und SAINT GUILHEM Studien, welche aus der Zeit zwischen 1840 und 1860 stammen und welche den Zweck hatten, die Möglichkeit festzusetzen, theoretisch die Linienführung der inneren und der äußeren Leibung der Bögen derart zu bestimmen, daß die Kräfte gleichmäßig auf die verschiedenen Querschnitte verteilt werden, auch mehrere Brücken ausgeführt worden, wie z. B. die Brücke von Garganta Aucha in Spanien, die über den Cimone (33 m) und in Pique (40 m), Frankreich.

Wenn auch diese ersten Studien noch der Kritik unterliegen, waren sie immerhin die ersten Beispiele, wo versucht wurde, den Bögen jene Form zu geben, bei welcher das Material am günstigsten ausgenützt wird und wobei das Eigengewicht und die Nutzlast berücksichtigt erscheinen.

TOURTAY (1886) schlägt vor, nicht die mittlere Stützlinie festzulegen, sondern die innere und nachher die äußere Leibung des Bogens. Er schlägt daher die Annahme vor, den Bogen auf eine sehr kleine Stärke zurückzuführen und nimmt dann, um zur wirklichen Stärke des Bogens zu gelangen, an, daß dieser aus mehreren übereinander gelegten Ringen besteht, wovon ein jeder den $n$/Teil der Last trägt.

Er kommt auf diese Weise zu einer äußerst komplizierten Formel, nach welcher er den Bogen von Boucicaut über Saòne konstruiert hat.

LEGAY (1900) hält sich an den Linien, „catenoide" genannt, bei welchen er mit speziellen Tafeln die Elemente je nach der Tragfähigkeit und nach der Pfeilhöhe des Bogens berechnet.

TOLKMITT nimmt als mittlere Stützlinie die Seillinie aus dem Eigengewicht der Brücke und aus der halben äußeren Last an. Diese Art der Linienbestimmung nach TOLKMITT ist jene, welche im allgemeinen in der Praxis am meisten angewendet wird. Sie entspricht ganz gut, wenn im Bogen nur Beanspruchungen stattfinden, die vom Eigengewicht und von Belastungen herrühren, dann stellt die Annahme des mit der halben fremden Last gleichmäßig verteilt belasteten Bogens genügend genau die Mitte zwischen dem Minimum und dem Maximum der Belastung vor.

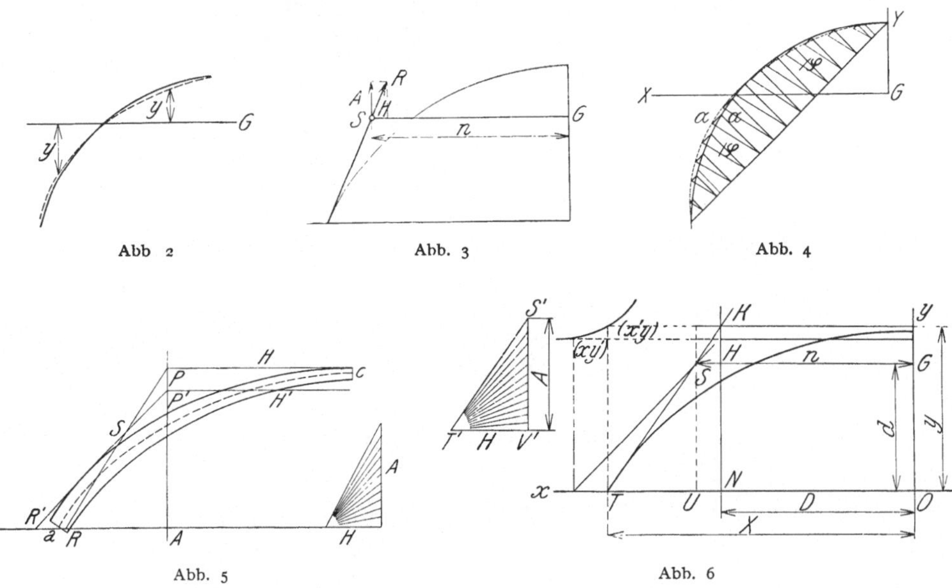

Abb. 1

Aber außer dem Eigengewicht und der fremden Last wirken auf das Gleichgewicht des Systems noch andere Kräfte ein, welche neue Beanspruchungen hervorrufen, und das sind:

1. die elastische Zusammenziehung des Bogens;

2. das Schwinden des Betons oder des Mörtels in den steinernen Brücken;

3. die elastische Deformierung der Widerlager;

4. der Unterschied zwischen der Temperatur zur Zeit des Betonierens und der mittleren Jahrestemperatur;

5. die periodischen Änderungen in der Temperatur überhaupt.

Abb 2

Abb. 3

Abb. 4

Abb. 5

Abb. 6

Alle diese Ursachen zieht TOLKMITT in seinen Ausführungen nicht in Betracht: Daraus ergibt sich, daß die auf diese Weise bestimmte Achse der Brücke nicht den Hauptanforderungen entspricht, d. h. daß die Achse möglichst wenig von allen möglichen Drucklinien abweichen soll. Es ist gut, in die Größe dieser Ursachen Einsicht zu gewinnen.

Eugenio Miozzi

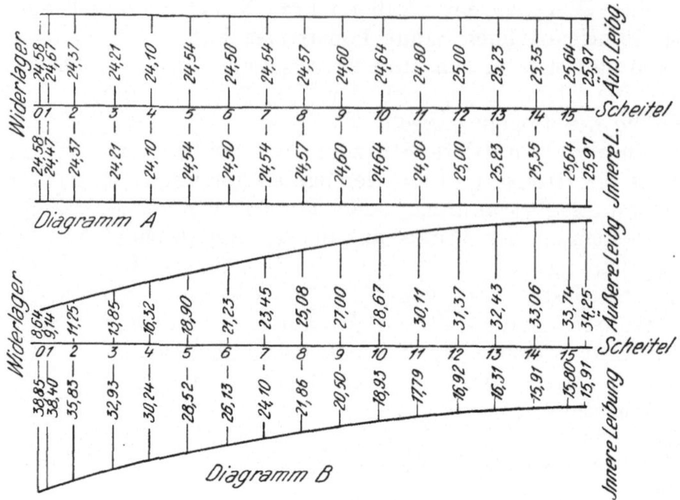


Diagramm A: Beanspruchung per cm² (22) bei fehlender elastischer Zusammenziehung

Diagramm B: Bei stattfindender elastischer Zusammenziehung

Abb. 7

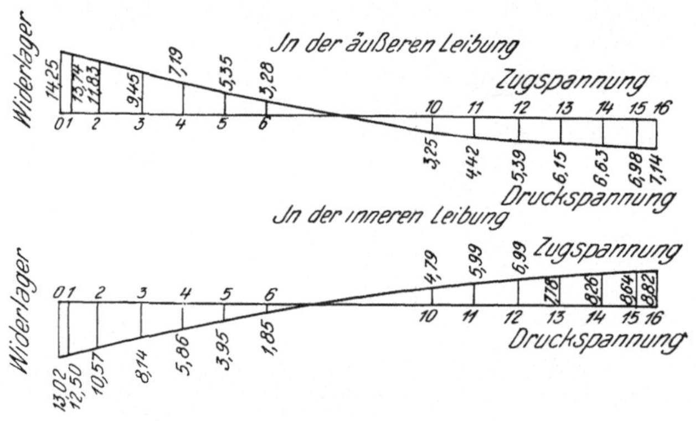


Diagramm C: Beanspruchungen beim Schwinden des Betons

Abb. 8

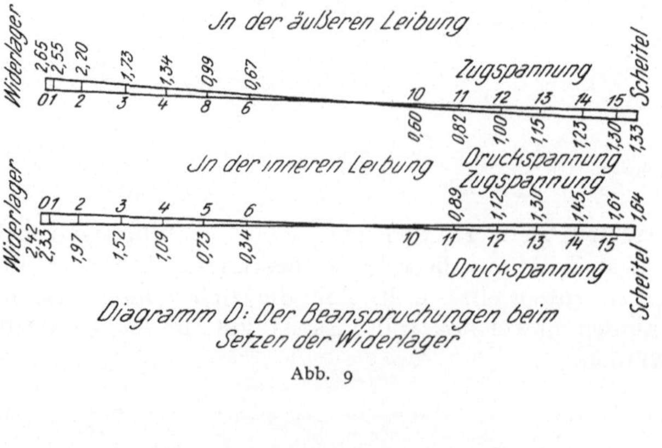

Diagramm D: Der Beanspruchungen beim Setzen der Widerlager

Abb. 9

Ich beziehe mich hiebei auf den Bau einer Brücke bei Belluno über die Piave, welche ich vor kurzem ausgeführt habe; sie hat eine Bogenlänge von 72 m und eine Pfeilhöhe von 9 m.

Würde die Drucklinie nach TOLKMITT bestimmt werden, so würde man folgende Erhöhung der Beanspruchung auf der inneren Leibung beim Widerlager erhalten (in kg pro cm$^2$):

1. für die elastische Zusammenziehung .......................... kg 14,27
2. für das Schwinden des Betons .............................. kg 13,02
3. für die Deformierung der Widerlager ........................ kg  2,43
4. Änderungen zwischen der Betonierungs- und mittleren Jahrestemperatur ........................................... kg —,—
5. Periodische Temperatursänderungen $\pm 15^0$ .................. kg 15,63

Zusammen ....... kg 45,35

während das Eigengewicht und die Belastungen, für sich allein berechnet, in dem gleichen Punkt nur eine Maximalbeanspruchung von 34,58 kg verursachen.

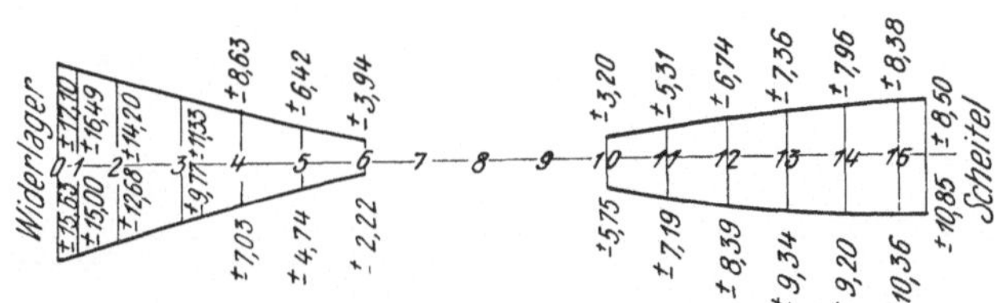


Abb. 10

Dieses Beispiel zeigt klar, daß nach der Methode TOLKMITT nur ein Teil der Kräfte in Betracht gezogen wird, und zwar der kleinere Teil. Es ist aber notwendig, auch die erstgenannten fünf Beanspruchungen bei der Bestimmung der Bogenachse heranzuziehen, wenn man möglichst günstige Gleichgewichtsbedingungen schaffen will.

Es ist daher eine kurze Prüfung dieser Beanspruchungen notwendig, welche man berechtigterweise die „Nebenspannungen" (Parasite) nennt, weil sie keinen wirklichen Nutzen bringen.

Die Diagramme $A\ B\ C\ D\ E$ (siehe die Abb. 1, 8, 9, 10) bringen Aufklärung über die Größe dieser Beanspruchungen in dem oben erwähnten Falle.

Das Diagramm $R$ (siehe Abb. 1) bringt zusammenfassend die Wirkung der Beanspruchungen der Nebenspannungen und zeigt klar einen Vergleich zwischen den Teilen $A\ F$, welche aus den Belastungen, und jenen Teilen $B\ C\ D\ E$, welche aus den Nebenspannungen erhalten werden.

Es ergibt sich, daß letztere in einem Bogen nach TOLKMITT eine Erhöhung des Druckes sowohl auf der Innenleibung in der Nähe des Widerlagers, als auch auf der Außenleibung in der Nähe des Scheitels hervorrufen. Die Drucklinie erniedrigt sich gegen die Widerlager zu und steigt gegen den Scheitel zu.

Diese Betrachtungen erlauben, ohne weiters die Eigenschaften der neuen gesuchten Achse näher zu bestimmen: d. h. die letztere muß gegenüber der Achse nach TOLKMITT die Eigenschaft haben, daß sich die Drucklinie gegen die Widerlager erhöht und gegen den Scheitel zu senkt.

Wir können jetzt annehmen, daß wir kleine Änderungen in den Ordinaten der nach TOLKMITT bestimmten Stützlinie vornehmen, und zwar derart, daß hiebei sowohl die Belastungen wie die Lage des elastischen Schwerpunktes unverändert bleiben.

Die nähere Betrachtung der nachfolgenden Formel (Abb. 1)

$$H_{p\,=\,1} = -\,\frac{\overset{b}{\underset{D}{\Sigma}}\,(x - a) \cdot y \cdot w}{\overset{b}{\underset{a}{\Sigma}}\,y^2\,w + \overset{b}{\underset{a}{\Sigma}}\,\dfrac{d\,s}{F}}$$

welche die Elemente für das Diagramm der horizontalen Schubkräfte ergibt, sagt ohne weiters, daß diese Änderungen auch Änderungen in der Größe der horizontalen Schubkraft hervorrufen; und eine Vorführung, welche hier in der Fußnote 1 aus-geführt ist, bestätigt Folgendes:

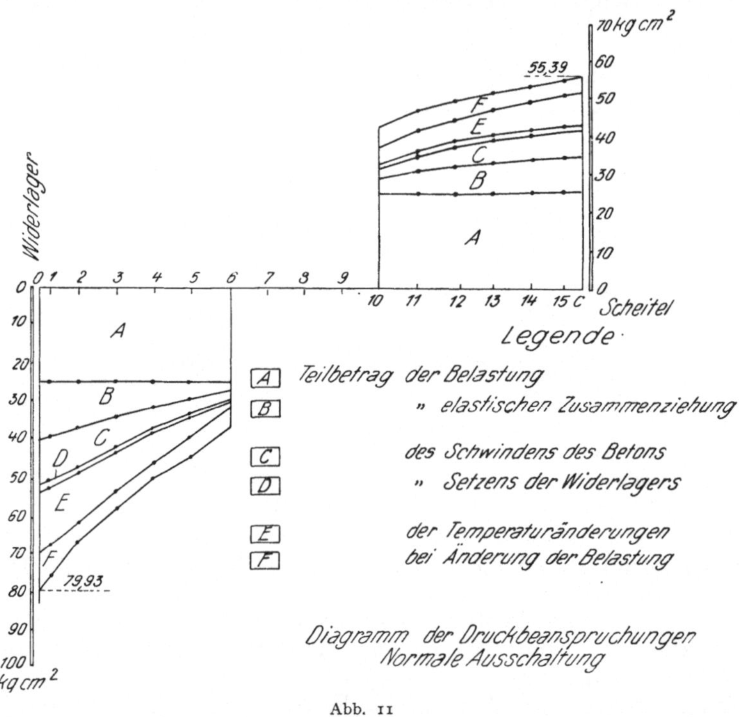


Abb. 11

I. daß eine Erhöhung der so (durch Verschiebung der Achse) erhaltenen hori-zontalen Schubkraft die mittlere Drucklinie bei den Widerlagern erhöht und im Scheitel erniedrigt, womit man das erhält, was gesucht wurde;

---

[1] Es ist notwendig, einige bekannte Tatsachen und Betrachtungen vorauszuschicken:

Bei einem gegebenen Bogen $a\,b$, der Einfachheit halber symmetrisch, werden die geo-metrischen Eigenschaften bestimmt, und zwar (Abb. 1):

I. Das Diagramm $M$ der Momente der Kämpferkräfte des linken Auflagers mit Bezug auf den Schwerpunkt der elastischen Kräfte für eine Kraft gleich 1, gestellt auf sämtliche folgende Abschnitte

$$M_{p\,=\,1} = \frac{\overset{b}{\underset{D}{\Sigma}}\,(x - \underline{a})\,w}{\overset{b}{\underset{a}{\Sigma}}\,w}$$

und zwar stellt es die Ordinate des Diagrammes $M$ für den Abschnitt $D$ mit der Abszisse $\underline{a}$ vor.

II. daß eine solche Erhöhung der horizontalen Schubkraft auch erhalten werden kann, indem die Ordinaten der nach TOLKMITT erhaltenen Stützlinie — bezogen auf ein rechtwinkliges Ordinatensystem, dessen Nullpunkt mit dem elastischen Schwerpunkt zusammenfällt — verringert werden.

Wenn die voll gezogene Linie die Achse nach TOLKMITT vorstellt, so bringt die punktierte Linie gegenüber der ersten den Vorteil, die Nebenspannungen vollständig oder teilweise auszugleichen (Abb. 2).

Damit nach der Deformierung der gleichmäßige Verlauf der mittleren Stützlinie erhalten bleibt, d. h. daß dieselbe keine Unterbrechungen oder plötzliche Krümmungsänderungen aufweist, kann diese Deformation am leichtesten auf

2. Das Diagramm $H$ stellt die horizontalen Schubkräfte für die Kraft $= 1$ vor, gestellt auf sämtliche Abschnitte

$$H_{p=1} = - \frac{\overset{b}{\underset{D}{\Sigma}} (x - \underline{a})\, y\, w}{\overset{b}{\underset{a}{\Sigma}} y^2 \cdot w + \overset{b}{\underset{a}{\Sigma}} \dfrac{ds}{F}}$$

Sie ergibt die Ordinate des Diagrammes $H$ für den Abschnitt $D$ und die Abszisse $\underline{a}$.

3. Diagramm $A$ für die vertikalen Auflagerkräfte des linken Auflagers für die Kraft $= 1$, gestellt auf nachfolgende Abschnitte

$$A_{p=1} = \frac{\overset{b}{\underset{D}{\Sigma}} (x - a)\, x \cdot w}{\overset{b}{\underset{a}{\Sigma}} x^2 \cdot w}$$

ergibt die Ordinate des Diagrammes $A$ für den Abschnitt $D$ mit der Abszisse $\underline{a}$ (wobei der Bogen in Abschnitte geteilt wurde).

$x =$ Abszisse des Schwerpunktes der verschiedenen Abschnitte.

$y =$ Ordinate der Schwerpunkte der verschiedenen Abschnitte (bezogen auf ein rechtwinkliges Koordinatensystem, welches seinen Nullpunkt im Schwerpunkt der elastischen Kräfte $G$ hat).

$a =$ Abszisse des Querschnittes von welchem man $M$, $H$, $A$ bestimmt.

$w =$ elastisches Gewicht des Abschnittes.

$ds =$ Länge des Abschnittes.

$F =$ Fläche des mittleren Querschnittes des Abschnittes.

Aus diesen Formeln ersieht man, daß in dem Falle, als leichte Änderungen in den Ordinaten der mittleren Stützlinie ($y$) ausgeführt werden, und zwar derart, daß man die Belastungen und den elastischen Schwerpunkt unverändert läßt, sich Folgendes ergibt:

a) die vertikalen Auflagerkräfte, erhalten durch solche Belastungen, bleiben unverändert;

b) die Momente der linken Auflagerreaktionen, bezogen auf den Schwerpunkt der elastischen Kräfte, bleiben unverändert;

c) haben sich die horizontalen Schubkräfte folgendermaßen verändert:

$R$ bezeichnet den linken Auflagerdruck: in dem Schnittpunkt mit der durch $G$ verlaufenden Horizontalen wird diese Kraft in $A$ und $H$ zerlegt (Abb. 3).

Das Moment $M$ der Kraft $R$, bezogen auf $G$ ist $A \times n$ (weil $H$ ein Moment gleich null ergibt), daher $n = \dfrac{M}{A}$.

Wenn in den Ordinaten $y$ kleine Änderungen vorgenommen werden, so daß die beiden vorgenannten Bedingungen (unveränderliche Lage) zutreffen, ändern sich $M$ und $A$ nicht, ebensowenig ändert sich $n$ und es geht daraus Folgendes hervor:

In vorgenannten Bedingungen mit der kleinen Änderung der Stützlinie des Bogens dreht sich die Auflagerreaktion um den fixen Punkt $S$, wobei der Wert seiner Vertikalen unverändert bleibt, dagegen ändert sich die horizontale Schubkraft.

$ac =$ Halbbogen, $R =$ die linke Auflagerreaktion (Abb. 5), $H =$ die horizontale Schubkraft; $R$ und $H$ sind die ersten und letzten Seiten eines Seil-Polygons, welches wie auf dem Halb-

folgende Weise erhalten werden: Man erhält den Punkt $a$ mit Zuhilfenahme des konstanten Winkels $\varphi$ durch eine leichte Ordinatenänderung, wobei die Lage des Schwerpunktes $G$ (und der $x$-Achse) unverändert bleiben muß (Abb. 4).

Die hintereinander folgenden Annäherungen werden daher nach der Größe des Winkels $\varphi$ durchgeführt.

Wird der Winkel $\varphi$ zu stark vergrößert, so verringern sich die größten Druckbeanspruchungen im Kämpfer und im Scheitel, aber es vergrößern sich dann auch jene der mittleren Querschnitte. Mit einiger Übung gelingt es leicht, den am besten entsprechenden Winkel $\varphi$ zu bestimmen.

Im oben betrachteten Falle werden die TOLKMITTschen Ordinaten, so wie es aus der Tabelle zu ersehen ist, wie folgt verändert:

---

bogen $ac$ Lasten verbindet: durch ihren Schnittpunkt verläuft die Schwerpunktachse der Lasten $A$.

Wenn die Mittellinie von $a\,c$ eine Verschiebung erhält, so dreht sich die linke Widerlagerreaktion (Abb. 5) um den Punkt $S$ und kommt in die Lage $R'$; die Lage von $A$ bleibt unverändert und bleibt dieselbe als Schwerachse derselben Lasten. $P$ kommt in $P'$ und $H$ in $H'$.

Die Verschiebung der Auflagerreaktion und die Verschiebung der Schubkraft im Scheitel sind daher gleichzeitig untereinander in Abhängigkeit.

Wenn das System auf den Punkt $O$ bezogen wird, und zwar als Ursprung des rechtwinkligen Koordinatensystems (siehe Abb. 6), ist es leicht, den Zusammenhang zu bestimmen, welcher zwischen $X$ (bestimmt durch den Schnittpunkt des Kämpferdruckes mit der Abszissenachse) und die Ordinate $Y$ (bestimmt durch den Schnittpunkt der Drucklinie mit der Ordinatenachse) besteht.

Zieht man die zwei ähnlichen Dreiecke $T\,U\,S$, $S\,K\,H$ in Betracht, so erhält man (Abb. 6)

$$\frac{d}{X-n} = \frac{Y-d}{n-D} \quad \cdots\cdots\cdots\cdots\cdots\cdots \quad (1)$$

$Y\,n - D\,X - Y\,n =$ konstant $(dn - dD - Dn)$.

Die Kurve, welche dieser Gleichung entspricht, ist eine Hyperbel, deren Asymptote parallel zu den Achsen gehen.

Weiters: Wenn man das Kräftepolygon betrachtet, so ersieht man, daß $T'\,S'\,U'$ dem Dreieck $T\,K\,N$ ähnlich ist und daher:

$$H = \frac{A\,(X-D)}{Y} \quad \cdots\cdots\cdots\cdots\cdots\cdots \quad (2)$$

Aus diesen beiden Gleichungen erhält man folgende drei Formeln, welche $X$ als Funktion von $Y$, $Y$ als Funktion von $X$, $Y$ als Funktion von $H$ ergeben:

$$Y = d\,\frac{x-D}{X-n} \quad \cdots\cdots\cdots\cdots\cdots\cdots \quad (3)$$

$$X = \frac{n\,Y - d\,D}{Y-d} = n + \frac{H\,d}{A} \quad \cdots\cdots\cdots\cdots \quad (4)$$

$$Y = \frac{A\,(n-D)}{H} + d \quad \cdots\cdots\cdots\cdots\cdots \quad (5)$$

Aus (5) ersieht man, daß sich $Y$ verringert, wenn sich $H$ vergrößert: Die Drucklinie erniedrigt sich im Scheitel.

Aus (4) ($Y$ einsetzend) erhält man, daß sich der Wert von $X$ auch vergrößert, wenn $H$ vergrößert wird: Die Drucklinie erhöht sich im Kämpfer.

Aus der Formel

$$H_{p\,=\,1} = \frac{\displaystyle\sum_{D}^{b}(x-\underline{a})\,y\cdot w}{\displaystyle\sum_{a}^{b} y^2\,w + \sum_{a}^{b}\frac{ds}{F}}$$

ergibt sich, daß um $H$ zu vergrößern, es genügt, $y$ zu verringern (wobei $y$ die Ordinate des Schwerpunktes der einzelnen Bogenabschnitte bedeutet, bezogen auf ein rechtwinkliges Koordinatensystem, dessen Ursprung der Schwerpunkt $G$ der elastischen Kräfte ist [siehe Abb. 2]).

So ist bewiesen, was zu beweisen war.

| Fortlaufende Nummer der Querschnitte | Abszisse | Ordinate | | |
|---|---|---|---|---|
| | | TOLKMITT für $\varphi = 0^0$ | für $\varphi = 27^0$ | für $\varphi = 44^0$ |
| 1 | 0,625 | 0,3343 | 0,340 | 0,360 |
| 2 | 2,500 | 1,3075 | 1,350 | 1,450 |
| 3 | 5,000 | 3,4925 | 2,585 | 2,735 |
| 4 | 7,500 | 3,5684 | 3,670 | 3,810 |
| 5 | 10,000 | 4,5386 | 4,615 | 4,735 |
| 6 | 12,500 | 5,5386 | 5,470 | 5,540 |
| 7 | 15,000 | 6,1736 | 6,180 | 6,200 |
| 8 | 17,500 | 6,8438 | 6,810 | 6,800 |
| 9 | 20,000 | 7,4188 | 7,335 | 7,250 |
| 10 | 22,500 | 7,9008 | 7,780 | 7,700 |
| 11 | 25,000 | 8,2914 | 8,155 | 8,020 |
| 12 | 27,500 | 8,5911 | 8,445 | 8,345 |
| 13 | 30,000 | 8,8058 | 8,700 | 8,590 |
| 14 | 32,500 | 8,9431 | 8,860 | 8,800 |
| 15 | 34,775 | 9,0000 | 8,950 | 8,940 |
| C | 35,800 | 9,0000 | 9,000 | 9,000 |

Und man erhält folgende Ergebnisse:

| Elemente | für $\varphi = 0^0$ | für $\varphi = 27^0$ | für $\varphi = 44^0$ | Anmerkung |
|---|---|---|---|---|
| $H$ = kg | 2 002 420 | 2 054 552 | 2 110 892 | Nach Abb. 6 |
| $X$ = Meter | 35,3716 | 35,6112 | 35,9215 | |
| $Y$ = Meter | 9,0989 | 8,9978 | 8,9425 | |
| Größte Druckspannung (kg pro cm$^2$) | 79 930 | 73 596 | 65 242 | |

Daraus folgt, daß durch Vergrößerung des Winkels $\varphi$ sich auch der Wert von $H$ vergrößert und die Drucklinie sich im Kämpfer wie im Scheitel verschiebt, und zwar entgegengesetzt jenem Sinne, welchen man bei solcher teilweiser Neutralisierung der Nebenspannungen erhält.

Das Ergebnis ist überzeugend: Die größte Druckspannung im oben erwähnten Falle bei der TOLKMITT-Kurve 80 kg pro cm$^2$ senkte sich auf 65 kg pro cm$^2$: Ohne dieses Vorgehen hätte man um 25% größere Beanspruchungen erhalten.

Es ist somit bewiesen:

I. daß die TOLKMITTsche Achse, vielfach von den projektierenden Technikern angewendet, sich nicht am besten für den Entwurf eignet, weil sie nur die Beanspruchungen eines Teiles der Kräfte, nämlich nur der Lasten, berücksichtigt;

II. daß es möglich ist, durch geeignete Änderungen die TOLKMITTsche Achse zu verschieben, um auf diese Weise einen teilweisen Ausgleich auch der Nebenspannungen zu erhalten;

III. daß die Verschiebung der Achse darin besteht, daß man die TOLKMITTsche Kurve auf folgende Weise ändert: man nähert dieselbe an die durch den Schwerpunkt der elastischen Kräfte gezogene Horizontale in der oben erwähnten Weise;

IV. daß die Verringerung der Beanspruchungen durch diese Verschiebung ein für die Praxis bedeutendes Maß erreicht und daher von großem Vorteil ist.

Dozent Ing. Dr. J. KREBITZ, Graz:

## Die neue Bahnhofbrücke in Leoben

Die vor kurzem dem Verkehr übergebene Bahnhofbrücke über die Mur in Leoben zählt gegenwärtig zu den größten Massivbrücken Österreichs und bietet hinsichtlich Entwurf und Ausführung Bemerkenswertes, das nachstehend kurz besprochen werden soll (Abb. 1 und 2).

Die Brücke hat eine gesamte Verkehrsbreite von 14 m, wovon 9 m auf die Fahrbahn und je 2,5 m auf die beiderseitigen Gehwege entfallen. Es lag daher nahe, als Tragwerk zwei Bogen zu verwenden, von denen einer ganz außerhalb der

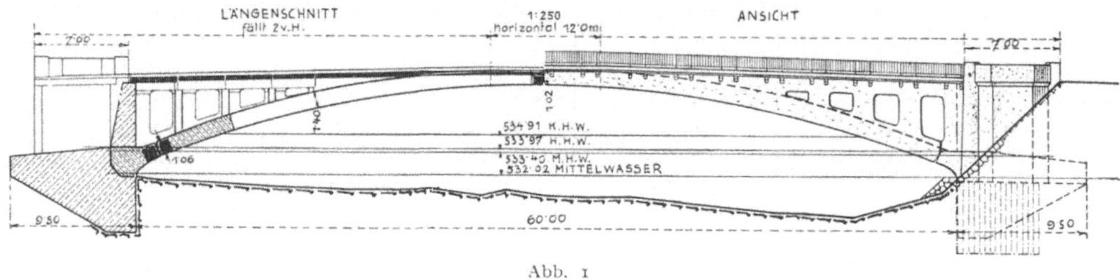


Abb. 1

alten, schmalen Holzbrücke lag, während der zweite an deren Stelle errichtet wurde. Die alte Brücke konnte während des Baues der halben neuen noch dem Verkehr dienen, während nach ihrem Abtrage schon die fertige neue Hälfte zu befahren war.

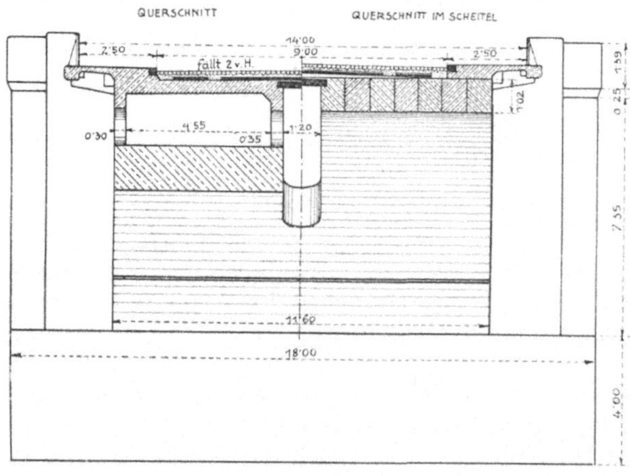


Abb. 2

Auf diese Weise wurde eine Notbrücke erspart und konnte das Lehrgerüst zweimal verwendet werden.

Als Tragwerk dienen zwei Dreigelenksbogen aus Beton, die bei 60 m Widerlagerentfernung, 57 m Stützweite und 5,3 Pfeilhöhe aufweisen. Das Pfeilverhältnis beträgt demnach 1 : 10,7. Der für jeden Bogen getrennt angeordnete Fahrbahnaufbau ist in statisch bestimmte Teile aufgelöst und an den Ansichtsflächen verblendet. Die Verbindung zwischen den sonst voneinander unabhängigen Brückenhälften wird durch eine Eisenbetonplatte hergestellt. Die Widerlager sind gemeinsam und in der Breitenrichtung der Brücke so lang gewählt, daß ein Abheben von der Sohle auch bei Belastung durch ein Tragwerk allein nicht erfolgt, also so, daß die resultierende Stützenkraft einer Tragwerkshälfte noch im Drittel der Widerlagerlänge angreift. Die größte Pressung der Widerlager auf die aus diluvialem Schotter bestehende Sohle wurde mit 4,7 kg/cm² zugelassen, da bei einer bis 5,6 kg/cm² gesteigerten Probebelastung des aufgeschlossenen Baugrundes die Verpressung nur 0,8 mm betrug.

Um das obgenannte Pfeilverhältnis, das auch für Dreigelenksbogen schon nahe der unteren Grenze liegt, erreichen zu können, mußten die Kämpfergelenke unter dem höchsten beobachteten Hochwasserstande angeordnet werden. Für diese war, wie sonst üblich, Stahl als Baustoff nicht mehr geeignet, und wurde daher zu bewehrten Betonwälzgelenken gegriffen, obwohl der Gelenksdruck 4210 kg für den Zentimeter Berührungslänge betrug. Um eine gute Zentrierung der Drucklinie zu erzielen, wurden die Krümmungshalbmesser verhältnismäßig klein gewählt, im Scheitel 2,5 m und 2,9 m, im Kämpfer wegen der kleineren Verdrehung 2,5 und 2,7 m. Die Gelenke wurden mit Lorünser frühhochfestem Zement hergestellt und als Zuschlag dasselbe Gemenge verwendet wie für die Bögen. Ein 73 cm breites Versuchsgelenk mit den Abmessungen des Scheitels wurde an der Versuchsanstalt der Technischen Hochschule in Wien geprüft.

Obwohl der Versuch bei einer Gelenkstärke von 1,02 m nur mit 70 cm breiten Druckplatten, also unter wesentlich ungünstigerer Beanspruchung als im Bauwerke durchgeführt wurde, zeigte sich der erste Riß erst bei 300 t Belastung, ein Bruch trat trotz Steigerung der Last auf 800 t nicht ein. Die von einem solchen Gelenk im Bauwerke aufzunehmende Höchstlast beträgt 307 t, so daß noch ausreichende Rißsicherheit angenommen werden kann. Die Beanspruchung der Kämpfergelenke ist bei ungefähr gleicher Pressung für die Längeneinheit infolge des kleineren Krümmungsunterschiedes wesentlich geringer, ihre Rißsicherheit dementsprechend höher, so daß trotz des Tauchens ins Hochwasser keine Rostgefahr für die Einlageneisen besteht. Immerhin ist festzustellen, daß trotz der erzielten hohen Betondruckfestigkeit — sie wurde an dem Beton des Versuchsgelenkes entnommenen Würfeln mit 300 kg/cm² erhoben — die Rißlast niedrig ist. Der Grund hiefür liegt jedoch nicht, wie bei

Abb. 3

einem gebogenen Balken, in der geringen Dehnungsfähigkeit des Betons, sondern in der durch eine ungewollt hohe Elastizitätsziffer (rund 400000 kg/cm²) bedingten starken Konzentrierung des Gelenksdruckes. Es ist zu hoffen, daß es bei weiteren, in Vorbereitung befindlichen Versuchen gelingen wird, unter Beibehaltung der hohen Druckfestigkeit die Härte der Wälzflächen zu mildern und die Rißlast wesentlich zu erhöhen, so daß die Anwendbarkeit von Betonwälzgelenken auch bei Einheitspressungen erwiesen wäre, die über dem Werte von 4,2 t/cm liegen.

Infolge der tiefen Lage der Bogenkämpfer mußte auch das Lehrgerüst so ausgebildet werden, daß die wagrechten Streckbäume nur knapp über der unteren Hochwassergrenze lagen. Um den Bestand des Lehrgerüstes nicht zu gefährden, waren daher die Bogen in der erfahrungsgemäß hochwasserfreien Zeit, d. i. in den Monaten zwischen November und Mai, zur Ausführung zu bringen. Infolge Verzögerungen bei der Gründung der Widerlager konnte erst am 1. Februar 1928 mit der Betonierung des ersten Bogens begonnen werden. Obwohl die dazugehörige Brückenhälfte vor Inangriffnahme des zweiten Bogens wenigstens für Fußgänger benützbar sein mußte, war auch der zweite am 1. Mai geschlossen und somit außer Gefahr. Sehr kurz waren die Zeiten, die zwischen Betonierungsbeginn und Ausrüstung jedes der beiden Bogen lagen. Beim ersten wurden hiefür 36, beim zweiten nur 29 Tage benötigt. Durch die Herstellung in einzelnen Teilabschnitten (Abb. 3) konnten zwar durch die Formänderung des Lehrgerüstes bedingte Vorspannungen im Beton vermieden, hingegen wegen der zur Beschleunigung der Arbeit rasch vorgenommenen Fugenfüllung die durch die Verwendung frühhochfesten Zements noch erhöhte Schwindwirkung fast gar nicht ausgeschaltet werden. Die beobachtete Bogenverkürzung durch Schwinden allein entsprach einer Temperaturabnahme von 26⁰ C.

Für die Ausrüstung wurden Zufferbügel verwendet, die beim ersten Bogen aus Weichholz hergestellt und für einen Flächendruck von 30 kg/cm² bemessen waren. Da die die Unterlage der Bügel bildenden Jochkappbäume wegen der mit 34 cm, also ziemlich groß, vorgeschriebenen Querschnittsbreite teilweise waldkantig waren, traten örtlich hohe Drucke und daher allgemein starke Verpressungen der Bügel auf. Die Folge war eine Lehrgerüstsetzung von 11 cm im Scheitel. Beim zweiten Bogen wurde für die Bügel statt Fichten-, Lärchenholz verwendet und damit die Scheitelsenkung auf 6 cm herabgedrückt. Da Waldkanten bei stärkeren Holzabmessungen fast unvermeidlich sind, empfiehlt es sich, zur Sicherheit die Flächenpressung von Zufferbügeln bei Weichholz mit höchstens 25 kg/cm² zu wählen, bei 30 kg/cm² aber schon das härtere Lärchenholz zu verwenden.

Abb. 4 Abb. 5

Da natürlicher Betonschotter aus den in der Nähe von Leoben gelegenen Gruben durchwegs etwas Lehm enthält, wurde als Betonzuschlag ein künstliches Gemenge von gebrochenem Kalkstein und gekörnter Hochofenschlacke, die aus dem nahen Stahlwerk Donawitz der Alpinen Montangesellschaft leicht beschafft werden konnte, verwendet. Die mit diesem Gemenge erzielten Ergebnisse waren sehr gute. Es wurde bei einem Gehalte von rund 320 kg frühhochfestem Lorünser Zementes in 1 m³ Fertigbeton eine durchschnittliche Baufestigkeit von 315 kg/cm² erreicht. Besonders hervorzuheben ist die außerordentlich hohe Elastizitätsziffer für Druck, die sich nach dem Ergebnisse der Probebelastung auf 409000 kg/cm² beläuft. Darauf wäre bei Verwendung von solchem Schlackensand für Verbundkörper entsprechende Rücksicht zu nehmen.

Nun noch einige nicht alltägliche Beobachtungen während der Bauausführung.

Beim Aushub der 4,3 m unter den Normalwasserstand reichenden Widerlager konnte hinter eisernen Spundwänden bis auf 3 m Tiefe ohne Wasserhaltung vorgestoßen werden. In dieser Tiefe lag erst der Grundwasserspiegel, unabhängig vom Wasserstande im Flußbette, das durch die fetten Abwässer des Stahlwerkes Donawitz vollständig gedichtet ist. In Abb. 4 erkennt man unten an der Spundwand die Höhe, bis zu der das Grundwasser bei Ausschaltung der Pumpen anstieg. Der weiße Strich oben deutet den niedersten Wasserstand außerhalb der Spundwand an.

Das Rammen der Spundwandeisen, System Larssen, erfolgte im allgemeinen trotz des schweren Schotterbodens ohne Schwierigkeiten, nur vereinzelt wurde das Vortreiben durch größere Kiesstücke verhindert.

Die aus den schon früher erwähnten Gründen in die Wintermonate verlegte Ausführung der Tragwerke brachte für den Bestand des Lehrgerüstes eine nicht erwartete Gefahr. Ein seit mehr als 30 Jahren nicht aufgetretener Eisstoß von

Abb. 6

durchschnittlich 1,5 m Stärke drohte das noch unbelastete Lehrgerüst abzuscheren. Abb. 5 gibt einen Blick vom Lehrgerüstboden gegen die sich aufstauenden Eismassen wieder, die glücklicherweise, ohne nennenswerten Schaden anzustiften, nach Eintritt von Tauwetter wieder abgetriftet werden konnten.

Zur Vervollständigung des Berichtes zeigt schließlich noch Abb. 6 eine Ansicht der fertigen Brücke.

Dr. Ing. Peter Pasternak, Privatdozent für Eisenbetonbau und technische Statik an der E. T. H. Zürich:

## Die praktische Berechnung der durch mehrere Querriegel versteiften Brücken-Zwillingsgewölbe auf Winddruck[1]

Die strenge Lösung der in der Überschrift genannten, für den Brückenbau wichtigen Aufgabe bietet nach dem allgemeinen energo-analytischen Verfahren keine prinzipiellen Schwierigkeiten. Eine solche Lösung ist auch schon früher von Dr. W. Nakonz gegeben worden.[2] Bei einer größeren Anzahl von Querriegeln gestaltet sich aber das strenge Verfahren, das allgemeine Elastizitätsgleichungen benützt, dermaßen zeitraubend, daß es kaum allgemeine Verwendung in der Praxis finden kann.

---

[1] Der vollständige Vortrag ist in der „Schweizerischen Bauzeitung", H. 18, Jahrg. 1928, erschienen.

[2] Die Berechnung des oberen Rahmen-Windverbandes bei einer Eisenbetonbrücke mit angehängter Fahrbahn. „Die Bautechnik" 1923, S. 488.

Im folgenden schlagen wir eine Näherungslösung vor, die auf dreigliedrige, d. h. auf die bequemsten Systeme von Elastizitätsgleichungen führt und deren Genauigkeit in den weitaus meisten Fällen mehr als eine genügende ist.

Wir behandeln zwei im Brückenbau besonders häufig vorkommende Fälle:

*A.* Die Achsen der gleich ausgebildeten Bogen liegen in parallenen Vertikalebenen. Dies ist die gewöhnliche Anordnung bei angehängter Fahrbahn (vgl. Abb. 1 auf Tafel 1, S. 768).

*B.* Die vertikalen Ebenen der gleichseitig liegenden Bogenachsenhälften sind gegeneinander geneigt (Abb. 4 auf Tafel II, S. 770). Eine solche Gewölbespreizung wird bei oben liegender Fahrbahn und größeren Spannweiten aus wirtschaftlichen, Stabilitäts- und auch ästhetischen Gründen zur Anwendung gelangen. Freilich verursacht die Bogenspreizung auch Zusatzspannungen in den Gewölbeebenen infolge der Vertikalbelastungen. Doch fallen diese Nebenspannungen aus dem Rahmen unseres heutigen Themas und wir werden uns an anderer Stelle mit ihnen beschäftigen.

In beiden genannten Fällen sind außerdem zwei gebräuchliche Querriegelanordnungen — die vertikale (in den Abb. 1 und 4 links) und jene senkrecht zur Bogenachse (in den Abb. 1 und 4 rechts) — zu berücksichtigen.

Die Berechnung auf Winddruck beider Zwillingsbogentypen stützen wir auf folgende grundlegende Annahmen:

1. Den auf die Gewölbeansichtsflächen stetig verteilt wirkenden Winddruck ersetzen wir durch horizontale, längs der Riegelachsen in den Knotenpunkten angreifende Einzelkräfte. Ebenso sollen an den gleichen Stellen auch die auf den Überbau wirkenden Windkräfte auf das Gewölbe übertragen werden.

Bei der vorausgesetzten Spiegelsymmetrie der Gesamtkonstruktion in Bezug auf ihre vertikale Mittellängsschnittebene hat dies zur Folge, daß beide Bogen genau gleich, die Riegel antisymmetrisch beansprucht werden und daß die Mitten der Querriegel nur eine horizontale, sonst aber keine elastische Verschiebung erleiden. Die Querriegelmitten sind also Momenten-Nullstellen, selbst bei Berücksichtigung der gegensätzlich gleichen vertikalen Durchbiegungen der Bogen.

2. Die Vertikalverschiebungen der Knotenpunkte werden vernachlässigt und nur eine Horizontalverschiebung längs der Riegelachsen angenommen. Diese zweite Annahme findet ihre Begründung in der Kleinheit der aus den Windkräften sich ergebenden Zusatzbelastungen in den Bogenebenen und in der meistens bedeutend größeren Biegungssteifigkeit der Bogen in ihren Ebenen gegenüber jenen in der Querrichtung.

Die Annahmen unter 1 und 2, die übrigens ihre volle Bestätigung in den Ergebnissen der genauen Berechnung mit allgemeinen Elastizitätsgleichungen erhalten, und die auch aus bloßer Anschauung einleuchten, ferner und vor allem die vorhandene Verwandtschaft der querversteiften Zwillingsbogen mit den ebenen Rahmenträgern weisen auf folgende Berechnungsverfahren für die beiden unter *A* und *B* auseinander gehaltenen Fälle:

*Fall A* (Tafel I). Man wählt hier als Überzählige am einfachsten die auf einer Seite der Riegel in den Knotenpunkten auftretenden Bogen-Biegemomente $X$ und Torsionsmomente $Y$. An Hand der Abb. 2, die die wirkenden Kräfte im Hauptsystem darstellt und mit Hilfe der MOHRschen Arbeitsgleichung, deren eminent praktische Bedeutung sich ganz besonders bei den Raumtragwerken zeigt, kann man das System der Elastizitätsgleichung für die $X$ und $Y$ unmittelbar anschreiben.

Man ordnet die Gleichungen am besten in zwei simultane Gruppen an: 1. in die *Biegungsgleichungen*, die zu den $X = 1$ als virtuelle Belastungszustände gehören und 2. in die *Torsionsgleichungen*, die die Bedeutung haben, daß die virtuellen Arbeiten der $Y = 1$ infolge des wirklichen Verschiebungszustandes verschwinden.

Dank der getroffenen Wahl für die Überzähligen sind beide simultanen Gleichungssysteme, die also im Grunde genommen ein einziges vollständiges System bilden, sowohl in den $X$ als auch $Y$ dreigliedrig, und zwar von dem häufigst auftretenden Typus mit negativen Matrixvorzahlen außerhalb der Hauptdiagonale.[1] Ihre Auflösung erfolgt am einfachsten durch Iteration, indem man vorerst im ersten Gleichungssystem die $Y = 0$ setzt und durch die bekannte einfache Reduktion der verbleibenden, nun dreigliedrigen $X$-Gleichungen die $X$ ermittelt und aus dem zweiten, jetzt ebenfalls dreigliedrigen $Y$-System auf gleiche Weise die $Y$ findet. Die Gleichungen lassen sich ebenso leicht für vertikale als auch senkrecht zur Bogenachse liegende Querriegel aufstellen. Bemerkenswert ist die starke Vereinfachung und der Übergang in dasselbe Gleichungssystem in beiden Fällen bei Annahme *quadratischer* Riegel. In diesem Sonderfall kommt besonders deutlich die Verwandtschaft mit dem ebenen Rahmenträger in Erscheinung.

*Fall B* (Tafel II). Man könnte auch hier mit dem gleichen statisch unbestimmten Hauptsystem auskommen. Nur lassen sich dann die $X$- und $Y$-Gleichungen nicht mehr so unmittelbar wie unter $A$ anschreiben. Dies gelingt aber wieder, wenn man hier am einfachsten die Feldschübe $X$, die in der Längssymmetrieebene und in den einzelnen Felderebenen in den Mitten der Riegelachsen angreifen, als Überzählige wählt. Als zweite Gruppe von Überzähligen führt man wieder die senkrecht zur Symmetrieebene wirkenden Drillmomente $Y$ der einzelnen Bogenstäbe ein. Die MOHRsche Arbeitsgleichung, hier ganz besonders wirksam durch die bekannte Trapezformel unterstützt, liefert wieder zwei Gleichungsgruppen von demselben wie unter $A$ gefundenen, in den $X$ und $Y$ dreigliedrigen Typus. Es sei betont, daß hier, wie im Fall $A$, die Dreigliedrigkeit der Gleichungen in den $X$ und $Y$ nur von der zweckmäßigen Wahl der Überzähligen und nicht etwa von der Annahme gerader Bogenstäbe und konstanten Trägheitsmomentes im Bereich der Einzelstäbe abhängig ist.

Infolge der Symmetrie im Tragwerk und in den Belastungen hat man die Gleichungen im Fall $A$ und $B$ nur für die auf einer Gewölbehälfte liegenden Knotenpunkte anzuschreiben. Die erste und letzte Gleichung beider simultanen Gleichungssysteme, die jeweils nur zwei $X$ und zwei $Y$ enthalten, erhält man aus den leicht ersichtlichen Randbedingungen

$$X_1 = X_0, \quad Y_1 = Y_0 \, ; \; r'_u = r''_u = 0,$$

wo $r'_u$ und $r''_u$ die verschwindenden Biegungslängen der Widerlager bei vollkommener Einspannung des Gewölbes bedeuten. Die Belastungsglieder in den $X$- und $Y$-Gleichungen sind aus den halben Windkragmomenten des im Scheitel aufgeschnittenen Gewölbes zu ermitteln, wobei die Torsionsmomente, infolge der fehlenden Torsionssteifigkeit der Gewölbe im Hauptsystem, von den Riegeln aufgenommen werden müssen.

Durchgerechnete Zahlenbeispiele haben zu dem überraschenden und willkommenen Ergebnis geführt, *daß die Torsionsbeanspruchung schon bei einer mäßig großen Zahl von Querriegeln gegenüber der Biegungsbeanspruchung in der Querrichtung verschwindet und daß also die Biegemomentenverteilung in der Querrichtung der Bogen und in den Riegeln infolge des Winddruckes sich aus einem einzigen dreigliedrigen Gleichungssystem, das sich aus den Biegungsgleichungen unter A und B durch Weglassen der Torsionsglieder ergibt, sehr rasch und praktisch genau erschließen läßt. Bei zur Bogenachse senkrechten Riegeln unterscheiden sich die so gewonnenen Biegungsgleichungen praktisch nicht von den entsprechenden Gleichungen des ebenen symmetrischen Stockwerkrahmens mit vertikalen bzw. gespreizten Ständern.*

---

[1] Vgl. PASTERNAK: Berechnung vielfach statisch unbestimmter Stabtragwerke. Verlag Gebr. Leemann, Zürich u. Leipzig, 1927.

Tafel I
## A. Berechnung auf Winddruck
## paralleler, durch mehrere Querriegel versteifter Zwillingsgewölbe

a) *Vertikale Querriegel*                              b) *Zur Gewölbeachse senkrechte Querriegel*

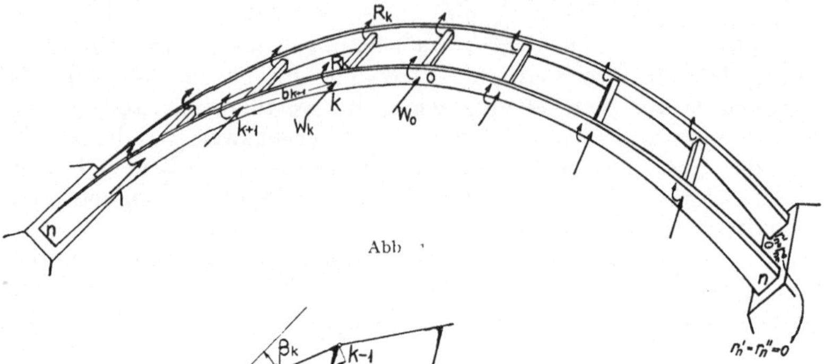

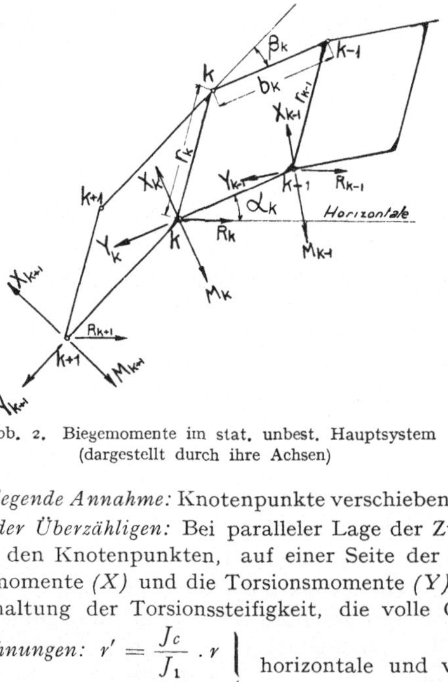

Abb. 2. Biegemomente im stat. unbest. Hauptsystem       Abb. 3. Anschlüsse der Bogenstäbe
(dargestellt durch ihre Achsen)                         im stat. unbest. Hauptsystem

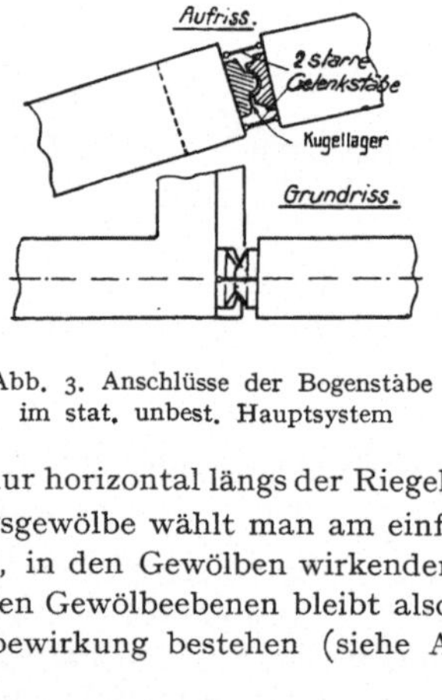

1. *Grundlegende Annahme:* Knotenpunkte verschieben sich nur horizontal längs der Riegelachsen.
2. *Wahl der Überzähligen:* Bei paralleler Lage der Zwillingsgewölbe wählt man am einfachsten die in den Knotenpunkten, auf einer Seite der Riegel, in den Gewölben wirkenden Quer-Biegemomente *(X)* und die Torsionsmomente *(Y)*. In den Gewölbeebenen bleibt also, unter Ausschaltung der Torsionssteifigkeit, die volle Gewölbewirkung bestehen (siehe Abb. 3).
3. *Bezeichnungen:* 

$$r' = \frac{J_c}{J_1} \cdot r$$

$$r'' = \frac{J_c}{J_2} \cdot r$$

horizontale und vertikale (bzw. tangentiale und normale) Biegungslängen der Riegel.

$$b' = \frac{J_c}{J} \cdot b \quad \text{Biegungslänge in der Querrichtung}$$

$$t = \frac{E}{G} \cdot \frac{J_c}{T} \cdot b = \frac{2\,(m+1)}{m} \cdot \frac{J_c}{T} \cdot b \quad \text{Torsionslänge}$$

der Bogenstäbe

$$M_k = \frac{1}{2}\, b_k \left( \frac{W_0}{2} + \sum_{i=1}^{i=k-1} W_i \right)$$

$R_k =$ Biegemoment in der Riegel-Vertikalebene infolge des Winddruckes auf den Gewölbeaufbau.

4. *Elastizitätsgleichungen:* Sie können in der Form simultaner Biegungs- und Torsionsgleichungen als virtuelle Arbeiten infolge $X_k = 1$ und $Y_k = 1$ als Belastungszustände und dem Gesamtbelastungszustand als Verschiebungszustand unmittelbar angeschrieben werden. (Alle Vorzahlen sind mit $6\,J_c E$ vervielfacht).

a) *Bei vertikalen Querriegeln:*

$K_{te}$ Biegungsgleichung:
$$-\left(r' \cos a_{k-1} \cos a_k + r''_{k-1} \sin a_{k-1} \sin a_k\right) X_{k-1} + \left[r'_{k-1}\cos^2 a_k + r''_{k-1}\sin^2 a_k + 6b'_k + r'\cos^2 a_k + r''_k \sin^2 a_k\right] X_k - \left(r'_k \cos a_k \cos a_{k+1} + r''_k \sin a_k \sin a_{k+1}\right) X_{k+1} + \left(r'_{k-1}\cos a_k \sin a_{k-1} - r''_{k-1}\cos a_{k-1}\sin a_k\right) Y_{k-1} - \left(r'_{k-1} - r''_{k-1} + r'_k - r''_k\right)\sin a_k \cos a_k\, Y_k + \left(r'_k \cos a_k \sin a_{k+1} - r''_k \cos a_{k+1}\sin a_k\right)Y_{k+1} - \Big[\left(r'_{k-1}\cos^2 a_{k-1} + r''_{k-1}\sin^2 a_{k-1} + r'_k\cos^2 a_k + r''_k\sin^2 a_k + 3b'_k\right)M_k - \left(r'_k \cos a_k \cos a_{k+1} + r''_k \sin a_k \sin a_{k+1}\right)M_{k+1} + \left(R_k r''_k - R_{k-1} r''_{k-1}\right)\sin a_k\Big] = 0$$

$K_{te}$ Torsionsgleichung:
$$-\left(r'_{k-1}\sin a_{k-1}\sin a_k + r'_{k-1}\cos a_{k-1}\cos a_k\right) Y_{k-1} + \left[r'_{k-1}\sin^2 a_k + r''_{k-1}\cos^2 a_k + 6t_k + r'_k\sin^2 a_k + r''_k\cos^2 a_k\right] Y_k - \left(r'_k \sin a_k \sin a_{k+1} + r''_k \cos a_k \cos a_{k+1}\right)Y_{k+1} + \left(r'_{k-1}\sin a_k \cos a_{k-1} - r''_{k-1}\cos a_k \sin a_{k-1}\right)X_{k-1} - \left(r'_{k-1} - r''_{k-1} + r'_k - r''_k\right)\sin a_k \cos a_k\, X_k + \left(r'_k \sin a_k \cos a_{k+1} - r''_k \cos a_k \sin a_{k+1}\right)X_{k+1} + \left(r'_{k-1} - r''_{k-1}\right)\sin a_k \cos a_k\, M_k - \left(r'_k \cos a_{k+1}\sin a_k - r''_k \sin a_{k+1}\cos a_k\right)M_{k+1} + \left(R_k \cdot r''_k - R_{k-1}\cdot r''_{k-1}\right)\cos a_k = 0$$

b) *Bei normal zur Bogenachse liegenden Riegeln:* mit $\dfrac{\beta}{2}=\gamma$.

$K_{te}$ Biegungsgleichung:
$$-\left(r'_{k-1}\cos^2 \gamma_{k-1} - r''_{k-1}\sin^2 \gamma_{k-1}\right) X_{k-1} + \Big[\left(r'_{k-1}\cos^2 \gamma_{k-1} + r''_{k-1}\sin^2 \gamma_{k-1}\right) + 6b'_k + \left(r'_k\cos^2 \gamma_k + r''_k\sin^2 \gamma_k\right)\Big]X_k - \left(r'_k\cos^2 \gamma_k - r''_k\sin^2 \gamma_k\right)X_{k+1} - \frac{1}{2}\sin \beta_{k-1}\left(r'_{k-1} + r''_{k-1}\right)Y_{k-1} - \frac{1}{2}\Big[\left(r'_{k-1} - r''_{k-1}\right)\sin \beta_{k-1} - \left(r'_k - r''_k\right)\sin \beta_k\Big]Y_k + \frac{1}{2}\sin \beta_k\left(r'_k + r''_k\right)Y_{k+1} - \Big[\left(\cos^2 \gamma_{k-1}\,r'_{k-1} + \sin^2 \gamma_{k-1}\,r''_{k-1} + 3b'_k + r'_k\cos^2 \gamma_k + r''_k\sin^2 \gamma_k\right)\cdot M_k - \left(\cos^2 \gamma_k\,r'_k - \sin^2 \gamma\, r''_k\right)M_{k+1}\Big] + R_k\Big[\sin\left(a_k + \gamma_k\right)\cdot \cos \gamma_k\cdot r'_k - \cos\left(a_k + \gamma_k\right)\sin \gamma_k \cdot r''_k\Big] - R_{k-1}\Big[\sin\left(a_{k-1} + \gamma_{k-1}\right)\cdot \cos \gamma_{k-1}\,r'_{k-1} + \cos\left(a_{k-1} + \gamma_{k-1}\right)\cdot \sin \gamma_{k-1}\cdot r''_{k-1}\Big] = 0$$

$K_{te}$ Torsionsgleichung:
$$-\left(\cos^2 \gamma_{k-1}\,r''_{k-1} - r'_{k-1}\sin^2 \gamma_{k-1}\right) Y_{k-1} + \left(r''_{k-1}\cos^2 \gamma_{k-1} + r'_{k-1}\sin^2 \gamma_{k-1} + 6t_k + r''_k\cos^2 \gamma_k + r'_k\sin^2 \gamma_k\right) Y_k - \left(r''_k\cos^2 \gamma_k - r'_k\sin^2 \gamma_k\right)Y_{k+1} + \frac{1}{2}\sin \beta_{k-1}\left(r'_{k-1} + r''_{k-1}\right)X_{k-1} - \frac{1}{2}\Big[\sin \beta_{k-1}\left(r'_{k-1} - r''_{k-1}\right) - \sin \beta_k\left(r'_k - r''_k\right)\Big]X_k - \frac{1}{2}\sin \beta_k\left(r'_k + r''_k\right)X_{k+1} + \frac{1}{2}\left(r'_k + r''_k\right)M_{k+1}\sin \beta_k + \frac{1}{2}\Big[\left(r'_{k-1} - r''_k\right)\sin \beta_{k-1} - \left(r'_k - r''_k\right)\sin \beta_k\Big]\cdot M_k + R_k\Big[\sin\left(a_k + \gamma_k\right)\cdot \sin \gamma_k\cdot r'_k + \cos\left(a_k + \gamma_k\right)\cdot \cos \gamma_k\cdot r''_k\Big] - R'_{k-1}\Big[\cos\left(a_{k-1} + \gamma_{k-1}\right)\cdot \cos \gamma_k\cdot r''_{k-1} - \sin\left(a_{k-1} + \gamma_{k-1}\right)\cdot \sin \gamma_{k-1}\cdot r'_{k-1}\Big] = 0.$$

Die ersten und letzten Gleichungen in beiden Systemen ergeben sich aus den Randbedingungen:
$$\text{1. } X_0 = X_1,\; Y_0 = Y_1 \quad \text{und} \quad \text{2. } r'_n = r''_n = 0$$

c) *Bei quadratischen Riegeln:* mit $r' = r''$ gehen die Gleichungen unter a) und b) auf dasselbe, noch viel einfachere simultane System über:

$K_{te}$ Biegungsgleichung:
$$-r'_{k-1}\cos \beta_{k-1}X_{k-1} + \left(r'_{k-1} + 6b'_k + r'_k\right)X_k - r'_k\cos \beta_k X_{k+1} - \sin \beta_{k-1}r'_{k-1}Y_{k-1} + \sin \beta_k r'_k Y_{k+1} - \Big[\left(r'_{k-1} + 3b'_k + r'_k\right)M_k - \cos \beta_k M_{k+1}\Big] + \Big[R_k \cdot r''_k - R_{k-1}\cdot r'_{k-1}\Big]\cdot \sin a_k = 0$$

$K_{te}$ Torsionsgleichung:
$$-r'_{k-1}\cos_{k-1}Y_{k-1} + \left(r'_{k-1} + 6t_k + r'_k\right)Y_k - r'_k\cos \beta_k Y_{k+1} + \sin \beta_{k-1}r'_{k-1}X_{k-1} - \sin \beta_k r'_k X_{k+1} + r'_k\sin \beta_k M_{k+1} + \left(R_k r'_k - R_{k-1}r'_{k-1}\right)$$

Die simultanen $X$- und $Y$-Gleichungen unter a), b), c) sind sowohl in den $X$ als auch in den $Y$ dreigliedrig. Ihre Auflösung erfolgt deswegen durch Iteration sehr rasch.

d) *Näherungslösung:* Aus a), b) und c) erkennt man, daß für Bemessungszwecke die $Y$ vernachlässigt und die $X$ aus den nun dreigliedrigen Biegungsgleichungen berechnet werden können.

Tafel II

## B. Berechnung auf Winddruck
## gespreizter, durch mehrere Querriegel versteifter Zwillingsgewölbe

a) *Vertikale Querriegel*              b) *Zur mittleren Bogenachse senkrechte Querriegel*

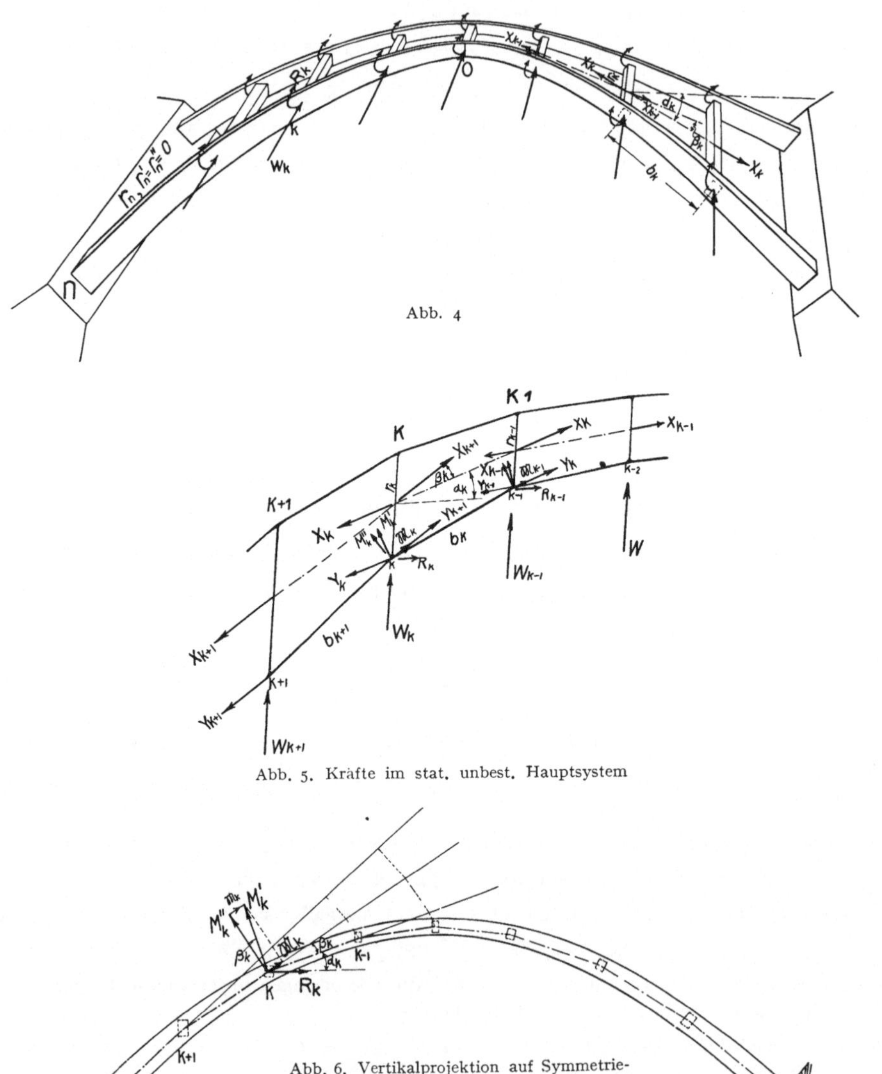

Abb. 4

Abb. 5. Kräfte im stat. unbest. Hauptsystem

Abb. 6. Vertikalprojektion auf Symmetrie-
ebene zur Entnahme der $b$, $a$, $\beta$, $M$ und $\mathfrak{M}$

$M'_k$         Windkragmomente des im Scheitel aufgeschnittenen $\Big\}$ im Knotenpunkt $K$.

$M''_k = M_k \cos \beta_k$            Bogens

$\mathfrak{M}_k = M'_k \sin \beta_k$ Torsionsmoment in $k$, das im gewählten Hauptsystem vom Riegel aufzunehmen ist.

$R_k = $ äußeres Biegemoment des Riegels (vom Überbau) in der Vertikalebene.

1. *Grundlegende Annahme:* Knotenpunkte verschieben sich nur horizontal.

2. *Wahl der Überzähligen:* Bei gespreizten Zwillingsbögen wählt man am einfachsten als Überzählige die an den Riegeln in der Symmetrieebene angreifenden *Feldschübe X* und die zur Symmetrieebene senkrechten *Drillmomente Y* der Bogenstäbe. Die Gewölbewirkung in den Bogenebenen bleibt also vollkommen erhalten. Die Zusatzspannungen infolge der Gewölbespreizung sind bei Vertikalbelastung gesondert zu bestimmen.

3. *Ergänzende Bezeichnungen:*

$$r' = \frac{J_c}{J_1} \cdot r \left.\begin{array}{}\\ \\ \end{array}\right\} \text{horizontale und vertikale bzw. tangentiale und}$$

$$r'' = \frac{J_c}{J_2} \cdot r \qquad \text{normale Biegungslängen der Riegel.}$$

$$b' = \frac{J_c}{J} \cdot b = \text{Biegungslänge in der Querrichtung} \left.\begin{array}{}\\ \\ \end{array}\right\} \text{der Bogen-}$$

$$t = \frac{E}{G} \cdot \frac{J_c}{T} \cdot b = \frac{2\,(m+1)}{m} \cdot \frac{J_c}{T} \cdot b = \text{Torsionslänge} \quad \text{stäbe.}$$

4. *Elastizitätsgleichungen:* Man erhält durch Anschreiben der zu $X_k = 1$ und $Y_k = 1$ und dem gesamten Verschiebungszustand gehörenden virtuellen Arbeiten und Benützung der Trapezformel unmittelbar zwei Systeme simultaner, in den $X$ und $Y$ dreigliedrigen, Gleichungen:

a) *Bei vertikalen Querriegeln:*

$K_{te}$ Biegungsgleichung:

$$- \left(r'_{k-1} \cos \alpha_{k-1} \cos \alpha_k + r''_{k-1} \sin \alpha_{k-1} \sin \alpha_k\right) r^2_{k-1} X_{k-1} + \Big[\left(r'_{k-1}\right.$$
$$\cos^2 \alpha_k + r''_{k-1} \sin^2 \alpha_k\big)r^2_{k-1} + b'_k \left\{r_{k-1}\left(2\,r_{k-1}+r_k\right) + r_k\left(2\,r_k+r_{k-1}\right)\right\} + \left(r'_k \cos^2 \alpha_k + r''_k \sin^2 \alpha_k\right)$$
$$r^2_k\Big] X_k - \left(r'_k \cos \alpha_k \cos \alpha_{k+1} + r''_k \sin \alpha_k \sin \alpha_{k+1}\right) r^2_k X_{k+1} - 2 \left(r'_{k-1} \sin \alpha_{k-1} \cos \alpha_k - r''_{k-1}\right.$$
$$\sin \alpha_k \cos \alpha_{k-1}\big) r_{k-1} Y_{k-1} + \sin 2\,\alpha_k \left[\left(r'_{k-1} - r''_{k-1}\right) r_{k-1} + \left(r'_k - r''_k\right) r_k\right] Y_k - 2 \left(r'_k \sin \alpha_{k+1}\right.$$
$$\cos \alpha_k - r''_k \sin \alpha_k \cos \alpha_{k+1}\big) r_k Y_{k+1} - 2\Big[M''_{k-1} \cdot \left(2\,r_{k-1}+r_k\right) + M'_k \cdot \left(2\,r_k+r_{k-1}\right)\Big] b'_k - \Big[2\,\mathfrak{M}_k$$
$$r_k \left(r'_k \cos \alpha_k \sin \alpha_{k+1} - r''_k \sin \alpha_k \cos \alpha_{k+1}\right) - \mathfrak{M}_{k-1}\left(r'_{k-1} - r''_{k-1}\right) r_{k-1} \sin 2\,\alpha_k\Big] - 2 \sin \alpha_k\big(r_k r''_k \cdot$$
$$\cdot R_k - r_{k-1} \cdot r''_{k-1} \cdot R_{k-1}\big) = 0$$

$K_{te}$ Torsionsgleichung:

$$- \left(r'_{k-1} \sin \alpha_{k-1} \sin \alpha_k + r''_{k-1} \cos \alpha_{k-1} \cos \alpha_k\right) Y_{k-1} + \Big[\left(r'_{k-1} \sin^2 \alpha_k +\right.$$
$$+ r''_{k-1} \cos^2 \alpha_k\big) + 6\,t_k + \left(r'_k \sin^2 \alpha_k + r''_k \cos^2 \alpha_k\right)\Big] Y_k - \left(r'_k \sin \alpha_k \sin \alpha_{k+1} + r''_k \cos \alpha_k \cos \alpha_{k+1}\right)$$
$$Y_{k+1} - \frac{1}{2} \left(r'_{k-1} \cos \alpha_{k-1} \sin \alpha_k - r''_{k-1} \cos \alpha_k \sin \alpha_{k-1}\right) r_{k-1} X_{k-1} + \frac{\sin 2\,\alpha_k}{4} \Big[\left(r'_{k-1} - r''_{k-1}\right)$$
$$r_{k-1} + \left(r'_k - r''_k\right) r_k\Big] X_k - \frac{1}{2} \left(r'_k \sin \alpha_k \cos \alpha_{k-1} - r''_k \cos \alpha_k \sin \alpha_{k+1}\right) r_k X_{k+1} - \Big[\mathfrak{M}_k \left(r'_k \sin \alpha_k\right.$$
$$\sin \alpha_{k+1} + r''_k \cos \alpha_k \cos \alpha_{k+1}\big) - \mathfrak{M}_{k-1} \left(r'_{k-1} \sin^2 \alpha_k + r''_{k-1} \cos^2 \alpha_k\right)\Big] + \cos \alpha_k \cdot \left(r''_k \cdot R_k - r''_{k-1} \cdot\right.$$
$$\cdot R_{k-1}\big) = 0$$

b) *Bei zur Bogenachse senkrechten Querriegeln:* mit $\dfrac{\beta}{2} = \gamma$ erhält man:

$K_{te}$ Biegungsgleichung:

$$- \left(\cos^2 \gamma_{k-1}\, r'_{k-1} - \sin^2 \gamma_{k-1}\, r''_{k-1}\right)r^2_{k-1} X_{k-1} + \Big[\left(\cos^2 \gamma_{k-1}\, r'_{k-1} +\right.$$
$$+ \sin^2 \gamma_{k-1}\, r''_{k-1}\big)r^2_{k-1} + \left\{r_{k-1}\left(2\,r_{k-1}+r_k\right) + r_k\left(2\,r_k+r_{k-1}\right)\right\}b'_k + \left(\cos^2 \gamma_k\, r'_k + \sin^2 \gamma_k\, r''_k\right) \cdot$$
$$\cdot r^2_k\Big] X_k - \left(\cos^2 \gamma_k\, r'_k - \sin^2 \gamma_k\, r''_k\right) r^2_k X_{k+1} + r_{k-1}\left(r'_{k-1} + r''_{k-1}\right) \sin \beta_{k-1} Y_{k-1} - \Big[r_k\left(r'_k - r''_k\right)$$
$$\sin \beta_k - r_{k-1}\left(r'_{k-1} - r''_{k-1}\right) \sin \beta_{k-1}\Big] Y_k - r_k \left(r'_k + r''_k\right) \sin \beta_k Y_{k+1} - 2\Big[M_{k-1} \cdot \left(2\,r_{k-1}+r_k\right) +$$
$$+ M_k \cdot \left(2\,r_k+r_{k-1}\right)\Big] b'_k - \Big[r_k \cdot \left(r'_k + r''_k\right) \sin \beta_k \cdot \mathfrak{M}_k - r_{k-1}\left(r'_{k-1} - r''_{k-1}\right) \sin \beta_{k-1} \mathfrak{M}_{k-1}\Big] -$$
$$- 2\,r_k R_k \Big[\sin \left(\alpha_k + \gamma_k\right) \cos \gamma_k\, r'_k - \cos \left(\alpha_k + \gamma_k\right) \sin \gamma_k\, r''_k\Big] + 2\,r_{k-1} R_{k-1} \Big[\sin \left(\alpha_{k-1} + \gamma_{k-1}\right)$$
$$\cos \gamma_{k-1} \cdot r'_{k-1} + \cos \left(\alpha_{k-1} + \gamma_{k-1}\right) \sin \gamma_{k-1} \cdot r''_{k-1}\Big] = 0$$

$K_{te}$ Torsionsgleichung:

$$-\left(\cos^2\gamma_{k-1}\, r''_{k-1} - \sin^2\gamma_{k-1}\, r'_{k-1}\right) Y_{k-1} + \left[\cos^2\gamma_{k-1}\, r''_{k-1} + \sin^2\gamma_{k-1}\, r'_{k-1} + 6\,t_k + \cos^2\gamma_k\, r''_k + \sin^2\gamma_k\, r'_k\right] Y_k - \left(\cos^2\gamma_k\, r''_k - \sin^2\gamma_k\, r'_k\right) Y_{k+1} - \frac{\sin\beta_{k-1}}{4}\left(r'_{k-1} + r''_{k-1}\right) r_{k-1} X_{k-1} - \frac{1}{4}\left[\sin\beta_k\left(r'_k - r''_k\right) r_k - \sin\beta_{k-1}\left(r'_{k-1} - r''_{k-1}\right) r_{k-1}\right] X_k + \frac{\sin\beta_k}{4}\left(r'_k + r''_k\right) r_k X_{k+1} - \left[\mathfrak{M}_k\left(\cos^2\gamma_k\, r''_k - \sin^2\gamma\, r'_k\right) - \mathfrak{M}_{k-1}\left(\cos^2\gamma_{k-1}\, r''_{k-1} + \sin^2\gamma_{k-1}\, r'_{k-1}\right)\right] + R_k\left[\sin\left(\alpha_k+\gamma_k\right)\sin\gamma_k\, r'_k + \cos\left(\alpha_k+\gamma_k\right)\cos\gamma_k \cdot r''_k\right] + R_{k-1}\left[\sin\left(\alpha_{k-1}+\gamma_{k-1}\right)\sin\gamma_{k-1}\, r'_{k-1} - \cos\left(\alpha_{k-1}+\gamma_{k-1}\right)\cos\gamma_{k-1}\, r''_{k-1}\right] = 0$$

Erste und letzte Gleichung in a) und b) erhält man, indem man $k = 1$, $X_0 = X_1$, $Y_0 = Y_1$ und $r'_n = r''_n = 0$ setzt. Die Auflösung der simultanen Gleichungen erfolgt wieder am raschesten durch Iteration, da sie sowohl in den $X$ als $Y$ dreigliedrig sind.

c) *Bei quadratischen Querriegeln* gehen die Gleichungen sowohl unter a) als auch b) in dasselbe einfachere System über:

$K_{te}$ Biegungsgleichung:

$$-r'_{k-1}\, r^2_{k-1}\cos\beta_{k-1}\, X_{k-1} + \left[r'_{k-1}\, r^2_{k-1} + \left\{r_{k-1}\left(2\,r_{k-1}+r_k\right) + r_k\left(2\,r_k+r_{k-1}\right)\right\} b'_k + r'_k\, r^2_k\right] X_k - r'_k\, r^2_k\cos\beta_k\, X_{k+1} + 2\,r'_{k-1}\, r_{k-1}\sin\beta_{k-1}\, Y_{k-1} - 2\,r'_k\, r_k\sin\beta_k\, Y_{k+1} - 2\left[M''_{k-1}\cdot\left(2\,r_{k-1}+r_k\right) + M'_k\cdot\left(2\,r_k+r_{k-1}\right) b'_k - 2\,\mathfrak{M}_k\, r'_k\, r_k\sin\beta_k - 2\sin\alpha_k\left(r_k\, r'_k \cdot R_k - r_{k-1}\, r'_{k-1}\cdot R_{k-1}\right)\right] = 0$$

$K_{te}$ Torsionsgleichung:

$$-r'_{k-1}\cos\beta_{k-1}\, Y_{k-1} + \left[r'_{k-1} + 6\,t_k + r'_k\right] Y_k - r'_k\cos\beta_k\, Y_{k+1} - \frac{1}{2}\, r'_{k-1}\, r_{k-1}\sin\beta_{k-1}\, X_{k-1} + \frac{1}{2}\, r'_k\, r_k\sin\beta_k\, X_{k+1} - \left[\mathfrak{M}_k\, r'\cos\beta_k - \mathfrak{M}_{k-1}\, r'_{k-1}\right] + \cos\alpha_k\left(r'_k\, R_k - r'_{k-1}\, R_{k-1}\right) = 0$$

d) *Näherungslösung:* Die Gleichungen unter a), b), c) zeigen, daß die Feldschübe $X$ sich genügend genau aus den dreigliedrigen Biegungsgleichungen, unter Vernachlässigung der Torsionsmomente $Y$, bestimmen lassen.

*Anmerkung:* Die Vorzahlen in den Biegungsgleichungen sind mit $24\,J_c\,E$ und jene in den Torsionsgleichungen mit $6\,J_c\,E$ vervielfacht.

<br>

Alfonso Peña BOEUF, Madrid:

### Figure d'équilibre dans les grandes voûtes de béton armé

A l'époque à laquelle le béton armé était inconnu, les vides étaient franchis par des voûtes en maçonnerie, et leur forme s'assujetissait exclusivement à un style d'ornement et d'architecture qui s'imposait à la construction de l'ouvrage.

Après avoir établi la portée et la flèche de la voûte, le tracé de l'intrados et de l'extrados, était généralement assez capricieux fixant leurs épaisseurs, à la clef et à la naissance de la voûte, par des formules empiriques de valeur restreinte malgré leur caractère expérimental.

Au fur et à mesure, que les procédés de la construction ont fait des progrès, en transformant leur caractère d'art en caractère scientifique il était naturel que la vieille méthode, pour la détermination des voûtes, ne pût plus donner satisfaction.

Dans la plupart des cas, on projetait la figure géométrique en appliquant un tracé arbitraire mais, respectant une certaine harmonie avec la conception architectonique.

Le calcul des épaisseurs s'établissait par vérification mécanique des résultantes des forces influentes en observant la méthode classique de Méry, bien plus rationnelle que la méthode empirique et qui serait entièrement acceptable, abstraction faite du principe de fixation du point de passage de l'une des forces.

Le béton armé composition essentiellement hétérogène, exige, pour son bon emploi, une parfaite connaissance du travail auquel sont soumises les différentes matières qui le composent.

Le béton et le fer suivant les propriétés de chacun depuis que leur emploi s'est généralisé dans la construction, on s'est vu obligé de faire intervenir pour leur étude certaines théories dotées d'un coefficient d'élasticité. Étant donné que dans la répartition des forces sur un corps on peut simplement faire appel à la théorie des lignes de tension fixées par la théorie des déformations; d'autant plus que de nombreuses expériences ont prouvé l'assimilation possible des solides naturels aux corps élastiques mais naturellement dans la limite du travail habituel de chaque matière.

L'application du béton armé aux ponts sur voûtes établissant des portées de plus en plus grandes, en s'imposant la condition de réduire au minimum et dans la limite maxima de·résistance pratique du matériel le volume du béton, exige l'intervention des études élastiques permettant de connaître la forme du travail en harmonisant les conditions de sécurité et de maximum d'économie.

En appliquant la théorie des déformations élastiques à l'étude des voûtes on comprendra facilement que pour une même portée et une même flèche la forme donnée à la directrice géométrique de l'arc influe d'une façon notoire dans la résistance pour un même système de charge de béton armé étant constitué par l'union de deux matières présentant chacune respectivement des propriétés de compression et de traction, le régime le plus économique du travail sera celui dans lequel prédomineront les compressions avec le coefficient le plus réduit pour les parties métalliques. En pareil cas la forme par excellence d'une voûte serait celle qui permettrait de considérer exclusivement la compression de ses fibres.

Si les différentes charges qui agissent sur une voûte comme par exemple son propre poids, il n'y a pas le moindre doute que l'antifuniculaire de ces charges serait celle qui aurait sa ligne directrice, car de cette façon toutes les résultantes aboutiraient au centre géométrique des sections produisant des compressions absolues.

Il est évidemment très rare que l'on puisse procéder d'une façon aussi simple, car abstraction faite de la charge permanente, les charges que la voûte doit supporter sont généralement variables en forme et en position déformant la figure d'équilibre, par suite des flexions produites.

En outre, les variations du volume dues à la température et à la prise des mortiers altèrent sensiblement le régime des charges verticales produisant des désaxements dans les résultantes qui peuvent être encore plus grands que ceux des surcharges.

En prenant les précautions nécessaires on peut arriver dans la construction à neutraliser les effets de la prise des mortiers; mais il n'en est pas de même avec la température qui ne devient méprisable que lorsque les roûtes sont pourvues de trois arceaux consécutifs.

Par conséquent pour chaque position d'un train il existe une courbe antifuniculaire de charge proprement dite et une autre correspondante à celle du train qui marque la ligne d'équilibre de compression; mais par suite du déplacement de la surcharge la ligne précitée enveloppera d'une façon continue la courbe qui devra être adoptée.

En général et en chaque sens il y aura deux courbes définies par la méthode ci-dessus indiquée; et puis qu'on ne peut pas songer à obtenir une courbe unique exclusivement du régime des compressions, la moyenne entre les deux sera celle qui accusera le minimum de flexions. Néanmoins, dans tous les cas il sera indispensable d'accepter les valeurs accusées par le changement thermique.

Pour le régime d'équilibre la nature des supports joue un grand rôle pour ce qui a trait à la voûte. Pour le béton armé la forme rationnelle des supports est l'encastrement des extrémités non pas au point de vue économique, mais pour se rapprocher le plus possible des conditions supposées dans la théorie. Les ponts voûtés sont toujours composés d'une arche sur laquelle reposent les piliers soutenant les poutres du seuil.

Quand il s'agit de ponts de petites portées (jusqu'à 20 ou 25 m) la rigidité relative de l'arche et du seuil sont comparables et si l'on étudie la courbe plus « ad-hoc » d'équilibre de la voûte, comme élément isolé, soutenant les charges transmises par les piliers et les tympans, la réalité ne confirme pas les résultats supposés.

Effectivement, les piliers encastrés dans la voûte ou dans le tablier produisent des compressions et des flexions.

Supposant même que la voûte agisse comme antifuniculaire de charge et que dans ce sens elle eût un régime de compression seulement, par l'ensemble de la déformation du tablier, piliers et voûtes qui sont solidaires, la fibre neutre des flexions cesserait d'être la directrice étudiée et à la rigueur l'arc entrerait dans le régime de flexions comme pièce dont la directrice serait une courbe comprise entre sa fibre moyenne et l'horizontale des centres de gravité du tablier.

Cette courbe directrice du système total serait définie par l'égalité des moments statiques du tablier et de l'arc dans chaque section et cette courbe est celle qui doit être étudiée comme figure d'équilibre des compressions maxima pour obtenir le système élastique le plus économique.

Au fur et à mesure que la portée des ponts augmente, le rapport entre l'inertie du tablier et de la voûte diminue et quand il s'agit de grandes voûtes, bien que les piliers soient encastrés la flexibilité relative à l'arc conduit à mépriser les flexions transmises.

En ce cas l'effet de la surcharge mobile est très atténué et les deux enveloppentes des antifuniculaires se rapprochent beaucoup et par la suite la moyenne sera la figure à adopter comme directrice. En aucun cas on ne devra négliger les tensions thermiques qui en rapport à la croissance de l'arc augmentent considérablement de valeur étant donné que la cause qui les produit plus rapidement c'est le moment d'inertie il sera indispensable de chercher à l'amoindrir en tâchant d'obtenir des sections qui aient une grande flexibilité relative, c'est à dire, réduire l'épaisseur et augmenter la largeur.

Si la condition nécessaire pour obtenir une relative indépendance entre le tablier et l'arc est due principalement au manque de rigidité qui doit être donné aux piliers servant à rattacher les différents éléments, on devra prendre les dispositions nécessaires pour obtenir cette assimilation. On pourrait préconiser l'articulation inférieure des piliers, mais s'il n'en était pas ainsi et bien qu'encastrés, leur moment d'inertie peut être très petit et on les construirait en forme de cloison qui permettrait une déformation facile, mais nécessaire pour éviter la solidarité de leurs efforts.

Dans toutes les structures qui par suite de leur complexité, et étude élastique d'ensemble, est difficile, il est possible d'introduire quelques simplifications non arbitraires s'ajustant à des dispositions de la construction faisant jouer l'inertie (clef fondamentale des déformations relatives) pour s'orienter dans la distribution des efforts qui permettent d'avoir confiance dans les calculs élastiques.

Regierungsbaurat Dr. Ing. Eduard Erhart, Wien:

## Die Sängerbundesfesthalle in Wien 1928[1]

Die ausgeführte Konstruktion war im wesentlichen die folgende: Die Mittelhallenbinder waren durch Zweigelenk-Fachwerksrahmen (ohne Zugstange) gebildet, die auf 60 m frei gespannt waren. Die Seitenhallenbinder erhielten je 25 m Spannweite und bestanden aus Fachwerksträgern, die einerseits auf Auslegern der Mittelbinder, anderseits auf Pendelstützen aufgelagert waren. Die große Spannweite des Zweigelenkrahmenbinders und die flache Dachneigung bedang in manchen Knoten und Gelenken Spezialkonstruktionen. Das Dach ruhte auf Gitter-Fachwerksträgern (Pfetten), deren Spannweite 20 m, in den Endfeldern 21 m betrug und deren Lastfeld ungefähr 6 m breit war.

Die rückwärtigen Windständer waren außen an die Halle angebaut und wurden mit Zugankern in schweren Betonfundamenten verankert. Die vorderen Windständer standen im Innern der Halle und übertrugen den Winddruck der vorderen Riegelwand teilweise auf Beton-, teilweise auf Pilotenfundamente. Außerdem waren zwischen den Fachwerksbindern eigene Windträger eingebaut, die zur Aufnahme der seitlichen Windlasten und zur Übertragung derselben auf die Fachwerksbinder dienten.

Die Knotenverbindungen dieser Fachwerkskonstruktion wurden auf Grund der Ergebnisse eingehender Erprobungen an der Versuchsanstalt der Wiener Technischen Hochschule mit Schüllerschen Patent-Ringdübeln (benannt nach dem Patentinhaber, dem Wiener Baumeister Franz Schüller) hergestellt.

Die statischen Grundlagen für den Konstruktionsentwurf waren die folgenden:

a) Windkräfte: Diese wurden mit 125 kg pro Quadratmeter wagrechter (auf vertikale Wände) und mit 25 kg/qm Grundriß lotrechter Windbelastung angenommen. Es wurde sowohl bei den Seitenhallen als auch bei der Mittelhalle erstens der Fall eines gleichzeitigen wagrechten und lotrechten Windes nur auf eine Hälfte der Gesamthalle und dann zweitens nur lotrechter Wind auf beide Hallenhälften berücksichtigt.

Mit Rücksicht darauf, daß die Halle von der Dachfläche bis zu den Türkämpfern ständig verschalt war, wurde von einer Berechnung auf Wind-Innendruck Abstand genommen. Da die Halle keine Schneelasten aufnehmen sollte (sie sollte noch vor Eintritt der kalten Jahreszeit entweder abgetragen oder verstärkt werden), war mit Schneelasten nicht zu rechnen und entfiel daher eine diesbezügliche Festsetzung.

Alle diese verhältnismäßig ungünstigen Annahmen haben bedeutende theoretische äußere Kräfte zur Folge gehabt.

Die größte Stabkraft hatte ein Strebenstab mit — 121,6 t. Die Obergurte hatten Spannungen bis zu — 70,0 t, die Untergurte bis zu — 105,7 t. Der Zweigelenkrahmen übertrug im ungünstigsten Falle auf die eigens durchgebildeten Auflager ungefähr 65 t lotrechte und ungefähr 25 t wagrechte Kraft.

Über die zur Verwendung gekommenen Baustoffe ist zu bemerken:

---

[1] Einen ausführlichen Bericht brachte die Zeitschrift des Österr. Ingenieur- und Architekten-Vereines, Heft 3/4 des Jahrganges 1929.

Der Hauptbaustoff, das Holz, wurde in sorgfältigst ausgewählter Qualität möglichst astfrei, engringig und gerade gewachsen geliefert. Es war zum allergrößten Teil Fichtenholz aus den Wäldern der steirisch-niederösterreichischen Grenze. Der Feuchtigkeitsgehalt betrug bei der Anlieferung zirka 24⁰/₀ und ging dann aber wesentlich zurück. Für manche Knoten wurde Hartholz (Eiche) österreichischer Herkunft verwendet. Die Durchschnittsfestigkeit des angelieferten Fichtenholzes betrug 180 bis 287 kg/qcm Druck, im Mittel 234 kg/qcm in der Richtung der Faser.

Abb. 1

Die im Einvernehmen mit dem Wiener Stadtbauamte festgesetzten zulässigen Inanspruchnahmen für Weichholz betrugen:

Für Zug, ausmittigen Druck und Biegung als Höchstinanspruchnahme ............................................................ 100 kg/qcm

Für mittigen Druck (Versuchsergebnis durchschnittlich 234 kg/qcm bei 24⁰/₀ Feuchtigkeitsgehalt) ............................... 90 ,,

Für Abscherung in der Faserrichtung (Versuchsergebnis 45 kg/qcm). 15 ,,

Für örtlichen Druck, rechtwinkelig zur Faserrichtung auf der ganzen Breite (Schwellendruck) ........................................ 20 ,,

Für örtlichen Druck rechtwinkelig zur Faserrichtung auf einen Bruchteil der Breite (Stempeldruck) .............................. 25 ,,

Für Eisen wurden die zulässigen Spannungen auf Zug oder Druck mit 1400 kg/qcm festgesetzt. Es wurden über Anregung von Prof. ERNST MELAN (Wiener Technische Hochschule), in dessen Hand seitens der Bauherrschaft im Einvernehmen mit dem Wiener Stadtbauamte die Überprüfung des Konstruktionsentwurfes und der statischen Berechnung der Halle in erster Linie gelegt war, unter Mitwirkung des Wiener Stadtbauamtes, welches ebenfalls eine Prüfung im gleichen Sinne vornahm, Versuche (Druck- und Knickversuche, ferner Zerpressungen von Knotenverbindungen) an Modellen natürlicher Größe, die aus dem zur Verwendung kommenden Holz angefertigt waren, an der Versuchsanstalt der Wiener Technischen

Hochschule unter Zuhilfenahme der dort vorhandenen 1000 t-Presse vorgenommen.

Zur Zeit dieser Versuche hatte das Holz, wie bereits erwähnt, eine durchschnittliche Würfelfestigkeit von 234 kg in der Richtung der Fasern bei einem Feuchtigkeitsgehalt von ungefähr $24^0/_0$.

Erprobt wurde außerdem das Konstruktionselement für die Stabanschlüsse: der Ringdübel System SCHÜLLER. Die Versuche an der Wiener Technischen Hochschule mit diesen Dübeln haben hinsichtlich Tragfähigkeit ausgezeichnete Ergebnisse gehabt. Außerdem hat der SCHÜLLER-Dübel den großen Vorteil, daß er infolge seiner Ansätze auch nach montierter Konstruktion, also im eingebauten Zustande sichtbar ist und solcherart die beste Kontrolle gestattet, ob der Dübeleinbau erfolgt ist.

Auf Grund der bei den Versuchen gewonnenen Erfahrungen wurden die Ansätze (Ohren) der SCHÜLLERschen Ringdübel einerseits genietet. Besonderer Wert kam nach den Versuchen den Unterlagsscheiben bei den Bolzen zu. Deshalb wurden diese Unterlagsscheiben gegenüber den bisher üblichen Abmessungen wesentlich verstärkt und im Durchmesser vergrößert.

Selbstverständlich wurden auch Erprobungen des verwendeten Eisens für die Ringe und für die Spezialkonstruktionen, ferner des Betons vorgenommen.

Die Montage erfolgte mittels 6 bis zu 26 m hohen Montagetürmen. Die liegend zusammengeschraubten Binder (Einzelgewicht eines Mittelbinders zirka 37 t) wurden mit Stahlkabeln und Trommelhandwinden hochgezogen.

Die Halle wurde innerhalb acht Wochen fertig abgebunden. Die Aufstellung des ersten Binders erfolgte am 17. März 1928. Der letzte (achte) Binder wurde am 5. Mai 1928 aufgestellt. Die Halle war trotz der außergewöhnlichen Ausmaße und trotz ungünstigen Bauwetters am 16. Juni vollständig benutzungsfähig fertiggestellt. Die Gesamtbaudauer (Holzbeschaffung, Abbinden und Aufstellen) betrug fünf Monate.

Zum Schlusse sei noch die ausgezeichnete Akustik der Halle erwähnt, die auf das Holz an und für sich, nicht zuletzt aber auf die Gitterpfetten und die Verschwerterung in der Dachkonstruktion zurückzuführen ist.

Der Entwurf hinsichtlich Grundriß, Raumgestaltung und Architektur stammt vom Architekten Z. V. Ing. GEORG RUPPRECHT, die Konstruktionsidee, der Konstruktionsentwurf und die statische Berechnung stammen vom Vortragenden.

# Nachträge — Supplements — Annexes[1]

Prof. Dr. Ing. L. KARNER, Zürich:

## Statische und wirtschaftliche Fragen bei der Anwendung von Kabelzugbändern für weitgespannte Bogenbrücken.

Alle Bestrebungen im Großbrückenbau laufen darauf hinaus, durch Anwendung hochwertiger Baustoffe das Eigengewicht zu reduzieren, um die Bauten billiger und wirtschaftlicher zu gestalten. Merkwürdigerweise ist dabei Stahldraht in Form von Kabeln nur bei Hängebrücken verwendet worden, obwohl dieser Baustoff für Bauglieder, die nur auf Zug beansprucht werden, in noch viel weitgehenderem Maße zum Bauen herangezogen werden kann. Bei dem Wettbewerb um die neue Rheinbrücke in Köln-Mülheim sind meines Wissens das erstemal Kabel für das Zugband einer rund 340 m weiten Bogenbrücke vorgeschlagen worden; für diesen speziellen Fall ergab sich für die Hauptträger eine Gewichtsersparnis von 3500 t gegenüber einer Ausführung, in der das Zugband aus dem gleichen Baustoff wie der Bogen, nämlich Si-Stahl, angenommen worden war. Über diesen Entwurf habe ich kurz im Heft 23 der Bautechnik vom 1. Juni 1928 berichtet; er wurde mir Veranlassung, mich eingehend mit der Frage zu beschäftigen, wie sich der Horizontalschub, die im Bogen auftretenden Momente und Normalkräfte, sowie die Gewichte, und damit die Wirtschaftlichkeit solcher Bogen mit Kabelzugbändern im Vergleich zu Ausführungen mit Baustahlzugbändern verhalten.

Die Untersuchung erstreckt sich nur auf Brücken großer Stützweiten von etwa 100 bis 500 m, bei welchen das Eigengewicht die Verkehrslast überwiegt, bzw. meist ein Vielfaches derselben ausmacht; sie erstreckt sich ferner nur auf Bogenformen (Bogenachse, Stich, Konstruktionshöhen usw.) und Querschnittsannahmen, wie sie der Praxis entsprechen. Für die Untersuchung ist ein Vollwandsichelbogen mit an den Kämpfern angreifendem Zugband gewählt worden, weil diese Trägerform der allgemeinen Berechnung leichter zugänglich ist und die bei der Rechnung gewonnenen allgemeinen Ergebnisse ohneweiters auf andere Bogenformen anwendbar sind.

Um die Schlußergebnisse der Untersuchung richtig bewerten zu können, ist ein kurzes Eingehen auf den Gang der Berechnung notwendig, was am besten an Hand der in den Tafeln 1 bis 7 zusammengestellten zeichnerischen Darstellungen und Tabellen möglich ist.

---

[1] Wegen verspäteten Einganges der Korrekturen konnten die nachfolgenden Vorträge nicht mehr in der Reihe der Vorträge der Sektion „Eisenbau" aufgenommen werden.

Les épreuves corrigées nous étant parvenues trop tard, les conférences suivantes n'ont pas pu paraître avec les conférences de la section „Constructions en Fer".

Owing to the late arrival of the proof-sheets the following lectures could not be taken into the lectures of the steel-section.

*Tafel* 1. Für die in der Praxis bewährten Bogenformen und Abmessungen ist die Achse des Bogens eine Kurve, die zwischen Parabel und Kreisbogen verläuft, die sich durch Kämpfer und Scheitel legen lassen. Das Stichverhältnis $n = \dfrac{l}{f_b}$ (siehe Abb. a der Tafel 1) schwankt für Bogen mit Zugband zwischen 6 bis 8, die Untersuchung wurde darüber hinaus für Verhältnisse bis 12 fortgeführt, um das gesetzmäßige Verhalten besser verfolgen zu können. Die Veränderlichkeit der Bogenquerschnitte und der zugehörigen Trägheitsmomente, bezogen auf die Scheitelwerte $F_s$ und $J_s$, sind in der Abb. b der Tafel 1 zusammengestellt, wie sie Brückenausführungen entsprechen. Wir wenden uns zuerst der Bestimmung der statisch

Tafel 1

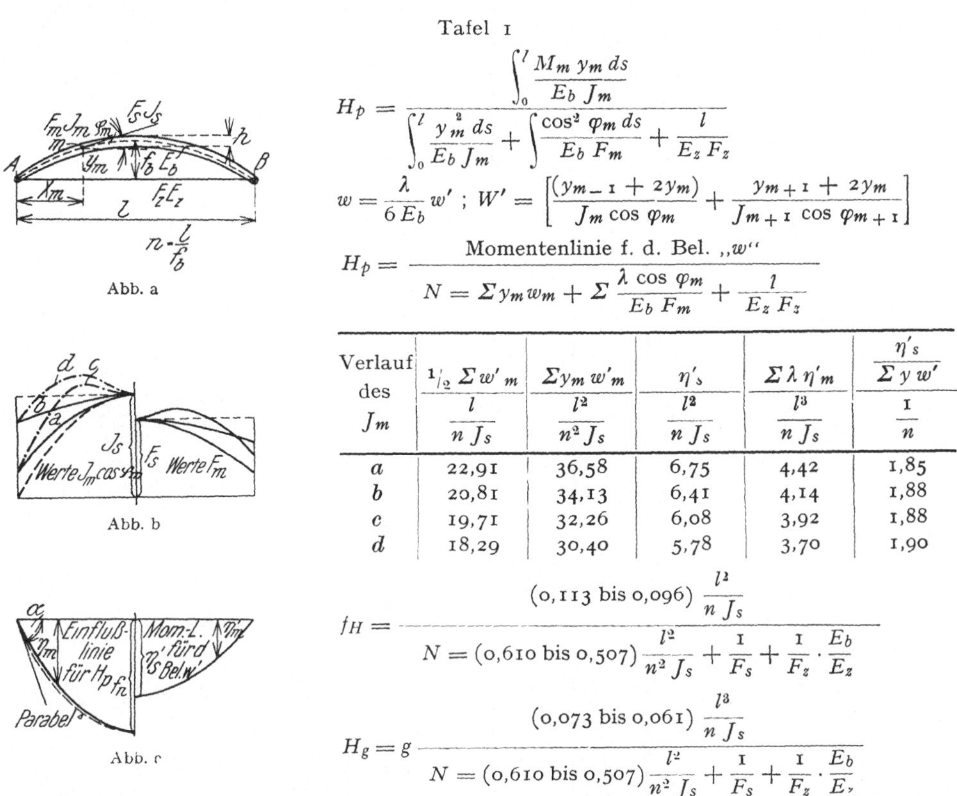

$$H_p = \frac{\displaystyle\int_0^l \frac{M_m\, y_m\, ds}{E_b\, J_m}}{\displaystyle\int_0^l \frac{y_m^2\, ds}{E_b\, J_m} + \int \frac{\cos^2 \varphi_m\, ds}{E_b\, F_m} + \frac{l}{E_z\, F_z}}$$

$$w = \frac{\lambda}{6\, E_b}\, w' \; ; \; W' = \left[\frac{(y_{m-1} + 2y_m)}{J_m \cos \varphi_m} + \frac{y_{m+1} + 2y_m}{J_{m+1} \cos \varphi_{m+1}}\right]$$

$$H_p = \frac{\text{Momentenlinie f. d. Bel. }\,,,w''}{N = \Sigma\, y_m w_m + \Sigma\, \dfrac{\lambda \cos \varphi_m}{E_b\, F_m} + \dfrac{l}{E_z\, F_z}}$$

| Verlauf des $J_m$ | $\dfrac{\frac{1}{2}\,\Sigma\, w'_m}{\dfrac{l}{n\, J_s}}$ | $\dfrac{\Sigma\, y_m\, w'_m}{\dfrac{l^2}{n^2\, J_s}}$ | $\dfrac{\eta'_s}{\dfrac{l^2}{n\, J_s}}$ | $\dfrac{\Sigma\, \lambda\, \eta'_m}{\dfrac{l^3}{n\, J_s}}$ | $\dfrac{\dfrac{\eta'_s}{\Sigma\, y\, w'}}{\dfrac{1}{n}}$ |
|---|---|---|---|---|---|
| $a$ | 22,91 | 36,58 | 6,75 | 4,42 | 1,85 |
| $b$ | 20,81 | 34,13 | 6,41 | 4,14 | 1,88 |
| $c$ | 19,71 | 32,26 | 6,08 | 3,92 | 1,88 |
| $d$ | 18,29 | 30,40 | 5,78 | 3,70 | 1,90 |

$$f_H = \frac{(0,113 \text{ bis } 0,096)\, \dfrac{l^2}{n\, J_s}}{N = (0,610 \text{ bis } 0,507)\, \dfrac{l^2}{n^2\, J_s} + \dfrac{1}{F_s} + \dfrac{1}{F_z}\cdot\dfrac{E_b}{E_z}}$$

$$H_g = g\, \frac{(0,073 \text{ bis } 0,061)\, \dfrac{l^3}{n\, J_s}}{N = (0,610 \text{ bis } 0,507)\, \dfrac{l^2}{n^2\, J_s} + \dfrac{1}{F_s} + \dfrac{1}{F_z}\cdot\dfrac{E_b}{E_z}}$$

unbestimmten Größe, dem Horizontalschub zu und bestimmen mit Hilfe von „$w$" Gewichten die Werte für den Horizontalschub $H$ und für die Mittelordinate $f_H$ der $H$-Linie. Diese Werte ergeben sich als Funktion der Stützweite und des Bogenstiches und sind ferner abhängig von den Querschnitts- und Festigkeitsgrößen der Schnitte im Bogenscheitel und im Zugband. Es ist bemerkenswert, daß, abgesehen von den angegebenen Variablen, der Horizontalschub nur innerhalb geringfügiger Zahlenwerte schwankt, wenn auch die Veränderlichkeit der Bogenträgheitsmomente recht groß ist.

*Tafel* 2. Um die noch unbekannten Größen in den Gleichungen für den Horizontalschub zu bestimmen, nehmen wir in bekannter Weise Einflußlinien für die Momente an und erhalten unter vorläufiger Voraussetzung einer Parabel für die $H$-Linie bei der Bestimmung für die Einflußflächen $M_x = \left(\dfrac{M_x}{j} - H\right) y$ für die $\dfrac{M_x}{j}$,

Tafel 2

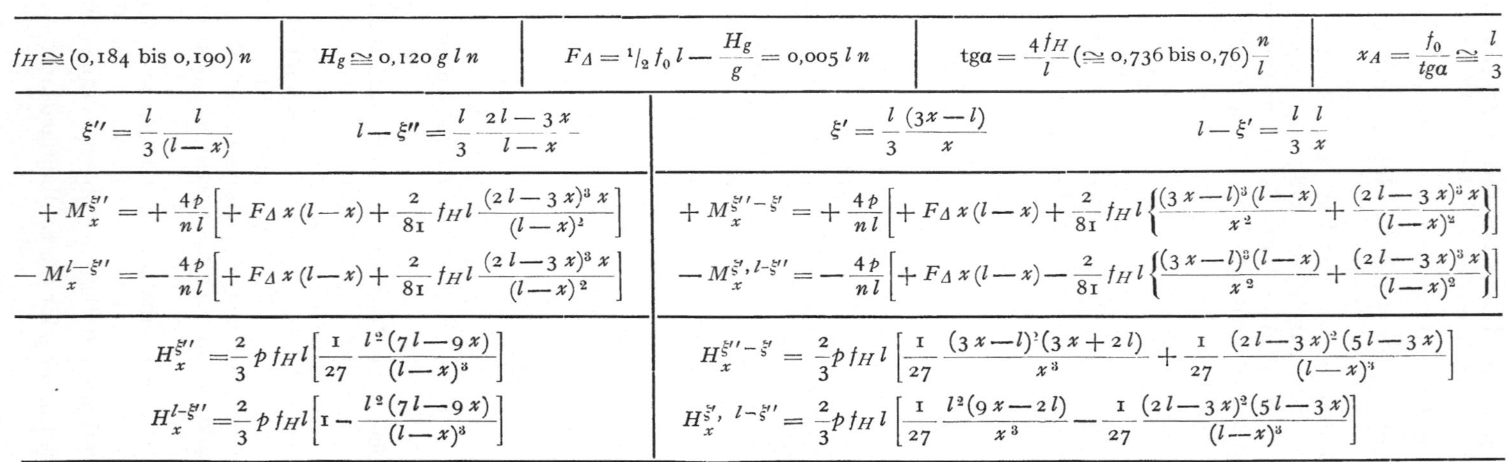


| $f_H \cong (0{,}184 \text{ bis } 0{,}190)\, n$ | $H_g \cong 0{,}120\, g\, l\, n$ | $F_\Delta = \tfrac{1}{2} f_0\, l - \dfrac{H_g}{g} = 0{,}005\, l\, n$ | $\operatorname{tg} a = \dfrac{4\, f_H}{l}\ (\cong 0{,}736 \text{ bis } 0{,}76)\, \dfrac{n}{l}$ | $x_A = \dfrac{f_0}{\operatorname{tg} a} \cong \dfrac{l}{3}$ |

$$\xi'' = \frac{l}{3}\,\frac{l}{(l-x)} \qquad l - \xi'' = \frac{l}{3}\,\frac{2l-3x}{l-x} \qquad\qquad \xi' = \frac{l}{3}\,\frac{(3x-l)}{x} \qquad l - \xi' = \frac{l}{3}\,\frac{l}{x}$$

$$+ M_x^{\xi''} = + \frac{4p}{n\,l}\left[ + F_\Delta\, x\,(l-x) + \frac{2}{81}\, f_H\, l\, \frac{(2l-3x)^3\, x}{(l-x)^2} \right]$$

$$- M_x^{l-\xi''} = - \frac{4p}{n\,l}\left[ + F_\Delta\, x\,(l-x) + \frac{2}{81}\, f_H\, l\, \frac{(2l-3x)^3\, x}{(l-x)^2} \right]$$

$$+ M_x^{\xi''-\xi'} = + \frac{4p}{n\,l}\left[ + F_\Delta\, x\,(l-x) + \frac{2}{81}\, f_H\, l\, \left\{ \frac{(3x-l)^3(l-x)}{x^2} + \frac{(2l-3x)^3\, x}{(l-x)^2} \right\} \right]$$

$$- M_x^{\xi', l-\xi''} = - \frac{4p}{n\,l}\left[ + F_\Delta\, x\,(l-x) - \frac{2}{81}\, f_H\, l\, \left\{ \frac{(3x-l)^3(l-x)}{x^2} + \frac{(2l-3x)^3\, x}{(l-x)^2} \right\} \right]$$

$$H_x^{\xi''} = \frac{2}{3}\, p\, f_H\, l\left[ \frac{1}{27}\, \frac{l^2(7l-9x)}{(l-x)^3} \right]$$

$$H_x^{l-\xi''} = \frac{2}{3}\, p\, f_H\, l\left[ 1 - \frac{l^2(7l-9x)}{(l-x)^3} \right]$$

$$H_x^{\xi''-\xi'} = \frac{2}{3}\, p\, f_H\, l\left[ \frac{1}{27}\, \frac{(3x-l)^2(3x+2l)}{x^3} + \frac{1}{27}\, \frac{(2l-3x)^2(5l-3x)}{(l-x)^3} \right]$$

$$H_x^{\xi', l-\xi''} = \frac{2}{3}\, p\, f_H\, l\left[ \frac{1}{27}\, \frac{l^2(9x-2l)}{x^3} - \frac{1}{27}\, \frac{(2l-3x)^2(5l-3x)}{(l-x)^3} \right]$$

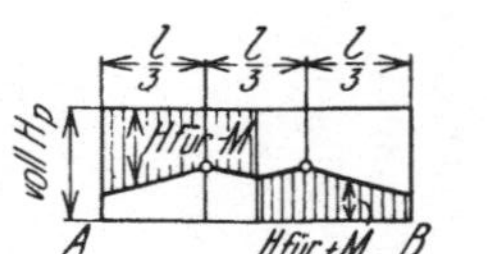


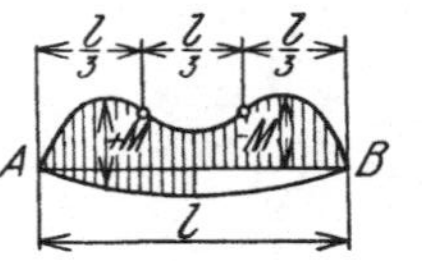


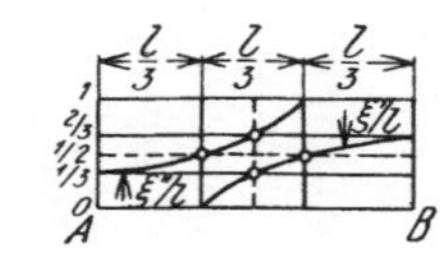

die vom statisch bestimmten Hauptsystem, dem freiaufliegenden Träger, herrühren, an der Stelle $x$ den konstanten Wert $f_0 = \dfrac{n}{4}$. Es ergeben sich zweierlei Arten von Einflußlinien, solche mit einer und solche mit zwei Lastscheiden. Die Grenze zwischen beiden bildet jene Stelle, bei der die Einflußlinie von $\dfrac{M_x}{j}$ Tangente an die Parabel von $H$ ist. Nicht nur für die von uns angenommene Parabel, sondern auch für alle praktischen Werte der $H$-Linie liegt dieser Grenzwert bei $x_A = \dfrac{l}{3}$.

Tafel 3

$$h = l/50$$
$$f_{st} = a\,(f_o + f_u)$$
$$F_s = f_o + f_u + f_{st} = (1 + a)\,(f_o + f_u)$$
$$J_x = \frac{h^2}{4}\left[f_o + f_u + \frac{f_{st}}{2}\right] = \frac{h^2}{4}\,F_s\,\frac{1 + \dfrac{a}{2}}{1 + a}$$

$$s = \frac{(f_o - f_u)\dfrac{h}{2}}{F_s} = \beta\,\frac{h}{2}$$

$$J_s = J_x - F.s^2 = F_s\,\frac{h^2}{4}\left\{\frac{1 + \dfrac{a}{2}}{1 + a} - \beta^2\right\}$$

| $a$ | $\dfrac{1 + \dfrac{a}{2}}{1 + a}$ | $\beta$ | $\beta^2$ |
|---|---|---|---|
| 3 | 0,617 | $^1/_{20}$ | 0,0025 |
| 2 | 0,667 | $^1/_{15}$ | 0,0045 |
| 1,5 | 0,700 | $^1/_{10}$ | 0,0100 |
| 1,0 | 0,750 | $^1/_{5}$ | 0,0400 |
| 0,5 | 0,830 | $^1/_{4}$ | 0,0625 |

$$\left(\frac{1 + \dfrac{a}{2}}{1 + a} - \beta^2\right) \cong 0,67$$

$$J_s = F_s\,\frac{l^2}{10\,000}\cdot 0,67$$

$$10\,000\,J_s = 0,67\,F_s\,.\,l^2$$

$$F_s = 15\,000\,\frac{J_s}{l^2}$$

$$N = \frac{l^2}{15\,000\,J_s}\left\{(9150\ \text{bis}\ 7600)\,\frac{1}{n^2} + 1 + \frac{F_s}{F_z}\cdot\frac{E_b}{E_z}\right\}$$

$$M^s_{g+p} = (g + p)\,F\,\frac{\Delta l}{n} = (g + p)\,0{,}005\,l^2 \qquad e^s_o = \frac{h}{2} - s = \frac{h}{2}(1 - \beta) \qquad \sigma_{b\ \text{zul.}} = \frac{M_s}{W_o} + \frac{H_s}{F_s}$$

$$H^s_{g+p} = (g + p)\,0{,}120\,ln \qquad W^s_o = \frac{J_s}{e_o} = \frac{h}{2}\,F_s\,\frac{\left(\dfrac{1 + \dfrac{a}{2}}{1 + a} - \beta^2\right)}{1 - \beta} \qquad \left(\frac{1 + \dfrac{a}{2}}{1 + a} - \beta^2\right) : (1 - \beta) \cong 0{,}84$$

$k_b =$ Konstruktionskoeffizient d. Bogens  $\qquad \sigma_{b\ \text{zul.}} =$ zulässige Spannung für den Bogen

$k_z = \qquad\qquad$ ,, $\qquad$ d. Zugbandes  $\qquad \sigma_{z\ \text{zul.}} = \qquad$ ,, $\qquad$ ,, $\qquad$ ,, d. Zugband

$$F_s = k_b\,\frac{(g + p)\,l}{\sigma_{b\ \text{zul.}}}\,(0{,}15 + 0{,}12\,n)$$

$$F_z = k_z\,\frac{(g + p)\,l}{\sigma_{z\ \text{zul.}}}\,(0{,}12\,n)$$

$$\frac{F_s}{F_z} = \frac{k_b}{k_z}\cdot\frac{\sigma^z_{\text{zul.}}}{\sigma^b_{\text{zul.}}}\cdot\frac{1}{n}\,(1{,}25 + n) \qquad\qquad E_b = E_z$$

$$N = \frac{l^2}{15\,000\,J_s}\left\{(9150\ \text{bis}\ 7600)\,\frac{1}{n^2} + 1 + \frac{k_b}{k_z}\cdot\frac{\sigma^z_{\text{zul.}}}{\sigma^b_{\text{zul.}}}\cdot\frac{1}{n}\,(1{,}25 + n)\right.$$

$$f_H = \frac{(0{,}113\ \text{bis}\ 0{,}096)\dfrac{l^2}{n\,J_s}}{N}$$

Wenn wir ferner für die erste angenäherte Berechnung den Einfluß des Zugbandes auf den Horizontalschub vernachlässigen, was, wie wir später sehen werden, durchaus berechtigt ist, so erhalten wir einfache Rechnungsunterlagen für die Auswertung der Einflußlinien. Als Belastung legen wir gleichmäßig verteiltes Eigengewicht $g$ und gleichmäßig verteilte Verkehrslast $p$ zugrunde.

Belastungslängen, Maximalmomente und Maximalnormalkräfte ergeben Beziehungen, die auf der Tafel 2 zusammengestellt sind und deren Verlauf wir den graphischen Darstellungen entnehmen können.

*Tafel* 3. In der oberen Hälfte dieser Tafel sehen wir eine Beziehung zwischen der Fläche $F_s$ und dem Trägheitsmoment $J_s$ für den Scheitelquerschnitt des Bogens ermittelt, die, für praktische Verhältnisse abgeleitet, eine wesentliche Vereinfachung des Nenners $N$ der für den auf Tafel 1 ermittelten Ausdruck für $H$ ergibt. Für Bogen großer Stützweiten läßt sich ferner der Nachweis erbringen, daß für die Dimensionierung von $F_s$ Vollbelastung maßgebend ist; wir ermitteln damit die Werte für $F_s$ und $F_z$, letzteres die Querschnittsfläche des Zugbandes unter Berücksichtigung der zulässigen Spannungen der verschiedenen Baustoffe und der Konstruktionskoeffizienten, die den Einfluß der Temperatur, der Windkräfte, Nietabzüge und Nebenspannungen aller Art berücksichtigen. Da wir nur Zugbandausführungen in hochwertigem Stahl und in Kabelkonstruktion betrachten, setzen

Tafel 4

I.   Bogen: *Si St.*   $k_b = 1{,}5$   $\sigma_{b\,\text{zul.}} = 2100 \text{ kg/cm}^2$        Zugband: *Si St.*   $k_z = 1{,}35$   $\sigma_{z\,\text{zul.}} = 2100 \text{ kg/cm}^2$

$$N = \frac{l^2}{15\,000\,I_s} \begin{cases} 254 \text{ bis } 211 & 1{,}35 \\ 143 \;\;,, \;\; 119 \\ 92 \;\;,.\;\; 76 \\ 64 \;\;,, \;\; 53 \end{cases} + 1 + \begin{cases} 1{,}35 \\ 1{,}29 \\ 1{,}25 \\ 1{,}23 \end{cases}$$

Werte: abhängig von Bogenform und Dimension

| mittlerer Einfluß auf den Horizontalschub in $^0/_0$ | | | |
| Bogen | Zugband | zusammen | $n$ |
| --- | --- | --- | --- |
| 0,43 | 0,58 | $1{,}0^0/_0$ | 6 |
| 0,76 | 0,98 | $1{,}7^0/_0$ | 8 |
| 1,19 | 1,49 | $2{,}7^0/_0$ | 10 |
| 1,70 | 2,08 | $3{,}8^0/_0$ | 12 |

II.   Bogen: *Si St.*   $k_b = 1{,}5$   $\sigma_{b\,\text{zul.}} = 2100 \text{ kg/cm}^2$        Zugband: Kabel   $k_z = 1{,}0$   $\sigma_{z\,\text{zul.}} = 6000 \text{ kg/cm}^2$

$$N = \frac{l^2}{15\,000\,I_s} \begin{cases} 254 \text{ bis } 211 & 5{,}21 \\ 143 \;\;,, \;\; 119 \\ 92 \;\;,, \;\; 76 \\ 64 \;\;,, \;\; 53 \end{cases} + 1 + \begin{cases} 5{,}21 \\ 4{,}98 \\ 4{,}86 \\ 4{,}72 \end{cases}$$

Werte: abhängig von Bogenform und Dimension

| mittl. Einfluß auf den Horizontalschub in $^0/_0$ | | | | |
| Bogen | Zugband | zusammen | Differenz $B/A$ | $n$ |
| --- | --- | --- | --- | --- |
| 0,43 | 2,23 | 2,7 % | 1,7 % | 6 |
| 0,76 | 3,80 | 4,6 % | 2,9 % | 8 |
| 1,19 | 5,79 | 7,0 % | 4,3 % | 10 |
| 1,70 | 8,00 | 9,7 % | 5,9 % | 12 |

wir der Einfachheit wegen die Elastizitätsmoduli gleich und erhalten schließlich für den Nenner $N$ der $H$-Gleichung einen einfachen Wert, der innerhalb gewisser Zahlengrenzen für alle angegebenen praktischen Möglichkeiten Gültigkeit hat. Die letzte Gleichung der Tafel 3 für $f_H$ ermöglicht die genaue Rechnung dieses Wertes, wobei die Grenzzahlen im Zähler und Nenner korrespondieren.

*Tafel* 4. Nach unseren bisher allgemein gültigen Vorbereitungen wenden wir uns zwei praktischen Vergleichsfällen zu. Der weiterhin als Fall I bezeichnete Bogen mit Zugband hat für beide Bauteile Si-Stahl mit einer zulässigen Spannung von 2100 kg/qcm, der Konstruktionskoeffizient für den Bogen beträgt 1,5, für das Zugband 1,35. Beim Fall II gelten für den Bogen die gleichen Annahmen wie bei Fall I, dagegen haben wir für das Kabelzugband eine zulässige Spannung von 6000 kg/qcm gewählt, während der Konstruktionskoeffizient 1,0 ist. Für die Stichverhältnisse $n = 6$, 8, 10 und 12 sind nun die verschiedenen Werte für den Nenner des Horizontalschubs für beide Fälle zusammengestellt. Die Zahlen der ersten vertikalen Doppelkolonne stellen den Einfluß der Momente des Bogens dar, wobei die praktischen Fälle zwischen den beiden gegebenen Grenzwerten von Bogenform und Dimensionierung (siehe Tafel 1) abhängig sind. Der Wert 1 stellt in allen Fällen den Einfluß der Normalkräfte des Bogens dar, während die nächste Zahlenreihe vom Zugband herrührt. Wenn wir auf den ersten Blick bereits feststellen, daß der Zugbandeinfluß auf den Nenner $N$ und damit auf den Horizontalschub $H$ sehr gering ist, so sehen wir weiter, daß beim Kabelzugband der Einfluß wächst, jedoch nicht von allzu großer Bedeutung ist. Für mittlere Verhältnisse geben die Tabellen der Tafel 4 den Einfluß, den die Normalkräfte des Bogens und des Zugbandes in Prozenten ausüben, wobei für die Praxis nur die Fälle $n = 6$ bis $n = 8$ in Frage kommen. Schließlich bemerken wir noch, daß bei Kabelzugbändern großer Brücken der Nenner für die angegebenen Grenzen von $N$ zwischen 1,7 bis 2,9% größer ist, als für solche Fälle, in welchen Bogen und Zugband aus gleichem Material bestehen. Sinngemäß verringert sich somit der Wert des Horizontalschubs für den Fall II.

*Tafel* 5. Wir sind nunmehr in der Lage, für die beiden Vergleichsfälle unter Benutzung der abgeleiteten Beziehungen Horizontalschübe und Maximalmomente zu er-

Tafel 5

*Maximalmomentenkurve und Horizontalschübe*

| Fall 1. Bogen und Zugband: *Si* Stahl | Fall II. Bogen: *St* Stahl, Zugband: Kabel |
|---|---|
| $\sigma^b_{zul} = 2100 \qquad \sigma^z_{zul} = 2100$ <br> $\qquad\qquad\qquad\qquad\qquad\qquad n = 7.$ <br> $k_b = 1,5 \qquad k_z = 1,35$ | $\sigma^b_{zul} = 2100 \qquad \sigma^z_{zul} = 6000$ <br> $\qquad\qquad\qquad\qquad\qquad\qquad n = 7.$ <br> $k_b = 1,5 \qquad k_z = 1,0$ |

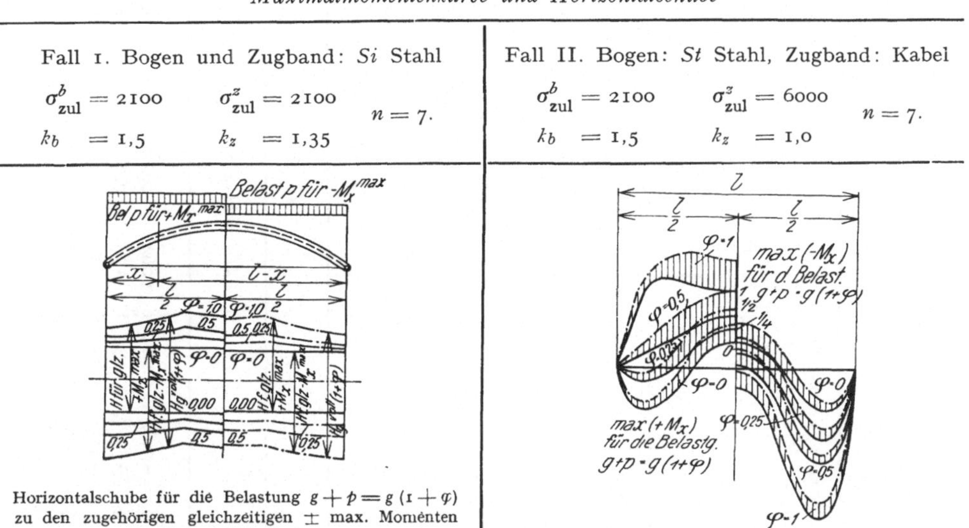



| | |
|---|---|
| Horizontalschube für die Belastung $g + p = g\,(1 + \varphi)$ zu den zugehörigen gleichzeitigen $\pm$ max. Momenten und für Vollbelastung | |

mitteln und zu vergleichen. Wir greifen den Fall für $n = 7$ heraus und werten unsere Einflußlinien für das Eigengewicht und für die Verkehrslast $p = \varphi . g$ aus. Da wir angenommen haben, daß die Eigengewichtslast bei großen Brücken überwiegt, untersuchen wir Fälle für $\varphi = 1{,}0 — 0{,}5 — 0{,}25$ u. O. Im ersten Falle sind $g$ und $p$ gleich, im zweiten $p = \frac{1}{2} g$, im dritten $p = \frac{1}{4} g$, während der letzte Fall den Einfluß des Eigengewichtes allein ergibt. Unsere Darstellungen auf Tafel 5 zeigen uns für die verschiedenen Werte $\varphi$ den Verlauf der Horizontalschübe sowie der maximalen positiven und negativen Momente, und wir sehen, daß bei den Horizontalschüben die Unterschiede sehr gering sind, wenn wir Fall I mit Fall II vergleichen. (Die -.-.-.-.-Linien beziehen sich in der Darstellung auf den Fall II, die ————Linie auf den Fall I.) Bei den Maximalmomentenkurven sind die Unterschiede wesentlich größer und sie wachsen naturgemäß mit zunehmendem $\varphi$.

*Tafel* 6. Da uns neben den Vergleichen der statischen Größen vor allem die Frage nach den Gewichten und der Wirtschaftlichkeit interessiert, verfolgen wir in der Tafel 6 die Vergleichsrechnungen für den Fall I und II weiter. Zunächst stellen wir fest, daß trotz der zum Teil wesentlichen Unterschiede in den Maximalmomenten für die maßgebende Dimensionierung des Bogenscheitels Vollbelastung auch beim Kabelzugband maßgebend bleibt und daß sich dabei auch keine bedeutenden Abweichungen im Verlauf der Querschnittsflächen und Trägheitsmomenten ergeben, diese vielmehr auch in den Grenzen bleiben, wie sie Tafel 1 angibt und für welche

Tafel 6

| Fall I: $\sigma_{b\,zul.} = 21\,000$ t/qm $\quad k_b = 1{,}5$ $\quad\sigma_{z\,zul.} = 21\,000$ t/qm $\quad k_z = 1{,}35$ $\quad n = 7$ | Fall II: $\sigma_{b\,zul.} = 21\,000$ t/qm $\quad k_b = 1{,}5$ $\quad\sigma_{z\,zul.} = 60\,000$ t/qm $\quad k_z = 1{,}0$ $\quad n = 7$ |
|---|---|
| $g_k$ = Gewicht der Fahrbahn, Verbände usw.<br>$p$ = Belastungswert für Verkehrslast<br>$f_H^I = 1{,}304$ $\quad g_b^I$ = Bogengewicht<br>$g_z^I$ = Zugbandgewicht<br>$g^I$ = Eigengewicht = $g_k + g_b^I + g_z^I$ | $g_k$ = Gewicht der Fahrbahn, Verbände usw.<br>$p$ = Belastungswert für Verkehrslast<br>$f_H^{II} = 1{,}270$ $\quad g_b^{II}$ = Bogengewicht<br>$g_z^{II}$ = Zugbandgewicht<br>$g^{II}$ = Eigengewicht = $g_k + g_b^{II} + g_z^{II}$ |
| $H^{voll}_{g^I+p} = 0{,}839 \left(g_k + p + g_b^I + g_z^I\right) l$<br>$M^{s^I}_{g^I+p} = 0{,}005 \left(g_k + p + g_b^I + g_z^I\right) l^2$<br>$F_s^I = 0{,}000071 \left(g_k + p + g_b^I + g_z^I\right) l$<br>$F_z^I = 0{,}000076 \left(g_k + p + g_b^I + g_z^I\right) l$ $\qquad\Big\}$ Längen in m / Lasten in t | $H^{voll}_{g^{II}+p} = 0{,}817 \left(g_k + p + g_b^{II} + g_z^{II}\right) l$<br>$M^{s^{II}}_{g^{II}+p} = 0{,}008 \left(g_k + p + g_b^{II} + g_z^{II}\right) l^2$<br>$F_s^{II} = 0{,}000054 \left(g_k + p + g_b^{II} + g_z^{II}\right) l$<br>$F_z^{II} = 0{,}000014 \left(g_k + p + g_b^{II} + g_z^{II}\right) l$ $\qquad\Big\}$ Längen in m / Lasten in t |
| $\left(g_b^I + g_z^I\right) = (g_k + p)\,\dfrac{0{,}00098\,l}{1 - 0{,}00098\,l} = (g_k + p)\,s^I$<br>$g_b^I = (g_k + p)\,b^I$; $\;g_z^I = (g_k + p)\,z^I$; $\;g^I = g_k(1 + s^I) + p\,s^I$ | $\left(g_b^{II} + g_z^{II}\right) = (g_k + p)\,\dfrac{0{,}00071\,l}{1 - 0{,}00071\,l} = (g_k + p)\,s^{II}$<br>$g_b^{II} = (g_k + p)\,b^{II}$; $\;g_z^{II} = (g_k + p)\,z^{II}$; $\;g^{II} = g_k(1 + s^{II}) + p\,s^{II}$ |
| $g_b^I - g_b^{II} = (g_k + p)(b^I - b^{II})$ | $g_z^I - g_z^{II} = (g_k + p)(z^I - z^{II})$ |

| $l$ | $s^I$ | $s^{II}$ | $\dfrac{s^I - s^{II}}{s^{II}}$ | $\dfrac{s^I - s^{II}}{s^{II}}$ | $b^I$ | $b^{II}$ | $b^I - b^{II}$ | $\dfrac{b^I - b^{II}}{b^{II}}$ | $z^I$ | $z^{II}$ | $z^I - z^{II}$ | $l$ |
|---|---|---|---|---|---|---|---|---|---|---|---|---|
| 100 | 0,109 | 0,076 | $+43\%$ | $-30\%$ | 0,062 | 0,064 | $-0,002$ | $-3,2\%$ | 0,047 | 0,012 | $+0,035$ | 100 |
| 200 | 0,244 | 0,165 | $+48\%$ | $-32\%$ | 0,139 | 0,139 | $\pm0,0$ | $\pm0,0\%$ | 0,105 | 0,026 | $+0,079$ | 200 |
| 300 | 0,416 | 0,269 | $+55\%$ | $-35\%$ | 0,237 | 0,227 | $+0,010$ | $+4,4\%$ | 0,180 | 0,042 | $+0,138$ | 300 |
| 400 | 0,645 | 0,395 | $+62\%$ | $-39\%$ | 0,367 | 0,333 | $+0,034$ | $+10,0\%$ | 0,279 | 0,062 | $+0,217$ | 400 |
| 500 | 0,961 | 0,549 | $+75\%$ | $-43\%$ | 0,547 | 0,462 | $+0,085$ | $+18,0\%$ | 0,415 | 0,087 | $+0,328$ | 500 |

unsere Grenzwerte Gültigkeit haben. Für die weitere Vergleichsrechnung bezeichnen wir mit $g_k$ das Gewicht der Fahrbahndecke, des Fahrbahnrostes, der unteren Verbände usw. und mit $p$ wiederum die gleichmäßig verteilte Verkehrslast. Diese beiden Werte sind für den laufenden Meter eines Hauptträgers bei einmal gewählter Querschnittsanordnung der Brücke konstant und unabhängig von der Stützweite. Dagegen sind $g_z$, das Eigengewicht des Zugbandes, und $g_b$, das Eigengewicht des Bogens,

Tafel 7



| Vergleich der Ein-heitsgewichte pro lfm | Vergleich der Gesamtgewichte pro Brücke | Vergleich der Gesamtkosten pro Brücke |
|---|---|---|

$$g_b^I = (g_k + p)\, b^I$$
$$g_b^{II} = (g_k + p)\, b^{II}$$
$$g_z^I = (g_k + p)\, z^I$$
$$g_z^{II} = (g_k + p)\, z^{II}$$
$$g_b^I + g_z^I = (g_k + p)\, s^I$$
$$g_b^{II} + g_z^{II} = (g_k + p)\, s^{II}$$

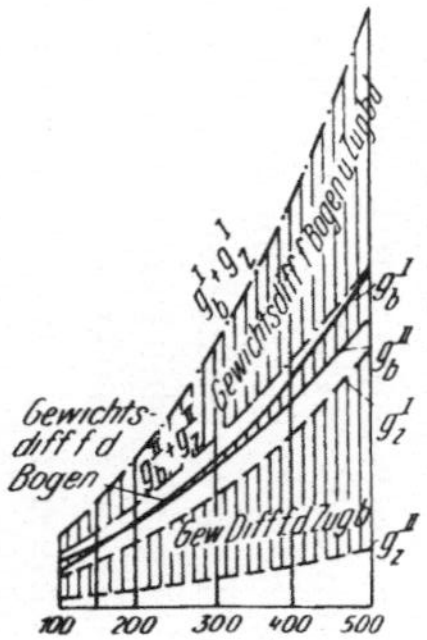

$$G^I = (g_k + p)\, s^I . l$$
$$G^{II} = g_k + p)\, s^{II} . l$$

| $l$ | $\dfrac{G^I}{g_k+p}$ | $\dfrac{G^{II}}{g_k+p}$ | $\dfrac{G^I-G^{II}}{g_k+p}$ | $\dfrac{G^I-G^{II}}{G^{II}}$ | $\dfrac{G^I-G^{II}}{G^I}$ |
|---|---|---|---|---|---|
| 100 | 10,9 | 7,6 | 3,3 | 43% | 30% |
| 200 | 48,8 | 33,0 | 15,0 | 45% | 31% |
| 300 | 124,8 | 80,7 | 44,1 | 54% | 35% |
| 400 | 258,0 | 158,0 | 100,0 | 63% | 49% |
| 500 | 480,5 | 274,5 | 206,0 | 75% | 43% |

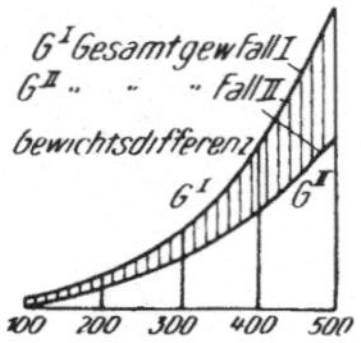

$$K^I = \left( g_b^I + g_z^I \right) l . E$$
$$K^{II} = \left( g_b^{II} + 2\, g_z^{II} \right) . l . E$$
$$E = \text{Einheitspreis}$$

| $l$ | $\dfrac{\left(g_b^I+g_z^I\right) l}{\left(g_k+p\right)E}$ | $\dfrac{\left(g_b^{II}+2g_z^{II}\right) l}{\left(g_k+p\right)E}$ | $D=A-B$ | $\dfrac{D \cdot \frac{1}{E}}{g_b^I+2g_z^I}$ | $\dfrac{D \cdot \frac{1}{E}}{g_b^{II}+2g_z^{II}}$ |
|---|---|---|---|---|---|
| 100 | 10,9 | 8,8 | 2,1 | 19% | 24% |
| 200 | 18,8 | 38,2 | 10,6 | 22% | 28% |
| 300 | 124,8 | 93,3 | 31,5 | 25% | 34% |
| 400 | 258,0 | 182,8 | 75,2 | 29% | 41% |
| 500 | 480,5 | 318,0 | 162,5 | 34% | 51% |
|  | $A$ | $B$ |  |  |  |

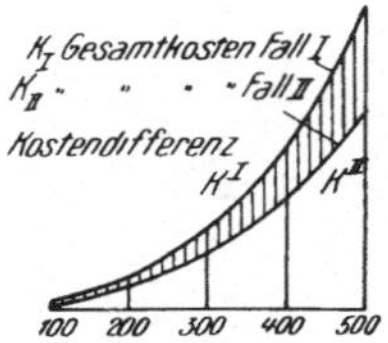

von der Stützweite abhängig und entsprechende Funktionen von $(g_k + p)$. Die Rechnungsergebnisse für den Fall I und II sind in der Tafel 6 zusammengestellt und aus den dort gegebenen Erläuterungen ohneweiters verständlich. Die Zahlenwerte sind für die Stützweiten von 100 bis 500 m ermittelt und zeigen schon auf den ersten Blick die außerordentliche Gewichtsverminderung, die im Fall II also bei der Anwendung von Kabelzugbändern erzielt wird.

*Tafel 7.* Fassen wir die Rechnungsergebnisse der Tafel 6 graphisch zusammen, so erhalten wir im linken Drittel der Tafel 7 einen guten Vergleich der Einheitsgewichte für die beiden untersuchten Brückenformen. Das Gewicht des Kabelzugbandes ist gegenüber dem Stahlzugband ganz außerordentlich niedriger, was aus dem Vergleich der zulässigen Spannungen und der Konstruktionskoeffizienten ohneweiters hervorgeht, wenn wir berücksichtigen, daß der Horizontalschub keine wesentliche Änderung erfährt. Das Gewicht des Bogens dagegen ist bei kleineren Stützweiten im Fall II etwas größer als im Fall I, weil die Maximalmomente im Bogen infolge des verringerten Horizontalschubes zum Teil wesentlich größer werden. Die Gewichtsgleichheit der Bogen zwischen den beiden Brückenformen findet etwas unter 200 m Stützweite statt, von da ab überwiegt die Gesamtgewichtsverminderung der Hauptträger bei Anwendung des Kabelzugbandes derart, daß auch das Gewicht des Bogens allein im Falle II ganz wesentlich zurückgeht. Selbstverständlich ist schließlich das Gesamtgewicht des Hauptträgers infolge der Gewichtsverminderung des Zugbandes auch bei kleinen Stützweiten schon wesentlich geringer als beim Fall I.

Übertragen wir schließlich die ermittelten Einheitsgewichte auf das Gesamtgewicht der Hauptträger jeder Brücke nach Fall I und II, so sehen wir aus der mittleren graphischen Darstellung und aus der Tabelle die ganz besondere Verminderung des Gesamtgewichtes der Hauptträger bei Anwendung von Kabelzugbändern. Insbesondere geben uns die Prozentsätze der Gewichtsverminderung von Fall II gegenüber Fall I, bzw. der Gewichtsvermehrung von Fall I gegenüber von Fall II deutlich die technische und wirtschaftliche Überlegenheit des Kabelzugbandes bei größeren Stützweiten zu erkennen.

Im rechten Drittel der Tafel 7 schließlich ist auf gleicher Basis ein wirtschaftlicher Vergleich der Kosten der Hauptträger nach Fall I und II vorgenommen. Dabei sind die Kosten für die Baustahlkonstruktion zu 1 und die des Kabelzugbandes zu 2 je Tonne eingesetzt und wir können bei diesem rohen Vergleich, besonders auch wieder bei der Darstellung in Prozentsätzen, die außerordentlichen Ersparnisse und die überwältigende Kostendifferenz bei der Anwendung von Kabel ersehen.

*Zusammenfassung.*

Nach unserer kurzen Erläuterung über die Art der Untersuchung und unter Hinweis auf die konstruktiven Möglichkeiten, die in den schon erwähnten Aufsatz in der Bautechnik zusammengestellt sind, fassen wir das Ergebnis der Untersuchung wie folgt zusammen.

1. Bei Bogenbrücken großer Stützweiten, bei welchen die Anordnung eines Zugbandes notwendig wird und bei welchen das Eigengewicht und die Verkehrslast außerordentliche Größe annehmen und erstere überwiegt, empfiehlt sich die Anwendung von Stahlkabeln für das Zugglied aus konstruktiven, technischen und wirtschaftlichen Gründen. Bei der Anordnung von Stahlzugbändern, also bei Verwendung des gleichen Baustoffes wie für den Bogen, ergeben sich unter obiger Voraussetzung äußerst große Querschnitte, die oft kaum mehr bemeistert werden können und deren Anordnung außerordentliche Nebenspannungen infolge Eigen-

gewicht, infolge der Verbindung mit den Hängestangen und dem Bogen entstehen und deren Querschnittsausmaße insbesondere auch noch durch die Nietschwächung ungünstig beeinflußt werden.

2. Die im Zugband aus Stahlkabeln auftretenden maximalen Züge verringern sich gegenüber Stahlzugbändern nur um ein Weniges (2 bis 4%), wenn der Vergleich unter Voraussetzung gleichen Eigengewichtes und gleicher Verkehrslast erfolgt. Die Verringerung ist eine außerordentliche, wenn man unter sonst gleichen Voraussetzungen die Verringerung des Bogengewichtes und des Zugbandgewichtes selbst bei einer Ausführung durch Stahlkabeln für das Zugband berücksichtigt. Erstere Vergleichsangabe weist darauf hin, daß die größere Längenänderung des Stahlkabelzugbandes gegenüber dem Stahlzugband auf den absoluten Wert des Horizontalzuges wenig, sozusagen gar keinen Einfluß hat (Tafel 4).

3. Die relativ geringfügige Änderung des Horizontalschubes bedingt aber trotzdem größere Änderungen in den Werten der positiven und negativen Querschnittsmomente besonders dann, wenn der Einfluß der Verkehrslast nahe an die Größe des Eigengewichtes heranreicht. In letzteren Fällen kann bei Kabelzugbändern der Wert der Momente um 15 bis 20% zunehmen, wodurch sich relativ die Querschnitte des Bogens vergrößern. Absolut tritt eine Vergrößerung der Bogenquerschnitte nur bei kleineren Stützweiten ein, weil darüber hinaus die Verringerung des Eigengewichtes (durch die Wirkung des Kabelzugbandes) bei der Dimensionierung der Bogenquerschnitte den Einfluß der größeren Momente wett macht (Tafel 5).

4. Das Eigengewicht des Kabelzugbandes pro Längeneinheit verringert sich entgegengesetzt proportional der Vergrößerung der zulässigen Spannung des Kabels gegenüber dem Bogen, es verringert sich proportional der Verringerung des Konstruktionskoeffizienten des Zugbandes bei der Ausführung in Stahlkabel und es verringert sich schließlich proportional der allgemeinen Gewichtsverringerung der Hauptträger (Bogen und Zugband) entsprechend (Tafel 7).

5. Das Eigengewicht des Bogens, für den laufenden Meter betrachtet, nimmt bei kleineren Stützweiten infolge der Vergrößerung der auftretenden Momente (siehe unter 3) teilweise beträchtlich zu, es nimmt aber bei größeren Stützweiten, wenn sich die Gesamtgewichtsverringerung durch die Kabelanordnung bemerkbar macht, rasch ab (Tafel 7).

6. Das Gesamtgewicht der Hauptträger, also Bogen und Zugband zusammen, erfährt unter Berücksichtigung des ganz außerordentlich geringen Kabelgewichtes bereits bei kleinen Stützweiten eine beträchtliche Verminderung, wenn wir diese an Stelle Stahlzugbändern verwenden (Tafel 7).

7. Betrachten wir das Eigengewicht der Hauptträger einer Bogenbrücke mit Kabelzugbändern für die ganze Brücke im Vergleich zu einer entsprechenden Ausführung des Zugbandes in Stahl, dann ergibt sich schließlich eine überragende Verminderung des Gesamtgewichtes und damit auch eine große Kostenverminderung, die die Wirtschaftlichkeit einer Ausführung mit Kabelzugbändern beweist (Tafel 7).

8. Da die Sicherheit der Stahlkonstruktionen, auf die Streckgrenze bezogen, höchstens eine zweifache, ja bei hochwertigen Stählen oder bei Si-Stahl noch wesentlich geringer ist, kann unter Berücksichtigung der gleichmäßigen Zugbeanspruchung des Kabels mit einer zweieinhalbfachen Sicherheit des Kabels, auf die Bruchfestigkeit bezogen, gerechnet werden. (In diesem Falle ergeben sich in unserer Tabelle 7 noch bedeutend günstigere Werte, weil dort mit einer dreifachen Sicherheit für das Kabel gerechnet wurde.)

9. Die Verwendung von Stahlkabeln als Zugbänder weitgespannter Bogenbrücken gestattet ein bedeutendes Hinaufrücken der Wirtschaftlichkeitsgrenze

dieser Bauform auch dort, wo man bisher nur mit der Anwendung von wesentlich teueren Hängebrücken gerechnet hat. Die konstruktive und technische Bewältigung der Querschnitte des Bogens und des Kabelzugbandes sowie die Durchführung der Anschlüsse des Zugbandes an den Bogen begegnen auch bei großen Stützweiten keinen Schwierigkeiten und sind im allgemeinen leichter durchführbar als bei entsprechenden Hängebrückenausführungen.

Dr. Ing. FRANZ FALTUS, Pilsen:

## Über die Knickfestigkeit kontinuierlicher Bogenträger

Anschließend an die Ausführungen des Herrn Ing. KOPEČEK sei hier kurz eine theoretische Untersuchung dargestellt, die während der Bearbeitung der Wettbewerbsentwürfe der Skodawerke für die Nusler Brücke entstand. Die Untersuchung über die Knickfestigkeit kontinuierlicher Bogenträger stellt gleichzeitig einen Beitrag zu den Vorträgen über Knickfestigkeit und zu dem Vortrage des Herrn Prof. HAWRANEK über Probleme des Großbrückenbaues dar.

Der Entwurf 5 X weist in der Mittelöffnung einen schlanken Bogen von 279 m Spannweite und einem Verhältnis der Scheitelhöhe zur Spannweite von $\frac{h}{l} = 1 : 70$

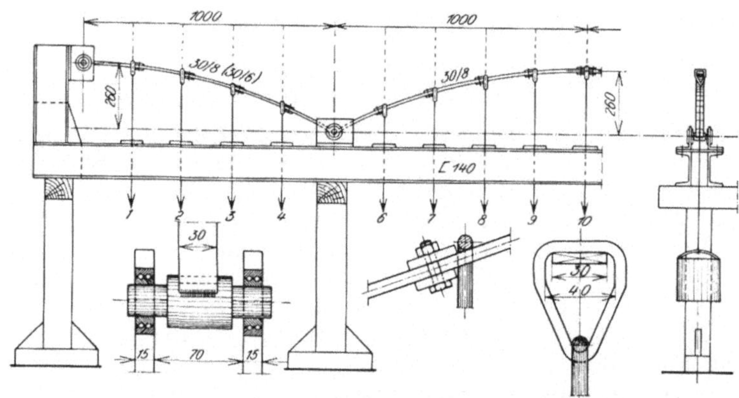

Abb. 1. Versuchseinrichtung: Ansicht, Querschnitt, Auflagerdetail

auf. Die Knickfestigkeit des mittleren Bogens ist wesentlich geringer, als die der kürzeren Seitenbogen. Durch die starre Verbindung der Bogen über den Auflagern ist der Mittelbogen nachgiebig eingespannt wodurch seine Knickfestigkeit gehoben wird.

Das Problem der Knickfestigkeit von Zweigelenkbogen ist näherungsweise gelöst, diese entspricht etwa der eines geraden Stabes von der halben Bogenlänge als Knicklänge. Die Übertragung des Problems auf kontinuierliche Bogen wurde jedoch noch nicht gefunden. Ich habe nun versucht, die Abminderung der Knicklänge des mittleren Bogens aus dem analogen Fall der Stabilität des Zweistabeckes abzuleiten. Zur Erhärtung der gefundenen Ergebnisse wurden mit einfachen Mitteln eine kleine Reihe von Modellversuchen durchgeführt. Abb. 1 zeigt die Versuchseinrichtung mit den Modellbogen von 1000 und 2000 mm Spannweite. Zu erwähnen ist die Art der Auflagerung, die in einfacher Weise mit Kugellagern und Lichtbogenschweißung gelöst wurde. Abb. 2 zeigt einen Bogen in voller Ausrüstung. Die Belastung der Bogen geschah mittels Nieten, die in angehängte Eimer in abgezählten Mengen eingelegt wurden. Abb. 3 zeigt einen der Bogen nach dem Ver-

Abb. 2. Belasteter Bogen

Abb. 3. Bogen nach dem Ausknicken

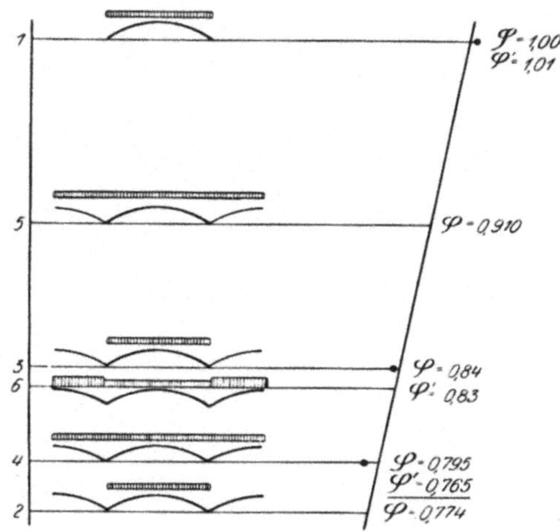


Abb. 4. Versuchsergebnisse

suche. In dem Diagramm Abb. 4 sind die Ergebnisse der Rechnung und der Versuche zusammengefaßt: in der linken Reihe sind Belastungsanordnungen gegeben. $\varphi$ stellt den rechnerisch ermittelten Abminderungskoeffizienten der Knicklänge dar, $\varphi^1$ den Wert, der der durch den Versuch gefundenen Knicklast entspricht. Die Reihe zeigt deutlich den Einfluß der Nachbarbogen und auch deren Belastung. Der Abbildung ist jedoch auch eine befriedigende Übereinstimmung zwischen Theorie und Versuch zu entnehmen.

Prof. G. G. Krivochéine, Prague:

### Note supplémentaire pour l'article «La théorie exacte des ponts suspendus à trois travées»

En admettant pour le pont sur la Delaware les moments d'inertie $J = 586$ p⁴. et $J = 781$ p⁴., comme c'était fait par M. L. Moisseiff (Final report, 1927), nous pouvons obtenir:

(1) Si la surcharge couvre la moitié de la travée centrale, le moment fléchissant sera égal à $M_{l/4} = + 183\,516\,000$ lp. (déduction de $43^0/_0$). (M. L. Moisseiff donne: $+ 200\,500\,000$ lp. déduction de $38^0/_0$).

(2) Si la surcharge couvre toute la longueur de la travée centrale, la déformation (max.) sera égale à $\varDelta y = 9{,}43$ p. (déduction de $28^0/_0$). (M. L. Moisseiff donne $\varDelta y = 8{,}60$ p.)

Ainsi, d'après notre théorie exacte nous pouvons obtenir une économie encore plus considérable que ne donne l'auteur du calcul de pont sur la Delaware.

Prague, le 26 octobre 1929.